SHIJIE ZHUMING PINGMIANJIHE JINGDIAN ZHUZUO GOUCHEN

—JIHE ZUOTU ZHUANTI JUAN (XIA)

世界著名平面几何经典著作钩沉

——几何作图专题卷

刘培杰数学工作室 编

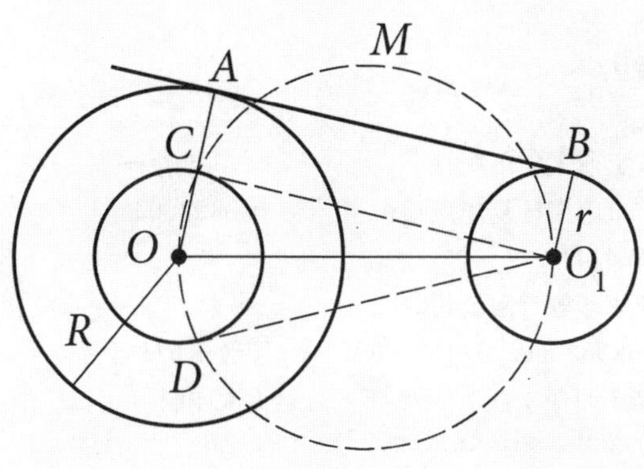

哈爾濱工業大學出版社
HARBIN INSTITUTE OF TECHNOLOGY PRESS

内 容 简 介

本书共分六编,分别为:第一编 D·希尔伯特论平面几何作图问题,第二编 F·克莱茵论平面几何作图问题,第三编 И·И·亚历山大洛夫论平面几何作图问题,第四编 Л·И·别列标尔金论平面几何作图问题,第五编考斯托夫斯基论尺规作图,第六编平面几何作图问题散论,及附录。

本书适合大学生、中学生及平面几何爱好者。

图书在版编目(CIP)数据

世界著名平面几何经典著作钩沉. 几何作图专题卷:共三卷/刘培杰数学工作室编. —哈尔滨:哈尔滨工业大学出版社,2022.1

ISBN 978-7-5603-8673-7

Ⅰ.①世… Ⅱ.①刘… Ⅲ.①平面几何 ②画法几何 Ⅳ.①O123.1 ②O185.2

中国版本图书馆 CIP 数据核字(2020)第 020594 号

策划编辑 刘培杰 张永芹
责任编辑 刘春雷
封面设计 孙茵艾
出版发行 哈尔滨工业大学出版社
社　　址 哈尔滨市南岗区复华四道街 10 号 邮编 150006
传　　真 0451-86414749
印　　刷 辽宁新华印务有限公司
开　　本 787 mm×960 mm 1/16 印张 96 字数 1 673 千字
版　　次 2022 年 1 月第 1 版 2022 年 1 月第 1 次印刷
书　　号 ISBN 978-7-5603-8673-7
定　　价 198.00 元(全三卷)

◎目录

第一编　D·希尔伯特论平面几何作图问题

第四编　Л·И·别列标尔金论平面几何作图问题

第五编　考斯托夫斯基论尺规作图

第六编　平面几何作图问题散论

附录

第一编

D·希尔伯特 论平面几何作图问题

第一章　根据公理Ⅰ～Ⅳ的几何作图

第一节　利用直尺和长规的几何作图

设有一种空间几何，在这种几何中全体公理Ⅰ～Ⅳ都成立．为简单起见，我们在本章中只考虑这种空间几何中的平面几何，而且研究这种平面几何中那些初等作图题问题一定能够解决（假设有适当的实际器械）．

根据公理Ⅰ，Ⅱ，Ⅳ，恒能够解决下述的问题：

问题 1　作一直线连接两点；求非平行的两直线的交点．

根据合同公理Ⅲ，能够移置线段和角，即在我们的几何中恒能够解决下列问题：

问题 2　移置一给定的线段到一直线上的一给定的点处，并且在这点的给定的一侧．

问题 3　移置一给定的角，到沿着一给定的直线，以这直线上的一给定点作顶点，并且在这条直线的给定的一侧，或者作一直线，交一给定的直线于一给定的点，并且交于一给定的角．

显然，在用公理Ⅰ～Ⅳ作根据时，只有那些化为上述问题 1～3 的作图问题才能够解决．

在基本的问题 1～3 之外，我们再增添下列两个：

问题 4　作一直线通过一给定的点，平行于一给定的直线．

问题 5　作一给定的直线的垂直线．

我们立刻知道，这两个问题能够用不同的方式化为问题 1～3．

问题 1 的实际作图需要直尺，为了问题 2～5 的实际作图，如同下面将要证明的，直尺之外还需要应用长规．长规是一个器机，它只能够移置唯一的一条完全确定了的线段①，例如单位线段．因此有下述结果：

① 只需要要求能够移置唯一的一条线段，是 J. Kürschák 注意到的，参看他的“线段的移置”．

定理 1[①] 根据公理Ⅰ～Ⅳ所能解决的几何作图问题,一定可以利用直尺和长规实际作图.

证明 要实际解决问题4(图1),连接这个给定的点 P 和给定的直线 a 上的任意一点 A,而且用长规继续两次移置单位线段到 a 上的点 A 处,先到点 B,再从 B 到 C.再设 D 是 AP 上任意一点,但既非 A 又非 P,而且使得 BD 不平行于 PC.因而 CP 和 BD 交于一点 E,而且 AE 和 CD 交于一点 F.如同司坦纳(Steiner)曾经指出的,PF 是所求的 a 的平行线.

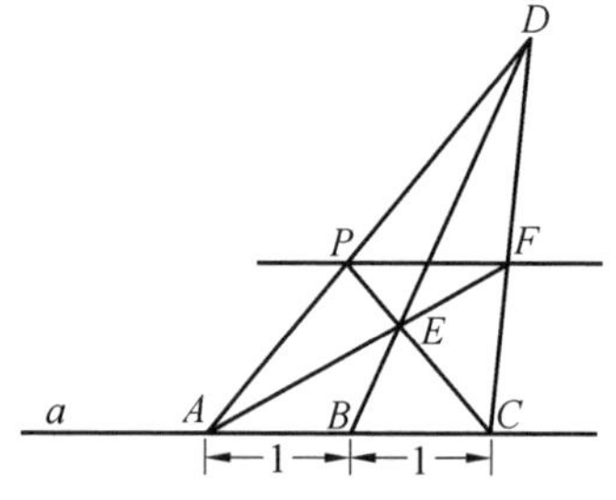

图 1

我们解决问题5如下(图2):设 A 是给定的直线上的任意一点;然后用长规移置单位线段到这直线上的点 A 处,到 A 的两侧,得到 AB 和 AC.再在通过 A 的任意另外两条直线上决定点 E 和 D,使得线段 AD 和 AE 也等于单位线段.直线 BD 和 CE 交于一点 F,直线 BE 和 CD 交于一点 H,则 FH 是所求的垂直线.事实上:$\measuredangle BDC$ 和 $\measuredangle BEC$ 都是在直径 BC 上的半圆的圆周角,因而都是直角.把三角形的三高线共点的定理应用到三角形 BCF,得知 FH 也垂直于 BC.

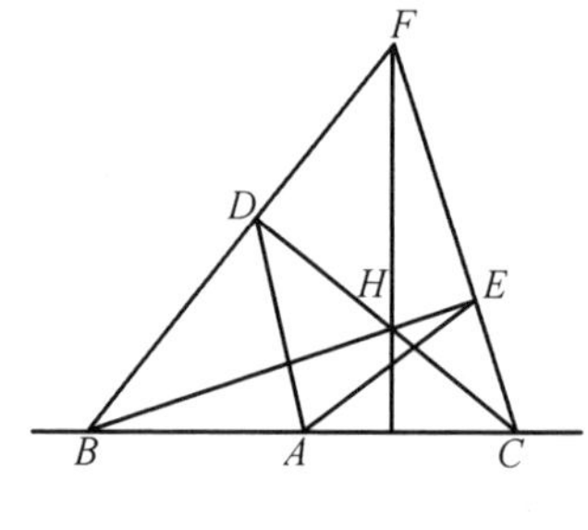

图 2

4 根据问题4和5,恒能够从给定的直线 a 外的给定的点 D,作 a 的垂线,或者通过 a 上的一点 A,作 a 的垂线.

现在能够只用直尺和长规解决问题3.我们采取下述方法,这种方法只需要作给定的直线的平行线和垂线:设 β 是要移置的角(图3),A 是这个角的顶点.通过 A,作直线 l 平行于给定的直线,即给定的角 β 要移置到的直线.从 β 的两边的任意一边上的任意一点 B,作到 β 的另一边和到 l 的两条垂线.设这两条垂线的垂足是 D 和 C.C 和 D 不是同一点,而且 A 不在 CD 上.能从 A 作 CD 的垂线,设垂足是 E.$\measuredangle CAE=\angle\beta$(根据原书91页所证明的定理).若 B 是取在

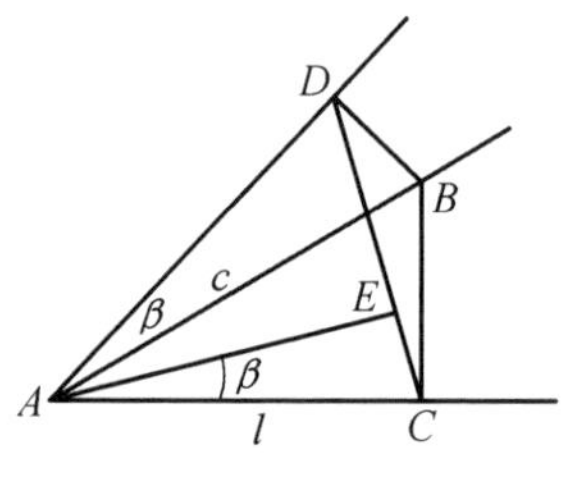

图 3

① 原书定理63,后面的序号以此类推——编校注.

给定的角的另一边上，E 就落在 l 的另一侧．通过给定的直线上的给定的点，作 AE 的平行线．问题 3 于是解决了．

最后，要解决问题 2，我们用下述的，库耳夏克（J. Kürschák）所给的简单作图法：设 AB 是要移置的线段（图 4），而且 P 是给定的直线 l 上的给定的点．通过 P 作 AB 的平行线，用长规移置单位线段到这条平行线上的点 P 处，在 AP 的 B 侧，到一点 C；再移置单位线段到 l 上的点 P 处，在给定的那一侧，到一点 D．通过 B 作 AP 的平行线，交直线 PC 于 Q，通过 Q 作 CD 的平行线，交 l 于 E，则 $PE = AB$．若 l 和直线 PQ 重合，而且 Q 不在 P 的那给定的一侧，作图法能够容易修正．

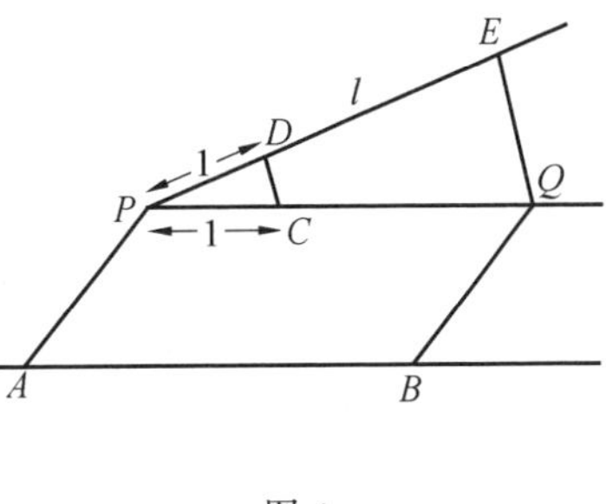

图 4

如是证明了，问题 1 ~ 5 全体能用直尺和长规解决，而且因此定理 1 也被完全证明了．

第二节　几何作图能否用直尺和长规作出的准则

在第一节中所处理的初等几何问题之外，还有一系列其他问题，它们的解决也只需要作直线和移置线段．要想对所有的能如此解决的问题有一个概括的了解，我们用一直角坐标系作以后讨论的基础，而且，如同通常一样的，把点的坐标看做是实数或者某些任意参数的函数．要想能够求得全体能作图的点，我们作如下的考虑：

设给定了一组确定的点；这些点的坐标产生一个有理域 R，它含有某些实数和某些任意参数 p．再设想从给定的这组点，通过作直线和移置线段所能作的全体点．把这些点的坐标所作成的域叫做 $\Omega(R)$；它也含有某些实数和这些任意参数 p 的某些函数．

我们在第 17 节①中的讨论表明：直线和平行线的作图可以解析地化为线段的加乘减除；再者，已知的第 9 节中给出的旋转的公式告诉我们，移置一线段到任意一直线上所需要的解析运算，只是求两个平方的和的平方根，而这两个平方的底是已经作出来了的．反过来，根据毕达哥拉斯定理，利用一个直角三角形，我们恒能够通过移置线段作出两个线段的平方的和的平方根．

① 此处及下一行为原书中的章节号——编校注．

从这些考虑就得到,域 $\Omega(R)$ 所含有的实数和参数 p 的函数,是而且只是那些从 R 中的实数和参数的函数,经过有限次下列五种运算所产生的,即四种初等运算和求两个平方的和的平方根这第五种运算.这些结果叙述如下:

定理 2 一个几何作图问题能通过作直线和移置线段解决,即能利用直尺和长规解决,其充分必要条件如下:在用解析方法处理这个问题时,所求的点的坐标是给定点的坐标的这样的函数,它们的式子只需要有理运算和求两个平方的和的平方根这个运算,而且只需要应用有限次的这五种运算.

从这个定理立刻知道,不是每一个用圆规和直尺能解决的问题都能只用直尺和长规解决.为着这个目的,我们从第 9 节①中利用代数数域 Ω 所建立的那种几何出发;在这种几何中只有能用直尺和长规作出的线段,即由域 Ω 的数所决定的线段.

设 ω 是 Ω 中的任意一个数,从域 Ω 的定义,很容易知道,每一个和 ω 共轭的代数数必定也在 Ω 中;而且,既然域 Ω 中的数都显然是实数,所以域 Ω 只能含有完全实数;所谓完全实数,指的是只有实共轭数的实代数数.

我们现在提出下述问题:作一个直角三角形,其弦是 1 而且一股是 $|\sqrt{2}|-1$.表出另一股的数值是代数数 $\sqrt{2|\sqrt{2}|-2}$;它不在 Ω 中出现,因为它的共轭数 $\sqrt{-2|\sqrt{2}|-2}$ 成为虚数.如是所提出的问题在我们据以出发的几何中不能解决,而且因此也不能用直尺和长规解决,虽然它是可以利用圆规和直尺立刻解决的.

我们的考虑也可以反转过来,即有下述定理:

每一个完全实数都在 Ω 中,因此每一条由一个完全实数所决定的线段都能够利用直尺和长规作出.这个定理的证明将从更普遍的考虑得来.我们实际上将要找出一个准则,使我们对于一个能用圆规和直尺解决的几何作图问题,能直接从这个问题的解析性质和它的解来判断它是否也能只用直尺和长规来解决.下述定理就供给我们这个准则.

定理 3 设有一个几何作图问题,在解析的处理时,其中所求的点的坐标,只要通过有理运算和开平方,客能从给定的点的坐标求出.设 n 是足够用来计算点的坐标的平方根的最少个数.我们的作图问题可以只经过作直线和移置线段实际解决的充分必要条件如下:对于给定的点的所有的位置,即对于作为任意参数的给定的点的坐标的所有的值,这个几何问题恰好的 2^n 个实解,无穷解计算在内.

---

① 指原书第 9 节 —— 编校注.

根据于本节开始时的考虑,所说的准则的必要性显然.至于准则的充分性,由于下述的算术定理:

定理4　设参数 $p_1,\cdots,p_n$ 的一个函数 $f(p_1,\cdots,p_n)$ 是经过有理运算和开平方而做成的.若对于参数的每一组实数值,这个函数都是一个完全实数,则这个函数属于域 $\Omega(R)$.这里的域是从 $1,p_1,\cdots,p_n$ 出发,经过初等运算和两个平方的和的开平方而得到的.

先注意:在域 $\Omega(R)$ 的定义中,只取两个平方的这个限制可以消去.事实上,公式

$$\sqrt{a^2+b^2+c^2}=\sqrt{(\sqrt{a^2+b^2})^2+c^2}$$

$$\sqrt{a^2+b^2+c^2+d^2}=\sqrt{(\sqrt{a^2+b^2+c^2})^2+d^2}$$

$$\vdots$$

表明:任意多个平方的和的开平方可以化为继续两个平方的和的开平方.

因此,设一个有理域是用作函数 $f(p_1,\cdots,p_n)$ 的诸平方根,由最里面一个开始的,逐步的扩张而成的.在考虑这种的一个有理域时,只需要证明,这些平方根的每一个的被开方数,在前一个有理域中都可以表为平方和,这个证明根据于下述的代数定理.

定理5　若一个以有理数为系数的有理函数 $\rho(p_1,\cdots,p_n)$,对于参数的所有的实值,都取非负值,它就可以表成以有理数为系数的,变数 $p_1,\cdots,p_n$ 的有理函数的平方的和①.

定理6　在由 $1,p_1,\cdots,p_n$ 决定的有理域中,每一个非负的函数(非负,对于变数的每一组实数值)是平方和.

现在设有一个函数 $f(p_1,\cdots,p_n)$,它具有定理4中所说的性质.用作成函数 f 所必需的平方根,逐步地作扩张,就得到一个域.我们能推广上述的断言,使得它在这个域中成立.即对于这个域有下述事实:若一个函数和它的所有的共轭函数都非负,它就可以表为这个域中的函数的平方和.

用数学归纳法证明.首先考虑经过用 f 中的最里面的一个平方根扩张 R 而成的一个域.这个平方根的被开方数是一个有理函数 $f_1(p_1,\cdots,p_n)$.设 $f_2(p_1,\cdots,p_n)$ 是经过这个扩展而成的域$(R_1\sqrt{f_1})$中的一个函数,它和它的所有的共轭函数都只取非负值,而且它不恒等于零;它有 $a+b\sqrt{f_1}$ 的形式,其中的 a 和 b 以及 f_1 都是有理函数.从关于 f_1 所作的假设,可知函数 $a+b\sqrt{f_1}$ 和 $a-$

① 在一个变数时,原作者最先讨论这个问题,然后E.Landau完成了对于一个变数的这条定理的证明,而且用的是很简单的和初等的工具.近来Artin得到了完全的证明,Hamburger Abhandlungen,卷5,1927.

$b\sqrt{f_1}$ 的和 φ 与积 ψ 都只取非负值.函数

$$\varphi = 2a, \psi = a^2 - b^2 f_1$$

还是有理的,所以根据定理6可以表为 R 中的函数的平方和.此外,φ 不能恒等于零.

从 f_2 所满足的方程

$$f_2^2 - \varphi f_2 + \psi = 0$$

得到

$$f_2 = \frac{f_2^2 + \psi}{\varphi} = \left(\frac{f_2}{\varphi}\right)^2 \cdot \varphi + \frac{\varphi\psi}{\varphi^2}$$

根据关于 φ 和 ψ 所说的,所以 f_2 可以表为域$(R,\sqrt{f_1})$中的函数的平方和.这里对于域$(R,\sqrt{f_1})$所得到的结果相当于对于域 R 而言的定理6.对于其余的扩张,重复地用上文应用的步骤,我们最后得到下述结果:在作成函数 f 所得到的诸域的每一个中,若一个函数和它的所有的共轭函数都非负,它就是从对应域中取的函数的平方和.现在考虑任意一个在 f 中出现的平方根式,它和它的所有共轭函数应该都是实的,而且,所以被开方式以及它的所有的共轭式,在它所在的域中,应该都是非负的函数,因此这个被开方式表为这个域中的平方和.因此定理4证明了;在定理3所给出的准则所以也充分.

能用圆规和直尺作图的正多边形是定理3的应用的例子.在这种情形下,没有任意参数 p 出现,所要作的式子都是代数数.我们容易看出,定理3的准则满足了,而且因此,只通过作直线和移置线段,就能做出每一个正多边形.这个结果也是可以从圆周等分理论直接推出来的.

其他有关初等几何中的已知的作图问题,这里我们只提马尔法提(Malfatti)问题能只用直尺和长规解决,而阿波罗尼斯(Apollonius)相切问题则不能①.

注:1.大家都知道:从给定的点出发,并且利用圆规和直尺,我们能够作而且只能够作具有下述性质的所有的点:它们的坐标能够用给定的点的坐标经过四种有理运算和开平方表示出来.这个证明是很初等的,它的根据在下面:求两个圆的交点,或者圆和直线的交点,都是求解二次方程,而且这个方程的系数是两圆的、或者圆和直线的方程的系数的有理式;反过来,利用圆规和直尺,求任意一个由已给线段所表出的数的平方根,在几何上不难实现.

这个问题的详细的阐述可查看阿特立《几何作图的理论》一书.

① 关于其他用直尺和长规的几何作图问题,参看 M.Feldblum,"关于初等几何作图",Göttingin,1899.

2. 令给定的点的坐标是 γ 个任意的参数 $p_1,\cdots,p_\gamma$ 的有理函数.

考虑一个由给定的点的坐标所产生的 $p_1,\cdots,p_\gamma$ 的有理函数的域

$$R(p_1,\cdots,p_\gamma)$$

给定的点的坐标属于这个域. 由 R 开始, 作一序列的域, 使得每一个后项包含前一项

$$R\subset R_1\subset R_2\subset\cdots\subset R_n \tag{1}$$

并且每一个后项是由它的前一项增加一个平方根而得来的. 更确切地说: 若是 R_i 已经作好(R 看做 R_0), 那么 R_{i+1} 就这样作成: 从 R_i 选出具有下述性质的任意一个元素 f_i, 使 $\sqrt{f_i}$ 不在 R_i 中出现, 并且把 $\sqrt{f_i}$ 和 R_i 的系数所组成的全体有理式作为 R_{i+1}, 因为在这里 $\sqrt{f_i}$ 的偶数次幂能够归入系数(或者自由项), 所以 $\sqrt{f_i}$ 的多项式能够化为线性式; R_{i+1} 的元素的一般形式是

$$\frac{\alpha_i+\beta_i\sqrt{f_i}}{\gamma_i+\delta_i\sqrt{f_i}}$$

其中, $\alpha_i,\beta_i,\gamma_i,\delta_i$ 都是 R_i 的元素. 用平常的方法有理化分母, 我们最后得到 R_{i+1} 元素的一般形式

$$a_{i+1}=a_i+b_i\sqrt{f_i} \tag{2}$$

其中, a_i 和 b_i 都是 R_i 的任意元素.

显然, 这个过程使我们能得出域 R_n, 它包含任意的事先指出的一些点(能从给定的点出发用圆规和直尺作出来)的系数.

定理 2 的意义是: 若所论述的特别是关于利用直尺和长规的作图, 因为这种作图的可能性比较利用直尺和圆规的作图的可能性更狭窄, 所描述的过程的任意性也对应的受限制. 这就是: 每一个域 R_i 扩张到域 R_{i+1} 时, 域 R_i 的元素 f_i 不能任意选取, 而只能是 R_i 的一些元素的平方的和.

3. 回到一般情形, 取域 R_n 的任意的一个元素 a_n, R_n 是序列(1)的最后一个域.

应用公式(2), 得

$$a_n=a_{n-1}+b_{n-1}\sqrt{f_{n-1}}$$

对于元素 a_{n-1},b_{n-1} 应用公式(2), 得

$$a_n=a_{n-2}+b_{n-2}\sqrt{f_{n-2}}+(a'_{n-2}+b'_{n-2}\sqrt{f_{n-2}})\sqrt{f_{n-1}}$$

继续这个过程, 最后我们得到 a_n 的表示式, 它对于下列的根式的每一个

$$\sqrt{f_0},\sqrt{f_1},\sqrt{f_2},\cdots,\sqrt{f_{n-1}} \tag{3}$$

都是线性的, 而它的系数都属于原来的域 $R(1,p_1,\cdots,p_\gamma)$.

我们把它写出如下

$$a_n = a_0 + b_0\sqrt{f_0} + b'_0\sqrt{f_1} + \cdots + c_0\sqrt{f_0}\sqrt{f_1} + c'_0\sqrt{f_0}\sqrt{f_2} + \cdots + d_0\sqrt{f_0}\sqrt{f_1}\sqrt{f_3} + \cdots + l_0\sqrt{f_0}\cdots\sqrt{f_{n-1}} \quad (4)$$

需要同时记在心中,每一个根式$\sqrt{f_i}$的符号下的f_i,是利用根式

$$\sqrt{f_0},\cdots,\sqrt{f_{i-1}}$$

所组成的同样的式子.

式(4)的项数的个数是2^n,是容易计算出来的:2^n个系数都是域$R(1,p_1,\cdots,p_\gamma)$的元素.

现在要把原来的诸点的坐标认为不依赖于任何参数,特别是,认为$p_1,\cdots,p_\gamma$得到了实数值.然后在作诸域(1)的过程中,每一个根式$\sqrt{f_i}$所指的是它的两个值中完全确定的一个;上边所写出的式子a_n,所以也将是完全确定的数.原来的域R只包含实数.

假设现在容许在式子(4)中任意地取$\sqrt{f_0}$的符号;在取定之后,根式下的f_1就完全确定了.我们再同样任意地取$\sqrt{f_1}$的符号;在取定之后,根式下的f_2就完全确定了.我们再任意地取$\sqrt{f_2}$的符号等.

这样一来,我们显然得到2^n个式子,因为每一个根式有两个可能的值.我们认为,这样得到的数是彼此都不相同的,因为,否则只要增加少于n个平方根就达到元素a_n.

这2^n个数中含有a_n,我们把它们叫做对于域R说的和a_n共轭的数

$$a_n, a'_n, a''_n, \cdots, a_n^{(2^n-1)} \quad (5)$$

我们断言:这些数都是同一个代数方程的根,而这个方程的次数是2^n,系数属于原来的域R.

我们把在子(4)中出现的根式的每一个的值,看做任意的在两个可能的情形中取定了;但是,在这个根式出现的所有情形中,不管它是否在其他的根式下,当然都取同样的值.然后式(4)不仅能够表出a_n,也表出任一个和它共轭的数.

把式(4)平方起来.一个根式的平方是一个含有较少个数根式的式子.把一个根式的平方用它的式子代入(这种代入的方式是完全确定的)之后,我们得到和式(4)同样形式的式子.它的系数也是原来的域的一些元素(显然,完全不依赖于根式$\sqrt{f_i}$的符号的选择).

关于式(4)的任意幂也如此.

我们来考虑下列诸式

$$1, a_n, a_n^2, a_n^3, \cdots, a_n^{2^n}$$

它们都是形式(4)的式子.因为它们的个数比每一个式子中的项数多1个,所以能够从原来的域 R 中选择这样的乘数 β_i,使得线性组合

$$\beta_0 \cdot 1 + \beta_1 a_n + \beta_2 \alpha_n^2 + \cdots + \beta_{2^n} a_n^{2^n}$$

恒等于零.这就是说,在这个线性组合中,把它看做形式(4)的一个式子时,2^n 个系数的每一个都是零.结果是,a_n 以及所有和它共轭的数都满足同一个 2^n 次的、系数属于原来的域 R 的方程

$$\beta_0 + \beta_1 x + \beta_2 x^2 + \cdots + \beta_{2^n} x^{2^n} = 0 \tag{6}$$

我们注意,这个方程将不会引出下述情况,即 a_n 不适合任何一个低次的、系数属于 R 的方程(在相反的情形下,把式(4)代入这样的方程后,这个方程对于

$$\sqrt{f_0}, \cdots, \sqrt{f_{n-1}}$$

应该是一个恒等式,因为这些根式的任何一个也不能用在它以前(按号码说)的有理地表示出来;但是,这就是说,这个方程应该被所有和 a_n 共轭的数适合;那是不可能的,因此它的次数 $< 2^n$).

若是域 R 就是有理数域$(p_1, \cdots, p_n)$,那么 a_n 是代数数,而 $a'_n, a''_n, \cdots$ 都是和它共轭的数.

4.设域的序列(1)特别是与利用直尺和长规的作图相适应的;这意味着每一个根式$\sqrt{f_i}$ 的根号下的式子是对应域 R_i 的元素的平方的和.

作成了域 R_n 的某个元素 a_n 后,我们来研究那些和它共轭的元素的形成.因为 f_0 是平方和,所以$\sqrt{f_0}$ 是实数.不论$\sqrt{f_0}$ 的符号是怎样取的,式子 f_1 代表着域 R_1 的元素的平方和,是非负的,并且$\sqrt{f_1}$ 以及和它一起的域 R_2 全体都是实数.不论$\sqrt{f_1}$ 的符号是怎样取的,式子 f_2 反正是域 R_2 的元素的平方和,非负的,所以$\sqrt{f_2}$ 是实的;而和它一起的域 R_3 的所有的元素都是实的等.

结果是,域 R_n 的每一个元素 a_n 以及所有的和它共轭的元素都是实的.这显然是意味着:若是我们从域

$$R(p_1, \cdots, p_\gamma)$$

出发,其中的 $p_1, \cdots, p_\gamma$ 是固定的参数,那么在 $p_1, \cdots, p_\gamma$ 取实数值时,被方程(6)所规定的,对应的参数 $p_1, \cdots, p_\gamma$ 的代数函数值也只取实数值(在 $p_1, \cdots, p_\gamma$ 是有理数时,按照同样理由,这些函数的实数值将完全是实数).

第二章　希尔伯特的《几何基础》和它在本问题发展的历史中的地位[1]

第一节　作为物理学的几何学

当我们学习几何学的时候,一开始 —— 如同在中学里学习几何学时那样 —— 就在我们的认识中产生了独特的思维世界,它奇特地既是现实的又是幻想的.事实是,我们关于直线、平面、几何体(例如球)等的论述,是在给它们以完全确定的性质以后才进行的.然而具有作为我们研究对象的那种形状的东西,究竟在哪里和在什么意义下存在着呢?不论我们如何地磨(譬如说)一块金属板的表面,由于工具和动作本身的不可避免的偏差,我们永远不能把它磨成"理想平面"的形状.更何况不仅无法达到理想的平的形状,而且根据物质的原子结构,甚至还不可能无限制地接近它!事实上,当我们加强所要求的精确度时,金属板就将被分解成个别的原子,以致一般的所谓它的表面都无意义了.

而直线又是怎么样呢?或许可以认为光线是沿着理想的直线而散布的吧?然而量子力学告诉我们,光线是利用个别的介质 —— 量子 —— 而散布的,至于说到这种量子在运动时所走的道路,一般的也没有意义.

那么我们在几何学里究竟研究些什么呢?难道只研究与物质世界格格不入的幻想、我们想象力的创造吗?可是从日常的经验和从技术上的实验,我们就能坚定地知道,对这些幻想的对象所推导出来的法则和规律,都以不可克服的力量服从于物质的自然界;以致进行新的设计的工程师,当遭受失败时,可以怀疑其任何的假设,而决不会怀疑例如关于角柱体积的公式.

这些几何形象,看来好像是无足轻重的、非物质的、而同时却以不可克服的力量来刻画物质世界的,又好像可以认为(如同唯心主义哲学经常如此说的)是上帝按其自己的意象创造的,究竟是些什么呢?

---

① 本章为俄译本中的序,原文作者为 Π · K · 拉舍夫斯基 —— 编校注.

唯物主义的宇宙观帮助我们来回答这个问题.让我们特地从粗糙的例子开始.设在我们面前有筑在一块土地边上的一道围墙.如果我们要计算这块土地的面积,来拟定其规划等,则在我们几何的计算里就将画出一条封闭的曲线来代替围墙,而用它所分隔成的平面片段来代替土地,这种使用几何概念来暗中顶替物质对象,其实质又何在呢?

问题是:不论我们是用木头还是石头来造围墙,不论我们造多宽多高,不论我们是否向旁边移动了这么一厘米等,这块土地实际上并不因之而有所改变.由于我们所关心的只是土地本身,至于沿其边界究竟造了些什么,实际上并不起任何作用,尽可以把所有这些都撇开不管.因此,我们抛弃了作为物体的围墙的、在当前情况下对我们不重要的绝大多数的性质.围墙对我们重要的那些性质 —— 与其长度方面的延伸性有关的性质,才属于我们考虑之列,这些性质也就正是曲线在几何意义上的性质.有同样事实的各种各样的例子是不胜枚举的:当我们讨论绳子、飞驰的炮弹的路线时,则在一定的精神程度下,我们所必须关心的也只是它们的那样一些性质,那就是我们称为几何曲线的性质.

总之,当我们研究几何曲线时,我们同时也就研究了土地的围墙,一定长度 —— 与粗细相比 —— 的绳子,以及飞驰的炮弹的路线.然而对所有这些现象而言,我们并不在各方面都保留它们性质的多样性,因为它们并不具有最大的精确性,而只是就在当前的情况下对我们重要的一维延伸性方面来加以选择,并且也只具有实用上必要的精确程度.于是我们叫做几何曲线的性质的这些对象的共同性质就显得突出了.这样,假如我们说曲线没有宽度,那只不过是简短地表明,围墙的宽度实际上并不影响其所包围的土地,绳子的横截面的大小与其长度相比可以略去不计,等等而已.

所有别的几何概念和命题也都有类似的意义.它们全都反映了物质对象的性质和物质世界的法则.它们的"理想的"特性只是表明了在物体性质的已知联系中非主要的性质之被抛弃(抽象),特别的是它们只以一定的精确程度而被考虑.这种抽象可以用来清楚地揭露物体的共同而又深藏的性质,我们把它们叫做延伸的性质而且在几何学里加以研究.几何法则之所以为自然界所必须,就由于它们是从自然界抽象出来的缘故.

这样一来,反映物质现实的几何真理,以简化了的和公式化了的形状,近似地重列了物质现实.正由于抛弃了无穷多的复杂事实,才产生了几何理论的如此使人信服的严整性和合理性.而假如是如此的话,则很自然地,就不能强求几何学(暂时谈到的总限于欧几里得(Euclid)几何学)无限制地恰当于研究物质世界:当这种研究的精确性一超过某种限度时,几何学由于其近似地反映现实的本质,就失去了作用.

为了使它重新成为有用的,我们必须依据新的实验数据使它成为更精确的,我们必须回过来捡起在抽象过程中弃之于途的那些东西.

然而在我们建立几何学时,物质现实,究竟有哪些较为显眼的方面被抛弃掉了呢?这首先就是物质在一定的时间内所进行的运动.很自然地,为了在几何学里避免过分的抽象,使它接近于物质现实,我们应该重新考虑物质运动的过程,而这就说明,应该把几何学放在与力学结合成的有机整体中来讨论."纯粹的"几何学消失了.

以上所说的种种不只属于理论上的探讨,20 世纪内科学的历史发展正是沿着这条道路前进的.特殊相对论(1905)把空间和时间的延伸性结合成一个不可分割的整体,而普遍相对论(1916)更把几何学和关于物质的分布和运动的普遍学说统一在一个学科之中.因此,从到现在为止我们关于几何学所说的那种观点看来,它是物理学的一部分,因而就应该与在实验基础上的物理学一起生长和发展.

然而在几何学里还有别的、数学的方面,那是我们直到现在为止有意地置之不理的.而这方面目前对于我们是最重要的,因为它正是本书所要讲述的.

第二节　作为数学的几何学

直到现在我们完全没有考虑关于几何学的逻辑结构的问题,然而也许就是它最使初学者惊讶和要求他付出最大的注意力.这自然不是偶然的:假如把几何学看做数学的分科,其本质也就在这里.

可以说,几何学是数学 —— 这就是从其逻辑结构方面来考虑的几何学.我们力求尽量深入地来探究这一点,因为否则本书的内容在其基本观念方面还将会是无法了解的.为了较为具体起见,我们依然限于三维的欧几里得几何学.

首先,很明显的是,几何学并非简单地是各自具有独立的意义的一些命题的全体.几何学的命题交织成逻辑相关的密网.更精确地,这就是说,不利用直觉地显然的、从经验得来的几何形象的性质,而只应用形式逻辑的法则,一个命题可以用纯逻辑的方法从别的命题推导出来.例如,从命题"每一个长方形都有相等的对角线"和"每一个正方形都是长方形"推出,"每一个正方形都有相等的对角线".为了作出这个结论,完全不必设想附有对角线的正方形;甚至可以不知道这种"正方形"和"长方形"是些什么,而"有相等的对角线"又指的什么.不管这些术语被给予什么意义,这论断重现了形式逻辑中所讨论的一种类型的三段论法,以致它总是正确的.

自然会发生这样的问题:几何学中这种类型的形式逻辑相关性的整个系统,有什么办法可以概括无遗和使其易于被接受,而不仅在个别的例子上指出它们呢?

给这个问题以回答的是几何学的公理结构.它的目的是在几何理论里得出依靠形式逻辑论断的最大可能.当然,因为形式逻辑只能教人如何从已经知道的命题推导出新的命题,所以形式逻辑决不能无中生有.因此,至少必须随便怎么样地取一些几何命题作为真实的,然后试着从它们用纯逻辑论断的步骤推导出所有其余的命题来.

如果这个目的被达到了,则用纯逻辑的步骤(不引用几何的直觉)可以从而推导出所有其余命题的那些几何命题,就被称为公理,而从它们逻辑地推得的命题,则被称为定理.

很自然地,这时还应该尽量使得公理的数量是尽可能地少,因而也就使得在建立几何学时最大可能的工作落到形式逻辑论断一方面.事实是,只有这种情况才以最好的方式揭露了逻辑关系的全部内容和阐明了几何学的逻辑结构.

概括以上所叙述的,作为物理学的几何学是研究物体的延伸性质的.它的命题可以而且应该用实验的方法来检验;像物理学的所有命题一样,它们只是抽象地体现了物质世界,因而只是近似地真实的.

作为数学的几何学所关心的只是其命题之间的逻辑相关性,更精确地说,它所研究的是从若干个命题(公理)逻辑地推导出所有其余的命题.因此,作为数学的几何学的命题的真实性只能说是有条件的,即在该命题实际上是从公理推导出来的这种意义之下.

我们看到,关于几何学的这两种观点有实质上的不同,而且不管它们在实物范围里是如何地相合,几何学发展的实情,在一种情况下与在另一种情况下相比,起着不同的作用.虽然作为物理学的几何学在现实中发生,它还是实质上运用了数学上的几何学的逻辑方式;而数学上的几何学,主要是在直接或者间接从物理学领域出发的动机影响之下发展起来的.

当然,假如这样地来理解这种对立:作为物理学的几何学研究的是物质世界,而作为数学的几何学则归之于“纯精神的”创作的范围,那就完全错误了.人类思维的内容和形式归根到底还是完全由物质世界所决定的,形式逻辑的法则本身之所以能以这样的威力强迫我们接受,就在于它是多次重复的实际经验的反映.

作为物理学的几何学和作为数学的几何学的明白的划分 —— 自然不在于

提出它们的先后上,而在于实际研究的意义上 —— 乃是19世纪末到20世纪开端时科学上的巨大而有原则性的成就.这成就是对这样的事实而言的,实质上背道而驰的两种观点的共存阻碍了彼此的发展.而在今天几乎已经是不言而喻的这种划分,绝不是通过捷径而得到的.它是作为科学思想的长期而复杂的发展的总结而得到的,在这种发展中希尔伯特的"几何基础"占有显著的地位.下面我们就要用极简短的概述,来阐明这个发展中对于我们的目的最为重要的一些因素.

第三节　欧几里得的《几何原本》

欧几里得(公元前300年前后)的《几何原本》以下列方式包含着几何学原理的系统的叙述,它总结了到那时为止的大约3个世纪希腊本土的数学的发展.从那时起几乎直到现代为止,《几何原本》被认为是科学地严密地论述体裁的模范;没有任何人曾经找到过对它作根本修改的理由,而我们的中学教本,直到今天,基本上还是欧几里得的《几何原本》的翻版.

造成这种事实的原因是:欧几里得运用了当时认为是从前面的命题推出后面的命题的严密推理的方法,以特殊的精巧和完善 —— 自然是从当时的科学水平来看的 —— 展开了几何学的逻辑结构.当然,要是说欧几里得曾经坚持几何学公理结构的决定性的观点,未免过分夸大.但是他无疑地有过这种倾向.实际上,在该书的开头就列举子十四个基本的命题(其中五个叫做公设,九个叫做公理),它们都是所有以后的命题的前提,而且是作为该书的基础的.然而要按纯逻辑的步骤来展开几何学,这些命题是远远不够用的,而且在以后的证明中,欧几里得在运用真正的逻辑论断之外,同时还经常运用直觉的看法.欧几里得所给出的很多定义 —— 也恰好是最基本的 —— 完全不是在逻辑的意义下的定义,而只是几何形象的直觉的描述:例如"线有长度没有宽度"等.要从这种定义严密逻辑地来引出任何推论是不可能的,而且在以后的论断中,它只能是如何运用直觉观念的一些说明而已.

这样一来,在《几何原本》里,决不能认为已经有了现代意义的原则性的公理法构造,而且在任何一处也不能认为已经有了这种公理法构造的实地的实现.然而,这方面的倾向则不仅存在着,而且在后来还继续有所发展.这可以从欧几里得著作的许多评论者的工作中看到,它们并没有提出论述方面的实质上的修正,而常常是渴望在几何学底下导入更为稳固的基石,以便使它更为完善.这些企图都是遵循着增加公理个数的这条道路的.从几何学的逻辑结构来说,公理的不足是大家感觉到的.甚至直到今天我们也不能知道,究竟哪些公理和公设确实是由欧几里得提出的,而哪些公理则是由后继者补充的.可是与《几何原本》相比,这些企图并未表现出新的、原则上更高的观点,而且变成了一种摸索.甚至在这些企图正确地接触到一些必须弥补的缺陷时,它们也被隐藏在同样的逻辑地不合理的方式之中.

几何基础问题的真正发展,没有走上欧几里得公理系统和证明的逻辑改善的正路,却是通过一连串的尝试,奇怪地在欧几里得完全正确的地方来进行修正.这里我们指的是欧几里得第五公设的历史.

第四节　欧几里得的第五公设和非欧几里得几何的发现

欧几里得最后的第五公设说:"每当一条直线与另外两条直线相交,在它一侧作成的两个同侧内角的和小于 $2d$ 时,这另外两条直线就在同侧内角的和小于 $2d$ 的那一侧相交."这个公设在欧几里得的系统里占有特殊的地位:它比较晚地显示出它的作用.欧几里得的前28个命题的证明并未用到它.这事实很自然地引起了一种想法,以为一般地说这公设或许是多余的,可以作为定理来证明的.以致在实际上,欧几里得著作的许多评论者,在超过两千年的长时期中,曾想给出这种证明,还常常自认为达到了目的(而某些孤陋寡闻的癖好者到现在还在继续着这种尝试).

所有这些证明,从我们今天的观点看来都是不对的,都是由于不加证明地假定了某个与第五公设等价的命题.这种命题的例子:在锐角一边上的垂直线和倾斜线永远相交;通过角内的每个点至少可以作一条直线与其两边相交;平面上不相交的直线不能无限制地彼此远离;不存在长度的绝对单位,即这样的线段,它能依据其特殊的几何性质,与其他长度的线段有所区别(如同在各种各样的角之中的直角一样);至少存在着两个相似的三角形,等.

证明者把这些命题中的某一个看做是显然真实的,指出第五公设的否定与它矛盾,然后就认为达到了自己的目的.然而,假如以为我们在这里碰到的事实具有粗浅的逻辑上的大错误,那就错了.事实上,在几何学现代的公理法叙述出现——这直到19世纪末叶才达到——以前,对于如何辨别几何学中的严密的证明和不严密的证明,一般地说并无完全清楚的准绳.在所有这些证明中,一般都多次地引用了直觉性,而且并未说明这些引用究竟在什么限度内可以被认为是合理的.因此在一定程度上,第五公设的每个证明者会自以为他的假设是合理的,而且他已经证明了第五公设.直到现在才知道所有这些证明都是站不住脚的.它被卓越的天才所迅速猜测到的时候,比它被无可反驳地确定下来的时候要来得早些.

无论如何,在各种各样证明的尝试的累积下,与第五公设等价的命题的范围越来越扩大,其中的一部分已经在上面列举过.变成清楚了的是:第五公设的否定将招致所有这些命题的否定,即招致整整一系列"不可思议的"、"荒诞不经的"推论,然而在其中完全不能找到直接的逻辑的矛盾.为了寻找这种矛盾,在18世纪里已经有一些学者,从第五公设不成立这个命题出发,颇为深入地展开了一些推论(萨凯里(Saccheri),1733;伦勃脱(Lambert),1788).实质上这已经是非欧几里得几何的初步,然而这些工作的作者并没有达到这种认识①.

早在1823年,伟大的俄国几何学家Н·И·罗巴契夫斯基(Лобачевский,1792—1856),已经明白地认识到证明平行公设的企图的没有价值②.不久他就有了一种想法,认为第五公设的否定一般地并不引出任何的矛盾,反而促使新的非欧几里得几何体系的诞生.他第一个公开地发表了非欧几里得几何的系统的叙述.1826年2月11日在喀山大学数学物理系的会议上,他陈述了自己的发现的要点,到1829年,他在《喀山大学通报》上发表了论文"关于几何的本原",其中包含了非欧几里得几何的详细的叙述.稍晚一些获得非欧几里得几何的有约翰·鲍耶(Johann Bolyai,1802—1860),他在1832年发表了他的结果.从高斯(Gauss,1777—1855)逝世后才刊行的他的通信录中看到,高斯已经知道非欧几里得几何的大概.可是,由于怕不被人了解和遭受嘲笑,他始终没有勇气公开地宣布这一点.毫无顾忌地在俄国(1826)和在国外(1840)发表了他的结果的Н·И·罗巴契夫斯基,理应据有发现非欧几里得几何的绝对的优先权.然而非欧几里得几何的创造者当其在世时并未被人理解.直到19世纪60年代,罗巴契夫斯基的工作才为数学界所公认,而且在颇大的程度上乃是决定19世纪数学思想全貌的转折点③.

① 第五公设的历史在《Н·И·罗巴契夫斯基全集》第一卷中В·Ф·卡岗(Каган)的论文里有所叙述.

② 看他的著作《几何学》.

③ 从较广的历史远景中来看罗巴契夫斯基的生活和创造途径,在В·Ф·卡岗的书《罗巴契夫斯基传》里有所说明.

第五节　非欧几里得几何学在关于几何基础的问题里的意义

非欧几里得几何学直接地包括些什么内容呢?原来在几何学里可以抛弃第五公设,而采用这样的假设:在平面上通过取在一条直线外的每一个点,有无穷多条直线不与这条直线相交.尽管这种假设看来如此明显地不合情理,从它却能无限制地引出推论和证明定理而不造成逻辑的矛盾.结果就产生了新的非欧几里得几何学.固然,这种几何学中的许多定理,我们从直觉的观点看来,在很多方面比原来的假设还要不合情理,而且有一些简直是骇人听闻的.可是在逻辑上,叙述依然是没有毛病的.

单是这种情况已经表明几何学的逻辑结构对于几何的直觉有一定的独立性,表明几何学的逻辑展开在某种程度上可以独立地甚至与来自物理实验的直觉观念相违地进行.但是事情的另一方面有更大的意义,那是高斯已经注意到的.那就是说,很自然地发生这样的问题:如果两种几何 —— 欧几里得的和非欧几里得的 —— 都是在逻辑上毫无毛病地被建立起来了,那么,又怎么说明在物质世界中应该只有一种是正确的呢(或者说得更确切些,怎么说明其中一种应该比另一种更好地反映了延伸性呢)?这个问题的提出,直接地就引向在本文开头谈过的作为物理学的几何学和作为数学的几何学的那种区别.

事实上,如果当做现实世界的延伸性的知识来选取几何学,则数学自然可以向几何学建议各种各样的方案的选择(科学的进一步的发展对罗巴契夫斯基的非欧几里得几何学作了别的一些更进一步的推广).如何在这些方案中作最好的选择,必须通过物理实验来解决,在这意义下几何学变成了物理学真正的一部分.然而,在只存在单独一个欧几里得几何时,那自然会认为它是自然界所绝对必须的了.如果这种看法不克服,则在物理学中的如像相对论的发现那样巨大的进步,就变成不可能的了.

其次,明白地,即使认为我们的直觉观念给我们的是完全确定的指示,它还是不能同时对应于彼此有实质区别的所有几何学.所以我们只好保留一条出路:在作为数学的几何学的领域内,有可能更完全地利用命题的逻辑关系,而且在其上面奠定展开几何系统的基础.这说明,我们要过渡到上面描述过的公理法的观点.让我们来指出,在历史上为了实现这个目的,在经历过的途径上曾有哪些最重要的标志.

第六节　希尔伯特的前驱者

在几何学公理法结构的领域里，第一个巨大的成就是巴士的研究“新几何学讲义”(Pasch, Vorlesungen über neuere Geometrie,1882)①．巴士认为，几何学的基本的命题应该从实验得来，但是几何系统的进一步的展开应该循着纯逻辑推断的途径进行．为了实现这个观念，巴士首先列举了有下列特性的12条公理(它们相当于希尔伯特的第一组和第二组公理)．其中最先的是关于点对直线和平面的从属性的公理．只是巴士实地讨论的不是直线，而只是线段，不是平面，而只是平面的有界的片断．他提出的理由是，无界的直线和平面我们不能从经验上得到，但是他没有看到，数学意义下的有界的线段我们也不能从经验中得到，也同样是抽象的结果．

上面谈到的公理断定，在两个点之间总有而且只有一个线段，通过每三个点总有一个“平面片断”，如果线段的两个点处在给定的“平面片断”上，则这条线段的全部点就在包含给定的“平面片断”的一个“平面片断”上，等．

这里所谓“线段”和“平面片断”都是指的点集合．这些集合是怎样的而且所谓点又应该如何理解——在数学上是不定义而且也不需要定义的．就这一点说，我们应该知道的是，公理中所提到的一切，正好是在作几何学的公理法结构时所必需的．

巴士的从属公理(巴士自己并没有像以后希尔伯特所做的那样，把它们分在特殊的一组里)有一个缺点：由于讨论直线和平面的片断来代替直线和平面本身，以致显得非常复杂．在其他方面它们是选择的非常恰当的，而且希尔伯特在消除了上述缺点以后，非常接近地把它们转载在他的第一组公理中．

在巴士的最先12个公理中接着还列入了那样一些公理，它们后来被希尔伯特列举在第2组公理中而且把它们叫做次序公理．这些公理的表述是巴士的最大的功绩．实际上，我们不难设想点在直线上的分布，而且直觉地我们十分清楚．例如，如果 C 在 A 和 D 之间而且 B 在 A 和 C 之间，则 B 在 A 和 D 之间．但是在作几何的公理法结构时，直觉性不应该在证明中引用，而且所有这种命题必须逻辑地从其中采用为基本的一些命题推得，巴士实地做到了挑选这样一些基

① 在这篇简短的绪论性的文章里，我们不得不像忽略许多其他的因素一样，忽略了在几何基础范围里的与李(Lie)和克莱因(Klein)的名字相联系的解析方面的历史．在B·Φ·卡岗的书《几何基础》第二卷《几何基础学说发展的历史概述》里可以看到这方面问题的极好的叙述．该书第一卷讲述几何学根据的最初的本源，在某种程度上那是把解析的和综合的方面结合起来的．

本的命题而且把它们提出作为公理这一步.在那些公理中就有例如刚才写出过的命题和一些同样性质的命题;特别的是关于不在一条直线上而在平面上的点的位置这一个特别重要的公理;现在它就被叫做巴士公理(在希尔伯特的公理系统里这是公理 II_4).

然而巴士过分夸大了为建立点的次序所需要的公理的个数;希尔伯特的第二组公理在数量上要少得多了.当然,所以能达到这一点还在于,为了建立直线上点的次序引入了平面的次序公理(巴士公理);而直线上点的次序希尔伯特也未能独立地建立起来.

在提出的 12 条公理以外,巴士还给出了关于图形的全合概念的 10 条公理(这相当于希尔伯特的第三组公理).这些公理与为了引出全部全合性质所必需的极小个数公理相比是太多了.再有,阿基米德(Archimedes) 公理也包括在这些公理之内(在希尔伯特的公理系统里它是属于第五组的).

总的说来,巴士非常接近于达到了足以展开几何学的公理系统.虽然,他的主要目的却是另外一个:经过理想元素的引入,把度量几何包括在射影几何之中.从这个观点看来,他的研究在今天也还是有用的.

以后,意大利的学者们 —— 皮亚诺和他的学生们 —— 对几何基础提供了一系列的工作.皮亚诺自己的研究"逻辑地叙述的几何基础"(G.Peano, Principii di geometria logicamente esposti, 1889) 讲述了比较狭窄的课题.丕阿诺给出的只相当于希尔伯特的第一和第二组公理,即关联公理和次序公理.

然而在这个有限制的范围里,丕阿诺实地在叙述方面达到了逻辑的精炼.继续着丕阿诺工作的他的学生们,主要限制在射影几何的公理法上.所以我们只提出与我们的题目直接有关的庇爱里的一个研究"作为演绎系统的初等几何学"(M.Pieri, Della geometria elementare come sistema ipotetico deduttivo, 1899).在那里庇爱里独创地提出了欧几里得几何的公理系统的建立.

庇爱里似乎想引出极小个数的基本概念 —— 即那些不直接定义而引用的和被整个公理系统所间接定义的概念.这些概念在庇爱里只有两个:"点"和"运动".庇爱里的一个公理(公理 Ⅳ) 断言,每一个运动是点集合到自身的一一映射.但是这还不是运动的完备的定义,因为其余的公理还把补充性的限制加在这个概念上.例如,公理 Ⅷ 断言,如果 a,b,c 是不同的点,而且至少有一个运动(并非恒同变换) 使它们保留不动,则把 a 和 b 保留在原位的每一个运动,也把 c 保留在原位.这样一来,就不是点到点的每一个一一映射都是运动了.

具有在公理 Ⅷ 里所说的性质的点 a,b,c 叫做共线的.由此出发,庇爱里给出直线的定义,在这以后还给出平面的定义.那就是说,平面是指由下列方式得到的点的集合.取不在一条直线上的三个点 a,b,c,而且例如把 a 与直线 bc 的点用直线联结起来.这些直线上的点按定义组成一个平面.在以后的公理中还刻画了直线和平面的概念.然后给出"介于"[①]概念的极其人为的定义,而且以后还在公理上描述这个概念.球面用这样的点集合来定义:它从一个点经过保留另一个点在原位的所有运动而得到.

庇爱里的公理系统的缺点在于以下的几方面:由于庇爱里想达到基本概念的极小个数,为了这种形式上的简单,他在实质上却把公理系统弄得非常复杂.他的公理很多都是冗长的.例如公理 XIV:"如果 a,b 和 c 是不在一条直线上的点,而且 d 和 e 都是平面 abc 上与 c 不同的点,它们又都属于以点 a 和 b 为中心而且通过点 c 的两上球面,则这两个点 d 和 e 重合".如果想把这个公理的叙述化成只是关于基本概念"点"和"运动"的叙述,当我们考虑到平面概念和球面概念都有其通过基本概念的直接定义时,我们就会知道.得到的叙述将是何等难以形容的复杂呀!由于过分减少基本概念的个数,庇爱里还不得不运用人为的定义来引入被抛弃了的基本概念("直线","平面","介于").其后果是,不能按照个别的基本概念的作用范围来揭示公理系统的自然的逻辑划分,以致把逻辑关系弄得杂乱无章,而公理系统也就具有了极为笨重的形态.

第七节　希尔伯特的公理系统(公理组 Ⅰ ~ Ⅳ)

与庇爱里的工作同时,希尔伯特的《几何基础》也在 1899 年刊行了第一版(D.Hilbert, Grundlagen der Geometrie).现在翻译的是 1930 年的第七版.在这样一段不短的时间以内,希尔伯特在其公理系统里作一系列的修正和精炼.然而在本质上并未作任何改变.我们在这里将要就其最近的形式来谈一下他的公理系统,顺便指出从第一版的时候起有了些什么改变.

下面将要提出希尔伯特的主要功绩,这是他的著作被我们看做经典作品的原因.希尔伯特成功地建立了几何学的公理系统,如此自然地划分公理,使得几何学的逻辑结构变成非常清楚.公理系统的这种划分,首先就能够最单纯而又简明地写出公理,其次,即使作为基础的不是整个公理系统,而是按照自然方式划分公理系统而成的某些组公理,依然能够研究几何学究竟可以展开到多远.用来说明个别的公理组的作用的这种逻辑的分析,是希尔伯特在一系列有趣的研究里所实际进行的,这些研究在实质上也就是他的书的很大一部分内容.

① 在文中有时译成"在……之间"——译者注.

此外,希尔伯特的工作激起了同一方面的一整系列的进一步的研究;其中有一些是他在附录里所论述的.

现在让我们来探究一下在第一章里所叙述的希尔伯特的公理系统.

在希尔伯特的系统里讨论了三种对象:"点","直线"和"平面",以及对象之间的三种关系,它们是:"属于","介于"和"全合于".这些就是基本的概念,而且严格说来,在希尔伯特的系统里研究的只是所说的对象和它们之间的所说的关系.所有其余的概念都可以在列举的六个基本概念的基础上给以直接的定义.

然而这些基本概念是些什么呢?我们已经说过,作为数学的几何学所关心的只是几何命题如何纯逻辑地从其中有限制的几个来推得.这些特别挑出的命题就是所谓公理.而如果从公理推得的结论完全是按照形式逻辑的法则作出的,则只要认为公理成立,所谓对象("点","直线","平面")和这些对象的所谓关系("属于","介于","全合于")究竟指的是什么就完全不起作用了.事实上,形式逻辑之所以被叫做"形式的",正是因为它的结论就是形式说是正确的,不管我们所讨论的对象在实质上指的是什么.所以在几何的公理法结构下,不论我们如何地来理解"点","直线","点属于直线"等,只要我们在作证明时所运用的公理是正确的,则严密逻辑地证明了的定理也是正确的.特别地,可以不必与通常直觉观念下的点、直线等发生任何关系.

总之,所谓"点","直线","平面"和所谓"属于","介于","全合于"诸关系,我们指的是只知道它们满足诸公理的一些对象和关系.因此,对于这些对象和关系没有给出直接的定义;但是可以说,公理系统间接地把它们作为整体而规定了.

第一组公理包含8个公理.在其中列举了在建立几何学时我们所必须知道的关于"点属于直线"和"点属于平面"这两个关系的一切.完全不妨把这些字句设想为串在一条长轴上的小球等,一般说来也不妨赋予这些字句以任何确定的意义.只是必须知道,如果给了两个不同的点,则就存在着一条而且只一条直线,属于每一个点(公理 I_1 和 I_2)等.这样一来,在点和直线,点和平面之间可能存在而且被我们用术语"属于"来表达的一些关系,所受的限制只是组 Ⅰ 的8个公理对于它们说应该成立,而与这些关系相牵涉的任何别的概念,至少在几何学的公理结构下,原则上是多余的.

在这个意义下我们可以说,公理组 Ⅰ 是概念"属于"的间接的定义.希尔伯特在以后利用的是通常的术语"在 … 上","通过"等.当然,在这里并无任何新的概念,只是改变了原来的概念的说法而已.

总之,在公理组 Ⅰ 里规定了最基本的概念"属于".在以后的各组公理的条文中这个概念就被假定为已经确立的了,因为它们确实出现在那些条文里.

在公理组 Ⅱ 里谈到的是这样一个关系,它发生在属于同一条直线的一个点和另外两个点上.这个关系我们使用"介于"这个词.在几何学的逻辑展开下对于概念"介于"所要求的一切,都无遗漏地列举在组 Ⅱ 的 4 个公理中.因此,关于直线上一个点在另外两个点之间的直觉观念也就不会造成几何学展开中的任何无原则性的损害了.在这一组里占有最重要的地位的是巴士公理($Ⅱ_4$),它为组成三角形(因而也就不能放在一条直线上)的线段规定了"介于"概念的性质.其余三个公理牵涉的只是共线的点,按其内容来说是较为简单的.单是这三个公理即使为分布在一条直线上的点规定"介于"关系也是不够的.为了这个目的,只有在引用了巴士公理也就是引用了平面结构以后,它们才变成充分的.

不妨指出,与希尔伯特著作的第一版相比,这组公理大大地简化了.在第一版里有如下的一些多余的要求:在两个已知点之间总有第三个点(现在是定理3);在直线上的三个已知点中至少有一个点在另外两个点之间(现在是定理4;只是还保留不多于一个点的要求,那就是公理 $Ⅱ_3$);直线上的四个点总可以这样编号,使得在每三个点中,有中间号码的点在另外两个点之间(定理5).在这里面最大的简化是证明最后一个命题,因而有把它从公理中删去的可能.这是莫尔(Moore)在1902年所做到的.

在由组 Ⅱ 的公理所规定的"介于"概念的基础上,已经可以用直接的定义来引出一些概念——线段,射线(半直线).角和它的内部(在书中角是在公理组 Ⅲ 之后引出的,虽然它的自然位置是在组 Ⅱ 之后).

在谈到公理组 Ⅲ 时,我们要指出的是,在它们的条文中已经包括了"介于"概念,因为在其中提到了线段和角,而线段和角的定义已包含了"介于"概念.因此,"属于"和"介于"两个关系必须假定为已经确立的了.

组 Ⅲ 的公理的目的在于写出全合关系的这样一些性质,它们要足以纯逻辑地推导出牵涉全合关系的全部定理.因此,我们认为,一个线段或者角可以与另一个线段或者角处在一种确定的关系中,这种关系就是我们用"全合"这个词来表示的,而且只知道它服从于组 Ⅲ 的公理.

根据这个观点,即使是非常"显然的"性质(例如每一个线段全合于它自己;如果第一个角全合于第二个,则第二个也全合于第一个,等),当它们还没有在公理的基础上用纯逻辑的方法证明时,我们就没有权利把它们加于全合概念上.顺便提一下,在括号里所提出的第二个断言很晚才被证明,它们只有从定理

19 才能得出,在那以前就不能认为 $\measuredangle\alpha\equiv\measuredangle\beta$ 和 $\measuredangle\beta\equiv\measuredangle\alpha$ 表示同一个事实.

组 Ⅲ 的前三个公理是关于线段的全合的,第四个是关于角的全合的;起特别重要作用的是第五个公理,它是唯一的确定线段的全合和角的全合之间关系的公理.

在第一版里全合公理被写得过分强了.其中的一些后来可以用其余的公理来证明.那就是以下的几个断言:从已知点沿着已知射线截取的与已知线段全合的线段,不能多于一个(即在公理 Ⅲ_1 里,早先要求的不仅是点 B' 的存在性,而且是它的唯一性);每一个线段都全合于它自己;全合于第三个角的两个角彼此全合.这里最大的简化是从公理中删掉最后一个断言(现在是定理 19).证明这个断言的可能性是由洛生塔尔(Rosenthal) 所发现的.

第四组公理只包含唯一的一个平行公理.添上这个公理以后就使我们的几何成为欧几里得几何了;相反地,否定这个公理就将引向罗巴契夫斯基几何.

第八节　连续公理和非阿基米德几何

公理表最后的组 Ⅴ 的公理(连续公理) 占有非常独特的地位.第一版里在这组中只有叫做阿基米德公理的一个公理 Ⅴ_1(把足够多个与已知线段全合的线段接起来,总可以超过任意预先给定的线段).

希尔伯特在开始时没有注意到,对于通常意义上的欧几里得几何的结构而言,这些公理是不充分的.这一点可以被认为有些奇怪.实际上,假如让我们用笛卡儿(Descartes) 直角坐标系 x,y,z 表出通常的欧几里得空间,并且在其中只留下三个坐标 x,y 和 z 都是代数数的点而剔除所有其余的点.不难验证的是,在这种“多孔的” 空间中,希尔伯特的全部公理仍然有效,然而这个空间却是不完备的.

公理系统中的这个缺陷由一些学者(彭加莱(Poincare),1902) 向希尔伯特指出,以后在《几何基础》的第二版里就又引进一个公理:完备公理 Ⅴ_2(在最后一版里,它以较为简化的形式作为线性的完备公理而提出).

在第一版中缺少完备公理这种看来是奇怪的现象,假如整个地知道了本书的内容,就会发现其根源.事实是,希尔伯特这本书的中心思想,按其实质是与连续公理无关地来展开几何学的.所以缺少完备公理并不在证明中造成实质上的错误或者缺陷;这个公理在引进了以后,只是一个空架子,在叙述中始终没有被用到.

完备公理的叙述是极其人为的,而且立刻就显示出它的目的 —— 使公理系统在形式上有了结束,对于上面说过当只限于前面一些公理时在空间中可能出现的“漏洞”就可以弥补起来了.也就是作了这样的假定:点、直线和平面的集合,不能再被添加新的元素,使得在扩大了的集合中,全部前面的公理依然都成立,而且使得“属于”,“介于”,“全合于”诸关系在用到旧的对象上时还保持原来的意义.

这个公理的表述在最后一版中有些精简(线性的完备公理),但是其基本的观点依然相同.明显地,这种观点粗略说来就是,禁止讨论不完备的空间,即被剔除了一部分的点、直线和平面的空间.而且需要消除的正是这种可能性.

我们已经提起过,连续公理在希尔伯特的公理系统中占有完全独特的地位;它们好像不是嫡系,本书作者认为没有它们也无所谓:可以完全没有完备公理,也可以在大部分地方没有阿基米德公理.在这里我们应该顺便讨论一下这种现象的极为深刻的原因.

如果限于公理 Ⅰ ~ Ⅳ,则希尔伯特公理系统的最本质的现象是实际上没有无穷集合的概念.因此,著者常常给出这样的叙述,使人很自然地会在集合论意义下来理解它们.例如,正文的开头,“设想有三组不同的对象 ……”,自然可以理解成被讨论的是某三个集合.然而这种叙述实质上是属于宣言性的,实际的叙述中是避开它们的.事实上,让我们以这个观点进一步来看一下叙述的特点.首先,很重要的是,希尔伯特避免把直线和平面理解成由无限多个点组成,而把直线和平面作为独立的基本概念引入.在这种情况下,在任何公理的表述中和在任何初等几何定理的证明中,牵涉到的显然只是有限个点(直线和平面也一样),而无限集合的概念还是不出现的.特别说来,譬如说直线上、平面上、空间中的全体点的集合(这种集合必然会是无限的),就没有任何必要去加以设想了.在任何一个公理里都没有牵涉到这种集合.而如果在一个命题里断定了具有某种性质的点(例如在两个已知点之间的点)的存在(或者不存在),则应该直接把它理解成许可(或者禁止)讨论具有已知性质的点的意义.至于具有已知性质的点在其中作为元素而存在(或者不存在)的全部点的集合,在这时完全不必去设想.

完全一样地,在讨论直线被在其上的点 O 分成两条半直线时,并不必须说到直线上全体点(除掉 O)的集合被分成了两部分.实质上谈到的是,在我们的论证过程中是在作直线上的点,对于其中的每两个点 A,B 我们可以说,它们是否处在由 O 决定的不同的半直线上(那时 O 在 A,B 之间),还是处在同一条半直线上(那时 O 不在 A 和 B 之间).换句话说,无论我们多久地继续我们的论证,分成两类的工作是对论证中实际提到的全部点而作的,而且对于我们说这就已经够了.然而这种点永远只有有限个,以致直线上全体点的无限集合的概念依然还是多余的.

用相仿的方法一步一步地考察全部的叙述,我们可以断定,在实质上到处谈到的是有限次的构造步骤,构造法则是由公理给出的.因而在实质上并不迫使我们引用集合论的概念.

要提请注意的是,以上的叙述都是对公理 Ⅰ ~ Ⅳ 和从这些公理得来的那一部分几何而言的.连续公理 Ⅴ 是完全不同的一回事,在连续公理和前面的公理之间隔着一条鸿沟.连续公理在实质上要以无限集合的概念为前提,没有这个概念就无法表达连续公理.实际上,在连续公理的条文里直接谈到全部点的集合(在线性完备公理中谈到直线上的全部点的集合).与公理组 Ⅰ ~ Ⅳ 相反,在这里是以集合论的观点为基础的.

即使是看来似乎意义较为清晰的阿基米德公理,也是以无限集合的概念为前提的.事实上,我们先取定一个线段 A_0A_1 和另一个线段 B_0B_1.然后我们在射线 A_0A_1 上顺次作出点 $A_0,A_1,A_2,A_3,\cdots$,使得线段 $A_1A_2,A_2A_3,A_3A_4,\cdots$ 都全合于 A_0A_1.我们的断言是,在所作的序列中,可以求得点 A_n,使得线段 A_0A_n 超过 B_0B_1.

这样,在每个个别的情形里我们只需要有限个点 $A_0,A_1,\cdots,A_n$.然而当我们把公理写成普遍的形状时,我们就应该包括了所有可能的情形,以致在其中就将遇到有任意大的号码 n 的情形.

因此,在公理的普遍表述中,我们不能只考虑序列 $A_0,A_1,A_2,A_3,\cdots$ 的一部分,而必须整个地取这个无限的集合,并且断言,在这个集合中有着具有所要性质 $A_0A_n > B_0B_1$ 的点 A_n.这样一来,假如没有无限序列的概念,我们就不能表述阿基米德公理了.

会发生这样的问题:主要是在怎样的意义下,才使公理 Ⅰ ~ Ⅳ 与公理 Ⅴ 相反,而不需要集合论的概念?

在公理 Ⅰ ~ Ⅳ 的基础上展开几何学时,我们可以根据的是形式逻辑的法则,这只能把它们应用于证明中实地讨论到的构造,这些构造总是有限的,而且完全可以观察到的.就因为这个缘故,全部论证才具有十分清晰的特点,以致在这里就不会发生任何微小的不明确性.

相反地,在应用公理 Ⅴ 时,我们实质上不能不考虑到无穷集合,而这就已经会带入原则性的不明确性了:我们希望给几何学以根据,然而却是在集合论的基础之上,而且正像每一种数学理论一样,集合论本身也必须有其根据.这样就产生了推广研究范围的必要性,以致在任何情况下,有限次构造所独有的那种完全的清晰性现在便消失了.

我们不想更深入地讨论这些问题了,只是以上的叙述已经说明了在几何学的基础上引入连续公理 V_1 和 V_2 所引起的那种原则性的复杂性.

希尔伯特在几何学的逻辑分析领域里的巨大成就,恰恰就在于他发现了,不利用连续公理,几何学在实质上也有发展的可能性.

没有连续公理的几何学,我们叫做非阿基米德几何学.正像我们将在以下的内容概述里肯定的那样,希尔伯特的这本书正是特地为它而写的①.

第九节　本编内容概述.第三和第四章:非阿基米德的度量几何学②

第一章包含我们已经讲过的公理方法,以及一系列最直接地从公理得出的定理.读者必须注意到掌握这些定理的证明的全部重要性.希尔伯特公理系统的公理是很容易看懂甚至记住的,但是如果不学会如何实际运用这些公理,也就是如何根据这些公理严密逻辑地来证明一些定理,那么对于数学的发展说这些公理就是毫无用处的了.

希尔伯特的叙述一版又一版地变得更清楚和更完全,然而直到今天在其中还有着大量的证明方面的空白要读者自己去补全.这种情况大大地减低了本书的教学上的价值.问题不仅在于被省去了的证明中有一些是十分困难的,更重要的还在于初学读者即使作出了证明,也未必能够完全有把握地弄清楚他的证明在逻辑上是否无可责难,还是在其中某处已经混进了从直觉观念借用的假设.结果可以认为,叙述的易于理解现在已接近于大学教本的水平.

希尔伯特著作的第二章讲授由于公理方法而产生的逻辑问题我们留到后面去谈它,现在则从第一章直接过渡到第三和第四章.

在第一章里证明了的那些基本定理(定理 1 ~ 31),不依赖于连续公理,因此是属于非阿基德几何的.在第三和第四章里情形也是如此.只是与第一章比较起来,在这里问题要复杂得多.

第三章的目的在于引入线段相比的概念,特别在于建立在非阿基米德几何里的相似形理论;在第四章里则建立了非阿基米德的面积理论.在通常的叙述里这些课题是通过在几何中引用数而解决的.那就是说,用大家熟知的方式,与

① 著者通常是在比较狭窄的意义下使用"非阿基米德几何学"这个术语:那就是指不仅不利用连续公理,而且明白说出它不成立的几何学.

② 此处指译文原书——编校注.

每对线段 AB, CD 对应的是表达它们的比值的实数.把一个线段,譬如 AB,分成 n 个相等的部分之后,我们陆续加接线段$\frac{AB}{n}$,直到获得超过 CD 的线段才止.设在线段$\frac{AB}{n}$加接 $m+1$ 次时我们首次得到这样的线段.那么可以证明,当 $n\to\infty$ 时$\frac{m+1}{n}$趋向一定的极限,这种极限就叫做比值$\frac{CD}{AB}$.

我们看到,这个作法在实质上假定了阿基米德公理:在非阿基米德几何里可能有这样的情况,无论我们多少次加接线段$\frac{AB}{n}$,我们总不能够超过线段 CD,因而也就无法决定数 $m+1$.还可能有这样的情况,无论我们取怎样的 n,$\frac{AB}{n}$仍然大于线段 CD,使得 $m+1$ 永远等于 1,以致不得不取零作为比值$\frac{CD}{AB}$,尽管线段 CD 并未退化成为点.

这样一来,在非阿基米德几何里我们不能够按照通常的方法用数来刻画线段的比值.因而我们也就无法在通常的意义下来谈到线段的成比例(比值相等),以致相似形理论变成无内容的了.由于面积比值的概念按完全相同的原因失去了支柱,面积的测量也成为不可能的了.此外,譬如说,由于我们不再有三角形的底和高的数值表示(在通常的叙述里,这是底和高那两个线段与取作长度单位的线段之比值),三角形面积用底和高的乘积之半来表示的式子也失去了意义.

希尔伯特用非常有趣的、主要还在于用很自然的几何方法,克服了这个困难.他指出:在几何学里不一定要运用数的概念;只用几何的方法也可以进行计算(线段的计算法),这种计算法给予我们与实数的算术同样的方便.

首先,在第 13 节(原书)里这种计算法是以抽象的形式给出的.考虑一些对象 —— 希尔伯特把它们叫做复数系统的数,对这些对象提出列举在公理中的一些要求.那就是说,公理 1 ~ 12 为这些对象确立了有普通性质的加法和乘法运算(以及它们的反运算).

这时自然并不需要使这种加法和乘法运算具有包含某种意义的直觉性.所谓加法,简单地只是一种法则,它使每对对象都有对应的一个第三个对象;所谓乘法也是类似的一种法则.以后我们关于这两种运算所需要知道的一切,都已经列举在所说的公理里了.

满足公理 1 ~ 12 的对象集合,在近世代数里叫做域.有公理 12 的域叫做可交换的,否则叫做不可交换的.

但是我们所要的不仅是一般的域,我们还需要这个域是有序的.公理 13 ~ 16 为所讨论的对象引出"大于"和"小于"的关系,并且指出这两个关系的性质.当然,在这里对于我们对象的"大小"也没有假定了任何直觉的意义,关于"大于"概念所必须知道的都已列举在公理 13 ~ 16 中了.

总之,公理 1 ~ 16 决定了有序域,而且用这种方式定义了的运算(对域的元素进行的计算)恰好就起着基本的作用.至于连续公理 17 ~ 18,则可以证明它们只是一般地把有序域(由公理 1 ~ 16 决定)变成全体实数的域罢了.在非阿基米德几何里,由于在这种几何中缺少连续公理,在作线段的计算时这两个公理就不能使用.

然后在第三章里,这个以公理 1 ~ 16 抽象地规定的计算法几何地被实现了.那就是说,取作计算对象的是非阿基米德几何里的线段(并且不考虑它们在空间中的位置,彼此全合的线段被认为是同一个对象).线段的加法和乘法运算(原书第 15 节)用几何方法引入,在加法的情形完全是显然的."大于"的概念也是几何地用通常的方法定义的.可以验证,在这种线段计算里,公理 1 ~ 16 成立.在验证中起基本作用的是希尔伯特简短地叫做巴斯格耳(Pascal)定理的那个定理.实质上,这是当圆锥截线退化成一对直线而且六角形的对边都平行时巴斯格耳定理的特别情形.

必须注意的是,作为计算元素的线段,直接地只提供公理 1 ~ 16 决定的有序域的正元素,为了完整地得到这个域,必须像在第 17 节(原书)里所做的那样,在讨论中还要引用"零线段"和"负线段".如果只限于沿一条直线上截取线段,而且约定总按确定的次序来取线段的端点,则正负线段就可以几何地用通常的方法来决定.

为了作出相似理论里的全部主要的命题(原书第 16 节),只要利用正线段就够了.作为非阿基米德相似形理论的本质的根据,我们现在重又可以谈到两个线段 a 和 b 的比值了,只是指的不是数,而是在我们的计算法中 a 被 b 除所得到的线段.线段 a,b 和线段 a',b' 的成比例则可以用下列线段等式来定义

$$\frac{a}{b}=\frac{a'}{b'}\quad(\text{或者 } ab'=ba' \text{ 也一样})$$

然而在正文中并没有明白地说出线段的比值是线段,那是因为在这种情况下的比值有严重的缺陷:它依赖于我们的计算法中单位线段的取法.然而上面那样定义的线段 a,b 和 a',b' 的成比例有着不变的意义,这只要从定理42(原书)就可以看出.而因为对于相似形理论而言,重要的只是具有其普通性质的线段的成比例,所以可以毫无困难地按照通常的叙述那样建立起整个的理论.

在第四章里所叙述的非阿基米德的面积理论,完全一样地是利用了线段的计算法来代替线段的数值表示和对这种数进行的运算.

首先定义了两个多边形的剖分相等(剖分成两两全合的三角形的可能性)和拼补相等(两个多边形经过拼补上两两全合的三角形以后,再剖分成两两全合的三角形的可能性).这两个概念在普通的几何里是等价的,在非阿基米德几何里不等价的.必须把这两个概念中含义较广的一个,即拼补相等作为基础.希尔伯特指出,有相同的底边和高的三角形是拼补相等的,但是却可以不是剖分相等的.

然后确立了与普通情形相仿的拼补相等的一些基本性质(定理 43 ~ 47),提出一个重要的问题:证明多边形不能与其一部分拼补相等(定理 48 的意义就在于此).如果事实不是如此,则面积相等的概念就失去了它的价值.因为我们在运用面积时就没有可能添上"大于"和"小于"的概念.实际上,假如一个多边形与另一个多边形的一部分面积相等,很自然地可以认为第一个多边形按面积小于第二个多边形.但是如果多边形居然与其一部分面积相等,则就不能不认为它比它自己小,……,这就使"大于"和"小于"概念完全失去了意义.

这样一来,在扩大的形式下,我们的问题就化成了下面的问题:对于多边形引出具有普通性质的"相等","大于"和"小于"的概念,并且既要使得前面已经定义了的拼补相等起着相等的作用,又要使得包含在另一个多边形里的一个多边形总被认为是较小的(因此它们就不相等).

希尔伯特使每个多边形对应于一个确定的线段,而解决了这个问题,这线段就叫做多边形面积的量.那就是,使每个三角形对应于一个线段,等于在线段计算意义上的底乘高的乘积之半.使每个多边形对应于一个线段,等于与其剖分中的三角形对应的诸线段之和.这时可以证明,这个和并不依赖于剖分的方式.主要的结果写在定理 51 里:多边形拼补相等的必要和充分的条件是它们面积的量相等.于是多边形"相等","大于"和"小于"的概念(对于它们的面积而言的)就不难利用对应线段(面积的量)的比较而引出了.特别地,如果一个多边形包含在另一个多边形内,则很容易从定义得出,后者的面积是前者的面积加上相差部分的面积,那是因为它大于两个加项中的每一个.要注意的是,在这里我们总认为面积的量是正的线段.因此,在正文中,在牵涉到多边形的定向时,也讨论了负的面积的量,这只不过是为了证明(定理 49 和 50)过程中的方便而已,对于最终写出的结果而言这完全是多余的.

在末了还必须说明一下,这种面积理论与初等几何的传统内容有什么关系.如果我们抛弃非阿基米德的观点,则线段就可以用数来表示,以上的全部理论也就可以从把面积的量看做数来展开(把三角形底和高的线段的相乘换成代表它们的数的相乘).然而这依然还不是通常教科书中所叙述的理论.问题在于,在通常的叙述里暗地假定了,可以有正数与每个多边形相对应,使得对应于全合的多边形的是相等的数,对应于合成的多边形的是对应于其各部分的数之和,对应于单位正方形的是单位数.所有这些都没有作任何的证明而假设为显然的,在以后只研究在这种情况下这些数是什么,和证明对于三角形而言这一定是底和高的乘积之半等.

把希尔伯特的理论移到初等几何里以后,我们就可以证明,对应于每个多边形,确实可以有具有所列举的性质的数.简短地说,希尔伯特理论证明了面积的量的存在性,而通常的理论则证明了它的唯一性.

第十节　内容概述.第五和第六章:非阿基米德的射影几何

在这两章里我们撇开了公理组 Ⅲ,因此我们删去了线段和角的全合的概念,以致在实质上我们过渡到了射影几何的范围.要注意的只是,我们还是大多不利用连续公理,以致可以说,研究对象是非阿基米德的射影几何.

当然,就希尔伯特叙述的字面上的意义看,说研究的是非阿基米德的仿射几何也许更确切些.但是如果在讨论中引入假(无穷远)元素(就像在原书注解60里所做的那样),则得到的空间可以叫做非阿基米德的射影空间,而且全部叙述可以在更广泛的意义下使用.那就是说,在正文中所给的全部作法,可以认为是在非阿基米德的射影空间中作的,只是在其中剔除了一个任意选取的平面.至于直线的平行性则在这时可以理解为它们相交于这个平面上.

必须注意的是,在注解60(原书)里非阿基米德射影空间的作法,从并未引进射影的次序关系这一点说来,是没有完成的,但是在第五和第六章里,次序关系一般地只占有附属的地位.

在第五章里首先解决的问题是:在非阿基米德的射影几何里引进坐标系以至一般地引进解析几何的方法.由于缺少阿基米德公理,在这里不能用通常的数作为坐标;甚至连第三章中所作出的线段的计算法也不能利用,因为这是以全合公理作基础的.但是希尔伯特的出发点是,建立新的不利用全合公理的线段计算法,它有纯射影的特性.计算的对象,像在第三章中一样,是线段.但是如果在以前选取的线段有完全任意的位置,并且彼此全合的线段,作为计算对象,彼此并无区别,则现在讨论的线段,只是从一个固定的起点 O 出发,沿着通过这点的两条固定的直线而截取的线段.从 O 沿着一条固定直线截取的线段,作为计算对象,被认为是等于从 O 沿着另一条直线截取的线段,假如联结这两个线段端点的直线平行于一个固定的方向的话.

在几何构图的基础上给出线段的和以及乘积的定义,而且证明所作出的计算法满足第13节(原书)中除掉要求12以外的所有要求1 ~ 15.换句话说,我们的线段的集合一般说来可以认为是非交换的有序域.希尔伯特把这种域叫做笛沙格(Desargues)数系,而且取它作为非阿基米德射影空间中解析几何的基础.

第五章的目标,只是在平面上建立了解析几何,虽然在空间中完成同样的作法并无任何原则性的困难.

我们在平面上取通过固定点 O 的两条直线(它们就是坐标轴),而且在每条直线上任意地取一个点,它们在线段的计算法中就被用做单位点 E 和 E'.

任意点 M 的向径 OM,我们按通常的方式沿两条轴而分解.如果得到的线段我们可以用数来表示,则就得到了通常的仿射坐标系;但是现在我们直接用线段代替数来作为计算对象,这我们在前面已经说过.

作为计算对象的这两个线段(沿轴分解而得到的),我们叫做点 M 的坐标 x,y.主要的结果在于:直线的方程有通常的形式

$$ax + by + c = 0$$

只是这时有一个条件:流动坐标 x,y 的系数 a,b 写在左边(a,b,c 也是我们计算对象的线段),这在现在是非常重要的($ax \neq xa$,等).

这样,在非阿基米德射影平面上引进了解析几何.自然地,假点在这时没有得到坐标,而为了要写出假点的坐标,则必须完全像通常所做的那样过渡到齐次坐标才成.只是齐次坐标 x_1,x_2,x_3 现在有这样的一个特点,它们可以在右边乘上一个公共因子 $\rho \neq 0$ 而还决定同一个点.

在引进了解析几何以后,要解决希尔伯特在第五章里看做主要结果的下一个问题,就没有特别的困难了.

我们来讨论空间中一个平面上的几何.这种几何的对象是属于已知平面的点和直线.从所讨论的公理(组 Ⅰ,Ⅱ 和 Ⅳ,看第22节)中只需要保留平面的公理,即只与平面上的作图有关的公理($\mathrm{I}_{1\sim3}$,$\mathrm{II}_{1\sim4}$,IV^{*}).此外,还需要平面上的德沙格定理(定理53)成立.在任何的射影几何教程中可以看到,在证明这个定理时用到了空间的作图,尽管这个定理具有平面的特性.希尔伯特证明,这不是偶然的:根据刚才列举的平面公理,德沙格定理不能被证明(即使添上连续公理和公理 III_5 以外的全部全合公理来加强它们也是一样).固然,利用全部全合公理可以不过渡到空间而证明笛沙格定理,但是这不是我们现在所关心的,因

为我们研究的是射影几何,所以不考虑全合的概念.

总之,平面上德沙格定理的真实性,是不能从平面的射影几何公理推出的.所以,要想不过渡到空间,独立地来作出平面几何,我们应该把德沙格定理作为新的公理添到平面公理 $\mathrm{I}_{1\sim3}$,$\mathrm{II}_{1\sim4}$,IV^* 上去.

然后就可以证明,平面公理的这种推广对于我们的目的说已经足够了.那就是说,在平面公理和德沙格公理成立的平面几何里,可以作线段的计算(第24 ~ 26节)和引出我们已经谈到过的解析几何(第27节).这样,在得到了德沙格数系以后,我们把它用于(第29节)空间的形式的解析作法上(点指的是德沙格数系三个元素的组,等),在其中满足全部公理 Ⅰ,Ⅱ,Ⅳ,而且在它的诸平面上实现原来的平面几何.

主要的结果是这样:要使得在平面公理 $\mathrm{I}_{1\sim3}$,$\mathrm{II}_{1\sim4}$,IV^* 上的几何可以在空间的诸平面上实现(满足公理 Ⅰ,Ⅱ,Ⅳ 的),必要和充分的是,在这种几何里除掉所说的公理以外,德沙格定理也成立.

第 Ⅵ 章对这些问题作更深入一步的讲述.在第 Ⅴ 章里提到的是非阿基米德射影几何,即以公理 Ⅰ,Ⅱ,Ⅳ 为基础而不依据全合公理 Ⅲ 和连续公理 Ⅴ 的几何.但是这自然并不是说,抽出的公理在我们的几何里一定是不对的.实际上,当除去以公理 Ⅰ,Ⅱ,Ⅳ 为基础的命题以外,抽出的公理有一部分甚至全部也成立时,我们的全部结论依然是对的.

特别地,不妨问一下,当除去公理 Ⅰ,Ⅱ,Ⅳ 以外,阿基米德公理也成立时,我们的几何将是怎样?阿基米德公理现在必须有与第一章里不同的写法,这是因为我们现在没有线段全合的概念,因此也就不能从一个已知点开始来截取已知线段.但是在另一方面我们有了在第24 ~ 26节的线段计算意义上的线段加法的概念,以致所谓逐次地截取已知线段 a 我们可以理解成逐次地作加法

$$a+a+a+\cdots$$

阿基米德公理断定,这种形状的和当加项 a 的个数充分大时,必定会超过任何预先给定的线段 b(当然,线段 a 和 b 都是作为计算元素的线段,因而都从同一个点 O 沿着同一条直线截取;此外,我们认为 $a>0,b>0$).

在第32节里证明,这个公理的引入促成了德沙格数系中乘法的可交换性.因而巴斯格耳定理成立.实际上,在第34节里证明,这两件事是等价的.这里还包括了在添加阿基米德公理以后我们的几何系统的特殊化.然而在那里还留下这样的疑问:不把阿基米德公理添加到所采有的公理 Ⅰ,Ⅱ,Ⅳ 上,乘法的交换性和巴斯格耳定理能被证明吗?那时上面所说的特殊化就会成为虚假的了.这问题在第33节里解决了,在那里给出了确实非交换的(因而是确实非阿基米德

的）德沙格数系的例子.

在空间的解析作法中利用这种数系的元素（点是三个元素 x,y,z 的组，等，按照第29节），可以得到一种几何，在其中公理 Ⅰ，Ⅱ，Ⅳ* 成立，同时线段的计算确实是非交换的，因而巴斯格耳定理不成立.

这样一来，没有阿基米德公理，只根据公理 Ⅰ，Ⅱ，Ⅳ*，要证明巴斯格耳定理是不可能的.

第十一节　内容概述.第七章：非阿基米德的作图理论

让我们再回到非阿基米德度量几何的领域来，即依据的是全部公理 Ⅰ ~ Ⅳ.因此，排除的只是连续公理.同时我们所谈的限于平面上的几何.

容易看出，有一些公理的内容是肯定一些确定的作图问题的可解性.那就是肯定这样一些可能性：通过两点引一条直线（$Ⅰ_1$），在已知射线上截取与已知线段全合的线段（$Ⅲ_1$），和在已知半平面上从已知射线起画出与已知角全合的角（$Ⅲ_4$）.还有一个类似的断言包含在平行公理 Ⅳ 中.假如取欧几里得原来的表述法，这一点会显得更明白些：两条直线被一条割线所截，当组成的同侧内角之和小于两直角时，它们彼此相交.因此，在这里断定了在确定条件下作出两条直线的公共点的可能性.

看一下公理 Ⅰ ~ Ⅳ，不难肯定，这一些已经包括了只有直接用公理才能解决的全部作图问题.因此，在我们的几何中，可解的其余的作图问题就需要化成所列举的四个基本问题.

再有，假如从列举的基本问题中删去画角和截取任意线段，而换成逐次截取固定的线段，可以证明，在这种情况下以上的结论依然真实（定理63）.因此，在我们的处置里保留了使用“直尺”和放置“长规”，而且这就足以完成全部可能的作图了.

我们看到，在基本的问题里完全没有提到圆，虽然通常在几何作图时我们习惯于同时使用“直尺”和“圆规”.这个事实不是偶然的：在几何作图中，圆的价值只在于在已知的条件下我们可以作出两个圆的交点以及圆与直线的交点.

然而在非阿基米德几何里，即使在直线上明知有着离圆的中心小于半径的点时，我们也不能断定直线与圆相交.由于缺少连续公理，直线可以从圆的内点区域“溜”到圆的外点区域，而“不碰到”这个圆.所以对于非阿基米德的几何作图而言，圆是不适于使用的，以致我们不得不限于使用比较粗糙的工具.

然后,定理 64 指出,从已知的一些点通过直尺和长规作图而得到的那些点,其坐标可以如何地来决定.证明了的是,从原来的点的坐标经过四种有理运算和从已经作出的数的平方和求平方根,就可以得到所作出的点的坐标(我们回到通常的几何,而且单单提到实数,虽然当坐标是非阿基米德几何里线段计算的元素时,这些论证还是对的).

本章的其余部分围绕着定理 65.

大家知道,用直尺和圆规可解的作图问题是这样地被决定的:所求点的坐标可以由已知点的坐标经过四种有理运算和从任意已经作出的正数开平方来表达.

由此再一次地看到,利用直尺和长规可解的问题,乃是利用直尺和圆规可解的问题的一部分.

证明了的是(这是指定理 65),这个特殊情形是这样决定的:问题的解有最可能多的个数(只考虑实解,包括与假元素有关的解).那就是说,如果对于问题的解析的解需要不少于 n 次的开平方,则在这个特殊情形里,它的解的个数应该等于 2^n;这是必要的,也是充分的.

第十二节　无矛盾性的问题

当在公理的基础上纯逻辑地展开几何学时,很自然地出现在我们面前的第一个问题是关于我们公理系统的无矛盾性的问题.是否能保证我们的公理系统没有矛盾的现象,是否可能发生这样的事,在我们证明了一个定理的同时,发现它的反面也成立?在那样的情况下,我们的公理系统就没有任何的价值了.在专讲逻辑问题的第二章里,这个问题最先被提出,而且通过我们几何系统的解析的解释而得到了解决(第 9 节).解析的解释的意义在于给几何的基本概念以算术的说明(例如用三个实数的组代表点,等),并且在这种说明中,当把全部公理化成实数的算术命题时,它们依然真实.所以在我们的几何系统里的任何矛盾,就意味着在实数的算术里的矛盾.因此,我们不能完全确切地说,几何学的无矛盾性的问题在第 9 节里被解决了,它只是被化成了更基本的问题,即化成了算术的无矛盾性的问题.而因为整数的算术以及进一步的实数的算术,几乎是一切数学的基础,所以算术的无矛盾性的问题与一般数学的根据问题有不可分割的密切联系.

再有,因为我们从公理出发,依据逻辑法则作出了论断,所以要想确定我们的几何系统的无矛盾性,在研究数学内容的同时,我们还应该研究逻辑学.

能够用来解决这类问题的途径和方法,由希尔伯特和其学派所提出.这里的基本思想如下:数学命题和逻辑法则都可以利用特殊的符号写成公式的形状,而不需要加入任何文字上的表述.逻辑思考的过程就换成了以这种公式依照严格地描述了的规则而进行的操作.那就是说,从已经作出的公式,依照精确地指出的方法.纯粹机械地解决组成新公式的问题,而且这就代替了从一个命题引出另一个命题的自觉的推理.因此,数学和数学方面所研究的逻辑内容,就以公式链子的形式出现在我们面前.这个链子开始于描述数学和逻辑公理的公式,然后就可以用机械地组成新公式的方法无限制地延长下去.这时我们不必过问,写成的一个公式究竟有怎样的数学内容;我们关心的只是公式本身,它完全是一些记号的具体而又可见的有限组合.希尔伯特学派正以这样的态度来处理无矛盾性的问题:要求证明,在公式的链子中不能出现表示矛盾的公式.

然而,尽管在这方面已有了大量的著作,重要的数学部门的根据问题还远没有穷尽.作为本书附录的希尔伯特在这些方面的论文,其目的就是把读者引进他的思想的圈子.自然,这些论文大多数具有草案的性质,而且在某些部分写得有些半明不白,它们从任何方面说都不能被认为是有头有尾地叙述了问题(它们当然更不能反映后一些年代在这方面的结果).依据这些论文来研究希尔伯特的证明论未必是可能的.但是,希尔伯特在这些论文里,却以极大的热情和常常是真正艺术的手法描述了在数学基础这个领域里他的思想发展的一般过程.而且即使读者忽略了大量的细节,他还是会在整体上获得关于这些创作精神和创作风格的生动而又鲜明的观念的.

我们还注意到,虽然在希尔伯特的论证里的哲学因素有时带有唯心主义的特性,还是不难发现其理论的客观的唯物主义的内容.上面已经指出过,数学理论的无矛盾性应该在把它展开成一系列公式的基础上去发掘.每个这样的公式都是一些记号的有限组合,而且我们完全丢开了这些记号的意义而把它们看做独立的对象.先决条件是:我们能够牢牢地掌握这种运用记号的形式上的处理,例如善于在一堆记号中找出相同的记号,善于把一个确定的记号甚至整整一个记号组合换成别的,…….而且这些运算是直截了当地明白的,不需要任何进一步的解释,也不会引起任何原则性的疑惑.

简短地说,我们假定,对于用来组合成我们公式的记号,我们在处理时不会比处理物质世界的对象时更差些.由于我们提到的永远是记号的有限组合,这一点确实是完全合理的.举例说,我们可以用铅笔把每一个公式全部写在纸上,因而,假如有必要的话,就可以把组成这公式的记号作为由石墨作出的物质对象而实现出来.

总之,希尔伯特理论从其最根本的基础上说——按其客观的意义说——依然诉之于物质的经验,因为它提供的只是以数理逻辑的记号作有限次的演算,正如同它们都是物质世界的对象一样.而这一点之所以可能,就在于所有组合的严格的有限性,当挑出每个这种组合来考察时,由于达到终端的可能性,总能遇到其中的任何数理逻辑的记号.所以所谓希尔伯特的"有限处理"在他的理论里占有极为重要的地位.

第十三节　关于公理的独立性

我们已经说过,很自然地会希望公理系统就其所包含的要求方面来说是极少的,希望这些要求中没有多余的.如果要正确地描述这个观念,则我们就将引出公理的独立性的概念.

我们说一个公理对其余的公理(或者其中的一部分公理)是独立的,如果它不能作为这些公理的逻辑推论而推出的话,因此,对其余的公理来说是独立的公理,在任何情况下都不能无故地从已知几何系统的公理中删去;失去这个公理的损失是无法补偿的,因为它包含的东西不能从其余的公理推得.

在把公理系统化成极小的意义下,事情的理想状况是这样的,那时公理中的每一个都与其余的公理无关.在这种情况下,实际上是肯定在我们的公理系统里不能再作任何的简缩,并且任何简缩都将会在实质上减弱公理系统,因而也就改变了几何系统.

然而,在我们所关心的希尔伯特公理系统里,事情的这种状况是不能达到终点的.问题在于,例如在表述与"介于"概念有关的组 Ⅱ 的公理时,假定已经建立了具有公理组 Ⅰ 中所写的性质的"属于"概念.而在表述全合(组 Ⅲ)公理时,除此而外,还假定已经用组 Ⅱ 公理建立了"介于"概念.这种前提为了要能表述组 Ⅲ 的公理有时是极重要的;例如在公理 Ⅲ_4 的表述里用到了半平面的概念,它不利用组 Ⅱ 公理是无法建立的.

所以,甚至要提出例如关于巴士公理 Ⅱ_4 对组 Ⅲ 公理的独立性的问题也是毫无意义的;不必想证明巴士公理不能或者能从这些公理推出,因为在表述它们时,早已必须假定巴士公理的真实性了.

希尔伯特讨论了的(10 ~ 12 节)只是一些最使人关心的公理的独立性的问题.首先谈的是平行公理 Ⅳ 对所有其余的公理的独立性.在这个例子上我们也说明了用来证明一个定理的独立性的一般的方法.我们讨论一个新的公理系统,在其中除掉平行公理以外,所有的公理都与希尔伯特系统中的公理相同,至于平行公理则换成它的否定(即肯定可以找出这样的直线和在它之外的点,通过这个点可以引多于一条的直线,不与已知直线相交而与它处在同一个平面上).

设想我们已经确立了这个新的公理系统的无矛盾性.那么由此就可推出平行公理对其余公理的独立性.事实上,如果平行公理是其余公理的推论,则它也将从新的公理系统(在新的公理系统里包含着除平行公理以外的所有原来的公理)推出.而因为在新的公理系统里还包含着平行公理的否定,所以新的公理系统就违反了已经确立的结论,而包含了矛盾.

总之,为了证明已知公理对其余公理的独立性,只要把已知公理换成它的否定,对于其余的公理保留不变而得到的那个公理系统,来证明其无矛盾性就成了.在我们所说的情形里,问题显然变成证明罗巴契夫斯基的非欧几里得几何的无矛盾性了.

在提出关于欧几里得几何的无矛盾性的问题时,我们通过解析的实现把它化成关于算术的无矛盾性的问题.同样地,罗巴契夫斯基几何的无矛盾性的问题,可以通过例如罗巴契夫斯基几何的凯雷(Cayley)和克莱因的射影实现,化成欧几里得几何无矛盾性的问题.希尔伯特引用的就是这个实现,化成欧几里得几何无矛盾性的问题.希尔伯特引用的就是这个实现.在欧几里得空间里取一个球,而且约定认为:点是指球内的点,直线是指端点在球面上的线段,平面是指球被平面所截而得到的圆的内部.从属性以通常的意义来理解,点在直线上的次序也以通常的意义来理解,而两个线段或者两个角的全合,则是指在把球的内部变成自己的空间到自身的直射(射影变换)下,这两个线段(或者角)叠合的可能性(详细的叙述可以去看克莱因著的非欧几里得几何学).

可以验证,在这种解释(实现)下,基本的几何概念显得是适合于平行公理以外的全部希尔伯特公理的,至于平行公理则显然是不适合的.换句话说,我们有了罗巴契夫斯基几何的一个实现,在这种实现下,这几何的所有的基本概念以至于所有的命题,都被解释为欧几里得几何的一些概念和命题.因为在这种实现下罗巴契夫斯基几何的公理成立.所以,如果它们引向矛盾,我们就将在实现里得到矛盾.可是在实现里,罗巴契夫斯基几何的命题被解释为欧几里得几何的命题;因此,我们就将在欧几里得几何里得到矛盾.所以,如果我们承认欧几里得几何无矛盾,则我们不得不在同样的程度上承认罗巴契夫斯基几何无矛盾.

然后(第11节)希尔伯特证明了公理 III_5 对所有其余的公理的独立性;问题在于,这个公理初看起来是过分复杂和笨重,“就像定理似的”.然而独立性的证明表明,我们不能删去这个公理,因为它不能从其余的公理得出.

最后(第 12 节) 证明了的是,阿基米德公理与前面的公理 Ⅰ ~ Ⅳ 无关.以这个目的建立了狭义的非阿基米德几何,即阿基米德公理显然不对的几何.

第十四节　关于附录

在 1930 年的德文版本里,在正文最后作为附录而印出的有希尔伯特在不同的时间内写的十篇论文;这些论文完全翻译出来了.关于讲述算术基础的论文 Ⅵ ~ Ⅹ,我们在上面已经谈过了.论文 Ⅰ ~ Ⅴ 具有几何的特性;在其中研究的是一些个别的问题,它们各有其重要性,但是是决然不同种类的,而且与正文的内容相比要具有狭窄得多的特性.只有论文 Ⅱ(研究删去镜面对称的平面几何)和 Ⅲ(连续公理不存在的罗巴契夫斯基几何的作法)按文体接近正文,其余的与正文都只有间接的关系.

附录的文章,不仅由于其非常专门的主题,而且由于其高深的程度和叙述的特点,只能留给专门的读者.因而在释译附录时,并不曾为了在所有主要的方面补足作者的常常是过分粗略的叙述.

第二编

F·克莱茵

论平面几何作图问题

第三章 代数作图的一般情形

1.现在我们将把尺规作图问题搁置一边.在结束本课题之前,我们要介绍一种新的非常简单的实现某些作图的方法,即折纸.Hermann Wiener[①]已经说明了如何用折纸可得正多面体的网架.惊奇的是,几乎在同时,印度的 Madras 的数学家 Sundara Row 出版了一本题为《Geometrical Exercises in Paper Folding》(Madras, Addison & Co.,1893)的小册子,其中同样的想法得到了相当的发展.作者说明了如何用折纸可以逐点地作出像椭圆、蔓叶线等那样的曲线.

2.让我们探究一下如何在几何上解三次或高次方程的问题,特别要了解一下古人是如何成功解决的.最自然的方法是古人使用颇多的圆锥曲线方法.例如,他们发现,用这些曲线可以解决倍立方问题和角的三等分问题.为更简单起见,这里我们将用现代数学语言给出过程的一个一般概述.

例如,要求图解三次方程

$$x^3 + ax^2 + bx + c = 0$$

或四次方程

$$x^4 + ax^3 + bx^2 + cx + d = 0$$

令 $x^2 = y$,我们的方程变为

$$xy + ay + bx + c = 0$$

和

$$y^2 + axy + by + cx + d = 0$$

上述方程的根是两条圆锥曲线的交点的横坐标.

方程

$$x^2 = y$$

表示关于 y 轴的抛物线.第二个方程

$$xy + ay + bx + c = 0$$

表示双曲线,其渐近线平行于坐标轴(图1).四个交点中的一个位于关于 y 轴的无穷远处,其他三个都在有限距离内,而它们的横坐标就是三次方程的根.

在第二种情形下,抛物线是一样的.双曲线(图 2) 的一条渐近线平行于 x 轴,而另一条不再与 x 轴垂直.在有限距离内两条曲线有四个交点.

---

① 参见 Dyck, Katalog der Münchener mathematischen Ausstellung von,1893,Nachtrag,p.52.

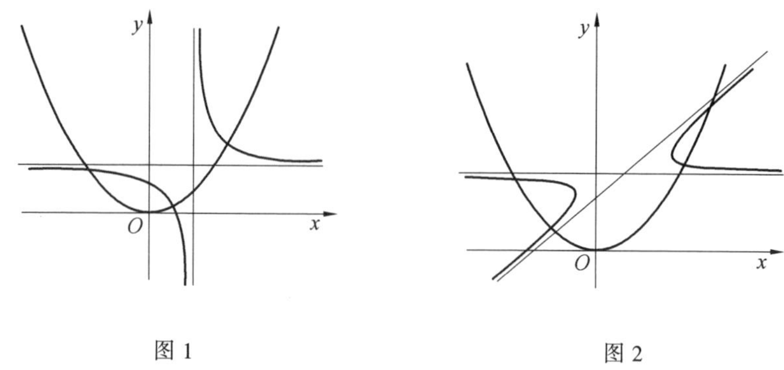

图 1　　　　图 2

M.Cantor 的精心著作《Geschichte der Mathematik》(Leipzig,1894,2nd ed.)详细给出了古代数学家所使用的方法.Zeuthen 的著作《Die Kegelschnitte im Altertum》(Kopenhagen,1886,德文版)是特别有趣味的.作为一般概要,可参考 Baltzer 的书《Analytische Geometrie》(Leipzig,1882).

3.为了解上述问题,古人除了运用圆锥曲线外,还构作了更高次的曲线.这里我们仅提及蔓叶线和蚌线.

Diocles 的蔓叶线(公元前150年)可如下作图(图3):作圆的一条切线(图中为右边的竖直切线,切点为 A),并作垂直于该切线的直径.由此确定了圆的另一顶点 O.引 O 到切线上点的直线,并在每条这样的直线上从 O 截取一段,其长度等于该直线与圆的交点和该直线与切线交点间的距离.这样确定的端点的轨迹就是蔓叶线.

为导出曲线方程,令 r 是曲线的径矢,θ 是它与 x 轴所成的角.如果我们将 r 延伸到右边的切线,并令圆的直径为1,那么整个线段的总长度为 $\frac{1}{\cos\theta}$,圆所截取部分的长度为 $\cos\theta$.r 是两者之差,因而

$$r=\frac{1}{\cos\theta}-\cos\theta=\frac{\sin^2\theta}{\cos\theta}$$

利用坐标变换我们可得笛卡儿方程

$$(x^2+y^2)x-y^2=0$$

这是三次曲线,在原点有一尖点,并关于 x 轴对称.我们在作图开始时引的圆的垂直切线是它的渐近线.最后,蔓叶线与切线相交于无穷远圆点(虚圆点).

为了说明如何用该曲线来解 Delian 问题,我们将上述方程写成如下形式

$$\left(\frac{y}{x}\right)^3=\frac{y}{1-x}$$

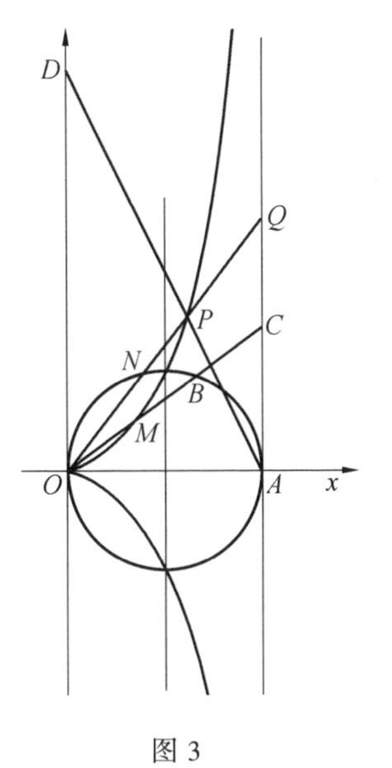

图 3

现在作直线

$$\frac{y}{x}=\lambda$$

它在切线 $x=1$ 上截取长为 λ 的一段,它与蔓叶线的交点满足

$$\frac{y}{1-x}=\lambda^3$$

这是过点 $y=0, x=1$ 的一条直线的方程,因而是联结该点与蔓叶线上点的直线的方程.

这条直线在 y 轴上截得交点 λ^3.

现在我们看如何作出 $\sqrt[3]{2}$. 在 y 轴上截取交点 2,联结该点与点 $x=1, y=0$ 的直线与蔓叶线相交;从原点作过该交点的直线,它在切线 $x=1$ 上截得的长等于 $\sqrt[3]{2}$.

4. Nicomedes 的蚌线(公元前 150 年)可如下作图:令 O 为一定点, a 是 O 到一定直线的距离. 如果我们过点 O 作一束射线,在每条射线上,与定直线相交的交点两边截取线段 b,这样确定的端点的轨迹就是蚌线. 根据 b 大于或小于 a,原点是曲线的节点或共轭点;对于 $b=a$,它是一个尖点(图 4).

过点 O 取与定直线垂直和平行的直线为 x 轴和 y 轴,我们有

$$\frac{r}{x}=\frac{b}{x-a}$$

从而

$$(x^2+y^2)(x-a)^2-b^2x^2=0$$

于是,蚌线是四次曲线,原点是一个重点,曲线由两支组成,以直线 $x=a$ 为公共渐近线. 而且,因子 x^2+y^2 表明曲线经过无穷远圆点,这相当重要.

利用这条曲线,我们可按下述方式三等分任一角:设 $\varphi=\angle MOY$ 是要三等分的角. 在边 OM 上取 $OM=b$,长度任意. 以 M 为圆心, b 为半径作圆,过 M 作 x 轴的垂线,使其成为待作蚌线的渐近线,再作出蚌线. 联结 O 与蚌线和圆的交点 A. 从图中易见, $\angle AOY$ 是 $\angle\varphi$ 的 $\frac{1}{3}$.

上述研究已表明,角的三等分问题是一个三次方程问题,它有以下三个解

$$\frac{\varphi}{3},\frac{\varphi+2\pi}{3},\frac{\varphi+4\pi}{3}$$

显然,借助于高次曲线,解这个问题的每个代数作图必须能给出所有的解. 否则

该问题的代数方程将不是不可约.图4显示了这些不同的解.圆与蚌线相交于八个点,其中两个交点重合于原点,另两个交点是无穷远圆点.它们都不是原问题的解.于是还有四个交点,好像多了一个交点.这是由于在四个交点中,我们必能找到点 B,使得 $OMB = 2b$,它可以不借助蚌线而被确定.所以实际上只剩下三个交点,它们分别对应于由代数解给出的三个根.

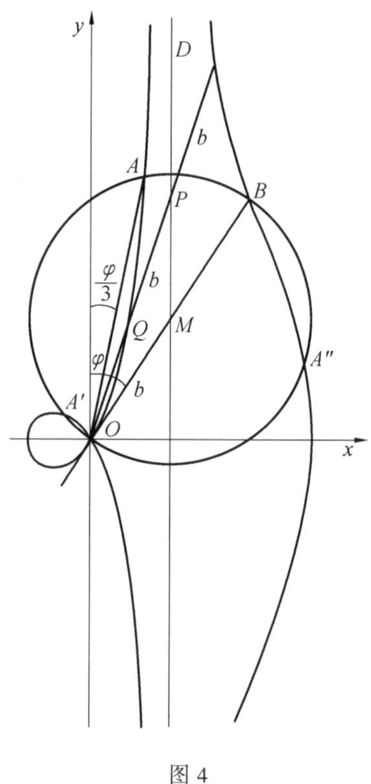

图4

5.在所有这些借助高次代数曲线的几何作图中,我们必须考虑实际的操作.由于逐点作图仅是一种近似方法,我们需要能连续描绘曲线的工具.已经制造了几种这类工具,其中某些已为古人所知.Nicomedes 发明了一种描绘蚌线的简单工具.除了直尺和圆规外,这是一类最古老的工具了(Cantor,I.p.302).在 Dyck 的 Katalog,227 ~ 230 页,340 页和 Nachtrag,42 页,43 页中可以找到更现代的作图工具的列表.

第三编

И·И·亚历山大洛夫论平面几何作图问题

第四章　基本问题及可直接解出的问题

1. 试在一条给定的直线上截取一条线段，令其长等于一所给的线段 CD[①].

2. 求作一条线段，令其等于两条所给线段 a 与 b 之和或差(图1).

解：在一任意直线 AB 上由点 A 沿一方向截取一条线段 $AM = a$；如果再由点 M 沿同一方向截取一条线段 $MN = b$，则 $AN = a + b$；如果沿相反的方向截取 $ME = b$，则 $AE = a - b$. 如果以 M 为中心以 b 为半径画一半圆，则在图上同时得到线段 a 与 b 之和及差.

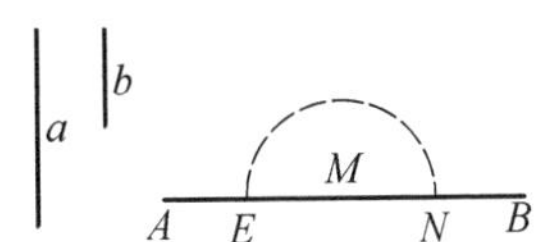

图1

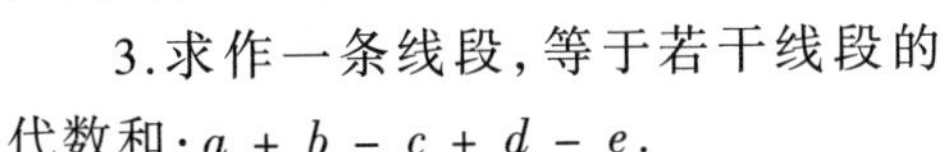

3. 求作一条线段，等于若干线段的代数和：$a + b - c + d - e$.

4. 求平分(二等分)一已知线段 AB.

解：(图2)以端点 A 与 B 为中心，以大于 AB 的一半的长度为半径，画两个圆，相交于 M 及 N 两点；联结 M 与 N 作直线，交 AB 于点 O，这就是我们所求的点. $AMBN$ 是一个菱形，所以 $AO = OB$.

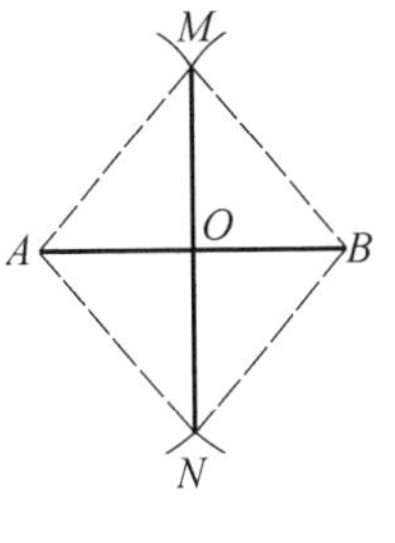

图2

5. 分线段 AB 为 $4, 8, 16, \cdots, 2^n$ 等份.

解：先把 AB 平分；将所得的每一半再平分之；又将所得的每四分之一再平分之；这样做下去就行了.

6. 求作线段 AB 的垂直平分线.

7. 通过线段 AB 上一个定点 M，求作一垂直线.

解：Ⅰ. 由直线 AB 上的点 M 截取 $MC = AM$，使点 M 在 A 与 C 两点之间. 然

---

① 译者注：一个线段，如只给其长度则说“所给”，如位置亦已固定，则说“给定”. 以后“给定”两字都用在条件完全决定的场合.(例如位置已固定的点、直线、圆等)

后画出 AC 的垂直平分线.

Ⅱ.在直线 AB 上任取一点 D,以 M 及 D 为中心,以任意相等的长为半径作圆弧,交于点 E;在 DE 的延长线上截取 $EF = DE$,则直线 FM 为所求.

8.通过直线 AB 外一点 O 求作一直线垂直于直线 AB.

解:Ⅰ.以 O 为中心(图3),以任意长度为半径,作一圆弧,交 AB 于 M 及 N 两点;再以 M 与 N 为中心,以同一半径作圆弧,交于一点 K,则 OK 就是所求的垂直线,因为 $OMKN$ 是一个菱形.

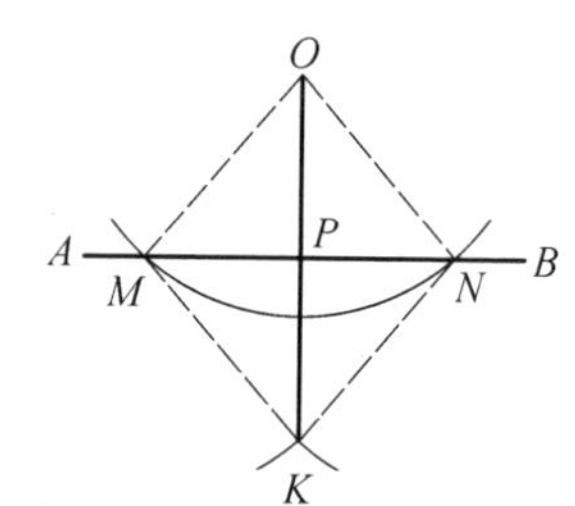

图 3

Ⅱ.以点 O 为中心,以任意线段的二倍为半径,作圆弧交 AB 于一点 M.再在 OM 直径上作半圆,这个半圆与 AB 的交点就是所求垂直线的垂足.

9.以直线 AB 上一点 C 为顶点,求作一角等于一已知角 a.

解:以角 a 顶点为中心(图4)以任意长度为半径作圆弧,交其两边于 M 与 N 两点;再以相同半径以 C 为中心作圆弧,交 AB 于一点 P.然后以 P 为中心以 MN 之长为半径作圆弧,交前弧于一点 Q.联结 Q 与 C.$\triangle LMN$ 与 $\triangle CQP$ 有三边相等故两三角形相等;所以 $\angle QCP = \angle MLN = \angle a$.

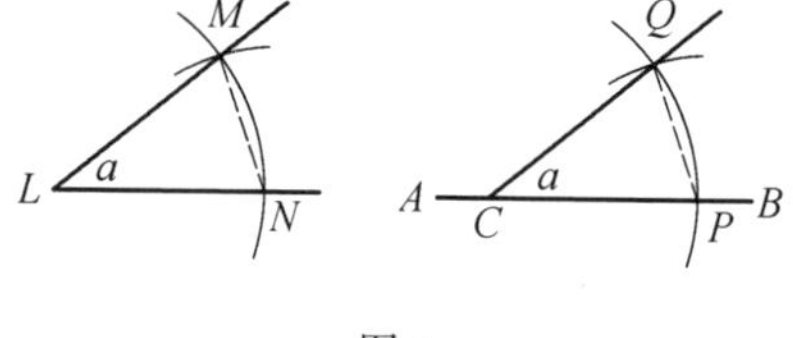

图 4

10.求作一角,等于几个角 $a,b,c,\cdots$ 之和.

解:在任意直线 AB 上作 $\angle CAB = \angle a$;在 $\angle CAB$ 的 AC 边上作 $\angle MAC = \angle b$,使 MA 边在 $\angle CAB$ 之外,则 $\angle MAB = \angle a + \angle b$;如此逐步做下去就行了.

11.求作一角,等于两角 a 与 b 之差.

解:作法与问题10相同,但 MA 边应在 $\angle BAC$ 内.

12.求平分一给定的角 $\angle BAC$.

解:以所给的角的顶点为中心(图5)以任意长度为半径作圆弧,交其两边于 M 与 N 两点;以 M 与 N 为中心,以大于 MN 的一半的长度为半径作圆弧相交于 O,则 AO 平分 $\angle BAC$(因 $\triangle AOM$ 与 $\triangle AON$ 相等).

13.分一已知角为4,8,16,$\cdots$ 等份.

14.通过一给定的点 O 求作一直线与一给定的直线 MN 平行.

解:Ⅰ.以 O 为中心作圆,交 MN 于点 A,并在 MN 上截取 $AB = AO$;然后以

B 为中心,以相同半径作圆弧,交前圆于点 C.既然 $AOCB$ 是一个菱形,故 $OC \parallel MN$.

Ⅱ.联结 O 与直线 MN 上任一点 P,并延长 PO 至 Q,使 $PO = OQ$.以 Q 为中心,以 QP 为半径作圆弧,交 MN 于一点 P_1;在 QP_1 上截取 $QO_1 = QO$.于是直线 OO_1 为所求平行线.

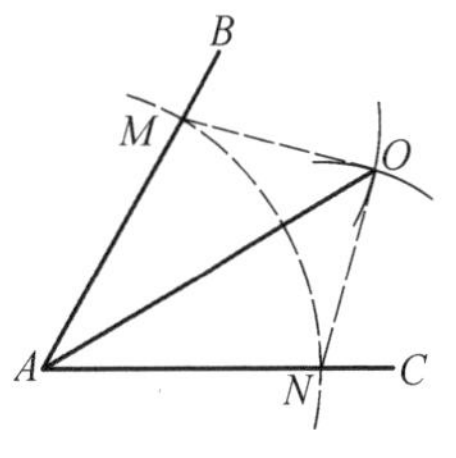

图 5

15.求作一直线,使它与一给定直线 AB 的距离等于 a.

解:通过直线 AB 的任一点 M 作一垂直线;然后沿此垂直线在 M 两侧各截取 MN 与 ML 使同等于 a.通过 N 与 L 各作一直线垂直于直线 NL,则此两直线为所求.

16.分线段 AB 为 n 等份(取 $n = 5$ 为例来作图).

解:Ⅰ.作任一直线 AC,在它上面由点 A 出发截取五段任意而相等的线段;设 C 为最末一段的端点.联结 C 与 B,由直线 AC 的各分点作直线,平行于 CB;这些直线即分 AB 为五等份.

Ⅱ.选取任一半径 a,以 A 为中心作两圆弧,其半径各为 a 与 $5a$;于是由 B 引任一直线,交大圆弧于 C 及 D 两点.设 AC 与 AD 交小圆弧于 E 与 F,而 EF 交 AB 于 G,则 $AG = AB : 5$.

17.1) 分一给定的线段 AB 为两部分,使成 $m : n$ 的比,例如成 $3 : 2$ 的比(图 6).

解:在任一线段 AC 上由点 A 出发截取五段任意而相等的线段,设每段均等于 a,而 C 为最末一段的终点;联结 C 与 B,由点 P(由 A 端起的第三个分点)作 BC 的平行线,交 AB 于点 E,这就是所求的分点.因为,$AE : EB = AP : PC = 3a : 2a = 3 : 2$.如 m 与 n 是线段而不是数,则应截取 $AP = m$ 而 $CP = n$.既然 BC 的平行线也可通过由 A 端起的第二个分点来画,则在 m 与 n 不相等时这个问题一般可有两个解.但如所求的两个分段相对位置已经指定,比方说较大的一段由点 A 出发,则得一个解.

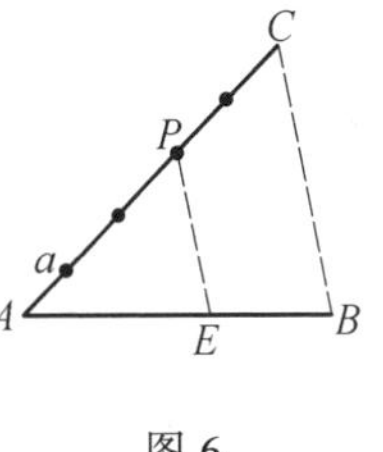

图 6

2) 求将一给定的线段 AB 延长到点 C,使 $AC : AB = m : n$.

解:解法与 1) 相似.既然 AB 有两种延长法,故在 $m > n$ 时,这个问题有两个解.

18_1.求作一三角形,已经知道 a,b 与 c.

18_2.求作一平行四边形,已经知道两边及一对角线.

19.求作一三角形,已经知道 A,C 及 b.

20.求作一三角形,已经知道 a,c 及 B.

21.求作一三角形,已经知道 c,C 及 $\angle A = 90°$.

22.求作一三角形,已经知道 A,b 及 m_b.

23.求作一平行四边形,已经给出它的两边及其夹角.

24.求作一三角形,已经知道 A,b_A 及 b.

25.求作一平行四边形,已经给出一边及其与两对角线所夹的两角.

26.求作一等腰三角形,已经知道高及顶角.

27.求作一三角形,已经知道 a,b 及 m_b.

28.求作一平行四边形,已经给出一条对角线,一条底边及其间所夹的角.

29.求作一平行四边形,已经给出两条对角线及其所夹的角.

30.求作一菱形,已经给出两条对角线.

31.求作一矩形,已经给出一边及两对角线之和.

32.求作一四边形 $ABCD$,已经知道 A,B,C,AB,AD.

33.求作一四边形 $ABCD$,已经知道 AB,BC,CD,B 与 C.

34.求作一四边形 $ABCD$,已经知道 AB,A,B,$\angle CAB$ 与 $\angle DBA$.

35.求作一四边形 $ABCD$,已经知道 A,B,C,AD,CD.

36.求作一四边形 $ABCD$,已经知道 AB,AC,AD,$\angle CAB$ 与 $\angle DBA$.

37.两双对顶角 $\angle AOC$ 与 $\angle BOD$,$\angle BOC$ 与 $\angle AOD$ 的平分线 MN 与 PQ 之间成什么角?两个邻补角 $\angle ABC$ 与 $\angle CBD$ 的平分线之间成什么角?

38.1) 三角形两边之和的一半大于这两边之间所夹的中线.

解:由两顶点画两直线,各与对边平行,这样把三角形补充成一平行四边形.

2) 任何三角形的周边大于其三中线之和.

39.三角形顶角平分线截底边为两段.每段一般都小于与它相邻的边.

40.两平行线间所截的一切线段的中点都落在一条直线上.

41.通过同一半径上同一点并与该半径成同一倾斜角的弦相等.

42.通过同一直径上与圆心等距的点并与该直径成同一倾斜角的弦彼此相等.

43.如果在三角形 ABC 的边 AC 上截取 $AC_1 = AB$ 并通过顶角平分线 AD 的

端点 D 引 $MN // AC$,则

$$\angle C_1DN - \angle CDM = \angle A$$

44.如果在三角形 ABC 的边 AB 上取一点 D,而在该边延长线上取一点 C_1,使 $AD = AC_1 = AC$,则 $\angle BCD$ 等于 $\angle B - \angle C$ 的一半,$2\angle BCC_1 = 2\angle C + \angle A = 180° - (\angle B - \angle C)$ 并且 $\angle DCC_1 = 90°$.

45.如果在三角形 ABC 的边 AC 上取一点 C_1,使 $BC = BC_1$,则 $\angle C_1BC = \angle A + \angle B - \angle C$.

46.在 $\triangle ABC$ 内由内切圆心 O 至 AC 边截取线段 $OE = OC$,则 $2\angle EOC = 180° + (\angle A + \angle B - \angle C)$.

47.在 $\triangle ABC$ 中顶角平分线 CE 的垂直线 CD 交 AB 边于点 D.求证 $\angle EDC$ 等于 $\angle A - \angle B$ 的一半并等于 CE 与高线 CK 之间的角.

48.已经知道四边形 $ABCD$ 诸顶角,试求 $\angle ABD$ 与 $\angle BDC$ 两角之差.

49.三角形 AXB 的顶点 X 在直线 CD 上.若 A_1 是一个与 A 对称于 CD 的点,则 $\angle A_1XB$ 的大小与 A 及 B 角本身的大小无关而只视 $\angle A - \angle B$ 的大小而定.

解:$\angle A_1XB = 360° - 2\angle A_1AB + (\angle A - \angle B)$.

50.试证明 $\angle A_1XB$ 的大小只视 $\angle CXA$ 与 $\angle DXB$ 两角之差而定,而与 A,X 及 B 诸角本身的大小无关.

51.由圆 O 外一点 M 所画的两条切线必彼此相等;切线之间的夹角被 OM 所平分.

52.若两圆的中心距离等于两半径之和或差,则两圆成外切或内切;若两圆的交点与两圆中心同在一直线上,则两圆相切.

53.以 A 与 B 为中心画若干对彼此外切的圆.试证明每对圆的外公切线都同时切于画在 AB 这条直径上的圆.

54.在线段 AB 上以不同的半径画弧,则半径越小弧所包含的角度越大,反之亦然.

55.在圆 O 内画一弦 AB,其长为其与圆心距离的 2 倍.试定 $\angle AOB$ 的大小.

56.试证两等弦延长线交角之平分线必通过圆心.反之亦然.

57.由已知圆上一点 M 画切线 MB 及弦 MA,则 MB 与 MA 对弧 MA 的中点距离相等.

58.$\triangle ABC$ 的内切圆 O 与 BA,AC 及 BC 各边相切于 D,E 及 F 各点;在角 A 内的旁切圆则切各边于 M,N 与 P 各点.试证:$2AD = AB + AC - BC$,$AB + AC + BC = 2AM$,$AD = AM - BC$,$BD + EC = BC = MB + CN$,$PF = AB - AC$,$DB - EC = AB - AC$.

59. 向三个给定的同心圆画一条割线. 试证明这条割线在诸圆之间被截成两两相等的线段,并证明由最大圆上任一点向中间一圆所画的切线恒有定长.

60. 如果向两个给定的同心圆所画的割线在两圆间截成定长的线段,则这条线段由圆心看来成一定的视角,反之亦然.

61. 在四边形 $ABCD$ 内取一点 B_1,与 B 对称于 AC. 问在什么条件下 B_1 将落在 AD 上?

62. 把圆内接四边形 $ABCD$ 沿 AC 翻折 $180°$;如此点 B 翻折到 B_1. 问在什么条件下 A,C,B_1 及 D 将落在同一圆上?

63. 一些半径相等的圆,如果它们与一条定直线相交成等长的弦,则它们的中心必落在两条定直线上.

64. 一些半径相等的圆,如果它们与两条给定的平行线相交成定长的弦,则它们的中心必落在两条定直线上.

65. 在同一底边上画一组顶角相等的三角形. 求由底边两端所作高线的交点的轨迹.

66. 在线段 BC 上画一些这样的三角形,使其由顶点 B 与 C 所作的高线有一定的交角. 求这些三角形顶点的轨迹.

67. 试证三角形旁切圆圆心两两与其顶点在同一直线上.

68. 在底边 BC 上画一些顶角相等的三角形. 求这些三角形的内切圆圆心轨迹.

69. 如果 $\angle ABC$ 内接于圆,对着一给定的弧 AC,则任一直线 BE,只要与 AB 成另一所给的角,必通过一固定的点.

70. 两圆相切. 通过切点画两条直线交两圆于四点,则此四点定出两条互相平行的弦.

解:画出公切线.

71. 如果 O 是 $\triangle ABC$ 的外接圆心而 $BD = h_b$,则 b_B 平分 $\angle OBD$.

72. 三角形 ABC 的在 B 与 C 角内的旁边圆 O_1 与 O_2 切 c 与 b 边于 M 及 N 两点;这两圆同时切边 a 的延长线于 Q 与 R,而切边 c 的延长线于 P. 求证:$MP = a$,$QR = b + c$,并且 O_1O_2 与 BC 间的角为 $\angle B - \angle C$ 的一半.

要解这个问题我们在三角形里画圆.

73. 在三角形 ABC 的边 AB 上给定一点 M;问通过这个点有多少种方法来画直线,使它能由 $\triangle ABC$ 截下一个相似的三角形来?答:有四种方法.

74. 如果一个三角形的高线及此高线在底边上所截成的线段都与另一三角形的相应部分成比例,则这两个三角形相似.

75. 在 $\triangle ABC$ 与 $\triangle DEF$ 内，$AB = DE$，$BC = EF$ 并且 $\angle A = \angle D$. 问在什么条件之下这两个三角形相等?把三角形的相等改为相似则这个问题如何?

解：1) $BC > AB$ 时；2) C 与 F 对 A 与 D 的距离同为最大时，或同为最小时.

76. 试证两三角形若其周边及顶角平分线在底边上所截线段均成比例则两三角形相似.

证：设

$$\frac{AB + BC + AC}{EF + FG + EG} = \frac{AD}{EH} = \frac{DC}{HG} \tag{1}$$

由这个比例式推得两比例式

$$\frac{AC}{EG} = \frac{AD}{EH} \text{及} \frac{AB + BC}{EF + FG} = \frac{AD}{EH} \tag{2}$$

按三角形顶角平分线的性质我们有

$$\frac{AB}{EF} = \frac{BC}{FG} \tag{3}$$

由比例式(2)与(3)可见两三角形相应边的比都相等(图 7).

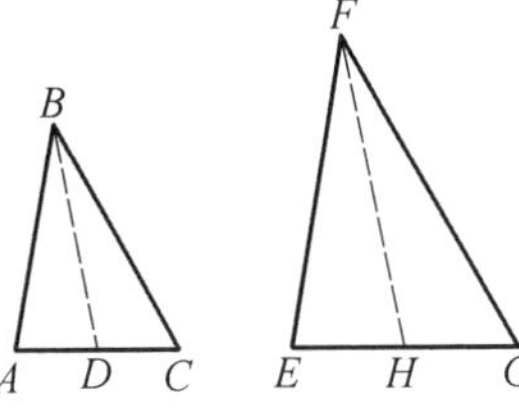

图 7

77. 试证两三角形若顶角相等而底边被高线所截成的线段成比例则彼此相似.

证：设在三角形 ABC 与 DEF 内有：$\angle B = \angle E$ 及 $AG : DH = GC : HF$. 在 $\angle ABG$ 内画线段 $JK = DH$ 而使 $JK \parallel AG$，并延长之使交 BC 于 L，则 $AG : JK = BG : BK = CG : KL$，这与所给的比例式比较得 $KL = HF$. 把三角形 JBL 与 DEF 就底边叠合起来，即易证明其相等.

78. 若在 $\triangle ABC$ 内作线段 $ED \parallel AC$，使 DE 为 AC 的 n 分之一，则三角形 DBE 的一切线素(即边，周，高，顶角平分线，中线，内切圆及外接圆半径等)也都是三角形 ABC 相应线素的 n 分之一.

证：例如我们取中线 AP 与 DM 来看(图 8). 由 $\triangle ABC$ 与 $\triangle DBE$ 得 $AB : DB = BC : BE = n$，或 $AB : DB = BP : BM$. 三角形 DBM 与 ABP 既然有一角相等而夹它的两边成比例，故彼此相似. 所以 $AP : DM = AB : BD = n$，因此 $AP = DM \cdot n$. 以任何数 n(n 可以是分数)乘一三角形就是以 n 乘其一边，而三角形诸角保持不变. 所以 $\triangle DBE$ 就是 $\triangle ABC$ 乘以 $\frac{1}{n}$，而 $\triangle ABC$ 就是 $\triangle DBE$ 乘以

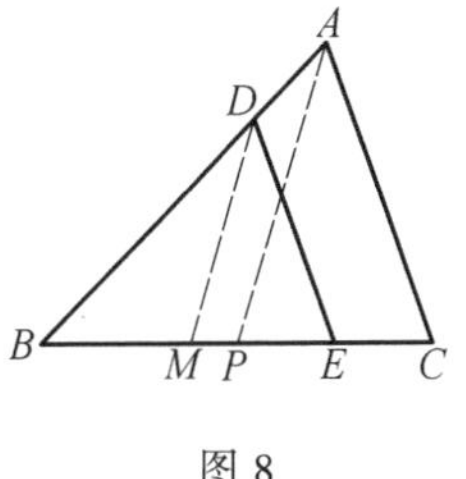

图 8

n.所以这个定理亦可以这样说:“如果一个三角形要以 n 来乘,则其一切线素都要以 n 乘之.”

79.试证三角形 ABC 的中线 AD,BE 与 CF 相遇于一点 G,并且在此点上被分成 $2:1$ 的比.

证:设 G 是中线 AD 与 BE 的交点,直线 CG 交 AB 与 DE 于 F 与 K 两点.由三角形 ABC 与 DEC,AFC 与 EKC 的相似得 $AB = 2DE$ 及 $AF = 2EK$.然后由三角形 BAG 与 DEG,BFG 与 EGK 的相似得 $AG : GD = 2:1$,$BG : GE = 2:1$,并且最后得 $BF : EK = 2:1$,因此 $BF = 2EK$.这就是说,$AF = BF$ 而 CG 亦是一条中线.

80.试证三角形三高线交于一点.

解:通过所有顶点画对边的平行线.

81.在 $\triangle ABC$ 内画一三角形 DEF(E 在 AB 上,F 在 AC 上),使得画在直径 EF 上的圆切 BC 于点 D.在 FD 的延长线上截取 $DF_1 = DF$.试证 $EF_1 \perp BC$.

82.在凸四边形 $ABCD$ 的 AB 与 CD 两边上各取一点 E 与 F,使 $AE : EB = DF : FC$.画 $EC_1 /\!/ BC$ 及 $ED_1 /\!/ AD$,使 $EC_1 = BC$ 及 $ED_1 = AD$.试证 D_1FC_1 成一直线.

83.在三角形 AXB 与 DBZ 内,$\angle X = \angle Z = 90°$,$ZB \perp BX$,$AB$ 与 BD 同在 BX 的一边.若 M 与 N 各为 AB 与 BD 的中点,则画在直径 MN 上的圆平分 XZ.

84.正方形或矩形 $ABCD$ 的边各通过 M,N,P 与 Q.由 M 向 NQ 作垂直线交 CD 于 E.试证对正方形而言 $ME = NQ$,对矩形而言 $ME = (NQ \cdot AD) : AB$.

85.在 $\triangle ABX$ 内角 X 是 $\angle ABX$ 的两倍.若角 X 的平分线交 AB 于 Y,则 $AX^2 = AY \cdot AB$.

86.若通过给定的点 A 与 B(图 9)随意画多少个圆,交给定的圆 O 于 M 与 N,P 与 Q,D 与 E 等诸点,则一切割线 MN,PQ,DE,… 均交 AB 于同一点 C.

证:通过 A 与 B 点作一圆 O_1,切圆 O 于点 K.O 与 O_1 两圆的公切线交 AB 于 C.设线段 CM 的延长线不是线 MN 而是线 ML,交圆 O 于 L_1,交圆 $BANM$ 于 L,则按割线的性质有 $AC \cdot CB = CK^2$,$AC \cdot CB = CL \cdot CM$ 而 $KC^2 = CL_1 \cdot CM$,由此有 $CL \cdot CM = CL_1 \cdot CM$ 而 $CL = CL_1$,这是不可能的.所以直线 CM 应与 MN 合而为一.

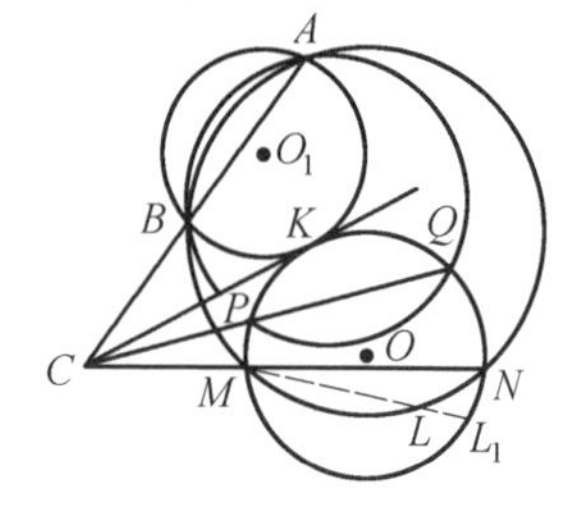

图 9

87.在一给定的圆内画一三角形,使其两边各

通过两给定的点 M 与 N,而第三边对点 M 与 N 张相等的视角.试证第三边通过某一固定的点.

88.若 A,B,D 与 E 四点落在两条相交的直线 AC 与 DC 上,满足等式 $AC\cdot BC=DC\cdot EC$,则它们同落在一个圆上(点 C 可以在这个圆里面或外面).

证:通过 A,B 与 E 画一圆并假设它不通过点 D.在 A 与 B 两点相重合时这个定理亦还是对的.

89.试证等边三角形内切圆半径等于高线的三分之一.

90.在 $\triangle ABC$ 内给出了 a,c 与 h_b.试决定 R.

解:若 BOE 是外接圆的直径,O 是它的中心,则由三角形 ABD 与 BEC 可求得 $R=\dfrac{ac}{2h_b}$.

91.三角形的高与相应边成反比例.

解:取面积的式子来考虑.

92.已知三角形的三高线,试决定其三边之比.

解:设给出了三高线 h,h_1 与 h_2 的数值,则三角形各边将与 $h_1,h,\dfrac{hh_1}{h_2}$ 成比例.若 h,h_1 与 h_2 只是画出其长短,则任取一个圆及圆外一点 A(图 10),以 A 为中心,h,h_1 与 h_2 为半径各画一圆弧,交该圆于 B,C 与 D 各点并延长割线 AC 与 AD.三角形各边即与 AE,AF 及 AG 成比例.这可由等式 $AE\cdot AB=AF\cdot AC=AG\cdot AD$ 推出.

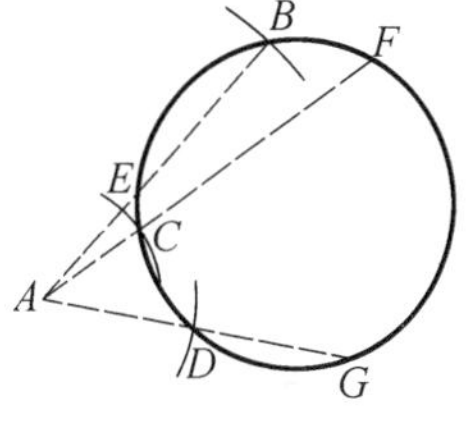

图 10

93.若在三角形 ABC 的角 B 内画线段 $CD \parallel b_A$,则 $CD=b_A\cdot(b+c):c$.

94.三角形三高线的垂足是 D,E 与 F.试证三角形 DEF 的三顶角平分线与三角形 ABC 的三高线相重合.

解:若 O 是三高线的交点,则两高线的垂足落在跨着直径 AO 所画的圆上.

95.若 O 是 $\triangle ABC$ 的内切圆圆心,且 AO 交外接圆于 E,则 $AO\cdot OE=2Rr$,$OE=EB=EC$,$AO^2=2R(h_a-2r)$,而外接圆 O_1 切于一条与 a 相距 $r^2:(h_a-2r)$ 的直线.

96.给定三个同心圆.一条割线由最大的圆起依次交这些圆于 X,Y,Z,U,V 与 W 诸点,而 $ZU=2XY$.试决定 $XY:YZ$ 这个比率.

解:向中间一圆作切线 XM 并向小圆作切线 YN.由方程式 $MX^2=(XY+2YZ+2XY)XY$ 与 $NY^2=YZ(2YX+YZ)$ 可得所求的比率.

97.设两圆 O 与 O_1 相交于 A 与 B 两点,一割线交该两圆于 X,Y,Z 与 U 诸点(X 与 Z 在圆 O 上),而 $XY = YZ = ZU$.试证 AB 平分 YZ,并决定 $YZ : OZ$ 这个比率.

解:作 $YM \parallel OO_1$ 与 $YN \parallel OZ$ 使各交 O_1Z 于 M 及 N.于是 $ZO_1 = NM$,而点 Y 是三个半径已知的同心圆的中心.可以决定 $ZO_1 : O_1N$ 这个比率,然后决定 $YZ : YN$.

98.向四个同心圆画一割线 $XYZU$(X 在最大圆上,U 在最小圆上)使 $XY = ZU$.试决定 $XY : YZ$.

解:作 YM 切于最小圆并作 XN 切于次一圆.

99.1) 在等面积的平行四边形里高与底成反比例.

2) 两个梯形,如它们的高与中线成反比例,则彼此面积相等.

100.如果一条直线交梯形的两平行边而且平分该梯形的面积,则该直线必通过某一个固定的点.

101.等面积的多边形的周边与其内切圆半径成反比例.

102.已经知道 abc 与 R,求三角形的面积.

103.如果两个三角形内接于一圆并有同底,则其余两边的乘积与底边上的高线成比例.

104.求证:诸三角形如有顶角 A 相同并且比率 $a : h_A$ 相等,则彼此相似.

105.由三角形各顶点向任一直线所作三垂线之和等于由该三角形重心向同一直线所作垂线的三倍.

106.有一个活动菱形 A_1XAY(图 11),它的边长是不变的,并且有一固定点 K,而 $KX = KY$ 的长也是不变的.若点 A 沿一条垂直于 KA 的直线 AB 移动,则点 A_1 将沿一画在直径 KA_1 上的圆移动,反之亦然.

解:$AK \cdot A_1K = KO^2 - AO^2 = KX^2 - AX^2 = k^2$,这里 k 是一个常数.如果点 A 移到点 B,则 A_1 移到 B_1 并且有 $KB \cdot KB_1 = k^2$,由此得 $KB \cdot KB_1 = KA \cdot KA_1$ 而三角形 AKB 与 A_1KB_1 相似(轨迹 Ⅴ).

107.在等腰梯形 $DEFG$ 内(图 11)DE 与 DF 的长是固定的;EF 与 DG 的长是变的.对角线交不平行边的中线 KM 于 A_1 与 A 两点.若点 K 不动,则在点 A 沿垂直于 KM 的直线 AB 移动时点 A_1 将循一画在直径 KA_1 上的圆移动,反之亦然.

解:把 EF 及 DG 两边的中点 X 及 Y 与 A 及 A_1 联结起来.于是得一边长不变的菱形 A_1XAY.显然,$KA \cdot KA_1$ 是 k^2 的四分之一.

108_1.有一个形状不变的等腰三角形 DOE($OD = OE$,图 12)其顶点 D 与 E

沿$\angle DOE$的边滑动.试证:1)在这个运动之下点O将沿$\angle DOE$的邻补角的平分线OK而移动;2)当$\triangle DOE$取BKC位置而BC交OK于点A时,则由点A向以K为中心以OE为半径的圆所作的切线,其切点X必在$\angle DOE$的平分线上.

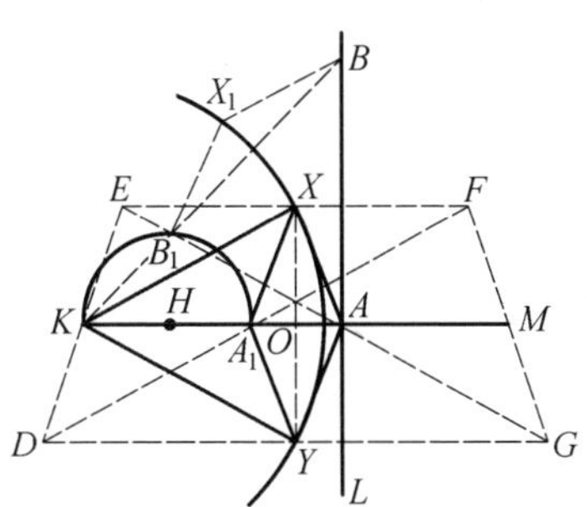

图 11

要解这个问题我们考虑$ODNE$.

108_2.上题中在点D与E上画OD与EO的垂线相交于N.试证:1)若$\triangle DNE$形状不变而顶点D与E沿角DOE的两边滑动,则点N将沿ON移动;2)当$\triangle DNE$取BMC位置而$BC = DE$,且BC通过角平分线ON上一点G时,则由点O向以M为中心以NE为半径的圆所作的切线,其切点Y必在OM的垂线GY上.

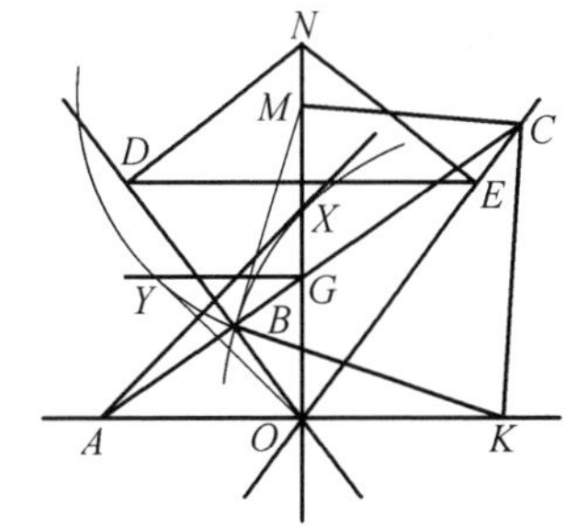

图 12

109.若SO是一个角锥的高,而AB是它的一条底边,则在点S向点O移动时$\angle ASB$总是变大的.

解:若S变到X,则$\triangle AXB$沿AB轴转动而与平面ASB相叠合.由S向AB画高线.根据这定理容易证明多面角的各面角总和小于$4d$(四直角).

110.一点A沿圆周O运动.设B是点A在一固定直径上移动的投影.试证$\angle OAB$的平分线通过一固定点.

111.梯形$ABCD$中两对角线交于E,AB与CD两边交于H.若A与D两点固定,而BC保持定长并与AD保持一定距离.如此当BC移动时则点E与点H均沿AD的平行线而运动.

解:直线HE平分AD.

112.在圆O内给定了一点K.另一点X沿圆周移动.在KX延长线上截取KX_1使$KX \cdot KX_1 = k^2$.试证明点X_1画出某一个圆.

第五章　作图问题及其解法

在讲作图问题的分析解法以前,我们先举几个例子详细地说明.任何作图题的解可分为四部分:1) 求解(开始先假定问题已经解出),2) 作图,3) 证明,4) 解的讨论.

1.通过一点 A 画一直线使与两定点 B 与 C 距离相等.

1) 求解:设所求的直线是 AL(图13),画得使垂线 MB 与 LC 相等.既然一条直线可由两个点来决定,而现在其中一个点 A 已经知道,则我们只要在所求的直线上找另一个点就行了.因此我们试把 B 与 C 两点联结起来而定出一点 O 的位置.直角三角形 BMO 与 OLC 既然有一对相等的正边及锐角,故彼此相等,所以 $OB=OC$.这个等式告诉我们点 O 是 BC 的中点.

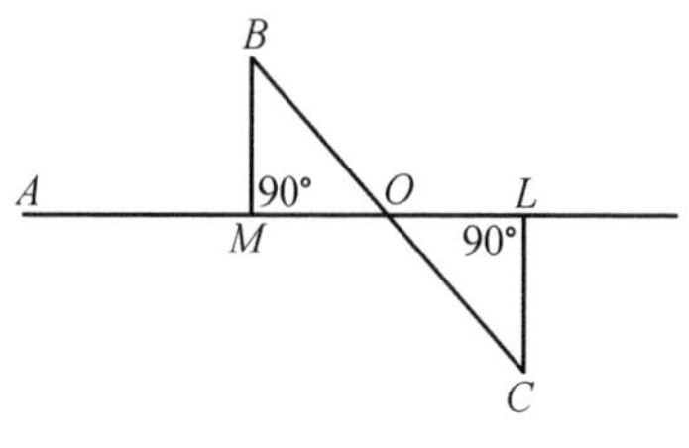

图 13

2) 作图:平分 BC 于点 O,直线 AO 即与 B 及 C 两点距离相等.

3) 证明:作垂线 BM 与 CL,三角形 BMO 与 OLC 相等,所以 $MB=CL$.

4) 讨论:显然,解只能有一个.这个问题总是能解的.如果点 A 落在线段 BC 上而不在 O 上,则所求的直线与 BC 相合;如果点 A 落在 O 上,则任何通过点 O 的直线都满足本问题的条件.我们要注意,如果 BM 与 LC 不指定其相等而指定其成一定的比率,这个问题的解法本质上还是不变.

2.给定了两个同心圆 O 及大圆上一点 A.求作一割线 $AXYZ$,使 $AZ=3XY$(图14).

1) 设 $OB\perp XY$,则 $AB=BZ$,$XB=BY$,所以 $AB=3XB$,由此可见,$AX=2BX$,所以 $AX=XY$.我们试作直径 AC 并且联结 C 与 Y.既然 $AO=OC$ 并且 $AX=XY$,则由三角形 AXO 与 AYC 的相似推知线段 $YC=2OX$.这告诉我们,点 Y 应落在一个以 C 为中心以小圆直径为半径的圆上.

2) 以 C 为中心以 MN 为半径作圆;这个圆交已知小圆于点 Y.割线 AY 就是我们所求的.

3) 既然 $AC:AO=CY:OX=2$,则 $\triangle AOX$ 与 $\triangle ACY$ 相似,所以 $AX=XY$

或 $AZ = 3XY$.

4）如果 $MN = NC$，则有一个解，而所求的割线就是 AC. 如果 $MN > NC$，则我们得两个解；在 $MN < NC$ 时则此问题不可能.

图 14

3. 通过一点 A 求作一直线，使其介于平行线 MN 与 PQ 间的一段等于一给出的线段 a.

1）设直线 AC（图 15）通过点 A 而线段 $BC = a$. 这个问题就变成要决定 $\angle ACR$. 所以在任何地方画 $DE \parallel AC$，则 $DE = a$，而无论画多少这样的线段，每一段都等于 a. 点 E 是随意取的，并且既然 $DE = a$，则点 D 与点 E 的距离应等于 a，所以它应落在一个以 E 为中心以 a 为半径的圆上.

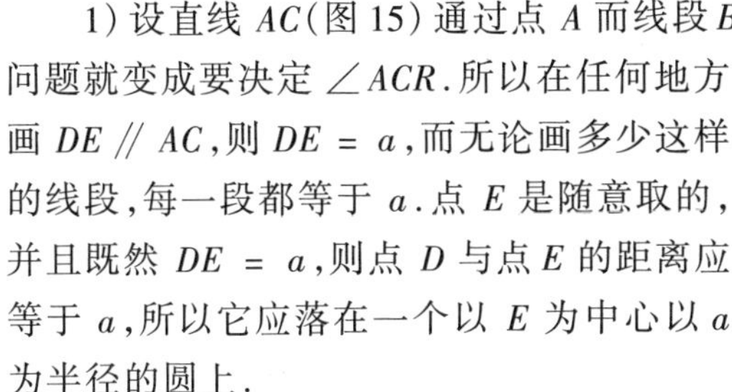

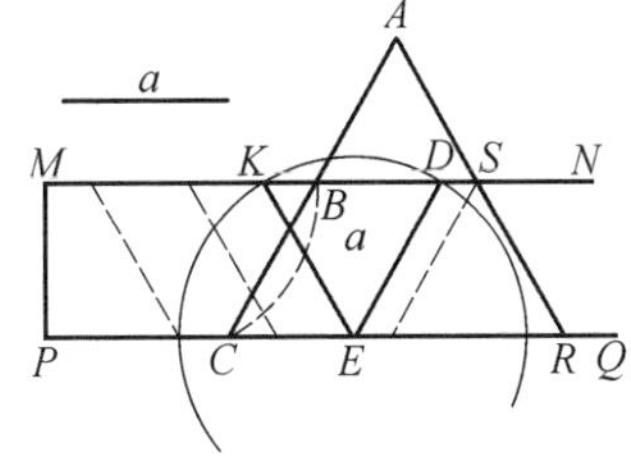

图 15

2）以直线 PQ 上任一点 E 为中心，以 a 为半径作圆弧，交 MN 于 D 与 K 两点；然后联结 DE 及 KE 并且由 A 画直线平行于 ED 或 KE. 这样得到两条直线 AC 与 AR.

3）$BC = DE$，并且 $SR = EK$，因为它们是平行线间的平行线段，但既然那个圆是以 a 为半径来画的，则 $DE = EK = a$，所以 $BC = SR = a$.

4）这个问题一般有两个解，并且总是可能的，除非 a 的长小于两平行线 MN 与 PQ 间的距离. 如果 $MP = a$，则只有一解，而所求的直线就是 MN 的垂直线.

4. 求作一切线切一给定的圆 O 于圆上一给定的点 M.

5. 求作一切线切于一给定的圆 O 并且平行于一给定的直线 MN.

1）设切线为 AB，$AB \parallel MN$，而 F 为其切点（图 16）. 整个问题无非就是要决定点 F；如果我们知道了它的位置，则剩下的事情就是要画一条切线切圆 O 于点 F. 延长半径 OF 交 MN 于 L，我们看出 $OF \perp AB$，所以 $OL \perp MN$，故所求的点 F 就是垂直线 OL 与圆 O 的交点.

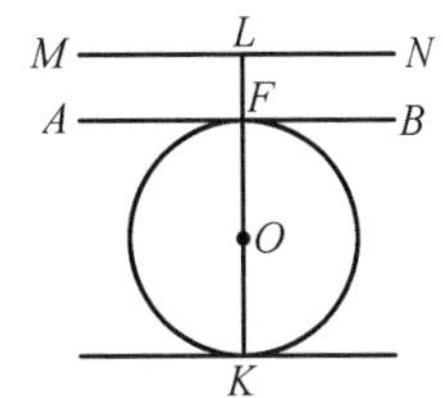

2）要解这个问题，只要由点 O 向 MN 画一垂线并且在它与圆的交点上画一该圆的切线就行了.

图 16

3）$\angle OLN$ 与 $\angle OFB$ 这两个同位角既然都是直角，故相等，所以 $AB \parallel MN$ 并且由作图与该圆相切.

4) 总有两个解.

6.求作一圆通过一给定的点 M 切一给定的圆 O 于圆上一给定的点 L(图 17).

1) 设圆 O_1 是所求的.问题就是要找圆心 O_1.既然两圆的切点必在连心线上,则所求圆心应在直线 OL 上.联结 M 与 L 两点,我们注意 LM 应该是所求的圆的一条弦,所以所求的圆心 O_1 应该在垂直线 PQ 上,故它就是 OL 与 PQ 的交点.

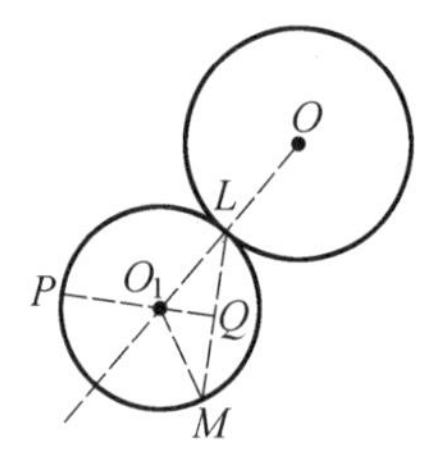

图 17

2) 要解这个问题须联结 L 与 O 并延长 OL,然后由 LM 的中点画一垂线 PQ 交 OL 于所求的点 O_1,所求的圆的半径就是 O_1M.

3) 如果我们照上面所指示作图,则 O_1L 与 O_1M 这两条投影相等的斜线相等,所以,以 O_1 为中心以 O_1M 为半径的圆通过 L 与 M,于是它与圆 O 相切,因为两圆心的距离等于两半径之和.

4) 如果点 M 在圆 O 里面(图 18(a)),则解法还是一样,不同的只是两圆内切而圆心距等于两半径之差.如果点 M 落在圆 O 上,则所求的圆与所给的圆合而为一.如果点 M 在切线 ML 上(图 18(b)),则问题变成不能解,因为这个时候垂线 PQ 变成与直线 OL 平行而没有交点.这个问题能解的条件是

$$OM^2 \neq OL^2 + LM^2$$

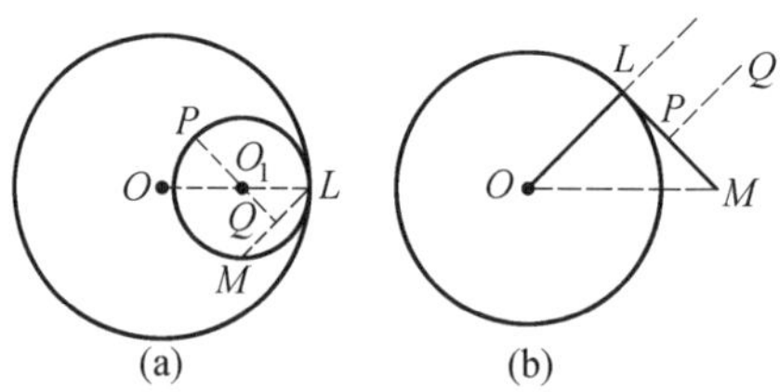

图 18

7.作一等边三角形,使其一顶点在已给定的点 E,而其余两顶点落在已给定的直线 ABC 的两边上.

1) 设等边三角形 EFG 是所求的.这个问题就在决定点 F.画 $GH \parallel AB$ 及 $EA \parallel BC$(图 19).为得到一个等于 $\triangle EGH$ 的三角形,我们在图的另一边作 $\angle FEJ = \angle EGH$ 并作 $FJ \perp EJ$.既然 $\triangle JEF$ 与 $\triangle EGH$ 相等,则 $EJ = GH$.但 GH 是知道的,所以要决定点 F,只要决定 $\angle JEA$ 的大小就行了.我们由所得的圆试加以推论.按外角的性质 $\angle AEG = \angle EGH + \angle EHG$,但 $\angle AEG = \angle AEJ +$

$\angle JEF+60^\circ$，所以 $\angle AEJ+\angle JEF+60^\circ=\angle EGH+90^\circ$。由此得 $\angle AEJ=30^\circ$.

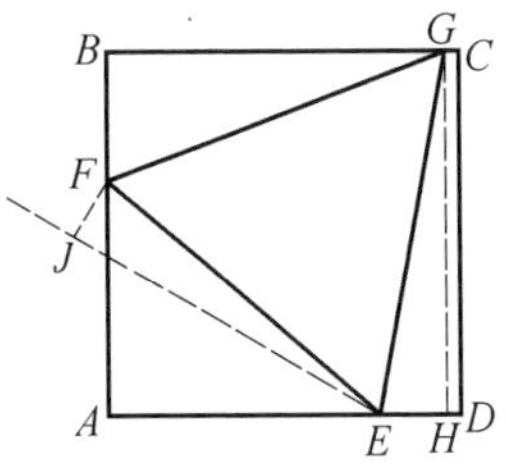

2）上面推得的这个结果指示我们下面这种作图法.在点 E 画 $\angle JEA=30^\circ$，并在它的边上截取 $JE=AB$；在点 J 作 $JF\perp JE$ 交 AB 于点 F.剩下的事情就是以 E 为中心以 EF 为半径画圆弧使交 BC 于点 G.

图 19

3）我们来证明 $\triangle EGF$ 是等边的.这我们以相反的次序来作推论.三角形 EGH 与 JEF 相等（由作图 $JE=GH$ 并 $FE=EG$），所以 $\angle JEF=\angle EGH$.但 $\angle AEG=\angle EGH+90^\circ$，或 $30^\circ+\angle JEF+\angle FEG=\angle EGH+90^\circ$，由此得 $\angle GEF=60^\circ$.如果这样，则 $\triangle EFG$ 是等边的.

4）这个问题只有在弧 FG 与边 BC 相交的时候是可能的.如果点 E 与点 A 相重合，则 GE 边与 AB 成 60° 的角，而点 F 应在距离 AB 的地方①.

8.给定了一个圆 O 及圆外一点 A，通过 A 求作一割线，使它被该圆所平分.（图 20）

1）设割线 AB 画得使 $AC=CB$.问题就在决定点 B.作直径 BD，我们可看出，要找点 B 的位置只要找点 D 的位置就行了.联结 DA 与 DC，试由所得的图来作推论.既然 $\angle DCB$ 对着直径，故它是直角，并且直角三角形 DAC 与 DCB 是相等的，因为其中正边 CD 公共而按所设条件 $AC=CB$，故 $AD=DB$.因此线段 AD 等于圆 O 的直径.现在可以明白，点 D 应落在以 A 为中心以直径 MN 为半径的圆上.

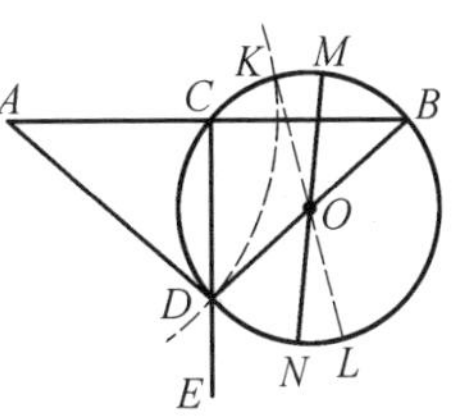

图 20

2）以 A 为中心以 MN 为半径作圆，交圆 O 于点 D；联结 D 与 O，延长之使交圆于点 B 并联结 B 与 A，即得所求的割线.

3）$\triangle ADB$ 按作图是等腰三角形；直线 DC 是它的高，因为 $\angle DCB$ 既对着直径 DB 应该是一个直角，所以 $AC=CB$.

4）联结 K 与 O 延长之交圆于 L，再联结 L 与 A，这样得到另一个解.设所给的圆的半径是 r，则在以 A 为中心以 $2r$ 为半径的圆与圆 O 相切时，本问题只有一个解；在以 A 为中心以 $2r$ 为半径的圆与圆 O 不相交时，则本问题不能解.所以我们这个问题可解的条件是 $AO\leqslant 3r$.

① 事实上，所指示的这个问题的解法完全不会像这里所表现的这样碰巧.显然，$\triangle EGH$ 可转移到 $\triangle JFE$ 的位置，因此我们用迁移法或旋转法.

由这些例子可以明白解决作图问题的一般步骤.我们先假设问题已经解出而画成一个草图;按这个图我们可看出解决问题的关键就在决定某点某线的位置或决定某角的大小.然后由草图对这个点或线的位置作种种推论.如果按这些推论结果立刻可以看出怎样来决定这个点或线的位置,则问题就解决了.如若不然,则常常宜于以别的辅助点或辅助线来替代所求的未知点未知线段或未知线(例如问题3,7,8那样).因此我们要画种种辅助线、辅助角、辅助平行线或辅助圆等.这常常可以凭猜想来画,还常常可以受某些已知定理的引导来画.如此,问题中所求的未知条件就为别的条件所替代,这种条件的位置可由草图来推出.当这些未知条件由这些推论决定出来时,问题就解决了.解问题的巧妙就在如何以最简单的方式来决定辅助点或辅助线.

这样,问题的解法就找出来了.问题的解法找出以后,跟着要实行作图并且证明所要求的条件已经满足.这个时候论证的进行次序与找解法时相反.然后要讨论所找到的解,即要决定解的个数及问题成为可能与不可能的条件.

如果将以下问题像前述8个例题那样做一遍,则所有这些情形就更明白了.

9_1.给定了三个点.求作三条平行线通过它们,使三线间的距离相等.

有三解.距离相等这个条件可代之以一定的比率.

9_2.给定了直线 MN 及 A 与 B 两点.试在直线 AB 上找一点,使其与 MN 的距离为 A 及 B 与 MN 的距离之和的一半.

10_1.以 A 与 B 为中心求作两个半径相等的圆,使其公切线通过一给定的点.半径相等这一条件可代之以其间的一定的比率.

10_2.以 A 与 B 为中心求作两个半径相等的圆,使其公切线切于一给定的圆 O.

11.在一给定的角内求作一长度与方向都已给定的线段.

12_1.求作一平行四边形,使其三边的中点在已给定的三点上.

12_2.求作一三角形,已经知道三边的中点.

13_1.求作一直线使与三定点成等距离.有三解.

13_2.求作一直线,使其与 A 及 B 点的距离相等,与 C 及 D 点的距离也相等.

14_1.给定了两个点与一个圆.求作两平行线使通过定点并在定圆内截成两相等的弦.

14_2.通过 A 与 B 两点求作一圆,使其与一平行于 AB 的直线 CD 相切.

15.通过一给定的 $\angle BCD$ 内一定点 A 求作一直线,使其由角的两边截下相等的线段.

16.求作一三角形 ABC,已经知道高线 BD 及 $\triangle ABD$ 与 $\triangle CBD$ 的外接圆半径.

17.给了一个三角形及两个同心圆.求作第三个同心圆,使所给的三角形可以把它的三个顶点各放在三个圆上(有六种情形).

18.给定了两个角,其边互相平行,而它们的两条邻近的边交于一点 X.求作一割线 XZY,使在两角内所截线段相等($ZX = XY$).

19.求作一平行四边形,已经给定其两个相对的顶点而其余两顶点要落在一个给定的圆 O 上.

20.给定了一个直角三角形.求通过直角的顶点画一圆与斜边相切,并使圆心落在一正边上.

21_1.给定了两个相等的圆及一个点.通过这个点求作一割线,使其在两圆内截成相等的弦(有两种情形).

21_2.给定了两个相等而相交的圆.求通过其一个交点作两相等的弦,使其间所成的角等于给定的大小.

22_1.通过两圆的一交点求作一割线,使其在两圆内截成两相等的或成一定比率的弦(须由两圆中心向所求割线作垂直线).

22_2.求作 $\triangle ABC$,已经知道它的中线 BD 及三角形 ABD 与 CBD 的外接圆半径.

23.通过两圆 O 与 O_1 的交点 A 求作一割线 BAC,使 $\angle BOA$ 与 $\angle CO_1A$ 相等.

24_1.求作一圆,以一给定的点为中心,交一给定的圆成直角①.

24_2.求作两个相等的圆,使相交于两给定的点 A 与 B 成所给的角.

25_1.在 $\angle A$ 的一边上给定一点 X.在角内求作一线段 XY,使 $\angle AXY = 3\angle AYX$.

25_2.给定了两个线段 AB 与 AC.求在一给定的圆上找一个点,使由它向 AB 与 AC 所张的视角相等.

26.以一给定的点 A 为中心求作一圆,使它平分另一给定的圆 O.

27.试在一给定的圆 O 的直径 AB 的延长线上找一点,使由该点向该圆所作切线等于该圆半径.

28.求作一正方形 $ABCD$,使 A 与 B 在一给定的圆 O 上而 C 与 D 在一给定的

① 两个相交的圆所成的角就是在交点上两圆的切线所成的角.

直线上.

解:若 E 是 CD 的中点,则 $\angle AEO$ 是知道的.

29.试在三角形 ABC 的边 AC 上找一点 X,使 $AX \cdot AC = AB^2$.

30.求作一圆使它以同样方式(同是内切或同是外切)与三个给定的等圆相切.

31_1.求作一直线,使它截于两已知平行线间的一段等于给定的长而与 A 及 B 两定点的距离成一给定的比率.

31_2.在两平行线间求作一线段等于给定的长并使其延长线与一给定的圆相切.

32_1.通过两个给定的点求作一圆,使它与一给定的圆的交点所定的弦与一给定的直线平行.

32_2.求作一圆,切一给定的圆于该圆上一给定的点,并交另一给定的圆而使所成的弦被由给定的点所作的垂直线平分.

33.求作一矩形 $ABCD$,已经知道它的 AC 及 $\angle BAM$,即 $\angle BAC$ 与 $\angle CAD$ 之

 差.

34_1.求作一圆使通过一给定的点并与两给定的平行线相切.

34_2.给定了一个圆及与它相切的两平行线(切于 M 与 N).求作第三切线,交两平行线于 X 及 Y,使 $MX + NY$ 等于给定的长.

35_1.通过点 A 向 $\angle BCD$ 的边作一割线,使角边之间所截的线段被点 A 分为两段而成一给定的比率.

35_2.在定圆上给定一点 A 及一弦 BC.求作一弦 AD,使分 BC 弦成一给定的比率.

36_1.在两平行线上给定了两点 A 与 B,又在线外给定了一点 C.求作一割线,通过 C,交平行线于 D 及 E,而使 AD 与 BE 成给定的比率.

解:如果直线 DE 交 AB 于点 G,则 $AG : BG = AD : BE$.

36_2.给定了两平行线段 AB 与 CD.求作一割线 XY,使 $AX : CY$ 与 $BX : DY$ 等于给定的值.

37.在定圆内求作一内接梯形 $ABCD$,使 BC 弧为 $ABCD$ 弧的一半(一般的为 2^n 分之一)并使 AB 边等于给定的长.

38_1.求作一等边三角形,已知知道它的内切圆半径.

38_2.求作一等边三角形,已经知道它的高与外接圆半径的和.

39.求作一等腰直角三角形,已经知道它的斜边与该边上高线的和(或差).

40.在一给定的等边三角形里求作一内接等边三角形,使其一顶点在一给定的点上.

41.求作一三角形,已经知道它的 h_0 及联结 C 与 AB 的两个三等分点而成的两线段(一般地,可以是联结 C 与 AB 的任何两个分点的线段,只要这两个分点所分成的三段成所给定的比率).

42.给定了两条平行线 AB 与 CD 及一个圆 O.通过 AB 上给定的两点 G 与 H 求作两截线 XGY 与 XHZ,使 X 在圆上而 $YZ = ZX$.

42_2.给定了两平行线段 AB 与 CD.求在它们上面各找一点 X 与 Y,使 $AX:CY$ 为给定的值并且

$$\angle XBY = \angle XDY$$

43.通过点 A 以 R 为半径求作一圆,使由点 B 向它所作的切线等于给定的长.

44_1.在正方形 $ABCD$ 内求作另一内接正方形,使其一顶点落在边 AB 上所给定的点上.

44_2.在一给定的正六边形内求作另一内接正六边形,使其一顶点落在某一边上所给定的一点上.

45.在一给定的矩形 $ABCD$ 里,求作另一内接矩形,使其一顶点落在 AD 边上所给定的点 M 上.

解:在 BC 边上取 $CP = AM$,MP 便是所求图形的对角线.

46.在一给定的矩形里求作一内接菱形,使它们有一共同对角线.

47.分 $90°$,$45°$ 或 $135°$ 的角为三等份.

解:直角的三分之二就是等边三角形的顶角.如果我们已经会分某些角为三等份,则这些角的一半,四分之一等也就容易三等分了.

48.给定了三个相等的圆.试找一点,使由它向三圆所作的切线都相等.

49.在两平行线间求作一线段等于给定的长,并使它的垂直平分线通过一给定的点.

50.在一给定的圆里求作一内接梯形,使它的一个侧边等于给定的长并且两平行边的比等于给定的值.

解:延长侧边使相交.

51_1.求作一圆切于一给定的圆 O 并且切一直线 AB 于一给定的点 M.

解:所求的圆心 O_1 应该落在直线 O_1M 上(图21),这我们已经会作;此外我们知道 O_1 还该落在直线 OO_1 上.既然相切的圆的圆心与切点应同在一直线上,

则问题就在决定切点 K，所以我们试联结 K 与 M 并且延长 KM.

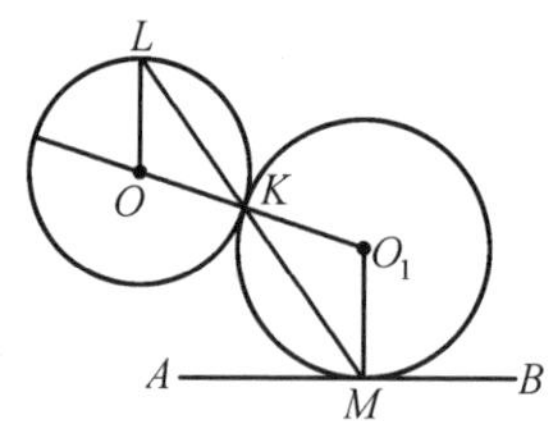

图 21

点 K 的决定我们可化为点 L 的决定，因为如果知道了点 L 在哪里，点 K 也就马上可以找出来. 由 $\triangle OLK$ 与 $\triangle MO_1K$ 的相似可推知 $\angle LOK = \angle KO_1M$，所以 $OL // O_1M$，这就可以来决定点 L 了. 其次，点 K 也容易找到了，它就是 ML 与圆 O 的交点，于是画 OK 交直线 O_1M 于所求的中心 O_1.

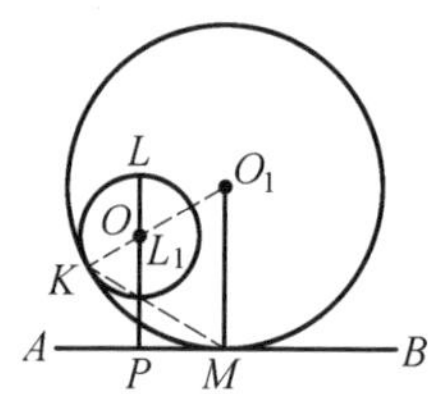

图 22

以 O_1 为圆心以 O_1M 为半径作图，我们可证明它切直线 AB 于点 M 并且与圆 O 也相切. 第一点可由这个定理明白："交半径于圆上而与它成直角的直线就是切线." 其次由 $\triangle OLK$ 与 $\triangle O_1MK$ 的相似推出 $O_1M : OL = O_1K : OK$，但 $OL = OK$，所以 $O_1M = O_1K$.

这种很简单的解法也适用于圆 O 与圆 O_1 成内切的情形(图 22). 问题中所要决定的这个点 L_1 可由延长 OL 到另一方向而得. 所以这个问题总是能解的. 读者试考虑若点 M 与点 P 重合时该怎样做.

51_2. 求作一圆，切一给定的圆于一给定的点并与一给定的直线相切.

52_1. 求作一圆与两个给定的圆相切，并且与其中一个圆切于一指定的点(图 23).

解：设所求的圆 O_3 切圆 O_1 于一给定的点 M，同时与圆 O_2 相切. 既然相切的圆的两圆心与切点同在一直线上，则所求的圆心应该在 O_1M 与 O_2B 的交点上. 直线 O_1M 已经知道，所以问题就化为要决定点 B 的位置. 联结 M 与 B 两点则找点 B 的问题又化为要决定点 C 的问题. 我们试由所画的草图来作推论：$\angle O_1MA = \angle O_3MB$，$\angle O_3MB = \angle MBO_3$，$\angle MBO_3 = \angle O_2BC$，而 $\angle O_2BC = \angle O_2CB$. 由这一串等式推得 $\angle O_1MA = \angle O_2CB$，所以 $O_1M // O_2C$. 最后的推论结果指示我们，要解这个问题须画 $O_2C // O_1M$，联结 M 与 C 得点 B，再联结 B 与 O_2，于

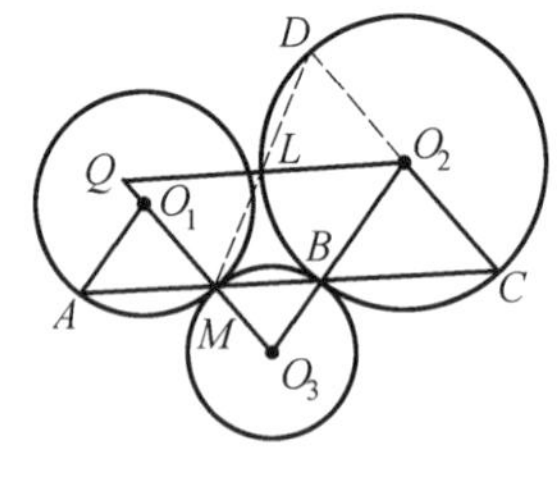

图 23

是直线 O_1M 与 O_2B 决定点 O_3. 现在只要证明 $O_3M = O_3B$. 由图可看出, $\angle O_3MB = \angle O_1MA = \angle O_2CB$ 及 $\angle O_3BM = \angle O_2BC = \angle O_2CB$, 所以 $\angle O_3MB = \angle O_3BM$, 而 $MO_3 = BO_3$.

延长 O_2C 并且把所得到的点 D 与 M 联结起来, 这样我们得到一个新点 L. 如果我们延长 O_2L 使与 O_1M 相交于 Q, 则 Q 是一个新圆的中心, 这个圆与圆 O_1 内切于点 M 并与圆 O_2 切于点 L. 故这个问题有两个解并且总是能解的. 如果点 M 是 O_1 与 O_2 两圆公切线的切点, 则半径 O_1M 与 O_2B 成为平行的: 这时候就只能得一个解了①.

52_2. 求作一圆 O_3 与两个给定的圆 O_1 与 O_2 相切, 并使 O_2 与 O_3 的公切线通过一个给定的点.

第一节　轨迹法

所谓点的轨迹就是具有某些特性的点的总体. 如果一个问题归结起来是要决定某一个点的位置, 则可以放弃该点所应满足的条件之一; 于是所求的点就变成能取无限多连接的位置, 而所有这些位置组成具有一切其余未放弃的性质的点的轨迹. 这个轨迹的图形往往是我们预先知道的; 如若不然, 则它须以辅助的作图来决定. 然后取回所放弃的条件而放弃问题中任何别的条件, 这样我们可以重新看出所求的点又变成能取无限多的新位置而形成一新的轨迹. 如果这个轨迹我们还不知道, 则我们来决定这个新轨迹的图形. 于是所求的点应该同时落在第一个轨迹与第二个轨迹上, 所以就是它们的交点.

有时要决定一个点只要作一个轨迹, 因为另一个轨迹已在问题的条件中给出来. 如其所求的点遵从的条件只决定一个轨迹, 则问题成为不定的.

由此可见, 熟悉种种轨迹是多么重要的事情. 轨迹的知识常常可以使我们立刻看出所求未知点应该在什么地方. 例如, 倘若所求的点应该与直线 AB 成距离 a, 则它应落在一条直线 CD 上, 这条直线与 AB 平行而与它成距离 a, 以此类推.

由无数轨迹中我们指出下面这几种最基本的:

Ⅰ. 与一定点 M 成定距离 a 的点的轨迹是一个圆, 以 M 为其中心, 以 a 为其半径.

---

① 这个问题也容易用另一种方法来解. 我们在半径 MO_1 上由 O_1 截取一段 MK 使其等于 O_2B; 由 KO_2 线段的中点作垂线, 则这条垂线即交 O_1M 于所求的点.

Ⅱ.与两定点 M 与 N 成等距离的点的轨迹就是线段 MN 的垂直平分线.

Ⅲ.与定直线 AB 成定距离 a 的点的轨迹是两条直线 CD 与 MN,均与 AB 平行而且成定距离 a.

Ⅳ.分一定角内所截平行线段成一定比率的点的轨迹是一条直线,这条直线由这角的顶点及任一个这些分点所决定①.

这个定理的推论如下:

1°.三角形底边平行线的中点的轨迹是底边上的中线.对于等腰三角形这个轨迹就是高线.

2°.一切与一个定角两边的距离成定比的点的轨迹是一条直线,这条直线由该角的顶点及任一个这种点所决定.

要证明这个事实,可通过一个这种点画一条直线截定角成一等腰三角形.

3°.一个角的平行线(三等分线)是一切与这个角两边相切的圆的中心的轨迹,或一切与角的两边成等距离的点的轨迹.

Ⅴ.对一固定线段成一定视角的点的轨迹是两个圆弧,画在该线段上,并且包容该视角.

推论:直角三角形直角的顶点必定落在骑着斜边为直径的圆上;任何三角形顶角大小如一定则其顶点必定落在这样的弧上,这条弧是画在该三角形底边上的并包容该定角.

Ⅵ.定圆 O 内等弦的中点的轨迹是该圆的一个同心圆与所有这些等弦相切.

这个定理可推广陈述如下:

分定圆内等弦为定比的点的轨迹是该圆的一个同心圆,其半径等于定圆中心与轨迹上任一点的距离.

Ⅶ.设一点对定圆 O 张定角 m(即由这种点向定圆 O 所作两切线成一定角 m),则这种点的轨迹是一个同心圆.

Ⅷ.一切向一半径为 r 的定圆所作切线恒有定长 a 的点的轨迹为一同心圆,其半径等于 $\sqrt{a^2+r^2}$.这个轨迹可看做是前一轨迹的推论.

Ⅸ.一切与定 $\triangle ABC$ 等面积而有同底 AC 的三角形的顶点的轨迹是两条直线,与 AC 的距离等于三角形 ABC 的高线 BD.这个轨迹实际上就是轨迹 Ⅲ,只是在陈述的方式上有许多变化与应用.

① 这个轨迹可以一般的形式来看.角内线段的相对位置要顾及到,否则轨迹成两条直线而不是一条直线.

Ⅹ.对两定点 A 与 B 的距离平方和等于 a^2 的点的轨迹是一个具有定圆心及定半径的圆.

设点 M 满足等式 $AM^2+MB^2=a^2$.作 $NB\ /\!/\ AM$ 及 $AN\ /\!/\ MB$ 成一平行四边形 $AMBN$.于是按平行四边形对角线的性质得 $2AM^2+2MB^2=AB^2+MN^2$ 或 $2a^2=AB^2+NM^2$;以 b 表示已知线段 AB,得 $MN=\sqrt{2a^2-b^2}$.既然 a 与 b 是常数,则 MN 是常数,因此它的一半 MO,亦是常数,所以 M 在一圆上,其中心为 O,半径为 OM.

要画所求的圆,我们在线段 a 上画一半圆,并取这个圆上任一点与直径两端联结起来.设 c 与 d 是这个所得直角三角形的两条正边.以 A 与 B 作中心以 c 与 d 为半径各作圆弧交于点 C.于是所求的半径等于 OC.

Ⅺ.到两定点 M 与 N 的距离的平方差等于 a^2 的点的轨迹是一条直线,与 MN 垂直于点 E,这点由等式 $EM^2-EN^2=a^2$ 所决定.

这很容易用直角三角形来证明,只要任意取一个所求的点就行了.我们任意取一 $\triangle ABC$,其中 $\angle A=90°$ 而 $AB=a$.以 M 与 N 为中心以 BC 与 AC 为半径画圆弧相交于一点 D.于是点 D 属于所求的垂线.

Ⅻ.到两定点 A 与 B 的距离成定比 $m:n$ 的点的轨迹是一个中心与半径都一定的圆(图 24).

设点 C 具有比例式 $AC:CB=m:n$ 所表出的性质,这里 $m>n$.在 AB 上所决定一点 E,使 $AE:EB=m:n$,作 $CD\perp EC$ 及 $BM\ /\!/\ CD$.于是由比例式 $AC:CB=AE:EB$ 可推得:$\angle ACE=\angle ECB$.在 $\triangle MCB$ 内高线 CE 平分其顶角,所以 $MC=CB$.由比例式 $AD:DB=AC:CM=AC:BC=m:n$ 可以看出点 D 是固定的并且容易找出来.既然 $\angle ECD$ 是直角,则点 C 在一个骑着 ED 为直径的圆上.

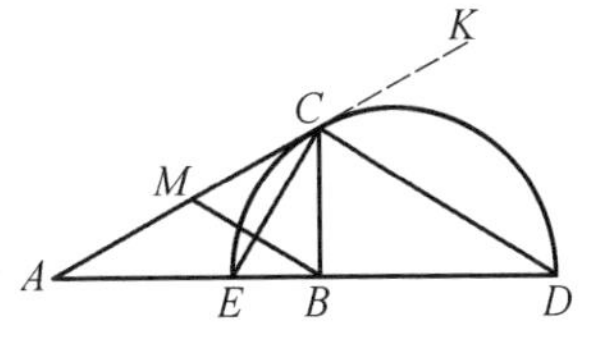

图 24

调和点　由等式 $AE:EB=AD:DB$(图 24)得 $AD\cdot EB=AE\cdot DB$.在同一直线上且满足这样等式的点 A,E,B 与 D 叫做调和点;也可以说 AB 线段在 E 与 D 两点被调和分割.同样线段 ED 也在 A 与 B 两点被调和分割.

知道了其中三点,就不难找出它们第四个调和点.如果给定了 A,E 与 D,则在直径 ED 上画一半圆,取其任一点 C 与 A 及 E 联结起来并且作 $\angle ECB$ 等于 $\angle ACE$.倘若给了 B,E 与点 D 也是一样做法.如果三点中只给了两点,比方说 A 与 B,则点 E(或点 D)可任意指定.调和点最基本的特性表现在下面这个定理

里:

如果直线 AB,AC,AD,AE 与某一直线相交成调和点,则与任何直线相交均成调和点.

设第一线段为 $bcde$,而 $be \cdot cd = bo \cdot ed$.我们取任一线段 b_1e_1,及它上面一点 c_1,然后来找与 b_1,c_1 及 e_1 相调和的点 d_1.我们在 b_1c_1 及 c_1e_1 上各画一圆弧,所包容的角各等于 $\angle BAC$ 及 $\angle CAE$.这两条弧相交于一点 a_1.我们把 $b_1a_1e_1$ 放到所给的图上去,定出点 d_1,于是本定理就显然了.这种证法远比寻常证法简单.

XⅢ.向两定圆所画切线相等的这种点,其轨迹为一直线,垂直于两定圆的连心线.

设由点 A 向 O 与 O_1 两圆所作切线 AB 与 AC 相等,R 与 R_1 为两圆的半径而 $AD \perp OO_1$,则由等式 $AB^2 = AO^2 - R^2, AC^2 = AO_1^2 - R_1^2$ 得 $AO^2 - AO_1^2 = R^2 - R_1^2 =$ 常数.根据轨迹 XI 我们推知一切所求的点都落在垂线 AD 上,这里点 D 由等式 $OD^2 - O_1D^2 = R^2 - R_1^2$ 所决定.直线 AD 叫做两圆的根轴或等幂轴.若两圆相交,则根轴与公弦相重合.解问题 71 可以知道三个圆两两的根轴相交于同一点,这点叫做三圆的根心.利用这些事实容易来决定两圆的根轴.就是,画第三个任意的圆,交两定圆得两公弦,并延长之使交于一点;这样再做一次,则得到所求的根轴上的两个点,如此该轴就决定了.

根轴有下面这些可注意的特性:

(1) 两圆的根轴就是一切与两圆相交成直角的圆的中心的轨迹.

设圆 O_3 交定圆 O_1 与 O_2 于 A 与 B 两点而成直角,则切线 O_3A 与 O_3B 相等,因为是同圆的半径,所以点 O_3 属于 O_1 与 O_2 两圆的根轴.

(2) 两圆的根轴比较接近较小的圆的中心.

(3) 一个圆如平分两个定圆,则其中心的轨迹是一条平行于两定圆根轴的直线,此线与一个定圆中心的距离等于根轴与另一个定圆中心的距离.

设圆 O_3 交圆 O_1 于直径 $AB = 2R_1$ 而交另一定圆 O_2 于直径 $CD = 2R_2$.于是 $O_2O_3^2 = R_3^2 - R_2^2$ 而 $O_1O_3^2 = R_3^2 - R_1^2$,由此得 $O_2O_3^2 - O_1O_3^2 = R_1^2 - R_2^2$,但定圆 O_1 与 O_2 的根轴上任一点 X 则应满足等式 $O_1X^2 - O_2X^2 = R_1^2 - R_2^2$.由此可见,点 O_3 属于一条 O_1O_2 的垂线,此线对 O_1 的距离等于根轴对 O_2 的距离.

这轨迹最容易的画法是根据求两定圆及任意第三个与它们相交的圆的根心的方法.

XⅣ.设一些半径一定的圆与定圆相交成定角,则这些圆的中心的轨迹是定圆的一个同心圆.

如果两个半径一定的圆相交成定角,则其交弦(即交点所定的弦)有定长,反之亦然.所以这个定理可以表示成这样的形式:

有定半径而与定圆相交成定弦 a 的圆,其轨迹是一个同心圆.

轨迹的应用例题:

53.试找一个这样的点:它与点 A 的距离等于 a,与点 B 的距离等于 b.

既然所求的点与 A 的距离等于 a(图 25),则它落在以 A 为圆心以 a 为半径的圆上;既然求的点同时与点 B 的距离等于 b,则它亦落在以 B 为圆心以 b 为半径的圆上.所求的点应该落在这个圆上亦落在那个圆上,所以落在它们的交点上.这就是说,要解这个问题须以 A 与 B 为圆心以 a 与 b 为半径作圆;一般我们可得到两个所求的点,M 与 N.两圆相交或相切的条件就是这个问题可解的条件:即

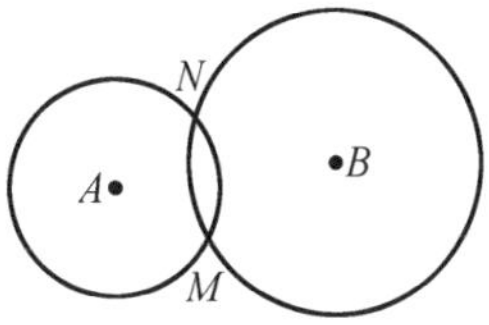

图 25

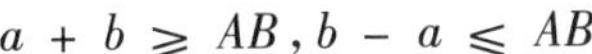

$$a+b \geqslant AB, b-a \leqslant AB$$

54.试找一个与给定的 $\triangle ABC$ 三顶点成等距离的点(图 26).

所求的点对 B 与 C 成等距离,所以它是 BC 的垂直平分线 KL 上的一个点.同样,所求的点也是 AB 的垂直平分线 MN 上的一个点.所求的点既在 MN 上又在 KL 上,所以就是它们的交点.

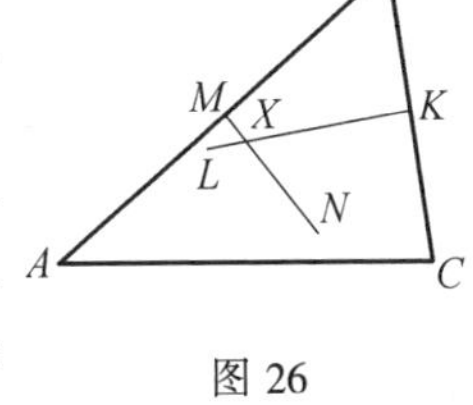

图 26

所以,要找点 X,我们在 AB 与 BC 的中点上各画一垂线,其交点就是唯一所求的点.证明留给读者自己去作.

55.试找一个这样的点:它与直线 AB 的距离是 a,与直线 CD 的距离是 b(图 27).

既然所求的点与 AB 成距离 a,则它落在与 AB 平行而且与它成距离 a 的直线 MN 上.我们画出这条直线 MN.同样所求的点应该在一条平行于 CD 而与它成距离 b 的直线 PQ 上.这就是说,所求的点同时在直线 MN 与直线 PQ 上,所以就是它们的交点.实行了这样的作图,我们可见点 O 就是所求的,因为 $OK=AM=a$,并且 $OL=PC=b$.显然,这个问

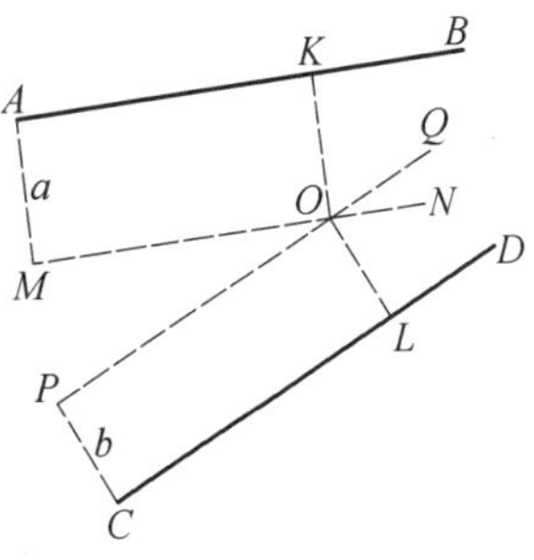

图 27

题永远是可能的,只有在 AB 与 CD 平行而其间距离不等于 $a \pm b$ 的情形是例外.在 AB 与 CD 平行而距离等于 $a \pm b$ 的这两种情形,这个问题变成不定型.

56.求作一圆与一给定的角的两边相切且与一边切于一指定的点 F(图 28).

所求的圆的中心应该在所给的角的平分线 BM 上.既然通过切点的半径与切线垂直,则所求的圆心亦在 BC 的垂线 OF 上.故所求的圆心就是 BM 与 OF 的交点.所以要解这个问题只要画角 $\angle B$ 的平分线 BM 并且画 $FO \perp BC$,BM 与 OF 的交点就是所求的,所求的圆的半径等于 OF.

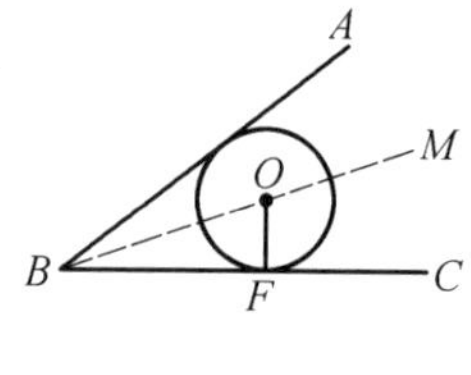

图 28

57.在已知线段 AB 上求作一圆弧,使包容一给定的 $\angle m$(图 29).

设圆弧 $AMNB$ 在 AB 上画得使其所包容的 $\angle AMB$ 与 $\angle ANB$ 等于给定的 $\angle m$①,则问题就在决定这条圆弧的中心.既然这个中心应该与点 A 及 B 成等距离,故第一它应该在 AB 的垂直平分线 OE 上;第二它应该在点 A 的切线 AF 的垂线 AO 上.所以所求的中心应该是 AO 与 OE 的交点.至于 AF 的位置如何决定,则我们注意角 AMB 与 FAB 可同以 ALB 弧的一半来量度,所以 $\angle FAB = \angle m$,这个结果指示我们如何作 AF.

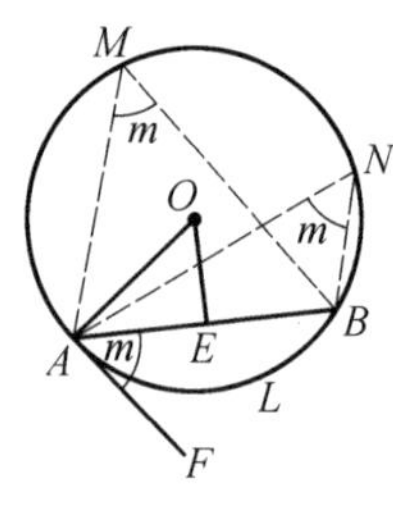

图 29

由所说的可推出下面这种解法.在 AB 的中点上画垂线;作 $\angle FAB = \angle m$,并且在点 A 作 AF 的垂线.这两条垂线的交点就是所求的圆弧的中心.这个问题有两个解,因为 $\angle m$ 亦可以画在 AB 的另一侧.如果 $\angle m = 90°$,则点 O 与点 E 相重合而两个所求的圆弧凑成一个整圆.

58.由圆外一点 A 求作定圆 O 的切线(图 30).

设 AM 是所求的切线.要决定切点 M 我们画半径 OM 并且注意 $\angle OMA$ 是直角,所以顶点 M 落在跨着 AO 这条直径画成的圆上.

所以,要解这个问题,应该以 AO 的中点为圆心以其一半为半径作圆;这个圆交已知圆于所求的点 M 与 N.事实上,直线 AM 与圆 O 有公共点 M,并且因为 $\angle AMO$ 与 $\angle ANO$ 对着直径,都是直角,故通过点 M 的半径垂直于 AM.所以,直线 AM 及 AN 与圆 O 相切.

① 这种情形我们有时也说:"线段 AB 由点 M 与点 N 看来成视角 m".

59.求作一三角形,已经知道它的 b,B 与 h_a(图 31).

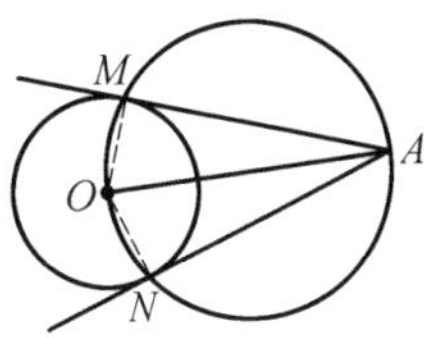

图 30

我们先画所给的底边 AC.顶点 B 应该在对着 AC 而包容 $\angle B$ 的圆弧 ALC 上.为决定这个顶点究竟在什么地方,我们来决定高线 AF 的垂足(基点)F.既然 $AF = h_a$,则点 F 应该在以 A 为中心以 h_a 为半径的圆弧上;从另一方面来看,既然 $\angle AFC$ 是直角,则点 F 又应该在以 AC 为直径的半圆上.所以点 F 就是这两个圆的交点.由此产生下面这种解法.截取 $AC = b$,在它上面画一圆弧使包容 $\angle B$;然后以 A 为圆心以 h_a 为半径画圆,并且由点 C 画这个圆的切线 CF,延长之使交第一个圆弧于点 B.于是 $\triangle ABC$ 就是所求的.这个问题可解的条件是 $h_a \leqslant b$.

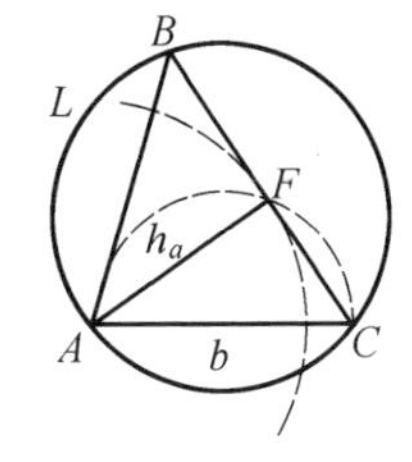

图 31

60.通过定点 A 求作圆 O 的割线,使在圆内所截的弦等于定长 a(图 32).

既然定圆内所有等弦的中点构成一同心圆,与所有这些弦相切,则所求的弦亦与此圆相切;所以我们来画这个圆.为这目的我们先由任一点 M 以半径 a 画圆弧,交圆于 N,并联结 M 与 N.然后由 O 画 MN 的垂线 OK,并以 O 为圆心以 OK 为半径画圆.这个圆应该与所求的弦相切.既然这弦还应该通过点 A,故显然只要由点 A 画内圆 O 的切线,并延长之使与外圆相交就行了.如此我们可得两个解.线段 a 应该不大于圆 O 的直径.

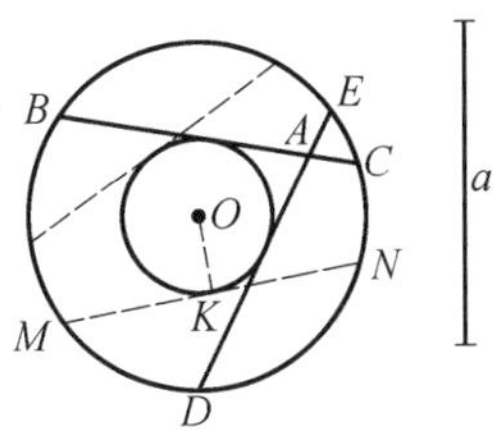

图 32

61.试在一给定的圆 O 上找一点,使由它向另一给定的圆 O_1 的视角等于定角 m(图 33).

我们来作所求的点的轨迹.因此我们取任一半径 O_1M,在点 M 画一切线,并由点 O_1 画一直线使与 O_1M 成 $90° - \frac{1}{2}\angle m$ 的角.这条直线与切线的交点 N 即属于所求的圆,故这个圆我们以 O_1N 为半径来画.所求的点也在圆 O 上,所以就是这两个圆的交点.在一般情形所求的点有两个.这个问题是否可解就看 NBA 与 O 两圆是否相交或相切①.在相切的情形所求的点只有一个.

62.试求一点,使由它向两给定的圆 O 与 O_1 所作切线各等于给定的线段 a

① 可解的条件是 $AO + O_1M \cdot \csc\frac{m}{2} \geqslant OO_1$ 及 $AO - O_1M \cdot \csc\frac{m}{2} \leqslant OO_1$.

与 a_1(图 34).

既然所有由它向给定的圆 O 所画切线等于 a 的点在一同心圆上,这所求的点亦在这个圆上.要作这个圆,可取圆 O 上任一点 K,在这个点上画一切线 $LK=a$,然后以 OL 为半径画圆 LS.所有由它向圆 O_1 所画切线等于 a_1 的点亦在一同心圆上,这个圆作法如下:在圆 O_1 上任一点 P 画一切线,取 $PR=a_1$,然后以 O_1 为圆心以 O_1R 为半径画圆.所求的点应该同时在圆 LS 及圆 MR 上,所以它就是两圆的交点.

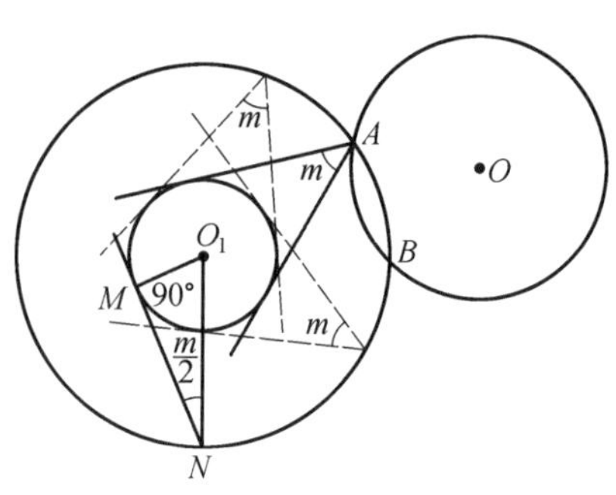

图 33

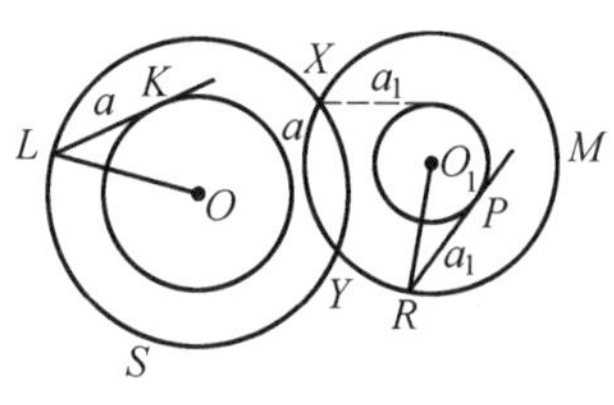

图 34

如此我们找到两个所求的点 X 与 Y.圆 LS 的半径等于 $\sqrt{a^2+r^2}$,而圆 MR 的半径等于 $\sqrt{a_1^2+r_1^2}$,这里 r 与 r_1 是所给的圆的半径.这个问题的可解条件就等于圆 LS 与圆 MR 的相交或相切的条件;它可如此表出:$\sqrt{a^2+r^2}+\sqrt{a_1^2+r_1^2}\geqslant OO_1$ 及 $\sqrt{a^2+r^2}-\sqrt{a_1^2+r_1^2}\leqslant OO_1$.在圆 LS 与圆 MR 相切的情形得一个解,而所求的点就是切点.

63.试在直线 AB 上找一点 M,使由 M 与已知 $\triangle DEF$ 的两顶点所联结成的 $\triangle MDE$ 的面积为 $\triangle DEF$ 的一半(图 35).

设所求的点 M 已经找到,而 $S_{\triangle EMD}=\frac{1}{2}S_{\triangle DEF}$.我们在图里来表出 $\triangle DEF$ 的一半.因此我们平分 DF 而把分点 K 与 E 联结起来,于是 $S_{\triangle DEK}=\frac{1}{2}S_{\triangle DEF}$.我们注意,$\triangle DEK$ 与 $\triangle DEM$ 有共同的底边 DE 而面积相等,所以顶点 M 与 K 应该在一条与底边 DE 平行而通过已知点 K 的直线上.如此所求的点 M 在直线 $MK\mathbin{/\mkern-5mu/}DE$ 上并且还应该在直线 AB 上,这就是说,它应该是 AB 与 MK 两直线的交点.

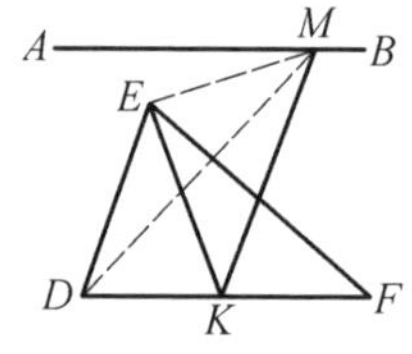

图 35

因此要解这个问题须平分 DF 而由其中点画 DE 的平行线;这条平行线就交 AB 于所求的点.在一般情形有两个解,因为轨迹 Ⅸ 由两条直线所组成.

64.给定了两条线段 MN 与 PQ,求在给定的直线 AB 上找一个这样的点 X,使三角形 MXN 与 PXQ 面积相等.

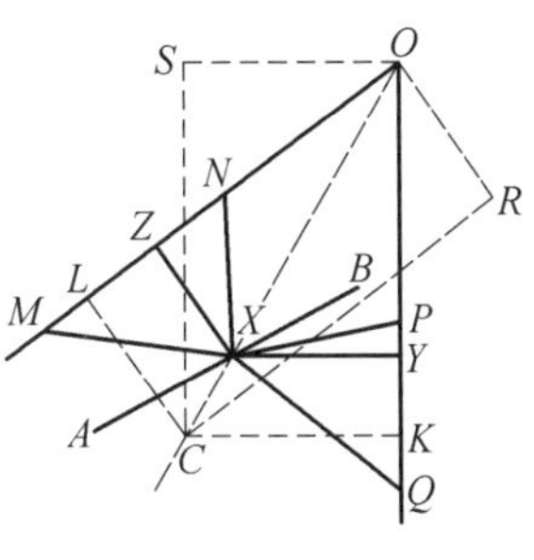

图 36

设找到了这样一个点 X(图 36),使它在直线 AB 上并且 $\triangle MXN$ 与 $\triangle PXQ$ 面积相等.若 XZ 与 XY 是这两三角形的高,则 $XZ:XY=PQ:MN$.由此可见,所求的点 X 与 MN 及 PQ 的距离成一定的比率.所以所求的点 X 一方面应该在与 MN 及 PQ 距离成定比的点的轨迹上,另一方面又要在直线 AB 上.要作所求的轨迹,我们画 OS 及 OR 各垂直于 PQ 及 MN,并截取 $OS=MN$ 及 $OR=PQ$;然后由 S 与 R 两点作直线各平行于 PQ 与 MN,使相交于点 C.既然 $CL:CK=OR:OS$,则所求的直线是 OC.所求的点就在直线 OC 与 AB 相交的地方.照上面所指示作了图并画了垂线 XY 与 XZ,我们由三角形的相似性得 $XY:CK=OX:OC$ 及 $XZ:CL=OX:OC$,由此 $XY:CK=XZ:CL$,但 $CK=OS=MN$,$CL=OR=PQ$,代入上式后再取外项与内项的乘积以 2 除之,即得 $\triangle MXN$ 与 $\triangle PXQ$ 的面积等式.

65.求作一四边形,已经知道它的两条相邻的边与其间所夹的角,及通过此角顶点的对角线与两对角线间所夹的角(图 37).

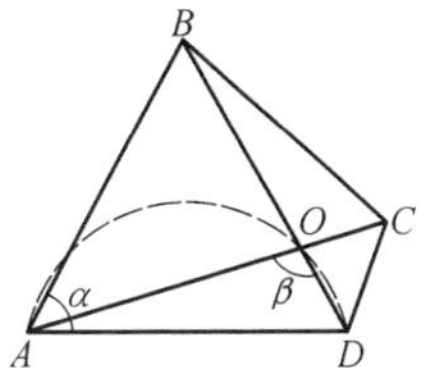

图 37

设所求的四边形是 $ABCD$,其中已经给定 $\angle BAD=\angle\alpha$,$\angle AOD=\angle\beta$,对角线 $AC=b$,边 $AB=c$,$AD=d$.我们先来作所求图形中我们会作的那部分.这部分图形就是 $\triangle BAD$.

作出了 $\triangle BAD$ 后,我们看出问题就在决定点 O 了.因为,如果我们知道了它的位置,则只要将它与 A 联结起来并截取 $AC=b$,就做出全四边形了.既然 $\angle AOD=\angle\beta$,则点 O 一方面在对着 AD 而包容 $\angle\beta$ 的圆弧上,另一方面它又在直线 BD 上.由此可见点 O 在圆弧 AOD 与直线 BD 相交的地方,于是下面这个解法就很明显了.

作 $\triangle ABD$,其中 $AB=c$,$AD=d$,而 $\angle BAD=\angle\alpha$.在边 AD 上作一圆弧包容 $\angle\beta$.把这条弧与直线 BD 的交点 O 与点 A 联结起来并在其延长线上截取 $AC=b$.联结 CB 与 CD,即得所求四边形 $ABCD$.

66.求作两圆 O 与 O_1 的公切线.

如果 AB 是所求的切线(图 38),则只要决定它的方向就行了.要决定 AB 的

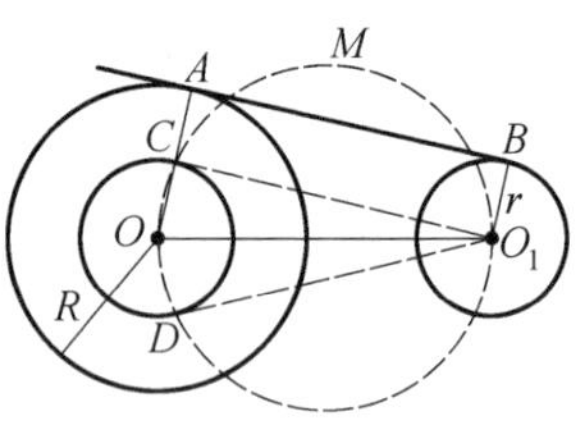

图 38

方向,我们画 $O_1C // AB$,画 $OC \perp O_1C$ 而决定点 C 的位置.既然 $\angle OCO_1$ 是直角,点 C 在跨着 OO_1 这条直径所画的圆上.延长垂线 OC 并作 $O_1B // OC$,我们看出 $OC = OA - CA = R - r$,因为 $AC // O_1B$.如果线段 OC 等于 $R - r$,则点 C 在以 O 为中心以 $R - r$ 为半径的圆上,所以点 C 在 OMO_1 与 CD 两圆相交之处.这样决定了点 C 以后,我们对两个所给的圆中的一个画切线 AB 使平行于 O_1C.这条切线就是所求的.事实上,我们来实行所找出的作图法;设 AB 切于 O_1 圆并交 OC 的延长线于点 A.于是,既然 $AC // O_1B$ 而 $OC = R - r$,则 $OA = OC + AC = OC + O_1B = R - r + r = R$.这就是说,点 A 必定在圆 O 上.既然 $\angle OAB = \angle OCO_1 = 90°$,则直线 AB 与圆 O 有了公共点而垂直于通过该点的半径,故必与圆 O 相切.但 AB 是画来与圆 O_1 相切的,所以它与两圆都相切.这个问题有两个解.另一条公切线平行于直线 O_1D.这早就可以看出,因为 C 是两个圆相交而得的,这里一个圆的中心在另一个圆上;这样的交点必定有两个,所以解也必定有两个.如果要画内公切线,则圆 CD 的半径将等于 $R + r$.

67.给了两点 A 与 B.求决定这样一点 X,使 $AX : BX$ 与 $AX^2 + BX^2$ 有定值 $m : n$ 与 k^2,这里 m, n 与 k 都是给定的线段(图 39).

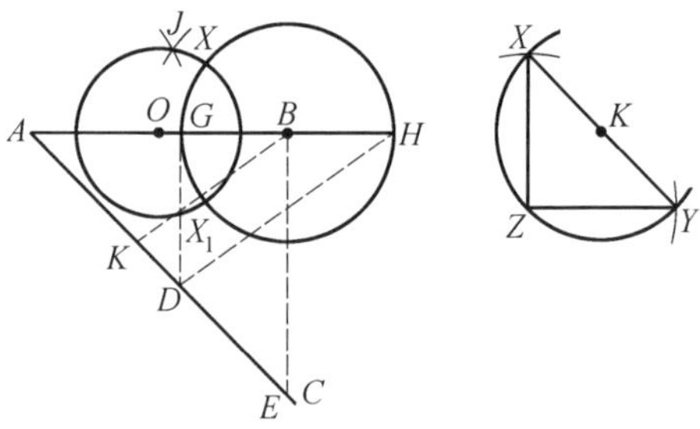

图 39

放弃第二条件,则点 X 将在轨迹 Ⅻ 上,这轨迹在 $m > n$ 时可由如下方式得之.在任意直线 AC 上截取 $AD = m$,$AK = n$,$DE = n$ 并且画 $DG // BE$ 及 $DH // KB$.在直径 GH 上所画的圆就是所求的.

放弃第一条件,则点 X 应该在一个圆上(轨迹 Ⅹ),这个圆可以由如下方式得之.在直径 $XY = k$ 上画一半圆并且在它接近中点的地方取一点 Z 与 X 及 Y 联结起来.以 A 与 B 为圆心以 XZ 与 ZY 为半径作圆弧交于 J.平分 AB 于 O,然后以 O 为中心以 OJ 为半径作圆.

两圆相交于所求的点 X 与 X_1.这个问题可有两解、一解或无解.

68.在定圆 O 内求作一内接三角形,使其两角等于 α 与 β 而一边通过一定点 M(图 40).

设 $\triangle ABC$ 为所求.要决定边 AB 的长我们注意它是相应于圆界角 α 的一条

弦;既然相等圆界角所对的弦亦相等,则只要由圆上任何点 Q 画一圆界角 α,我们可找出弦 NP 就等于所求三角形的一边;剩下的事情就是要通过点 M 画一弦等于 NP.

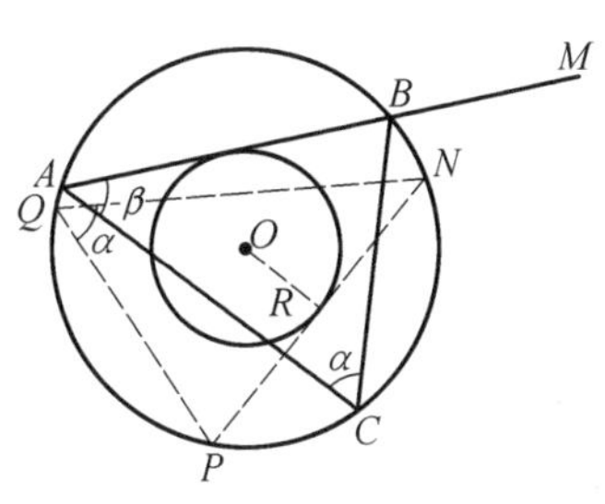

图 40

既然等弦的中点构成一同心圆与所有等弦相切,则画了 $OR \perp NP$ 后要以 O 为圆心以 OR 为半径作圆;然后由点 M 向这圆画一切线;如果这条切线是 MA,则 BA 是所求三角形的边.在点 A 边 AB 上作角 β,即得全三角形.

做了所指示的作图,我们得到的就是所求的三角形,理由如下:$AB = NP$,所以弧 AB 与 NP 相等,故由作图 $\angle ACB = \angle NQP = \angle\alpha$,$\angle BAC = \angle\beta$,此外整个 $\triangle ABC$ 内接于圆 O 并且边 AB 通过点 M.问题的一切条件都满足了.既然由点 M 向圆 R 可以画两条切线,这个问题有两个解.只要点 M 不在以 OR 为半径的圆内,这个问题总是有解的,故 $OM \geqslant OR$ 是这个问题可解的条件.

69.试将一给定的 $\triangle ABC$ 用通过底边 AC 上两定点 D 与 E 的直线划分为面积相等的三部分(图 41).

设 $\triangle ABC$ 被直线 DH 与 EK 划分为 $ABHD$,DKE 与 $KHCE$ 三部分,而每部分都是 $\triangle ABC$ 的三分之一.我们在图里先做一面积等于 $\triangle ABC$ 的三分之一的三角形.因此将底边分为三等份,若 $AF = \frac{AC}{3}$,则 $S_{\triangle ABF} = \frac{1}{3}S_{\triangle ABC}$①.比较 $ABHD$ 与 ABF 这两个等面积的图形,我们看出其中有一公共部分 ABD,所以 $\triangle DBF$ 与 $\triangle BDH$ 等面积.既然这些等面积的三角形有共同底边,则其顶点应同在一条与底边平行的直线上(轨迹 Ⅸ),即直线 $FH // DB$.如此点 H 的位置就知道了,而应该如何通过点 D 来画所求的直线也就明白了.剩下的事情就是要探求如何由点 E 来画一直线,使平分 DHC 这个图形.我们在图里先做出一图形使其面积为三角形 DHC 的一半.因此平分 DC 于点 G 而联结 G 与 H.GHC 与 $KHCE$ 两图形面积相等,但既然它们有一共同部分 EHC,则 $\triangle KHE$ 与 $\triangle GHE$ 面积相等,所以 $KG // HE$.画出 KG,则找到点 K 与直线 KE.

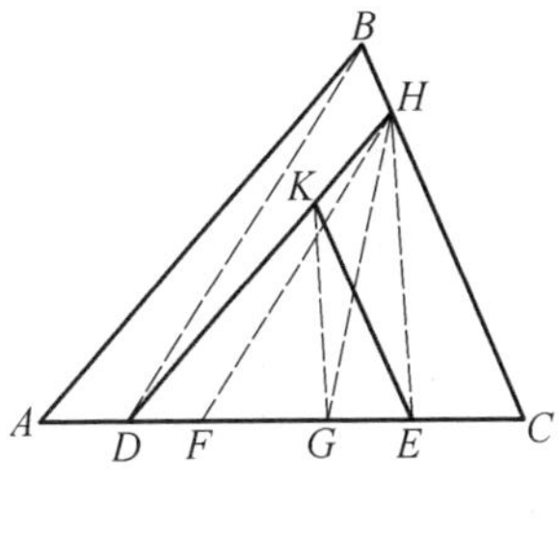

图 41

① 线 BF 在图中未画出.

如此我们得到下面这个解.截取 $AF=\frac{AC}{3}$;联结 D 与 B,由点 F 画 DB 的平行线交 BC 于点 H.第一条所求的直线就是 DH.再平分 DC 于点 G 并联结 H 与 E,由 G 画 HE 的平行线,交 DH 于点 K,则另一条所求的直线就是 KE.我们来作证明.ABF 与 $ABHD$ 有一共同部分 ABD,其余部分 BDF 与 DBH 既有同底同高故面积亦相等,即 $S_{ABHD}=S_{\triangle ABF}=\frac{1}{3}S_{\triangle ABC}$,所以 $S_{\triangle CHD}=\frac{2}{3}S_{\triangle ABC}$,而 $S_{\triangle GHC}=\frac{1}{2}S_{\triangle ABC}$.然后图形 $KHCE$ 与 GHC 有共同部分 EHC,而剩下部分 $\triangle EKH$ 与 $\triangle GHE$ 既按作图有同底同高,故面积亦相等,所以 $S_{KHCE}=S_{\triangle GHC}=\frac{1}{3}S_{\triangle ABC}$.这个问题总是可能的.

70.求作一三角形,已经知道它的底边与顶角,并使其面积等于两已知三角形 DEF 与 MNP 面积之和.

首先要把已知三角形加起来使其和表现成为一个三角形.因此要把 $\triangle MNP$ 变为与它同面积的 $\triangle MN_1P_1$,使其高 N_1Q 等于高 EH;作 $\triangle M_2N_1P_2$ 与 $\triangle MN_1P_1$ 等面积,使 $M_2N_1=DE$,$\angle N_1M_2P_2=180°-\angle EDF$,$M_2P_2=MP_1$,而通过 N_1 的高线保持一样.于是三角形 DEF 与 $M_2N_1P_2$ 可以相加成一个 $\triangle P_2EF$.然后两已知三角形的和就表现成一个三角形.

71.试找一个这样的点,使由它向三个已知圆所作的切线都彼此相等(图42).

我们先不管圆 O_1,于是所求的点 X 按轨迹 XIII 应该在 O_2 与 O_3 两圆的根轴上.同样所求的点 X 也应该在 O_1 与 O_2 两圆的根轴上.故最后点 X 应该就是两根轴的交点.所以应该把所有这些根轴都作出来.我们画两个任何的圆(最省力是画两个同心圆),使与所有三已知圆相交.延长三对交弦使两两相交.直线 EF 与 GH 相交于所求的点 X.

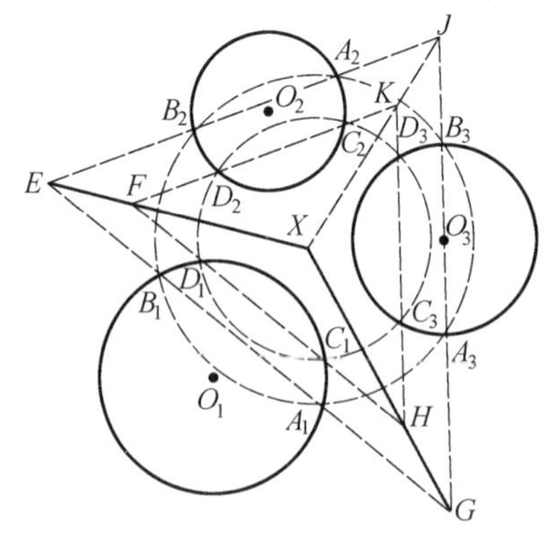

图 42

可以证明,点 X 是唯一的点.我们来证明 KJ 也通过点 X.事实上,如其点 X 不在直线 KJ 上,则岂非能找出一个这样的点,由它向 O_2 与 O_3 两圆所作切线相等,而这点却不在该两圆的根轴上.在这种情形下轨迹 XIII 岂非错了!所以点 X

必须在直线 KJ 上.

这个问题在根轴平行时及有一根轴不存在时就成为不可解的.这种情形第一发生于三圆的中心同在一条直线上,并且三圆完全不相交或不止有一个交点的场合.第二发生在两个或三个圆成同心圆的场合.在根轴相重合时,则问题变成无定律.这种情形发生于所有三圆同相交于两点或同相切于一点的场合.在这种情形下公切线或公弦上每个点都满足问题的要求.

72.给定了一个圆及一个点 A.求在圆内作一弦使等于给定的长并使它对点 A 所张视角等于给定的角 φ(图 43).

解:设 BC 是所求的弦.我们截取任一弦 $DE = BC$ 并在它上面画一圆弧 DGE 使包容角 φ.现在问题可以如下方式表出:"通过点 A 求作一以 O_1D 为半径的圆,使它与定圆 O 所交的弦有定长 DE."所求的圆的中心一方面应该在 $O_1X_1X_2$ 上(轨迹 XIV),另一方面应该在以 A 为圆心以 O_1D 为半径的圆上.以下问题的解就很明显了.我们得两个解.所求的圆心是 X_1 与 X_2.

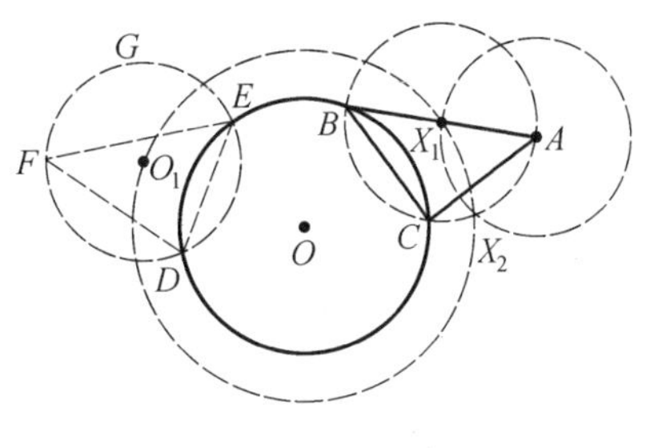

图 43

考察三角形 ODO_1,OEO_1,OBX_1 与 OCX_1 可看出 $BC = DE$,所以 $\angle BAC = \angle DFE = \angle DGE = \angle\varphi$.可解的条件是 $OO_1 + DO_1 \geqslant OA$ 及 $OO_1 - DO_1 \leqslant OA$.有一个解或两个解.

根据所指示各轨迹可解以下问题.

Ⅰ ~ Ⅳ.73.给定了两条平等线,求作第三条平行线,使一给定的△ABC 的三顶点可落在三平行线上.

74_1.给定了两条平行线,求作另两条直线与所给两线平行,使一给定了的四边形 $ABCD$ 的顶点都各落在四平行线上.

74_2.给定了两个同心圆,求作另两个与它们同心的圆,使一给定的四边形的顶点都各落在四个圆上.

75.求作一四边形,已经知道它的三边及外接圆半径.

76.1) 求作一三角形,已经知道它的 a,b,A.

2) 求作一平行四边形,已经知道它的一边,一角及一对角线.

77_1.求作一三角形,已经知道它的底边及内接圆心与底边两端的距离.

77_2.求作一四边形,已经知道它的 AB,BC 及顶点 A 及 B 与内接圆心的距离.

78.求作一菱形,已经知道它的高及一对角线.

79.求作一四边形 $ABCD$,已经知道它的 A,AB,BC,CD,AD.

80.求作一四边形 $ABCD$,已经知道它的 AB,BC,BD,AD,AC.

81.求作一四边形 $ABCD$,已经知道它的 AB,BC,CD,AC,BD.

82.给定了两个同心圆及一个点.求作一圆通过该点并与所给的两圆相切.

83.求作一个以 R 为半径的圆,使通过两个给定的点 A 与 B.

84.以给定的半径 R 求作一圆,使通过一给定的点 M 并与一给定的圆 O 相切.

85.求作一半径为 R 的圆与一给定的圆 O 相切,而所求的圆的中心要落在另一给定的圆 C 上或落在一给定的直线 MN 上.

86.以给定的半径 R 求作一圆,与两给定的圆 O_1 与 O_2 相切.

87.求作一以 R 为半径的圆,与另一给定的圆切于一给定的点.

88.给定了两个同心圆与另一圆,求作一圆与所给三圆相切.

89.试在一给定的直线上找一点使与两给定的点成等距离.

90.求作一菱形使其两相对顶点落在两给定的点上而第三个顶点落在一给定的圆上.

91.通过一给定的点 A 以给定的半径求作一圆,使由一给定的点 B 向它所作切线等于一给定的长.

92.通过一给定的点以给定的半径求作一圆,使另一给定的点对它的视角等于一给定的角.

93.求作一圆使与两给定的平行线及另一与它们相交的第三条直线相切.

94.求作一三角形,已经知道它的 A,b 与 h_b.

95.求作一三角形,已经知道它的 a,b 与 h_a.

96_1.求作一三角形,已经知道它的 c,h_b 与 m_a.

96_2.以一给定的圆心 A 求作一圆,使交两给定的平行线于一定长的线段 XY.

97.求作一平行四边形,已经知道它的两边及高.

98.给定了两个同心圆与一条直线,求作一圆与所给诸圆及直线相切.

99.求作一三角形,已经给定了它的 A,b_A 与 h_c.

100.求作一三角形,已经知道它的 A,a 与 h_b.

101.试求一点,使其与一给定的直线 MN 的距离等于 a,与一给定的点 A 的

距离等于 b.

102.试求一点,使其与两给定的点成等距离并且与一给定的直线成一给定的距离.

103.试在直线 AB 上求一点,使与两相交的直线 MN 与 PQ 成等距离.

104.试求一点,使其与一给定直线的距离等于 a,并且与两给定的直线成等距离.

105.试以半径 R 作一圆,使与一给定的直线 AB 相切,并使圆心与一定点 M 间的距离等于 a.

106.通过两给定的点 A 与 B 求作一圆,使 AB 所对圆界角为另一定长的弦所对圆界角的二倍.

解:截取弦 BC 使等于定长,于是 $AC = BC$.

107.试在一给定的圆上求一点,使其与一给定的角的两边的距离成一给定的比 $m:n$.

108.以给定的半径求作一圆,截定角两边于等弦,而使圆心在一给定的直线上.

109.求作一三角形 ABC,已经知道它的 b,h_a 与 h_b.

110.求作一圆,切三角形 ABC 的边 BC 于一给定的点 M,并使其一直径落在 AB 边上.

111.以给定的圆心作一圆,使其与一给定的角的两边相交所得的弦与一给定的直线平行.

112.求作一圆与三条给定的直线相切(有四种情形).

113_1.求作一四边形 $ABCD$,已经知道它的 A,AC 与 $BC:CD$,并使角 B 与 D 成直角(或成给定的大小).

113_2.求作一四边形 $ABCD$,已经知道 AB,AD,A 与内切圆半径.

114.在 $\angle ABC$ 内沿一已知方向求作一线段,使它被一给定的圆所平分.

115.试在三角形 ABC 内求一点 D,使三角形 ADB,CDB 与 ADC 面积相等.

116.一圆与两条直线相交各成给定的角.试求圆心的轨迹.

117.求作一圆,交三条给定的直线各成给定的角.

Ⅴ ~ Ⅸ118.试在一给定的直线上或圆上求一点,使它对一给定线段的视角等于一给定的角.

119.试求一点,使它对两条给定线段的视角各等于一给定的角.

120.试在 $\triangle ABC$ 内求两点 X 与 Y(布罗加点),使 $\angle XAB,\angle XBC$ 与 $\angle XCA$

彼此相等,$\angle YAC$,$\angle YCB$ 与 $\angle YBA$ 亦彼此相等.

121.求作一面积最大的三角形,已经知道它的 A 与 a.

122.在一给定的圆内求作一弦,使它对三个给定的点成相等的视角.

123.在一给定的圆内求作一内接矩形,使它的两边通过两给定的点.

124_1.求作一三角形,已经知道它的 a,A 与 m_a.

124_2.求作一平行四边形,已经知道它的两边及对角线间所夹的角.

125.求作一三角形,已经知道它的底边,顶角及顶角平分线与底边的交点.

126.以一给定的点为中心求作一圆,使与一给定的圆相交成一给定的角.

127.给定了两个点与两条平行线.试通过一点作一割线,使它在平行线间所截的线段被由另一点所作垂线分为两段而成一给定的比率.

128.以一给定的点为中心求作一圆,使由一给定的点向它所作的切线等于一给定的长.

129.通过圆 O 内一点 P 求作一弦,使被一给定的弦 AB 所平分.

130.通过圆 O 内一给定的点 B 求作一弦,使它的长为它与圆心距离的一半.

131.求作一三角形成一平行四边形,已经给定了它的底边及两高线.

132.在圆内给定了一点.求通过这点作一弦,使它被该点所分成的两线段之差等于一给定的长.

133.求作一直角三角形,已经知道它的斜边及一正边上的中线.

134.求作一菱形,使它两个相邻顶点落在两给定的点上,而对角线交点落在一给定的圆上.

135.给定了 A,B 与 C 三点.求作一个有一正边已给定的直角三角形,使每边各通过一所给的点,并使 BA 与 AC 对直角顶点成相等的视角.

136.通过两圆交点求作一割线,使所得到的两弦之和等于一给定的线段 a.求这条线段 a 的最大可能值.

137.在圆内求作一内接直角三角形,使它的一个锐角等于一给定的角并使一正边通过一个给定的点.

138.求作一直线,使它与两给定的点 A 与 B 的距离各等于给定的线段 a 与 b.

139.求作一四边形 $ABCD$,已经知道 AC 与 $\angle ABC$,$\angle ADC$,$\angle BAC$ 与 $\angle DAC$.

140.求作一四边形 $ABCD$,已经知道 AB,AD,AC 与 $\angle BAD$,$\angle BCD$.

141.求作一四边形 $ABCD$,已经知道 AB,BC,CD,AC 与 $\angle ADC$.

142.求作一四边形 $ABCD$,已经知道 AB,BC,AC 与 $\angle ADB,\angle BDC$.

143.求作一四边形 $ABCD$,已经知道 $AB,BD,\angle(AC,BD),AD$ 与 BC.

144.求作一三角形,已经知道它的 B,h_a 与 m_a.

145.求作一平行四边形,已经知道它的底边,高及两对角线所夹的角.

146.求作一三角形,已经知道它的 A,h_a 与 m_b.

解:可用 m_b 作斜边用 h_a 的一半作一正边作一直角三角形.

147.求作一三角形已经知道它的 $a,\angle(m_a,b)$ 与 $\angle(m_a,c)$.

148_1.以给定的半径求作一圆,使通过一点 A 并使与一给定直线相交所得的弦等于一给定的长.

148_2.通过一给定的点求作两直线,使它们所成的角等于一给定的角,并且使它们由一给定的直线上所截下来的线段等于一给定的长.

149.在两给定的平行线之间求作一线段,使它等于一给定的长,并且使它对一给定的点张一给定的视角.

150.在圆 O 上给定了三点 A,B 与 C.试求一点 P,使直线 AP,BP 与 CP 交圆于 D,E 与 F 而所截的弦 DE 与 EF 各等于给定的长.

151.给定了两点 A 与 B 及一个圆.求作两割线各通过 A 与 B,使在圆内所截成的两弦相等并且相交成一给定的角.

152.以给定的半径求作一圆,与一给定的直线相切,使由两给定的点 A 与 B 向这个圆所作的切线彼此平行.

153.给定了一个圆及其中两弦 AB 与 CD.试在弦 CD 上求一点 E,使直线 AE 与 BE 在圆上决定一新弦 FG 等于给的长.

154.求作一菱形,其两边在两给定的平行线 AB 与 CD 上,而其他两边通过两给定的点 E 与 F.

解:在 EF 上作一半圆并作弦 FG 等于 AB 与 CD 间的距离,则 EG 为所求的一边.

155.求作一个两边的比已经给定的平行四边形,使它的两边在两给定的平行线上,而其余两边通过两给定的点.

156_1.求作一正方形,使它的各边通过四个给定的点 A,B,C 与 D.

解:在 AB 与 CD 上作圆,我们找到正方形的一条对角线,因为它通过两半圆的中点.

156_2.求作一个两边的比已给定的矩形,使各边通过四个给定的点.

157.给定了两个圆及一条外公切线.试在切线上求一点,使它对两圆的视角之和等于一给定的角.

158_1.求作一三角形,已经知道 $A,h_a,b+c-a$.

158_2.求作一三角形,已经知道 $A,2p,r$.

159_1.求作一三角形,已经知道 $A,h_a,2p$.

159_2.求作一三角形,已经知道 A,r,ρ_a.

160_1.求作一三角形,已经知道 $a,b+c,r$.

解:先作 $b+c-a$.

160_2.求作一三角形,已经知道 $a,b-c,r$.

161_1.求作一三角形,已经知道 A,h_a,ρ_a.

161_2.求作一三角形,已经知道 A,h_a,ρ_b.

162.给定了三条平行线及每条上一点 A,B 与 C.求在三条线上再各决定一点 X,Y 与 Z,使 $AX:BY,BY:CZ$ 与 $\angle XYZ$ 都有给定的值.

163.以给定的半径求作一圆,使与一给定的角的两边所交成的弦各等于给定的长.

164.求作一平行四边形,使它的两相邻顶点落在两给定的点上,而其余两顶点落在一给定的圆上.

165.试在一给定的圆里求作一弦,使等于给定的长,并且使它与两个给定的点的距离成一给定的比率.

166.给定了两个圆 O 与 O_1,求作一割线,使它在两圆内的部分各等于给定的线段.

167.向一给定的圆求作一切线,使它在两给定的同心圆之间所截的一段等于一给定的长.

168.在一给定的圆里求作一内接三角形,使它的一个角等于一给定的角,而两条边各通过两给定的点.

169.给定了一个圆及一条直线,求作另一直线,交圆于 A 与 B 而交直线于 C,使线段 AB 与 BC 有给定的长.

170.通过在一圆上给定的两个点,求作两条平行的弦,使它们的和等于一给定的长.

171.试求一个点,使它对两个给定的圆所张的视角各等于给定的角.

172.求作一个圆,使与三个给定的等圆相交成同一给定长度的弦.

173.求作一直角三角形,已经知道它的一条正边及另一条正边在斜边上的射影.

174_1.围绕一给定的圆求作一各角已给定的外切三角形,使它的一边通过一给定的点.

174_2.围绕一给定的圆求作一外切三角形,使它的一个顶点落在一条给定的直线上并且使在这个顶点的角与一边都等于给定的大小.

175_1.围绕一给定的圆求作一各顶角都已给定的外切四边形.

175_2.围绕一给定的圆求作一外切四边形,使它的两条相邻边各等于给定的线段 a 与 b,而贴近边 a 的角等于一给定的角 m(有两种情形).

176.试在一给定的圆上求一点,使由它向另一给定的圆所作切线等于一给定的线段.

177.试求一个点,使它对一给定的圆所张的视角等于一给定的角而由它向另一给定的圆所作切线等于一给定的线段.

178_1.试把两个圆安置成这样的距离,使两内公切线相交成一给定的角.

178_2.试把两给定的圆安置成这样的距离,使它们的内公切线交割连心线成两部分,各等于给定的线段 a 与 b.

179.试求一个点,使由它向两给定的圆 O 与 O_1 所作两割线各等于给定的长,并且由两圆所截下的弧各包容给定的角 α 与 β.

180.在一给定的圆内求作一内接五边形,使它的四条边各与四条给定的直线平行,而第五条边通过一给定的点.

181.通过一给定的点 A 求作一直线,使它在两个给定的同心圆之间的一段对圆心张一给定的视角.

解:先在任何地方画出所求的线段而延长之.

182.在一给定的圆里求作一长度已给定的弦,使它被一给定的直线所平分或分成一给定的比率.

解:所求的分点在给定的直线上及某一圆上.

183.给定了两个点 A 与 B 及一个圆,求作两割线 AXZ 及 BYZ,使 $AX = XZ$ 及 $BY = YZ$(X 与 Y 在圆上,点 Z 可能取两种位置).

184.在圆上给定了两点 A 与 B.通过第三个给定的点 C 求作一割线,交圆于 E 与 D 两点,使 AE 与 BD 两直线相交成一给定的角.

185.在一给定的圆内求作一长度已给定的弦,使它与两个给定的点的距离之和等于一给定的值.

186.在 给定的圆里求作一底边及另一边的中线已经给定的内接三角形,

使第三边有给定的方向.

解:我们先在任何位置作出所求的图形,然后再把它搬到所求的位置.

187.给定了两个相交的圆.在每一圆内求作一弦,使各等于给定的长,并且使每弦都在交点被分成一给定的比率.

188.1)一个三角形与一个给定的矩形有相等的面积及共同的底边,试求这三角形的顶点的轨迹.

2)试将一给定的平行四边形变为一同面积的三角形,使它与原形同底并且有给定的中线.

189.试将一给定的三角形变为一与它同面积同底而顶角等于一给定大小的三角形.

190.试述一般的方法来把一任意多边形变为一同面积的三角形而使它们有一对边落在同一直线上.

191.试将一给定的四边形变为一与它同面积而有一给定对角线的平行四边形.

192.试将一四边形 $ABCD$ 变为一与它同面积而以 AB 为底的梯形,并使点 C 成为梯形的一个顶点.

193.1)试将一给定的三角形变为一与它同面积而有给定底边并在底边有一共同角的三角形,并且使二者的底边在同一直线上.

2)试求一切这种三角形的顶点的轨迹:它们与一给定的三角形有相同的面积,并且有一给定的底边.

194_1.求作一三角形,已经给定了底边及它所对的顶角,并且要使它与给定的 $\triangle ABC$ 有相同的面积.

194_2.求作一三角形,已经给定了底边及另一边,并且要使它与给定的 $\triangle ABC$ 有相同的面积.

195.试将四边形 $ABCD$ 变为一与它相同的面积而以 AD 为底边的平等四边形.

196.1)试将一给定的 $\triangle ABC$ 变为一与它相同的面积的三角形,使它的底边在 AC 上,使它的高等于给定的长并且使它们在底边有一共同角.

2)已经知道一个三角形的高 h 并且知道它与 $\triangle ABC$ 有相同的面积,试求其底边之长.

197.试将一三角形变为一与它相同的面积而有给定对角线的矩形.

198.试求一点,使它与一给定的三角形各顶点联结起来可分其面积为三份而成给定的比率.

199.求作一 $\triangle ABC$,使它的面积等于两给定的三角形面积之差,并使 h_a 与 m_a 各等于给定的长.

200.试由三角形底边上一给定的点画直线,将该三角形分为面积相等的 3 份或 n 份.

201.试将一给定的平行四边形变为另一与它相同的面积而且有给定底边及对角线夹角的平行四边形.

202.试将一给定的平行四边形变为一与它相同的面积而有给定高度的菱形.

203.试由一多边形的一个顶点画直线,将该多边形分为面积相等的 n 份.

204.试由一五边形的边上一给定的点画直线,将该五边形分为面积相等的 3 份.

205.试由一给定四边形内部一定点画直线,分该四边形面积为三等分.

206.试用平行线分一梯形面积为五等份,而这些平行线是平行于一条与梯形的平行边相交的直线的.

207.试将一五边形 $ABCDE$ 变为一与它同面积的三角形,使其顶点落在边 CD 的一给定的点 M 上,而其底边与 CD 平行并且通过点 A.

208.求作一面积已给定的四边形,已经知道它的一条对角线,两个它所对的角及这条对角线与两个相对的顶点的距离之比.

解:把四边形看做两个三角形的和,则可决定距离之和,而其比是已经给定的.

209.求作一平行四边形,已经给定它的一条对角线及它所对的角,并且要使它的面积等于两个给定三角形的面积之和或差.

210.求作一侧边(或角)已经给定的等腰三角形,使与另一三角形等面积,这个三角形两边的乘积 k^2 及这两边的夹角已经知道.

解:在给定的角的一边上截取一线段等于 k,然后应用.

211.求作一三角形,已经知道 a,h_a 与 b^2+c^2.

212.求作一三角形,已经知道 a,h_a 与 b^2-c^2.

213.求作一三角形,已经知道 a,A 与 b^2+c^2.

214.求作一三角形,已经知道 a,m_a 与 b^2-c^2.

215.求作一三角形,已经知道 R,A 与 b^2+c^2.

216.在一给定的圆里求作一内接三角形,已经知道一个角,这个角的两边的平方差及一条中线所通过的一个定点.

解:暂把最后条件放开.

217.试在一给定的直线上求一点,具有下面的性质:由它向两个给定的圆所作两切线的平方和(或差)等于 k^2.

218.在一直线上给定了三点 A,B 与 C.试在一给定的圆上决定一点 X,使 $\angle AXC=2\angle AXB$.

219.求作一圆,使由三给定的点 A,B 与 C 向它所作的切线各等于给定的长.

220.试求一点,使由它向两给定的圆 O 与 O_1 所作切线彼此相等,并且使圆 O 对该点所张视角等于一给定的角.

221.求作一三角形,已经知道 $a,h_a,b:c$.

222.求作一三角形,已经知道 $a,h_a,h_b:h_c$.

223.求作一三角形,已经知道 a,b_A 与 $b:c$.

224.求作一三角形,已经知道 $BD=b_B,AD$ 与 DC.

225.求作一三角形,已经知道 h_b,AD 与 DC,而 $BD=b_B$.

226.给定了三点 A,B 与 C.求通过点 A 作一圆,使 B 与 C 各成这圆的两条弦的中点,并且每条弦都各有给定的长(轨迹 Ⅺ).

227.给定了三点 A,B 与 C.求通过 A 与 B 两点作一圆,使点 C 成这圆的一条弦的中点,并且这条弦有给定的长(轨迹 Ⅺ 与 Ⅱ).

228.给定了三点 A,B 与 C.求作一圆,使 A,B 与 C 点各成这圆的三条弦的中点,并且这些弦都各有给定的长(轨迹 Ⅺ).

229.通过两给定的点求作一圆,使平分另一给定的圆.

解:所求的点与圆心及所给线段的中点的距离的平方已经知道(轨迹 Ⅹ).

230.通过一给定的点求作一圆,使平分两给定的圆.

231_1.给定了三点 A,B 与 C.求通过点 A 作一圆,使由点 B 与 C 向它所作切线各等于给定的长(轨迹 Ⅺ).

231_2.求作一圆,使由三给定的点向它所作诸切线等于给定的长.

232.求作一圆,使被三个给定的圆所平分.

233.通过两给定的点求作一圆,交一给定的圆而平分之(轨迹 Ⅺ).

234.求作一圆,使平分一给定的圆,并且与一给定的直线相切于一给定的点(轨迹 Ⅺ).

235.求作一圆,使平分一给定的圆,并且使由两给定的点向它所作诸切线等于给定的长(轨迹 Ⅺ).

236.求作一圆,使通过一给定的点,并且使它被一给定的圆 O 所平分而交另一圆 O_1 成直角(轨迹 Ⅹ).

237.给定了三点 A,B 与 C.求作一圆通过 A,切于 AB,并且使点 C 成一长度给定的弦的中点(轨迹 Ⅹ).

238.在一直线上依次给定 A,B,C,D 诸点.试求一点 X,使 $\angle AXB=\angle CXD$.

解:利用面积可找出 $AX:DX$ 与 $BX:CX$.

239.在一圆形弹子台 O 上有两颗弹子 A 与 B,同在一直径上.问应该循什么方向打 A 可使它经一次反射后打中 B?

注意:如果弹子的路线是 ACB,则按弹性体反射规律应有 $\angle ACO=\angle OCB$.

240. 试在一给定的圆上求一点,使由它向另外两个给定的圆所作诸切线彼此相等.

241.通过一点 A 求作一圆,使平分两个给定的圆(轨迹 ⅩⅢ 与 Ⅺ).

242. 通过一给定的点求作一圆,使与两个给定的圆相交成直角.

243.求作一圆,使与三个给定的圆相交成直角.

244.求作一圆,使平分三个给定的圆.

245.向两相交的圆作一公切线.试用一条直尺平分这条公切线.

246.求作一直线,使平分两个给定的圆的公切线,但这条切线本身不画出来.

247.求作一圆,交两给定的圆成直角,使由一给定的点向它所作切线等于给定的长.

解:要决定圆心,可应用轨迹 ⅩⅢ 与 Ⅺ,而要决定切点,则用轨迹 Ⅴ.

248.求作一圆,平分两个给定的圆,并且使由一给定的点向它所作切线等于给定的长(与前一题相似).

249.求作一圆,使平分圆 O,而与两圆 O_1 及 O_2 相交成直角(轨迹 Ⅺ).

250.求作一圆,使交一给定的圆成直角,而交其他两给定的圆于直径的两端(轨迹 ⅩⅢ 与 Ⅹ).

252.通过一给定的点 M 以半径 R 求作一圆,使与一给定的圆 O 所交的弦等于给定的长.

253.给定了一个圆 O 及一个点 M.通过点 M 求作另一圆 O_1 交第一个圆于 A 与 B,而使 $\angle SOB$ 与 $\angle AO_1B$ 两角等于给定的大小.

254.通过一给定的点求作一半径已经知道的圆,使它交一给定的圆成直角.

255.以给定的半径求作一圆,使与一给定的圆相切,并且平分另一给定的圆.

256.以给定的半径求作一圆,使与一给定的直线相切并且使它与另一给定的圆所交的弦等于给定的长.

257.以给定的半径求作一圆,使它与两个给定的圆所交的弦各等于给定的长.

258.在一给定的圆内求作一长度已经给定的弦,使其两端与一给定点 A 的距离成一给定的比率(轨迹 Ⅻ 与 Ⅰ).

距离的比这个条件亦可代之以距离的平方差或和(轨迹 Ⅹ 与 Ⅺ).

259.以给定的半径求作一圆,交一给定的圆 O 成一给定的角,而使由一给定的点 A 向它所作切线等于给定的长.

260.给定了两个同心圆.求作一圆通过一给定的点,而使与给定的圆所交的弦等于给定的长(我们要决定所求的圆的半径).

261.给定了两个同心圆 O 与另一圆 O_1.求作一圆,使与 O 及 O_1 诸圆所交的弦各等于给定的长.

第二节　论相似形及相似中心

如果一个三角形的两个角各等于另一个三角形的两个相当角,则这样的三角形称为是相似的.如果两个凸多边形相应角相等并且相应边成比例,则这样的多边形称为是相似的.如果两个相似多边形布置成相应边都彼此平行,则这样的多边形称为是“位似的(Homothétiques)”.此后所论到的多边形都专指凸多边形而言.

Ⅰ.如果两个凸多边形的相应角除一对以外全部相等,并且相应边除相邻的两对以外全都成比例,则两个多边形相似.

设在四边形 $ABCD$ 及 $abcd$ 内(图44)$\angle A=\angle a$,$\angle B=\angle b$,$\angle C=\angle c$ 并且 $BC:bc=CD:cd$.

既然任何四边形诸角总和等于 $4d$(四直角),则显然 $\angle D=\angle d$.

放置四边形使 A 与 a 叠合,我们以图形 $Abcd$ 替代图形 $abcd$.三角形 BCD 与 bcd 既然有两对相应边成比例而夹角相等,故必相似.所以 $\angle dbc=\angle DBC$.但既然 $\angle ABC=\angle abc$,则亦有 $\angle Abd=\angle ABD$,所以三角形 ABD 与 Abd 有了两

对相等的角,自必相似.图形 $ABCD$ 与 $Abcd$ 由相似三角形所组成,故亦相似.

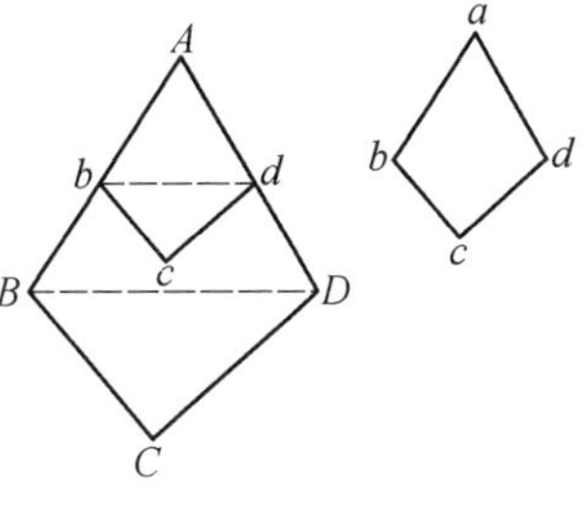

图 44

Ⅱ.两个相似多边形总可以放置成位似形.

在相似形 $ABCDE$ 与 $abcde$ 内(图 45),我们有 $\angle A=\angle a,\angle B=\angle b,\angle C=\angle c$ 等.有

$$\frac{AB}{ab}=\frac{BC}{bc}=\frac{CD}{cd}=\frac{DE}{de}=\frac{AE}{ae}$$

设 $AB\parallel a_1b_1$,等于 ab.若 O 是 Aa_1 与 Bb_1 的交点,则作 $b_1c_1\parallel BC$,并且由 $\triangle ABO$ 与 $\triangle a_1b_1O$ 及 $\triangle BOC$ 与 $\triangle b_1Oc_1$ 的相似,我们有 $AB:a_1b_1=BO:b_1O=BC:b_1c_1$,由此 $AB:a_1b_1=BC:b_1c_1$;但由所设 $AB:ab=BC:bc$ 及 $a_1b_1=ab$,所以 $b_1c_1=bc$.由边的平行有 $\angle ABC=\angle a_1b_1c_1$,所以 $\angle a_1b_1c_1=\angle abc$.同样可证,多边形 $a_1b_1c_1d_1e_1$ 其中的边都平行于 $ABCDE$ 的边,与多边形 $abcde$ 相等.

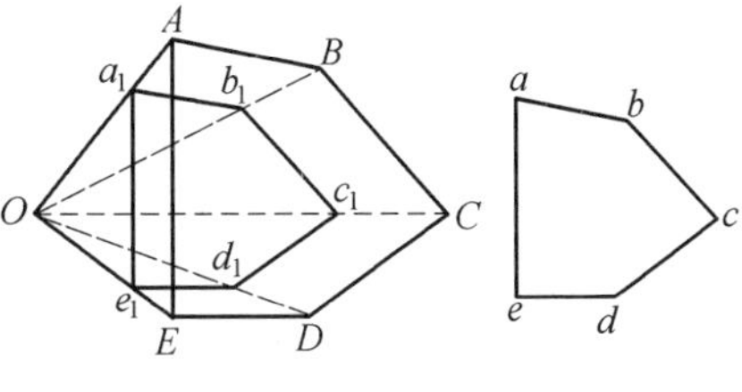

图 45

Ⅲ.两个位似多边形的诸等角顶点的联结线同相交于一点.

设多边形 $ABCDE$ 与 $abcde$(图 46)位似,我们联结 A 与 a,B 与 b,并且把交点 O 与 C 联结起来.如果点 q 是 bc 与 OC 的交点,则由 $\triangle AOB$ 与 $\triangle aOb$,$\triangle BOC$ 与 $\triangle bOq$ 的相似我们有 $AB:ab=OB:ob$ 及 $BC:bq=OB:Ob$,由此 $AB:ab=BC:bq$,把这个比例式与所给的 $AB:ab=BC:bc$ 作比较,得 $bq=bc$,即点 q 与点 c 相重合,同样也可以证明 OD 通过点 d.这点 O 就叫做多边形 $ABCDE$ 与 $abcde$ 的相似中心.它有下面这种性质:两个位似多边形的相应角的顶点与位似中心同在一条直线上.$AB:ab$ 这个比叫做相似比,它等于 $AO:aO$.对相等的图形相似比等于 1.

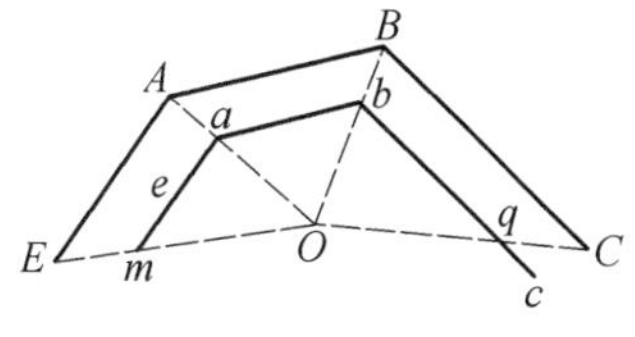

图 46

要使若干个位似多边形有一个相似中心(图 47),只要一系列相应角的顶点(例如 A,a,l 等)同在一直线上并且 $AO:aO:lO=AB:ab:lm\cdots$

相似中心可以在多边形里面,亦可以在外面(图 48),相似中心的性质并不因此而变,因为我们的论证原与点 O 的位置无关.有时相似中心也会在其中一

个图形的某一顶点上.例如,有一公共顶点的相似形 $ABCDE$,$Abcde$,$Almnp$,…,其相似中心就是这个公共顶点 A.

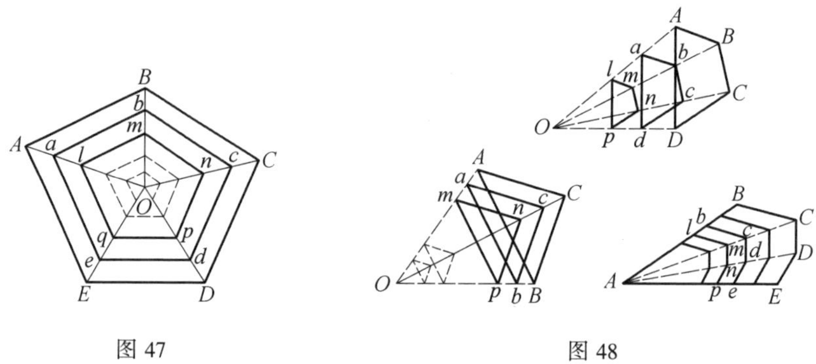

图 47　　　　图 48

我们假设对多边形 $ABCDE$ 与 $abcde$(图 47)以及对多边形 $ABCD$ 与 $abcd$(图 48)相似比率等于 n(即边 AB,BC,CD… 为边 ab,bc,cd,… 的 n 倍).于是可以这样说:"多边形 $ABCDE$ 等于多边形 $abcde$ 对相似中心 O 为 n 所乘"或者说:"如果我们对相似中心 O 以 $\frac{1}{n}$ 乘多边形 $ABCDE$,则得到多边形 $abcde$".在同一圆上边 ab 对相似中心 O 乘以 n 则得边 AB;同样,线段 CD 对相似中心 O 以 $\frac{1}{n}$ 乘之则得线段 cd.

多边形 $ABCDE$ 的所有线素(图 47 与 48)都是图形 $abcde$ 的线素的 n 倍.以任何数乘以一个多边形(这个数亦可以是分数),则其线素亦为同数所乘,而面积与面积素则为同数的平方所乘.图形被乘后形状保持不变.根据以上所说容易解决下面这两个很重要的问题.

262.求作一多边形,与一给定的图形 $abcde$ 相似,使它的一边等于线段 AB 而与 ab 平行(图 48 与 47).

263.试对相似中心 O 以 $p:q$ 这数乘图形 $ABCD$(图 48).

如果 p 与 q 是给定的线段而 $p<q$,则分 AO,BO… 成 $p:(q-p)$ 的比率并且联结诸分点.

根据相似中心的性质很容易找出种种轨迹.

264.试在 $\angle ABC$ 内求一点,使由这点向角边所作与给定线段 MN 与 PQ 平行的线段成一给定的比 $m:n$(图 49).

设找到了两点 O 与 o,使 $OE:OD=oe:od=m:n$,并且 OE 与 oe 平行于 MN,而 OD 与 od 平行于 PQ.我们看出图形 $EBDO$ 与 $eBdo$ 是相似的.它们的

相中心是点 B.所以 O,o 与 B 诸点在同一直线上.故一切所求的点都在直线 OB 上,并且要决定这条直线应该找出其任何一点.因此我们由 B 作 MN 与 PQ 的平行线;然后截取 BK,包含 m 段任何等长的线段,及 BL,包含 n 段同样长的线段;由 L 与 K 两点作 $Lo_1 \parallel BC$ 及 $Ko_1 \parallel AB$.既然 $e_1o_1 : d_1o_1 = BK : LB = m : n$,则 o_1 是一个所求的点.一切所求的点组成直线 OB.

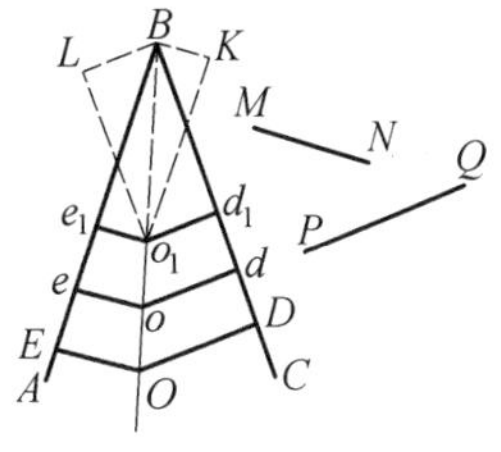

图 49

如果所求的图形作图时只给了它的角及除去两条相似的边以外一切边的比,则这个图本身画不成,而只能画许多所求图形的相似形.所以只是图形的形状知道了,而不知道图形本身.能够决定图形形状的条件是很多的.要得到这些条件,可取任何一个能作图的问题的条件,将其中给定的线段代之以这些线段的比.由此我们得到这个结论:诸三角形如果 A 与 a 比上 m_a 相同则彼此相似.这种图形相似性的判定法常常表现很有力量.

第三节　圆的相似中心

我们在 O 与 O_1 两圆里(图 50)沿同一方向画成对的平行半径 OM 与 O_1M_1,ON 与 O_1N_1.设 MM_1 交 OO_1 于一点 K,则 $\triangle OMN$ 与 $\triangle O_1M_1N_1$ 相似,K 是它们的相似中心.所以直线 NN_1 亦交连心线于点 K.同样方式可以证明一切联结两圆平行半径端点的割线都交连心线于同一点.点 K 叫做 O 与 O_1 两圆的相似中心.既然公切线 YY_1 亦联结平行半径的端点(OY 与 $O_1Y_1 \perp YY_1$),故亦通过相似中心.

反过来说,如果由点 K 向所给的圆画割线,例如割线 KX_1X,则它决定两条平行半径 OX 与 O_1X_1.这只要假设了它的反面就很容易证明.

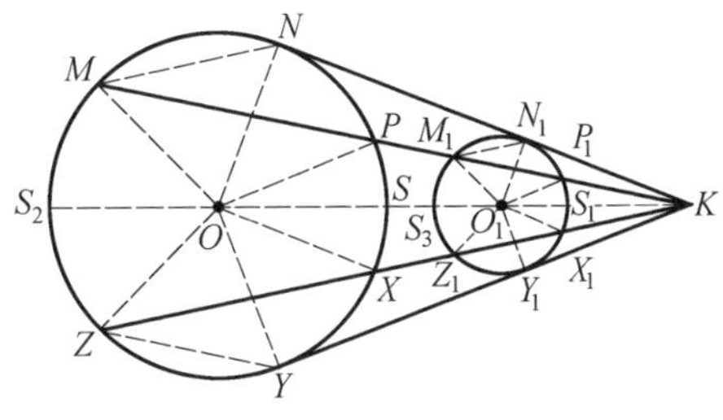

图 50

两圆相似中心的另一重要性质可由如下方式推出.我们称 M 与 M_1,Z 与 Z_1,P 与 P_1,X 与 X_1 等这样的点为相应的,而称 M 与 P_1,M_1 与 P,Z 与 X_1,X 与 Z_1 等这样的点为不相应的.取割线 MK,由 $\triangle MOK$ 与 $\triangle M_1O_1K$,

$\triangle POK$ 与 $\triangle P_1O_1K$ 的相似我们有两个比例式 $MK : M_1K = OK : O_1K$ 及 $PK : P_1K = OK : O_1K$. 比较这两个比例式得 $MK : M_1K = PK : P_1K$,由此得出

$$MK \cdot P_1K = M_1K \cdot PK \quad ①$$

但按切线的性质我们有下面这两等式

$$KY^2 = MK \cdot PK \text{ 及 } KY_1^2 = M_1K \cdot P_1K$$

把这两等式乘起来并且把等式右边各乘数的次序掉换一下,得

$$KY^2 \cdot KY_1^2 = MK \cdot P_1K \cdot PK \cdot M_1K = (MK \cdot P_1K)^2 = (M_1K \cdot PK)^2$$

根据式①,两边开平方,得

$$KY \cdot KY_1 = MK \cdot P_1K = M_1K \cdot PK$$

但乘积 $KY \cdot KY_1$ 是常数,所以对任何割线都可以写类似的等式.如此得出

$$MK \cdot P_1K = M_1K \cdot PK = ZK \cdot X_1K = Z_1K \cdot XK = S_3K \cdot SK = S_2K \cdot S_1K = KY \cdot KY_1$$

所以,由相似中心到同一割线上的两个不相应点的距离的乘积是对一切割线而言都相等的;每一个这种乘积都是一个常数,等于由相似中心向所给的圆所作两切线之积.

设 $OM = R$ 及 $O_1M_1 = R_1$. 在这种情形我们说:"当圆 O 对相似中心 K 乘以 $\frac{R_1}{R}$ 时,得圆 O_1." 设给了一个圆 O,要以 n 这个数来乘它,使所给的圆与乘得的圆的相似中心在点 K(图 50). 我们在任意割线 MK 上决定一点 M_1,使 $MK : M_1K = 1 : n$,并且由 M_1 画 $M_1O_1 \parallel MO$,则 O_1 就是圆心,而 O_1M_1 是所求的半径. 在这情形可以这样说:"圆 O 对相似中心 K 被 n 所乘." 我们很容易证明下面这个定理:如果一个圆以任何数来乘,则所有他的线素也被同数所乘,而所有它的面积素则都被同数的平方所乘. 例如,弦 M_1N_1 是弦 MN 的 n 倍,而弦 $M_1P_1 = MP \cdot n$.

如果半径 OM 与 O_1M_1 画成平行的而方向相反,则所得的相似中心在两圆之间. 这种相似中心叫做反相似中心,两圆的内公切线通过这个点. 相似中心的性质也可以属于不止两个圆而属于几个圆,这些圆应该布置得使它们有两条公共的切线.

第四节　相似法

如果要作某图形或者找与某图形的位置相联系的点的位置,则往往宜先不

画所求的图形，而先画一个它的相似形.画出了所求图形的相似形以后，应该在一切相似形中选择一个在大小上或者在位置与大小上适合问题条件的图形.这就是相似法.显然，每个用相似法来解的问题的条件可以分为两部分：一部分条件使我们能画一个与所求的图形相似的图形，其余的条件使我们能把所画的图形按某种比例来放大或缩小，并且必要时按所要求的条件来调整其位置.比方说，要作三角形时，第一部分条件可以给三角形的两个角，或者一个角与其两夹边的比，或者三边的比，诸如此类.所有这类条件全都可以由那些决定图形形状或相似性的定理中找到.第二类条件则只决定三角形某种线素（它的边、高线、分角线等），或者使我们能把所作图形改造成为所求的，或者还使所作图形能按所要求的条件来定其位置.在最后这种情形，图形的位置可由其某些边应通过给定的点或应有某种方向等情况来决定.

在此举几个例子来说明如何用这一般方法解几何问题.

265.求作一三角形，已经知道 $a:c$，B 与 r.

既然在所求三角形里知道了一个角及这角两边的比，则我们先放弃其余条件来作一与所求相似的三角形.因此在所给角边上（图 51）截取 BD 等于 m 段任何相等的线分，而 BE 等于 n 段同样的线分，并且联结 D 与 E.于是所求的三角形与 $\triangle DBE$ 相似，因为它们有一角相等而夹边成比例.在角 B 内画平行于 DE 的线段，我们可得许多与所求三角形相似的三角形，只是内接圆半径不同.由一切这些三角形中我们要选出一个内接圆半径等于 r 的.决定了内接圆心 O，三角形本身就容易画出来了.这要画 $OF \perp DE$，在其延长线上取 $OG = r$，并且通过点 G 画 $AC \parallel DE$.于是 $\triangle ABC$ 为所求.这问题总能有一个解.

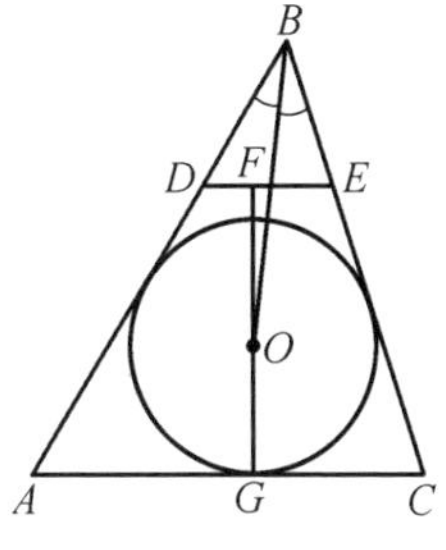

图 51

如此，问题的头两个条件（三角形一角及两夹边的比）使我们能作与所求图形相似的图形，而第三条件（半径 r）使我们能把所作图形变为所求的.把问题条件预先分为两部分，这种办法永远是很有用处的.

266. 求作一三角形，已经知道 B，b_B 及高线 BD 所定线段 AD 与 DC 的比率 $m:n$.

我们先来作一与所求三角形相似的三角形.因此（图 52）在任意直线 ac 上随便什么地方画一垂直线，并且在其垂足 d 两边截取 ad 与 dc，使 $ad:dc = AD:DC$，然后在 ac 上画一弧，包容角 B.把弧与垂直线的交点与 a 及 c 联结起来，得 $\triangle aBc$，与所求的三角形相似.要由 $\triangle aBc$ 转为所求的三角形，我们注意

角 B 的平分线等于 Be，于是，如同在所求三角形中一样，它应该就是 b_B. 所以 $\triangle aBc$ 应该以 $b_B : Be$ 乘之. 在这类情形乘起来是很简单的.

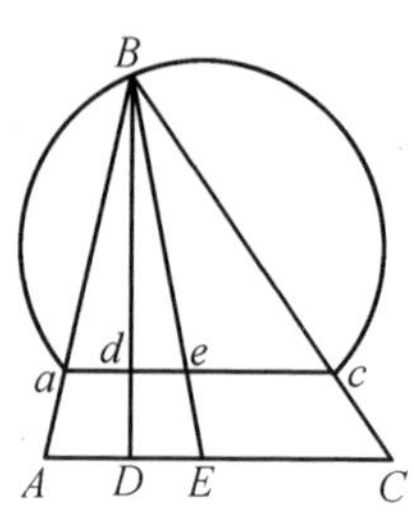

图 52

要在 Be 上截取 $BE = b_B$，并且通过点 E 画 $AC /\!/ ac$. $\triangle ABC$ 就是所求的了. 其中角 B 与平分线 BE 是所给的大小. 然后由比例式 $AD : ad = BD : Bd = DC : dc$ 我们得 $AD : DC = ad : dc$.

在以前各例中所给的条件都没有要求所求的图形要有一定的位置. 下面我们转到所要作的图形须有一定位置的问题上去；在这类问题中要用到相似中心的性质.

267. 给定了 $\angle ABC$ 及其间一点 M. 求在边 BC 上找一点 X，与 AB 及点 M 成等距离.

假设点 X 已经找到，而垂直线 $XY = MX$(图 53). 问题就在作 YXM 这个图形. 我们想象一串图形 abc，pmn，与所求图形成位似. 这些图形只要画出一个就行了，例如 abc，因为这时候就剩下由点 M 画一条 bc 的平行线问题就解决了. 要画 abc 这个图形我们注意 B 是相似中心，故 M，b，m 与 B 同在一直线 BM 上，此外 $ac \perp AB$，$ac = bc$，而点 a 的位置是任意的. 所以要作 abc 这图形须在任意一点 a 画 $ac \perp AB$，以 c 为圆心以 ac 为半径画圆弧，交 BM 于点 b. 作 $MX /\!/ bc$，我们就可决定所求的点 X. 如此我们得到下面这个解法.

在任一点 p 画一 AB 的垂直线，交 BC 于点 n，以 n 为圆心以 np 为半径作圆弧交 BM 于点 m. 作 $MX /\!/ mn$，于是 MX 与 BC 的交点 X 就是所求的. 我们来作证明. 作垂直线 XY，由三角形的相似我们得 $MX : mn = BX : Bn = XY : np$，由此得 $MX : mn = XY : np$，但既然由作图 $mn = np$，则 $MX = YX$.

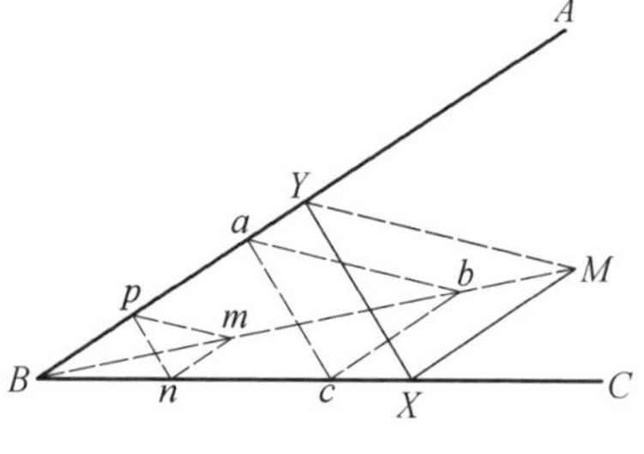

图 53

这问题总是能解的并且总有两个解，因为以 n 为中心所作的圆弧总交 BM 于两点.

如果把问题的条件改变一下：垂直线 XY 代之以与 BC 成给定的角的某一线段，而其长与 MX 成某一给定的比率，则其解法本质上还是一样.

268. 在给定的 $\triangle ABC$ 内求作一有一定形状的内接平行四边形，比方说有给定的角 α，而其两夹边的比等于 $m : n$.

假设在 $\triangle ABC$ 内作了一内接平行四边形 $MNPQ$，而 $\angle NMQ = \angle\alpha$，并且 $NP : NM = m : n$（图 54）.

如果我们知道了点 P 的位置，则剩下只要画 $NP \parallel AC$，并且画 PQ 与底边 AC 成角 α，于是整个所求的平行四边形就决定了. 所以问题就在要决定点 P. 为决定这点我们想象一串与 $MNPQ$ 位似的图形，并且来作出其中的一个. 这可由任意一点 N_2 画 $N_2D \parallel AC$，并且画 N_2M_2 使 $\angle N_2M_2Q = \alpha$，然后在 N_2D 上截取一部分 N_2P_2，使 $N_2P_2 : N_2M_2 = m : n$，并且画 $P_2Q_2 \parallel N_2M_2$. 图形 $M_2N_2P_2Q_2$ 乃与 $MNPQ$ 位似（参阅下面 271 题），以这样方式可以做一大串与所求图形位似的图形. 我们注意所有这些图形的相似中心就是点 A，故 $P_1, P, P_2, \cdots$ 都同在一直线 AP_2 上，这结果完全指明了怎样来找点 P.

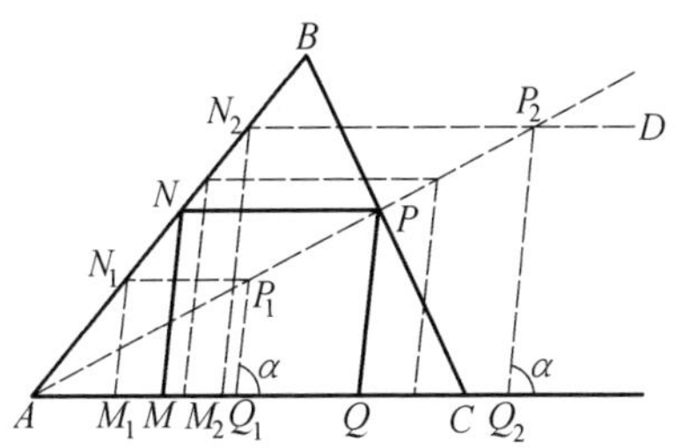

图 54

我们按上面所说方式来画图形 $M_2N_2P_2Q_2$，并且联结 A 与 P_2 两点，所得 BC 与 AP_2 的交点就是所求的 P. 由点 P 画 $PN \parallel AC$，$PQ \parallel P_2Q_2$，而由点 N 画 $NM \parallel PQ$. 图形 $MNPQ$ 就是所求的. 事实上，按作图有 $\angle NMQ = \angle N_2M_2Q = \angle\alpha$，并且有 $NM = PQ$ 与 $NP = MQ$，因为它们是平行线之间的平行线. 图形 $ANPQ$ 与 $AN_2P_2Q_2$ 是相似的，因为它们由相似三角形与相似平行四边形所拼成. 故按作图有 $NP : PQ = N_2P_2 : P_2Q_2 = m : n$ 所以图形 $MNPQ$ 满足一切所要求的条件.

特别要注意的是，这问题的解法可以应用到无数问题上去. 例如，设 $m = n$ 并且 $\angle\alpha = 90°$，我们得到下面这问题的解："求作一正方形内接于一给定的三角形." 设 $m = n$，我们得下面这问题的解："在一给定的三角形内求作一顶角已给定的菱形." 设 $\angle\alpha = 90°$，我们得下面这问题的解："在一给定的三角形里求作一形状给定的内接三角形，使所求三角形的一边成指定的方向." 如果在所给的三角形内平行四边形代之以形状已经知道的内接四边形而要四个顶点都落在所给三角形的边上，则解法还是一样.

269. 在三角形 ABC 的角 B 内求作一线段 DE，使线段 AD，DE 与 EC 都彼此相等.

假设线段 DE（图 55）已画得使 $AD = DE = EC$，问题就化为要作图形 $ADEC$，我们来作一与这图形位似的图形. 因此由点 B 画一直线平行于 ED，交 AE 于点 G，由点 G 引 $GK \parallel CK$. 所得图形 $ABGK$ 与所求的 $ADEC$ 位似，因为

$\triangle ADE$,$\triangle ABG$,$\triangle AEC$ 与 $\triangle AGK$ 是两两相似的.我们看出,作出了图形 $ABGK$,就马上可以找到点 E,它是直线 AG 与 BC 的交点;然后画 $ED /\!/ BG$,就得到整个图形 $ADEC$ 了.要由图形 $ABGK$ 与 $ADEC$ 的相似来作 $ABGK$,我们注意 $AB = BG = GK$,因为 $AB : BG : GK = AD : DE : EC$.因此图形 $ABGK$ 可以按下面的方式来做.既然点 G 与点 B 的距离等于 AB,则由 B 以 AB 为半径作一圆弧.既然 GK 应该等于 AB 并且平行于 BC,则我们在直线 BC 上截取 $LC = AB$,并且由点 L 画 $LG /\!/ AK$,由这平行线与所画圆弧的交点作 $GK /\!/ BG$.则线段 DE 就是所求的.事实上,由图形 $ADEC$ 与 $ABGK$ 的相似(这些图形由相似三角形所组成)得 $AD : DE : EC = AB : BG : GK$,但既然按作图 $AB = BG = GK$,故 $AD = DE = EC$.这问题在由点 B 到 LG 的距离小于 AB 时有两个解;在相等时,有一个解;而在相反的情形则没有解.

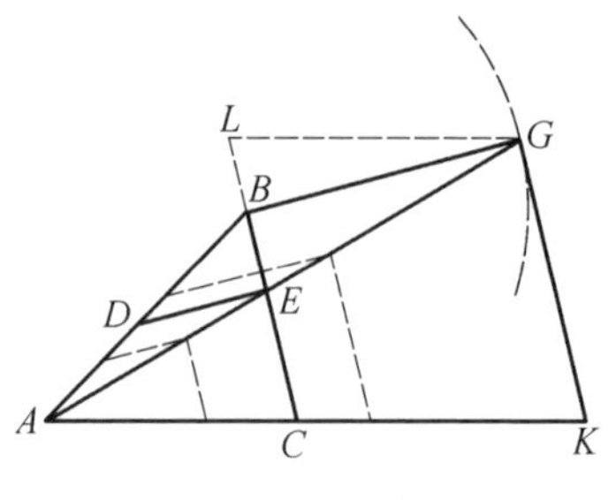

图 55

刚才我们是把所求图形的位似形画在边 AB 上的,但也可以把它画在任何线段上,有如图中虚线所指(图 55).

作出了所求图形的相似形,把所作图形,转移成所求的图形,并本质上总是把所给的问题化为另一问题,所以要很仔细地看看,究竟要把所给问题化为什么问题比较便利.如果已经知道了图形的形状及其任何线素,则马上就能应用图形的乘法.我们来举例说明如下.

270.求作一三角形,已经知道 A,C 与 $b + h_b = s$.

我们先来作 $\triangle EBF$,与所求图形相似,而要使它的高线 BD 等于 s(图 56).如果 ABC 是所求的三角形(它必定小于三角形 EBF),则就是说,$EF /\!/ AC$ 而 $AC + MB = s$,由此得 $MD = AC$.此外,画 AN 与 CP 平行于 BD,则我们可看出 $AN = AC = CP$.这等式告诉我们图形 $NACP$ 是正方形,内接于 $\triangle EBF$.如此我们得到下面这解法.按给定的 $\angle E = \angle A$ 与 $\angle F = \angle C$ 及高线 s 作 $\triangle EBF$.于是在 $\triangle EBF$ 里作内接正方形 $NACP$.$\triangle ABC$ 就是所求的.证明是很简单的.如此,这问题就化成了两个我们已经知道的问题.如果当初没有注意到这里要用"在三角形里作内接正方形"问题并且不作一个三角形使高线等于 s,则这问题不

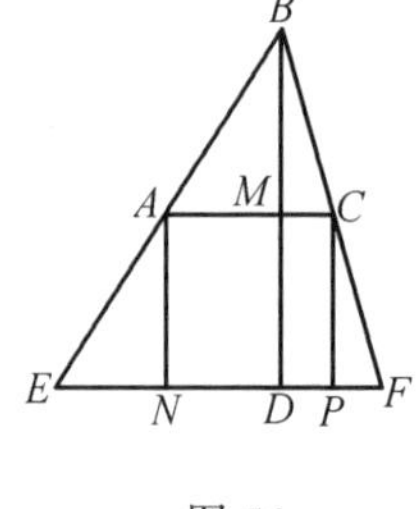

图 56

会解得这样快，但我们的解法仍然基本上是成功的[①]，并且这解法并不是一种特殊的情形.这问题的一般解法建立在一个定理上，其法如下.

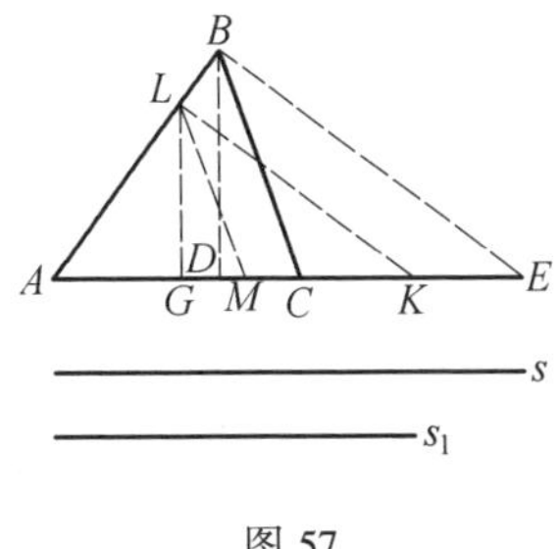

图 57

既然给了三角形的两个角，则它的形状已经知道，所以我们来作一 $\triangle ALM$ 与所求的三角形相似，然后量它的高 LG 与底 AM 的和(图 57).如作图做得这样成功，竟恰好是 $LG+AM=s$，则 $\triangle ALM$ 就是所求的.但在一般情形不会这样碰巧，而 $AM+LG$ 这个和等于 s_1，并不等于 s.为把 $\triangle ALM$ 改造成所求的，应该将它乘以 $(s:s_1)$，于是高 LG 与底 AM 也被 $(s:s_1)$ 所乘而其和 $LG+AM$ 乃等于 s.这不必量度 s 究竟是 s_1 的多少倍，而只要截取 $AE=s$ 及 $AK=s_1$，画 $BE\,/\!/\,KL$ 并且 $BC\,/\!/\,LM$.于是 $\triangle ABC$ 就是所求的.事实上，在它底边上的两个角是所给定的.然后由比例式 $AB:AL=AC:AM$ 及 $AB:AL=AE:AK$ 推出 $AC:AM=AE:AK$，因此 $AC=AM\cdot(s:s_1)$.这等式告诉我们边 AM 被 $(s:s_1)$ 所乘，所以高 BD(译者疑应作 LG)也被同数所乘，故得 $AC+BD=(AM+LG)\cdot(s:s_1)=s$.

现在假设在我们这问题中将高与底的和这些条件代之以：

(1) 高与底的乘积等于 k^2.于是我们来求 $LG\cdot AM$ 这乘积.因此，我们在任意一条直线上截取两部分 $XZ=LG$ 与 $ZY=AM$，并且在直径 XY 上画一个半圆；再画 $ZV\perp XY$，交圆于点 V.于是 $VZ^2=XZ\cdot ZY=LG\cdot AM$.设 $VZ=k_1$；我们以 $k:k_1$ 来乘 $\triangle ALM$ 则得所求的三角形.

(2) 底与高的平方差等于 k^2.做出了 $\triangle ALM$ 后，我们来找 AM 与 LG 的平方差.因此由任一直线上截取线段 $XY=AM$，并且在 XY 这条直径上作一半圆，然后以 X 为圆心以 LG 为半径作圆弧，交半圆于点 Z.于是 $ZY^2=AM^2-LG^2$.设 $ZY=k_1$，以 $k:k_1$ 乘 $\triangle ALM$ 即得所求的三角形.

(3) 底与高的平方和.作法与前款相似.

(4) 三边与一高线的乘积等于 k^4.

作出了 $\triangle ALM$ 后，我们来找 $AL\cdot LM=k_1^2$ 及 $AM\cdot LG=k_2^2$，然后来决定乘积 $k_1k_2=k_3^2$.于是 $(k_1k_2)^2=k_3^4$，而 $\triangle ALM$ 要乘以 $k:k_3$.

以上所说把所作三角形化为所求三角形的这种变换方法叫做“图形的乘法”，并且完全可以应用到多边形上去.

271.求作一个五边形，已经给了 $(\alpha,\beta,\gamma,\delta)$ 诸角，知道了两相邻边与通过

① 但是这种成功不应使我们惊讶，因为本质上这里应用了直化法.

同一顶点的两对角线之比($m:n:p:q$),并且知道了其他三边的平方和等于k^2(图58).

既然所给条件已足够决定所求图形的形状,则我们首先来作一个五边形与所求图形相似.如果m,n,p与q是给定的线段,则取了$\angle ABC=\angle\alpha$后我们截取一线段$AB=m$,以圆心A及半径p作一圆弧,并BC于点C,如此我们得到$\triangle ABC$.在边BC上作$\angle BCD=\angle\beta$,并

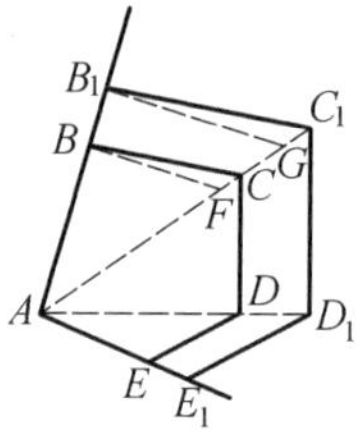

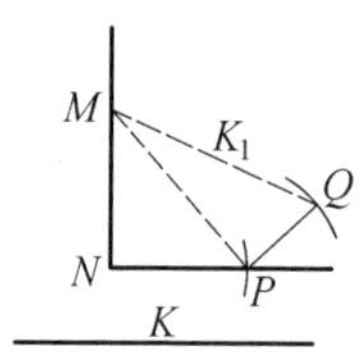

图58

且以A为圆心以q为半径作圆弧,交CD于点D,得到$\triangle ACD$.这样做下去,我们作出图形$ABCDE$,与所求的图形相似.现在我们来量度BC,CD与DE诸边的平方和.因此在直角$\angle MNP$的边上截取$MN=BC$及$NP=CD$,于是$MP^2=BC^2+CD^2$.作$PQ\perp MP$并截取$PQ=DE$,则$MQ^2=MP^2+PQ^2=BC^2+CD^2+DE^2$.如果碰巧$MQ=k$,则图形$ABCDE$就是所求的.但在一般情形不会这样凑巧,故我们设$MQ=k_1$.于是多边形$ABCDE$应该对任何相似中心,比方说$A$,以$k:k_1$乘之.因此我们在对角线$AC$上截取线段$AF=k_1$及$AG=k$,然后画$GB_1\ /\!/\ FB$,交直线$AB$于$B_1$,画$B_1C_1\ /\!/\ BC$,交直线$AC$于$C_1$,画$C_1D_1\ /\!/\ CD$等.图形$AB_1C_1D_1E_1$就是所求的.第一,图形$ABCDE$与$AB_1C_1D_1E_1$由相似三角形所组成,所以是相似的,故$AB_1:AC_1:AD_1:AE_1=m:p:q:n$.第二,由比例式$AB_1:AB=AG:AF$知道$AB$被$k:k_1$所乘,所以图形$ABCDE$的一切线素都被$k:k_1$所乘.故

$$B_1C_1^2+C_1D_1^2+D_1E_1^2=\left(BC\cdot\frac{k}{k_1}\right)^2+\left(CD\cdot\frac{k}{k_1}\right)^2+\left(DE\cdot\frac{k}{k_1}\right)^2=$$

$$\frac{k^2}{k_1^2}(BC^2+CD^2+DE^2)=\frac{k^2}{k_1^2}\cdot k_1^2=k^2$$

如果所求的多边形要有给定的面积s^2,则应该把图形$ABCDE$变成一个三角形而量其面积底乘高之半等于s_1^2,然后图形$ABCDE$待以($s:s_1$)乘之.

理解了问题270与271中所说的,我们可以作下面的结论.任何有这种一般形式的问题:"求作一形状给定的图形,已经知道其长度或其线素经过各种运算而得的长度的某次方幂",都很容易用图形的乘法来解.要这类问题能解,必须长度的方幂指数是2的整数次方.如此,图形的乘法可以使无数看来很难的问题都能解.这方法也完全可以应用在圆上,如问题318,319,466等所指示.

问题267～269指明,相似法需要关于轨迹的知识,并且轨迹的方法常常进

到相似法里来.同样,相似法也常常进到别种方法里去,这就是说,可用任何方法来解的问题都可化为相似法.这可以由下面的方式发生.

a) 我们在作图中引入所给的条件(简称"与件")然后利用相似法.属于这种方法的也有下面这样的情形:在作图里引入与件后就能决定未知条件的比.例如,设要在三角形 ABC 里作一线段 XY,使 $AX = kXY - a$ 与 $CY = mXY + b$.在 BA 上截取 $AD = a$,并且在 BC 上截取 $CE = b$,于是 $DX = kXY$,并且 $EY = mXY$.

b) 我们在所求的图形里先作其能直接作出的,然后用相似法.

c) 我们先在任何地方画一所求图形的相似形,然后再把它搬到所给的图形上去.

d) 先放弃与件之一,作出所求的点的轨迹,然后再取回所放弃的条件.

对于某些情形这方法以如下方式表出比较方便:放弃决定所求图形位置的那个条件,并且先在任何位置把图形作出,然后改变所作图形的大小而把它搬到所要求的位置上去.

e) 对于切线与圆的作图,常常用到下面这种想法.我们想象所求的圆缩小或放大成与原来同心的圆,使问题变得多少简单一些.有时这种变形法不施于所求的圆上而施于所给的圆上.

第五节 相似法习题

272.求作一三角形,已经知道 $A, h_a, b : c$.

273.求作一三角形,已经知道 $B, a, h_a : b$.

274.求作一三角形,已经知道 $A, a : c$ 与 h_c.

275.求作一三角形,已经知道 $a, h_a : h_b$,并且在此 $b = c$.

276.求作一三角形,已经知道 $A, B, a \pm b$.

277.求作一三角形,已经知道 $A, 2p, c : h_c$.

278.求作一三角形,已经知道 $a, b, c : h_c$.

279.求作一三角形,已经知道 $a : b, b : c$ 及 $m_a + m_b + m_c$.

280.求作一三角形,已经知道 $S = k^2, \angle(m_a, b)$ 与 $\angle(m_a, c)$.

281.求作一三角形,已经知道 h_a, h_b 与 $\angle(h_c, a)$.

282.求作一三角形,已经知道 h_a, h_b 与 $a : c$.

283.求作一三角形,已经知道 h_a, h_b, h_c.

284.求作一梯形,给定了它的两条相邻的边,其间所夹的角及其余两边的比.

285.求作一直角三角形,已经知道它的勾股平方之比及它的周边.

286.在一给定的弓形(或扇形)里求作一内接正方形并推广这问题.

287.求作一圆,切于两直线 AB 与 AC 及一给定的圆 O.

288.通过一给定的点求作一圆,交两给定的直线各成给定的角.

289.通过 A 与 B 两点求作一圆,交两给定的平行线于 X 及 Y,使 $XY = AB$.

290.给定了一个角及两个点.求作一圆,通过所给的一点,交角的两边成等弦,并使由另一给定的点向它所作切线与角的一边相交成一给定的角.

291.给定了一点及一直线.通过所给的点 M 求作三直线,使彼此成给定的角,并使与所给直线 PQ 相交所成的两线段成一给定的比.

292.给了两个圆及每圆上一个点.求作两个相等的圆,使彼此相切,并且切给定的两圆于给定的点.

所给的两个圆亦可代之以两条直线并且半径的相等可代之以其间的一定的比率.

293.在一个角内给定一个点 A,求在这角里作一 $\triangle PAQ$,使其角 A 等于给定的角,而直线 PQ 平行于一给定的直线.

294.求作一形状已经知道的三角形,使其诸顶点各落在三条给定的直线上(有四种情形).

295.给定了三条通过一点的直线及另一定点.求通过此点作一直线,使被所给三直线截成的两线段成一给定的比.

解:设割线 $BDCE$ 为所求.在任一直线上截取两段 B_1D_1 与 D_1C_1 使 $B_1D_1 : D_1C_1$ 这个比等于所给的,在 B_1D_1 与 D_1C_1 上各作圆弧,使所容包的角各等于 $\angle BAD$ 与 $\angle DAC$.设这两弧相交于一点 A_1.截取 $AF = A_1B_1$, $AG = A_1C_1$ 并且作 $EB \parallel FG$(图 59).

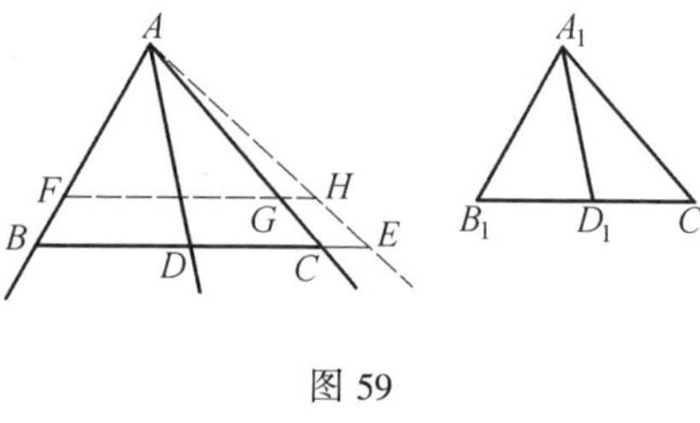

图 59

296.给定了直线 AB, AC, AD 及另一直线.求作一割线,使在所给诸直线间所截的三线段成给定的比率.

297.在圆内给定了两条半径.求作一弦,使它被这两半径分为三等份.

298.求作一线段与梯形底边平行,使它被两条对角线分为相等的三段.

299.给定了三条直线 AB, AC 与 AD.沿一已知方向求作第四条直线,使它被截于所给各直线间的线段的乘积等于给定的值.

300. 在圆上给定了 A, B 与 C 三点. 求作一弦 BE, 交 AC 与圆于点 D 及点 E, 使 ED 与 EC 成一给定的比.

解:取 C 作相似中心.

301. 给定了三个同心圆(图 60). 求作一割线 ABC(A, B 与 C 是它与圆的交点), 使 $AB = BC$.

解:在任一直线上取两段相等而任意的线段 C_1B_1 与 B_1A_1. 我们来找这样的点的轨迹, 其与 C_1 及 B_1 的距离之比为 $OC : OB$. 然后再找这样的点的轨迹, 其与 C_1 及 A_1 的距离与 OC 及 OA 成比例. 两个所作的圆相交于一点 O_1. 于是只要以 O 为顶点以任何位置作一角等于 $\angle C_1O_1A_1$ 就行了.

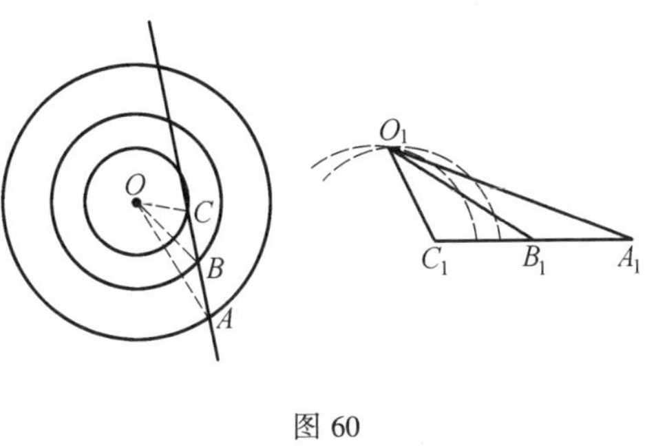

图 60

302. 求作一直角三角形, 已知知道它的 r 及一正边与另一正边在斜边上的投影之比.

303. 在一给定的三角形内求作一内接平行四边形, 已经知道两边之比及两对角线所夹的角.

304. 给定了一个扇形. 求作一直线与它的弧相切, 使它被截于两半径延长线之间的线段在切点被分成一给定的比率.

解:分任意线段成给定的比, 然后来决定那与扇形圆弧的中心相应的点.

305. 给定了两点 B 与 C 及一个角 A. 求作一圆, 通过 A 与 B, 并使与角边所割成的弦通过 C.

306. 给定了一个圆及两条直线 AB 与 CD. 求作一直线垂直于 CD, 使它在直线 AB 与圆间所截的一段被直线 CD 分成一给定的比.

解:取 AB 与 CD 的交点作相似中心.

307. 求作一三角形, 已经知道 h_a, m_a 及 h_c.

解:设 AD 与 CE 是高线, AF 是中线(图 61). 我们能作 $\triangle ADF$. 既然知道了 $a : c$, 则 $AB : BF$ 亦知道, 而 $\triangle ABF$ 的形状容易决定了. F 是相似中心.

这问题里中线亦可代之以任何分 BC 成一已知比率的线段.

308. 求作一三角形, 已经知道 h_a, m_a 与 $a : c(\beta)$.

309.求作一三角形,已经知道 a,b 与 h_c.

310.求作一三角形,已经知道 $AE:EB$ 及 $BD:DC$,这里 CE 与 AD 是高线.

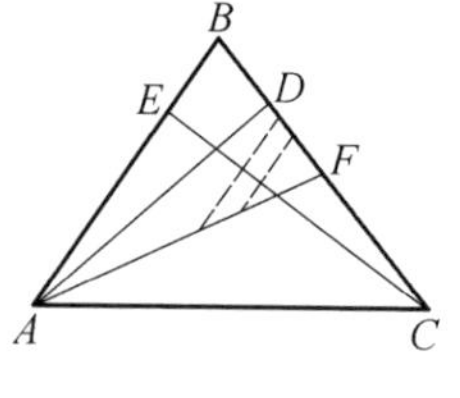

图 61

311.求作一三角形,已经给定了它的周边对底边上被顶角平分线所截两段之比及总和 $R+r$.

312.1) 给定了一个圆及圆外一点 A.由点 A 求作一割线,使其在圆外的一段对在圆内的一段成一给定的比.

2) 在一给定的圆内通过一点 A 求作一弦,使它被点 A 分成一给定的比率 $m:n$.

解:我们把任一线段分成给定的比,并且找出那与圆心相应的点.也可以应用圆的乘法,在第一种情形以 $m:(m+n)$ 来乘,在第二种情形以 $n:m$ 来乘.

313.在 $\triangle ABC$ 内求作一线段 $DE\perp AB$,使它分三角形周边成一给定的比率.

314.求作一正多边形使与一给定的规则或不规则的图形有相同的面积.

315.求作一 n 边形,已经知道它的各角,$n-2$ 条边之间的比率及它的各对角线的乘积.

316.求作一圆内接四边形,已经知道它的一角,面积及两相邻边与两对角线的比率.

317.试以一与给定直线 MN 平行的直线来平分 $\triangle ABC$ 的面积.

解:我们在方便的地方画 $DE // MN$.设 k_1^2 与 k^2 各为 $\triangle DBE$ 的面积及 $\triangle ABC$ 的一半的面积,我们以 $k:k_1$ 乘 $\triangle DBE$.这问题有许多解法.

318.通过两圆的交点 A 求作一割线,在两圆内各定一弦,使它们各乘以 m 与 n 后总和等于一给定的长.

319.给定了两个同心圆.求作一割线,使在圆内所截的弦成一给定的比率.

320.给定了两个圆及一个点 A.问两圆作平行切线,使与点 A 的距离成一给定的比率.

321.给定了两个圆.求作一圆与它们相切,使联结两切点的直线通过一给定的点 A(图 23),或使 $\angle O_1O_3O_2$ 有给定的大小.

322.通过一给定的点求作一直线,使它被截于两个给定的圆内的两段与两圆半径成比例.

323.在直线 AB 上依次给定了四个点 S,S_1,S_2 与 S_3.求在这直线上找这样一点 X,使 $SX\cdot S_3X$ 与 $S_1X\cdot S_2X$ 这两乘积相等(图 50).

324.通过两点 A 与 B 求作一圆,使与一给定的圆 O 相切.

325.通过一给定的点 A 求作一圆,使与一给定的圆 O 及一给定的直线 MN 相切.

解:设所求的圆是 O_1,切所给的圆及直线于两点 K 及 G.作 $OE \perp MN$,并设 OE 交圆 O 于 D 及 C 两点,而直线 AD 交所求的圆于点 F.于是 $AD \cdot AF = DG \cdot DK = DE \cdot DC$,故点 F 知道了.这问题共有4解.

326.求作一圆,使与两给定的圆及一给定的直线相切.

解:设 R 与 R_1 是两圆的半径,而 $R_1 > R$.由 O_1 以半径 $R_1 - R$ 作一圆,作与所给直线成距离 R 的平行线并应用前一问题.共有8解.

327.通过一给定的点 A 求作一圆,使与两给定的圆相切.

328.(亚波罗尼亚问题)求作一圆,使与三个给定的圆相切.

解:设 R,R_1 与 R_2 是所给三圆的半径.由圆心 O_1 与 O 各以半径 $R_1 - R_2$ 及 $R - R_2$ 作圆.

第六节　逆求作

329.在一给定的 $\triangle ABC$ 内求作一内接 $\triangle DEF$,等于一给定的 $\triangle MNP$.

我们试把问题反过来求:不求在 $\triangle ABC$ 内作一内接三角形等于 $\triangle MNP$,而求在 $\triangle MNP$ 外作一外接三角形等于 $\triangle ABC$(图62).因此我们注意:顶点 B 与 A 各落在一画在线段 $DE = MN$ 及 $DF = MP$ 上,而各包容已知角 B 与 A 的圆弧上,所以我们在 MN 与 MP 两边上来画这两圆弧.然后,既然 A_1, M 与 B_1 应该在同一直线上,则须通过这两弧交点作一割线,使在两圆内所截两线段之和等于 AB.这割线与所作两圆弧相交于 A_1 与 B_1 两点,然后得到 $\triangle A_1B_1C_1$.三角形 ABC 与 $A_1B_1C_1$ 是彼此相等的,于是我们截取 $AD = A_1M, AF = A_1P$ 及 $BE = B_1N$,如此得到 $\triangle DEF$,等于 $\triangle MNP$ 且内接于 $\triangle ABC$.$\triangle DEF$ 与 $\triangle MNP$ 的相等是很明显的,因为三角形 DAF 与 MA_1P, DBE 与 MB_1N 是相等的.

在别的方法里我们在所给的图形上或某些作图上来作所求的图形或进行某种作图;在逆求法里我们在所求的图形上或所求的作图上来作所给的图形及作图.有时在所求的作图上必须作与所给的图形相似的图形而不作相等的图形;剩下的事情乃把所作图形转移到所给的

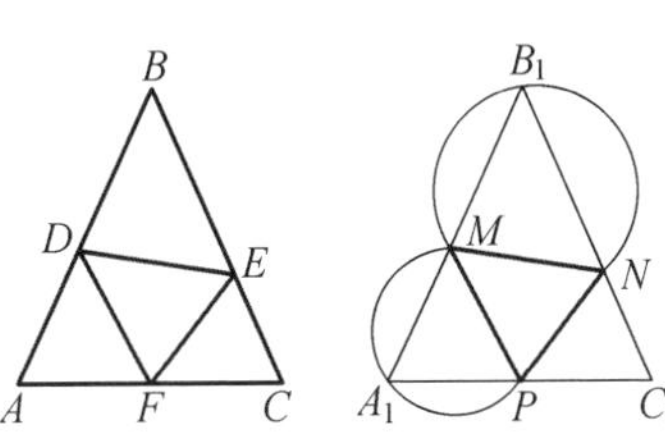

图62

图形上去.

330.在一给定的扇形或弓形里求作一内接三角形,等于一给定的三角形.

331.在一给定的三角形里求作一形状已经知道的内接三角形,使它的一个顶点落在弓形弦上或弧上的一个给定的点上.

332.在一给定的三角形里求作一形状已经知道的内接三角形,使它的一个顶点落在底边上所给定的一点上.

333.求作一形状已经知道的三角形,使它的各顶点落在两个或三个给定的同心圆上.

334.求作一圆,使它对两给定的点各张一给定的视角,并且使圆心落在一给定的直线上.

335.求作一圆,使它对三个给定的点各张一给定的视角.

336.在一给定的半圆内求作一内接四边形,使与一给定的四边形相似,并且使两个顶点落在所给的直径上.

337.给定了一个圆与一个点.求作一弦,使它的长与两端至所给定点的距离成给定的比率(有两种情形).

338.求作一 $\triangle ABC$,已经知道 B 及 $\triangle ABD$ 与 $\triangle CBD$ 的外接圆半径,这里 $BD = m_b$.

339.求作一形状已经知道的四边形 $ABCD$,使 CD 落在一给定的直线上,而顶点 A 与 B 落在一给定的圆上.

第七节　图形变换法

如果所求的图形很难立刻作出,则把它变换成某一别的能作的或容易作的或可直接作出的图形.我们来讨论下面这五种图形变换法.

一、对称法与直化法(直线化法)

两个点 A 与 B(图63),其联结线被一直线 $MN \perp AB$ 所平分,这样的点叫做是对称于直线 MN 的;直线 MN 叫做对称轴.直线 AL 与 BL,其一切点都对称于直线 MN,也叫做是对称于同此轴的.同样,两个相等的圆,如果它们的中心对称于 MN,也就叫做是对称于轴 MN 的.点 B 有时叫做点 A 在 MN 里的像.同样,直线 BL 与圆 B 也各称为直线 AL 与圆 A 在轴 MN 里的像.

所谓对称法无非就是如此:假设一个问题已经解出而一个所给的点(直线或圆)被反映到某一已知对称轴里去;有时这轴可以通过已知点.于是所得对

称点(直线或圆)仍服从原来的点(直线或圆)所应满足的同样条件.经过这反映后,得到一个新的问题,它可以用我们已经知道的方法来解.通常,这新问题一经解出,则所设的原问题也就自然已经解决了,只有很稀少的情形还需要转回问题的原来条件上去.所以,对称法把所设问题的解法化为一个新问题的解法,而这新问题的解法应该是已经知道的或者是比原问题的解法来得容易的.

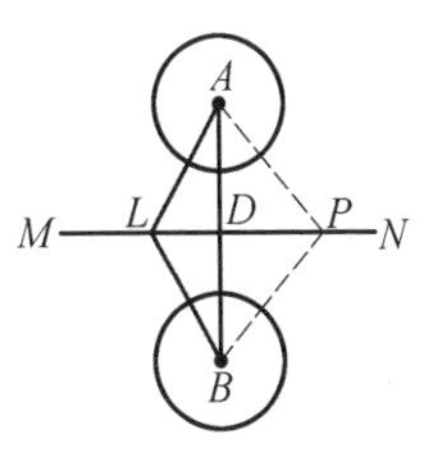

图 63

340.试在一给定的直线 AB 上找一点 X,使它与两个给定的点 M 与 N 联结起来得到两个角 $\angle NXB$ 与 $\angle MXA$,而要使其中的一个角是另一个的两倍(图64).

设点 X 已找到,而 $\angle NXB = 2\angle MXA$,并且 C 是 M 在 AB 里的像,于是 $\angle MXL = \angle CXL$,并且所给的问题可以下面这问题来替代:给定了一条直线 AB 及两点 N 与 C;在直线 AB 上找一点 X,使 $\angle NXB = 2\angle CXA$.要解这个新的问题,我们延长 NX,并且来决定它的位置.既然 $\angle CXL$ 是 $\angle NXB$ 的一半,并且 $\angle LXK = \angle NXB$,则 $\angle KXC = \angle LXC$.这告诉我们,XC 是角 LXK 的平分线,所以所求的直线 NX 是圆(C, LC)的切线.故这问题可以如下方式来解.作了点 C 以后,我们画出(C, LC)这个圆;然后由 N 画一条这圆的切线;这切线交直线 AB 于所求的点.事实上,由 $\triangle LXC$ 与 $\triangle CXK$ 的相等我们得 $\angle LXC = \angle CXK$;但既然 $\angle NXB = \angle LXK$,并且 $\angle LXC = \angle MXA$,则 $\angle NXB = 2\angle MXA$.如果当初要使 $\angle MXA = 2\angle NXB$,则须把点 N 反映到 AB 里去.

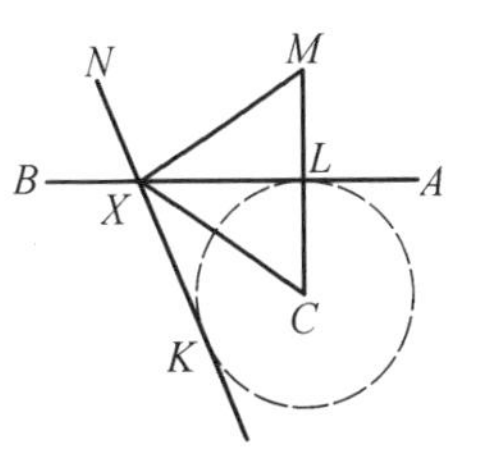

图 64

这问题只要 M 与 N 都在直线 AB 外面总是能解的,并且有四个解,因为由一点向一个圆可作两条切线.如果点 M 在 AB 的另一侧,例如在 C,则解法很明显.

341.试在直线 AB 上找一点,使它与两给定的点 M 及 N 的距离总和成最小值.

如果点 C 是点 N 在 AB 里的像,并且 X 是所求的点,则 $MX + NX = MX + CX$,所以这问题可代之以下面这问题:"在直线 AB 两侧各给定一点 M 与 C,在直线 AB 上求找一点 X,使 $MX + CX$ 这总和成最小值."后面这问题可以立刻解出,因为我们知道两点之间的最短距离是直线.这问题还要以这样表出:"由两给定的点 M 与 N 向直线 AB 作两割线,使它们相交在 AB 而与它成相等的角."

以这样的形式这问题在自然现象中就可有很大的用处.顺便说说,这问题告诉我们,声、光及热由一点传播到另一点经过某平面的反射后就取得是最短的路径;弹性体由障面反击回来亦遵循这路线与时间的经济规律.

342.试在直线 AB 上找一点 X,使由它向两个给定的圆 O 与 O_1 所作切线与直线 AB 成相等的角.

设 O_2 是圆 O_1 在 AB 里的像.要决定点 X 我们画切线 XN_1,并且来决定它的方向.$\triangle O_2XN_1$ 与 $\triangle O_1XN$ 彼此相等,所以 $XN_1 = XN$ 并且 $\angle O_2XN_1 = \angle O_1XN$.但既然 $\angle O_1XL = \angle LXO_2$,则 $\angle N_1XL = \angle NXL$,所以,$\angle AXM = \angle N_1XL$.由此推知 MXN_1 是 O 与 O_2 两圆的公切线(图 65).

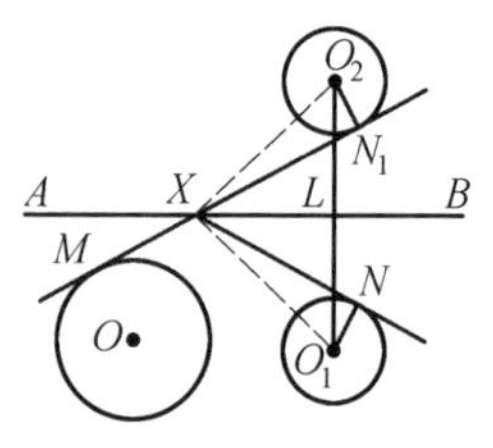

图 65

最后这一结果指示我们,要解这问题须向 O 与 O_2 两圆画公切线;它与直线 AB 的交点就是所求的点.共有四解.

考察 340,341,342 诸问题的解法容易注意到这一情况:在这些问题中折线总以直线来替换.例如,问题 340 可以这样来解:折线 NXM 以直线 NXK 来替代并且来找点 K 的位置.同样,问题 342 的解法可这样开始:折线 MXN 以直线 MXN_1 来替代并且来找点 N_1 的位置.

所以,对称法无非就是要把折线化为直线,所以对称法常常可以叫做直化法或直线化法.这一种方法就是,假设问题已经解出,在所得的图中某条折线代之以直线;然后要作所求的图形就化为要作所得的新图形并且这样所给的问题就以新问题来替代了.解了这新问题以后,通常须来决定所直化的线应该在哪一点弯折回去,如此就转移为原来的问题了.直化法特别常用于那些条件含有某折线各部分的给定的和或差的问题中.

343.求作一三角形,已经知道它的 $A,c,a+b$.

设 $\triangle ABC$(图 66)为所求.既然折线 BCA 的两部分之和已经知道,则将它直化.因此我们在 AC 延长线上截取一段 $CD = BC$.联结 B 与 D,我们注意 $\triangle BCD$ 是等腰三角形,所以它的顶点 C 在 BD 的垂直平分线 CE 上.由此我们归结作法如下:作角 A 并且在它的边上截取 $AB = c$ 及 $AD = a + b$;然后联结 B 与 D 并且由 BD 的中点作垂直线,交 AD 于点 C.$\triangle ABC$ 就是所求的,因为其中 $\angle BAC$ 与边 AB 是按所要求的条件画的,而其余两边之和 $BC + AC = CD + AC = a + b$.

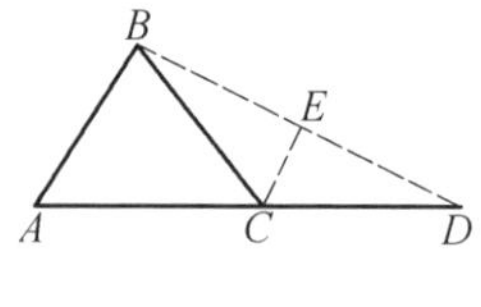

图 66

这问题可解的条件是 $a+b>c$.

344. 给定了一个圆及它上面的两点 M 与 N. 试在这圆上找一点 X,使 $MX-NX=a$.

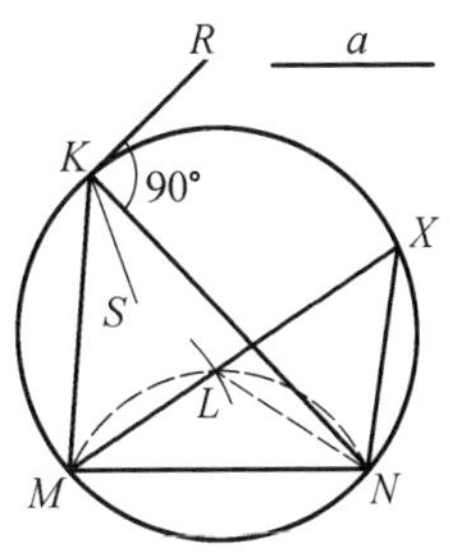

图 67

设点 X 是所求的(图 67). 把折线 MXN 直化,如此使能得到它两部分的差. 因此我们截取 $XL=NX$. 我们来找点 L 的位置. 既然 $ML=a$,则点 L 在圆(M,a)上. 注意,$\angle MXN$ 既然对着已经知道的弧 MN,故亦是已经知道的,并且,如果表之以 2φ,则

$$\angle LNX=\frac{180°-2\varphi}{2}=90°-\varphi$$

而 $\angle MLN$,既然是外角,应该等于$(90°-\varphi)+2\varphi=90°+\varphi$. 由此推知,点 L 在这两弧相交处——一弧是(M,a),另一弧是画在 MN 上而包容 $90°+\varphi$ 这角的. 要画这个角,须把 M 及 N 与圆上任一点(比方说,点 K)联结起来,并且在所得的角 MKN 的一半上加一个直角;$\angle SKR$ 就是所求的. 画出了这两条所说的弧,我们乃在其相交处得到点 L;把它与 M 联结起来,延长 ML 交圆于点 X. 这问题有一个解. 可解的条件是 $MN\geqslant a$.

当问题的条件中给出了线段的和或差时,应该立刻想办法把这和或差引到图里去然后来找解法;整个直化法的基础就在这里.

345. 求作一三角形,已经知道它的 $a+b,b+c$ 与 B.

设 $\triangle DBE$(图 55)使 $DB+DE=s,DE+BE=s_1$,并且 $\angle DBE=\angle\varphi$. 直化了折线 BDE 与 BED,我们得到 $BA=s$ 及 $BC=s_1$. 如果所给的不是该两边的和而是差,则线段 DA 与 EC 应该在 D 与 E 的另一边来截取,而这问题就变成一比较简单的问题了.

346. 求作一等腰三角形,已经知道它的两条侧边及底边与底上高线之和 s.

设在 $\triangle ABC$ 内(图 68)$AB=BC=a$,而 $BD+AC=s$. 问题就是要决定点 A. 我们把所给的和在图上画出来. 因此截取 $DE=AC$,于是显然 $DE=2AD$,所以三角形 ADE 的形状知道了. 如果在 $\angle AED$ 内适宜的地方画 $GF\parallel AD$,则我们又得 $FE=2GF$. 所以,为得解这问题,我们取任意一直角 $\angle GFE$,截取 $FE=2GF$ 及 $EB=s$;然后画(B,a)圆弧交 EG 于点 A 并且交垂线 AD 于点 C. $\triangle ABC$ 就是所求的. 为得使这问题能解,AB 须不小于垂线 BK.

347. 通过给定的点 A 与 B 作两直线,使其间所夹的角被一给定的直线 MN

所平分.

348.给定了两个圆 O 与 O_1 及其间一条直线 MN.求作一等边三角形,使其两顶点在两圆上而一高线在直线 MN 上.

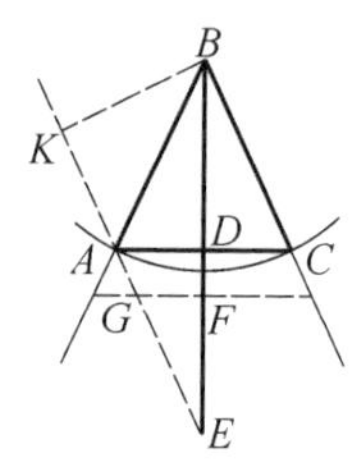

图 68

349.1)给定了一条直线 AB 及两点 M 与 N,同在直线的一侧;试在直线 AB 上找一点,使其与 M 及 N 的距离之差为最大.

2)给定了一条直线 AB 及两点 M 与 N,分别在直线的两侧,试在直线 AB 上找一点,使其与 M 及 N 的距离之差为最大.

3)试证明在一切同底边并同面积的三角形中,以等腰三角形的周边为最小.

350.在一给定的 $\angle ABC$ 内求作一周边最小的内接三角形,使其一顶点落在角内一给定的点 M 上.

解:所求三角形的各边应两两与 AB 及 BC 成等角,否则所求周边就会增大.

351.给定了两点 A 与 B.试在直线 CD 上找一点 X,使 $\angle BAX$ 与 $\angle ABX$ 之差(或 $\angle AXC$ 与 $\angle BXD$ 之差)等于一给定的大小.

352.求作一三角形,已经知道它的 a,h_a 与 b_A.

353.求作一菱形,使其一条对角线等于一给定的长且落在一条给定的直线上,而其余两顶点落在两个给定的圆上.

354.给定了三点 A,B,C 及一直线 CD.试在这直线上找一点,使它对线段 AC 与 CB 张相等的视角.

355.求作一圆,切一直线 AB 于一给定的点 M 并且交一给定的圆 O 成一给定的角 m.

解:反映圆 O,使它通过 M 并使它在点 M 的切线交 AB 成角 m.于是所求的圆心就是对称轴与已知直线的交点.

356.给定了两个圆.试在它们的内公切线上找一点,使由此点向两圆所作切线与公切线所成两角之和等于一给定的大小.

357.给定了一条直线 MN 及两个点 A 与 B.如果 A 与 B 同在 MN 的一边,则试在直线 MN 上找一点 X,使 $\angle MXA=\angle AXB$.如果 A 与 B 在 MN 的两边,则找一点 X,使 $\angle AXB=2\angle MXA$.

358.求作一四边形 $ABCD$,已经知道它的各边,并且知道对角线 AC 平分角 A.

解:如果 B 在 AC 里的像是 B_1,则 $\triangle B_1DC$ 容易作.

359.求作一三角形,已经给出它的一边,一邻角及其余两边之差.

360.1) 求由等腰三角形底边上一点向两腰所作垂线之和.

2) 求由等边三角形内任一点向三边所作诸垂线之和.

361.1) 求与两定直线之距离总和等于定长的点的轨迹.

解:所求的轨迹是四条线段,组成一矩形.这些线段的延长线相应于距离之差.

2) 试在一给定的直线上找一点,使它与一给定的角的两边的距离之和(或差)等于一给定的长.

362.求作一 $\triangle ABC$,已经知道它的 A,h_a 与 $2p$(图 69).

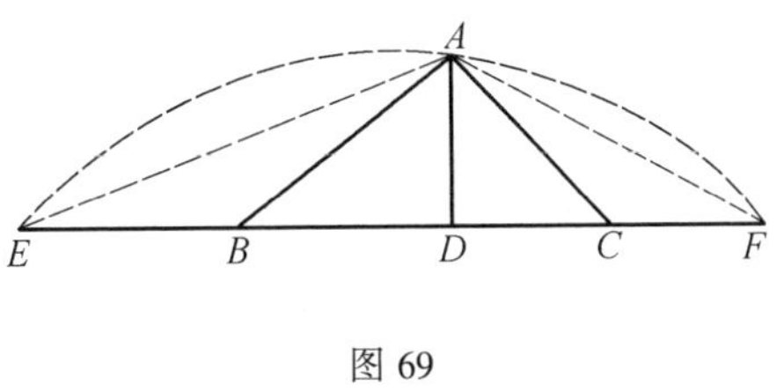

图 69

解:化折线 BAC 为直线 $EBCF$,于是可以决定 $\angle FAE$.下面这问题也可以化成这个问题:"求作一三角形,已经知道它的一角,面积及周边与通过所给的角顶的高线之比."

363.给定了 $\triangle ABC$.试找一点 X,使四边形 $ABCX$ 可外切于圆并且可内接于圆.

364.1) 在圆上给定了两点 A 与 B,试在圆上再找一点 X,使 $AX+BX$ 等于一给定的长.

2) 求分一给定的圆弧为两部分,使所张两弦之和为最大.

365.求作一 $\triangle ABC$,已经知道它的 $A,BC-AB$ 及高线 BD 与线段 DC 之和.

解:化折线 BDC 为直线 CDE 并且在 BA 上截取给定的差 AF.于是可以在任何地方作 CE,而通过 F 作一直线平行于 CE.既然 $\angle BEC=45^\circ$ 并且 $BF=BC$,则可以找到点 B,然后找到点 A.

366.给定了 $\angle ABC$ 及一点 D.试在边 AB 上找一点,使其与 BC 及点 D 距离之和或差等于给定的长.

367.求作 $\triangle ABC$,已经知道它的 B,BC 及边 AC 与高线 AD 之差.

解:在 AD 上截取 AC,使 DE 等于给定的差.作 $EF\,/\!/\,BC$,于是我们能决定点 A.

368.在一给定的圆内求作一内接矩形,已经知道它的底与高的 n 分之一之差.

369.求作一三角形,已经知道它的 $a,B-C$ 及 $b\pm c$.

370.求作一圆,切于两给定的圆,并使由所求圆心向两切点所作半径成一给定的角.

371.求作一$\triangle ABC$,已经知道它的A,b与$na \pm c = s$,这里n是一个任意的数.

解:截取$ABB_1 = s$并且决定点B.

372.求作一等腰三角形,已经知道它的底边a及两腰与高h_a之和.

373.在一三角形(或弓形)内求作一内接平行四边形,已经给定它的一角及周边.

374_1.求作一三角形,已经知道它的$m_a + a$,$\angle(m_a, a)$与b.

374_2.求作一三角形,已经知道它的A,m_b与$b + c$.

解:在CA的延长线上截取b的一半至D,则$\triangle DBE$可作.

375.在圆内或弓形内求作一内接矩形,已经知道它的周边与高之差.

376.求作一三角形,已经知道它的A,$b + c$与$a + c$.

解:把折线ABC化为直线ABE并且在CA延长线上截取$AD = c$,作$EF \perp AC$交BD于点G,则$\angle BDA$与$\angle AEG$知道了.

377.求作一等腰三角形,已经给了它的周边及底边上的高.

378.在三角形ABC的角B内沿一已知方向求作一线段XY,使$AX \pm CY$等于给定的长.

379.求作一等腰三角形$ABC(AB = BC)$,使其任一有两顶点在AC上的内接矩形的周边等于给定的长.

二、平行迁移法

作图的困难常常只是由于图里有些部分彼此离得太远了,因此不容易把所给的条件引到图里去.在这种情形所求的图形的某一部分可以平行迁移或者以别的方式迁移,但所迁距离要使新得到的图形能作或可立刻作出或比所求的图形容易作些才行.这种迁移的方向要以问题的条件为转移,并且应该选取使所给的条件能尽量进入新得到的图形里去.

作出新得的图形后,要做反过来的迁移,于是得到所求的图形.

380.在两个圆之间求作一线段XY,使被一给定的点A所平分(图70).

延长XO至X_1并且平行迁移圆O至O_2,其圆心沿直线OA移动,使X_1与Y相重合.于是O来到已知点O_2上($AO_2 = AO$),并且要解这问题须在OA的延长线上截取$AO_2 = AO$并且作圆(O_2, OX).把所得的交点Y与Y_1与A联结起来就行了.这问题有两解,一解或没有解.当然,圆O_1亦可代之以一给定的直线.

381.求作一四边形,已经知道它的各角及两条对边(图71).

我们假设在四边形 $ABCD$ 内 BC 与 AD 两边及 A,B,C 诸角已经有给定的值.我们把 BC 平行迁移到 AE.于是作成 $\triangle AED$,其中已经知道了两边 AE 与 AD 及一角 $\angle EAD$,等于两已知角 $\angle BAD$ 与 $\angle FBC$ 的差(后者是所给顶角 $\angle CBA$ 的邻补角).这样的三角形很容易做.然后也容易画出直线 EC 与 CD,因为第一条与直线 EA 成一已知角($\angle CEG=\angle FBC$);而第二条与边 AD 成一已知角 $\angle CDA$.这以后只剩下画 $CB /\!/ EA$ 而问题显然就解决了.既然这问题只有一个解,则我们可下这样的结论:四边形各角与两相对边的比完全决定其形状.这种结论往往有很重要的意义,因为它们有时很难以别的方法得到.

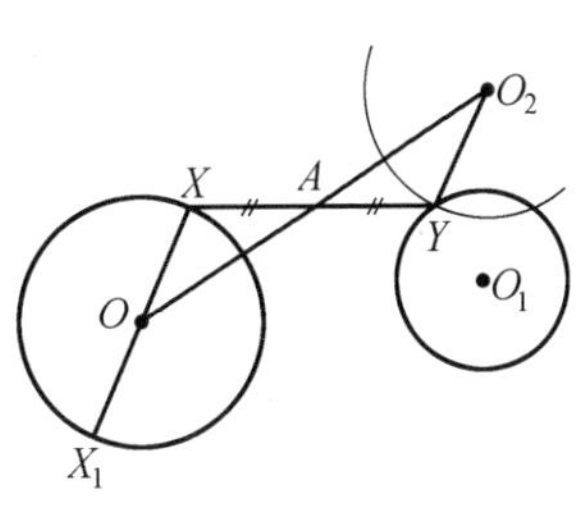

图 70

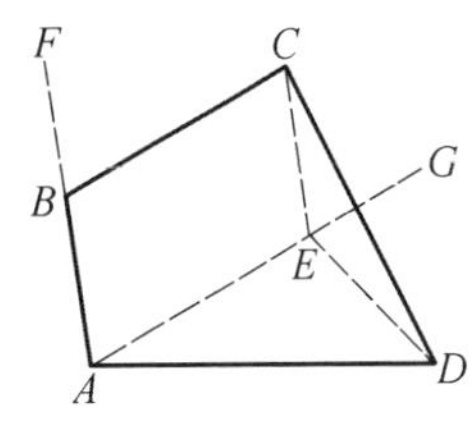

图 71

382.给定了两个圆 O 与 O_1 及一条直线 AB.求作一割线平行于直线 AB,使其与所给诸圆所成的两弦之和等于一给定的线段 s(图 72).

设 $CF /\!/ AB$ 及 $CD+EF=s$.我们作圆 O_1,使 CD 与 EF 相加等于一线段 $CJ=s$.问题就变成要决定点 O_2 了.作 $OG\perp CD$ 及 $O_2L\perp DJ$,我们找出

$$GL=\frac{s}{2}$$

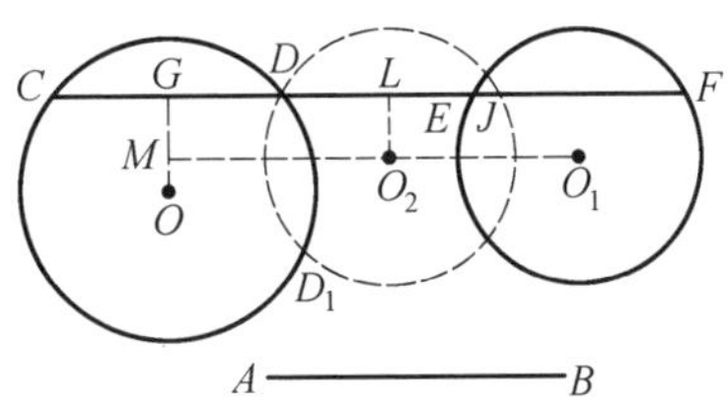

图 72

既然 $O_1M /\!/ AB$,则这问题可以如下方式来解.作 $O_1M /\!/ AB$,作 $OM\perp O_1M$,在 MO_1 上截取一段 MO_2 等于 $\frac{s}{2}$,并且作圆(O_2,O_1F).这圆交圆 O 于点 D 及点 D_1.所求的割线通过 D 与 D_1 并且平行于 AB.

要作三角形与四边形,很重要的是要知道那各边经平行迁移后所成的图形的性质.这些性质几乎尽于下面这两个问题中.

383.三角形各边的迁移(图 73).

在 $\triangle ABC$ 里我们把 CA 迁移到 BD 并且在 AB 延长线上截取 $AE=AB$,于是构成 $\triangle CDE$.试证在 $\triangle CDE$ 内:1)各边为 $\triangle ABC$ 的中线的二倍;2)$\triangle CDE$ 的面积是 $\triangle ABC$ 的三倍;3)$\triangle ADE$,$\triangle AEC$ 与 $\triangle ADC$ 中每个都与 $\triangle ABC$ 有两条相等

的高线;4)在点 A 各角都等于三角形 ABC 的内角或外角,而三角形 ABC 诸中线间的角都等于三角形 DEC 的角;5)AD,AC 与 EO 是三角形 EDC 的中线.当问题的条件能作 $\triangle DEC$ 或诸小三角形中之一时,则很容易由这些三角形用反过来的迁移转为 $\triangle ABC$.

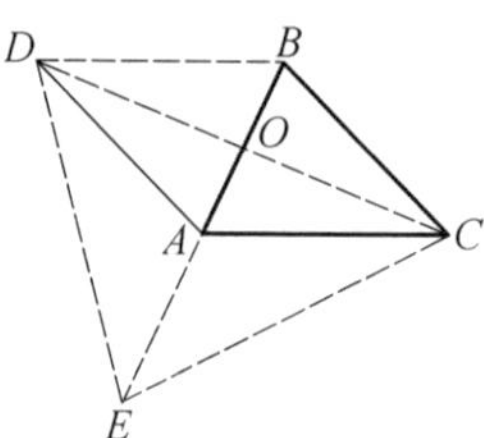

图 73

384.四边形各边的迁移(图 74).

在给定的四边形 $ABCD$ 中我们把 AB 与 AD 平行迁移到 CX 与 CY.平行四边形 $BXYD$ 具有下面这些性质:

1)平行四边形的角与边都等于图形 $ABCD$ 中的对角线及其所夹的角.

2)$\angle BCX$,$\angle XCY$,$\angle YCD$ 诸角各等于所给图形中 B,A 与 D 诸角.

3)$\angle XCD$ 与 $\angle BCY$ 各等于对边 AB 与 CD,BC 与 AD 之间的角.

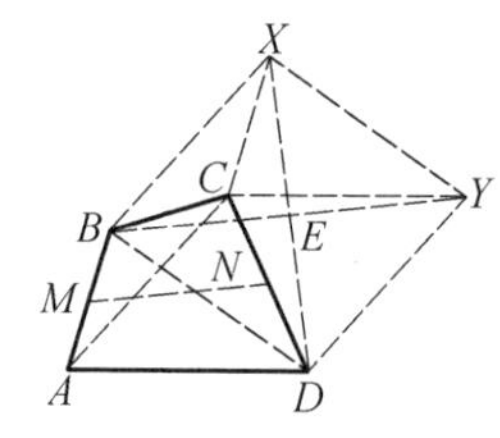

图 74

4)平行四边形的面积是原四边形面积的二倍.

5)点 C 与平行四边形诸顶点的距离各等于四边形的各边.

6)平行四边形的对角线各等于联结对边 AB 与 CD,BC 与 AD 中点的线段的二倍,对角线之间的角也就等于这两线段间的角.

7)对于某些四边形(?)BCY①线化为直线.

许多类四边形的作图问题可以借助作平行四边形 $BXYD$ 来解决.在这类问题里一部分所给的条件可以使我们能作这个平行四边形,而另一些条件可决定点 C,并且使我们能用反过来的迁移由图形 $BXYD$ 转到图形 $ABCD$.

385.求作一四边形,已经知道它的各边及一条联结对边中点的线段.

设图形 $ABCD$ 是所求的,并且线段 MN 等于所给的长.做了一般的平行迁移以后(图 74),我们注意到,$BY = 2MN$,故能作 $\triangle BCY$ 并且能作边 BY 的中点 E.既然 X 与 D 在已知圆上(C 是圆心,AB 与 CD 是半径),则容易画出 DX.作出平行四边形 $BXYD$ 后,反过来把 XC 迁移到 BA 则得到所求的图形.

由此可见,四边形的作图可化为平行四边形的作图.既然如此,也应该有这样反过来的问题:把平行四边形 $BXYD$ 的作图化为基本四边形 $ABCD$ 的作图.这类问题事实上是存在的.

386.给定了四条直线,通过一点 C.求作一面积给定的平行四边形,使它的

① 原文如此——编校注.

各顶点在诸给定直线上并使两不相邻顶点与点 C 的距离成一给定的比率.

设图形 $BXYD$ 为所求(图 74) 而其面积及 $CX:CD$ 这比率都有给定的值.我们把 CX 平行迁移至 AB, CY 迁移至 AD.在图形 $ABCD$ 里已经知道了各角及边的比率 $AB:CD$.这些给定的条件足够来作一个与图形 $ABCD$ 相似的图形.

所以这问题可以下面的方式来解.作图形 $abcd$ 与图形 $ABCD$ 相似.设 k^2 是它的面积,而 k_1^2 是平行四边形 $BXYD$ 的一半的面积.于是图形 $abcd$ 要以($k_1:k$) 乘之.如此我们得到图形 $ABCD$.剩下再把 AB 迁移到 CX 并且把 AD 迁移到 CY 就行了.

关于平行迁移的方向要记得下面的方法:

等线与等角的叠合.如果所给的或所求的条件不是相等的,而其比率已经知道,则为要能叠合先加以放大或缩小,使变成相等的,然后彼此叠起来.

把所给条件(边、角的积、和或差,图形的面积) 引用到作图中去.

看所给条件的性质把所给部分结合到对作图方便的位置上去.

387.通过一给定的点求作一直线,使它与其他两给定点距离之和(或差) 等于一给定的长.

388.求作一梯形,已经知道它所有边.

389.求作一四边形,已经知道它的三边及与第四边相依的两角.

390.通过两给定在圆上的点求作两平行弦,使其和或差等于给定的长.

391.给定了三条平行线及任何一点 M,求作一割线通过 M,使其在平行线间所截线段之差等于给定的长.

392.给定了三条直线:沿已知方向求作一割线,使所截成两线段之差等于给定的长.

393.给定了两平行线 AB 与 CD,一割线 EF 及一点 M.求作一割线 $MXYZ$(X,Y,Z 为所求直线与所给直线 EF,AB,CD 的交点),使 $MX:YZ$ 这比率等于给定的大小.

394.在圆上给定了两点 A 与 B.沿给定的方向求作一弦 XY,使弦 AX 与 BY(或圆弧 AX 与 BY) 的和或差等于给定的大小.

395.在两圆(或一直线与一圆) 之间沿一给定方向求作一长度已给定的线段.

解:迁移一个圆.这问题能使我们解决许多类的问题.

396.求作一四边形,已经知道它的四条边及一个两对边之间的角.

397.求作一四边形,已经知道它的两条对角线,两条对边及其间所夹的角.

398.两座距离已经知道的灯塔由一只船看去成一已知的视角,当这支船沿一已知方向对着灯塔行进了一段已知的距离时,则它们的视角成了另一给定的角.试决定这船的位置.

399.求作一梯形 $ABCD$,已经知道 CD,两对角线间的角,两平行边间的距离及两不平行边中点的联结线(图 75).

400.通过一给定的点求作一直线,使两对给定的平行线在它上面所截的两线段成一给定的比率.

解:以所给的比率乘一对所给平行线之间的距离,并且把所求线段迁移到所给直线相交成的平行四边形的一个顶点上去.

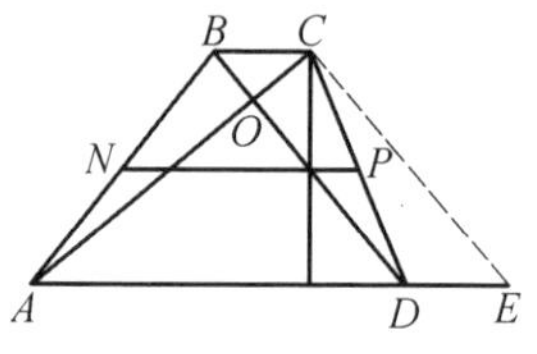

图 75

401.给定了五个点.求作一直线通过第一点,使它与第二第三两点距离之和较它与第四第五两点距离之和大或小于一给定的长(所求直线在所有四点的一边).

402.给定了两点 A 与 B 及其间两平行线 MN 与 PQ,求在平行线间沿一给定方向作一线段 CD,使 $AC+CD+BD$ 总和为最小.

解:迁移 MN,PQ 与 BD,使 PQ 通过 B,而点 B,经平行于 CD 的移动后,来到了新的位置 MN.

403.在圆内给定了两弦 AB 与 CD.试在圆上找一点 X,使直线 AX 与 BX 在 CD 上决定一长度给定的线段.

404.通过一给定的点 A 求作一直线交圆 O 与 O_1 成相等的线段.

解:迁移圆 O_1 至 O_2,使割线的相等线段相重合.于是注意 $\angle OO_2O_1=90°$ 及 AO_2 的长已知,乃可找到 O_2.事实上,如果 AB 与 AC 是圆 O 与 O_2 的切线,则 $AB=AC$,并且 $\triangle ACO_2$ 可由各别作图来决定.

如果所求的线段应该成给定的比率,则须将一个圆对 A 以给定的比率乘之.

405.求作一个给了一边的矩形,使它的两边通过四个给定的点.

406.给定了两个角 $\angle BAC$ 与 $\angle DEF$.沿一给定的方向求作一直线,使其在两角内所截线段成一给定的比率.

解:设 GH 与 IK 是所求的线段.平行迁移 $\triangle IEK$,使 I 与 H 重合,而 EK 移到 LM.于是图形 $GALM$ 的形状变成已知,而点 L 可以找出,A 是相似中心.

407.给定了两个角.沿已知方向求作一割线,使在角内所截两线段之和(或差)等于给定的长.

408.在 $\triangle ABC$ 内求作一定长线段 DE(D 在边 AB 上,E 在边 BC 上),使 $AD:CE$ 这比率等于给定的大小.

解:迁移 DE 至 AE_1,于是 $\triangle E_1EC$ 的形状就知道了,所以点 E_1 的轨迹也就知道了.

409.求作一梯形 $ABCD$,已经知道它的两对角线及两不平行的边.

解:迁移 AC 至 BA_1,CD 至 BD_1,于是这问题变成了下面这问题.

410.给定了四个同心圆,求作一割线,使 $AB = CD$(A,B,C 与 D 依次为割线与圆的交点,由最大一圆算起).

411.在圆上给定了两弦 CD 与 AB 及 CD 上一点 E.试在圆上找一点 X,使直线 AX 与 BX 在 CD 上决定线段 EY 与 EZ,成一给定的比率.

解:设 Y 与 Z 在 E 的一边.做了乘法以后,再把 AY 平行迁移至点 Z,于是 AY 交 AE 于点 A_1,它的位置已经知道.因为 $AE : A_1E$ 这比率已经给出,$\angle A_1ZB$ 亦已经知道.如果 Y 与 Z 在点 E 的两边,则进行同样作图后须将 Z 对点 E 对称地迁移.

412.求作 $\triangle ABC$,已经知道它的 B 及中线 AE 与 CD.

解:迁移 CB 至 AD_1.$\triangle D_1AD$ 能作,因为由点 A 至分 DD_1 为比率 $2:1$ 的点的距离已经知道.作图应由 $DD_1 = CD$ 开始.

413.给定了两点 A 与 B 及两圆 O 与 O_1.求作平行半径 OX 与 O_1Y,使 $\angle XAO$ 与 $\angle YBO_1$ 相等.

解:以半径之比乘 $\triangle XAO$(就像图 80);将所得 $\triangle X_1A_1O$ 平行迁移至 YCO_1 的位置.点 A_1 移到 C,它是容易找的,因为 O_1C 的长与 $\angle CO_1O$ 已经知道.

1.三角形各边的迁移

414.求作一三角形,已经知道 m_a,m_b,m_c($\triangle DEC$,$EA = 2AO$).

415.求作一三角形,已经知道 b_m,m_c,h_a(决定 $\angle EDA$,然后找 BC 与点 C 的位置).

416.求作一三角形,已经知道 h_a,h_b,m_c($\triangle DAC$).

417.求作一三角形,已经知道 $m_a,m_c,\angle(m_b,a)$.

418.求作一三角形,已经知道 $m_a,h_a,h_b = b$.

解:在 $\triangle ECB$ 内能作 $\angle ECB$,以2乘 AC 并且把它平行迁移到 EH,于是能作 $\triangle ECH$.

419.求作一三角形,已经知道 a,h_a 及 $\angle(m_b,c)$.

420.求作一三角形,已经知道 h_a,h_b 与 $\angle(b,m_a)$.

解:在已知的 $\angle ECA$ 中决定 E,然后决定整个 $\triangle EAC$.

421.求作一三角形,已经知道 $\angle(m_a,m_b)$,$\angle(m_a,m_c)$ 及 S($\triangle DEC$,相似法).

422.求作一三角形,已经知道 B,m_b 与 m_c($\triangle EDO$,相似法).

423.求作一三角形,已经知道 m_a,m_c,S($\triangle EDC$).

2.四边形各边的迁移

424.求作一四边形,已经知道两对角线,其间的夹角及任何两边.

425.求作一四边形,已经知道它的面积,对角线之间的角,两联结对边中点的线段之比及任何两角.

426.求作一四边形,已经知道它的两对角线,一联结两对边中点的线段及两个对角.

427.求作一梯形,已经知道它的两对角线,其间所夹的角及一边.

428.求作一圆内接四边形,已经知道它的联结对边中点的两线段,对角线所夹的角及一对角线与一边所夹的角.

解:$\angle BCY$ 已经知道,因为 $\angle BCA = \angle BDA$.

429.求作一四边形,已经知道它的两对角线,一角,一联结对边中点的线段及两边平方和(或差).

430.求作一梯形,已经知道它的两对角线与两平行边.

431.求作一四边形,已经知道它的两条对边,其间所夹的角,两对角线的比及对角线间所夹的角.

432.求作一四边形,已经知道它的面积,两条对边的比与所夹的角,两条对角线的比及一条对角线与任一条边所夹的角.

解:三角形 YCB 与 BXY 的形状已经知道,所以图形 $DBXY$ 亦知道了,然后我们乘这图形并且做迁移.这类问题可以变化出随便多少个来.

433.求作一四边形,已经知道它的面积,两条联结对边中点的线段及两个对角.

434.求作一梯形,已经知道它的两对角线,其间所夹的角及两相邻边之差.

435.求作一四边形,已经知道它的 AB,BC 与 AD,AB 与 CD 两边之间的角及分边 AB 与 CD 成已知比率的线段 EF.

解:将 BC 与 AD 平行迁移至 EC_1 与 ED_1,则能作 $\triangle EC_1D_1$.边 AB 这条件亦可代之以 $AB : CD$.

436.求作一四边形,已经知道它的三边之比,面积,两条联结对边中点的线段之间的比及夹角.

437.给定了一条直线及线上一点 E.求作一各边已经给出的平行四边形 $ABCD$,使对角线 AC 在一给定的直线上而点 E 与 B 及 D 两顶点的距离等于给定的大小.

解:迁移 BE 至 AE_1,则 E_1D 平行于 EC.

三、绕轴旋转法

要使等角与等线叠合,要在图里引入所给的条件并且要使图形各部分接近,这有时候不能以平行迁移法来实现.在这情形常常可以把图形绕轴作旋转而达到以上目的.

438.求作一三角形,已经知道它的 b,c 及 $\angle B-\angle C$.

解:要在图里引入 $\angle B-\angle C$(图 76),须把角 C 叠在角 B 上.因此我们把 $\triangle BAC$ 以 BC 的垂直平分线作轴回转 180°;$\triangle BAC$ 乃取 $\triangle BA_1C$ 的位置.在三角形 ABA_1 里已经知道两边及其夹角,所以容易作出.作了 $\triangle ABA_1$ 后,我们来画圆弧(A,AC)与(A_1,A_1C).

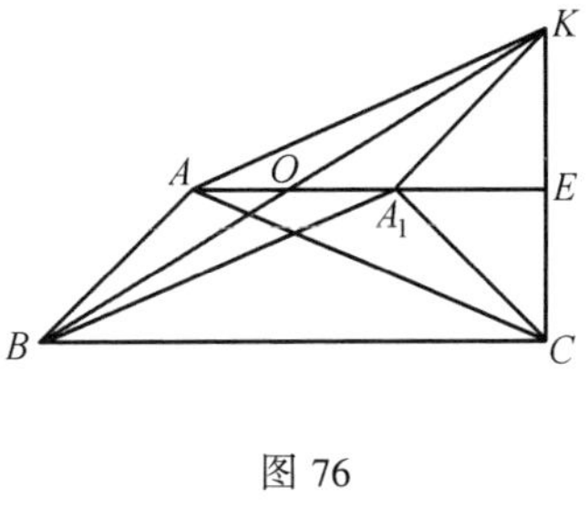

图 76

有时绕轴旋转法须应用好几次,或者须与平行迁移法联合运用.

439.求作一三角形,已经知道它的 a,h_a 及 $\angle B-\angle C$.

解:像在前例中一样(图 76),把 $\triangle BAC$ 回转成 $\triangle BA_1C$ 的位置.$\angle B-\angle C=\angle ABA_1$,并且已引入图里,剩下的事情就是要把这角与底边联系.因此把 $\triangle ACA_1$ 绕 AA_1 轴翻转成 AKA_1 的位置(换句话说,把 BA 与 BA_1 平行迁移至 A_1K 与 AK).显然 $\angle BAK=180°-(\angle B-\angle C)$.既然 EC 在 $\triangle ACA_1$ 内经旋转变成 EK,则 $\angle AEK$ 以及 $\angle BCK$ 同是直角,而 $KC=2h_a$.所以在 Rt$\triangle BCK$ 内已经知道两条正边.作出了这三角形,然后由 CK 中点画 BC 的平行线,而在 KB 上画一圆弧使所包容的角等于 $180°-(\angle B-\angle C)$.

所有这类问题都可用对称法来解,因为在绕一轴旋转时每一点都变成了与它对称的点.至于轴及旋转方向的选择则在此应注意前面提到的“关于平行迁移的方向”的方法.

440.求作一三角形,已经知道它的 $a,\angle B-\angle C$ 及 b^2-c^2.

441.在 $\triangle ABC$ 内求作一内切半圆,使切 BC 于一给定的点 D,并使直径 EF 两端在 AB 与 AC 上.

解:把 $\triangle EDF$ 回转到 EDF_1 的位置.

442.求作一三角形,已经知道 $a+c,\angle A-\angle C$ 及高线 BD 在底边上所截两线段之差.

$a+c$ 这条件也可代之以 $m_b,h_b,a-c,a:c$ 或 $a^2\pm c^2$ 等.

443.求作一图形 $ABCD$,已经知道平分角 A 的 $AC,AD-AB,DC$ 及 BC.

444.求作 $\triangle ABC$,已经知道 $bc,\angle B-\angle C$ 及 h_a.

解:已经知道 $\triangle ABA_1$ 的面积(图 76).可以决定它的底边.

445.求作 $\triangle ABC$,已经知道 h_a,R 与 $\angle B-\angle C$.

446.给定了一点 A,一直线 MN 及线上一点 E.求作线段 AB 与 AC(B 与 C 在 MN 上),使 $\angle BAC$ 等于给定的大小并且使 BC 的中点在 E.

447.求作一三角形,已经知道 A,m_a 及 $b\pm c$.

448.求作一三角形,已经知道 ac,m_b 及 $\angle A-\angle C$.

449.求作 $\triangle ABC$,已经知道 A,h_a 及 m_a(图 76).

450.求作一圆,交两给定的同心圆各成给定的角.

451.1)给定了两个圆 O 与 O_1,求作一圆通过 O 与 O_1,交给定的圆于 A 与 B(在 OO_1 的一边),使 $\angle AOO_1$ 与 $\angle BO_1O$ 之差等于给定的大小.

解:把 $\triangle BO_1O$ 回转到 O_1OB_1 的位置;$\triangle AOB_1$ 容易做出.

2)解上题,若 $\angle A$ 与 $\angle B$ 在 OO_1 的两边并且所给两角之差代之以同此两角之和.

452.给定了两平行线及每线上各一点 A 与 B.求在其间作一长度给定的线段 XY,使 $\angle AXB=2\angle AYB$.

解:把 AB 回转到对称的位置 XZ.在任何地方作 $\triangle ZXY$,于是容易决定一个与 AY 中点相应的点.

453.求作一四边形 $ABCD$,已经知道 $AB,AD,\angle D-\angle B$ 及 $\angle BCA$,并使 $\angle A$ 被对角线 AC 所平分.

解:回转 $\triangle ADC$,D 来到 AB 上并且可以找出点 C.

454.求作 $\triangle ABC$,已经知道 b,h_b 及 $\angle B+\angle A-\angle C$.

h_b 这条件可代之以 S,r,R 等.

四、线点旋转法

设有一线段 AB 及一点 O(图 77).把 AB 对中心 O 以 n 乘之,得线段 A_1B_1($A_iO:AO=n$);然后回转 $\triangle A_1OB_1$,使它取 $\triangle A_2OB_2$ 的位置并且使 $\angle A_1OA_2$ 等于给定的角 φ.于是我们说,线段 A_2B_2 是 AB 对 O 被 n 所乘并且绕 O 旋转了 φ 角的结果,点 O 叫做旋转中心.在这种旋转之下线段 AB 的任意一点 C 变成了一点 C_2,点 C 与 C_2 叫做相应点.所说由 AB 至 A_2B_2 的变形还可以用较

简单的方式来进行.只要把线段 AB 的一个点变成相应的点就行了.因此须要取任一点 C,乘以 n,截取 $\angle C_1OC_2 = \angle\varphi$,然后作 $\angle OC_2B_2 = \angle OCB$.于是得到直线 A_2B_2.但这不是像前面那变形法按大小得出,而是只按方向得出的.同样,如要把一个圆绕任何中心旋转一个给定的角,则只要将它的一个点及圆心旋转这个角就行了.

现在我们假设点 O 还不知道而要把线段 AB 迁移到 A_2B_2,使 A 与点 B 各变位至 A_2 与 B_2.这时候我们须把 AB 旋转一个角,等于 AB 与 A_2B_2 之间的一个角.为得要决定旋转中心,须在线段 AA_2 与 BB_2 上各作一圆弧,使所包容的角等于旋转角.注意到这一点,我们能解决旋转中心还不知道的问题.

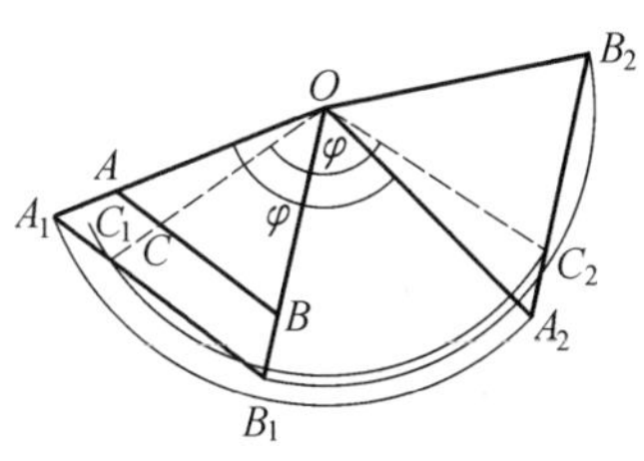

图 77

绕点旋转的问题可以分为三类.

第一类:在这类问题里有与平行迁移同样的性质,即它使图形的一部分接近到适于作图的位置,引已知条件到图里去,使相等或不相等的角与线叠合,并且一般会使所给的问题化为另一问题.在这类问题中旋转中心直接知道.

455.通过 O 与 O_1 两圆交点 A 求作一割线 BAC,使两弦之差 $BA - AC = 2a$.

要引所给的差到图 78 里去,我们绕点 A 把圆 O_1 旋转到 O_2 的位置,使弦 AC 取 AJ 的位置;作 $OD \perp AB$ 及 $O_2F \perp AJ$.于是 $DF = a$.设 $O_2G \parallel DF$,则 $O_2G = DF = a$.所以,我们能作 $\triangle O_2GO$,并且决定直线 OD 或 O_2G 的方向.

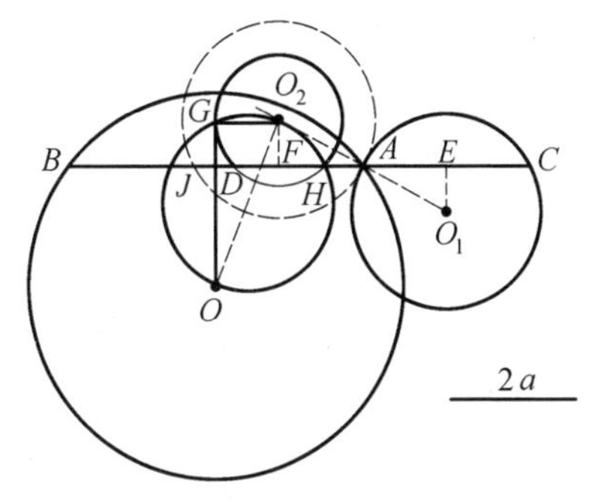

图 78

因此我们得到下面这个解法.在 AO_1 延长线上截取 $AO_2 = AO_1$ 并且在 OO_2 直径上作圆;作圆弧(O_2, a)交此圆于 G 及 H.所求的割线就是 $AB \perp OG$ 及 $AB_1 \perp OH$.事实在,弦 $AJ = AC$,因为我们知道由 $\triangle AO_2F$ 与 $\triangle AO_1E$ 的相等有 $AF = AE$.这就是说,$AB - AC = 2(AD - AF) = 2DF$;但 $DF = O_2G = a$,所以 $AB - AC = 2a$.

456.给定了两个圆 O 与 O_1 及一点 A.求向两圆作两割线 ABC 与 ADE(图 79),使弦 BC 与 DE 成一给定的比率并且相交成一给定的角.

解:对点 A 以所给的比率(在图中此比等于 2)乘圆 O_1 并且绕 A 旋转所给定的角.于是弦 DE 变为弦 GH,它等于 BC 并且与 BC 同在一直线上.

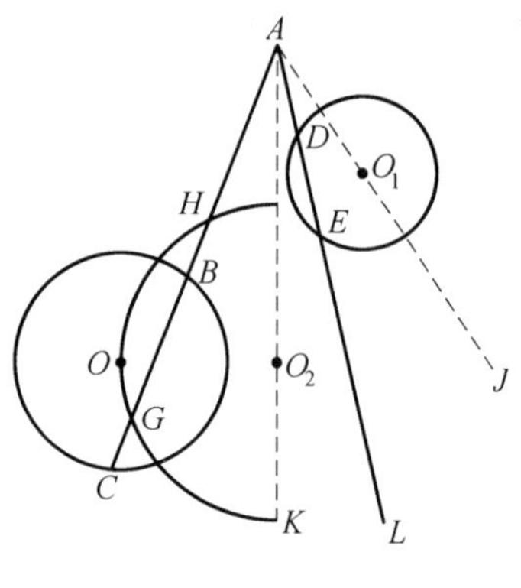

图 79

有时绕点旋转与平行迁移同时并用.

457.给定了两点 D 与 B 及两圆 O 与 O_1.求作半径 O_1Y 与 OZ,使它们相交成一给定的角 φ,并且成相等的视角 $\angle ZDO$ 与 $\angle YBO_1$(图 80).

解:把 $\triangle DZO$ 绕点 O 旋转一角 φ 而成 $\triangle AXO$ 的位置,于是点 D 变成点 A,这是容易找出的,而半径 OZ 移到 $OX \parallel O_1Y$.

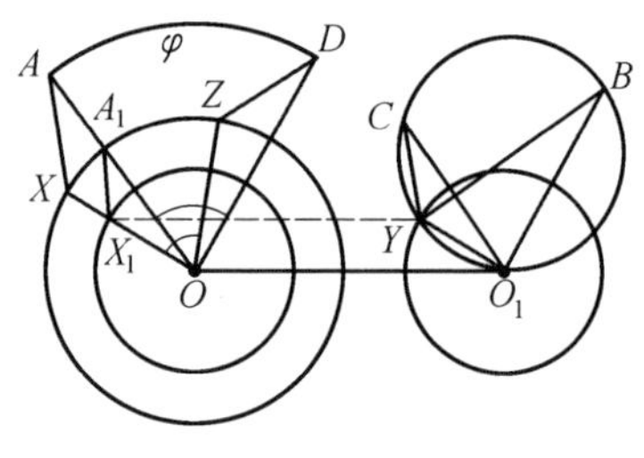

图 80

458.求作一圆内接四边形,已经知道它的四边 a,b,c 与 d.

设图形 $ABCD$ 是所求的($AB = a$, $BC = b$, $CD = c$),则 $\angle ABC + \angle ADC = 2d$.要利用这些条件,须把 $\triangle ABC$ 附加到 $\triangle ACD$ 上去,使角 B 与 D 相邻.但既然 AB 不等于 AD,则首先以 $d:a$ 乘 $\triangle ABC$;然后把 $\triangle ABC$ 绕 A 旋转角 A.于是 AB 与 AD 相叠合,而 C 变成 CD 延长线上的点 C_1.在 $\triangle CAC_1$ 内已经知道 $CD = c$, $DC_1 = \dfrac{b \cdot d}{a}$, $AD = d$ 及 $AC : AC_1 = a : d$.这样的三角形是容易做的.

459.求作一四边形 $ABCD$,已经知道它的各边及 B 与 D 两角之和(或差).

460.在一给定的圆内求作一内接四边形 $ABCD$,已经知道 AB, CD 与 $BC + AD$.

解:改变线段 BC 与 CD 的位置.两边之和这个条件亦可代之以两边之差,两边之比,两边之平方和或平方差,两边之乘积等.

461.在一给定的圆内求作一内接多边形 $ABCDEF$,已经知道 AF, CB, $DC + DE$, $AB + EF$ 及 CE 与 AF 间的角.

462.求作一四边形,已经知道它的 AB, AD, B 与 D,并且要使它里面能作一内切圆.

解:把 $\triangle ADC$ 旋转到 AD_1C_1 的位置,使 AD_1 在 AB 上而 D_1C_1 是切线.

463.求作一四边形,已经知道它的 $AB,AD,BC:CD,B$ 及 D.

解:将 $\triangle ACD$ 以所给的比率乘之,把它绕 C 旋转一 $\angle BCD$;A 变成 A_1,并且能作 $\triangle AA_1B$.

464.在 $\triangle ABC$ 内求作一直线通过 B,使 AB 与 BC 在这直线上的投影构成 $\triangle ABD$ 与 $\triangle CBE$,而它们的面积成一给定的比率.

465.向两圆求作一条方向已经给定的割线,使所定两弦之差等于一给定的长.

466.通过两个给定的圆的一个交点,求作一割线,使所得两弦各乘以一给定的数 m 与 n 后其差等于一给定的长.

467.试找一点,使由它向两个给定的圆所作切线成一给定的角并使一切线等于一给定的长.

解:先决定任一点,使由它向一圆所作切线等于所给的长,然后把第二圆绕第一圆心旋转,使由该点所作切线成所给的角.

468.给定了一个圆 O 及两个点 B 与 C.求作一半径 OX,使 $\angle XCO$ 与 $\angle XBO$ 之差等于给定的大小.

469.给定了两个同心圆及一个点 B.试在两圆上各找一点 X 与 Y,使 YX 的长及 $\angle YBX$ 等于给定的值.

470.给定了两个圆 O 与 O_1 及两个点 D 与 B.求作两半径 OZ 与 O_1Y,使其间所夹的角以及 $\angle ODZ$ 与 $\angle O_1BY$ 之差等于给定的大小.

471.给定了一个圆及两个点 A 与 B.求向该圆作一切线,使点 A 到这条切线的距离与点 A 到由点 B 向此切线所作垂直线的距离成一给定的比率.

解:乘该圆并且把它绕 A 旋转 90°,则所求的切线通过 B.由点 A 所作垂直线也可代之以一给定的直线,交该切线及由 B 所作垂直线各成一任何给定的角.

472.求作一四边形 $ABCD$,已经知道 $AB:AD,\angle B-\angle D,AC,BC$ 及 $\angle BAC$ 与 $\angle DAC$ 两角之差.

解:把 $\triangle ADC$ 绕 $\angle CAD$ 的平分线折转,乘以 $AB:AD$ 并且绕点 A 旋转一 $\angle BAC$.如此 D 变到 B,而 C 变到 C_1.我们能作 $\triangle ACC_1$,然后能作 $\triangle C_1BC$.绕轴旋转与绕点旋转并用的例子是稀少的.

473.在圆上给定了两点 A 与 B.求作一弦 XY,使 $AX:AY$ 这比率及 $\angle XAB$ 与 $\angle YAB$ 两角之差等于给定的大小.

第二类:这类问题里在给定了旋转中心、角及比率后要在给定的直线上或圆上找两个相应的点.显然,如果把一条直线(或一个圆)乘一倍数或旋转一给定的角,则它交另一直线(或圆)于所求的点.

474.在给定的平行四边形 $ABCD$ 内求作一内接三角形 EBF 与一给定的三角形 MNP 相似(图 81).

设比率 $NP:NM=n$,$\angle MNP=\angle\varphi$,并且 $\triangle EBF$ 是所求的.把 AD 绕 B 沿由 A 至 C 的方向旋转一角 φ,则点 E 变到 BF 上的点 E_1.此外,如果把线段 AD 乘以 n(B 是相似中心),则点 E_1 变为 F.由此得出下面这个解法.把 AD 绕 B 旋转一角 φ 并乘之以 n.为这目的我们取一任意线段 BG,作 $\angle GBG_1$ 等于 $\angle\varphi$,取 $BG_1=BG$,并且作 $\angle BG_1A_1=\angle BGA$,如此得到直线 A_1G_1.然后在 BG_1 上决定一点 G_2,使 $BG_2:BG_1=n$,并且作 $A_2G_2 /\!/ A_1G_1$.直线 A_2G_2 交 CD 于点 F.剩下只要在 AD 上找一点与点 F 相应,因此我们作 $\angle FBE=\angle\varphi$.

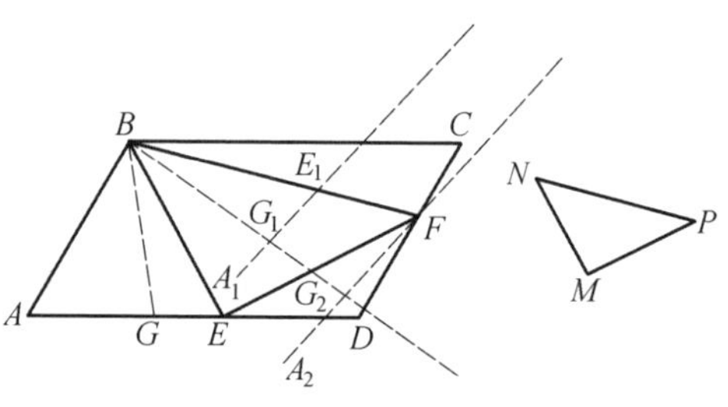

图 81

475.给定了两圆 O 与 O_1 及一点 A.求作一形状已经知道的三角形,使它的一个顶点在 A 而其余两顶点在诸圆上.

476.给定了一点 A 及两线段 BC 与 ED.试找一形状已经知道的 $\triangle AMN$,使 $\angle BMC$ 与 $\angle END$ 两角有给定的大小.

477.求在一平行四边形内作另一内接平行四边形,已经给定了它的边长的比及对角线所夹的角.

解:所给的比与角决定了所求图形的形状.取两平行四边形共同中心为旋转中心.

478.给定了两个圆(或两条直线)及两个点 A 与 B.试在两圆上各找一个点 X 与 Y,使 $AX:AY$ 这个比率及 $\angle XAB$ 与 $\angle YAB$ 两角之差各等于给定的大小.

479.通过两圆一交点求作两弦(一弦在一圆内,另一弦在另一圆内),使其间所夹的角及其所成的比率等于给定的大小.

两弦的比这个条件亦可代之以其和其差或其积.

第三类:在这类问题里给定的是两条线及每条线上一相应点;要来决定该两线上另一对相应点,使它们满足某种条件;旋转中心是不知道的.我们假设有充分的条件来使所给的线与所求的点叠合,于是能决定旋转中心.剩下要注意所给的条件,所求的条件及旋转中心之间的关系.这关系给我们问题解法的提示.

480.给定了两条直线 AR 与 BQ 及每线上各一点 A 与 B.求沿已知方向作一割线 XY,使 $AX : BY$ 这比率等于给定的大小(图 82).

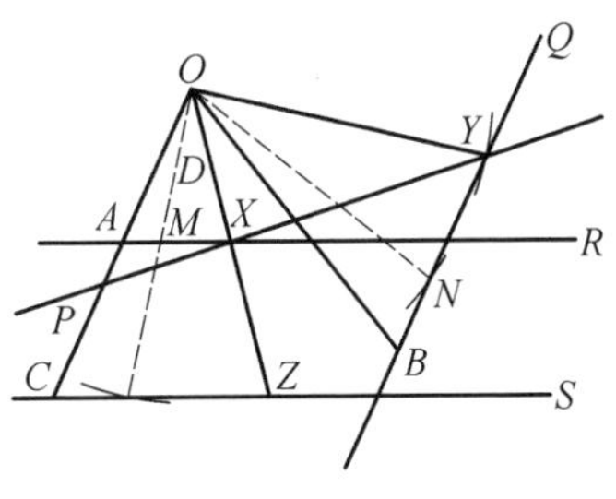

图 82

解:把点 A 与 B,X 与 Y 看做是相应的[①],我们来决定旋转中心 O.于是线段 BY 可以首先迁到 CZ,然后迁到 AX.由三角形 AOB 与 XOY 的相似我们可见,$\angle OXY = \angle OAB$,但既然 $\angle OAB$ 与 $\angle AXP$ 两角已经知道,则 $\angle AXO$ 亦知道了.所以要解这问题须在线段 AO 上作圆弧,使包容我们这已经知道的角.

如果割线 XY 的方向这一条件代之以给出其长度,则能作 $\triangle XOY$.最后,如果 XY 的长度这条件代之以给定一点 P,使所求割线 XY 要通过它,则 $\angle AXP$ 成为已知的.

这问题是在著名希腊几何学家阿波罗尼亚氏的《De sectione rationis》一书里找到的.

481.给定了两个圆及每圆上各一点 A 与 B.求通过一给定的点 C 作一割线 XY,使 AX 与 BY 两圆弧有相等的度数(图 83).

解:决定旋转中心 P,使在两圆叠合时点 A 与 X 变为点 B 与 Y[②].于是 $\triangle XPY \backsim \triangle APB$,并且要决定点 X 只要在线段 CP 上作圆弧,使所包容的角等于 $\angle PAB$.若问题的条件中不给点 C 而代之以给出所求割线 XY 的方向,则由点 P 需作两条直线,交所给直线 EF 各成一已知的角.

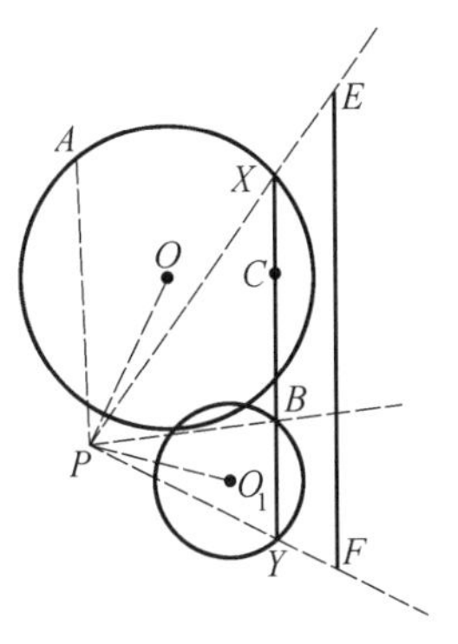

图 83

482.给定了两条直线,每线上一点 A 与 B,及另外一点 C.试在每直线上各找一点 X 与 Y,使比率 $AX : BY$ 与 $CX : CY$ 各有给定的值.

483.给定了两条直线及每线上各一点 A 与 B.求在该两直线间作一方向已知的线段 XY,使

① 因此我们取任意两点 M 与 N,使 $AN : BN$ 等于给定的值,并且在 AB 与 MN 上作圆弧,使所包容的角等于旋转角.

② 因此应取两个相等的圆心角 $\angle AOM$ 与 $\angle DO_1N$,并且在 AD 与 MN 上作圆弧,使包容旋转角,即半径 AO 与 BO_1 之间的角.

$$AX = XY \cdot k + a$$

并且 $BY = XY \cdot m - b$.

484.给定了两条直线,每线上一点 A 与 B,及线外一点 P.求作一直线通过 P,使它在所给两直线上截成的两线段 AX 与 BY 之和或差为定值.

解:在第一直线上截取所给的和 AD,则 $DX = YB$.

485.给定了两圆 O 与 O_1 及每圆上各一点,A 与 B.试在两圆上各找另一点 X 与 Y,使圆弧 AX 与 BY 含有相同的度数,并且线段 XY 有给定的长.

486.求作一个对角线已经给定的矩形,使每边各通过一给定的点.

487.给定了一点 C 及两直线 AD 与 BE.试在两线上各找一点 X 与 Y,使线段 XY 在点 C 看来成一给定的视角,而 AX 与 BY 的比率等于一给定的值.

解:在旋转之下 C 变为 C_1,$\angle CYC_1$ 已经知道.

488.给定了两个相交于 M 与 N 的圆及每圆上一点 A 与 B.求作一圆通过 A 与 B,交所给的圆于 X 与 Y,使圆弧 AX 与 BY 有相同的度数.

解:P 是旋转中心.直线 AX 与 BY 相交于圆 APB 上及直线 MN 上.

489.给定了两线段 AB 与 CD,求找一点 O,使三角形 AOB 与 COD 相似,并且使在点 O 的角相等.

490.给定了三个圆 O_1,O_2 及 O_3.求作一三角形等于 $\triangle O_1O_2O_3$,使其诸顶点各在诸圆上.

解:我们来决定所求 $\triangle AEC$ 与 $\triangle O_1O_2O_3$ 的旋转中心 O(图 84).由三角形 AOO_1,EO_2O 与 COO_3 的相似得 $O_1O : O_2O : O_3O = R_1 : R_2 : R_3$.$\triangle AEC$ 的最大值为 $\triangle XYZ$,而最小值为 $\triangle X_1Y_1Z_1$.

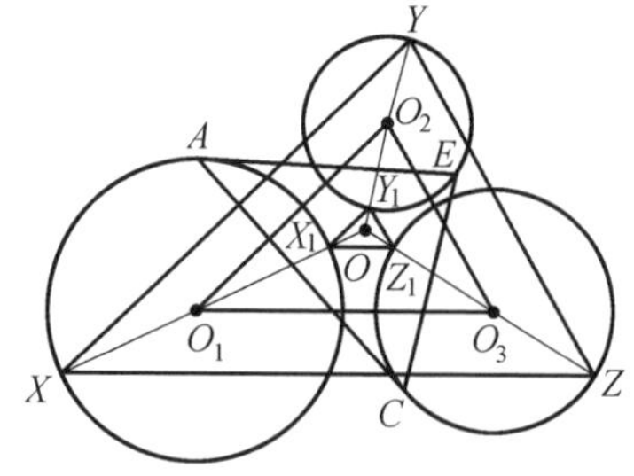

图 84

491.给定了两个圆及每圆上一点 A 与 B.求以一给定的圆心 C 作一圆,交所给诸圆于 X 与 Y,并使圆弧 AX 与 BY 相似.

解:在旋转之下 C 变为 D,并且比率 $DX : CX$ 成为已知的.

492.给定了三条直线及每线上各一点,A,B 与 C.求作一割线 XYZ(图 85),使 AX,BY 与 CZ 之间的比率等于给定的大小.

解:决定旋转中心 O 与 O_1,使 CZ 与 BY 与 AX 叠合.在这情形 $\angle O_1XZ$ 与 $\angle OXY$ 两角的差就知道了.

493.两圆相交于 A 与 B.试在每圆上各找一点 C 与 D,使 CD 之长及 $\angle ABC$

与 $\angle ABD$ 两角之差(或和)等于给定的大小.

494.在与 AB 及 AC 垂直的两直线上各给定了一点 D 与 E,并在线外给定一点 F.求作一圆通过 A 与 F,交 AB 与 AC 于 X 与 Y,使 $DX : EY$ 有给定的值.

495.求作一四边形,已经知道各角及各对角线.

496.给定了两线段 AB 与 CD.试在每线段上(或其延长线上)各找一点 X 与 Y,使 $AX : CY$ 及 $BX : DY$ 各有给定的值.

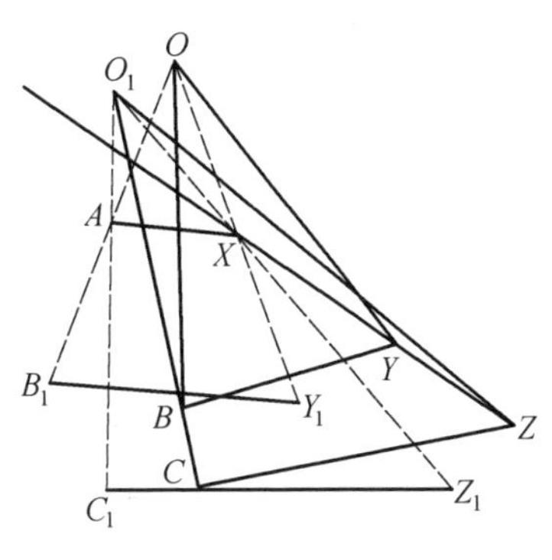

图 85

497.求作一四边形,已经知道它的周边,各角及对角线间的夹角.

498.给定了直线 AB,AC,AD 及 AB 与 AD 上各一点 E 与 F.试在 AC 与 AD 上各找一点 X 与 Y,使 $\angle EXY$ 与 $AX : FY$ 各等于给定的大小.

499.三角形 ABC 的边 c 与 a 交一通过 B 的圆于 X 与 Y 两点,使 $AX : BY$ 及 $BX : CY$ 为给定的大小.

500.给定了四条由一点出发的直线,求作一各边已给定的平行四边形,使其诸顶点在所给诸直线上.

五、反演法或反形法

设有一曲线 M 及一固定点 K,名曰反演原点或反演中心.如果我们在曲线 M 上取一点 A(图 86)并且在直线 KA 上决定一点 A_1,使绝对值 $KA \cdot KA_1 = k^2$,这里 k 是一固定的长,则当点 A 沿曲线 M 运动时点 A_1 画出一条新的曲线 N,这叫做曲线 M 的反形(或反演形).曲线 M 有时也叫做基形,A 与 A_1 称为相应点,k^2 称为反演方幂.

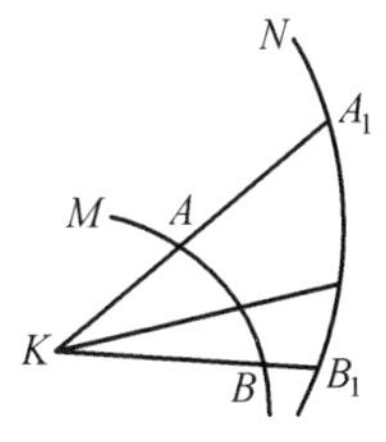

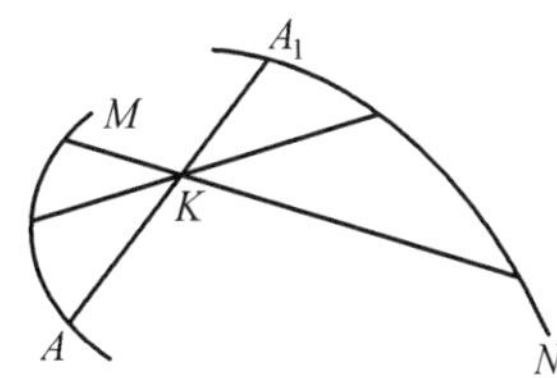

图 86

如果原点 K 在相应点的同一侧,则方幂 k^2 取正号(+);如果原点在相应点之间,则方幂 k^2 取负号(-).

如果点 A 在曲线 M 上运动离原点越来越远,则其相应点 A_1 运动离原点越来越近,反之亦然.然则显然可以知道,如果点 A_1 沿曲线 N 运动,则在 $KA \cdot KA_1 = k^2$ 的条件之下点 A 将画出曲线 M.所以曲线 M 与 N 是互为反演曲线.下面这几个定理容易证明其对任何方幂都成立,不论符号的正负.

A.一条通过反演原点的直线的反演形就是该直线本身.

B.一条不通过反演原点的直线的反演形是一个圆,通过反演原点.

如果(图 87)A 与 A_1 是相应点,$KB \perp CD$,并且 B_1 是 B 的相应点,则 $KA \cdot KA_1 = KB \cdot KB_1$,并且 $\triangle KAB \backsim \triangle KA_1B_1$,由此推知 $\angle KA_1B_1 = 90°$.直线 AB 与 A_1B_1 称为逆平行线.

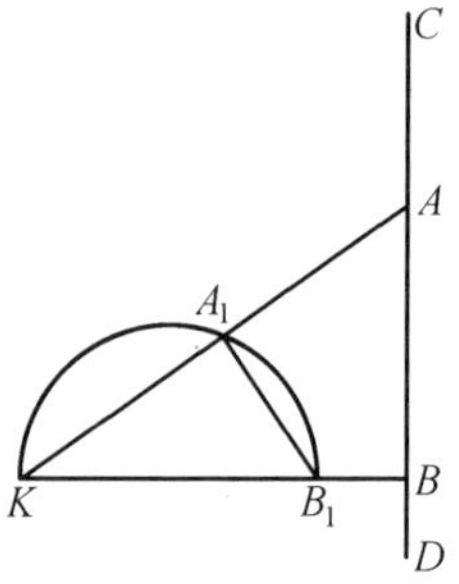

C.一个通过反演中心的圆的反演形是一条直线(与前款相反).

D.一个不通过反演中心的圆的反演形是一个圆,而且反演原点就与两圆的(内或外)相似中心重合.

图 87

这里相应点却正是在讲两圆相似中心时候的所谓不相应点.事实上,如果我们有两个固定的圆 O 与 O_1(图 88),而它们的相似中心是 K,则知道

$$AK \cdot A_1K = BK \cdot B_1K = CK \cdot C_1K = DK \cdot D_1K = LK \cdot L_1K = \text{常数 } k^2$$

我们假设点 A 的反演点在旋转方幂 k^2 之下不落在圆 O_1 上,则马上就产生矛盾的结果.我们要注意,圆心 O 与 O_1 不是两个相应的点.

如果反演中心 K 在所给的圆 O 里面,则设在直线 AKB 上(图 89)点 A_1 与 B_1 相应于点 A 与 B,而点 X_1 相应于圆 O 上的点 X.于是与定理 B 一样我们可得

$$\angle A_1X_1K = \angle XAK \text{ 及 } \angle B_1X_1K = \angle XBK$$

由此得 $\angle A_1X_1B_1 = 90°$,并且圆 O 的反演曲线是一个以 A_1B_1 为直径的圆,直径端点由等式

$$KA \cdot KA_1 = KB \cdot KB_1 = k^2$$

所决定.

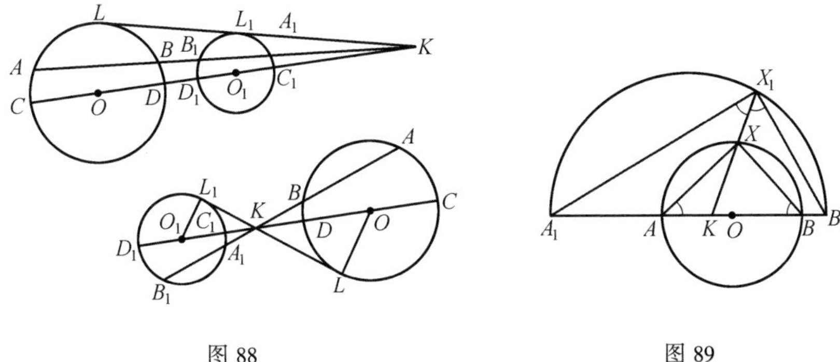

图 88 图 89

如果反演中心选来使所给的圆通过两个相互反演的点,则这个圆的反演曲线就是本身,在此反演原点可以在所给的圆外面,亦可以在它里面.

要画反演曲线可以用一种特殊的仪器,叫做“反演仪”(Inverseur).

波瑟列氏的反演仪由四条相等的直尺构成,用铰链联结为一菱形 A_1XAY;这菱形又用铰链固定在两条相等的直尺 KX 与 KY 上.在 K 处装一针尖,在 A 与 A_1 处各装一枝铅笔.如果点 K 固定,点 A_1 沿曲线 B_1A_1(例如沿圆 KA_1B_1)运动,则点 A 将沿其反演曲线运动,在该例即沿直线($AB\perp AK$)运动,反之亦然.

在该例反演方幂等于 KX^2-AX^2.要能改变这方幂的大小,KX 与 KY 这两条尺做成能张开的.KX 的长短容易调整得使 $KX^2=AX^2+k^2$.

数学家哈尔脱氏(Hart)的反演义是由四条直线 $DE=FG$ 及 $EG=DF$ 所构成,在 D,E,F,G 四点用铰链联结起来成一等腰梯形.铅笔安置在 A_1 与 A,即在对角线与中线 KM 的交点上,针尖则装在点 K.

E.如果两条曲线相交或相切,则其反演曲线亦相交或相切于相应的点,因为原来两曲线的公共点要转移到两条反演曲线上去.反之,不相交的曲线经反演后一般地也成不相交的曲线,只有某一些例外情形.例如,两条平行线经反演后成两个相切的圆,切点在反演原点.

G①.两曲线的交角等于两反演曲线的交角,但其符号相反.

设 M 与 N 是所给的两条曲线(图 90),M_1 与 N_1 是它们的反演形,A 与 A_1,B 与 B_1 是两对相应点,决定一条半经(射线)$KABB_1A_1$.于是曲线的交点 C 经反演后变为 C_1.我们来注意一种有趣的现象.在 C_1KM_1 区段内曲线 M 与 M_1 的相应点随着它们的离开 C 与 C_1 而彼此离开;曲线 N 与 N_1 的相应点在同此区间内则

① 原稿如此——编校注.

彼此越近.这可以很自然地由等式 $AK \cdot A_1K = BK \cdot B_1K = k^2$ 推出.有如定理B所指示,CA 与 C_1A_1,同样 CB 与 C_1B_1,都是逆平行的.故 $\angle KCB = \angle KB_1C_1$,$\angle KCA = \angle KA_1C_1$,所以 $\angle ACB = \angle KB_1C_1 - \angle KA_1C_1 = \angle B_1C_1A_1$.随着 A 与 B 接近点 C,点 A_1 与 C_1(译者疑应作 B_1)也无限接近于 C_1;$\angle ACB$ 与 $\angle A_1C_1B_1$ 按连续原理应保持相等.故在极限情形,C 与 C_1 两点上切线间的角亦应相等.再,我们看出弦 CA 可以绕 C 循逆时针方向转到 CB;这时候弦 C_1A_1 则绕 C_1 循与此相反的方向转到 C_1B_1;所以 $\angle ACB$ 与 $\angle A_1C_1B_1$ 以及切线间的角都应该有相反的符号.总之,两条曲线的反演并不改变两曲线所交的角的大小而只改变这角的符号.这个事实在有些问题里具有很重大的意义.

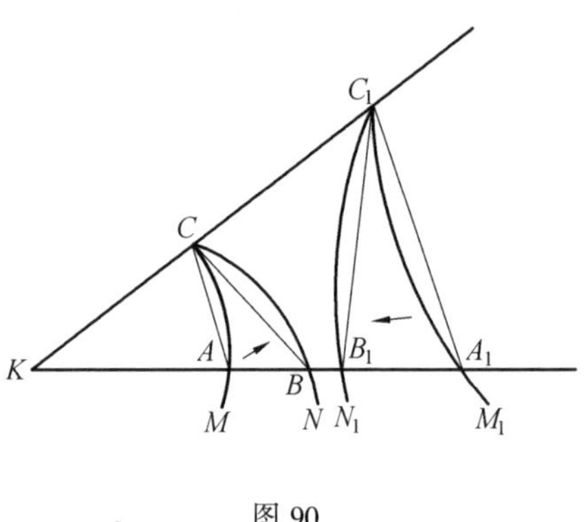

图 90

H.两曲线经偶数次反演完全不改变它们的交角;两曲线经奇数次反演则只改变这交角的符号.(这是定理G的推论)当然,在此每次反演都应该对两曲线取同一原点及方幂来做.

设我们有一图形,由若干直线与圆所构成.如果这图形经过反演,则原来的直线与圆成某些直线与圆或者变成一律都是圆,而它们所交的角与所给图形中一样.如果所给图形的某一点表示的是,比方说,某角的顶点,则在反演形里它一般表示的是圆的交点,而这些圆的交角与原图形中的角相等.总之,反演圆(它叫做所给图形的写像,或映像)与所给图形保持着特殊的相似性,保持到最小的细节上.

知道了反映图形及反演原点的位置,常常可以很容易地猜出基本图形的形状,至于它的大小度量,则须知道反演方幂才能决定.例如,所给反映图形是这样的形状(图91):一个等腰三角形 ABC 带两个半圆 ADC 与 ADB,以正边 AC 与 AB 为其直径,而反演原点在 A.试问基本图形是什么?

直线 BC 的原形是一个通过点 A 的圆;它的直径是在直线 AD 上的一条线段 AE;相等的半圆 ADB 与 ADC 相交成直角,故显然是由两条相等而相交成直角的线段得来的,余仿此.如此我们找出这基本图形是一个圆带着一个内接正方形①.

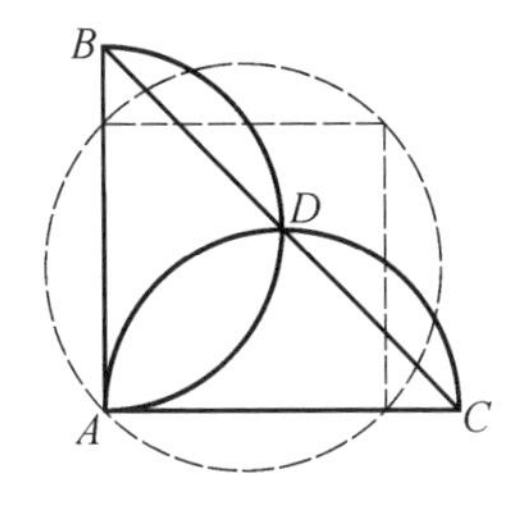

图 91

关于反演法的问题可以分为三类.

第一类:在这类问题里反演曲线起轨迹的作用.反演原点与反演方幂在这情形是已知的.

501.给定了点 K 及两直线 AB 与 BC(一般也可以是两条曲线).求作一割线 KXY,使 $KX \cdot KY = k^2$(k 是给定的长,图 92).

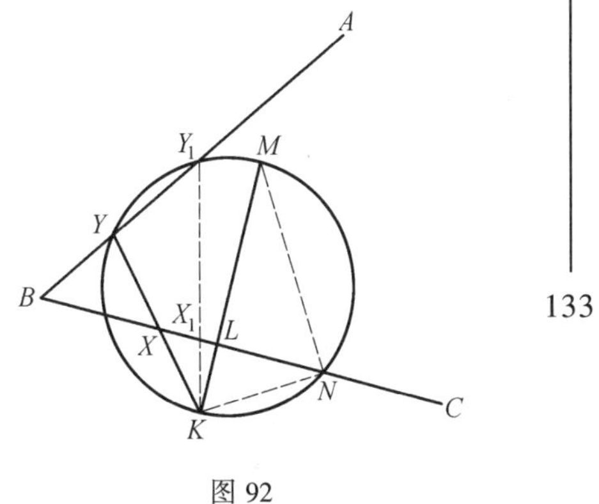

图 92

解:所求的点 Y 是 BA 与 BC 的反演曲线的交点,反演原点是 K 而反演方幂是 k^2.所以(定理 B)我们作 $KL \perp BC$,在 BC 上截取 $LN = k$,并且作 $MN \perp KN$,交 KL 于点 M.在直径 MK 上作图,则交 AB 于所求的点.

第二类:在这类问题里要反演所求圆形的某一部分(线段,点或圆).在此类反演法,有时与别的方法结合起来,常常指示出反演原点与所给的及所求的条件的关系,这使我们能解决问题.反演原点与反演方幂或者是给定的或者是适当地选定的.这类问题与那三类旋转问题相像——那些问题如果找出了所给的或所求的条件与旋转中心的关系,就解决了.在选择反演原点,方幂及次数中有时会遇到困难.

502.给定了 A,B 与 C 三点.求作一直线通过 B,使 A 与 C 到这直线的距离 AX 与 CY 满足等式 $AX^2 - CY^2 = k^2$(图 93).

解:由等式 $(AX + CY)(AX - CY) = k^2$ 推知必须在图中引入 AX 与 CY 的和与差,所以我们把 CY 平行迁移到 C_1X,而把 BC 绕 B 旋转 $180°$ 转到 BD 的位置并且作 $DY_1 /\!/ BX$.于是 $XY_1 = C_1X$,并且 $AC_1 \cdot AY_1 = k^2$.如果取 A 作反演原点,并且 k^2 作反演方幂,则 C_1 是直线 DY_1 反演出来的圆上的一点;这圆的直径等于 AC_1.既然 D 与 J 是相应点,则 $AD \cdot AJ = k^2$,这使我们能作点 J.于是要决

① 在此再举一例,某图形反映成为 $\triangle BCD$ 及四个与它的边相切的圆;反演原点是点 A,落在 $\triangle BCD$ 的外面.试问基本图形是什么?

定点 C_1 我们有 $JC_1 \perp AD$ 及一直径为 AC 的圆.

这类问题的最好典型是下面这著名问题 503,Ⅱ.对这个问题的困难存在着一种成见,其实它并不像通常所想那样困难.

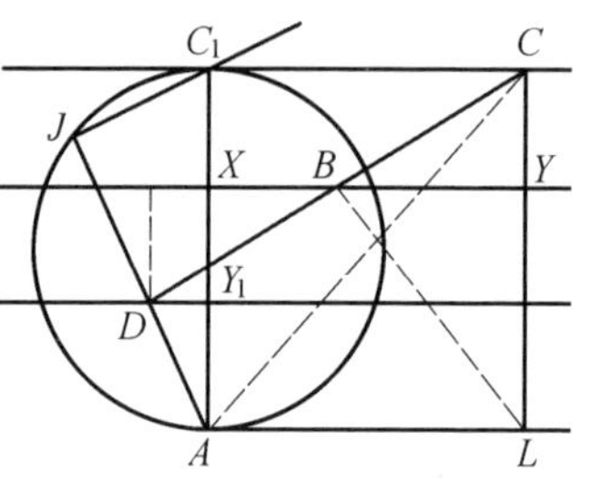

图 93

503.Ⅰ.在一给定的圆内求作一内接四边形 $ABCD$,使其边各通过四个给定的点 a,b,c 与 d(图 94).

我们取 a,b,c 与 d 作接连几次反演的原

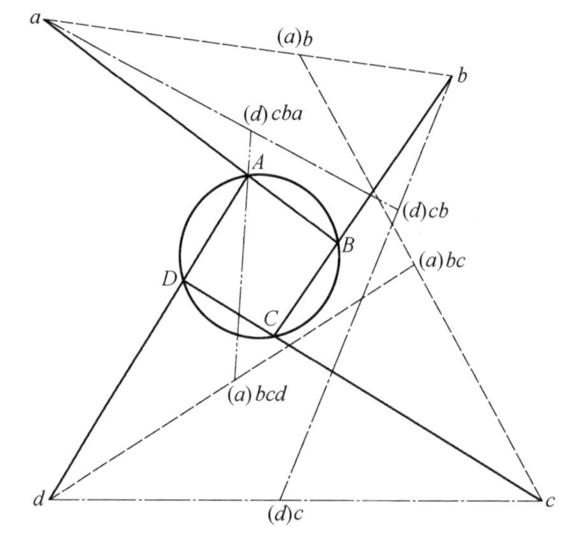

图 94

点,并且取由这些点向给定的圆所画各切线的平方作反演方幂.我们设想直线 XAY,并且看看应该怎样选取 X 与 Y 两点使能看出它们与点 A 的关系.

经过四次绕 a,b,c 与 d 的反演以后点 A 与所给的圆变成本身,而直线 AX 反映成一个圆(定理 B).如果我们要直线 AX 经过四次反演后亦反映成一条直线,则点 X 不能任意选取,而要做到使点 X 经过绕 a,b 与 c 的反演后落在点 d 上(定理 C).

所求的点 X 的位置将是这样的一点 M,这点可由点 d 经过绕 c,b 与 a 的反演得之.

同样,如果直线 AY 绕 d,b,c 与 a 来反演,则它反映成一条直线,只要点 Y 取的是这样的一点 N,它乃由点 a 绕 b,c 与 d 反演而得的.但既然四次反演并不

改变 MA 与 NA 对圆所成的角(定理 H),则 MA 与 NA 保持在一直线上.

所以,我们把点 d 绕 c,b 与 a 加以反演来找点 M,然后把点 a 绕 b,c 与 d 加以反演来决定点 N.直线 MN 就决定点 A.

这解很容易推广到任何偶数个数给定点的场合上去.

Ⅱ.在一给定的圆里求作一内接三角形,使其每边各通过一给定的点.

解法还是一样,只是点 M 要由绕原点 b,a,c,b 与 a 的五次反演来决定.然后所说的很容易推广到任何奇数边数的内接图形上去(M · A · 奥尔别克的解法).

第三类:我们已经见到,反演图形与原图形保持着特殊的相似性至最小的细节上.任何作图问题都给出某一个图形,而其中某些元素是未知的.我们把这图形整个加以反演.于是所给的条件与所求的条件都以某种方式反映过去,并且往往在反映图形中所给条件与所求条件之间的关系会远比在原图形中来得简单些.于是要把反映图形作出来.反映图形一作出以后,则要把它再以同一反演原点及同一反演方幂倒过来反演回去.反演法的要旨就在此.反演原点的合理选择也有很重要的作用:有时只有预先把反演原点的位置选择得适当问题才解得出来.反演方幂在这情形通常是可以随意的.

504.通过一给定的点求作一圆,使交两给定的圆各成一给定的角.

解:取所给的点作反演原点,反演方幂则随意选取.于是所给的两圆变成两个新的圆,而所求的圆变成一条直线,与两新圆相交各成所给的角(定理 G).但直线与圆的角决定其交弦的长,然后剩下只要把所得直线反演回去.

505.阿波罗尼亚氏问题.求作一圆,与三个给定的圆相切.

解:设所求的圆是(X,Y),而所给诸圆布列如图 95.我们把其中两个圆 O 与 O_1 做成相切于 C.于是第三个圆(O_2,D)变成(O_2,E)而所求的圆变成(X,Z).

现在我们把整个图形加以反演,取 C 作反演原点,而反演方幂是任意的.圆(O,C)与(O_1,C)变成平行线 PQ 与 MN,而圆(O_2,E)反映成圆(S,U),所求的圆变成圆(K,L),它与直线 QP 及 NM 相切,亦与圆(S,U)相切.

506.给定了两个圆及一个点 K.求作一割线 KAB,使 $KA \cdot KB = k^2$.

507.在一给定的平行四边形内求作一内接平行四边形,它的面积及对角线间的角都已给定(旋转法).

解:两图形有共同中心,中心到所求图形两顶点的距离之积已经知道.

508.求作一三角形,已经知道 $\angle C - \angle A$,h_c 及 AC 与一线段 CE 之乘积,后一线段由角 B 截下一等腰三角形.

解:将 AB 绕 C 以给定的角度,与 AB 反形的弧相交.

509.求作一三角形,已经知道 $\angle A$,a 与 $BD \cdot AB$,这里 $BD = h_b$.

510.求作一三角形,已经知道 $\angle A - \angle C$,ac 与 h_b.

511.给定了三点 A,B 与 C.通过 C 求作一直线,使其对 A 及 B 的距离之乘积等于给定的值.

解:把距离 BE 平行迁移至 AD 上的 AM,C 变成一已知点.既然 M 在已知圆上,则我们有一条直线及一个圆来决定点 D.

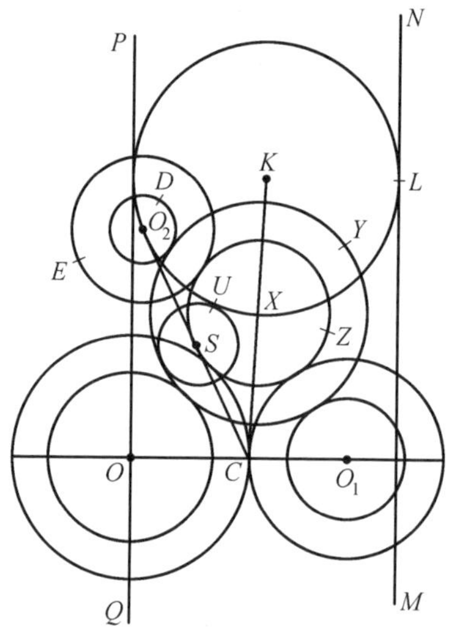

图 95

512.通过两给定的点求作一圆,交一给定的圆成一给定的角.

513.通过一给定的点求作一圆,切于两给它的圆.

514.设有三个给定的圆相交于一点.求作一圆交三圆各成一给定的角.

515.给定了两个相交的圆及另一个圆.求作一圆,使与前两圆相交各成一给定的角并且与第三圆相切.

516.给定了两个圆及一个点.通过此点求作一圆,使与所给两圆相交各成一给定的角.

517.给定了两条直线,AB 与 AC,及一个圆 O.求作一圆 X 与它们相交各成一给定的角.

解:直线 AX 已经知道.设圆 O 与 X(译者疑应作 AX)相交于 D.于是我们把 $\triangle DXO$ 与 $AX : DX$ 乘之并且绕 X 旋转 $\angle AXD$.点 D 与 O 变成 A 与 E(相似法).

518.给定了两个相交的圆及一条直线.求作一圆,使与它们相交各成一给定的角.

第六章 代数应用到几何上

设以 $a, b, c, d, \cdots$ 字母表示给定的线段之长,以 x 表示未知线段,而以 m 与 n 表示抽象数值,求作以下各线段:

1. $x = a \pm b, x = a + b - c + d, x = 2a \pm 3c$.

2. $x = \dfrac{ax}{b}, x = \dfrac{(a+d)c}{a}, x = \dfrac{a(c-d)}{b}$.作图法根据弦,割线或截任意一角的平行线的性质.

要做无理式的作图,则记住下面这些法则是有用的:

1)如果要求单项式的方根,则须利用乘方及比例中项定理来消除方根.

2)如果要求多项式的方根,则须把每项变成完全平方,然后应用几次毕达哥拉斯定理.

3. $x = \sqrt{ab}, x = \dfrac{a^2}{d}, x = \dfrac{(a+c)^2}{a}, x = \sqrt{\dfrac{a^2 d}{b}}, x = a\sqrt{\dfrac{d}{c}}$.

4. $x = a\sqrt{2}, x = a\sqrt{3}, x = \dfrac{a}{\sqrt{2}}, x = \dfrac{a}{\sqrt{m}}$.

5. $x = \sqrt{a^2 \pm b^2}, x = \sqrt{ad - c^2}, x = \sqrt{ma^2 - nb^2}$.

6. $x = \dfrac{ab}{\sqrt{a^2 - b^2}}, x = \dfrac{ad^2}{c\sqrt{4a^2 - 9d^2}}, x = \sqrt[4]{abcd}, x = \sqrt[4]{a^2 dc}$.

注意:在第三式中先作 $y = \sqrt{ab}$ 及 $z = \sqrt{cd}$.

7.求作方程式 $x^2 \pm ax \pm b^2 = 0$ 的根,这里假设 $a \geqslant 2b$.

我们在 $AB = a$ 上作一半圆,并且在离 AB 距离等于 b 的地方作 $CD \parallel AB$.由 CD 与圆的交点作 $EF \perp AB$.于是所求的根论绝对值为 AF 与 FB,因为 $AF + FB = a$,而 $AF \cdot FB = b^2$.

8.求作方程式 $x^2 \pm ax - b^2 = 0$ 的根.

由切线与割线的性质着想,在任一圆里取一弦 $AB = a$.在一任意点 E 上作一切线 $ED = b$,并且作圆(O, D)交 AB 于 C.所求的根论绝对值应为 AC 与 BC,因为 $AC - BC = a$,而 $AC \cdot BC = b^2$.也可以解出所给方程式后再来作根,但通常不应急于把方程式解出来.

9.求作方程式 $x^4-4c^2x^2-c^4=0$,及 $x^4-2adx^2+2a^2d^2=0$ 的根.

10.试指明,所有以上问题中的字母也可以理解为不同半径而同度数的圆弧.

由代数的帮助,几何作图问题可按下面的方式来解.假定问题已经解出,我们须注意问题归结起来所要决定的那些未知数.然后为决定这些未知数我们根据种种定理来作方程式.由所作方程式决定了所选出的未知数后,我们应该来作它的图.未知数作出后,还须完成问题中其余作图步骤.然后要证明问题的条件已被满足.最后要讨论这问题并且决定这问题能解的条件.

在此要记得:1) 当问题条件中说"给了一个三角形","给了一个圆" 及类此时,则这意思就是,这图在某地方已经画出,因此所有我们曾用圆规直尺在这些图形上来作图的东西也都知道了.2) 方程式个数应该等于未知数个数;在相反的情形则问题成为不定;方程式应该彼此独立并且包括问题中的一切条件及性质.3) 在作二次方程式或双二次方程式的根时,一般宜在解方程之前先把方程式中的已知项表示成完全平方的形式.4) 未知数的作图一般应该在问题条件中所给的图上来作.

在列方程式之前宜先考虑一下究竟有多少个未知数,并且宜把所给条件加以分组,使每组产生一个方程式.在解方程式之前先要看一看是否值得解它;所得方程式的根有时可以是虚数,这时候表示问题不可能,故方程式也就不值得去解它了.有些问题在决定了并且作出了某些未知数中的一个以后就能解出;如何来选择这个未知数是要靠经验与技巧的,并不是永远能够理解的.

以上所说的我们来举例解释如下:

11.在一给定的圆内求作一内接三角形,已经知道它各边所定的弧的中点(图 96)①.

设 $\triangle ABC$ 内接于圆 O,而所给的点 D,E 与 F 是弧$\overset{\frown}{AB}$,$\overset{\frown}{BC}$ 与$\overset{\frown}{AC}$ 的中点.问题就化为要决定$\overset{\frown}{AD}$,$\overset{\frown}{BE}$ 与$\overset{\frown}{FC}$ 三弧之一的长.以$\overset{\frown}{DE}=a$,$\overset{\frown}{EF}=b$,$\overset{\frown}{FD}=c$ 表示各已知弧,并且以$\overset{\frown}{AD}=x$,$\overset{\frown}{BE}=y$ 及$\overset{\frown}{FC}=z$ 表示各未知弧.于是我们找到三个方程式 $x+y=a,y+z=b,x+z=c$.把这三个方程式都加起来得 $2(x+y+z)=a+b+c$,依次以 $x+y,y+z,x+z$ 的值代入并且注意 $a+b+c=2\pi$②,得 $z=\pi-a,x=\pi-b,y=\pi-c$.z 的作图须进行如下.

---

① 此处应理解为在单位圆中,且小写字母在这里有时表示弧长,有时表示弧度.在不影响阅读的情况下,本书还是尊重原作者的方式 —— 编校注.

② 原书此处为 360°,改为 2π 是为在表示上统一为弧度制 —— 编校注.

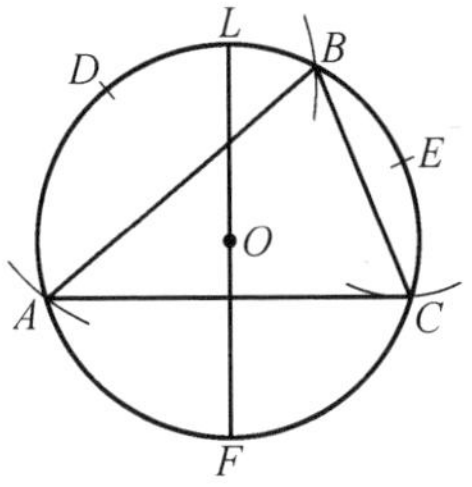

作直径 FL,并且由点 L 向左截一弧$\overset{\frown}{DE}$ 至点 A(这只要以 DE 为半径作弧就行了).于是$\overset{\frown}{AF}=\pi-a=z$.再截取弧$\overset{\frown}{DB}=\overset{\frown}{AD}$,及弧$\overset{\frown}{EC}=\overset{\frown}{EB}$①,乃得$\triangle ABC$.

既然 D 与 E 按作图是弧$\overset{\frown}{AB}$ 与$\overset{\frown}{BC}$ 的中点,只要证明$\overset{\frown}{AF}=\overset{\frown}{FC}$ 就够了.既然$\overset{\frown}{AF}=\pi-a$,所以$\overset{\frown}{AD}=c-(\pi-a)=c+a-\pi$,$\overset{\frown}{BE}=\overset{\frown}{DE}-\overset{\frown}{DB}=\overset{\frown}{DE}-\overset{\frown}{AD}=a-(c+a-\pi)=\pi-c$,$\overset{\frown}{FC}=\overset{\frown}{EF}-\overset{\frown}{EC}=\overset{\frown}{EF}-\overset{\frown}{EB}=b-(\pi-c)=b+c-\pi$.但既然 $a+b+c=2\pi$ 或 $b+c-\pi=\pi-a$,则$\overset{\frown}{FC}=\overset{\frown}{AF}$.如果 $a+b$,$b+c$,$a+c$ 三个和有两个大于 $180°$,这问题还是能解的,事实上,如果 $a+b\leqslant\pi$,并且 $a+c\leqslant\pi$,则 $2a+b+c\leqslant 2\pi$,所以 $a+b+c<2\pi$.x,y,z 三弧中每两个不能是负的.设 $\pi-a<0$,并且 $\pi-b<0$,则 $a>\pi$ 并且 $b>\pi$,但是总和 $a+b+c$ 应该等于 2π.

图 96

以同样方式可以解下面这个问题:“以一给定的三角形三顶点为圆心,求作三圆彼此相切”.

12.求作一圆通过两点 A 与 B,使由一点 C 向它所作切线等于一给定的长.

设通过 A 与 B 两点(图 97)作了一个圆,使由点 C 向它所作切线等于 a.既然通过三点能作一圆,则我们只要来决定点 K 的位置问题就解决了.设 $CK=x$ 并且 $CB=c$,则按切线性质有 $cx=a^2$.要作出 x,我们在 BC 上画一半圆并且另画一圆弧(C,a)交半圆于点 L,然后作 $LK\perp BC$.

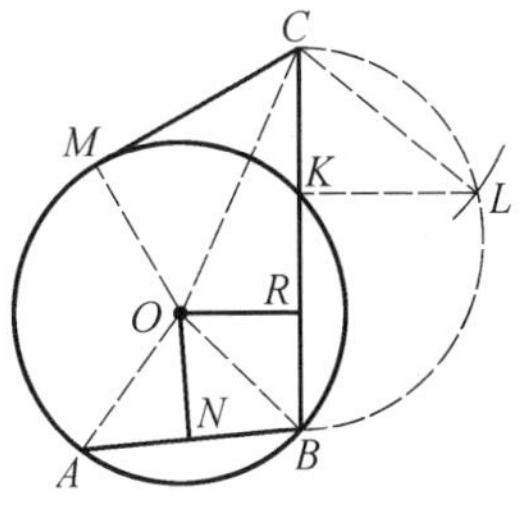

图 97

于是 $c\cdot KC=a^2$,所以 $x=KC$,而点 K 乃所求.由 AB 与 KB 的中点各作一垂线彼此相交,我们乃找到所求的圆心 O.画出所求的圆,并作切线 MC,于是 $MC^2=CB\cdot KC=c\cdot\dfrac{a^2}{c}=a^2$,并且 $MC=a$,正如所要求的.

这问题能解的条件是 $a\leqslant c$,因为我们知道只有在这条件之下弧(C,a)与 CLB 才会相交.这问题的纯几何解法与所说的解法相符合.

① 现在可以明白如何以作图来解这问题.如果懂得作直径 FL,则只要把 DLE 一段迁到 ADL 的位置就得到点 A 了.

现在我们来把这问题的解法化为要决定半径 OB,为简单起见限于当 $\angle CBA$ 是直角的情形.设 $AB = d$,则 $OB = \sqrt{OR^2 + RB^2}$,但 $OR = NB = \frac{d}{2}$,而 $RB = \frac{BC - KC}{2} = \frac{c - \frac{a^2}{c}}{2} = \frac{c^2 - a^2}{2c}$,所以

$$OB = \pm\sqrt{\frac{d^2}{4} + \left(\frac{c^2 - a^2}{2c}\right)^2}$$

这式子比前面所讲的复杂,故第一种解法比较容易些.况且如果要用第二种方法来解这问题,则终归还是要决定 CK 的长.

由这例子可以看出,我们永远须注意,是否我们在决定未知数时引入了别的这样的未知数,它也正是要解的这问题归结起来所要决定的.在这种时候就宜改变解问题的计划及未知数的选择法.

有时候未知数得到负解.这些负解在下面这三种情形应该舍弃:

1) 所求的线段是可在平面上以完全随意的位置来画的;在这情形所求线段的方向不起任何作用.

2) 所求的线段,与所给的条件的位置联系着,虽能有两相反的方向,但由于问题的条件中的限制,应该有一确定的方向.如果这类问题以比较一般的形式提出而放弃特殊的条件,则负根可以发生.

3) 未知数的绝对值有一定的范围,而负解的绝对值超出了这范围.在这些情形正解也会有不适用的.值得注意的是,一个按第一条法则不适用的负解常常按第三条法则也不适用.

如果问题的条件容许有两个答案并且所求的线段能有两相反的方向,则负解除去第二第三两种情形以外可以适用.这时候要作负解的图须记得下面这条法则:得正号式子的未知线段,应该由某一已知点以与列方程式时所用的图中一样的方向来作图;得负号式子的线段则应该由同一已知点向相反的方向来截取.例如下面这两个问题里,在列方程式时所取的图中未知线段 DE 与 BM(图 98 与 99)各在已知点 D 与 B 的右边,因此未知线段的负号式子应该按其绝对值向 D 与 B 的左边来截取.

13.通过两给定的点 A 与 B 求作一圆与一给定的直线 MN 相切.

设圆 O(图 98)通过两点 A 与 B 并且切直线 MN 于一点 E.既然圆心应该在 MN 的通过点 E 的垂线上,则问题化为要决定点 E 或要决定线段 DE.我们假设 $DE = x$,$AD = a$ 并且 $BD = b$,于是按切线的性质我们有方程式 $x^2 = ab$,由此得 $x = \pm\sqrt{ab}$.我们来作 x 的绝对值的图.因此在 AD 上画一半圆,作 $BC \perp AB$,

于是 $CD^2 = AD \cdot BD = ab$，$CD = \pm\sqrt{ab}$ 并且 $x = CD$. 根 $+\sqrt{ab}$ 应该由点 D 向右边截取，如同未知线段在列方程式时所用的图中一样，所以第二根——负根——应按其绝对值循相反的方向截取，即向点 D 的左边截取. 为得要一下子做出两个解来，我们画圆弧 (D, DC)，于是得到两个所求的点 E 与 L，然后亦得到两个所求的圆心 O 与 O_1. 我们来对圆 O_1 作证明. 既然按作图 $LD^2 = AD \cdot BD$，则 L, A 与 B 诸点在一与 MN 相切的圆上. 讨论是很简单的. 这问题如纯粹凭作图法解起来要稍微复杂一点.

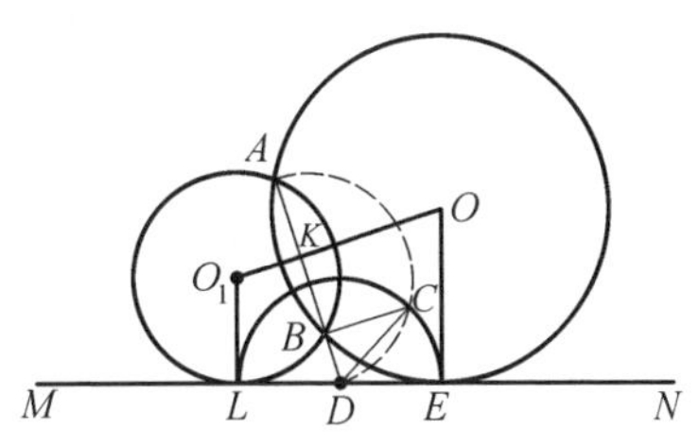

图 98

14. 试在一水平线段 AB 上点 B 之右找一点 M，使满足等式 $BM^2 = AM \cdot AB$.

设在 AB 的延长线上找到了一点 M，使 $BM^2 = AM \cdot AB$（图 99）. 设 $BM = x$ 及 $AB = a$，我们得 $x^2 = a(x + a)$，由此有 $x^2 - ax - a^2 = 0$. 这方程式的两根都是实数；负根按第二条法则应该舍弃. 正根是 $x_1 = \frac{a}{2} + \sqrt{\left(\frac{a}{2}\right)^2 + a^2}$. 平分 AB 于点 O 并且在垂线 AN 上截取 $AC = \frac{a}{2}$. 于是 $BC = \sqrt{AC^2 + AB^2} = \sqrt{\left(\frac{a}{2}\right)^2 + a^2}$，然后须在 BC 上加 $AO = \frac{a}{2}$，得 $x_1 = EB$，截取 $BM = EB$，乃决定所求的点 M.

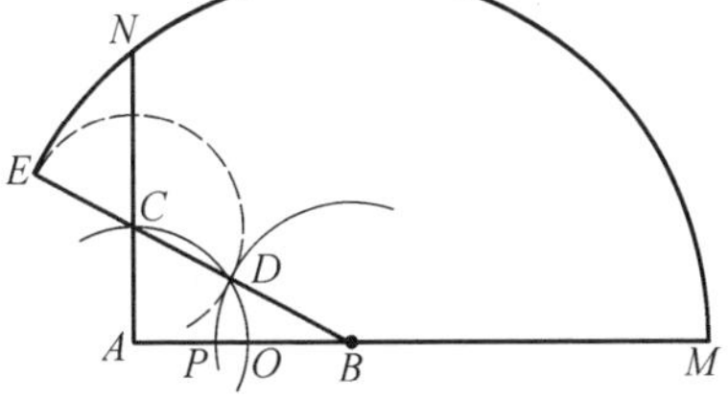

图 99

如果由问题的条件中略去"点 B 之右"这几个字，则负根亦变成适用的. 这负根的绝对值是 $\sqrt{\left(\frac{a}{2}\right)^2 + a^2} - \frac{a}{2}$. 要作这式子的图须由 BC 减去 AO. 为得要一下子画出 x_1 及 x_2 的绝对值来，我们作圆弧 (C, A)，$EB = x_1$，$DB = x_2$. 既然 x_1 是正的，则它应该像在列方程式时所用的图中的 x 那样的方向来截取，如此得到一所求的点 M. 既然 x_2 这根是负的，则 BD 的长应该在直线 AB 上向点 B 的与前相反的方向来截取，如此得到另一所求的点 P.

我们来证明，点 M 满足问题的条件. 在 $BM^2 = AB \cdot AM$ 中代入 $BM = \frac{a}{2} + \sqrt{\frac{a^2}{4} + a^2} = \frac{a}{2}(1 + \sqrt{5})$ 及 $AM = a + \left(\frac{a}{2} + \sqrt{\frac{a^2}{4} + a^2}\right) = \frac{a}{2}(3 + \sqrt{5})$，得

$\frac{1}{4}a^2(1+\sqrt{5})^2=\frac{1}{2}a^2(3+\sqrt{5})$，这化简后得一恒等式.

我们举两个例子来指明如何能根据纯几何观念来使准备作图大大地化简.

15.在三角形 ABC 的边 AB 与 BC 之间沿一已知方向求作一线段 XY，使 $BX\cdot CY=k^2$.

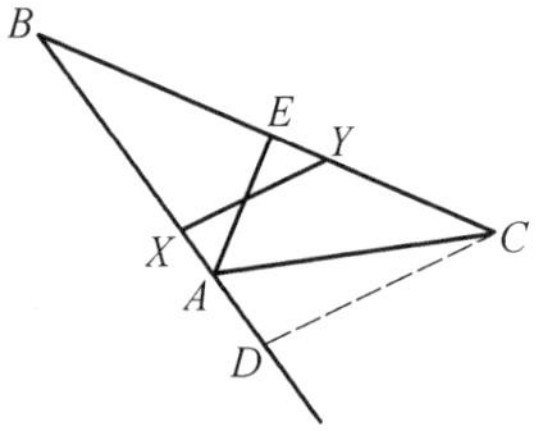

作 $CD\ /\!/\ XY$(图 100).设 $BX=x$，$CY=y$，$BC=a$ 及 $DB=d$，我们得 $xy=k^2$，与 $x:d=(a-y):a$，由此有 $x=\frac{(a-y)d}{a}$. 于是第一方程式给出 $\frac{(a-y)dy}{a}=k^2$ 或 $y^2-ay+\frac{ak^2}{d}=0$.

图 100

我们来用纯作图法解这问题.既然 BY 不等于 BX，则为使它们重叠我们以 $a:d$ 来乘 BX 并且把 BX 绕 B 转一角 B.于是 BX 与 BY 合并而我们有 $BY+YC=a$ 及 $BY\cdot YC=ak^2:d$.可能性条件是$(\frac{a}{2})^2\geqslant\frac{ak^2}{d}$.

16.在一给定的 $\triangle ABC$ 的角 B 内求以一线段 XY 平分这三角形的周边及面积.

我们作中线 AE(图 100).于是三角形 XBY 与 ABE 面积相等.并且，假设 $2p=4k$，我们得

$$BX+BY=2k \tag{1}$$

$$BX\cdot BY=AB\cdot BE=l^2$$

这问题的纯作图的解法与上面所说解法相符合.

设 BX 是方程式(1)的根中的较小者并且 $a\geqslant c$，于是不等式 $k^2\geqslant l^2$，$BX\leqslant c$，$BY\leqslant a$ 保证一个解.既然 BX 可以在 a 上截取，而 BY 在 c 上截取，则要能有两个解应有 $k^2\geqslant l^2$ 及 $BY\leqslant c$.

由不等式 $BX\leqslant c$ 与 $BY\leqslant a$ 得 $a\geqslant b\geqslant c$.由不等式 $BY\leqslant c$ 得 $c\geqslant b$.图上表现的是这些场合之一.

最后，我们不妨举一个例来指明，有时宜在解方程式之前先细察它的本质并且尽量设法不靠解方程式来作出它的根.经验告诉我们这样的情形是很多的，这时候作图往往显得比较漂亮而且经济.

17.求作方程式 $x^2+y^2=k^2$ 与 $(x-a):y=m:n$ 的根，这里 a,m,n 与 k 是给定的线段.

显然，x 与 y 是一直角三角形的两正边，k 是它的斜边.设 $\triangle ABC$ 是所求的，

$AB = x, BC = y$(图 101). 如果作图(A, a), 则 $BD : BC = m : n$,并且 $\triangle DBC$ 的形状知道了.如果 $\angle BDC$ 已经知道,则 $\angle ADC$ 亦容易找出.在 $AC = k$ 上作一半圆并且在它上面任取一点 X.在 XA 与 XC 上截取线段 $XY = m$ 及 $XZ = n$.然后在 AC 上画一圆弧,包容 $\angle AYZ$,交圆(A, a) 于 D.如果数一数所有作图基本步骤,则可以看出所说这解法里的作图手续要比解了方程式以后再来作根的图要省事些.

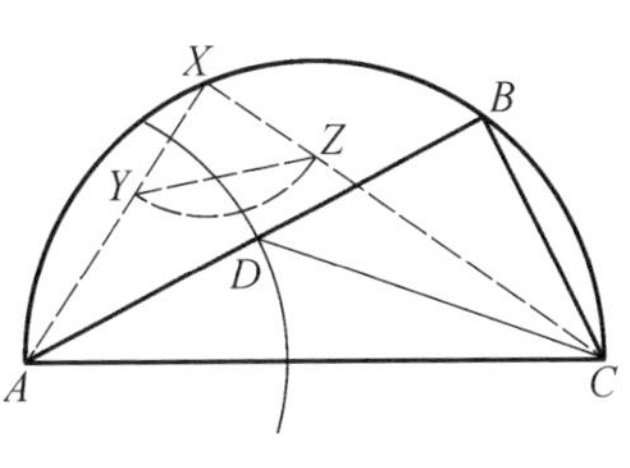

图 101

18.求作两线段或两弧,已经知道它们的和 a 及差 b.

19.求作两角,已经知道它们的和 s 及差 d.

20.求作三线段或三角,已经知道它们的和 s 及每两个之间的差 a 与 b.

21.求作两线段,已经知道它们的乘积 k^2 与比率 $2:3$.

22.两条已知线段 a 与 b,要改变多少乃可使其成一给定的比率?

23.给定了两条线段.要把每条改变多少乃可使它们的乘积等于 k^2?

24.求作一直角三角形,已经给定了它两正边的和(或差)s 及由直角顶点所画的高线 h(取斜边作未知数比较方便).

25.分一给定的线段为两部分,使其一部分为另一部分与另一所给线段的比例中项.

26.给定了一个角与一个点.求作一割线通过这个点,使它在角边上所截两线段之差等于一给定的长.

解:通过所给的点作角边的平行线.

27.通过一给定正方形 $ABCD$ 的顶点 A 求作一直线,使它在 CD 与 BC 延长线间所截的一段等于一给定的长.

28.求三角形外接圆心与内切圆心间的距离,已经知道两圆的半径为 R 与 r.

29.通过 A 与 B 两点求作一圆,使它由一给定的直线所截的弦等于一给定的长.

30.在一圆形弹子台 O 上有一球(弹子)停在点 A.现在要打它一下,使经过两次,三次,四次,……,反射后仍通过其出发点.

解:设第一情形(反射两次)弹子的路径是 ABC.要决定 O 与 BC 的距离我

们得到一个三次方程式,但它是可以约简的①.其余的各种情形都可化为求作正多边形的边的问题.

31.在一给定的圆里求作一内接多边形,已经知道它各边所对的弧的中点.

32.在一给定的圆的直径 AB 上有一点 C.求作一弦 XY 平行于 AB,使 $\angle XCY$ 成直角.

33.由点 A 向圆 O 求作一割线,使它分该圆为两部分,而这两部分的差等于一给定的长.

34.给了两个圆,试将它们布置在这样的距离,使其外公切线成内公切线的两倍.

35.在圆内求作五个相等的正方形,第一个与圆有共同的中心,而其余的每个都有两顶点在圆上(有两种情形).

36.直线 CB 切一给定的圆 O 于一点 B,试在这直线上找一点,使它与直径 AB 的一个端点 A 联结起来所成割线的圆外一段等于一给定的长.

37.在一给定的圆内求作一内接等腰三角形,已经知道它由底边端点出发的中线(把所求三角形补充成一平行四边形).

38.已经知道 S 与 $2p$,求作 r.

39.已经知道 h_a 与 b_c,求作 R.

40.在一给定的等腰三角形 ABC 内求作一内接三角形 DEF,使 $DE /\!/ AC$ 并且使 $\triangle DEF$ 的面积为 $\triangle ABC$ 面积的五分之一.

求作一三角形,已经知道:

41.求作一三角形,已经知道 R, h_a 及 $b+c$.

42.求作一三角形,已经知道 $R, S=k^2, ac=m^2$.

43.求作一三角形,已经知道 R, h_a 及 $b:c$.

44.求作一三角形,已经知道 b 与 h_b,并且知道 $a=h_a$.

45.在 $\triangle ABC$ 内给定一点 M,求通过此点作一直线,使平分三角形 ABC 的面积为二等份.

解:由 M 向一角的各边作垂直线.

46.通过一给定的点 P 求作一圆,使与一给定的角的两边相切.

解:把点 P 反映到所给的角的平分线那边去.

47.由一给定的等边 $\triangle BAC$ 的高做成 $\triangle A_1B_1C_1$(即垂足所定的三角形);由

---

① 方程式经过约简后会失掉不满足问题条件的根.在有些情形,方程式被约去的因子本身可以包含未知数,我们可除掉其中不满足问题条件的根.在约简方程式时所失去的根我们仍可以找回来,这只要把约去的因子使其等于0而解之就行了.

$\triangle A_1B_1C_1$ 的高作成一新的 $\triangle A_2B_2C_2$；由 $\triangle A_2B_2C_2$ 的高又做成一新的三角形，如此做下去以至无穷.求作一等边三角形，使其面积等于所有这些三角形的面积的总和，连 $\triangle ABC$ 也计算在内.

48.给定了一个正方形 $OABC$ 与一个圆(O,A).求作一切线 XY，切于弧 $\overset{\frown}{AC}$，使它由正方形所截下来的 $\triangle XBY$ 有给定的面积.

49.求作两圆彼此相切并且同切于一个给定的圆，使所求两圆面积之差等于所给的圆的面积的四分之一，而所有三圆的中心都在一直线上(有两种情形).

50.如果一个直角三角形的每一正边改变一给定的长，则它们成一给定的比率.求作这个三角形，它的斜边是已经知道的.

51.给了两个彼此外切的圆，及另一与它们相切的圆，而三个圆心都在一直线上.求作一圆与所有三个圆相切.

52.在一给定的圆内作一内接正方形，在这正方形内作一内切圆，在这圆内又作一内接正方形，如此做下去以至无穷.求作这样一个圆的半径，使这圆的面积等于一切所得的圆的面积总和.

53.求作方程式 $x^2-y^2=k^2$ 与 $(x\pm a):y=m:n$ 的根，而不解出这两方程式.

54.求作一同心圆来平分一给定扇形的面积.

55.求作一三角形，已经知道 a,m_a 与 $b\pm c$.

56.两给定的圆 O 与 O_1 的连线心 OO_1 交圆 O 于点 A.通过点 A 求作一割线 AXY(X 在圆 O_1 上，Y 在圆 O 上)，使线段 XY 有一给定的长.

第一节　应用三角来解几何问题

57.求作一角 x，若 $\sin x=\frac{a}{b}$，$\cos x=\frac{a}{b}$，$\tan x=\frac{a}{b}$，$\sin x=\frac{a\sin A}{b}$.

58.求作一角 x，若 $\sin x=\frac{a^2}{b^2}$，$\cos x=\frac{a^2-b^2}{a^2+b^2}$，$\tan x=\frac{a^2+b^2}{\sqrt{a^4-b^4}}$.

59.求作一角 x，若 $\sin x=\frac{a^3+b^3}{a^3-b^3}$，$\cos x=\frac{a^4-b^4}{a^4+b^4}$，$\tan x=\frac{a^3-cb^2}{a^3+cb^2}$.

60.求作一角 x，若 $\sin x=1:\left(2-\frac{b}{a}\right)$，$\cos x=\sqrt{2}:\left(\sqrt{3}+\frac{a}{b}\right)$，$\tan x=\frac{\sqrt{2}+\sqrt{3}}{\sqrt{3}+\sqrt{5}}$.

解:分子与分母同以 a 或 b 乘之.

61.求作一角 x,若 $a\sin^2 x+2a\sin x-b=0$, $b\cos^2 x-2a\cos^2 x+b=0$, $a\tan^2 x-2b\tan x+a=0$.

许多问题归纳起来无非是要决定某一个角.把这角看做未知数可以得到一个三角方程式,而所求的角应该满足这个方程式.解了这个方程式,我们得一个式子,告诉我们如何来作所求的角的图.这图作出后,剩下就是要进行补充的作图来得出所求的图形.

62.求作一三角形,已经知道了 $a-b=d$, $\angle A-\angle B=\angle\varphi$ 与 $h_c=h$(图102).

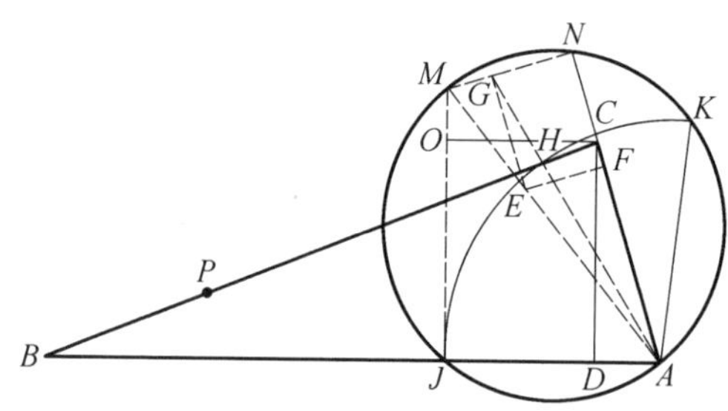

图 102

设 $\triangle ABC$ 为所求.问题就是要决定角 A.由三角形 ACD 与 BCD 我们找出 $a=\dfrac{h}{\sin B}$, $b=\dfrac{h}{\sin A}$,由此

$$\frac{d}{h}=\frac{\sin A-\sin B}{\sin A\sin B}=\frac{4\sin\dfrac{A-B}{2}\cos\dfrac{A+B}{2}}{\cos(A-B)-\cos(A+B)}$$

设 $\angle A+\angle B=2x$,由公式 $\cos 2x=2\cos^2 x-1$ 得

$$\cos^2 x+\frac{2h}{d}\cos x\cdot\sin\frac{\varphi}{2}-\frac{\cos\varphi+1}{2}=0$$

既然角 x 小于 $90°$,则负根应该舍弃,并且由于 $\cos\varphi+1=3\cos^2\dfrac{\varphi}{2}$ 得

$$\cos x=\frac{-h\sin\dfrac{\varphi}{2}+\sqrt{h^2\sin\dfrac{\varphi}{2}+d^2\cos^2\dfrac{\varphi}{2}}}{d}$$

为得要在 $\angle NAM$ 的边上作角 x 等于 φ 的一半,我们截取 $AM=d$ 及 $AE=h$.在直径 AM 与 AE 上各作一圆,使交该角另一边于点 N 及点 F.于是 $AN=$

$d\cos\frac{\varphi}{2}, EF = h\sin\frac{\varphi}{2}$.我们截取 $NG = EF$,并联结 A 与 G,在 AG 上截取 $GH = EF$,于是 $\cos x = \frac{AN}{AM}$.作圆弧(A, AH),于是 $\angle MAI = \angle KAM = \angle x$.$\angle A = \angle x + \angle\frac{\varphi}{2}$,$\angle B = \angle x - \angle\frac{\varphi}{2}$,所以 $\angle A = \angle NAI$,$\angle B = \angle NAK$.

为得要作 $\triangle ABC$,我们在 IM 上截取 $IO = h$,并且作 $OC // AD$.于是作 $\angle OCB = \angle NAK$.剩下就是要证明 $\triangle ABC$ 是所求的.证明的步骤如下:由前面所说可见

$$a - b = \frac{h(\sin A - \sin B)}{\sin A\sin B} = \frac{4h\cos\frac{A+B}{2}\sin\frac{A-B}{2}}{\cos(A-B) - \cos(A+B)}$$

代入 $\angle A - \angle B = \angle\varphi$,$\angle A + \angle B = 2\angle x$,然后再以 $\cos x$ 与 $\cos 2x = 2\cos^2 x - 1$ 的值代入之,如此应该得到 $a - b = d$.

要这问题能解,须 $AH < AM$.这条件没有用所给的数量表示出来的必要.AH 与 AM 的直接作图可以更快地指明这问题的可能性①.

63.求作一三角形,已经知道 $a, b, S = k^2$.

64.求作一三角形,已经知道 $a, C, S = k^2$.

65.求作一三角形,已经知道 $a, m_a, \angle B - \angle C$.

66.求作一三角形,已经知道 $b_c, \angle A - \angle B, a - b$.

67.求作一三角形,已经知道 A, a 及 $BD \pm AE$(图 105).

68_1.求作一三角形,已经知道 $A, R \pm r, 2p$.

解:先以 r 表出 $b + c - a$.

68_2.求作一三角形,已经知道 $A, 2p, R : r$.

解:决定 $b + c$ 与 a.

69.求作一三角形,已经知道 $A, b \pm c, h_a$.

70.在一给定的扇形里,求作一个面积已经给定的内接矩形(有两种情形).

71.在一给定的扇形里,求作一个对角线已经给定的内接矩形(有两种情形).

72.求作一直角三角形,已经知道它的斜边及一个锐角的平分线.

73.在一个角的平分线上给定了一个点.求通过此点作一割线,使它在边之间被该点所分的两线段之差等于一给定的长.

① 这现象可在绝大多数作图问题中看到.因此作者略过决定方程式根是否满足该不等式的法则.

74.给定了一个角及其邻角平分线上的一个点 P.求向所给的角两边作一割线 PXY,使 $PX+PY$ 等于一给定的长.

第二节　论用圆规直尺解几何作图问题的可能性

有时一个问题用纯几何作图法解不出来.这或许是由于我们不够机敏或不够用心,但也会由于这问题根本不能用圆规与直尺来解决.

假设,如以前各例,我们已列成了问题的方程式.如果这方程式的根完全以二次方根表示出来(一般地说,完全以指数为2的整数次方的方根表示出来),则我们已经知道,这问题是能以圆规与直尺解出的.

在数学里严格地证明了这反面的命题①.如果所得方程式的根用别的方次的根式表出(如三次方根,五次方根等),则问题不能以圆规与直尺来解决.这定理有时可以立刻说出所需要的判断.

75.求作一正方形,与一给定的圆等面积(化圆为方问题).

这问题的方程式是 $x=R\sqrt{\pi}$.但既然已经知道,π 这个数是不能以二次方根表示出来的②,故这个自古著名的问题不能用圆规与直尺来解.但是,这并不妨碍用别的工具来解这个问题.对一切不能用圆规与直尺来解的问题而言都是如此.要判断如何表示出所给方程式的根可利用下面这几个定理.

Ⅰ.如果像 $x^3+ax^2+bx+c=0$ 这样系数为有理数的三次方程式没有有理根,则它不能解成二次方根③.

K.设方程式 $x^n+ax^{n-1}+bx^{n-2}+\cdots+px+q=0$ 的系数都是有理数,则它的任何有理根都应该是 q 这数的绝对值的除数,而这除数取双重符号④.

下面这个定理必须用到四次方程式的预解式这个概念.如果方程式有这形状

$$x^4+ax^3+bx^2+cx+d=0 \tag{1}$$

则设 $x=y-\dfrac{a}{4}$,我们得方程式

$$y^4+Ay^2-By+C=0$$

设 $2y=u+v+w$,$u^2+v^2+w^2=-2A$ 及 $uvw=-B$,则为决定 u^2,v^2 与 w^2 我

① 阿得拉《几何作图论》§36,7,Одесса,1910.

② 林德曼氏所证明,载《Math Ann》(数学年报)20,1882及魏巴与维耳斯坦《初等数学全书》卷Ⅰ,525—535.

③ 阿得拉,§36,6,A,186页.

④ 阿得拉,§36,188页.

们得到方程式

$$z^3 + 2Az^2 + (A^2 - 4C)z - B^2 = 0$$

这叫做方程式(1) 的预解方程式.

方程式(1) 的根与它的预解方程式的根 z_1, z_2, z_3 以下面的关系联系着

$$2y_1 = \sqrt{z_1} + \sqrt{z_2} + \sqrt{z_3}, 2y_2 = \sqrt{z_1} - \sqrt{z_2} - \sqrt{z_3}$$

$$2y_3 = -\sqrt{z_1} + \sqrt{z_2} - \sqrt{z_3}, 2y_4 = -\sqrt{z_1} - \sqrt{z_2} + \sqrt{z_3}$$

如此,方程式(1) 的根乃以预解方程式的根的二次方根的代数和表示出来.由此推出下面这个定理:

L.像方程(1) 那样整系数的四次方程式只有在它的预解方程式[①]能解成二次方根的时候它本身总能解成二次方根.

所指出各定理在多数情形已足够容易判断一个问题是否可用圆规与直尺来解了.即在所得方程式(三次或四次的) 中所给的长与角以数值替代,而使所得方程式的系数都成整数并且使未知数最高次的系数等于 1.如果方程式是三次的,则用替代法把已知项的一切正负整因数都试验一遍,看它们是不是所给方程式的根.如果不是,则本问题不能用圆规直尺来解.倘若我们有一个四次方程式,则先求出它的预解方程式,然后照上面办法处理.在此必须注意,如果一个方程式的根在特别情形可以用二次方根表示出来 —— 这只是说,我们偶尔碰到了一个特殊情形,在这情形问题可用圆规直尺来解而已.反面的结论则完全是对的,即,如果一个问题在特殊情形不能用圆规与直尺解出,则在一般情形也是如此.所以我们要决定一个问题的不能用圆规直尺来解,常常利于由这问题的特殊情形出发.在此举几个例子来作具体的说明.

76.黛利亚神问题.求作一立方体,使其体积为一给定立方体的两倍.

问题的方程式是 $x^3 = 2a^3$,或设 $a = 1, x^3 - 2 = 0$.既然2的一切正负因数都不是这方程式的根,则它不能解成二次方根,所以这问题不能用圆规直尺解出.

现在举一个用三角函数的例子.

77.求作一三角形,已经给出它的三条顶角平分线.

解:我们试由等腰三角形出发.设在 $\triangle ABC$ 内顶角平分线 $AE = CK = l$.而 $BD = h, \angle BAE = \angle x$.于是 $\angle AEB = 3\angle x$ 而 $\angle ABC = 180° - 4\angle x$.决定了

① 我们只限于讨论三次与四次的方程式是因为在我们所涉及的范围内得到高次方程式的时候非常稀少.在遇到高次方程式时可用这样的定理:如果一个奇数次方程式不能化为二次的,则它不能被由二次方根所组成的式子所满足.

AB,我们找到$\frac{h}{\sin 2x}=\frac{l\sin 3x}{\sin 4x}$或$h=\frac{l\sin 3x}{2\cos 2x}$(以$\sin 2x$约简之,这样除去了不适合的根$\angle x=90°$).设$l=2h$,我们得$\cos 2x=\sin 3x$,由此$\angle x=18°$.这告诉我们在所选取的特别情形这个问题能用圆规与直尺解出.设$l=4h$,得

$$1-2\sin^2 x=2(3\sin x-4\sin^3 x)$$

或

$$8\sin^3 x-2\sin^2 x-6\sin x+1=0$$

如果

$$\sin x=\frac{z}{4}$$

则

$$z^3-z^2-12z+8=0$$

8这数的一切正负因数都不是这方程式的根.所以,这方程式不能解成有理数,也不能解成二次方根,故这问题不能用圆规与直尺解出.

78.求作一正方形$ABCD$,使它的两个顶点A与B在一个给定的圆O上,而其余两个顶点C与D在另一个圆O_1上(图103).

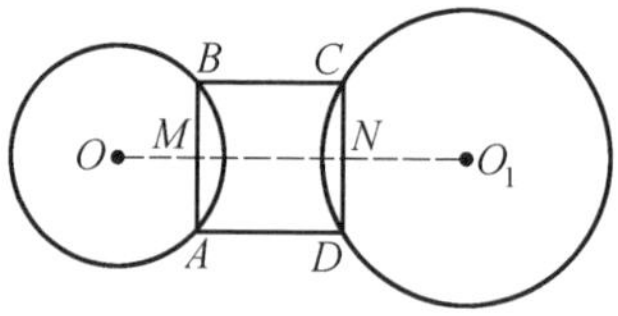

图103

设一个圆在另一个圆的外面而OO_1交AB与CD于M与N,并设$OA=a$,$O_1C=b$,$OO_1=d$,$BC=x$,$OM=y$.于是$y^2+\left(\frac{x}{2}\right)^2=a^2$,$(d-x-y)^2+\frac{x^2}{4}=b^2$.设$a^2-b^2=c^2$,得方程式

$$c^4+(d-x)^4+2c^2(d-x)^2+x^2(d-x)^2=4a^2(d-x)^2 \quad (1)$$

为简单起见设$a=b$,于是$c=0$而这方程式以$(d-x)^2$约简后化为方程式

$$x^2-dx+\frac{d^2-4a^2}{2}=0 \quad (2)$$

以$d-x$约简之,如此除去了根$x=d$,这显然只适合于所给两圆相等而相切的情形.在这情形实际上这问题很容易解.方程式(2)在$8a^2\geqslant d^2$时还给出两个适合的解.但是这样我们还完全没接近到“眼下这问题一般地究竟能不能用圆规与直尺解出”这问题上去.

展开方程式(1),得

$$x^4-3dx^3+\frac{2c^2+7d^2-4a^2}{2}x^2+(4a^2d-2d^3-2c^2d)x+\frac{(c^2+d^2)^2-4a^2d^2}{2}=0$$

为要得到一个带整系数的方程式,我们须以偶数来替代c与d,所以设$a=5$,$b=3$,$d=4$,从而$c=4$.如此得方程式

$$x^4 - 12x^3 + 22x^2 + 144x - 288 = 0$$

这方程式的预解式是

$$z^3 - 64z^2 + (32^2 - 4 \cdot 99)z - 60^2 = 0$$

或设 $z = 2t$ 而成

$$t^3 - 32t^2 + 157t - 450 = 0$$

450 这数的负整除数都不能是这方程式的根.然后试验 450 的一切正整除数,证实它们都不满足方程式.所以方程式(1) 不能解成二次方根,故这问题不能用圆规与直尺解出.

79.求作一个形状已经知道的四边形,使它的两个顶点在一个给定的圆上,而其余两个顶点在另一个给定的圆上.

因为这问题的特殊情形我们已知道不能解,故可推知这问题不能用圆规与直尺解出.

如果我们知道某问题不能用圆规与直尺解决,则这事实除上面所指示的方法外还能以如下方式来利用.

80.试在一给定的直线上找一点 X,使与给定的线段 AB 与 CD 联结起来有 $2\angle AXB = 3\angle CXD$ 的关系.

假设这问题已用圆规与直尺解出.我们把所得的角以等式联系起来.因此 $\angle AXB$ 取两倍,而 $\angle CXD$ 取三倍,顶点 X 则保持不动.在所得的角内作任意线段 MN 与 PQ—— 它们由点 X 看来成相等的视角,而问题 96 在一般情形用圆规与直尺解出了.所以我们的假设是不对的.等式 $2\angle AXB = 3\angle CXD$ 亦可代之以 $p\angle AXB = q\angle CXD$,这里 p 与 q 是任何有限的数.

81.试在一给定的直线 CD 上找一点 X,使它与给定的点 A 与 B 联结起来有 $2\angle AXB = \angle DXB$.

如果 A 与 B 两点在 CD 的两边,则这问题容易解决.但我们假设这问题用圆规与直尺解出,并且是对 A 与 B 在 CD 同一边的这种情形解出的.于是 $\angle AXD$ 用圆规与直尺分成了三等份.改变 A 与 B 的位置,我们将得到种种类型的 $\angle AXB$,而按连续原理可以得到不能三等分的这种类型的角.所以我们的假设是不对的,这也可以用别种方法来说服.这种结论在当前这情形不是完全严密的,但是不可以完全忽略这种方法.

我们所感兴趣的这问题还可以用解析几何来解.设问题归结起来是要决定某一点 X.去掉点 X 的条件之一,于是点 X 画出某一条曲线,我们以某种坐标做出这曲线的方程式.然后去掉点 X 的另一个条件,而取回以前所去掉的条件.于是点 X 画出一条新的轨迹.如果这条新曲线我们还不知道,则做出它的方程式,在此取与前同一坐标系.要判断我们能不能把所得这两个方程式解成二次方根,这可利用定理K,J①与L.但有时用下面这几个定理还可以更简单些.

M.两条独立圆锥曲线的交点,尤其是两条独立高次曲线的交点,一般不能用圆规与直尺画出.

N.要能用圆规与直尺来作彼此独立的直线与曲线的交点,则只有这曲线是圆锥曲线的时候才行.

P.要能用圆规与直尺来作彼此独立的曲线与圆的交点,则只有这曲线是直线或圆的时候才行.

Q.要能用圆规与直尺来决定一条曲线由一与它独立的点向它所画切线的切点,只有这条曲线是圆锥曲线的时候才行.

特别要注意的是,这些定理里所说的点常常能用圆规与直尺来作圆,只要它们所在的曲线彼此独立.

如果我们要利用这些定理,则在导出方程式时可以改变坐标系,只要能快点看出所求点所在的那两条曲线的次数.通常知道下面这些曲线的性质就够了.

R.设 A 与 B 是两个给定的点,k 是一个常数,则满足 $AX \pm BX = k$ 的点 X 的轨迹是一圆锥曲线.

S.如果一个点 X 与一定点及一定直线的距离保持一定的比率,则点 X 在一圆锥曲线上.

U.如果由一点 A 向一给定的直线画一射线 AB,并且在它上面截取一线段 BX 等于定长 s,则点 X 的轨迹是一螺旋线,它的方程式是 $(y-p)\sqrt{x^2+y^2}=sy$,A 是直交坐标的原点,p 是 A 与所给直线的距离,x 轴与所给的直线平行.

V.如果在两条直线之间任何地方画一线段 XY 等于定长,并且在它的延长线上截取另一定长线段 YZ,则点 Z 的轨迹是一圆锥曲线.

W.如果在一个角里面通过一给定的点画一线段,则这线段的中点的轨迹是一圆锥曲线.

82.给定了一个 $\angle BAC$ 及一个点.通过这点求作一圆,使与角边所截的两弦等于给定的长.

我们假设所给的角等于 $90°$,我们取它的边作坐标轴.设所求的弦是 $DE=2a$ 与 $FG=2b$,$O(x,y)$ 是所求的圆心,$OD=R$ 并且 $M(c,d)$ 是所给的点.如果我们姑且把点 M 放在一边不管,则点 O 的方程式是 $x^2+a^2=y^2+b^2$,即点

---

① 原文如此——编校注.

O 画出一双曲线.如果我们姑且不管角的一边,则点 O 的方程式是$(x-c)^2+(y-d)^2=y^2+a^2$,这是一条抛物线的方程式,它的顶点在$\left(c,\dfrac{d^2-a^2-c^2}{2d}\right)$.

如果把所放弃不管的那条角边绕原点旋转并且改变线段 b,这样抛物线并不改变.所以这问题一般不能用圆规与直尺解出.在特殊情形,例如在 $a=b$ 时,这问题应该可用圆规与直尺来解.事实上果然如此.

83.在一给定的角内画一线段等于给定的长,使它通过一给定的点.

注:以下我们可见到,这问题可以用很简单的方法来解,同时看出圆规与直尺在此是多么软弱无能的工具.

84.通过一给定的点 A 向一给定的角求作一割线 AXY,使 $AX-AY=k$.

85.给定了两条直线,及每条线上各一点 A 与 B.求作一割线 XY,使 $AX:BY$ 等于给定的值,并且使 XY 与一给定圆 E 相切.

解:如果 ω 是旋转中心,这旋转使 AX 与 BY 重合,而 K 是切点,则我们把 KX 平行迁移到 EG.设 ωX 交 EG 于 F,于是能作 $\triangle GFX$.

86.求作一三角形,已经知道 a,c 与 $\angle B-\angle C$.

87.求作一三角形,已经知道 a,c 与 $2\angle A+\angle C$.

88.通过一给定的点 A 向一给定的直线及圆求作一割线 AXY,使 $AX\pm AY=k$.

89.给定了三点 A,B 与 C 及一个圆.试找一点 X,使 $AX\pm BX$ 及 $CX\cdot CD$(D 是 CX 与圆的交点)等于给定的值.

90.试在一给定的圆上的一点,使它与一给定的直线及一给定的点的距离成一给定的比率.

91.给定了四点 A,B,C 与 D.试找一点 X,使 $AX+BX$ 与 $CX-DX$ 等于给定的值.

92.求作一圆,使它与三条给定的直线相交所成的三条弦各等于一给定的长.

93.(三等分角问题)试将一给定的角分为三等份.

解:由方程式 $\cos 3a=4\cos^3 a-3\cos a$,设 $2\cos 3a=m$,$2\cos a=x$,我们得 $x^3-3x-m=0$.这方程式一般不能解成二次方根($m=\pm 1$),但在特殊情形可以有随便多少个可用二次方根表示出来的根.能用圆规与直尺作三等分的角可由方程式 $2\cos 3a=s^3-3s$ 决定,这里 s 是一个任意的数,它可用圆规与直尺作图,而其长可取作单位.所求的角第二类型是 $n\pi$.

94.在一给定的圆内求作一内接等腰三角形,已经知道它在一腰的高上.

95.试在一给定的圆内找一个点 X,使由 X 向另两个给定的圆所作切线的平方成一给定的比率.

96.试在一给定的直线上找一个点 X,使它与给定的线段 AB 与 CD 有 $\angle AXB = \angle CXD$ 这关系.

97.给定了一条直线 AB,及在它一侧的两个点 M 与 N.试在 AB 上找一个点 X,使 $\angle MXN = 2\angle NXB$.

98.给定了两个点 A 与 B 及一个圆.求向此圆作一切线 MXN,使 $\angle AXM$ 与 $\angle BXN$ 相等.

99.给定了三条直线,求向它们作一割线 XYZ,使线段 XY 与 YZ 各等于给定的长.

100.给定了两个圆及一条直线.求向它们作一割线 XYZ,使 XY 与 YZ 各等于给定的长.

101.试将一给出的三角形安置在使其各顶点落在三个给定的圆上.

102.在一给定的圆内求作一内接四边形,使它两条对边相交于一给定的点并成一给定的角,而第三边通过另一给定的点.

103.圆 O 与 O_1 相交于 A 与 B.在圆 O 的弧 AB 上给定了一个点 M.求作一割线 MXY(X 在圆 O_1 上,Y 在圆 O 上),使 XY 等于给定的长.

解:这问题是问题 83 与 56 的推广.

104.给定了三个点 A,B,C 及一个圆(或直线)O.求通过 A 与 B 作一圆,交 O 于点 X,使 CX 成所求这个圆的切线.

105.通过角内一给定的点求作一线段,使其为一给定的直线(或圆)所平分.

106.求作一三角形,已经知道 b_A,b_C 及 h_b.

107.求作一三角形,已经知道 b_A,b_C 与 m_b.

108.给定了两点 A 与 B 及一直线 CD.求作 $\angle XYB$,使它被直线 AY 与 CD 分成 1 : 3 的比,而点 Y 在 CD 上.

第七章 混合例题①

1.在 $\triangle ABC$ 内求作一线段 BD(点 D 在 AC 上),使 $BD^2 = AD \cdot DC$.

2.以一给定的三角形诸顶点为圆心,求作三个两两相切的圆.

3.给定了一个圆,它的中心不能决定.求向此圆作一切线,切于圆上一给定的点.

4.给定了一圆及一点 A.求作一割线 ABC(B 与 C 在圆上),使 $BC^2 = AC \cdot AB$,或 $AB^2 = AC \cdot BC$.

5.给定了三条直线.求沿已知方向作一割线 xyz,使 $xy^2 = xz \cdot yz$.

6.给定了一条直线 $ABCD$.求作两个相切的圆,第一个通过 A 与 B,第二个通过 C 与 D,并使两圆半径之和等于一给定的线段.

7.(巴普氏问题)在一个角的平分线上给定了一个点.求通过此点作一直线,使它在角内被截的一段等于给定的长(图104).

解:在给定的线段 B_1C_1 上作一圆弧,使包容角 A,并且由 B_1C_1 的中点作一垂直线.由三角形 $E_1F_1D_1$ 与 $A_1F_1H_1$ 的相似,我们得 $F_1B_1^2 = F_1D_1 \cdot A_1F_1 = H_1F_1 \cdot E_1F_1 = C_1F_1^2$,由此可以找到 A_1F_1.

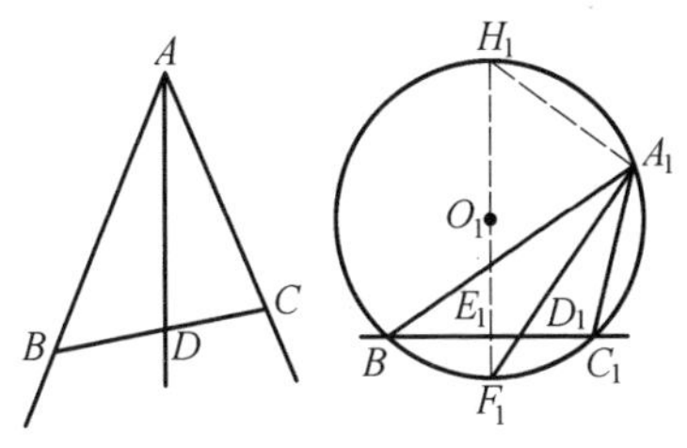

图 104

8.求作一三角形,已经知道:A,a 及角 A 的邻补角的平分线.

9.求作一三角形,已经知道:$a + b$,b_c 及 $\angle B - \angle A$.

10.求作一三角形,已经知道:$a + b$,h_c 及 $\angle B - \angle A$.

11.求作一三角形,已经知道:h_b,b_B 及 $a + c$.

12.求作一三角形,已经知道:a,c 及 $\angle B - \angle C = 90°$.

13.求作一三角形,已经知道:a,$\angle A = 90°$ 及 b_B.

14.求作一三角形,已经知道:A,r,S 或 A,$2p$ 及 S.

15.求作一三角形,已经知道:h_a,$2p$,r.

① 这一章里的问题大多数都可用纯作图法来解,只有少数要应用到代数.

16.求作一三角形,已经知道:$A,\rho_a,b+c-a$.

17.求作一三角形,已经知道:$2p,r,\rho_a$.

18.求作一三角形,已经知道:a,r,ρ_a.

19.求作一三角形,已经知道:$r,\rho_a,b-c$.

20.求作一三角形,已经知道:A,S 及边 a 被内切圆切点所分成的两段之比.

21.求作一三角形,已经知道:A,a 及 $b^2:c^2$.

22.求作一三角形,已经知道:m_b,m_c 及 $c:b$.

23.求作一三角形,已经知道:A,a 及 $h_b\pm h_c=s$.

解:把 $\triangle ADC$ 迁移到 $\triangle EHJ$ 的位置(图 105),使 $BJ=s$,把 EH 迁移到 AG,于是 $\triangle BGJ$ 能作. a 亦可代之以 R,r,m_a 等.

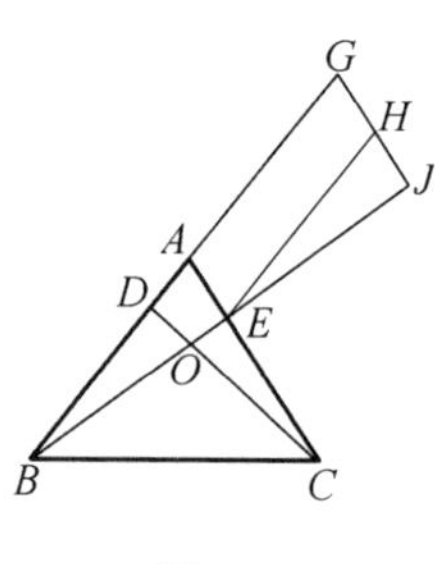

图 105

24.求作一三角形,已经知道:S,A 及 $(h_b-h_c):a$.

25.求作一三角形,已经知道:A,a 及线段和 $AD+AE$(图 105). a 亦可代之以 $2p,R,r$.

26.求作一三角形,已经知道:高的和 $CD+BE$,线段的和 $AD+AE$ 及 R.

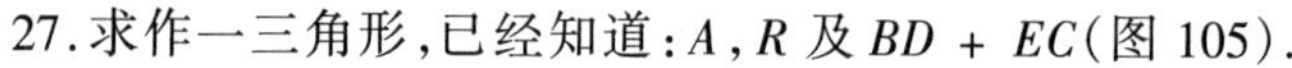

27.求作一三角形,已经知道:A,R 及 $BD+EC$(图 105).

解:折转 $\triangle OEC$,使 $\angle COE$ 与 $\angle BOD$ 叠合,并且作迁移,于是能找出 $BO+OC$.

28.求作一三角形,已经知道:R,h_b 及 b_B 或 m_b,h_b 及 b_B.

29.求作一三角形,已经知道:$a,\angle(h_b,h_c)$ 及 h_a.

30.求作一三角形,已经知道:a,A 及 $\angle(h_b,m_a)$.

31.求作一三角形,已经知道:A,p_a,p_b.

32.求作一三角形,已经知道:A,a,r.

33.求作一三角形,已经知道:R,r,h_a.

34.求作一三角形,已经知道:h_a,h_b 及 r.

35.求作一三角形,已经知道:ρ_a,ρ_c 及 $\angle B-\angle C$.

36.求作一三角形,已经知道:a,ρ_b 及 ρ_c.

37.求作一三角形,已经知道:ρ_b,ρ_c 及 $c+b$.

38.求作一三角形,已经知道:$b-c,r$ 及 $\angle B-\angle C$.

39.求作一三角形,已经知道:$A,r,b-c$.

40.求作一三角形,已经知道:$BD = b_B$,$AB - AD$,$BC - CD$.

41.试求三角形诸旁切圆与各边的切点而不定出旁切圆的中心及半径.

42.给定了一个圆及与它相切的直线 AB 及 AC,求作此圆的另一切线,使它在 AB 与 AC 之间所截的一段等于给定的长.

43.一直线 ED 与一平行四边形 $ABCD$ 相交.试在该直线上找一点 X,使 $\angle AXB$ 与 $\angle CXD$ 两角之和等于两个直角.

44.给定了三条直线 AB,AC 与 AD 及一个圆 O.求作一圆与圆 O 相切,使所求的圆与所给三直线相交处得一形状已知的三角形.

45.给定了一个点 A 及一个圆.求作一割线 ABC,使 $AB - BC$ 这个差等于给定的长.

46.在一给定的 $\triangle ABC$ 里求作一内接四边形 $XYZU$,已经知道它的各角及这些关系中之一:$YZ = XY \pm ZU$,$YZ^2 = XY \cdot ZU$,$YZ^2 = XY^2 \pm ZU^2$ 等.

47.通过一给定的点 N 求作一直线,使它与三个给定的点 A,B 与 C 的距离之和等于它与另一给定的点 M 的距离.

48.求作一三角形,等于一给定的三角形,并使其每边各通过一给定的点.

49.求作一三角形,使其诸高线的垂足各落在给定的点上.

50.求作一多边形,已经知道它各边中点上的垂直线的位置①.

解:A 是所求顶点之一,X 是任意一点.我们把 AX 引到与所给直线成对称的次一个位置.于是 A 变成以前的位置,而 X 变成 X_1;长度 $AX = AX_1$,而为最后能决定点 A 须取另一点来替代 X.

51.求作一多边形,已经知道它各顶角平分线的位置.

52.给定了两点 A 与 B.试在一给定的直线上找一点 X,使 $AX \pm BX$ 等于给定的值.

53.给定了两点 A 与 B.试找一点 X 令与 B 及一给定的直线成等距离,而使 $AX \pm BX$ 等于给定的长.

54.试在一给定的 $\triangle ABC$ 内找一点 X,使三角形 AXB,AXC 及 BXC 的周边相等.

55.给定了一角 B 及一点 D.通过 B 与 D 求作一圆,使角边在圆内所截两段之和等于给定的长.

56.在一个角 A 的平分线上给定了一点 D.求作一割线 CDB,使 $AC \pm AB$ 等于给定的长.

① 即给定了垂直线所指向的各直线.

57. 在一圆内沿一已知方向求作一弦 CD,使它被一弦 AB 分成一给定的比率.

解:作 $CE \parallel AB$.

58. 给定了一个圆 O 及两点 A 与 B. 试在圆上找一点 M,使直线 AM 与 MB 与圆的交 点所定的弦平行于 AB.

59. 给定了一个圆及两点 A 与 B. 试在圆上找一点 M,使直线 AM 及 MB 与圆交点所定的弦 CD 平行于一给定的直线 PQ.

解:设弦 $DK \parallel AB$,而 E 是直线 AB 与 CK 的交点,于是可以决定点 E 的位置($AM \cdot AC = BA \cdot AE$,$\angle CDK$ 已知).

60. 在圆 O 内求作一内接三角形,使其各边通过三个给定的点 A,B 与 C.

解:如果所求的 $\triangle LMD$ 由割线 ALM,BDM 及 CDL 所构成,则作弦 $DK \parallel AB$,并设 E 为 AB 与 LK 的交点. 点 E 的位置能决定,于是能作 $\triangle LDK$.

61. 试求对两个给定的圆张相等的视角的点的轨迹.

62. 试决定一个对三个给定的圆张相等视角的点.

63. 在一给定的圆内求作一内接四边形,已经知道它的两条对边的交点,而这两条边是相交成直角的,又知道一个第三边所通过的点.

64. 1) 通过一给定的点 M 求作一圆,与一给定的圆相切并且与另一给定的圆相交而其公共弦通过一给定的点 A.

2) 通过两个给定的点求作一圆,使与一给定的圆相交所成的弦等于一给定的长.

65. 在一给定的点 A 及一给定的圆 O 之间求作一线段,使它的中点至 A 及 O 的距离之和(或差)等于一给定的长.

66. 在一给定的圆里面或外面求作三个、四个或 n 个相等的圆,使与给定的圆相切,并且它们本身之间亦彼此相切.

67. 求作一圆与两圆相切,使切点联结线通过一给定的点.

68. 求作一圆与两给定的圆相切,使切点联结线有给定的长.

69. 给定了两点 A 与 B. 试在一给定的圆上找一点 M,使直线 AM 及 MB 与圆相交处所定的弦成最大或最小.

70. 试在一给定的直线上找一点,使它对一给定的线段张一最大的视角.

71. 求作一圆通过一给定的点,使它被一给定的圆 O 所平分并且交另一圆 O_1 成直角.

72. 求作一周边给定的三角形,使它的诸顶点落在两个给定的彼此相交的圆上并且使它的两边通过两圆的交点.

73.通过一给定的点向两个相切的圆求作一割线,使它在两圆间所截的部分对切点所张的视角成一直角.

74.在 $\triangle ABC$ 内求作一周边最小的内接三角形,使它的一个顶点是边 BC 上的点 D.

解:边 DE 与 EF,DF 与 EF 应该与 AB 及 AC 成相等的角,所以 EF 通过点 D 的映像.

75.在一给定的扇形里求作一周边最小的内接三角形.

76.在一给定的三角形 ABC 里求作一周边最小的内接三角形 EDF(点 D 在 BC 上).

解:把 D 反映到 AB 与 AC 里去.折线 $GEFH$ 应变成直线.既然 $\angle GAH = 2\angle A$,则在圆(A,D)内弦 GH 在 $AD \perp BC$ 时为最小.所求的三角形诸顶点在所给 $\triangle ABC$ 诸高线的垂足上.这问题只有对锐角三角形是可能的.

77.试在 $\triangle ABC$ 里找一点 X,使 AXB,AXC 及 BXC 诸圆的半径彼此相等.

解:$\angle ABX = \angle ACX$,$\angle BAX = \angle BCX$ 及 $\angle CAX = CBX$;由此可见 X 是三角形的垂心.

78.在一给定的正多边形里求作一内接正多边形,使它的边等于给定的长.

79.在一给定的三角形内求作一形状已知的内接三角形,使它有最小的周边.

80.求作一形状已知的四边形,使它的各边通过四个给定的点.

81.给定了两条平行线,其中一条平行线上给定了一点 A 另外还给定了一点 B.求作两平行线通过 A 与 B,使与两给定的平行线做成一周边给定的平行四边形.

82.在一给定的四边形内求作一内接四边形,与另一给定的四边形相似.

83.在一给定的圆内求作一内接四边形 $ABCD$,已经知道它的对角线间所夹的角及对角线 AC,并且知道这四边形内可以作一内切圆.

解:$\angle A$ 与 $\angle C$ 两角的平分线,通过 BD 上的弧的中点,决定内接圆心.

84.通过一给定的点向两给定的圆求作一割线,使它在两圆之间的一段被所给两圆的根轴所平分.

85.围绕一给定的圆求作一外切三角形,使其诸顶点在三条给定的通过圆心的直线上.

解:可以决定三角形诸顶角.

86.导出以下各关于三角形的关系:

1) $S = \frac{\rho_a(b + c - a)}{2}$;

2) $\frac{1}{r} = \frac{1}{\rho_a} + \frac{1}{\rho_b} + \frac{1}{\rho_c}$;

3) $S^2 = r\rho_a\rho_b\rho_c$;

4) $S = \frac{r(a + b + c)}{2}$;

5) $\frac{1}{r} = \frac{1}{h_a} + \frac{1}{h_b} + \frac{1}{h_c}$;

6) $\frac{2}{h_a} = \frac{1}{\rho_b} + \frac{1}{\rho_c}$.

87.求作一三角形,已经知道:ρ_a,ρ_b 及 ρ_c.

88.求作一三角形,已经知道:h_a,r 及 $h_b : h_c$.

89.求作一三角形,已经知道:r,ρ_a 及 h_a.

90.求作一三角形,已经知道:r,ρ_a 及 S.

91.求作一三角形,已经知道:h_a,h_b,r.

92.求作一三角形,已经知道:a,m_a 及 $b \pm c$.

93.求作一三角形,已经知道:h_a,m_a,$\angle B - \angle C$.

94.求作一三角形,已经知道:m_a,$\angle(a, m_a)$ 及下面各条件之一:$b \pm c$,bc,$b : c$,$b^2 \pm c^2$.

95.求作一三角形,已经知道:A,R 及 AB 被旁切圆切点所分成两段之比.

96.求作一三角形,已经知道:A 及所求三角形被高线 h_a 所分成诸三角形的内切圆半径.

97.求作一三角形,已经知道:$2p$,h_a 及 $\angle B - \angle C$.

98.圆心 O①及 h_a 与 b_A 的端点.

99.这几个点的位置:A,O 及 O_a.

100.这几个点的位置:A,O 及欧拉圆(通过各边中点的圆)的圆心.

101.这几个点的位置:O,o 与 O_a.

102.给定了几条平行线及两个点 A 与 B.求作一长度已给定的折线 $AXYZ\cdots UB$,使 X,Y,Z,$\cdots$,U 各在平行线上而每条线段 XY,YZ,$\cdots$,都有给定的方向.

解:须用平行迁移法把诸线段的固定总和由周边中除出去.

---

① 以 O,o 及 O_a 各代表外接圆,内切及旁切圆的圆心.

103.在圆上给定了两点 A 与 B.沿已知方向求作一弦 XY,使 $AX : BY$(或 $AX \cdot BY$)等于给定的值.

104.在 $\triangle ABC$ 内沿已知方向求作一线段 XY(X 在 AB 上,Y 在 BC 上),使 $BX : YC$(或 $BX \cdot YC$)等于给定的值.

105.给定了两点 A 与 B.试找点 X 的轨迹,这个点 X 满足 $AX^2 \pm p \cdot BX^2 = k^2$,这里 p 是一给定的数.

106.给定了三点 A,B 与 C.求作一直线通过 B,使它与 A 及 C 的距离 AX 及 CY 满足等式 $p \cdot AX \pm q \cdot CY = k$,这里 p 与 q 是给定的数.

107.给定了三个同心圆.求作一割线 $XYZU$(X 在最大圆上,Z 及 U 在最小圆上),使 $XY : ZU$ 等于给定的值.

108.给定两个相交的圆.求作一割线,使在圆间截成三段相等的线段.

109.求作一三角形,已经知道 a,c 及线段 BD,并使 AD 等于边 a 在 b 上的投影.

110.试在一给定的角里找一点,使它与角边的距离 x 与 y 满足等式 $px \pm qy = k$,这里 p 与 q 是给定的数.

111.求作一三角形,已经知道由高 BD 所定的线段 AD 与 DC,并且知道 $\angle ABD = \angle A + \angle C$.

112.如果两个四边形的各相应顶角及对角线夹角都一一彼此相等,则两个四边形相似.

113.如果两个四边形的各相应顶角及两对角之比都彼此相等,则它们可以相似亦可以不相似.

114.求作一四边形,已经知道它的顶角,两对角线之比及面积.

115.给定了三点 A,B 与 C.求作两条平行线,令一条通过 A,而使它们与 B 及 C 的距离平方差各等于给定的值.

解:把第二条平行线平行迁移到第一条上去.

116.给定了两圆 O 与 O_1 及第一圆上两点 A 与 B.试在第一圆上再找一点 X,使直线 AX 与 BX 在第二圆上所定的弦 CD 等于给定的长.

解:把 CA 绕 O_1 转一 $\angle CO_1D$,于是 CA 取 DA_1 的位置,而 $\angle A_1DB$ 变成等于 $\angle AXB$ 与 $\angle CO_1D$ 之和或差.

117.通过一定点 D 求作一直线,使由 $\triangle ABC$ 的一给定的角截下一块大小给定的面积(Apollonius,“De sectione spatü”).

解:如果点 D 在角外,则作一割线 DEF,使 $\triangle DBF$(F 在 BC 上)与 $\triangle ABC$ 等面积,于是 $S_{\triangle DFC} - S_{\triangle ADE} = S_{\triangle BDE}$.由此决定 AE 与 FC 之比.如果 D 在角内,

则能找出 $AB : CF$.

118.设有一弹子台成多边形 $ABCD\cdots$ 的形状,要把上面的一颗球 M 打一下,使它由所有各边反射后(由边 AB 反射起)与另一颗球 N 相碰.

解:点 M 以它的 AB 里面的映像 M_1 替代,于是 M_1 又以它在 BC 里面的映像替代,如此进行下去,得到一点在最后一边里的映像 X.直线 XN 在最后一边上决定一个点,由这点就可以回溯到点 M.

119.给定了一直线 MN 及两点 A 与 B,各在直线的两侧.试在这直线上找一点 X,使 $\angle BXM$ 与 $\angle AXM$ 之差为最大.

解:在 $\angle AXM$ 上截取 $\angle BXM$,于是点 B 成为已知点.

120.给定两线段 AB 与 DE.沿已知方向求作一割线 XY(X 在 DE 上, Y 在 AB 上),使 $\angle AXY$ 与 $\angle BXY$ 相等.

121.试以一折线分一梯形为面积相等的 n 部分,而使折线的转折点都落在梯形的边上.

122.试由一给定的多边形用一通过顶点的直线截下一部分,使其面积等于一给定的图形.

123.1) 试以通过四边形底边上两定点的直线把这四边形分为面积相等的三部分.

2) 试以通过一个定点的直线把一个三角形分为面积相等的三部分.

124.在一三角形 ABC 内沿一已知方向求作一线段 DE(D 在 AB 上, E 在 BC 上) 使它成线段 AB 与 DB 之间的比例中项.

解:截取 $DE_1 = DE$.

125.求作一等腰三角形,使它的底边在一给定的直线上,顶点在另一给定的直线上,而两腰通过给定的点.

126.求作一等腰三角形,已经知道 S 及 $(b + h_b) : a$.

127.在一给定的圆内求作一内接梯形,已经知道它平行边间的距离及对角线间的角.

128.在两圆上各给定了一点 A 与 B.试在两圆根轴 CD 上找一点 E,使 F 与 G—— 即 EA 及 EB 与圆所交的第二交点 —— 的联结线与连心线平行.

解:设 A_1 与 F_1 是 A 与 F 在 CD 里的映像.围绕图形 $FABG$ 及 GBA_1F_1 可作外接圆, A, B, A_1 及 E 诸点在一圆上.

129.在一直角的一边上给定了两点 A 与 B;试在另一边上找一点 X,使 $\angle AXB$ 为 $\angle ABX$ 的两倍.

解:作 $AZ \perp BX$,把 $\triangle AXZ$ 绕 AZ 旋转 180° 而决定出点 Z.

130.要测量一座山的高 AB,在地面上量一条基线 CD,由它两端看 AB 各成视角 α 与 β,而基线 CD 对山顶 A 张一视角 γ.试求山高.

解:作三角形 abc 及 abd 与三角形 ABC 及 ABD 相似,于是作 $\triangle efg$,其中 $\angle efg = \angle\gamma$, $ef = ac$ 而 $fg = ad$,于是山高将为 $ab \cdot CD : eg$.所给的角 γ 亦可代之以 $\angle CBD$,这实际上比较容易找.

131.给定了两点 A 与 B 及其间两平行线 CD 与 EF.求作割线 AXY 与 BYZ(X 与 Z 在 CD 上,Y 在 EF 上),使 $XY = XZ$.

解:把 XZ 平行迁移至 AH,于是 $AY = AH$,并且可以决定由 A 向 YH 所作垂直线的垂足.

132.求解上面这问题,使 $YZ = XY$.

解:亦如在上题中,作 $BK \perp AH$.

133.有两个一样高的直立的筒子 AB 与 CD,由筒底连接线 BD 上的一点 E 看来各成视角 α 与 β.如果由点 E 沿直线 EF 走过一段已知距离 $EF = a$,则由点 F 看来两个筒子各成视角 γ 与 δ.试决定 BD 与 AB 而不借助于三角.

134.给定了四条直线.求作第五条直线,使它在所给各直线间被截下的三段之长成给定的比率.

135.给定了一个点及两个圆.通过所给的点求作一新圆,与所给第一圆相切而平分所给的第二圆.

136.在一给定的扇形 AOB 内求作一周长给定的矩形 $MNPQ$.

解:如果在弧上要落两个顶点 N 与 P,则在 $\angle O$ 的平分线上截取周长的一半 OC 并且作 $MD \parallel NC$.图形 $OMDQ$ 的形状已知.

137.通过 A 与 B 两点求作一圆,交两给定的平行线于 X 与 Y,使线段 XY 有给定的方向.

138.给定了两条直线及一点 A.沿已知方向求作一线段 ZU(Z 在第一直线上,U 在第二直线上),使 $ZU^2 - UA^2$ 等于 k^2.

解:如果点 A 在第二直线上,则在点 A 的垂线上截取 k.一般的情形也容易化为这种情形.

139.在 $\triangle ABC$ 内求作一内接 $\triangle abc$,使 bc 的长及其他两边的方向都如所给的.

解:圆 bac 交一边于 d, bd 与 cd 乃可决定.

140.在 $\triangle ABC$ 内求作一三角形与它相似,使它的一边通过一给定的点.

解:作任一内接 $\triangle abc$ 与 $\triangle ABC$ 相似,并且找一旋转中心以 A 与 a, B 与 b 作相应点.剩下只要把 $\triangle abc$ 乘一乘并且按某种方式旋转一下.

141.给定了两个圆.向每圆求作一切线,使相交成一给定的角,并且使连接切点的直线通过一给定的点 K.

解:以所给的角作圆的旋转角来决定旋转中心.在旋转时 K 变成 K_1,由这点画切线就行了.

142.给定了三个圆及每圆上一点 A,B 与 C.求作一割线 XYZ,使 AX,BY 及 CZ 各弧相似.

解:在当前这情形 $\angle XYZ = 180°$,但它一般可以有任一给定的值.

143.在一给定的圆内求作一三角形,使它的诸高线各通过三个在圆上给定的点.

解:在所给三角形内作一内切圆.

144.在一给定的圆内求作两定长的弦,使它们相交成一给定的角,并且使它们的中点的联结线通过一给定的点.

145.给定了 $\angle BAD$ 及一点 C.在这角内沿已知方向求作一线段 XY,使 $\angle XCY$ 等于给定的大小.

146.给定了一 $\angle B$ 及一点 A.在角内求作一 $\triangle AXY$,使三角形 AXY 的面积及 $\angle BXY$ 等于给定的值.所给面积可代之以 $AX \cdot AY$,$XY \pm AZ$(AZ 是高),$XY : AZ$ 等.

147.给定了两个圆,一条直线 BC 及它上面一点 A.试在每圆上各找一点,X 与 Y,使 $\angle BAX$ 与 $\angle BAY$ 之差以及 $AX \cdot AY$ 各等于给定的值.

解:由差等于零的情形开始.

148.在圆内给定了一条弦 AB.沿已知方向求作一弦 CD,交 AB 于 E,使 $AE : CD$ 这比率等于给定的值.

149.给定了一 $\angle ABC$ 及一圆 O.沿已知方向求作一割线 XY,使在角内及圆内截成相等的线段.

解:设 $BE \parallel XY$ 而 OD 是 O 与 BE 的距离.把圆平行迁移而使两线段叠合.圆心的新位置可以决定.如果所求的线要成一给定的比率,则须增大或减小 $\angle B$ 而使线段与弦变成相等.

150.给定了三个圆,它们的中心同在一条直线上.求作一割线,使它在各圆内截成相等的弦.

151.给定了三个相等的角,它们的顶点同在一直线上(或三个不相等的角,它们的三条边彼此平行).求作一割线,使它在诸角内截成相等的线段.

152.由一给定的点求作一直线,使它在三条给定的直线之间所截的各线段成给定的比率.

153.给定了两个相等的角.由一给定的中心求作一圆,使它在两角内决定相等的弦.

154.给定三点 A,B 与 C.通过 B 求作一直线,使它与 A 及 C 的距离平方之和等于 k^2.

155.给定了两个圆,每圆上各一点 A 与 B,及圆外一点 C.试在两圆上找两点 X 与 Y,使 AX 与 BY 两弧相似并且使 $\angle CXY$ 等于给定的大小.

根据调和点的性质可解以下各问题.

156.给定了两点 A 与 B.试在直线 AB 上安置一长度给定的线段 ED,使 A,E,B 与 D 成调和点.

解:通过 A 与 B 作一圆,交画在 ED 直径上的半圆于 C.于是 CD 与 EC 交第一圆于弧的中点 F 及 H.如果现在把 ED 平行迁移至 HG,则既然 $\angle FDG$ 是直角,点 D 乃可决定.

157.给定了三条直线及线外一点 M.求作一割线 $MXYZ$,使 X 与 Y 分 MZ 成调和点.

解:点 Z 的轨迹是一条直线,通过前两条直线的交点.

158.求作一三角形,已经知道:a,$\angle A$ 及 $\angle A$ 的邻补角平分线.

159.求作一三角形,已经知道:A,b_B 及 C 与 b_B 的距离.

160.求作一三角形,已经知道:a,b_B 及 $\angle A - \angle C$.

161.给定了两条平行线,它们上面的两点 A 与 B 及线外的一点 C.求作一割线 CXY,使 $\angle AXB = 2\angle AYB$.

162.给定了四条直线,通过一点 X.求作一个已经给出顶角的平行四边形,使它的各顶点落在所给诸直线上,并且使它的各顶点与 X 的距离的总和等于一给定的长.

163.给定了两条平行线,在一条平行线上给定了一点 A,在线外还给定了一点 B.求作一割线 BXY,使 $AX : AY$ 等于给定的值(点 A 与 X 在一条平行线上).

164.给定了两个圆,试选择一反演中心,使所给两圆反演成同心圆.

解:设 R 与 R_1 是所给两圆的半径,d 是两圆心间的距离,x 与 y 是由所求的点所作的切线与连心线之间所成的角.于是有 $R_1\sin x - R\sin y = d\sin x \cdot \sin y$ 及 $\cos^2 x \cdot R\sin y = R_1\sin x \cdot \cos^2 y$.第二方程式经变形后约去 $\sin x \cdot \cos y$ 而得一个二次方程式,它对于不相交的圆总是有解的.

165.给定了两个圆及一条直线,求作一圆,使与它们相交各成给定的角.

166.求作一圆,使与三个给定的圆相交各成给定的角.

第八章　单用圆规的作图法

一个圆,如果已经给定了它的中心及它所通过的一个点(或者半径等于给定的长),则该圆称为是已经给定的.一条直线,如果知道了它所通过的两个点,则该直线认为是已经给定的.现在,我们不像用直尺解问题时把这直线想象为充满点的.以下在某些图上只标出虚线.这是想象中的直线,而不是实在画出来的直线.

我们不论用什么工具来作图,每个二次的问题总可化为以下四种基本手续:

1) 在一条直线上指出一个点或几个点;

2) 作一条给定的直线与一个给定的圆的交点;

3) 作两条给定的直线的交点;

4) 作两个给定的圆的交点.

如果我们要证明任何二次的问题都可以单用圆规来解,不用别的工具,则只要说明前三种手续能单用圆规完成就行了,因为第四种手续是直接用圆规来做的.

我们这问题可以有许多解法,但阿得拉氏幸运地想到把反演原理应用到这问题上去.他的想法可以这样来讲,使得可以顺便稍稍认识一下某些马斯开龙尼氏的精巧作图法①.

Ⅰ.第一个基本问题.在一给定的直线上指出一个或几个点(马斯开龙尼氏解法).

我们作(图 106)(B,AB),(A,AB),(C,AB)及(D,AB)诸圆,如此得到一个在 AB 延长线上的点 E.马上看出一个线段 AB 可以怎样用一整数来乘.

如果我们需要一个在线段 AB 上的点,则(图 107)截取 $AC=AB\cdot n$,这里 n 是一个整数,而作(C,A),(A,B),(D,A)及(E,A)诸圆,最后两个圆决定一个点 X.事实上,由 $\triangle ADC$ 与 $\triangle ADX$ 的相似得 $AX:AD=AD:AC$,由此得

① 见马斯开龙尼氏,圆规几何学.(Mascheroni,La geometria del compasso)巴维亚,1797 年.只译成了法文及德文.

$AX = (AB : n)$.马上也就可以看出,如何能用一个圆规来把一给定的线段分成若干相等的部分.

Ⅱ.已经知道反演原点 K 及反演方幂 k^2,试决定一点,相应于一给定的点 A(图 108).

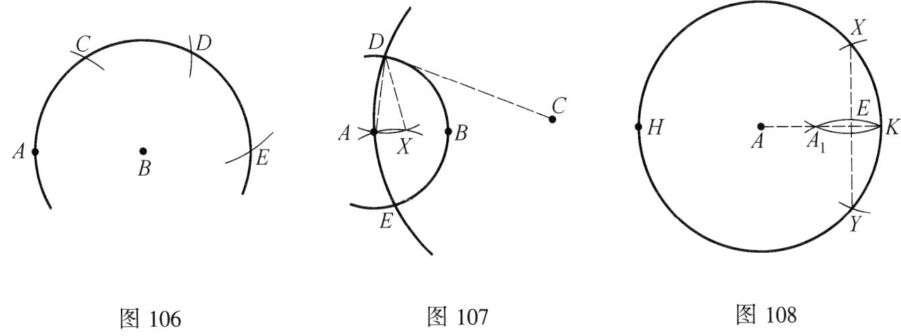

图 106　　图 107　　图 108

作圆(A,K)与(K,k)相交于 X 与 Y;再作圆(X,K)与(Y,K),其交点即所求的点 A_1.

在这情形,点 A 乃对圆(K,k)来反演的,而这圆叫做基圆.要做证明,我们设想圆(A,X)的直径 KH,于是 $KX^2 = k^2 = KE \cdot KH = KA_1 \cdot KA$.如果 $KA < (KX : 2)$,则这作图不能做.于是线段 KA 以一整数 n(Ⅰ)①来乘一乘,使 $KA \cdot n > KX$.设 $KB = AK \cdot n$.我们找到一点 B_1,与 B 成反演,并且以 n 乘 KB_1.于是 B_1 变成所求的点 C,因为 $KB \cdot KB_1 = k^2$ 或$(KB : n) \cdot (KB_1 \cdot n) = KA \cdot KC = k^2$.

Ⅲ.已经知道反演原点 K 及反演方幂 k^2,求作一圆,与一给定的直线 XY 成反演(图 108).

所求的圆通过 K(定理 B)②.设 A_1 是 K 在 XY 里的映像(它由两个以 KX 及 KY 为半径的圆所决定).我们决定 A_1 的反演点 A(Ⅱ),圆(A,K)就是所求的.这由等式 $k^2 = KA_1 \cdot KA = HK \cdot EK$ 可以明白.

Ⅳ.对三段给定的线段 a,b 及 c 求作它们的比例第四项(马斯开龙尼氏解法).

我们画两个同心圆(O,a)及(O,b),并且截取弦 $AB = c$ 及 $AA_1 = BB_1$(图 109).于是 $A_1B_1 : AB = OA_1 : OA$ 或 $A_1B_1 : c = b : a$ 而 A_1B_1 是所求的线

① 这类地方都指本章出现的相应问题,如此处即为前面的问题Ⅰ.
② 这类地方都参考本编第二章问题 500 后诸定理 A,B,C 等的应用.

段.

如果 $c > 2a$,则取 $AB = (c : n)$,这里 n 是一个任意的整数.于是在图上得所求线段的 n 分之1(Ⅰ).

Ⅴ.知道了反演原点 K 及反演方幂 k^2,试反演一个给定的圆.

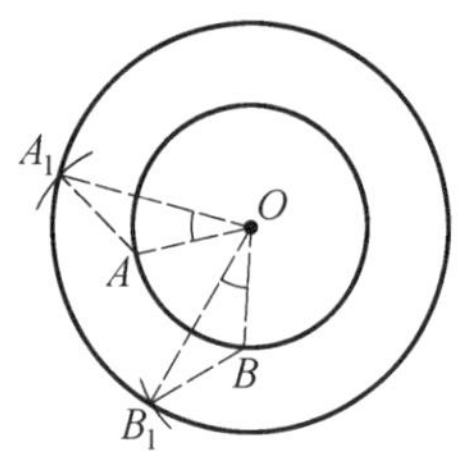

图 109

设 KY 及 KY_1 各为所给的及所求的圆 O 与 O_1 的切线.平分 KO,Y 的位置就容易决定(Ⅰ).知道了 X,Y_1 就容易决定(Ⅱ).然后 KO_1 与 Y_1O_1 的长乃由比例式 $KO_1 : KO = KY_1 : KY$ 及 $Y_1O_1 : YO = KY_1 : KY$ 所决定(Ⅳ).剩下就是要画圆 (K, KO_1) 及 (Y_1, Y_1O_1).如果所给的圆通过 K,则所求的曲线变成一条直线,它的两个点容易决定(Ⅱ).

Ⅵ.第二及第三基本问题.单用圆规来决定两条给定的直线的交点及一条给定的直线与一个给定的圆的交点.

我们把两条所给的曲线绕一个取在曲线外的原点来加以反演(Ⅲ 与 Ⅴ),于是它们反映成某两个圆,它们的交点 Y 直接可以找到.然后把点 Y 倒过来反演回去(Ⅱ)而得到所求的.

我们看到了,所有解任何二次问题所用的四种基本手续都可以单用圆规做出来,不用任何别的工具,所以任何二次作图问题都能单用圆规解出来.由此也就容易导出它的逆定理.

设某一问题可以专凭画圆来解出,这些圆汇集起来成一几何形象 M.于是反演出来的形象 M_1 由圆与直线所构成,而这些圆与直线是可以用圆规与直尺作出的,因为能用圆规与直尺来反映.但如果是这样,则形象 M 也就能用圆规与直尺作出,而这只有当所给问题是二次型的时候才行.单用圆规来解二次问题的一般方法如下.

设所给的问题归结起来是要作某一个点 X.我们设想问题用圆规与直尺解出来了,于是得到某一个完全由一系列直线与圆所构成的几何形象.在这系列线里有两条直线(或一条直线与一个圆,或两个圆),其相交处决定一点 X.我们来看看第一种情形,其余两种情形解法一样,甚或更简单些.

在这两条直线上须各找出两个点 A 与 B(在第一条直线上)及两个点 C 与 D(在第二条直线上),使四个点能单用圆规来作.实际上这四个点很容易被发现.理论上这些点的存在是以下面的理由来保证的:由解法的开始起,我们每一步个别的作图基本手续都是可以单用圆规做出的.

设 A,B,C 与 D 已单用圆规找出.于是我们单用圆规来反演直线 AB 与 CD;

它们反映成圆.这两圆相交于一点 X_1.最后,我们单用圆规来把 X_1 这一点倒着反演回去而得点 X.所说的容易推广到归结起来要作几个点的问题上去.在此发生一长串的作图手续,如下面所示,但实际上应用反演原理可以大为化简(问题 Ⅷ).

我们已经看到,单用圆规作图的问题是如何密切地与反演联系着.自然而然会产生这样的思想:在许多马斯开龙尼氏的漂亮解法中应该有这样的作图,它们是由同此问题的反演解法产生出来的.由另一方面来说,虽然马斯开龙尼作图一般不依凭①所说的单用圆规的解作图问题的一般的方法,但在特殊情形它们可以与一般解法接近,甚至完全一致.特别有趣的是我们指明:二者事实上果然如此.这里是几个实例.

Ⅶ.试把一给定的线段 AB 分为 n 等份(n 是整数,图 107).

设 $AX=(AB:n)$.我们取(A,B)为基圆来反演 X.如此点 X 变成点 C.按反演原理有 $AX\cdot AC=AB^2$,由此得 $AC=AB\cdot n$,而点 C 可以单用圆规来求(Ⅰ).剩下只要把点 C 反演回去(Ⅱ).

这解法与马斯开龙尼作图法符合.

Ⅷ.试单用圆规来找一个圆的圆心.

任意取两点 A 与 B(图 110),作圆(A,B)而得点 C.用圆规决定两点 M 与 N,使 $AM=MB=NB=NA$,同时还决定两点 P 与 Q,使 $AP=PC=CQ=QA$.我们取(A,B)作基圆把 M,N,P 及 Q 加以反演.直线 MN 与 PQ 反演为圆,相交于 A 与 X.把点 X 反演回去即得所求的圆心.

我们试将这一般解法加以化简.第一,不取直线 MN 而取直线 AD 比较便利,因为 A 在 BC 里的映像是容易决定的.第二,容易看出 $AE\cdot AH=AB^2$,所以点 E 与 H 是在方幂 AB^2 之下的相应点.但既然 $DA=2AE$,并且 $AO=(AH:2)$,则点 D 与 O 亦是反演点,而这个问题化为问题 Ⅱ.所以我们得到下面这种解法.决定点 A,B,C 与 D 后画圆(D,DA)而得点 K 与 L.然后画圆(K,AB)与(L,AB)相交于 O.

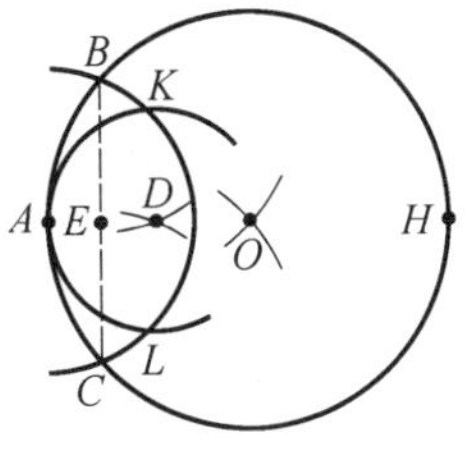

图 110

① 在马斯开龙尼时代还有反演法.

第一节　司坦纳氏作图法及双边直尺的直角规的或锐角规的作图法

现在我们来讲作图问题的只画直线的解法，只是有时在图上已经有某一个画好的辅助图形.所有这些方法中最有力的是下面这几种：

Б.用双边尺的作图法(即用两条距离固定的平行线段)，在此别的工具都不准用.

Г.用一个直角规或锐角规的(木头或金属做的)作图法——其他工具都不准用.

Ж.用一条单边尺的作图法，此外在图上还给定了一个画好的圆心已知的圆(司坦纳氏辅助圆)①——其他工具都不准用.

其次，任何非辅助圆如果已经知道它圆心的位置及半径的长(以某一画好的线段来给出)，则认为是给定了.但是这圆上没有一点是看做给定的，并且如果我们要在这圆上决定一个某种性质的点，则应该限于只画直线.

我们知道，任何二次问题的解都归结为四种已知的基本作图手续(见本章开端).

这些基本问题中第一与第一可直接用Б，Г及Ж诸方法解出——单用直尺.我们的目的是要指明，其余两个基本问题也可用同此三种方法解出，不管表面看来它们的工具是多么有限制，而任何二次问题都可以如此解出.

这问题能有种种讲法——下面所选择的大概是其中最简单的一种.我们预先来解几个只凭画直线(单边尺)做出的问题.

Ⅸ.给定了两条平行线段 AB 与 CD，试平分之.

把 AD 与 BC 的交点与 E 联结起来(图111).

如果把比例式 $AP:PB=CQ:DQ$ 及 $AP:PB=DQ:CQ$ 乘起来，则得 $AP=PB$，于是亦有 $CQ=DQ$.

Ⅹ.知道了线段 AB 的中点，求作一条它的平行线使通过一给定的点 C(图111).

我们在 AC 上任意取一点 E，决定 PE 与 BC 的交点，然后决定 EB 与 AM 的

① 参阅雅谷司坦纳："几何作图法…"柏林1833，俄文译本即哈列可夫数学丛书第一种，哈列可夫1910.但是这里不是逐句照司坦纳及阿得拉来细讲这问题.下面这些是简单的作图工具及方法，这里都略去不讲：1)用单边尺及定长可动线段，2)用分角线——一般的费尔特勃伦氏仪器，3)用单边尺而图上已有一画出的菱形或正方形，4)用一个或两个开度固定的圆规.

交点.

Ⅺ.在图上给定了一个平行四边形 *ABCD*.求通过它的中心作一边的平行线.

在 *AD* 上任意取一点 *L*(图 112),作 *DM* // *AC* 及 *CK* // *BD*(问题 Ⅹ),如此得到 *Y* 而直线 *EY* 为所求.

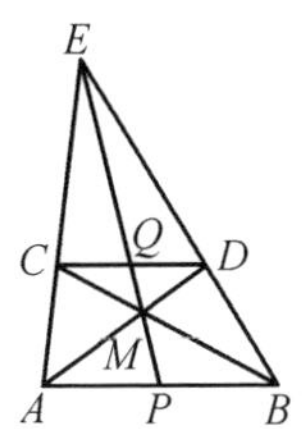

图 111

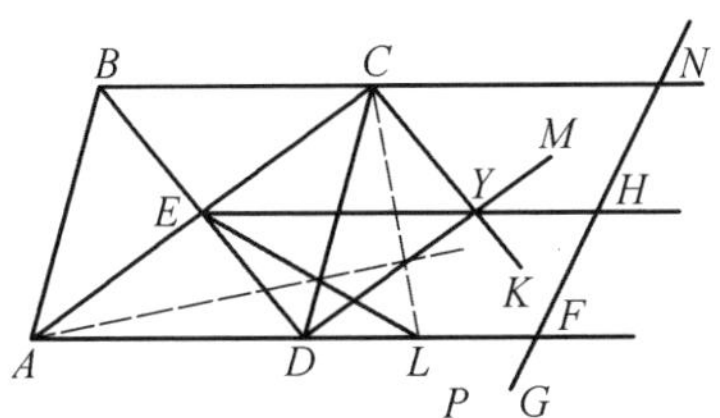

图 112

Ⅻ.在图上给定了一个平行四边形 *ABCD*.通过一给定的点 *P* 求作一直线平行于一给定的直线 *G*.

AD,*EY* 与 *BC* 的延长线(图 113)在直线 *G* 上决定 *F*,*H* 与 *N* 诸点,使 *FH* = *HN*,而这问题乃化为问题 Ⅹ.

用问题 Б,Γ 及 Ж 容易作出辅助平行四边形①,所以问题 Ⅺ 与 Ⅻ 可用这些方法解,每问题各别用每种方法解.

ⅩⅢ.试在一给定的直线 *DE* 上由一给定的点 *D* 截取一线段,使等于一给定的线段 *AB*.

Б.我们来作一平行四边形 *ABCD*,作 *CP* // *DE*(Ⅻ,图 114)并且作一菱形 *MCNL*,把直尺一次贴到 *CD* 上,另一次贴到 *CP* 上.直线 *CL* 决定所求的点 *E*.

① 这对方法 Б 与 Γ 是很明显的.在方法 Ж 中圆的每条直径都给一线段及其中点——剩下只要应用问题 X 并重复这作图.在给定的圆内画矩形还要更简些.

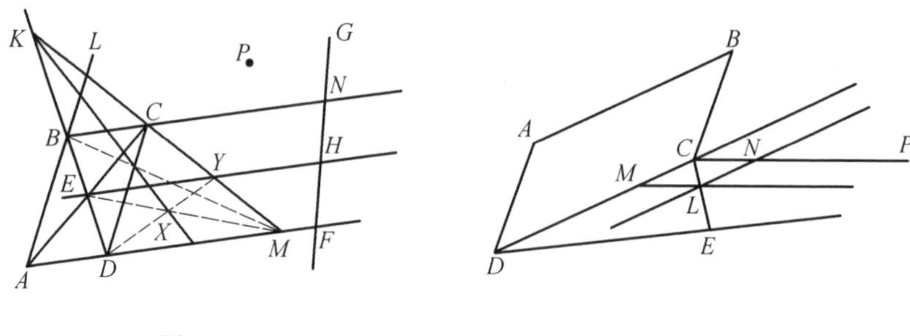

图 113　　图 114

可以指明,菱形 $MCNL$ 的作图容易用 Γ 与 Ж 两种方法做出,但最好把我们这问题的解各别用每种方法来处理,因为这些解法特别漂亮而且能表现特征.

Γ.如果给定的角是直角,则作两平行四边形 $ABCD$ 及 $ABDK$(图 115),然后移动直角,使顶点沿直线 G 动,到它的两边通过 K 与 C 为止.

如果我们有的是一个锐角 α,则(图 116)作平行四边形 $ABCD$ 及菱形 $DCNM$.

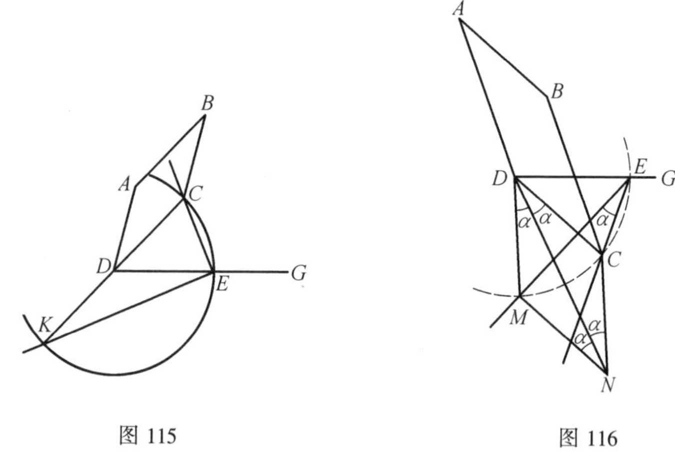

图 115　　图 116

然后移动我们这个角,使顶点沿直线 G 而动,到它的两边通过 M 与 C(或反过来)为止.于是显然得到了一个圆(D,DC),所以 $DE=DC$.

Ж.作 $G_1 /\!/ G$,作(图 117)平行四边形 $ABKO$ 及 $KZ /\!/ XY$,最后作平行四边形 $ZODE$.

XIV.通过一给定的点求向一给定的直线作一垂直线.

在这问题所分解成的两种情形中,一种可由画平行线而化为另一种(问题

Ⅻ),所以只要讨论任何一种情形就够了.

Б.把直尺贴到所给的点 C 上两次,并且沿直尺两边画平行线得到点 A 与 B(图 118).然后把直尺翻转,使 A 与 C 在它的两边上并且再画两条平行线,于是 CD 为所求.

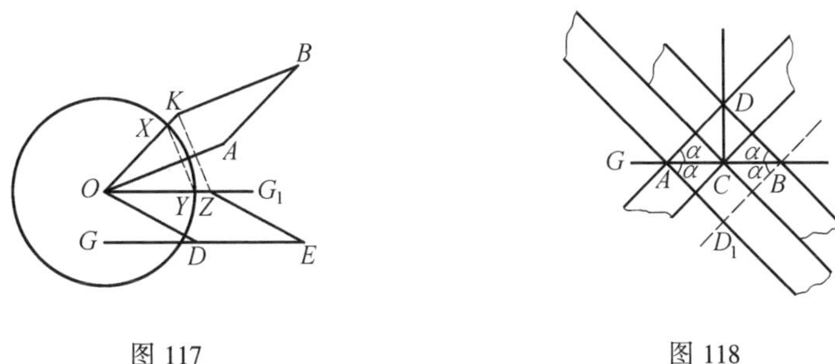

图 117　　　图 118

Г.如果 D 是一个给定的点,则这问题用直角解起来是很容易的,用锐角则如图 118 所示.

Ж.作直径 BC,平行于给定的直线 G(图 119).把给定的点 A 与 B 及 C 联结起来并且作 DC 及 BE,则 AF 为所求.因为三角形三条高交于一点.现在我们可以解几个用来解决这问题的问题.

ⅩⅤ.第二主要问题.给定了一条直线 G 及一个圆,这圆已经知道它的中心 O_1 的位置并知道它的半径等于一给定的线段 AB.试求此直线与圆的交点.

Б.作 $O_1C /\!/ G$,使 $O_1C = AB$(问题 ⅩⅢ,图 120),并作 $G_1 /\!/ O_1C$,使这两平行线的距离等于直尺的宽度 a.取任意一割线 O_1FD,作 $FE /\!/ CD$.如果现在安置直尺,使它的边缘通过 O_1 及 E,则可决定所求的点 X 与 Y.

我们注意,直线 G_1 的位置可以取得比直线 G 离 O_1 远些.

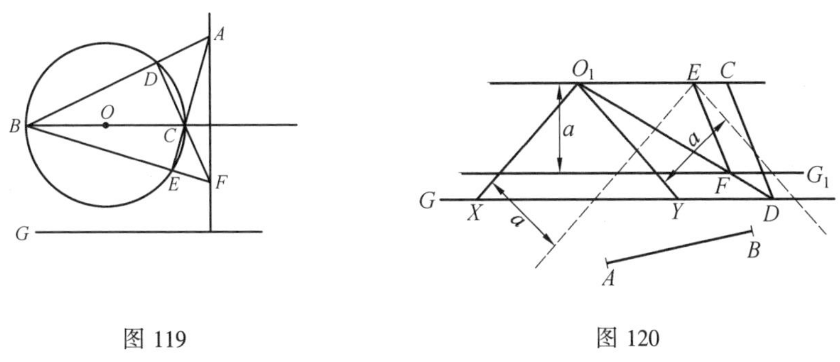

图 119　　　图 120

Г.如果给定的角是直角,则作 $O_1C /\!/ AB$ 及 $O_1D = CO_1 = AB$(图 121).然

后保留直角两边在点 D 与 C 上而移动到顶点落在直线 G 上为止.

如果我们有一个锐角 a,则作菱形 DO_1CE(图 122),使 $O_1C = AB$ 及 $O_1C // G$.现在沿 G 移动角 a 的顶点,直到其两边不通过 D 与 C 为止 —— 如此得到所求的.

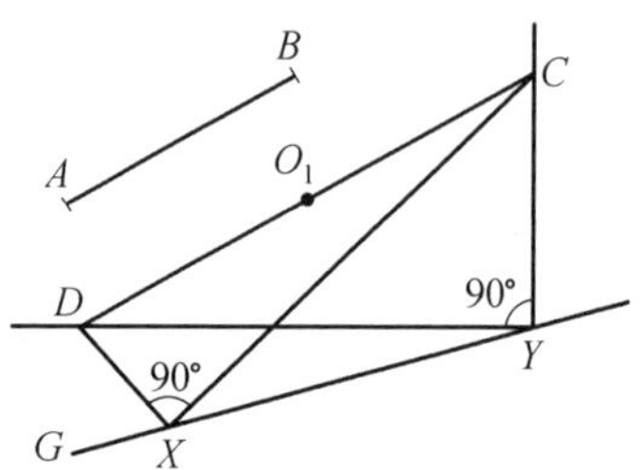

图 121

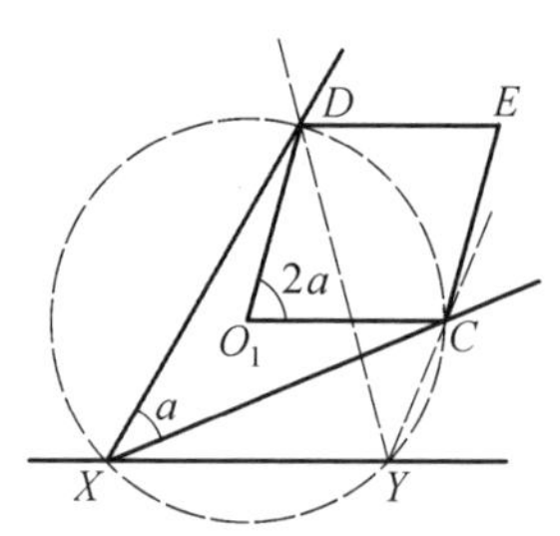

图 122

Ж.作平行四边形 O_1ABC(图 123)并且由辅助圆的中心 O 作 $OD // O_1C$,于是 K 就是圆 O 与 (O_1,C) 的相似中心.设 CO_1 交 G 于 M,而 DO 交 KM 于 M_1,通过 M_1 作 $G_1 // G$.直线 KX_1 及 KY_1 在直线 G 上决定所求的点 X 与 Y.

ⅩⅥ.第四主要问题.已经给定两个圆的中心 O_1 与 O_2 的位置,并且给定它们的半径各等于给定的线段 $r_1 = AB$ 及 $r_2 = CD$.试决定这两个圆的交点.

要解这问题我们来作所给两圆的根轴 —— 于是这问题化为前一问题.为这目的须在直线 O_2O_1 上决定一点 X,使 $O_1X^2 - O_2X^2 = r_1^2 - r_2^2$.

在 O_2O_1 的垂直线上(问题 ⅩⅣ 与 ⅩⅢ)我们截取(图 124)$O_1E = r_2$ 及 $O_2F = r_1$.由 EF 的中点作 $HX \perp EF$①,于是 $EX = FX$,所以 $O_1X^2 + r_2^2 = O_2X^2 + r_1^2$ 或 $O_1X^2 - O_2X^2 = r_1^2 - r_2^2$,而这问题化为问题 ⅩⅤ.

① 要平分一线段是很容易的,可借助问题 Ⅸ 与 Ⅻ,只要先画一个辅助平行四边形.

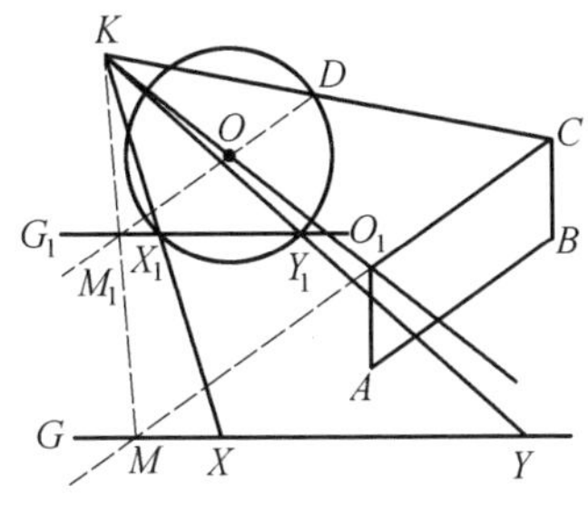

图 123

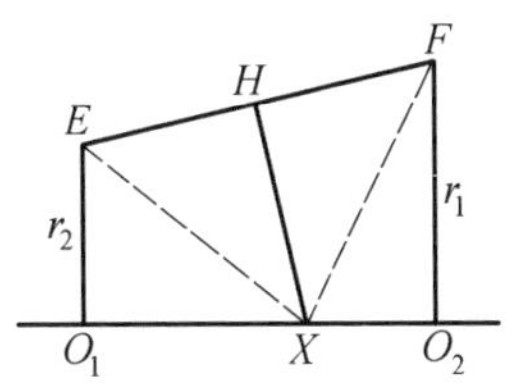

图 124

如此,我们证明了下面这几种很简单的工具就可以解任何二次的作图问题:一条带平行边的直尺,一个任何材料做成的直角或锐角①及一条单边直尺附带一个司坦纳氏辅助圆.但是,如果我们对每一问题的用上面所说工具的解法都照下面的方式来处理:设想用圆规与直尺解出而每一步作图手续都按照所说问题 Ⅸ ~ ⅩⅥ 来实行 —— 这样就大错了.反之,这些方法都有其特殊的特征,而在每一特别情形,经仔细考虑问题后,每种工具都有时会给比圆规直尺还要简单的解法.这我们已经局部地在问题 ⅩⅢ 与 ⅩⅣ 中见到.在此再举一个这种性质的例子.

ⅩⅦ.给定了一线段 AB,并且在图上已经有一线段 CD 与 AB 平行.试用单边尺作这线段 AB 的三分之一,四分之一,五分之一等.

勃良松氏对这个问题给了一个很漂亮的解法(图 125).F 是 AB 的中点(问题 Ⅸ).容易证明 $AM = \frac{1}{3}AB, AN = \frac{1}{4}AB$,等.

我们有

$$\frac{CP}{MF} = \frac{CK}{KF} = \frac{CD}{AF}$$

或 $$\frac{CP}{AF - AM} = \frac{CD}{AF}$$

但亦 $$\frac{GP}{AM} = \frac{CD}{AB}$$

由此得 $$\frac{CP}{AF - AM} = \frac{2CP}{AM}$$

及 $$AM = \frac{2}{3}AF = \frac{1}{3}AB$$

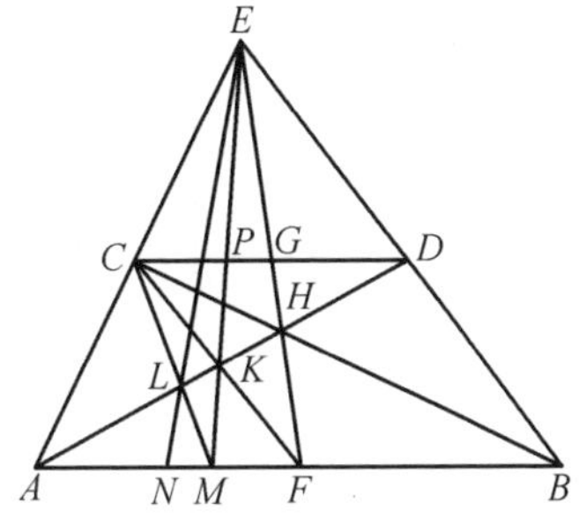

图 125

① 直角或锐角所对的边没有关系,不妨是弯曲的或带缺口的.

证明的其余步骤最容易是采取数学归纳法.

现在我们指明,在一切我们所说工具中,圆规直尺算在内,以直角规最为有力.

第二节　三次及四次方程式的根的作图

我们已经知道一个四次方程式可以化为一个三次方程式,这叫做所给方程式的豫解方程式.

这时候,如果豫解方程式可以解成二次方根,则所给的方程式也可以解成二次方根.由另一方面来说,如果我们会作豫解方程式的根,则原方程式的根也就容易用上面所讨论的工具来作,并且也可以用圆规与直尺来作.但我们将证明,用两个直角规可以作任何三次方程式的实根.一经找出一个根,则其他的根也就容易找出,因此也有可能性来作四次方程式的根,只要这些根是实根的话.

方程式 $a_0x^3+a_1x^2+a_2x+a_3=0$ 的根可照下面方式来作图(图 126 及

127).作直角折线 $ABCDE$,它的各段依次等于 a_0,a_1,a_2,a_3,这些系数的符号则以如下方式来配:如果平行线段有不同的符号,则它们在同一边来截取(在图 126 上线段 a_0 与 a_2,a_1 与 a_3 符号不同);如果平行线段有一样的符号,则它们在相反的方向来截取(在图 127 上线段 a_0 与 a_2 符号不同,a_1 与 a_3 有同一符号).

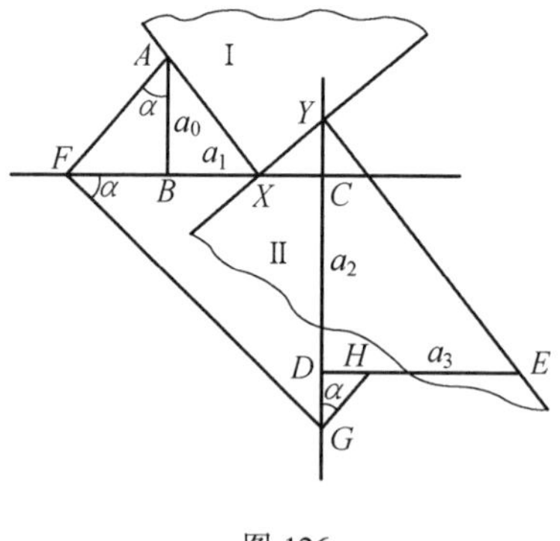

图 126

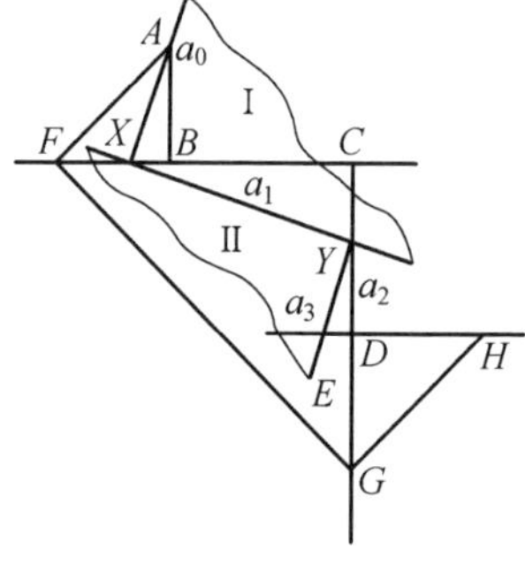

图 127

在 A 作角 α 并且作直角折线 $AFGH$,设 $\tan\alpha=x$.于是有

$$FC=a_0x+a_1$$

$$CG=(a_0x+a_1)x$$

$$DG=a_0x^2+a_1x+a_2$$

$$EH = a_0x^3 + a_1x^2 + a_2x + a_3$$

如果角 α 选取得使 EH 变成零,则 $x = \tan \alpha$ 就是我们这方程式的根.但要使 EH 变成零,必须使折线 $AFGH$ 的最末一段通过点 E.这种“解折线”只要有两个由任何材料做的直角规就容易作出.的确,我们移动直角规 Ⅰ 与 Ⅱ,使它们一条正边相贴而第一角的顶点沿直线 BC 动第二角的顶点沿直线 CD 动.于是很容易找出两角这样的位置,使其他两不相贴的边一条通过 A 另一条通过 E①.如此在两图上就得到解折线 $AXYE$.

画出了解折线,我们乃得到 $x = \tan \alpha$ 的绝对值.其次,在每一特殊情形必须知道 $\tan \alpha$ 该取什么符号.

现在我们能指出一大串自古闻名的问题,一直不能用圆规直尺解出,却容易用别的工具来解.

黛利亚神问题可化为方程式 $x^3 = 2$ 或 $x = \sqrt[3]{2}$,它的根,我们知道,只要有两片直角规就容易作图.

巴普氏问题可化为一条螺旋线(四次曲线)与一条直线的交点问题,所以必须作一个四次方程式的根,这又是只要有两片直角规可使用就能作出的.

三等分角问题可化为一个三次方程式,而其作图可用两片直角规来完成.

最后这两个问题还可以用双边直尺(两边平行的纸条)来解,只要在它上面截取一段定长的线段②;要三等分一角则还须画一个圆.下面就是这些完全精确的解法.

设(图 128)在纸条的边上截取一线段 CD 等于给定的长,A 是所给的角而 B 是所给的点.移动纸条,使点 C 保持在边 AC 上而点 B 保持在纸条的边上.于是容易找到纸条这样的位置,使 C 与 D 变成 X 与 Y.

再设我们有一个 $\angle DOE$(图 129)及一个圆(O, OD).如果 $AB = BC = OB = OD$ 并且 $\angle BAO = \angle\alpha$,则显然有 $\angle DOE = \angle 3\alpha$.在这基础上我们在纸条边上截取一线段 AB 等于圆的半径,并且我们把它移动,使点 A 保持在直线 OE 上,而纸条的边缘通过 D.于是点 B 画出一条螺旋线而不难决定 A 与 B 两点的所求的位置.剩下只要把 $\angle BAO$ 搬到所给的角上去就行了.

---

① 随便说说,如果已经画出了折线 $ABCDE$,则作正确图的可能性是唯一的.

② 这容易用Б与Г两种方法而不用圆规来做,只要我们会在纸条任何地方截取一线段等于给定的长.最后,为这目的可以用圆规来在纸条上做一平行四边形并延长它的各边.

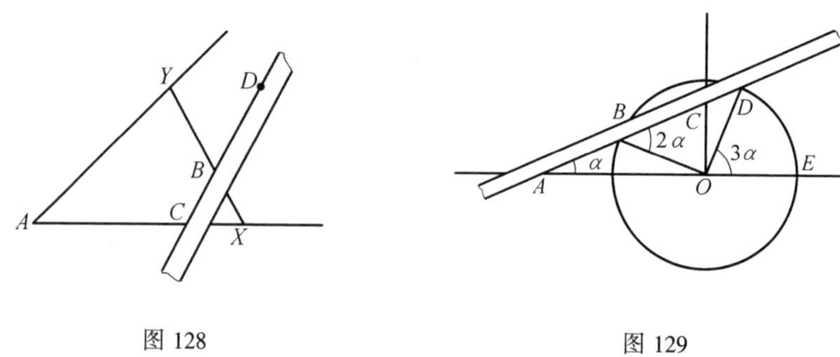

图 128　　图 129

既然 $\angle OCB = 90° - \angle \alpha$,则 $OC \perp AO$,所以这作图也可以用别的方式来做.引 $OC \perp AO$,在纸条的边上截取 $AC = 2OD$ 并且把它移动,使 A' 与 C 两点保持在直角规 O 两边上.最后纸条取得这样的位置使点 D 来到纸条的边上而点 A 的位置就是所求的.

正七边形及九边形的作图可化为三次方程式.这方程式的根不能用圆规与直尺来做①,但很容易用两个直角规做出.

我们注意,正九边形的作图需要 20° 的角.但既然这就是 60° 的角的三分之一,则问题化为角的三等分所以可以用双边直尺来解.

最后,我们不妨再说下面这几句话.我们没有接触到用圆锥曲线的作图以及用画超越曲线的工具与用解像化圆为方问题的工具的这类作图.后来,抱定主要目的要证明用 Б,Г 及 Ж 等方法可以解任何二次问题,我们未特别注意两件很重要的事情:作图的经济与结果的精确性.决定这两件事情的方法我们是已经有的,决定一个问题是否能用某种工具解出的方法也已经有的.很可能在不远的将来,甚至于在中学里,我们对每个问题都将以它应该用的适当工具来解.

我们所讲的在此已很接近恩利奎斯这句话的正确理解了:“每个几何问题都可能以作图来解决,但不是能用任何工具来解,所以只有相对地不可解的作图问题.”

---

① 这些方程式是 $y^3 + y^2 - 2y - 1 = 0$ 及 $y^3 - 3y + 1 = 0$.

第九章 具有不可即点的问题

要使我们的作图接近实际,我们将把它看做是由现场的设计图上所发生的或由任何别的行动地点的设计图上所发生的;以后我们将只讨论那种实际上的不可即点在设计图面以外的情形.这样是因为不可即点如其落在图面以内,则问题可以在设计图上解决——至于把所得的解转移到现场上去及一般的转移到实际中去乃属技术上的事情.

在问题中不可即点当然不会绝对是不可即点;它无论如何应该与当前问题联系着.既然我们所论只是二次的问题,则不可即点只有三种方式来给出:

1) 它是两条给定的直线(例如两条画出的直线)的交点,而这两条直线在图面内是不能延长使其相交的;

2) 它是两个给定的圆的交点,而这两圆是不能延长使其相交的;

3) 它是一条给定的直线与一给定的圆的交点,而这直线与圆是不能延长使其相交的.

首先我们指明,对于作图问题而言所有这三种不可即点的给出方法是无区别的,即每种方法都能化为其他两种.因此我们首先来解两个问题,这两个问题是全部这种学理的基础.

Ⅰ.通过一个给定的点 M 求作一直线,使它通过两线段 AB 与 CD 的不可即点.

解:(图 130)作两条平行线①,一条通过 M,交 AB 与 CD 于 E 与 G,而另一条交 AB 与 CD 于 X 与 Y.在线段 XY 上找一点 N,使 $XN : YN = EM : MG$.直线 MN 就是所求的.

既然线段 MN 已经知道,则由比例式 $\frac{MN + NK}{NK} = \frac{EM}{XN}$ 容易做 NK,然后亦容易做 MK,即给定的点与不可即点 K 的距离.

Ⅱ.沿已知方向求作一直线,使通过两线段 AB 与 CD 的不可即点(图 131).

解:由图面上任一点 e 作一直线 eE(Ⅰ),$eN \parallel CD$ 及 en,平行于所给的方

① 每图中以一直线 QQ 截断,这线表示图面的边.

向.一任意直线交所作诸直线及 CD 于 M,n,N 及 P.把线段 Mn 对中心 M 以比率 $MP:MN$ 乘之,于是点 n 变成 p,而剩下只要画 pE(Ⅰ).这问题还有别的解法.

在特殊情形这问题可以画出并且量度不可即点与一给定直线的距离.

设不可即点 X 是两个圆 O 与 O_1 的交点,这两圆是相交于图面之外的.在 $\triangle OXO_1$ 里已经知道三条边,所以作一个与它相似的三角形后就容易决定它的各角.剩下只要由 O 与 O_1 画两条直线与 OO_1 成已知的角.这两条直线替代了所给的两个圆.

设不可即点 X 是一个圆 O 及一条直线 AB 的交点(图 132),而它们是不能延长使其相交的.作 $OC \parallel AB$ 并且找出直线 OC 与 AB 的距离等于 h.容易作 $\triangle oxe$,其中 $\angle e = 90°$,$ox = OX$ 及 $xe = h$.剩下只要作 $\angle YOE = \angle xoe$,于是所给的圆为直线 OY 所替代.

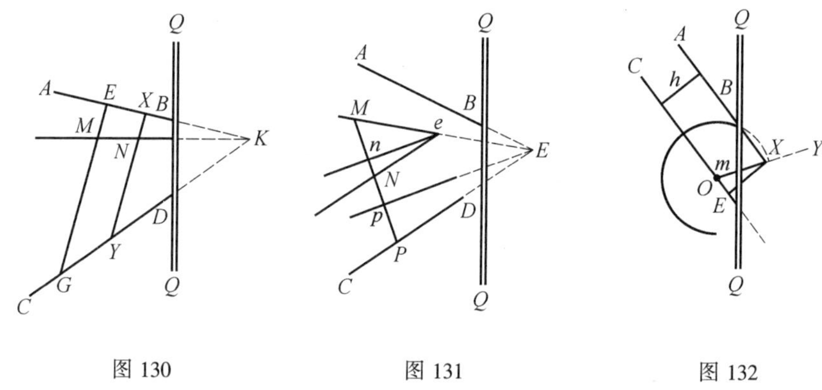

图 130　　图 131　　图 132

由以上所说知道:第一,任一个二次的问题都可以化为一串两线段的作图;而第二,有可能性来下这样的定义:一个由两条给定而不能相交的线段所决定的点,叫做不可即点.反之,要决定一个未知的不可即点须得到或画出两条交于该点的线段.由此就显然可见,什么叫做不可即线及不可即角,并且如何来找它们.

如果我们记得问题的答案一般不能比问题所给的条件更为精确,则我们将了解那些带不可即点的问题的解所具有的特殊本质.有时候,所求的点在图上得到 —— 这时候这解将为理想的,而它可以立刻实际上得出.但有时候所求的点得出是不可即的,由两条画在图上而不能延长使其相交的线段所决定.我们应该承认这种解是完善的,虽然它有时候实际上不可能完成.其他的本质可尽

于以下各问题中 —— 最后一个属于一般的性质.

Ⅲ.在一直线上给定了三点 A,B 与 C,其中最后一点是不可即的.试决定 $AC:BC$(图 133).

解:由图面上任意一点 X 作 XC(Ⅰ)及 $BY \parallel AX$ 使与 CX 相交于 Y.所求的比就是 $AX:BY$.

Ⅳ.由一给定的点 A 求作一直线,使平行于一不可即直线 BC(图 134).

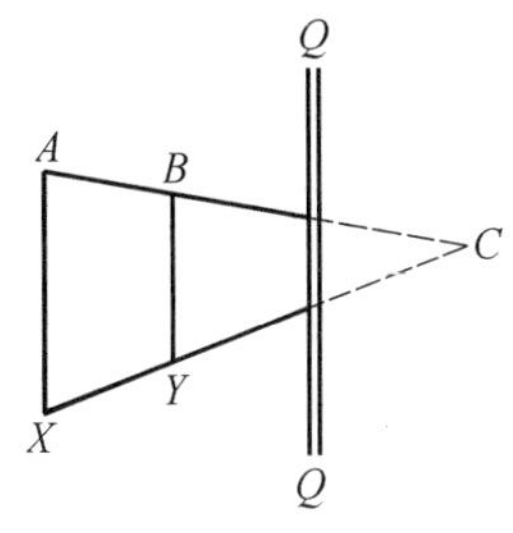

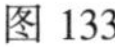
图 133

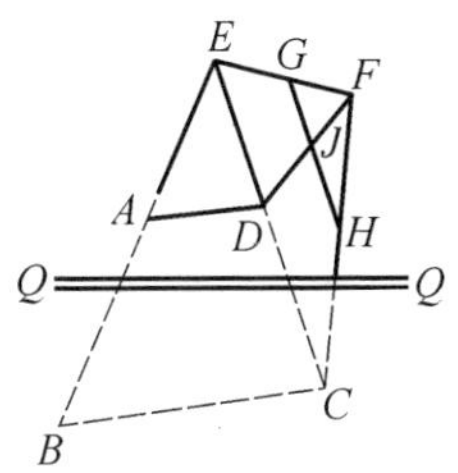

图 134

解:作 AB(Ⅰ),延长 BA 至 E,作 EC(Ⅰ),取任意一点 F 并作 FC(Ⅰ).我们决定 $EA:EB$(Ⅲ),作任意 $GH \parallel EC$ 并且分 HG 于点 J,使

$$GH:GJ=EB:EA$$

FJ 交 EC 于所求的点 D.

就在这里可以看出如何把联结一可即点与一不可即点的线段 EC 分成一已知的比率.

Ⅴ.所求的点 X 与给定的点 A 与 B 以有限步骤的作图手续联系着①.求作这点 X(图 135).

解:取相似中心 O,作 OA 与 OB(Ⅰ),然后以一小于 $Oz:OA$ 的数乘 AB(Ⅲ).简单地说,在图面上任意取一点 a 并且作 $ab \parallel AB$(Ⅳ);$\triangle AOB$ 变成 $\triangle aOb$,缩小了,但保持它的形状.我们来决定一点 x 与点 X 相应.为这目的必须做一串作图手续来以与 A 及 B 的关系定出点 X.按前面所讲,每一这些作图手续都可以看做是求两已知线段的交点,重复一次或若干次.于是可以表现为下面的各种情

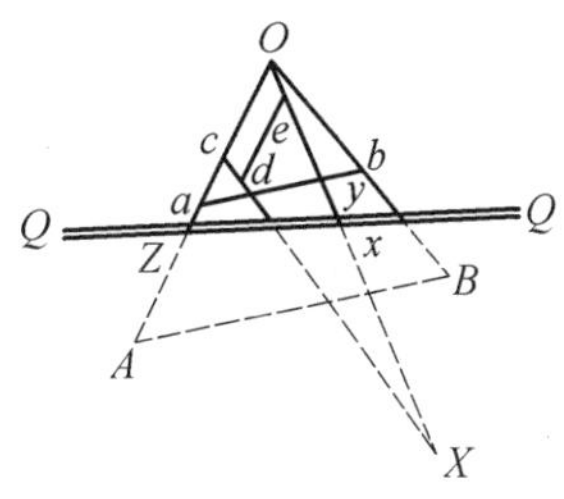

图 135

① 例如,点 X 要与 A 与 B 成已知距离,或分 AB 成已知比率,或要 $\triangle AXB$ 有已知形状或面积等.

形:

1) 每作两条直线在图面上得一个点,只有最后所画两条线决定一点 x 在图面之外.于是作 Ox(Ⅰ).任意取 Oc,由直线 Ox 的任意一点 e 作线段 de,使 $de:Oc=aO:AO$.于是点 X 由直线 Ox 与 cd 所决定.

有时候宜把点 x 搬到图面上来.因此我们决定 $Oy:Ox$ 这比率(Ⅲ),并且以一小于 $Oy:Ox$ 的数来乘 $\triangle aOb$.于是点 x 变成图面上的 x_1.

2) 每作一对线段都给一个不可即点,虽然这一对线段是在图面上的.于是这不可即点在图面上画起来应该完全如同刚才对付点 x 一样.在此 $\triangle aOb$ 必须以一有限真分数乘有限次,所以它缩小了,但并不能化为乌有.所以作图一般总给一确定的结果.

3) 每作一对线都能给一条或两条不可即直线.例如,设对任何直线得到了一条不可即直线 MN,由两不可即点 M 与 N 所决定.设 OM 与 ON(Ⅰ)交图面的边界于 m 及 n.我们决定 $OM:Om$ 及 $ON:On$(Ⅲ),设第一比率较大.于是 $\triangle aOb$ 应对 O 以一小于 $Om:OM$ 的数乘之;点 M 与 N 乃搬到图面上来.这种作图必须进行有限多次;$\triangle aOb$ 经有限次以有限真分数来乘,并且如此给出解来.

4) 最不利的配合是前面那两种情形结合起来的时候,但显然结果还是一样.

5) 点 x 与 X 得到在图面上,这时候成为完美的解.

这问题容易由两个不可即点推广到任何有限个不可即点.

由以上所说得出下面这不可即点问题的一般解法.须在图面上选取一相似中心然后来画所求的图形;在此所有图面上所给的点都以某种方式改变位置,但不能离开图面,因为它接近相似中心.然后要以新的小比例尺来解这问题.这些指示可以有不同的效力,有时可以解决一切问题,有时则不能达到实际的解.现在举一个例子.

Ⅵ.求作一圆通过三不可即点 A,B 与 C,并决定这圆的弧 AB,BC 与 AC 的中点的位置(图 136).

解:如在问题Ⅴ中那样取相似中心 ω,把 $\triangle ABC$ 变为 $\triangle abc$.于是设 o 是它的外接圆心而点 d,e 与 f 是这圆的弧 ab,bc 与 ac 的中点.点 o,d,e 与 f 我们可以看做是在图面上的,因为,如其不然,则我们只要累次乘 $\triangle abc$ 总可把这些点搬到图面上来(问题Ⅴ).现在我们以已知比率 $A\omega:a\omega$ 乘点 o(Ⅲ);它变成所求的点 O.在这以后可以有两种情形.

1) 点 O 在图面上.这时候要决定一个点,比方说 D,我们有两条直线 ωd 与

OD,垂直于 ab.既然半径 $AO = ao \cdot \frac{A\omega}{a\omega}$,则在某些情形我们事实上能画出圆 O;D,E 与 F 诸点在这情形可以亦出现在图面上而这问题乃有美满的解.一般地 $\triangle DEF$ 对我们是不可即的,虽然所有它的各部分我们都已知道(角,边,一切线素,因为它们是 $\triangle def$ 的相应线素的 $A\omega : a\omega$ 倍,乃至三角形面积等都是知道的)—— 在实际上对于问题的完美解决这可以是完全够了.

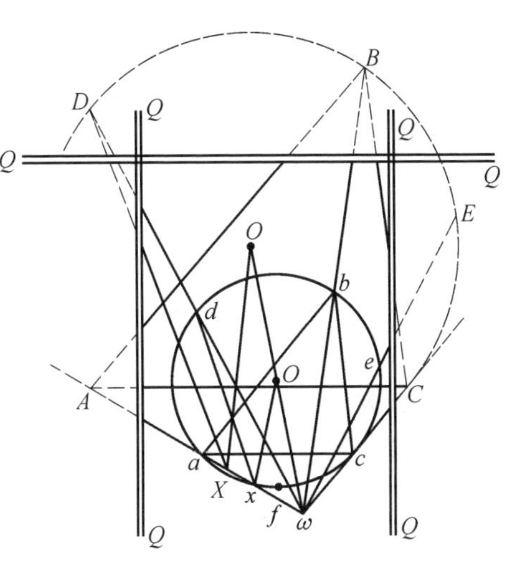

图 136

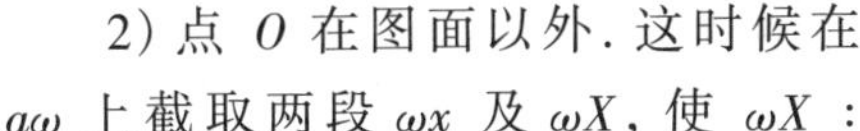

2) 点 O 在图面以外.这时候在 $a\omega$ 上截取两段 ωx 及 ωX,使 $\omega X : \omega x = A\omega : a\omega$.由 X 作 ox 及 dx 的平行线.第一条平行线与直线 ωo 决定 O;第二条平行线与直线 ωd 决定点 D.如此也定出 E 及 F.在 $\triangle DEF$ 里我们决然知道所有那些只能按大小要求的条件,并且在这意义上它常常能满足实际的要求;在某些条件之下我们甚至能个别地来作它,但只能在特殊的情形才能在它的实际的真正的位置来作它.

要把不可即点问题加以分类恐怕是太费时间.现在指明这点就够了:只要取寻常问题把其中的一个点代之以一个或几个不可即点.例如,“求作一圆通过三点”这问题经过这样的处理后可得到三个问题:“求作一圆通过三点,其中一点(或两点或所有点)是不可即的.”由此可见,不可即点问题的数目还比寻常作图问题为多.

剩下我们要指明,不可即点问题可以用绕轴旋转,绕点旋转及平行迁移等方法来解,因为显然用这些方法能把不可即点搬到图面上来.如果在此某些给定的点离开了图面,则要应用图形的乘法.

在个别的情形这些方法能很快地给出结果,所以无论如何不能忽略它们.

第十章　H・B・那乌莫维奇的解法提示与补充

7.对这个问题还可以指出有下面这简单的作图法.①

由平面上任意一点 O 以半径 OM 作圆,交 AB 于第二点 C(图 137).

如果 D 是直线 CO 与所作的圆的第二交点,则 DM 就是所求的垂直线.

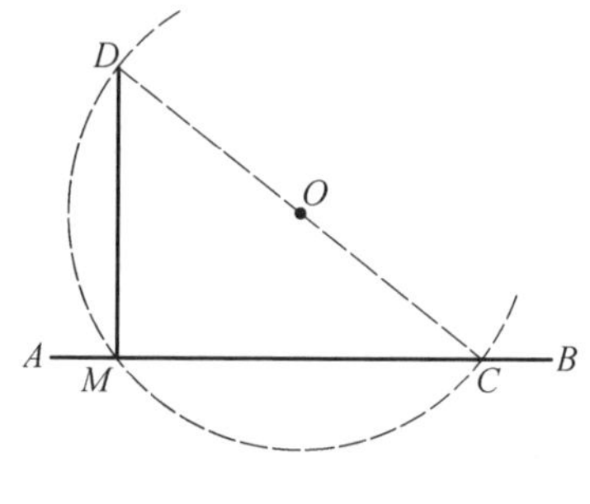

图 137

用勒莫安氏的言辞(参阅阿特拉,《几何作图论》,列宁格拉 1940,第十章),这解法可以称为“合乎几何作图术的”,意即“最简单的”,因为这解法相应于最小数 $S=8$.对И・И・亚历山大罗夫所引两个这问题的解法而言则 $S=9$.

8.“以任意线段的二倍”这话可以省略,因为任何线段都是它的一半的两倍,而任何线段都能平分.

我想可以这样说:通过 O 作任何直线交 AB 于 M.在线段 OM 上画一个半圆;它交 AB 于一点,把它与 O 联结起来,即得所求的垂直线.也可以不画半圆而画线 OM 的垂直平分线,这更简单些.

(译者觉得原来那句话自有其用意;照那样说法进行作图,可以不需再平分该线段来找圆心了)

14.可以指出这问题的第三种解法.由平面上任意一点 P 以半径 OP 作圆(OP 应该大于由 P 至 MN 的距离),交 MN 于点 A 与 B(图 138).然后由 B 以半径 AO 再作一圆,交第一圆于 Q,OQ // MN.

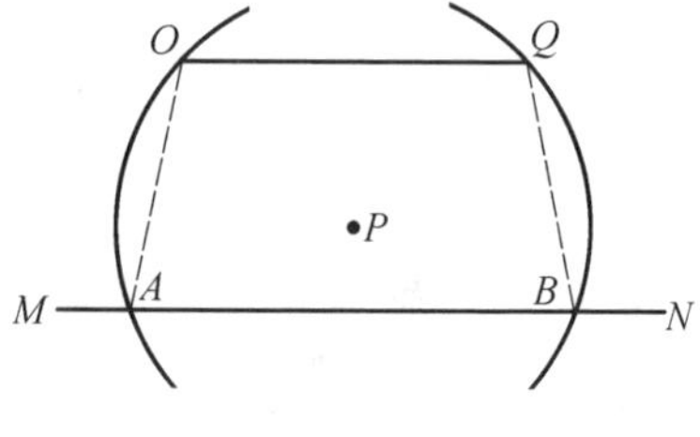

图 138

由几何作图术观点看来这解法与著者所举的同样简单.在此 $S=9$.

17.如果所指的是线段的外分点,即要找这样一点 F,使 $AF:BF=m:$

① 7 题到 65 题为原书第一章内容 —— 编校注.

n(图 139),则做法如下:通过 A 与 B 作两条任意的平行线 AC 与 BK,在它们上面各截取线段 $AP = m$ 与 $BK = n$,并且联结 P 与 K.直线 PK 交 AB 于所求的点 F.事实上,由三角形 APF 与 BKF 的相似得$\dfrac{AF}{BF} = \dfrac{AP}{BK} = \dfrac{m}{n}$.

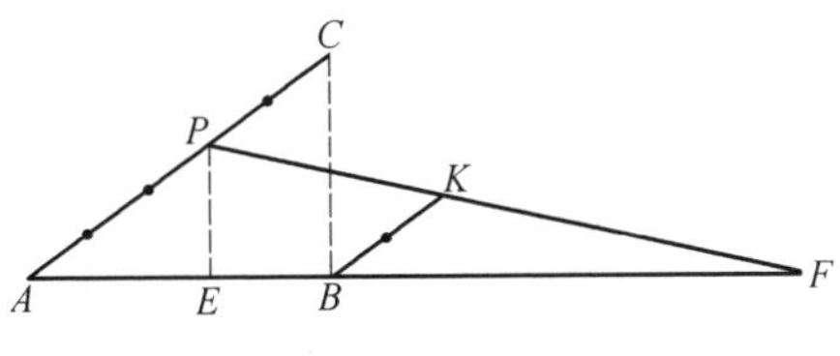

图 139

如果四点 A,B,E 及 F 在直线上布列得使比例式

$$\frac{AE}{EB} = \frac{AF}{BF}$$

成立,则它们叫做是调和点.

39.解:设在 $\triangle ABC$ 内角 A 的平分线分割底边 CB,而线段 $CD = m$ 及 $DB = n$.根据一个已知的定理我们有

$$\frac{AB}{AC} = \frac{DB}{CD} = \frac{n}{m}$$

还有
$$\frac{AC + AB}{AC} = \frac{CD + DB}{CD} = \frac{m + n}{m}$$

由此得
$$AC = \frac{m}{m + n} \cdot (AC + AB)$$

及
$$CD = \frac{m}{m + n}(CD + DB)$$

但既然 $AC + AB > CB$,则 $AC > CD$.

43.解:设 $AC_1 = AB$(图 140)及 $NDM \parallel AC$.联结 C_1 与 D 及 B,于是 $C_1D = BD$ 及 $\angle BDA = \angle ADC_1$.作 $DK \parallel AB$,于是图形 $ANDK$ 是一个菱形,$\angle NDA = \angle ADK$,所以 $\angle KDC_1 = \angle BDN$.但 $\angle BDK = \angle C = \angle MDC$,所以 $\angle C_1DN - \angle CDM = \angle C_1DN - \angle C_1DK = \angle KDN = \angle A$.

65.提示:高线之间的角可以由高线与边所成的四边形来决定.这角将有固定的大小.

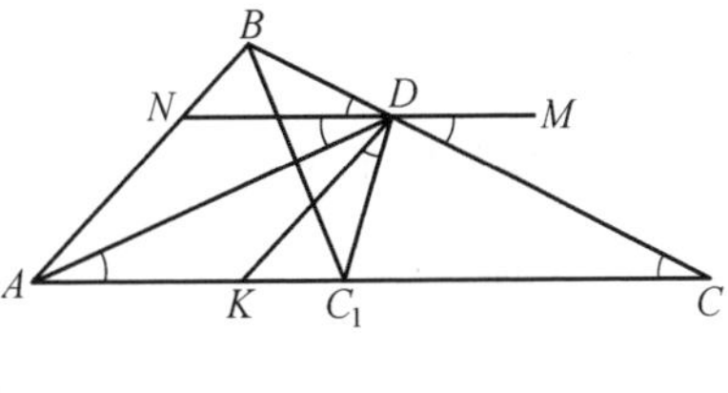

图 140

9.解:作所给诸点所成三角形的一条中线的平行线.共有三解.如果所给诸点在同一直线上则如何?①

10.解:公切线应该不是平行于 AB

① 9 到 513 题为原书第二章内容——编校注.

即通过线段 AB 的中点.

12.把所给的 A,B 与 C 联结起来并作所得三角形的中线(图 141).有三解.

14.解:所求的直线平行于联结圆心及两已知所成线段的中点的直线.

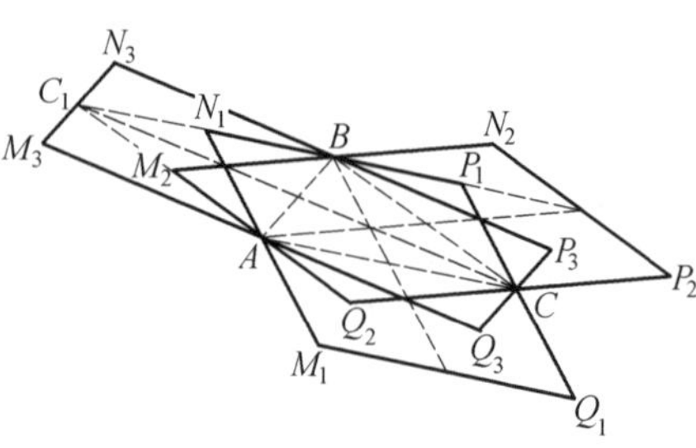

图 141

19.解:如果 K 是所给平行四边形的对角线的中点,则 OK 将垂直于第二对角线,因为它的端点应该在所给的圆上.这问题当 K 在所给的圆内时可能.

21.解:所求的割线或者平行于连心线,或者通过所给两圆连心线的中点.

什么时候这问题不可能?

26.解:所求的半径等于这样一个直角三角形的斜边,它的正边是 OA 及所给的圆 O 的半径.

29.提示:考虑相似三角形.

32.解:既然已经知道所求的圆与所给的圆的公共弦,则这使我们能找出两圆的连心线,它是垂直于公共弦的.

34.最好讨论这几种情形:

1) 所给的点在所给两平行线之间,2) 在一条平行线上,3) 在两平行线的一侧.

40.解:设 ABC 是所给的等边三角形(图 142) 而 DEF 是它里面的内接等边三角形.由图我们有:$\angle CDE = \angle DAE + \angle AED$ 或 $\angle CDF + 60° = 60° + \angle AED$,由此得 $\angle CDF = \angle AED$.亦得 $\angle EFB = \angle CDF$ 及 $\angle CFD = \angle ADE = \angle BEF$.所以 $\triangle ADE \cong \triangle EBF$(一边及两邻角相等)并且 $AD = BE = CF$,同时亦有 $AE = BF = CD$.

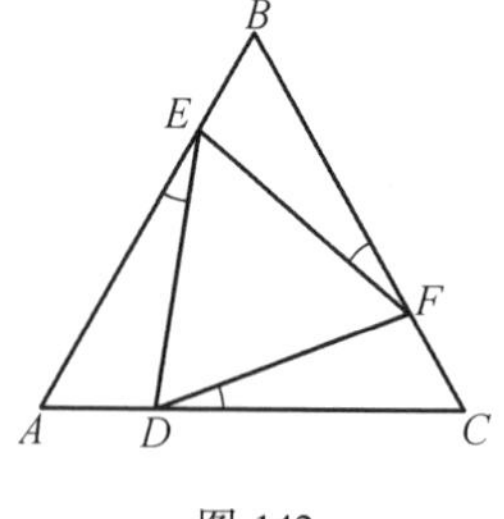

图 142

如此,要找所求三角形的其他两顶点应该在所给三角形 ABC 的两边 AB 及 BC 上截取线段等于 AD.

Ⅵ.这轨迹可建议补充如下:

分通过圆 O 上一点 P 的弦成 $m:n$ 的比率的点的轨迹是一个圆 O_1,与圆 O 相切于点 P.

事实上:我们作直径 POA(图 143) 并且在它上面找一点 B,使 $AB:BP = m:n$.再,我们作任意弦 PC,在它上面找一点 D,满足条件 $CD:DP = m:n$.

于是我们将有：$AB : BP = CD : DP = m : n$，所以 $AC \parallel BD$ 并且 $\angle BDP = 90°$. 如此所求的轨迹是一个圆，它的直径是 BP.

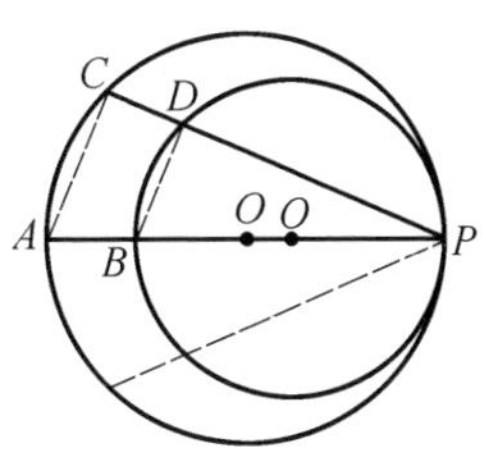

图 143

在特殊情形通过圆 O 上一定点 P 的弦的中点的轨迹是一个圆，画在半径 OP 上而以它为直径.

如果 P 在圆 O 里面，则通过该点的弦的中点其轨迹是一个跨着 PO 作直径所画成的圆(图 144).

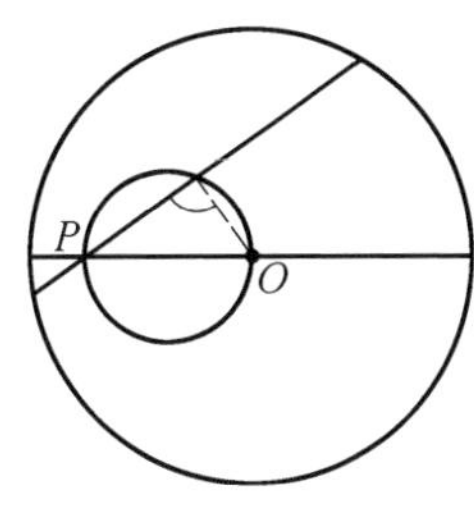

图 144

ⅩⅢ.3. 作图法看图 145.

66. 这问题可以有 4 解，3 解，2 解，1 解或没有解. 应分辨什么时候如此.

82. 解：所求的圆的中心在一个圆上，它与所给的圆同心而其半径是$\dfrac{r_1 + r_2}{2}$或$\dfrac{r_1 - r_2}{2}$($r_1 > r_2$). 如果所给的点在所给两圆之间，则恒有四个解，如果在一圆上，则有两个解. 如果所给的点在小圆之内或大圆之外，则没有解.

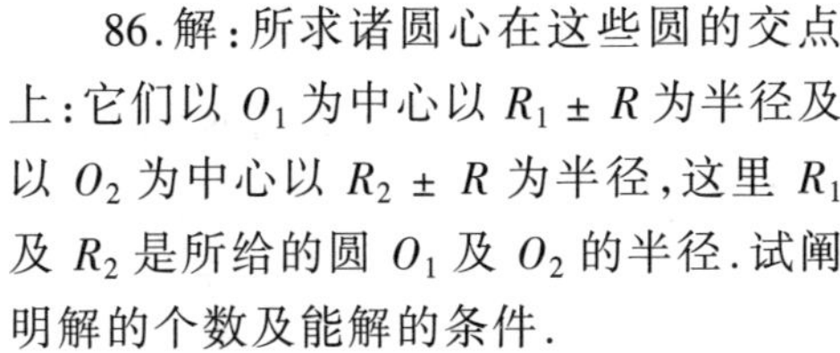

86. 解：所求诸圆心在这些圆的交点上：它们以 O_1 为中心以 $R_1 \pm R$ 为半径及以 O_2 为中心以 $R_2 \pm R$ 为半径，这里 R_1 及 R_2 是所给的圆 O_1 及 O_2 的半径. 试阐明解的个数及能解的条件.

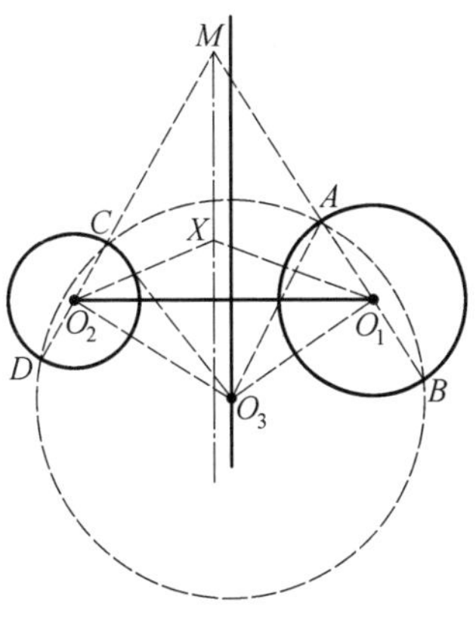

图 145

88. 这里应该仔细讨论第三个圆的各种可能的位置，它可以与一个或两个所给的圆相交，亦可以与它们没有公共点，并且指出在什么情形变成不能解.

96. 解：首先按下面这些条件作一直角三角形 ABD：$AB = c$ 及 $BD = h_b$.

111. 解：如果 A 及 MN 是所给的圆心及直线，则所求的弦通过这两条直线的交点：一条是由 A 向 MN 所作垂线，一条是通过该线段中点而平行于 MN 的直线.

116. 提示：由圆心向所给诸直线作垂线并找出它们的比率.

120. 解：设找到了点 X，使 $\angle XAB = \angle XBC = \angle XCA$(图 146). 试看 $\triangle ABX$.

我们有

$$\angle XAB + \angle ABX = \angle XBC + \angle ABX = \angle B$$

所以 $$\angle AXB = 180° - (\angle XAB + \angle ABX) = 180° - \angle B$$

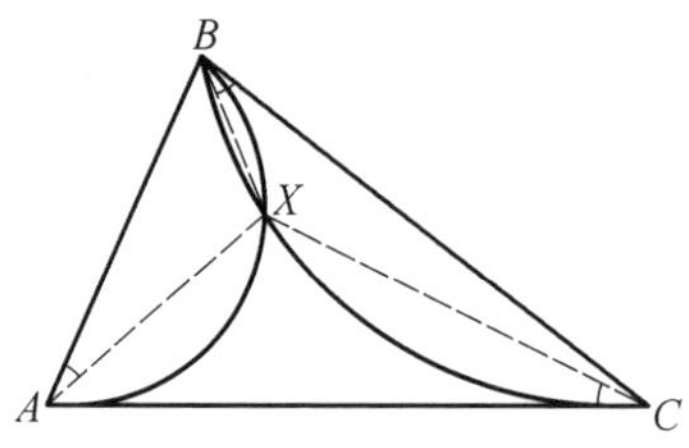

图 146

同样,看 $\triangle BCX$,我们得 $\angle BXC = 180° - \angle C$,而由 $\triangle AXC$ 推知 $\angle AXC = 180° - \angle A$.

现在显然,点 X 在通过点 A 与 B 并包容 $180° - \angle B$ 的弧上,亦在通过 B 与 C 而包容 $180° - \angle C$ 的弧上,以及同是也在通过 A 与 C 而包容 $180° - \angle A$ 的弧上.第二点 Y 可以同样方式找到.

122.提示:作 $\triangle ABC$ 的外接圆.

123.提示:跨着两所给的点所定的线段为直径作一个圆.

126.提示:两圆交点上切线之间的角等于通过切点的半径之间的角.所以,所给的点与圆心的联结线的视角已经知道了.恒有两解.

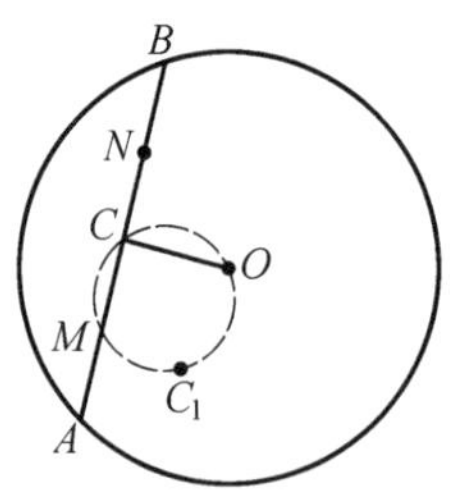

图 147

132.解:如果 AMB 的所求的弦(图 147),则 $MB - MA = a$.截取 $NB = MA$,于是 $MB - MA = MB - NB = MN$.作 $OC \perp AB$,则 $MC = \frac{a}{2}$.剩下只要以 MO 为直径画一圆并在它上面找出弦 MC 及 MC_1,等于$\frac{a}{2}$.可解的条件是 $MO \geqslant \frac{a}{2}$.若 $MO = \frac{a}{2}$,则所求的弦如何画法?

136. 所求的割线平行于一个直角三角形的正边，这直角三角形是以所给诸圆的连心线为正边及斜边作成的(图 148).

150. 解：可能有两种情形：点 P 在圆 O 内或在圆 O 外.

1) 倘若 P 在圆 O 内，则 $\angle APB$ 可用弧 AB 与 a 的和的一半来量度，而 $\angle BPC$ 可用弧 BC 与 b 的和的一半来量度.

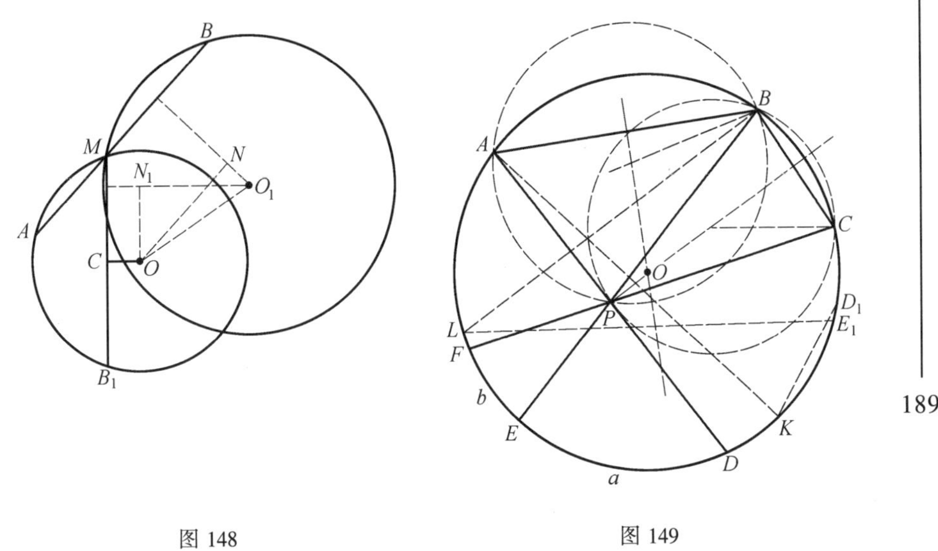

图 148　　图 149

如此，由点 B 截取弧 $BD_1 = a$ 并作对着弧 ABD_1 的圆界角 AKD_1，得 $\angle AKD_1 = \angle APB$(圆 149). 同样，截取弧 $\overset{\frown}{CE_1} = b$，并作对着弧 $\overset{\frown}{BCE}$ 的圆界角 $\angle BLE_1$，得 $\angle BLE_1 = \angle BPC$. 这问题化为要在 AB 与 BC 上作两个包容 $\angle AKD_1$ 及 $\angle BLE_1$ 的弧.

2) 倘若点 P 在圆 O 外(图 150)，则 $\angle APB$ 可用弧 $\overset{\frown}{AB}$ 与 $\overset{\frown}{DE}$ 的差的一半来量度. 截取 $\overset{\frown}{BD_1} = a$，我们得 $\angle D_1BA = \angle APB$. 同样，截取 $\overset{\frown}{CE_1} = \overset{\frown}{EF} = b$，得 $\angle E_1CB = \angle BPC$. 这问题要在 AB 与 BC 上作两弧，各包容 $\angle D_1BA$ 与 $\angle E_1CB$.

152. 解：由点 A 与 B 所画切线的方向由一个直角三角形的第二正边所决定，这直角三角形的斜边是 AB 而一正边等于圆的直径. 作图在 $AB \geqslant 2R$ 时可能.

168. 解：有两种可能情形：

1) 三角形诸边通过所给的点 A 与 B，而包含所给的角 α.

2) 诸边通过 A 与 B，但不包含所给的角 α(图 151). 在第一种情形这问题无

非是要在 AB 上作一弧,包容角 α.在第二种情形须画一圆,与所给的圆同心,并且切于圆界角 α 所对的弦 a;于是由 A 作切线 ADC,联结 C 与 B 并联结所得的点 K 与 D.$\triangle KDC$ 乃所求.

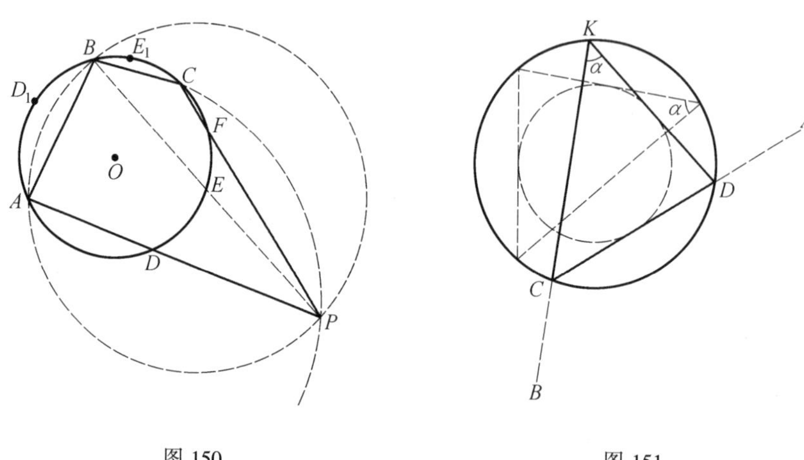

图 150　　图 151

179.解:所给诸角决定其相应弦 $AB = a$ 及 $A_1B_1 = b$.延长诸弦并截取 $BC = x$ 及 $B_1C_1 = y$,使 $a + x$ 及 $b + y$ 各等于给定的长.所求的点在两个与所给的圆同心的圆的相交处.

185.解:与所给两点所定线段的中点的距离等于所给的长的一半.所求诸弦是两圆的切线.

191.提示:首先把四边形变成三角形.

193.解:在所求 $\triangle ABC$ 的边 AC 上截取一线段 $AD = m$(图 152).联结 D 与 B 并通过 C 作 $CK \parallel DB$(K 是 CK 与 AB 或其延长线的交点).$\triangle AKD$ 是所求的.事实上,由三角形 ABD 与 AKC 的相似得:$AD : AC = BB_1 : KK_1$(BB_1 与 KK_1 是三角形 ABD 与 AKC 的高),由此得

$$AD \cdot KK_1 = AC \cdot BB_1$$

$$\frac{1}{2}AD \cdot KK_1 = \frac{1}{2}AC \cdot BB_1$$

所以 $S_{\triangle AKD} = S_{\triangle ABC}$.

199.解:须把所给两三角形变成与它们等面积的三角形,使它们的高等于 h_a.于是所求三角形的底边 BC 将等于所得诸三角形的底边之差.

206.提示:把中线分为五等份.

218.解:XB 是 $\angle AXC$ 的平分线,所以 $AX : XC = AB : BC$.

226.解:设 O 是所求的圆心,而 B 与 C 是弦 $DE = a$ 及 $FG = b$ 的中点(图 153).以 r 表示圆的半径并且看三角形 OBD 及 OCF,得

$$OB^2 = OD^2 - DB^2 = r^2 - \left(\frac{a}{2}\right)^2 \tag{1}$$

$$OC^2 = OF^2 - FC^2 = r^2 - \left(\frac{b}{2}\right)^2 \tag{2}$$

此外

$$OA^2 = r^2 \tag{3}$$

由式(3) 减去式(1) 与式(2),得

$$OA^2 - OB^2 = \left(\frac{a}{2}\right)^2, OA^2 - OC^2 = \left(\frac{b}{2}\right)^2$$

这问题就归结为要在定点上作 AB 与 AC 的垂线.

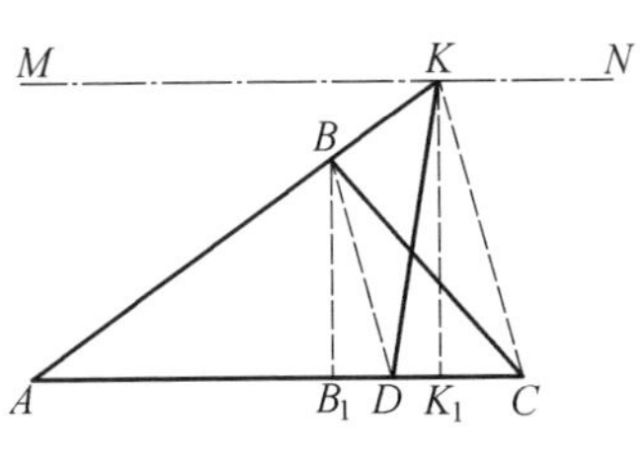

图 152

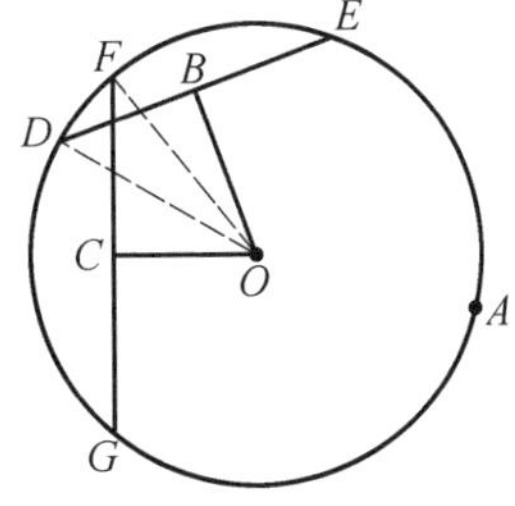

图 153

232.解:所求的圆心在所给诸圆的交弦的交点上.要能有解三弦的交点应在何处?

242.解:如果 O 是所求的圆,则由 $\triangle OO_1C$ 得 $OO_1^2 = OC^2 + r_1^2$(图 154).在 $O_1O^2 - AO^2$ 一式内 O_1O^2 代之以上面所得的值.我们有 $O_1O^2 - AO^2 = CO^2 + r_1^2 - AO^2 = r^2$.

251.解:设所求的圆 O(图 155)交圆 O_1 与 O_2 于直径 BB_1 与 CC_1,并且它本身被圆 O_3 交于直线 AA_1.圆心 O 一方面应该在连心线 O_1O_2 的一条垂线上,这条垂线与 O_1 的距离就如同 O_1 及 O_2 两圆的根轴与 O_2 的距离.此外,作了直线 OO_1, OA, OB 与 OO_3 并以 r, r_1 及 r_3 表示圆 O, O_1 及 O_3 的半径后,我们由三角形 BOO_1 与 AO_3O 得到

$$OO_1^2 = r^2 - r_1^2 \tag{1}$$

$$OO_3^2 = r_3^2 - r^2 \tag{2}$$

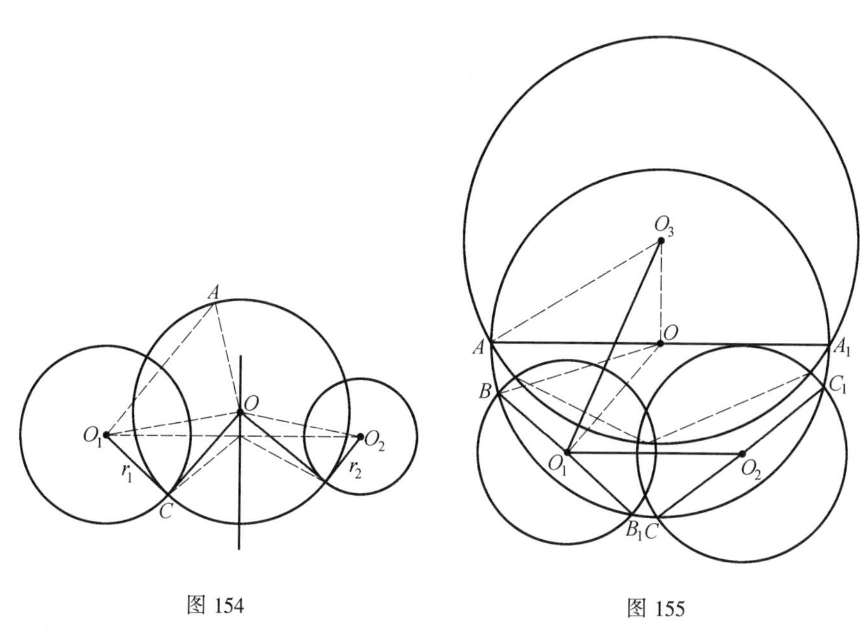

图 154

图 155

把等式(1)与(2)逐项加起来,我们得

$$OO_1^2 + OO_3^2 = r_3^2 - r_1^2$$

所以,这问题归结为要找两轨迹的交点.

258.解:须在任何位置作一弦 MN 等于给定的长并且找任一点 P,满足条件 $PM : PN$ 等于给定的比率,并且 $OP = OA$.然后把 $\triangle MNP$ 搬到所求的位置.可能有多少解?

284.这问题归结为下面这个不难的但以前未曾遇到过的问题:求作一三角形,已经知道它的 a, b 及 $\angle B$.

286.提示:内接于弓形的正方形的作图法指示在图 156 上.内接于扇形的正方形有两种可能的位置,如图 157 所示.

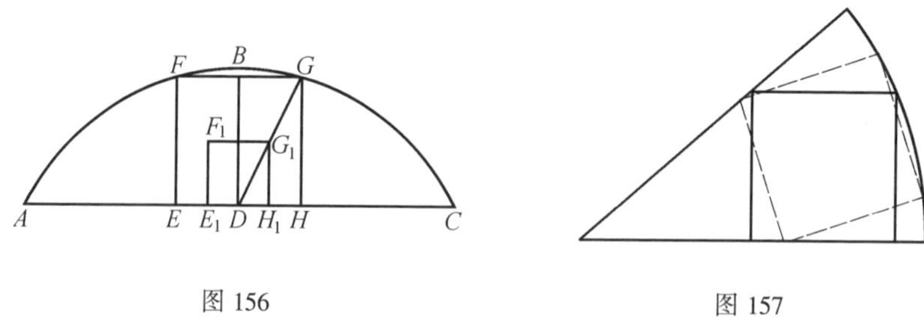

图 156

图 157

289. 解:设 O 是所求的圆的中心(图 158),并且 $XY = AB$. 所求的弦 XY 的方向可以决定. 由圆心向 AB 与 XY 所作垂线 OC 及 OE 彼此相等,并且分弦 AB 与 XY 为二等份. 所以 E 在直线 KL 上,此线与所给的直线 MN 及 PQ 成等距离. $\triangle COE$ 是一个等腰三角形,它的顶角是知道的,因为 AB 与 XY 是知道的,因此它们的垂线亦是知道的. 这问题就归结为要决定点 E,它可以用相似法来决定. 作 $CD \perp AB$,通过这垂线上任一点 D 作 $DF \perp GH$,截取 $DF = DC$,并且与 C 联结起来. E 是 KL 与 FC 的交点. 然后作 $EO \parallel FD$ 而找到所求的圆心 O($\triangle CFD \backsim \triangle CEO$). 利用另一平行于 HG_1 的弦 X_1Y_1 的方向,可得到同一圆心 O.

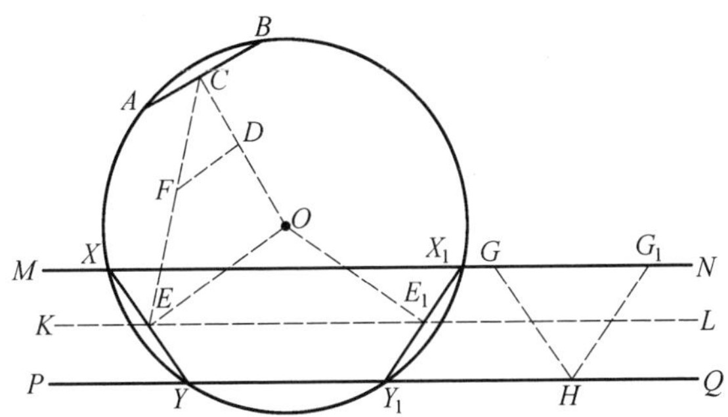

图 158

291. 解:在任意直线上截取线段 $AB = m$ 及 $BC = n$,在它们上面各作圆弧,使包容所给诸角,并且把这两弧的交点 D 与 A, B 及 C 联结起来. 然后作一三角形与 $\triangle ABC$,使其顶点在 M 而底边在直线 PQ 上.

292. 解:把圆心 O 及 O_1 与所给的点 A 及 B 联结起来. 设 C 为 OA 与 O_1B 的交点. 这问题归结为要在三角形 ABC 的边 AC 与 BC 上找这样两点 M 与 N(所求诸圆的中心),使成比例 $AM : MN : BN = 1 : 2 : 1$.

298. 解:联结梯形一底边中点与平行底边的一端点并且通过这直线与一对角线的交点作所求的直线.

312. 解:设 ABC(图 159) 是所求的割线. 截取 $A_1B_1 = m$ 及 $B_1C_1 = n$(图 160) 并找一点 O_1,使与 B_1 及 C_1 成等距离并且使对 A_1 及 B_1 的距离成 $OA : OB$ 的比率. 我们得到 $\triangle A_1O_1C_1 \backsim \triangle AOC$. 作 $\angle OAC = \angle O_1A_1C_1$,乃得所求的割线.

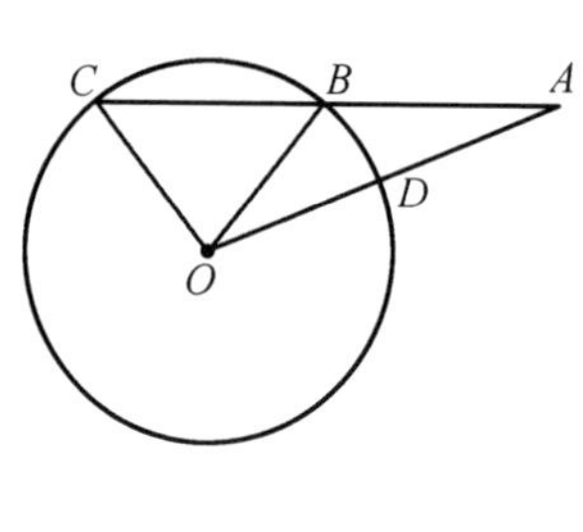

图 159

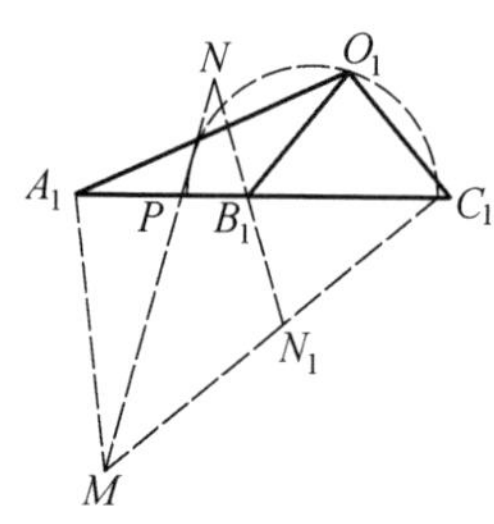

图 160

320.提示:把诸圆乘以所给的比率后向它们作公切线.

321.解:1)设 O_3 是所求的圆,C 与 B 是它的切点(图 161).直线 CBA 交连心线 O_1O_2 于相似中心 M,因为 $O_1E /\!/ O_2B$ 并且 $O_1C /\!/ O_2D$.通过半径 O_1N_1 及 O_2N_2 的端点作直线 N_1N_2,则可作出点 M.切点 B 与 C 在直线 MA 与圆 O_1 及 O_2 的相交处.这问题能有两解:① 圆 O_3 外切于点 B 与 C;② 圆 O'_3 内切于点 E 与 D.作了第二相似中心 M_1 乃能作第二直线 AM_1 并且得四个与圆的交点(E_1,C_1,B_1 及 D_1).这使我们有可能性还作两个切圆 O_4 及 O_5,其中 O_4 与 O_1 成内切与 O_2 成外切,而 O_5 与 O_1 成外切与 O_2 成内切.

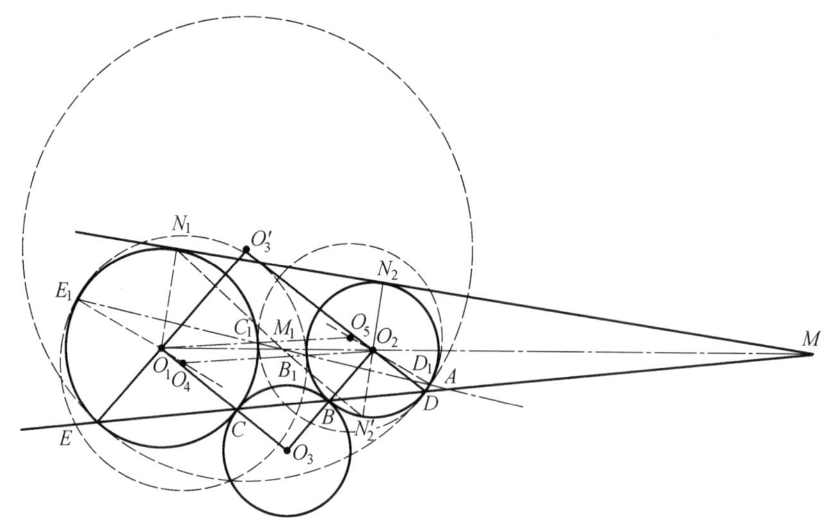

图 161

2)如果给了 $\angle O_1O_3O_2$,则容易找出

$$\angle O_1EC = \angle O_1CE = \angle O_2BD = \angle O_2DB = 90° - \frac{1}{2}\angle O_1O_3O_2$$

按给定的$\angle O_1EC$可以决定弦EC与BD的大小.这问题归结为要作两个圆的公切线,这两个圆的中心是O_1及O_3,半径是弦EC与O_1的距离及弦BD与O_2的距离.在此亦可作外切线及内切线而得到四个解.

328.阿波罗尼氏是亚历山大学派中最卓越的数学家之一,是公元前3世纪后半期人.阿波罗尼氏最重要的贡献是他的关于圆锥曲线的著作《Conica》,共八册.此书直到牛顿时代一直作为几何学这部门的主要教本.

除所说这部著作外,阿波罗尼氏还写过别的,其中有《相切论》一书,这里面讲到И·И·亚历山大罗夫所引的"三圆的切圆"这一著名问题.

330.解:围绕所给三角形MNP(图162)作扇形$O_1A_1B_1 = OAB$,这里OAB是所给的扇形.圆心O_1在这样两个圆的交点上:一个是以MP为弦而所包容的圆界角等于圆心角O,一个是以N为中心而以OA为半径的.然后截取$AN_1 = A_1N$,$AM_1 = A_1M$,$OP_1 = O_1P$而得到所求的$\triangle M_1N_1P_1$.

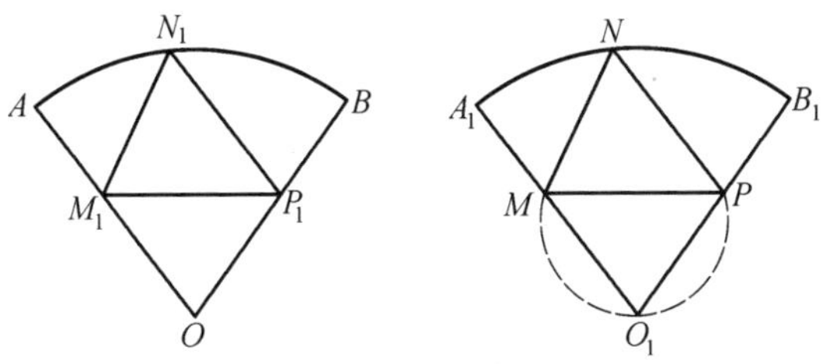

图162

335.解:设所给的点是A,B及C.取一个任意的圆,我们作三个同心圆,所给的圆由它们的点看来成给定的视角.然后作一三角形,与三角形ABC相似,使它的各顶点在相应同心圆上.如果A,B与C诸点在一直线上,则作一割线$A_1B_1C_1$,使A_1,B_1及C_1诸点在同心圆上,并且使$A_1B_1 : B_1C_1 = AB : BC$.决定了图形$A_1B_1C_1$与$ABC$的相似系数,我们把圆心及圆本身搬到图形$ABC$上去.

348.解:所求三角形的一个顶点在圆O与O_2的交点上,这圆O_2是对MN这轴而言对称于O_1的,而由这点到MN的距离等于所求三角形的边的一半.

350.提示:所求$\triangle MNP$的周长当折线$M_2N_1P_1M_1$变成直线时为最小(图163).

359.设$\triangle ABC$为所求(图164),其中$AE = AB - BC$,如果$\angle A$是锐角,则首先作$\triangle AEC$,然后通过线段CE的中点K作$KB \perp CE$交AE于B.联结B与C,

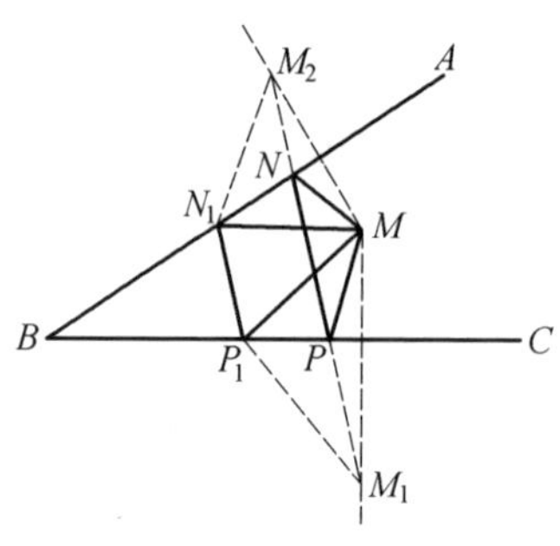

图 163

乃得所求的三角形.现在设所给的 $\angle A$ 是钝角(图 165).这时候须首先按一角 $\angle DAC = 180° - \angle A$ 及两邻接的边等条件作 $\triangle ADC$,然后通过线段 DC 的中点 K 作 $KB \perp DC$ 交 AD 于 B.

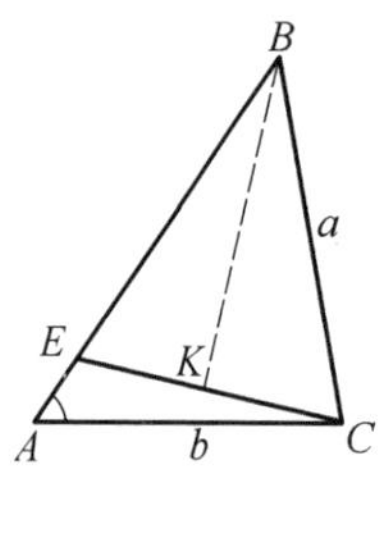

图 164

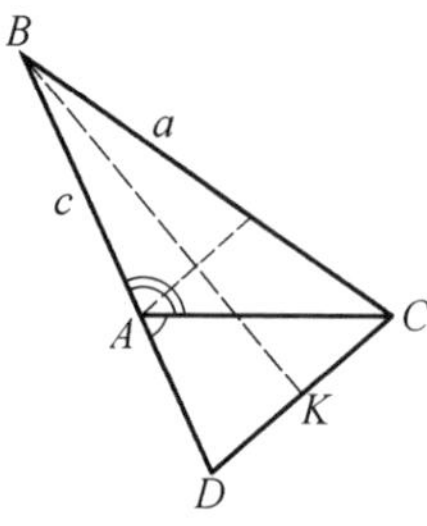

图 165

363.解:既然所求的四边形 $ABXC$ 可内接于圆,则第四顶点 X 应该在 $\triangle ABC$ 的外接圆上(图 166).要使这四边形能外切于圆,必须对边的和相等,即

$$AB + CX = AC + BX$$

或

$$AB - AC = BX - CX$$

在图上指示了作图法.

368.解:设 $ABCD$(图 167)是所求的矩形:AB 是底边,BC 是高,AC 是直径.在 AB 上截取 $\frac{BC}{n}$,得所给的差.作任一直角的 $\triangle E_1B_1C_1$ 使其两正边之比为 $C_1B_1 : B_1E_1 = n$,我们得到外角 $\angle C_1E_1A_1$ 等于 $\angle CEA$.

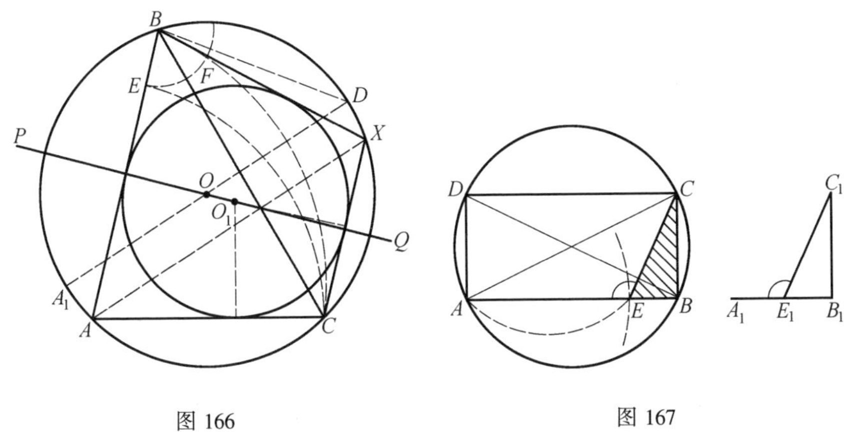

图 166　　　　图 167

这问题无非要决定一点 E,它是一个以直径端点 A 为圆心以所给的差为半径的圆与一个画在直径 AC 上而包容 $\angle AEC = \angle A_1E_1C_1$ 的圆弧的交点.

372.解:在高 AK 的延长线上截取 $AD = AB + AC$,即 $KD = h_a + 2AB$.联结点 D 与 B(图 168).$\triangle ABD$ 的形状知道了.如此我们推出下面这个解法.在任意直线上截取 $BC = a$,通过 BC 的中点作垂线 $KD \perp BC$,在它上面截取线段 KD 等于所给的和.

379.解:在所求三角形内底边 AC 应等于高并应等于所给的长的一半.

388.提示:由较大的底边减去较小的.

390.解:如果 A 与 B 是所给的点,而 AD 与 BC 是所求的弦(图 169),则将 DB 平行迁移至 AB_1 后这问题乃化为要按底边 CB_1 及邻角 $\angle ACB$ 来作一个等腰三角形.$\angle ACB$ 已经知道是弧 AB 的圆界角.

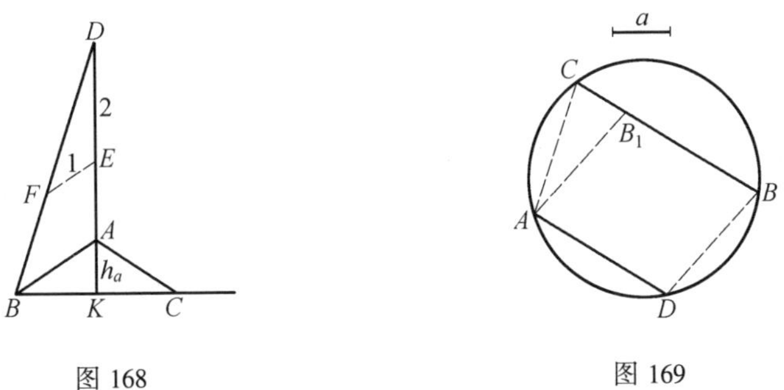

图 168　　　　图 169

392.解:设 AB,CD 及 EF 是所给的直线,而 PQ(图 170)是所求的割线,它使 $QO - OP = a$.把直线 EF 与自己平行迁移,使点 P 移到 R 而 $PR = a$,于是得

$RO=OQ$.联结 R 与 AB 及 CD 的交点 A,并且作 $Q_1R_1 /\!/ QR$.

线段 Q_1R_1 被 O_1 所平分.由此得下面这作图法:通过直线 AB 的任意一点 Q_1 作 $Q_1O_1 /\!/ MN$(MN 指示方向);截取 $O_1R_1=O_1Q_1$ 及 $P_1S_1=a$.通过 S_1 作 $E_1F_1 /\!/ EF$ 并通过 E_1F_1 与直线 R_1A 的交点 R 作所求的割线 $RPOQ$.事实上,$RO=OQ$,$RP=a$,$OQ-OP=RP=a$.

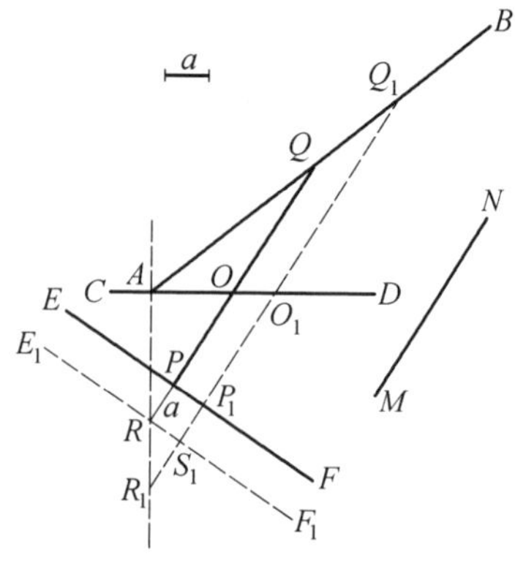

图 170

394.解:作弦 BB_1 平行于所给的方向,于是 $BY=B_1X$.

427.解:既然对这梯形折线 BCY 变成直线(图 74),则按已知边及角作平行四边形 $BXYD$.在它里面作对角线 BY,于是作直线 $DA /\!/ BY$ 然后利用所给的边.

443.解:把 $\triangle ABC$ 绕 AC 旋转成 $\triangle AB_1C$ 的位置然后考虑 $\triangle B_1CD$.

445.解:可以决定 AA_1 并且可以作 $\triangle AA_1C$(图 76).

455.在И·И·亚历山大洛夫问题集旧版中有下面这关于解的可能性的讨论.

这问题只有在 $O_2J\leqslant OO_2$ 的条件下才能解,由此有 $a\leqslant 2OO_2$.如果 $a=2OO_2$,而 $\angle OO_2O_1$ 是钝角则所求的弦平行于直线 OO_2,而得一个解.如果 $a=2OO_2$,而 $\angle OO_2O_1$ 是锐角,则没有解,并且所求线段的和等于 a.最后,如果 $a=2OO_2$,而 $\angle OO_2O_1$ 是直角,则弦 AC 变成零,而要这问题能解还须有一条件 $OO_2^2=R^2-r^2$,这里 R 与 r 是所给两圆的半径.

468.解:$\angle BXC=\angle BOC+(\angle XBO-\angle XCO)$.所求的点 X 在所给的圆与画在 AB 线段上而包容一已知角的弧的相交处.

479.解:把一个圆乘一乘然后把它旋转一给定的角,于是它交第二圆于所求的点.

485.提示:问题化为作 $\triangle PXY\backsim\triangle PAB$.

493.解:设点 C 与 D 是所求的(图 171),并且 $\angle ABC-\angle ABD=\angle\alpha$ 或 $\angle ABC=\angle ABD+\angle\alpha$.在圆 O_1 上截取弧 AK,与圆界角 α 同度数,我们得 $\angle ABC=\angle KBD$ 或 $\angle AOC=\angle KO_1D$.

495.解:在对角线 AC 上作两弧,各包容角 B 与 D,我们得两个圆,相交于点 A 及 C.另一对角线 BD 的端点应该在这些圆上.

500.解:借助平行迁移法(图 74,这里平行四边形 $BXYD$ 的边等于四边形 $ABCD$ 的对角线).

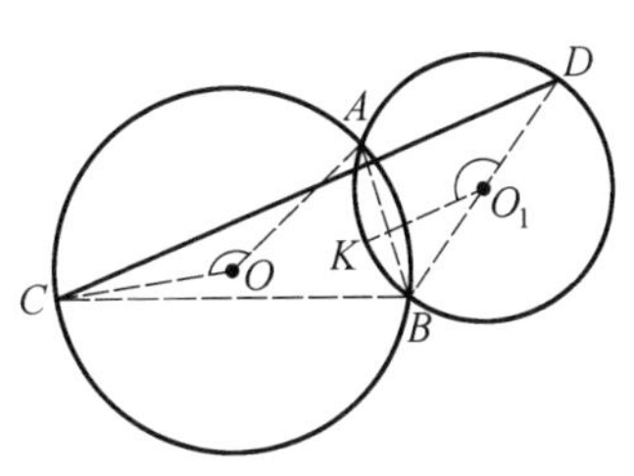

图 171

513.解:取所给的点为反演中心.

4.提示:$\sqrt{m}$ 的作图如图 172 所指示.①

33.提示:取割线在圆内部分作未知数.

35.提示:有两种可能情形,如图 173 所示.

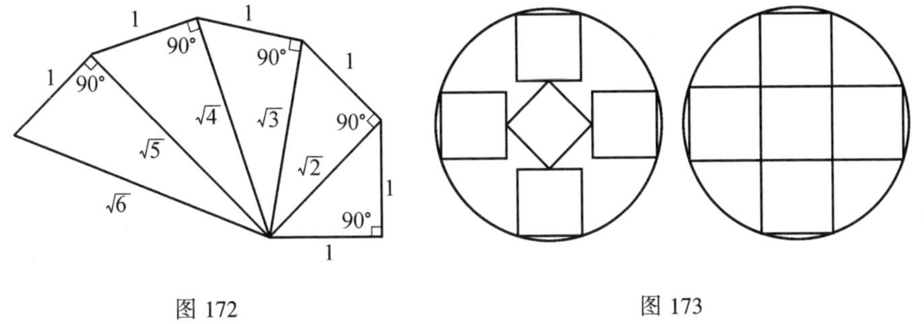

图 172　　　图 173

40.提示:取高线作未知数.

51.解:把所求的圆的中心 O 与所给诸圆的中心 O_1,O_2 及 O_3 联结起来,这里圆 O 的半径是 x,而 O_1,O_2 及 O_3 诸圆的半径各为 R,r 及 $R+r$(图 174).切点以 A,B 及 C 来表示.

我们将有

$$OO_1 = O_1A + AO = R + x$$

$$OO_2 = O_2B + BO = r + x$$

$$OO_3 = O_3C - OC = (R + r) - x$$

$$O_1O_3 = (R + r) - R = r$$

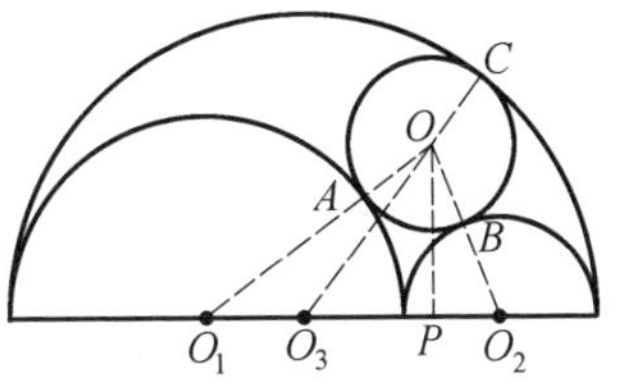

图 174

71.提示:取扇形一边的半径与通过弧上一矩形顶点的半径所成的角作未知数.

75.化圆为方问题——古代三大著名问题之一(其余两个是黛利亚神问题及三等分角问题).

用圆规直尺所能解的作图问题是有限的.因此有许多问题叙述起来很简单却往往不能只用这两种工具来解.

① 4 到 94 题为原书第三章内容——编校注.

古今曾有许多人作了无数尝试来解这三个问题均属徒劳而未给出正面的结果.但是这些尝试也有很大的意义,因为它们引出一系列有趣的几何发现,在后来几何学的发展中起了很重要的作用.这三个问题的不能用圆规与直尺来解,直到19世纪才有了理论上的证明.

76.黛利亚神问题.据传古希腊哲学家柏拉图(公元前4世纪)在疟疾流行时许愿将黛利亚神庙祭坛改大一倍这样来祈求神的宽赦.因此有黛利亚神问题这个名称.

92.提示:先看看两条所给直线相交成直角的那种情形.

93.三等分角问题.这问题用圆规与直尺只能在特殊情形可解,但是它很容易在一般情形用别的工具来解.例如,两个角规,一个圆规与一个角规,一个圆规与一条在边上带两个标志点的直尺等.

三等分角问题的这个建立在所谓"插入法"上的解法是在古代已经知道的(属于阿几默德氏).

94.解:如果已经知道,比方说,一条边或一个角,则所求的三角形就能做了.以 α 表示顶角的一半并且以 a 表示所给的高,则可以得到这个方程式

$$4R\cos^3\alpha - 2R\cos\alpha - a = 0$$

这里 R 是所给的圆.

4.解:割线 BC 在圆内的部分不难决定,这只要画一条切线 AK,并且注意 $BC = AK$ 或 $AB = AK$.①

7.巴普氏(Pappus),是一位杰出的希腊数学家,公元前3世纪末亚历山大城人.巴普氏最重要著作之一就是名为《选集》的这部书,它对数学史有巨大的意义,因为它使我们认识许多现在已经散轶的希腊古典著作.有一些著名定理属于巴谱氏自己.И·И·亚历山大洛夫所引的"巴普氏问题"不是巴普氏自己所解决的,而成为笛卡儿所创立的解析几何的第一个应用范例.

43.解:平行迁移 CX 与 DX 至 BF 与 AF,于是能作一圆内接四边形 $FBXA$.所作的图形容易搬到所给的图形上去.

44.解:我们作形状已知的 $\triangle B_1C_1D_1$,并且在线段 B_1C_1 及 D_1C_1 上作圆弧使各包容 $\angle BAC$ 及 $\angle DAC$.如此我们找到点 A_1.由 A 作切线 AK 切于圆 O,而由 A_1 作切线切于 $\triangle B_1C_1D_1$ 的外接圆 O_1,如此做下去.

68.解:线段 MB 可以由方程式 $MB \cdot MA = k^2$ 来决定(AB 是所给的线段,M 是所给的圆的相似中心).

---

① 4到68为原书第四章内容——编校注.

第四编

Л·И·别列标尔金
论平面几何作图问题

第十一章 基本概念

第一节 点与直线的相互位置

点和直线的概念是平面几何学的基本概念.我们用大楷拉丁字母:A,B,C,… 表示点,用小楷拉丁字母:a,b,c,… 表示直线.

点和直线彼此之间可以有各种不同的位置.点可以在直线上,可以不在直线上."点在直线上",也可以改说"直线通过点".

我们从下列三条公理("结合公理")开始叙述点与直线的性质:

公理 1a 通过两个已知点,有一条且只有一条直线.

公理 1b 每条直线通过无限多个点.

公理 1c 有不在一直线上的一些点存在.

通过点 A 和 B 的直线,用 AB 或 BA 表示.

关于通过点 A 和 B 的直线,也可以说它联结点 A 和 B.

若两直线通过同一点,则说它们交于该点.

这样,我们可以看出,点和直线相互位置的同样一个特种情况,点和直线之间的同样一种"关系",用两种不同的术语"在 …… 上"和"通过 ……"来表达.为了避免术语的重复,在几何学中有时利用"际合"一术语.不再说"点在直线上",或"直线通过点",而说"点和直线际合","点际合直线","直线际合点".这样,上述的公理 1a ~ 1c 采用下列形式而有时叫做"际合公理".

有一且只有一直线际合两已知点.

每一直线际合无限多个点.

有不与一直线际合的一些点存在.

术语"际合"主要是用在高等几何学以及专门研究上,本书将使用普通的术语.

由公理 1a ~ 1c 不难得出下列两个定理:

定理 1 两直线不能有多于一的公共点.

定理 2 通过每一点有无限多条直线.

为了进一步构成几何学,已引用的概念和公理是不够的,我们还应当再采用一些别的概念.

第二节　直线上点的顺序

我们已经把每条直线上有无限多个点当做了公理.我们的直观概念告诉我们,这些"直线上的点排成某种一定的顺序".我们更正确地来说明这一句话所表示的意义.

如果在一直线上有两个已知点,则我们往往借"稍左,稍右""稍上,稍下"等来说明它们在直线上的位置.但是这类概念并不是几何的概念,因为由它们所确定的点的位置,乃是在对观察者的关系上(稍左、稍右)或是对地面的关系上(稍上、稍下)而言.

现在设有共线的三个已知点.在此种情形下,其中有一点位于其余两点之间,而"位于……之间"这个概念已经不依靠点的位置,对任何别的对象(观察者、地面)的关系了.可见概念"位于……之间"是几何的概念.为了在几何研究中有利用概念"一点位于其他二点之间"的可能性,我们采取下列命题当做公理("顺序公理").

公理 2a　共线的三个点里,必有一点且仅有一点位于其余两点之间.

公理 2b　若 A 和 B 是两已知点,则在直线 AB 上,既有无限多个点位于 A 和 B 之间,又有无限多个这样的点,使得点 B 位于点 A 和这些点中的每一点之间.

公理 2c　直线上的每一点 O,将直线上的其余诸点分为两组,于两组中各任取一点,则点 O 位于所取两点之间,但,不能位于属于同组的两点之间.

顺序公理 2a ~ 2c 可以引出一些新的概念.

位于直线上任何两点之间,有无限多个另外的点,这些点的集合,叫做线段.位于点 A 和 B 之间的所有点所组成的线段,记做 AB 或 BA.点 A,B 叫做线段的端点.关于以 A,B 为端点的线段,可以说它联结点 A 和 B.线段 AB 也叫做 A 和 B 之间的距离.

注　概念"距离"在几何学中有双重意义.即,距离既被理解为线段的本身,又被理解为按某种度量单位所表示的该线段长的数量.我们暂时仅取前一个意义来使用"距离"这个术语.至于线段长度的测量问题,我们将在后面去论述.

点 O 划分一直线所成的每一组,叫做自点 O 引出的射线(或半直线).自点

O 引出并且合起来(点 O 算在内)组成一直线的两射线之一,叫做另一射线从点 O 所引出的延长线.

对于射线的记号,用字母 $h,k,l,\cdots$ 表示.自点 O 引出且通过点 A 的射线,常用"射线 OA"表示.

现在我们引入下面两个命题,作为从上面公理推出的关于直线上点的顺序定理.

1) 若 C 是线段 AB 上的一点,而 D 是线段 AC 上的一点,则点 D 必是线段 AB 上的一点.换句话说,线段 AC 在这种情形是线段 AB 的一部分.

2) 直线上两点 A 和 B 将直线上其余的点分成三组,即线段 AB 及分别自 A,B 引出的两射线.这两射线叫做线段 AB 从点 A 及 B 所引出的延长线.

这两个命题的证明,我们不再详述,留给读者.

第三节 直线划分平面

我们至此所研究的点和直线相互位置的性质,无论在平面上,无论在空间,都一样的成立.现在我们应当转来研究平面几何学所特有的点与直线的性质.划分平面成两个半平面,是直线的特性之一,为了正确地叙述这个特性,我们引入一些新的概念.

有限个已知点 $A,B,C,\cdots,K,L$ 及线段 $AB,BC,\cdots,KL$ 的全体叫做折线 $ABC\cdots KL$,所有的已知点及上述各线段上的点统叫做折线上的点.点 A 和 L 叫做折线的端点;$B,C,\cdots,K$ 叫做折线的顶点;线段 $AB,BC,\cdots,KL$ 叫做折线的节(或边)①.如果折线以 A,L 为端点,则说它联结点 A 和 L.线段连同它的端点可以看做是白线的一部分(一节).

其次我们说,某一图形 F(即平面上某些点的集合)划分平面成两个区域 D_1 和 D_2,假如这个图形能够将所有不属于它的点分为具有下列特性的两组:1) 同一组任意两点能够用与图形 F 无公共点的折线来联结;2) 不同组的任何两点不能用这样的折线联结.假若这时,其中任何两点可以用与 F 无公共点的线段联结时,则把区域 D_1(或 D_2)叫做凸区域.将平面划分成任意(有限的)个区域,都可以类似地下定义.

现在我们可以叙述下面的命题作为公理("平面划分公理").

---

① 为适于一般研究起见,当折线中相连续的某几节同在一直线上时,我们也不把这种情形除外.

公理 3 某平面上的任何一条直线,都将平面分成两个凸区域①.

直线 a 将平面分成两区域,每个这样的区域叫做以直线 a 为界的半平面,或叫做自直线 a 所引出的半平面.

关于在自直线 a 所引出的同一半平面中的两点,就说它们在直线 a 的同侧;关于在不同的两半平面中的两点,则说它们是在直线 a 的异侧.

设已知某射线 h,该射线属于某直线 a.直线 a 将平面上其余的点分成两半平面,它们也各叫做自射线 h 所引出的半平面.

应用公理 3,可以证明下面的定理.

定理 3 两相交直线将平面分成四个凸区域.

证明 假设 a 和 b(图 1)是两已知直线,O 是它们的公共点.用 h 和 h_1 表示点 O 划分直线 a 所成的两射线,又用 k,k_1 表示点 O 划分直线 b 所成的两射线.直线 a 决定两个半平面.这时射线 k 和 k_1 必分别在不同的半平面中,因为联结射线 k 上的任意点与射线 k_1 上的任意点的线段与直线 a 有公共点 O(公理 2c).在这两半平面中,把射线 k 所在的半平面记做 η,k_1 所在的半平面记作 η_1.同样,把自直线 b 所引出而分别含有射线 h 及 h_1 的两半平面记做 н 及 н_1.用下面的方法,把不在直线 a,b 上的点分成四组.

属于半平面 η 同时属于半平面 н 的那些点我们把它列入第一组;这一组我们用 $\eta\text{н}$②来表示.这样的点必存在;线段 HK 的端点 H 及 K 恰巧各在射线 h 及 k 上,再取线段 HK 上的任意 M,那么我们便得到第一组的一点.用类似的方法可确定点组 $\eta\text{н}_1$,$\eta_1\text{н}$ 及 $\eta_1\text{н}_1$.

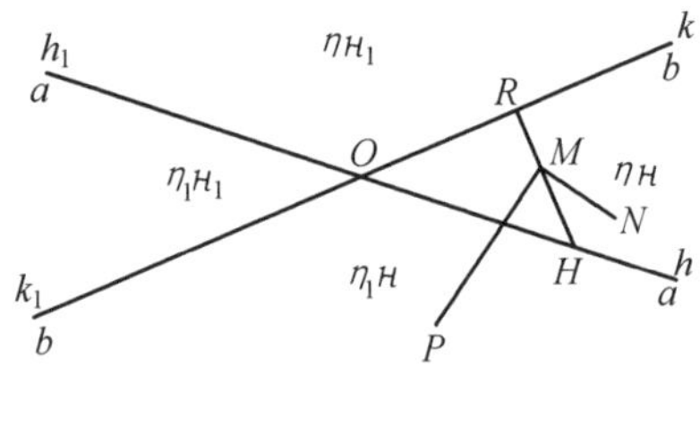

图 1

我们所规定的四个点组是四个凸区域.事实上,同一组的两点 M,N 既在直线 a 的同侧,同时也在直线 b 的同侧,所以线段 MN 与直线 a,b 都没有公共点.再根据这些组的规定,不同组的两点 M 和 P 对于直线 a 或 b 来说应在不同的半平面中,因此联结 M 和 P 的线段(或折线)至少与这两直线之一有公共点.定理便已得证.

① 我们在这里对这个公理作这样的叙述,它在立体几何学中也仍然有效,若仅限于平面几何学时,我们可以把这公理更简短地叙述作:任一直线将平面分成两个区域.

② 熟习集合论初步的读者,就会注意到,以 η 乘 н 在这里有集合理论的意义.

第四节 角

我们转来研究角的概念.

某点及自该点所引出的两射线的总体叫做角,该点叫做角的顶点,两射线叫做它的边.所谓角的点,我们理解为它的顶点及它的边上所有点.

由射线 h 和 k 所组成的角,我们用 $\angle hk$ 或 $\angle kh$ 来表示.由点 A 引出且分别通过点 B 及 C 的两射线所组成的角,常叫做两线段间的角[①],而记做 $\angle BAC$ 或 $\angle CAB$.若只有以 A 为顶点的一个角被考察,则可以用 $\angle A$ 来表示它.如果角的两边合成(包括顶点在内)一条直线时,这个角就叫做平角.

角的基本性质用下面的定理来表明.

定理 4 非平角的角,将平面分成两个区域,其中之一是凸区域,另一则否.

证明 用 h_1, k_1 来表示已知角的两边 h, k 自角的顶点所引出的延长线(图2).再用 η, η_1 表示自射线 h 所引出的两个半平面,用 $\varkappa, \varkappa_1$ 表示自射线 k 所引出的两个半平面.我们选择这些记号时,要使射线 k 在平面 η 上,而射线 h 在半平面 $\varkappa$ 上.

现在我们将所有不属于角的点分做两组.

把同时既在半平面 η 中又在半平面 $\varkappa$ 中的所有点归做第一组 $\eta\varkappa$.所有其余不属于角的点归做第二组.第二组的每一点至少属于两半平面 $\eta_1, \varkappa_1$ 之一.我们把第二组记做 $\eta_1 + \varkappa_1$ [②].

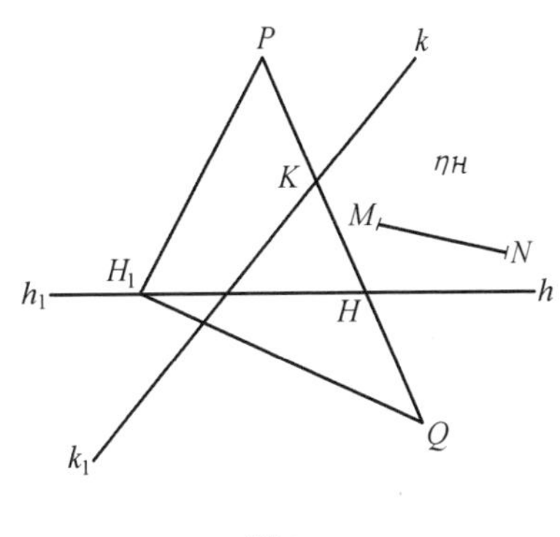

图 2

第一组 $\eta\varkappa$ 中的每两点 M, N 可用与角无公共点的线段联结.事实上,点 M, N 既在射线 h 所在直线的同侧,又在射线 k 所在直线的同侧.

再假定 M 是第一组的点,且线段 MN 与角无公共点,则依同理 N 也是第一组的点.将这个论述重复若干次时,我们即可推出下面的结论.设 M 是第一组

① 如"两半径间","两弦间","两边间"的角,也是这样的说法.

② 熟悉集合论初步的读者便会注意到,η_1 和 $\varkappa_1$ 相加在这里有集合理论的意义.

的点,且折线 $MAB\cdots N$ 与角无公共点,那么点 N 也属于第一组.由此推知,不同组的两点不可能用与角无公共点的折线联结.

最后,第二组 $\eta_1+\varkappa_1$ 内的任一点 P 和射线 h_1 上的任一点 H_1 可以用与角无公共点的线段联结.这是因为点 P 只在两半平面 $\eta_1,\varkappa_1$ 之一内的必然结果.因此,第二组任两点 P,Q 必能用与角无公共点的折线 PH_1Q 联结.

这样,便证明了角将平面分成两个区域 $\eta\varkappa$ 和 $\eta_1+\varkappa_1$,其中第一个是凸区域.

我们应当继续证明第二个区域是凹区域.设 H 和 K 是分别在射线 h 和 k 上的任意点,P 和 Q 是线段 HK 分别从 H 和 K 所引出的延长线上的点,那么 P,Q 都是第二区域内的点.而线段 PQ 与角有两个公共点,这就证明了区域 $\eta_1+\varkappa_1$ 是凹区域.

平面被角所分成的两个区域中,一个叫做角的内部,另一个叫做角的外部.

通常都是把凸区域叫做内部,而凹区域叫做外部.假如没有相反的附带条件,我们今后就保留这个术语.取凸区域作角的内部,也就是说,所考察的角小于平角.

可是,有时也把凹区域当做内部.在这种情形下,就是说所考察的角大于平角、或凹角.

属于内部的点叫做角的内点,而属于外部的点则叫做角的外点.

第五节　三角形

不共线的三点及每次取两点为端点所成的三线段,这样的全体叫做三角形.已给三点叫做三角形的顶点,三线段叫做它的边.

如果由于某种考虑,我们选取三角形的一边,叫做三角形的底,而其余的两边叫做三角形的腰.

自三角形的每一顶点引出且分别通过其他两顶点的两射线所组成的三个角,叫做三角形的角(或正确点说,三角形的内角).

以点 A,B,C 为顶点的三角形,记如:$\triangle ABC$ 或 $\triangle BAC$ 等.

三角形最简单的性质,表现于下列定理中.

定理 5　三角形将平面分成两个区域,其中之一是凸区域,另一则否.

证明　假设 $\triangle ABC$(图 3)是已知三角形.用 η,η_1 表示自直线 BC 所引出的两半平面,用 $\varkappa,\varkappa_1$ 表示自直线 CA 所引出的两半平面,用 λ,λ_1 表示自直线 AB 所引出的两半平面.我们这样选择记号,就是要使点 A 在半平面 η 内,点 B

在半平面 $\varkappa$ 内,点 C 在半平面 λ 内.现在把不属于三角形的所有点分为两组.

把同时既在半平面 η 内,又在半平面 $\varkappa$ 和 λ 内的所有点归于第一组.我们可以找到这样的点,例如联结顶点 A 与边 BC 上任一点 D 而于线段 AD 上所取的点便是.

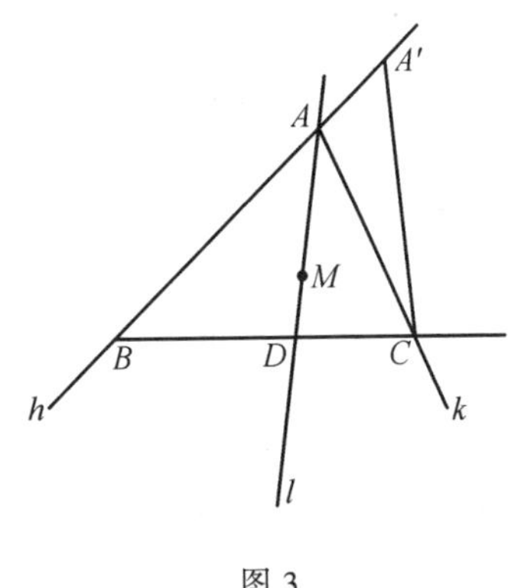

图 3

我们把所有其余的不属于三角形的点归于第二组.第二组的任何点至少是在半平面 $\eta_1,\varkappa_1,\lambda_1$ 之一个半平面内.

以下的证明步骤,与定理 4 的证明相似.

第一组的任两点 M,N 必能用与三角形无公共点的线段联结,这因为 M,N 都在直线 BC,CA,AB 中的每一直线的同侧.

次假定 M 是第一组的点且线段 MN 与三角形无公共点,由于同样的根据,则 N 必是第一组的点.由此仿照定理 4 的证明,便知不同组的两点不可能用与三角形无公共点的折线联结.

现在设 P,Q 是第二组的两点.若 P,Q 中每点在半面 η_1 或 $\varkappa_1$ 内,则它们都是 $\angle ACB$ 的外点.所以它们可以用与该角无公共点且在角的外部的折线联结.此折线与线段 AB 必无公共点,因为后者是在 $\angle ACB$ 的内部.这就是说,假若第二组的两点,其中的每一点在半平面 η_1 或 $\varkappa_1$ 之内,它们便可以用与三角形无公共点的折线联结.再把类似的论证用于所有其他的情形.

最后,仿照定理 4 的证明,来证第二组表现是凹区域.

三角形划分平面为两区域,其中凸区域(叫做内部)中的点叫做三角形的内点,而另一区域(叫做外部)中的点则叫做外点.

现在留给读者自己证明:设点 A,B,C 是某三角形的顶点,则直线 BC,CA,AB 划分平面为七个凸区域(仿照定理 3 的证明).

定理 6[①] 不通过三角形的顶点且与它的一边相交的直线,必与且仅与其他两边之一相交.

证明 假设直线 a 与三角形 ABC 的边 BC 相交.这时,点 B,C 在直线 a 的异侧.因为点 A 不在直线 a 上,那么下列两种情形之一必成立:不是 A 与 B 在 a

① 在建立几何学时往往把定理 6 的内容作为公理以代替我们的公理 3.这个公理是巴士(Pasch)在他所著的几何学中首先提出来的,因此叫做巴士公理.

的同侧,就是在其异侧.在第一种情形中,直线 a 不与边 AB 相交,而与边 AC 相交,这因为 A,C 在 a 的异侧.在第二种情形中,直线 a 与边 AB 相交,而不与边 AC 相交,这因为 A,C 在 a 的同侧.

定理 7 自三角形 ABC 的顶点 A 所引出且通过内点 M 的射线 l 必与边 BC 相反.

证明 将边 AB 自 A 向外延长,在延长线上取一点 A'(图 3).而把定理 6 应用于三角形 $A'BC$ 及不通过点 A',B,C 的直线 AM 的情形,直线 AM 与三角形的边 BA' 相交,因此该直线不与边 $A'C$ 相交,即与边 BC 相交.

因为点 M 在三角形 ABC 的内部,那么它既在半平面 κ 内,又在半平面 λ 内(这些表示法与定理 5 的证明相同).所以射线 l 上的所有点同时在这两个半平面内,而射线 l 自点 A 引出的延长线上的所有点同时在半平面 κ_1 和 λ_1 内.但同时线段 $A'C$ 的每一点都在半平面 λ 内且在半平面 κ_1 内.可见直线 AM 不能与线段 $A'C$ 有公共点,而应当与线段 BC 相交于某一点 D.

又因为点 M 与线段 BC 上的所有点都在半平面 λ 内,所以点 D 必在射线 l 的本身上(而不在它自点 A 引出的延长线上).

系 假若自 $\angle hk$ 的顶点 A 所引出的射线 l(图 3)通过角的内部一点 M(这时全射线 l 在这角的内部),则射线 h,k 必在射线 l 所在直线的异侧 .

实际上,我们若在射线 h,k 上分别取点 B,C 而去考察三角形 ABC 时,点 M 可能在这三角形的内部.在这情形中,根据已证的定理知射线 l 与线段 BC 必有公共点 D.这就是说点 B,C,因而射线 h,k,必在射线 l 所在直线的异侧.

但点 M 也可能落到三角形 ABC 的外部,因为它在 $\angle BAC$ 的内部,那么这时它便与点 A 各在直线 BC 的异侧.所以线段 AM 与直线 BC 有公共点.不难察知,该公共点将在线段 BC 的本身上;至此,我们便达到前述的情形.

假如点 M 就在直线自身 BC 上,仍然得到同一的结论.

关于自 $\angle hk$ 的顶点所引出且位于角的内部的射线 l,我们说它在角的两边 h,k"之间".

第六节 凸多角形

每一封闭的折线,即是端点重合的折线,一般叫做多角形.或者可以说,有限个(不少于三)点 $A,B,C,D,\cdots,K,L$ 及所有线 $AB,BC,CD,\cdots,KL,LA$ 的点的总体叫做多角形 $ABCD\cdots KL$(图 4);点 $A,B,C,\cdots,K,L$ 叫做多角形的顶点,而线段 $AB,BC,\cdots,KL,LA$ 叫做它的边;又 $\angle LAB,\angle ABC,\cdots,\angle KLA$ 叫做多角

形的角.

多角形按顶点数或边数来分类,我们曾经研究过的三角形是最简单的多角形,其次要研究的是四角形、五角形、六角形等.

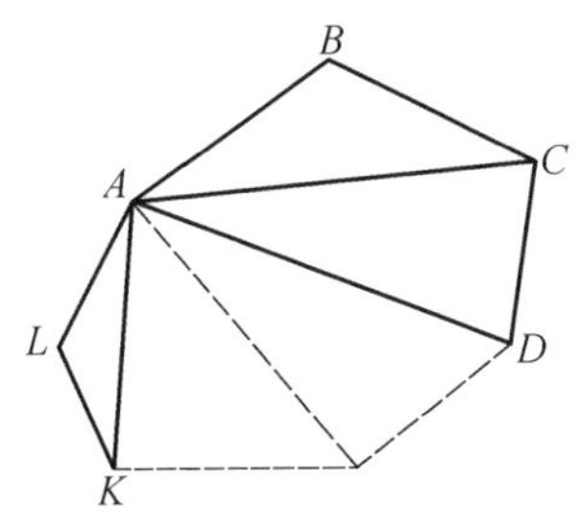

图 4

在初等几何学里,凡说到多角形时,大多数是指凸多角形而言.

若关于多角形每边所在的直线而言,该多角形的所有顶点都在一个半平面内时,则它叫做凸多角形.

凸折线也同样地来下定义.

上节所研究的定理 5 也是推广于凸多角形.

定理 8 凸多角形将平面分成两个区域,其中之一是凸区域,另一则否.

证明 假设 $ABCD\cdots KL$ 是已知多角形.我们把与顶点 $C,D,\cdots,K,L$ 同在直线 AB 的同侧,同时与顶点 $D,\cdots,L,A$ 同在直线 BC 的同侧,……,及最后,与顶点 $B,C,\cdots,K$ 同在直线 LA 的同侧,这样的所有点归于第一组,把所有其余不属于多角形的点归于第二组.

证明第一组是凸区域且不同组的两点不能用与多角形无公共点的折线联结,只需逐字地重述定理 5 中相当部分的证明即可.至于第二组任意两点可以用与多角形无公共点的折线联结的证明,是比较麻烦的.

平面被凸多角形所分成的两个区域中的凸区域(叫做内部)的点叫做凸多角形的内点,而另一区域(叫做外部)的点则叫做外点.

关于凸多角形的定理,留给读者自己叙述并加以证明,仿照定理 6 和 7 即可.

联结着多角形两顶点的而不是它的边的线段,叫做多角形的对角线.凸多角形每条对角线上的所有点都是多角形的内点.因为,如就多角形 $ABC\cdots KL$(图 4)的对角线 AC 来说,它的所有点与点 C 同在直线 AB,AL 等的同侧,又与点 A 同在直线 BC,CD 的同侧.由多角形的每个顶点可引 $n-3$ 条对角线,这些对角线将多角形的内部分为 $n-2$ 个三角形的内部(当然,假定对角线本身上的点不算在内).

因为由每个顶点可引 $n-3$ 条对角线,那么对角线的总数是 $\frac{1}{2}n(n-3)$.

例如,四角形有 $\frac{1}{2}\cdot 4\cdot 1=2$(条)对角线,五角形有 $\frac{1}{2}\cdot 5\cdot 2=5$(条)对角

线,六角形有$\frac{1}{2}\cdot 6\cdot 3=9$(条)对角线,等.

第七节　一般形状的多角形

在上节中,我们研究了多角形最简单的类型即凸多角形.更一般形状的多角形性质的严格证明超出了本书的范围,所以在本节中我们仅对一些有关结果作简略叙述,而不仔细讲它们的证明.

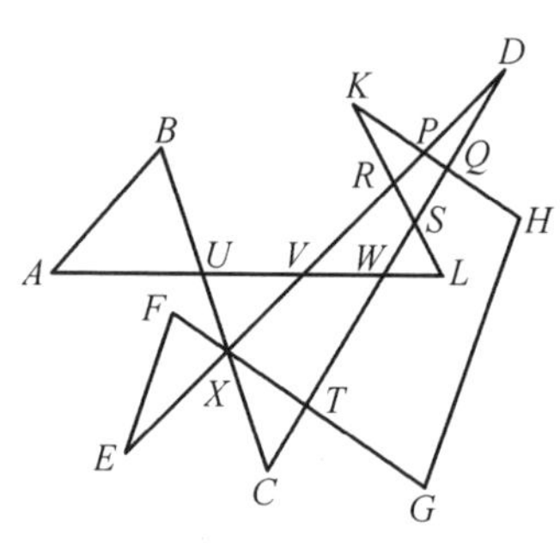

图 5

多角形的一般定义,已经在上节的开始给出了.这个一般的定义适用于形状很复杂的几何图形.例如多角形可以有二重点、三重点等,亦即多角形的两边、三边等的共同交点.为多角形 $ABCDEFGHKL$(图 5)有八个二重点 P, Q, R, S, T, U, V, W, 和一个三重点 X. 还有,多角形的顶点可以在它的一边上而不是它的端点:如图 6 所示,顶点 D 在边 AB 上.最后,由多角形的同一顶点引出不止两条而是较多的边是可能的:如图 7 所示,由多角形 $ABCDEFGH$ 的顶点 B(也是 E)共引出四条边.当然,非封闭的折线也可能具有与此类似的特点.

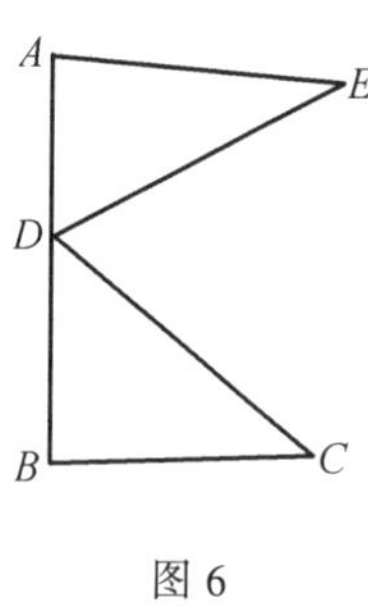

图 6

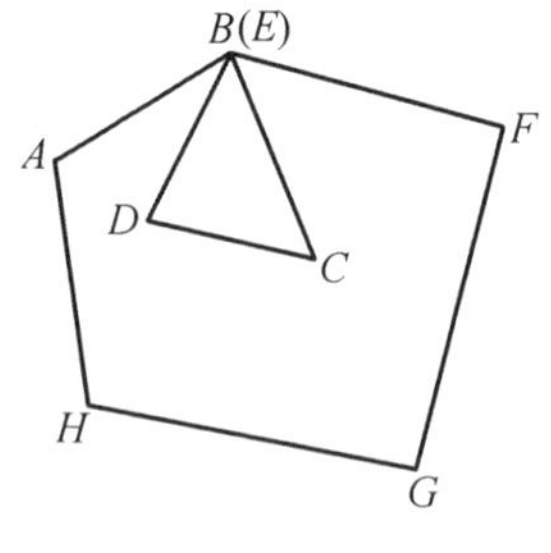

图 7

在很多场合中,例如当研究角的和及面积的理论时,研究具有刚才所述特点的折线和多角形显然是不便利的.在这样的场合中,在引入下面的定义时,我们是将多角形的一般概念的范围缩小.

如果多角形(或折线)的任意两边都不相交,任意一顶点都不在边上,且每个顶点仅是两边的端点时，该多角形（或折线）叫做简单多角形（或简单折线）①.复杂多角形叫做星形多角形.

每一凸多角形是简单多角形，但非每一简单多角形就是凸多角形.这样，我们便得到下列三种概念，其中后者都是前者的特殊情形；一般多角形，简单多角形，凸多角形.

以四角形的三种类型作为最简单的实例——复杂的或星形的（图8），简单的凹的（图9）及凸的（图10）.有五个二重点 P,Q,R,S,T 的星形五角形 $ABCDE$（图11）可以作为复杂多角形的又一实例.这个星形的轮廓是一个凹十角形 $APDQBRESCT$（图12）.以上考察过的表示在图5，6，7里的多角形也是复杂多角形的实例.即使如图13，14那样复杂的图形，也适合于简单多角形的概念.

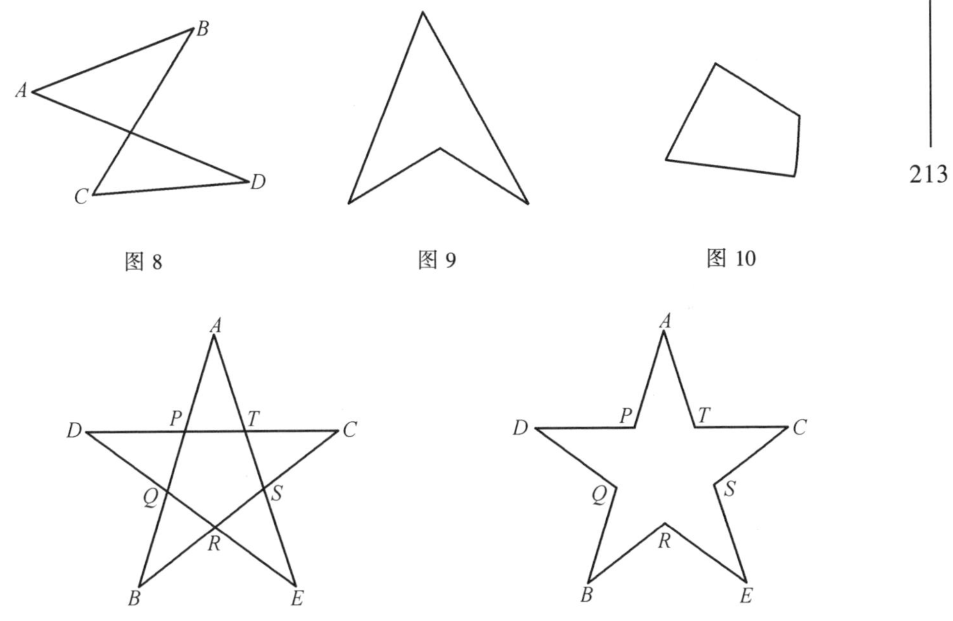

图8　图9　图10

图11　图12

① 为正确地了解这个定义的概念，应回想多角形的边是线段，而线段是两点间的点的全体，所以顶点是不属于边上的点.

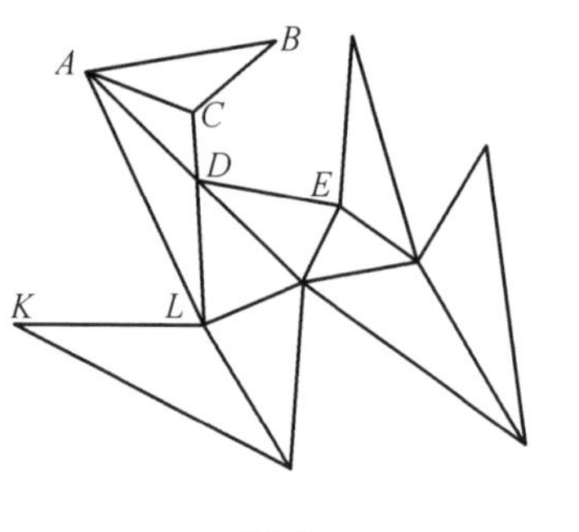

图 13

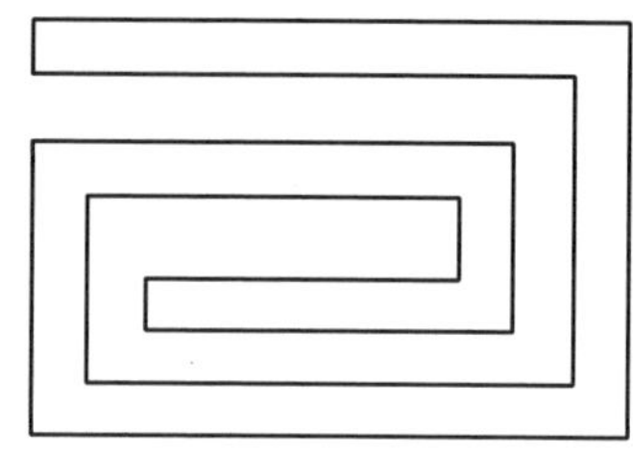

图 14

简单多角形最重要的性质表现于下面的命题,这是著名的关于多角形的约登定理(Теоремы Жордана):每个简单多角形划分平面成两个区域.

设多角形是凸的,则这两个区域中有一个是凸区域,另一则否.若多角形是凹的,则两个区域都是凹区域.

可是,上述的这两个区域,在一切情形中,都具有不同的性质.在这两个区域中,必有一个且仅有一个完全包含着某一直线,此区域的点叫做简单多角形的外点,另一区域的点叫做多角形的内点.

本书各处所说的多角形,不作特别声明时,一概理解为简单多角形.

注 任意复杂多角形划分平面成若干区域,而且其数多于2(图5,6,7,8及11).

凹多角形的对角线不完全在多角形的内部,这是不同于凸多角形的.但是可以证明,在每个简单多角形中,总能找到三个邻接的顶点,把它们记做 A,B,C(图 13),具有这样的性质 —— 其对角线 AC 完全经过多角形的内部.这样的对角线,将简单 n 角形的内区域分成一个三角形 ABC 的内区域和一个简单 $n-1$ 角形的内区域(假若不算对角线 AC 上的点).将这个推论继续下去,我们便得到一个结论:每一简单 n 角形的内区域可以用它的对角线分成 $n-2$ 个三角形.

在研究星形多角形时,往往也由“凸”字,但是在意义上与第六节中所用的不同.为了在两种不同的意义上不使用同一名词,我们采取了下面的定义,引入名词“局部凸的多角形”.

假如多角形 $ABCDE\cdots$ 的每三个邻接边中,第一和第三两边位于第二边所在直线的一侧时,叫做局部凸的多角形.

所有的凸多角形也都是局部凸的多角形,但反之则不然.在图 11,26,28 所示的多角形可以作为非凸的,但是局部凸的多角形的例子.

第八节　有向线段和有向角，平面定向

到现在为止，在考察线段的时候，我们未注意到它的端点的顺序，亦即对于线段 AB 和线段 BA 之间未加以区别．在必须注意所给线段两端的顺序时，亦即在区别线段 AB 的“始点”A 和它的“终点”B 的情形下，我们便把它叫做有向线段或向量①．

我们将用一短横线画于字母的上面来表示有向线段：$\overline{AB}$（或用记号 $\overrightarrow{AB}$），先写有向线段的始点，后写终点．

现在我们来考察，同一直线上所有有向线段的全体，或者说，考察所有共线向量的全体．凭直观我们了解，同一直线上的有向线段可以分成两组（我们常用“向右”和“向左”，“向上”和“向下”等字来描述这两组）．

同一直线上的两组有向线段，显然具有下列性质（图 15）：

a）仅端点顺序彼此不同的两个有向线段 $\overline{AB}$ 和 $\overline{BA}$（图 15(a)）属于不同组．

b）始点相同的两个有向线段 $\overline{AB}$ 和 $\overline{AC}$ 属于同一组或不同组，要看它们的终点是同在自点 A 所引出的一条射线上（图 15(b)），还是分别在两条射线上（图 15(c)）而定．

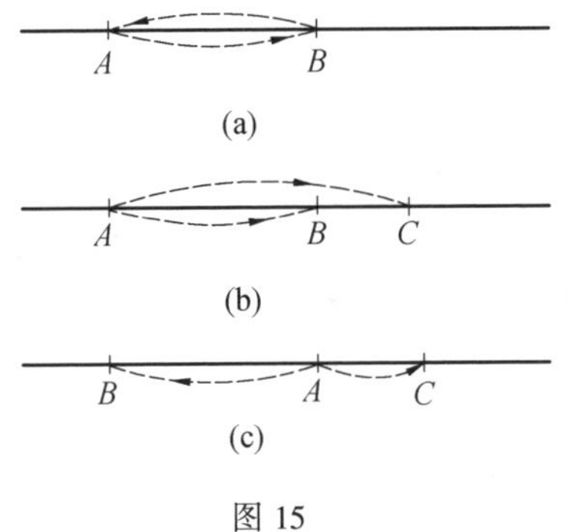

图 15

注　我们只凭直观论述了一条直线上的两组有向线段，我们这样做法，不过是为了叙述的简便．欲求叙述完备严密，证明下面关于有向线段的定理就够了：

在一条直线上的所有有向线段也可以用唯一的方法把它分成具有性质 a）和 b）的两组．

根据我们前面所引出的公理，来证明这个定理是十分麻烦的，而且还带有十分形式主义的性质，因此我们把它略去了．

上述的每组有向线段，都确定一个方向于直线上．关于同一组的两线段，我们说它们有异向，或者说它们指向异侧；关于不同组的两线段，我们说它们有异向，或说它们指向异侧．

① 提示已经熟悉向量计算的读者，本书中所研究的，仅是共线的向量代数，即是对于同一直线上的向量加、减、乘、除的运算．为了着重指出这一事实，本书将两个名词“有向线段”和“向量”一同保留．

现在我们在已知直线上的两种方向中任取其一叫做正向(它的反方向因而叫做负向).对于这点,显然只要给出任何一个有向线段$\overline{AB}$就够了(在这个意义上也是说"由 A 到 B 的方向").这时线段$\overline{AB}$和一切与它有同向的有向线段,叫做正线段,而一切与它有异向的有向线段叫做负线段.选定了正向的直线,叫做有向(或定向)直线或轴①.

现在谈到有向角的研究.例如 $\angle hk$ 或 $\angle BAC$ 不是平角,我们把它的"始"边 h 或AB和它的"终"边 k 或AC加以区别时,叫做有向角,并且记做 $\angle \overline{hk}$ 或 $\angle \overline{BAC}$.

如果在平面上给出了一些有向角,那么我们便可以比较这些角与角之间的方向.借助于下述直观而非严密的判断,容易实现这个要求.设想站在平面以外的某些观察者,面向平面.对于这样的观察者来说,平面上所有的有向角便被分成两组:其中的一组取"逆时针"的方向,另一组取"顺时针"的方向.这就给出了比较角的方向的可能性.

一组角当做具有正向;另一组当做具有负向.通常由观察者看来是"逆时

针"的方向作为角的正向.我们在本书中也遵守这个规定.

选定的正向角所在的平面,叫做有向平面.

两组有向角具有下列性质:

a) 小于平角且只有边的顺序彼此不同的两个角 $\angle \overline{hk}$ 和 $\angle \overline{kh}$(图 16) 属于不同组(有异向).

b) 有公共顶点及公共始边 h 且都小于平角的两个角 $\angle \overline{hk}$ 和 $\angle \overline{hl}$(图 17, 18) 属于同一组或不同组(有同向或有异向),要看它们的另一边 k,l 是在由射线 h 所引出的同一半平面内(图 17),还是在不同的半平面内(图 18) 而定.

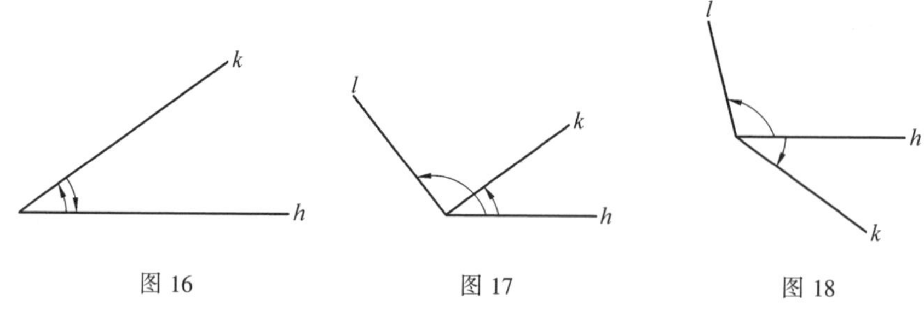

图 16　　图 17　　图 18

① 在几何学中,术语"轴"的使用没有适当的一致性,如在术语"射影轴"及"坐标轴"(解析几何中所用的) 中的轴字通常代表有向直线.但在术语"对称轴"、"相似轴"、"根轴"等的轴字便单纯地代表直线.

c) 若两角 $\angle \overline{BAC}$ 及 $\angle \overline{ABC}$ 都小于平角(图 19),并且它们的第一边 AB 和 BA 同一公共线段,而第二边有一公共点,则它们不属于同一组(有异向).

d) 假若两角的顶点及两边都是公共的,两边的顺序又相同,而其中一角小于(因而他角大于) 平角(图 20),则它们不属于同一组.

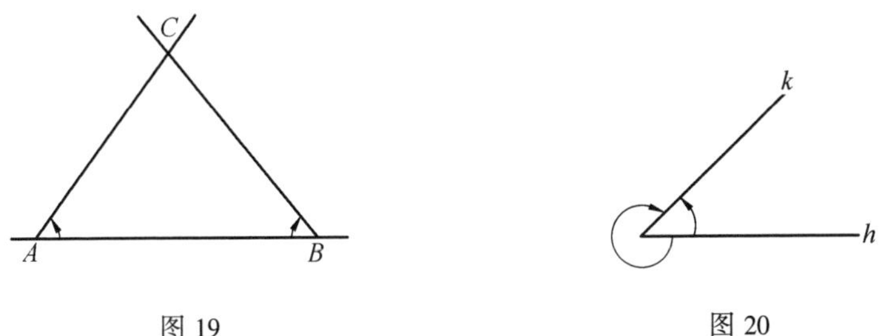

图 19　　图 20

利用这些性质,可以比较平面上任何有向角的方向.性质 a) 和 b) 使我们有可能来比较有公共顶点的任意两角(即使无公共边).再结合性质 c),我们又得到比较所有小于平角的角的可能.最后,性质 d) 使得比较(角的方向) 的范围扩大到大于平角的角.

注　我们求助于平面外的"观察者"来比较角的方向,只为了叙述的简便.要使得我们的解释更加严密,只需不脱离平面,不依靠"观察者" 和"时针",而仅仅根据我们所引进的公理及以前证过的命题,来证明下面关于有向角的定理就够了:

平面上所有有向角(不论它小于或大于平角) 的全体,可以用唯一的方法分成具有性质 a) ~ d) 的两组.

这两组角中,无论规定哪一组是正向都可以.

最后,假若三角形的顶点依一定的顺序给出如 A,B,C,那我们则把三角形 ABC 叫做有向三角形,并记做$\overline{ABC}$.由有向角的性质 a) 和 c) 可以推知,在每个三角形$\overline{ABC}$ 中,三个角 $\angle \overline{BAC}$,$\angle \overline{CBA}$,$\angle \overline{ACB}$ 具有相同的方向(图 21).

在利用有向三角形的角的这个性质时,可以把所有有向三角形分成两组.如果有向三角形$\overline{ABC}$ 的所有三个角 $\angle \overline{BAC}$,$\angle \overline{CBA}$,$\angle \overline{ACB}$ 都有正向,那么便说这个三角形具有正向;若按照三角形顶点的顺序 A,B,C 循环一周再回到 A 时,则我们沿着正向的即逆时针方向的三角形循环了一周(图 21).同样,如果那些角都具有负向,那么就说这三角形具有负向;若按照三角形顶点的顺序 A,B,C 循环一周再回到A 时,则我们沿着负向的即顺时针方向的三角形循环了一周.

两组有向三角形具有下列性质：

a) 三个三角形$\overline{ABC}$，$\overline{BCA}$，$\overline{CAB}$(顶点循环排列)属于同一组.

b) 两三角形$\overline{ABC}$，$\overline{BAC}$(两顶点调换)不属于同一组.

c) 若三角形ABC的两顶点A，B与三角形ABC'的两顶点重合，它们属于同一组或不同组，要看点C，C'在直线AB的同侧(图22)还是异侧(图23)而定.

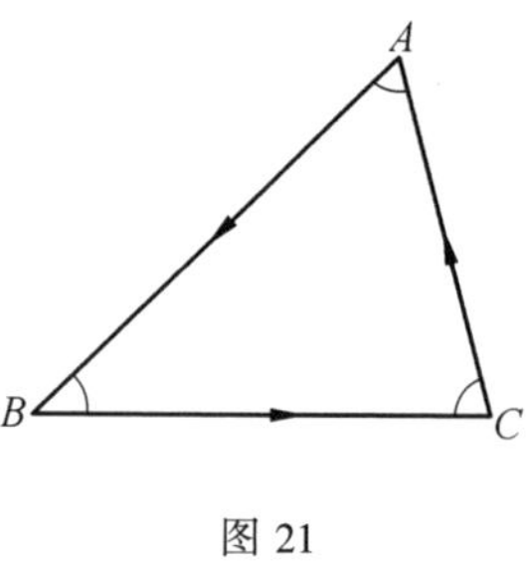

图21

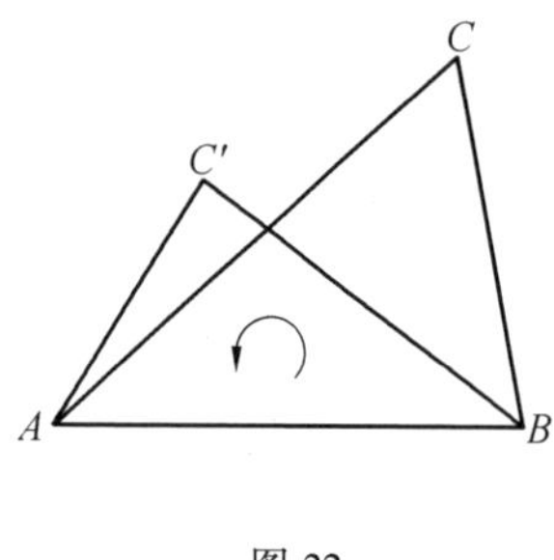

图22

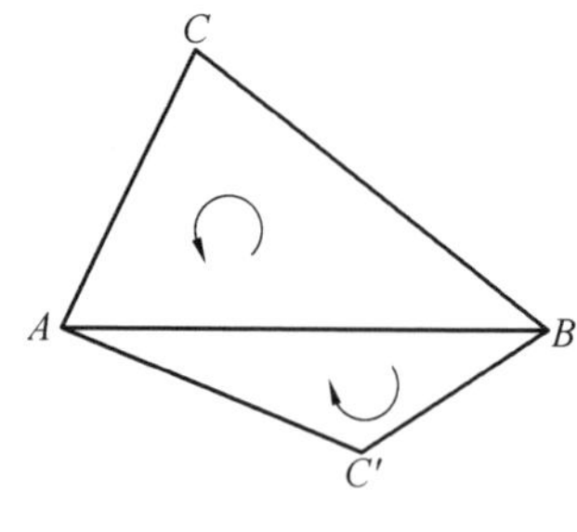

图23

注　借助于有向角的定理，可以十分严密地证明作为研究有向三角形基础的下一定理.平面上所有有向三角形的全体、可以用唯一的方法分成具有性质a)～c)的两组.

同样地也可以研究有向多角形——凸的或一般简单的多角形.定向的概念不扩张到任意形状的星形多角形.

第九节　线段及角的相等

相等的概念属于数学的一般概念.需要注意的是，这个术语使用于不同的对象时，它就有不同的意义.例如“有理数的相等”、“复数的相等”、“线段的相等”诸概念各有不同的意义.当说到线段、角、三角形或其他图形的几何性质的相等情形时，常采用术语“合同的”和“合同”来代替“相等的”和“相等”的说法.这样可以强调指出几何的相等与在其他意义中的相等不同.但是为遵循通常的习惯，我们对“相等的”和“合同的”两种表达，无差别地通用.为了标记合同的意义，有时采用与一般相等不同的符号(例如$\cong$或$\equiv$).今后我们用一般的符号$=$来表示合同.

关于三角形及其他更复杂图形的合同,将于下章研讨,这里只限于考察线段及角的相等.

因为线段 AB 可以无区别地记作 AB 或 BA,那么线段 AB 与 $A'B'$ 的相等便可以无区别地写作下列四种形式之一

$$AB = A'B', BA = A'B', AB = B'A', BA = B'A'$$

关于角的相等也有类似的解释.

相等线段及相等角的基本性质叙述如下列的五条公理("合同公理").

公理 4a 线段及角的相等具有下述三个性质:

1) 反身性:每一线段(角)合同于其本身.

2) 对称性:若第一线段(角)合同于第二线段(角),则第二线段(角)也合同于第一线段(角).

3) 传递性:若第一线段(角)合同于第二线段(角),而第二线段(角)合同于第三线段(角),则第一线段(角)也合同于第三线段(角).

根据这条公理,我们有可能(并且也时常这样做),不仅说一个线段(角)合同于另一个线段(角),而且也使用由两个、三个而推广到若干个线段(角)相等的概念.

公理 4b 假设直线 AB 上的点 C 位于点 A,B 之间,且直线 $A'B'$ 上的点 C' 位于点 A',B' 之间.这时如果 $AC = A'C'$ 且 $BC = B'C'$,则 $AB = A'B'$.假如,在同样的条件下,$AB = A'B'$ 且 $AC = A'C'$ 时,则 $CB = C'B'$.

公理 4c 假设射线 l 在角 $\angle hk$ 的两边 h 和 k 之间①,而射线 l' 在角 $\angle h'k'$ 的两边 h' 和 k' 之间.这时如果 $\angle hl = \angle h'l'$ 且 $\angle lk = \angle l'k'$,则 $\angle hk = \angle h'k'$.假如,在同样的条件,$\angle hk = \angle h'k'$ 且 $\angle hl = \angle h'l'$,则 $\angle kl = \angle k'l'$.

公理 4d 假设 AB 是某一线段,而 h' 是自点 A' 所引出的一条射线,则在射线 h' 上有一点且有一点 B',使得线段 AB 合同于 $A'B'$.

公理 4e 假设 $\angle hk$ 是某一角,h' 是自点 O' 所引出的射线,且 η' 是自射线 h' 所引出的半平面,则在半平面 η 内有一条且仅有一条自点 O' 所引出的射线 k',使得 $\angle hk$ 合同于 $\angle h'k'$.

注 这五条公理中的第一条(公理 4a)有最普遍的特征并表现着各种相等的共同性质.其次的两条公理(公理 4b 和 4c)也是十分广泛的:若在已知对象的集合里,除相等的概念外,"加法"概念也适用(在任何意义下)时,则在一切这样的情形下都有类似的公理成立.最后两条公理(公理 4d 和 4e)表示线段及角

① "一射线在另外两射线之间"的概念,已经在第五节末尾引用.

的特有性质.

在讲解初等几何学时,我们常用"在射线 h' 上从点 A' 取一个等于 AB 的线段"或"在半平面 η' 里,依靠射线 h' 作一个等于 $\angle hk$ 的 $\angle h'k'$"这类的句子,凡在没有提到用某些工具来作图的情形下,这几句话正好表示公理 4d 或 4e 的引证.

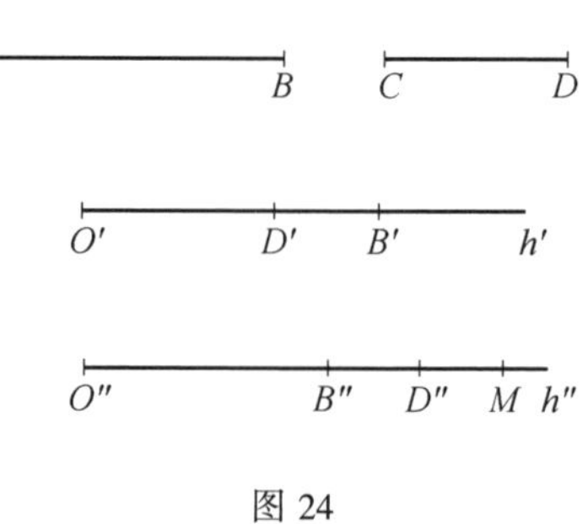

图 24

公理 4b 和 4d 给予了建立线段的"大于"和"小于"概念的可能性.公理 4c 和 4e 则使我们有可能来建立关于角的同样的概念.假设已知两线段 AB,CD(图 24).在自某点 O' 所引出的任意射线 h' 上,有两点 B' 及 D',使得 $AB=O'B'$ 及 $CD=O'D'$.这时如果点 D' 位于 O' 与 B' 之间,我们便说线段 AB 大于 CD,而线段 CD 小于 AB.并且记作:$AB>CD$ 或 $CD<AB$.如果在同样的假设条件下,点 B' 位于点 O' 与 D' 之间时,我们便说线段 CD 大于 AB,而线段 AB 小于 CD.但是这时要发生下面一个本质上的困难.试取自某点 O'' 所引出的任一条其他射线 h'' 来代替自点 O' 所引出的射线 h',并来考察使 $AB=O''B''$ 及 $CD=O''D''$ 的两点 B'' 及 D''.试问能不能发生 D' 位于 O' 与 B' 之间,而 B'' 却位于 O'' 与 D'' 之间的情形呢?假如有这种情况发生,则不能把"大于"和"小于"的概念应用到线段 AB 与 CD.现在我们把这样的不可能性作为一个特殊的定理来证明.

定理 9 两个不等的线段中,常有一个且仅有一个大于另一个.

证明 假设对于线段 AB 与 CD,定理是不对的.在此场合下,就有两条自点 O' 及 O'' 所引出的射线 h' 及 h''(图 24),并且在它们上面又各有两点 B',D' 及 B'',D'',点 D' 位于 O' 与 B' 之间,而 B'' 位于 O'' 与 D'' 之间,同时 $AB=O'B'=O''B'$ 及 $CD=O'D'=O''D''$.

由于公理 4d,在射线 h'' 上有一点 M,使 $D'B'=D''M$ 且 D'' 位于 O'' 与 M 之间.这时便发生下面的情形:D' 位于 O' 与 B' 之间,D'' 位于 O'' 与 M 之间,$O'D'=CD=O''D''$,$D'B'=D''M$.从这两个等式,根据公理 4b,推知 $O'B'=O''M$.等式 $O'B'=O''M$ 和 $O'B'=AB=O''B''$ 说明在射线 h'' 上有两个不同的点 B'' 与 M,使得 $O'B'=O''B''=O''M$,这便与公理 4d 矛盾.那么由所得的这个矛盾就证明了定理.

由"大于"和"小于"概念的定义,可以引出这些概念的基本性质如下:

定理 10 若第一线段大于第二线段,而第二线段大于第三线段,则第一线段大于第三线段.

对于角亦有类似的性质.

合同公理还给予确定关于线段或关于角的加法和减法概念的可能性,并且指出这些关于线段(角)的运算具有算术加减法的普通性质.由线段(角)加法的概念也可以导出线段(角)乘以任一自然数的概念.

为了使两个角的加法(或角乘以自然数)永远可以施行,就必须把我们过去所采用角的概念再加以扩张.

最后要注意,对于一条直线上的有向线段$\overline{AB}$及$\overline{A'B'}$来说,等式$\overline{AB} = \overline{A'B'}$表示等式$AB = A'B'$,同时表示两线段的方向一致.

有向角的等式也有类似的意义.

第十节 特殊形状的三角形及多角形

引用线段相等及角相等的概念,能够区分三角形及多角形的一些特殊类型.

有两边相等的三角形叫做等腰三角形,相等的两边叫做腰,第三边叫做等腰三角形的底.由公理4d得知有等腰三角形的存在.

三边都等的三角形叫做等边三角形.等边三角形的存在不是得自上述的情形,以后再作证明.

凸多角形,若它的所有边都等,且所有角都等,则叫做正多角形.

同样,局部凸的星形多角形,若它的所有边都等且所有角都等,则叫做正星形多角形.图11所示的正五角星形可以作为一个例子.

关于任意边数的正多角形的存在问题,我们以后再讲.

正多角形的概念可作如下的推广.

边数为偶数的凸多角形,假若其中相间的边相等且所有角都等,则叫做等角半正多角形(图25所示的六角形就是一个例子).

边数为偶数的局部凸的星形多角形,若其中相间的边相等且所有角都等,则叫做等角半正星形多角形(例如图26的八角形).

同样,凸的或星形的等边半正多角形,可以被定义如下:顶点数必须是偶数,所有边都等,相间的角相等;这时若是星形多角形还要假定它是局部凸的(例如,图27的六角形、图28的十角形).

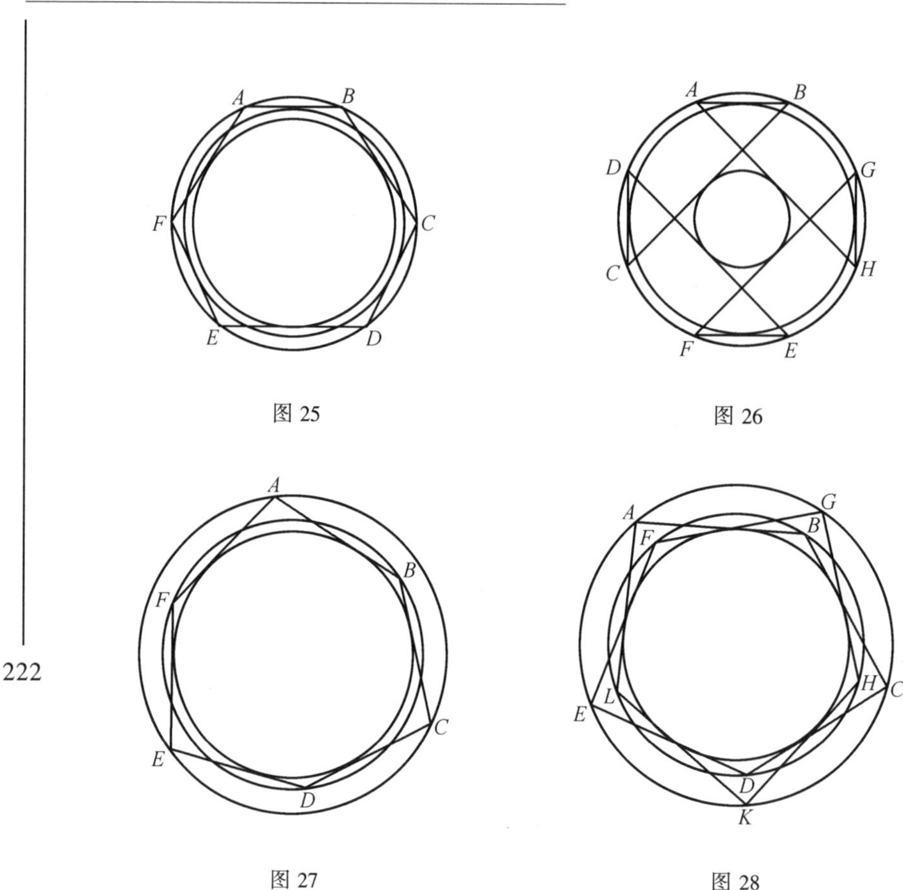

图 25

图 26

图 27

图 28

等角半正多角形及等边半正多角形的概念,主要应用于立体几何学.

第十二章 图形的相等,圆周

第十一节 三角形相等的基本特征

我们现在从研究线段和角的相等转到研究三角形的相等.假如两个三角形的边和角都对应①相等,则这两个三角形叫做合同的或相等的.三角形 ABC 和 $A'B'C'$ 的相等可以写作下列形式中的任意一种

$$\triangle ABC = \triangle A'B'C', \triangle BAC = \triangle B'A'C', \cdots$$

我们要用这样的方法来标记三角形的相等,就是将相等角的顶点写在同一的位置上.这样,当写 $\triangle ABC = \triangle LMN$ 时不只是表示三角形 ABC 与 LMN 相等,并且也表示着第一个三角形的 $\angle A$ 等于第二个三角形的 $\angle L$, $\angle B$ 等于 $\angle M$, $\angle C$ 等于 $\angle N$,边 AB 等于边 LM,等.当写 $\triangle ABC = \triangle A'B'C'$ 和 $\triangle ABC = \triangle B'A'C'$ 时,便表示着不同的事实.这种写法自有优越之处.

两个三角形的相等,假定他们满足六个条件,即三对应边相等,和三对应角相等.但是,从六个条件中选的三个条件得到满足时,其余三个条件就随之而得到满足.说明这种情形的各个定理,就是大家都知道的所谓三角形相等的特征.现在我们就研究这些定理.

证明三角形相等特征的一般方法,是利用三角形移动的可能性.为了作严密的叙述,那么我们必须预先分析移动的概念,研究移动的性质,等.为了不作冗长的叙述,我们现在采用另一种方法.

我们采用下列命题作为公理("三角形的合同公理").

公理4f 假若一三角形的两边对应地等于另一三角形的两边,并且两三角形中这些对应边的夹角也相等,则这两个三角形的其余的角亦对应相等.

我们应注意,在这个公理中我们没有假定两三角形的顶点是不同的.比如,把这公理应用于等腰三角形 ABC(其中 $AB = AC$)和三角形 ACB(与前者重合),我们就得到下列结果:$AB = AC$, $AC = AB$, $\angle A = \angle A$,所以 $\angle ABC =$

① 其中假定相等的角对着相等的边.

$\angle ACB$.这样下列定理就得到证明.

定理 11　在等腰三角形中与等边相对的角相等.

根据三角形的合同公理(公理4f)以及以上研究过的公理和定理,可以不用图形移置的概念,来证明所有的三角形相等的特征.

定理 12(**“三角形相等的第一特征”**)　假如一个三角形的两边及其夹角对应地等于另一三角形的两边及其夹角,则两三角形相等.

证明　假设在两三角形 ABC,$A'B'C'$(图29)中,有等式 $AB = A'B'$,$AC = A'C'$,$\angle A = \angle A'$ 成立.由公理4f,知其余的角对应相等:$\angle B = \angle B'$,$\angle C = \angle C'$,所以只需再证明 $BC = B'C'$ 就够了.

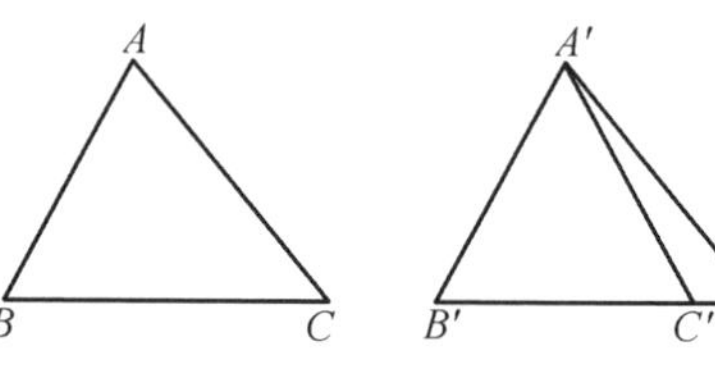

图29

我们用反证法进行证明.假使 BC 不等于 $B'C'$.在这种情形下,我们在引自点 B' 而通过点 C' 的射线上,取一点 C'',令 $BC = B'C''$(点 C'' 可在边 $B'C'$ 内,或在自点 C' 所引的延长线上).今考察三角形 ABC 和 $A'B'C''$.一三角形的两边及其夹角与另一三角形的两边及其夹角对应相等,即 $BA = B'A'$,$BC = B'C''$,$\angle B = \angle B'$.根据公理4f,得角的等式 $\angle A = \angle B'A'C''$.但由已知条件 $\angle A = \angle B'A'C'$.因为点 C' 和 C'' 在由点 B' 所引出的同一射线上,所以射线 $A'C'$ 和 $A'C''$ 在自直线 $B'A'$ 所引出的同一半平面里.但在这种情形下等式 $\angle A = \angle B'A'C' = \angle B'A'C''$ 与公理4e相矛盾,因为按这公理来说在已知半平面上,使等式 $\angle A = \angle B'A'C'$ 成立的射线 $A'C'$ 只有一条.得到的矛盾,证明了这个定理.

定理 13(**“三角形相等的第二特征”**)　假如第一三角形的一边及其两端的两角对应地等于第二三角形的一边及其两端的两角,则这两三角形相等.

证明　假设在两三角形 ABC 及 $A'B'C'$(图29)中,有等式 $AB = A'B'$,$\angle A = \angle A'$,$\angle B = \angle B'$ 成立.若能证得 $BC = B'C'$,则由定理12必可推得两三角形相等.

我们仍用反证法,证明等式 $BC = B'C'$.假使 $BC \neq B'C'$.在射线 $B'C'$ 上取一点 C'',令 $B'C'' = BC$.也像定理12的证明那样,仍推得矛盾的等式 $\angle A = \angle B'A'C' = \angle B'A'C''$.这个矛盾也证明了本定理.

将三角形相等的第二特征应用于 $\angle B = \angle C$ 的三角形 ABC 及三角形 ACB(与前三角形重合)时,我们便直接得到等腰三角形的逆定理.

定理 14　假如三角形的两角相等,则这三角形是等腰三角形.

定理 15(“三角形相等的第三特征”)　假如一三角形的三边对应地等于另一三角形的三边,则这两三角形相等.

证明　假如两三角形 ABC 和 $A'B'C'$(图 30,31,32)中,有等式 $AB = A'B'$, $AC = A'C'$, $BC = B'C'$ 成立.直线 $B'C'$ 为两半平面之界线,点 A' 在其一半平面内.在另一半平面内自点 B' 作射线 $B'X'$,令 $\angle C'B'X'$ 等于 $\angle CBA$,在射线 $B'X'$ 上取一点 A'',令线段 $A''B'$ 等于线段 AB 或 $A'B'$.现在可以把三角形相等的第一特征(定理 12)应用于三角形 ABC 和 $A''B'C'$,由此得 $AC = A''C' = A'C'$ 和 $\angle BAC = \angle B'A''C'$.

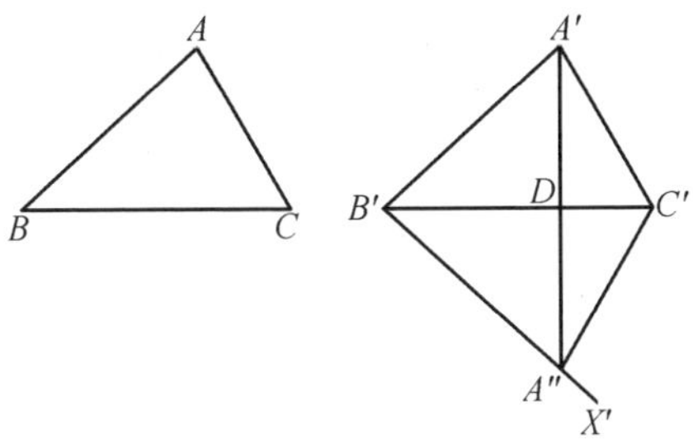

图 30

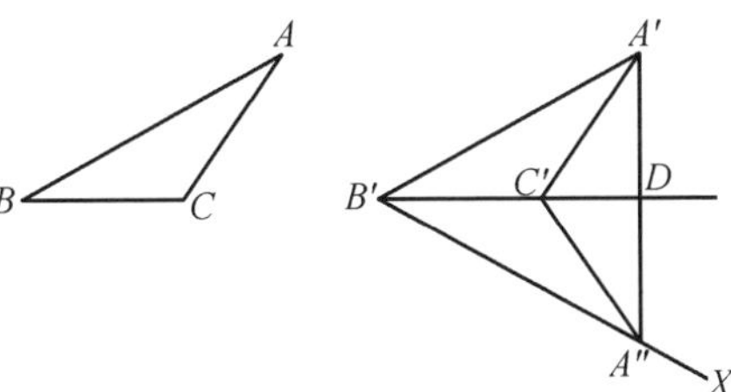

图 31

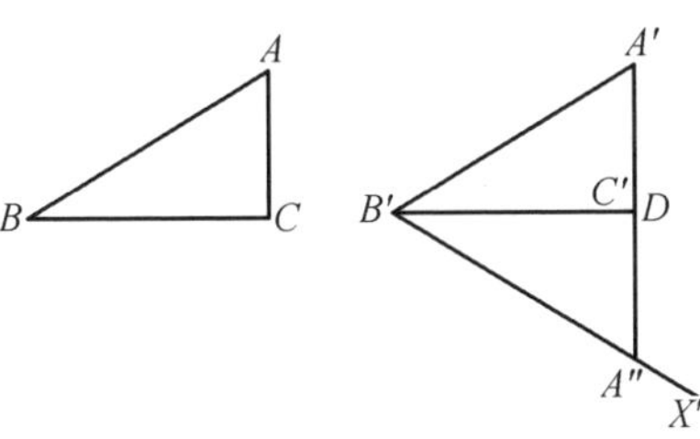

图 32

点 A' 和 A'' 在直线 $B'C'$ 的异侧,所以线段 $A'A''$ 与直线 $B'C'$ 有 公共点 D.

点 D 可以在边 $B'C'$ 上(图 30),可以在边 $B'C'$ 自点 C' 所引出的延长线上(图 31),最后,点 D 也可以与线段 $B'C'$ 的一端点重合,例如我们说它与点 C' 重合(图 32).①

我们先从后一种情形开始研究.在这一情形,点 C' 在直线 $A'A''$ 上.在等腰三角形 $B'A'A''$ 中,相等两边 $B'A'$,$B'A''$ 的对角相等,即 $\angle B'A''C'=\angle B'A'C'$.又因为 $\angle BAC=\angle B'A''C'$,所以 $\angle BAC=\angle B'A'C'$.因此,按第一特征知三角形 ABC 和 $A'B'C'$ 相等.

在其他两种情形(图 30 和 31),有两个等腰三角形 $B'A'A''$ 和 $C'A'A''$.由这两个三角形,得知 $\angle B'A''A'=\angle B'A'A''$ 和 $\angle C'A''A'=\angle C'A'A''$.在这两种情形里,由这两个等式都可推得(用公理 4c),$\angle B'A''C'=\angle B'A'C'$.此外,因为 $\angle BAC=\angle B'A''C'$,所以 $\angle BAC=\angle B'A'C'$,根据第一特征得三角形 ABC 和 $A'B'C'$ 相等.

第十二节　关于角的相等和三角形的定理

假若两角 $\angle hk$ 和 $\angle kl$ 有一公共边 k,这两角的其他边互为延长线,则它们叫做邻补角.假如两角 $\angle hk$ 和 $\angle h_1k_1$ 中,边 h_1,k_1 分别为边 h,k 的延长线,则它们叫做对顶角.邻补角和对顶角的基本性质可由下列方式表述.

定理 16　假如 $\angle hk$ 等于 $\angle h'k'$,则 $\angle hk$ 的邻补角 $\angle kl$ 等于 $\angle h'k'$ 的邻补角 $\angle k'l'$.

证明　在射线 h,k,l,h,k',l' 上,取点 H,K,L,H',K',L',并令 $OH=O'H'$,$OK=O'K'$,$OL=O'L'$,这里的 O 和 O' 分别为 $\angle hk$ 和 $\angle h'k'$ 的顶点(图 33).这时,根据公理 4b 得 $HL=H'L'$.由第一相等特征,知三角形 OHK 和 $O'H'K'$ 相等,由此得 $\angle OHK=\angle O'H'K'$,$HK=H'K'$.根据第一相等特征,知三角形 HKL 和 $H'K'L'$ 也相等,由此得 $\angle OLK=\angle O'L'K'$,$KL=K'L'$.又由第一相等特征知三角形 OKL 和 $O'K'L'$ 亦必相等,这样便推得所求的等式 $\angle KOL=\angle K'O'L'$.

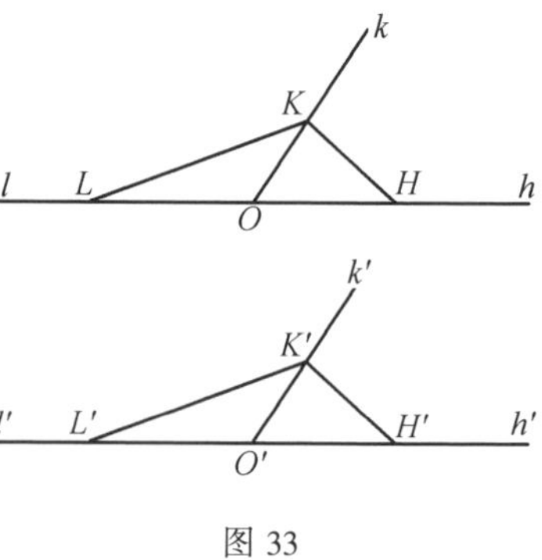

图 33

① 在中学的讲述我们只限于第一种情形(图 30),那时我们默认下列情况是显而易见的:若 BC 是第一三角形的最大边,则点 D 在边 $B'C'$ 上.不过这个情况的证明很不简单.

系 1 对顶角相等.

因为角 $\angle k_1h$(图 1) 等于角 $\angle hk_1$(公理 4a),所以 $\angle k_1h$ 的邻补角 $\angle hk$ 等于 $\angle hk_1$ 的邻补角 $\angle h_1k_1$.

系 2 凡平角都相等.

事实上,假设 $\angle hl$ 和 $\angle h'l'$ 是两个平角(图 33).我们考查自 $\angle hl$ 的顶点引出的任意射线 k,和自 $\angle h'l'$ 的顶点引出的射线 k',令 $\angle hk = \angle h'k'$.根据已证的定理,我们将得 $\angle kl = \angle k'l'$;而根据公理 4c,也得知 $\angle hl = \angle h'l'$.

三角形一内角的邻补角,叫做三角形的外角.用已证过的邻补角的性质,可以证明下列关于三角形外角的定理.

定理 17 三角形的外角大于不与它相邻的内角.

证明 我们证明三角形 ABC 的外角 $\angle ACX$ 大于该三角形中不与它相邻的内角 $\angle BAC$(图 34).

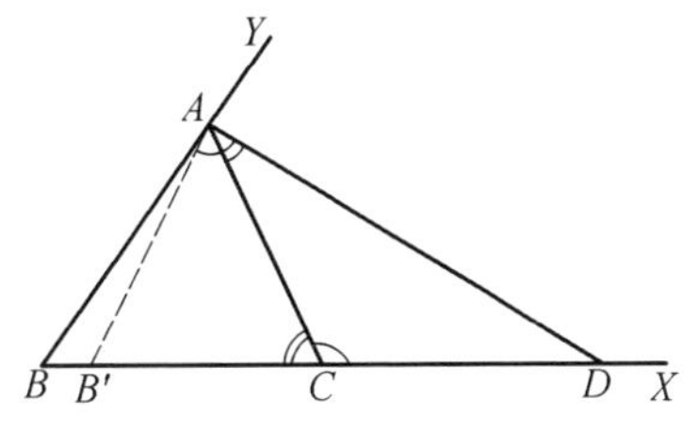

图 34

我们用反证法来进行证明.首先假使外角 $\angle ACX$ 等于 $\angle BAC$.在射线 CX 上必有一点 D,使 $AB = CD$.把公理 4f 应用于三角形 ABC 和 CDA,这两三角形相等.由这公理推得 $\angle ACB = \angle CAD$.同时由定理 16,由等式 $\angle BAC = \angle ACX$ 得 $\angle ACB = \angle CAY$,这里 AY 是 AB 自点 A 所引的延长线.因为射线 AD 和 AY 不同,又从直线 AC 所引出的同一平面内(即点 B 所不在的半平面),所以等式 $\angle ACB = \angle CAD$ 和 $\angle ACB = \angle CAY$ 与公理 4e 矛盾.可见外角不能和与它不相邻的内角相等.

现在假使外角 $\angle ACX$ 小于 $\angle BAC$.于是有一条自顶点 A 所引出的射线 AB',它和射线 AB 在直线 AC 的同侧,并且 $\angle ACX = \angle CAB'$.该射线在 $\angle CAB$ 的内部,必与已知三角形 ABC 的边 BC 交于某一点 B'(定理 7).这时在三角形 $AB'C$ 里判明了外角 $\angle ACX$ 等于 $\angle B'AC$,但这刚才已证明其为不可能的.总之,三角形的外角不能等于或小于与其不相邻的内角,所以必定大于它.

系 1 假如二直线 MN 和 $M'N'$(图 35)与某一割线 AA' 交成等角 $\angle MAA'$ 和 $\angle N'A'A$,则这两直线不会相交.

因为从公理 4e 直接推知有二直线 MN,$M'N'$ 与已知直线 AA' 交成等角的存在,则不相交直线的存在便被证明了.

系 2 三角形两内角的和小于平角

事实上,由 $\angle BAC < \angle ACX$ 和 $\angle BCA + \angle ACX = \angle BCX$(图 34),得知

$\angle BAC + \angle BCA$ 小于平角.

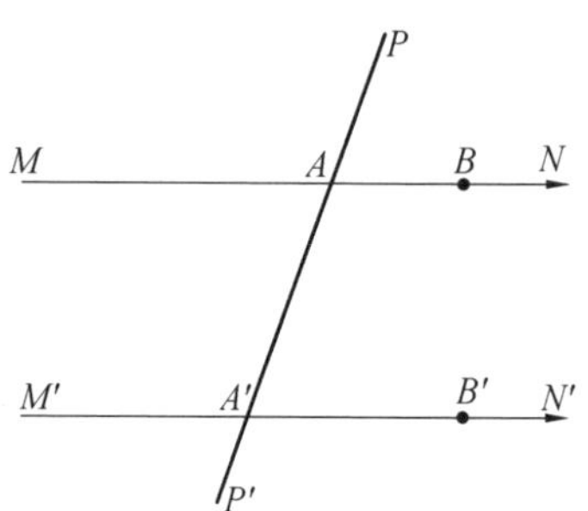

图 35

定理 17 给出了证明下列三角形相等特征的可能性.

定理 18(**"三角形相等的第四特征"**) 假如一个三角形的两角及其一角的对边对应地等于另一三角形的两角及其一角的对边,则这两三角形相等.

证明 假设在两三角形 ABC 和 $A'B'C'$ 中(图 29),有等式 $\angle B = \angle B'$,$\angle C = \angle C'$,和 $AB = A'B'$ 成立.我们若能证明得 $BC = B'C'$,则根据相等的第一特征,必得知两三角形相等.

用反证法来证明 $BC = B'C'$.假使 BC 不等于 $B'C'$,为了确定起见再假使 $BC < B'C'$(这说法显然不违反一般性).

这时在线段 $B'C'$ 上,取一点 C'',令 $BC = B'C''$.在两三角形 ABC 和 $A'B'C''$ 中,有等式 $AB = A'B'$,$BC = B'C''$,$\angle B = \angle B'$ 成立.于是由公理 4f 得知 $\angle C = \angle A'C''B'$.但根据所设条件 $\angle C = \angle A'C'B'$.由这两个等式得三角形 $A'C'C''$ 的外角 $\angle A'C''B'$ 等于与其不相邻的内角 $\angle A'C'B'$.这与定理 17 矛盾.由所得到的矛盾,证明了本定理.

定理 19 在每个线段上必存在一个平分该线段的点.

证明 假设 AB 是已知的线段.应该证明在该线段上有一点 M,使 $AM = BM$(图 36).

为了这个目的,我们从点 A 引任意射线 AX,再从点 B 引一射线 BX',令 $\angle BAX = \angle ABX'$,且射线 AX 和 BX' 在直线 AB 的异侧.假设 C 是射线 AX 上的任意点,而 C' 是射线 BX' 上使 $AC = BC'$ 的点.因为 C 和 C' 在直线 AB 的异侧,所以线段 CC' 与直线 AB 有公共点 M.

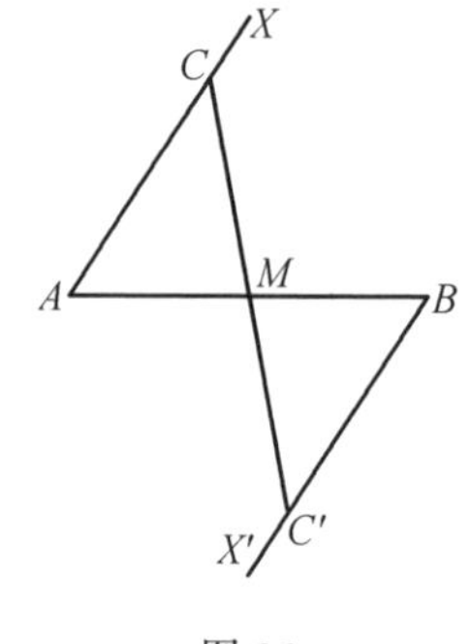

图 36

直线 AX 和 BX' 不能相交(定理 17,系 1).因此两点 B,C',以及 C,C' 之间的点 M 都在直线 AX 的同侧.由此得知点 A 不在 M 和 B 之间.同理可知点 B 不在点 M 和 A 之间,所以点 M 是线段 AB 上的一点.

这时就知道作为对顶角的 $\angle AMC$ 和 $\angle BMC'$ 相等,再由相等的第四特征知

三角形 AMC 和 BMC' 相等(定理 18).由这两个三角形的相等得知 $AM = BM$.

很容易看到,点 M 是线段 AB 的中点,并且是唯一的.

定理 20 在每个异于平角的角的内部,必存在一条引自角顶点的射线,将该角平分.

证明 假设 $\angle hk$ 是已知角.求证有一条使 $\angle hm = \angle km$ 的射线 m 存在(图 37).

为了这个目的,假定 O 是 $\angle hk$ 的顶点,在射线 h 上取任意点 H,在射线 k 上取一点 K,使 $OH = OK$.假如点 M 是线段 HK 的中点(定理 19),则射线 OM 就是所求的射线 m.事实上,两三角形 HOM 和 KOM 有三对对应边相等,所以它们相等,由此得知,等式 $\angle HOM = \angle KOM$ 或 $\angle hm = \angle km$ 成立.

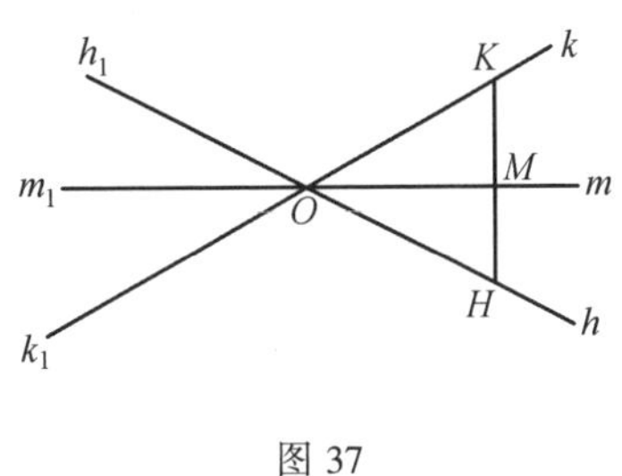

图 37

反转来说,假如 m 是引自角的顶点且平分该角的射线,M 是该射线与线段 HK 的交点,则由三角形相等的第一特征,知两三角形 OHM 和 OKM 相等(OM 是公共边,$OH = OK$,$\angle HOM = \angle KOM$),所以 $HM = KM$.于是可知有一条唯一的射线引自角的顶点且将该角平分.

引自角的顶点且将该角平分的射线,叫做角的平分线.

注意下列对顶角的平分线的性质.

定理 21 二对顶角的平分线,组成一条直线.

证明 假设 m 是角 $\angle hk$ 的平分线(图 37),h_1, k_1, m_1 分别为射线 h, k, m 自角的顶点所引出的延长线.因为 $\angle hm = \angle mk$,又有 $\angle hm = \angle h_1m_1$,$\angle mk = \angle m_1k_1$(对顶角),所以 $\angle h_1m_1 = \angle m_1k_1$,即 m_1 是 $\angle h_1k_1$ 的平分线.

第十三节 三角形的边的不等和角的不等

以前各节我们研究了许多定理关于角或三角形的相等(关于三角形外角的定理 17 除外).我们转到关于线段或角的不等的定理.

定理 22 在每个三角形中,对大边的为大角.

证明 假设在三角形 ABC 中有不等式 $AB > AC$ 成立.求证 $\angle C > \angle B$(图 38).

因为线段 AB 大于 AC,所以线段 AB 上有一点 D,使 $AC = AD$.

这时三角形 ACD 便是等腰三角形,所以

$$\angle ACD = \angle ADC \tag{1}$$

又因为点 D 在线段 AB 上,所以射线 CD 在 $\angle ACB$ 的内部,即

$$\angle ACB > \angle ACD \tag{2}$$

根据点 D 在线段 AB 上的情况,$\angle ADC$ 将是三角形 BCD 的外角,因而

$$\angle ADC > \angle CBD \tag{3}$$

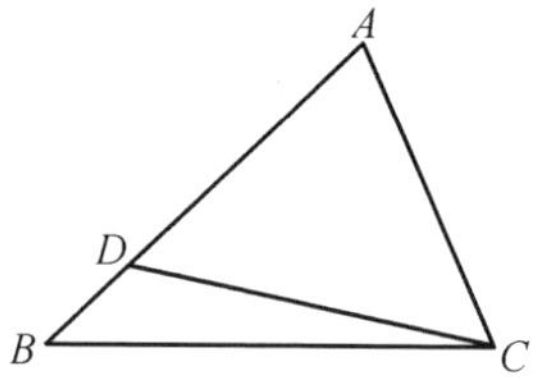

图 38

关系式(1),(2),(3) 证明了 $\angle ACB > \angle ABC$.

系 在每个三角形中,对大角的为大边.

在三角形 ABC 中,假设 $\angle C > \angle B$.假使 $AB = AC$,必有 $\angle B = \angle C$(定理 11).假使 $AB < AC$,则必有 $\angle C < \angle B$(定理 22).所以 $AB > AC$.

定理 23 在每个三角形中,每一边必小于其他两边之和①.

证明 我们证明,在三角形 ABC 中,线段的和 $AB + AC$ 大于 BC(图 39).为此目的,我们在线段 AB 自点 A 所引的延长线上取一点 D,令 $AC = AD$.这时,在等腰三角形 ACD 中,得到 $\angle ADC = \angle ACD$.但因为点 A 在 B 和 D 之间,所以射线 CA 在 $\angle BCD$ 的内部,因而 $\angle ACD < \angle BCD$. 于是在三角形 BCD 中不等式 $\angle BDC < \angle BCD$ 成立,由此得 $BC < BD$ 或 $BC < AB + AC$.

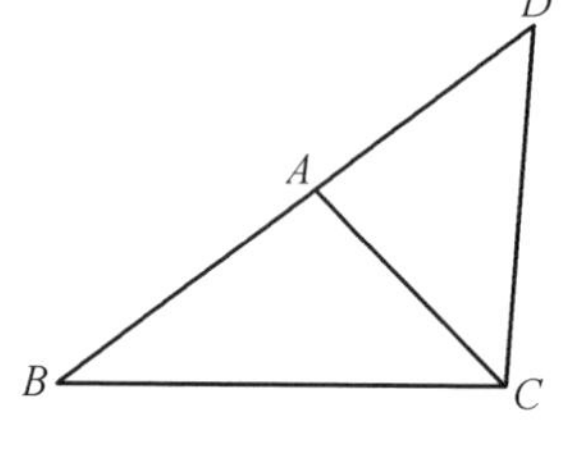

图 39

系 1 在每个三角形中,每一边恒大于其他两边之差.

为了确定起见,假设 $AB > AC$.在这情形下,由不等式 $AB < BC + AC$,得 $BC > AB - AC$.

系 2 对于任意三点 A, B, C,不等式 $|AC - BC| \leqslant AB < AC + BC$ 成立,这里 $|AC - BC|$ 表示线段 AC 和 BC 的差,与它们之间的大小无关.

注 定理 23 及其系 1,在三角形的三边之间,确定六个不等式.假如对于三角形的三边 a, b, c 中不假定其一边大于或小于其他边的关系,而以 $|b - c|$ 表示线段 b 和 c 的差,不管它们之间的大小关系如何,则此六个不等式可以写作

$$a < b + c, b < c + a, c < a + b$$

$$a > |b - c|, b > |c - a|, c > |a - b|$$

---

① 我们回想一下在第九节所叙述的线段的和与差.

要紧的是,所有这些不等式并不都是独立的.例如,定理23的系1说明了第二行所写的三个不等式,是由第一行所写的三个不等式得来.同时第一行的三个不等式显然彼此无关.

写在纵行上下相对的两个不等式,是彼此独立的,并且由它们可以得出其余的四个.事实上,假设已经知道 $a < b + c$ 与 $a > |b - c|$,其余四个推证如下:

如果 $b > c$,则由后一不等式得 $a > b - c$ 或 $b < c + a$;由 $b > c$ 也能得 $c < a + b$.

如果 $c > b$,则不等式 $a > |b - c|$ 得 $a > c - b$,亦即 $c < a + b$,而直接由 $c > b$ 可得不等式 $b < a + c$.

最后,所谈到的所有六个不等式,产生于不等式组 $a \geqslant b \geqslant c$ 和 $a < b + c$.这是因为由 $a \geqslant b \geqslant c$ 直接得不等式 $b < a + c$ 和 $c < a + b$,而由这三个又得出其他三个.

总之,关于三角形三边的独立不等式,可以用下列方法表述出来:

a) 三角形的每个边,小于其他两边的和;

b) 三角形的任意边,小于其他两边的和而大于他们的差;

c) 三角形的最大边也小于其他两边的和①.

定理 24 直线段短于与它有两公共端点的每条折线.(更恰当地说,直线段小于与它有两公共端点的每条折线的诸节之和)

证明 假设折线 $ABCDEFG$(图 40)与线段 AG 有两公共端点.考察线段 BG,CG,DG 和 EG.根据定理 23 得

$$AG < AB + BG$$
$$BG < BC + CG$$
$$CG < CD + DG$$
$$DG < DE + EG$$
$$EG < EF + FG$$

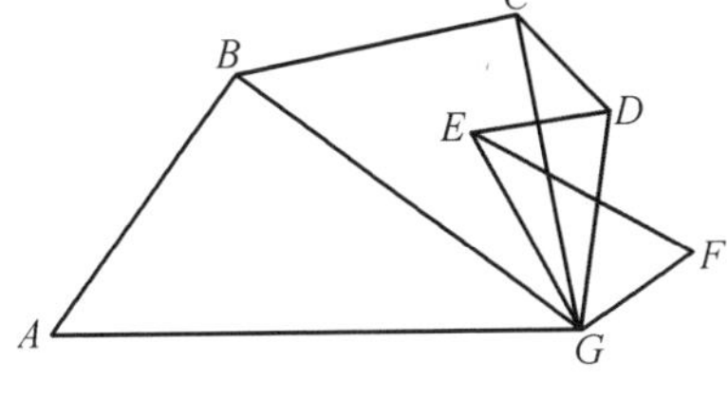

图 40

由此可知

$$AG < ABG < ABCG < ABCDG < ABCDEG < ABCDEFG$$

对于任意节数的折线,证法也是如此.

现在假设给定两条简单折线,同以 A,B 为公共端点.如果第二条折线在第

① 关于独立不等式的问题,在求给定三边的三角形存在的充分条件时是有意义的.

一条折线与线段 AB 组成的多角形的内部(当然它的两个端点除外),则第二条叫做被环抱的,第一条叫做环抱的.

定理 25 假若两条有公共端点的不相交的凸折线,都在联结端点的直线的同侧,则其被环抱的折线短于环抱的折线.(更恰当地说,被环抱的折线诸节之和小于环抱的折线诸节之和)

证明 假设 $ACDEFB$ 是被环抱的折线,$AKLMNPB$ 是环抱的折线(图 41).线段 AC 自点 C,CD 自点 D,DE 自点 E,EF 自点 F 各引延长线与环抱的折线分别相交于点 C',D',E' 和 F'.根据定理 24 得:$FB < FF' + F'B$,$EF' < EE'PF'$,$DE' < DD'NE'$,$CD' < CC'LMD'$,$AC' < AKC'$,所以

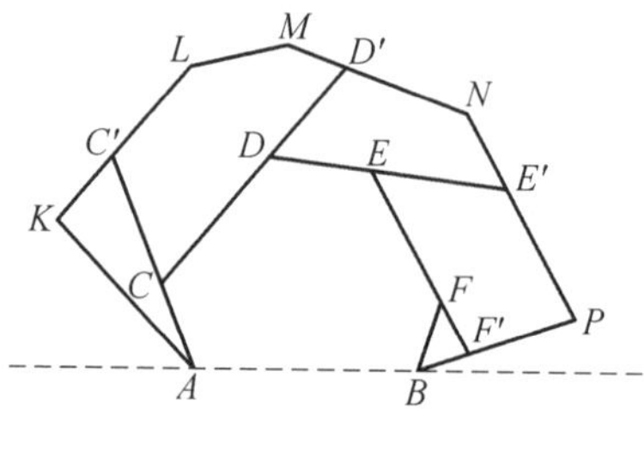

图 41

$$ACDEFB < ACDEF'B < ACDE'PB < ACD'NPB < AC'LMNPB < AKLMNPB$$

等于多角形(在特殊情形下,如三角形)诸边的和的线段叫做多角形的周长.这个已证明的定理使我们可以确定下列凸多角形周长的性质.

定理 26 假若两凸多角形之一的每个顶点都在另一凸多角形的内部,则第一多角形的周长小于第二多角形的周长.

证明 假设凸多角形 $ABCD$ 在多角形 $KLMNO$ 的内部(图 42).直线 AB 与外部多角形的交点是 A' 和 B'.根据定理 24 和 25 得:$ADCB < AONMB < AA'ONMB'B$,由此,$AB + ADCB < A'B' + A'ONMB'$.但 $A'B' < A'KLB'$,因之 $AB + ADCB < A'KLB' + A'ONMB'$.定理便已证明.

利用定理22还可以证明一个三角形相等的特征.

定理 27(“三角形相等的第五特征”) 假如一三角形的两边对应地等于另一三角形的两边,而第一三角形中与这两边中较大的边相对的角与第二三角形的对应角相等,则这两三角形相等.

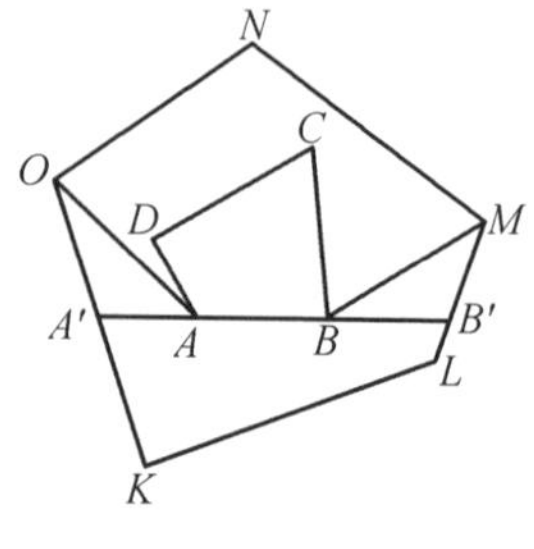

图 42

证明 假设两三角形 ABC 和 $A'B'C'$(图 29)中,有等式 $AB = A'B'$,$AC = A'C'$,$\angle B = \angle B'$,及不等式 $AB < AC$(或同样 $A'B' < A'C'$)成立.假如我们能证明得 $BC = B'C'$,本定理便得到了证明.

我们用反证法来证明.假定 BC 不等于 $B'C'$,并且为了确定起见,令 $BC < B'C'$.在这情形,从线段 $B'C'$ 上取一 C'',令 $BC = B'C''$.将三角形相第一特征应用于三角形 ABC 和 $A'B'C''$,得 $AC = A'C''$,于是 $A'C' = A'C''$.在等腰三角形 $A'C'C''$ 中,$\angle A'C'C''$ 和 $\angle A'C''C'$ 相等.因为 $\angle A'C''B'$ 是三角形 $A'C'C''$ 的外角,所以 $\angle A'C''B' > \angle A'C'C''$.又因为 $\angle A'C''C'$ 是三角形 $A'B'C''$ 的外角,所以 $\angle A'C''C' > \angle A'B'C''$.因此,$\angle A'C''B' > \angle A'C'C'' = \angle A'C''C' > \angle A'B'C''$.从这里得(根据定理 22 的系)$A'B' > A'C''$ 或(根据 $A'C' = A'C''$)$A'B' > A'C'$.

但是这不等式与所设条件 $A'B' < A'C'$ 矛盾.于是定理被证明了.

第十四节　垂线,直角三角形

如果角与自己的邻补角相等,这个角叫做直角.由这定义得知直角的邻补角是直角,而同样,直角的对顶角也是直角.这样两相交直线所交成的四个角之一是直角,则其余的三个角也都是直角.交叉成为四个直角的两条直线,叫做互相垂直(也用“垂直于线段的直线”来表达).直角用字母 d 表示①.

小于直角的角叫做锐角,大于直角而小于平角的角叫做钝角.

直角的存在是可以证明的.例如在定理 20(图 37)证明时所进行的那些论述中就得到了直角的存在.事实上,由三角形 OHM 和 OKM 的相等,可知二相等邻补角 $\angle OMH$ 和 $\angle OMK$ 都是直角.

两相交直线所交成的角的两条平分线,可以作为两直线互相垂直的例子.关于它们的互相垂直的证明,留给读者.

在下列定理中可表现出直角的性质.

定理 28　通过已知直线的一个已知点,可引一条直线垂直于所设直线,并且这是唯一的垂线.

证明　假设 O 是已知直线 a 上的已知点(图 43),h 和 l 是在直线 a 上自点 O 所引出的两射线.假设 $\angle h_0k_0$ 是任意直角.自点 O 作射线 k,令 $\angle h_0k_0 = \angle hk$(由公理 4e 知该射线是存在的).求证 $\angle hk$ 也是直角.

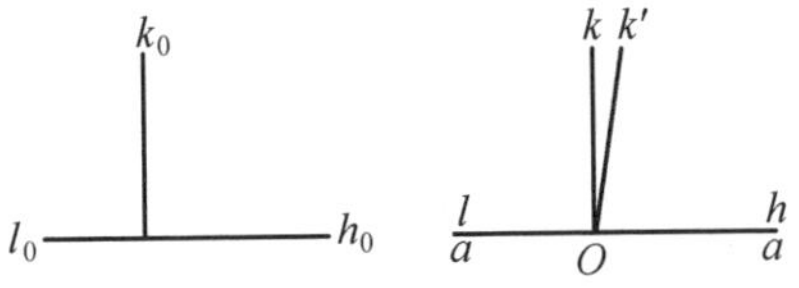

k_0　l_0　h_0　k　k'　l　h　a　O　a

图 43

① d 是法文 droit(直)的第一个字母.

我们有等式 $\angle k_0h_0=\angle kh$(按射线 k 的规定);$\angle k_0l_0=\angle kl$,这里的 l_0 是射线 h_0 自角顶点所引出的延长线(根据定理16);$\angle h_0k_0=\angle k_0l_0$(因为 $\angle h_0k_0$ 是直角).由以上这些等式,得知 $\angle hk=\angle kl$,即 $\angle hk$ 为直角.

现在假如说 $\angle hk'$ 也是直角,射线 k' 是从点 O 所引出的与射线 k 同在直线 a 同侧的另一射线.为了确定起见,假定射线 k' 在 $\angle hk$ 的内部.在这种情形,我们将得出,一方面 $\angle hk'<\angle hk=\angle kl<\angle k'l$;而另一方面,$\angle hk'=\angle k'l$.由所得出的矛盾便证明了垂直线的唯一性.

系 凡直角都相等.

因为假如直角 $\angle h_0k_0$ 和 $\angle hk$(图43)不相等,那么我们可以作 $\angle hk'$ 等于 $\angle h_0k_0$,再照着刚才我们所作的那样,证得 $\angle hk'$ 是直角.这样就得出两条直线,过一点 O 垂直于直线 a,这是不可能的.

定理29 通过已知直线外的一个已知点,可引一条直线垂直于所设直线,并且这是唯一的垂线.

证明 假设 A 是在已知直线 a 外边的一点(图44).B 是直线 a 上的任意点,h 和 l 是在直线 a 上自点 B 所引出的两条射线.用 k 表示射线 BA;自点 B 引出射线 k',使它与射线 k 在直线 a 的异侧,并且使 $\angle hk=\angle hk'$(因而由定理16知 $\angle kl=\angle k'l$);最后,在射线 k' 上取一点 A',令 $AB=A'B$.

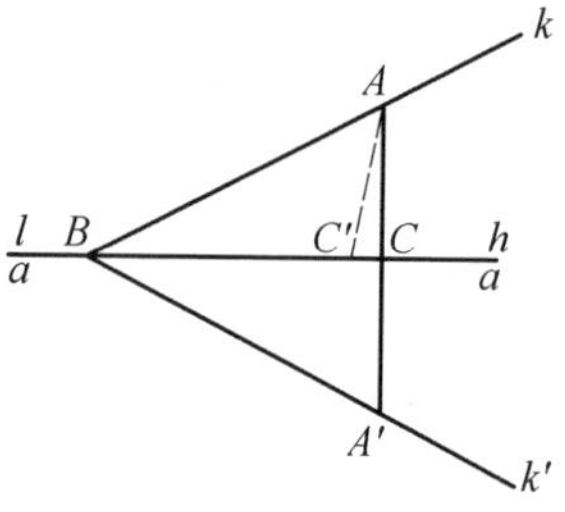

图44

因为射线 k 和 k' 在直线 a 的异侧,所以点 A 和 A' 在直线 a 的异侧.因而线段 AA' 与直线 a 有一公共点 C.假如点 C 和 B 相重合,则 $\angle hk$ 是直角.假如点 C 在射线 h 或 l 上,则 $\angle ABC=\angle A'BC$(因为 $\angle hk=\angle hk'$,$\angle kl=\angle k'l$).将公理4f应用于三角形 ABC 和 $A'BC$,得 $\angle ACB=\angle A'CB$.由这个等式得知 $\angle ACB$ 是直角.

因为直角都是彼此相等的(定理28系),通过点 A 不能作另一直线垂直于 a,因而两条垂线 AC 和 AC' 的存在与定理17矛盾.

我们转来研究直角三角形,即有一角为直角的三角形.直角三角形其余的两角,都是锐角(定理17).直角的两边,叫做正交边,直角的对边叫做斜边.将关于三角形的一般定理应用到直角三角形,我们便得到直角三角形的一系列的性质.列举出这些性质,不去证明而将推得已给定理的那些一般性定理指明出来,就足够了.

定理30 假如一直角三角形的两正交边,等于另一直角三角形的两正交边,则这两三角形相等(定理12).

定理 31　假如第一直角三角形的一正交边等于第二直角三角形的一正交边，并且这两三角形中邻接于这些边的锐角相等，则这两三角形相等（定理13）.

定理 32　假如两直角三角形的一锐角相等，它们的斜边也相等，则这两三角形相等（定理 18）.

定理 33　假如两直角三角形的一锐角及其所对之边相等，则这两三角形相等（定理 18）.

定理 34　每个直角三角形中正交边小于斜边（定理 22 系）.

定理 35　假如两直角三角形的斜边及一正交边对应相等，则这两三角形相等（定理 27）.

现在我们引入关于斜线及其射影的概念，直接推得，自一点向一直线所作的垂线，小于自该点向同一直线所作的斜线（这只是定理 34 的另一种说法）. 自一点向直线所引的垂线，叫做自该点到这直线的距离. 其次，自同一点向同一直线所引的两斜线相等，其射影也相等（定理 35），它的逆命题也成立（定理 30）. 最后，还可以证明关于不等的斜线的定理及其逆定理，这在中学教材里已经学习过的.

第十五节　圆周，圆周与直线的相交

一些点与某点 O 所联结的线段，都等于同一线段，所有这样的点的集合叫做圆周.

点 O 叫做圆心，圆心和圆周上任意点所联结的线段叫做圆周的半径. 以 O 为心，r 为半径的圆周记作 $O(r)$；假如只研究一个以 O 为心的圆周，则时常叫做“圆周 O”.

联结圆周上两点的线段，叫做弦；通过圆周上两点的直线叫做割线. 通过圆心的弦叫做圆周的直径.

两半径的夹角，叫做圆心角；有一端点相共的两弦所夹的角，叫做圆周的内接角，或简称圆周角.

圆周上的两点 A 和 B 将圆周上所有其余的点分为两组（图 45）. 实际上，这两点 A 和 B 确定了圆心角 $\angle AOB$，这个角将平面分为两个区域（定理4）. 在同一区域内的圆周上的点又组成一组.

A 和 B 划分圆周而成的两部分中每一部分叫做圆周的弧，或简称弧；在图

45 上有两个弧:$\overset{\frown}{ALB}$ 和$\overset{\frown}{ANB}$.

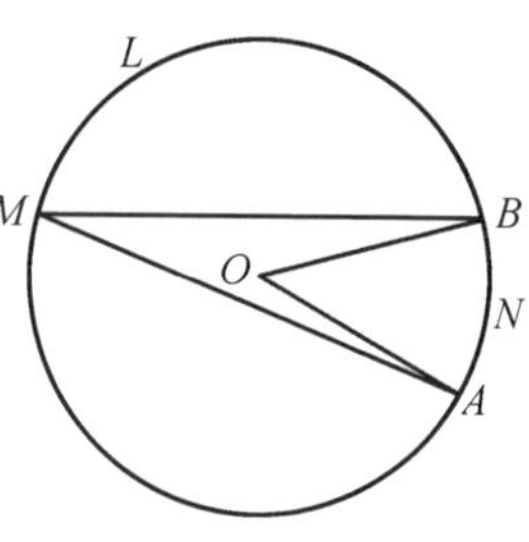

图 45

如果圆周角 $\angle AMB$ 的顶点 M 在$\overset{\frown}{ALB}$ 或$\overset{\frown}{ANB}$ 上,便说这个角立于它一弧上(图 45 是立于$\overset{\frown}{ANB}$ 上).

到圆心的距离小于半径的点(这儿包括圆心)叫做圆周的内点,而到圆心的距离大于半径的点叫做圆周的外点.

圆周的一系列的性质多少可从以前各节定理直接推得.我们列举其中几个,在中学教材里是周知的,不必加以证明.

定理 36 垂直于弦的直径平分该弦,反之,联结圆心和弦的中点的直线垂直于该弦(图 46).

定理 37 距圆心等远的两弦相等;反之,相等的两弦距圆心等远(图 46).

定理 38 假如两弦 AB,$A'B'$ 相等,则对应于它们圆心角 $\angle AOB$ 和 $\angle A'OB'$ 相等.逆命题也成立(图 46).

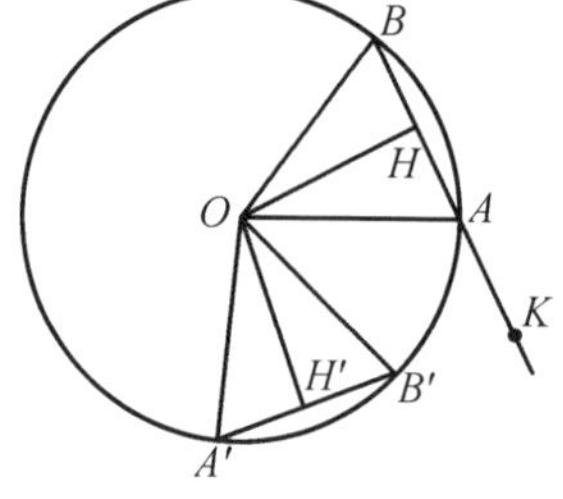

图 46

现在我们转到直线和圆周相交的问题.由上述定理推得下列定理.

定理 39 到圆心的距离大于半径的直线,与圆周无公共点.

可从定理 34 推出.

定理 40 到圆心的距离等于半径的直线(换句话说,过圆周上一点而与向该点所引的半径互相垂直的直线)与圆周只有一个公共点.

由定理 34 同样可以推出.

定理 41 过圆周上一点而不垂直于向该点所引半径的直径,与圆周有第二个公共点.

证明 假设 A 是圆周和直线的公共点(图 46),H 是自圆心向直线所作垂线的垂足.H 与 A 不是同一点.在线段 AH 自点 H 所引的延长线上存在一点 B,使 $HA = HB$.根据两直角三角形 OAH 和 OBH 的相等,得 $OA = OB$,所以点 B 是直线和圆周的公共点.

与圆周只有一个公共点的直线,叫做圆周的切线.由定理 40 和 41 推出,切线垂直于在切点所引的半径.反之,过圆周上一点且垂直于在该点的半径的直线便是切线.

定理 42 直线和圆周的公共点不能多于两个.

证明　假使直线和圆周有三个公共点 A,B 和 C，而 H 是自圆心 O 向该直线所作垂线的垂足.由等式 $OA=OB=OC$ 得出(定理35) $HA=HB=HC$.但已给直线上自点 H 所引出的两射线中，每条射线上只有一个点，它到点 O 的距离等于已给线段.由所得的矛盾证明了本定理.

为了结束直线与圆周相交问题的研究，我们需要一个新的公理.

公理5　假如线段的一端点在圆周的内部而另一端点在圆周的外部，则线段与圆周有一公共点("圆周的第一公理").

借助于这条公理，容易证明下列定理.

定理43　到圆心的距离小于半径的直线，与圆周有两个公共点，且只有两个公共点.

证明　假如直线到圆心的距离小于半径，则自圆心向这条直线所作垂线的垂足(图46) H 在圆周的内部.在已给直线上自点 H 截取线段 HK 等于半径.因为 $OK>HK$，所以所得的点 K 在圆周的外部.由公理5知线段 HK 与圆周有一公共点 A.由定理41知道必有第二公共点；再由定理42知道没有另外的公共点.

总之，一直线与一圆周有两个公共点、一个公共点还是与圆周无公共点，要看圆心到这直线的距离小于半径、等于半径还是大于半径而定.

由公理5也能证明圆周将平面分成两个区域.其中之一由一切内点所组成，并且是凸区域.另一区域由一切外点组成，并且是凹区域.圆周内部的区域，叫做圆①.

第十六节　两圆周的相互位置

假设 $O(r)$ 和 $O'(r')$ 是两个已知圆周，通过两圆心的直线叫做连心线.

由前节所研究的三角形的性质，得出下列定理.

定理44　假如两圆心间的距离，大于其半径的和或小于其半径的差(特别是，如果两圆同心)，则两圆周无公共点.在第一种情形，两圆周中每个圆周的所有点全在另一圆周的外部.在第二种情形，半径较大的圆周的所有点，全在另一圆周的外部，而后一圆周的所有点全在前者的内部.

证明　假设 $OO'=d>r+r'$.若 M 是第一圆周 $O(r)$ 上的任意点，则由定理23系2，得 $MO'\geqslant OO'-OM$，即 $MO'>r'$.对于第二圆周上的点也与此相

① 但是名词"圆"也时常被用做圆周的同义语(只要比较一下在球上"大圆"和"小圆"的说法).

仿.

其次,假设 $r > r'$,且 $d < r - r'$.如果 M 是第一圆周 $O(r)$ 上的任意点,则 $MO' > MO - OO'$,即 $MO' > r'$.关于第二圆周上的点 M' 必有 $M'O < OO' + O'M'$,即 $M'O < r$.

由此得知二圆周无公共点.

定理 45 假如两圆心间的距离,等于其半径的和或差,则两圆周有一个且只有一个在其连心线上的公共点.在第一种情形,两圆周中每圆周的其余一切点都在它一圆周的外部.在第二种情形,一圆周的其余一切点在它一圆周的外部,而后一圆周的其余一切点在前者的内部.

证明 假设 $d = r + r'$.在线段 OO' 上存在着这样的点 A,使 $OA = r$,$O'A = r'$.点 A 便是两圆周的公共点.对于其余一切点,适用在 $d > r + r'$(定理 44)时的那些论证.

其次,假设 $r > r'$ 和 $d = r - r'$.在线段 OO' 自点 O' 所引出的延长线上求得这样的点 A,使 $OA = r$,$O'A = r'$.点 A 便是两圆周的公共点.对于其余一切

点,适用在 $d < r - r'$(定理 44)时的那些论证.

由此推得,两圆周除点 A 外无公共点.

这里所考察的两个圆周有一条垂直于连心线的公切线,切于其唯一公共点.所以说,两圆周彼此相切于公共点.在第一种情形(当 $d = r + r'$ 时)两圆周的相切叫做外切;第二种情形(当 $d = r - r'$ 时)叫做内切.

定理 46 假如两圆周有一个不在其连心线上的公共点,则这两圆周必有另一公共点.

证明 假设过两圆周的公共点 A,且垂直于连心线 OO' 的直线与 OO' 相交于点 H(图 47).在线段 AH 的延长线上点 H 之外,取这样的点 B,使 $AH = HB$.由于直角三角形 OAH 和 OBH 的相等,得 $OA = OB$.又由于三角形 $O'AH$ 和 $O'BH$ 的相等,得 $O'A = O'B$.点 B 也是这两圆周的公共点.

定理 47 两圆周不能有多于两个的公共点.

证明 我们假使有以 O 和 O' 为心的两个不同的圆周,有三公共点 A,B 和 C.线段 AB 和 AC 的中点用 H 和 K 来表示.由于三角形 OAH 和 OBH 的相等,得知点 O 在通过点 H 且垂直于 AB 的直线 a 上.同理点 O' 也在这直线上.

用同样的方法,我们能得出 O 和 O' 又在通过点 K 且垂直于 AC 的直线 b 上.

直线 a 和 b 不能重合.因为不然的话,H 和 K 便要重合,这就指出 B 和 C 也要重合.所以直线 a 和 b 的公共点不能多于一个.那就必定是两圆周的中心 O 和 O' 重合,也就指出两圆周重合,这是和假设相矛盾的.

系　通过不共线的三点，所作的圆周不能多于一个.

为了结束两圆周相交问题的研究，也就是要研究 $|r-r'|<d<r+r'$ 时的情形，我们需要一个新的公理.

公理 6　假如某弧的一端在圆周的内部，另一端在圆周的外部，则该弧和圆周有一公共点("圆周的第二公理").

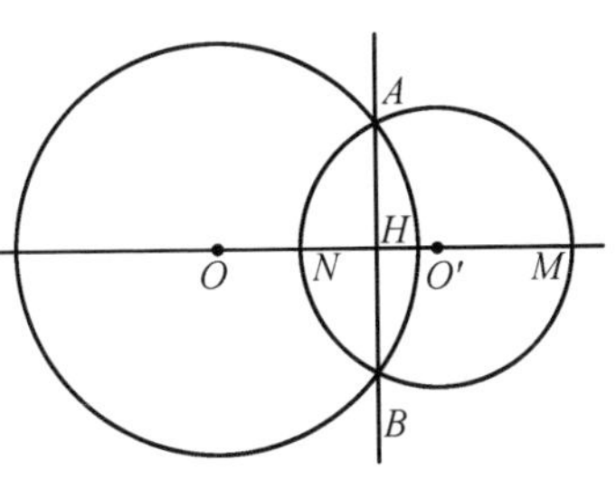

图 47

利用这个公理，现在不难证明最后解决两圆周相交问题的下列定理.

定理 48　假如两圆心间的距离，小于其半径的和，而大于其半径的差，则两圆周有两个且只有两个公共点.

证明　假设点 M(图 47) 是圆周 O' 的一点，在线段 OO' 的延长线上点 O' 之外. 因为 $OM = d + r'$，又 $d > |r - r'|$，那么 $OM > r$，即点 M 在圆周 O 的外部. 再假设 N 是圆周 O' 的一点，在直线 OO' 上，与点 O 在 O' 的同侧. 因为 $ON = |d - r'|$，又 $d < r + r'$，所以，$ON < r$，即点 N 在圆周 O 的内部. 根据公理 6，圆周 O' 被 M，N 分成两弧，其中一弧与圆周 O 有一公共点. 根据定理 46 得知两圆周还有一个公共点. 但由定理 47 知道不能有更多的公共点.

系　假如三个已知线段中的每一个都小于其他两个的和时，则有以这三已知线段为边的一个三角形存在.(比较一下第十三节中所叙述的关于三角形边的不等式)

实际上，如果三已知线段的每一个小于其他二者之和，那么其中每一个必大于其他二者之差. 假设 AB 是三个已知线段之一. 以 A，B 为心，其半径分别等于其他二已知线段的两圆周，根据刚才证明过的定理，有两个公共点 C' 和 C''. 三角形 ABC'(同样 ABC'') 具有所求的性质.

特别是由此得出等边三角形的存在.

第十七节　利用圆规和直尺作图

前两节所研究的关于圆周与直线相交、圆周与圆周相交的定理 39 ~ 48 便是利用圆规和直尺作图的基础.

对每个几何作图题所要求的，是根据某些已知事实，来求某些满足于各种不同条件的几何元素(点、直线、圆周、三角形等). 但是，几何作图题的内容不仅限于已知和求作的表达. 指明(明白指出，通常只作暗示) 解决这个问题应当采取的方法,和完成这个作图应该使用的工具,也有同样的重要意义.由于允许使用工具的不同,同一问题的意义,便根本改变.如"三等分$\frac{2}{3}d$的角"这一问题,假若允许使用量角器,直接就得到解答.但是这个问题,若只许使用圆规和直尺,就完全成为不能解的问题.

在本书里,凡无相反说明之处,都应当只用圆规和直尺来完成作图.这种要求是初等几何学中一般所采用的.

为了正确实现这种要求,必须规定怎样理解用圆规和直尺来解作图题.

用圆规和直尺解作图题,就是说将解题归结为完成下列作图确定的几项:

a) 过已知两点引一直线;

b) 决定两已知直线的交点;

c) 已知圆心和半径作一圆周;

d) 决定已知直线和已知圆周的交点(这个问题的特殊情形是截取一个等于已知长的线段);

e) 决定两已知圆周的交点.

在这段叙述中所谓"已知的"要理解作那些点、直线和圆周,它们或者在问题条件中给定,或者在解问题的前一阶段中确定,最后或者是任意选定(按照公理 1b 和 1c).在 b),d),e) 的作图里假定了"假如这些点存在".关于圆周和直线的公共点的存在问题,由定理 39 ~ 43 完全解决.关于两个圆周的公共点的存在问题,由定理 44 ~ 48 完全解决.关于两直线公共点的存在或不存在的问题,由定理 17 的系 1 只解决了一部分;这问题的全部解决有待于以后的叙述(在平行线的理论中).

我们还要指出,我们给圆规和直尺解决作图题所作的界说,在本质上,还假定着实施作图的次数是有限的.

在以下的叙述中,我们假定读者能用圆规和直尺完成下列的"基本作图题";其中某些问题的解法是中学几何教科书里有的,其余问题的解法我们留给读者.

作图题 1　已知三边,求作三角形.

为了使问题有解,使已知的一边小于其他两边的和,而大于它们的差,这是必要而且充分的条件(定理 23 和 48).这个条件的必要性可以从定理 23 及其系 1 得到;它的充分性可以从定理 48 得到.

这个三角形存在的条件,也还可以用另外的方式表述,即必要且充分的条件是三已知边中每一个小于其他二边之和,或三已知边中的最大者也小于其他二边之和(对照第十三节).

作图题 2 作一角,使其等于已知角,且以已知点 O 为其顶点,自点 O 引出一条已知射线为其一边.

作图题 3 已知二边及其夹角,求作三角形.

作图题 4 已知一边及与之连接的两角,求作三角形.

作图题 5 求作一直线,垂直于已知直线且通过已知点.

这时,已知点既可以在已知直线上("建立垂线"),也可以在已知直线之外("作下垂线").

作图题 5 实际上常用角尺作图(或制图用的三角板).这问题也能用圆规直尺完成.这就证明了凡是能用圆规、直尺与角尺解决的作图题,也可以只用圆规和直尺解决.可见,角尺这种仪器——在实际应用上是很有效的——然而在原则上不是必要的.

作图题 6 求作一直线,垂直于已知线段并通过它的中点.

我们用这作图题尤其是求已知线段的中点,即平分线段.

作图题 7 求作已知角的平分线,亦即平分已知角.

这个作图题不外乎是平分已知圆弧(假如知道圆心),特别是正多角形"边数倍加"问题都归结于这个作图题.

作图题 8 在已知圆周上已知点作它的切线.

作图题 9 已知斜边及一锐角,求作一直角三角形.

作图题 10 已知斜边及一正交边,求作一直角三角形.

我们要指出,已知两正交边,或一正交边及一锐角,求作一直角三角形的问题,只是作图题 3 和作图题 4 的特殊情形.

作图题 11 通过已知点,作已知圆周的切线.

现在我们提出一个比较复杂的作图题的例子.

作图题 12 已知二边及其中一边所对的角,求作一三角形.

假设需要作一三角形 ABC.在这个三角形里已知边 $a = BC, b = AC$ 和以 B 为顶点的角.

先作一 $\angle CBX$ 等于已知角,在它的一边上我们取线段 BC 等于三角形的一已知边 a(图 48).以点 C 为心、以三角形的另一已知边 b 为半径作圆周.这圆周和射线 BX 的交点(或交点之一)便是所求三角形的第三顶点.

在解这问题时,可以遇到一些不同的情形.一一讨论如下:

a) 点 C 到直线 BX 的距离 $CH = h$ 大于三角形的已知边 b.所作的圆周和直线 BX 没有公共点(定理 39).

b)点 C 到直线 BX 的距离 h 等于三角形的已知边 b.所作的圆周和直线 BX 有一个公共点;它和直线 BX 相切于某点 A(定理 40).这时 $\angle CAB$ 是直角,而 $\angle CBA$ 是锐角.所以在这种情形下,假如已知角是锐角,则本题有一个解(点 A 在射线 BX 上);假如已知角是直角或钝角则本题无解.

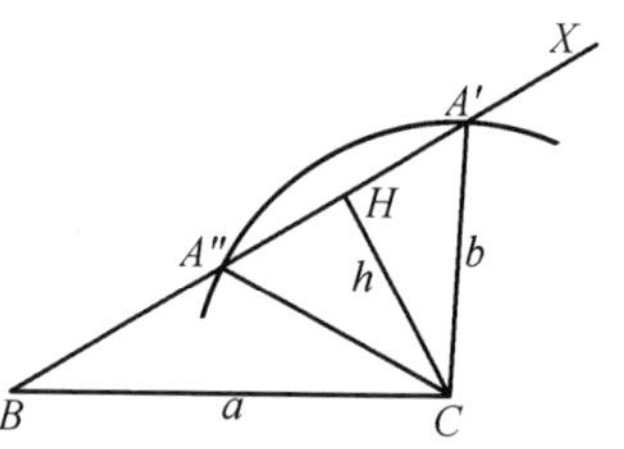

图 48

c)点 C 到直线 BX 的距离 h 小于三角形的已知边 b.所作的圆周和直线 BX 有两个公共点.本题有两解、一解或无解,要看在射线 BX 上有几个这样的交点来决定.

假如已知 $\angle B$ 是锐角.在这种情形,点 H 在射线 BX 上.直线和圆周的交点之一 A' 必定在这射线上,即是与点 B 位于点 H 异侧的那个交点.只有在 $a > b$ 时第二交点 A'' 才在射线 BX 上(根据不等斜线定理).因此若 $h < b$ 而 $\angle B$ 是锐角,则本题在 $a > b$ 时有两解,在 $a \leqslant b$ 时有一解.

假如已知 $\angle B$ 是钝角.这时点 H 将在射线 BX 自点 B 所引延长线上(因为 $\angle CBH$ 是锐角).假若 $a < b$,则本题有一解;$a \geqslant b$,则无解.

最后,当 $\angle B$ 是直角的情形时,归引到作图题 10.

讨论的结果可以列成下表(表中 d 即前面所说的直角):

a,b 和 h 间的关系	解数	
	$\angle B < \angle d$	$\angle B \geqslant \angle d$
$h > b$	0	0
$h = b$	1	0
$h < b$ $a > b$	2	0
$h < b$ $a = b$	1	0
$h < b$ $a < b$	1	1

最后我们要指出,当 $a < b$ 时(已知角为两已知边中大边所对的角),这问题的解不能多于一个,这可由定理 27 直接推得.

第十八节　任意形式的图形的相等

在十一、十二节所阐明的关于三角形相等的论述,容许很大的推广.可以把它推广到任意形式的图形.这时,将图形(在最一般的意义上说)理解为任意点的集合①.我们将用粗的正体字母如 **F** 表示图形.

假如两图形 **F** 和 **F′** 的点之间,可以建立一一对应的关系,使得第一图形 **F** 上任意两点所联结而成的线段等于第二图形 **F′** 上两对应点所联结而成的线段,则说图形 **F** 等于图形 **F′**.

由这个定义得出相等图形的一些性质.

1°.每个图形都等于它自己;假如图形 **F** 等于图形 **F′**,则图形 **F′** 也等于图形 **F**;两图形都等于第三图形时,则这两图形彼此相等(参照关于线段和角的公理 4a).

简言之,相等图形具有反射性、对称性和传达性.

2°.图形 **F** 上的共线点和它的相等图形 **F** 内的共线点相对应;某一线段上的点和它的相等图形内某一线段上的点相对应.

事实上,假设 A,B,C 是图形 **F** 内三个共线点,点 A',B',C' 是图形 **F′** 内与前三点相对应的点.因为三个共线点必有一点位于其他二点之间,那我们就可以假定点 B 位于 A,C 之间.这时 $AB+BC=AC,AB=A'B',BC=B'C'$, $AC=A'C'$,所以 $A'B'+B'C'=A'C'$.然而这个等式只有在点 A',B',C' 共线,并且点 B' 位于 A',C' 之间时才能成立.

3°.相等图形的对应角相等.

事实上,假设 $\angle BAC$ 是图形 **F** 内的任意角,而点 A',B',C' 是图形 **F′** 内与 A,B,C 依次对应的点.按照三角形相等的第三特征,知三角形 ABC 和 $A'B'C'$ 相等,由此得 $\angle BAC=\angle B'A'C'$.

4°.假如第一图形 **F** 的两点 C 和 D 在直线 AB 的异侧(或同侧),又,点 A,B,C,D 与 **F** 的相等图形 **F′** 的点 A',B',C',D' 依次对应,则 C' 和 D' 也在直线 $A'B'$ 的异侧(或同侧).

事实上,由性质 3°,得 $\angle BAC=\angle B'A'C',\angle BAD=\angle B'A'D',\angle CAD=\angle C'A'D'$.假设点 C 和 D 在直线 AB 的异侧.在这种情形下 $\angle CAD$(认为射线 AB 所在的区域是角的内部)是 $\angle BAC$ 与 $\angle BAD$ 的和.因而等于 $\angle CAD$ 的 $\angle C'A'D'$ 是 $\angle B'A'C'$ 与 $\angle B'A'D'$ 的和(不是差).所以点 C' 和 D' 在直线 $A'B'$ 的异侧.当点 C,D 在直线 AB 的同侧的情形下,也可应用类似的讨论.

由所证明的性质,可以得出半平面与半平面相对应,角的内部或三角形的内部与角的内部或三角形的内部相对应,等.

---

① 在本节里,我们只研究在同一平面上的图形.不过在本节里所说的一切话,尤其是基本定理 49(在定出适合的条文时)也可应用于在不同平面上的平面图形.这个注也联系到其他章节,并且以后不再重述.

相等的三角形就是相等图形的一个例子.由下面的定理可以确定任意已知图形的相等图形是存在的.

定理 49 假设 **F** 和 **F**′ 是两个相等图形,又 X 是某一点.必有一点 X' 具有那样的性质,即由图形 **F** 的所有点和 X 所组成的图形 **F**X,等于图形 **F**′X'.假如图形 **F** 的点中有三个不共线的点,则具有这样性质的点 X' 是唯一的.

证明 用 $A',B',C',D',\cdots$ 表示在图形 **F**′ 上与图形 **F** 的点 $A,B,C,D,\cdots$ 依次对应的点.研究下列三种可能的情形:

1) 图形 **F**′ 的所有点(因而图形 **F**′ 的点)都在一条直线上,点 X 也在同一直线上.

在直线 $A'B'$ 上取这样的点作为 X',令 $AX = A'X'$.其实假如点 X 在射线 AB 上,则点 X' 也选取在射线 $A'B'$ 上;假如点 X 在射线 AB 自点 A 所引出的延长线上,则点 X' 也选取在射线 $A'B'$ 自点 A' 所引出的延长线上.这时根据公理 4b,得 $BX = B'X'$.我们要指出在直线 $A'B'$ 上点 X' 的位置是完全确定的.

现在假设点 C 是图形 **F** 上的任意点,点 C' 是图形 **F**′ 上与 C 相对应的点.于

相等图形 **F** 和 **F**′ 上,根据性质 2° 由于选定 X 和 X' 的顺序一致,所以点 A,B,C,X 和它们的对应点 A',B',C',X' 在两条对应的直线上.线段 CX 与 $C'X'$ 作为对应相等的线段 AX,AC 与 $A'X',A'C'$ 的和或差而相等.

2) 图形 **F** 的所有点(因而图形 **F**′ 的所有点)都在一直线上,而点 X 不在这直线上(图 49),这时,点 X' 也不和图形 **F**′ 的所有点在同一直线上.

假设 A 和 B 是图形 **F** 上的任意两点.有两条且只有两条这样的射线 $A'X'$ 和 $A'X''$,使 $\angle BAX = \angle B'A'X' = \angle B'A'X''$;每条射线上各有且只有这样的点 X',X'',使 $AX = A'X' = A'X''$.此时由于三角形 $ABX,A'B'X'$ 和 $A'B'X''$ 的相等,得 $BX = B'X' = B'X''$.

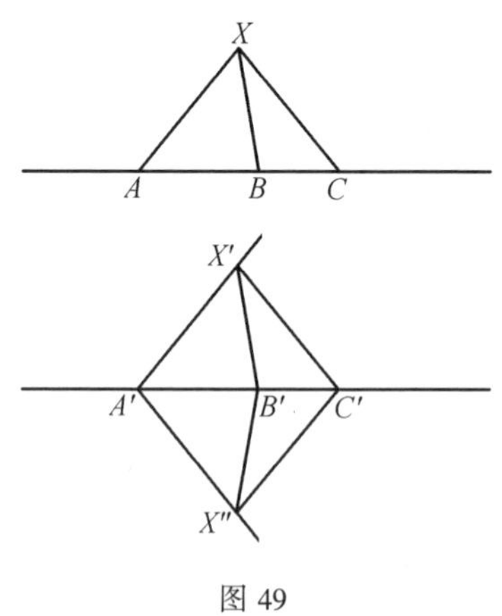

图 49

我们用点 C 表示图形 **F** 的任意一点.这时,$\angle CAX = \angle C'A'X' = \angle C'A'X''$.由于三角形 $ACX,A'C'X'$ 和 $A'C'X''$ 的相等,知道线段 $CX,C'X'$ 和 $C'X''$ 也将相等.

因此,在这种情形下满足定理中条件的点不只有一个,而有两个.

3) 图形 **F** 的点中有不在一直线上的(图 50)三点 A,B 和 C.点 A',B' 和 C',也同样不在一直线上.

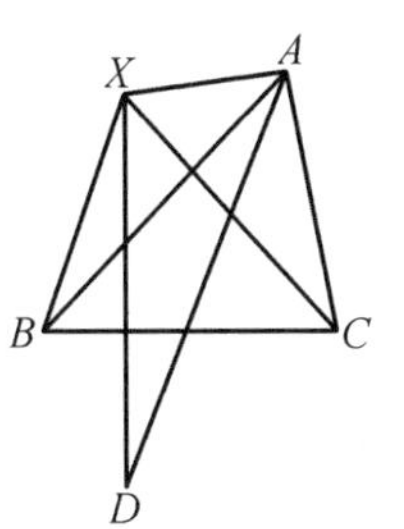

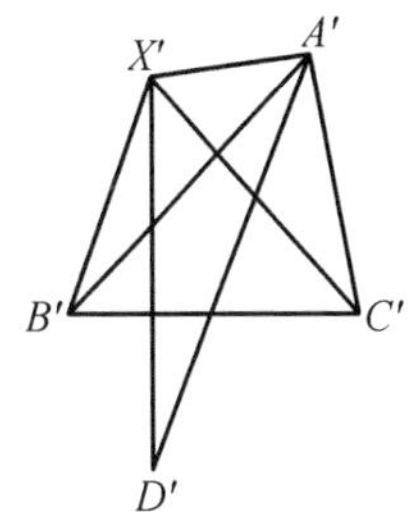

图 50

假如点 X 在直线 AB 上,则它的对应点 X' 如在 1) 证明中所指明的那样,即可确定.假定点 X 不在直线 AB 上.

所求点 X' 应当满足条件 $\angle BAX = \angle B'A'X'$ 和 $AX = A'X'$;这时假如点 C 和 X 在直线 AB 的异侧(或同侧),则射线 $A'X'$ 和点 C' 应该在直线 $A'B'$ 的异侧(或同侧).这些要求完全决定了点 X' 的位置.此时由于三角形 ABX 和 $A'B'X'$ 的相等,我们将得 $BX = B'X'$.

假如点 C 和 X 在 AB 的异侧,则 $\angle CAX$ 等于 $\angle BAC$ 与 $\angle BAX$ 之和,对于 $\angle C'A'X'$,$\angle B'A'C'$,$\angle B'A'X'$ 也是一样.因为 $\angle CAX$ 和 $\angle C'A'X'$ 都等于对应相等的两角之和,所以它们相等.假如点 C 和 X 在 AB 的同侧,则需要考察两角之差来代替它们的和.由于三角形 ACX 和 $A'C'X'$ 的相等,知道线段 CX 等于 $C'X'$.

现在假设 D 是图形 **F** 的任意一点.假如点 D 在直线 AB 上,则由于相等三角形 ADX 与 $A'D'X'$ 的相等知道线段 DX 等于 $D'X'$.假如点 D 和 X 在直线 AB 的异侧(或同侧),容易看出,点 X' 和 D' 也将在直线 $A'B'$ 的异侧(或对应的同侧).这时 $\angle DAX$ 和 $\angle D'A'X'$ 各等于对应相等的 $\angle BAD$,$\angle BAX$ 及 $\angle B'A'D'$,$\angle B'A'X'$ 的和(或差),所以它们相等.由于三角形 ADX 和 $A'D'X'$ 的相等,知道线段 DX 和 $D'X'$ 的相等.

因此自图形 **F** 上的任一点到 X 的距离,等于图形 **F'** 上的对应点到 X' 的距离.这就证明了图形 **F**X 等于图形 **F'**X'.

系 1 不论什么样的已知图形 **F**,总有无限多个图形 **F'** 等于已知图形 **F**.

假如图形 **F** 上所有点都在一条直线上,则每个这样的图形 **F'** 完全确定于两点 A',B',这两点对应于图形 **F** 上两已知点 A,B;这些点的选取应使 $AB = A'B'$(而其他方面则不加约定).

假如图形 **F** 的点中有不在一条直线上的三点,则与它相等的每个图形 **F'** 完全确定于三点 A',B',C',这三点与已知图形 **F** 中不在一直线上的三点 A,B,C 相对应;这些点的选定,应使 $\triangle ABC = \triangle A'B'C'$(其他方面则不加约定).

系 2 假如图形 **F** 与 **F'** 相等,图形 **F** 上不共线的三点 A,B,C,重合于它们在 **F'** 上的对应点 A',B',C',则图形 **F** 上的每个点都重合于它们在 **F'** 上的对应点.

系 3 假设图形 **F** 上有三点不在一直线上,如果 A,B 是图形 **F** 上的两点,而 A',B' 是满足 $AB = A'B'$ 的任意两点,则有两个且只有两个等于 **F** 的图形,其中与 **F** 上两点 A,B 对应的即为两给定点 A',B'.

事实上,假设 C 是图形 **F** 上不在直线 AB 上的任意一点;在第二图形中和它对应的点可以取两个位置 C' 和 C'',如同定理第二种情形的证明那样决定它们.假如选定了两点 C',C'' 中的一点,则图形 **F′** 的其他各点便都唯一地被决定了.

当我们说到相等三角形对应边上的对应点,说到相等三角形的对应高、对应中线、对应角的平分线的相等,说到多角形的相等诸问题时,以上所讲的相等图形的一般定义及基本定理 49,实际上被我们广泛地应用着.

在研究曲线图形时,这个一般的观点具有特殊的意义.譬如现在我们便可以建立正确的意义,并且严密地证明下列初等的定理.

定理 50 在半径相等的两圆周中,相等的圆心角所对的弧相等.半径相等的两圆周相等.

第十九节 两种相等图形

假设已给两个相等图形 **F** 和 **F′**①.我们认为三角形 ABC 的三个顶点是第一图形上的三点,它的对应三角形是 $A'B'C'$.这两个三角形相等.这时两个定向三角形 $\overline{ABC}$ 和 $\overline{A'B'C'}$(第八节)可以有同一定向,也可以有相反的定向.下列定理成立.

定理 51 假如两相等图形中的任意一对对应三角形 $\overline{ABC}$,$\overline{A'B'C'}$ 有同一的定向时,则这两图形中其他对应三角形也有同一的定向;假如两三角形 $\overline{ABC}$,$\overline{A'B'C'}$ 有相反的定向,则其他对应三角形也有相反的定向.

证明 我们只限于证第一种情形,两三角形 $\overline{ABC}$,$\overline{A'B'C'}$ 有同一的定向;对于第二种情形与此类似的证明,我们留给读者.

假设 $\overline{XYZ}$ 是第一图形中的任意三角形,$\overline{X'Y'Z'}$ 是第二图形中它的对应三角形.

假如点 C 和 Z 在直线 AB 的同侧,那么点 C' 和 Z',也将在直线 $A'B'$ 的同侧.在这情形下,我们将有三对有同一定向的三角形,即 $\overline{ABC}$ 和 $\overline{A'B'C'}$,$\overline{ABC}$ 和 $\overline{ABZ}$,$\overline{A'B'C'}$ 和 $\overline{A'B'Z'}$.所以三角形 $\overline{ABZ}$ 和 $\overline{A'B'Z'}$ 有同一定向.

① 在本节里我们所讲的只限于不是所有点都在同一直线上的图形.

假如点 C 和 Z 在直线 AB 的异侧，那么点 C' 和 Z' 也将在直线 $A'B'$ 的异侧．在这情形下，我们将有一对有同一定向的三角形 $\overline{ABC}$、$\overline{A'B'C'}$ 和两对有相反定向的三角形 $\overline{ABC}$，$\overline{ABZ}$，$\overline{A'B'C'}$，$\overline{A'B'Z'}$．所以三角形 $\overline{ABZ}$ 和 $\overline{A'B'Z'}$ 仍有同一定向．

因为三角形 $\overline{ABZ}$ 和 $\overline{A'B'Z'}$ 有同一定向，所以三角形 $\overline{ZAB}$ 和 $\overline{Z'A'B'}$ 有同一定向．把刚才对于三角形 $\overline{ABC}$，$\overline{A'B'C'}$ 与点 Z，Z' 的讨论，引用到对于三角形 $\overline{ZAB}$，$\overline{Z'A'B'}$ 与点 Y，Y' 的讨论，我们便达到三角形 $\overline{ZAY}$，$\overline{Z'A'Y'}$ 有同一定向的结论，也就是三角形 $\overline{YZA}$，$\overline{Y'Z'A'}$ 有同一定向．最后把这个讨论引用三次时，我们就达到三角形 $\overline{YZX}$，$\overline{Y'Z'X'}$ 有同一定向的结论，也就是三角形 $\overline{XYZ}$ 和 $\overline{X'Y'Z'}$ 有同一定向．

假如三点 A，B，Z 或三点 A，Y，Z，在一直线上时，这个讨论便失掉意义．为了避免这种情形，总可以这样选得三角形 XYZ 的顶点，使 Z 不在直线 AB 上，并且使直线 YZ 也不通过 A．

由所证的定理，可得出有两种不同的相等图形存在．

定理 52 有两种不同的相等图形．一种情形是：两相等图形上的每两个对应三角形有同一定向，并且每两个对应角也有同一定向．另一种情形是：对应三角形有相反的定向，并且对应角也有相反的定向．

在第一种情形中的两相等图形（图 51），叫做本质相等，在第二种情形中的（图 52）叫做镜照相等．

两图形都与第三图形本质相等，显然，这两图形是本质相等．两图形都与第三图形镜照相等，显然，这两图形也是本质相等．两图形之一与第三图形本质相等，而其他则与第三图形镜照相等，则这两图形是镜照相等．

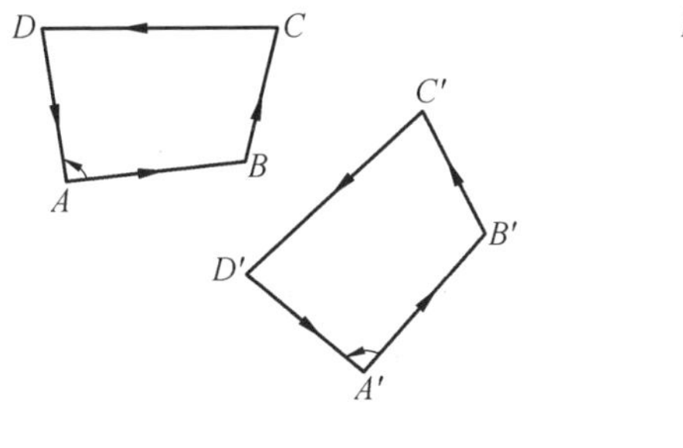

图 51

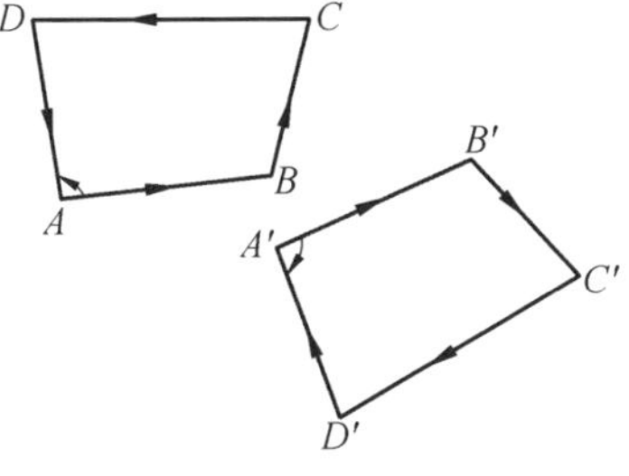

图 52

第十三章　平行线

第二十节　平行线的概念

如同前面我们已经看到的(见定理17系1),有不相交的直线存在.不相交的直线叫做平行线①.属于平行线的射线或线段,也叫做平行("两角的对应边分别平行","一三角形的边平行于另一三角形的边")②.使用特殊符号 // 来表示平行.

二平行线分平面为三个区域.其中一个区域的点叫做在两平行线之间的点:这些点对于两条直线中的每一条而言,都与另一条直线处在同一侧.我们留给读者(仿照定理3)来叙述并且证明关于二平行线划分平面的定理.

二平行线之一的方向的选定,也唯一地决定了另一直线的方向的选定(图35以箭头表示方向).这就给出了平行线段的同向(例如图35的 AB 与 $A'B'$)或异向(例如该图的 AB 与 $A'B'$)的可能性.同时线段 AB 和 $A'B'$ 的同向或异向,就看点 B 与 B' 在直线 AA' 的同侧还是在异侧而定.

二直线 MN 和 $M'N'$(不论平行与否)与某一"割线" PP'(图35)交于两点 A, A' 时,构成八个角.

其中两对角——$\angle MAP'$ 与 $\angle N'A'P$, $\angle NAP'$ 与 $\angle M'A'P$——每一对角在割线上有公共边而方向相反,其他一边在割线的异侧.这样的角通常叫做内错角也可以简单地叫做错角,因为事实上没有任何必要去研究"外错角".

同样可以表示出两对同旁内角,例如 $\angle MAP'$ 与 $\angle M'A'P$ 及 $\angle NAP'$ 与 $\angle N'A'P$.

最后,有四对角,每一对角在割线上的对应边的方向相同,而其他对应边在割线的同侧,例如 $\angle MAP'$ 与 $\angle M'A'P'$,及 $\angle NAP'$ 与 $\angle N'A'P'$ 等,都叫做同位角.

---

① 我们着重指出,这样的平行的定义是合适的,因为我们现在只研究平面几何.假如我们研究的是立体几何,那么我们就应该说:在同一平面上不相交的直线叫做平行线.

② 在同一直线上的二线段也算做平行.

平行线的基本特征，事实上，我们已经证过了(定理 17 系 1)：

1.若二直线与一割线构成二相等的内错角，则该二直线平行.

由此也可推出另外的平行特征：

2.若二直线与一割线构成二相等的同位角，则该二直线平行.

3.若二直线与一割线构成其和为二直角的同旁内角，则该二直线平行.

特别是：

4.都与第三条直线垂直的二直线必平行.

由这些平行的特征，可推出下列平行线的性质.

定理 53 过不在已知直线上的任意一点，可引已知直线的平行线.

证明 假设 A 为不在已知直线 $M'N'$ 上的一点(图 35).联结 A 和 $M'N'$ 上的任意一点 A'.可引一条射线 AM，与 $A'M'$ 同在 AA' 直线的同侧，并且使 $\angle AA'N' = \angle A'AM$.由于(内)错角的相等，知道射线 AM 所在的直线 MN 平行于直线 $M'N'$.

第二十一节 平行公理

定理53的证明给予了下列考查的机会.我们在直线 $M'N'$ 上选择点 A' 是完全任意的.直线 MN 是否依靠于直线 $M'N'$ 上点 A' 的选择呢?换句话说，通过已知点平行于 $M'N'$ 的直线有多少条 —— 一条或若干条?为了回答这个问题，我们需要一个新的公理，通常叫做“平行公理”，或不甚恰当地叫做“欧几里得公理”①

公理 7 过不在已知直线上的一点，与已知直线平行的直线不能多于一条.

系 1 过不在已知直线上的一点，可引一条、且只可引一条直线与已知直线平行.

结合定理 53 与公理 7 的内容，便能推得.

系 2 平行于第三条直线的二直线，互相平行.

事实上，如果它们相交，则过它们的交点可引两条直线平行于同一直线，这和系 1 相连.

---

① 欧几里得(Евклид)是亚历山大的数学家，大约生于公元前 300 年.《几何原本》是他的遗著之一.在我们所接触过的一切著作之中，这是对几何的系统讲解有贡献的第一部书.《几何原本》可以认为在当时已知的初等几何材料的法典.欧几里得的《几何原本》在科学史上起了很大的作用.譬如在柴以金(Цейтен)所著的书里详细谈论了欧几里得的《几何原本》.以下就要引入欧几里得本人叙述的平行公理.

系 3 若某一直线与二平行线之一相交,则与其他也相交.

事实上,如果某一直线 PP' 与二平行线之一 MN 交于点 A,而不与另一条 $M'N'$ 相交,则过点 A 便将有两条平行于 $M'N'$ 的直线,即 MN 和 PP'.

系 4 若二直线平行,则它们与一割线构成相等的(内)错角,相等的同位角,以及其和等于二直角的同旁内角.若某一割线垂直于二平行线之一,则也必垂直于其他.

我们认为这条系的证明已在中学几何课程内讲过.

系 5 当二直线与一割线相交时,若构成的同侧内角的和小于二直角,则此二直线相交于割线的一侧,在这一侧的同旁内角的和小于二直角①.在特殊情形,同一直线的垂线与斜线永远相交.

事实上,通过不在已知直线 $M'N'$(图 35)上的一点 A,只能引一条直线 MN 与 $M'N'$ 平行,并且这两条平行线与一割线 AA' 具有其和等于二直角的同旁内角.所以,如果直线 $M'N'$ 和过点 A 的任一直线与割线 AA' 构成其和小于二直角的同旁内角,则该二直线不平行.它们将要相交于割线的一侧,在这一侧的同旁

内角之和小于二直角,因为三角形的二角之和小于二直角(定理 17 系 2).

现在我们来研究下列关于平行线的定理.

定理 54 在二已知平行线间的平行线段彼此相等,且指向同侧.

证明 假设直线 AA' 与 BB' 以及直线 AB 与 $A'B'$ 彼此平行(图 53).三角形 ABB' 与 $B'A'A$ 将相等(边 AB' 公用,$\angle AB'B=\angle B'AA'$ 以及 $\angle BAB'=\angle A'B'A$ 都是错角相等).由这两个三角形的相等,也可推得线段 AB 与 $A'B'$ 的相等.线段 AB 与 $A'B'$ 指向同侧,是因为线段 BB' 与 AA' 没有公共点,所以点 B 与 B' 在直线 AA' 的同侧(参照第二十节).

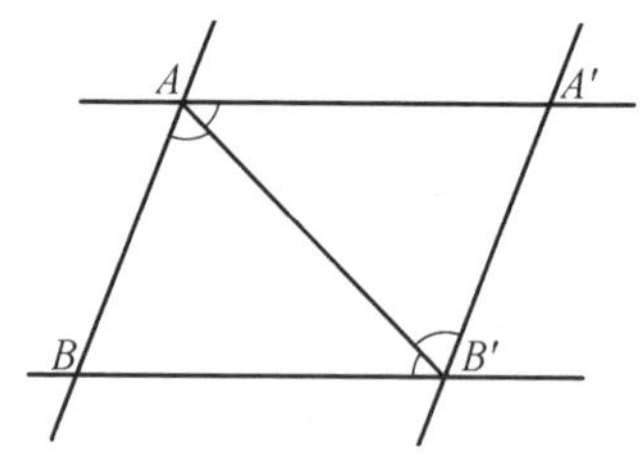

图 53

系 二平行线之一的所有点到其他的距离相等.

不难看出它的逆命题也成立:若一直线上的任意两点到另一直线的距离相等,则这二直线平行.

① 这个命题在几何史上是我们所熟知的,即所谓欧几里得的"第五公设"(或"第十一公理").这就是欧几里得列在"原本"中的平行公理的形式.事实上,由这个命题可按照下面的方式推出公理 7.

如果二直线,与一割线所构成的同旁内角之和小于二直角,便永远相交,则过点 A(图 35)只可引一直线平行于 $M'N'$,其与割线 AA' 所构成的 $\angle A'AN$ 与 $\angle AA'N'$ 互为补角.

从二平行线之一的任意点到其他的距离,叫做二平行线间的距离.

作图题 13　过一已知点,引一条平行于已知直线的直线.

这个问题用圆规和直尺,或用直尺和三角尺的解法,已在中学课程内讲到.

第二十二节　三角形与多角形的内角和

三角形与多角形的内角和的定理是平行线理论中最重要的推论之一.

定理 55　三角形内角的和等于二直角.

本定理的证明在中学课程中已经讲过.

系　三角形的一个外角等于不与它相邻的二内角之和.

定理 56　任意简单多角形内角的和等于 $2d\cdot(n-2)$,其中 n 为多角形的顶点之数(或边数).

证明　如果已知多角形 $ABC\cdots KL$(图 4) 为一凸多角形,则由任一顶点 A 引出的对角线 $AC,AD,\cdots,AK$,将它分为 $n-2$ 个三角形(第六节)ABC,$ACD,\cdots,AKL$.所有这些三角形的内角相加,便得到所设多角形内角的和,由此可知,它等于 $2d\cdot(n-2)$.

如果所设多角形是简单的,但不是凸的,仍然可以用形内的对角线(图 13),把它分为(第七节)$n-2$ 个三角形.在这种情形下,仍可用所有这些三角形的内角相加的方法,而得到 n 角形内角的和.

不同于凸多角形的是,一般说来,不能用同一顶点引出的对角线将多角形分为几个三角形.

注　定理 56 不能直接推广到星形多角形,因为在这种情形下,甚至内角的概念还没有确定.

我们将不讨论星形多角形内角和的问题.

第二十三节　基于平行公理的圆周性质

平行线的公理和它的系容许由下列定理来补充第十五节中所研究的圆周性质.

定理 57　通过不共线的三点可作一个、而且是唯一的圆周.

证明　假设 A,B,C 为已知不共线的三点(图 54).因为自所求的圆心向两弦 AB,AC 所作的垂线都平分各弦,所以所求的圆心只可是 AB 和 AC 的垂直平分线 l 和 m 的交点.如果我们证明了这两条垂线相交,便证明了通过所设三点的圆周的存在.

我们用反证法来证明这个命题.如果直线 l 与 m 平行,则垂直于 l 的直线 AB 也将垂直于直线 m(公理 7 系 4).因为通过点 A 只能引一条直线垂直于直线 m,而 AC 已是这样的直线.所以直线 AB 和 AC 势将重合,换句话说,A,B,C 三点将在同一直线上,这与已知条件矛盾.

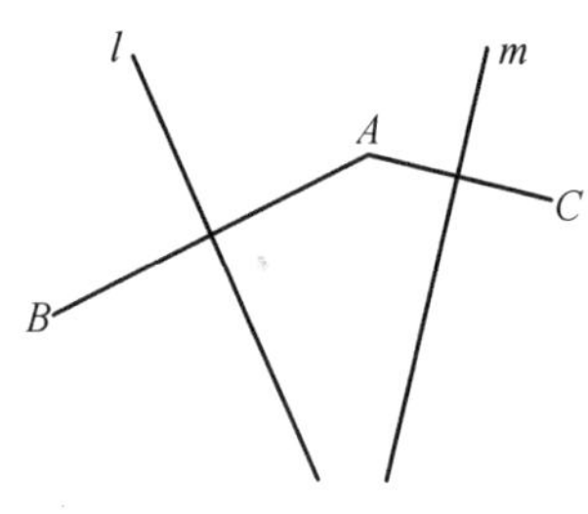

图 54

通过三已知点的圆周的唯一性,由定理 47 的系即可推得.

由 A,B,C 三点决定的圆周,有时用"圆周 ABC"表示.

系 1 通过三角形三边中点且垂直于它们的直线,通过一点.

系 2 分别垂直于二相交直线的二直线必相交.

定理 58 圆周角等于同一弧所对圆心角的一半.

这个定理的证明在中学几何课程中已经讲过.我们只着重指出,在证明时我们所用的是:三角形的一外角等于不与它相邻的内角之和(定理 55 系),而这个三角形的性质是从平行线的理论推出的.

由定理 58 可以推得一些关于圆的弦,割线和切线所构成的角的推论.这些命题在中学几何课程里已经知道,我们不再谈它.

定理 59 夹于平行线间的一圆之弧相等.

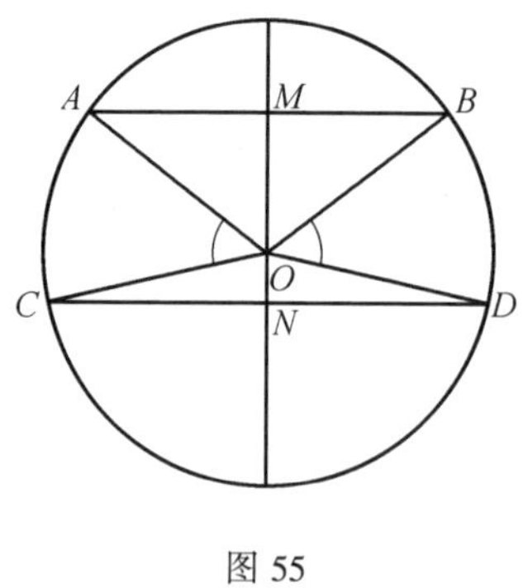

图 55

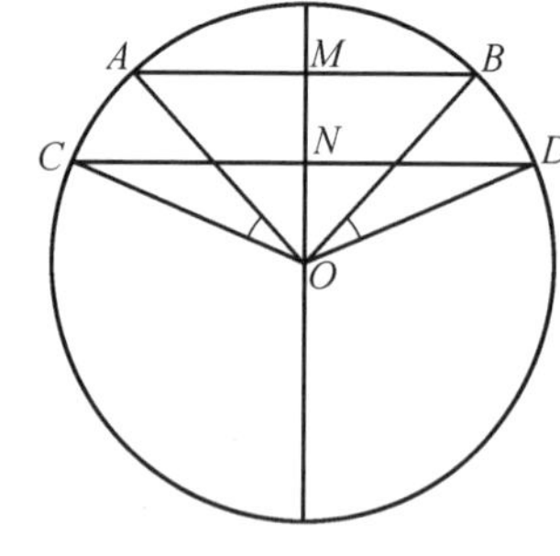

图 56

证明 假设 AB 和 CD 为圆周 O 的二平行弦(图 55 和 56).与其中之一垂直的直径也垂直于其他,并且分别平分二弦于点 M,N.我们有两对相等三角形 OAM,OBM 及 OCM,ODN.由于 $\angle AOM=\angle BOM$,$\angle CON=\angle DON$ 而推得 $\angle AOC$ 与 $\angle BOD$ 相等.所以对应于相等圆心角的 $\overset{\frown}{AC}$ 和 $\overset{\frown}{BD}$ 相等(定理 50).

第二十四节　简单的轨迹

点的轨迹这一名词是集合概念的同义语之一. 比如,我们可以毫无区别地说"与二已知点有等距离的点的轨迹 ……"或"与二已知点有等距离的所有点的集合 ……". 在初等几何里我们使用"轨迹"这一名词,特别是由于它的较大的象征性 ——"迹"这个字能回答具有某种性质的点"处在"什么地方的问题.

到现在为止,所研究过的初等几何问题使我们推定下列命题的可能性.

轨迹 Ⅰ　到已知点 O 的距离等于同一线段 r 的点的轨迹,是以 O 为圆心、r 为半径的圆周.

由圆周的定义(第十五节)推得.

轨迹 Ⅱ　到一已知直线的距离等于同一线段 a 的点的轨迹,是一对平行于已知直线的直线.

由定理 54 的系推得.

轨迹 Ⅲ　到二已知点 A,B 有等距离的点的轨迹,是垂直于线段 AB 并且通过它的中点的直线.

从已知点到一直线所引相等斜线的射影相等,及其逆定理(第十四节),可用以推得此理.

轨迹 Ⅳa　到二已知平行线有等距离的点的轨迹,是平行于二已知直线的直线.

事实上,与平行线 AA' 和 BB'(图 57)有等距离的点 M,与直线 BB' 同在直线 AA' 的同侧,并且与 AA' 的距离等于 AA' 与 BB' 的距离的一半. 这样就归属到轨迹 Ⅱ(不过在此情形不如轨迹 Ⅱ 有两条直线而只有一条).

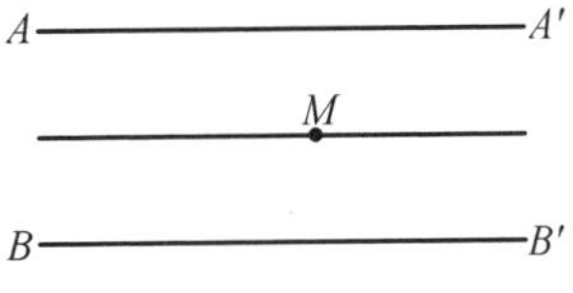

图 57

轨迹 Ⅳb　到二相交直线有等距离的点的轨迹,是两条互相垂直的直线,即二直线相交之角的二等分线.

事实上,假设 AA' 与 BB' 为相交于点 O 的二直线(图 58). 如果点 M 为 $\angle AOB$ 内部的点,它到 AA' 与到 BB' 的距离 MP 与 MQ 相等,则 $\angle AOM$ 与 $\angle MOB$,由于直角三角形 MOP 与 MOQ 的相等(弦 OM 公用,腰 MP 与 MQ 相等)而相等. 因此,点 M 在 $\angle AOB$ 的二等分线上.

反过来说,如果点 M 在 $\angle AOB$ 的二等分线上,则直角三角形 MOP 与 MOQ 相等(弦 OM 公用,$\angle MOP = \angle MOQ$),因而 $MP = MQ$.

于是,所研究的轨迹,是由四个角 $\angle AOB$,$\angle BOA'$,$\angle A'OB'$ 和 $\angle B'OA$ 的二等分线组成,但是这些角的二等分线构成二直线 OM 和 OM'(定理 21,系).因为

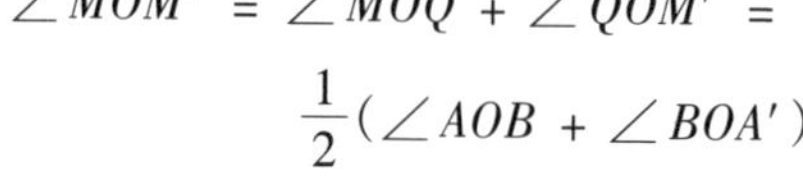

$$\angle MOM' = \angle MOQ + \angle QOM' = \frac{1}{2}(\angle AOB + \angle BOA')$$

所以这二直线互相垂直.

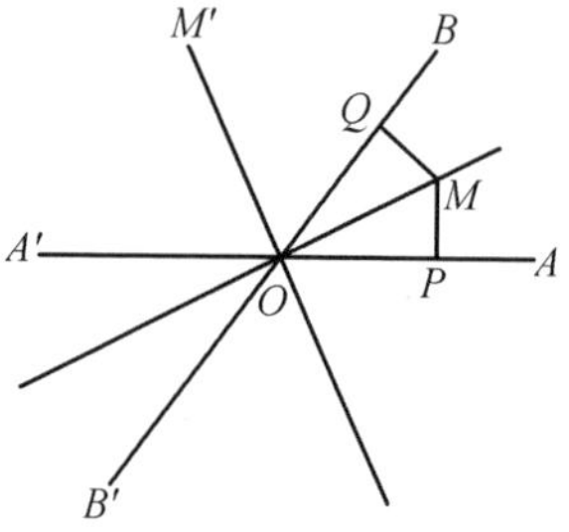

图 58

在转到此后的轨迹以前,我们先提出下列的定义:以 M 为顶点、各边分别通过 A,B 二点的角,叫做自点 M 对线段 AB 的视角.

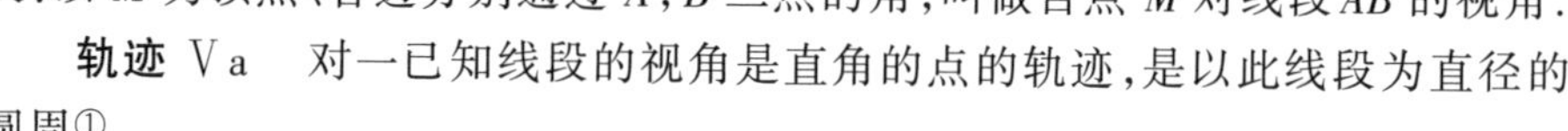

轨迹 Ⅴa　对一已知线段的视角是直角的点的轨迹,是以此线段为直径的圆周①.

事实上,假设 AB 为已知线段(图 59),O 为其中点,M 为对线段 AB 的视角为直角的任意顶点.

众所周知,两个直角三角形可以合成矩形,且矩形的对角线相等,所以直角三角形 ABM 的中线 OM 等于其斜边的一半,也就是 $OM = OA = OB$.因而点 M 是在以线段 AB 为直径的圆周上.

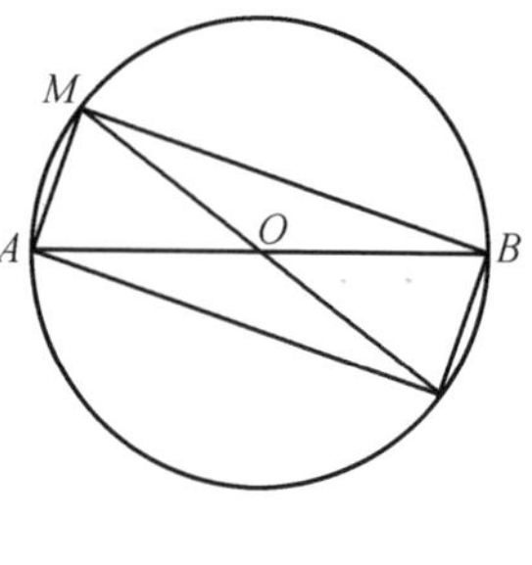

图 59

反过来说,如果点 M 在这圆周上,则 $\angle AMB$ 等于半径 OA 与 OB 间的角的一半(定理 58);换句话说,$\angle AMB$ 是直角.

轨迹 Ⅴb　对一已知线段的视角为定角(不是零度或平角)的顶点的轨迹,是由二圆弧组成,这二圆弧与已知线段有公共端点.

如果已知角不是直角,则这二弧属于不同的圆周;如果已知角是直角,则这二弧组成一圆周(轨迹 Ⅴa).

事实上,假设 AB 为已知线段(图 60),M_0 是对 AB 的视角为定角 α 的任一顶点.这样的点,可以用下法求得.于点 A 作等于 $d - \angle\alpha$ 的 $\angle BAM_0$,其第二边与 AB 互相垂直于点 B,这样的点 M_0 就是我们所求的一点.

通过点 A,B,M_0 可作唯一的圆周(定理 57).如果 M_0 是由上述方法所决定的,则圆心 O 即线段 AM_0 的中点.

现在,假如 M 为 $\overset{\frown}{AM_0B}$ 上的任一点,则 $\angle AMB = \angle AM_0B = \angle\alpha$.如果 $\overline{M}$ 为

① 虽然轨迹 Ⅴa 只是轨迹 Ⅴb 的特殊情形,但单独研究这个最简单的情况,还是适宜的.

AB 线段与$\overset{\frown}{AM_0B}$ 之间的任一点，则直线 $A\overline{M}$ 与$\overset{\frown}{AM_0B}$ 相交于 M'，而 $\angle A\overline{M}B > \angle AM'B$，因为 $\angle A\overline{M}B$ 是三角形 $B\overline{M}M'$ 的外角．因为 $\angle AM'B = \angle\alpha$，则 $\angle A\overline{M}B > \angle\alpha$．同理可以证明：如果点 M^* 与点 M_0 同在直线 AB 的同侧，但在圆弧$\overset{\frown}{AM_0B}$ 之外，则 $\angle AM^*B < \angle\alpha$．于是，与点 M_0 同在直线 AB 同侧的所求轨迹的点，完全在$\overset{\frown}{AM_0B}$ 上．再考察 AB 的另一侧的点时，我们便得到第二个圆弧．

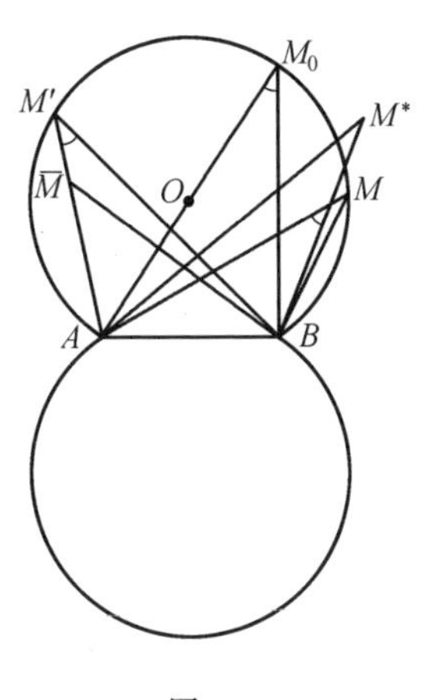

图 60

注　若 $\angle AMB$ 和 $\angle ANB$ 的顶点 M 和 N 分别在构成所研究的轨迹的两个圆弧上，则它们有异向．这可由点 M 和 N 在直线 AB 的异侧推得．

所以对已知线段 AB 的视角，若按大小及方向都等于已知角 $\angle AMB$，则顶点 M 的轨迹是一个圆弧，它和已知线段有公共的端点．

第二十五节　轨迹作图法

解几何作图题的轨迹法是如下述这样．解决作图题我们归结于决定某些点的位置．我们决定这样的点，作为两个轨迹的交点，而将这些轨迹的交点（或是这样的轨迹与已知直线或圆周的交点）求出．

我们举出一些应用这种方法的例子．

作图题 14　通过不共线的三已知点，求作一圆周．

此题也可以说作：作已知三角形的外接圆．

此题直接归结到：求到三定点有等距离的点．

与二已知点有等距离的点的轨迹是一直线（轨迹 Ⅲ）．所求的点是两条这样直线的交点．若三已知点不共线，则本题永远有一解．

作图题 15　求到三已知直线有等距离的点．

我们首先假设，三已知直线 a,b,c 构成三角形 ABC（图 61）．到直线 b 和 c 有等距离的点的轨迹，是平分 b,c 所交成的角的二直线 l 和 l'；其中 l 是三角形内角 $\angle BAC$ 的平分线．与此类似地，到直线 c,a 有等距离的点的轨迹是一双直线 m,m'．

直线 l 与 l' 中的每一条都和直线 m 与 m' 中的每一条相交.事实上,直线 l 与 BC 边交于某一点 D(根据定理 7),而直线 m 与线段 AD 相交(由于,同定理应用于三角形 ABD).这样,直线 l 与 m 相交于三角形内的某一点 I.

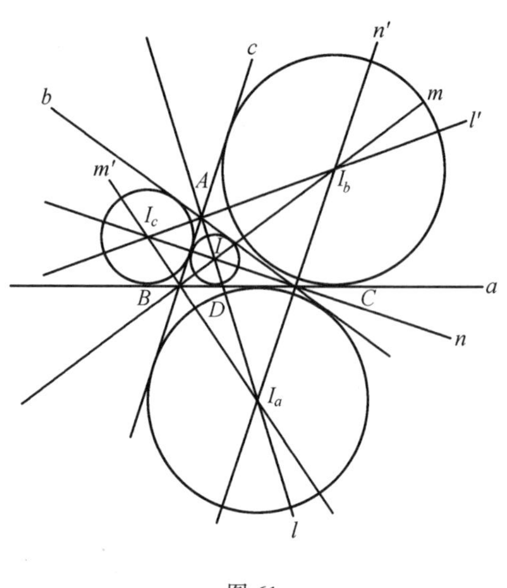

图 61

因为以 B 为顶点的三角形的外角大于 $\angle BAC$,所以直线 l 和 m' 与 AB 分别构成不相等的同位角,因而相交于某一点 I_a.与此类似,直线 l' 与 m 交于某一点 I_b.

最后,直线 l' 与 m' 相交于某一点 I_c,由于它们是二相交直线 l 和 m 的垂线(定理 57 系 2).

这样,若已知的直线构成一三角形,则本题有四解:即 I, I_a, I_b, I_c 四点.

不难看出,如果已知直线中有两条平行,而与第三条相交,则本题有两解(轨迹 Ⅳa 与 Ⅳb).如果三已知直线共点,则该点也将是本题唯一的解.最后,当三已知直线平行时,本题完全无解.

当所设三直线构成三角形时,由上述的解法容易引出下列的命题.

定理 60 三角形有六条内角和外角的二等分线,每三条相交于一点,共得四点:其中一点是三条内角二等分线的交点,其他三点都是两条外角二等分线与第三顶点的内角的二等分线的交点.

事实上,假设 l, m, n 是以 A, B, C 为顶点的三角形内角的二等分线;l',m',n' 是同一三角形的外角的二等分线(图 61).二等分线 l 和 m 的交点 I 与直线 BC, CA, AB 的距离都相等,所以它应该在直线 n 或 n' 上.因为点 I 在三角形内,所以决定它在直线 n 上.同理推得直线 l' 和 m' 的交点 I_c 在直线 n 上,等.

作图题 15a 作与三已知直线相切的圆周.

因为所求圆心是与三已知直线有等距离的点,所以本题和前题(作图题 15)本质上没有区别.

如果已知的直线构成三角形,则本题有四解;其中的一圆与三角形的三边(而非它们的延长线)相切,叫做三角形的内切圆.另外三圆都与三角形的一边及其他二边的延长线相切;这些周圆叫做三角形的旁切圆.

如果三已知直线中有两条平行,而第三条与它们相交,则本题有二解.在其余的情形,本题无解.

作图题 16 作一个与三已知圆周相切的圆周,三已知圆周中有两个是同心的.

假设 $O(r')$ 和 $O(r'')(r' > r'')$ 为已知的二同心圆周,$O'''(r''')$ 为第三圆周(图 62).

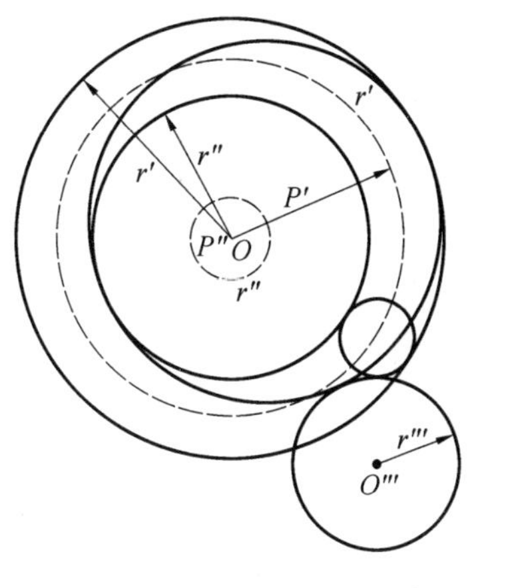

图 62

我们先求与已知二同心圆周相切的圆周的圆心的轨迹.如果 C 为所求圆周之一的圆心,r 为其半径,则我们可得出 $OC = |r \pm r'|$ 与 $OC = |r \pm r''|$.由于 $r' > r''$,所以等式 $|r \pm r'| = |r \pm r''|$ 只能在下列两种情形下成立:

1) $r' - r = r + r''$;$r = \frac{1}{2}(r' - r'')$ 且 $OC = r' - r = \frac{1}{2}(r' + r'')$;

2) $r' - r = r - r''$;$r = \frac{1}{2}(r' + r'')$ 且 $OC = r' - r = \frac{1}{2}(r' - r'')$.

于是,与二已知同心圆周相切的圆周的圆心的轨迹,是由与已知圆周同心的二圆周 I' 和 I'' 构成;其中一圆周 I' 的半径等于已知二圆周半径和之半

$$\rho' = \frac{1}{2}(r' + r'')$$

而另一圆周 I'' 的半径等于二已知圆周半径差之半

$$\rho'' = \frac{1}{2}(r' - r'')$$

如果与二已知圆周相切的圆周的圆心在半径为 ρ' 的圆周 I' 上,则它的半径等于 ρ'';如果其圆心在半径为 ρ'' 的圆周 I'' 上,则它的半径等于 ρ'.

我们进一步研究与已知圆周 O''' 相切而其半径为 ρ'(或 ρ'')的圆周的圆心的轨迹.与已知圆 $O'''(r''')$ 相切而半径为 ρ' 的圆周圆心的轨迹,是两个与圆周 O''' 同心的圆周 γ'_1 和 γ'_2 组成,其半径分别等于 $r''' + \rho'$ 和 $|r''' - \rho'|$.同理,与已知圆周 O''' 相切而半径为 ρ'' 的圆周圆心的轨迹是以 O''' 为心,以 $r''' + \rho''$ 和 $|r''' - \rho''|$ 为半径的两圆周 γ''_1 和 γ''_2 所组成.

由此,所求的圆周:其一以 ρ' 为半径,以圆周 γ'_1 或 γ'_2 与圆周 I'' 的交点为

圆心,其二以 ρ'' 为半径,以圆周 γ''_1 或 γ''_2 与圆周 I' 之交点为圆心.

本题最多有八个解,但由于已知圆周的位置,本题的解数可减少.特别是,如果圆周 O''' 在二同心圆中较大圆周的外部,则显然本题完全无解.

第二十六节　内接及外切多角形

众所周知,如果多角形所有的顶点都在一个圆周上,则这个多角形叫做圆内接多角形,而圆周叫做这个多角形的外接圆.

如果多角形所有的边都与一圆周相切,这个多角形叫做圆外切多角形,而圆周叫做这个多角形的内切圆.更广义地说,如果多角形的每一边或其延长线都与一圆周相切,则把它叫做这个圆周的外切多角形,而圆周叫做这个多角形的内切圆.这时,如果圆周与多角形某一边和其他边的延长线相切,则圆周常叫做旁切圆.

我们已经看到,任意一个三角形有一个外接圆(作图题 14),一个内切圆和

 三个旁切圆(作图题 15a).

关于四角形的外接圆和内切圆存在的问题用下列定理来解答.

定理 61　任意圆内接凸四角形的二对角和为二直角;反之,若后一条件成立,则四角形是圆内接四角形.

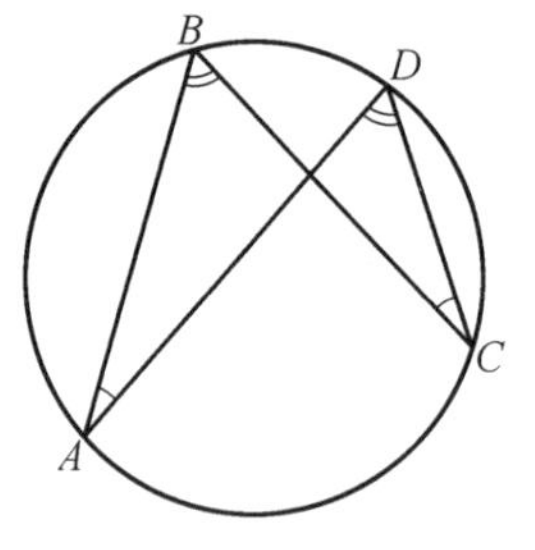

图 63

任意圆内接星形四角形(图 63)的对角相等;反之,后一条件成立时,则是圆内接星形四角形.

关于凸四角形定理前一半的证明,在中学课程里已经讲过.

关于星形四角形的后一半(图 63),可由求轨迹Ⅴb 时的讲述推得.

注　如果采用下面的定义,这两种情形——凸四角形和星形四角形——可以合并讲述.

二割线 AB 和 CD 被称为关于直线 AD 和 BC 逆平行,如果第一割线 AB 与第一直线 AD 所构成的角,等于第二割线 CD 与第二直线 BC 所构成的角,而第二割线 CD 与第一直线 AD 所构成的角等于第一割线 AB 与第二直线 BC 所构成的角.

按照这个定义来说,定理 61 即可叙述如:在任意圆内接四角形内,一对对

边关于另一对对边是逆平行;反之,如果此条件满足,则四角形是圆内接四角形.

定理62 任意圆外切凸四角形,各边(非延长线)与圆周相切,一对对边的和与另一对对边的和相等;反之,如果这个条件满足,则四角形是圆外切四角形,即它有一个内切圆.

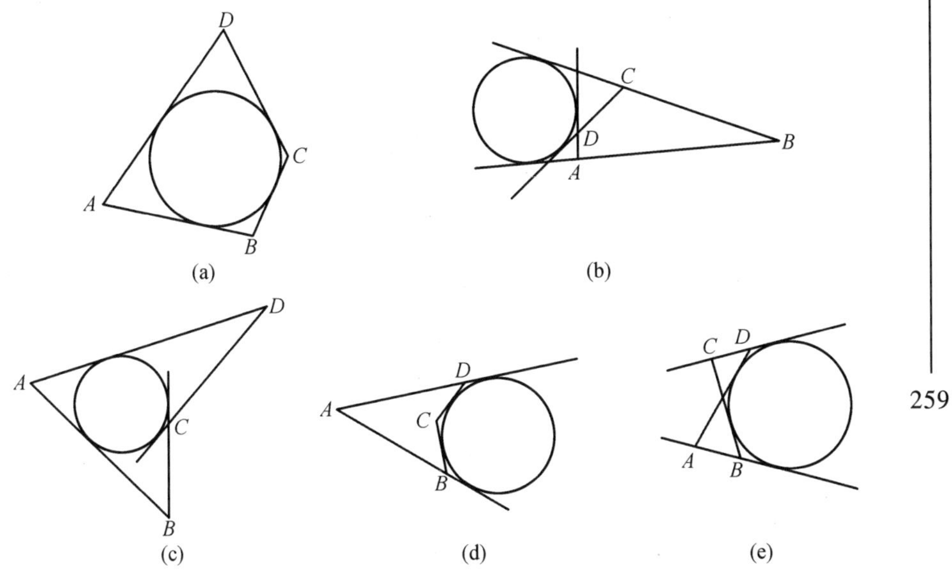

图 64

证明已在中学课程中讲过(图64(a)).

注 如果研究任意的,而不只是凸外切的四角形,则可能有各种不同的情形(图64(a) ~ (e)).

四角形(凸的、凹的或星形的)可以同时与两个圆周外切(图65).

我们留给读者去证明下列定理.

定理63 在任意圆外切四角形内,二边的和等于其他二边的和.同时与两个圆周外切的四角形内,它的边两两相等.

如在图64(b)有 $AB + AD = CB + CD$;在图65(a)和(b)有 $AB = BC$, $CD = DA$;在图65(c),则有 $AB = CD, BC = AD$ 等.

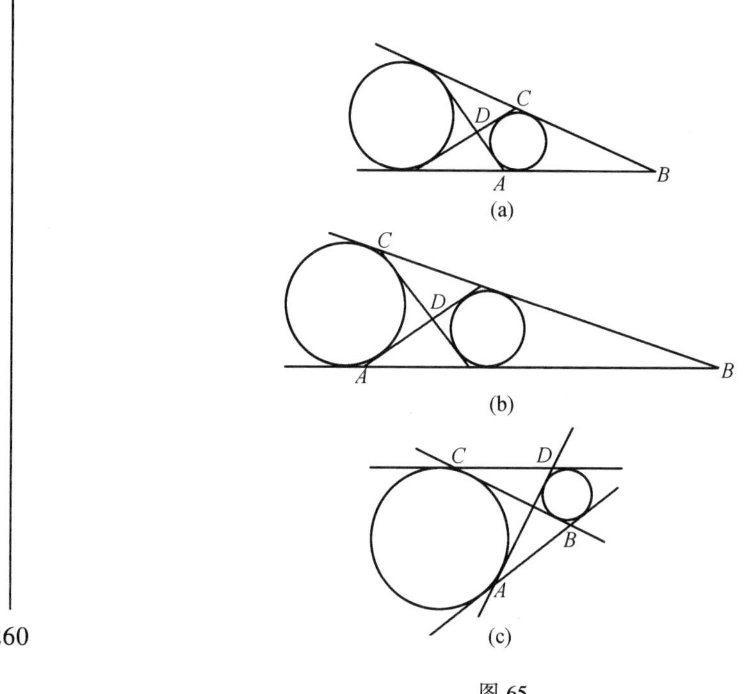

图 65

第二十七节　正多角形及半正多角形

在中学课程里已经讲过,任意正凸多角形可以有一外接圆,并且可以作一内切圆.

在中学教科书里所引用的证明,可直接应用到星形正多角形.

我们在此研究更一般的命题.

定理 64　任意(凸的或星形的)正多角形或等角半正多角形可有一外接圆.

证明　假设 A,B,C,D 是所研究的多角形的四个相连续的顶点(图 66).O 为三角形 ABC 的外接圆心.

三角形 ABC 与 DCB 相等($AB = DC,BC = CB,\angle ABC = \angle DCB$).因而三角形 ABC 的外接圆半径 $OA = OB = OC$,与三角形 DCB 的外接圆半径相等.其次,二外接圆的圆心都在线段 BC 的垂直平分线上.最后,二圆心在直线 BC 的同侧,因为 A 和 D 二点在该直线的同侧(由于凸的或局部凸的多角形).由此推得,圆周 ABC 与 BCD 的圆心重合.

可见通过三顶点 A,B,C 的圆周必通过点 D. 按照同样的考察方法可知该圆周也通过其余的顶点.

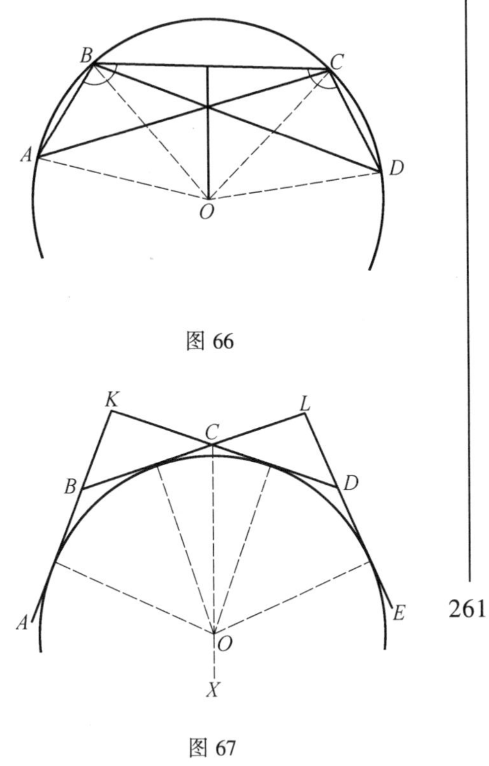

图 66

图 67

定理 65 任意(凸的或星形的)正多角形或等边半正多角形可有一内切圆.

证明 假设 AB,BC,CD 和 DE(图 67)为一正多角形或等边半正多角形相连续的四边, K 为直线 AB 和 CD 的交点, L 为直线 BC 和 DE 的交点①.

三角形 BCK 和 DCL 相等($BC = DC$, $\angle KBC = \angle LDC$, $\angle KCB = \angle LCD$). 所以三角形 BCK 的边 BC 外的旁切圆半径等于三角形 DCL 的对应的旁切圆半径, 因为该二圆心在 $\angle BCD$ 的平分线 CX 上, 所以该二圆心重合, 因而两圆周重合.

这样就得到了与射线 BA,DE 以及与边 BC,CD 相切的圆周. 对于 BC,CD,DE 各边以及次一边 EF 重复同样的论述时, 我们相信, 该圆周与边 DE 及射线 EF 相切, 等.

定理 64 及 65 系 1 正多角形的外接圆心及内切圆心重合.

事实上, 在这种情形下三角形 OAB,OBC 及 OCD 相等, 因而外接圆心到各边的距离相等.

系 2 等角半正多角形, 相间而取的边与同一圆周相切. 这样就得到两个圆周, 它们的圆心与外接圆心重合.

事实上, 在图 66 上, 三角形 OAB 与 OCD 相等, 所以相间而取的边到外接圆心的距离相等.

系 3 等边半正多角形, 相间而取的顶点在同一圆周上. 这样就得到两个圆周, 它们的圆心与内切圆心重合.

事实上, 在图 67 上有 $OA = OC = OE, OB = OD$.

① 如果相间而取的二边, 如 AB 与 CD 平行, 则边 BC 与 DE 亦将平行(因为这个多角形相间而取的角应相等). 点 E 与点 A 重合, 我们便得一个菱形. 对它来说, 这定理也是正确的.

第二十八节　平行射影

众所周知,由点 A 到直线 l 所作垂线的垂足 A_0,一般叫做点 A 在直线 l 上的射影.同样,由点 A 及 B 在直线 l 上的射影联结而成的线段 A_0B_0,叫做线段 AB 在直线 l 上的射影.我们在前面(第十四节)曾用过这种射影的概念.因为要在更广泛的意义上使用射影的概念,照这样定义的射影叫做点及线段的正(直角)射影.

这个概念由下列方式推广.

假设某已知直线 l,叫做射影轴(图 68),某一直线 MN 不与 l 平行.因为以后我们永远可以用任意一条平行于 MN 的直线 $M'N'$ 来替代 MN,那么我们可以说某一方向 MN,并且把它叫做射影方向.过已知点 A 引 MN 的平行线,与直线 l 相交于点 A_0,A_0 叫做点 A 在直线 l 上按照方向 MN 的平行射影;线段 AB 在直线 l 上的平行射影 A_0B_0,是联结直线 l 上的二点 A_0,B_0 的线段.

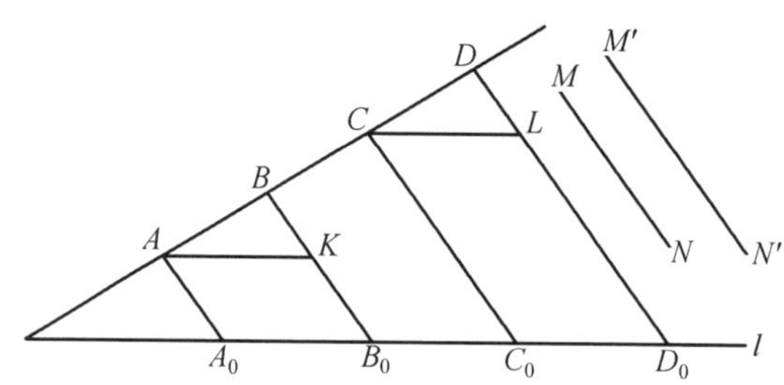

图 68

正射影显然是平行射影的特殊情形;在这种情形下,方向 MN 垂直于 l.如果 MN 不垂直于 l,则射影叫做斜射影.

遵循惯例,我们将把"射影"只(单纯地)理解为正射影,而"平行射影"一名词则理解为任意的正射影或斜射影.

联结点 A 和它的射影点 A_0 的线段 AA_0,在正射影的情形下,叫做投射垂线;在平行射影的情形下,叫做投射线段.

下一定理表示出平行射影的重要性质之一.

定理 66　一直线上的二相等线段,在那同一直线 l 上的平行射影相等;如果二已知线段在直线 l 的同侧,则其一线段二端点的投射线段之差,等于另一线段二端点的投射线段之差.

证明　假设 AB 和 CD(图 68)为同一直线上的二相等线段,A_0,B_0,C_0,D_0

为 A,B,C,D 各点在直线 l 上的射影．我们应该证得 $A_0B_0 = C_0D_0, BB_0 - AA_0 = DD_0 - CC_0$．

为了证明，通过点 A 及 C 各作一直线平行于 l，它们与 BB_0, DD_0 的交点分别为点 K 及 L．按照三角形相等的第二特征知道三角形 ABK 及 CDL 相等，这就得知 $AK = CL, BK = DL$．按照定理 54 有：$AK = A_0B_0, CL = C_0D_0, AA_0 = KB_0, CC_0 = LD_0$．由这些等式容易推得这定理中的两个命题．

现在我们证明，已经知道的关于梯形（即一对对边平行的凸四角形）中线的定理可以看做是刚才所证定理的特殊情形．

定理 67　梯形的中点线，即联结两腰中点的线段，平行于它的底边，且等于两底边之和之半．

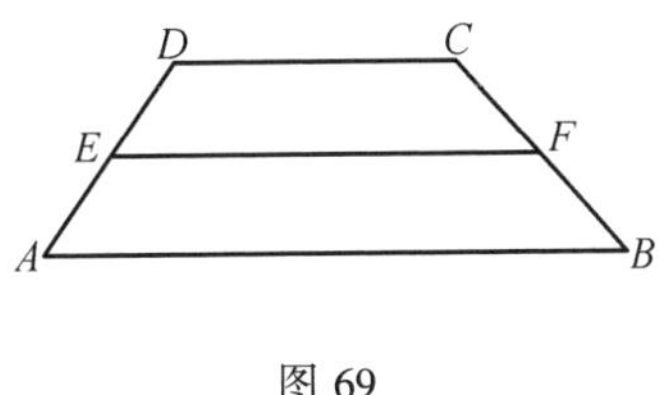

图 69

证明　假设 E 为梯形 $ABCD$ 的边 AD 的中点，F 为边 BC 的中点（图 69）．我们用反证法证明直线 AB 与 EF 平行．

假使 EF 不平行于 AB．过点 E 引 AB 的平行线（没有画在图上）．并设它与 BC 的交点为 F'；F' 是点 E 按照方向 AB 在边 BC 上的平行射影．因为线段 AE 与 ED 相等，则由定理 66 知道它们的平行射影亦相等，即 $BF' = F'C$．F' 即为边 BC 的中点，因此必与 F 重合．所以直线 EF 与 AB 平行．

其次，由定理 66 的第二部分有 $AB - EF = EF - DC$，由此得

$$EF = \frac{1}{2}(AB + DC)$$

根据定理 66 同样可以完成下列的作图题．

作图题 17　将一线段分为指定数目的等份．

本题的解法在中学几何课程里已经讲过．

我们只指出，由本题的解法，可直接证明将一线段分为任意指定数目的等分的分点的存在．

第二十九节　三角形及四角形的某些性质

由上节所研究的平行线的性质给我们现在有研究三角形及四角形许多性质的可能性．

定理 68　三角形的中点线，也就是联结三角形两边中点的线段，平行于第三边且等于它的一半（图 70）．

定理 69 三角形的中线交于一点;这一点截取每一中线的三分之一,从对应边的中点量起.

在中学教科书里,已有这两个定理的证明.

三角形中线的交点叫做它的重心[①](或叫做质量中心).

定理 70 三角形的高交于一点.

根据定理 57 系 1,这个定理可以得到证明,但也是在中学教科书中讲过的.

图 70

三角形的高的交点叫做它的垂心.

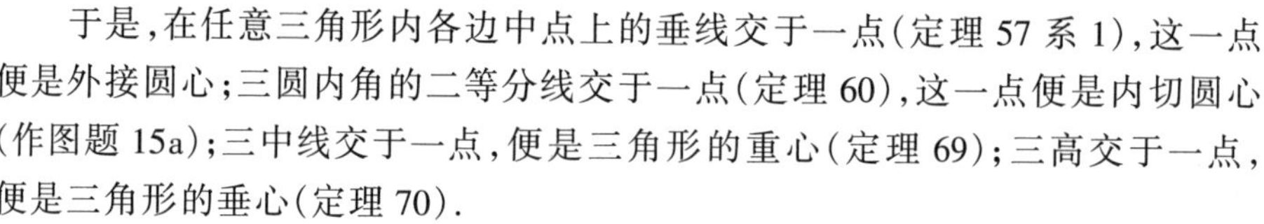

于是,在任意三角形内各边中点上的垂线交于一点(定理 57 系 1),这一点便是外接圆心;三圆内角的二等分线交于一点(定理 60),这一点便是内切圆心(作图题 15a);三中线交于一点,便是三角形的重心(定理 69);三高交于一点,便是三角形的垂心(定理 70).

外接圆心、内切圆心、重心、垂心这四个点常叫做三角形的显著点;我们完全可以把三个旁切圆心也算入显著点之列(作图题 15a).

以后我们还要介绍一些也应该叫做三角形显著点的点.

现在转到四角形的研究,我们假定梯形、平行四边形、矩形、菱形和正方形的概念以及这些图形的简单性质都是已经知道的.

因此,我们仅限于对任意四角形的性质的证明.

定理 71 任意四角形各边的中点是一个平行四边形的顶点;联结两对对边中点而成的两线段以及联结两对角线中点而成的线段交于一点,并且都为这一点平分.

证明 假设 $ABCD$(图 71)为已知的四角形. M 和 M' 分别为 AB 及 CD 二边的中点,N 和 N' 分别为 BC 及 DA 二边的中点,P 和 P' 分别为对角线 AC 及 BD 的中点.

线段 MN 和 $M'N'$ 都平行于线段 AC,并且等于它的一半,所以四角形 $MNM'N'$ 为一平行四边形.把同样的讨论用于(非简单的)四角形 $ABDC$,我们相信四角形 $MPM'P'$ 也是平行四边形.因为平行四边形的对角线互相平分,所以线段 NN' 和 PP' 都通过线段 MM' 的中点 O,并且被点 O 平分.

最后,还要利用刚才证过的四角形的性质,来证明下面关于三角形的定理.

定理 72 在任意三角形里,三边中点,三高的垂足,以及联结角顶与垂心

① 这个名称来源于中线的交点在力学上所起的作用.

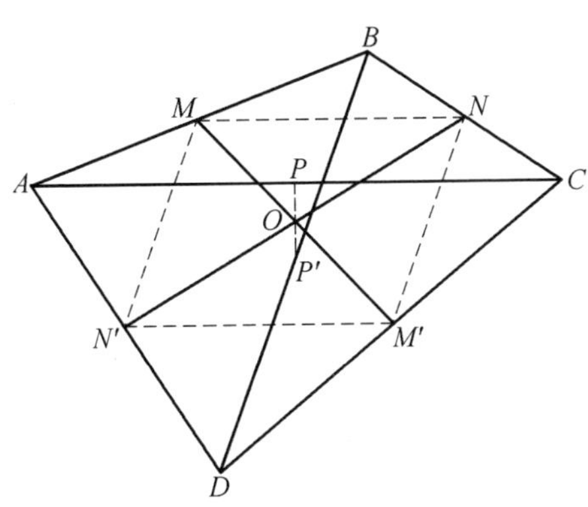

图 71

的三线段的中点,都在同一圆周上.

这个圆周叫做三角形的九点圆.

证明 假设 ABC(图 72) 为已知的三角形,A_0,B_0,C_0 为三高的垂足;A_1,B_1,C_1 为三边中点;H 为垂心;A_2,B_2,C_2 分别为线段 AH,BH,CH 的中点.

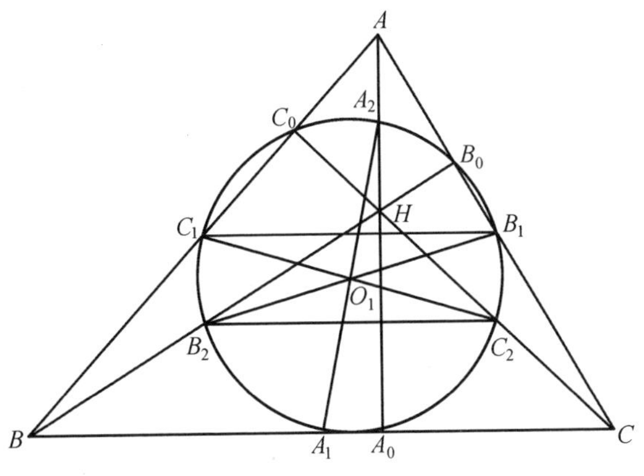

图 72

我们把刚才证过的定理 71 应用到四角形 $ABHC$:点 B_1,B_2 及 C_1,C_2 将是对边的中点,而点 A_1,A_2 将是对角线的中点.所以线段 A_1A_2,B_1B_2,C_1C_2 通过一点 O_1 并且被这点平分.在证明定理 71 时,我们使用了平行四边形,那就是平行四边形 $B_1C_1B_2C_2$ 及 $A_1B_1A_2B_2$.这两平行四边形在这种情形下,成为矩形,因为 $B_1C_1 /\!/ BC, C_1B_2 /\!/ AA_0$ 以及 $A_1B_1 /\!/ AB, B_1A_2 /\!/ CC_0$.由于矩形的对角线相等,所以 $A_1A_2 = B_1B_2 = C_1C_2$.

由此得知,A_1,B_1,C_1,A_2,B_2,C_2 各点都位于同一圆周上. 又因为 $\angle A_1A_0A_2,\angle B_1B_0B_2$ 及 $\angle C_1C_0C_2$ 都是直角,所以这个圆周也通过 A_0,B_0,C_0 三点.

第十四章　移置及对称

第三十节　移置的概念

在本编第二章里,我们研究了相等图形.同时我们只涉及了相等图形的性质,还完全没有涉及平面上相等图形的相互位置问题.现在转到这个问题,我们引用关于图形移置的概念.

在本章里所谓"图形"将理解为不是所有点都在一直线上的图形.

所谓把已知图形 **F** 移到与它相等的图形 **F′** 上的移置(或迁移),在几何学中单纯地理解为存在于图形 **F** 的每个点与图形 **F′** 的每个点之间的对应.

还可以同样地说,移置是由已知图形变换到与它相等的图形上.这样一来,与在力学中对移动的理解不同,在几何学中,我们仅仅研究已知图形上点的开始及最终的位置,完全不注意到图形上点的"中间点的"位置.

这样,此时被理解的移置有下列的性质:

1.移置在二相等图形上的点与点之间,甚至在所有平面上的点与点之间是一一对应的关系.

这个性质由定理 49 便可以推得.

假如图形 **F** 上的每一点 A 和图形 **F′** 上的点 A' 有一一对应的关系,则每一点 A' 也必对应于点 A;后者叫做对于已知点的逆对应.

2.移置的逆对应,同样也是移置.

假如已知对应是移置,则图形 **F′** 等于图形 **F**.这时图形 **F** 等于 **F′**,因此逆对应,同样也是移置.

3.连续完成两次移置的结果,仍然是移置.

实际上,假如在第一次移置,由图形 **F** 得到图形 **F′**,再于第二次移置图形 **F′** 得到图形 **F″**,无论是图形 **F** 或图形 **F″** 都和图形 **F′** 相等.但是,二图形都和第三图形相等时,该二图形必相等.因此图形 **F** 和图形 **F″** 相等,所以由图形 **F** 变动到图形 **F″** 是移置.

连续实行两次移置,在几何学上常叫做移置的乘法,而由于连续完成两次移置的结果而得到的移置,常叫做两次移置的积①.

我们指出,由于完成已知移置后,再实行逆移置,其结果,图形上的每个点都仍回到原来的位置.这样图形上的每个点都和它自身相对应,我们把它看做移置的一种特殊情形 —— 恒等移置.

4.在一直线上的点通过移置后,移到的点,仍旧在一直线上.某一线段上的点通过移置后,移到的点仍旧在一线段上.

这个移置的性质,由相等图形对应的性质即可推得.

从这里就可以知道,射线通过移置仍旧是射线,半平面通过移置仍旧是半平面,角、三角形、或多角形的内部通过移置,仍旧是其内部.

5.存在着这样一种移置,并且是唯一的,就是已知点 A 对应于预先给出的点 A',自点 A 所引出的已知射线 h,对应于预先给出的自点 A' 所引出的射线 h',并且,射线 h 所决定的半平面 η 对应于射线 h' 所决定的预先给出的半平面 η'(图 73).

实际上,射线 h 上的任意点 B,完全可在所要求的移置中,于射线 h' 上决定一点 B',令 $AB = A'B'$.又,半平面 η 上的任意点 C,可根据 $\triangle ABC = \triangle A'B'C$ 的条件,决定它的对应点 C'.由二相等三角形 ABC 和 $A'B'C'$ 可决定二相等图形 **F** 和 **F**′.这就是所说的移置.

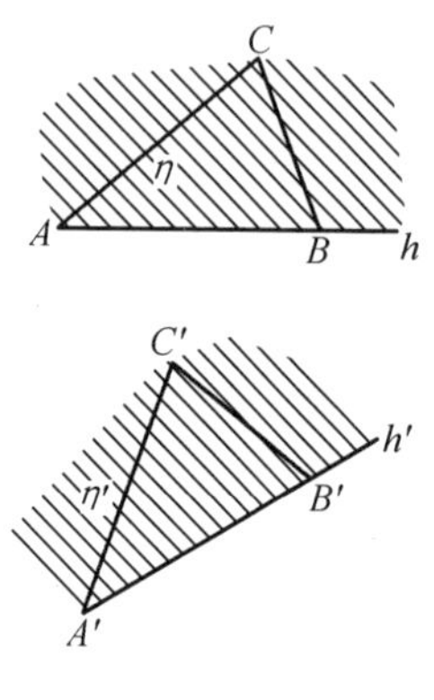

图 73

根据相等图形的性质,我们证明了性质 1 ~ 5.我们指出的中学教科书中的作法,和现在的作法恰恰相反.例如,在证明三角形的第一相等特征时,我们根据这样移动的存在,令点 A 移置到点 A',射线 AB 移置到 $A'B'$,等.于是性质5(也如同其他移置性质)在中学里当做公理使用.

对应于两种相等图形(第十九节),我们也区分出两种移置:假如图形 **F** 和 **F**′ 为本质相等,则由图形 **F** 至 **F**′ 的移置,叫做第一种移置;假如它们是镜照相等,就叫做第二种移置.二同种移置的积,是第一种移置,二不同种移置的积是第二种移置.

这里只列举移置的一般性质,现在我们转到研究个别类型的移置及对其分

① 在力学中,代替“移置的乘法”而称做“移动的加法”,代替“移置的积”而称做“移动的结果”.这种表述方法也常适用于几何学中.

类的问题.

第三十一节　直线反射

众所周知,假如联结二点 A 和 A' 而成的线段 AA' 垂直于某一直线 s,且被该直线二等分,则二点 A 和 A' 叫做关于直线 s 对称.

仿此,由所有关于某一直线为对称的点对所组成的两个图形,也叫做关于该直线对称.

这时直线 s 叫做反射轴(或对称轴).

在反射轴上的点,和它的地称点相重合.

由下列定理可以表示出来对称点的基本性质.

定理 73　假如两线段的端点,对应地关于某一直线对称,则这二线段相等.

证明　假如点 A' 和 B'(图 74 和 75) 关于直线 s 各分别与点 A 和 B 对称,直线 AA' 及 BB' 与直线 s 的交点分别为 A_0 及 B_0.

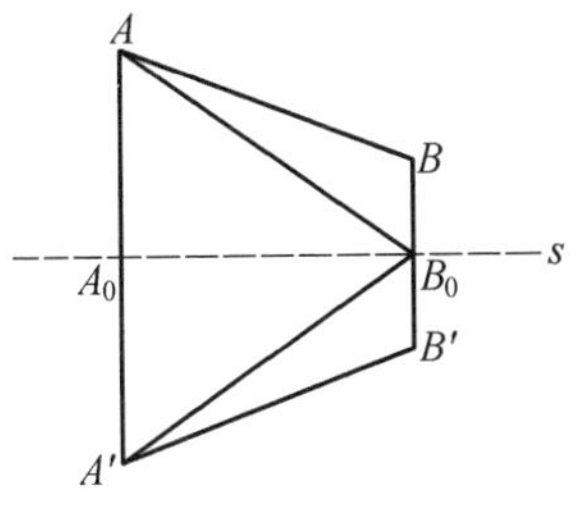

图 74

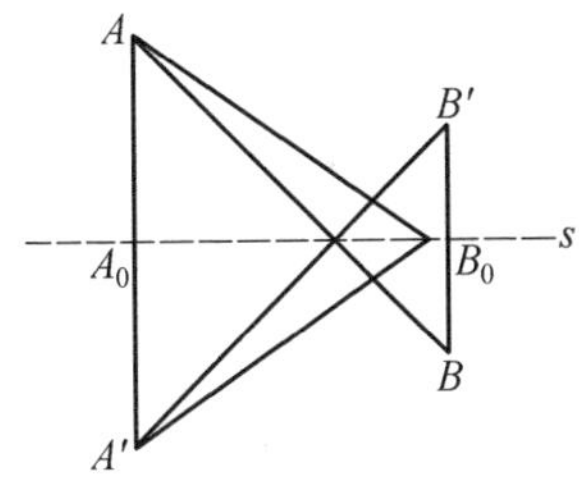

图 75

三角形 AA_0B_0 及 $A'A_0B_0$ 相等(正交边相等), 由此 $AB_0 = A'B_0$, 及 $\angle AB_0A_0 = \angle A'B_0A_0$. 所以, 对应相等之角 $\angle BB_0A_0$, $\angle AB_0A_0$ 及 $\angle B'B_0A_0$, $\angle A'B_0A_0$ 相减(图 74) 或相加(图 75) 所得的差或和 $\angle AB_0B$ 及 $\angle A'B_0B'$ 相等. 这样由第一相等特征得知三角形 AB_0B 及 $A'B_0B'$ 相等,从而推得 $AB = A'B'$.

在证明时我们不明显地假定了点 A 和 B 中任何一个也不在直线 s 上,且直线 AB 也不垂直于 s;在这些特殊场合,证明就简易化了.

系 1　关于直线对称的二圆形相等.

实际上,假如图形 **F**′ 上的点 A', B', C', … 关于已知直线和图形 **F** 上的点 A, B, C, … 对称,由上定理的证明得知: $AB = A'B'$, $AC = A'C'$, $BC = B'C'$, …

由这些等式就可以说明图形 **F** 和 **F′** 相等.

系 2 线段的对称图形是线段,直线的对称图形是直线,其他以此类推.

系 3 图形 **F** 与 **F′** 关于一直线对称,图形 **F** 上的点与图形 **F′** 上的点之间的对应是移置.

这种特殊移置叫做直线反射,或简称反射.(用下列语法表示:"镜反射","关于直线对称","轴对称"①)

系 4 关于直线对称的任意二图形,互为镜照相等(而不是本质相等).

实际上,假如 A_0 和 B_0 为反射轴上的二点,C 为已知图形上的任意点,C' 是它的对称点.与三角形 A_0B_0C 对应的是已知的反射三角形 A_0B_0C'.

因为点 C 和 C' 在直线 A_0B_0 的异侧,该二三角形有不同的方向.所以(根据定理 51)知道二对称图形上的对应三角形有异向.

于是,直线反射是第二种移置.

如同我们已经指出的,反射轴上的每个点,和它的对称点相重合.

在某种移置中,和它的对应点相重合的点,叫做该移置的重点(或不动点,

或不变点).仿此可以定义重线(或不变线):某种移置中,和它的对应直线相重合的直线叫做重线.重线上的点,一般说,将不是重点(在移置时,它们由一点转移到另一点).

现在我们可以说,在反射轴上的点是重点.

反射的重线,是反射轴及所有垂直于反射轴的直线.

我们要指出,重(或不变的)点和重线的概念,我们不只利用在移置的场合中,而且,也利用在我们以后将要研究的其他变换的场合中.

第三十二节　平移,旋转

现在研究两次反射的积.

因为反射是第二种移置(关于直线对称的二图形,镜照相等),所以两次反射的积是第一种移置.我们分两种情形来研究 —— 即二反射轴平行或相交.

定理 74 对平行轴两次反射的积是具有下列性质的移置:由每二对应点联结而成的所有线段,都相等、平行、且有同一方向.这些线段中的每一线段都等于二轴间距离的二倍.

---

① 在这里我们比较喜欢使用反射这一名词,而不使用对称这一名词.因为在相反的场合,"对称"的说法具有双重的意义 —— 它既表示某一个移置,又表示图形的某一性质.

具有所指出性质的移动叫做平移(也使用另一名词 —— 平行迁移或平行移置等).

证明 设 s' 为第一反射轴,s'' 为第二反射轴(图 76).用 $A,B,C,\cdots$ 表示已知图形上的点;用 $A',B',C',\cdots$ 分别表示关于 s' 轴它们的对称点;最后用 $A'',B'',C'',\cdots$ 分别表示点 $A',B',C',\cdots$ 关于 s'' 轴的对轴点.

如直线 AB 与二轴平行(图 76(a)),则直线 $A'B'$ 和 $A''B''$ 均与二轴平行.这时线段 AA'',BB'' 相等、平行、且有同向,因为它们是二平行直线间的平行线段.

假如直线 AB 与二轴相交,且不与轴垂直(图 76(b)),直线 AB 与 $A''B''$ 将平行,因为它们与直线 $A'B'$ 相交而成的错角相等.根据前面的道理,二线段 AA'' 和 BB'' 也是相等、平行且有同向.

最后,如直线 AB 垂直于二轴,于已知图形上取不在 AB 上的任意点 C(图 76(b)).则由上述的证明,得知 AA'' 和 CC'' 相等、平行且有同向.同理更可推知线段 CC'' 与 BB'' 具有同一性质.从这里可以知道线段 AA'' 和 BB'' 相等且平行.在这种场合中,它们有同一方向,我们认为是很显然的.

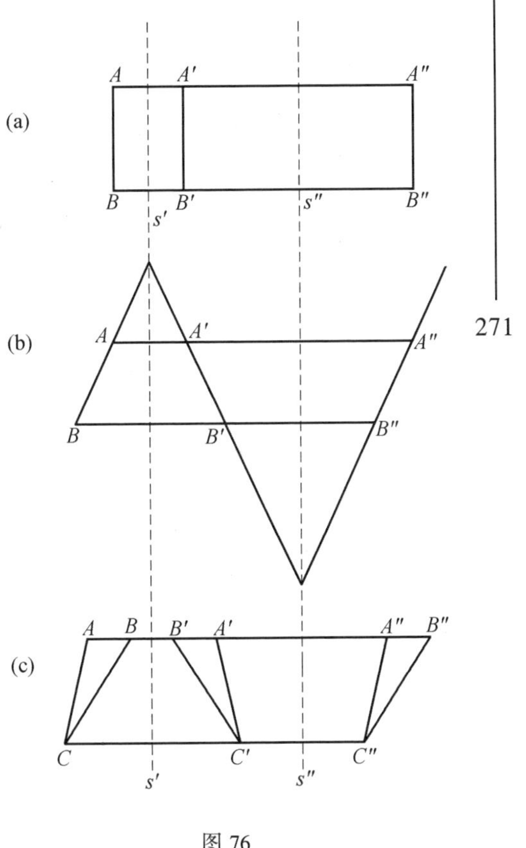

图 76

于是,联结任意两对应点而成的线段 AA'' 和 BB'' 相等、平行且有同向.

为了证明,假如在轴 s' 上取任意点 A,就充分可以说明这些相等线段中的每一个,都等于二轴间距离的二倍.点 A' 和 A 相重合,而自点 A 至 A'' 的距离等于点 A 至轴 s'' 的距离的二倍,即二轴间距离的二倍.

系 1 任意的平移可以看做两次反射的积;二反射线 s' 和 s'' 垂直于平移方向,二轴间的距离等于对应点联结而成的线段的一半;自轴 s' 向轴 s'' 的方向与平移方向一致.

系 2 平移没有重点,但有无限多条重线:这些重线便是平行于平移方向的所有直线.

平移的概念,很自然地引导到向量相等的概念,因为在互相平行且有同向的相等线段 AA'',BB'',CC'',$\cdots$ 之中,任意一个线段都可用来决定所讨论的平移.

现在我们转来确定二轴相交的情形,首先研究它们互相垂直的情形.

定理 75 关于二直交轴的两次反射的积是具有下列性质的移置:二图形上以每双对应点为端点的所有线段都有同一个中点.

具有这些性质的移置,常叫做点反射(也常使用“点对称”或“中心对称”来表示).

点 O 是二图形上各对对应点联结而成的线段 AA',BB',$\cdots$ 的共同中点,叫做反射中心(或对称中心).如点 O 是线段 AA' 的中点;二点 A 和 A' 叫做关于点 O 的对称点;由关于定点 O 对称的点对所组成的二图形,说做关于该点对称.

证明 取 s' 和 s'' 为二反射轴,O 为其交点(图 77).A 为已知图形上的任意点,A' 为关于轴 s' 点 A 的对称点,点 A'' 为关于轴 s'' 点 A' 的对称点,直线 AA' 和 $A'A''$ 与轴 s' 和 s'' 的交点分别为(对应的)B' 和 B''.显然可见,四个直角三角形 OAB',$OA'B'$,$A'OB''$ 和 $A''OB''$ 相等.由这些相等的三角形,推得

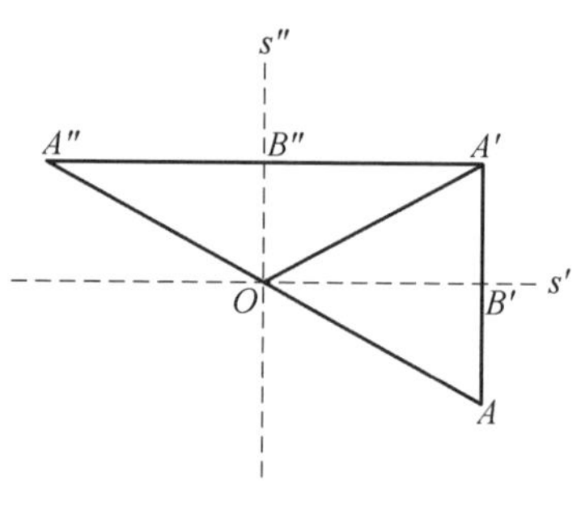

图 77

$$\angle AOB' + \angle B'OB'' + \angle B''OA'' = 2d$$

即三点 A,O,A'' 在一直线上,且 $AO = OA''$,也就是线段 AA'' 被点 O 所平分.

系 点反射有一个重点,即反射中心,及无限多条重线,即通过反射中心的所有直线.

最后,我们研究两反射轴相交成为异于直角的任意角的情形.

定理 76 对于交成异于直角的角二轴的两次反射的积是具有下列性质的移置:每对对应点自点 O 的距离相等;以每对对应点为端点的所有线段从点 O 看去所成的视角都相等且有同向.

点 O 为二轴的交点.自点 O 看每对对应点联结而成的线段所得的视角为 φ.φ 等于二轴 s' 和 s'' 间的角的二倍,并且与它有同向.

具有上述性质的移动,叫做旋转(或回转);点 O 叫做旋转中心;角 φ 叫做旋转角.

证明 取 s' 为第一反射轴,s'' 为第二反射轴,O 为二轴的交点(图 78).点 A 和 B 为已知图形上两个任意点,但和点 O 不在同一直线上,关于轴 s' 它们的

对称点为 A' 和 B'；关于轴 s'' 点 A' 和 B' 的对称点为 A'' 和 B''. 由直线反射的性质，知道三角形 OAB，$OA'B'$，$OA''B''$ 相等. 又，三角形 $\overline{OAB}$ 和 $\overline{OA'B'}$，同样 $\overline{OA'B'}$ 和 $\overline{OA''B''}$ 有异向(定理 73 系 4)，所以三角形 $\overline{OAB}$ 和 $\overline{OA''B''}$ 将有同向. 这时 $\angle\ \overline{AOB}$ 和 $\angle\ \overline{A''OB''}$ 相等且有同向.

假如射线 OB 和 OA'' 相重，那么这就表示两角 $\angle AOA''$ 和 $\angle BOB''$ 相等且有同向.

假如射线 OB 和 OA'' 不相重，于 $\angle AOB$ 和 $\angle A''OB''$ 各加上同一角 $\angle BOA'$ 时(图 78(a))，或者，由于点的位置的不同而减去同一角(图 78(b))，我们就得到相等且同向的角 $\angle AOA''$ 和 $\angle BOB''$.

为了证明，假如我们在轴 s' 上取任意点 A，就充分地可以说明，该等角中的每一个等于二轴 s' 和 s'' 所夹锐角的二倍，并且与它有同向. 点 A' 和点 A 相重，而 $\angle AOA''$ 显然，将有上述的量.

系 1 任意的旋转，可以看做两次反射的积，二反射轴 s' 和 s'' 通过旋转中心. 二轴间的(取自 s' 至 s'' 的向)夹角等于旋转角的一半，且与它有同向.

系 2 旋转角为平角时的点反射可以看做旋转的特殊情形. 这时轴 s' 和 s'' 互相垂直.

系 3 旋转只有一个重点 —— 旋转中心.

系 4 不是点反射的旋转无重线.

实际上，假如直线 AB 是重线时，则它将和直线 $A''B''$ 相重合，所以它将关于直线 s' 与 $A'B'$ 对称，也将关于直线 s'' 与 $A'B'$ 对称. 直线 s' 和 s'' 与二直线 AB 和 $A'B'$ 之间的角的两个二等分线相重合，因此直线 s' 和 s'' 互相垂直. 但这是不可能的，因为已知的旋转不是点反射.

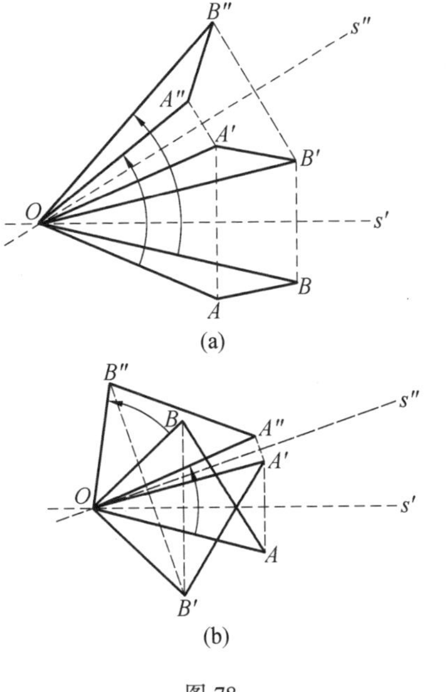

图 78

我们还须注意到下面重要的情形. 由定理 74 和 76 导出，对两个轴连续完成反射的结果，一般说来是依照施行两次反射的顺序. 例如，假设在定理 74 和 76 先对轴 s''、再对轴 s' 施行反射，那么平移的方向或旋转角的方向变成相反的方向. 对二直交轴反射的积是例外的(定理 75)，此处，结果和施行两次反射的顺序没有关系.

两次反射,一般的两个变换,假如连续施行两次变换的结果(二变换的积)与施行两次变换的顺序没有关系,便说它是可置换的.

利用这个名词,我们可以用下列方法叙述这一指出的反射性质.

定理 77 当二反射轴不互相垂直时,则两次反射不是可置换的.

第三十三节 移置的分类

由已研究的个别特殊类型的移置(反射、平移、旋转),我们现在转来研究任意种类的移置及其分类.下列定理将作为研究移置的基础.

定理 78 每个移置都可以看做不多于三次反射的积.

证明 将图形 **F** 上不共线的三点 A,B,C 移置到图形 **F′** 上的点 A',B',C'(图 79).

我们用 s_1 表示垂直于 AA' 且通过它的中点的直线.图形 **F** 上的点 A,B,C 关于 s_1 反射后成为一新图形 $\mathbf{F}_1$ 上的 A',B_1,C_1.(若点 A 与 A' 重合,则没有必要来研究对直线 s_1 的反射而可以取图形 **F** 代替 $\mathbf{F}_1$)

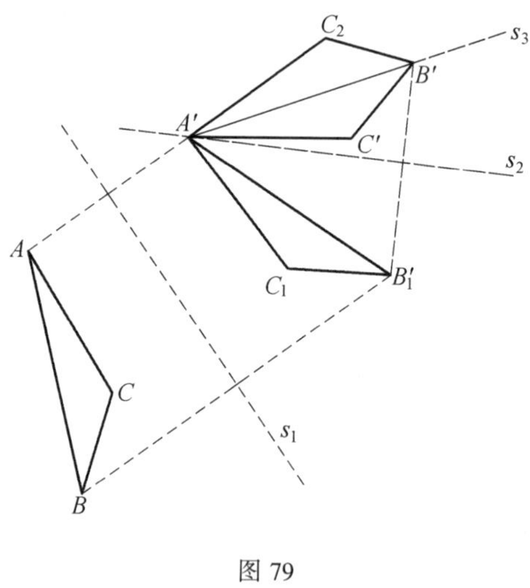

图 79

如 s_2 为垂直于 B_1B' 且通过其中点的直线.因为 $A'B_1=AB=A'B'$,故点 A' 在直线 s_2 上.图形 $\mathbf{F}_1$ 上的点 A',B_1,C_1 关于直线 s_2 反射后成为某一新图形 $\mathbf{F}_2$ 上的点 A',B',C_2.(若点 B_1 与 B' 重合,则对 s_2 的反射没有必要来研究,可以取 $\mathbf{F}_1$ 代替 $\mathbf{F}_2$)

最后,我们用 s_3 表示垂直于 $C'C_2$ 且通过它的中点的直线.因为 $A'C_2=A'C_1=AC=A'C'$ 和 $B'C_2=B_1C_1=BC=B'C'$,则点 A',B' 皆在 s_3 上.将图形 $\mathbf{F}_2$ 上的点 A',B',C_2 关于 s_3 反射后成为图形 $\mathbf{F}_3$ 上的点 A',B',C'.(若点 C_2 与 C' 重合,则没有必要来研究对 s_3 的反射,可以取 $\mathbf{F}_2$ 代替 $\mathbf{F}_3$)

由上述推得,图形 **F** 上的点 A,B,C 关于直线 s_1,s_2 及 s_3 三次反射(在上述的特殊情况下,为三个中的某几个反射)后的位置为某一与图形 **F** 相等的新图形 $\mathbf{F}_3$ 上的点 A',B',C'.此图形 $\mathbf{F}_3$ 与图形 $\mathbf{F}'$ 相重合(定理 49 系 2).因为图形 $\mathbf{F}_3$ 上的三点 A',B',C' 与图形 $\mathbf{F}'$ 上的点都对应地重合.

所以已知的移置是对直线 s_1,s_2 及 s_3(或在特殊情况下,有三个中的某几个反射)的三次反射之积.

系　每个异于同一的第一种移置,可以看做两次反射的积.

事实上,因为对直线的反射是第二种移置,所以第一种移置只能是偶数次反射的积.根据已证的定理,其反射次数等于二.

在第三十二节里已经表明,两次反射的积是旋转或平移.所以,定理 78 所叙述的系,现在可以用下列定理的形式说出.

定理 79　每个第一种移置是平移或旋转.

换言之,每两个本质相等的图形可借助于平移或旋转而得到另一图形.

平移与旋转是容易区别的两种情形.在平移的情形下,二图形上两个任意对应线段皆平行且有同向.在旋转时就没有这种性质.

假如二本质相等的图形之一为由其他经过旋转而得到,则产生了求旋转中心的问题.

作图题 18　试求二本质相等图形的旋转中心.

旋转中心 O 距二图形上的对应点 A,A'(B,B')有等距离,所以它在线段 AA' 的垂直平分线 a 上,同理它也在 BB' 的垂直平分线 b 上.因此二直线 a,b 的交点,便是所求的旋转中心(图 80).

如二直线 a,b 相重,则旋转中心不定(图 81).但在这种情形下,显然,旋转中心是直线 AB 及 $A'B'$ 的交点.

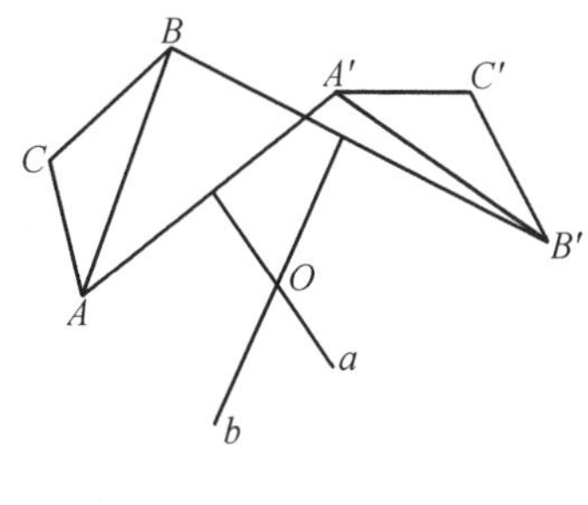

图 80

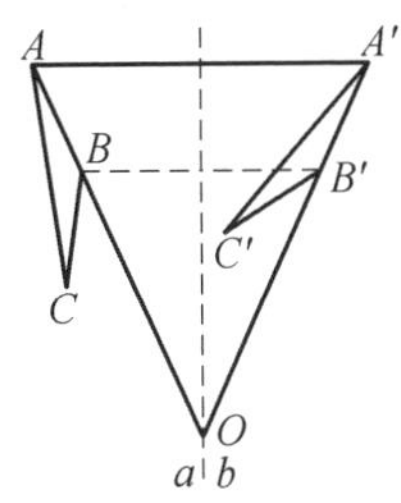

图 81

如二直线 a,b 平行,已给移置易知其为平移,旋转中心不存在.

现在我们转来研究第二种移置.

由定理 78 得知,任意的第二种移置,都可以看做反射,或三次反射的积.我们比较详细地研究第二种可能性,为此证明以下定理.

定理 80 每个异于反射的第二种移置,是平移与反射的乘积,其轴平行于平移方向.

这种移动常叫做平移反射①;定理中所说的反射轴,叫做平移反射轴.

证明 设图形 **F** 上的点 A,B 由第二种移置变到图形 **F**′ 上的点 A',B' 的位置(图 82).若线段 AA' 的中点为 A_1,过 A_1 引直线 s_1 平行于二有向直线 AB 及 $A'B'$②间之角的平分线 MN.(如线段 AB 和 $A'B'$ 平行且有同向时,s_1 可以是它们的平行线.如果该二线段有异向,s_1 将和它们垂直)

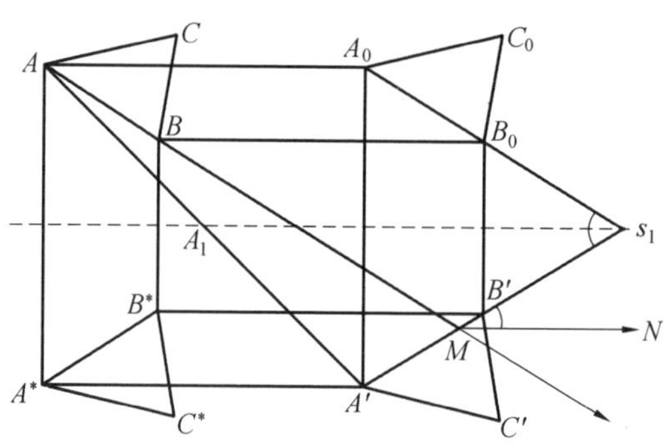

图 82

如图形 **F**′ 上的点 A',B',C',… 对直线 s_1 反射后,其新位置为与图形 **F** 本质相等的新图形 $\mathbf{F}_0$ 上的点 A_0,B_0,C_0,….如此线段 A_0B_0 及 AB(由于轴 s_1 方向的选择)将平行且有同一方向.所以图形 $\mathbf{F}_0$ 将为由图形 **F** 借助于平移而得的图形.因为 $AA_1 = A_1A'$,故 A 及 A' 距直线 s_1 有等距离.所以点 A 及 A_0 距直线 s_1 也有等距离.因此平移方向 AA_0 平行于直线 s_1.

由此,图形 $\mathbf{F}_0$ 是由图形 **F** 借助于平移而得,而图形 **F**′ 是由图形 $\mathbf{F}_0$ 对直线 s_1 的反射而得,直线 s_1 平行于平移方向.

系 1 平移反射无重点,只有一条重线,即平移反射轴.

系 2 平移后,再对平行于平移方向的轴施行反射,便组成可置换的平移反射.

实际上,首先施行反射得图形 $\mathbf{F}^*$(A^*,B^*,…)(图 82),然后从它借助于平

① 这个名词,在几何结昌学里也被采用.скользящие отражение 译作平移反射,比较通俗易解——译者.

② 当二直线交成四个角时,角的二等分线有两条(定理 21).二有向直线相交而成之角,显然只有一条二等分线.

移而得图形 **F**′.

注 因为每个平移,可以是两次反射的积(定理 74 系 1).那么我们将第二种移置分析成为平移和反射,这样所得,在形式上和三次反射的积(定理 78)具有同等效力.这时最初二次反射的二轴都垂直于反射第三轴.

最后,我们可得到下列的移置分类:

Ⅰ.第一种移置:

a) 旋转(2);

b) 平移(2);

c) 恒等移置(0).

Ⅱ.第二种移置:

a) 平移反射(3);

b) 反射(1).

括弧内的数字,是要得到那种移置所需要的最少的反射次数.数字逐次倍增,仍可获得那种移置.

第三十四节 移置在作图题中的应用

在前节已经研究过的所有的各种移置如:反射、平移、旋转及平移反射,都可利用来解作图题.不同种类的移置利用到不同“方法”的作图题上.如利用反射时便得对称法(关于直线的对称),利用平移时便得平行移动法,利用旋转时便得旋转法.

我们举了上述所有的各种移置应用到个别问题①上的例子.在每个例子里用括弧指出所采用移置的种类.

例 1 已知一直线 s 及在其两侧的二点 A 和 B.试于直线 s 上求出一点 M,使直线 s 为 $\angle AMB$ 的二等分线(反射).

解 假如直线 s 为 $\angle AMB$ 的二等分线,则点 A 的对称点(关于直线 s)A' 必在直线 s 的他侧(与点 B 在 s 的同侧).显然它在直线 MB 上(图 83).

如果可以得到这样的作图:我们先求出关于直线 s 点 A 的对称点 A';直线 $A'B$ 与直线 s 的交点 M,即为所求.

若点 A 与 B 距 s 有等距离,而不关于 s 对称,则本题无解.若点 A 与 B 关于 s 对称,则本题有无限多个解.在所有其他情况下,本题有唯一的解.

① 更详细的问题参考亚历山大洛夫(Александров)的著作.

例 2 已知二底边及二对角线,求作梯形(平移).

解 假如 $ABCD$ 为所求梯形(图 84).将其对角线 BD 平行移置至 CE 的位置.而移置的距离与方向由线段 BC 确定.如此三角形 ACE 的三边中,底边 AE 为已知二底边之和,另二边为已知的二对角线.

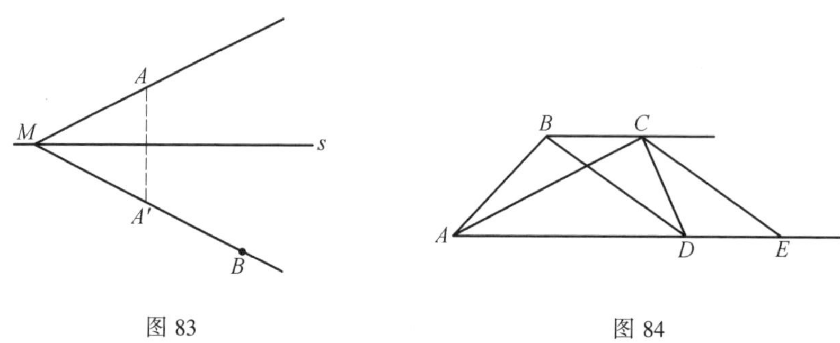

图 83　　图 84

如此可得到这样的作图:我们作一个以已知梯形二底之和及一对对角线为三边的三角形 ACE.在此三角形的底边上,从点 E 取 ED 令其等于梯形的小底边.然后取线段 CB 令其与线段 ED 相等,平行且有同向,则 $ABCD$ 即为所求的梯形.

如果能够作出以所求梯形的二对角线及二底边之和为三边的三角形,则本题有解,且只有一解.

同样可解更加简单的作图题:作一已知四边的梯形,留给读者自习.

例 3 已知二边及第三边上的中线,求作三角形(对点的反射).

解 如三角形 ABC(图 85)为所求三角形.二边 AB,AC 和第三边 BC 上的中线 AD 为已知.今取一点 E,使关于点 D 它是点 A 的对称点.则可作三角形 ECD,它关于点 D 是三角形 ABD 的对称三角形.因为 $EC = AB$,所以三角形 ACE 的三边为已知.

由此可得如下的作图:以所求三角形的二已知边及已知中线长的二倍作一三角形 ACE.求 AE 边的中点 D.再求关于点 D,点 C 的对称点 B,则三角形 ABC 即为所求.

如果以所求三角形的二已知边及第三边上中线的二倍为三边而作三角形 ACE 为可能,则本题有解,且只有一解.

例 4 已知点 O 为等边三角形一顶点,而其他二顶点分别在二已知直线 a 及 b 上,求作一等边三角形(旋转).

解 如三角形 $OA'B'$(或 $OA''B''$)为所求三角形(图 86).若线段 OA' 与直线

a 同时绕 O 旋转 $\frac{2}{3}d$，则点 A' 与 B' 相重合，直线 a 将落到某一新的位置 a'. 如此能求出直线 a' 时，顶点 B' 即可求得. 但直线 a' 可利用直线 a 围绕点 O 回转 $\frac{2}{3}d$ 而求得.

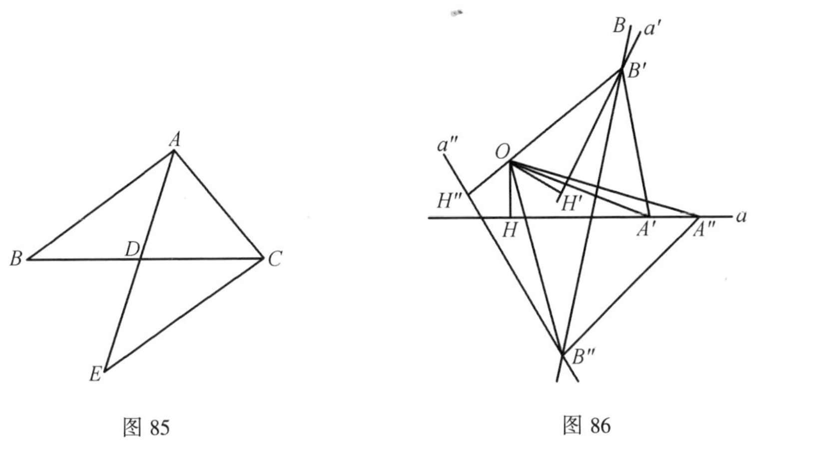

图 85　　图 86

于是可得如下的作图：自点 O 向直线 a 作垂线 OH. 再作点 H'，使 $\angle HOH' = \frac{2}{3}d$，且 $OH = OH'$，并在点 H' 作垂直于 OH' 的直线 a'，则直线 a' 与直线 b 的交点即决定了顶点 B'.

因为角 $\frac{2}{3}d$ 可以取于线段 OH 的两个相反的方向(直线 a 可以围绕点 O 向两个反方向旋转 $\frac{2}{3}d$)，则还可得出与线段 OH' 和直线 a' 相类似的线段 OH'' 和直线 a''.

如直线 a' 及 a'' 都与直线 b 相交，则本题可有二解(三角形 $OA'B'$ 及 $OA''B''$，图 86)，如此二直线之一与直线 b 平行时，本题有一解，二直线之一与直线 b 相重时，本题有无限个解.

例 5　已知线段 XY(图 87)及其同侧的二已知点 A 及 B. 试于直线 XY 上求二点 M 和 N，令线段 MN 等于已知线段 XY，且与之同向，且使折线 $AMNB$ 的长为最小(平移反射).

解　我们考察某一个折线 $AMNB$，其中两点 M 及 N 在直线 XY 上，而 MN 与线段 XY 相等且同向.

先将点 A 平行移动至 A'，移置的量与方向都由线段 MN(或 XY)确定. 再求关于直线 XY 与 A' 为对称的点 A''，显然点 A'' 是 A 借助于平移反射而得到的.

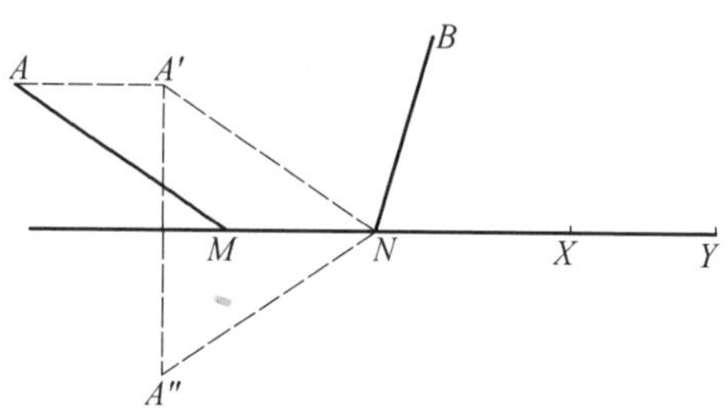

图 87

这时,得

$$AMNB = AM + MN + NB = AM + NB + MN = A'N + NB + XY = A''N + BN + XY = A''NB + XY$$

欲使折线 $AMNB$ 为最小时,使 $A''NB$ 为一直线即可.

于是可得这样的作图:利用平移反射,求出点 A'',如所指出的,我们将它和点 B 联结. $A''B$ 和已知直线 XY 的交点就确定了所求点 N 的位置.

本题作图永有解,且只有一解.

第三十五节　移置的乘法

在前节我们已经研究了某些移置乘法的情形.如在第三十二节研究了任意两次反射的积,在第三十三节研究了直线反射后再沿着这直线施行平移的积(平移反射).在本节我们要研究移置乘法的另外某些重要的情形.

定理 81　二平移的积,仍是平移,这个平移与因子移置的顺序没有关系.

证明　设 A 及 B 是已知图形上的任意两点(图 88).再设两点 A' 及 B' 为两点 A 及 B 通过第一次平移后的位置.而点 A'' 及 B'' 为点 A' 及 B' 通过第二次平移后的位置.

因为线段 AA' 及 BB' 相等、平行且有同向,而线段 $A'A''$ 及 $B'B''$ 也有同样的性质,所以由相等三角形 $AA'A''$ 及 $BB'B''$ 知道线段 AA'' 及 BB'' 相等且平行.因为线段 AA' 及 BB',同样 $A'A''$ 及 $B'B''$ 相等、平行且有同向,所以直线 AB, $A'B'$ 及 $A''B''$(图上没有表示)平行.所以点 A'' 及 B'' 在直线 AB 的同侧.这就说明了线段 AA'' 及 BB'' 有同向.

于是,线段 AA'' 及 BB'' 相等、平行且有同向.这也说明了二平移的积是平移.

由平行四边形的性质,显然可以得知,由于完成给定的平移,其所得的结果和平移的顺序没有关系.假如线段 AA_0 及 $A'A''$(图 89)相等、平行且有同向,则线段 AA' 及 A_0A'' 也有同样的性质.因此如果对于点 A 施行二次平移,此二平移中,其一是由线段 AA' 或 A_0A'' 确定,同样地其他是由线段 AA_0 或 $A'A''$ 确定,这样由于施行这些平移,无论其顺序如何,我们得到同一点 A''.

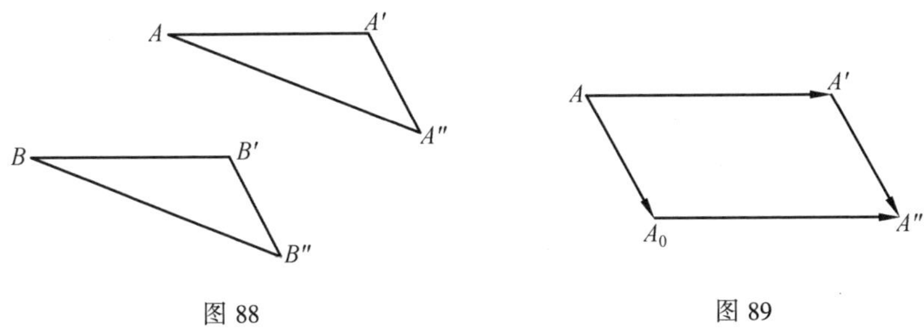

图 88　　图 89

我们要指出的是:平移的乘法运算很自然地引导到向量加法的概念.

定理 82　如旋转角的绝对量相等,而其方向相反,这时围绕二不同中心的两次旋转的积是平移,在所有其他情形是旋转.

证明　设 A 及 B 为二已知旋转中心(图 90 和 91),φ 及 ψ 为旋转角.第一次旋转可表示为对二轴 s 及 s' 反射的积,第二轴与直线 AB 重合(定理 76 系 1).同样,第二次旋转可表示为对轴 s' 及 s'' 反射的积,其第一轴与直线 AB 重合.因此 s 与 s' 之间的角和 s' 与 s'' 之间的角分别等于 $\frac{1}{2}\varphi$ 和 $\frac{1}{2}\psi$.

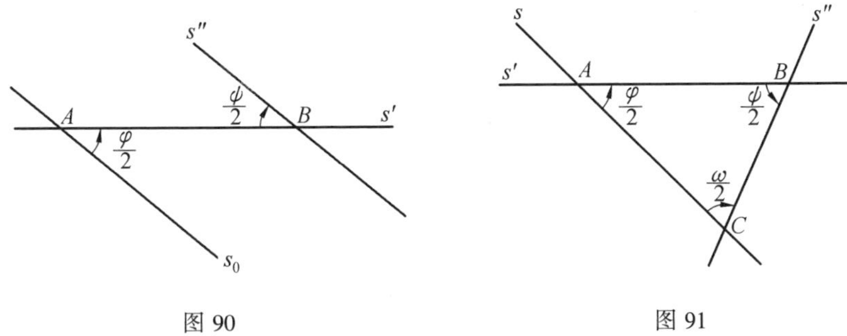

图 90　　图 91

已给旋转的积将是对轴 s,s',s' 及 s'' 四次反射的积;换句话说,它将是对轴 s 及 s'' 两次反射的积,因为对同一轴两次反射的积是恒等的.

假如角 φ 和 ψ 绝对值相等而有异向(图 90),则轴 s 及 s'' 将平行,所以我们可以得到平移.

在其他情形,轴 s 及 s'' 将相交,我们将得到以其交点 C 为中心的旋转.轴 s

与 s'' 之间的角,将等于旋转结果的角的一半,即$\frac{1}{2}\omega$(图 91).

我们要注意,所进行的证明直接给出了下列问题的解法.

作图题 18a　已知二旋转中心 A 和 B 及与之对应的旋转角 φ 和 ψ. 试求其旋转结果的旋转中心 C 和旋转角 ω.

还应该强调的是点 C 的位置与施行已知旋转的顺序有关. 读者可先围绕 B 施行旋转,再围绕 A 施行旋转,如此求得一旋转中心 C'.

第三十六节　对称

至此,我们研究了将已知图形变换到另一图形的移置. 并且在几何学中,已知图形变换后仍为其本身的那些移动起着重要的作用.

每个图形都可以看做一个这样的移置,即恒等移置,但关于这种移置的研究是没有益处的. 假如任意图形在异于恒等的某种移置中转归为其本身,那就说,这个图形具有对称性;图形变换后仍为其本身的移置叫做图形的对称变换.

设已知图形位于平面的有限部分,例如某一个圆周内部(如果没有相反的说明,我们将仅仅研究这样的图形). 在这种情况下这个图形不能有平移或平移反射的对称变换. 事实上,在施行若干次这样的变换时,我们得到了点列 $A, A_1, A_2, \cdots, A_n, \cdots$(图 92 和 93). 我们的直观概念表明,这时线段 AA_n 无限地增加①. 但是这与图形的有限性相矛盾.

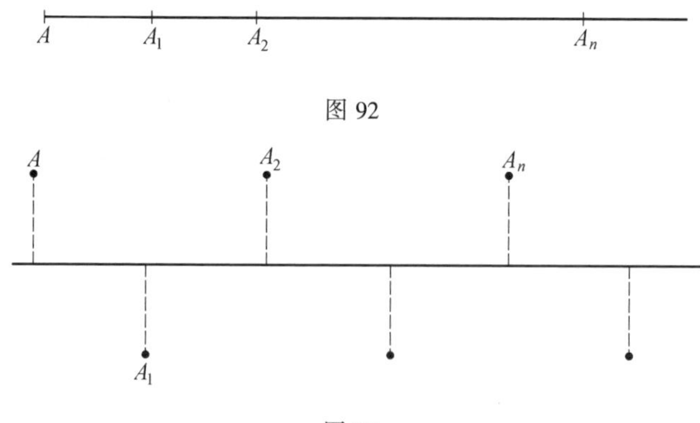

图 92

图 93

于是被限制的图形只能有下列的对称变换:直线反射、点反射、旋转. 我们

① 对这最后断语更严密的证明,需要引用一个新的公理 —— 阿基米德公理(参考第四十四节公理 8).

在这里要研究某些可能的情形.

a) 图形可以容许对某一直线 s 的反射. 这样的直线叫做图形的对称轴,而图形叫做轴对称图形. 这时说图形具有对称轴. 具有这种对称的图形的例子,是普遍知道的(图 94).

b) 图形可以容许对某一点 O 的反射. 这样的点 O 叫做图形的对称中心,而图形叫做点对称图形. 这时说图形有对称中心. 图 95 所表示的图形就是这样图形的例子.

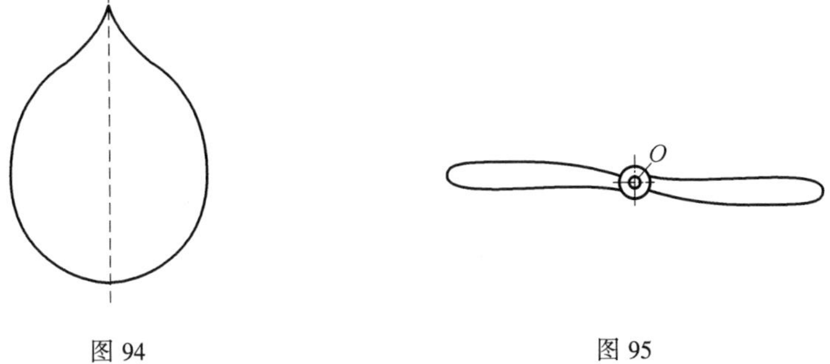

图 94　　　　图 95

c) 图形可以容许围绕某一点 O 的旋转. 现在只研究当最小可能的旋转角等于 $\angle\varphi=\frac{4d}{n}$ 时的情形,其中自然数[①] $n\geqslant 2$. 这时,图形容许旋转(或向另一方向旋转)的角是 $\angle\varphi_k=\frac{4dk}{n}$,其中 $k=0,1,\cdots,n-1$. 在这情形,点 O 可以叫做 n 次旋转中心. 因此也可以说图形具有 n 次旋转的对称.

偶数次的旋转中心,同时也是对称中心. 奇数次的旋转中心不是对称中心.

图 96($n=5$) 和图 97($n=6$) 所表示的图形,就是具有旋转对称的图形的例子.

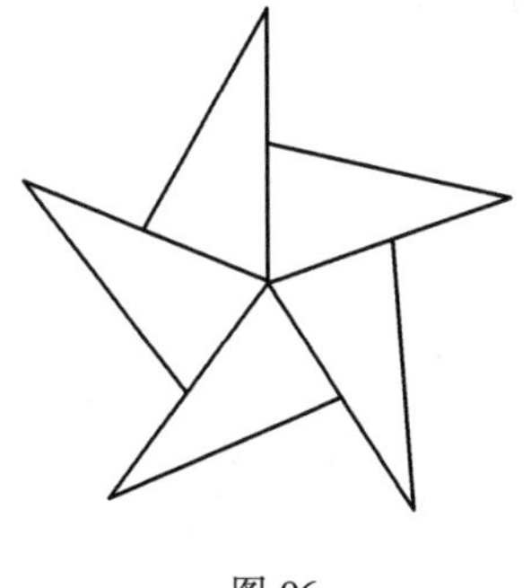

图 96

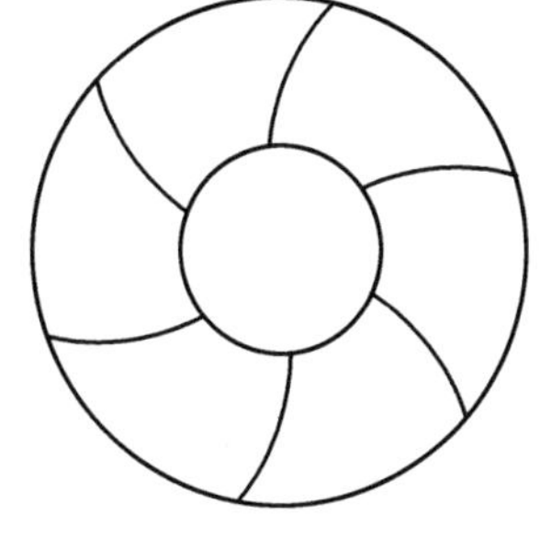

图 97

① 当 n 为任意数时,有这样大小的角存在,我们认为是显然的.

$n\geqslant 2$ 次的旋转对称,用记号 C_n 表示.这样一来对于 C_1("一次旋转中心"最小的"旋转角"等于 $4d$)自然可能理解已知图形不存在任何的对称.

对称轴、对称中心和旋转中心,统称为对称元素.以前我们所研究的图形只是有一个对称元素的情形,现在我们要研究图形有若干个对称元素时的情形之一.

d) 设图形有通过一点 O 的有限个对称轴.现在我们只限于研究二对称轴间最小锐角等于 $\angle\psi=\frac{2d}{n}$,其中 n 为自然数时的情形.设 s_1 及 s_2 为二对称轴,其间之角为 ψ.用 s_3 表示关于轴 s_2 与 s_1 为对称的直线(图 98).

对轴 s_2,对轴 s_1,且再对轴 s_2 的三次反射的积,仍然是已知图形的对称变换.这个积可以是反射或平移反射.但直线 s_3 上的每一点 A,通过这三次反射的结果,仍为其本身(对轴 s_2 反射后 A 变换到轴 s_1 上的点 A',再对轴 s_1 反射,点 A' 仍留原位,最后对轴 s_2 反射,点 A' 重返到点A).所以,所考察的积是对直线 s_2 的反射.

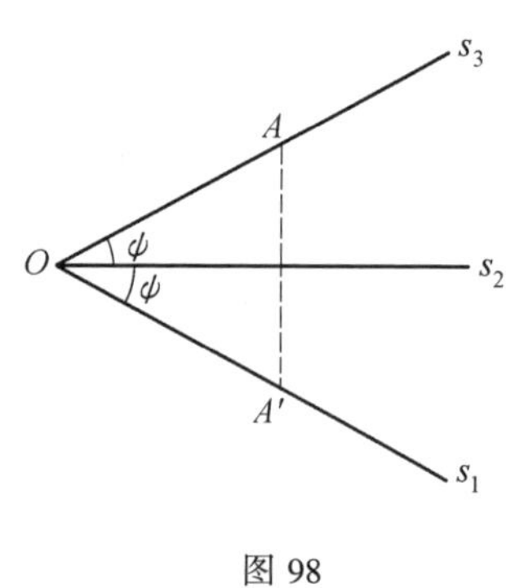

图 98

于是,假如直线 s_1 和 s_2 是图形的对称轴,那么直线 s_3 也将是那图形的对称轴.所以所研究的图形具有通过一点 O 且构成其间夹角$\frac{2d}{n}$ 的 n 个对称轴.因为对轴 s_1 及 s_2 两次反射的积是转角$\frac{4d}{n}$ 的旋转,则点 Q 将是 n 次旋转中心.

有旋转中心 O,其旋转次数 $n\geqslant 2$,且有通过 O 的 n 个对称轴的对称图形,所以用记号 C'_n 表示.所以 C'("有一次旋转中心"和一个对称轴)显然它表示只有一个对称轴的对称图形.

凸的或星形的正 n 角形可以作为具有对称 C'_n 图形的例子.

这时,在 n 为偶数及奇数两种情形之间有重要的差别.当 n 为偶数时,对称轴的半数是通过多角形中心的对角线,对称轴的另一半是联结对边中点的直线(图 99,$n=6$).当 n 为奇数时,每个对称轴联结一顶点及其对边中点(图 100,$n=5$).

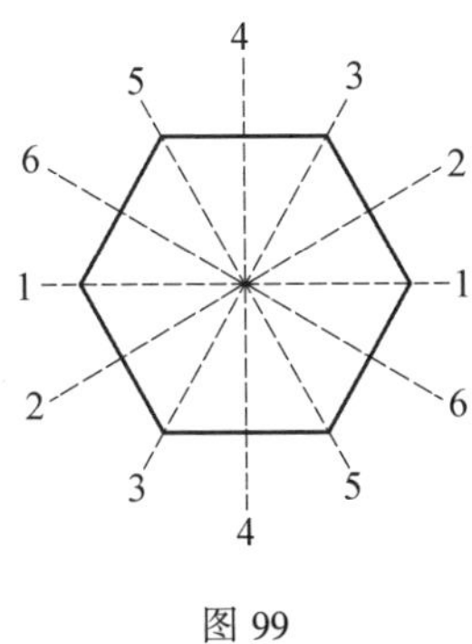

图 99

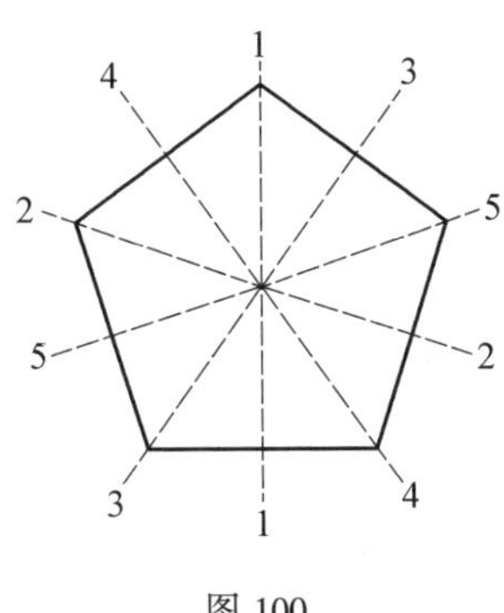

图 100

我们再谈到圆周的对称情形.圆周的每个直径都是它的对称轴.圆周围绕其中心,旋转任意角度,仍为其本身.从这一点看来可知,圆周的对称,自然可以用记号 C'_∞ 来表示.

注意:可以证明所有由有限个点所组成图形的对称的特点是记号 C_n 或 C'_n 中之一.因此在本节标题 a) ~ d) 中事实上写出了所有这样的图形对称的一般形式.

由无限多的点所构成的图形,即使是有界的和无界的(即引申到无限远处),都可能有另外的对称形式①.

第三十七节　三角形及四角形的对称

我们将前节所研究的概念应用到三角形和四角形.

因为三角形的边,一般说来,是互不相等的,所以任意三角形没有任何对称元素(换句话说,具有对称 C_1).

为了使三角形有对称元素,至少它要有两个等边.而实际上,等腰三角形有通过其顶点的对称轴.这个命题可用一个熟知的定理来表述:在等腰三角形中在顶点的角的二等分线,同时也是它的中线和高.

假如等腰三角形的底边不等于其腰,那么,这个三角形没有另外的对称元素(对称 C'_1).

假如三角形是等边三角形,显然它有三个对称轴和三次旋转中心(对称 C'_3).

① 关于对称及其应用的详细的研究(即使缺少必要的证明)在苏卜尼克夫(Шубников)的著作中可以找到.

再转到凸四角形对称的研究.

如同三角形的情形,我们相信,任意四角形(图 101(a))完全没有任何对称元素(换句话说,具有对称 C_1).

现在设某一个四角形有对称轴.因为不在对称轴上的顶点应当关于该轴成对地对称.所以可能有两种情形.对称轴可与四角形的一条对角线重合(图 101(b));这样的四角形常叫做偏菱形(图 65(a)).假如对称轴不通过其他任何顶点,就必须过其他二边的中点,得等腰梯形(图 101(c)).又如四角形有对称中心,则其顶点必两两关于中心为对称,这样就得出平行四边形(图 101(d)).

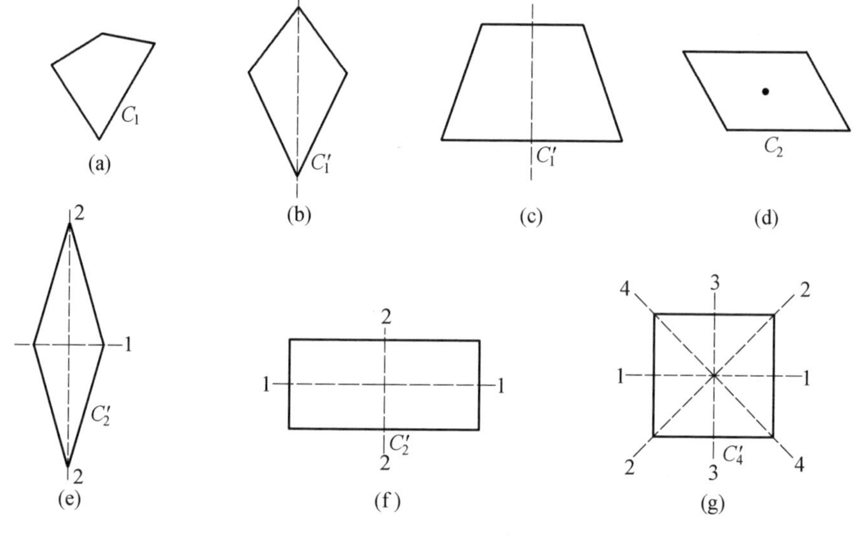

图 101

现在我们来考察四角形除有对称中心外还有两个对称轴的情形.这两个对称轴可与对角线相重,或通过其对边的中点.这时就得到菱形(图 101(e))或矩形(图 101(f)).

最后,四角形可以有四次旋转中心和四个对称轴.这时,四角形将是正方形(图 101(g)).

我们可以说,任何另外的情形一般是不可能的.

于是,按照对称情形,获得下列四角形的分类:

1) 对称 C_1(没有对称元素):

图 101(a) 任意形状的四角形.

2) 对称 C'_1(一个对称轴):

图 101(b) 偏菱形;

图 101(c) 等腰梯形.

3) 对称 C_2(对称中心):

图 101(d) 平行四边形.

4) 对称 C'_2(对称中心,两个对称轴):

图 101(e) 菱形;

图 101(f) 矩形.

5) 对称 C'_4(四次旋转中心,四个对称轴):

图 101(g) 正方形.

希望读者以同样的方法进行研究凹四角形的对称(其结果如图 102).在这里特殊形状的四角形中,如图 102(e) 所表示的带有一个对称轴的四角形有重要的意义.在研究等梯腰形的腰和对角线时,可以得到它.因为这个四角形的对边都两两相等(如同平行四边形),将它叫做逆平行四边形.

逆平行四边形的命名,是因为这个四边形的每对对边关于其他二边为逆平行(第二十六节).

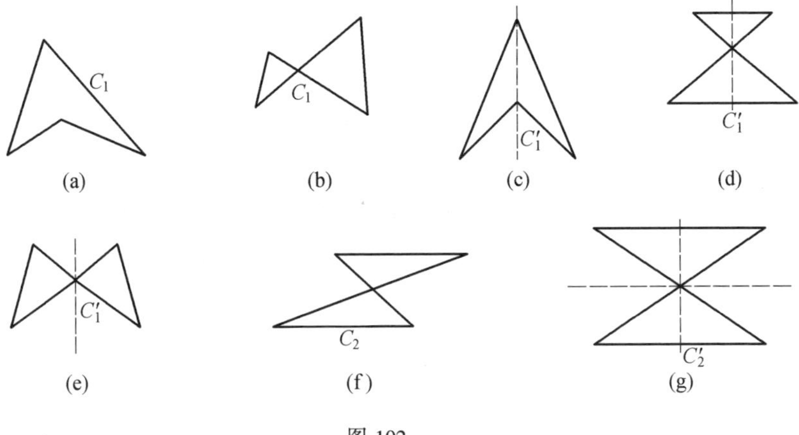

图 102

第十五章 关于线段比例的几何的研究

第三十八节 引言

在本编前四章里研究了和线段相等有关的问题.现在我们转到关于线段比例的研究上.关于线段比例的研究在中学教科书中遵循勒让德①的观念,所讲述的,带有算术的性质;线段的比例归结为表示线段长度的数的比例.这个传统的论述,因此,就需要预先知道无理数及一般实数的理论,和线段长度的概念.

但是本书的读者无疑地知道与实数理论②的严密构造有关系的那些困难.如在以后的论述里,线段测度的理论和线段长度的概念,按其本质来说,都表现了比较线段比例的研究更加复杂.

在上述情形下,自然地,我们可以不用线段长度的概念和实数的理论来叙述关于线段比例的研究.在本章里我们将用纯几何的理论来说明线段的比例关系③.

第三十九节 线段比例的定义及其性质

在纯粹几何学里,我们要用下列的方法来定义线段比例.

假设给了(依一定的次序)四条已知线段:a,a',b,b';从直角$\angle XOY$的顶点量起于边OX上取置前二线段a及a',从同一点量起于另一边OY上取置后二线段b及b',$OA=a$,$OA'=a'$,$OB=b$,$OB'=b'$(图103).这样假如直线AB和$A'B'$平行(或彼此重合),则我们说"线段a比a'等于线段b比b'"或"线段a,

① 勒让德(Adrien Marie Legendre,1752—1833)是法国著名数学家,曾经出版过很多的分析学和数论著作.在1794年他的《初等几何教科书》(Eléments de geométrie)问世.这本书连续出版了好多次,并译成其他各种文字(俄译本也有),它也给以后的几何教科书以很大的影响.

② 关于构成实数理论的各种方法参考阿尔诺利塔(И.В.Арнольд)的著作.

③ 这里所叙述的是属于舒尔(Шуру,(F.Schur))的理论.关于比例关系的几何研究另外一种方法的叙述,可于希尔伯特(Гильберт)和什万(Шван)的著作中读到.

a', b, b' 成比例".通常用下列的"比例式"表示①

$$a : a' = b : b'$$

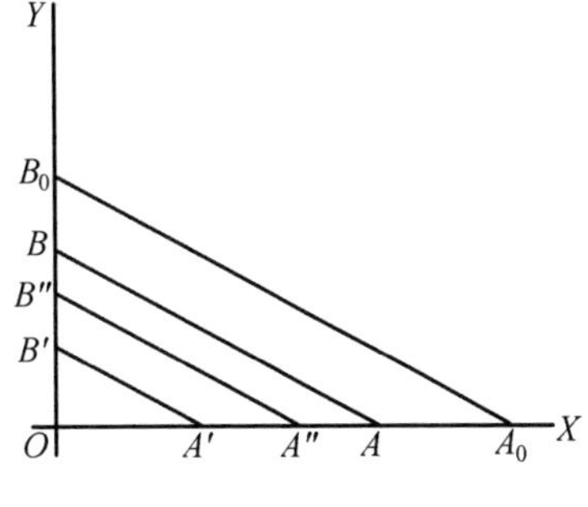

图 103

由这个定义得出了一系列推论,作为特殊的定理来叙述.

定理 83 比例线段具有下列性质:

a) 若 $a : a' = b : b'$,则 $a' : a = b' : b$, $b : b' = a : a'$, $b' : b = a' : a$.

b) 若 $a = b$ 且 $a' = b'$,则 $a : a' = b : b'$.

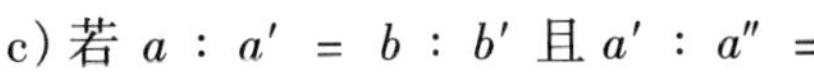

c) 若 $a : a' = b : b'$ 且 $a' : a'' = b' : b''$,则 $a : a'' = b : b''$.

d) 若 $a : a' = b : b'$,则 $(a + a') : a' = (b + b') : b'$.

e) 若 $a : b = a' : b'$ 且 $a : b = a' : b''$,则线段 b 及 b'' 相等.

证明 由定义直接可推得性质 a) 及 b).

c) 取 $OA = a$, $OA' = a'$, $OA'' = a''$, $OB = b$, $OB' = b'$, $OB'' = b''$.如果 $a : a' = b : b'$ 且 $a' : a'' = b' : b''$,则 $AB /\!/ A'B'$ 且 $A'B' /\!/ A''B''$.所以 $AB /\!/ A''B''$,即 $a : a'' = b : b''$.

d) 仍取 $OA = a$, $OA' = a'$, $OB = b$, $OB' = b'$.取一点 A_0,令 $AA_0 = a'$, $OA_0 = a + a'$,并且通过点 A_0 引直线 A_0B_0,令其平行于 AB.这样,由于 $OA' = AA_0$,所以 $BB_0 = OB' = b'$(定理 66),又由于直线 A_0B_0 与 $A'B'$ 平行,所以 $(a + a') : a = (b + b') : b$.

e) 通过点 A' 只能引一条平行于 AB 的直线,由此可推得性质 e).

定理已得到证明.

我们要注意,性质 c) 中的 $a : a' = b : b'$, $a' : a'' = b' : b''$, …,也可写成等式

$$a : a' : a'' : \cdots = b : b' : b'' : \cdots$$

为了进一步总结线段比例的性质,我们可利用叫做巴斯加②定理的下列定理.

定理 84 如在已知直角的一边上有点 A, A', A'',在其另一边上有点 B,

① 读者注意下列情况.这里所写的符号":"及"=",根据我们的比例定义,它不是比及相等的符号.在这一观点下,对于比例我们引用专门的表示法 $\{a, a', b, b'\}$.但是,我们仍使用读者更惯用的表示法.

② 读者熟知关于内接于二次曲线的六角形的巴斯加(Паскаль)一般定理.容易了解,定理 84 便是这个一般定理的特殊情形,这是二次曲线分解成二直线(角的二边)时的情形,而巴斯加线在无限远处.

B',B'',且 $AB' /\!/ A'B$,$AB'' /\!/ A''B$,则 $A'B'' /\!/ A''B'$(图 104).

证明 通过点 A 作垂直于直线 $A'B''$ 的直线,与直角 $\angle XOY$ 的边 OY 的延长线交于一点 C.因为 OA 和 $A'B''$ 皆为三角形 $AB''C$ 的高,所以直线 CA' 也是该三角形的高(定理 70).因为 $AB'' /\!/ A''B$,所以直线 CA' 亦将为三角形 $A''BC$ 的高.因为直线 OA'' 和 CA' 皆为三角形 $A''BC$ 的高,所以直线 $A'B$ 亦为该三角形的高.它的平行线 AB' 将为三角形 $A''B'C$ 的高.又因为直线 OA'' 和 AB' 为三角形 $A''B'C$ 的高,则直线 AC 亦为三角形 $A''B'C$ 的高.

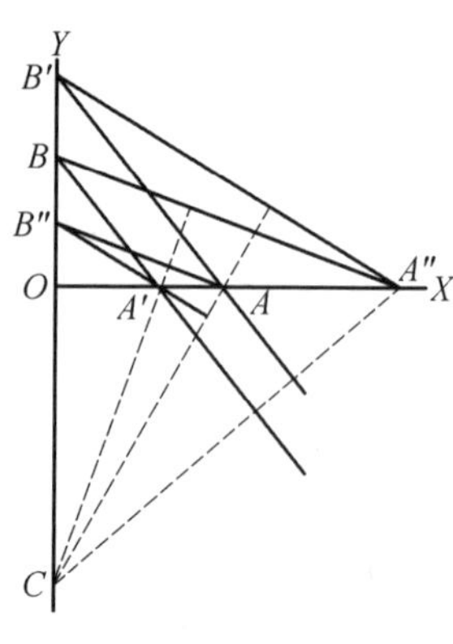

图 104

因而,直线 AC 垂直于 $A''B'$.因为根据作图,这条直线也垂直于 $A'B''$,则直线 $A'B''$ 和 $A''B'$ 平行.

从所证明的定理,推得线段比例的下列两个性质.

定理 85 线段比例有下列的性质:

f) 若 $a : a' = b : b'$,则 $a ; b = a' : b'$.

g) 若 $a : a' = b : b'$,且 $b : b' = c : c'$,则 $a : a' = c : c'$.

证明 f) 取 $OA = a$,$OA' = OB'' = a'$,$OB = OA'' = b$,$OB' = b'$(图 105).由已知条件 $a : a' = b : b'$,则 AB 平行于 $A'B'$;由作图 $OA' = OB''$ 且 $OA'' = OB$,所以 $A'B'' /\!/ A''B$.根据定理 84,得知 $AB'' /\!/ A''B'$.此即 $OA : OA'' = OB'' : OB'$ 或 $a : b = a' : b'$.

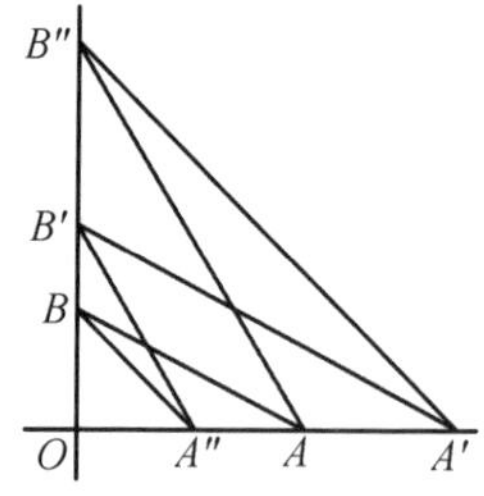

图 105

g) 因为 $a : a' = b : b'$ 和 $b : b' = c : c'$,那么由上述的证明,即可得 $a : b = a' : b'$,$b : c = b' : c'$.所以(根据定理 83 的性质 c))得 $a : c = a' : c'$,或者重新应用刚才证明了的性质,得 $a : a' = c : c'$.

本定理得到证明.

应注意,性质 g) 可以用来写出下列形式的等式

$$a : a' = b : b' = c : c' = \cdots$$

定理 83 和 85 所叙述的线段比例的性质,今后将更简单地表示以性质 a),

b),……,g).

第四十节 相似三角形,相似的特征

众所周知,如果两个三角形的对应角相等,它们的对应边①成比例,则这两三角形叫做相似.

例如,如图三角形 ABC 相似于三角形 $A'B'C'$,那么我们将有(当适当选择其顶点的表示时):$\angle A = \angle A'$,$\angle B = \angle B'$,$\angle C = \angle C'$,$AB : A'B' = AC : A'C'$,$AB : A'B' = BC : B'C'$,$AC : A'C' = BC : B'C'$.

根据性质 f) 成比例的边也可以写做 $AB : AC = A'B' : A'C'$,等.

两三角形 ABC 和 $A'B'C'$ 的相似,可表示如:$\triangle ABC \backsim \triangle A'B'C'$.

由已知的定义得出,两相等三角形可以看做相似三角形的特殊情形,因为对应边相等是成比例的一个特殊情形.特别是,每个三角形都和它本身相似.假如一三角形与另一三角形相似,那么后者就与前者相似.两三角形都与第三个三角形相似时,这两个三角形也相似.简言之,即相似三角形有反射性、对称性和传递性.

两三角形相似的确定,包括其角和边间的六个关系,即:三个对应角的等式及成比例的边的三个关系.这六个关系,容易由其中的四个导出.因为由 $\angle A = \angle A'$ 和 $\angle B = \angle B'$,且 $\angle A + \angle B + \angle C = \angle A' + \angle B' + \angle C' = 2d$,即可得到 $\angle C = \angle C'$.更由 $AB : A'B' = AC : A'C'$ 和 $AB : A'B' = BC : B'C'$,即可得出(性质 a) 和 g)) $AC : A'C' = BC : B'C'$.

由此得知,为了判定两三角形 ABC 和 $A'B'C'$ 的相似,满足下列四个要求就足够了

$$\angle A = \angle A', \angle B = \angle B'$$

$$AB : A'B' = AC : A'C', AB : A'B' = BC : B'C'$$

还可以说,选择适当的方法,满足四条件中的两个就可以满足其余的两个.关于表达这一事实的定理,叫做判定三角形相似的特征.

在转到研究三角形相似的特征以前,须先证明下列的定理.

定理 86 如果一直角三角形的一个锐角与另一直角三角形的一个锐角相等,则第一直角三角形二正交边的比等于第二直角三角形二正交边的比.

证明 取一直角三角形的一锐角 $\angle CAB$ 等于另一直角三角形的锐角

① 这时,等角的对边,算做对应边.

$\angle C'A'B'$. 我们可以假定第一三角形的直角顶点 C 与另一三角形的直角顶点 C' 相重,并使点 A', B' 分别在射线 CA 和 CB(图 106)上,这并不违背一般性. 由于 $\angle CAB = \angle C'A'B'$,所以直线 AB 与 $A'B'$ 平行,由此可知 $CA : CA' = CB : CB'$ 或(性质 f)) $CA : CB = CA' : CB'$.

现在转到研究三角形相似的特征.

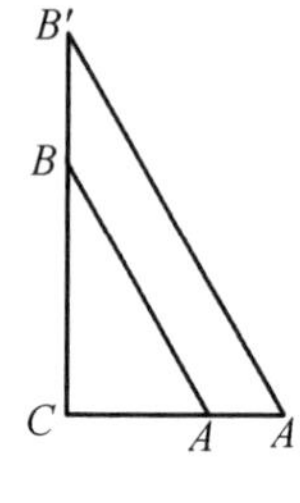

图 106

定理 87("三角形相似的第一特征") 如果一三角形的两角与另一三角形的两角相等,则这两个三角形相似.

证明 设在两三角形 ABC 和 $A'B'C'$ 中,有 $\angle A = \angle A'$, $\angle B = \angle B'$,所以 $\angle C = \angle C'$. 如三角形 ABC 内切圆的中心为 J,且该点在三角形各边上的射影为 D, E 和 F(图 107),在第二三角形上有与前者相类似的点 J', D', E' 和 F'(第二三角形没有画出).

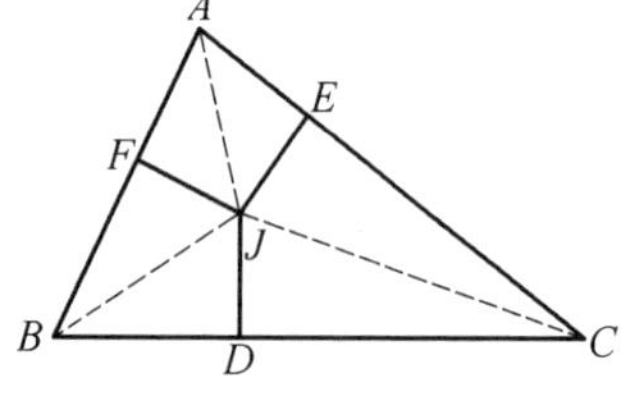

图 107

292 因为 $\angle FAJ = \angle JAE$,所以 $\angle FAJ = \angle F'A'J'$ 及(由定理 86) $FA : FJ = F'A' : F'J'$. 同理可得 $FJ : FB = F'J' : F'B'$. 由后二式的关系,得(性质 c)) $FA : FB = F'A' : F'B'$,如此(性质 d)) 可得 $AB : FB = A'B' : F'B'$. 更由 $FJ : FB = F'J' : F'B'$ 和 $AB : FB = A'B' : F'B'$ 的条件,推得(性质 a) 和 f)) $FB : F'B' = FJ : F'J'$ 和 $AB : A'B' = FB : F'B'$,由此得到(由性质 g)) $AB : A'B' = FJ : F'J'$.

以同样方法,可得 $AC : A'C' = EJ : E'J'$. 因为 $FJ = EJ$ 和 $F'J' = E'J'$,由此即得 $AB : A'B' = AC : A'C'$.

其他二边的比例同样可以证明.

定理 88("三角形相似的第二特征") 如果一三角形的二边与另一三角形的二边成比例,且这二组边的夹角相等,则这两三角形相似.

证明 设在两三角形 ABC 和 $A'B'C'$ 中,有 $AB : A'B' = AC : A'C'$ 和 $\angle A = \angle A'$(图 108).

于射线 AB 上取这样的一点 B'',令 $A'B' = AB''$,且通过这点作平行于边 BC 的平行线 $B''C''$,其与射线 AC 的交点为 C''.

由三角形相似的第一特征,得知三角形 ABC 和 $AB''C''$ 相似,由此得,$AB : AB'' = AC : AC''$. 由于比较此比例式与条件 $AB : A'B' = AC : A'C'$,并且根据 $A'B' = AB''$ 推得(由性质 e)) $A'C' = AC''$. 三角形 $AB''C''$ 和 $A'B'C'$ 相等(由三角形相等的第一特征).

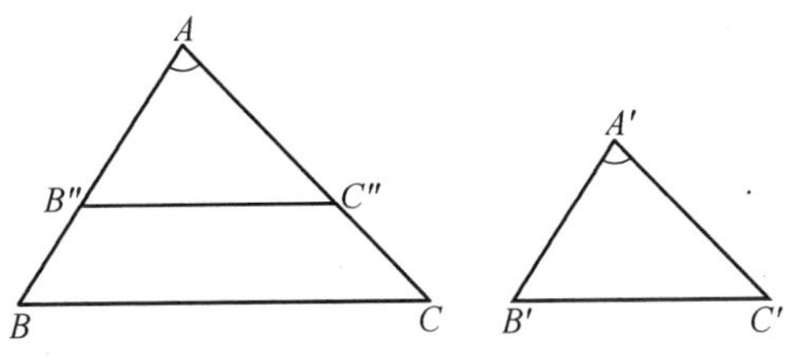

图 108

因为三角形 ABC 和 $AB''C''$ 相似，而三角形 $AB''C''$ 和 $A'B'C'$ 相等，所以三角形 ABC 和 $A'B'C'$ 相似.

定理 89（"三角形相似的第三特征"） 如果两三角形的三边成比例，则这两三角形相似.

证明 在三角形 ABC 和 $A'B'C'$ 中，有成比例的边 $AB : A'B' = AC : A'C' = BC : B'C'$（图 108）. 仍于射线 AB 上取这样的一点 B''，令 $A'B' = AB''$，并通过这点引平行于边 BC 的直线 $B''C''$. 由相似的第一特征知道三角形 ABC 和 $AB''C''$ 相似，由此得 $AB : AB'' = AC : AC''$ 和 $BC : B''C'' = AB : AB''$.

从这些比例式与定理条件的比较，就可得出（由性质 e））$AC'' = A'C'$，$B''C'' = B'C'$. 三角形 $AB''C''$ 和 $A'B'C'$ 相等（相等的第三特征）.

因为三角形 $AB''C''$ 和 ABC 相似，三角形 $AB''C''$ 和 $A'B'C'$ 相等. 所以三角形 ABC 和 $A'B'C'$ 相似.

定理 90（"三角形相似的第四特征"） 假如一三角形的两边与另一三角形的两边成比例，且这两边中大边的对角彼此相等，则这两三角形相似.

证明 设在两三角形 ABC 和 $A'B'C'$ 中，有 $AB : A'B' = AC : A'C'$，且 $AB < AC$，$\angle B = \angle B'$. 因此由于 $AB : AC = A'B' : A'C'$，得 $A'B' < A'C'$.

仿照相似的第二特征（定理 88）的证明，同样可以证得三角形 ABC 和 $A'B'C'$ 相似. 所不同的地方，只是不依据三角形相等的第一特征来证明三角形 $AB''C''$ 和 $A'B'C'$ 的相等，而是根据相等的第五特征（定理 27）.

上面所研究的相似特征利用到直角三角形，就导出下列定理. 每次引证那个一般的相似特征，用以代替证明就足够了. 已给定理就是相似特征的特殊情形.

定理 91 如果一直角三角形的一个锐角，与另一直角三角形的一锐角相等，则这两三角形相似（定理 87）.

定理 92 如果一直角三角形的二正交边与另一直角三角形的二正交边成比例，则这两三角形相似（定理 88）.

定理 93 如果一直角三角形的斜边及一正交边与另一直角三角形的斜边与一正交边成比例,则这两三角形相似(定理 90).

我们再研究从三角形相似特征中得出来的两个定理.

定理 94 三角形或平行四边形的高与其对应边成反比例.(更确切点说,即三角形或平行四边形的一边与其另一边的比,等于第二边上的高与第一边上的高的比)

证明 设 AH 和 BK 为三角形 ABC(图 109) 的高,即可推知三角形 CAH 和 CBK 相似,由此得 $AH : BK = AC : BC$.

同理,如果 DH 和 DK 是平行四边形 $ABCD$(图 110) 的高,即可推知三角形 DAH 和 DCK 相似,由此得 $DH : DK = AD : CD$.

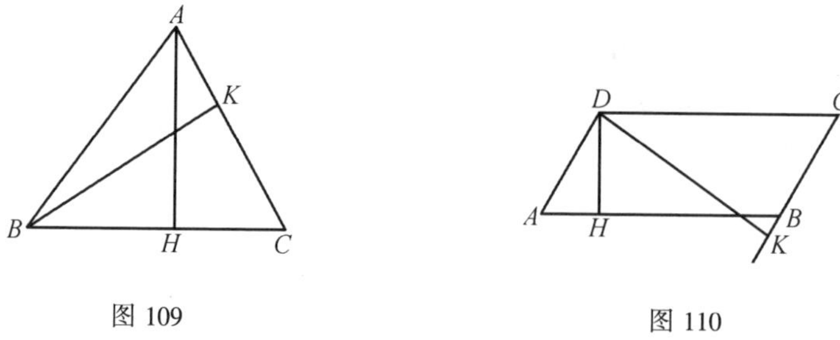

图 109　　图 110

定理 95 二相似三角形的边与其对应高成比例.

证明 如 AH 和 $A'H'$ 为二相似三角形 ABC 和 $A'B'C'$(图 111) 的对应高,则三角形 ABH 和 $A'B'H'$ 相似,由此得 $AH : A'H' = AB : A'B'$.

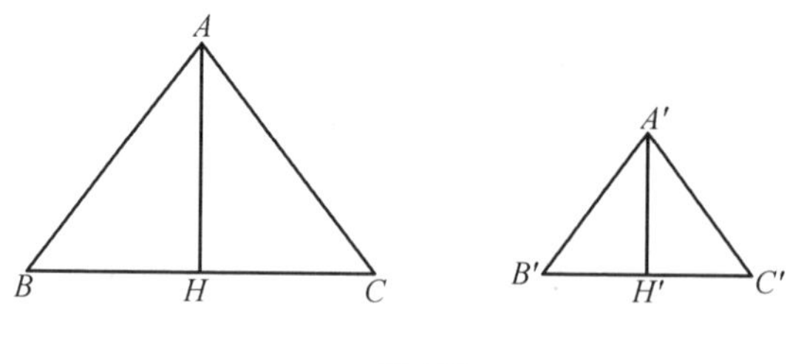

图 111

第四十一节　平行射影的基本性质

利用前节所研究过的相似三角形的性质,现在我们容易证明关于某一角的二边,或更一般地说任意二直线,被平行割线所截取的线段成比例的基本定理.

我们用如下的方式①来表述这个定理:

定理 96　一直线上二线段的比等于它们在那一同一直线上平行射影的比.

按照定理66(图68)的证明,本定理即可得证.但须注意的只是在定理66线段 AB 和 CD 是相等线段.因此就要将三角形 ABK 和 CDL 的相等,代之以它们的相似(根据相似的第一特征).

第四十二节　作图

在本章所研究的定理,给出了完成下列作图的可能性,这当然为读者所熟知.

作图题 19　有三已知线段,求作"比例第四项"的线段.

设三已知线段为 a,a',b,求作这样的线段 b',使 $a:a'=b:b'$.于任意角 $\angle XOY$ 的一边 OX 上(图 112)自其顶点取线段 $OA=a$ 和 $OA'=a'$,再于该角的另一边 OY 上取 $OB=b$.通过点 A' 作平行于 AB 的直线,与 OY 交于一点 B',那么线段 $OB'=b'$ 即为所求的线段.

作图题 20　有二已知经段,求作其"比例第三项"的线段.

这个作图题,常被理解为前一作图题,当 $a'=b$ 时的特殊情形.二已知线段为 a 和 b,求作这样一个线段 c,使 $a:b=b:c$.

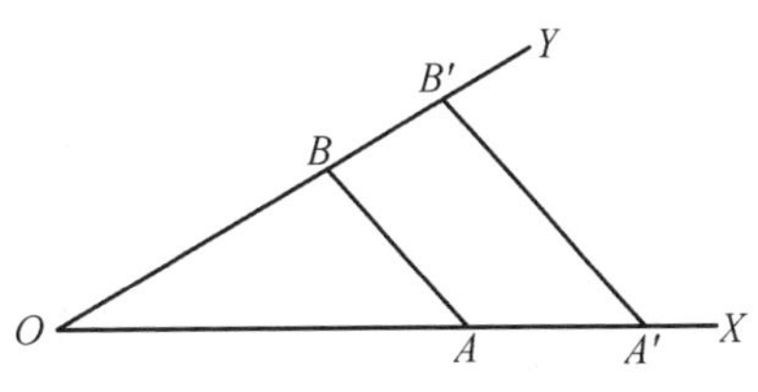

图 112

如点 C 在线段 AB 上,那么,它将这线段分为二线段 AC 和 CB.这种情形也可以扩张到当 C 在线段 AB 的延长线上:就是说,在线段 AB 的延长线上的点 C,它将线段 AB 外分为两线段 AC 和 CB.当点 C 在线段内时,便说它是内分这线段.

作图题 21　将已知线段,按"已知比"内分或外分,即将已知线段分成二线段,与二已知线段成比例.

设 a 为已知线段,需要把它内分或外分为两个线段,使它和二已知线段 m 和 n 成比例.

方法一　先只限于求外分;关于内分用同样方法可以解出.于任意角

① 参考定理 66.

$\angle XOY$ 的一边 OX 上,自顶点 O 截取线段 $OA=a$,并于同一角的另一边 OY 上截取线段 $OM=m$,再于 OY 上自点 M 向点 O 的方向截取线段 $MN=n$(图 113,$m>n$;图 114,$m<n$).通过点 M 作平行于 NA 的直线,与 OX 相交于所求的点 C.实际上 $OC:CA=OM:MN$,即 $OC:CA=m:n$.

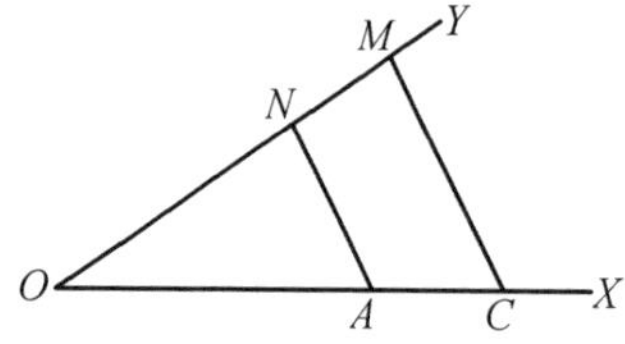

图 113

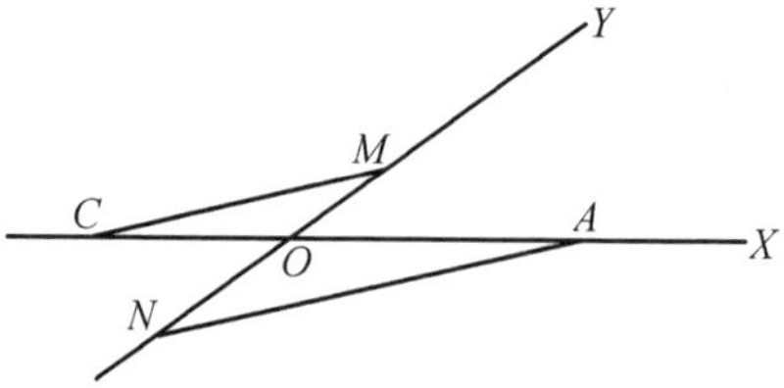

图 114

方法二 设 AB 为已知线段(图 115).通过点 A 作任意直线,于这直线上取 $AA'=m$.通过点 B 作 AA' 的平行线,于这直线上取 $BB'=BB''=n$.这样直线 $A'B'$ 和 $A'B''$ 与直线 AB 相交之点分别为 M' 和 M'',便是所求的分点.

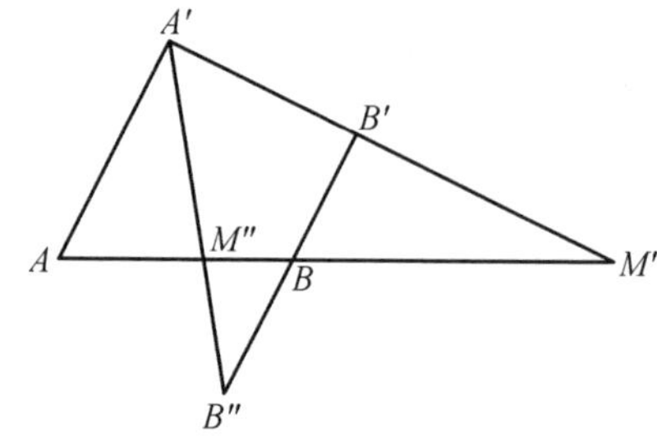

图 115

由两对相似三角形:$\triangle AA'M'\backsim\triangle BB'M'$ 和 $\triangle AA'M''\backsim\triangle BB''M''$,容易导出这作图题的正确性.

作图题 22 求作一三角形 $A'B'C'$ 使其与已知三角形 ABC 相似,但以一已知线段 $B'C'$ 为其一边.

这个作图的方法为读者所熟知.

第十六章 长度及角的测度

第四十三节 线段长度的概念与测度单位可通约的线段

到现在在几何中的叙述,我们完全没有使用线段长度的概念.我们记得,引用相等公理(第九节,公理 4a,4b,4d) 作为线段“相等”的基本概念,并且不引用线段长度的概念,也不使用数的概念,能够建立线段“较大”及“较小”的概念.(当然为指出“二线段”、“三线段”所用的自然数概念是例外的)

现在我们将线段的测度问题简述为下列的一般形式:

建立线段测度方法,就是将每一个线段 AB 对应一个正数,叫做这线段的长度,具有下列的两个性质:

a) 相等的线段,对应着一个同一的长度;换句话说,也就是线段的长度不因其位置的变动而改变(“关于移置的不变性”,或简称为“不变性”).

b) 假如点 B 在点 A 及 C 之间,则线段 AC 的长度,等于线段 AB 及 BC 长度的和(“可加性”).

现在我们应注意到,由可加性容易扩张到任意有限个线段相加的情形,并从这里直接可以得出以下的推论:

b′) 大线段所对应的长度也大(“单调性”).

关于线段长度的表示法,在初等几何学所使用的符号就是表示线段本身的符号.如我们写线段 AB 或 a 时,就理解为线段本身和表示其长度的数.在今后我们也将继续使用这个方法.但在本章里,我们所研究的线段及其长度之间有很大的本质上的不同,所以我们将引用线段长度的特别表示法.

我们用 $\rho(AB)$ 表示线段 AB 的长度.这时长度的基本性质可以写作:

a) 由于 $AB = A'B'$,得 $\rho(AB) = \rho(A'B')$;

b) 由于 $AB + BC = AC$,得 $\rho(AB) + \rho(BC) = \rho(AC)$.

容易看出,线段及其所对应的长度之间,只具有不变性 a) 和可加性 b),还不能完全确定.事实上,假设每一线段 AB 对应一数 $\rho(AB)$,且这数具有性质 a)

和 b).如选定某一正数 k,并将任意线段对应一数 $\rho_1(AB)=k\rho(AB)$.这个新数仍具有性质 a) 和 b).

现在取确定的某一线段 PQ 作为长度单位.因此我们还要将下面的要求附加到性质 a) 和 b) 上.

c) 由我们任意选定的某一线段 PQ,其所对应的长度等于一单位.

测定理论问题,是为了证明线段和正数之间能用唯一方法建立具备性质 a),b) 和 c) 的对应关系.

先考察一个特殊情形,即当被测度的线段和用做长度单位的线段有公度时(在下节也将考察一般的情形).这里所谓二线段的公度,众所周知,是这样的线段,"放置"于二已知线段上多少次而无有剩余.

这时我们就可以利用正有理数的理论(即自然数和分数的性质及其运算方法).

设给定测度单位为线段 PQ,及某一与它可通约的线段 AB.设这些线段的公度为 $AA_1=A_1A_2=\cdots=A_{p-1}B=PP_1=P_1P_2=\cdots=P_{q-1}Q$(图 116),在被测度的线段($AB$)上放置 p 次,在线段单位上放置 q 次.

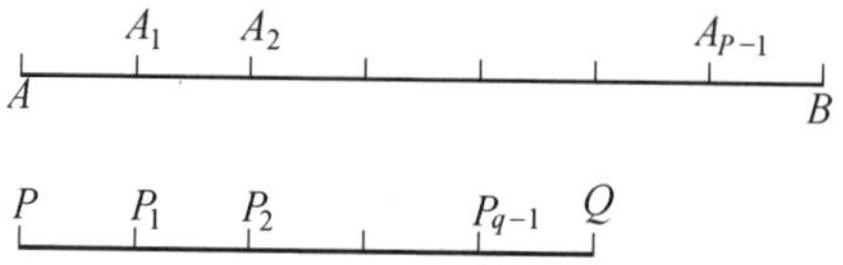

图 116

由性质 a),b) 和 c) 得知

$$\rho(AB)=\rho(AA_1)+\rho(A_1A_2)+\cdots+\rho(A_{p-1}B)=p\cdot\rho(AA_1)$$

$$\rho(PQ)=\rho(PP_1)+\rho(P_1P_2)+\cdots+\rho(P_{q-1}Q)=q\cdot\rho(PP_1)=1$$

$$\rho(AA_1)=\rho(PP_1)$$

由此得

$$\rho(AB)=\frac{p}{q}$$

我们需要注意的是在这一论述中,预先假定了线段长度的存在,并且引用了某一分数来表示它.

因此,我们可将所得的结果,简述为如下列定理的形式.

定理 97　若线段的测度是可能的,且已知线段 AB 与测度单位有公度,线段 AB 可以用公度放置 p 次,测度单位可以放置 q 次,则线段 AB 的长度只可以是分数$\frac{p}{q}$.

这个定理给我们提出了下列的问题.众所周知,两个可通约的线段的公度不只一个,而是有无限多个:事实上,例如 e_1 是二线段的任意公度,则 $e_2 = \frac{1}{2}e_1, e_3 = \frac{1}{3}e_1, \cdots$,这些线段的每一个显然也是它们的公度.这时,分数$\frac{p}{q}$是否与选定的公度有关呢?下列定理回答了这个问题.

定理 98　定理 97 所说的分数$\frac{p}{q}$的值,与所选定的线段 AB 和 PQ 的公度没有关系.

证明　如果 e 和 e' 是线段 AB 和 PQ 的两个公度,则有 $AB = pe = p'e'$ 和 $PQ = qe = q'e'$.因而 $q(pe) = p'qe'$ 和 $p(qe) = pq'e'$,便得 $p'qe' = pq'e'$,也就是 $p'q = pq'$ 或 $p : q = p' : q'$.

我们有意识地在定理 97 的叙述中用"线段的长度可以是 ……",而没有用"线段的长度是 ……",因为我们还需要证明,得数$\frac{p}{q}$实际上具备性质 a),b) 和 c).关于它有性质 a) 和 c) 是很显然的:同一的数值 p 和 q 对应着相等的线段 AB 和 $A'B'$,而数值 $p = q = 1$ 对应着等于单位的线段.现在说明得数$\frac{p}{q}$具有可加性 b).

设与线段 AB(图 117) 对应的为数$\frac{p'}{q'}$,而与线段 BC 对应的为数$\frac{p''}{q''}$.这就是说,线段 AB 和 PQ 的某一个公度 e' 于线段 AB 上放置 p' 次,于 PQ 上放置 q' 次;同样地线段 BC 和 PQ 的某一个公度 e'' 于 BC 上放置 p'' 次,于 PQ 上放置 q'' 次.由于前述的注意,线段 $e = \frac{PQ}{q'q''} = \frac{e'}{q''} = \frac{e''}{q'}$ 将是所有三个线段 AB,BC 和 PQ 的公度.这个线段 e 将于线段 AB 放置 $p'q''$ 次,于线段 BC 放置 $p''q'$ 次,所以于线段 AC 放置 $p = p'q'' + p''q'$ 次,并且最后我们知道,于线段 PQ 放置 $q = q'q''$ 次而无剩余.因此与线段 AC 对应的数是

$$\frac{p}{q} = \frac{p'q'' + p''q'}{q'q''} = \frac{p'}{q'} + \frac{p''}{q''}$$

这样可加性就得到了证明.

在本节所得到的结果,可简述如下面的定理.

定理 99　与作为长度单位的线段 PQ 可通约的线段,与正有理数之间可以建立,且只可用唯一的方法建立,具有不变性 a) 和可加性 b) 的对应关系.

这样,关于所有与长度单位可通约的线段,线段测度问题就得到了解决.

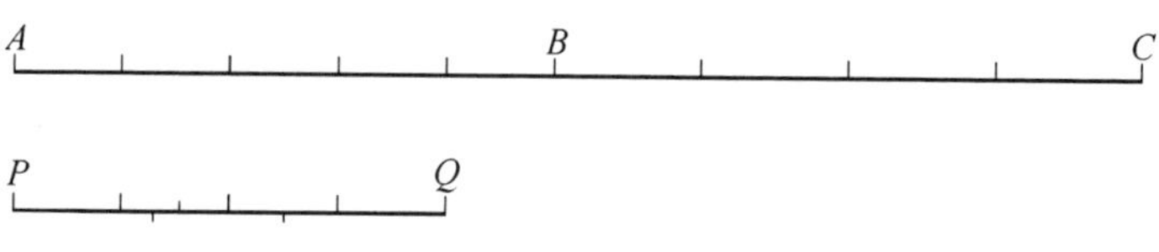

图 117

第四十四节　线段测度的一般理论

在前节所述的线段测度理论,显然不适用于与长度单位不可通约的线段的情形;在这种情形下线段的测度与某种无限过程,因而也与极限概念有重要的联系.

在研究这个确定线段长度比较复杂的过程中我们并不假定已知线段与长度单位的不可通约,而是需要研究任意线段的一般情形;否则我们就不能得到适用于所有线段的一般理论.

在建立线段测度的一般理论时,我们将利用正数理论(即有理的和无理的正数性质及其运算),而且确定序列极限的基本性质.

这样我们就需要一个新的几何公理,常把它叫"阿基米德公理"①.

公理 8　两个不等线段不论它们怎么样,恒可找到一个等于短线段那样多倍数的线段大于长线段.

换句话说,假如 AB 和 CD 是二已知线段,且 $AB > CD$,那么就常存在一个自然数 n,使 $n \cdot CD > AB$.

系　假如 AB 和 CD 为二已知线段,且 $AB > CD$,常有一数 n,它使 $\frac{AB}{n} < CD$.

实际上,由 $n \cdot CD > AB$,可推得 $\frac{AB}{n} < CD$.

因此,设 AB 为任意线段,PQ 为测度单位(图 118).在射线 AB 上接续"放置"线段 PQ,就是研究在射线 AB 上的点 $A_1, A_2, \cdots$,令 $PQ = AA_1 = A_1A_2 = \cdots$.根据阿基米德公理,在这些点中有在点 B 后的点.这样点的第一个用 N_0 表示,直接于前的一个点用 M_0 表示.这时点 B 在 M_0 和 N_0 之间,或和 M_0 相重合;如同上一节,将有 $\rho(AM_0) = x_0 = p_0$ 和 $\rho(AN_0) = \xi_0 = p_0 + 1$,其中 p_0 可以取数

---

① 阿基米德(Архимед,公元前 3 世纪)是希腊几何学家,在他所著《球与圆柱》一书中引用了这个公理.这公理常叫做欧德克斯(Эвдокс,公元前 4 世纪)公理也有不少的根据.

值 0,1,2,3,… 中的一个.

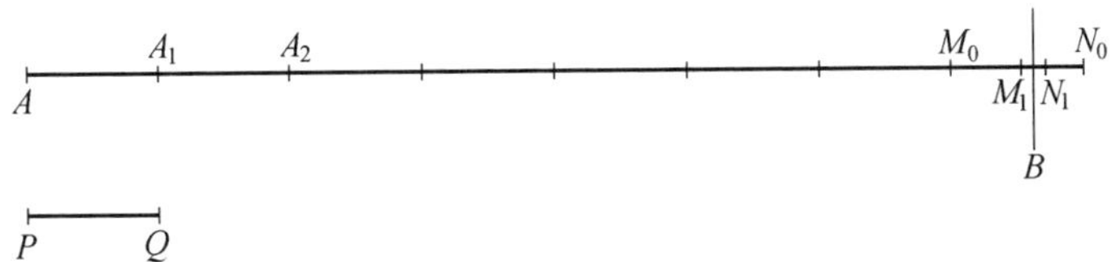

图 118

现在选定任意自然数 n,将线段 $M_0N_0 = PQ$ 分成 n 等份(第二十八节,作图题 17).用 N_1 表示在点 B 后的第一个分点,若没有这样的分点,则 N_1 就是 N_0.用 M_1 表示直接于点 N_1 之前的一个分点;点 M_1 可以和 M_0 重合.因此点 B 将在 M_1 和 N_1 之间或与 M_1 相重合,这时将得:$\rho(AM_1) = x_1 = p_0 + \frac{p_1}{n}$,$\rho(AN_1) = \xi_1 = p_0 + \frac{p_1 + 1}{n}$,其中 p_1 只可以取 $0,1,2,\cdots,n-1$ 中的一个数值.

再将线段 $M_1N_1 = \frac{1}{n} \cdot PQ$ 分成 n 等份,仿照上述办法引用表示点的符号 M_2 和 N_2.这时点 B 在 M_2 和 N_2 之间,或与 M_2 相重合,且得 $\rho(AM_2) = x_2 = p_0 + \frac{p_1}{n} + \frac{p_2}{n_2}$,$\rho(AN_2) = \xi_2 = p_0 + \frac{p_1}{n} + \frac{p_2 + 1}{n_2}$,其中 p_2 仍取 $0,1,2,\cdots,n-1$ 中的一个数值. 301

继续这个程序,我们得到两个点列

$$M_0, M_1, \cdots, M_k, \cdots \text{ 和 } N_0, N_1, \cdots, N_k, \cdots$$

它们具有下列性质:每个点 M_k(当 $k \geqslant 1$ 时)都在 M_{k-1} 和 N_{k-1} 之间或与 M_{k-1} 相重合;每个点 N_k(当 $k \geqslant 1$ 时)都在 M_{k-1} 和 N_{k-1} 之间或与 N_{k-1} 相重合;点 B 在(任意的 k)M_k 和 N_k 之间或与 M_k 相重合.线段 AM_k 和 AN_k 所对应的长度,用下列的数表示

$$\rho(AM_k) = x_k = p_0 + \frac{p_1}{n} + \frac{p_2}{n^2} + \cdots + \frac{p_k}{n^k}$$

$$\rho(AN_k) = \xi_k = p_0 + \frac{p_1}{n} + \frac{p_2}{n^2} + \cdots + \frac{p_k + 1}{n^k}$$

其中 p_0 取 $0,1,2,\cdots$ 中的一个数值,而每个数 $p_k(k \geqslant 1)$ 取 $0,1,2,\cdots,n-1$ 中的一个数值.

所以,数列 $x_0, x_1, x_2, \cdots, x_k, \cdots$ 和 $\xi_0, \xi_1, \xi_2, \cdots, \xi_k, \cdots$ 满足下列的条件

$$x_0 \leqslant x_1 \leqslant x_2 \leqslant \cdots \leqslant x_k \leqslant \cdots < p_0 + 1$$

$$\xi_0 \geqslant \xi_1 \geqslant \xi_2 \geqslant \cdots \geqslant \xi_k \geqslant \cdots > p_0$$

$$\xi_k - x_k = \frac{1}{n^k}$$

从这些不等式推得两个数列 x_k 和 ξ_k 将有共同的极限,用 x 表示这个极限,如

$$x = \lim_{k \to \infty} x_k = \lim_{k \to \infty} \xi_k ①$$

因为 B 和 A 是不同的点,所以当 M_k 与 A 是不同的点时,我们可以得到一个数值 k(根据阿基米德公理的系);此数值 k 由不等式 $\frac{PQ}{n^k} < AB$ 确定.关于对应数值 x_k,将有 $\rho(AM_k) = x_k > 0$,则(根据不等式 $x_k \leqslant x$)x 将是正数.

以前我们尚未假定关于线段 AB 长度的存在问题.假如线段 AB 的长度存在,并且等于 $l = \rho(AB)$,则由单调性 b′)应当有

$$x_k \leqslant l < \xi_k$$

$$l - x_k < \xi_k - x_k = \frac{1}{n^k}, \xi_k - l \leqslant \xi_k - x_k = \frac{1}{n^k}$$

所以

$$l = \lim x_k = \lim \xi_k = x$$

现在数 x_k 和 ξ_k 自然地叫做线段 AB 长度的近似值,其不足和过剩的准确度是 $\frac{1}{n^k}$(此时,所有数值 x_k 由某一数值 k 开始与 x 重合的情形也不除外).

在以后我们仅研究线段长度不足的近似值,并简称其为线段长度的近似值.

这时有准确度为 $\frac{1}{n^k}$ 的线段长度的近似值 x_k,显然可确定为形式如 $\frac{p}{n^k}$ 的有理数中的最大值,这样有长度 $\frac{p}{n^k}$ 的线段不会超过 AB.

于是我们证明了下列定理.

定理 100 如果线段可以测度,则任意线段的长度只是这一线段长度的近似值数列的极限,具有准确度 $\frac{1}{n^k}(k = 0,1,2,\cdots)$.

为了证明线段测度实际是可能的,还需要说明这个极限具备上节中的性质 a),b)和 c).关于性质 a)和 c)是显然的.事实上,二相等线段当 n 同一时对应于一个同一数值 p_k,而等于单位长的线段所对应的值是 $p_0 = 1$.还要说明所得到的极限实际上具备可加性 b).

① 因为我们将只研究当 $k \to \infty$ 时的极限,所以将 $\lim\limits_{k \to \infty}$ 更简单地写作 lim.

设 AB 和 BC 为二线段，$\rho(AB)=x'$，$\rho(BC)=x''$. 这二线段的长度具有准确度 $\frac{1}{n^k}$ 的近似值为 x'_k 和 x''_k. 用这些近似值如同上述，从点 B 开始测度线段 AB，作出点 M'_k 和 N'_k（图 119）；测度线段 BC，同样作出点 M''_k 和 N''_k. 这时将有 $\rho(BM'_k)=x'_k$，$\rho(BM''_k)=x''_k$，$\rho(BN'_k)=x'_k+\frac{1}{n^k}$，$\rho(BN''_k)=x''_k+\frac{1}{n^k}$. 更可求得具有同一准确度的线段 AC 长度的近似值 x_k. 因为具有长度 $x'_k+x''_k$ 的线段 $M'_kM''_k$ 小于 AC，而具有长度 $x'_k+x''_k+\frac{2}{n^k}$ 的线段 $N'_kN''_k$ 大于 AC，其和 $x'_k+x''_k$ 有 $\frac{p}{n^k}$ 的形式，其中 p 是某一自然数，则线段 AC 的长度具有准确度 $\frac{1}{n^k}$ 的近似值等于 $x'_k+x''_k$ 或 $x'_k+x''_k+\frac{1}{n^k}$. 所以我们可以写做

$$x_k=x'_k+x''_k+\frac{a}{n^k}$$

其中 a 只能是 0 或 1. 现在转到极限，将有

$$\lim x_k=\lim x'_k+\lim x''_k$$

或
$$\rho(AC)=\rho(AB)+\rho(BC)$$

可加性得到了证明.

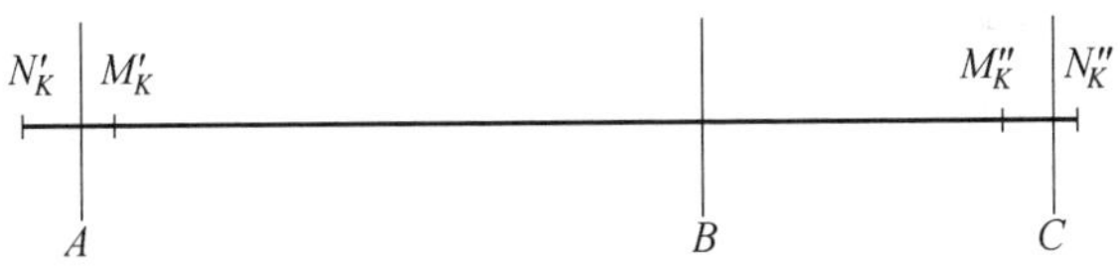

图 119

由此我们导出了下列的结果.

定理 101　如果选定了长度单位，则每个线段 AB，可以对应于一个而且是唯一的正数 $\rho(AB)$，具有关于移动的不变性 a) 和可加性 b).

关于线段 AB 长度的叙述方法，直接得到无限（或在特殊情况下是有限的）小数的形式，并以其底为 n 的记数法记之如下

$$\rho(AB)=p_0+\frac{p_1}{n}+\frac{p_2}{n^2}+\cdots+\frac{p_k}{n^k}+\cdots$$

$$p_0=0,1,2,\cdots;p_k=0,1,\cdots,n-1\quad（在 k\geqslant 1 时）$$

假如，设 $n=10$ 得线段长度成为十进制的小数的形式；取 $n=2$（或 $n=3$）时，得二（或三）进制的小数，其余由此类推.

初看是容易发生这样疑问,所得到的线段长度,是否与 n 的选择有关,也就是与记数法的选择有关.这个疑问由于在定理100的证明中所叙述的事实已得到了解决.由这些叙述可以知道不论用什么方法所确定的线段 AB 的长度 $\rho(AB)$,它将永远是上述的数列 x_k 的极限.

由同样的叙述推得,关于与测度单位可通约的线段,用上节和本节的方法计算所得的线段长度,必须一致.

因此,线段的测度问题完全得到了解决.

第四十五节　测度理论的逆转问题和解析几何学的基本原理

现在我们提出关于线段测度问题的逆转问题:对任意正数 x 是否都能找出一个线段具有这个数的长度呢(当然,假定我们已选择了长度单位)?对有理数 x,得到这个问题的肯定回答没有困难:线段长度 $x=\frac{p}{q}$(p 和 q 都是自然数),

可以将长度单位分成 q 等份,取 p 个这样的等份而得到.

在无理数 x 的情况中,得到回答没有那样简单.当 x 为任意数时,为了正确地解决这个问题,我们还需要一个几何公理——在平面几何构成中最后的一个.我们现在研究这个公理.

设已有这样的一个线段序列 $M_0N_0,M_1N_1,\cdots,M_kN_k,\cdots$,令每个线段 $M_kN_k(k\geqslant 1)$ 的所有点同时也是线段 $M_{k-1}N_{k-1}$ 的点.由此得知,点 M_k 和 $N_k(k\geqslant 1)$ 中的一个,若在线段 $M_{k-1}N_{k-1}$ 上或为其端点(图120).

这样的序列叫做"内含线段序列".

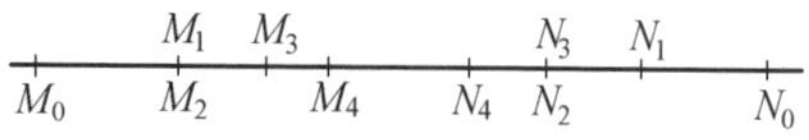

M_1 M_3 N_3 N_1
M_0 M_2 M_4 N_4 N_2 N_0

图 120

又设组成这个序列的线段是无限递减的.也就是说,对任意一个已知线段 XY,都可以于序列中找到一个线段 M_nN_n,它满足条件 $M_nN_n<XY$.满足这个条件的内含线段序列简单地叫做"无限递减序列".

现在可以叙述下列的康托公理.

公理9　如果已给内含线段序列是无限递减的,则存在一个这样的点,为这些线段的每一线段之内点或端点.

系　这公理所确定存在的点是唯一的.

实际上,假如我们所研究的这些线段有两个公理点,则将得到矛盾:一方面所有这些线段都大于这二点间的距离，而在另一方面，由假定它是无限递减的.

现在利用这个公理，容易证明下列定理.

定理 102 每一个正数对应着一个线段，以这正数为其长度.

证明 设 x 为已知数.我们永远可能选定两个有理数列 $x_0 < x_1 < \cdots < x_k < \cdots < x$ 和 $\xi_0 > \xi_1 > \cdots > \xi_k > \cdots > x$，使它们适于 $\lim x_k = \lim \xi_k = x$.于任意射线 AB 上取两个点列 M_k 和 $N_k(k = 0,1,\cdots)$，使它们适于 $\rho(AM_k) = x_k$，$\rho(AN_k) = \xi_k$.容易察知，线段 M_kN_k 将组成一个无限递减的内含线段序列.根据康托公理必存在一个唯一的点 P，它是这些线段 M_kN_k 的每一线段的内点或端点.对这样的一点 P，我们应当有 $\rho(AP) - x_k < \xi_k - x_k$，因此 $\rho(AP) = \lim x_k = \lim \xi_k = x$.定理得到了证明.

这个定理总结了线段测度的理论.今后我们关于线段的长度将不再使用特殊表示法 $\rho(AB)$.我们照常把 AB 理解为线段本身以及它的长度.

以定理 102 为基础建立了所有实数集合与直线上所有点集合之间相互的一一对应关系.

为了建立这样的一个对应关系，我们于已知直线上，取二点 O(坐标原点)和 E(单位点)，并以线段 OE 为长度单位.令点 O 对应数0(零)；射线 OE 上的点 X 对应一个等于线段 OX 之长的正数 x.同样，在射线 OE 自点 O 的延长线上的任意点 X' 对应一个绝对值等于线段 OX' 之长的负数 x'.因此直线 OE 上的每一点，将确定一个实数.

逆转来说，根据定理 102，与每一实数 x 对应的有直线 OE 上的某一点.显然可以看出，这个点是唯一的(由于与较大线段对应的是较大的长度).

读者都知道上述的对应关系，在用几何方法说明各种数的关系时，广泛地用在代数学和分析学上(数直线).

同样的对应关系容许利用数的方法以解几何问题(解析几何学).

由直线上的坐标系变成平面上的坐标系，已经没有原则上的重要，并且在任何一本解析几何学的前几页里都有详细的叙述.

用正数和负数表示线段的长度和方向，不只使用在分析学和解析几何学上.我们也将它作为一个辅助的方法用于初等几何学上.

设于某一直线上，取其一个方向为正.在这种情形下，我们将具有正(或负)向的所有线段的长度，认作正(或负)的.带有适当符号的有向线，用横线加于文字上以表示其长度：$\overline{AB}$，$\overline{BC}$，$\cdots$.

这时关于有向直线上的任意三点，如同我们在解析几何学里所知道的，常有下列的等式存在：$\overline{AB}+\overline{BC}=\overline{AC}$，$\overline{AB}=\overline{CB}-\overline{CA}$.

还须注意，带有适当符号的直线上的两个有向线段长度的乘积，将有确定的符号，这个符号的规定与这直线所选定的正向没有关系：积 $\overline{AB}\cdot\overline{AC}$ 由于点 B 和 C 在点 A 的同侧(或异侧)而为正(或负).

仿此，一直线上二有向线段的比有确定的符号，与这直线正向的选择无关，假如点 B 内分(或外分)线段 AC，则比 $\overline{AB}:\overline{BC}$ 为正(或负).

第四十六节　线段长度与所选定的测度单位的相关性

已各线段的长度 $\rho(AB)$，显然，不只与选定的线段本身有关，而且也与用做测度单位所选定的线段有关. 现在研究后一个问题.

用 x 和 x' 表示同一线段的长度，第一次采用线段 e 为测度单位，而第二次采用线段 e' 为测度单位.

显然数 x' 是 x 的函数. 这函数定义于 x 的所有正数值，而本身也只取正数值. 又因为二线段和的长度，等于其长度之和，则由等式 $x'=f(x)$ 和 $y'=f(y)$ 得 $x'+y'=f(x+y)$ 或 $f(x)+f(y)=f(x+y)$. 我们的问题就是要求出与此对应的函数形式.

借助于下列定理这个问题容易得到解决.

定理 103　定义于 x 的所有正数值而函数本身取正数值的任意函数 $f(x)$，对 $x>0$，$y>0$ 的任何值，满足条件

$$f(x)+f(y)=f(x+y)$$

则这函数有下列形式

$$f(x)=ax,a=\text{常数}$$

证明　根据定理的条件，知道

$$f(2x)=f(x)+f(x)=2f(x)$$

$$f(3x)=f(2x+x)=f(2x)+f(x)=2f(x)+f(x)=3f(x)$$

由此类推，一般地说，$f(nx)=nf(x)(n=1,2,\cdots)$.

这里假定有一次 $n=q,x=\frac{1}{q}$；另一次 $n=p,x=\frac{1}{q}$，则得

$$f(1)=qf\left(\frac{1}{q}\right)$$

及

$$f\left(\frac{p}{q}\right)=pf\left(\frac{1}{q}\right)$$

由此推得

$$f\left(\frac{p}{q}\right) = \frac{p}{q}f(1)$$

假如 $y > x > 0$,则 $f(y) = f(x) + f(y - x) > f(x)$,即 $f(x)$ 为增函数.

现在设 $x > 0$ 为无理数.可选定两个有理数序列

$$x_0 < x_1 < \cdots < x_k < \cdots < x$$

及

$$\xi_0 > \xi_1 > \cdots > \xi_k > \cdots > x$$

使它们满足条件 $\lim x_k = \lim \xi_k = x$.因为 $f(x)$ 是增函数,则

$$f(x_k) < f(x) < f(\xi_k) \quad (k = 0,1,\cdots)$$

或者因为 $f(x_k) = x_k f(1)$ 及 $f(\xi_k) = \xi_k f(1)$,则

$$x_k < \frac{f(x)}{f(1)} < \xi_k$$

由此推得$\frac{f(x)}{f(1)} = x$ 或$f(x) = xf(1)$.假定 $f(1) = a$,最后有 $f(x) = ax$.

所证明的定理广泛地应用在几何学中①,所以将要适当地给予更加显明的叙述.

为了这个目的,我们将认为所有正数的集合是“变量”值 x 的集合,而函数值 $f(x)$ 的集合是另一“变量”值 $x' = f(x)$ 的集合.等式 $x' = ax$ 表示 x 及 x' 之间的比例关系,这时所证明的定理如下.

定理 103a　如果一变量 x 的任意正数值,这样相当于另一变量 x' 的正数值,以至于变量 x 任意二值之和相当于变量 x' 对应的二值之和,则二量 x 及 x' 成比例.

现在由于利用定理 103 或 103a 来证明本节最初所提出的问题,我们得到结论,即同一线段的长度 x 及 x' 之间,有形式如 $x' = ax$ 的关系.为了研究系数 a 的几何意义,必须注意到当 $x = 1$ 时,$x' = a$.这也就是说 a 是旧测量单位的新长度.

这样我们得到如下的结果.

定理 104　在由一测度单位变到另一测度单位时,所有线段的长度乘上同一的数,此数等于原测度单位用新测度单位所测得的长度.

① 还可以参考第四十八、五十二、五十八节;在其他处所引关于方程式 $f(x) + f(y) = f(x + y)$ 的应用,可参考杜波诺夫(Дубнов)的著作.

第四十七节　公式的齐次性

线段长度,与选定测度单位的相互关系的建立容许我们对初等几何学中常用公式的形式作某些一般的考察.

预先注意到某些一般的定义.

开始考察整有理函数,即含有若干个变数 $x,y,z,\cdots,u,v$ 且有任意(实数)系数的多项式.这样的多项式,假如其中所有项的次数同为 n,便叫做 n 次齐次多项式.因此它的一项

$$Ax^{\alpha}y^{\beta}z^{\gamma}\cdots u^{\eta}q^{\theta}$$

的次数是所有变数的指数的和

$$\alpha+\beta+\gamma+\cdots+\eta+\theta$$

这项的系数是 A.

对于 n 次齐次多项式

$$F(x,y,z,\cdots,u,v)$$

显然有下列的恒等式成立

$$F(tx,ty,tz,\cdots,tu,tv)=t^{n}\cdot F(x,y,z,\cdots,u,v) \tag{1}$$

现在考察分数有理函数

$$F(x,y,z,\cdots,u,v)=\frac{f(x,y,z,\cdots,u,v)}{\varphi(x,y,z,\cdots,u,v)}$$

f 和 φ 是互质的齐次多项式,其次数分别是 n_1 和 n_2.这样形式的函数,假如 $n=n_1-n_2$,它将满足条件(1).这种分数的有理函数,叫做次数为 $n=n_1-n_2$ 的齐次有理函数.

齐次多项式和齐次有理函数的这种性质,容许扩充齐次性的概念到更多种的函数.

函数 $F(x,y,z,\cdots,u,v)$,定义于变数 $x,y,z,\cdots,u,v$ 的某一数值区域中;假如 $x,y,z,\cdots,u,v,t$ 所有的值,都满足条件(1)(在这等式两边确定时),这函数便叫做 n 次齐次函数.($x,y,z,\cdots,u,v$ 的数值,应当属于函数的定义域;t 应当这样选择,使一组的值 $tx,ty,tz,\cdots,tu,tv$ 也属于同一函数的定义域)

可以说,假如某一多项式,或有理函数,在最后确定的意义中是齐次的,则它必定在前面所指示的意义中也是齐次的.

现在我们就使用这些一般的概念.

设某些线段的长度 $a,b,c,\cdots,k,l$(关于所选定的长度单位)之间存在这

样的相互关系,即

$$F(a,b,c,\cdots,k,l)=0 \tag{2}$$

这等式左边是这些变数的齐次多项式.可以说这些线段的长度,在任意选定测度单位时,它们之间存在着同样的相互关系.

实际上,假如变换到另一长度单位,则各线段的新长度与最初长度之间的相互关系是

$$a'=ta,b'=tb,\cdots,l'=tl \tag{3}$$

由等式(2),再根据恒等式(1),推得等式

$$F(a',b',c',\cdots,k',l')=0$$

这时线段长度间的关系式(2)自然可以叫做线段自身间的关系.

注意 由于线段长度间的关系式(2)与所选定的长度单位不发生关系这一情况,并不能得出逆理,说多项式 F 是齐次式的.从下例可以看出.关系式

$$F(a,b,c,d)=(a-b)^2+(c-d)^4=0$$

四线段长度间的关系,与选定的长度单位是没有关系的(因为它和条件 $a=b$, $c=d$ 是等价).但是多项式不是齐次的.

设函数 $f(a,b,c,\cdots,k,l)$ 为定义于变数的正数域中的函数,且函数只取正数值.我们考察其变数 $a,b,c,\cdots,k,l$ 的值,及作为某一线段长度的函数值

$$x=f(a,b,c,\cdots,k,l) \tag{4}$$

试问假如我们把它的变数看做那些同样的已给线段的长度,在什么条件下这个函数的值将与选定测度单位没有关系,而表示一个同一线段的长度?换句话说,我们选取什么样的函数 f 才能使等式(4)在任意选定测度单位时,确定一个同一线段 x?

假如改用另一长度单位,则已知线段的新长度 $a',b',\cdots$,可以按以前的公式(3)用原长来表示.新函数的值将是

$$x'=f(a',b',c',\cdots,k',l')=f(ta,tb,tc,\cdots,tk,tl)$$

假如数 x 和 x' 分别表示用旧的和新的单位测度同一线段所得的长度,则必有

$$x'=tx$$

或
$$f(ta,tb,tc,\cdots,tk,tl)=t\cdot f(a,b,c,\cdots,k,l)$$

倒转来说,假如这个关系式得到满足,则 x 和 x' 将是某一个同一线段的长度.

但后一等式说明了,f 是其变数的一次齐次函数.

这时我们不只可以把等式(4)理解为线段长度间的相互关系,而且也可以理解为线段自身间的相互关系.

这样,我们就可以证明下列定理.

定理 105　假如关系式(4)(其中 $a,b,c,\cdots,k,l$ 是已知线段的长)确定一个同一线段的长度,而与测度单位的选择无关,则 f 是其变数的一次齐次函数.其逆亦真.

下列等式就是这样线段之间的关系的例子

$$x=a+b,x=a-b\quad(a>b)$$

$$x=\frac{ab}{c},x=\frac{abc}{de},x=\frac{ab}{a-b}\quad(a>b)$$

$$x=\sqrt{ab},x=\sqrt{a^2-b^2}\quad(a>b)$$

$$x=\sqrt{a(b-c)}+\sqrt{b(c-a)}\quad(a<c<b)$$

$$\vdots$$

括弧内的不等式,是各函数定义域的必要条件.

在初等几何学中,照例,我们只采用与选择测度单位无关的关系式.

与此不同,在代数学和分析学里,我们广泛地应用这样的关系式

$$y=x^2,y=\frac{1}{z},z=x+y^2,\cdots$$

来作几何性的说明.所有这种类型的关系式,仅仅在未改变选择长度单位以前表示着线段之间完全确定的相互关系.

第四十八节　二线段的比

在线段长度概念引用之后,二线段的比,可以简单地确定为二线段长度相除所得的商.根据定理104知道这个商与所选定的长度单位无关.

下列定理是关于二线段比的重要性质之一.

定理 106　一直线上二线段的比,等于这二线段在同一直线上的平行射影的比.

证明　一直线上的相等线段,在某一直线上的射影相等(定理66);表示二已知线段和的线段的射影,当然等于二线段的射影的和.因此可将定理103(或定理103a)利用到线段的长 x 及其射影的长 x'.由此推得,$x'=ax$.假如 x 与 y 为二已知线段,x' 及 y' 为其射影,则 $x:y=x':y'$.定理得到证明.

在与方才详细研究相类似的情况下,我们更可以简短地说:"x 和 x' 的值满足定理103的条件,因此它们成比例".

系　二平行割线在角的一边所截取线段(自顶点量起)的比,等于这二平

行割线在角的其他边所截取线段的比.

这样,我们可以看出,线段比例的几何性质的定义(第三十九节)与其算术性质的定义是一致的:四个线段中,二线段的比等于另二线段的比,便说这四线段成比例.

我们还须注意下面的情况.线段的长 x 与其平行射影的长 x' 之间有 $x' = ax$ 的关系.系数 a 和所选定的长度单位无关(据定理 104).由此可知,系数 a 的值完全可由已知直线与射影轴间的角,及投射方向来决定.

若只限于直角射影的简单情形,我们可以看出系数 a(线段的直角射影与线段长的比)只与线段与射影轴之间的角的大小有关系.这就使我们可能得出下列的定义.

线段的直角射影与线段长的比,叫做线段与射影轴间锐角的余弦.

如果我们将余弦加上适当的符号,就不难将这个定义扩张到任意角(量)的情形.

不可使第二射影轴垂直于第一个,用类似方法定义正弦的概念.这样,对于引出三角学的基本公式,给予了一般方法.

关于平面三角学的叙述超了本书的范围.因此三角学的基本公式作为已知,并在今后几章中使用.

第四十九节　关于角的平分线的定理

定理 107　三角形内角的平分线内分其对边成二线段,与其他二边成比例.

同样,三角形外角的平分线外分其对边成二线段与其他二边成比例①.

证明　只证明定理的后半,前半同理得证.

设三角形 ABC 的外角 $\angle CAX$ 的平分线(假设确定 $AB > AC$)与直线 BC 交于一点 D(图 121).于边 AB 上取一点 E,令 $AC = AE$.这时 $\angle ACE = \angle AEC$,所以

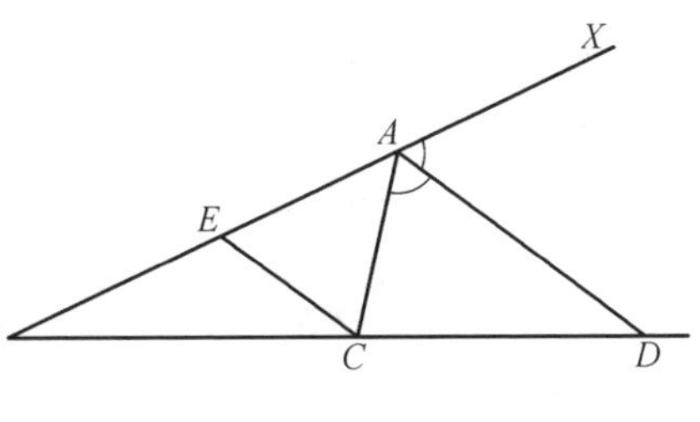

图 121

① 定理的后半部分,对于等腰三角形顶角外角的平分线,是没有意义的:因为它平行于底边.

$\angle CAX = \angle ACE + \angle AEC = 2\angle ACE$.因此$\angle CAD = \angle ACE$.得$AD \parallel CE$.由定理106得知$BD : DC = BA : AE$或$BD : DC = AB : AC$.

关于三角形角的平分线的定理利用到一个求轨迹的问题上.

轨迹 Ⅵ　到二已知距离的比,等于二已知不等线段的比的点的轨迹是一圆周①.

假如点M是所求轨迹上的一点,它满足条件$MA : MB = a : b$,其中A和B是已知点,a和b是已知线段,$a \neq b$.

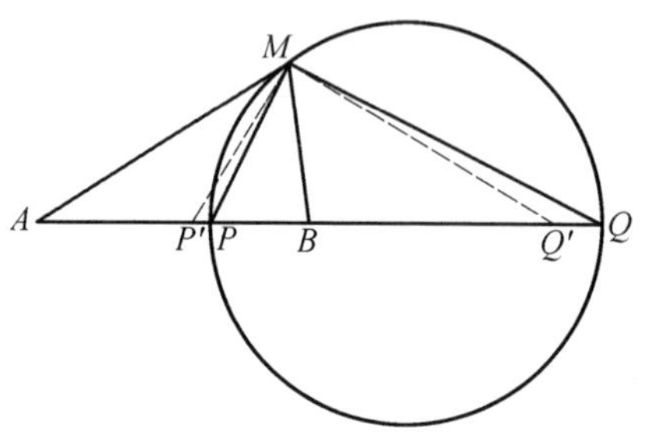

图 122

如将线段AB按已知比内分及外分,其分点为P和Q(图122)(第四十二节,作图题21)

$$AP : PB = AQ : QB = a : b$$

假如任意点M满足所予的条件,则$AP : PB = AQ : QB = AM : MB$.由此容易推知(利用定理107),$MP$和$MQ$将是三角形$MAB$的内角和外角的平分线,所以二直线$MP$和$MQ$互相垂直.

因为$\angle PMQ$是直角,所以点M具备所要求的性质,它在以线段PQ为直径的圆周上(第二十四节,轨迹题Ⅴa).

现在证明,这圆周上任意点M具备所要求的性质.为此证明,关于这圆周上任意点M,直线MP为$\angle AMB$的平分线,便足够了.

由反证法即可得到证明.假使直线MP不是$\angle AMB$的平分线,且这角的平分线与直线AB交于一点P'.如通过点M作垂直于MP'的直线与直线AB相交于另一点Q'.且令点Q在点B的近旁(而不在点A的近旁),也就是以a表示二已知线段中较长的线段.

点P'可以在A和P之间,也可以在点P和B之间.在第一种情形下,因为$\angle P'MQ' = \angle PMQ = d$,则点$Q'$将在$B$和$Q$之间.同时,$AP' < AP$,$BP' > BP$,$BQ' < BQ$,因此$\frac{AP'}{P'B} < \frac{AP}{PB}$,$\frac{AQ'}{Q'B} = \frac{AB + BQ'}{Q'B} = \frac{AB}{Q'B} + 1 > \frac{AB}{QB} + 1 = \frac{AQ}{QB}$.根据点$P$和$Q$的确定,有$AP : PB = AQ : QB$.由此得出,$\frac{AP'}{P'B} < \frac{AP}{PB} = \frac{AQ}{QB} < \frac{AQ'}{Q'B}$或$\frac{AP'}{P'B} < \frac{AQ'}{Q'B}$.但根据假设,因为$MP'$是$\angle AMB$的平分线且$MQ' \perp MP'$,所以

① 求这个轨迹另外的方法,以后还要介绍(第七十五和九十节).

应当在同时有$\frac{AP'}{P'B}=\frac{AQ'}{Q'B}=\frac{AM}{MB}$.

所得到的矛盾就说明了,点 P' 不可能在 A 和 P 之间.仿此,假如令点 P' 在 P 和 B 之间,同样可以得到如上述的矛盾结果.

这样,就证明了以线段 PQ 为直径的圆周是所求的轨迹.

第五十节　角的测度

角的测度理论完全可以仿照测度线段的理论来构成,因此我们也只限于提出若干个注意.

已叙述于四十三、四十四、四十五节的有:

a) 相等线段的性质;

b) 阿基米德公理;

c) 康托公理;

d) 得自作图题 17,将已知线段分成任意等份的可能性,是线段测度理论的基础.

等角和相等线段(第九节)有同样的性质.使用阿基米德公理和康托公理关于角的命题也可以得到证明.也就是说可以证明下列命题:无论什么样的两个已知角,我们恒可找出小角的这样的倍角,使它大于大角.

假如有一已知无限递减的内含角序列(有公共顶点),则必存在这样的一条射线(从公共顶点引出),它是这些角的每个角的内射线或是每个角的边.

借助于这两个命题,我们更可以证明:无论什么样的角,恒有将其分成给定数目的等份①的射线存在.

因为内接凸正 n 角形的一边所对的中心角,等于$\frac{4}{n}d$,则由此推得其中任意边数的正多角形存在.

这样,为了建立关于角的测度理论,不再需要什么新的公理.

现在我们需要指出两点,说明角的测度理论和线段的测度理论有些不同.

第一点的说明,涉及选择测度单位的问题.尽管所有线段具有同样的一些几何性质,然在角之中却有可以按照其几何性质而予以区别的,例如直角或平角.由于这个理由,当选择适当的长度单位时,就不可避免地要引用那个或者其

① 但是,其与线段不同的是:对于任意的已知角不可能用直尺圆规分成给定数目的等份(例如,分成三等份).

他具体的线段("巴黎的子午线圈的四分之一的千万分之一""在确定条件下的度量衡原器上两细线条间的距离"等).角的测度单位的确定与此不同,我们完全可以用纯逻辑的方法,而不引用具体的物体,来选定角的单位.众所周知,我们使用直角或度,即直角的$\frac{1}{90}$(并再分度为分和秒)作为测度角的单位.还须注意的是,因为采用米突制的测度方法,则不将直角分成90等份,而分成100等份(所得直角的百分之一叫做"级");但这个提议,没有获得普遍的使用.

其次,在已选定长度单位时,有由任意正数表示长度的线段存在着.假如对于角的理解,恰如在本书一直到现在所理解的那样,则对于角却有另外一种情况:角的量将有一个上限($4d$ 或 $360°$).但是,实际的需要(旋转移动的理论),尚须研究"任意量"的角.但是,这时就消失了角与其量间一一对应的性质:同一个角如同几何方法所对应的有无限多个数值作为这角的量.(其一量与另一量的差是 $4d$ 的倍数①)

第五十一节　圆周的长度

由研究直线段的长度和角的大小,我们转到圆周长度的概念.这时我们将研究圆周的内接和外切凸多角形.二多角形之一内接某一圆周,其他的边在内接多角形的各顶点外切同一圆周,这二多角形被认为彼此对应.

由定理26推得,某一圆周的内接多角形的周长小于这圆周的任意外切多角形的周长.我们日常的经验也提示给我们,每个圆周也如同直线段可以给它一个数(它的"长度");这个数(从经验看出)大于内接多角形的周长而小于其外切多角形的周长.为了严密地论证这个数的存在,在本节里,我们应当证明有这样的一个唯一的线段存在,它大于已知圆周所有的内接多角形的周长,而小于这圆周的所有外切多角形的周长.这个线段的长度,今后叫做圆周的长度.

从下列定理的证明开始.

定理108　某一圆周的外切和内接彼此对应的正多角形周长的差,小于这内接正多角形一边的八倍.

证明　设 $ABC\cdots$(图123)为内接正多角形,$A'B'C'\cdots$ 为其对应的外切正多角形.线段 OA' 垂直于内接多角形的一边 AB,且平分 AB 于其交点 H.由直角三角形 OAA' 和 OHA 的相似,得知 $AA' : AH = OA : OH$.以 P 和 p 表示外切和内

① 任意量的角的测度理论,详述于什万的著作.

接多角形的周长，得 $P : p = OA : OH$ 或 $P - p = \frac{p}{OH}(OA - OH)$. 线段 p 是内接多角形的周长，它小于外切正方形的周长，即 $p < 8 \cdot OA$. 又由三角形 OAH 得知 $OA - OH < AH$. 最后，直接可以看出(也可以严密地证明) $OH \geqslant \frac{1}{2}OA$. 从以上的等式和不等式现在可写成不等式 $P - p < 16 \cdot AH$，即 $P - p < 8 \cdot AB$.

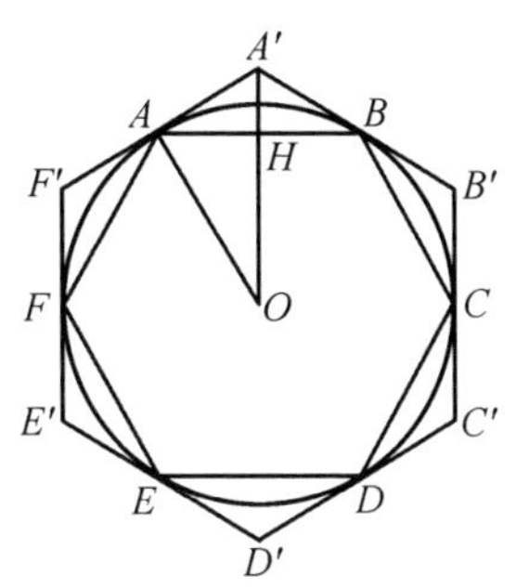

图 123

如果现在很明显地看出(这个情形同样可以严密地证明) 内接正多角形的一边由于其边数无限地倍增，而无限地缩短(第十七节，作图题 7)，则我们得到下列的结论.

系　某一圆周的外切和内接正多角形周长的差，由于其边数无限地倍增，而无限地减小.

现在转到基本定理的证明.

定理 109　存在一个唯一的线段，它大于已知圆周的所有内接多角形的周长，且同时它小于这圆周的所有外切多角形的周长.

这线段的长度叫做圆周的长度.

证明　p_0 为已知圆周的某一内接正多角形(例如正方形或正六角形) 的周长，P_0 为其对应的外切多角形的周长. 用 $p_1, p_2, \cdots, p_k, \cdots$ 和 $P_1, P_2, \cdots, P_k, \cdots$，表示按照递次倍增边数的方法所得一系列的内接和外切多角形的周长. 这时，将有 $p_0 < p_1 < p_2 < \cdots < p_k < \cdots, P_0 > P_1 > P_2 > \cdots > P_k > \cdots$，且 $P_k - p_k \to 0$(当 k 无限地增加时).

现在于任意射线 OX 上取线段 $OM_0 = p_0, ON_0 = P_0, OM_1 = p_1, ON_1 = P_1, OM_2 = p_2, ON_2 = P_2, \cdots$(图 124). 得内含线段序列 $M_0N_0, M_1N_1, \cdots$. 因为这些线段的长度是无限减小的，所以这些线段将有一个唯一的公共点 C. 证明线段 OC 具有所求的性质.

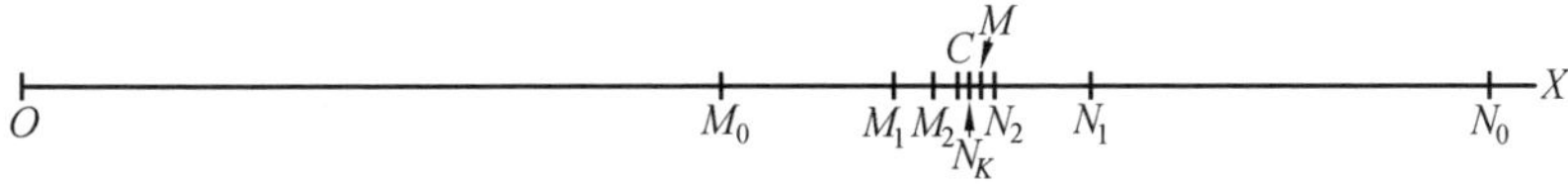

图 124

实际上，假使某一内接多角形的周长 $OM = p$ 大于 OC，可以找到(由于线段 M_kN_k 是无限减小的) 在点 C 和 M 之间的一点 N_k. 但这就成为某一内接多角

形的周长 p 大于外切多角形的周长 P_k.因为这是不可能的,所以线段 OC 大于所有内接多角形的周长.同理可以证明,线段 OC 小于所有外切多角形的周长.

最后,由于所有线段 M_kN_k 不能够有两个不同的公点,推得线段 OC 的唯一性.

注意 在以上的叙述中我们在定义圆周的长度时没有使用极限的概念.现在假如采用这个概念,由定理109的证明即可得出,圆周的长度是内接和外切彼此对应的正多角形当其边数无限地倍增时其周长的共同极限.

其次,由我们的论述中可以知道,这个极限是不依靠最初的多角形的边数而决定的.例如,我们可以先从内接正方形,正六角形或正八角形开始,都可得到一个同一线段 OC.

最后,极限理论给出了下列定理众所周知的证明.但是为了保持叙述的格式,对那个定理,我们愿意给予几何的证明.

定理110 圆周长的比等于其半径的比.

证明 设 r 和 r' 为二圆周的半径.仍如定理109的证明中所使用的,用 p_k

和 P_k 表示第一个圆周的内接和外切多角形的周长.再用同样的方法,以 p'_k 和 P'_k 表示第二个圆周的内接和外切多角形(对应同一边数)的周长.这时将有

$$p_k : p'_k = P_k : P'_k = r : r' \quad (k = 0,1,\cdots)$$

假如我们如同定理109的证明,于射线 OX 和 OX' 上,取线段 $OM_k = p_k$, $ON_k = P_k$, $OM'_k = p'_k$, $ON'_k = P'_k$(图125),则所有这些直线 $M_kM'_k$ 和 $N_kN'_k$ 平行.现在假定 C 和 C' 分别为所有线段 M_kN_k 和 $M'_kN'_k$ 的公共点,显然可以看出直线 CC' 平行于其他的平行线.这也就是说 $OC : OC' = p_k : p'_k = r : r'$.定理得到证明.

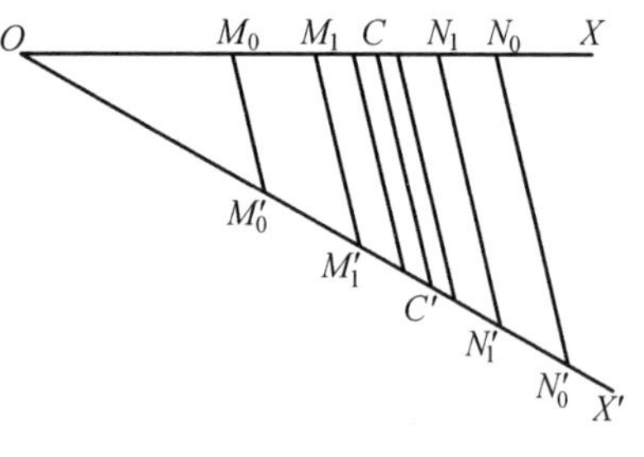

图125

系 所有圆周的长度与其直径的比,恒等于一个同一数值.

这个数值等于

$$\pi = 3.141\ 592\ 653\ 589\ 7\cdots$$

注意 对于 π 的数值的计算,无论是初等的和非初等的都有过很多方法;而后者在很多情况下都是以级数理论为基础的.

蓝别利特姆证明了 π 是无理数.此后林德曼证明 π 是超越数,即它不可能是具有有理系数的代数方程式的根.

第五十二节　圆弧的长度

完全仿照我们所使用过的上节那样的论述,不只给出确定圆周长度的可能性,而且也能确定任意圆弧的长度.这时代替内接和外切多角形,就可以研究内接和外切的折线.

某一圆弧的长度 s 是依赖于(在选定了长度单位长和角度单位时)圆周半径 r 和中心角 a 的大小而决定的.仿照定理 110 我们可以证明,$s:r$ 之比与半径的长度无关,于是它只与角 α 有关.显然可以看出 $s:r$ 和 α 的值,满足定理 103a 的条件(参照第四十八节有更详细的论述);因此推得

$$s:r=k\alpha$$

或

$$s=kr\alpha$$

这里 k 是某一比例常数.这个系数的数值,和所选择的长度单位没有关系(参考第四十六节),因为 s 和 r 的值由于长度单位的变更而有所变化,但有同一比值,而与所选定的角的测度单位有关.所以用度来计量角度,当 $\alpha=360°$ 时,应有 $s=2\pi r$,即 $k=\frac{2\pi}{360}$.于是,当以度计量角度时,将有

$$s=\frac{2\pi}{360°}\cdot r\cdot\alpha\quad(\alpha\text{ 用度计})$$

我们可以提出另外的问题,来代替按所给角的测度单位确定系数 k.这样选定角的测度单位,使 $k=1$,即使

$$s=r\alpha$$

假如 $s=r$,这时我们可得 $\alpha=1$.从这里可以知道,这就是以长等于半径的圆弧所对应的中心角作为角的测度单位.这样的角就是我们所熟知的,叫做弦.

第十七章　面积

第五十三节　组成相等的多角形

在本章里,我们仅仅研究简单的折线和简单多角形(第七节),并且简称它们为折线和多角形.在很多场合里,为了使证明简单化,我们仅仅限于研究凸多角形:虽然所研究的性质也适合于简单凹多角形,但它们的证明在这个场合是很复杂的.

设已知多角形为 $ABCDEF$(图 126),简称为多角形 **P**.这多角形周上两点 K 和 L 由全部在多角形内部的任意折线(或在特殊情况为一线段)连接,即如折线 $KMNL$.我们就得到两个新的多角形 $ABKMNLEF$ 和 $KCDLNM$,或简称为 **P′** 和 **P″**.这时就说这折线划分多角形 **P** 成为两部分 **P′** 和 **P″**,即多角形 **P** 分解成两多角形 **P′** 和 **P″**,亦即 **P** 是由 **P′** 和 **P″** 所组成.最后说,多角形 **P** 是两多角形 **P′** 及 **P″** 之和

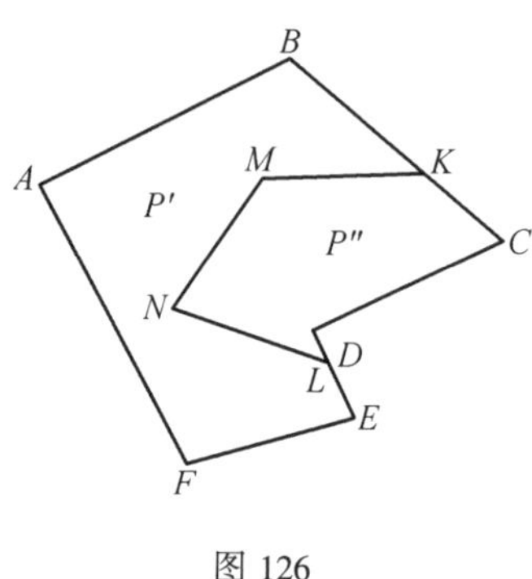

图 126

$$\mathbf{P} = \mathbf{P}' + \mathbf{P}''$$

同样可以说,多角形 **P** 是由 **P′** 加上 **P″**,或于 **P″** 加上 **P′** 的方法而得到的.

这些概念由多角形 **P′** 及 **P″** 的一个,或两个进一步分解的方法,容易普遍到任意有限个多角形之和的情形.

现在设有两已知凸多角形 **P** 和 **Q**(图 127).这时就常常存在着第三个多角形,一般说是凹多角形,可以作为分别与多角形 **P** 及 **Q** 相等的二多角形 **P′** 及 **Q′** 之和.这纯粹是由于二已知凸多角形的每一个可以全部放在其他多角形一边的同侧而得到的.关于任意凹多角形的这个性质的严密证明,是很不简单的.

现在可以引用下列的定义:假如二多角形可以分解成为同数个对应相等的多角形,则这二多角形叫做组成相等的多角形.为了更明确的表示可以说,假如多角形 **P** 可以分成这样的一些部分,按照另一种方式加起来恰得多角形 **Q**,则

两多角形 **P** 及 **Q** 是组成相等的多角形.

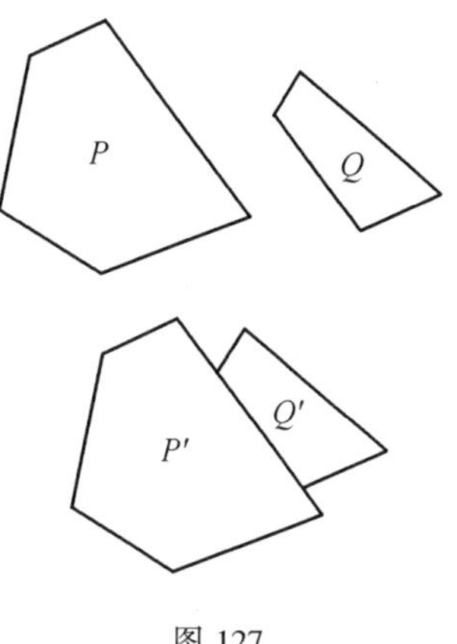

图 127

所以,于组成相等的多角形上,附加相等的或组成相等的多角形,那么所得的多角形仍旧是组成相等的多角形.

我们引用下列的定理,作为应用组成相等的概念的例子.

定理 111　任意三角形与某一平行四边形为组成相等,这平行四边形的底边与三角形的一边重合,而它的高等于三角形对应高的一半.

证明　设 L 为三角形 ABC 的一边 AB 的中点(图 128),M 是通过 L 且平行于 BC 的直线和通过 C 且平行于 AB 的直线的交点.三角形 ABC 与平行四边形 $LBCM$ 为组成相等.图上用同一数字表示二多角形对应相等的部分.

定理 112　任意平行四边形与一个矩形为组成相等,这矩形的底为平行四边形的一个大边,而它的高为平行四边形的对应高.

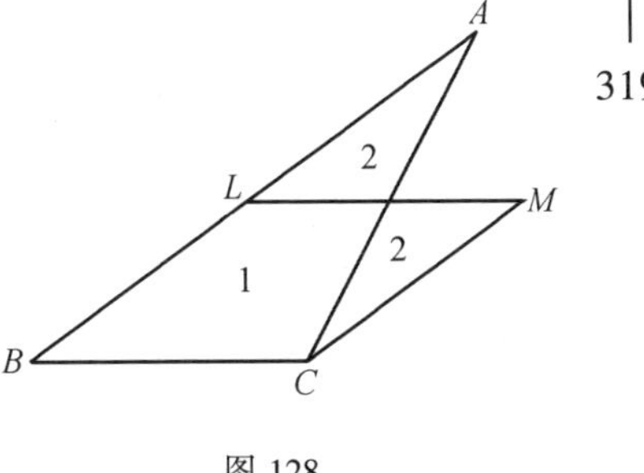

图 128

证明　自已知平行四边形 $ABCD$ 的顶点 C 和 D 向直线 AB 作垂线 CH 和 DK(图 129).如 $\angle A$ 为锐角,则由于 $AK < AD \leqslant AB$,所以点 K 在边 AB 内.从三角形 ADK 和 BCH 的相等,推得本定理的正确性.

注意　本定理证明的表述,不适用于平行四边形的小边.实际上,这时,二点 H 和 K 都能落在边 AB 的延长线上(图 130).

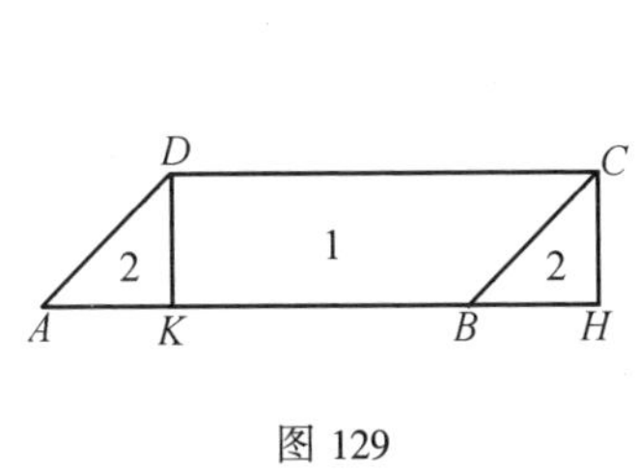

图 129

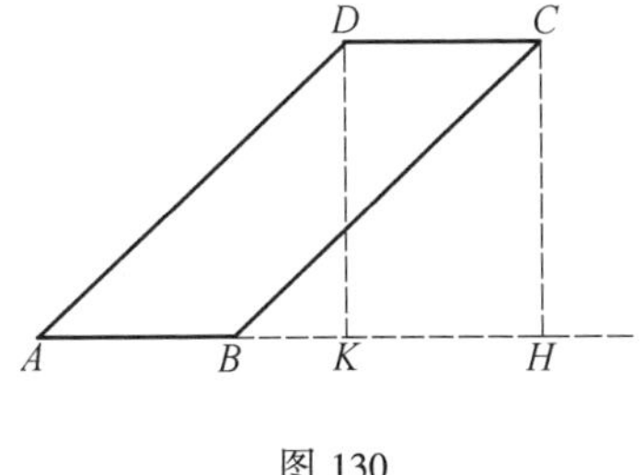

图 130

组成相等的多角形最一般的性质之一,表达于下列定理.

定理 113　两多角形都和第三个多角形为组成相等,这两个多角形互为组成相等.

证明 设多角形 **Q** 和 **R**,都和同一多角形 **P** 为组成相等.这就是说,多角形 **P** 可以分成某一数 k 个多角形 $\mathbf{P}_i(i=1,2,\cdots,k)$,而多角形 **Q** 也可以分成同数个多角形 $\mathbf{Q}_i(i=1,2,\cdots,k)$,对应地等于 $\mathbf{P}_i$(如在图 131(a),多角形 **P** 分解成四部分 $\mathbf{P}_1,\mathbf{P}_2,\mathbf{P}_3,\mathbf{P}_4$).显然同样,多角形 **P** 还可以分解成 l 个多角形 $\mathbf{P}^j(j=1,2,\cdots,l)$,而多角形 **R** 可以分解成同数个而各别等于 $\mathbf{P}^j$ 的多角形 $\mathbf{R}^j$(如图 131(b),多角形 **P** 分成另外的四个部分 $\mathbf{P}^1,\mathbf{P}^2,\mathbf{P}^3,\mathbf{P}^4$).

现在我们来研究在多角形 **P** 里将其分成多角形 $\mathbf{P}_i$ 所有线段的总集,且同时也研究将其分成多角形 $\mathbf{P}^j$ 所有线段的总集.借助于同时所取的不同线段,多角形 **P** 将分解成多角形 $\mathbf{P}_{ij}$;每个这样多角形的内部,都有多角形 $\mathbf{P}_i$ 和 $\mathbf{P}^j$ 内部的共同部分(在集合论的名词是交).标号 i,j 的联用有时没有与之对应的多角形 $\mathbf{P}_{ij}$(如图 131(c),有多角形 $\mathbf{P}_{12},\mathbf{P}_{13},\mathbf{P}_{21},\mathbf{P}_{22},\mathbf{P}_{23},\mathbf{P}_{31},\mathbf{P}_{32},\mathbf{P}_{33},\mathbf{P}_{44}$,但是没有 $\mathbf{P}_{11},\mathbf{P}_{14},\mathbf{P}_{24},\mathbf{P}_{34},\mathbf{P}_{41},\mathbf{P}_{42},\mathbf{P}_{43}$).

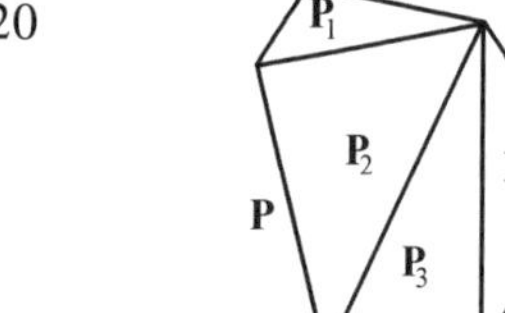

(a)

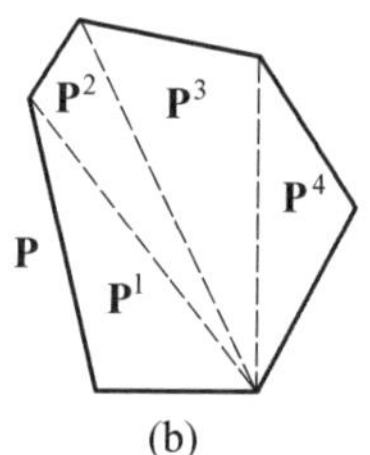

(b)

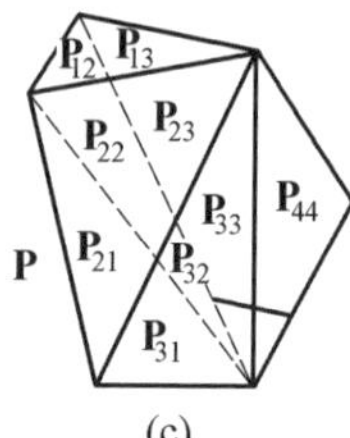

(c)

图 131

每个多角形 $\mathbf{P}_i$ 是所有多角形 $\mathbf{P}_{ij}$ 中带有共同第一标号 i 的多角形的总和.因此,等于 $\mathbf{P}_i$ 的多角形 $\mathbf{Q}_i$ 都可以分解成对应地等于 $\mathbf{P}_{ij}$ 而带有共同第一标号 i 的那些部分.所以多角形 **Q** 可以分解成对应地等于多角形 $\mathbf{P}_{ij}$ 的所有部分.同理,多角形 $\mathbf{R}^j$ 也可以分解成对应地等于多角形 $\mathbf{P}_i$ 而带有共同的第二标号 j 的那些部分.因此多角形 **R** 可以分解成对应地等于 $\mathbf{P}_{ij}$ 的所有部分.

所以,无论多角形 **Q** 或 **R**,都可以分解成对应地等于多角形 $\mathbf{P}_{ij}$ 的所有部分.这也就说明了多角形 **Q** 和 **R** 为组成相等.

第五十四节 等积多角形

等积的概念是组成相等的概念的推广.

如果将同数个对应相等的多角形,添加到二多角形上,得到两个组成相等的多角形,则这二多角形叫做等积多角形①.

如图 132 所示,二多角形 **P** 和 **Q**,各添加两个对应相等的多角形 $\mathbf{P}_1 = \mathbf{Q}_1$ 和 $\mathbf{P}_2 = \mathbf{Q}_2$,得到两个组成相等的多角形 $ABCD$ 和 $A'B'C'D'$,所以多角形 **P** 和 **Q** 等积.

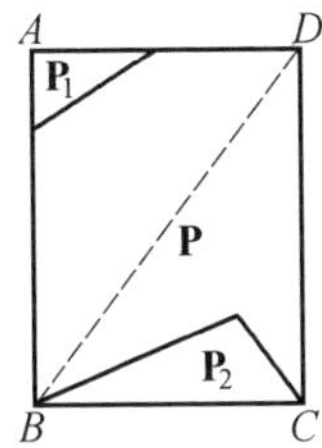

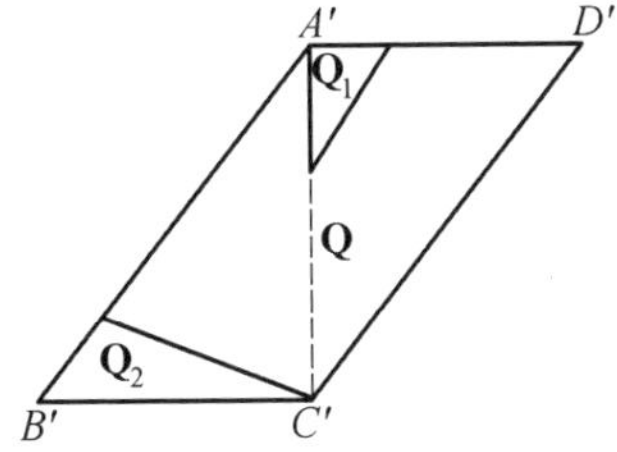

图 132

显然,组成相等的多角形是等积多角形的特殊情形.

下列定理可以作为应用等积概念的例子.

定理 114 等底等高的平行四边形等积.

证明 仅研究二平行四边形 $ABCD$ 和 $ABC'D'$(图 133 和 134)有公共底边 AB,且在直线 AB 的同侧的情形就足够了.因为它们的边 CD 和 $C'D'$ 都在(由于高相等)平行于 AB 的同一直线上.线段 CD 和 $C'D'$ 可以有公共点(图 133),也可以没有公共点(图 134).在这两种情形下,两已给平行四边形都是等积的,因为它们各添加相等三角形 BCC' 和 ADD',便得同一多角形 $ABC'D$.

我们要注意,在第一种情形下(图 133)两已给平行四边形不只等积,而且显然也是组成相等,因为可以把它们分解成对应相等的部分(注意图 133 注有同一数字的部分).

① 具有所指示性质的多角形,也可以称为补充相等.但是我们更可以看出,具有这些性质的多角形有相等的面积,其逆命题也真实.因此我们在习惯上,还是选用名词“等积”为佳.

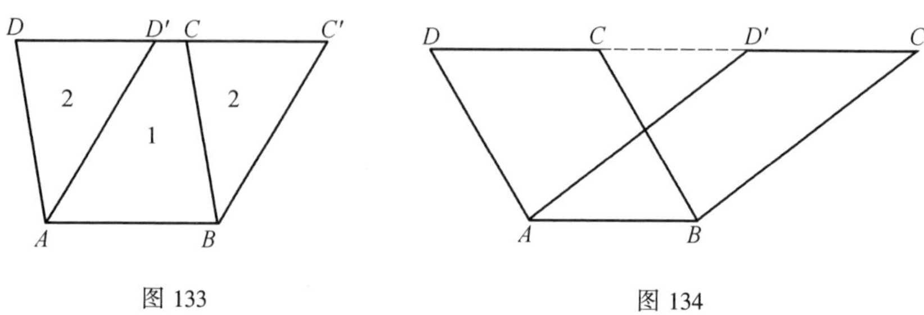

图 133　　图 134

定理 115　二等底等高(等底边上的对应高)的三角形等积.

证明　仅研究三角形 ABC 和 $A'BC$(图 135)有公共底边 BC,且在直线 BC 的同侧的情形就足够了.这两三角形的边 AB,AC,$A'B$ 和 $A'C$ 的中点 L,M,L' 和 M' 在(因为有等高)同一直线上.二三角形中点联结而成的线段 LM 和 $L'M'$ 可以有公共点,也可以无公共点.在证明过程中,这是不发生影响的.由于三角形 ABC 添加三角形 CMN' 就得五角形 $ABCN'M$,它是三角形 ALM,$CN'M'$ 和四边形 $LBCM'$ 的和.同样,五角形 $A'CBNL'$ 是由三角形 $A'BC$ 添加三角形 BNL' 而成,它是三角形 BLN,$A'L'M'$ 和同一四边形 $LBCM'$ 的和.但 $\triangle ALM=\triangle BLN$,$\triangle CN'M'=\triangle A'L'M'$,因此推得五角形 $ABCN'M$ 和 $A'CBNL'$ 是相等图形组成的.所以三角形 ABC 和 $A'BC$ 各添加相等三角形 CMN' 和 BNL' 可得到两个组成相等的多角形.

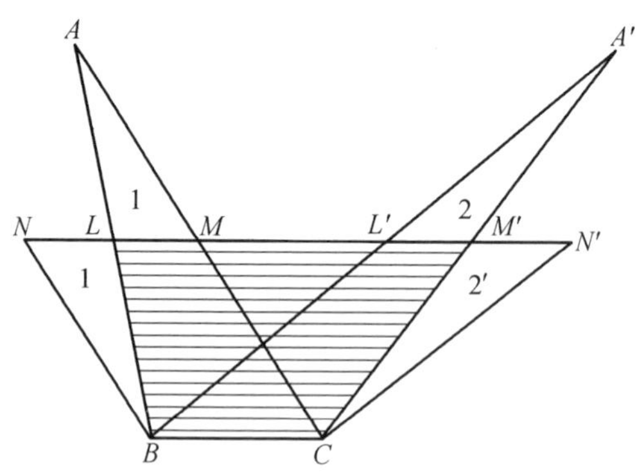

图 135

定理 116　如果通过平行四边形对角线上任意点,引平行于其边的直线,则所得四个平行四边形中,此对角线所不经过的二平行四边形等积.

证明　设 E 为平行四边形 $ABCD$ 的对角线 BD 上的一点(图 136).通过点 E

引直线 KL 和 MN 分别平行其二邻边.

这时,得到三对相等的三角形:$\triangle NBE = \triangle LEB$,$\triangle KED = \triangle MDE$,$\triangle ABD = \triangle CDB$. 平行四边形 $ANEK$ 和 $ELCM$ 将是等积,因为假如于第一个平行四边形添加三角形 NBE 和 KED,而于第二个平行四边形添加其对应相等的三角形 LEB 和 MDE,则得两个相等的三角形 ABD 和 CDB.

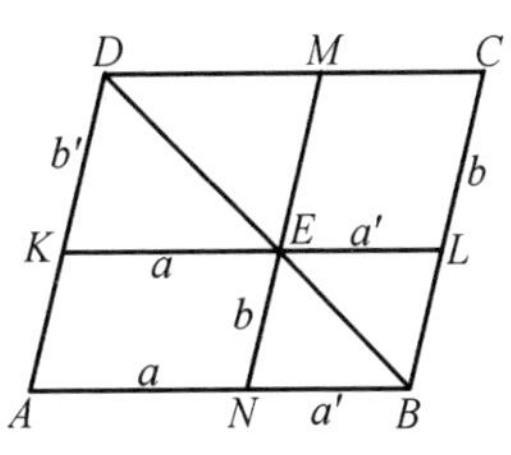

图 136

系 1 假如二平行四边形的角对应相等而其对应边成反比例,则这二平行四边形等积.(“反比例”表示第一平行四边形的一边与第二平行四边形的一边的比,等于第二个的另一边与第一个的另一边的比)

实际上,假定二平行四边形的边 a,b 和 a',b' 成反比例,即 $a:a'=b':b$,而其夹角对应相等.这样的平行四边形,可以使其位置如同平行四边形 $ANEK$ 和 $ELCM$ 那样.又因为三角形 NBE 和 KED 相似(相似第二特征),因此,点 B,E 和 D 将在一直线上.

系 2 任意平行四边形,都可与某另一平行四边形等积,后者的角与前者的角相等,后者的一边为一已知线段.

事实上,假如 a,b 为已知平行四边形的边,a' 为已知线段,则利用比例式 $a:a'=b':b$ 可作出所求平行四边形的第二边 b'.

第五十五节 关于等积的基本定理

我们转到研究等积多角形的一般性质,先从下列定理的证明开始.

定理 117 二多角形各与第三多角形等积,它们彼此之间等积.

证明 设二多角形 $\mathbf{Q}$ 和 $\mathbf{R}$ 都和同一个多角形 $\mathbf{P}$ 等积.这样就存在 k 个多个角 $\mathbf{Q}_i(i=1,2,\cdots,k)$ 和 l 个多角形 $\mathbf{R}_j(j=1,2,\cdots,l)$,具有下列性质.于多角形 $\mathbf{P}$ 和 $\mathbf{Q}$ 各添加 k 个多角形,它们对应地等于多角形 $\mathbf{Q}_i$,如是得出的二多角形 $\mathbf{P}^*$ 和 $\mathbf{Q}^*$ 是组成相等的多角形.同理,那些多角形 $\mathbf{R}_j$ 对于二多角形 $\mathbf{P}$ 和 $\mathbf{R}$ 也具有类似的性质.

现在于多角形 $\mathbf{P}^*$ 和 $\mathbf{Q}^*$,各再添加 l 个多角形,它们对应地等于多角形 $\mathbf{R}_j$.这时,多角形 $\mathbf{P}^*$ 和 $\mathbf{Q}^*$ 反又成为新的多角形 $\mathbf{P}'$ 和 $\mathbf{Q}'$,同样是组成相等的多角形.因为组成相等的多角形各添加相等多角形,仍不失其组成相等的性质.

用同样的方法,于多角形 **P** 和 **R** 也可以各添加 $k+l$ 个这样的多角形,对应地等于 $\mathbf{R}_j$ 和 $\mathbf{Q}_i$,而得到组成相等的多角形 **P″** 和 **R″**.这时一般说来,多角形 **P′** 和 **P″** 不是彼此相等,因为第二次于多角形 **P** 和 **R**,先添加等于 $\mathbf{R}_j$ 的多角形(使所得为组成相等的多角形)而后添加等于 $\mathbf{Q}_i$ 的多角形.

但是多角形 **P′** 和 **P″** 将是组成相等的,因为它们每一个都是由多角形 **P** 和对应地等于 $\mathbf{Q}_i$ 和 $\mathbf{R}_j$ 的 $k+l$ 个多角形所组成.所以与 **P′** 和 **P″** 组成相等的多角形 **Q′** 和 **R″** 将是组成相等的(由定理 113).

于是从多角形 **Q** 和 **R**,用各添加对应相等的多角形的方法,可以得到组成相等的多角形 **Q′** 和 **R″**.这也就是说 **Q** 和 **R** 为等积.

这样,借助于已证的等积性质的传递性,现在可以证明下列的两个定理 118 和 119.尽管这些定理对所有的简单多角形都是正确的,我们只就凸多角形来叙述和证明,因为在凹多角形的情况中证明是很困难的.

定理 118　任意一个边数多于三的凸多角形,与某一三角形等积.

证明　设有已知凸多角形 $ABCDEF$(图 137).我们来研究它的任何三个相连续的顶点 F,A 和 B.对角线 BF 划分已知多角形成为三角形 ABF 和多角形 $BCDEF$.

通过点 A 作平行于 BF 的直线与直线 EF 相交于点 A'(因为直线 EF 与 BF 相交,所以必与平行于 BF 的任何直线相交).由定理 115 知道三角形 ABF 和 $A'BF$ 是等积的.更由最后定理的证明,可知于三角形 ABF 和 $A'BF$ 各添加相等的三角形 FMN' 和 BNL',可得到组成相等的五角形 $ABFN'M$ 和 $A'FBNL'$(比较图 137 和 135).于这两个组成相等的五角形各添加同一个多角形 $BCDEF$,可得到一双新的组成相等的多角形 $ABCDEFN'M$ 和 $A'L'NBCDE$.但这二多角形是由于多角形 $ABCDEF$ 和 $A'BCDE$ 各添加相等三角形 FMN' 和 BNL' 而得到的.所以它们是等积.

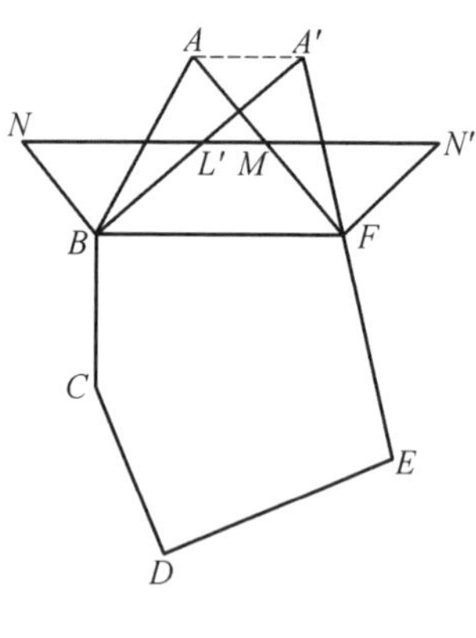

图 137

这样,已知 n 角形 $ABCDEF$ 可以和凸 $n-1$ 角形 $A'BCDE$ 等积.重复这样的步骤若干次,就可得出某一三角形.这样,依次得出的 n 角形、$n-1$ 角形、…、四角形和三角形,根据定理 117 可知它们都是彼此等积的.

注意　上述的证明不适用于凹多角形.如本编图 12 所示十角形的例子是

很清楚的.但是,在我们讨论的已知范围内所完成的定理118和下一定理119,对所有(简单的)多角形都是正确的.

定理 119 任意凸多角形可与有其一边为已知线段的矩形等积.

证明 根据定理118知道已知多角形可与某一三角形等积.根据定理111知道这三角形可与某一平行四边形等积.由定理112知道后一平行四边形可与其等底等高的矩形等积.最后,由定理116的系2知道这矩形可与有以已知线段为其一边的另一矩形等积.由定理117可知最后的矩形和已知的凸多角形等积.定理得证.

现在综合所得的结果,显然可知等积图形具有反射性和对称性的性质;根据定理117知道等积还有传递性.所以,所有多角形可以分到等积多角形的种类里.

任意多角形,因而,和所有的与它等积的多角形,都与某一个有已知线段 a 为底边的矩形等积.这样,有底边 a 的每个矩形就是某类等积多角形的"代表".在这个意义上,利用有公共底边的矩形,我们就得到等积多角形的不同种类的"概念".

但是,在这里就发生一个新的重要的困难.两个有公共底边但不等高的矩形能不能是等积的呢?假使这是可能的,那么利用有公共底边的矩形,我们便不能得到按类区分多角形的清晰情景.

这样,为了完成关于等积的研究,我们应该证明下列的命题("曹利塔原理"):如果带有等底的二矩形,等积,则其高必等.

这个命题,依据面积测量的理论,我们在下边(第五十九节)要做严密的证明.

第五十六节 毕达哥拉斯定理

由等积多角形的性质,就足以证明毕达哥拉斯定理以及与它有关的诸定理.

定理 120(**毕达哥拉斯定理**) 直角三角形斜边上所作的正方形,与它的二正交边上所作正方形之和等积.

证明 设 $ABHG$(图138)为在已知直角三角形 ABC 斜边上所作的正方形;再说多角形 $B'C'D'G'L'M'$ 为二正交边上($B'C'=C'K'=BC, K'D'=D'G'=AC$)所作正方形之和.假如于正方形 $ABHG$ 添加每个等于 $\triangle ABC$ 的四个三角形1,2,3,4,则得正方形 $CDEF$;假如于多角形 $B'C'D'G'L'M'$ 添加同样的每个等于

$\triangle ABC$ 的四个三角形 $1', 2', 3', 4'$,则可得等于 $CDEF$ 的正方形 $C'D'E'F'$.所以多角形 $ABHG$ 和 $B'C'D'G'L'M'$ 等积(根据等积多角形的定义).

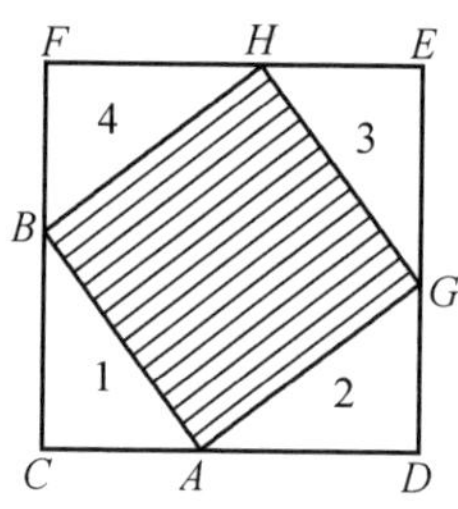

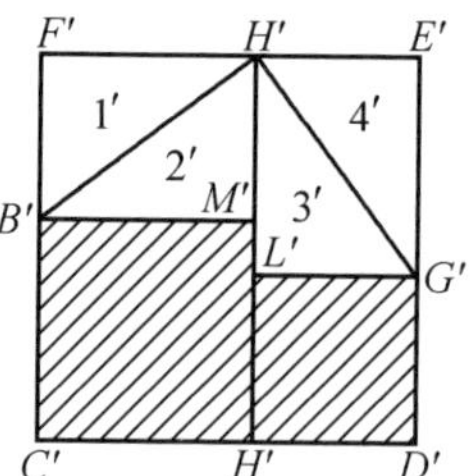

图 138

注意 可以证明,斜边上所作的正方形与两正交边上所作正方形之和,不仅是等积,而且也是组成相等.关于这一证明,把二正方形 $CDEF$ 和 $C'D'E'F'$(图 138)叠合就足够了;这样所得的图形就如图 139 所表示的.由此即可看出,二正交边上所作正方形之和,将由 1,2,3,4,5 五部分组成;由这些相同的五部分也可以组成斜边上的所作的正方形.图 140 说明了同样分解的情形.

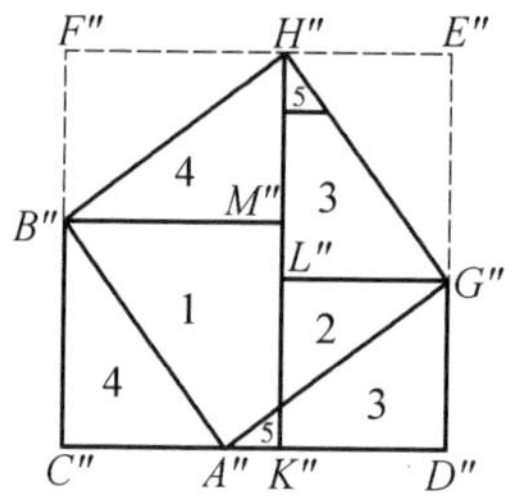

图 139

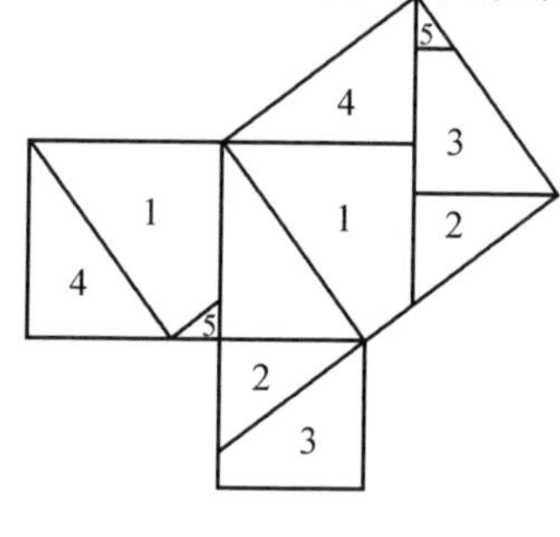

图 140

还有别种方法,将斜边上所作的正方形分解成若干部分,这些部分可以组成二正交边上所作的正方形.图 141 就是这些方法中的一种.

定理 121 直角三角形正交的一边上所作的正方形,与一矩形等积,这矩形的两边就是斜边及已知正交的一边在斜边上的射影.

证明 设 CH 为已知直角三角形 ABC 的高(图 142),$ACDE$ 为其正交的一边上所作的正方形.用 K 表示直线 CH 和 DE 的交点.通过点 A 作 CH 的平行线和 DE 相交于点 G,得 $AG = CK = AB$.我们应该证明得正方形 $ACDE$ 和矩形 $AHFG$ 等积.

假如于正方形 $ACDE$ 添加三角形 ACH 和 DKC,又于矩形 $AHFG$ 上添加与

ACH，DKC 对应相等的三角形 GKF 和 EGA，便可得到同一四角形 $AHKE$。等积得到了证明.

注意 那样的作图(图 142)，还可以按照别种方法来证明等积. 由定理 114 知道正方形 $ACDE$ 和平行四边形 $ACKG$ 为等积(有共同边 AC)；显然，同样可以推得矩形 $AHFG$ 和平行四边形 $ACKG$ 也是等积(有共同边 AG). 所以正方形 $ACDE$ 和矩形 $AHFG$ 根据定理 117 知道它们是等积.

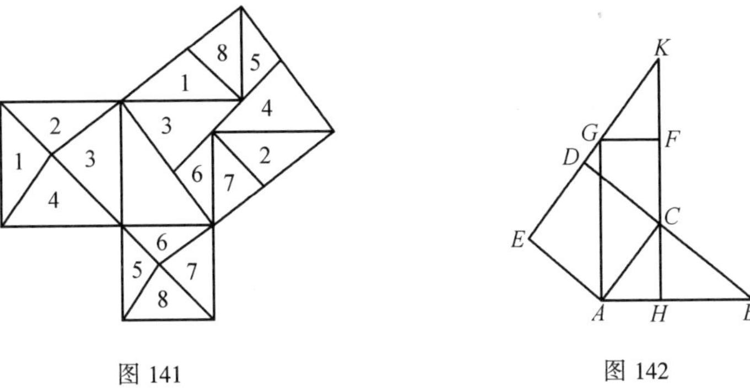

图 141　　图 142

定理 122 以直角三角形的高(自直角顶所引的高)为一边的正方形与一矩形等积，这矩形的二边就是二正交边在斜边上的射影.

证明 设 CH 为已知直角三角形 ABC 的高(图 143). 我们应证明正方形 $CDEH$ 和矩形 $BFGH$ 等积，其中 $AH = GH$.

用 K 和 L 表示直线 BC 与 DE，及与 FG 的交点. 于正方形 $CDEH$ 添加三角形 BCH 和 CKD，而于矩形 $BFGH$ 添加同一三角形 BCH 和等于 CKD 的三角形 LBF，便得相等的三角形 BKE 和 LCG. 等积就是这样证明了.

注意 假如代替矩形 $BFGH$(图 143)作与其相等的矩形 $BF'G'H$(图 144)，则由于考察平行四边形 $CDEH$，$CKMH$，$BNMH$ 和 $BF'G'H$ 的递次等积，这定理同样得到证明.

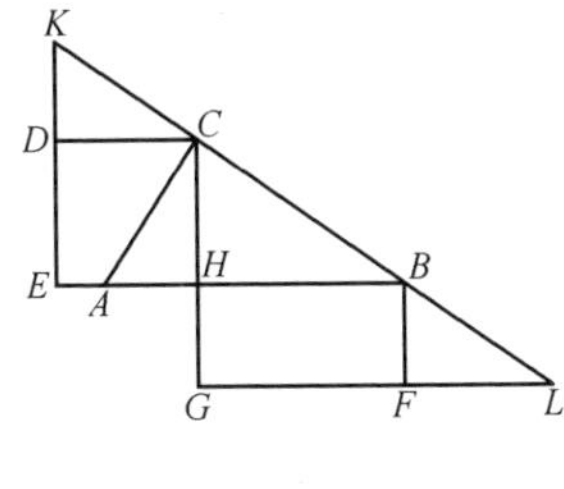

图 143

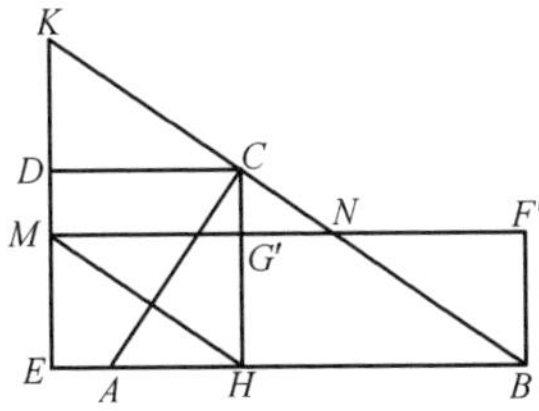

图 144

第五十七节　多角形变形问题

在前节所研究的关于等积的定理给予了解决许多问题的可能性,在那些问题中要求作一多角形,与已知多角形等积且满足某些附加条件.

与其说:"作一多角形,与已知多角形等积,且满足所给条件",不如说:"将已知多角形变成一个与它等积的多角形,满足所给条件".因此,这种类型的问题叫做多角形变形问题.

现在于这类问题中列举几个最典型的例子.

作图题 23　已知底边及一角,求作一平行四边形与已知平行四边形等积.

设 $ABCD$ 为已知平行四边形(图 145),AB' 和 $\angle B'AX$ 分别为所求平行四边形的底边和一角.

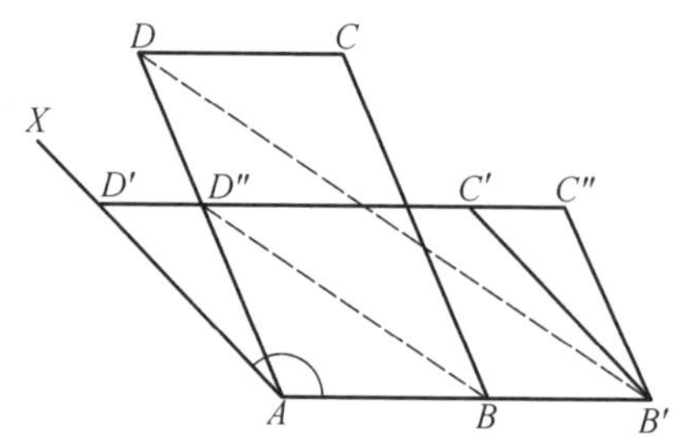

图 145

通过点 B 作平行于 $B'D$ 的直线,而用 D'' 表示它和直线 AD 的交点.更通过点 D'' 作平行于 AB 的直线,而用 D' 表示它和直线 AX 的交点.

请读者证明,点 D' 就是所求平行四边形 $AB'C'D'$ 的一个顶点.

作图题 24　已知底边及其一端的底角,求作一三角形与已知三角形等积.

仿照前题(图 145)即可完成本题的作图.只代替平行四边形 $ABCD$ 和 $AB'C'D'$,而研究三角形 ABD 和 $AB'D'$ 就可以了.

作图题 25　作一正方形,与已知矩形或已知平行四边形或已知三角形等积.

设 $ABCD$ 为已知矩形(图 146).以其大边为直径作一圆周.再取 $AH = AD$.作直线 HE 垂直于 AB,而与圆周相交于某一点 E.线段 AE 即为所求正方形 $AEFG$ 的一边.

假如注意到 $\angle AEB$ 为直角,从定理 121 就可推得本作图题的正确性.

假如已知图形是平行四边形,就必须先作出和它等积的矩形.

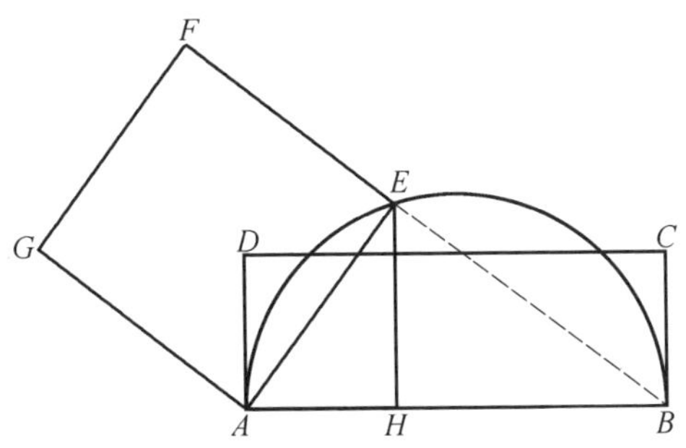

图 146

假如已知图形是三角形,应先作出和它等积的平行四边形(根据定理111),再作出和这平行四边形等积的矩形.

作图题 26 求作一个与已知凸多角形等积的正方形(或三角形).

利用定理 118 证明时所用的作图,我们先作与已知 n 角形等积的一个凸 $n-1$ 角形.再用同一方法作出和它等积的 $n-2$ 角形,……,四角形,最后作三角形.再将这三角形变成和它等积的正方形(作图题 25).

作图题 27 求作一正方形,与二已知正方形之和(或差)等积.

由毕达哥拉斯定理直接推得本题的作图.

第五十八节 多角形面积的测度

假如采用多角形之和的概念(第五十三节),则测度面积的概念可以仿照测度线段的概念而完全建立起来.

建立一个多角形面积的测度制,就是规定与每个(简单的)多角形对应的正数,称为这多角形的面积,并且具有下列两个性质:

a) 一个同一面积对应着相等的多角形;换句话说,多角形的面积在它的位置变动时,不发生变化("关于移动的不变性").

b) 二多角形之和的面积等于二多角形面积的和("可加性").

可加性可直接扩张到任意有限数个多角形的相加.

由上述的不变性和可加性,得知组成相等的多角形有同一面积.

三角形 ABC,四角形 $ABCD$,多角形 $\mathbf{P}$ 的面积,常表示为

$$\text{пл}.ABC,\text{пл}.ABCD,\text{пл}.\mathbf{P}$$

如同长度一样,可以任意选择面积单位;如何选择我们以后再谈.

我们将依据线段长度的概念,建立面积测度的理论.从下列的定理开始.

定理 123 如果多角形面积的测度为可能,则边度为 x 和 y 的矩形面积 S,可以仅由下式表示

$$S = kxy$$

其中 k 是一个常数系数.

证明 面积 S 是 x 及 y 的函数,由自变量的所有正数值按照问题意义而确定,且只取正数值

$$S = f(x, y)$$

显然这个函数具有下列两个性质

$$f(x, y) = f(y, x) \tag{1}$$

$$f(x + x', y) = f(x, y) + f(x', y) \tag{2}$$

由面积的可加性直接推得第二个性质(图 147).我们的问题就在于确定这个函数的形式.

根据定理 103 由性质(2) 推得

$$f(x, y) = x \cdot \varphi(y)$$

因为比例系数与 y 有关.这里,假定 $x = 1$,得到

$$f(1, y) = \varphi(y)$$

因此

$$f(x, y) = x \cdot f(1, y) \tag{3}$$

更由性质(1) 和(3)

$$f(1, y) = f(y, 1) = y \cdot f(1, 1)$$

将 $f(1, y)$ 的值代入式(3),得

$$f(x, y) = xy \cdot f(1, 1)$$

最后,以 k 表示 $f(1,1)$,即可得到所求的表达式.

这几个公式确定了函数 $f(x, y)$ 的形式,我们可以由下列的讨论加以说明.

在矩形的高 y 已给定时,底 x 的每一正数值对应着一个确定的面积 S.这时,底的任意二数值的和,对应着面积的二对应值的和.所以,在已知高为 y 时面积 S(按一般定理 103a) 与底边 x 成比例.换句话说,比 $S : x$ 与 x 无关(但它自然与 y 有关).

又,与每个 y 的值相当的,有一个确定的 $S : x$ 的比值,并且与任意二 y 值之和相当的有两个 $S : x$ 的对应比值之和(图 148).所以,$S : x$ 与 y 成比例,即 $S : x = ky$.

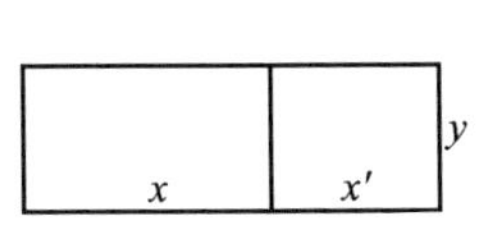

图 147

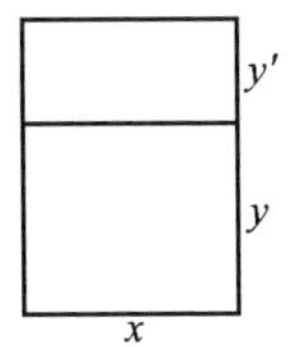

图 148

现在,我们回过来谈选定面积单位.公式

$$S = kxy$$

多半采用简单的形式,即 $S = xy$.假如认为当 $x = y = 1$ 时,应得 $S = 1$.这就是说,我们应用下列的方法选定面积的单位.

c) 其边等于单位长的正方形面积作为面积单位.

现在我们可以叙述下列定理.

定理 124　如果面积的测度为可能,而面积单位的选择符合条件 c),则

a) 矩形的面积只可以等于底及高的乘积;

b) 平行四边形的面积只可以等于它的一边及与这边对应的高的乘积;

c) 三角形的面积只可以等于任意一边及与这边对应的高的乘积的一半;

d) 梯形的面积只可以等于它的中点线及高的乘积.

在本定理里,以及今后所有场合,我们常说:"底及高的积",实际是"底的长及高的长相乘之积" 的略语,其他由此类推.

证明　本定理关于矩形我们已予证明.

关于平行四边形,可由定理 112(图 129) 及定理 94 推得.

关于三角形,由于任意三角形 ABC 补充成为平行四边形 $ABCD$(图 149) 的可能,并且由于可加性和不变性,就可以推得

$$\text{пл}.ABCD = \text{пл}.ABC + \text{пл}.CDA = 2\text{пл}.ABC$$

由此得

$$\text{пл}.ABC = \frac{1}{2}\text{пл}.ABCD$$

根据定理 94 可以知道,三角形的边和它的对应高的乘积与边的选定无关.

最后,设有已知图形 $ABCD$(图 150).对角线 AC 划分它成两个三角形 ABC 和 ACD.由可加性得

$$\text{пл}.ABCD = \text{пл}.ABC + \text{пл}.ACD$$

其次,由上面的证明有

$$пл.ABC = \frac{1}{2}AB \cdot CK = \frac{1}{2}AB \cdot DH$$

$$пл.ACD = \frac{1}{2}CD \cdot DH$$

所以
$$пл.ABCD = \frac{1}{2}(AB + CD) \cdot DH$$

但$\frac{1}{2}(AB + CD)$等于中点线,所以本定理得到了证明.

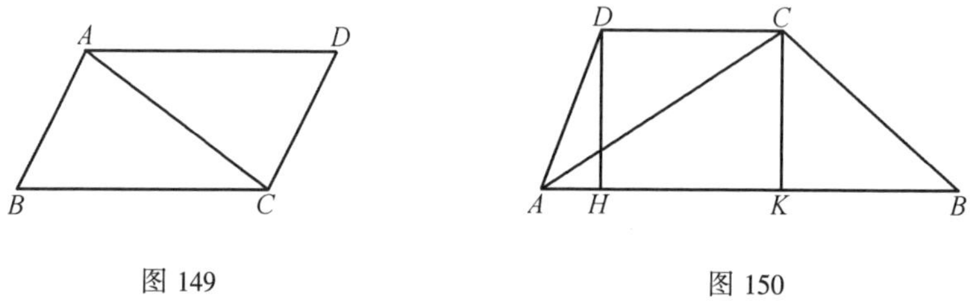

图 149　　图 150

在讲定理 124 时我们说过:"可以等于 ……",而不是"等于 ……",因为面积测度自身的可能性我们还没有证明.因此,为了明确起见,我们同时把三角形的底和它的对应高乘积的一半不叫做它的面积,而叫做它的特征①(хар. ABC);同样,梯形的二底边之和与其高乘积的一半,叫做梯形的特征.

为了有转到任意多角形的可能性,现在我们需要下列两个定理,它们在面积测度理论中起了主要的作用.

定理 125　无论用什么方法,将已知三角形分成有限个三角形,整三角形的特征将等于组成三角形的特征之和.

证明　定理分成个别的几款.

1) 假如 D 是三角形 ABC 边 BC 上的任意点(图 151),则

$$хар.ABC = хар.ABD + хар.ADC$$

实际上

$$хар.ABC = \frac{1}{2}AH \cdot BC = \frac{1}{2}AH \cdot (BD + DC) =$$

$$\frac{1}{2}AH \times BD + \frac{1}{2}AH \cdot DC =$$

$$хар.ABD + хар.ADC$$

① 原文 характеристика 译做特征,因为没有现成的译法."多角形面积是可测度的"这句话在没有得到证明时只可把表示它的数值看做特征(或标数)—— 译者注.

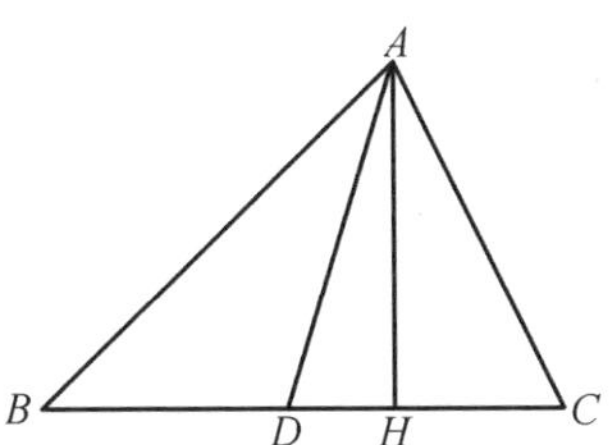

图 151

2) 如果三角形 KLM(图 152) 用平行于边 LM 的直线 $L_1M_1, L_2M_2, \cdots, L_nM_n$ 分成 n 个梯形和三角形,则已知三角形的特征将等于组成它的多角形的特征之和.

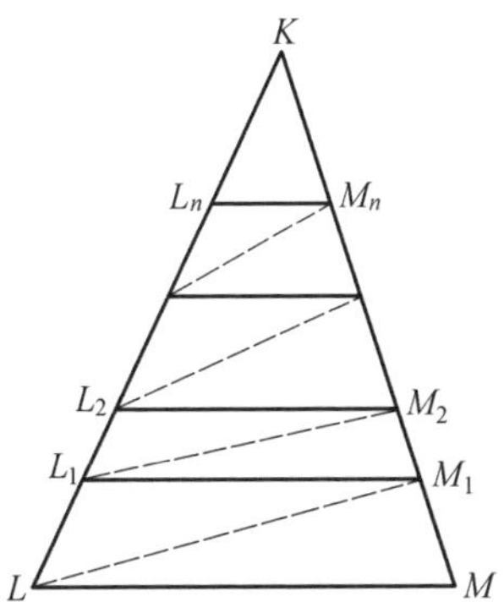

图 152

其次,假如于每个所得的梯形引对角线 $LM_1, L_1M_2, \cdots$,则三角形 KLM 的特征,将等于所有这些三角形的特征之和.

事实上根据 1),推知

$$\begin{aligned}\text{xap.}\,KLM &= \text{xap.}\,M_1LM + \text{xap.}\,KLM_1 = \\ &\text{xap.}\,M_1LM + \text{xap.}\,LM_1L_1 + \text{xap.}\,KL_1M_1 = \\ &\text{xap.}\,M_1LM + \text{xap.}\,LM_1L_1 + \text{xap.}\,L_1M_1M_2 + \text{xap.}\,KL_1M_2 = \cdots\end{aligned}$$

由此得

$$\text{xap.}\,KLM = \text{xap.}\,LMM_1L_1 + \text{xap.}\,L_1M_1M_2L_2 + \cdots$$

3) 假如梯形 $ABCD$(图 153) 分成有限个三角形,其顶点都在梯形的底边上,或与梯形的顶点重合,则梯形的特征等于组成它的三角形的特征之和.

事实上

$$\text{xap.}\,ABCD = \frac{1}{2}(AB + CD)\cdot DH =$$

$$\frac{1}{2}(AB+CE+DE)\cdot DH=$$
$$\frac{1}{2}(AB+CE)\cdot DH+\frac{1}{2}DE\cdot DH=$$
$$\text{xap}.ABCE+\text{xap}.ADE$$

同理

$$\text{xap}.ABCE=\text{xap}.FBCE+\text{xap}.AEF$$

其他由此类推.

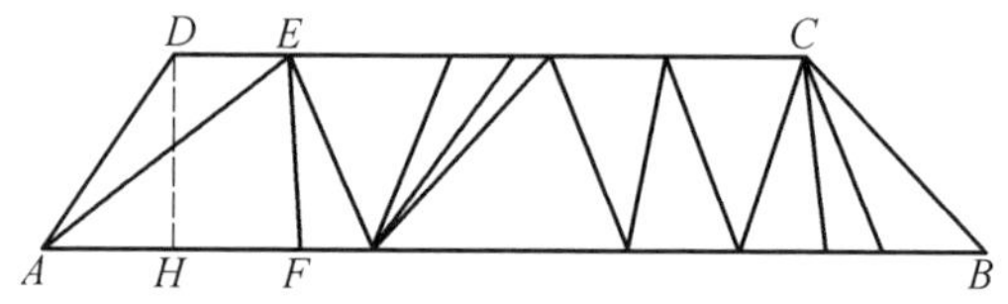

图 153

4) 最后,我们研究一般情形.

 设三角形 ABC(图 154)由任意方法分成三角形 △(这些三角形的边由图上的实折线表示).三角形 △ 的顶点,可以即在已知三角形的顶点上,在它的边上,也可在它的内部.

通过三角形 △ 的所有顶点,无论其在边 AB 和 AC 上,或在三角形 ABC 内部,我们引平行于 BC 的直线.如是得到许多平行线 $B_1C_1, B_2C_2, \cdots, B_nC_n$,将已知三角形分成梯形 $BCC_1B_1, B_1C_1C_2B_2, \cdots$ 和三角形 AB_nC_n.

三角形 △ 中的任意一个被这些平行线分成若干个梯形及一个或两个三角形,恰如图 152 的三角形 KLM 或如图 155 的三角形 KLN 被平行线 $LM, L_1M_1, L_2M_2, \cdots$ 所分成的那样;但是也能保留一些三角形 △ 不被分成部分.在每个所分成的梯形内引一对角线.这时,每一个三角形 △,也就是整个三角形 ABC 将要分成更小的三角形 △′.这些新三角形的特点,就是它们的顶点不在平行线 $BC, B_1C_1, \cdots$ 之间,而在这些平行线上.每个三角形 △ 的特征,将等于组成它的三角形 △′ 的特征之和.实际上,这个结论对于三角形 KLM(图 152)由第二款直接推得,而对于三角形 KLM(图 155)可利用第二款于两三角形 KLM 和 LMN 中的每一个,便可推得.由此推得所有三角形 △ 的特征之和,将等于所有三角形 △′ 的特征之和.

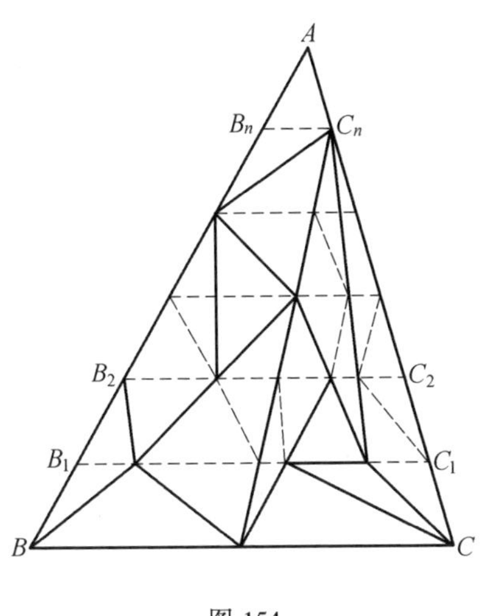

图 154

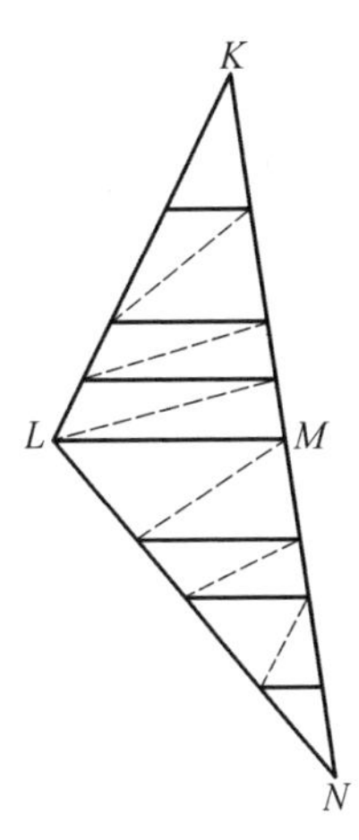

图 155

从另一方面,三角形 ABC 的特征根据第二款显然可以知道,它将等于

$$\text{xap}.BCC_1B_1+\text{xap}.B_1C_1C_2B_2+\cdots+\text{xap}.AB_nC_n$$

由第三款和第一款知道梯形 $BCC_1B_1,\cdots$ 和三角形 AB_nC_n 的每一个的特征将等于组成它的三角形 $\triangle'$ 的特征之和.因此,三角形 ABC 的特征将等于所有三角形 $\triangle'$ 的特征之和.所以,所有三角形 $\triangle$ 的特征的和,如同三角形 ABC 本身的特征,将等于所有三角形 $\triangle'$ 的特征之和,由此推得本定理的正确.

定理 126　无论用什么方法,将已知多角形分成有限个三角形,这些组成三角形的特征之和恒有同一个数值.

证明　设已知多角形 $\mathbf{P}$,用任意方法,一次将它分成 k 个三角形 $\mathbf{P}_i(i=1,2,\cdots,k)$,而另一次——分成 l 个三角形 $\mathbf{P}^j(j=1,2,\cdots,l)$.我们应当证明,所有三角形 $\mathbf{P}_i$ 的特征之和,等于所有三角形 $\mathbf{P}^j$ 的特征之和.

为此,我们在多角形 $\mathbf{P}$ 中研究将它分成三角形 $\mathbf{P}_i$ 所有线段的总集,以及将它分成三角形 $\mathbf{P}^j$ 所有线段的总集(比较定理 113 的证明和图 131).利用这些和那些线段,共同取用,多角形 $\mathbf{P}$ 将被分成多角形 $\mathbf{P}_{ij}$(其中每一个都是多角形 $\mathbf{P}_i$ 和 $\mathbf{P}^j$ 的共同部分).

多角形 $\mathbf{P}_{ij}$ 是两个三角形的共同部分,可以有三、四、五或六个边,但不能多于六(它的边是两三角形的边或边的一部分).假如它的边数多于三,那么我们可以再把它分成三角形 $\mathbf{P}'_{ij},\mathbf{P}''_{ij},\mathbf{P}'''_{ij},\mathbf{P}''''_{ij}$(将不超过四个);如果多角形 $\mathbf{P}_{ij}$ 是三角形,则用 $\mathbf{P}'_{ij}$ 表示.由此可知,多角形 $\mathbf{P}$ 可分成三角形 $\mathbf{P}'_{ij},\mathbf{P}''_{ij},\cdots$,并且所有带

共同标号 i 的三角形的和组成三角形 $\mathbf{P}_i$,而所有带有共同标号 j 的三角形的和组成三角形 $\mathbf{P}^j$.

所以根据定理125得知三角形 $\mathbf{P}_i$ 的特征将等于所有带共同标号 i 的三角形 $\mathbf{P}'_{ij},\mathbf{P}''_{ij},\cdots$ 的特征之和,而三角形 $\mathbf{P}^j$ 的特征将等于所有带共同标号 j 的三角形 $\mathbf{P}'_{ij},\mathbf{P}''_{ij},\cdots$ 的特征之和.

由此可以推得,无论是三角形 $\mathbf{P}_i$ 的特征之和,还是三角形 $\mathbf{P}^j$ 的特征之和,都有同一个数,都等于所有三角形 $\mathbf{P}'_{ij},\mathbf{P}''_{ij},\cdots$ 的特征之和.所以定理就得到了证明.

利用所证明的命题,现在我们就可以完成面积测度的理论.

定理 127　假如按照规定的条件 c) 选定面积单位,则与每个(简单的)多角形对应的,用唯一的方法,有一个正数 —— 它的面积,以至于多角形的面积将具有 a) 不变性和 b) 可加性.

证明　如在定理条件 c) 的叙述中所指出的,三角形的面积只可以等于它的特征,即底和高乘积的一半(定理124).多角形的面积由于可加性只可以等于

 组成它的三角形的特征之和;这个和与划分的方法无关(定理126).

于是我们采用这些数值作为三角形和多角形的面积.

因为相等多角形可以分成对应相等的三角形,所以所定义的面积具有不变的性质.

其次,这样所定义的面积,具有可加性.事实上,设多角形 $\mathbf{P}$ 为多角形 $\mathbf{P}'$ 和 $\mathbf{P}''$ 的和.我们将多角形 $\mathbf{P}'$ 分成三角形 $\triangle'$,又将多角形 $\mathbf{P}''$ 分成三角形 $\triangle''$.这时,多角形 $\mathbf{P}$ 将由所有三角形 $\triangle'$ 和 $\triangle''$ 组成.因为多角形 $\mathbf{P}',\mathbf{P}''$ 和 $\mathbf{P}$ 的面积对应地等于三角形 $\triangle'$ 面积的和,三角形 $\triangle''$ 面积的和,以及所有三角形 $\triangle'$ 和 $\triangle''$ 面积的和,所以 $\text{пл.}\mathbf{P}' + \text{пл.}\mathbf{P}'' = \text{пл.}\mathbf{P}$.

最后,其边等于单位长的正方形,有等于一单位的面积.因为对角线划分它成为两个三角形,其中每一个的面积等于 $\frac{1}{2}\cdot 1\cdot 1=\frac{1}{2}$.

这样,面积测度的问题,完全得到解决.

第五十九节　面积测度及等积

在证明下列三个定理之后,我们就能够将前节所建立的面积测度理论和等积的概念联系起来(参考第五十五节).

定理 128　等积多角形有同一个面积.

证明 设多角形 **P** 和 **Q** 等积.这就是说由于这二多角形添加对应相等的多角形 $\mathbf{P}_i$ 和 $\mathbf{Q}_i(i=1,2,\cdots,k)$ 就得到了组成相等的多角形 $\mathbf{P}'$ 和 $\mathbf{Q}'$.这时,пл.$\mathbf{P}'$ = пл.$\mathbf{P}+\sum$пл.$\mathbf{P}_i$;пл.$\mathbf{Q}'$ = пл.$\mathbf{Q}+\sum$пл.$\mathbf{Q}_i$(根据可加性).因为相等的或组成相等的多角形有同一个面积,则 пл.$\mathbf{P}'$ = пл.$\mathbf{Q}'$;пл.$\mathbf{P}_i$ = пл.$\mathbf{Q}_i$.由等式 пл.$\mathbf{P}+\sum$пл.$\mathbf{P}_i$ = пл.$\mathbf{Q}+\sum$ *пл*.$\mathbf{Q}_i$ 推得 пл.$\mathbf{P}$ = пл.$\mathbf{Q}$.

定理 129(**"曹利塔的原理"**) 如果等底的二矩形等积,则其高必等.

证明 我们用 x 来表示二矩形底边的长,y' 和 y'' 为其高的长.因为二矩形等积,所以它们的面积相等,即 $xy'=xy''$.由此可以推得,$y'=y''$.

定理 130 如果二凸多角形有同一个面积,则它们等积.

证明 设二凸多角形 $\mathbf{P}'$ 和 $\mathbf{P}''$ 的面积相等:пл.$\mathbf{P}'$ = пл.$\mathbf{P}''$.由定理 119 得知二多角形 $\mathbf{P}'$ 和 $\mathbf{P}''$ 分别与有公共底 x,高为 y' 及 y'' 的矩形 $\mathbf{Q}'$ 和 $\mathbf{Q}''$ 等积.所以由定理 128 推得:пл.$\mathbf{P}'$ = пл.$\mathbf{Q}'$,пл.$\mathbf{P}''$ = пл.$\mathbf{Q}''$;由此可知 пл.$\mathbf{Q}'$ = пл.$\mathbf{Q}''$,或 $xy'=xy''$,即得 $y'=y''$.因为二多角形 $\mathbf{P}'$ 和 $\mathbf{P}''$ 都和某一有底为 x,高为 $y'=y''$ 的同一矩形等积,所以它们等积.

定理 130 对凹多角形也同样有效.虽然,我们只叙述了凸多角形的情形,因为我们在证明时所引证的定理 119,只有关于凸多角形的证明.

定理 130 完成了关于凸多角形面积的理论.仿此我们也可以完成关于任意简单多角形面积的理论:只需改变定理 119 的证明,而说明对于任意二简单多角形 **P** 和 **Q**,常有一多角形存在,它是二多角形 $\mathbf{P}'$ 及 $\mathbf{Q}'$ 的和,而 $\mathbf{P}'$ 及 $\mathbf{Q}'$ 分别等于 **P** 及 **Q**(参考第五十三节图 127).

最后还应指出,面积测度的理论可以扩充到任意星形多角形.但对这一问题,需要一种考察方法,与我们在本章所用过的大不相同.

第六十节 多角形的"划分"问题

在第五十七节我们已经研究了与已知多角形等积的多角形的作图问题.现在我们进行研究另一种类型的作图问题,它们与多角形的等积,或更确切地说,与多角形的组成相等的概念也有联系.

在这种类型的问题中,给出了两个等积多角形.要求把其中的一个"划分"成这样的若干部分,使从它们"相加" 而可以得到另一个.换句话说,需要证明已知多角形为组成相等.这种类型的问题和以前我们所研究过的大多数问题不同,它是不确定的.这 点即使从所研究过的与毕达哥拉斯定理有联系的图 140

及 141 之中也可看出.

我们研究两个这种类型的基本问题.

作图题 28　已知有公共底边的两个等积平行四边形.试将其中的一个分成这样的若干部分,使它们可以相加而得到另一个.

设 $ABCD$ 和 $ABC'D'$(图 133 和图 156)为已知平行四边形.假如边 CD 和 $C'D'$ 有些公共点,那么,解法是很显然的(图 133).

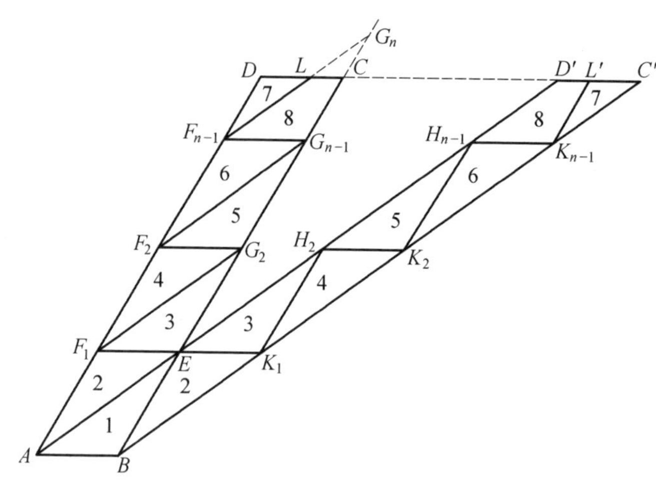

图 156

假如边 CD 和 $C'D'$ 没有公共点(图 156),可通过 AD' 和 BC 的交点 E,引 AB 的平行线 F_1K_1.再引 $F_1G_2 \parallel AE$,$G_2F_2 \parallel AB$,等.仿此在第二平行四边形内进行同样的作图,引 $K_1H_2 \parallel BE$,$H_2K_2 \parallel AB$,等.

由阿基米德公理得知存在这样的一个数 n,使 $n \cdot BE > BC$.因此这些线段中的一个 $F_{n-1}G_n$ 与边 CD 相交于某一点 L.

图 156 的二平行四边形中带有同一数码的对应部分都相等.

作图题 29　已知二等积矩形.试将其中的一个分成这样的若干部分,使它们可以相加而得到另一个.

使二已知等积矩形 $ABCD$ 和 $BEFG$ 的位置排列有一公顶点 B,且由这个顶点引出这二矩形的边互为延长线,即它们的边在一直线上(图 157).由于二矩形等积,得知 $AB \cdot BC = BE \cdot BG$,由此推得 $AB : BE = BG : BC$,即推得两直线 AE 和 CG 平行.又从比例式得

$$(AB + BG) : (BE + BC) = AB : BE$$

又直线 AD 和 EF 的交点为 H,以等量代入上比例式,得

$$HF : HD = HE : HA$$

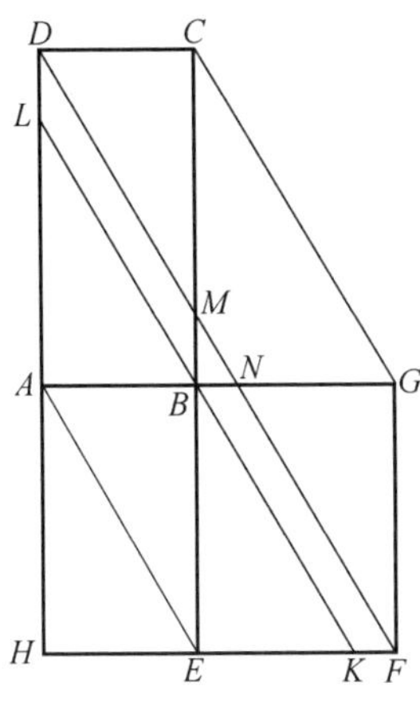

图 157

因此直线 AE 和 DF 同样也是平行.最后,通过点 B 引直线 KL,使它平行于直线 AE,CG 和 DF.

现在,每一个已知矩形将被分成两个三角形和一个平行四边形.三角形 ABL 等于三角形 EKB,三角形 CDM 等于三角形 GNF.平行四边形 $BLDM$ 和 $BKFN$ 有等底边 $BL = BK$,因此它们可以分成(作图题 28)对应相等的部分.这样就把已知矩形分成了对应相等的部分.

注意 多角形的"划分"是登载在某些读物和通俗科学杂志上的一个著名问题.同样,它也成为某些游戏的基础.下面举出两个例子.

作为第一个要研究的问题:将六角形 $ABCDEF$ 分成四个相等部分(图 158),从它们可以相加而得到矩形.比较图 158 和 159,即可得到解答.

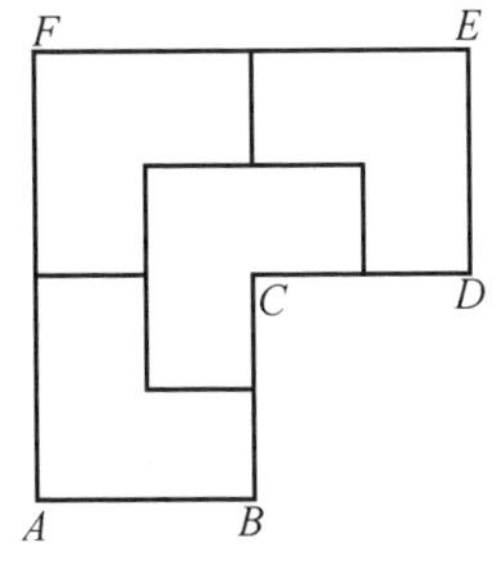

图 158

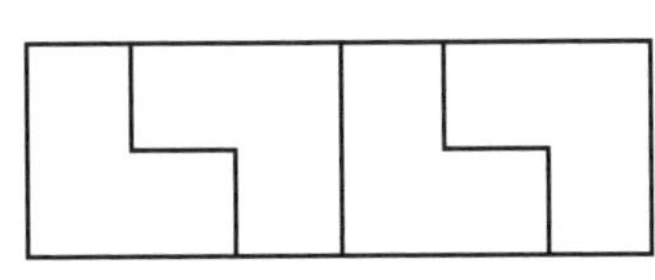

图 159

作为第二个例子,是叙述一个著名游戏"七巧板".在图 160 中的每一个图形都可用如图 161 那样的七块小木板,或其他物质制成的小块拼合而成(解法表示在图 162).这样图形的形式很多.

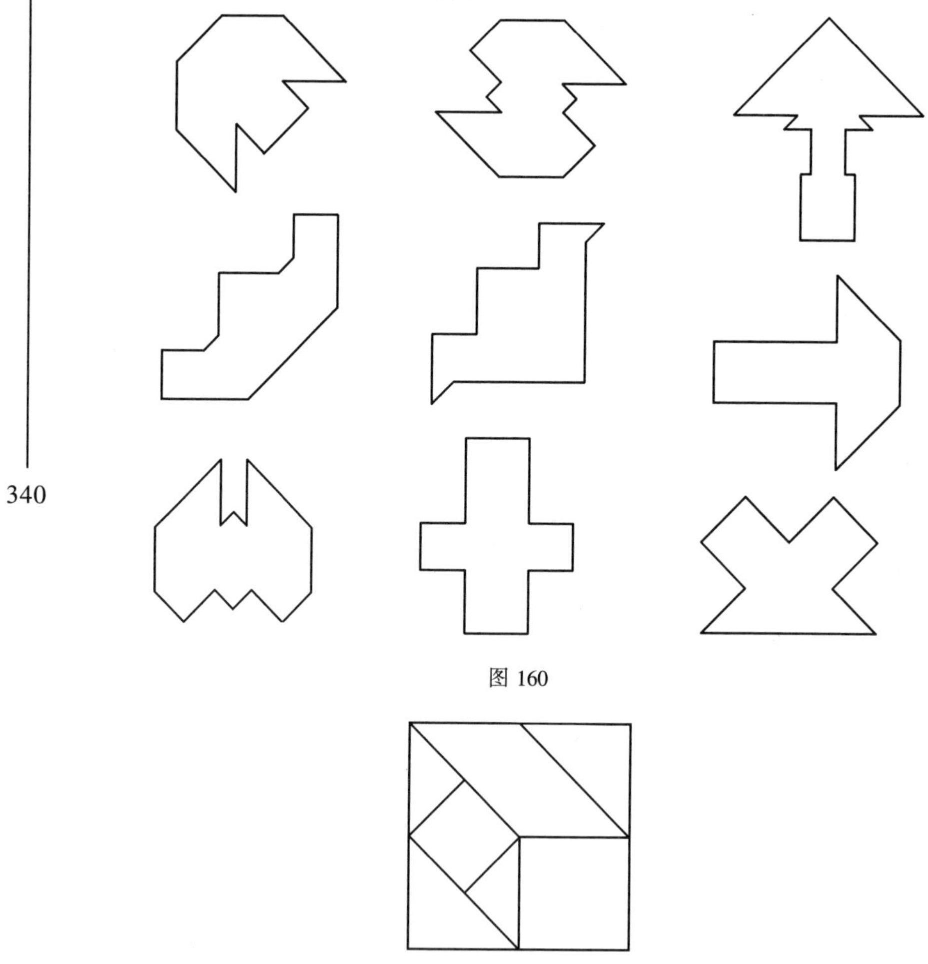

图 160

图 161

同时,所研究的问题不只是有兴趣的,而且它有更大的原则上的意义,像我们马上就要说明的(参考定理 131).

从上述每个"划分"问题的解法中,都证明了某二多角形的组成相等性.如作图题 28 和 29 就证明了下列两个命题:

(1) 其底相等的任意两个等积平行四边形是组成相等.

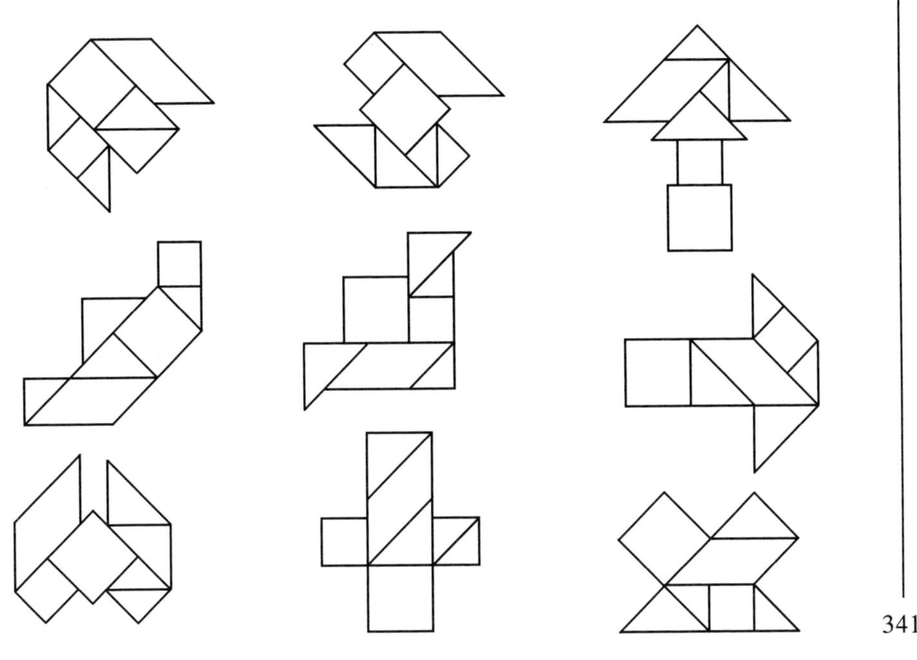

图 162

(2) 任意两个等积矩形是组成相等.

由传递性(定理 113) 容易推得下列的结论.

(3) 任意两个等积平行四边形是组成相等.

如果再注意到定理 111,那么更可推得:

(4) 任意两个等积三角形是组成相等.

最后,借助于命题(4) 及在定理 118 证明时所用的讨论,我们得出下列的结果:

(5) 任意凸多角形与某一三角形组成相等.

现在设有二已知等积凸多角形.根据(5) 知道它们各与某一三角形组成相等.这两三角形将是等积的,并且根据(4) 知道它们是组成相等的.所以由图形的传递性得知已知两多角形的组成相等.

用这些讨论,可证明下列定理.

定理 131 任意两个等积的凸多角形是组成相等的.

注意 1 定理 131 关于凹(简单的) 多角形也是有效的.

注意 2 定理 131 说明,我们从最初就没有对等积下定义,而只限于组成相等的概念.但是这可能引起证明的更加复杂,这从定理 114,116 系 1 的证明,和作图题 28,29 的比较看出来.

第六十一节　圆面积

如同第五十一节,我们在本节只研究内接于已知圆周及外切于同一圆周的凸多角形,简单地称它们为内接及外接多角形.我们将要使用的名词“对应的”内接及外切多角形,也像在第五十一节里的意义一样.

我们的实际经验告诉我们,某一个数(“面积”)也像多角形的面积一样对应着每个圆;这个数(由经验指出)将大于它的任一内接多角形的面积,而小于它的任一外切多角形的面积.

我们可以把下列两个定理,作为圆面积概念的严格定义的基础.

定理 132　同一圆的外切正多角形的面积和与它对应的内接正多角形面积的差,小于外切多角形的周长和内接多角形一边相乘积的一半.

证明　设 S 和 s 为相对应的外切正 n 角形和内接正 n 角形的面积,P 和 p 为其周长,a 为内接多角形的一边.我们将证明不等式

$$S - s < \frac{1}{2}P \cdot a$$

由图 123 可以察知,差 $S - s$ 可以用每一个都等于 $\triangle ABA'$ 的 n 个三角形的和表示.这样,就可以得到

$$S - s = \frac{1}{2}n \cdot AB \cdot HA'$$

但 $n \cdot AB = p < P$.又,我们可以相信,从三角形 HAA' 诸角的计算,在多角形有任意边数时,$HA' < AB = a$.由此,不等式就得到了证明.

系　同一圆的外切正多角形的面积和与它对应的内接正多角形面积的差,当多角形的边数无限地倍增时,它将无限的减小.

更可由当多角形的边数无限倍增时,外切多角形的周长 P 渐渐缩小,而内接多角形的一边 a 将接近于零而推得.

定理 133　每一个多角形的面积大于已知圆周的任意内接多角形的面积,同时小于这圆周的任意外切多角形的面积,所有这样的多角形彼此等积.

这些多角形中任意一个的面积,叫做以已知圆周为界的圆的面积.

证明　设 s 和 p 为某一内接多角形的面积和周长;$a_1, a_2, \cdots, a_n$ 为其边;$k_1, k_2, \cdots, k_n$ 为这些边到圆心的距离.显然,我们有

$$s = \frac{1}{2}(a_1k_1 + a_2k_2 + \cdots + a_nk_n) < \frac{1}{2}r(a_1 + a_2 + \cdots + a_n) = \frac{1}{2}pr$$

因为 $p < 2\pi r$,则

$$s < \pi r^2$$

同理,设 S 和 P 为某一外切多角形的面积和周长;$A_1, A_2, \cdots, A_n$ 为其边.显然,我们有

$$S = \frac{1}{2}(A_1 r + A_2 r + \cdots + A_n r) = \frac{1}{2}Pr$$

因为 $2\pi r < P$,则

$$\pi r^2 < S$$

于是面积等于 πr^2 的多角形(根据定理130知道它们彼此等积)具有所求的性质.

利用定理132(系)容易说明,面积不等于 πr^2 的多角形就没有所要求的性质.

系　半径为 r 的圆的面积等于 πr^2.

注意1　由定理132(系)及定理133推得:

圆面积是它的内接(或外切)正多角形在边数无限倍增时,其面积的极限;这个极限不依靠最初所取多角形的边数.

注意2　同样利用本节的论述方法,也可以证明:圆扇形的面积等于 $\frac{1}{2}lr$,l 为圆弧的长,r 为圆半径.

第十八章　位似及相似

第六十二节　位似的定义及其性质

在第四十节我们已经研究过三角形的相似.在本章里,我们应当把相似的概念扩充到任意图形.除此以外,还要阐明平面上二相似图形相互的位置问题.我们先从二相似图形的一个特殊情形开始.

若图形 **F′** 和图形 **F** 的点和点之间,成为具有下列性质的对应关系,则说图形 **F′** 位似于或成配景地相似(即"相似且有相似位置")于图形 **F**:

a) 联结每对对应点的直线全通过一点 S;

b) 每对对应点或在点 S 的同侧,或在点 S 的异侧;

c) 如果点 A 和 B 是第一图形上的任意二点,点 A' 和 B' 是第二图形上它们的对应点,则 $SA':SA=SB':SB$(图 163 和 164).

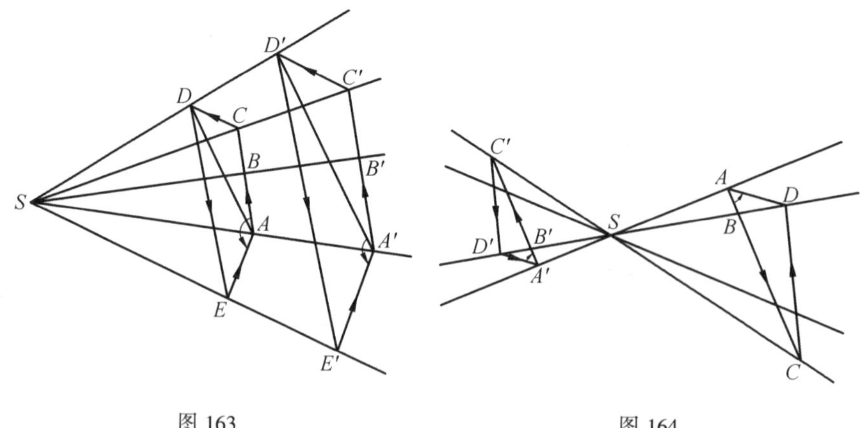

图 163　　图 164

在定义中所说的点 S 叫做相似中心(或位似中心);比例常数 $k=SA':SA=SB':SB=\cdots$,叫做图形 **F′** 对于图形 **F** 的相似系数(或位似系数).二图形的点和点之间的对应关系,或者换句话说,由图形 **F** 上的点,得到图形 **F′** 上的点的那种变换，叫做位似变换.

对相似中心 S 的位似变换，很显然地，可以想象其为关于点的伸缩（更确切地说，当 $k > 1$ 时，伸长；当 $k < 1$ 时，缩短，这个伸长或缩短，随着有对点 S 的反射）.

如果每二对应点在点 S 的同侧，则这二图形叫做顺位似图形（图 163）；如果在异侧，则叫做逆位似图形（图 164）. 在第一种情形，相似中心叫做外相似中心；在第二种情形，叫做内相似中心.

因为当二图形是顺位似时，线段 SA 和 SA'，SB 和 SB' 有同向，而二图形成逆位似时，有异向，所以相似系数 $k = SA' : SA = \cdots$，在下文中我们将认为在第一种情形是正的，而在第二种情形是负的.

给有向线段以记号，画一横线于字母上，可以写做

$$k = \overline{SA'} : \overline{SA}$$

由位似图形的定义，可以推得我们就要研究的一系列的位似性质.

1° 二位似图形中，其一的每个点（但不是位似中心）与其位似图形上的唯一的点相对应. 我们还认为（这是完全自然地）位似中心对应其自身，即它是二位似图形的重点. 这时，在二位似图形的点与点之间，位似将成为一一对应的关系. 同样，也可以把它看做是整个平面上点与点之间的一一对应的关系.

2° 每个图形与其自身位似（相似系数等于一）. 假如图形 **F**′ 位似于图形 **F**，则图形 **F** 也位似于 **F**′（如图形 **F**′ 关于图形 **F** 的相似系数为 k，则图形 **F** 关于图形 **F**′ 的相似系数为 $\frac{1}{k}$）. 也就是说，位似的逆对应同样也是位似.

简言之，位似有反射性和对称性①.

3° 图形 **F** 的点位于同一直线上，在位似图形 **F**′ 与之相对应的点也位于同一直线上；某一线段的点，同样对应着某一线段的点.

这个性质，对于通过 S 的直线是很显然的：每一个这样的直线，都转为其自身. 现在设有三点 A,B,C 在同一直线上，这直线不通过 S（图 163 和 164）. 用 A' 和 C' 表示分别与 A 和 C 对应的点，用 B' 表示直线 SB 和 $A'C'$ 的交点. 由条件 $SA' : SA = SC' : SC$ 知道三角形 SAC 和 $SA'C'$ 相似（相似第二特征），所以 $\angle SAC = \angle SA'C'$，而得两三角形 SAB 和 $SA'B'$ 相似. 从这里就可以得出 $SA' : SA = SB' : SB$，也就是点 B 对应着点 B'.

由所证明的性质，我们就可得知射线的位似图形仍为射线，半平面的位似

① 在第六十三节将指出，位似有（当这概念加以扩充时）传递性.

图形仍为半平面,等.

4° 二位似图形上不通过相似中心的对应直线,是平行的.

实际上,由比例式 $SA' : SA = SB' : SB$,即可得知二直线 AB 和 $A'B'$ 平行.

5° 一图形上的两平行直线,在位似图形上与之相对应的也是两平行直线.

由性质 4° 推得:

6° 任意二对应线段的比,等于相似系数的绝对值.

实际上,由两三角形 SAB 和 $SA'B'$ 的相似,就可以得到 $A'B' : AB = SA' : SA = |k|$.

7° 任意二位似三角形相似.

实际上,如果三角形 ACD 对应着三角形 $A'C'D'$(图 163 和 164),则由性质 6° 有 $A'C' : AC = A'D' : AD = C'D' : CD$,即得两三角形相似(相似第三特征).

8° 任意二对应角相等.

由性质 7° 可以直接推得.

最后,从圆直接可以得出下列两个位似图形的性质.

9° 任意二位似三角形位向相同;在位似图形上任意的二对应角有同向.

10° 在顺位似图形上任意的二对应线段,其向相同,在逆位似图形上任意的二对应线段,其向相反.

根据性质 6° 和 10°,知道二位似图形上任意二对应线段 AB 和 $A'B'$,按其数值和符号,有如下列的等式

$$\overline{A'B'} : \overline{AB} = \overline{SA'} : \overline{SA} = k$$

一目了然,对点 S 的反射(第三十二节)是位似的一个特殊情形($k = -1$),而任何逆位似(相似系数 $k < 0$)是顺位似(相似系数 $|k|$)与对相似中心的反射的乘积.

第六十三节　三个每取两位似的图形,相似轴

在前节我们根据性质 a),b),c) 定义了位似,并且由这个定义导出了它的许多性质(性质 1° ~ 10°).现在我们指出,用某些性质,尤其是性质 1°,3°,4°,6°,10° 完全可以说明位似.换句话说,我们就要证明快要引出的定理.

定理 134　具有下列性质的二图形上点与点间,都有一一对应的关系:

a) 一线段上的点,对应着这样的在某一线段上的点;

b) 每二对应线段平行,且有同一个比;

c) 每二对应线段有同向,或有异向,这样的二图形是位似或平移.

证明　设二图形上的点与点之间建立了具有所列举的三个性质的对应关系.用 AB 和 $A'B'$ 表示任意的二对应线段,D 和 D' 表示任意的二对应点.如果每二对应线段相等,且有同向,则二已知图形可借助于平移从其中一个得到另一个,因为这时线段 AA' 和 BB' 相等、平行且有同向.

如果除去这种情形,则直线 AA' 和 BB' 相交于某一点 S(图163和164).如果令点 S 为某一位似中心,点 A 和 A'(或为了方便,取点 B 和 B' 也没有关系)为二对应点.取一点 D''(图上未表示出来)使它和第一图形上的一点 D 相对应.这时线段 AD 和 $A'D''$ 将平行,并且 $A'D'':AD=SA':SA=A'B':AB$.又,由于线段 AB 和 $A'B'$ 有同向或有异向,线段 AD 和 AD'' 就将有同向或有异向.由此得知,点 D'' 重合于点 D'.换句话说,第二图形上的 D',可借助于上面所指示的位似变换,从第一图形上它的对应点 D 得到.

根据本定理,我们现在可以证明下列关于位似图形的定理.

定理 135　假如二图形 $\mathbf{F}_2$ 和 $\mathbf{F}_3$ 各从图形 $\mathbf{F}_1$ 借助于位似或平移而得到,则图形 $\mathbf{F}_2$ 和 $\mathbf{F}_3$ 借助于位似或平移可从其中一个得到另一个.

证明　设 A_1B_1,A_2B_2,A_3B_3 为已知图形上的三个对应线段(图165).因为 $A_1B_1 /\!/ A_2B_2,A_1B_1 /\!/ A_3B_3$,则 $A_2B_2 /\!/ A_3B_3$.因为 $A_2B_2:A_1B_1=k'=$ 常数,$A_3B_3:A_1B_1=k''=$ 常数,所以 $A_2B_2:A_3B_3=k':k''=$ 常数.最后,如果图形 $\mathbf{F}_1$ 和 $\mathbf{F}_2$ 上的任意二对应线段 A_1B_1 和 A_2B_2 有同向.同样更有二对应线段 A_1B_1 和 A_3B_3 有同向,则线段 A_2B_2 和 A_3B_3 有同向;如果二线段 A_1B_1 和 A_2B_2 有同向,而线段 A_1B_1 和 A_3B_3 有异向,则线段 A_2B_2 和 A_3B_3 将有异向,等.于是图形 $\mathbf{F}_2$ 和 $\mathbf{F}_3$ 满足定理134的条件,从这里就得出我们的结论.

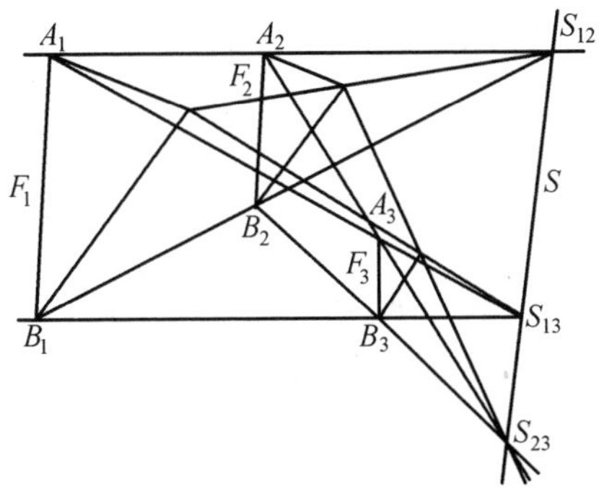

图 165

系　二图形都和第三图形为顺位似或都和第三图形为逆位似,这二图形为顺位似(或借助于平移可由其中的一个得到另一个);假如二图形中的一个顺位似于第三图形,而另一个逆位似于第三图形,则这二图形互为逆位似.

由对应线段方向的考察,就可推得.

注意 如果对“位似于”理解为两个图形彼此位似或借助于平移由其中一个得到另一个,则这样所定义的“位似”将有传递性:二图形“位似于”第三图形将彼此“位似”①.

现在我们暂且把平移的问题放在一旁,来研究每取两位似的(就这个词的本义说)三个图形.这样的图形具有下列性质.

定理 136 每取两位似的三个图形,每两个的相似中心在同一直线上.

证明 设 S_{23} 为图形 $\mathbf{F}_2$ 和 $\mathbf{F}_3$ 的相似中心(图 165),S_{13} 为图形 $\mathbf{F}_1$ 和 $\mathbf{F}_3$ 的相似中心,S_{12} 为图形 $\mathbf{F}_1$ 和 $\mathbf{F}_2$ 的相似中心.用 s 表示直线 $S_{23}S_{13}$.只需证明直线 s 通过 S_{12} 即可.直线 s 将看做它是属于第一图形 $\mathbf{F}_1$;因为直线 s 通过 S_{13},所以在第三图形 $\mathbf{F}_3$ 上与它对应的将是直线 s 本身.假如现在将 s 看做是第三图形上的直线,那么在第二图形 $\mathbf{F}_2$ 上与它对应的也将是直线 s 本身,因为直线 s 通过 S_{23}.

由此推得,直线 s 作为第一图形 $\mathbf{F}_1$ 的直线,在第二图形 $\mathbf{F}_2$ 上它的对应直线,仍为直线 s 本身.但这种可能性,只有在直线 s 通过点 S_{12} 时才存在(第六十二节性质 3° 和 4°).

三个每取两位似的图形的三个相似中心所在的直线 s,叫做这三图形的相似轴.

我们应注意,相似轴上的三个相似中心,外相似中心将有三个或一个,而对应的内相似中心可能一个也没有,也可能有两个(由定理 135 的系).

第六十四节　梅涅劳斯定理

我们利用双双位似的三个图形的相似中心的性质,可以总结出任意三角形的一个一般的性质.

定理 137(梅涅劳斯定理) 如果一直线与三角形 ABC 的边 BC,CA,AB 中其延长线相交于点 L,M,N(图 166 和 167),则有下列等式成立(按其量与符号)

$$\frac{\overline{BL}}{\overline{LC}}\cdot\frac{\overline{CM}}{\overline{MA}}\cdot\frac{\overline{AN}}{\overline{NB}}=-1 \tag{1}$$

① 参考第六十三节内的脚注.

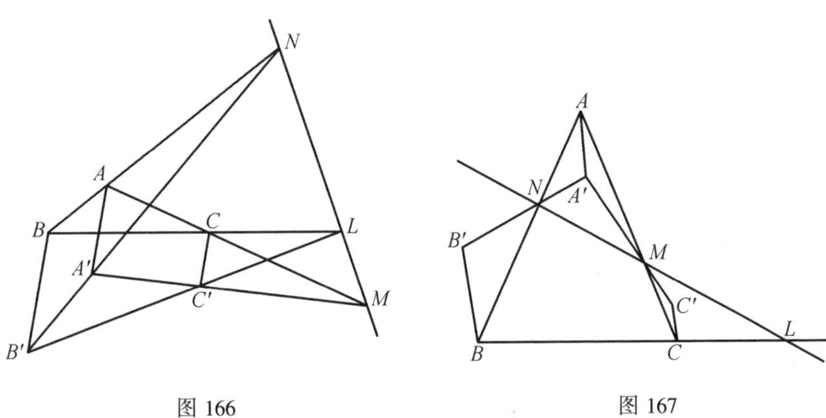

图 166　　图 167

证明　设点 A,B,C 为三个每取两位似的图形 $\mathbf{F}_a,\mathbf{F}_b,\mathbf{F}_c$ 的对应点.相似系数是这样选取:使点 M 成为图形 $\mathbf{F}_a$ 和 $\mathbf{F}_c$ 的相似中心,而点 N 成为图形 $\mathbf{F}_a$ 和 $\mathbf{F}_b$ 的相似中心.这时直线 MN 将为三图形的相似轴,所以图形 $\mathbf{F}_b$ 和 $\mathbf{F}_c$ 的相似中心同样也将在直线 MN 上.此外,这个相似中心也必须在二图形 $\mathbf{F}_a$ 和 $\mathbf{F}_c$ 的二对应点 B 和 C 所联结而成的直线 BC 上.因此二图形 $\mathbf{F}_b$ 和 $\mathbf{F}_c$ 的相似中心为点 L.由此可知,点 L,M 和 N 将为已知三图形中每两个的相似中心. 349

假如点 A' 是图形 $\mathbf{F}_a$ 上的任意(A 以外的)点,B' 和 C' 是其他二图形上 A' 的对应点.由位似形的基本性质推知 $\overline{LB}:\overline{LC}=\overline{BB'}:\overline{CC'}$ 或 $\overline{BL}:\overline{LC}=-\overline{BB'}:\overline{CC'}$.同理有 $\overline{CM}:\overline{MA}=-\overline{CC'}:\overline{AA'}$,$\overline{AN}:\overline{NB}=-\overline{AA'}:\overline{BB'}$.由这三个等式即可推得关系式(1).

再证明它的逆定理.

定理 138(梅涅劳斯定理)　假如有三点 L,M 和 N 在三角形 ABC 的边 BC,CA 和 AB 上,或在其延长线上,满足关系式(1),则这三点在一直线上.

证明　仍取点 A,B 和 C 为三个每取两位似的图形 $\mathbf{F}_a,\mathbf{F}_b,\mathbf{F}_c$ 的对应点.相似系数的选取,仍如定理 137 的证明那样,使点 M 成为二图形 $\mathbf{F}_a$ 和 $\mathbf{F}_c$ 的相似中心,而使点 N 成为二图形 $\mathbf{F}_a$ 和 $\mathbf{F}_b$ 的相似中心.

假如点 A' 是图形 $\mathbf{F}_a$ 上除 A 以外的任意点,点 B' 和 C' 是其他二图形上与点 A' 相对应的点.这时,有 $\overline{MC}:\overline{MA}=\overline{CC'}:\overline{AA'}$ 或 $\overline{CM}:\overline{MA}=-\overline{CC'}:\overline{AA'}$;同理 $\overline{AN}:\overline{NB}=-\overline{AA'}:\overline{BB'}$.从这二等式结合条件(1)推得 $\overline{BL}:\overline{LC}=-\overline{BB'}:\overline{CC'}$ 或 $\overline{LB}:\overline{LC}=\overline{BB'}:\overline{CC'}$.因为点 L 在直线 BC 上,所以由后一等式说明了点 L 是图形 $\mathbf{F}_b$ 和 $\mathbf{F}_c$ 的相似中心.

点 L,M 和 N 位于一直线上,如同三个每取两位似图形的相似中心.

作为梅涅劳斯定理(定理 138) 的附加定理,有下列的命题:

1) 不等边三角形三个外角平分线与对边延长线相交的点在一直线上.

实际上,如果 AL,BM 和 CN 为三角形的外角的平分线,点 L,M 和 N 为这些外角平分线和三边延长线的交点,则得 $\overline{BL}:\overline{LC}=-AB:AC$,$\overline{CM}:\overline{MA}=-BC:AB$ 且 $\overline{AN}:\overline{NB}=-\overline{AC}:\overline{BC}$.条件(1) 得以满足.

2) 仿照上一命题,三角形二顶点上内角平分线与对边的交点,以及第三顶点上外角平分线与对边延长线的交点,也在一直线上.

如果 BM 和 CN 为内角平分线,AL 为外角平分线,则推得 $\overline{BL}:\overline{LC}=-AB:AC$,$\overline{CM}:\overline{MA}=+BC:AB$ 和 $\overline{AN}:\overline{NB}=+AC:BC$.条件(1) 得以满足.

第六十五节　圆周的相似中心及相似轴

将第六十二和六十三节所得到的结果应用到二已知图形为圆周时的情形.我们就得到几个定理,不只阐明了一般理论,而且也有它独特的意义.

定理 139　圆周的位似图形仍是圆周,并且二圆心是对应点.

证明　设 O 为已知圆周的中心(图 168),A,B,… 是该圆周上的任意点;S 为相似中心;O',A',B',… 分别是点 O,A,B,… 的对应点.我们也不例外地研究当点 S 与 O,因而 O' 与 O 相重合时的情形.

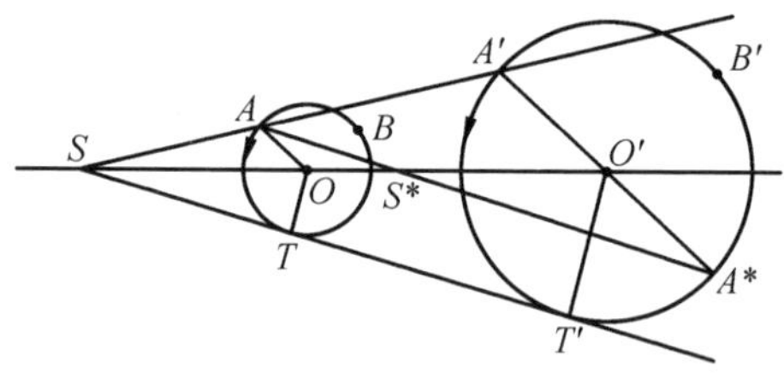

图 168

因为 $OA=OB=\cdots$,且 $O'A':OA=O'B':OB=\cdots$,所以 $O'A'=O'B'=\cdots$,即点 A',B',… 在一圆周上,且这圆周的中心 O' 和已知圆周的中心 O 对应.

定理 140　任意两个不相等的圆周可以看做位似图形,并且是用两种方法所得的位似.

证明　设 O 和 O' 为二已知圆周的中心(图 168).假如第二圆周位似于第一圆周,则第一圆心 O 与第二圆心 O' 对应,如我们所仅知的.第一圆周的任意

半径 OA 应当平行于第二圆周的对应半径 $O'A'$ 或 $O'A^*$. 两对对应点 O, O' 和 A, A' 或 O, O' 和 A, A^* 确定了具有相似中心 S 和 S^* 的两组位似,这两点 S 和 S^* 便是直线 OO' 和 AA' 的交点以及直线 OO' 和 AA^* 的交点. 显然,从这两组位似变换,都可由已知圆周中的第一个而得到第二个.

这两个位似中心叫做两圆周的相似中心. 如果二已知圆周的中心重合,则相似中心也和二圆周的共同中心重合. 如果二圆周的中心不相重合,则相似中心将是以二圆心为端点的线段按二圆半径的比内分及外分的分点,分别叫做二圆周的内相似中心(内分点)和外相似中心(外分点).

作图题 30　求作二已知圆周的相似中心.

本题的解法,由图 168 容易推得(参考第四十二节作图题 21 方法二). 于圆周 O 上取任意点 A,于圆周 O' 作直径 $A'A^*$ 平行于半径 OA. 直线 AA' 和 AA^* 各与连心线相交之点便是所求的相似中心.

假如二已知圆周相等,则上述两组位似变换的一组变成平移(因为任意二平行同向的半径,其端点联结而成的线段都相等且平行);而另一组变成了中心反射. 因此二相等圆周只有一个相似中心,即内相似中心,它是二圆心联结而成的线段的中点.

如果 r 和 r' 为已知圆周的半径(设规定 $r < r'$),圆心 O 和 O' 不相重,S 和 S^* 分别为外、内相似中心. 这时,有

$$O'S - OS = OS^* + S^*O' = OO'$$

$$OS : O'S = OS^* : S^*O' = r : r'$$

由此推得

$$OS = OO' \cdot \frac{r}{r'-r}, O'S = OO' \cdot \frac{r'}{r'-r}$$

$$OS^* = OO' \cdot \frac{r}{r+r'}, S^*O' = OO' \cdot \frac{r'}{r+r'}$$

利用这些等式和第十六节关于二圆周相互位置的定理,就可以说明,假如一圆周在另一圆周的内部,这二圆周的外相似中心在二圆周的内部. 如果二圆周内切,则外相似中心与其切点相重合;在所有其他情形,外相似中心在二圆周的外部. 假如二圆周之一在另一圆周的外部,其内相似中心在二圆周的外部. 在它们外切时,其内相似中心与切点相重合;在所有其他情形,内相似中心在二圆周的内部.

实际上,如果一圆周在另一圆周的外部,则 $r' - r < r + r' < OO'$,因此,$OS > r, O'S > r', OS^* > r, S^*O' > r'$,等.

设二圆周 O 和 O' 的一个相似中心，如外相似中心 S，在圆周 O 的外部．过点 S 引这圆周的切线 ST．直线 ST 将与第二圆周 O' 相切于点 T'，T' 便是直线 ST 切圆周 O 的切点 T 的对应点．这是由于在位似(第六十二节性质1°)时二圆周上点与点间的一一对应关系而得到的．于是，通过二圆周的内或外相似中心并且与其一圆周相切的直线，必与另一圆周相切，它是二圆周的公切线．假如它通过二圆周的外相似中心，则在切点所引的二半径 OT 和 $O'T'$ 将有同向；如果切线通过内相似中心，则二半径将有异向．在前一情形叫做外公切线，在后一情形叫做内公切线．

倒转来说，设有二圆周 O 和 O' 的某一公切线，切点为 T 和 T'．因为半径 OT 和 $O'T'$ 平行，所以公切线 TT' 和连心线 OO' 相交于一个相似中心，或平行．

由以上的说明可推得下列问题的解法．

作图题 31　作二已知圆周的公切线．

在中学教科书里我们已经知道一个关于二圆周公切线的作图方法．在以后我们将用更一般的观点回到这问题上．

由上面的叙述可导出另外的一个方法．先求出二已知圆周的相似中心．从相似中心向一圆周引切线．这些切线就是所求的公切线．

相似中心在二已知圆周每个的外部时，相应地有一双公切线；相似中心在二圆周上时，只有一公切线．显然，通过二圆周内部的相似中心不能引出任何公切线．

注意到上文关于二已知圆周相似中心位置的叙述，我们可以得到下面的定理．

定理 141　彼此外离的二圆周有四条公切线——二内公切线和二外公切线；相外切的二圆周有三条公切线——二外公切线和一内公切线；相交于二点的二圆周，只有两条公切线——都是外公切线；相内切的二圆周，只有一条公切线，并且是外公切线．最后，彼此内离的二圆周全然没有公切线．

我们转到三圆周的问题．

定理 142　如果有三个互不相等的圆周，其中心不在一直线上，则这些圆周每次取两所得的六个相似中心，每三个一组位于四条直线上．

证明　设 O_1，O_2 和 O_3(图169)为三已知圆周的中心．用 S_{23} 和 S_{23}^* 分别表示圆周 O_2 和 O_3 的外相似中心及内相似中心；同样可用 S_{13} 和 S_{13}^*，S_{12} 和 S_{12}^* 表示其余的相似中心．

圆周 O_1 和 O_2，同样地 O_1 和 O_3，可以看做顺位似图形；这样圆周 O_2 和 O_3

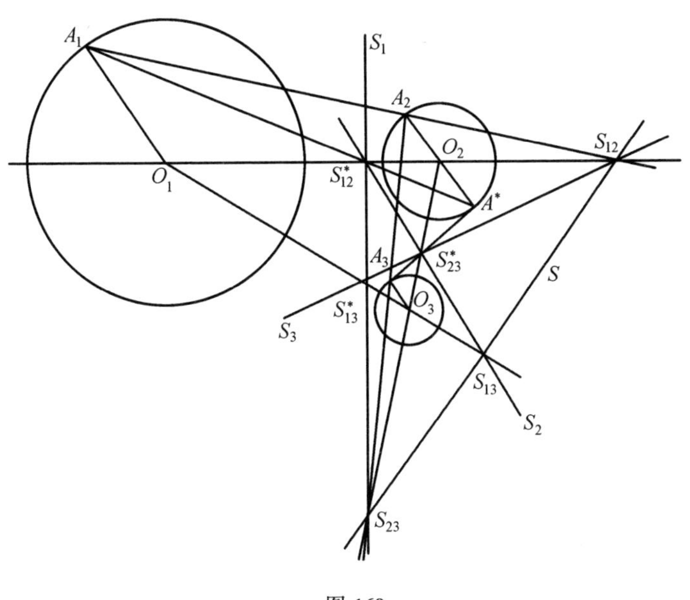

图 169

也就看做顺位似的.这时,例如点 A_1,A_2 和 A_3 为对应点.根据定理136知道三个相似中心 S_{23},S_{13} 和 S_{12} 位于一直线 s 上.

我们也可以将圆周 O_1 和 O_2,或同样地,圆周 O_1 和 O_3 看做逆位似,因此圆周 O_2 和 O_3 将因之而成为顺位似.这时,例如三点 A_1,A_2^* 和 A_3^* 为其对应点(末点在图169没表示出来).与此相对应的相似中心 S_{23},S_{13}^* 和 S_{12}^* 同样地也在一直线 s_1 上.

最后,我们将圆周 O_1 和 O_2 看做顺位似,而将圆周 O_1 和 O_3 看做逆位似(对应点 A_1,A_2 和 A_3^*),或将圆周 O_1 和 O_2 看做逆位似,而将圆周 O_1 和 O_3 看做顺位似(对应点 A_1,A_2^* 和 A_3),我们还能得出两个相似中心组(每组三个):相似中心 S_{23}^*,S_{13}^* 和 S_{12} 在直线 s_3 上,而相似中心 S_{23}^*,S_{13} 和 S_{12}^* 在直线 s_2 上.

三个互不相等的圆周的相似中心,每三个在一直线上,共四条直线.这些直线都叫做这三圆周的相似轴.

三圆周的相似中心在相似轴上的位置如下:

轴 s 上有相似中心 S_{23},S_{13},S_{12}

轴 s_1 上有相似中心 S_{23},S_{13}^*,S_{12}^*

轴 s_2 上有相似中心 S_{23}^*,S_{13},S_{12}^*

轴 s_3 上有相似中心 S_{23}^*,S_{13}^*,S_{12}

不难看出,已知圆周中的两个或三个彼此相等时所产生的情形.

作图题 32　作三已知圆周的相似轴.

由相似中心的作图(作图题 30) 直接可以导出本题的解法.

最后指出,定理 140 和 142 的证明,实质上利用了圆周的中心对称性:点 A' 和 A^*(或 A_2 和 A_2^*) 关于点 O'(或 O_2) 对称.

检查这种情况,可以证明下列两个命题:

两个不相等的位似图形,各有对称中心,可以看做用两种不同方法所成的位似.

如果有三个不相等的图形,每次取两都成位似,并且各有对称中心,三个对称中心不在一直线上,则这三个图形每次取两所得的六个相似中心,每三个一组,位于四条直线上.

我们将证明留给读者.

第六十六节　位似在作图题上的应用

在前节研究过的位似性质,特别是可以应用到解作图题上("相似法").解下列两个问题作为这种应用的基础.

作图题 33　已知一个相似中心,及已知多角形一顶点的位似对应点(或已知相似中心,及以已知二线段的比为相似系数),求作与已知多角形位似的多角形.

设已知多角形为 $ABC\cdots$,相似中心为 S,与已知多角形顶点 A 对应点为 A'(显然,点 A' 应在直线 SA 上).

通过点 A' 引 AB 的平行线,此直线与直线 SB 的交点 B' 即为所求多角形的又一个顶点,它和点 B 相对应;再通过点 B' 引 BC 的平行线,等.

容易看出,假如用已知相似系数来代替已知点 A',则这个作图题的形式变更.

作图题 34　已知一个相似中心,及已知圆周上定点的位似对应点(或已知一个相似中心,及以已知二线段的比为相似系数),求作位似于已知圆周的圆周.

设已知圆周为 O(图 168),相似中心为 S,圆周 O 上定点 A 的对应点为 A'(显然,点 A' 应在直线 SA 上).

通过点 A' 引 OA 的平行线;这直线与 SO 的交点 O' 即为所求圆周的中心(如点 A 不在直线 SO 上).

容易看出,假如点 A 和 A' 在直线 SO 上,或以已知相似系数来代替已知点 A',则这个作图题形式变更.

现在我们利用作图形位似于已知图形的例子,来解更复杂的问题.

作图题 35 已知三角形的二角及其一个"线性元素",即下列线段之一:中线、角的平分线、高、内切圆或外接圆的半径、周长、高之和或中线之和等,求作这三角形.

例如,已知二角 $\angle B$ 和 $\angle C$ 及自顶点 B 和 C 引出的中线之和 s,求作三角形.

先作一三角形 $A'B'C'$(图 170),使其顶点为 B' 和 C' 的角分别等于所求三角形的 $\angle B$ 和 $\angle C$.于三角形 $A'B'C'$ 中作中线 $B'D'$ 和 $C'E'$,并作线段 $B'F' = B'D' + D'F'$,使其等于中线 $B'D' + C'E'$ 之和.

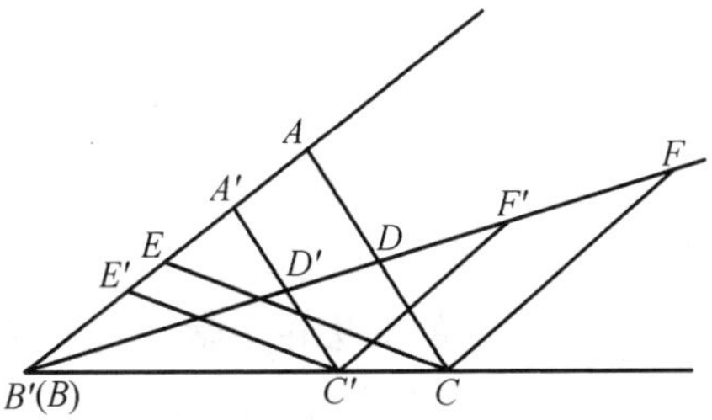

所求三角形 ABC 相似于三角形 $A'B'C'$.我们可以认其为位似于 $A'B'C'$;利用顶点 B' 作为顶点 B,而射线 $B'A'$ 和 $B'C'$ 作为射线 BA 和 BC.剩下的问题只是在射线 $B'C'$ 上决定顶点 C 的位置.

图 170

为了这一点,我们可以利用位似三角形中任意两对应线段成比例的事实(第六十二节性质 6°).这样,假如 BD 和 CE 为所求三角形的中线,则有

$$B'D' : BD = C'E' : CE = B'C' : BC$$

因此
$$(B'D' + C'E') : (BD + CE) = B'C' : BC$$

或
$$B'F' : s = B'C' : BC$$

因为线段 s 是已知的,而线段 $B'F'$ 和 $B'C'$ 是可作的,所以线段 BC 也可以作出.

由上述可得这样解法:作完一三角形 $A'B'C'$,其二角等于所求三角形的二角.于其中线 $B'D'$ 自点 D' 的延长线上,取线段 $D'F'$ 令其等于另一中线.再于射线 $B'D'$ 上取线段 $B'F$,令其等于 s.假如令点 B' 作为所求三角形的顶点 B,则顶点 C 将是直线 $B'C'$ 和通过点 F 而平行于 $F'C'$ 的直线的交点.

这样问题最一般形式的解法,可简述为:作一个与所求三角形 ABC 相似的任意三角形 $A'B'C'$,再于三角形 $A'B'C'$ 中作"线性元素"s',令其与三角形 ABC 中已知元素 s 相对应.再由三已知线段按比例式 $s' : s = B'C' : BC$,求出比例第四项,即此确定了所求三角形的边 BC.为了作图简便,可使三角形 ABC 和 $A'B'C'$ 位似,但须选择适当的位似中心.

如二已知角的和小于平角,那么所考察类型的问题恒可解,且只有一解.

作图题 36　求作一圆周,与二已知直线相切,且通过一已知点.

如二已知直线平行,用轨迹法容易得解;当已知点在二已知直线之一上时,同样地容易得解.如果已知点 A 在二已知直线 SX 与 SY 之间的角的一个平分线上,则所求圆周在点 A 的切线垂直于 SA,这时问题就成为求作与三已知直线相切的圆周(图 171).

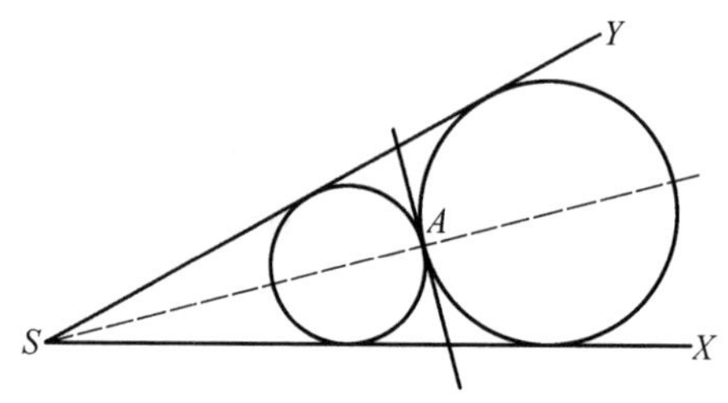

图 171

这样,我们可以假定,二已知直线相交,且已知点不在二已知直线中的任一直线上,同时也不在其交角的任意一平分线上.

这个问题的解法在中学教科书里已经有过,容易看出这个方法是基于下列两个思路:1) 二圆周的二外公切线或其内公切线的交点是它们的相似中心(第六十五节).2) 已知某一圆周位似于已知圆周,相似中心 S,及与此辅助圆周上一点对应的点 A,则所求的圆周可以作出(作图题 34).

作图题 37　求作一圆周,通过二已知点,且与一已知直线相切.

假如二已知点之一在已知直线上,或联结二已知点的直线平行于已知直线,则本题的解法是很简单的.我们将研究,不包含上述两种位置情形的一般情形.

方法一　假设求作一圆周,通过点 A 和 B(图 172 和 173),且与直线 a 相切.

因为所求圆周通过点 A 和 B,所以圆心必在垂直于线段 AB 且通过其中点的直线 l 上.又因为所求的圆周与直线 a 相切,所以它必与关于 l 与 a 对称的直线 a' 相切.这样,我们就归结到作图题 36:通过二已知点中之一点 A,作一圆周,使其与两直线 a 和 a' 相切.但在这里应结合所附加的条件:所求圆周的中心应当确定在已知两直线的交角的一平分线 l 上.

如果二点 A 和 B 在直线 a 的同侧(图 172),本题有二解.如果二点 A 和 B 在已知直线的异侧(图 173),本题没有解.

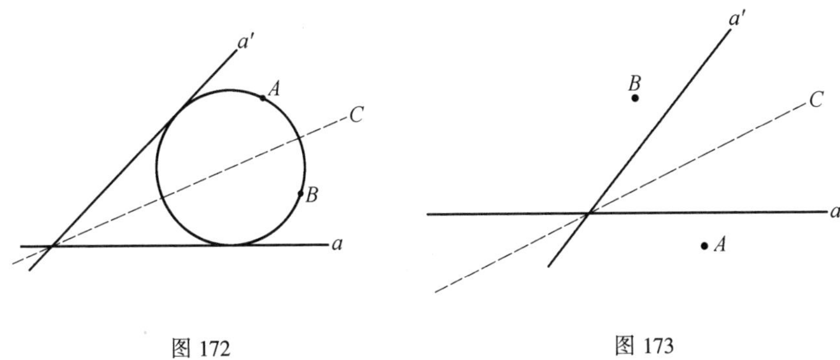

图 172　　图 173

方法二　此解法我们将在以后再研究.

作图题 38　求作一圆周,与二已知直线及一已知圆周相切.

如果二已知直线平行,或已知圆心在二直线交角的一个平分线上,则本题的解法便很简单.

在一般的情况下,本题可用各种不同的方法去解.这里以位似的概念为基础介绍两个方法.

方法一　设 PX 和 PY(图 174)为二已知直线,O' 为已知圆周的中心,这已知圆周便叫做圆周 O'.

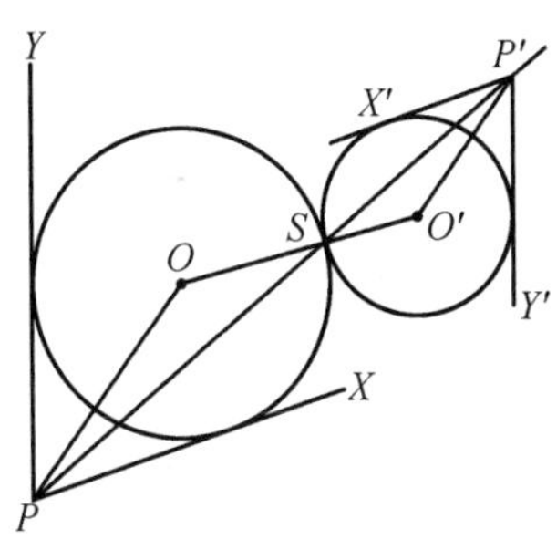

图 174

如果 O 为所求的圆周,则圆周 O 与圆周 O' 的切点 S 是这二圆周的相似中心(在图 174 所表示的是内相似中心).关于相似中心 S 的位似,圆周 O 能变换成圆周 O',第一圆周的切线 PX 和 PY 应该对应着与它们平行的第二圆周的切线 $P'X'$ 和 $P'Y'$,而直线 PX 和 PY 的交点 P 应该对应着直线 $P'X'$ 和 $P'Y'$ 的交点 P'.因为点 P 和 P' 是关于中心 S 彼此位似的对应点,所以直线 PP' 通过点 S.

由此推得切点 S 的作图法:向已知圆周作平行于已知直线的切线;这两切线的交点和已知点 P 联结而成的直线,与已知圆周的交点,就是所求的切点.

切点 S 确定之后,再求所求圆周的中心 O,就没有什么困难了.为此,作已知二直线交角的那个平分线,它平分于直线 $P'O'$.这平分线和直线 $O'S$ 的交点 O,就是所求圆周的中心,线段 OS 便是它的半径.

我们可以证明用这个方法作出的圆周,实际上它既与二已知直线相切,又与已知圆周相切.

因为圆周 O' 的切线与已知直线 PX 平行的有两条,其与 PY 平行的也有两条,所以交点 P' 在平面上可以有四个不同的位置.因此有四条直线 PP',其中每一条必与圆周 O' 交于二点.所以所求的圆周最多有八个.从直观的判断(图175)也说明了实际上有八个解.

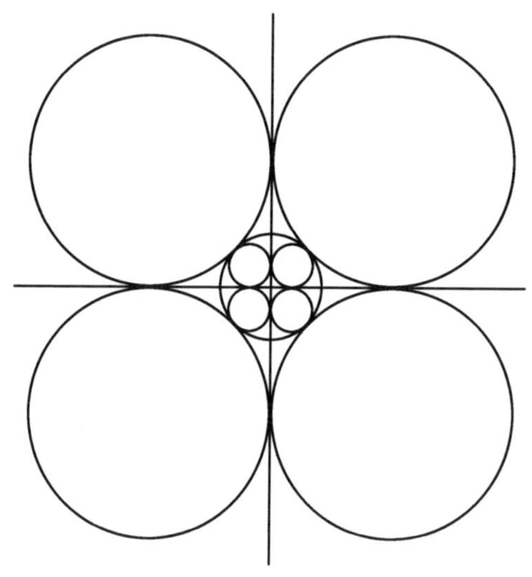

图 175

方法二 设 PX 和 PY(图 176)为二已知直线,O' 为已知圆周.这个作图法只限于所求圆周的中心在已知两直线交角的一个平分线 PU 上时的情形.(圆心在另一平分线上时,同样可以作图)

作一个圆周 O'',令其中心在 PU 上,且与二直线 PX 和 PY 相切.已知圆周 O' 和所作的辅助圆周 O'' 的相似中心为 S_1 和 S_2.所求圆周 O 和已知圆周 O' 的切点 S 将是它们的一个相似中心;点 P 是圆周 O 和 O'' 的一个相似中心.所以直线 PS 将是圆周 O,O',O'' 的一个相似轴(定理 142),因此它必通过 S_1 或 S_2.

由此导出本题的解法.系所指示的那样作一圆周 O'' 之后,我们再作出圆周 O' 和 O'' 的相似中心 S_1 和 S_2.直线 PS_1 和 PS_2 与圆周 O' 交于所求的切点 S.求出点 S 以后,所求的圆心 O,即可由直线 PU 和 $O'S$ 的交点而确定.

直线 PS_1 和 PS_2 的每一个可能和圆周 O' 交于二点.这样就可以得到所求圆心在平分线 PU 上的解不能多于四个(在平分线 PV 上也有同样情形).

上述方法无论哪一种,都不可能使本题的研究简单.以后在第九十四节还

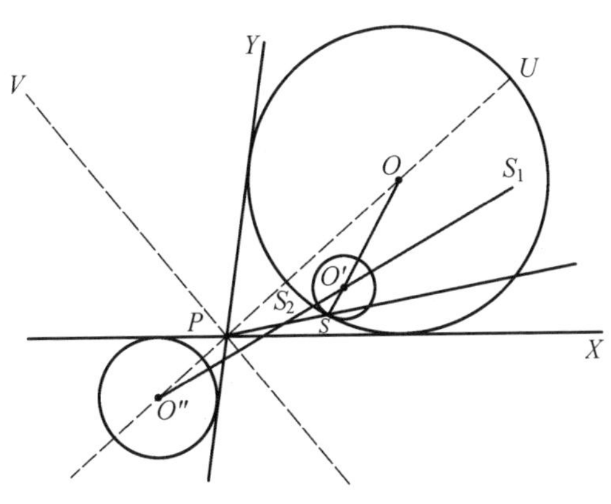

图 176

将举出第三种解法.那种方法完全根据另外的思路,使我们有比较简单而充分地来研究这个问题的可能性.

第六十七节 欧拉线

现在我们将所学习过的位似,应用到总结三角形显著点(第二十九节)的某些性质.

定理 143 在任一三角形中外接圆心 O,重心 G,九点圆心 O_1 和垂心 H 位于同一直线上,依照指出的顺序,其间距离之比为

$$OG : GO_1 : O_1H = 2 : 1 : 3$$

点 O,G,O_1 和 H 所在的直线叫做欧拉线.

证明 三角形 ABC(图 177)的顶点各向其对边中点 A_1,B_1 和 C_1 联结而成的直线交于一点 —— 重心 G,它将每一中线分成 2 : 1 之比(自顶点量起)(定理 69).所以三角形 ABC 和 $A_1B_1C_1$ 关于点 G 成为逆位似,其相似系数等于$\frac{1}{2}$.

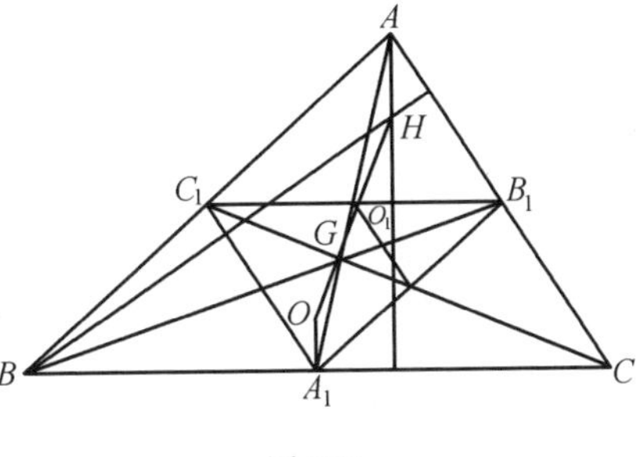

图 177

由此推得,这两个三角形的任意二对应点,都和将这二点间的距离分成 2 : 1(自三角形 ABC 的顶点量起)的点 G 在同一直线上.

在三角形 ABC 各边中点所作的垂线,成为三角形 $A_1B_1C_1$ 的高,因此点 O

是三角形 $A_1B_1C_1$ 的垂心.也就是说,点 H 和 O 是两三角形 ABC 和 $A_1B_1C_1$ 的二对应点,与点 G 在同一直线上,且 $HG : GO = 2 : 1$.

三角形 ABC 中的点 O 和三角形 $A_1B_1C_1$ 中的点 O_1 相对应.因此点 O,G 和 O_1 在一直线上,且 $OG : GO_1 = 2 : 1$.

由此推得,上述的四个点在一直线上,且 $OG : GO_1 : O_1H = 2 : 1 : 3$(图 178).

系 由上述的情形知道三角形 ABC 和 $A_1B_1C_1$ 为位似图形,且其相似系数等于$\frac{1}{2}$.这样就推知,这两个三角形的外接圆是位似的.所以九点圆的半径等于外接圆半径的一半.

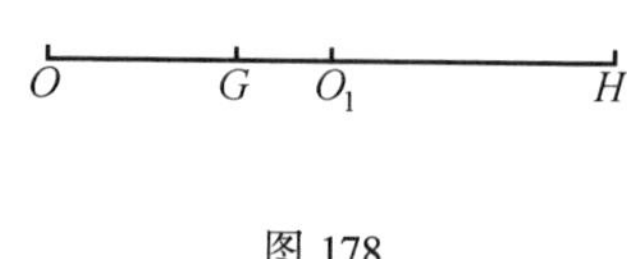

图 178

第六十八节 二相似图形的一般情形

熟悉相似的一般概念的读者,无疑地已注意到,一般说来,位似图形只不过是相似图形的特殊情形.但是一直到现在我们还没有使用相似的一般概念.现在我们应当给相似图形下个这样形式的定义,使这个定义对任意图形都适用(不只限于多角形).

假如二图形 **F** 和 **F**′ 的点与点之间可以确定这样的一一对应关系,即图形 **F**′ 上任意二点联结而成的线段与图形 **F** 上与前二点对应的二点联结而成的线段的比,就这二图形上所有点说来,有同一数值,这样便说图形 **F**′ 相似于图形 **F**.

于是关于对应点 $A,B,C,D,\cdots$ 和 $A',B',C',D',\cdots$ 必有

$$k = A'B' : AB = A'C' : AC = B'C' : BC = A'D' : AD\cdots = \text{常数}$$

这比例常数 k 叫做图形 **F**′ 对于图形 **F** 的相似系数.二图形上点与点之间的对应,换句话说,由第一图形 **F** 上的点得到图形 **F**′ 上的点的变换,叫做相似变换,或简称为相似.

由这个定义推得以下一系列的相似性质.

1° 每个图形相似于其自身.如果图形 **F**′ 相似于图形 **F**,则图形 **F** 也相似于图形 **F**′;换句话说逆相似变换,仍是相似.

二图形都和第三图形相似,它们彼此之间相似;换句话说,两个相似的乘积仍是相似.

简言之,即相似有反射性、对称性和传递性.

2° 图形 **F** 上的点在一直线上,在与 **F** 相似的图形 **F′** 中和它们对应的点也在一直线上;**F** 中的某一线段上的点同样对应着 **F′** 中的某一线段上的点.

实际上,设点 B 在 A 和 C 之间,与点 A,B,C 对应的点为 A',B',C'.由相似的定义知道

$$A'B' : AB = B'C' : BC = A'C' : AC$$

所以 $$(A'B' + B'C') : (AB + BC) = A'C' : AC$$

因此由等式 $AB + BC = AC$ 即可得 $A'B' + B'C' = A'C'$.但这个等式只有当点 B' 在 A' 和 C' 之间时才能满足.

由此更可推得,射线的相似图形仍是射线;半平面的相似图形仍是半平面;角的相似图形仍是角,等.

3° 二相似图形上的对应角相等.

实际上,假如图形 **F** 上的点 A,B,C 与图形 **F′** 上的点 A',B',C' 对应,则三角形 ABC 和 $A'B'C'$ 相似,得知 $\angle BAC = \angle B'A'C'$.

4° 二相似多角形面积的比,等于其对应边平方的比,也就是等于相似系数的平方.

这个性质在中学教科书中已经证明过了.

相等图形,和位似图形都是相似图形的特殊情形.

换句话说,移动和位似都是相似的特殊情形.

下列定理给我们一个求与已知图形相似的图形的一般方法.

定理 144 与图形 **F** 相似的任意图形 **F′**,有与图形 **F** 顺位似的某一图形 $\mathbf{F}_0$ 与之相等;倒转来说,任意图形 **F′** 等于与图形 **F**(逆或顺)位似的某一图形,它必与图形 **F** 相似.

换句话说,任意的相似是顺位似和移动的乘积;倒转来说,(顺或逆)位似和移动的任何乘积是相似.

证明 取任意点 S 作为相似中心,选取图形 **F′** 关于 **F** 的相似系数 k 作为位似系数,作出关于点 S 与图形 **F** 顺位似的图形 $\mathbf{F}_0$.例如点 A 和 B 为图形 **F** 上的任意二点;A_0 和 B_0 与 A' 和 B' 为图形 $\mathbf{F}_0$ 和 **F′** 上的对应点,则必有

$$k = A_0B_0 : AB = A'B' : AB$$

由此得 $A_0B_0 = A'B'$.因为这个等式表示任意二对应线段相等,所以图形 $\mathbf{F}_0$ 和 **F′** 相等.

其逆命题也是显然的.

系 1 与图形 **F** 相似的图形 **F′**,由于与图形 **F** 上不在一直线上的三点 A,

B,C 相对应的三点 A',B',C' 的给定而完全确定.(这时,点 A',B',C' 的选定应使三角形 ABC 相似于 $A'B'C'$)

实际上,根据这个条件可以如定理 144 中的作图方法,作图形 $\mathbf{F}_0$.等于图形 $\mathbf{F}_0$ 的图形 $\mathbf{F}'$ 由于三点 A',B',C' 的给定而完全确定(定理 49 系 1).

系 2　设图形 $\mathbf{F}$ 的点之中有三点不在一直线上;这时有两个且只有两个与图形 $\mathbf{F}$ 相似的图形,在其中,与图形 $\mathbf{F}$ 的已知点 A 及 B 相对应的,即为任意给定之点 A' 及 B'.

实际上,如定理 144 所说的那样,根据上述的条件作一图形 $\mathbf{F}_0$ 等于 $\mathbf{F}$.这时有两个而且只有两个图形 $\mathbf{F}'$ 等于图形 $\mathbf{F}_0$,在其中与图形 $\mathbf{F}_0$ 的点 A_0 及 B_0 相对应的,即为已知点 A' 和 B'(定理 49 系 3).

第六十九节　两种相似

通过上节的学习可知,与已知图形 $\mathbf{F}$①相似的任意图形 $\mathbf{F}'$,等于与 $\mathbf{F}$ 顺位似

的某一图形 $\mathbf{F}_0$(定理 144).这时有两种可能情形:图形 $\mathbf{F}'$ 与图形 $\mathbf{F}_0$ 可以是本质相等,或是镜照相等.

先研究第一种情形:这时图形 $\mathbf{F}$ 上的定向三角形 $\overline{ABD}$ 和图形 $\mathbf{F}_0$ 上与它对应的三角形 $\overline{A_0B_0D_0}$ 有同一定向(第六十二节性质 9°);同时,因为图形 $\mathbf{F}_0$ 和 $\mathbf{F}'$ 是本质相等,三角形 $\overline{A_0B_0D_0}$ 和 $\overline{A'B'D'}$ 也有同一定向.所以二相似图形上的两对应三角形 $\overline{ABD}$ 和 $\overline{A'B'D'}$ 有同一定向,其两对应角也有同向(图 179).

再研究第二种情形:三角形 $\overline{ABD}$ 和 $\overline{A_0B_0D_0}$ 将有同一定向,但三角形 $\overline{A_0B_0D_0}$ 和 $\overline{A'B'D'}$ 有相反的定向,所以三角形 $\overline{ABD}$ 和 $\overline{A'B'D'}$ 将有相反的定向.所以,两对应三角形有相反的定向,两对应角有相反之向(图 180).

于是,便产生了下列的命题(参考定理 52).

定理 145　对应于两种相似,有两种相似图形.在其中的一种情形中两相似图形上每两对应三角形有同一的定向,每两对应角有同向;在另一种情形中对应三角形有相反的定向,对应角有相反之向.

在第一种情形中(图 179)的两相似图形叫做本质相似,在第二种情形中(图 180)叫做镜照相似.这两种相似分别为第一种相似和第二种相似.(参考第十九节中本质相等和镜照相等图形,以及第三十节中第一种移动和第二种移

① 在本节里我们只限于这样的图形,在其中,不是所有点都在一条直线上.

动).

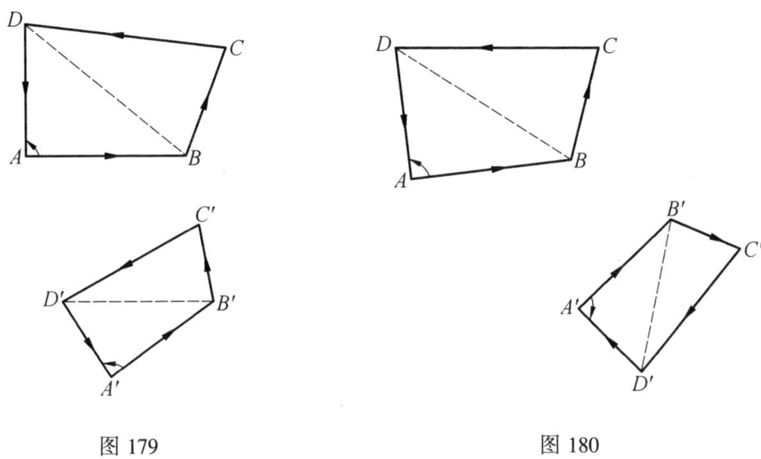

图 179 图 180

显然,二图形都与第三图形本质相似,或者二图形都与第三图形镜照相似,这二图形互为本质相似;二图形之一与第三图形本质相似,而其他与第三图形镜照相似,这二图形互为镜照相似.

与已知图形 **F** 本质相似的图形 **F′**,由于与图形 **F** 上两已知点 A,B 相对应的两点 A',B' 的给定而得完全确定;镜照相似图形也有同样的性质.实际上,两点 A' 和 B' 的给定,确定了两个与已知图形相似的图形(定理 144 系 2);这两个图形对直线 $A'B'$ 为对称.所以,其中的一个将与已知图形为本质相似,而另一个为镜照相似.

现在我们编写关于两个本质相似或镜照相似图形在平面上的相互位置的直观的表述.

为此目的,证明下列两个定理.

定理 146 异于位似、也异于移动的第一种相似,是关于某一点的位似及绕同一点旋转的乘积.

证明 设有由两对对应点 A,A' 和 B,B' 所确定的相似图形 **F** 和 **F′**.如果 $AB /\!/ A'B'$,则二图形上任意二对应线段都将平行.这时二图形将是位似的,直线 AA' 和 BB' 的交点 S 将是位似中心(图 163 和 164);在特殊情形下这二图形可借助于平移,由其中的一个得到另一个.当直线 AA' 和 BB' 相重时,容易归总到与已知点不在一直线上的第三对对应点 C 和 C' 的作图方法.

现在可以研究当直线 AB 和 $A'B'$ 相交于某一点 M(图 181)时的情形.我们试图找出二图形 **F** 和 **F′** 的重点,即与其自身相对应的点.如果点 P 是重点,则二本质相似图形上的对应角 $\angle PAB$ 与 $\angle PA'B'$ 相等且有同向.点 M 可以在射线 AB 上,也可以在这射线自 A 引出的延长线上;同样也可以在射线 $A'B'$ 上,或在其自 A' 引出的延长线上.由于上述两角 $\angle PAB$ 及 $\angle PA'B'$ 相等且有同向的关系,就可推得,$\angle PAM$ 和 $\angle PA'M$ 在所有情况下,或者相等且有同向,或者互为补角而有异向.所以点 P,M,A 和 A' 在同一圆周上.同理,点 P,M,B 和 B' 也在同一圆周上.从这里可以知道,假如重点存在,则它是圆周 MAA' 和 MBB' 的交点.

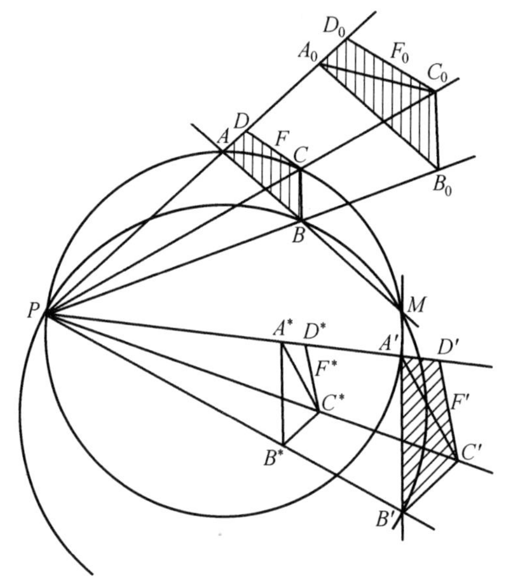

图 181

按照逆的顺序重复这些讨论时,我们就得出结论,关于异于点 M 的二圆周的交点 P,有两等式 $\angle PAB = \angle PA'B'$ 和 $\angle PBA = \angle PB'A'$,并且每双等角有同向.由此可知 P 是重点①.

现在取点 P 作为位似中心,取比 $k = A'B' : AB$ 作为相似系数,而作出与图形 $\mathbf{F}$ 顺位似的图形 $\mathbf{F}_0$.图形 $\mathbf{F}_0$ 和 $\mathbf{F}'$ 将为本质相等,且有点 P 为其重点.所以图形 $\mathbf{F}'$ 可借助于图形 $\mathbf{F}_0$ 绕点 P 的旋转而得出,且可由图形 $\mathbf{F}$ 借助于关于点 P 的顺位似再绕同点旋转而得出.

系 1 两个不等的本质相似图形,有一个唯一的重点 P.

① 为简单起见,我们略去了点 M 自身是重点的情形.这时 $AA' /\!/ BB'$,且圆周 MAA' 和 MBB' 相切于点 M.这时在图 181 上我们得到了点 A,D 和 A',D' 代替了点 A,B 和 A',B'.

系 2 对中心 P 的位似再绕同一点 P 旋转,是可置换的.

实际上,先实行旋转得图形 $\mathbf{F}^*$(图 181),再由它借助于位似而得同一图形 $\mathbf{F}'$.

定理 146 的证明,也给出了下列的问题的解.

作图题 39 求作两个本质相似图形的重点.

再转到研究镜照相似图形.

定理 147 异于移动的第二种相似,是关于某一点的位似及对通过同一点的直线的反射之乘积.

本定理的证明,是定理 80 证明的概括.

假设图形 $\mathbf{F}$ 上的点 A 和 B 通过第二种相似变换到图形 $\mathbf{F}'$(不等于 $\mathbf{F}$)上的点 A' 和 B'(图 182).用 A_1 表示以 $AA_1 : A_1A' = AB : A'B'$ 的比内分线段 AA' 的内分点.通过点 A_1 引直线 s_1,平行于有向直线 BA 与 $B'A'$ 之间的角的平分线 MN.

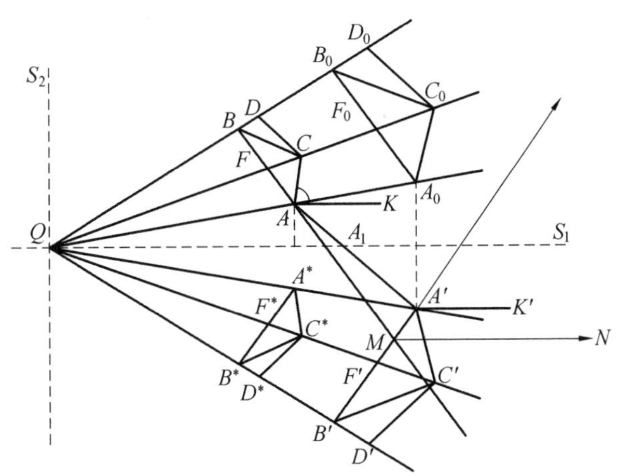

图 182

图形 $\mathbf{F}'$ 上的点 A',B',$\cdots$ 通过对直线 s_1 的反射,变换到与图形 $\mathbf{F}$ 本质相似(但不相等)的某一新图形 $\mathbf{F}_0$ 上的点 A_0,B_0,$\cdots$.这时图形 $\mathbf{F}$ 和 $\mathbf{F}_0$ 上的线段 AB 和 A_0B_0 将平行且有同向(根据由直线 s_1 所选定的方向).所以,关于任意两对应线段都有同样情形,而得图形 $\mathbf{F}$ 和 $\mathbf{F}_0$ 为顺位似图形.因为

$$AA_1 : A_1A' = AB : A'B'$$

所以点 A 和 A_0 到直线 s_1 的距离的比等于图形 $\mathbf{F}$ 和 $\mathbf{F}_0$ 上对应线段的比.由此容易得到结论:直线 s_1 通过图形 $\mathbf{F}$ 和 $\mathbf{F}_0$ 的相似中心 Q.

这样,以 Q 为中心的位似,将图形 $\mathbf{F}$ 变换成 $\mathbf{F}_0$,再对通过点 Q 的直线 s_1 反射,使图形 $\mathbf{F}_0$ 反射成 $\mathbf{F}'$.

系 1 二不相等的镜照相似图形有一个重点,及通过这点而互相垂直的两条垂直线.

点 Q 是重点,直线 s_1 及通过点 Q 而与其垂直的直线 s_2 是重线.

系 2 有中心 Q 的位似,及对通过点 Q 的直线的反射是可置换的.

实际上,先实行反射得图形 $\mathbf{F}^*$(图 182),再借助于位似由图形 $\mathbf{F}^*$ 仍可得到同一图形 $\mathbf{F}'$.

由上述情形容易导出下列问题的解法.

作图题 40 求作两镜照相似图形的重点和重线.

假如利用直线 s_1 和 s_2 的下列性质,作图可以采取特别严整的形式:因为直线 s_1 和 s_2 内分或外分这两图形上每二对应点联结而成的线段成相似系数的比.(直线 s_1 和 s_2 的这个性质的证明,留给读者)

以直角三角形 ABC 被其高 AH 分成两三角形 HBA 和 HAC,作为一个简单的

例子,就可以说明这个一般的定理(图 183 和 184).三角形 HBA 和 HAC 是本质相似;三角形 HAC 是由三角形 HBA 绕重点 H 旋转一个直角而再施行位似变换而得到(图 183).三角形 HBA 和 ABC 是镜照相似;三角形 HBA 经过对 $\angle B$ 的平分线的反射及以重点 B 为中心的位似变换,便可得到三角形 ABC(图 184).

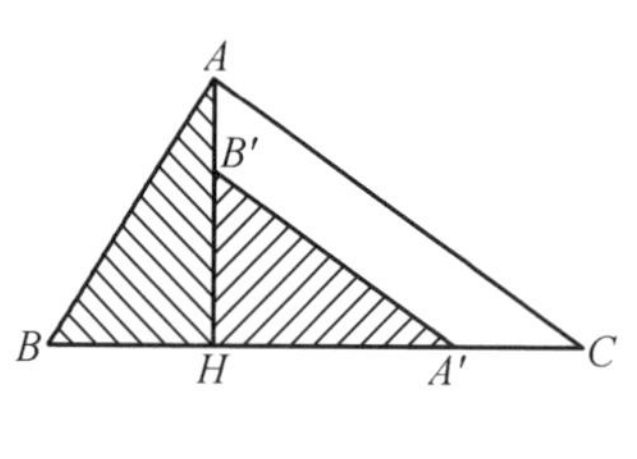

图 183

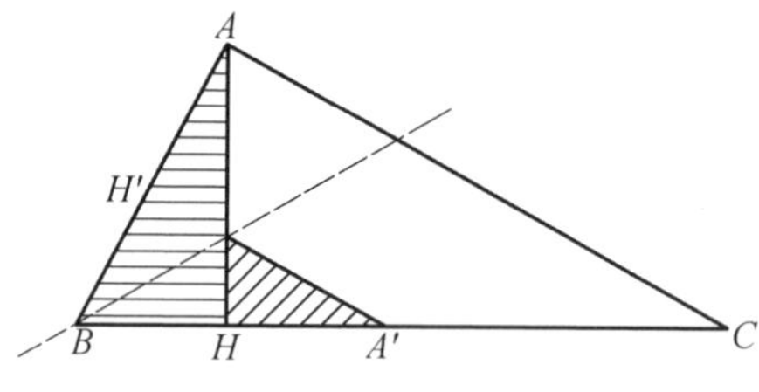

图 184

第十九章 度量关系

第七十节 一般概念,表示法

任一图形的线段长度之间,可以存在着数与数间的依存关系;其中有些与长度单位的选择无关(且只有这样的才使我们感兴趣),我们将把它叫做度量关系.用文字表示对应的关系时,我们将省略“长度”的字样,把它们看做线段本身之间的关系.

某些这样的度量关系,可以看做图形面积间的关系;例如,将下列定理148 ~ 150和定理120 ~ 122比较一下,便可知道.

在直角三角形中人所熟知的关系,可以作为度量关系的例子.

定理 148 直角三角形斜边上的高,是其正交边在斜边上射影的比例中项.换句话说,直角三角形斜边上高的平方,等于其正交边在斜边上射影的乘积.

定理 149 直角三角形的正交边之一为斜边及这一正交边在斜边上射影的比例中项.换句话说,直角三角形的正交边之一的平方,等于斜边与这一正交边在斜边上射影的乘积.

定理 150 直角三角形斜边的平方,等于其正交边平方之和.

如果在直角三角形 ABC 中用 H 表示直角顶点 A 在斜边上的射影(图 183 和 184),则有

$$AH^2 = BH \cdot HC, AB^2 = BC \cdot BH, BC^2 = AB^2 + AC^2$$

我们所熟知的斜角三角形的度量关系同样可以作为进一层的例子.

定理 151 三角形锐角对边的平方,等于其他二边平方的和,减去这二边中的一边与其他边在这边上射影的乘积的二倍.

定理 152 三角形钝角对边的平方,等于其他二边平方的和,加上这二边中的一边与其他边在这边上射影的乘积的二倍.

如果用 H 表示三角形 ABC 的顶点 C 在直线 AB 上的射影(图 185),$\angle A$ 为锐角,则在 $\angle A$ 为锐角时,有

$BC^2 = AB^2 + AC^2 - 2AB \cdot AH$

而在 $\angle A$ 为钝角时,有

$BC^2 = AB^2 + AC^2 - 2AB \cdot AH$

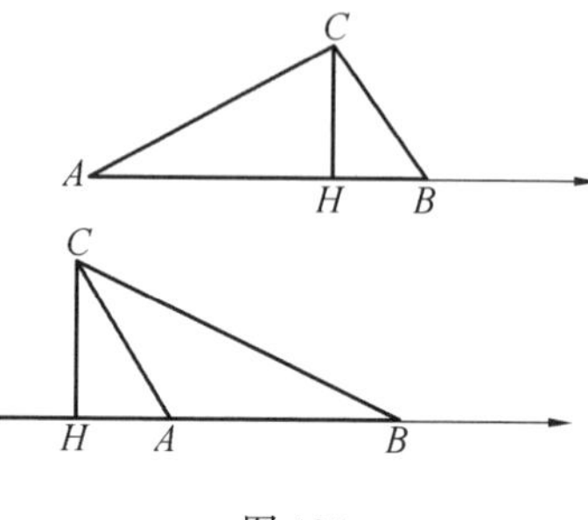

图 185

假如在直线 BC 上选取正向(无例外的),并视线段 AB 和 AH 为有向线段,则后二关系式,可统一写成下式

$$BC^2 = AB^2 + AC^2 - 2\,\overline{AB} \cdot \overline{AH} \quad (1)$$

实际上,如果 $\angle A$ 为锐角,则

$$AB \cdot AH = \overline{AB} \cdot \overline{AH}$$

如果 $\angle A$ 为钝角,则

$$AB \cdot AH = -\overline{AB} \cdot \overline{AH}$$

(因为,$\overline{AB} \cdot \overline{AH} < 0$).

最后,还可以引出在中学教科书中借助于关于圆周角和相似三角形性质的定理所证明的下列的度量关系:

定理 153 如果通过圆周内一点引若干个弦,则每个弦被这点所分成二线段的乘积为一常数(对给定点而言).

定理 154 如果过圆周内一点引直径,并引垂直于此直径的弦,则直径被这点所分成二线段的乘积,等于弦的一半的平方.

定理 155 如果通过圆周外的一点引若干割线,则每一割线与其外部分的乘积为一常数(对给定点而言).

定理 156 如果通过圆周外的一点作切线和割线,则割线与其圆外部分的乘积等于切线的平方.

这时所说的"割线",系指自给定点至其与圆周相交的第二点之间的线段,而"切线"系指自给定点至圆周上切点之间的线段.

在本章内我们研究三角形元素之间的另外一些度量关系,并将这些度量关系应用到几何作图题.

为了使今后的叙述简短,这里列出在本章里使用(每次不特别提出)的表示方法:

$a = BC, b = AC, c = AB$,为已知三角形的三边;

$2p = a + b + c$ 为其周长;

$p_a = p - a, p_b = p - b, p_c = p - c$;

m_a, w_a, w'_a, h_a 分别为自已知三角形顶点 A 引出的中线、内角的平分线、外

角的平分线和高,同样的意义有 $m_b, w_b, w'_b, h_b, \cdots$

I 和 r 为内切圆的中心和半径;

I_a 和 r_a 为在 $\angle A$ 内的旁切圆的中心和半径,同样的意义有 I_b, r_b, I_c, r_c;

O 和 R 为外接圆的中心和半径;

G 为三角形的重心.

第七十一节 斯德槐定理

我们先从证明下列命题开始.

定理 157(斯德槐定理) 三角形 ABC 的顶点 A 与对边 BC 上任意点 P 之间的距离 AP 由下列等式确定

$$AP^2 = AB^2 \cdot \frac{CP}{CB} + AC^2 \cdot \frac{BP}{BC} - BC^2 \cdot \frac{BP}{BC} \cdot \frac{CP}{CB} \qquad (1)$$

应注意到上式中,每个侧边平方乘以底边上与其不相邻的线段与整个底边之比,而底边的平方乘以那两个比的乘积.

如果在直线 BC 上引用正向(一律地),并将线段 BC, BP 和 CP 视为有向线段,则上式为

$$AP^2 = AB^2 \cdot \frac{\overline{CP}}{\overline{CB}} + AC^2 \cdot \frac{\overline{BP}}{\overline{BC}} - BC^2 \cdot \frac{\overline{BP}}{\overline{BC}} \cdot \frac{\overline{CP}}{\overline{CB}} \qquad (2)$$

无论点 P 在边 BC 上,或在其延长线上,都可以得到正确的说明.

证明 我们立即证明一般公式(2),有斯德槐定理式(1) 为其特殊情形. 用 AH 表示三角形 ABC(图 186)的高. 因为 AH 也是三角形 ABP 和 ACP 的高,则由上节式(1) 可以知道,无论点 P 在边 BC 上的位置如何,将得

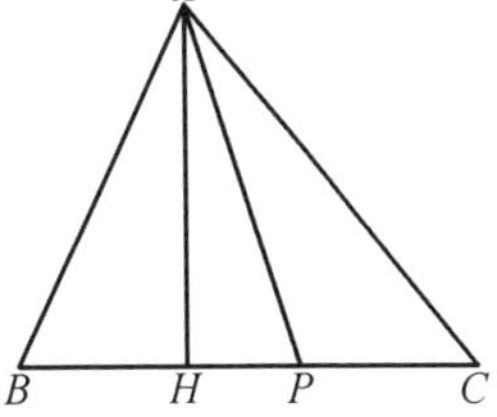

$$AB^2 = AP^2 + BP^2 - 2\,\overline{PB} \cdot \overline{PH}$$

$$AC^2 = AP^2 + CP^2 - 2\,\overline{PC} \cdot \overline{PH}$$

图 186

前一等式乘以 $\overline{PC}$,后一等式乘以 $\overline{BP}$,然后相加,得

$$\overline{PC} \cdot AB^2 + \overline{BP} \cdot AC^2 = AP^2 \cdot (\overline{BP} + \overline{PC}) + \overline{BP} \cdot \overline{PC} \cdot (\overline{BP} + \overline{PC})$$

因为

$$BP^2 \cdot \overline{PC} + CP^2 \cdot \overline{BP} = \overline{BP^2} \cdot \overline{PC} + \overline{PC^2} \cdot \overline{BP} = \overline{BP} \cdot \overline{PC} \cdot (\overline{BP} + \overline{PC})$$

而后几项由于下式而消失

$$\overline{PB}\cdot\overline{PH}\cdot\overline{PC}+\overline{PC}\cdot\overline{PH}\cdot\overline{BP}=\overline{PH}\cdot\overline{PC}\cdot(\overline{PB}+\overline{BP})=0$$

再将$\overline{BP}+\overline{PC}$等于给段$\overline{BC}$代入,即得式(2).

还须注意的是点 A 在边 BC 上时,式(2)仍然成立.(由于后三点在同一直线上,所以可视其为四点 A,B,C 和 P 间的关系)

实际上,在这种情形下,上节式(1)仍有效:容易由等式$\overline{BC}=\overline{AC}-\overline{AB}$导出,因为点 H 和点 A 重合.

现在将斯德槐定理,运用到三角形的中线及角的平分线的计算题.

(计算中线)点 P 为三角形 ABC 的边 BC 的中点,$AP=m_a$,$BP:BC=CP:CB=1:2$,公式(1)成为

$$m_a^2=\frac{1}{2}(b^2+c^2)-\frac{1}{4}a^2 \tag{3}$$

注意 由式(3),同样可得其他二中线,且三中线之间有下列关系

$$m_a^2+m_b^2+m_c^2=\frac{3}{4}(a^2+b^2+c^2)$$

$$m_a^4+m_b^4+m_c^4=\frac{9}{16}(a^4+b^4+c^4)$$

(计算三角形内角和外角的平分线)假如 AP 和三角形内角的平分线相重合,$AP=w_a$,$BP:PC=c:b$.由此得 $BP:PC:BC=c:b:(c+b)$.由后式使公式(2)变为

$$w_a^2=bc-\overline{BP}\cdot\overline{PC}$$

或者,假如注意到线段的方向,则得

$$w_a^2=bc-BP\cdot PC$$

所以得知,自三角形任意顶点所引出的角的平分线的平方,等于自同一顶点所引出的二边的乘积,减去这平分线内分第三边所成二线段的乘积.

如果 AP' 为三角形外角的平分线,则$\overline{BP'}:\overline{P'C}=-c:b$.由此得

$$\overline{BP'}:\overline{P'C}:\overline{BC}=-c:b:(b-c)$$

由后式使式(2)变为

$$w'^2_a=-bc-\overline{BP'}\cdot\overline{P'C}$$

或者,假如注意到线段的方向,则得

$$w'^2_a=bc-BP'\cdot CP'$$

所以,自三角形任意顶点所引出的外角平分线的平方,等于这平分线外分第三边所成二线段的乘积,减去自同一顶点所引出的二边的乘积.

现在利用公式(1)和(3)总结出三角形重心 G 的一个性质.设 P 为三角形

ABC 的边 BC 的中点，M 为任意点(图 187).将公式(1) 应用到三角形 MPA 及线段 MG，将有

$$MG^2 = \frac{1}{3}MA^2 + \frac{2}{3}MP^2 - \frac{2}{9}m_a^2$$

再将公式(3) 应用到三角形 MBC 的中线 MP，求得

$$MP^2 = \frac{1}{2}(MB^2 + MC^2) - \frac{1}{4}a^2$$

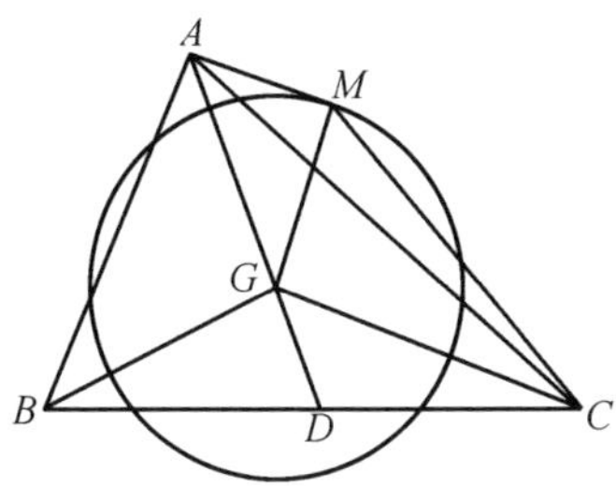

图 187

将 MP^2 的值代入前等式，即可确定公式(3) 中 m_a^2 的值，得

$$MG^2 = \frac{1}{3}(MA^2 + MB^2 + MC^2) - \frac{1}{9}(a^2 + b^2 + c^2) \tag{3a}$$

这就表示着任意点到三角形重心的距离.

最后的关系式可改写成如下形式

$$MA^2 + MB^2 + MC^2 = \frac{1}{3}(a^2 + b^2 + c^2) + 3MG^2$$

$MA^2 + MB^2 + MC^2$ 之和对于平面上不同的点，有不同的意义；由最后等式可以看出，这个和，一般地说，大于$\frac{1}{3}(a^2 + b^2 + c^2)$，只有当 $MG = 0$，即假如点 M 和 G 相重时，它们才相等.

所以得出，三角形的重心有下列的性质.

定理 158　平面上任意点到三角形三顶点距离平方之和，当这点与三角形重心相重时，其值为最小.

第七十二节　三角形的内切、旁切及外接圆的半径和高的计算

我们先从三角形的内切和旁切圆半径的计算开始.

用 D，E 和 F(图 188) 表示三角形的内切圆及其与边 BC，AC 和 AB 相切之

点.用 D_a,E_a 和 F_a 表示三角形的旁切圆 I_a 与直线 BC,AC 和 AB 相切之点;同样用 D_b,E_b,F_b 及 D_c,E_c,F_c 分别表示旁切圆 I_b 及 I_c 与这三直线相切之点.由于直角三角形 AIE 及 AIF 的相等,AI_aE_a 及 AI_aF_a 的相等,等,得

$$\begin{gathered} AE = AF, BF = BD, CD = CE \\ AE_a = AF_a, BF_a = BD_a, CD_a = CE_a \\ \vdots \end{gathered} \tag{1}$$

由此导出

$$\begin{aligned} 2AE = 2AF = AE + AF = (AC - CE) + (AB - BF) = \\ AC + AB - (CE + BF) = \\ AB + AC - (CD + DB) = \\ AB + AC - BC = b + c - a = 2p - 2a = \\ 2(p - a) = 2p_a \end{aligned}$$

$$\begin{aligned} 2AE_a = 2AF_a = AE_a + AF_a = (AC + CE_a) + (AB + BF_a) = \\ AC + AB + (CE_a + BF_a) = \\ AC + AB + (CD_a + D_aB) = \\ AC + AB + BC = 2p \end{aligned}$$

$$BD_a = BF_a = AF_a - AB = p - c = p_c$$

同样可得到式(1)中其余的线段.

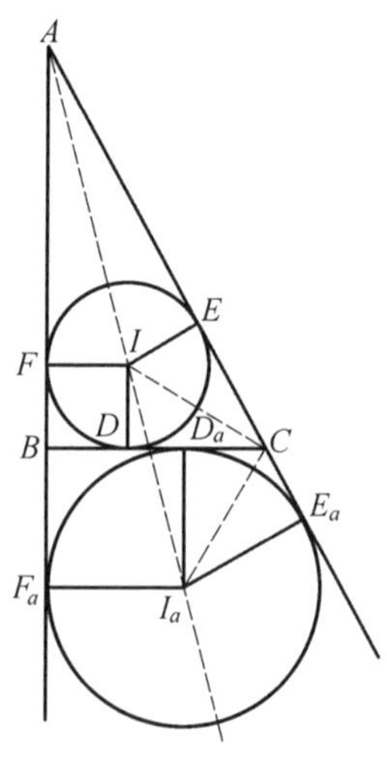

图 188

由是

$$
\begin{aligned}
&AE = AF = p_a, BF = BD = p_b, CD = CE = p_c\\
&AE_a = AF_a = p, BF_a = BD_a = p_c, CD_a = CE_a = p_b\\
&AE_b = AF_b = p_c, BF_b = BD_b = p, CD_b = CE_b = p_a\\
&AE_c = AF_c = p_b, BF_c = BD_c = p_a, CD_c = CE_c = p
\end{aligned} \tag{2}
$$

由于直角三角形 AIE 及 AI_aE_a 的相似,有

$$IE : I_aE_a = AE : AE_a$$

或

$$r : r_a = p_a : p$$

由于直角三角形 CIE 及 I_aCE_a 的相似,推得

$$IE : CE_a = CE : I_aE_a$$

或

$$r : p_b = p_c : r_a$$

因此,一般地有

$$
\begin{aligned}
&r : r_a = p_a : p, r : r_b = p_b : p, r : r_c = p_c : p\\
&rr_a = p_bp_c, rr_b = p_cp_a, rr_c = p_ap_b
\end{aligned} \tag{3}
$$

由此可得

$$r = \sqrt{\frac{p_ap_bp_c}{p}}, r_a = \sqrt{\frac{pp_bp_c}{p_a}} \tag{4}$$

用同样的方法可得关于 r_b 及 r_c 的公式.

再转到三角形的高的计算.三角形 ABC(图 189)的高 $AH = h_a$,从直角三角形 ABH 很容易计算.但这是从中学教科书中用代数变换而导出的.假如我们愿意得到用外形很简单的式子来表示高,那么就应该选择另一种方法.

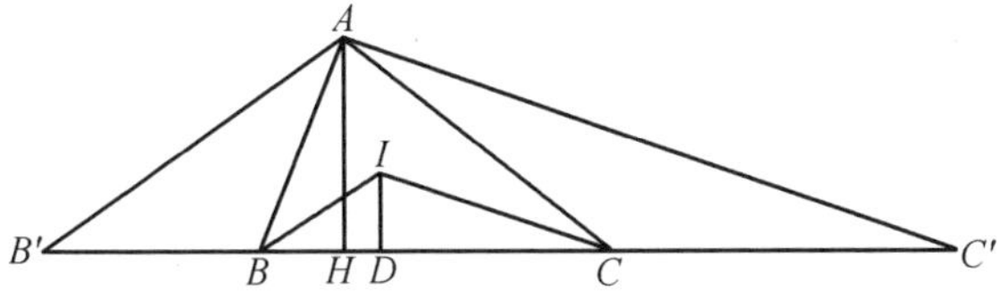

图 189

于边 BC 的延长线上取线段 $BB' = AB = c$ 及 $CC' = AC = b$(图 189).三角形 BAB' 为等腰三角形,得 $\angle AB'B = \angle B'AB = \frac{1}{2}\angle ABC$.同理得 $\angle AC'C = \frac{1}{2}\angle ACB$.由于三角形 IBC 和 $AB'C'$ 的相似,得 $r : h_u = BC : B'C'$.但

$$B'C' = B'B + BC + CC' = a + b + c = 2p$$

所以 $r : h_a = a : 2p$.这样由式(3)和式(4)得到

$$h_a = \frac{2pr}{a} = \frac{2p_a r_a}{a} = \frac{2p_b r_b}{a} = \frac{2p_c r_c}{a} = \frac{2}{a}\sqrt{pp_a p_b p_c} \tag{5}$$

以同样的方法自然可得表示其他的高的公式.

注意　式(5)直接导出我们所熟知的用三角形的边表示其面积的黑伦公式

$$\text{пл}.\,ABC = \sqrt{pp_a p_b p_c}$$

同样可得求三角形面积的其他表达式

$$\text{пл}.\,ABC = pr = p_a r_a = p_b r_b = p_c r_c$$

现在进行研究三角形外接圆半径的计算.设 AH 为三角形 ABC 的高(图190),K 为外接圆直径上与点 A 反对的端点.因为 $\angle AKC = \angle ABH$,所以直角三角形 ACK 和 AHB 相似.由这两三角形的相似,得 $AK : AC = AB : AH$ 或 $2R : b = c : h_a$.注意到式(5),得

$$R = \frac{bc}{2h_a} = \frac{abc}{4\sqrt{pp_a p_b p_c}} \tag{6}$$

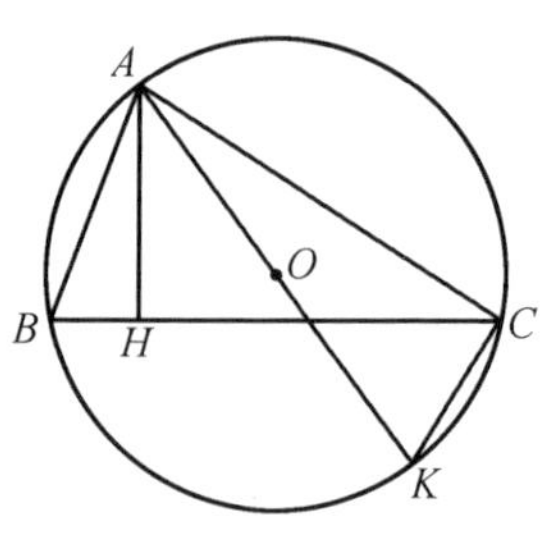

图 190

因为三角形的线性元素——中线、高、角的平分线,等——都是三个自变数 a,b,c 的函数,则它们互相之间有一系列的关系.从已引出的公式容易得到下列关系,作为例子

$$r_a r_b r_c = pr^2$$

$$\frac{1}{r_a} + \frac{1}{r_b} + \frac{1}{r_c} = \frac{1}{h_a} + \frac{1}{h_b} + \frac{1}{h_c} = \frac{1}{r}$$

$$\frac{1}{r_b} + \frac{1}{r_c} = \frac{1}{r} - \frac{1}{r_a} = \frac{2}{h_a}$$

$$\frac{1}{h_b} + \frac{1}{h_c} - \frac{1}{h_a} = \frac{1}{r_a}$$

最后我们应注意,三角形的内切、外接和旁切圆的半径之间有下列关系

$$r_a + r_b + r_c - r = 4R \tag{7}$$

这个关系式是很有用处的例子,它不是一般的三角形各元素间的线性度量关系.这个等式可用所引出的公式验算.事实上由式(4)我们可得

$$r_a + r_b + r_c - r = \frac{pp_b p_c + pp_c p_a + pp_a p_b - p_a p_b p_c}{\sqrt{pp_a p_b p_c}} =$$

$$[p(p-b)(p-c) + p(p-c)(p-a) + p(p-a)(p-b) -$$

$(p-a)(p-b)(p-c)] \div \sqrt{pp_ap_bp_c}$

实行乘法,其分子变为

$$2p^3-p^2(a+b+c)+abc=abc$$

由此利用式(6)即可得到关系式(7).

第七十三节 塞瓦定理

关于三角形三个角的平分线、三个中线和三个高都各相交于一点的定理(定理60,69和70)可作如下的推广.

定理159 假如三角形各顶点与其对边或对边延长线上的三点 D,E,F 联结而成的直线 AD,BE,CF 通过同一点 O(图191),则有下列等式成立

$$\frac{\overline{BD}}{\overline{DC}}\cdot\frac{\overline{CE}}{\overline{EA}}\cdot\frac{\overline{AF}}{\overline{FB}}=1 \tag{1}$$

证明 我们将定理137先应用到三角形 ABD 及割线 CF,继应用到三角形 ADC 及割线 BE,将有

$$\frac{\overline{BC}}{\overline{CD}}\cdot\frac{\overline{DO}}{\overline{OA}}\cdot\frac{\overline{AF}}{\overline{FB}}=-1$$

$$\frac{\overline{DB}}{\overline{BC}}\cdot\frac{\overline{CE}}{\overline{EA}}\cdot\frac{\overline{AO}}{\overline{OD}}=-1$$

将这二等式的两边各自相乘,并注意到

$$\overline{BD}=-\overline{DB},\overline{CD}=-\overline{DC},\frac{\overline{DO}}{\overline{OA}}\cdot\frac{\overline{AO}}{\overline{OD}}=1$$

我们就得到所求的关系式.

注意 利用关于线段比例的定理106不难证明,关系式(1)还有其他情形,即三直线 AD,BE,CF 除去通过一点的情形外,或将彼此平行(图192).

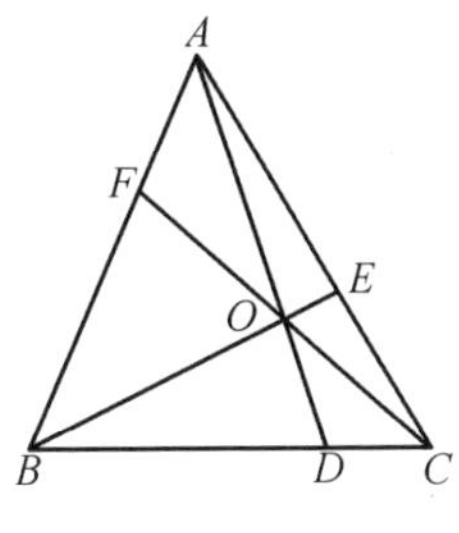

图191

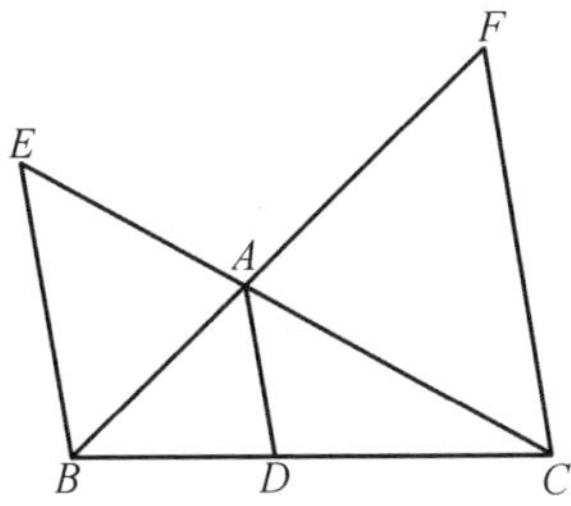

图192

定理 160 如果三点 D,E,F 在三角形 ABC 的边 BC,CA,AB 或其延长线上,且满足关系式(1),则直线 AD,BE,CF 必通过一点,或互相平行.

证明 设直线 AD,BE 和 CF 中的两条,比如是 BE 和 CF,相交于某点 O,且直线 AO 与 BC 相交于点 D'.由定理 159 得

$$\frac{\overline{BD'}}{\overline{D'C}}\cdot\frac{\overline{CE}}{\overline{EA}}\cdot\frac{\overline{AF}}{\overline{FB}}=1$$

同时,根据定理所给的条件有关系式(1)成立.从这两等式推得

$$\overline{BD}:\overline{DC}=\overline{BD'}:\overline{D'C}$$

所以点 D' 和点 D 重合.换句话说,直线 AD 必通过二直线 BE 和 CF 的交点 O.

于是在条件(1)成立时,假如直线 AD,BE,CF 中的二直线通过一点,则第三条直线必通过同一点.由此可以得出在条件(1)成立时,假如这三直线中的二直线平行,则第三条直线也必和它们平行.

在本节开始所述的定理,便是定理 160 的特殊情形.

1) 假如 AD,BE 和 CF 是三角形的中线,则得

$$\overline{BD}:\overline{DC}=\overline{CE}:\overline{EA}=\overline{AF}:\overline{FB}=1$$

所以它满足条件(1).显然,因为三角形的三中线不是彼此平行,所以它们必通过同一点.

2) 假如 AD,BE 和 CF 是三角形内角的平分线,则得

$$\overline{BD}:\overline{DC}=c:b,\overline{CE}:\overline{EA}=a:c,\overline{AF}:\overline{FB}=b:a$$

仍满足条件(1).显然,三角形内角的平分线不平行.

3) 假如三直线 AD,BE,CF 中的二直线 BE 及 CF 是三角形二外角的平分线,而第三条直线 AD 为一内角的平分线,则有

$$\overline{BD}:\overline{DC}=c:b,\overline{CE}:\overline{EA}=-a:c,\overline{AF}:\overline{FB}=-b:a$$

仍满足条件(1).因为三角形在顶点 B 及 C 的二外角之和小于 $4d$,所以直线 BE 及 CF 不平行.

4) 设 AD,BE,CF 为三角形的高.假如该三角形是锐角三角形.这时

$$\overline{BD}:\overline{DC}=\cot B:\cot C$$

因为 $BD=AD\cdot\cot B$ 及 $DC=AD\cdot\cot C$.同理得

$$\overline{CE}:\overline{EA}=\cot C:\cot A,AF:FB=\cot A:\cot B$$

满足条件(1).

类似的考虑也可以应用于钝角三角形.

如定理 160,不仅可以得到我们已经熟知的命题 1) ~ 4),而且也能得到许多另外类似的命题.其中几条列举如下.

5) 三角形的各顶点与其内切圆在三边上切点联结而成的直线必通过一点. 这点叫做叶尔刚点.

如在第七十二节, 如果用 D, E, F 表示三边上的切点, 则 $AF = EA, BD = FB, CE = DC$, 仍满足条件(1).

6) 三角形的各顶点与在三边上(不是它的延长线) 旁切圆的切点联结而成的直线, 必通过同一点. 这点叫做纳革里点.

如在第七十二节, 用 D_a, E_b, F_c 表示三切点, 则由第七十二节式(2) 将得 $BF_c = p_a = CE_b, CD_a = p_b = AF_c, AE_b = p_c = BD_a$. 这时条件(1) 得到满足.

7) 三角形的各顶点, 与其一个旁切圆在其一边及另二边延长线上的切点联结而成的直线, 必通过一点.

实际上, 利用第七十二节式(2), 就可以说明, 每次取三直线, AD_a, BE_a 及 CF_a; AD_b, BE_b 及 CF_b; AD_c, BE_c 及 CF_c 都能满足条件(1).

8) 通过三角形顶点并分(内分) 对边成为与邻边平方成比例的两部分的直线, 必通过一点.

这些直线叫做三角形的类似中线, 它们的交点, 叫做来莫恩点.

关于类似中线, 有 $BD : DC = c^2 : b^2$ 等. 它满足条件(1).

注意 19 世纪三角形的度量关系, 已成为许多人研究的对象. 这时, 三角形的显著点, 新添了下列的点, 由三角形的外接、内切及旁切圆所确定出来的叶尔刚点、来莫恩点、纳革里点及其他.

这样所产生的初等几何学的一部分就得到了三角形几何学的名称.

第七十四节 欧拉公式

定理 161 三角形的外接圆及内切圆中心间的距离, 可以用这些圆周的半径由下列公式表达

$$OI^2 = R^2 - 2Rr \tag{1}$$

仿此, 关于外接圆及旁切圆, 有

$$OI_a^2 = R^2 + 2Rr_a \tag{2}$$

关系式(2) 就是有名的欧拉公式.

证明 设 M 及 N(图 193) 为三角形内角的平分线 AI 及 BI 与外接圆的交点, 换句话说, M 及 N 是 $\overset{\frown}{BC}$ 及 $\overset{\frown}{CA}$ 的中点; L 是通过点 M 的直径的另一端点. 这时, $\angle IBM$ 可用 $\overset{\frown}{MN}$ 之半量度. 而 $\angle BIM$(在中学教科书中已经讲过) 可用 $\overset{\frown}{BM}$ 及

$\overset{\frown}{AN}$之和之半量度，而这二弧分别等于$\overset{\frown}{MC}$及$\overset{\frown}{CN}$，则$\angle BIM$也用$\overset{\frown}{MN}$之半量度.所以$\angle IBM$及$\angle BIM$相等.因为$\angle IBI_a$是直角，所以得知$\angle I_aBM=\angle BI_aM$.由这两对角的相等，得知$MI=MI_a=MB$.这样就可以看出，由这些等式完全确定了中心$I$及$I_a$在$\angle A$的平分线$AM$上.

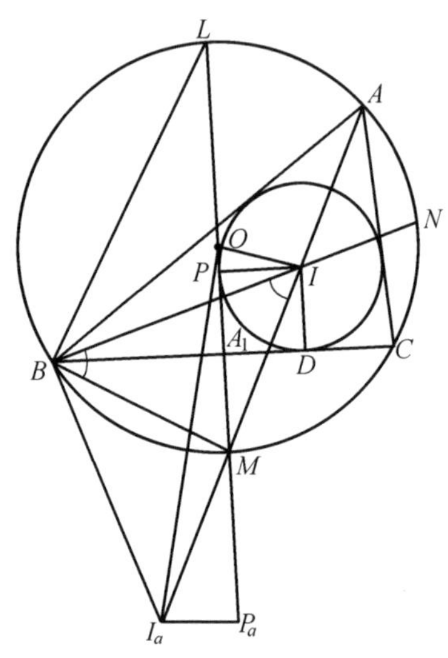

图 193

其次，由直角三角形BLM有(根据定理149)$MB^2=LM\cdot A_1M$，其中A_1是BC的中点，所以$MI^2=MI_a^2=LM\cdot A_1M$.

现在再由三角形IOM(根据定理151)，找到$OI^2=OM^2+IM^2-2OM\cdot MP$，其中$P$是点$I$在$LM$上的射影.由此得出

$$OI^2=OM^2+LM\cdot A_1M-2OM\cdot MP=OM^2-2OM(MP-A_1M)=OM^2-2OM\cdot PA_1$$

因为$OM=R$，$PA_1=ID=r$，那么我们也得到式(1).

同理，由三角形I_aOM(根据定理152)，知道

$$OI_a^2=OM^2+MI_a^2+2OM\cdot MP_a$$

其中P_a是I_a在LM上的射影.由此得出

$$OI_a^2=OM^2+LM\cdot A_1M+2OM\cdot MP_a=OM^2+2OM\cdot(A_1M+MP_a)=R^2+2Rr_a$$

刚才所证明的逆定理，用下列方式叙述.

定理162 假如二圆周$O(R)$及$I(r)$的半径及线段OI之间有式(1)的关

系成立，则存在着无限多个三角形，它们都以第一圆周为外接圆而以第二圆周为内切圆，可取第一圆周上任意点作为这样三角形的一个顶点.

假如二圆周 $O(R)$ 和 $I_a(r_a)$ 的半径及线段 OI_a 之间有式(2)的关系成立，且第一圆周至少有一点在第二圆周之外，则存在着无限多个三角形，它们都以第一圆周为外接圆而以第二圆周为旁切圆；可取在第一圆周上而在第二圆周的外部的一点①作为这样三角形的一个顶点.

证明 只以证明定理的前半为限，后半同理可以得到证明.

设有二圆周为 $O(R)$ 和 $I(r)$（图193），满足条件(1).由这条件推得 $R>2r$ 及 $OI^2<(R-r)^2$，也就是 $R>r$ 及 $OI<R-r$.这样，圆周 I 在圆周 O 的内部（根据定理44）.

于圆周 O 上取任意点 A，引直线 AI，它和圆周 O 的第二交点用 M 表示.作与圆周 I 相切且垂直于 OM 的切线 BC，它与直线 AM 相交于 I 及 M 两点之间.设 B 及 C 为这切线与圆周 O 的交点，A_1 为它和 OM 的交点.由三角形 OIM 有 $OI^2=OM^2+IM^2-2OM\cdot PM$.但所给的条件是 $OI^2=R^2-2Rr=OM^2-2OM\cdot PA_1$.由这二等式推得

$$IM^2=2OM\cdot(PM-PA_1)=LM\cdot A_1M$$

在另一方面，由直角三角形 BLM，仍有

$$BM^2=LM\cdot A_1M$$

此即 $IM=MB$.由此导出，点 I 将为内切圆的中心.最后，因为圆周 $I(r)$ 与内切圆有共同中心 I，且与边 BC 相切，所以它将是内切圆.

由上述可知，以圆周 $O(R)$ 上任意点 A 为一顶点的三角形 ABC，将内接于该圆周，且外切于圆周 $I(r)$.于是定理的前半得证.

由定理161和162导出下列的一般命题：无论是在内切圆或旁切圆的场合，都有赖于和用外切三角形的概念（第二十六节），即三角形的各边或边的延长线与圆周相切.

假如至少存在一个三角形，内接于一已知圆周 $O(R)$，且同时外切于另一已知圆周 $O'(R')$，则存在着无限多个这样的三角形.二圆周的连心线 OO' 与它们的半径之间有下列的关系

$$OO'^2=R^2\pm 2RR'$$

本定理可以总结成这样的一般的关系式，那是很有益处的.

① 这个定理前后两部分叙述不同，这不是偶然的.这时，如由关系式(1)导出，圆周 I 在圆周 O 的内部，关系式(2)可以满足圆周 O 在圆周 I_a 的内部（例如，当 $r_a=12R$，$OI_a=5R$）.

本定理关于四角形也同样有效.这时在线段 $OO' = d$ 及两半径 R, R' 之间,应有下列二关系式之一成立

$$d = R$$

或

$$\frac{1}{r^2} = \frac{1}{(R-d)^2} + \frac{1}{(R+d)^2}$$

在这个最一般的公式里所研究的定理,关于任意两个二次曲线及有任何已知边数 n 的多角形,都是正确的.

如果至少有一个 n 角形,它内接于已知二次曲线,同时它外切于另外一个已知二次曲线,则这样的多角形有无限多个.

上述的多角形,叫做朋斯雷多角形.

第七十五节　轨迹

在前节所引用的度量关系,可能解出许多求轨迹的问题.

轨迹 Ⅶ　到二已知点距离的平方之差为一常量的点的轨迹,是与联结已知点的直线互相垂直的直线.

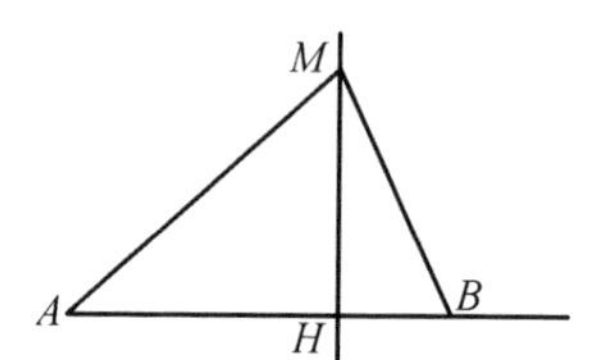

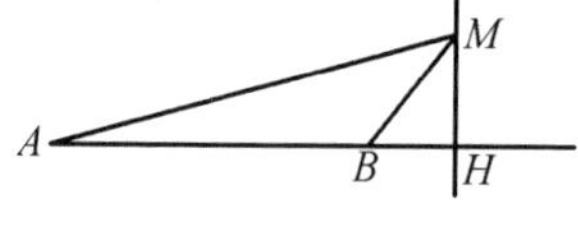

图 194

设 A 及 B(图 194)为二已知点,我们需要求出点 M 的轨迹,从 M 到二点 A 及 B 距离的平方之差,等于已知线段 l 的平方①,即

$$MA^2 - MB^2 = l^2 \tag{1}$$

假如用 H 表示点 M 的直线 AB 上的射影,则有

$$MB^2 = MA^2 + AB^2 - 2AB \cdot AH \tag{2}$$

(因为 $MA > MB$,所以 $\angle MAB$ 是锐角).

由是根据条件(1)推得

$$AH = \frac{AB^2 + l^2}{2AB} \tag{3}$$

因为 $\angle MAB$ 是锐角,则点 H 与点 B 在点 A 的同侧.于是可以知道,所求轨迹上的所有点,有一个同一射影 H 在直线 AB 上.

倒转来说,假如某一点 M 的射影及所得出的点 H 相重合,则必有等式(2)

① 等于平方差的常量,我们用已知线段的平方的形式来表示,是为了使这个关系式不依赖于所选择的长度单位(参考第四十七节).

及(3)成立,因而得出关系(1).

由此本题即可得到肯定.

轨迹 Ⅷ　到二已知点距离的平方之和为一常量的点的轨迹,是(假如它是存在的,并且没有变成一点)以已知线段中点为中心的圆周.

假如点 M 是所求轨迹上的一点,则它到二已知点 A 和 B(图 195)距离平方的和,等于已知线段 l 的平方

$$MA^2 + MB^2 = l^2 \tag{4}$$

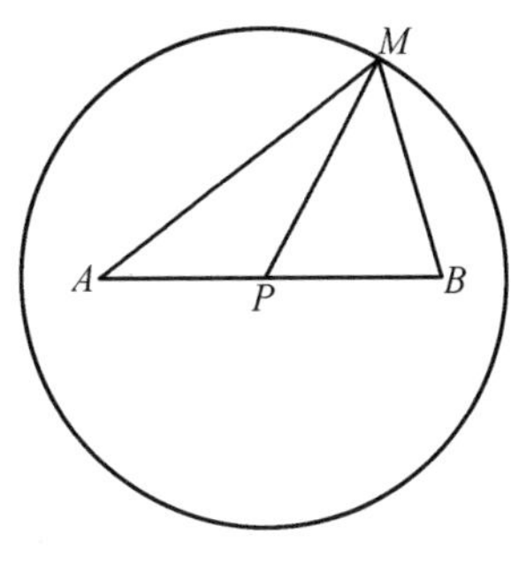

图 195

如果用 P 表示线段 AB 的中点,则由第七十一节式(4)关于任一点 M,将有

$$MP^2 = \frac{1}{2}(MA^2 + MB^2) - \frac{1}{4}AB^2 \tag{5}$$

假如点 M 满足条件(4),则这等式可写成

$$MP^2 = \frac{1}{2}l^2 - \frac{1}{4}AB^2 \tag{6}$$

倒转来说,假如某一点 M 到点 P 的距离,满足条件(6),则由等式(5)知道点 M 将具有所求的性质(4).

由此推知,如果 $l^2 > \frac{1}{2}AB^2$,则所求的轨迹为一圆周;如果 $l^2 = \frac{1}{2}AB^2$,则变成一点;当 $l^2 < \frac{1}{2}AB^2$ 时,不存在任何能满足条件(4)的点.

轨迹 Ⅸ　到三已知点 A,B,C 距离的平方之和为一常量的点的轨迹,是(假如它存在,并且不是变成一点)以三角形 ABC 的重心为中心的圆周.

仿照前题即可得到证明;只是前题利用第七十一节式(3),而本题则利用第七十一节式(3a)(图 187).

我们可将轨迹 Ⅷ 作如下的推广.

轨迹 Ⅹ　到二点 A 及 B 距离的平方分别乘以已知系数,其和为常量的点的轨迹,是(假如它存在,并且不变成一点)一圆周或一直线.

设所求轨迹上的点 M 满足关系式

$$p \cdot MA^2 + q \cdot MB^2 = l^2 \tag{7}$$

其中 A 及 B 为已知点,p 及 q 为已知系数(其中的一个可为负数),l 为已知线段.

如果 $p + q = 0$,则条件(7)成为

$$MA^2 - MB^2 = \frac{l^2}{p} = \text{常量}$$

点 M 的轨迹将为直线(轨迹 Ⅶ).

现在我们研究一般的情形,当 $p+q\neq 0$ 时.

用 P 表示以已知系数的反比内分或外分线段AB 的点,$\overline{AP}:\overline{PB}=q:p$,则得

$$\overline{AP}:\overline{PB}:\overline{AB}=q:p:(q+p)$$

这时,由第七十一节式(2) 推知关于任一点 M 将有

$$MP^2=\frac{p}{p+q}\cdot MA^2+\frac{q}{p+q}\cdot MB^2-\frac{pq}{(p+q)^2}\cdot AB^2 \qquad (8)$$

假如点 M 满足条件(7),则这等式可写作

$$MP^2=\frac{l^2}{p+q}-\frac{pq}{(p+q)^2}\cdot AB^2 \qquad (9)$$

倒转来说,假如某一点 M 到点P 的距离满足条件(9),则由等式(8) 推知点 M 将具有所求的性质(7).

由此推知,在 $p+q\neq 0$ 时,如果等式(9) 的右边为正,则所求轨迹为一圆周,如果它等于零,则变成一点;如果等式(9) 的右边为负,则不存在满足条件(7) 的任何一点 M.

系　到二已知点距离的比,等于两已知不等线段的比的点的轨迹为一圆周,其圆心在联结二已知点所成的直线上(参考第四十九节轨迹 Ⅵ).

实际上,等式 $MA:MB=m:n$,可以表示为 $n^2\cdot MA^2-m^2\cdot MB^2=0$.这等式是关系式(7) 在 $p=n^2,q=-m^2,l=0$ 时的特殊情形.这时,等式(9) 的右边恒为正值.

最后,我们指出,可更扩充到求满足条件

$$p\cdot MA^2+q\cdot MB^2+r\cdot MC^2=l^2$$

的点 M 的轨迹问题.其中 A,B,C 为已知点,p,q,r 为已知系数,l 为已知线段.本题当点 P 和点 C 是二已知点时可由等式(8) 导出.

第七十六节　简单代数式的作图,二次方程式根的作图

我们知道,假如某一代数关系式

$$x=f(a,b,c,\cdots,k,l)$$

可以看做线段之间的关系(不只是其长度间的关系),则函数 f 应当是自变量的一次齐次函数,其逆命题也是一样.现在我们就某一定型的函数 f 来研究由这

种关系式所决定的线段的作图法.

先从几个熟知的作图题开始.

作图题 41 求作由下列公式所确定的线段:

(a)$x = a \pm b \pm c \pm \cdots \pm k \pm l$;

(b)$x = \frac{ab}{c}$;

(c)$x = \frac{p}{q} \cdot a$;

其中,$a,b,c,\cdots,k,l$ 为已知线段,p,q 为已知自然数.

作图(a) 是很明显的.

作图(b) 是求比例第四项(第四十二节作图题 19).最后,作图(c) 归结于线段分成 q 等份的问题(第二十八节作图题 17).

现在我们再转到简单无理式的作图.

作图题 42 求作由下列公式所确定的线段:

(a)$x = \sqrt{ab}$;

(b)$x = \sqrt{a^2 + b^2}$;

(c)$x = \sqrt{a^2 - b^2}(a > b)$.

作图(a) 是利用直角三角形关于高或正交边的定理(定理 148 和 149) 以求比例中项的作图.

作图(b) 是已知直角三角形的二正交边求斜边.作图(c) 是已知斜边及正交边之一,求其他一边.

现在我们研究,已知二线段的和或差及其比例中项(或其积),求作二线段的问题.

我们不难看出,这个问题就是:已知二次方程式的系数,求其根的作图.

作图题 43 已知二线段的和及其比例中项,求这二线段.

设所求二线段 x 及 y,满足条件 $x + y = s$ 及 $\sqrt{xy} = h$,其中 s 及 h 为已知线段.

方法一 我们可以令所求的二线段是直角三角形的正交边在斜边上的射影.这时,斜边应等于 s,而斜边上的高等于 h.由此导出所求线段的作图:如图 196 上的 $BC = s, AH = h, BH = x, HC = y$(或 $BH = y, HC = x$).

本题在$\frac{s}{2} \geqslant h$ 时有解,但在$\frac{s}{2} < h$ 时无解.

方法二 我们可以不用关于直角三角形高的定理,而利用关于切线的定

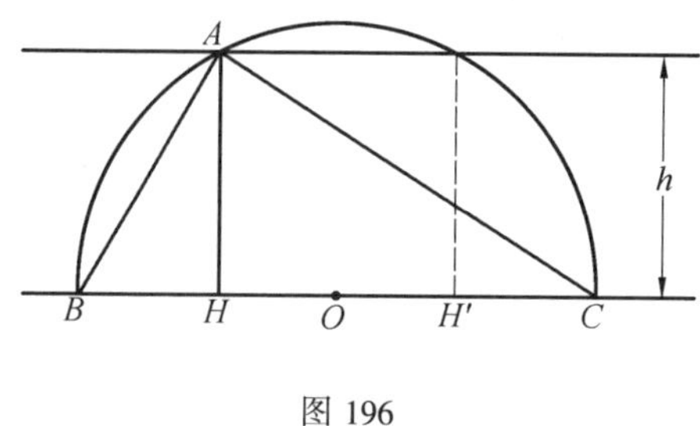

图 196

理 156.

所求线段为对已知圆周所引的割线 $PA=x$,其在圆周外的部分 $PB=y$(图 197),并令自点 P 向已知圆周所作的切线 PM 等于已知线段 h.这时将满足条件 $\sqrt{xy}=h$.为了作图简单起见我们可假定,所作的割线和切线互相垂直.如果点 N 为自点 M 所引直径的另一端点,且其在直线 PA 上的射影为 Q,则有

$$PQ=PA+AQ=PA+PB=x+y=s$$

由此导出作图法如下:

于线段 $PQ=s$ 的二端点在同侧作二垂线,取 $PM=QN=h$.以线段 MN 为直径作一圆周,与线段 PQ 交于二点 A 和 B,便得 $PA=x$,$PB=y$(或 $PB=x$,$PA=y$).

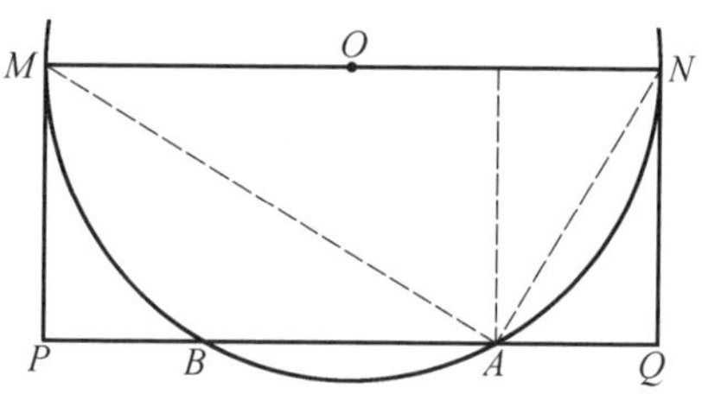

图 197

比较图 196 和 197,不难看出,第二法和第一法在实质上没有什么区别;但我们可以看出,它可以推广到另一问题.

注意 满足上述问题条件的 x 和 y 的值,显然是下列二次方程式的根

$$z^2-sz+h^2=0 \quad s>0,h^2>0$$

由图 196 容易得出解这样的方程式的公式.假如点 O 是圆心,则 $x,y=AO\pm OH$,但 $AO=\frac{s}{2}$,$OH=\sqrt{(\frac{s}{2})^2-h^2}$,由此得

$$x,y=\frac{s}{2}\pm\sqrt{(\frac{s}{2})^2-h^2}$$

倒转来说,利用这个公式,同样也可作出线段 x 和 y.关于二次方程式系数的其他符号的情形,我们将在下面讨论.

本题的解法也和某些关于正数的定理有关系.

任意二已知数 x 和 y,可视为二正交边在斜边上的射影.这时 $\frac{s}{2}=\frac{x+y}{2}$ 将是它们的算术平均数,而 $h=\sqrt{xy}$ 是它们的比例中项.假如数 x 及 y 为已知,则在 $h\leqslant\frac{s}{2}$ 时,本题才能有解.所以得,二正数的比例中项不能大于其算术平均数.

又,设正数 x 和 y 为变数,其积为常数,因之比例中项是常数 $h=\sqrt{xy}$.不论这两个变数为何,我们总有 $s=x+y\geqslant 2h$,而且假如 $s=2h$,则 $x=y$.所以得,积为常数的二正数的和,当二数相等时,为最小.

如 s 为已知,以类似的方法进行讨论,可得出下列的结果:和为常数的二正数的乘积,当二数相等时,为最大.

作图题 44 已知二线段的差及其比例中项,求作二线段.

设所求的二线段为 x 及 y,令 x 大于 y,且 $x-y=s$,$\sqrt{xy}=h$,其中 s,h 为给定线段.

方法一 我们仍利用直角三角形关于高的定理.设在直角三角形 ABC(图 196)中正交边在斜边上的射影等于 $HC=x$ 及 $BH=y$.这三角形斜边上的高 AH 仍令其等于 h.如果 H' 为斜边上这样的一点,使 $BH=H'C$,则 $HH'=s$,三角形 ABC 的外接圆心将为线段 HH' 的中点.由此导出作图法如下.

作两个互相垂直的线段 $AH=h$ 及 $HH'=s$.以线段 HH' 的中点 O 为中心,OA 为半径作一圆周.这圆周与直线 HH' 的交点,就决定了所求线段 HC 及 HB.

本题总是可能,且只有一解.

方法二 不用关于三角形高的定理,可以利用和它密切相关的关于半弦的定理 154.

设某一圆周的直径被点 P 分成所求的二线段 x 及 y,即令线段 $PA=x$,$PB=y$(图 198).这时通过点 P 引垂直于 AB 的半弦,等于 $PM=h$.如果求得通过点 M 的直径的另一端点 N 及它在直径 AB 上的射影 Q,则将有

$$PQ=PA-QA=PA-PB=x-y=s$$

由此导出作图法如下.

于线段 $PQ=s$ 的二端点作异向垂线 $PM=QN=h$.以线段 MN 为直径作一圆周,与直线 PQ 交于二点 A 及 B(仅点 A 靠近点 Q)得 $PA=x$,$PB=y$.

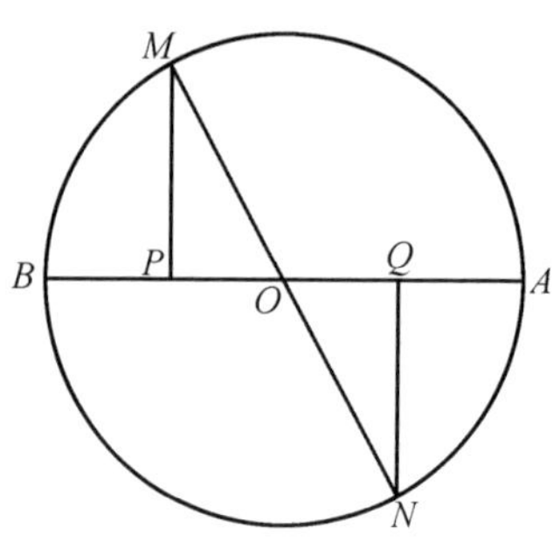

图 198

注意　满足本题条件的 x 值,将为下列方程式的正根,即

$$z^2 - sz - h^2 = 0 \quad s > 0, h^2 > 0$$

线段 y 将等于同一方程工取异符号时的负根.由图 196 可以看出

$$x = HC = HO + OC$$
$$y = BH = BO - HO$$

但

$$BO = OC = OA = \sqrt{(\frac{s}{2})^2 + h^2}; HO = \frac{s}{2}$$

由此得

$$x = \frac{s}{2} + \sqrt{(\frac{s}{2})^2 + h^2}, y = \sqrt{(\frac{s}{2})^2 + h^2} - \frac{s}{2}$$

于是可以得到在这种场合下解二次方程式的公式.

至于二次方程式

$$z^2 + sz \pm h^2 = 0 \quad s > 0$$

显然可由从上方程式中 $z = -z'$ 的代换而导出.

作图题 45　已知二线段的和(或差)及其乘积,求作这二线段.

设所求二线段 x 及 y 的和(或差)等于已知线段 s,其积为二已知线段 a 与 b 之积

$$x + y = s, xy = ab$$

或

$$x - y = s, xy = ab$$

我们将 xy 的积,以二已知线段的乘积的形式来表示,使关系式 $xy = ab$ 与度量单位的如何选择无关.

现在我们只研究已知所求二线段之和的情形.将作图题 42 的第二法推广到这种情形.不用关于切线的定理而采用关于割线的定理 155.

我们将所求的线段 $PA = x$ 及 $PB = y$ 作为割线及其在圆周外的部分,而已

知线段 $PM = a$ 及 $PM' = QN = b$ 作为另一割线及其在圆周外的部分(图 199).这时 $PA \cdot PB = PM \cdot PM'$ 或 $xy = ab$ 及 $PQ = PA + AQ = PA + PB = x + y = s$.由此导出如下的作图法.

于过线段 PQ 二端点所作的垂线上(同侧的),取线段 $PM = a$,$QN = b$.以线段 MN 为直径作圆周,与线段 PQ 交于二点 A 及 B,得 $PA = x$,$PB = y$(或 $PA = y$,$PB = x$).

如果已知所求二线段的差 $x - y = s$,则不用关于割线的定理而利用关于弦的定理 153,可以用类似的方法得到作图法;只需注意到线段 $PM = a$ 及 $QN = b$(图 200)截取于相反的方向.

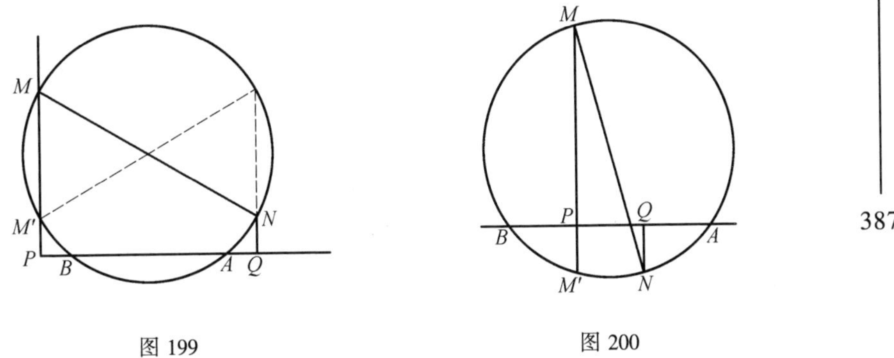

图 199　　　　图 200

对本题解法的研究,没有讨论的必要.假设用 ab 代替 h^2,在作图题 43 及 44 的作法中就可得出解法.这时 h 表示线段 a 及 b 的比例中项.

第七十七节　黄金分割

我们研究下列作为前节所考察的二次方程根的作图的应用例题.

作图题 46　将已知线段分为(内分)两部分使其中的一部分,为另一部分及已知线段间的比例中项.

这个作图题,就是我们已经知道的关于线段的中末分割①或"黄金分割"的问题.

设点 C 将已知线段 $s = PQ$(图 201)分为两部分,其中一部分 PC 是已知线段 PQ 及另一部分 CQ 的比例中项.亦即

① 这个命名可以说明如下:我们解这个问题时所得到的比例式中一个外项等于已知线段,两个内项都等于已知线段的一部分,而另一外项等于它的第二部分.

$$PQ:PC = PC:CQ$$

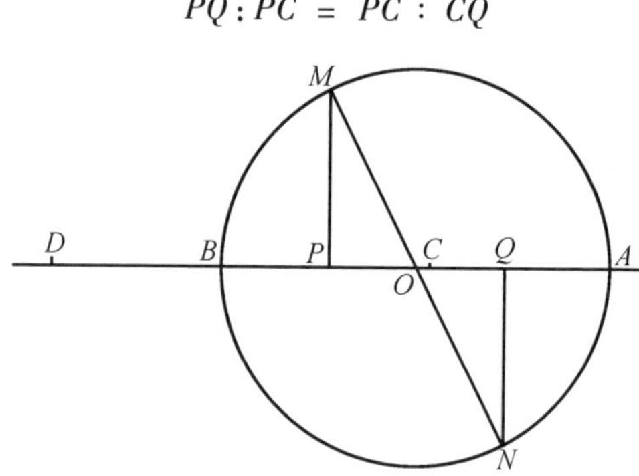

图 201

这个比例式已表示着 PC 是较长的线段,因为 $PQ > PC$,所以 $PC > CQ$. 又,由同一比例式知道 $PQ : PC = (PQ + PC) : (PC + CQ)$,由此得

$$(PQ + PC) \cdot PC = PQ \cdot (PC + CQ) = PQ^2$$

于是二线段 $PQ + PC$ 及 PC 具有下列性质:其差等于$(PQ + PC) - PC = PQ$,

即已知线段,而其积等于$(PQ + PC) \cdot PC = PQ^2$,即已知线段的平方.

由此得知,已知线段 s 按中末比分成二线段,其中大线段等于另外两线段中的小线段,这另外两线段之差及其比例中项都等于 s.

用这样的方法,我们直接引导到作图题 44. 因而,用下列的方法可以求得点 C. 在已知线段 $s = PQ$(图 201)两端的垂线上于相反的方向,取线段 $PM = QN = PQ = s$.

以线段 MN 为直径作圆周(圆心 O 为线段 PQ 的中点),这圆周与直线 PQ 的交点为 A 及 B(点 A 靠近 Q),得 $QA = PB = PC$.

注意 如果用 x 及 y 表示线段 $x = PQ + PC$ 和 $y = PC$,满足条件 $x - y = s$ 及 $xy = s^2$,则数 x 及 $-y$ 将为二次方程式

$$z^2 - sz - s^2 = 0$$

的根.

由此推知,线段 s 按中末比所分成的大线段,可以由下列的方法用 s 表示,即

$$y = s \cdot \frac{\sqrt{5} - 1}{2} = s \cdot 0.618\cdots$$

用我们所介绍的这个公式作线段 y,即

$$y = \sqrt{\left(\frac{s}{2}\right)^2 + s^2} - \frac{s}{2}$$

实质上和上面(图 201)引用的作图法一样.于直角二角形 MOP 中有

$$MP = s, PO = \frac{s}{2}, OM = \sqrt{s^2 + \left(\frac{s}{2}\right)^2}$$

作图题 47　将已知线段外分为二线段,使其中一个线段为另一线段及已知线段间的比例中项.

这个问题常叫做以中末比外分已知线段的问题.

在已知线段 $s = PQ$ 的延长线上取一点 D(图 201),使它外分已知线成为二线段,其中一线段 PD 为另一线段 DQ 及已知线段 PQ 的比例中项.这时

$$PQ : PD = PD : DQ$$

这比例式就说明了点 D 在已知线段自点 P 引出的延长线上,而不在自点 Q 引出的延长线上,因为我们知道不这样的话,$PQ < PD$,且同时 $PD > DQ$,恰与所说比例条件相反.

又由同一比例式,知 $PD > PQ$(因为 $DQ > PD$)得

$$PQ : PD = (PD - PQ) : (DQ - PD)$$

由此得出

$$(PD - PQ) \cdot PD = PQ \cdot (DQ - PD) = PQ^2$$

于是二线段 PD 及 $PD - PQ$ 具有下列性质:其差等于 $PD - (PD - PQ) = PQ$ 即已知线段 s,而其积等于 $PD \cdot (PD - DQ) = PQ^2$,即已知线段的平方.

由此直接推得,所求的线段 PD 等于线段 PA,由上面作图题 46(图 201)的方法即可得到作图法.

注意　如果点 D 在已知线段 PQ 自点 P 引出的延长线上,并且按中末比外分线段 PQ,则点 P 同时也将线段 DQ 按中末比内分.实际上,由等式 $PQ : PD = PD : DQ$ 直接即可改写成比例式 $DQ : DP = DP : PQ$.

第七十八节　关于由公式给定的线段的作图的一般定理

将第七十六节作图题 41(a),(b),(c) 结合起来时,就可以作出已知线段的有理系数的各种有理函数(当然是一次的).由下列定理的说明,我们同时可以了解这种情形的一般性.

定理 163　任意线段 x,可用已知线段 $a_1, a_2, \cdots, a_p$ 在有理系数的一次齐次有理函数的形式表达时,可以用直尺及圆规作图.

证明 设
$$x=\frac{f(a_1,a_2,\cdots,a_p)}{\psi(a_1,a_2,\cdots,a_p)}$$
其中 f 及 φ 分别是 $m+1$ 及 m 次的有理系数的齐次多项式.我们用下列的方式来改变这个表达式

$$x=\frac{a\cdot\frac{f}{a^m}}{\frac{\varphi}{a^{m-1}}}$$

其中 a 是已知线段之一. $y=\frac{f}{a^m}$ 可表示以形如

$$y'=\frac{p}{q}\cdot\frac{b_1b_2\cdots b_{m+1}}{a^m}$$

的各项的代数和.其中 $b_1,b_2,\cdots,b_{m+1}$ 为已知线段,p 及 q 是自然数.利用作图题41(b)及41(c)可知对这样形式的表达式,是容易作图的.实际上,反复地使用比例第四项的作图法,就可能顺次地得到所有下列线段的作图,即

$$b_1\cdot\frac{b_2}{a},\frac{b_1b_2}{a}\cdot\frac{b_3}{a},\frac{b_1b_2b_3}{a^2}\cdot\frac{b_4}{a},\cdots$$

所有的线段 y' 得到作图以后,我们就可以得出这些线段 y' 的代数和的线段 $y=\frac{f}{a^m}$ 的作图.同理,可以作出线段 $z=\frac{\varphi}{a^{m-1}}$.所求的线段就是线段 y,z 及 a 的比例第四项,因此也可以得到它的作图.

在本节我们将继续研究关于有理系数的 n 次齐次的有理函数.为了简便起见把它简称为"n 次函数".

不仅利用作图题41,而且也要用作图题42,可以作出由更复杂的即含有无理式的公式所确定的线段.

比如可以作出由形如

$$y=\sqrt{F(a_1,a_2,\cdots,a_p)}\tag{1}$$

的公式所确定的线段 y. F 是二次函数,a_i 是已知线段.这时,当然,我们假定函数 F 于自变量的某一个正数域内只取正数值.

为了完成这一作图,把所求的线段用下面的形式表示就可以了,即

$$y=\sqrt{\frac{F}{a}\cdot a}$$

其中 a 为已知线段之一. $\frac{F}{a}$ 已成为一次函数,因此可以作出线段 $y'=\frac{F}{a}$(定理163).线段 y 将是线段 a 及 y' 的比例中项.

其次,用类似的方式可以作出由任意形式

$$z = \varphi(a_1, \cdots, a_p; a_{11}, a_{12}, \cdots, a_{1q})$$

所表示的线段.同样地可以作出由表达式

$$u = \sqrt{\Phi(a_1, a_2, \cdots, a_p; a_{11}, a_{12}, \cdots, a_{1q})}$$

所表示的线段. φ 和 Φ 分别表示一次及二次函数; $a_i(i = 1, \cdots, p)$ 为已知线段,而线段 $a_{1j}(j = 1, \cdots, q)$ 中的每一个为由形如(1)的公式所确定的线段.

继续这些讨论,我们将作出所有更加复杂的表达式.

显然,用这样的方法,我们获得下列定理.

定理 164 用直尺及圆规可以作出由自变量

$$\begin{aligned} &a_i \quad (i = 1, 2, \cdots, p) \\ &a_{1j} \quad (j = 1, 2, \cdots, q) \\ &a_{2h} \quad (h = 1, 2, \cdots, r) \\ &\vdots \\ &a_{mk} \quad (k = 1, 2, \cdots, s) \\ &\vdots \\ &a_{nl} \quad (l = 1, 2, \cdots, t) \end{aligned}$$

的一次函数所表达的所有线段.

这里的 a_i 为已知线段; a_{1j} 为 a_i 的二次函数的平方根; a_{2h} 为 a_i 及 a_{1j} 的二次函数的平方根;……;一般地, a_{mk} 为线段 $a_i, a_{1j}, a_{2h}, \cdots, a_{m-1,j}, \cdots$ 的二次函数的平方根;最后, a_{nl} 为线段 $a_i, a_{1j}, a_{2h}, \cdots, a_{n-1,g}$ 的二次函数的平方根.

这里所说的一次或二次函数,恰如已知提示过的,应当理解作有理系数的齐次有理函数.同样我们假定,所有说到的函数,都于自变量 a_i 的某一正数域内取正数值.

例如,线段 $x = a\sqrt{3 - \sqrt{5}}$,因为它可以用

$$x = \sqrt{3a^2 - a^2\sqrt{5}} = \sqrt{3a^2 - a\sqrt{5a^2}}$$

或

$$x = \sqrt{3a^2 - a \cdot a_1}, a_1 = \sqrt{5a^2}$$

来表示,所以它可以用直尺及圆规来作图.

又如,线段 $x = \sqrt[8]{a^8 + b^8}$ 也可用直尺及圆规来作图,因为它可以用

$$x = \sqrt{\sqrt{\sqrt{a^8 + b^8}}} = \sqrt{a\sqrt{a\sqrt{a^2 + \frac{b^8}{a^6}}}}$$

或 $$x = \sqrt{a \cdot a_2}, a_2 = \sqrt{aa_1}, a_1 = \sqrt{a^2 + \left(\frac{b^4}{a^3}\right)^2}$$
来表示.

须注意到,线段 a_1 是可以作出的,它是以 a 及 $\frac{b^4}{a^8}$ 为二正交边的直角三角形的斜边.

注意 定理 164 可有下列的逆定理成立.

用直尺及圆规可以作出的任意线段,可以用已知线段由上述定理所指出的公式来表达.

第七十九节 面积划分问题

现在我们研究下列许多问题,即用某一直线将已知三角形或多角形分成面积 S_1 和 S_2 的两部分,使面积 S_1 及 S_2 的比等于二已知线段 a 及 b 的比

$$S_1 : S_2 = a : b$$

很明显地,还可以将用以划分的直线服从于所附加的条件.我们依次研究当所求的直线应当通过一顶点,通过一个边上的已知点,或有已知方向的情形.

在完成作图时,在大多数情形中,常将两部分面积的比,代之以其中的一部分面积 S_1 与多角形全面积 S 的比

$$S_1 : S = a : s (\text{或 } S_2 : S = b : s), s = a + b$$

我们要说,二线段 a 及 s 的给定指明了,用所求的线段需要分割而成的那一部分面积.

特别是,用满足于上面所列举条件之一的直线,分割三角形或多角形面积成等份的问题,也归结到上面所指出的问题.实际上,将多角形分成 n 等份,也就是将其面积割去 $\frac{1}{n}, \frac{2}{n}, \frac{3}{n}, \cdots$

作图题 48 在三角形或多角形中,用通过其一顶点的直线,将它的面积割去给定部分.

作图题 48a 在已知三角形或多角形中,用通过其一顶点的若干直线,将它的面积划分成 n 等份.

通过顶点 A 的,所求直线 AP(图 186) 将三角形 ABC 的面积割去给定部分

$$\text{пл.} ABP : \text{пл.} ABC = a : s$$

因为面积 пл. ABP : пл. ABC = $BP : BC$,则 $BP : BC = a : s$.如此即可得

到作图法.

现在设 AK 为通过凸多角形 $ABCDEFG$ 的一顶点 A 的直线(图 202),并且将其面积割去给定部分.假定这直线与多角形的边 CD 相交.

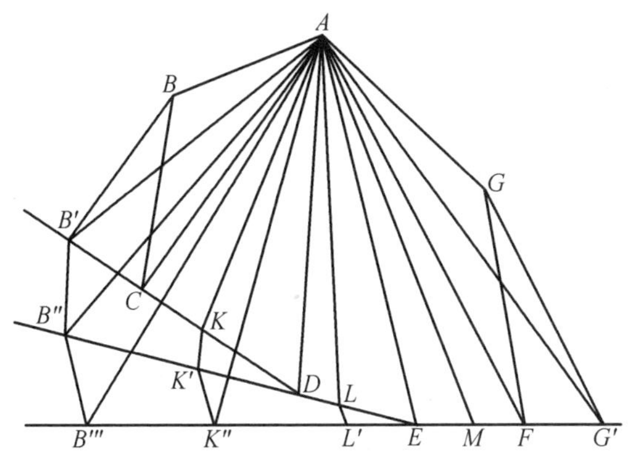

图 202

作三角形 $AB'''G'$ 与已知多角形等积.这个作图可次第作出(第五十七节作图题 26)$BB' \parallel AC, B'B'' \parallel AD, B''B''' \parallel AE, GG' \parallel AF$ 而达到.对于点 K 如同对于点 B' 那样来实行作图,即引 $KK' \parallel B'B'', K'K'' \parallel B''B'''$.

这样,同时有等式 пл.$ABCDEFG$ = пл.$AB'''G'$,还有等式

$$\text{пл.}ABCDE = \text{пл.}AB'DE = \text{пл.}AB''E = \text{пл.}AB'''E$$

成立.同理

$$\text{пл.}AKDE = \text{пл.}AK'E = \text{пл.}AK''E$$

由此可知

$$\text{пл.}ABCK = \text{пл.}ABCDE - \text{пл.}AKDE = \text{пл.}AB'''E - \text{пл.}AK''E = \text{пл.}AB'''K''$$

由此可知 AK'' 将三角形 $AB'''G'$ 的面积所划分而成的两部分和直线 AK 将已知多角形面积所划分而成的两部分是同样的.

我们可以用下列的方法来实际作图.用点 K'' 以

$$B'''K'' : B'''G' = \text{пл.}ABCK : \text{пл.}ABCDEFG$$

的已知比划分线段 $B'''G'$.通过点 K'' 引直线 $K''K'$ 平行于 AE;通过后一直线与 DE 的交点引平行于 AD 的直线,等.一直到得到点 K 在已知多角形的一边上(但不在其延长线上)为止.由于点 K''(或者如点 L')的位置在线段 $B'''G'$ 上,点 K 将在已知多角形的同一边或另一边上.

在同一图 202 上也说明了将多角形 $ABCDEFG$ 的面积用直线 AK, AL 和 AM

分成 $n=4$ 等份.这时,将线段 $B'''G'$ 必须分成四等份:$B'''K''=K''L'=L'M=MG'$.

作图题 49　用通过一边上给定点的直线,将三角形或凸多角形的面积割去给定部分.

作图题 49a　用通过一边上给定点的直线,将已知三角形或凸多角形的面积分成 n 等份.

设直线 PQ(图 203)为通过 BC 边上给定点 P 的直线,并将三角形 ABC 的面积割去给定部分.假定点 Q 在 AB(不在 AC)边上.这时

$$\text{пл}.BPQ:\text{пл}.ABC=a:s$$

再于 BC 边上,取一点 M,令其将线段 BC 按照 $BM:BC=a:s$ 之比划出给定部分.由后二等式得知 пл. BPQ : пл. $ABC=BM:BC$.

直线 AP 将三角形 ABC 划出一部分 ABP,且使

$$\text{пл}.ABP:\text{пл}.ABC=BP:BC$$

这比例式与前比例式互相比较,得

$$\text{пл}.BPQ:\text{пл}.ABP=BM:BP$$

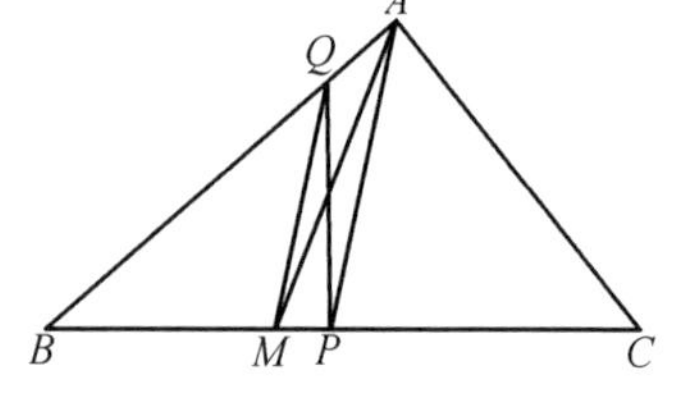

图 203

这样,本题就成为前一问题的作法(作图题 48):求出通过三角形 ABP 的一顶点 P 的直线,将其面积划出给定部分即可.为此只需用点 Q 划分边 BA 成为

$$BQ:BA=\text{пл}.BPQ:\text{пл}.ABP=BM:BP$$

的已知比.由这些等式推得,直线 MQ 平行于 AP.所以,假如点 Q 在 AB 上(不在 AC 上),则点 M 在线段 BP 上(不在 PC 上).

当点 Q 在边 AC 上时,也可以用同样的讨论.代替前述 пл. BPQ : пл. ABC 之比,类似地可以考虑 пл. CPQ : пл. ABC 之比.这时,点 M 将在线段 PC 上.

这样,我们可以得出适于两种情形的作图方法如下:于边 BC 上求出满足条件 $BM:BC=a:s$ 的一点 M,并且通过点 M 作 AP 的平行线 MQ.

在图 204 就说明了用这样的方法来解下列的问题:通过三角形一边上的已知点 P,引若干直线将其面积分成 $n=5$ 等份.因此,令

$$BM_1=M_1M_2=M_2M_3=M_3M_4=M_4C$$

即可.

现在设通过多角形 $ABCDEFG$(图 205)的边 DE 上一已知点 P 引一直线 PQ,将此多角形面积割去给定部分.

先将已知多角形变成与其等积的三角形 $AB''F'$,于边 $B''F'$ 上求出一点 M,

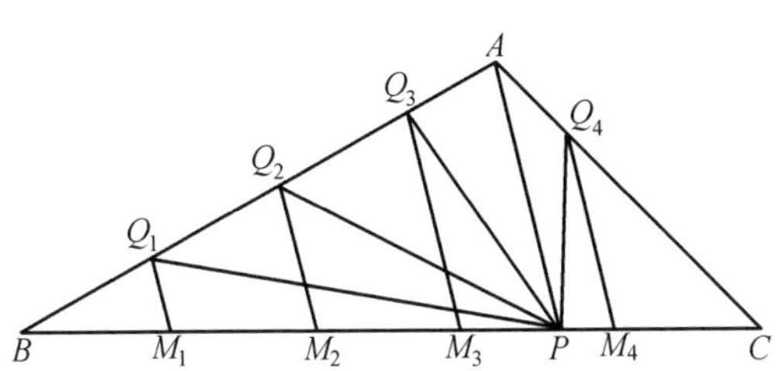

图 204

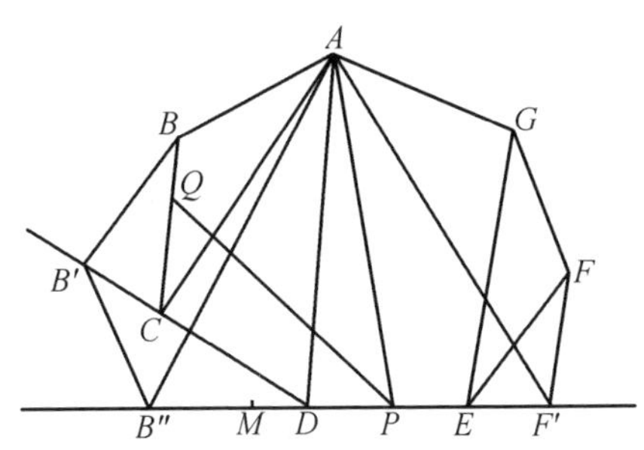

图 205

使其满足

$$B''M : B''F' = \text{пл.}\,PQCD : \text{пл.}\,ABCDEFG = a : s$$

显然有

$$\text{пл.}\,ABCDP : \text{пл.}\,ABCDEFG = \text{пл.}\,AB''P : \text{пл.}\,AB''F' = B''P : B''F'$$

由此可知

$$\text{пл.}\,PQCD : \text{пл.}\,ABCDP = B''M : B''P$$

于是我们仍可归于作图题 48:通过多角形 $ABCDP$(或多角形 $AGFEP$)的顶点 P 引一直线 PQ 将其面积割去给定部分.

作图题 50　用平行于底边的直线,割去三角形面积的给定部分.

作图题 50a　用平行于底边的直线,划分三角形的面积成为 n 等份.

设直线 $B'C'$ 平行于三角形 ABC 的底边 BC(图 206),并且将其面积割去给定部分,则

$$\text{пл.}\,AB'C' : \text{пл.}\,ABC = a : s$$

于线段 AB 上求出一点 M,令其将 AB 划出给定部分,使 $AM : AB = a : s$.由此可知

$$\text{пл.}\,AB'C' : \text{пл.}\,ABC = AM : AB$$

但是由于三角形 $AB'C'$ 及 ABC 相似,知

$$\text{пл}.AB'C' : \text{пл}.ABC = AB'^2 : AB^2$$

由后二式有 $AM:AB = AB'^2 : AB^2$,或 $AB' = \sqrt{AM \cdot AB}$.这样我们就可以得到作图法,点 M 是可作的,再作 AM 及 AB 的比例中项 $AX = AB'$.这个作图可于图206得到说明.

作图题 51　用平行于梯形底边的直线,将梯形面积分成已知比.

作图题 51a　用平行于梯形底边的直线,将梯形面积分成 n 等份.

设直线 $B''C''$ 平行于梯形 $BCC'B'$ 的底边 BC(图207),并且将其面积割去给定部分,即使其面积比 $\text{пл}.B''C''C'B' : \text{пл}.BCC'B'$ 等于一给定数值.

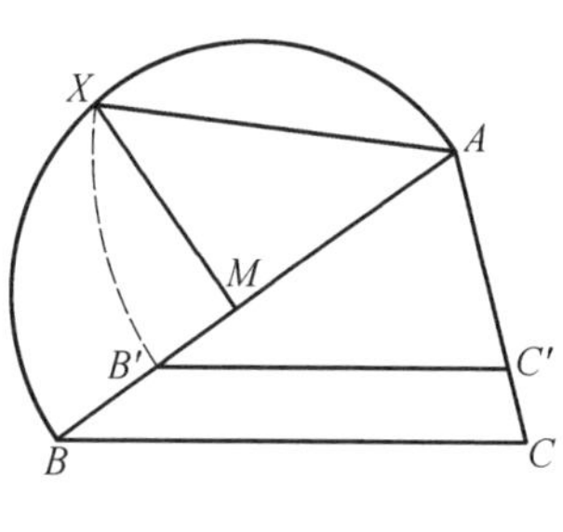

图206

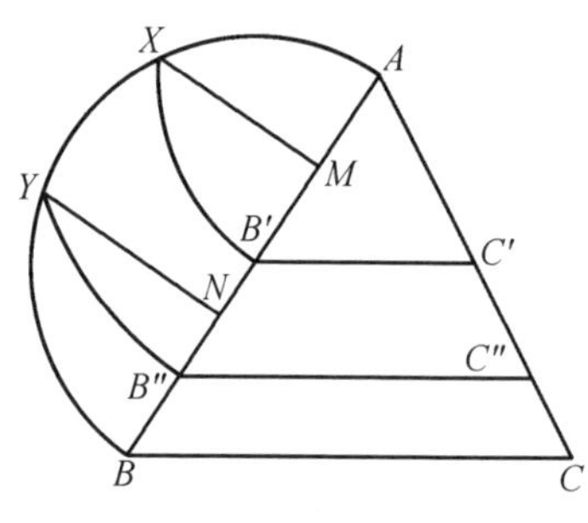

图207

用 A 表示梯形二侧边的交点,于边 AB 上求出一点 M,令

$$\text{пл}.AB'C' : \text{пл}.ABC = AM : AB$$

所以

$$\text{пл}.AB'C' : \text{пл}.BCC'B' = AM : MB$$

这个作图题(图207)按其意义上来说是作图题49第二部分的逆.再于线段 MB 上求出一点 N,令

$$\text{пл}.B''C''C'B' : \text{пл}.BCC'B' = MN : MB$$

现在得知

$$\text{пл}.AB'C' : \text{пл}.B''C''C'B' : \text{пл}.BCC''B'' = AM : MN : NB$$

所以

$$\text{пл}.AB''C'' : \text{плл}.ABC = AN : AB$$

由上述我们对所给的问题,得到这样的解法.于边 AB 上求出这样的点 M,令 AB' 是 AB 及 AM 的比例中项.用点 N 将线段 MB 分成已知比.最后,作出 AB 及 AN 的比例中项 $AY = AB''$.

作图题 52　用具有已知方向的直线,割去三角形或凸多角形面积的给定部分.

作图题 52a　用具有已知方向的直线,划分已知三角形或凸多角形的面积

成为 n 等份.

设直线 PQ 平行于已知直线 KL,并且将三角形 ABC 的面积割去给定的部分(图 208).为明确起见,假定这直线与三角形的两边 AB 及 BC 相交.这时

$$\text{пл.}\,BPQ:\text{пл.}\,ABC=a:s$$

于边 BC 上求出这样的点 M,使 $BM:BC=a:s$,所以

$$\text{пл.}\,BPQ:\text{пл.}\,ABC=BM:BC$$

通过三角形 ABC 的所有顶点作 KL 的平行线.这些直线中有一个,且只有一个在三角形的内部,设其为 AA'.这时

$$\text{пл.}\,ABA':\text{пл.}\,ABC=BA':BC$$

由后二等式有

$$\text{пл.}\,BPQ:\text{пл.}\,ABA'=BM:BA'$$

我们得到作图题 50:用平行于 AA' 的直线将三角形 ABA' 的面积割去给定部分;直线 PQ 的作图在图 208 指明出来了.

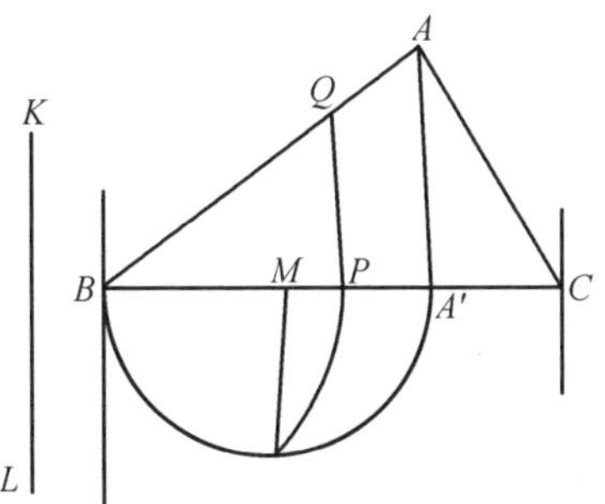

图 208

图 209 说明用这种方法,将三角形 ABC 的面积分成 $n=5$ 等份.这时,令 $BM_1=M_1M_2=M_2M_3=M_3M_4=M_4C$ 即可.

我们转到多角形的情形.设直线 PQ 平行于已知直线 KL,并且割去多角形 $ABCDEFG$ 面积的给定部分(图 210).通过多角形所有的顶点作 KL 的平行线 AA',BB',….这些直线将多角形分成三角形和梯形 BCB',$DD'BB'$,….利用作图题 26 将所有这些三角形和梯形变成有公共底边的三角形.这些新三角形的高,将与前面得出的那些三角形和梯形的面积成比例.用这样的方法,我们即可得到线段 C_0B_0,B_0D_0,…,E_0F_0,它们满足下列的条件

$$\text{пл.}\,CBB':\text{пл.}\,BB'DD':\cdots:\text{пл.}\,EE'F:\text{пл.}\,ABCDEFG=$$
$$C_0B_0:B_0D_0:\cdots:E_0F_0:C_0F_0$$

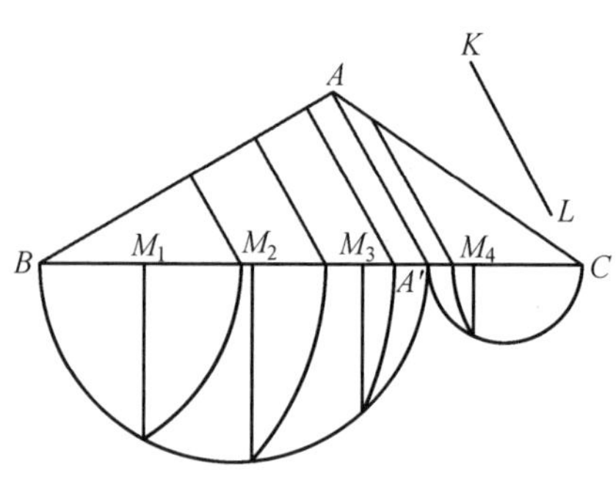

图 209

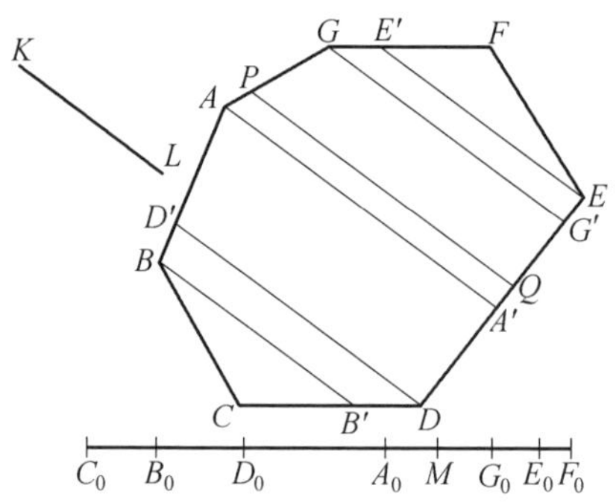

图 210

现在可求出一点 M,将线段 C_0F_0 划出给定部分,使

$$\text{пл.} ABCDQP : \text{пл.} ABCDEFG = C_0M : C_0F_0$$

假如点 M 在 A_0 及 G_0 之间,则直线 PQ 亦必通过于对应的二平行线 AA' 及 GG' 之间.且直线 PQ 将梯形 $AA'G'G$ 的面积分成 $A_0M : MG_0$ 之比.

由此可知,求出点 $C_0,B_0,\cdots,F_0$,并将已知线段 C_0F_0 划出给定部分的点 M 作出之后,即可由作图题 50 导出本题的作法(如果点 M 在线段 C_0B_0 或在 E_0F_0 上,则可由作图题 49 导出).

第二十章 圆几何学初步

第八十节 点关于圆周的幂

在初等几何学的所有部分里,研究圆周的各种不同性质占着很重要的位置.当专门谈到"圆几何学"时,一般所指的不是圆周的定理,而是这些定理中一定的部分主要是指研究圆周族的性质及与圆周有关的各种变换①.我们开始叙述在中学教材读过而在第七十节(定理 153 ~ 156)已经提及的关于弦及割线定理的问题.可以将这些定理结合成一个更一般性的定理.

定理 165 如果自任意点 M 向圆周引若干条割线,则自点 M 到每个割线与圆周相交的两点距离的乘积,为一常数(关于已知点);当割线与圆周的两交点相重时,亦即割线变成切线时,这乘积的值仍不变.

从图 211 及 212 我们有

$$MA \cdot MA' = MB \cdot MB' = MC \cdot MC' = \cdots$$

点 M 在圆周的外部时(图 211)这个乘积等于 MT^2.

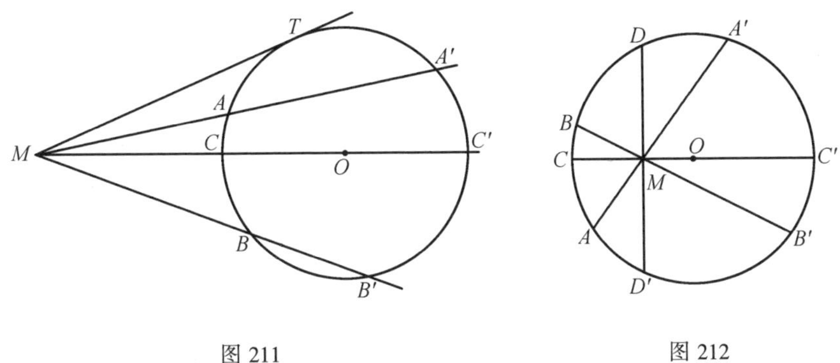

图 211 图 212

定理 165 所谈的采取适当标记的不变的乘积,叫做点 M 关于圆周的幂;一

① 假如只限于初等几何学的范围,"圆几何学"概念的内容,给以更明确的定义是不可能的.

点关于圆周的幂为正或负,视此点在圆周外部或内部而确定;在圆周自身上的点的幂,当做等于零(因为割线与圆周的一个交点与点 M 相重合).

利用有向线段来表示时,点 M 关于圆周的幂,可表示为

$$\overline{MA}\cdot\overline{MA'}=\overline{MB}\cdot\overline{MB'}=\cdots$$

系 1 关于中心为 O 半径为 r 的圆周,点 M 的幂在所有的情形下(按数值及符号)都等于 MO^2-r^2.

实际上,假如直线 MO 与圆周相交于两点 C 及 C',且点 C 较 C' 更近于 M,则

$$MC=|MO-r|,MC'=MO+r$$

由此关于圆周外部的点(近绝对值)有

$$MA\cdot MA'=(MO-r)(MO+r)=MO^2-r^2$$

关于圆周内部的点(同样按绝对值)有

$$MA\cdot MA'=(r-MO)(r+MO)=r^2-MO^2$$

如注意到幂的符号,我们就得到上述关于点的幂的表达式

$$MO^2-r^2$$

系 2 圆周外部的点 M 关于圆周的幂等于自点 M 向圆周所引切线(自点 M 到切点)的平方.

这由点的幂的定义自身可以导出.

在研究与点关于圆周的幂有联系的问题时,把点看做一个半径等于零的圆周,而将它叫做点圆,可以使之归于一律.

这时,点 M 关于点圆(点)O 的幂等于 MO^2.

第八十一节　根轴

随着点关于圆周的幂的概念的引出,产生了许多求轨迹的问题,例如,关于已知圆周的幂有定值的点的轨迹(这是与已知圆周同心的圆周),关于两已知圆周的幂之和或差有定值的点的轨迹(这些轨迹归结于第七十五节中轨迹 Ⅶ 及 Ⅷ),等.我们取这些轨迹之一予以详细研究.

轨迹 Ⅺ 关于两已知不同心的圆周有等幂的点的轨迹,是垂直于连心线的直线.

这直线叫做这二圆周的根轴.

设 $O(r)$ 及 $O'(r')$ 为已知圆周,它们的中心 O,O' 是不同的点.如果某一点 M 关于这二圆周的幂相等,则有(由定理 165 系 1)$MO^2-r^2=MO'^2-r'^2$ 或

$MO^2 - MO'^2 = r^2 - r'^2$,这便引导到轨迹 Ⅶ①.

现在列举根轴的某些性质:

1.如果二圆周相交于二点,则根轴通过这二交点(图 213).

关于二圆周的交点 M,满足条件 $MO^2 - r^2 = MO'^2 - r'^2$,性质 1 即从此导出.由此也可以导出性质 2.

2.如果二圆周彼此相切,则在切点的公切线为根轴(图 214).

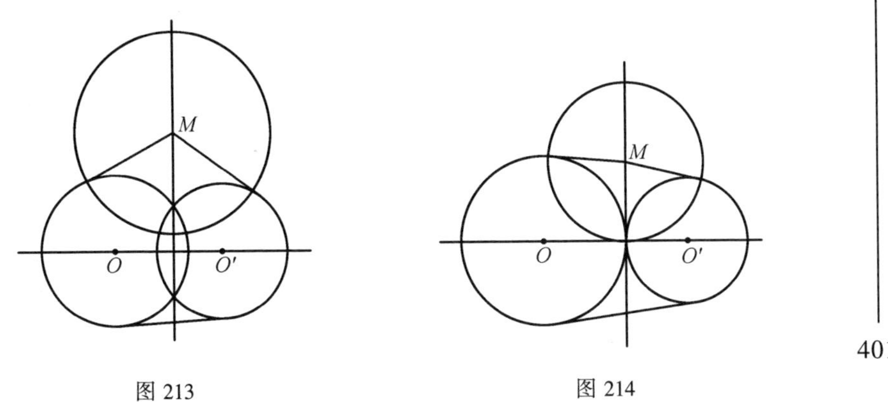

图 213　　图 214

3.如果二圆周没有公共点,则根轴与二已知圆周也没有公共点(图 215 及 216).

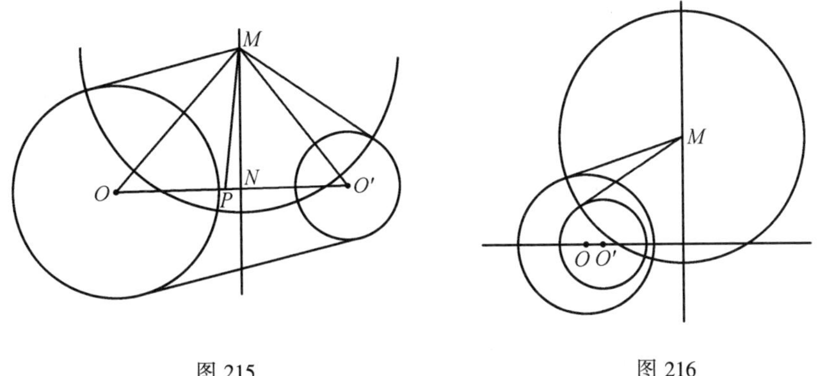

图 215　　图 216

实际上,关于根轴与圆周 O 的公共点 M,必有等式 $MO^2 - r^2 = MO'^2 - r'^2$,且 $MO = r$.由此得 $MO' = r'$,即根轴与二圆周之一的公共点亦必在另一圆周

① 二同心圆周没有根轴,因为当 $r \neq r'$ 时,等式 $MO^2 - r^2 = MO^2 - r'^2$ 为不可能.

上.

4.如果二圆周之一,在另一圆周的外部,则根轴与二圆周间的连心线相交(图215).

设 P 为线段 OO' 的中点,N 为根轴与连心线的交点,并取 $r \geqslant r'$.这时由第七十五节的式(3)有

$$ON = \frac{OO'^2 + r^2 - r'^2}{2OO'} = OP + \frac{r^2 - r'^2}{2OO'}$$

由此得

$$PN = \frac{r^2 - r'^2}{2OO'}$$

因为
$$r - r' < r + r' < OO'$$

所以
$$PN = \frac{(r + r')(r - r')}{2OO'} < \frac{1}{2}OO' = PO'$$

这样,就可以知道点 N 在 P 及 O' 之间.同时知道根轴与已知圆周无公共点.

5.如果二圆周有不同中心,其中之一在另一圆周的内部,则根轴在二圆周的外部(图216).

由性质3可以导出.

6.二圆周的根轴(如图二圆周无公共点)或其在二圆周外的部分是点的轨迹,从这些点向这二圆周可以引等长切线(自给定点量至切点)(图213 ~ 216).

实际上,圆周外点的幂等于切线的平方.

7.如果二圆周有公切线,则其根轴平分公切线在两切点间的线段(图213,214,215).

由性质6可以导出.

现在我们引入直交圆周的概念.如果二圆周在其交点(在任何交点都一样)的切线互相垂直,便说这二圆周互相直交(图217).

如果二圆周互相直交,则其中一圆周在其交点的切线通过另一圆心.

自根轴上任意点向二圆周所引的切线相等(性质6).由此还可以导出根轴的一个性质.

8.在二圆周外部的根轴上的每一点都是与两已知圆周互相直交的圆周的中心(图213 ~ 216).

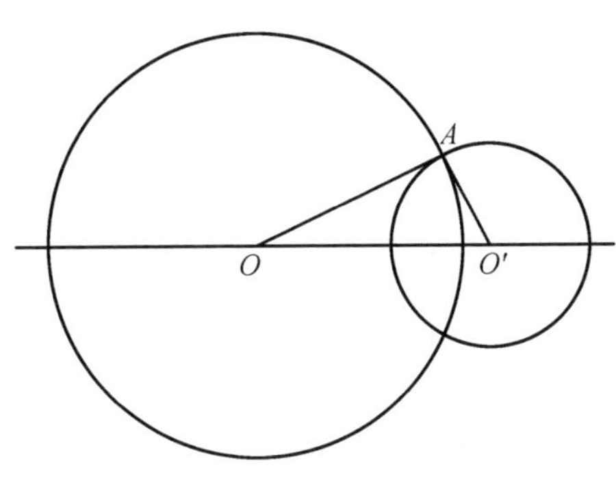

图 217

第八十二节　根心

定理 166　假如三圆周的中心不在一直线上,则这三圆周每取两个的根轴通过同一点.

这点叫做三已知圆周的根心.

证明　设 O_1,O_2,O_3 为已知圆周的中心;l_{23} 为圆周 O_2 及 O_3 的根轴;l_{31} 为圆周 O_3 及 O_1 的根轴;l_{12} 为圆周 O_1 及 O_2 的根轴(图 218).

根轴 l_{12} 及 l_{31} 不可能平行,因为它们分别垂直于三角形 $O_1O_2O_3$ 的边 O_1O_2 及 O_3O_1(对照定理 57 系 2).

根据 l_{12} 及 l_{31} 的交点 I 关于圆周 O_1 及 O_2,如同关于圆周 O_3 及 O_1 有同一的幂,所以它也在根轴 l_{23} 上.

系 1　假如三圆周的中心不在一直线上,则这平面上有一点且只有一点存在,它关于这三圆周有同一的幂,它是三圆周的根心.

实际上,所研究的点应当在已知圆周每取两个的所有根轴上.

系 2　如果根心在三圆周的每个圆周的外部,则它是这平面上唯一的点,从它向三已知圆周可引等长切线(图 218 及 219).

由第八十一节性质 6 可以导出.

系 3　如果根心在三圆周的每个圆周的外部,则它是与三已知圆互相直交的唯一圆周的中心(图 218 及 219).

由第八十一节性质 8 可以导出.

系 4　在且只在三已知圆周有公共点时,其根心在这些圆周的每一个圆周上.

最后,根心可以在三圆周的每个圆周的内部(图 220).

根心的性质使得根轴的作图很简单,特别是当两圆周不相交时,是更有帮助的.

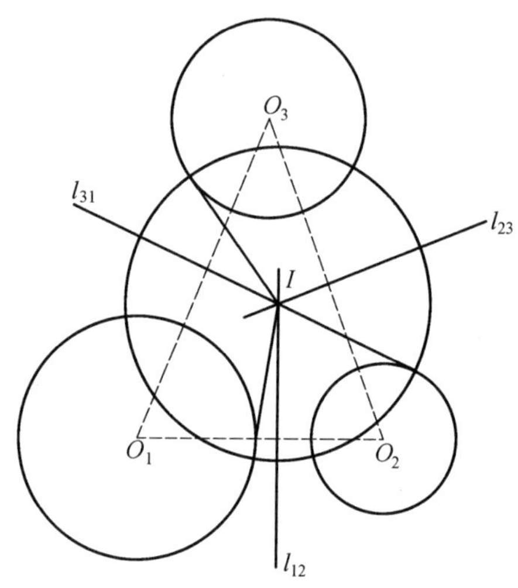

图 218

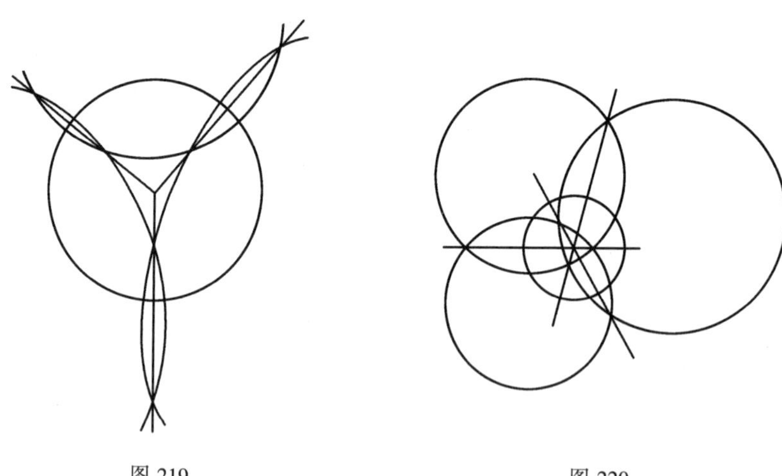

图 219

图 220

作图题 53　求作两已知圆周的很轴.

设 O 和 O' 为二已知圆周.作任意圆周 Γ,使其与圆周 O 相交于二点 A 及 B,与圆周 O' 相交于二点 A' 及 B'(图 221).显然,直线 AB 及 $A'B'$ 的交点 I 是圆周 O,O',Γ 的根心,因此它将在所求的根轴上.

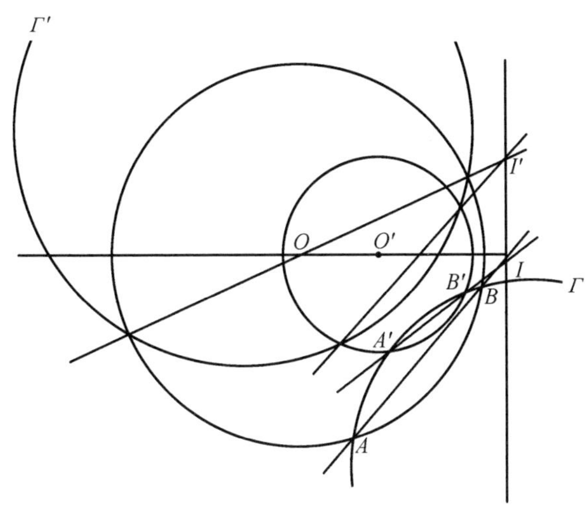

图 221

为了完成本题的作图,或在点 I 作连心线 OO' 的垂线,或利用与二已知圆周相交的新圆周 Γ' 来确定根轴上的另一点 I'.

以前我们所研究的只限于三已知圆周的中心不在一直线上时的情形,假如三已知圆周的中心在一直线上,则可能有下列两种情形:

a) 三圆周中每两个的根轴各不相同且互相平行.

b) 三圆周中每两个的根轴都重合.

实际上,如果三根轴中有二者相重,则此重合的根轴上每个点关于所有三圆周有同一的幂.因此第三个根轴也与前二者重合.

在后一种情形中,关于若干个圆周中每次取两个都有共同根轴的问题.对我们是很有益处的,下面我们予以详细研究.

第八十三节　圆周束

每次取两个都有同一根轴的所有圆周的全体叫做圆周束.此共同的根轴叫做束的根轴.

由圆周束的定义,直接导出它的若干性质:

1.圆周束可由其中二圆周或由其中一圆周及根轴的给定而完全确定.

2.圆周束中各圆周的中心在一直线上,这直线便是束的连心线.

3.如果圆周束中的一圆周与根轴有二公共点,则这个圆周束是由通过这两公共点的所有圆周组成.这样的圆周束叫做椭圆式的圆周束.

4.如果圆周束中的一个圆周与根轴相切,则这圆周束是由彼此相切于公共点的所有圆周组成.这样的圆周束叫做抛物线式的圆周束.

5.如果圆周束中的一个圆周与根轴无公共点,则这圆周束中的圆周无论是与根轴,无论是各圆周彼此之间都无公共点.这样的圆周束叫做双曲线式的圆周束.

性质 3 及 4 完全说明了椭圆的及抛物线的圆周束.由下列的对三种类型的圆周束都正确的两个定理,可以更明显地得出关于双曲线的圆周束的概念.

定理 167 不在圆周束的根轴上的每一点有一个且只有一个圆周通过.

证明 设有由圆周 O 及根轴 l 给定的圆周束(图 222).我们求在此束中通过已知点 A 的圆周.联结点 A 与根轴上任意点 M',并且通过点 M' 作一直线与圆周 O 相交于二点 B 及 C.由等式$\overline{M'A}\cdot\overline{M'A'}=\overline{M'B}\cdot\overline{M'C}$,完全确定了直线 $M'A$ 与所求圆周的第二交点A'.同理,利用根轴上的另一点 M'' 来确定所求圆周上的第三点 A''.

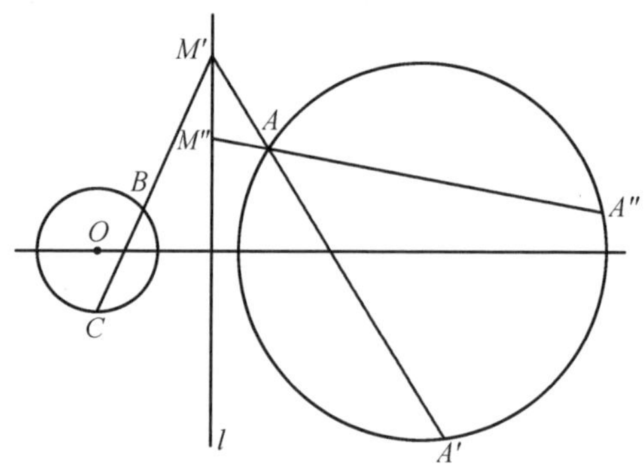

图 222

通过点 A,A',A'' 的圆周就属于已知圆周束.实际上,这圆周及圆周 O 的根轴,既通过点 M',又通过点 M''.

定理 168 与已知束的所有圆周相直交的圆周存在无限多个.所有这些圆周组成一个新的圆周束.

这样的两个圆周束,其中一束的每一圆周与另一束的所有圆周都相直交,这叫做伴随圆周束.

证明 设圆周束是由一圆周 O 及根轴 l 确定.用 O' 表示这束中的另一圆周(图 223).

在圆周 O 外部根轴上的每一点 Ω,如我们所见过的它是直交于圆周 O 及

O' 的圆周的中心,所以这圆周与圆周束的所有圆周直交.

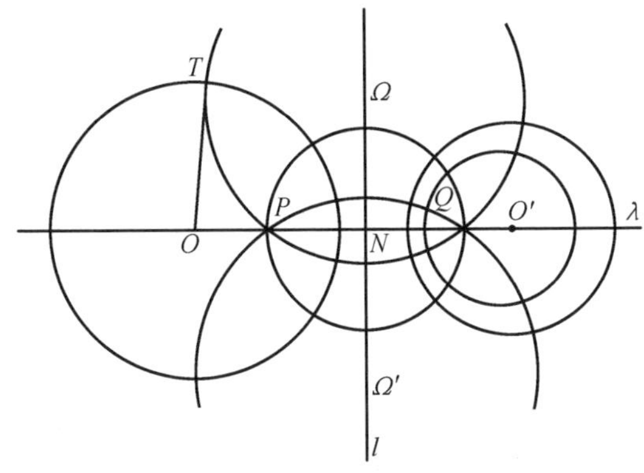

图 223

点 O 关于圆周Ω 的幂,等于圆周 O 的半径的平方;点 O 关于与已知圆周束所有圆周都相直交的另一圆周 Ω' 也有同一的幂.点 O' 也具有同样的性质.所以,已知圆周束的连心线 OO' 是与已知束中圆周相直交的任意二圆周的根轴.由此可知,所有这些直交的圆周组成一个圆周束.

系 1　一个圆周束可以确定其为与二已知圆周(非同心的)相直交或与一已知圆周及与一已知直线相直交的所有圆周的总集.

系 2　假如二伴随圆周束之一是椭圆式的,则另一束是双曲线式的,其逆命题也成立.

实际上,假如圆周 O 与圆周束的根轴 l 不相交,则连心线与根轴的交点 N,将是伴随圆周束中一圆周的中心.这圆周与伴随圆周束的根轴 OO' 交于二点 P 及 Q,因此第二个圆周束是椭圆式的.

倒转来说,假如圆周 Ω 与圆周束的根轴λ 交于二点P 及Q,已知伴随圆周束的一已知圆周的半径为 OT,则 $OT^2=OP\cdot OQ$.因为二不等线段 OP 及 OQ 的比例中项小于其算术平均值 ON,所以圆周 O 与根轴l 不相交.因此第二圆周束是双曲线式的.

系 3　椭圆的圆周束中圆周的公共点,可以看做双曲线式的圆周束中半径为零的圆周.

这两个点叫做双曲线式的圆周束的极限点.

按照这情况,与两个不相交且不同心的圆周相直交的所有圆周的公共点,也被叫做前二圆周的极限点.

作为直交于两已知相交圆周的所有圆周的总集的双曲线的圆周束的定义,

给出了这种圆周束类型的明显概念.

系 4 如果二伴随圆周束中的一个是抛物线式的圆周束,则另一圆周束也是抛物线式的.

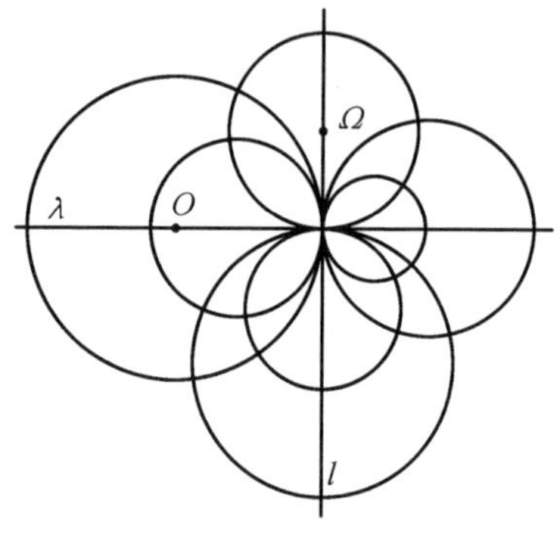

图 224

由图 224,直接可以得出.

注 "双曲线的","抛物线的"及"椭圆的",时常用到当某一问题与上述相对应的有二实解,一实解或没有任何实解时的情形①.

在这种情形下,双曲线的圆周束中包括两个半径等于零的点圆(束的极限点);抛物线的圆周束有一个半径等于零的点圆(束中圆周的公共切点);椭圆的圆周束不包含这样的点圆.

第八十四节 作图题

现在我们研究和圆周束概念有关的某些基本的作图问题.

作图题 54 作一个通过已知点而属于已知圆周束的圆周.

设点 A 为已知点,l 为束的根轴,圆周 O 为已知束中的一圆周.

当其为椭圆的圆周束时,本题就归结为通过三已知点作圆周的问题(第八十三节性质 3).当其为抛物线的圆周束时,本题成为通过已知点 A 且与已知直线相切于另一已知点的作圆(第八十三节性质 4).

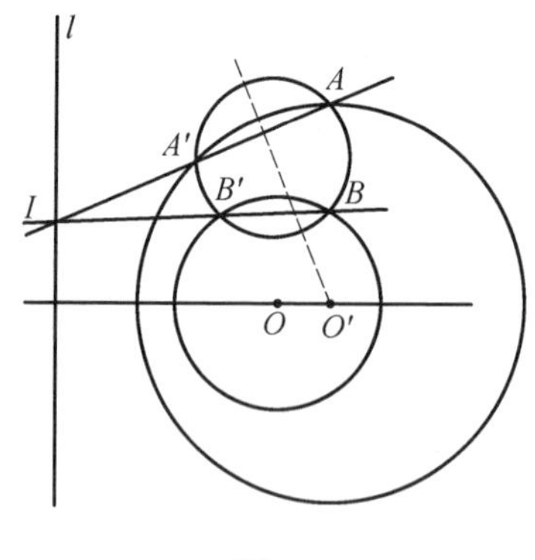

图 225

当已知束为双曲线的圆周束时,本题用下列方式可得解(图 225).通过点 A 作任意圆周,与圆周 O 相交于点 B 及 B'.通过点 A 及直线 BB' 与根轴 l 的交点 I 引一直线.用 A' 表示圆周 ABB' 与直线 IA 的第二交点.通过二点 A 及 A' 且中心 O' 在已知束的连心线上的圆周 O' 即为所求.

① 如同在解析几何学及射影几何学中我们所知道的那样,双曲线有两个无限远的实点,抛物线有一个,椭圆没有,由此,可知道这些术语的意义.

实际上,点 I 关于圆周 O 及 O' 有同一的幂

$$IA \cdot IA' = IB \cdot IB'$$

因此垂直于连心线 OO' 的直线 l,将为圆周 O 及 O' 的根轴.

假如点 A 不在根轴上,本题常有一解.

作图题 55　求作属于已知圆周束且与已知直线相切的一个圆周.

设 a 为已知直线,l 为已知圆周束的根轴,O 为已知束中的一圆周(图 226).

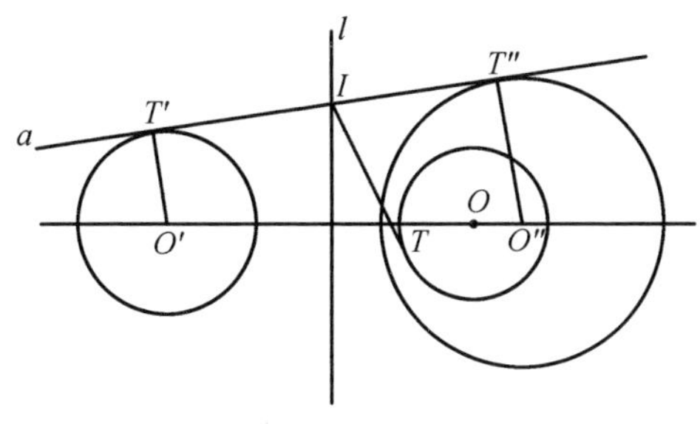

图 226

假如直线 a 平行于 l,则切点 T 在自点 O 向直线 a 所作的垂线上.本题就归结于作图题 54.

因此,我们假定直线 a 与根轴 l 交于某一点 I.自点 I 向圆周束中所有圆周所作的切线皆相等.所以自点 I 向圆周 O 可作一条切线 IT.于直线 a 上取 $IT' = IT''$ 等于 IT.点 T' 及 T'' 将为所求的切点.通过 T' 及 T'' 作直线 a 的两条垂线,与已知束的连心线相交的两点,即为所求圆周的中心.

本题可有二解,一解或完全无解.

下列的问题是上面所研究的特殊情形.

作图题 37[①]　求作通过两已知点,且与已知直线相切的一个圆周.

方法一　本题的解法在,在第六十六节已经研究过了.

方法二　设 a 为已知直线,A 及 B 为二已知点(图 227).

因为通过二点 A 及 B 的圆周,组成以直线 AB 为根轴的圆周束,则作图题 55 在已给情况归结于下列的方法:直线 a 与 AB 的交点为 I 时,可于直线 a 上自点 I 取线段 $IT' = IT''$,令其等于 IA 及 IB 的比例中项.点 T' 及 T'' 便是所求的切点.

可以把这作图题变成与圆周束的性质无关,只注意到自点 I 向所求圆周所作的切线 IT' 或 IT'',是 IA 及 IB 的比例中项即可(定理 156).

作图题 56　求作属于已知圆周束,且与已知圆周相切的一个圆周.

① 我们再一次地研究这样的作图题,仍沿用以前的作图题号码.

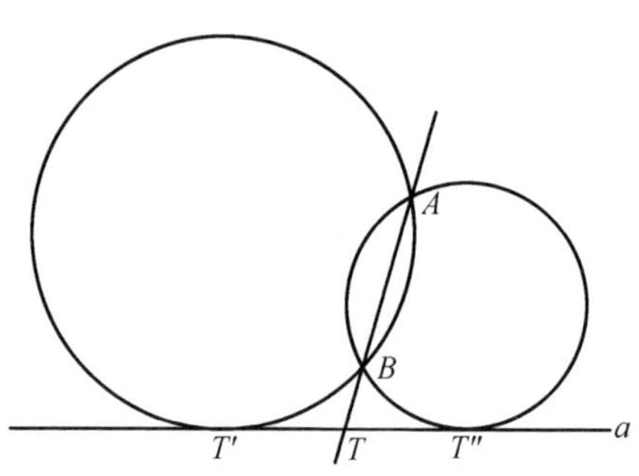

图 227

设 Ω 为已知圆周，l 为已知圆周束的根轴，O 为已知束中的一个圆周(图 228).

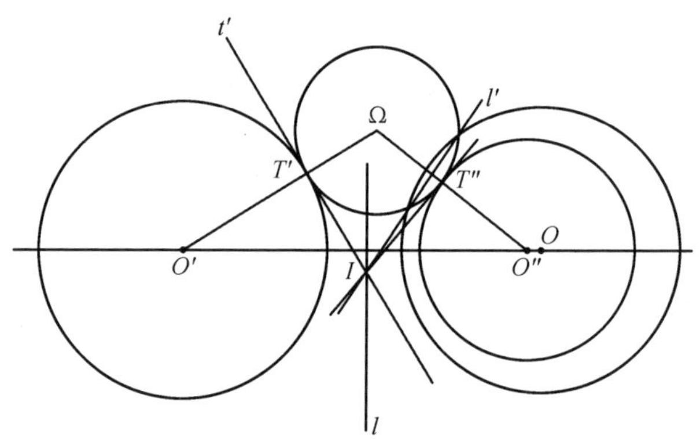

图 228

用 O' 表示所求的圆周，T' 表示其与已知圆周 Ω 的切点. 通过圆周 O' 与 Ω 的切点 T' 的公切线 t' 是这二圆周的根轴. 直线 l 是圆周 O 及 O' 的根轴. 所以圆周 O 及 Ω 的根轴 l' 通过直线 t' 及 l 的交点 I.

由此可以得出这样的作图法. 我们作圆周 O 及 Ω 的根轴 l'. 自直线 l 及 l' 的交点 I 引圆周 Ω 的切线. 这两切线与圆周 Ω 相切的点 T' 及 T'' 将是圆周 Ω 与所求的圆周 O' 及 O'' 的切点，所求圆周的中心是直线 $\Omega T'$ 及 $\Omega T''$ 与圆周束的连心线相交的两点.

本题可有二解，一解或完全无解.

下列的问题是本题的特殊情形.

作图题 57　求作通过两已知点，且与已知圆周相切的一个圆周.

由上题所述，可得出这样的作图法. 通过已知点 A 及 B 引直线 l. 又作与已

知圆周 Ω 相交的任意圆周 O. 从直线 l 与圆周 O 及 Ω 的根轴 l' 相交之点 I, 向已知圆周引切线 IT' 及 IT''.

本题同样有二解,一解或完全无解.

第八十五节　与二已知圆周相切的圆周

当我们研究与二已知圆周相切的圆周时,下列的概念起着很大的作用. 两点 A 及 A' 分别在两圆周 O 及 O' 上,而这两圆周的一个相似中心为 S. 假如直线 AA' 通过这个相似中心,而且点 A 及 A' 不是关于相似中心 S 的位似点,则我们把这两点 A 及 A' 叫做这二圆周的一个相似中心 S 的逆位似点.

如图 229 的两点 A 及 A', 同样两点 B 及 B', 都是关于外相似中心 S 的逆位似点.(而于图 230 的两点 A 及 A', 两点 B 及 B', 是关于内相似中心 S^* 的逆位似点)

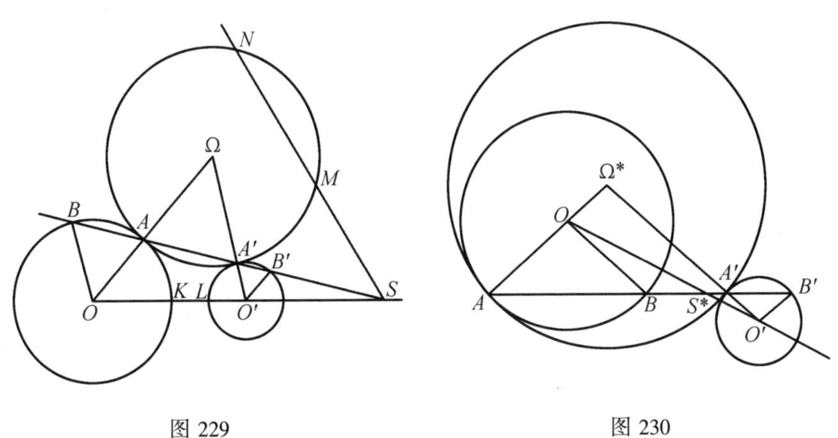

图 229　　　　图 230

逆位似点具有下列性质.

定理 169　自二圆周外相似中心到这二圆周上关于这相似中心的任意二逆位似点的距离的乘积,恒有一个同一数值(按绝对值及其符号).

关于内相似中心的逆位似点,也有同样的性质.

证明　设 A 及 A' 分别为二圆周 O 及 O' 上关于其外相似中心 S (图 229) 的任意的逆位似点. 用 B 及 B' 表示直线 SA 与圆周 O 及 O' 的第二交点,用 p 及 p' 表示点 S 关于圆周 O 及 O' 的幂,用 $k = \overline{SA'} : \overline{SB} = \overline{SB'} : \overline{SA}$ 表示圆周 O 及 O' 的相似系数. 我们有

$$\overline{SA}\cdot\overline{SA'}=\overline{SA}\cdot\overline{SB}\cdot\frac{\overline{SA'}}{\overline{SB}}=\overline{SA'}\cdot\overline{SB'}\cdot\frac{\overline{SA}}{\overline{SB'}}=pk=\frac{p'}{k}$$

与点 A 及 A' 的选择无关.关于内相似中心的逆位似点(图 230),本定理用同样的方法可以得到证明.

常数积

$$\overline{SA}\cdot\overline{SA'}=pk=\frac{p'}{k}=\pm\sqrt{pp'}$$

常叫做二圆周的共同幂,由于 S 是二圆周的外或内相似中心,常将这个常数积叫做外或内共同幂.

定理 170　与二已知圆周相切的任意圆周,其切点为二逆位似点;假如与二已知圆周皆为外切或皆为内切,则二切点关于外相似中心为逆位似点;如与二已知圆之一外切而与另一圆周内切,则二切点关于内相似中心为逆位似点.

当二已知圆周相等时也不作特别的说法(图 231),即当没有外相似中心时,假如二相等圆周上的二点 A,A' 联结而成的直线 AA' 与连心线平行,且半径 OA 及 $O'A'$ 不平行,这时我们仍说二点 A 及 A'"关于外相似中心为逆位似点".

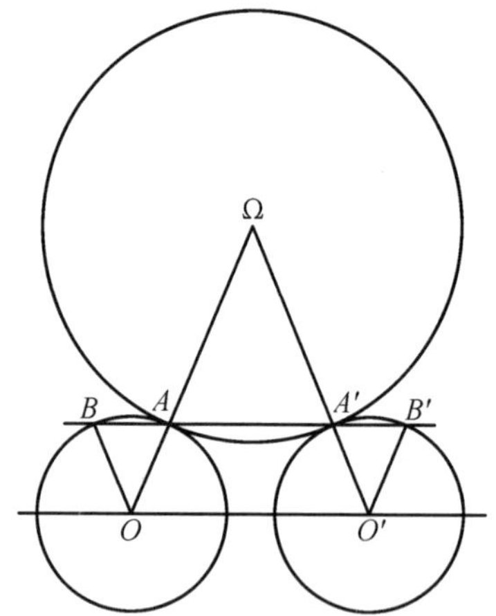

图 231

证明　设任意圆周 Ω 与二已知圆周 O 及 O' 分别相切于点 A 及 A',且同为外切.直线 AA' 与圆周 O 及 O' 的第二交点为 B 及 B'(图 229).因为 $\Omega A=\Omega A'$,则

$$\angle OAB=\angle \Omega AA'=\angle \Omega A'A=\angle O'A'B'=\angle O'B'A'$$

所以,半径 OA 及 $O'B'$ 平行,即点 A 及 B' 为关于外相似中心的位似点,而点 A 及 A' 为其逆位似点.

如与二已知圆周同为内切,或如圆周 Ω^*(图 230)与二已知圆周之一内切而与另一圆周外切,本定理同理可以得到证明.

系 外(内)相似中心关于与二已知圆周同为外切或同为内切(与其一为内切而与其他为外切)的所有圆周,有同一的幂,它等于关于已知圆周的外(内)共同幂.

与定理 169 和 170 相对照,即可导出.

定理 171 通过二圆周上二逆位似点且与一圆周相切的圆周,与另一圆周亦必相切.

证明 设圆周 Ω(图 229 及 231)通过二已知圆周 O 及 O' 上的二点 A 及 A',这二点关于外相似中心为逆位似点,且圆周 Ω 与圆周 O 外切于点 A.

因为点 A 及 A' 为关于外相似中心的逆位似点,则

$$\angle OAB = \angle O'B'A' = \angle O'A'B'$$

因为圆周 Ω 与圆周 O 相切于点 A,则

$$\angle OAB = \angle \Omega AA' = \angle \Omega A'A$$

所以 $\angle O'A'B' = \angle \Omega A'A$,因此推知点 Ω, A', O' 在一直线上.则得圆周 Ω 与圆周 O' 相切于点 A'.

本定理的另外一种情形用这样的方式亦可得证.

现在我们利用所研究的二已知圆周相切的圆周性质来解下列问题.

作图题 58 求作通过已知点,且与二已知圆周相切的一个圆周.

设求作的为圆周 Ω,它与二已知圆周 O 及 O' 相切,且通过已知点 M.先研究所求圆周与二已知圆周同为外(内)切的情形(图 229).

用 S 表示二已知圆周的外相似中心,用 N 表示直线 SM 与所求的圆周的第二交点,用 K 及 L 表示二圆周上关于 S 为逆位似的任意二点(如其为连心线上的二点).由一圆周与二已知圆周相切的性质,得知

$$\overline{SM} \cdot \overline{SN} = \overline{SK} \cdot \overline{SL}$$

利用这个等式可以作出线段 $\overline{SN}$,因而作出点 N.

点 N 作出以后,本题归结于作图题 57.

在与二已知圆周之一外切而与其他内切的情形下,这种圆周的作图法,亦可用同样方法求得,只需注意到不用外相似中心而利用内相似中心.

本题最多可能有四解(同为外切或同为内切时有二解,一内切而一外切时有二解).

第八十六节　阿波罗尼问题

从前节所研究的与二已知圆周相切的圆周性质，我们可以导出初等几何学中一个相切问题的解法，即著名的阿波罗尼问题.

作图题 59　求作与三已知圆周相切的一个圆周(阿波罗尼问题).

我们先研究所求圆周与三已知圆周 O_1, O_2, O_3 同为外(内)切的情形. 为此，我们考察，在圆周 O_1(图 232)上的任意点 A_1，在圆周 O_2 上关于外相似中心 S_{12} 与点 A_1 为逆位似的点 A_2，以及在圆周 O_3 上关于相似中心 S_{23} 与点 A_2 为逆位似的点 A_3. 点 S_{12} 关于所求圆周的幂等于 $\overline{S_{12}A_1}\cdot\overline{S_{12}A_2}$(根据定理 170 的系). 同理，点 S_{23} 关于所求圆周的幂等于 $\overline{S_{23}A_2}\cdot\overline{S_{23}A_3}$. 所以点 S_{12} 及 S_{23} 关于所求圆周，如同它们关于圆周 $A_1A_2A_3$，有同一的幂. 因此，直线 $S_{12}S_{23}$ ① 即已知圆周的相似轴 s，将是所求圆周及圆周 $A_1A_2A_3$ 的根轴. 或者也可以说，所求圆周是由根轴 s 及圆周 $A_1A_2A_3$ 所确定的圆周束中的一圆周.

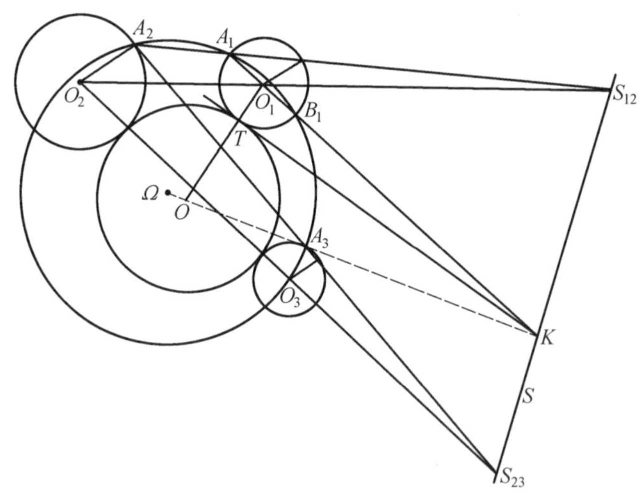

图 232

从上述可得出这样的作图法. 作圆周 O_1 及 O_2 的外相似中心 S_{12}(图 232)，圆周 O_2 及 O_3 的外相似中心 S_{23}，及通过这二相似中心的相似轴 s. 于圆周 O_1 上选取任意点 A_1，于圆周 O_2 上作出关于外相似中心 S_{12} 与点 A_1 为逆位似的点

① 相似中心 S_{12} 及 S_{23} 相重的特殊情形没有特别的益处，我们也不去研究它.

A_2.同理,于圆周 O_3 上作出关于 S_{23} 与点 A_2 为逆位似的点 A_3.最后在由根轴 s 及圆周 $A_1A_2A_3$ 所确定的圆周束中作一个与圆周 O_1 相切的圆周(第八十四节作图题56).为此,应先作圆周 O_1 及 $A_1A_2A_3$ 的根轴 A_1B_1(B_1 是这二圆周的第二交点).从直线 A_1B_1 及 s 的交点 K 作圆周 O_1 的切线.切点 T 将是所求圆周与圆周 O_1 的切点.所求圆周的中心 O 将在直线 O_1T 上,也在通过圆周 $A_1A_2A_3$ 的中心 Ω 且垂直于相似轴 s 的直线上.

圆周 O 将通过圆周 O_2 上关于 S_{12} 与圆周 O_1 上点 T 为逆位似的点.因为点 S_{12} 关于圆周 $A_1A_2A_3$ 与 O 有同一的幂.所以圆周 O 与圆周 O_2 相切(根据定理171).

用同样的方法可进一步证明所作的圆周 O 与第三个已知圆周 O_3 相切.

如果点 K 在圆周 O_1 的外部,则与三已知圆周相切的圆周有两个,同为外切或同为内切;如果点 K 在圆周 O_1 上,则所求圆周只有一个;如果点 K 在圆周 O_1 的内部,则这样的圆周完全不存在.当所求圆周有两个的时候,可以是两个圆周都外切于三已知圆周(图233),或都内切于三已知圆周(图234),或其一外切而其他内切(图235).当直线 KT 切于圆周 O_2 时,所求的二圆周之一,或二者同时有变成直线的可能.

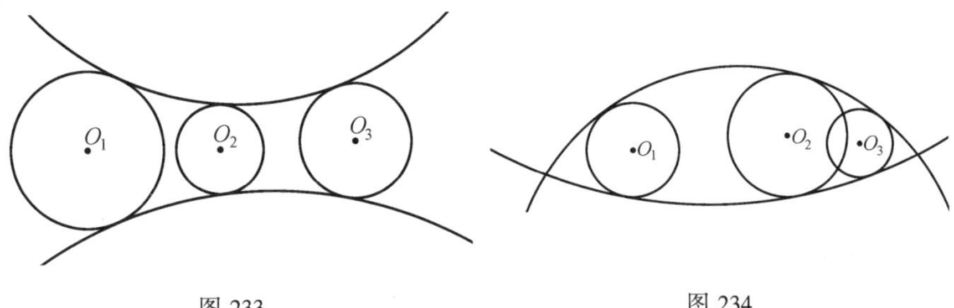

图233　　图234

以前我们只研究了以同样方法(同为外切或同为内切)与三已知圆周相切的圆周.关于用不同的方法(例如,圆周 O_1,O_2 以同样方法,而圆周 O_1,O_3 以不同方法,等)与三已知圆周相切的圆周的作图问题,我们应当转到研究另外的相似中心.我们可以将上述的外相似中心 S_{12} 及 S_{23} 之中的一个或两个同时代替之以与其相应的内相似中心 S_{12}^* 及 S_{23}^*,同样地可以得到作图.

由此可知,求作与三已知圆周相切的圆周的作图题,其解数最多可以有八个(按照四组相似中心 S_{12} 及 S_{23},S_{12}^* 及 S_{23},S_{12} 及 S_{23}^*,S_{12}^* 及 S_{23}^*).如果已知圆周中的每两个,其一在其他之外时,则全部八解事实上都存在.因为在这种情形下,相似轴不与已知圆周相交.(与点 K 类似的诸点在所有这四个相似轴的外

部)

我们说,假如圆周 O_1 在圆周 O_3 的内部,而圆周 O_2 在其外部,则本题显然,连一个解也没有.三已知圆周的位置关系在其他情况下,阿波罗尼问题,可以有解,但少于八个.

阿波罗尼问题的其他解法,我们将在以后的第九十一和第九十四节进行研究.

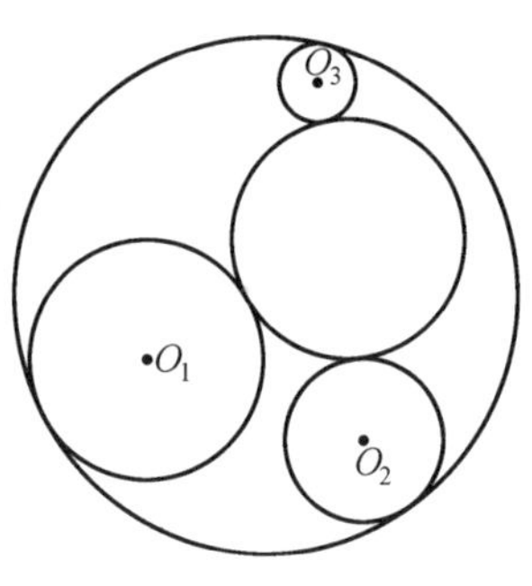

图 235

注意 作为本节所研究的阿波罗尼问题的特殊情形,代替求作与已知圆周相切的圆周的类似问题,来研究求作与已知直线相切或通过已知点的圆周的问题.

将所有的三已知圆周,或其中的一个或两个,代之以直线或点,我们可以得到九个问题.把 O 附记以不同的数码来表示已知圆周,仿此,用文字 a 表示已知直线,用文字 P 表示已知点,这些问题可以简单地写做:

1) $O_1O_2a_3$;

2) $O_1O_2P_3$(作图题 58);

3) $O_1a_2a_3$(作图题 38);

4) $O_1a_2P_3$;

5) $O_1P_2P_3$(作图题 57);

6) $a_1a_2a_3$(作图题 15a);

7) $a_1a_2P_3$(作图题 36);

8) $a_1P_2P_3$(作图题 37);

9) $P_1P_2P_3$(作图题 14).

九个问题中有七个我们已经研究过了(各标注于括弧内).关于其余的两题——第一和第四题,可注意下面的说明.

仿照第八十五节所研究与二已知圆周相切的圆周的性质,可以研究与一已知圆周及与一已知直线相切的圆周.并可得出相类似的结果.这时二圆周的相似中心,将成为与已知直线相垂直的已知圆周的直径的二端点.

这时第四题的解法,即求作通过已知点且与一已知圆周及与一已知直线相切的圆周,将仿照作图题 58 来完成.而第一题的解法,即求作与二已知圆周及与一已知直线相切的圆周,仿照作图题 59 即可作出.

第八十七节　关于反演的概念

设有中心为 P,半径为 r 的圆周(图 236).为确定起见于这圆周的外部取任意一点 M.自点 M 向这圆周引切线 MT_1 及 MT_2.弦 T_1T_2 与直线 PM 相交于点 M'.由直角三角形 PMT_1 可得(定理 149)

$$PM \cdot PM' = r^2 \tag{1}$$

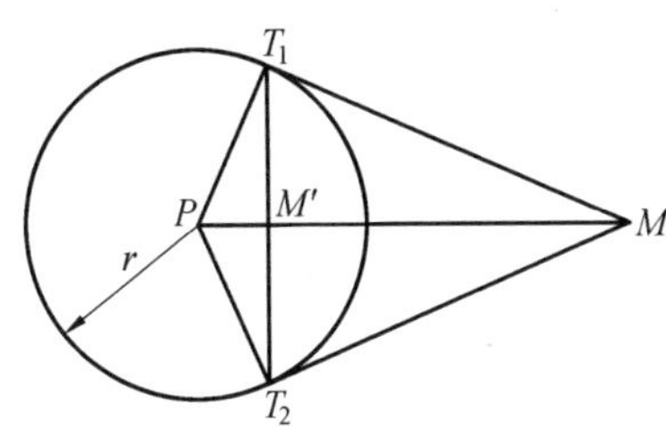

图 236

倒转来说,现在假如点 M' 为圆周内部的已知点,那就不难求出在圆周外部的点 M.

两点 M 及 M' 在从半径为 r 的圆心 P 所引出的同一射线上,并且这两点到圆心 P 的距离满足关系式(1),则称这两点关于这圆周互为倒逆.很明显地,圆周上的点及与之相倒逆的点相重合,而圆心没有与之相倒逆的点.

互为倒逆的两点之间的对应,或者说,从任意点 M 推得与之倒逆的点 M' 的这种变换,叫做关于圆周的反演,或简称为反演①.圆周本身叫做反演圆周;其中心叫做反演极(或反演中心);其半径的平方叫做反演幂.在某一反演中彼此对应的两圆形叫做互为倒逆的图形(或反演图形).

由上述可知,反演是平面上点(点 P 除外)的一一对应的变换.反演极没有倒逆点.

在反演中点与点间的对应是相互的:如果点 M' 对应点 M,则点 M 亦对应点 M'.反演圆周上每一点都是重点.

现在我们来研究互为倒逆的点的性质之一.

定理 172　如果 P 及 h 分别是反演极及反演幂,A,A' 及 B,B' 是两对互为倒逆的点,且 A 及 B 不与反演极在同一直线上,则三角形 PAB 及 $PB'A'$ 相似(A

① 同样可使用名词"双曲线式反演".(所谓"椭圆式反演"的变换,我们不予研究)

及 B', B 及 A' 是不互为倒逆的对应顶点),且线段 AB 及 $A'B'$ 有关系

$$A'B' = \frac{h \cdot AB}{PA \cdot PB} \tag{2}$$

两对倒逆点 A, A' 及 B, B' 与反演极在同一直线上,则有(按绝对值及符号)下列等式成立,即

$$\overline{A'B'} = \frac{h \cdot \overline{BA}}{\overline{PA} \cdot \overline{PB}} \tag{2'}$$

证明 根据反演的定义知道(图 237) $PA \cdot PA' = PB \cdot PB'$,从此可得

$$PB : PA = PA' : PB'$$

所以由相似第二特征(定理88)知道三角形 PAB 及 $PB'A'$ 相似.由这二三角形的相似,有 $A'B' : AB = PA' : PB$.这里用 $\frac{h}{PA}$,便可得到关系式(2).

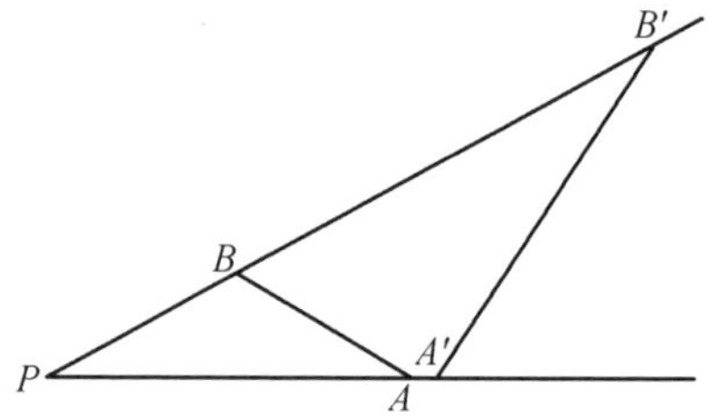

图 237

假如点 A, A', B, B' 与反演极在同一直线上,则有

$$\overline{A'B'} = \overline{PB'} - \overline{PA'} = \frac{h}{\overline{PB}} - \frac{h}{\overline{PA}} = \frac{h(\overline{PA} - \overline{PB})}{\overline{PA} \cdot \overline{PB}}$$

因为 $\overline{PA} - \overline{PB} = \overline{BA}$,所以从这里可得到关系式(2').

本定理的证明,导出了倒逆点的作图方法,它比较由定义本身推出的方法有更大的优点(图 236).

作图题 60 已知反演极及一对互为倒逆的点,求作与一已知点相倒逆的点.

设 P 为反演极(图 238),点 A 及 A' 为互为倒逆的二点,M 为已知点,M' 为所求与点 M 相倒逆的点.

由刚才所证明的定理 172,知道三角形 PAM 及 $PM'A'$ 应当相似.因此假如在射线 PM 上取这样的点 A^*,令 $PA = PA^*$,而于射线 PA 上取这样的点 M^*,令 $PM = PM^*$,则三角形 PA^*M^* 及 $PM'A'$ 同样相似.所以直线 $A'M'$ 平行于 M^*A^*.

由此导出这样的作图法.作射线 PA 及PM.在自点 P 引出的射线 PM 及 PA 上,分别搁置线段 PA 及PM 而得到点A^* 及 M^*.如果过点 A' 引平行于M^*A^* 的直线,则这直线与 PM 的交点为所求的点 M'.

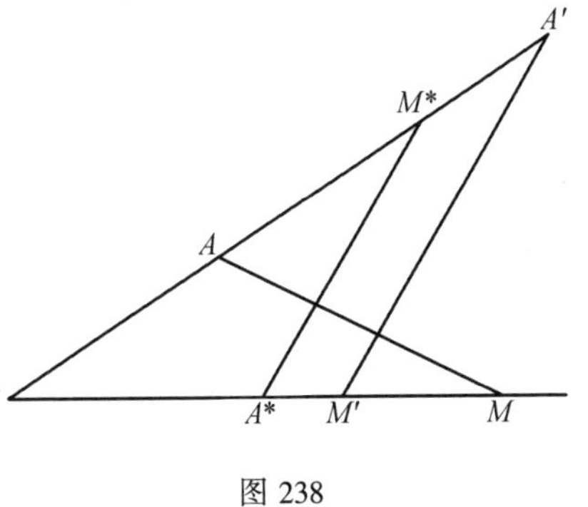

图 238

求倒逆点的上述作图方法,从作图技术的观点来看是非常便利的.如当引平行于 M^*A^* 的直线时,使用一般的直尺及三角尺,就不需要于纸上引直线 M^*A^* 及 $A'M'$,只于直线 PA 及PM 上,先记出点 A^* 及 M^* 的位置(用圆规)再记出点 M' 的位置(用直尺及三角尺)就足够了.

第八十八节　直线及圆周在反演时的变换

通过反演极的直线上的点,仍对应着这直线上的点.这个性质,由反演的定义即可推得.现在我们来研究不通过极的直线,以及圆周在反演时如何变换.

定理 173　通过反演极的圆周对应着不通过反演极的直线.

证明　设 A 为反演极P 在已知直线上的射影(图 239),B 为已知直线上的任意点,A' 及B' 为与二点 A 及 B 相倒逆的点.由反演的定义推知,$PA \cdot PA' = PB \cdot PB'$ 或$PA : PB = PB' : PA'$.由这比例式得知三角形 PAB 和 $PB'A'$ 相似.因为$\angle PAB$ 是直角,所以 $\angle PB'A'$ 也是直角.即点 B' 位于以线段 PA' 为直径的圆周上.

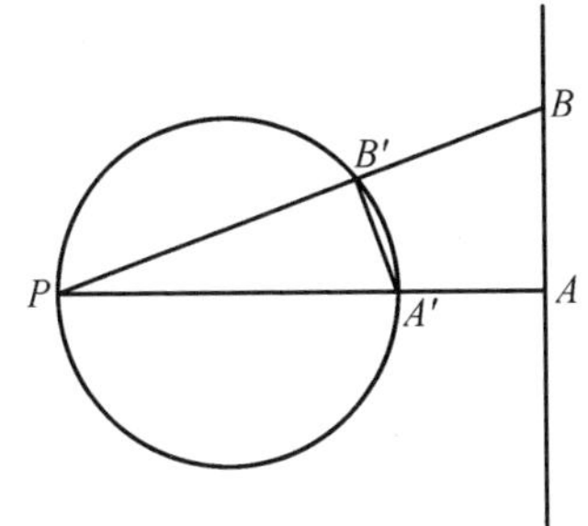

图 239

系 1　不通过反演极的直线对应着通过反演极的圆周.

系 2　与通过反演极的已知圆周相倒逆的直线,平行于这圆周在反演点的切线.

定理 174　不通过反演极的圆周,对应着仍不通过反演极的圆周;反演极与这二圆周的一个相似中心相重合.

证明　设 P 为反演极,h 为反演幂,A 为已知圆周 O 上的任意点,A' 为与

A 相倒逆的点(图 240).用 B 表示直线 PA 与已知圆周的第二交点,用 p 表示点 P 关于已知圆周的幂($p \neq 0$).

由反演的定义得,$PA \cdot PA' = h$,又由点关于圆周的幂的定义得 $PA \cdot PB = p$.由此推得 $PA' : PB = h : p$.在点 A 沿着已知圆周移动时,点 B 描写出同一圆周,而点 A' 描写了与此圆周相位似的图形(相似系数 $k = h : p$),也是一圆周.

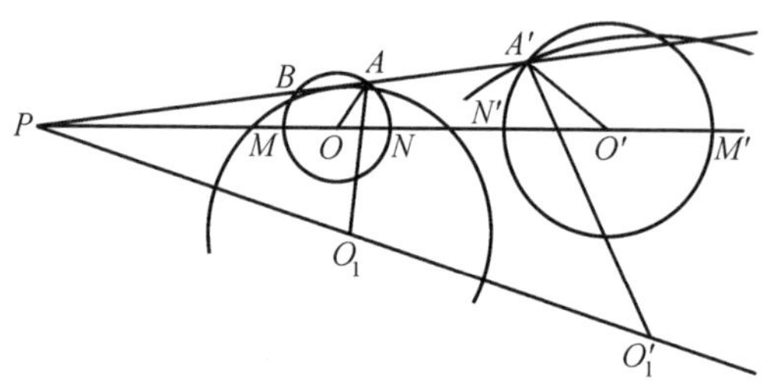

图 240

系 1 如果反演极关于某一圆周的幂等于反演幂,则这圆周经过反演变换仍为其本身.

实际上,当 $h = p$ 时,$k = 1$,即两个互为倒逆的圆周相重合.

系 2 已知圆周反演变换后所得圆周的半径,与已知圆周半径之比,等于反演幂与反演极关于已知圆周的幂的绝对值之比.

实际上,设 M,N 及 M',N' 为已知圆周及变换后的圆周各与连心线的交点(图 240),r 及 r' 为二圆周的半径.由上节式(2′)推知

$$\frac{r'}{r} = \frac{M'N'}{MN} = \frac{h}{PM \cdot PN}$$

由上述定理,我们可以完全解决直线及圆周在反演时的变换问题.

我们可以简单地说,所有直线及圆周的总集经过反演变换后仍旧是同一总集.

由定理 173 及 174 导出对应的直线及圆周的作图法.

作图题 61 求作圆周或直线,使其与已知圆周或已知直线互为倒逆.

设已知直线 a 不通过反演极 P(图 239).为了求作与它相倒逆的圆周,自点 P 向已知直线 a 作垂线 PA,再求出与点 A 相倒逆的点 A'(作图题 60)便足够了.以 PA' 为直径的圆周,即为所求.

与过反演极的圆周相倒逆的直线的作图方法,是很明显的.

现在设有不通过反演极 P 的已知圆周 O(图 240).求出与圆周 O 上任意点

A 相倒逆的点 A'(作图题60). 假如 B 为直线 PA 与圆周 O 的第二交点,则过点 A' 作 BO 的平行线,与直线 PO 相交于点 O',点 O' 即为所求圆周的中心.

第八十九节　反演的基本性质(角度持恒)

现在我们来研究反演的一个最重要性质. 当叙述这个性质时,我们将利用二圆周的交角和圆周与直线的交角的概念.

二圆周相交时,在其一交点(哪一交点没有区别) 作二圆周的切线,这二切线交角的任何一个叫做二圆周的交角. 这二角之一,等于自二圆周公共点所引出的半径的夹角(更确切地说,即自二圆周的交点通过其中心所引出的二射线的交角).

如果二圆周相切,其交角等于零或二直角.

一直线与一圆周相交,自其一交点作圆周的切线,这切线与已知直线间的角的任何一个,叫做圆周与直线的交角. 这些角对应地等于这圆周的两半径 —— 其一通过其与已知直线的一交点,其他垂直于已知直线 —— 所组成的角.

我们所指的反演性质由下列定理来表述.

定理 175　二圆周的交角等于其反演变换后所得二圆周的交角;如果这里提及的二圆周中的某一个代之以直线,则这个性质仍然存在.

证明　设二圆周 O 及 O_1 相交于某一点 A(图240). 用 P 表示反演极,B 表示直线 PA 与圆周 O 的第二交点,A' 表示与点 A 相倒逆的点,O' 及 O'_1 表示与圆周 O 及 O_1 相倒逆的二圆周的中心.(应着重指出,一般说来点 O' 及 O'_1,不与点 O 及 O_1 相倒逆) 因为点 A 及 A' 是二圆周 O 及 O' 上的逆位似点,所以半径 OB 及 $O'A'$ 平行. 由此可知 $\angle OAA'$ 及 $\angle O'A'A$ 相等而有异向. 同理得知 $\angle O_1AA'$ 和 $\angle O'_1A'A$ 亦相等而有异向. 所以,$\angle OAO_1$ 及 $\angle O'A'O'_1$,亦即已知两圆周的交角及与之倒逆的两圆周的交角,如同其为对应等角之和或差而相等,并有异向.

当上述的二已知圆周的某一个代之以直线时,适用类似的讨论;只将圆周的半径代之以垂直于已知直线的垂线即可.

系 1　彼此相切的两圆周或一圆周及一直线,通过反演变换后所得圆周及直线仍是彼此相切(假如切点不与反演极重合).

系 2　两圆周或一圆周与一直线相交成直角,经过反演变换后所得圆周或直线仍相交成直角.

第九十节　反演在定理证明中的应用

在前节所研究的反演性质,给出了将它利用到初等几何学许多定理的证明中的可能性.

在本节里我们举出这种应用的几个不同的例子.

轨迹 Ⅵ[①]　到二已知点距离的比,等于二已知不等线段的比的点的轨迹是一圆周.

设所求轨迹上的点 M,满足条件

$$MA : MB = a : b$$

其中 A 及 B 为已知点,a 及 $b(a \neq b)$ 为已知线段.

取已知点之一 B 作为反演极,任意选取反演幂 h,用 A' 及 M' 表示与已知点 A 及与所求轨迹上任意点 M 相倒逆的点.由第八十七节公式(2) 将有

$$M'A' = \frac{h \cdot MA}{MB \cdot AB}$$

因为 $MA : MB = a : b$,所以 $M'A' = \frac{a \cdot h}{b \cdot AB} =$ 常量.由此可知,与点 M 相倒逆的点 M' 的轨迹是以点 A' 为中心的圆周.

我们看,这个圆周是否通过反演极呢?为了使圆周通过反演极 B 我们应有 $\frac{a \cdot h}{b \cdot AB} = BA'$.因为按照倒逆点的定义,$AB \cdot BA' = h$,所以当 $a \neq b$ 时,前等式不可能成立.所以我们知道,与点 M 相倒逆的点 M' 的轨迹是不通过反演极的圆周.

所以,点 M 的轨迹是一个圆周.

定理 176(**多来米**[②] **定理**)　在圆内接的任意凸四角形里,其对角线的乘积等于对边乘积的和.

证明　设 $ABCD$(图 241) 为圆内接四角形.以点 D 为反演极求点 A,B,C 的倒逆点,则得 A',B',C' 在一直线上.

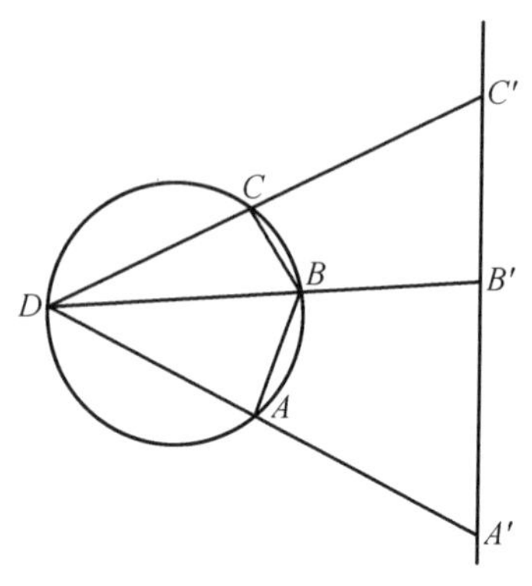

图 241

① 参考第四十九节及第七十五节(轨迹 Ⅹ,系).

② 多来米,或另译多列米,大约公元前 2 世纪的希腊天文学家.

现在于等式 $A'B'+B'C'=A'C'$ 中代替 $A'B'$，$B'C'$ 及 $A'C'$ 以其如第八十七节公式(2)的表达式，将有

$$A'B'=\frac{h\cdot AB}{DA\cdot DB},\cdots \tag{1}$$

再实行代数变换，即得

$$AB\cdot CD+AD\cdot BC=AC\cdot BD$$

定理 177　在圆内接的任意凸四角形里，二对角线的比，等于自对角线每一端点所引出的二边乘积之和的比.

仿照定理176的证明，即可得出本定理的证明.只注意到上定理的关系式 $A'B'+B'C'=A'C'$ 代之以下列的关系式(定理157)

$$DB'^2=DA'^2\cdot\frac{B'C'}{A'C'}+DC'^2\cdot\frac{A'B'}{A'C'}-A'B'\cdot B'C'$$

即可.

将 $A'B'$，$B'C'$，$A'C'$ 代以表达式(1)，而 DA'，DB'，DC' 代以 $\frac{h}{DA}$，$\frac{h}{DB}$，$\frac{h}{DC}$，再加以整理，即可得出

$$\frac{AC}{BD}=\frac{AB\cdot AD+CB\cdot CD}{BA\cdot BC+DA\cdot DC}$$

定理 161①　三角形的外接圆及内切圆中心间的距离，用其半径表达如下式

$$OI^2=R^2-2Rr$$

仿此，关于旁切圆则有

$$OI_a^2=R^2+2Rr_a$$

证明　我们只以证明内切圆的情形为限.设 ABC 为已知三角形(图242)，$O(R)$ 及 $I(r)$ 为其外接及内切圆，D，E，F 为内切圆与各边相切之点，并为三角形 DEF 的顶点.

取内切圆作为反演圆周.与点 A，B，C 相倒逆的将为点 D_1，E_1，F_1，它们是线段 EF，DF，DE 的中点(根据互为倒逆之点的定义，图236).所以外接圆反演变换后所得到的圆周，将是圆周 $D_1E_1F_1$，即

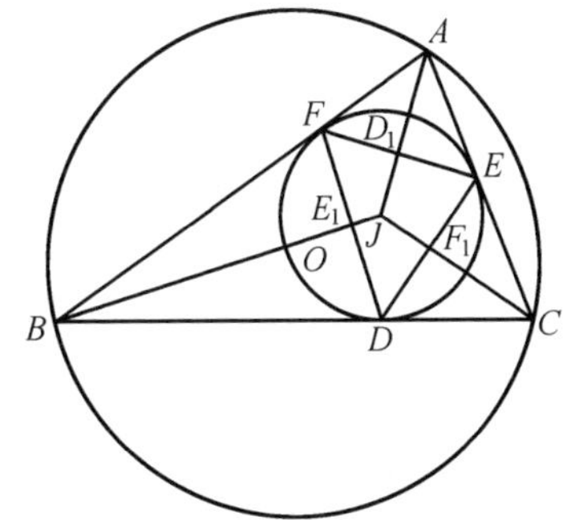

图 242

① 參考第七十四节.

三角形 DEF 的九点圆.这圆周的半径等于$\frac{1}{2}r$(由定理 143,系).

反演幂为 r^2,反演极 I 关于圆周 $O(R)$ 的幂的绝对值等于 $R^2 - OI^2$.利用定理 174 的系 2 可得

$$\frac{1}{2}r : R = r^2 : (R^2 - OI^2)$$

由此可导出所要证明的关系式.

第九十一节　反演在作图题中的应用

可使用反演作为解几何作图题的一个方法.不过所得的这种作图方法往往不甚简单.但是,这些方法具有由某些一般观念出发时所得结果的优越性.这个观念是在于选择适当的反演方法,将无论是已知的还是所求的元素变成另外的元素,这样一来所提出的问题就变成了更简单的形式.

现在,我们将这个方法利用到已经研究过的问题(即阿波罗尼问题及其特殊情形)以及几个新问题.

作图题 37 **及** 57　求作一圆周,通过两已知点,且与一已知圆周或与一已知直线相切.

这两个问题都是研究过的问题(第六十六节及第八十四节).我们利用反演引入这两个问题的新解法.设 A 及 B 为二已知点,a 为已知直线或已知圆周.以点 A 为反演极.反演幂可任意选定.求出点 B 的倒逆点 B'(作图题 60)及 a 的倒逆圆周 a'(作图题 61).这时,所求的圆周将变换成与圆周 a' 相切且通过点 B' 的切线.这切线与圆周 a' 的切点 T',将是所求圆周与圆周 a 或与已知直线的切点 T 的倒逆点.所以点 T 在直线 AT' 上.

如果已知图形 a 是圆周,由于适当地选择反演幂,作图可以作到某种程度的简化.可以用点 A 关于圆周 a 的幂作为反演幂.这时圆周 a' 将与 a 相重合,便可用下列方法作图.作点 B 的倒逆点 B'.自点 B' 向已知圆周作切线.如果它们的一个切点为 T',则直线 AT' 与圆周 a 的第二交点 T,将为所求的切点.

作图题 36 **及** 58　求作一圆周,通过一已知点,且与二已知直线或与二已知圆周相切.

这两个问题都是已经遇到过的(第六十六节及第八十五节).利用反演变换,这二题可得解如下.设 A 为已知点,a 及 b 为二已知直线或二已知圆周.以点 A 为反演极,可任意选定反演幂,求 a 及 b 的倒逆圆周 a' 及 b'.这时所求圆周将

变换成为二圆周 a' 及 b' 的公切线.这公切线比如与圆周 a' 的切点 T',将是所求圆周与圆周 a 的切点 T 的倒逆点.因此点 T 在直线 AT' 上.

如果 a(或 b) 为圆周,本题由于适当地选择反演幂,作图还可以简化.如以点 A 关于 a 的幂,作为反演幂,圆周 a' 与 a 相重合,剩下的只是作 b 的倒逆圆周 b',再作圆周 a 及 b' 的公切点.

作图题 59(阿波罗尼问题)　求作一圆周,与三已知圆周相切.

本题我们已经研究过(第八十六节).在某种情况下反演可以把它归结为更简单的问题.

假如三已知圆周有一公共点 P.则以 P 为反演极,它们将变换为直线,由作图题 15a(第二十五节) 便可得到作图的方法.作一圆周与三已知直线相切,我们就可求出与这圆周相倒逆的圆周.

假如已知圆周中的两个有公共点 P,则以 P 为反演极,使其变换为直线,由作图题 38(第六十六节)①可得到作图的方法.

作图题 62　求作一圆周,通过二已知点,且与一已知圆周或与一已知直线相交成已知角.

设所求的圆周为 x,它与已知圆周(或直线)a 的交角为 α,且通过二已知点 A 和 B.同时,二圆周的交角,可理解作自这二圆周的其一交点所引出的二切线的交角中的一个.同理,圆周与直线的交角,可以理解作已知直线与已知圆周在其一个公共点所作切线之间的交角中的一个.

以点 A 为反演极,作点 B 的倒逆点 B'.所求的圆周 x 经过反演成为一直线 x',与 a 的倒逆圆周 a' 相交成 α 之角.于是,我们可导出下列的问题:通过点 B' 作直线 x',令其与已知圆周 a' 交成已知角 α.

因为与圆周 a' 交成角 α 的所有直线,都与 a' 的同一个同心圆周相切,所以后一问题很易得解.所求圆周 x 与 a 的交点将是直线 x' 与圆周 a' 的交点的倒逆点.

假如已知图形 a 是圆周(不是直线),那么由于我们适当地选择反演幂,作图可以简单化.因此,可以用点 A 关于圆周 a 的幂作为反演幂,这时圆周 a' 将与 a 相重合.

本题的解数,最多为二.

作图题 63　求作一圆周,通过一已知点,且其与二已知圆周(或一已知圆周与一已知直线,或二已知直线) 的交角等于角 α 及 β.

---

① 解阿波罗尼问题的第三个方法,以后在第九十四节还要研究.

设所求圆周为 x,通过已知点 A,并且与已知圆周(或直线) a 相交成角 α,而与另一已知圆周(或直线) b 相交成角 β.二圆周的交角,将理解为完成作图题 62 时的情形.

取点 A 作为反演极.所求圆周 x 反演成为一直线 x',它与圆周 a 的倒逆圆周 a' 相交成角 α,而与圆周 b 的倒逆圆周 b' 相交成角 β.于是我们可以归结为下列的问题:作一直线与二已知圆周交成二已知角.因为与已知圆周交成已知角的所有直线,都与已知圆周的同一个同心圆周相切,所以后一问题归结为二圆周的公切线.

假如已知图形中至少有一个是圆周,并且适当地选定反演幂,作图可以更简单化(如同作图题 62).

本题的解数,最多有四个.

注意 作图题 62 及 63 是下述的斯蒂纳①的一般问题的特异情形:

求作一圆周,与三已知圆周分别相交成已知角.

关于斯蒂纳问题的一般情形的研究超出本书的范围.

第九十二节 有向圆周

在本节及下节里,我们将研究为了准确规定而要求的圆周性质,即在所研究的圆周上选择确定的方向.

确定方向已给定的圆周,叫做有向圆周.在图(图 243 及 244)中圆周的方向的给定用矢号标记.当我们研究有向圆周时,我们把直线也看成是有方向的(第八节).

图 243　　图 244

从原则的观点上,关于有向直线与圆周的研究,并没有引起任何新的困

① 斯蒂纳(Штейнер Якоб, Steinter, 1796—1863)是 19 世纪大几何学家之一.

难.关于直线的方向的选定,已述于第八节.关于圆周方向的选定,就归结为以其中心为顶点的有向角中有两种可能的选择(第八节).因此关于任意两个有向圆周,可以说它们有同向或者异向:对二任意有向圆周都有可能来比较它们的方向.而对于直线方向的比较,只有当二直线平行时才有可能(第二十节).

我们常以逆时针方向作为圆周的正向(图 243);以顺时针的方向作为圆周的负向(图 244).

圆周半径的方向,自然可以认为:有正向的(或负向)圆周半径的方向作为正(或负).这时,关于点也可以看做半径等于零的有向圆周.(这样的作法对于问题的性质是合适的)

如果一圆周与一直线相切,切线的方向与在切点邻近圆周的方向相一致(图 245),则我们说这有向圆周与这有向直线相切.但如图 246 所表示的情形,有向直线不看做有向圆周的切线.

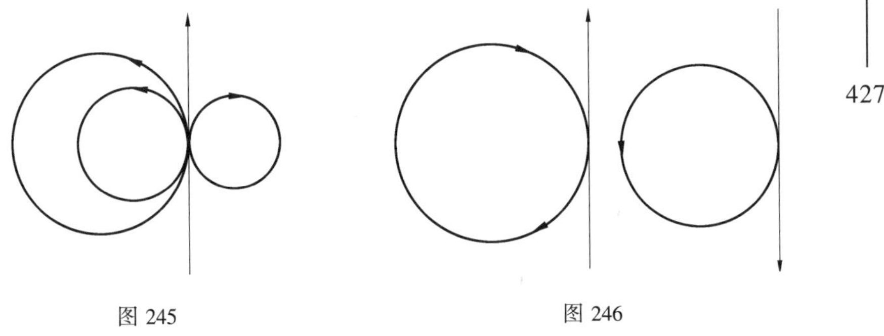

图 245　　图 246

两个有向圆周,不能有多于两条有向的公切线;假如两圆周有同向(或异向),则这样的公切线将是外(或内)公切线(定理 141,图 247 及 248).

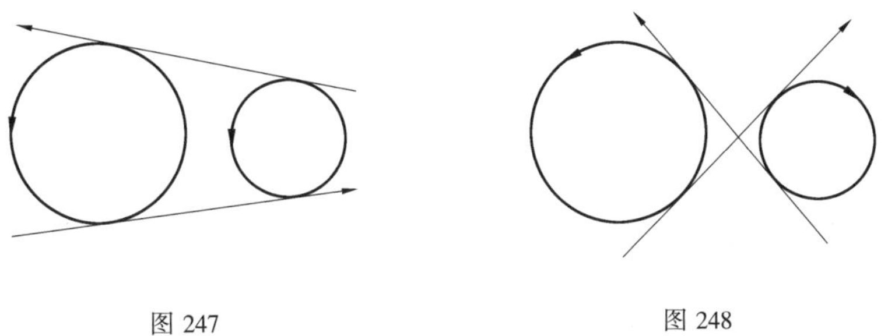

图 247　　图 248

两个同向(或异向)圆周的公切线的交点与其外(或内)相似中心相重合.

仿此,在图 245 所表示的二有向圆周是相切的,而图 249 所表示的二有向圆周就不算做彼此相切.

两个相切的有向圆周,其中心间的距离与半径(按绝对值及符号)的关系是

$$OO' = |r - r'|$$

因此,点(半径为零的圆周)在圆周上时,我们把这点与这圆周也看做相切.

二有向直线不仅平行,而且有同向,才算做平行的有向直线.

二有向直线所交成的四个角中,如图250所表示的情形,当二有向直线为 l 及 m 时,可以说 $\angle lm$ 是由有向直线所确定的角.

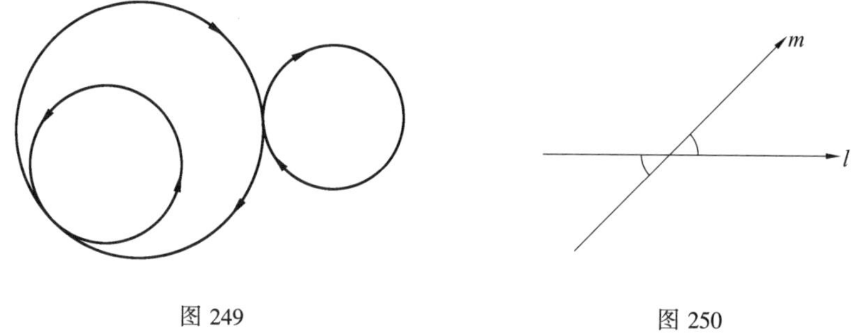

图 249　　图 250

在定理80及147的证明中,我们已经使用了完全确定的角的平分线.

现在,假定已知圆周及直线为有向,则我们已经研究过的某些作图问题,形式上就有所改变.

作图题 36′　求作一有向圆周,通过一已知点,且与二已知有向直线相切(参看第六十六节及第九十一节,作图题36).

假如已知点在二已知直线交角的内部,或在其对顶角的内部(如图251中的点 A 及 B),则本题无解.假如已知点在二已知直线之一上(如点 C),则本题有一解.假如已知点在二已知直线交角的一邻角的内部(如点 D),则本题有二解.

作图题 58′　求作一有向圆周,通过一已知点,且与二已知有向圆周相切(参考第八十五节及第九十一节,作图题58).

与无向圆周不同,它最多能有二解.实际上,假如二已知圆周有同向(或异向),则所求的圆周应当以同一方法(或不同方法)与已知圆周相切.

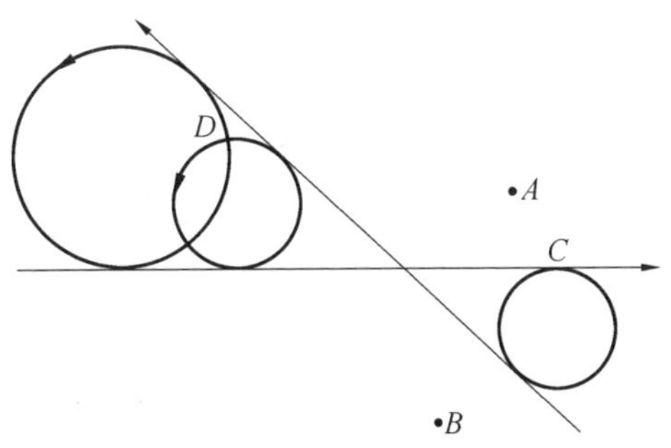

图 251

第九十三节 膨胀

一直到现在所有研究过的变换——移动、相似、反演——都具有这样的性质,即点仍然对应着点.这种变换叫做点变换.在本节里我们研究一个更简单的变换,不是点变换,而是膨胀.

先从下列问题的分解开始.

作图题 31① 求作两已知圆周的公切线.

回想一下中学教科书中的作图方法.现在以作外公切线为限.

设 $O(r)$ 及 $O'(r')$ 为二已知圆周(图 252 及 253).关于外公切线的作图,先作半径为 $|r-r'|$ 且与一已知圆同心的辅助圆,再从另一已知圆心向辅助圆引切线.与一已知圆相切且平行于上面所引切线的直线,将是所求的公切线.

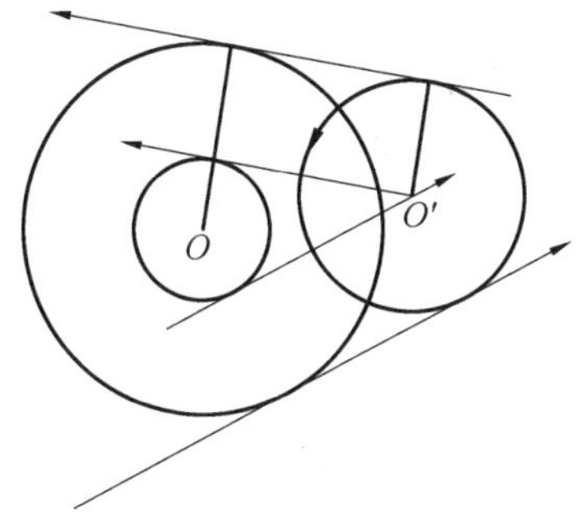

图 252

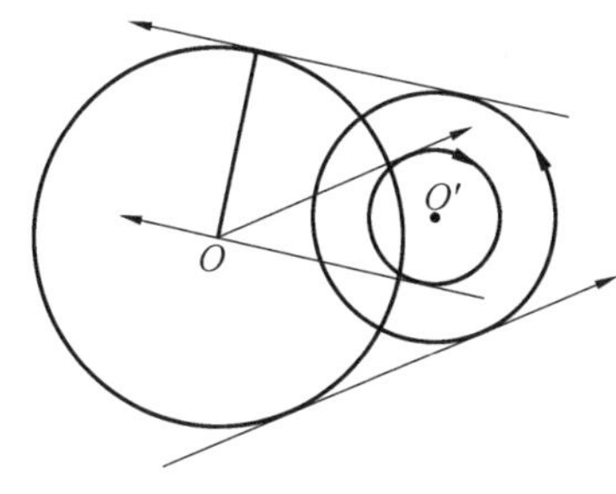

图 253

① 参考第六十五节.

现在以有向圆周性质的观点来研究外公切线的作图.因为我们谈到的是外公切线,所以我们将已知圆周看做(第九十二节)有同向,例如同有正向.回想,在以前我们将有正向(或负向)的圆周的半径,规定其为正(或负).

当我们用与辅助圆周相切的切线去代替所求的公切线时,则已知的有向圆周 $O(r)$ 及 $O'(r')$ 变成半径为 $r-r'$ 及零且与前者同心的圆周(图252),或变成半径为零及 $r'-r$ 且与前者同心的圆周(图253).换句话说,二已知有向圆周的半径减少 r' 或 r.所求的有向公切线,变成了与之平行①的有向直线,且与之有 r'(图252)或 r(图253)的距离.

如果二已知圆周视为有异向,则按上述的方法同样逐字地加以叙述,就可以求出二圆周的内公切线.这个证明留给读者.这时,二已知圆周之一的半径,应算作正的,而另一半径是负的.

由于研究两有向圆周公切线的作图题的解法,使我们导出下列的一般的定义.

每个半径为 r 的有向圆周及半径为 $r+a$ 且与之同心的有向圆周相互对应的变换,叫做膨胀,其中 $a \geqslant 0$ 是常数,叫做膨胀参数.

当用与辅助圆周相切的切线代替所求的公切线时,我们在这个作公切线的问题上,利用了膨胀参数 $a=-r'$(或 $a=-r$)的膨胀,在相反的移动时,利用了膨胀参数 $a_1=+r'$(或 $a_1=+r$)的膨胀.

由这个定义,可以得出膨胀的某些性质,列举如下:

1.膨胀是有向圆周间的一一对应关系.(半径为零的点圆也包括在内)

2.恒等变换可以看做膨胀的特殊情形(其参数 $a=0$).膨胀的逆仍是膨胀(这二变换只是参数的符号不同).两个膨胀的乘积,仍是膨胀(积的参数等于二膨胀参数之和).

3.膨胀不是点的变换.

在参数为 a 的膨胀中(半径等于零的圆周)对应着以这点为中心以 a 为半径的有向圆周.在参数为 a 的膨胀中,所有半径 $r=-a$ 的有向圆周对应着一点(半径等于零的圆周).

4.彼此相切的有向圆周,变换成为仍旧彼此相切的有向圆周(图254).

这个性质从两有向圆周相切的条件 $OO'=|r-r'|$(第九十二节)导出,当两圆周的半径增大同一量时,这条件仍然不变.

5.若干有向圆周与同一有向直线 l 相切,在膨胀时变换成为若干有向圆周

① 应注意,关于二有向直线,平行的概念也包含在内(第九十二节),但其方向须一致.

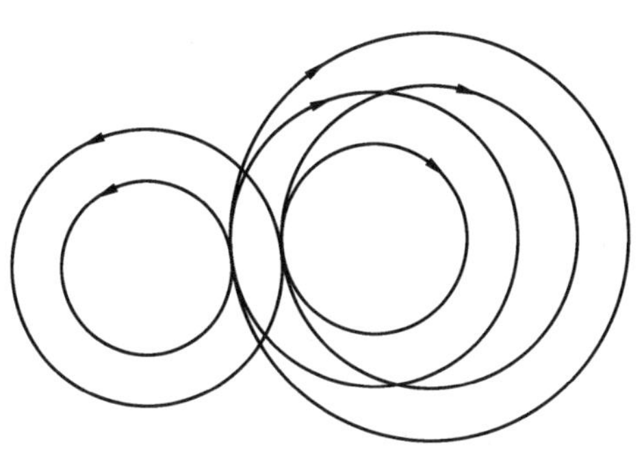

图 254

同样与某一有向直线 l' 相切(图 255).有向直线 l 及 l' 平行,且彼此之间的距离等于膨胀参数.

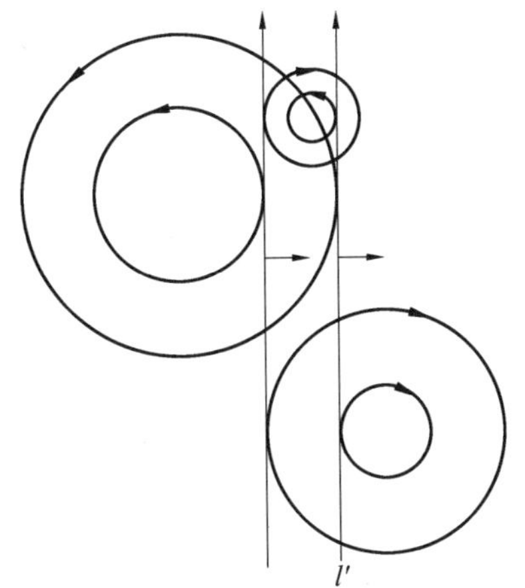

图 255

在这种意义下我们可以说,有向直线 l 在膨胀时对应着与之平行的有向直线 l',它从 l 隔开的距离等于在对应方面的膨胀参数的绝对值:假如膨胀参数为正(或为负),对于一个循着直线正向来看的观察者来说,直线向右(对应地向左)移置.

如图 255 所示,直线 l' 是由于直线 l"向右"平移以距离 a(膨胀参数为正)而得到的;而直线 l 是由于直线 l' 向反对方向平移同一距离而得到的(膨胀参数为负).

第九十四节 膨胀在作图题中的应用

在前节所研究的变换膨胀 —— 其中特别注意的是利用到几何作图题的解法("膨胀法").作为典型的例子在本节里我们来研究阿波罗尼问题(第八十六节及第九十一节作图题59)及其一个特殊情形(第六十六节作图题38).每次开始,我们将要研究关于有向圆周及有向直线的适当的作图法.

作图题 38′ 求作一个有向圆周,与两已知有向直线及与一已知有向圆周相切.

设 PX 及 PY 为二已知有向直线(图256),$O'(r')$ 为已知有向圆周,$O(r)$ 为所求的有向圆周之一.

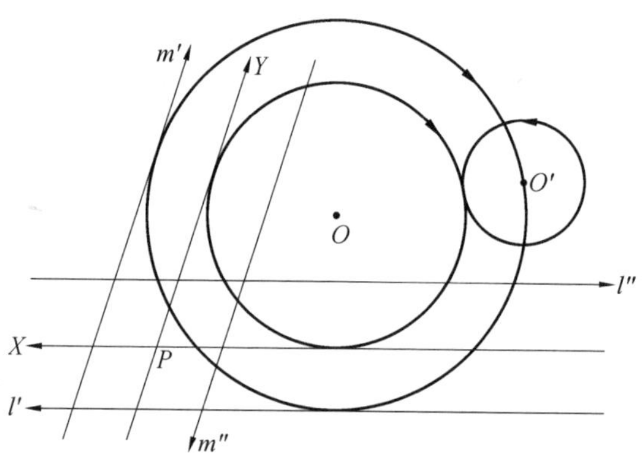

图 256

我们将有参数 $a=-r'$ 的膨胀,应用到已知有向直线、已知圆周及所求圆周.已知圆周 $O'(r')$ 变换成为其中心 O';已知直线 PX 及 PY 变换成为与之平行的有向直线 l' 及 m',它们隔开已知直线(于所需要的一侧)的距离等于 $|a|$.所求圆周变换成一个新的有向圆周 $O(r-r')$,通过点 O',且与有向直线 l' 及 m' 相切.这样一来,我们就得到了作图题 36′(第九十二节).在点 O 作为圆周 $O(r-r')$ 的中心而作出之后,圆周 $O(r)$ 的作图就没有任何困难.

假如已知圆周中心在 $\angle l'm'$ 的内部或在其对顶角的内部,则本题无解(第九十二节);假如这圆心在直线 l' 或 m' 上,则本题有一解;假如在 $\angle l'm'$ 的一个邻角的内部,则本题有二解.

作图题 38 求作一圆周,与二已知直线及与一已知圆周相切(无向的).

利用位似性质以解本题的两个方法,已经研究过了(第六十六节).

第三方法可以仅从前面的叙述直接导出.

设 PX 及 PY(图 256) 为二已知直线, $O'(r')$ 为已知圆周, $O(r)$ 为所求圆周之一. 在这些圆周上没有指定任何方向.

给已知圆周 $O'(r')$ 以任意方向,例如,令其为正. 圆周 $O(r)$ 可给以这样的方向,使其与有向圆周 O' 相切,而直线 PX 及 PY 给以这样的方向,使它们都与圆周 $O(r)$ 相切. 这时本题即可归纳于上述的作图题 38′. 因为对二已知直线中的每一个,可以彼此无关地于两个可能的方向中选择一个,因此我们可以得出四个这样的问题. 利用膨胀,我们可作通过点 O' 且与下列各对有向直线相切的有向圆周: (l', m'), (l', m''), (l'', m') 及 (l'', m'')(图 256). 因此直线 l' 及 l''(同样 m' 及 m'') 将有异向,因为它们是从与 PX(或 PY) 重合的二异向直线借助于同一膨胀而得到的.

现在进行本题的讨论. 对于由直线 l', l'', m', m'' 所组成的菱形,已知圆周的中心可以有不同的位置.

假如已知圆心在这菱形的内部,则它将在对应于 $\angle l'm'$, $\angle l'm''$, $\angle l''m'$, $\angle l''m''$ 的四邻补角的内部,问题将有八解. 这时,已知圆周 $O'(r')$ 与二已知直线相交,因为它的中心至直线 PX 及 PY 中的每一个的距离都小于其半径.

假如已知圆心 O' 在这菱形的外部. 但不在其边的延长线上,则它将在四个角 $\angle l'm'$, $\angle l'm''$, $\angle l''m'$, $\angle l''m''$ 之一的内部,又在这四个角之一的对顶角的内部,而在其他二个角的邻角的内部. 如图 256 所示,点 O' 在 $\angle l''m'$ 的内部,在 $\angle l'm''$ 对顶角的内部,在与 $\angle l'm'$ 及与 $\angle l''m''$ 相邻二角的内部. 问题将有四解. 在这个情形下,已知圆周 O' 与二已知直线中的任何一个都没有公共点(假如,如在图 256,点 O' 在菱形之一内角的对顶角内),或与二已知直线之一相交于二点,而与其他无公共点(假如点 O' 在菱形的外部而在与菱形之一边相邻接的区域内).

由此可见,假如已知圆周与二已知直线相交,则本题有八个解(图 175). 假如它与二已知直线中的任何一个均无公共点,或与二已知直线之一相交于二点而与其他无公共点,则本题有四解.

当已知圆周切于二已知直线之一时(已知圆心在菱形的一边上,或在其一连的延长线上) 的情形,留给读者进行研究;这时本题可能有四或六个解.

作图题 59′ 求作一有向圆周,与三已知有向圆周相切.

设 $O_1(r_1)$, $O_2(r_2)$, $O_3(r_3)$ 为三已知有向圆周(图 257), $O(r)$ 为所求有向圆周之一. 为确定符号起见, $|r_1| \geqslant |r_2| \geqslant |r_3|$.

以参数 $a = -r_3$ 的膨胀应用到二已知圆周及所求圆周上. 已知圆周对应地

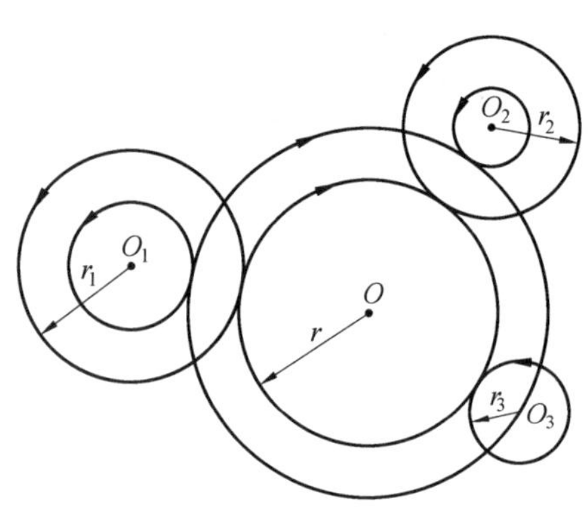

图 257

变换成有向圆周 $O_1(r_1-r_3)$ 及 $O_2(r_2-r_3)$,且第三已知圆周变换成为一点 O_3. 所求的圆周变换成为一个新的有向圆周 $O(r-r_3)$,它与后二有向圆周相切且通过点 O_3. 因此,我们到达了作图题 58′(第九十二节). 在作出圆周 $O(r-r_3)$ 的中心 O 以后,没有任何困难,便可求得圆周 $O(r)$.

本题最多有二解(第九十二节).

作图题 59(阿波罗尼问题) 求作一圆周,与三已知圆周(无向的)相切.

本题的两种不同的解法已经研究过(第八十六节及第九十一节).

第三种解法可仅从前面的叙述导出.

设 $O_1(r_1),O_2(r_2),O_3(r_3)$ 为三已知圆周($r_1\geqslant r_2\geqslant r_3$),这些圆周没有指定任何方向,$O(r)$ 为所求的圆周之一.

三已知圆周之一,例如 $O_3(r_3)$,确定其方向,例如为正. 圆周 $O(r)$ 可给以这样的方向,使其与有向圆周 O_3 相切,而二圆周 $O_1(r_1)$ 及 $O_2(r_2)$ 给以这样的方向,使它们都与有向圆周 O 相切. 关于无向圆周的阿波罗尼问题可归结于上面所研究的(作图题 59′)关于有向圆周同一问题的作图方法.

因为对于二已知圆周 O_1 及 O_2 中的每一个,都可彼此无关地从两个可能方向中选定一个,所以我们得到四个这样的问题.(乍一看来,好像我们所得到的解不只四个,甚至于如作图题 59′ 有八个解,因为所有三已知圆周可以任意选择其方向. 但是所有的三已知圆周同时改变方向时,当然不能得出新的解法:它只能改变每个所求圆周的方向)

因为关于有向圆周所得阿波罗尼的四个问题中的每一个,最多有二解,则关于无向圆周的阿波罗尼问题总共最多有八个解(参考第八十六节).

第五编

考斯托夫斯基
论尺规作图

第二十一章 单用圆规的作图[1]

第一节 关于单用圆规解几何作图题的可能性、基本定理

在这一节里将引出圆规几何学的基本定理的证明,为此先要研究单用圆规解决的一些作图题.

单用圆规,当然不可能由已知二点画连续直线;虽然后文将证明,单用圆规可以在一已知直线上作出一个、两个、以至一般的任意多个不论多稠密的点[2].因此,直线的作图,不完全包括在模尔 - 马斯开龙尼理论之内.

在圆规几何学中,直线或线段由二点决定,而不是以连续直线(以直尺作之)给出的.只要作出直线上的两个任意点,我们便认为直线已作出.

为简便起见,今后我们约定:凡"以点 A 为圆心,以 BC 为半径画圆(或画一圆弧)",写作"画圆(A,BC)"或"作圆(A,BC)",我们还把符号(A,AB)写作(A,B).

为求看图明显,我们将引用一些虚直线(但在作图中不用虚直线).

作图题 1 作已知点 C 关于已知直线 AB 的对称点.

作法 作圆(A,C)和(B,C),即以 A,B 为圆心,作通过点 C 的二圆(图 1).设二圆的另一交点为 C_1,则 C_1 为所求之点.

附注 为了确定已给的三点 A,B,X 是否在一条直线上,需要在直线 AB 之外任取一点 C,并作 C 关于 AB 的对称点 C_1.显然,如果线段 CX 和 C_1X 相等,点 X 就在直线 AB 上.

作图题 2 作线段,使它 2 倍、3 倍、4 倍、以至 n 倍于已知线段 $AA_1=r$(n 为任意自然数).

作法一 保持圆规两脚的开度(r)不变,作圆(A_1,r).作 A 的对径点 A_2,为

① 原书是数学通俗讲话系列从书中的一本,由王联芳译,科学普及出版社 1965 年出版.

② 就实践观点而言,若作出了直线的某些点,没有理由认为该直线已作出.

此,作弦 $AB = BC = CA_2 = r$(图 2),线段 $AA_2 = 2r$.然后作圆(A_2,r),设此圆与圆(C,r)交于点 D.圆(D,r)和(A_2,r)相交得点 A_3.线段 $AA_3 = 3r$,…….上述作图完成了 n 次,即作出线段 $AA_n = nr$.

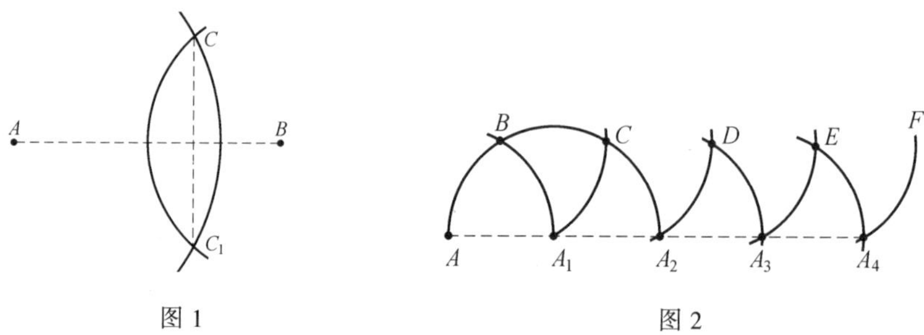

图 1　　　　图 2

由开度等于圆半径的圆规分该圆为六等份即推得作图的正确性.

作法二　在直线 AA_1 之外任取一点 B,作圆(A_1,AB)和(B,r),交于一点 C(图 3).现在若作圆(A_1,r)和(C,BA_1),则它们交于点 A_2.线段 $AA_2 = 2r$.作圆(A_2,r)和(C,BA_2)时,得点 A_3.线段 $AA_3 = 3r$……

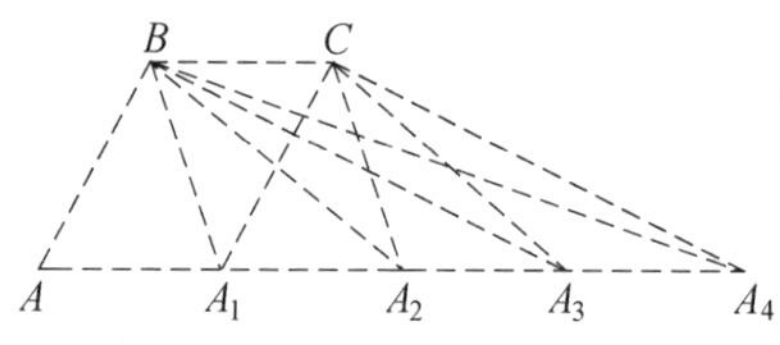

图 3

由于图形 $ABCA_1, A_1BCA_2, A_2BCA_3, \cdots$ 都是平行四边形,立刻推得作图的正确性.

作图题 3　作与已知三线段 a,b,c 成比例的第四线段.

作法　当 $c < 2a$ 时.

以平面上任一点 O 为圆心,作二同心圆,其半径为 a,b(图 4).在圆(O,a)上截取弦 $AB = c$.以任意半径 d 作二圆(A,d),(B,d),设它们与圆(O,b)交于点 A_1 和 B_1.线段 A_1B_1 即所求的与已知三线段成比例的第四条线段.

证明　三角形 AOA_1 和 BOB_1 合同,因为它们的三边对应相等,因此 $\measuredangle AOA_1 = \measuredangle BOB_1$.因此 $\measuredangle AOB = \measuredangle A_1OB_1$,从而等腰三角形 AOB 和 A_1OB_1 相似,所以

$$a : b = c : A_1B_1$$

当 $c \geqslant 2a$ 时.

如果 $b < 2a$，则作与线段 a,c 和 b 成比例的第四线段．否则，作线段 na(作图题 2)，并且 n 取得使 $c < 2na$[①](或 $b < 2na$)．作线段 y，使 y 为线段 na,b,c 的第四比例项．现在若再作线段 $x = ny$(作图题 2)，则所得线段即为与三已知线段 a,b,c 成比例的第四线段．

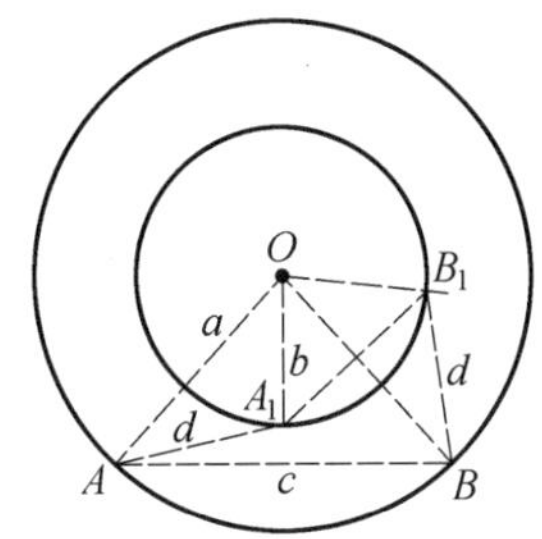

图 4

事实上

$$na : b = c : y$$

或

$$a : b = c : ny$$

作图题 4　把圆弧 AB 二等分．

作法　可以假设圆心 O 是已知的；以后(参考作图题 13)将说明如何单用圆规作出圆(或弧)的圆心来．

设 $OA = OB = r$ 及 $AB = a$，作圆 (O,a)，(A,r) 和 (B,r)，得二交点 C 和 D(图 5)．作圆 (C,B)，(D,A)，设交于点 E．若再作圆 (C,OE) 和 (D,OE)，则得二点交 X 和 X_1．

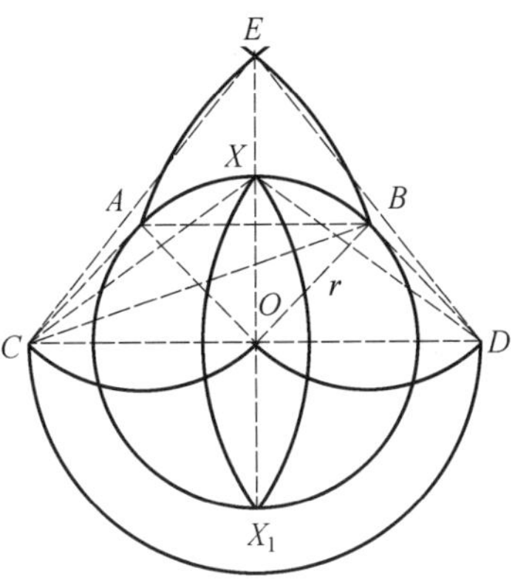

图 5

点 X 把弧 AB 二等分，点 X_1 把 AB 的补弧(补充第一弧而得全圆)二等分．(当圆 (O,A) 已经画出时，二圆 (C,OE) 和 (D,OE) 中可以只画一个，它与圆 (O,A) 相交便定出点 X 和 X_1)

① 线段 $2na > c$ 的求法如下：作线段 $a_1 = 2a$(作图题 2)，以平面上的任一点 O_1 为圆心作圆 (O_1, a)，在任意方向上取 $O_1A_1 = a_1$，$O_1A_2 = 2a_1$，$O_1A_3 = 3a_1$，等(作图题 2)；这样作了有限次以后就会达到圆 (O_1,c) 外的点 A_n．显然，线段 $O_1A_n = na_1 = 2na > c$．

证明 图形 $ABOC$ 和 $ABDO$ 是平行四边形,因此点 C,O,D 在一直线上($CO // AB, OD // AB$).从等腰三角形 CED 和 CXD 推得 $\measuredangle COE = \measuredangle COX = 90°$.因此线段 OX 垂直于弦 AB.因而,要证明点 X 二等分圆弧,只要证明线段

$$OX = r$$

即可.

由平行四边形 $ABOC$ 推得

$$OA^2 + BC^2 = 2OB^2 + 2AB^2$$

或

$$r^2 + BC^2 = 2r^2 + 2a^2$$

即

$$BC^2 = 2a^2 + r^2$$

由直角三角形 COE,可以写出

$$CE^2 = BC^2 = OC^2 + OE^2$$

从而

$$2a^2 + r^2 = a^2 + OE^2$$

即

$$OE^2 = a^2 + r^2$$

最后,由直角三角形 COX 得

$$OX = \sqrt{CX^2 - OC^2} = \sqrt{OE^2 - OC^2} = \sqrt{a^2 + r^2 - a^2} = r$$

我们前面曾经指明,在圆规几何学里,只要直线上的任意两点被确定,直线就被认为是已作出来了.在后面的叙述中(作图题 24,25 以及其他),我们有必要用一圆规作已知直线上的一点、两点以至任意多个点.作法可按照下面的作图题实行.

作图题 5 在一给出两点 A,B 的直线上,作一个点或多个点.

作法 在平面上直线 AB 之外任取一点 C(图 6),作点 C 关于直线 AB 的对称点 C_1(作图题 1).以任意半径 r 作圆(C,r)和(C_1,r),它们的交点 X 和 X_1 即为所求的、在已知直线 AB 上的两点.改变半径 r 的值,就可以在已知直线上作出任意多个点 $X, X'_1, \cdots$

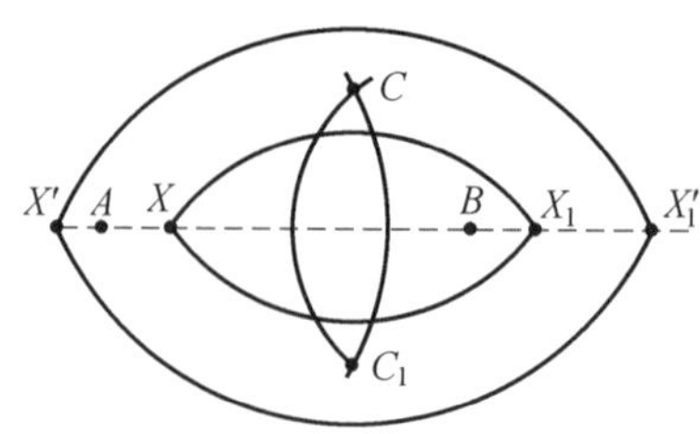

图 6

作图题 6　作已知圆(O,r)和已给两点 A,B 的直线的交点.

圆心 O 不在已知直线 AB 上的作图(图 7).

作已知圆圆心 O 关于直线 AB 的对称点 O_1(作图题 1),作圆(O_1,r),此圆交已知圆于所求之点 X,Y.

由图形关于已知直线 AB 的对称性,可知作图是正确的.

圆心 O 在已知直线 AB 上的作图(图 8).

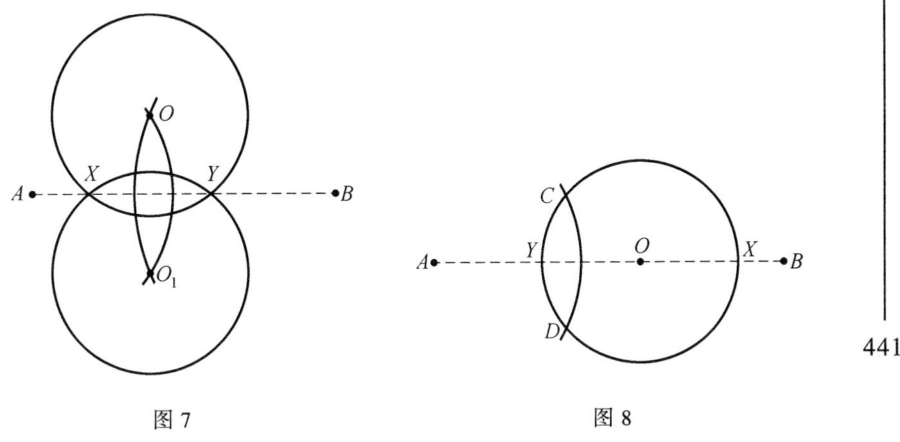

图 7　　　　图 8

以 A 为圆心,任意长 d 为半径作圆,设交已知圆于 C,D 二点.把圆(O,Y)的圆弧 CD 二等分于 X,Y(作图题 4),则点 X 和 Y 为所求.

附注　由上面的作图,推得

$$AX = AO + OX$$
$$AY = AO - OX$$

作图题 7　设 AB 和 CD 都是给出两点的直线,求作 AB 与 CD 的交点.

作法　作点 C,D 关于已知直线 AB 的对称点 C_1,D_1(图 9),作圆(D_1,CC_1)和(C,D),命 E 为此二圆的一交点.作与线段 DE,DD_1,CD 成比例的第四线段 x(作图题 3).若再作圆(D,x)和(D_1,x),则其一交点为所求的点 X.

证明　因为点 C_1 对称于 C,而 D_1 对称于 D,那么显然,如果我们能作出直线 CD 和 C_1D_1 的交点,便找出已知二直线的交点.

图形 CC_1D_1E 是平行四边形,因此点 D,D_1,E 在一直线上($DE /\!/ CC_1$,$DD_1 /\!/ CC_1$).三角形 CDE 和 XDD_1 相似,因此

$$DE : DD_1 = CE : D_1X$$

但

$$CE = CD = C_1D_1$$

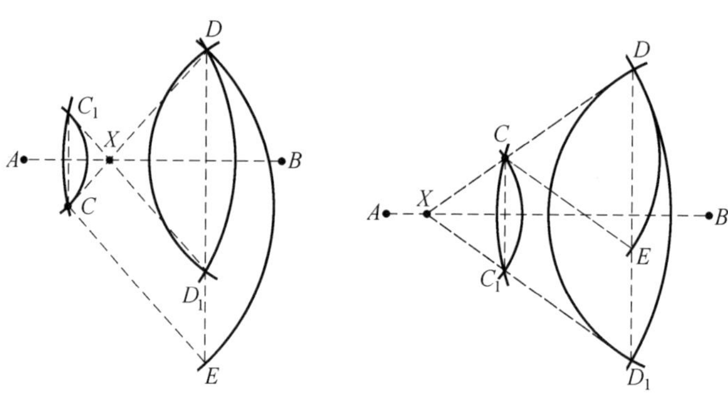

图 9

所以线段 $D_1X = x$ 是线段 DE, DD_1, CD 的比例第四线段.

在欧几里得平面上每一个规尺作图的结构问题永远可以化为在一定次序下解下列最简单的基本作图题:

1.通过已知两点作一直线.

2.以已知点为圆心,以已知线段为半径作一圆.

3.求二已知圆的交点.

4.求已知圆与已知两点的直线的交点.

5.求二直线的交点,若每一直线已知两点.

为了证明每一规尺作图问题能够单用圆规解决,而无须用直尺,只要证明所有以上的基本操作都可以单用圆规完成即可.

第2和第3基本操作可直接用圆规完成;其他3个,可借作图题5～7完成.

假定说有一可用规尺解决的作图题,要求单用圆规解决.设想这问题已用规尺解决;于是问题的解决归结为五种基本操作的某个有限序列,每一步基本操作皆可单用圆规完成(作图题5～7),由此提出的问题得以解决.

这样说来,所有能用规尺解决的作图题,全可单用圆规解决.

上述单用圆规解决几何作图题的方法,经常引起复杂、笨拙的作图.但是站在理论的观点上,这方法倒很有趣味.

第二节　单用圆规解的几个几何作图题

在这一节里我们来考虑由模尔,马斯开龙尼和阿得拉的论文所发展的圆规几何学中的几个有趣问题的解法.

作图题 8　自点 A 作线段 AB 的垂线.

作法一　保持圆规的开度不变,使之等于任意线段 r,画圆(A,r)和(B,r),设它们交于点 O.画圆(O,r),在该圆上作点 B 的对径点 E,为此,截取弦 $CD = DE = r$(图 10),其中的 C 是圆(B,r)和(O,r)交点.线段 $AE \perp AB$.假如 $r = AB$,则 $AE = \sqrt{3}AB$,点 C 将与点 A 重合.

作法二　作圆(B,A)(图 11),在该圆上任取一点 C,作圆(C,A).设 D 是二圆的一交点.现在若再作第三圆(A,D)与圆(C,A)交于点 E,则线段 $AE \perp AB$.

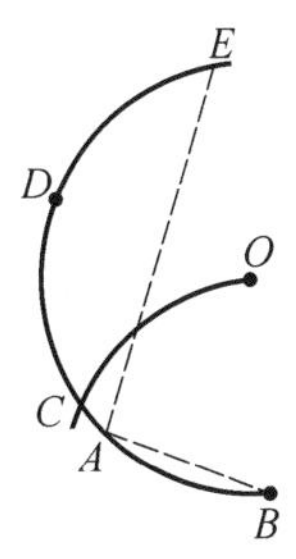

图 10

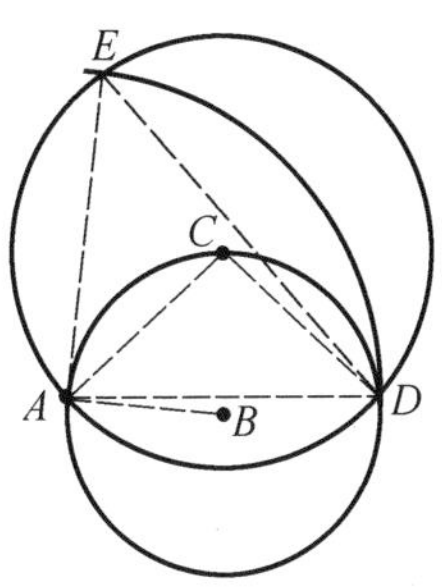

图 11

证明　线段 AC 是联结二圆(A,D),(C,A)的圆心的,DE 是它们的公共弦,这就意味着

$$AC \perp DE$$

$$\measuredangle CAD = \measuredangle CAE$$

(三角形 ADE 是等腰三角形).另一方面

$$\measuredangle CAD = \measuredangle ADC = \frac{\overset{\frown}{AC}}{2}$$

由最后二等式推得

$$\measuredangle CAE = \frac{\overset{\frown}{AC}}{2}$$

所以直线 AE 是圆(B,A)在点 A 上的切线,这就是说

$$AE \perp AB$$

作图题 9　作一线段,等于已知线段 AB 的$\frac{1}{n}$(即分线段 AB 为 n 等份,$n = 2,3,\cdots$).

作法一　作线段 $AC = nAB$(作图题 2).作圆(C,A)与圆(A,B)交于点 D,

D_1.圆(D,A)和(D_1,A)决定所示的点 X.线段 $AX=\frac{AB}{n}$(图 12).

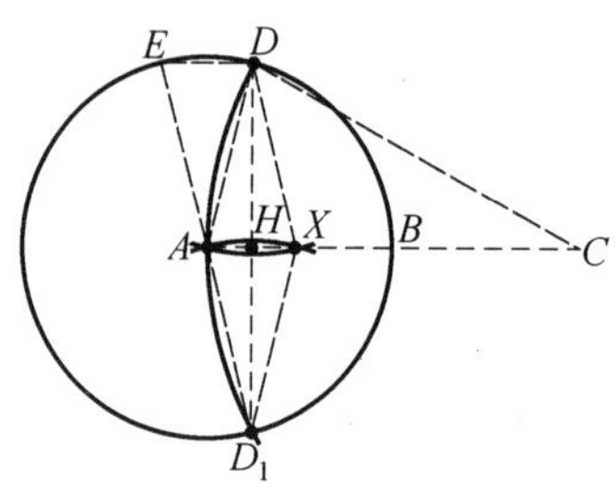

图 12

把线段 AX 增加为2倍、3倍以至 n 倍(作图题2),我们得到的各点将把线段 AB 分成 n 等份.

证明 由二等腰三角形 ACD 和 ADX 相似($\angle A$ 是共同的)推得

$$AC:AD=AD:AX$$

或

$$AD^2=AB^2=AC\cdot AX=nAB\cdot AX$$

于是

$$AX=\frac{1}{n}AB$$

点 X 在直线 AB 上.

附注 当 n 的值很大的时候,点 X 不易定得清楚:二圆弧(D,A),(D_1,A)在点 X 处交角很小.在这个情况下,可不用圆(D_1,A)决定点 X,而改用圆(A,ED),其中的 E 是圆(A,B)上点 D_1 的对径点.

作法二 作线段 $AC=nAB$(作图题 2).然后作圆(A,C),(C,A)和(C,AB),交于点 D 和 E.现在若再作圆(D,A)和(C,DE),则得交点 X.线段 $AX=\frac{1}{n}AB$(图 13).

证明 点 X 在直线 AC 上,因为 $AC /\!/ DE$,$XC /\!/ DE$(图形 $CEDX$ 是平行四边形).从等腰三角形 ACD 和 ADX 的相似关系,得

$$AX=\frac{1}{n}AB$$

下面再介绍一种作法,这种作法是 A · C · 斯莫高尔热夫斯基教授提出的.它不同于以前诸法,在于所求线段 AB 的$\frac{1}{n}$份不在已给线段上.

作法三 作线段 $AC=nAB$(作图题 2),作圆(A,C)和(B,AC),设它们交于一点 D.

圆(D,AB)与后二圆交于点 E,H.线段 $EH=\frac{1}{n}AB$(图 14).

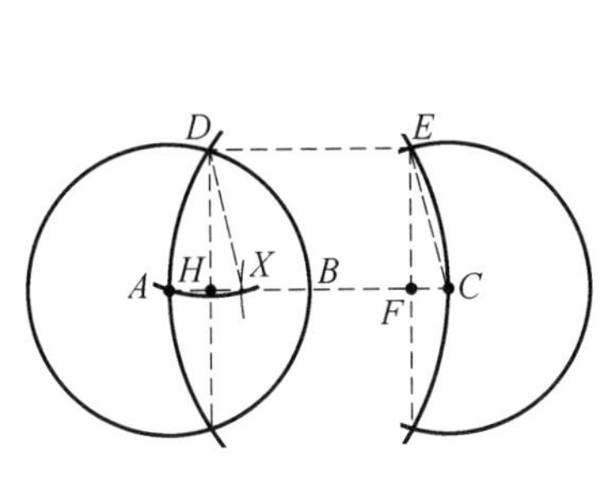

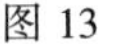
图 13

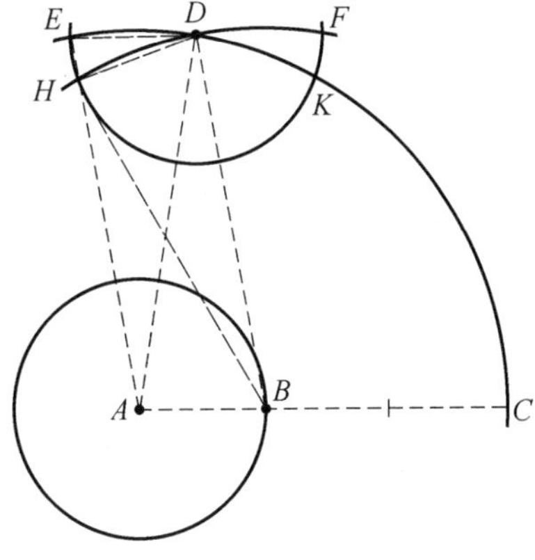

图 14

证明　由三角形 ABD,ADE 和 BDH 的三边对应相等推得 $\measuredangle ADB=\measuredangle EDH$.等腰三角形 ADB 和 EDH 相似,因此

$$EH:ED=AB:AD$$

或

$$EH:AB=AB:nAB$$

最后

$$EH=\frac{1}{n}AB$$

我们看到

$$EK=\frac{\sqrt{n^2-1}}{n}AB$$

$$HK=\left(2-\frac{1}{n^2}\right)AB$$

作图题 10　作一线段,等于已知线段 AB 的$\frac{1}{2^n}$(即分成 2^n 等份,$n=2,3,\cdots$).

作法一　作线段 $AC=2AB$(作图题 2).作圆(C,A),命 D_1,D'_1 为该圆与圆(A,B)的交点(图 15).现在若再作圆(D_1,A)和(D'_1,A),则它们的一交点为所求的点 X_1.线段

$$BX_1=AX_1=\frac{1}{2}AB$$

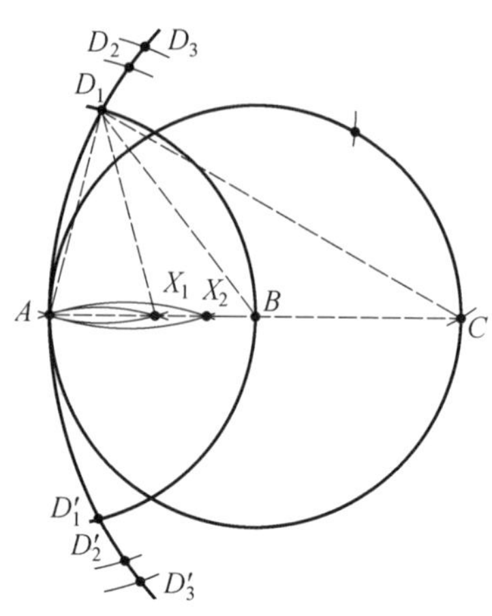

图 15

随后作圆(A,BD_1),与圆(C,A)相交,得交点 D_2,D'_2. 作圆(D_2,A)和(D'_2,A)交于一点 X_2.线段 $BX_2=\frac{1}{2^2}AB$.

若再作圆(A,BD_2),(D_3,A)和(D'_3,A),则得点 X_3.线段 $BX_3=\frac{1}{2^3}AB$,其他以此类推.

证明 因为等腰三角形 ACD_1 和 AD_1X 相似,所以

$$AD_1:AC=AX_1:AD_1$$

或

$$AB:2AB=AX_1:AB$$

从而

$$AX_1=\frac{1}{2}AB$$

引入符号 $AB=a,BD_k=m_k,k=1,2,3,\cdots,n$.

线段 BD_1 是三角形 ACD_1 的中线,因此有

$$4BD_1^2=2AD_1^2+2CD_1^2-AC^2$$

即

$$4m_1^2=2AB^2+2AC^2-AC^2=2AB^2+AC^2=2AB^2+4AB^2$$

亦即

$$m_1^2=BD_1^2=\frac{1+2}{2}a^2=\frac{3}{2}a^2$$

因为等腰三角形 ACD_2 和 AD_2X_2 相似,所以

$$AD_2:AC=AX_2:AD_2$$

留意一下 $AD_2 = BD_1 = m_1, AC = 2a$，则有

$$AX_2 = \frac{3}{4}a, BX_2 = \frac{1}{4}a = \frac{1}{2^2}AB$$

相仿地，求得

$$m_2^2 = \frac{1+2+2^2}{2^2}a^2, BX_3 = \frac{1}{2^3}AB, \cdots$$

一般地

$$m_{k-1}^2 = \frac{1+2+2^2+\cdots+2^{k-1}}{2^{k-1}}a^2, BX_k = \frac{1}{2^k}AB$$

为了把线段 AB 分成 2^n 等份，必须把线段 AX_n 2 倍、3 倍、以至 2^n 倍起来（作图题 2）.

作法二　作线段 $AC = 2AB$（作图题 2）. 为此，作圆(B, A)，并在该圆上截取弦 $AE = EH = HC = a$. 作圆(A, C)和(C, E)交于点 D_1 和 D'_1. 圆(D_1, C)和(D'_1, C)的交点即为所求的点 X_1. 线段 $BX_1 = \frac{1}{2}AB$.

作圆(C, BD_1)与圆(A, C)交于 D_2, D'_2，然后作圆(D_2, BD_1)和(D'_2, BD_1)；后二圆即决定所求的点 X_2. 线段 $BX_2 = \frac{1}{2^2}AB$（图 16）.

相仿地，作圆(C, BD_2)，(D_3, BD_2)和(D'_3, BD_2)，得点 X_3. 线段 $BX_3 = \frac{1}{2^3}AB, \cdots$

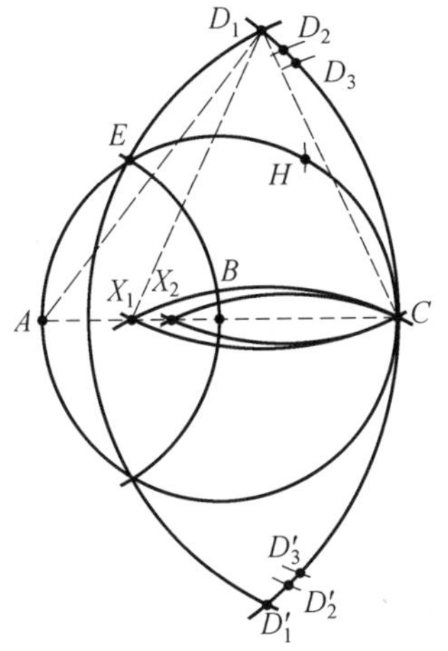

图 16

证明　由于等腰三角形 ACD_1 和 CD_1X_1 相似，得

$$CX_1 : CD_1 = CD_1 : AC$$

留意到 $CD_1 = CE = \sqrt{3}AB$ 时，求得 $CX_1 = \frac{3}{2}AB$. 由此，$BX_1 = \frac{1}{2}AB$.

引入符号 $BD_k = m_k$，其中 $k = 1, 2, 3, \cdots, n$.

线段 BD_1 是三角形 ACD_1 的中线，所以

$$4BD_1^2 = 4m_1^2 = 2AD_1^2 + 2CD_1^2 - AC^2 =$$
$$2AC^2 + 2CE^2 - AC^2 = 4a^2 + 2 \cdot 3a^2$$

即
$$m_1^2=\left(1+\frac{3}{2}\right)a^2$$

由于等腰三角形 ACD_2 和 CD_2X_2 相似,得
$$CX_2:CD_2=CD_2:AC$$
注意到 $CD_2=BD_1=m_1$ 和 $AC=2AB=2a$ 后,得
$$CX_2=\frac{CD_2^2}{AC}=\frac{m_1^2}{2a}=\frac{5}{2^2}a$$
所以
$$BX_2=\frac{1}{2^2}AB$$

完全类似地,可以证明
$$m_2^2=BD_2^2=\frac{9}{4}a^2,CX_3=\frac{9}{8}a,BX_3=\frac{1}{2^3}AB,\cdots$$
一般地
$$m_{k-1}^2=BD_{k-1}^2=\left(1+\frac{1}{2}+\frac{1}{2^2}+\cdots+\frac{1}{2^{k-2}}+\frac{3}{2^{k-1}}\right)a^2$$

$$BX_k=\frac{1}{2^k}AB$$

在第一种作法里,若 $k(k\leqslant n)$ 很大,点 X_k 不易画得清楚(决定这点的二圆弧几乎相切了),那么可采用下列办法来解决.

作法三 作线段 $AC=2AB$(作图题2),作圆 (A,C),(C,A) 和 (C,AB),得交点 D_1,E_1(图17).圆 (D_1,A) 和 (C,D_1E_1) 的一交点即为所求的点 X_1.线段 $BX_1=\frac{1}{2}AB$(图17).

其次,作 $AD_2=CE_2=BD_1$,为此作圆 (A,BD_1) 和 (C,BD_1),作圆 (D_2,A) 和 (C,D_2E_2) 交于点 X_2.线段 $BX_2=\frac{1}{2^2}AB,\cdots$

证明 点 X_1 在直线 AC 上,因为 $AC\parallel D_1E_1$(图形 AD_1E_1C 是梯形),$X_1C\parallel D_1E_1$(图形 $X_1D_1E_1C$ 是平行四边形),所以 $X_1C\parallel AC$.同理可证明点 $X_2,X_3,\cdots,X_n$ 都在直线 AC 上.

由上文知,$D_1X_1=D'_1X_1,D_2X_2=D'_2X_2,\cdots$.这就意味着,像所论问题在第一种作法中已经证明的
$$BX_1=\frac{1}{2}AB,BX_2=\frac{1}{2^2}AB,BX_3=\frac{1}{2^3}AB,\cdots$$

作图题 11 作一线段,为已知线段 AA_0 的 3^n 倍 $(n=2,3,\cdots)$.

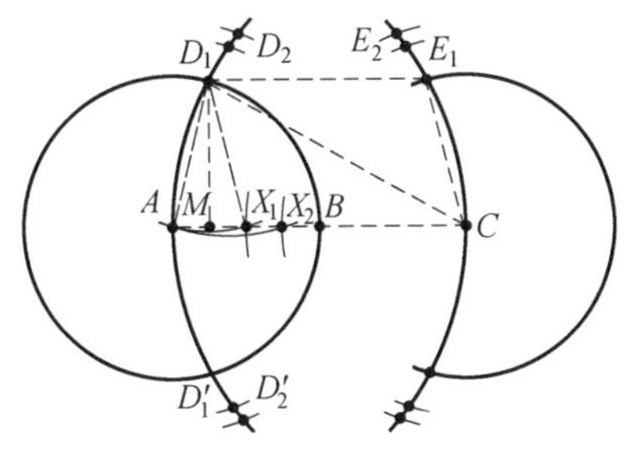

图 17

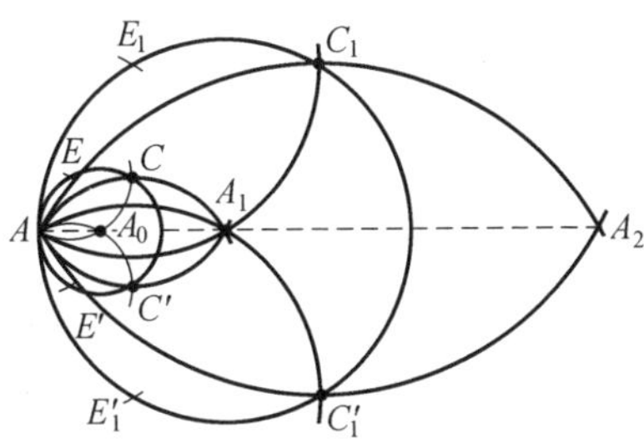

图 18

作法　作圆(A_0,A),不变圆规的开度,截弦 $AE=EC,AE'=E'C'$.作圆(C,A),(C',A),交于点 A_1.线段 $AA_1=3AA_0$(图 18).

然后作圆(A_1,A),截弦 $AE_1=E_1C_1,AE'_1=E'_1C'_1$.圆$(C_1,A)$和$(C'_1,A)$的相交得点 A_2.线段 $AA_1=3^2AA_0,\cdots$

作法的正确性是很明显的.

作图题 12　分线段 AB 成三等份.

让我们看一个马斯开龙尼提出的很巧妙的解法.

作法　作 $AC=AB=BD$(作图题 2),作圆(C,B),(C,D),(D,A)和(D,C),交于点 E,E_1,F 和 F_1.圆(E,C)和(E_1,C)及(F,D)和(F_1,D)决定所求的、分线段 AB 为三等份的分点 X,Y(图 19).

证明　由于等腰三角形 CEX 和 CDE 相似,所以

$$CX:CE=CE:DC$$

留意到 $CE=2AB$ 和 $CD=3AB$ 时,即得 $CX=\frac{4}{3}AB$,所以

$$AX=\frac{1}{3}AB$$

作图题 13　作已画好的圆的中心.

作法　取已给圆上的一点 A,以任意线段 d 为半径作圆(A,d),得交点 B 和 D,在圆(A,d)上作 B 的对径点 C.其次,作圆(C,D)和(A,CD);命 E 为二圆的一交点.最后,作圆(E,CD)与(A,d)交于点 M.线段 BM 等于已给圆的半径.

圆(B,M)和(A,BM)决定所求的圆心 X(图 20).

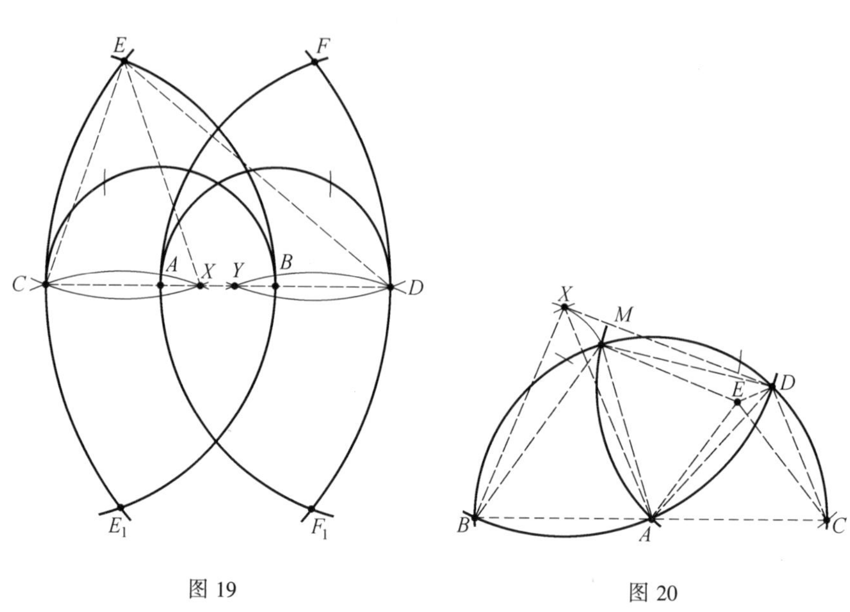

图 19　　图 20

证明　等腰三角形 ACE 和 AEM 合同,因此

$$\measuredangle EAM=\measuredangle ACE$$

一方面

$$\measuredangle BAE=\measuredangle ACE+\measuredangle AEC$$

($\measuredangle BAE$ 乃是三角形 ACE 的外角);另一方面

$$\measuredangle BAE=\measuredangle BAM+\measuredangle EAM$$

于是

$$\measuredangle BAM=\measuredangle AEC$$

这样一来,等腰三角形 ABM 和 ACE 相似,所以

$$BM:AB=AC:CE$$

或

$$BX:AB=AC:CD$$

由最后一等式知等腰三角形 ABX 和 ACD 相似,因此

$$\measuredangle BAX=\measuredangle ACD=\frac{1}{2}\measuredangle BAD=\measuredangle DAX$$

后二等号上下面关系推出

$$\measuredangle BAD=\measuredangle ADC+\measuredangle ACD=2\measuredangle ACD=2\measuredangle BAX$$

由于 $\measuredangle BAX=\measuredangle DAX$,所以等腰三角形 ABX 和 ADX 全等,因而

$$BX=AX=DX$$

因此点 X 是所求的圆心.

附注　线段 $d=AB$ 须取得大于已给圆半径之半，否则，二圆 (C,D)，(A,CD) 将不相交.

在本节之末，我们介绍马斯开龙尼的对下列问题的解法，但不加证明.

作图题 14　作线段 $\frac{1}{2}\sqrt{n}AB$，其中 $AB=1$，$n=1,2,\cdots,25$.

作法　画圆 (A,B) 和半径 AB，为书写简单起见，将半径 AB 取作一个单位，截取弦 $BC=CD=DE$. 作圆 (B,D) 和 (E,C) 交于点 F 和 F_1. 作圆 (B,AF) 和 (E,AF) 与圆 (A,B) 交于 H 和 H_1，与圆 (B,D) 和 (E,C) 交于点 N,N_1,M,M_1. 作圆 (E,A) 和 (B,A)，与圆 (B,AF) 和 (E,AF) 的交点记以 P,P_1,Q,Q_1. 圆 (P,B) 与 (P_1,B) 交于点 R，它们与 (A,B) 交于 S 和 S_1. 同样，圆 (Q,E) 与圆 (Q_1,E) 交于点 T，它们与圆 (A,B) 交于 O 和 O_1. 作圆 (R,AB) 和 (F_1,AB) 与圆 (A,B) 交于点 L,L_1 和 G. 圆 (O,A) 和 (O_1,A) 相交决定点 K. 最后，作圆 (K,AB) 和 (T,AB)，得交点 I 和 I_1（图 21）. 于是

$$AT=\frac{1}{2}\sqrt{1},PT=\frac{1}{2}\sqrt{2},DR=\frac{1}{2}\sqrt{3},AR=\frac{1}{2}\sqrt{4}$$

$$HT=\frac{1}{2}\sqrt{5},AM=\frac{1}{2}\sqrt{6},QQ_1=\frac{1}{2}\sqrt{7},AF=\frac{1}{2}\sqrt{8}$$

$$BR=\frac{1}{2}\sqrt{9},BL=\frac{1}{2}\sqrt{10}$$

$$PS_1=\frac{1}{2}\sqrt{11},BD=\frac{1}{2}\sqrt{12}$$

$$HK=\frac{1}{2}\sqrt{13},BS=\frac{1}{2}\sqrt{14}$$

$$LL_1=\frac{1}{2}\sqrt{15},BE=\frac{1}{2}\sqrt{16}$$

$$FK=\frac{1}{2}\sqrt{17},KN=\frac{1}{2}\sqrt{18}$$

$$KD=\frac{1}{2}\sqrt{19},FG=\frac{1}{2}\sqrt{20}$$

$$I_1D=\frac{1}{2}\sqrt{21},KS=\frac{1}{2}\sqrt{22}$$

$$MM_1=\frac{1}{2}\sqrt{23},MN_1=\frac{1}{2}\sqrt{24}$$

$$KE=\frac{1}{2}\sqrt{25}=\frac{1}{2}\sqrt{25}AB$$

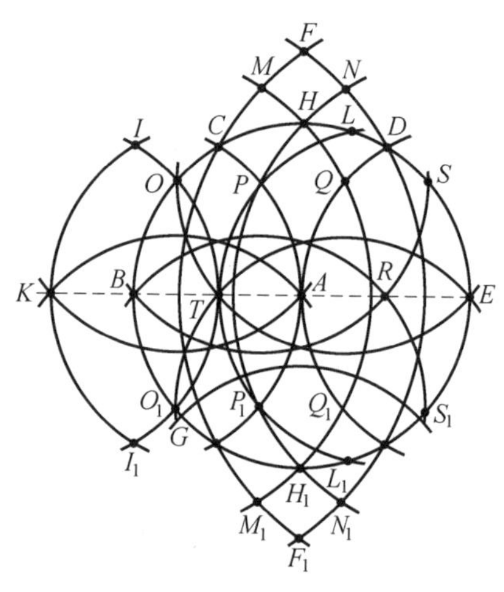

图 21

第三节　反演及其基本性质

在 19 世末叶,A · 阿得拉应用反演原理于单用圆规作图理论;借用这种原理,他在圆规几何学中建立了作图题的一般解法.

在第一节里我们给反演下定义,并且简略地谈几个在后面的叙述中要用到的反演的基本性质.

设在图形平面上给定了某一圆(O,r)和一个与 O 不同的点 P.

在射线 OP 上取一点 P',使线段 OP 和 OP' 的乘积等于已知圆半径的平方,即

$$OP \cdot OP' = r^2 \tag{1}$$

点 P' 叫做点 P 关于圆(O,r)的反演点,圆(O,r)叫做反演基圆或基圆,圆心 O 叫做反演中心或反演极点,而值 r^2 叫做反演幂.

若点 P' 是点 P 的反演点,则显然反之也对,即点 P 为点 P' 的反演点.

反演点之间的对应,或者说,使某一图形的每一点 P 与其反演点对应的变换叫做反演或半径的倒数变换①.

从这个反演的定义知道,平面上的每一点 P 都对应于同一平面上一个确

---

① 令 $OA = r = 1$, $OP = R$, $OP' = R'$,这时等式(1)可写作 $R = \frac{1}{R'}$.反演点 P 和 P' 与反演中心 O 的距离是互为倒数的.反演(拉丁文叫 inversio),按字面上的意思是逆转,置换.

定的、唯一的点 P'，而且若 $OP > r$，则 $OP' < r$. 反演圆中心 O 是例外，点 O 不能是平面上任何点的反演点，这从等式(1) 立即推知①.

假定 AP 和 A_1P 是由反演基圆(O,r)之外一点 P 所作的该圆的切线(图 22). 于是直线 AA_1 和 OP 的交点 P' 将是点 P 的反演点. 事实上，在直角三角形 OAP 中(AP' 是高)

$$OP \cdot OP' = OA^2 = r^2$$

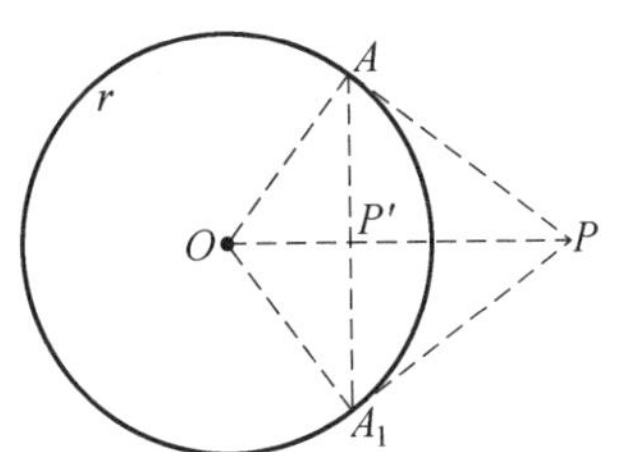

图 22

如果点 P 在某一曲线 l' 上运动，则它的反演点 P' 也将描绘一曲线 l'，曲线 l 和 l' 叫做互为反演线.

引理 若点 P' 和 O' 是点 P 和 Q 关于圆(O,r)的反演点，则

$$\measuredangle OP'Q' = \measuredangle OQP, \measuredangle OQ'P' = \measuredangle OPQ$$

证明 由等式 $OP \cdot OP' = OQ \cdot OQ' = r^2$(即$\frac{OP}{OQ} = \frac{OQ'}{OP'}$)推知，三角形 $OQ'P'$ 和 OQP 相似(图 23). 这就证明了引理的断言.

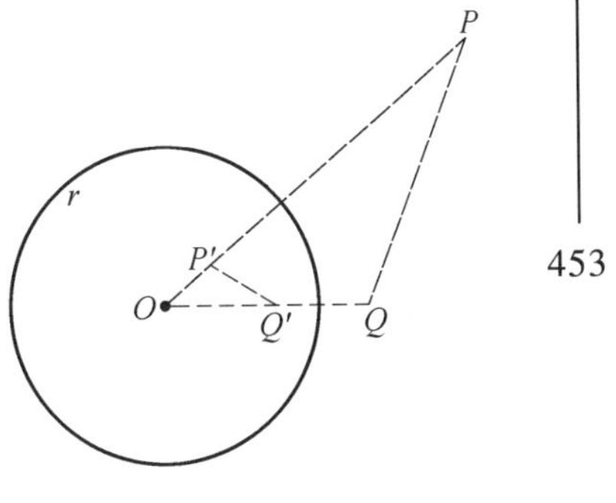

图 23

由反演的定义立刻得到下面的定理：

定理 1 若二曲线交于一点 P，则它们的反演线交于 P 的反演点 P'.

定理 2 通过反演中心的直线，反演后仍是该直线本身.

定理 3 不通过反演中心的，已知直线 AB 的反演线是通过反演中心 O 的圆(O_1,OO_1)，并且恒有 $OO_1 \perp AB$.

证明 令 Q 是自反演中心 O 向已知直线作的垂线的垂足. 令 Q' 是 Q 的反演点. 在已知直线上取任一点 P，并命 P' 是它的反演点(图 24).

根据引理，我们可以写

$$\measuredangle OP'Q' = \measuredangle OQP = 90°$$

因而当 P 沿直线 AB 运动时，其反演点 P' 将以线段 OQ' 为直径描绘一圆.

因为圆(O_1,OO_1)和已知直线 AB 互为反演形，所以定理的逆命题也成立.

---

① 在高等几何学里，按某种原因将反演中心 O 与平面上的"无穷远点"对应. 当点 P' 趋近于 O 时，线段 OP 将减少，此时，为了使等式(1) 不被破坏，线段 OP 应该增大，而且点 P 将离反演中心 O 越来越远，即，若 $OP' \to O$，则 $OP \to \infty$.

定理 4 不通过反演中心的已知圆(O_1,R)的反演线也是一圆,这时反演中心是这二圆的相似中心.

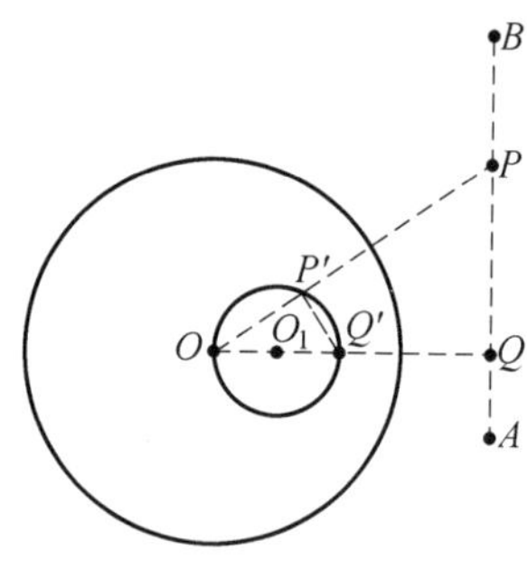

图 24

证明 设反演基圆(O,r)和已知圆(O_1,R)的连心线OO_1交后一圆于A,B两点.以A',B'代表A,B的反演点.在圆(O_1,R)上任取一点P,将P的反演点记为P'(图 25).

应用引理,得

$$\measuredangle OA'P' = \measuredangle OPA$$

和

$$\measuredangle OB'P' = \measuredangle OPB$$

因此

$$\measuredangle OB'P' - \measuredangle OA'P' = \measuredangle OPB - \measuredangle OPA$$

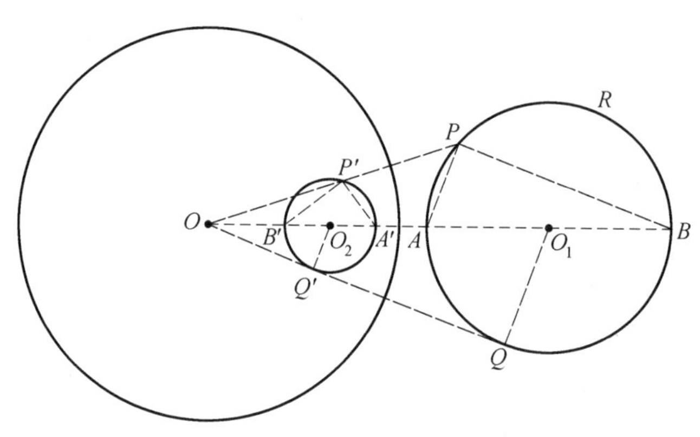

图 25

在三角形$A'B'P'$和ABP中

$$\measuredangle A'P'B' = \measuredangle OB'P' - \measuredangle OA'P'$$

$$\measuredangle APB = \measuredangle OPB - \measuredangle OPA = 90^\circ$$

考虑到前一等式时,得

$$\measuredangle A'P'B' = \measuredangle APB = 90^\circ$$

现在假定点P沿已知圆(O_1,R)运动,它的反演点P'将以$A'B'$为直径描绘一圆(O_2,P').定理证完.

若 QQ' 为已知圆(O_1,R)和它的反演圆[①](O_2,P')的外公共切线，则切点 Q 和 Q' 永远互为反演点．自切点 Q' 向切线 QQ' 作垂线，与连心线 OO_1 交于已知圆的反演圆的圆心 O_2．

第四节　反演法在圆规几何学中的应用

应用反演法于单用圆规以解决几何作图题，给解决圆规几何学的结构问题指出了一般的方法和途径．

摩尔－马斯开龙尼的作图法虽然异常巧妙，然而在大多数的情况下颇不自然，难免不令人纳闷：这种作法究竟是怎样搞出来的？

作图题 15　求作已知点 C 关于反演基圆(O,r)的反演点 X．

当 $OC>\frac{r}{2}$ 时的作法　作圆(C,O)，与基圆交于 D 和 D_1(图 26)．若再作圆(D,O)和(D_1,O)，则得所求的点 X．

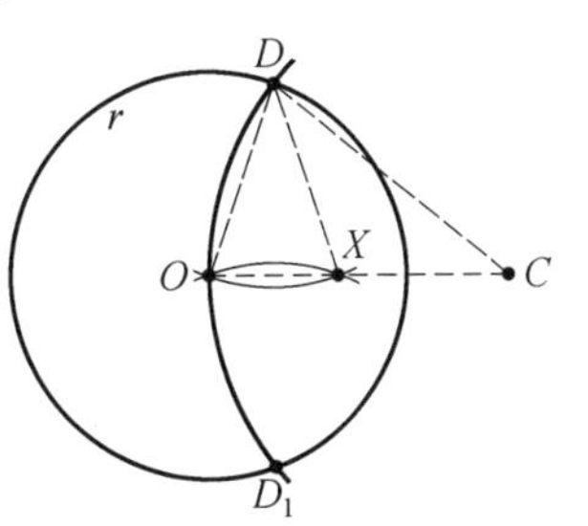

图 26

证明　由于等腰三角形 CDO 和 DOX 相似，所以

$$OC:OD=OD:OX$$

或

$$OC\cdot OX=OD^2=r^2$$

附注　不难看到，上述作法与作图题 9 的作法(第一法)是相同的．假如不作线段 $AC=nAB$，而点 C 认为是已知的话，这样说来，作图题 9 的第二种作法对于作已给点 C 的反演点 X 也是合用的；这时点 C 是给出的，而线段 $AC=nAB$ 不必作．

当 $OC\leqslant\frac{r}{2}$ 时的作法　这时圆(C,O)将不与基圆相交(图 27)，因此首先作线段 $OC_1=nOC$(n 是自然数)，使 $OC_1>\frac{r}{2}$(作图题 2)．求得点 C_1 的反演点 C'_1．作线段 $OX=nOC'_1$．点 X 是已知点 C 的反演点．

证明　把 $OC_1=nOC$ 和 $OC'_1=\frac{OX}{n}$ 代入等式 $OC_1\cdot OC'_1=r^2$，得

$$OC_1\cdot OC'_1=nOC\cdot\frac{OX}{n}=OC\cdot OX=r^2$$

① 即由已知圆反演出来的圆，下同——译者注．

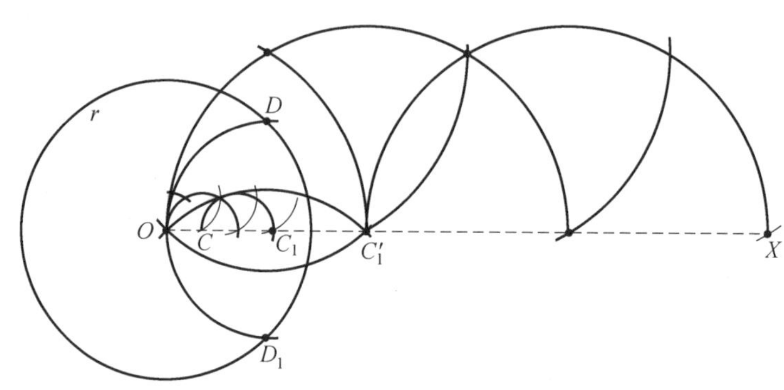

图 27

作图题 16　已知反演基圆(O,r),又已知不通过反演中心 O 的直线AB,求作已知直线的反演圆.

作法　作反演中心 O 关于直线 AB 的对称点 O_1(作图题 1).找出点 O_1 的反演点 O'_1(作图题 15).圆(O'_1,O)即是由已知直线 AB 反演而来(图 28).

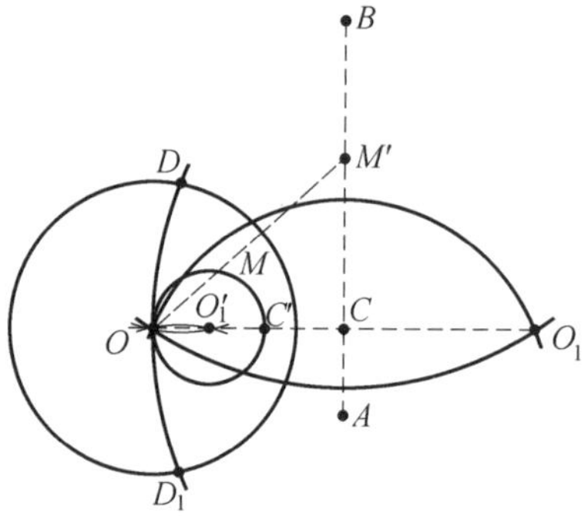

证明　设 C,C' 分别是直线 OO_1 与已知直线 AB 和圆(O'_1,O)的交点.

由上述作图推得

$$OO_1 \cdot OO'_1 = r^2, OO_1 = 2OC$$

$$OC' = 2OO'_1, OC \perp AB$$

图 28

由此

$$OO_1 \cdot OO'_1 = 2OC \cdot \frac{OC'}{2} = OC \cdot OC' = r^2$$

根据定理 3,圆(O'_1,O)是由直线 AB 反演出来的.

作图题 17　作通过反演中心 O 的已知圆(O_1,R)的反演直线 AB.

作法　如果已知圆与反演基圆交于两点 A,B,则直线 AB 就是这圆的反演线.否则,在已知圆上任取二点 A_1,B_1(图 29),作它们的反演点 A,B(作图题 15).直线 AB 是已知圆(O_1,R)的反演线.变更已知圆上二点 A_1,B_1 的位置,可以作出这直线上随便多少个点.作法正确是很明显的.

作图题 18　已知不通过反演中心 O 的圆(O_1,R).求作已知圆的反演圆.

作法　把已知圆(O_1,R)当做反演基圆,作点 O 的反演点 O'(作图题 15).

随后作点 O' 关于反演基圆(O,r)的反演点 O_2.点 O_2 是所求圆的圆心(图 30).

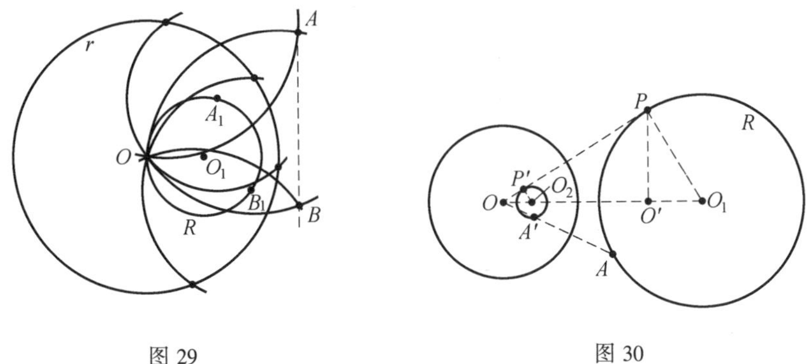

图 29　　　　图 30

在已知圆(O_1,R)上任取一点 A,决定 A 的反演点A'.圆(O_2,A')是已知圆(O_1,R)的反演圆.

证明　设 PP' 是圆(O_1,R)和(O_2,A')的一条外公切线,并设 $PO' \perp OO_1$.

由于直角三角形 OPO' 和 $OP'O_2$ 相似,可以写

$$OO_2 : OP' = OP : OO'$$

或

$$OO_2 \cdot OO' = OP \cdot OP' = r^2$$

因为点 P 和 P' 互为反演点.由反一式推出,点 O_2 和 O' 是关于反演基圆(O,r)的反演点.

在直角三角形 OO_1P 中,线段 $O'P$ 是高,所以

$$O_1O \cdot O_1O' = \overline{O_1P}^2 = R^2$$

这样说来,点 O' 是点 O 关于圆(O_1,R)的反演点,如果把这圆当做反演基圆的话.

点 O 是已知的.在作图时先求点 O',次求点 O_2.点 O_2 即是所求圆的圆心.

在作图题 15 ~ 18 中,我们证明了如何单用圆规作点,直线和圆的反演图形.现在我们可以讨论单用圆规解决几何作图题的一般方法.

每一个可用规尺完成的作图,在图形平面上得出由一些个别的点、直线和圆组成的图形 Φ.以既不在图形 Φ 的直线上也不在其圆上的一点 O 为圆心的圆(O,r)为反演基圆,图形 Φ 关于圆(O,r)的反演图形 Φ' 仅是由点和圆组成的,同时利用作图题 15 ~ 18,可以看到,问题中的每一点和每条直线都可以单用圆规作出.

现在假定,某一作图题可用规尺作出,要求单用圆规解决.

设想本题已用规尺解决,结果得到一个由点、直线和圆组成的图形 Φ.在一定次序下作有限数目的直线和圆,图形 Φ 便可构成.

尽可能取比较适当的反演基圆(O,r),作图形 Φ 的反演图形 Φ'(作图题 15 ~ 18),图形 Φ' 将只由点和圆组成.自然,假定反演基圆如此选择,使它的圆既不在图形 Φ 的哪一条直线上,也不在其哪个圆上.

如果现在作图形 Φ' 中取为结果的图的反演形,就得到所求的结果.这时应该注意,图形 Φ' 应按图形 Φ 用规尺作出的顺序作图.

利用上面的方法单用圆规可以解决每一个用规尺可解的结构上的作图题.我们用反演法再一次证明了摩尔 - 马斯开龙尼的主要结果.

在第一节末尾列举的五种最简单的作图题可用一般方法解决.

作为说明单用圆规解作图题的一般方法的例子,我们来解作图题 7.本题是 AB 和 CD 都是给出两点的直线,求作 AB 与 CD 的交点.

在平面上任取一圆(O,r)为反演基圆,但圆心 O 须不在这四条直线上.作已给二直线的反演圆,并命 X' 为二反演圆的交点(作图题 16).作点 X' 的反演点 X(作图题 15).X 便是所求的交点.

这里图形 Φ 由二已知直线 AB 和 CD 组成(更精确一点说,Φ 是由四已知点 A,B,C,D 组成的,我们默认已引了二直线);图形 Φ' 由已知二直线 AB 和 CD 反演而来的二圆组成.在图形 Φ' 中取作结果的图像乃是点 X'.点 X' 的反演点 X 就是所求的结果,即二已知直线的交点.

同样也可以解决作图题 6(第四个最简单的作图题):求作已知两点的直线与已知圆的交点.同时若该直线不通过该圆的圆心,则取已知圆作反演基圆.这时问题的解法特别简单.

至于作法的正确性,从定理 1 立刻知道.

作图题 19 求已作出圆的圆心.

作法 在已知圆上取一点 O,以任意半径 r 作圆(O,r),设此圆与已知圆交于两点 A,B.以圆(O,r)为反演基圆,作直线 AB 的反演圆的圆心(作图题 16).要完成这项作图,作圆(A,O)和(B,O),交于一点 O_1;作圆(O_1,O),并把它与反演基圆的交点记作 D 和 D_1.圆(D,O)和(D_1,O)决定所求的已画出的圆的圆心(图 31).

证明 点 A 和 B 是自反演点,因为它们都在反演基圆上.由此可见,所给的画好的圆和直线 AB 是互为反演形.

在作图题 16 中已经证明点 O' 是已知圆(在现在情形下它是直线 AB 的反演圆)的所求的圆心.

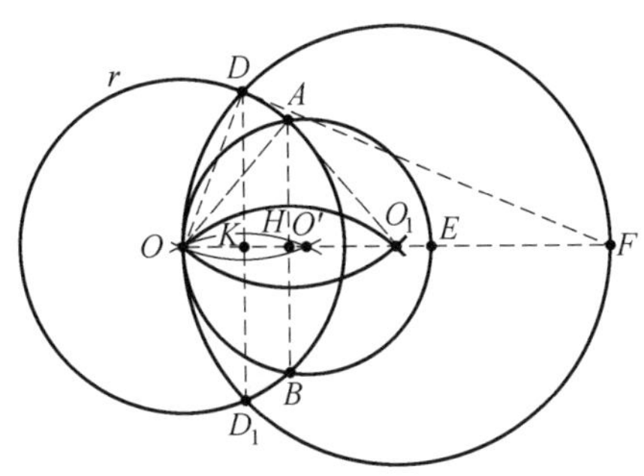

图 31

读者应该注意到上述解决法的简捷巧妙.为了找圆心,我们作了六个圆①.这种作法比通常的规尺作法既简单又准确.

上述作图题,以及其他一些圆规几何的作图题,例如,作图题3,8(第二解法),在几何课里可以给高年级学生当做习题,从这点考虑出发,我们来给出不依赖于反演原则的作图题19的证明.

证明　直线 OO_1 垂直于已知圆的弦 AB 并且通过其中点,因此所求圆心应该在直线 OO_1 上.设 E,F 是直线 OO_1 与已知圆及圆 (O_1,O) 的交点.线段 OE 是已知圆的直径.

考虑直角三角形 OAE 和 ODF,线段 AH 和 DK 是它们的高,由此而得

$$OA^2 = OE \cdot OH, OD^2 = OF \cdot OK$$

留意到 $OD = OA = r, OF = 2OO_1, OH = \frac{1}{2}OO_1$ 和 $OK = \frac{1}{2}OO'_1$ 时,则

$$OE \cdot OH = OF \cdot OK$$

或

$$OE \cdot \frac{OO_1}{2} = 2 \cdot OO_1 \cdot \frac{OO'_1}{2}$$

从而

$$OO'_1 = \frac{OE}{2}$$

作图题 20　求作三角形 ABC 的外接圆.

作法　作圆 (A,B),并以它为反演基圆,作点 C 的反演点 C'(作图题 15),作直线 BC' 的反演圆 (X,A)(作图题 16).(X,A) 即是三角形 ABC 的外接圆(图 32).

证明　点 B 是自反演点,因为它在反演基圆 (A,B) 上.点 C' 按作图是 C

① 自然,假定半径 r 取得大于已知半径之半.如果不然,圆的数目要多些(参看作图题 15 的第二种情况).

的反演点,所以通过已知点 A,B,C 的圆是直线 BC' 的反演形.正如在作图题 16 中证明过的,点 X 是所求圆的中心①.

附注　现在可以引进下列方法去解作图题 18:在圆(O_1,R)上任取三点 A,B,C,作此三点的反演点 A',B',C'.作三角形 $A'B'C'$ 的外接圆,则此圆即是所求的已知圆的反演圆.

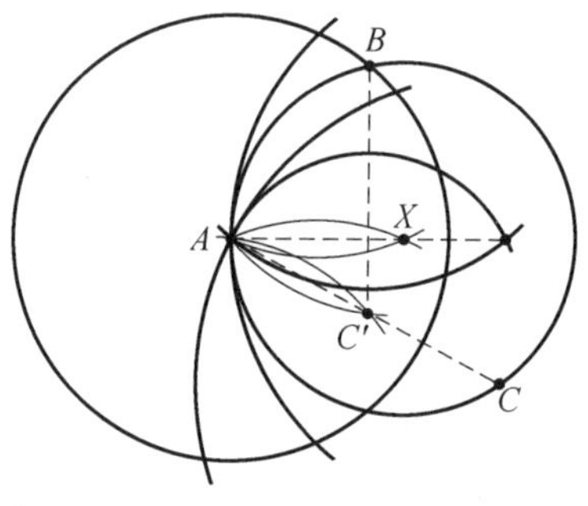

图 32

① 在作图题 16 中我们作过已知直线的反演的中心.这个作图也可用来解决作图题 19 和 20.

第二十二章　有限制条件的圆规作图

在前一章里我们探讨了单用圆规的作图，这种作图现在可称之为古典的圆规几何学.

在单用圆规的几何作图中，当圆规两脚的开度不受限制的时候，永远默许可以自由运用圆规，这样的圆规可用来画半径大小随意的圆.

然而，谁都知道，实际上具体给出的圆规所能画的圆，其半径不能大于某一线段 R_{max}，也不能小于某一线段 R_{min}. 线段 R_{max} 是已给圆规两脚的最大开度，R_{min} 是其最小开度如用 r 表示圆规能画的半径，则下列不等式

$$R_{min} \leqslant r \leqslant R_{max}$$

恒成立. 我们说，在现在的情况下，圆规两脚的开度下方受线段 R_{min} 的限制，上方受线段 R_{max} 的限制.

在第二章里，我们将探讨圆规两脚开度受某些限制的时候单用圆规的几何作图.

第五节　开脚上方受限制的圆规作图

在这一节里我们所用的圆规是两脚的开度仅仅上方受某一预先给定的线段 R_{max} 的限制. 用这样的圆规作圆，其半径不能超过这线段. 为书写简单起见，在本节中将 R_{max} 简写作 R，若以 r 代表用给出的圆规能画的圆的半径，则必有

$$0 < r \leqslant R$$

作图题 21　作一线段，等于已给线段 AB 的 $\frac{1}{2^n}$（即分已给线段 AB 为 2，4，8，…，2^n 等份）.

不难验证,当 $AB \leqslant \frac{R}{2}$ 时①可以利用作图题 10;在这一作图里,最大圆的半径为 $AC = 2AB < R$②.

当 $AB < 2R$ 时③的作法.

以任意半径作圆 (A,r) 和 (B,r),命 C,D 为二圆的交点.改变半径 r 之值,永远可以使线段 $CD \leqslant \frac{R}{2}$.现在平分线段 CD(作图题10),得点 X_1.显然点 X_1 也平分线段 AB.

同样可作出平分线段 AX_1 的点 X_2.线段 $AX_2 = \frac{1}{4}AB \leqslant \frac{R}{2}$.点 $X_3, X_4, \cdots, X_n$ 的作法也都划归为作图题 10 的解法.

将 $BX_n = \frac{AB}{2^n}$ 增加 2^n 次(作图题 2),便把线段 AB 分成 2^n 等份.

当 $AB \geqslant 2R$ 时的作法将在作图题 24 中讲述.

作图题 22(第一基本操作)　在已给两点 A,B 的直线上,作一个或几个点④.

当 $AB < 2R$ 时的作法划归为作图题5.下面讲 $AB \geqslant 2R$ 时的作法.作圆 (B,R) 和 (A,r),其中 r 是小于或等于 R 的任意线段.在圆 (A,r) 上取一点 C,使之"接近于"线段 AB(即,使 $\angle ABC$ 尽量地小),作线段 $AD = mAC$(作图题2,$AC = r \leqslant R$).自然数 m 要取得使点 D 落在圆 (B,R) 之内⑤.改变点 C 在弧 (A,r) 上的位置,但如果需要的话,则改变半径 r 的值,永远可以达到使 D 在圆 (B,R) 之内.这时我们作线段 $AC = \cdots = HD = \frac{AD}{m}$(图 33).

---

① 为了比较二已知线段 AB 和 CD,应该作圆 (A,CD):a) 如果点 B 在这圆内,则 $AB < CD$;b) 如果点 B 在圆上,则 $AB = CD$;c) 如果点 B 在这圆外,则 $AB > CD$.

为了验证不等式 $AB \leqslant \frac{R}{2}$ 或不等式 $R \geqslant 2AB$,应该作图 (A,R);如果点 B 在圆 (A,R) 上或外,则 $R < 2AB$;如果点 B 在这圆内,则 $AB > R$,因之线段 $2AB$ 能作出(作图题2),然后再用上述方法与线段 R 相比较.

② 在作图题 10 的第一种作法里应该验证对所有的 $n = 1,2,3,\cdots, AD_n \leqslant R$,有

$$\lim_{n\to\infty} \overline{AD_n}^2 = \lim_{n\to\infty}\left(1 + \frac{1}{2} + \frac{1}{2^2} + \cdots + \frac{1}{2^n}\right)a^2 =$$

$$\left(1 + \frac{1}{2} + \frac{1}{2^2} + \cdots + \frac{1}{2^n} + \cdots\right)a^2 = \frac{a^2}{1 - \frac{1}{2}} = 2a^2 = 2AB^2$$

即 $AB_n < \sqrt{2}AB < R$.

③ 如果圆 (A,R) 和 (B,R) 不相交,则 $AB > 2R$.

④ 正如从前指出过的,单用圆规,更不用说单用两脚开度有限制的圆规,不能作一连续直线,然而可作该直线上的任意多个点.

⑤ 点 D 也可以不在圆 (B,R) 内;重要的是使 $BD < 2R$,点 D 应该在圆 $(B,2R)$ 内,但这样的圆我们不能用所给的圆规作出.

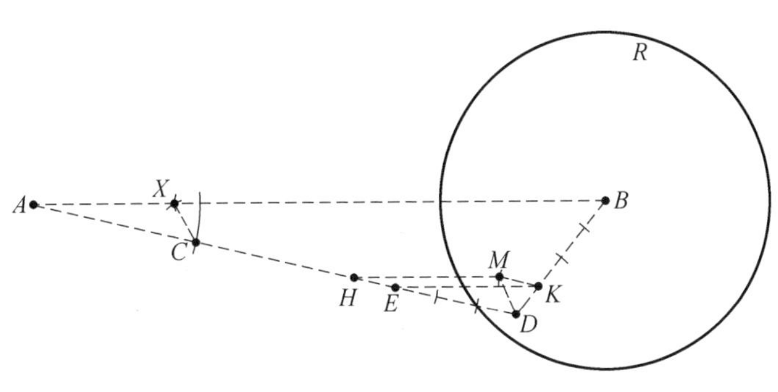

图 33

取这样的自然数 n,使 $2^{n-1} < m \leqslant 2^n$. 作线段 $DK = \frac{1}{2^n}BD$(作图题 21,这里 $BD < 2R$). 分线段 DH 成 2^n 等份(作图题 21,$DH = r \leqslant R$),并取线段 $DE = \frac{m}{2^n}DH$(在图 33 中 $m = 3, 2^{2-1} < 3 < 2^2, n = 2, DE = \frac{3}{4}DH$).

作平行四边形 $HEKM$,为此,作圆(H, EK)和(K, EH).(如果这二圆所得的交点 M 模糊不清,欲求 M,应该作圆(E, K),并在该圆上截取弦 $KP = PT$,等于半径 EK,在二圆(H, EK)和(P, TH)的交点中得点 M)

最后,若作圆(A, HM)和(C, DM),则这二圆交于直线 AB 上所求的点 X.

已给直线 AB 上以后各点的作图,归到作图题 5.($AX \leqslant R$)

证明　按作法,可以写

$$\frac{BD}{DK} = 2^n, \frac{AD}{DE} = \frac{mAC}{\frac{m}{2^n}AC} = 2^n$$

由此可见,三角形 ADB 和 DEK 相似($\angle ADB$ 相同),于是

$$\measuredangle DEK = \measuredangle DAB$$

$$EK /\!/ AB$$

因为 $HM /\!/ EK$(图形 $HEKM$ 是平行四边形),所以

$$HM /\!/ AB$$

由于三角形 ACX 和 DHM 合同推得 $AX /\!/ HM$,即 X 在直线 AB 上.

在上述作图中所作的一切圆的半径皆未超过线段 R.

附注　若 $m = 2^n$,即 m 取 $2,4,8,16,\cdots$ 各值之一,作图特别简单;在这种情况下点 E 与点 H 重合,点 M 与点 K 重合,线段 DH 被分成 2^n 等份,这时平行四边形 $EKMH$ 的作图不复存在.

这样一来,当半径 r 改变长度时,总应使 m 取 2,4,8,16,… 值之一.

作图题 23　在点 C 的右侧(或左侧)截取一线段,使它与已给线段 AB 平行且相等.

如果点 C 不在直线 AB 上,问题化为作平行四边形 $ABDC$(或 $ABCD'$).

当 $AB \leqslant R$ 时的作法　设 $AC \leqslant R$,并设点 C 不在直线 AB 上.作圆(C,AB)和(B,AC)并记下它们的交点 D.线段 CD 便是所求的线段,图形 $ABDC$ 是平行四边形.

如果线段必须作在点 C 的对侧,则圆(B,AC)应代以圆(A,BC).若是 $BC > R$,用已给圆规作圆(A,BC)则不可能.但如果在圆(C,AB)上作点 D 的对径点 D',所求点便可得到,图形 $ABD'C$ 是所求的平行四边形.

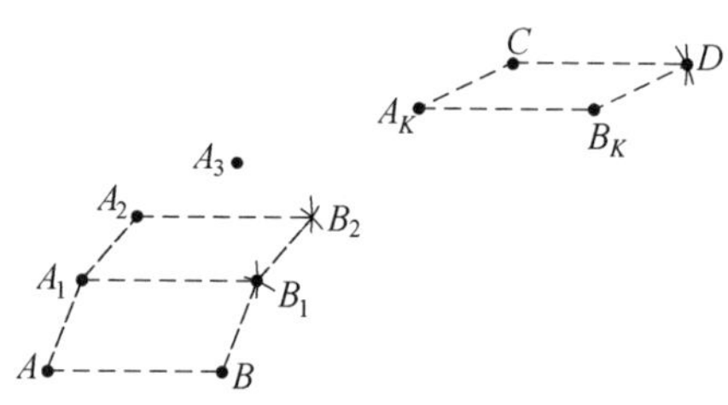

图 34

现在设 $AC > R$,$BC > R$(图 34).在从点 A 向点 C 的方向上取任意一系列点 $A_1,A_2,\cdots,A_k$,但假定 $AA_1 \leqslant R,A_1A_2 \leqslant R,\cdots,A_kC \leqslant R$.作平行四边形 $ABB_1A_1,A_1B_1B_2A_2,\cdots,A_{K-1}B_{K-1}B_KA_K$.

然后作平行四边形 A_kB_kDC(或 A_kB_kCD').线段 CD 即所求.这种作法在点 C 在直线 AB 上的情况下还是对的.

假如点 A_i 碰巧在直线 $A_{i-1}B_{i-2}$ 上,应将点 A_i 换以别的点.

当 $AB > R$ 时的作法　利用作图题 22 的解法,在线段 AB 上作点 $X_1,X_2,\cdots,X_n$,附加条件

$$AX_1 \leqslant R,X_1X_2 \leqslant R,\cdots,X_nB \leqslant R$$

然后作平行四边形 $AX_1D_1C,X_1X_2D_2D_1,\cdots,X_{n-1}X_nD_nD_{n-1},X_nBDD_n$.线段 CD 为所求.

作图题 24　作线段等于已知线段 AB 的$\frac{1}{2^n}$,但此时 $AB \geqslant 2R$(分一线段为 2^n 等份).

作法　在已知线段 AB 上求符合条件 $AC \leqslant R$ 的一点 C(作图题 22).作线段 $AD = mAC$(作图题 2),同时如此选择自然数 m,使 $AD \leqslant AB$,$DB < R$.为此把线段 AC 重复 2 次、3 次、……,当还没有到达点 B 的前一次为止.假如这时 m 是奇数,应再作一线段 $DD_1 = AC$,则 $AD_1 = (m+1)AC$,$AB < AD_1$,$BD_1 < R$(在图 35 上 $m = 6$).

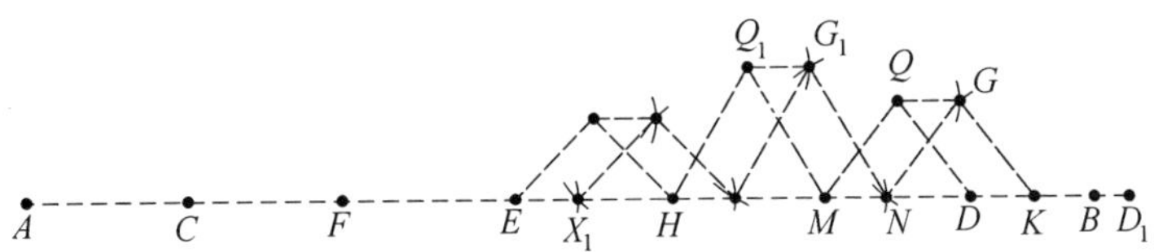

图 35

作线段 BD(或 BD_1)的中点 K(中点作法见作图题 21,$BD < R$).

命点 E 为线段 AD(或 AD_1)的中点,截取线段 EX_1,使它等于且平行于线段 DK(作图题 23),且 $AX_1 = AE + EX_1$(或 $AX_1 = AE - EX_1$,如 E 为线段 AD_1 的中点);为此取点 $Q,M,Q_1,H,\cdots$,并作平行四边形 $QDKG,MQGN,Q_1MNG_1$ 等①.

点 X_1 平分已给线段 AB.

再将线段 AX_1 平分,得线段 AB 的四分之一,…….如果这时 $AX_1 < 2R$,应用作图题 21 所述作法,否则作图如上.

作图题 25　作线段为已知线段 AB 的 n 倍,假定 $AB > R$.

作法　在已知直线 AB 上定一点 C,使 $AC < R$(作图题 22).作线段 $AD = mAC$(作图题 2,$AC < R$),这时 m 要这样选择,使 $AD \leqslant AB$,$DB < R$.为此线段 AC 应重复 2 次、3 次、…….当还没有达到点 B 的前一次为止.

在点 D 的右侧作线段 $DE = nDB$(作图题 2,$DB < R$).最后,在点 C 的左侧作线段 $AF = (n-1)mAC$(这时线段 $CF = [(n-1)m+1]CA$).线段 $FE = nAB$ 即所求(在图 36 上 $m = 3, n = 2$).

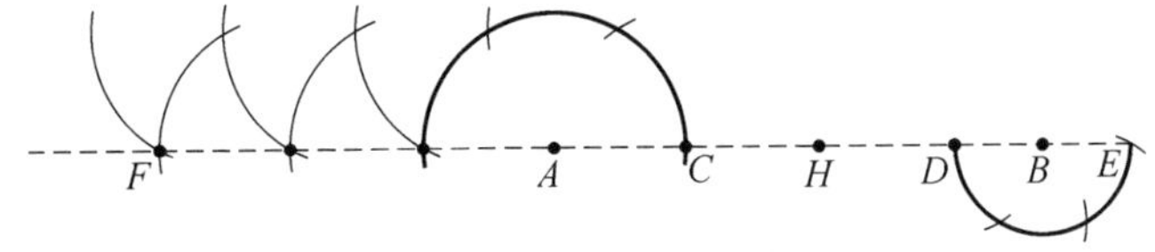

图 36

证明　线段

$$
\begin{aligned}
FE &= FA + AD + DE = \\
&(n-1)mAC + mAC + nDB = nmAC + nDB = \\
&n(mAC + DB) = n(AD + DB) = nAB
\end{aligned}
$$

附注　为了使所作的线段以本身的左端与点 A 重合,必须事先从点 E 向

① 如果作 $AX_1 = AE + EX_1$,点 X 便作出(参考作图题 6 的附注)

右取一线段 EK 使等于并平行于线段 $HD(AC = HD)$(作图题 23),然后作 $EM = (n-1)mEK$ 以代替线段 AF,则 $AM = nAB$.

作图题 26(第二基本操作)　以已知点 O 为圆心,已知线段 AB 为半径作一圆.

作法　如果 $AB \leqslant R$,就拿所给出的开度有限制的圆规直接画圆好了.但是如果 $AB > R$,我们不能够画出连续曲线样的圆,不过此时在已知圆心和半径的已知圆上能够画出不论多稠密的任意多个点(图 37).

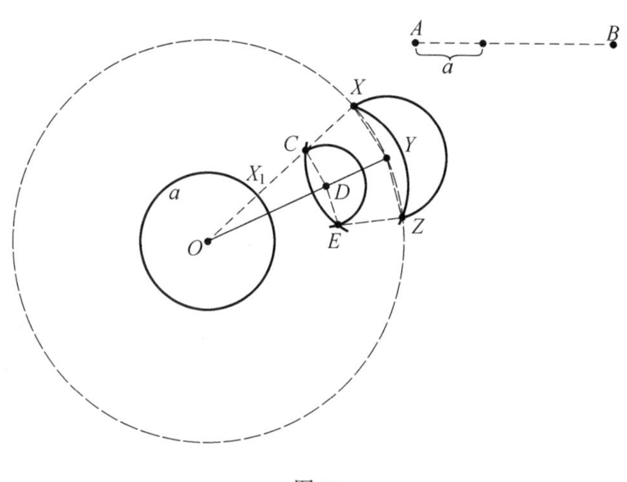

图 37

作线段 $a = \frac{AB}{2^n}$(作图题 21 和 24),这时 n 要这样选取,使 $a \leqslant R$.作圆(O, a),在该圆上任取一点 X_1,作线段 $OX = 2^n OX_1$(作图题 2,$OX_1 = a \leqslant R$),则点 X 在已知圆(O, AB)上.

改变点 X_1 在圆(O, a)上的位置,可以作出已知圆上任意多个点.

如果在已知圆上已作好了两点 X,Y,而且 $XY < R$,$DX \leqslant R$,那么圆上其他点的作图可用下法施行:作圆(Y, X)和(D, X),设二圆交于一点 Z,点 Z 就是已知圆上一点,作圆(D, C)和(Y, C),得交点 E.若是再作圆(Z, Y)和(E, Y),则又得圆上一点,以下以此类推.

证明　线段 $OX = 2^n \cdot a = 2^n \cdot \frac{AB}{2^n} = AB$.

作图题 27(第三基本操作)　求已知二圆(O, AB)和(O_1, CD)的交点.

作法　如果二圆的半径都不大于 R,它们的交点作图可用圆规直接完成.现在假定二已知圆中的一个或两个半径大于 R.

作线段 $a = \frac{AB}{2^n}, b = \frac{CD}{2^n}, OE = \frac{OO_1}{2^n}$(作图题 21 和 24);$n$ 要这样取,使 $a \leqslant R, b \leqslant R$(图 38).

作圆(O,a)和(E,b),并标出它们的交点 X_1, Y_1.

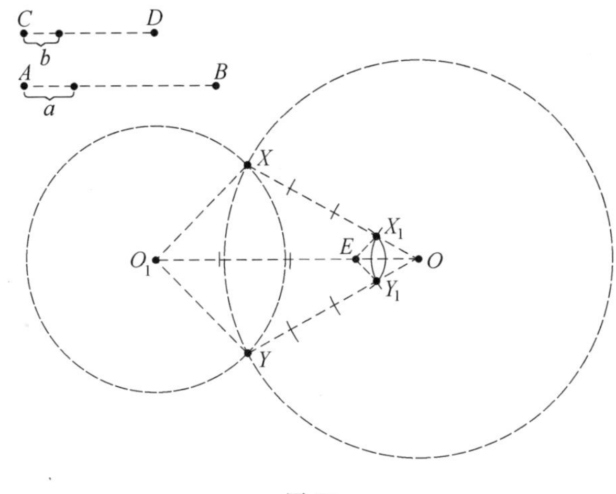

图 38

现在再作线段 $OX^n = 2^n OX_1, OY = 2^n OY_1$,就得到所求的已知圆$(O,AB)$和$(O_1,CD)$的交点 X, Y.

证明　因为

$$OX = 2^n \cdot a = 2^n \cdot \frac{AB}{2^n} = AB$$

$$OY = 2^n \cdot \frac{AB}{2^n} = AB$$

由于三角形 OXO_1 和 OX_1E 相似$\left(\frac{OX}{OX_1} = \frac{OO_1}{OE} = 2^n, \angle O_1OX \text{ 公共}\right)$,得 $O_1X = 2^n \cdot EX_1 = 2^n \cdot \frac{CD}{2^n} = CD$.

同理可得 $O_1Y = CD$.

作图题 28　作点 C 关于已知直线 AB 的对称点 C_1.

作法　对 $AC \leqslant R, BC \leqslant R$ 的作图见作图题 1. 如果从点 C 到已知直线 AB 的距离小于 R,那么利用作图题 22,在直线上总可以找到点 A_1, B_1,使 $CA_1 \leqslant R, CB_1 \leqslant R$.

现在假定从点 C 到已知直线 AB 的距离大于 R. 可以认为 $AB < 2R$,假如不然,利用作图题 22,在已知直线上找出这样的一些点.

在平面上任取一点 E,使 $CE \leqslant R$,并使直线 CE 从二点 A,B 之间通过.作线段 $CD = mCE$. 为此作 $CE = \cdots = HD$(作图题2).点 E 和数 m 这样选取,使得线段 AD,AH,BD 和 BH 不大于 R.

求出点 D,H 关于已知直线的对称点 D_1,H_1(作图题 1). 作线段 $D_1C_1 = mD_1H_1$.点 C_1 就是所求的点 C 关于已知直线 AB 的对称点(图 39).

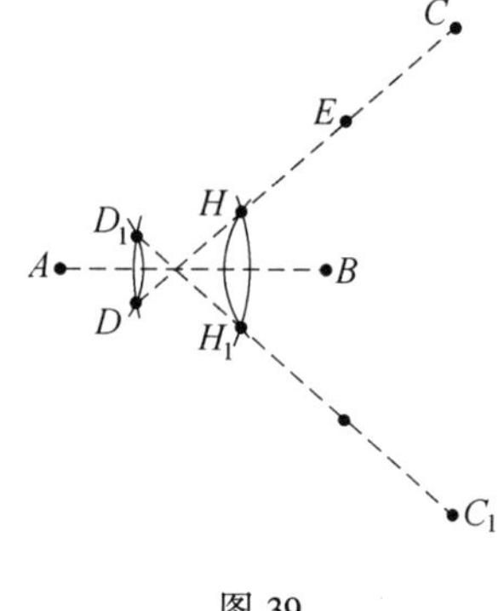

图 39

作图的正确性是很明显的.

作图题 29(第四基本操作) 求已知圆(O,CD)和已知两点 A,B 的直线的交点.

作法 a) 直线不通过圆心的情况.

作已知圆的圆心 O 关于直线 AB 的对称点 O_1(作图题 28). 决定二圆(O,CD)和(O_1,CD)的交点 X,Y(作图题 27).点 X,Y 即为所求.

b) 直线通过圆心的情况①(图 40).

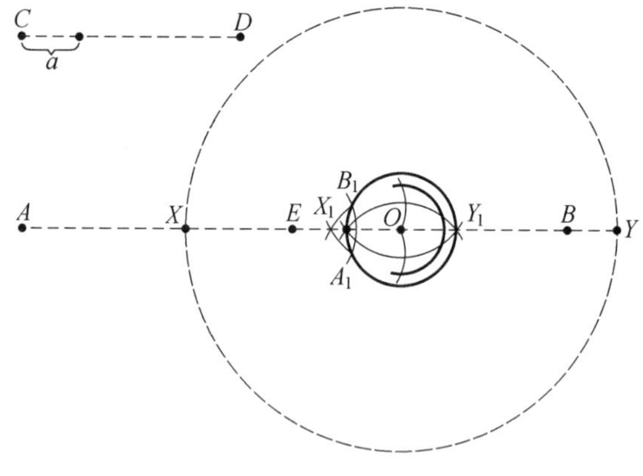

图 40

作线段 $r = \dfrac{CD}{2^n}$,附带条件 $r \leqslant \dfrac{R}{2}$(作图题 21 和 24). 作圆(O,r),它和圆(A,d)或(B,d)交于两点 A_1,B_1,这里的 d 是小于或等于 R 的任意线段.如果即使 $d = R$,圆(A,R)或(B,R)也不和圆(O,r)相交(这时 $OA > R + r$ 和

① 为了验证此事,请参考作图题 1 的附注.

$OB > R + r$)，那么利用作图题22，在直线 AB 上决定一点 E，使 $OE < R + r$；圆 (E,d) 和 (O,r) 交于点 A_1, B_1. 改变半径 d 的值，可以得到这样的线段 $a = A_1B_1 \leqslant \frac{R}{2}$.

平分圆 (O,r) 的二弧 A_1B_1 于二点 X_1, Y_1（作图题4）. 作线段 $OX = 2^nOX_1$ 和 $OY = 2^nOY_1$（作图题2，$OX_1 = OY_1 = r \leqslant \frac{R}{2}$）. 点 X 和 Y 即是所求的已知直线和已知圆的交点.

在上述作法中所作最大的圆乃是平分圆弧 A_1B_1 的圆. 平分圆弧时（参考作图题4），最大圆的半径等于 $BC = \sqrt{2a^2 + r^2}$（参考图5），在我们的作法中这条半径为

$$\sqrt{2a^2 + r^2} \leqslant \sqrt{2(\frac{R}{2})^2 + (\frac{R}{2})^2} < R$$

作图题 30　作一线段，使为与已知线段 a, b, c 成比例的第四线段.

作法　如果 $a \leqslant R, b \leqslant R, c \leqslant R$，作法如作图题3.

现在假定上列不等式至少有一个不成立. 作线段 $a_1 = \frac{a}{2^n}, b_1 \leqslant \frac{b}{2^n}, c_1 = \frac{c}{2^m}$（作图题21和24），这时自然数 n 和 m 应使 $a_1 \leqslant R, b_1 \leqslant R, c_1 < R$，并且 $c_1 < 2a_1$.

作与线段 a_1, b_1, c_1 成比例的第四线段 x_1. 再作线段 $x = 2^m x_1$（作图题2和25），则这线段就是所求的与已知线 a, b, c 成比例的第四线段.

证明　比例

$$\frac{a}{2^n} : \frac{b}{2^n} = \frac{c}{2^m} : x_1$$

也可以写作

$$a : b = c : 2^m x_1$$

作图题 31（第五基本操作）　已知 AB 和 CD 都是给定两点的直线，求作 AB 和 CD 的交点.

作法　已知二直线的交点用开脚有限制的圆规的作法如同作图题7，但在此作图中在用作图题1和3的地方分别要用作图题28和30代替. 为了决定点 E，可应用作图题27.

附注　利用作图题22，总可以使决定已知二直线的四点 A, B, C, D 选得如此靠近，以致在作图中所画的一切圆的半径都不大于 R，因而可用开脚有限

的圆规作图.

根据本节前面讲过的,得出下面的结论:

所有的五种基本操作(最简单的作图题)都可以单用半径不超过某一预先给定的线段 R 的圆规解决.

每一个可用规尺解决的几何作图题永远可以化为一定顺序的有限次的基本操作.

由此可见,下面的定理成立.

定理　所有用规尺可解的几何作图题都可以单用两脚开度不超过某一预先给定的线段的圆规解决.

现在讨论单用两脚开度以线段 R 为上限的圆规解决作图结构问题的一般方法.

假定有某一作图题,可用规尺解决,要求单用两脚开度有限制的圆规解决.设想这问题是在古典意义下自由运用两脚开度毫无限制的圆规解决的,结果得一只由有限数目的圆所组成的图形 Φ.设 R_1 代表所有组成图形 Φ 的圆中最大的半径,假如说 $R_1 \leqslant R$,则上述作图可用给出的开脚有限制的圆规完成.

现在假定 $R_1 > R$,选择一自然数 n,使 $\frac{R_1}{2^n} \leqslant R$.如果现在所有在问题的条件下给出的线段,其中也包括决定各已知圆半径的线段,缩小为$\frac{1}{2^n}$,然后用给出圆规作出问题的解答,结果便得一图形 Φ',它与 Φ 相似,相似系数等于$\frac{1}{2^n}$.所有图形 Φ' 的圆都可用已给圆规画出,因为这些圆的半径不大于$\frac{R_1}{2^n}\left(\frac{R_1}{2^n} \leqslant R\right)$.同时应该注意,如问题的条件中给出图形平面上的某一图形 W,必须以这图形中的一个点为相似中心 O,作与 W 相似且以$\frac{1}{2^n}$ 为相似系数的图形 W'(即将图形 W 缩小为$\frac{1}{2^n}$).

命图形 ψ' 代表图形Φ' 中取作所求的结果的那一部分.作一图形 ψ,相似于图形 ψ',且以 O 为相似中心,以 2^n 为相似系数(将图形 ψ' 放大为 2^n 倍),为此,作线段

$$OX_1 = 2^n OX'_1, OX_2 = 2^n OX'_2, \cdots, OX_k = 2^n OX'_k$$

其中的 $X'_1, X'_2, \cdots, X'_k$ 表示图形 ψ' 的圆的所有交点和这些圆的圆心.图形 ψ 的点 $X_1, X_2, \cdots, X_k$ 是组成这图形的圆的圆心和交点.

图形 ψ 便是已知问题的所求解答的结果,直线和半径大于 R 的圆在图形 ψ 上不能用给出的圆规画出,但可以以随意多么缜密的点的形式画出(作图题 22 和 26).

为了说明上面所叙述的,可以拿作图题 27 的题解作例子,在这个题解里,Φ 是由二圆(O,AB)和(O_1,CD)组成的.给定的元素是二点 O,O_1(代表已知图形 W)和二线段 AB 和 CD.图形 Φ' 由圆(O,a)和(E,b)组成(连带圆心 O 和 E).在图形 Φ' 上取作结果的图形 ψ' 由二点 X_1,Y_1 组成.所求的解答结果是由二点 X,Y 组成的图形 ψ,O 是相似中心(在图 38 上取的 $2^n=4,n=2$).

在解作图题时数 n 通常是不知道的,因为用给出的圆规不能作图形 Φ,也就是说,不知道最大圆的半径 R_1.考虑到这种情况,用开脚有限制的给出的圆规以解作图题,直到圆的半径 $r_1>R$ 为止.我们决定一自然数 n_1,使 $\frac{r_1}{2^{n_1}}\leqslant R$,把给出的线段缩小为 2^{n_1} 分之一,然后重新开始解该问题;结果我们或者完全解决了问题而作出一图形 Φ',或者又得到了半径 $r_2>R$ 的圆.决定一自然数 $n_2\left(\frac{r_2}{2^{n_2}}\leqslant R\right)$,再把线段缩小为 2^{n_2} 分之一(这时在问题的条件中的线段,缩小为 n_1n_2 分之一),等.作过有限步骤之后,图形 Φ' 便被作出来了.

利用解题的一般方法,不难用开脚有限制的圆规作已知点、直线或圆的反演形.

在本节之末,我们引进下面的一个作图题的解法.

作图题 32　分已知线段 AB 为五等份,但假定不能把已知线段 $AB=a$ 五倍起来.

在马斯开龙尼渊博的著作《圆规几何学》里,这个题是唯一用上述限制条件的圆规解决的.

作法　作圆(B,A),取弦 $AC=CD=DE=a$(图 41),作图(A,D)和(E,C)交于两点 F,F_1.记下圆(F_1,AB)和圆(B,A)的一交点 H.然后作圆(H,F_1)和(F,AE),得一交点 G.在圆(B,A)上取弦 $AK=AK_1=F_1G$.再作圆(K,A)和(K_1,A),则交点 X 即为所求的点.线

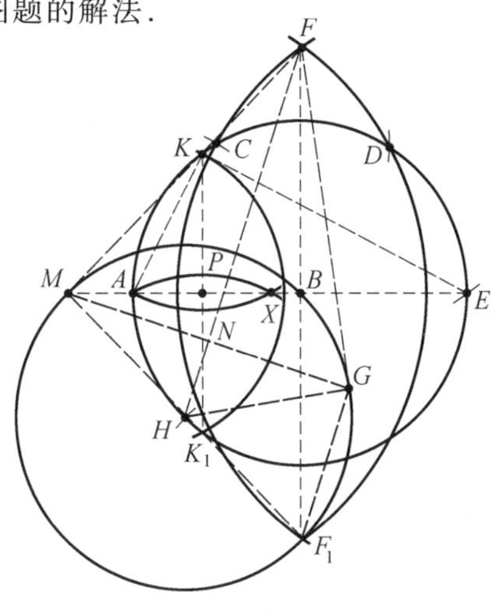

图 41

段 $BX = \frac{1}{5}AB$.

证明 假设在圆(H, F_1)上 M 是点 F_1 的对径点,假设 N 是直线 HF 和 MG 的交点.线段 $BF = BF_1 = \sqrt{2}AB$.由点 F 向圆(H, F_1)作的切线之长等于

$$b = \sqrt{FF_1 \cdot FB} = \sqrt{2\sqrt{2}AB\sqrt{2}AB} = 2AB$$

但另一方面,按作图,$FG = 2AB$,这意味着直线 FG 切圆(H, F_1)于点 G.

由直角三角形 FGH 得

$$HF = \sqrt{HG^2 + GF^2} = \sqrt{5}AB$$

三角形 FMF_1 是等腰三角形,因为 $\angle F_1BM$ 是倚在圆(H, F_1)直径 F_1M 上的直角.这就是说,$MF_1 = MF = 2AB$.

三角形 MFG 也是等腰三角形$(MF = FG = 2AB)$,因此

$$MG \perp HF$$

由直角三角形 HGF(其中线段 GN 是它的高)得

$$HG^2 = a^2 = HF \cdot HN = \sqrt{5}a \cdot HN$$

或

$$HN = \frac{a}{\sqrt{5}}$$

由直角三角形 HNG 和 MGF_1 得

$$NG = \sqrt{a^2 - \left(\frac{a}{\sqrt{5}}\right)^2} = \frac{2a}{\sqrt{5}} = \frac{1}{2}MG$$

$$GF_1^2 = 4a^2 - \frac{16a^2}{5} = \frac{4a^2}{5}$$

最后,由直角三角形 AKE 得

$$AK^2 = GF_1^2 = AE \cdot AP = 2AB \cdot \frac{AX}{2} = AX \cdot AB$$

或

$$AX = \frac{GF_1^2}{a} = \frac{4a}{5}$$

因此

$$BX = \frac{1}{5}AB$$

第六节　开脚下方受限制的圆规作图

在这一节里我们用的圆规是两脚的开度仅仅下方受预先给定的线段 $R_{\min}$ 的限制,这种圆规能作大于或等于线段 $R_{\min}$ 的任何半径的圆,在本节中将 $R_{\min}$

简写作 R.

作图题 33　作一线段,为已知线段 AA_1 的 n 倍.

作法　作线段 A_1E,垂直于已知线段 AA_1(作图题 8,取 $OA \geqslant R$).定点 E 关于直线 AA_1 的对称点 E'(作图题 1,这里 $AE > R, A_1E > R$).作点 A 关于直线 EE' 的对称点 A_2.线段 $AA_2 = 2AA_1$(图 42).

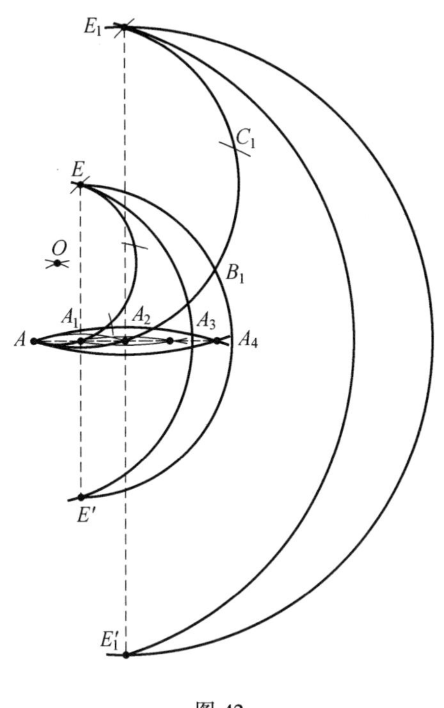

图 42

然后作圆(E,A),并截取弦 $AB_1 = B_1C_1 = C_1E_1$,各等于半径 EA.线段 $A_2E_1 \perp AA_2$.求点 E_1 关于直线 AA_2 的对称点 E'_1.若再分别作点 A_1 和 A 的对称点 A_3 和 A_4,则有

$$AA_3 = 3AA_1, AA_4 = 4AA_1$$

以下的作图,重复如上.

若 $AA_1 \geqslant R$,则作图见作图题 2.

在这个作图里所作圆的半径都不小于 R.

附注　由上面的作法显然可看出,在作图中,可以把点 $A_3, A_5, A_6, A_7, A_9, \cdots$ 省略,而把点 $A_2, A_4, A_8, A_{16}, \cdots$ 一下子作出来,即可以立刻作出已知线段

AA_1 的 $2,4,8,16,\cdots,2^n$ 倍来.

作图题 34　作一线段,等于已知线段 AB 的 $\frac{1}{n}$(即将一线段分成 n 等份).

作法　如果 $AB \geqslant R$,则作法如作图题 9.

现在假设 $AB < R$.作线段 $AB' = mAB$(作图题 33),这时自然数 m 要取得使 $AB' \geqslant R$.分线段成 $n \cdot m$ 等份(作图题 9).得所求线段 $AX = \frac{AB'}{n \cdot m}$.

事实上,$AX = \frac{AB'}{n \cdot m} = \frac{mAB}{n \cdot m} = \frac{AB}{n}$.

附注　若是这时不用作图题 9 而用作图题 10 的作法,则得到线段 $AX = \frac{1}{2^n}AB$.

用两脚的开度下方受限制的圆规来解作图题 5,也能胜任.

作图题 35(第二基本操作)　以已知点 O 为中心作半径 $AB = r$ 的圆.

作法　如果 $AB \geqslant R$,则用给出的圆规立刻作出该圆.如果 $AB < R$,则用给出的圆规不能以连续曲线形式作出圆.但这时可作出该圆上无论多稠密的任意多个点.

设 $AB < R$.以任意半径 $a > R + r$ 作圆(O,a)和(A,a),并在第二圆上取二点 C,D,使 $CD \geqslant R$.若再在圆(O,a)上取弦 $C_1D_1 = CD$,并作圆(C_1,CB)和(D_1,DB),则这二圆的交点 X 为已知圆(O,r)上的一点.变更弦 C_1D_1 在圆(O,a)上的位置,可以作出已知圆上任意多个点(图 34).

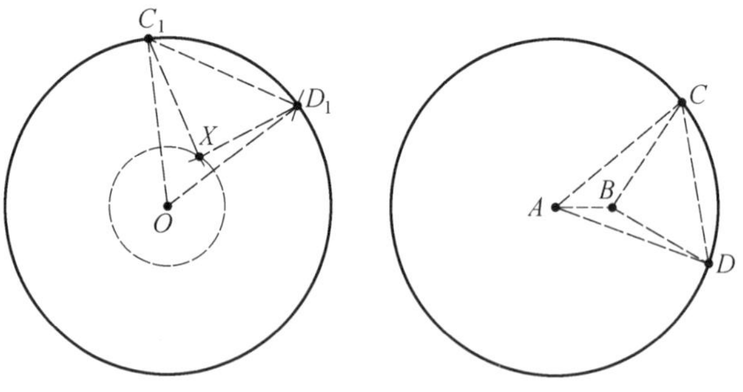

图 34

作图之所以正确,是由三角形 $ACD \equiv OC_1D_1$,$BCD \equiv XC_1D_1$ 立即得知的.

我们现在指出,用两脚开度下方受线段 R 限制的圆规解几何作图题的一般方法.用这个方法可以解任何规尺可解的作图题,其中也包括第三、第四和第五最简单的基本作图题.

单用画不小于半径 R 的圆的圆规以解决作图题的一般方法，和在第五节中引入的解题的一般方法一样.

这两种方法不同的地方在于不是把问题条件下的已知线段缩小为 2^n 分之一，与此相反，应该放大为 n 倍(或放大为 2^n 倍)(作图题 33). 然后应该作一图形 Φ'，与图形 Φ 相似，而且是它的 n 倍. 数 n 要这样选取，使图形 Φ' 上的所有圆的半径都大于 R，因而能用所给圆规作出这种圆($nR_1 \geqslant R$，其中 R_1 是图形 Φ 上圆的最小半径)，代表所求的问题解答结果的图形 ψ 乃是图形 ψ' 的 $\frac{1}{n}$(作图题 34).

于是，我们得到下列定理.

定理　所有能用规尺解决的几何作图题都可以单用一只能画半径不小于某一预先给定的线段的圆的圆规解决.

第七节　开脚一定的圆规作图

单用开脚一定的仅能画半径 R 的圆的圆规的作图，曾为许多学者研究过，阿拉伯的数学家阿布·伐法所著《几何作图之书》的绝大部分讲的是这个问题. 研究用开脚一定的圆规解决作图题的还有列昂纳德·达·芬奇、卡尔达诺、塔尔塔里亚、费尔拉里等.

用开脚等于定长 R 的圆规能够从一线段 AB 的端点作它的垂线，只要 $AB < 2R$ 即可(作图题 8)；能够把线段 R 放大 2 倍，3 倍，……(作图题 2). 如果 $AB < 2R$ 而且 $AB \neq R$，则能够作直线 AB 上的诸点(作图题 5)，只要在每次作图时改变对称点 C 和 C_1 的位置. 但是我们不能够用这种圆规分一线段或一圆弧成若干等份，求比例线段，等.

这样说来，用开脚一定的圆规不能完全解决一切能用规尺解决的作图题.

注意到第五节、第六节，乃至本节中获得的结果，应当看出，现在尚有下列问题等待解决：用开脚上下方同时有限制的圆规(这种圆规只能作半径不小于 $R_{\min}$ 也不大于 $R_{\max}$ 的圆)，以解决作图的可能性问题.

什么作图题能够用这种圆规解决呢？能不能用它来解决所有能用规尺解决的作图题？如果答案是肯定的，那么能不能使差 $R_{\max} - R_{\min}$ 任意之小？换句话说，能不能用开脚“几乎”是常值的圆规解决所有能用规尺解决的作图题？正如在本节之初我们已经指出过的,用开脚一定的圆规不能完全解决这些作图题①.

在我们看来文献上几乎尚未阐明的下列问题不是没有意义的.

1.研究用开脚有限制(上方或下方或上下方同时受限制)的圆规和定长直尺解决几何作图题,指明最简单的作图方法.

2.研究单用直尺解决几何作图题(司坦纳作法),此时在作图平面上给定了一辅助圆(O,R),并且直尺有定长 l.这里重要的是 $l < R$ 和 $l > R$ 的情形.

第八节 所有圆通过同一点的圆规作图

在这一节里,我们讨论在所作的圆都通过平面上同一点的条件下单用圆规②解决几何作图问题.

定义 二圆(一般地,二曲线)的交角意指过二圆(二曲线)交点所引的切线的交角.如果交角成直角,就说二圆正交.

定理 1 如果圆(O_1,R)和反演基圆(O,r)正交,则它是它自己的反演形③.

证明 若二圆正交,则由二圆交点所作的二圆半径的夹角 $\angle OAO_1$ 等于直角,这就是说,直线 OA 是对圆(O,R)在点 A 上的切线,因此

$$OP \cdot OP' = OA^2 = r^2$$

这等式对任一割线 OP 总是对的.点 P' 是点 P 的反演点,圆(O_1,R)的弧 APA_1 是弧 $AP'A_1$ 的反演形(图 44).

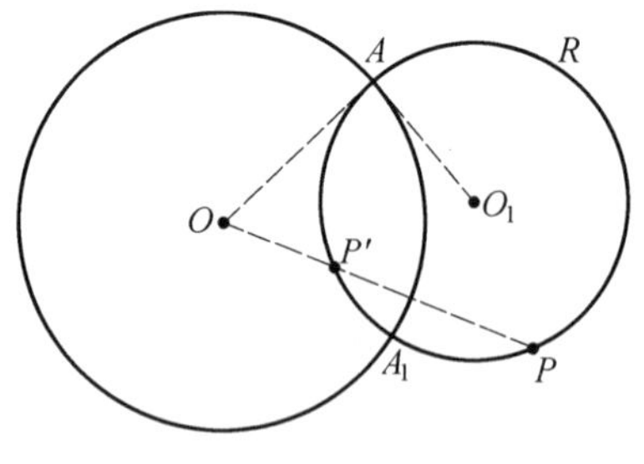

图 44

在作图题 11 中给出了为已知线段 AA_0 的 3^n 倍的线段的作法.在实现作图时所有的圆都通过点 A,但有一例外,是圆(A,A_0);我们作这个圆原是为了在截取弦 $AE = EC$ 和 $AE' = E'C'$ 时决定点 E 和 E' 的.

圆(A,A_0)可以不作,而采取下列办法.分开圆规的两脚使开度等于 AA_0,

① 为了完成作图,可以给出 k 个圆规,每一圆规的开脚上下方都有限制,第一个圆规开脚限于线段 r_1 和 R_1,第二个限于线段 r_2 和 R_2,……,第 k 个限于线段 r_k 和 R_k,$k = 1,2,3,\cdots$.

② 在本节里圆规的开脚不加限制.

③ 逆定理也成立,但在本节用不到它.

把铅笔尖放在点 A,然后不变两脚的开度,把圆规有针尖的一脚放在圆(A_0,A)弧上,以定出点 E 和E',如果现在再画圆(E,A),则与圆(A_0,A)相交作出点 C.同样可作出点 C'.

据此,可作一线段,为已知线段的 3^n 倍(作图题 11),并使所有的圆都通过同一点.

要解决作图题 15,16,17,作所有的圆都通过同一点 O—— 反演中心(参看图 26,28,29).为了作当 $OC \leqslant \frac{1}{2}$ 时 C 的反演点X(作图题 15),而且要所作的圆也都毫无例外的通过点 O,必须作线段 $OC_1 = 3^n \cdot OC > \frac{r}{2}$(作图题 11,并考虑到本节开头的附注),以代替线段 $OC_1 = nOC > \frac{r}{2}$(图 27),然后作 $OX = 3^n \cdot OC'_1$.

于是,单用圆规能作已知点的反演点,能作已知直线的通过反演中心的反演圆,能作通过反演中心 O 的圆的反演直线,同时在作图中的圆都通过同一点 O—— 反演中心.

司坦纳证明了所有用规尺可解的作图题都能单用直尺解决,只要在图形平面上预先给出了一个定(辅助) 圆(O_1,R)及其圆心就好了.

现在假定某一作图问题已用司坦纳方法解决,结果就在图形平面上得一图形 Φ,这 Φ 除了辅助圆以外,只由一些直线组成.任作一圆(O,r),唯一限制条件是圆心 O 即不在圆(O_1,R)上,也不在 Φ 的哪一条直线上,以圆(O,r)为反演基圆,作 Φ 的反演形Φ'.作出的图形 Φ' 将只由一些圆组成,其中除了二圆(反演基圆(O,r)和(O,R)的反演圆)外,所有圆都通过一点 O—— 反演中心.

如果反演基圆(O,r)和辅助圆(O_1,R)交于直角,则根据定理 1,圆(O_1,R)是自己的反演形.图形 Φ 由一些直线、圆(O_1,R)和可能一些个别的孤立点组成;Φ 的反演形Φ' 将由圆(O_1,R)、通过反演中心 O 的一些圆、一些反演直线和可能一些个别的孤立点组成,为了作图形 Φ',只需用作图题 15 和 16.

这样说来,在作图形 Φ 的反演形Φ' 中,当反演基圆和辅助圆交于直角的时候,所有的圆,其中也包括用以作出图形 Φ' 的各圆,除二圆 —— 反演基圆(O,r)和圆(O_1,R)—— 外,都通过同一点 O.

下面举一作图题,来说明刚才所讲的.

作图题 36　已知圆(O_1,R)和该圆上的一点 A.求由已知点 C 只用直尺作直线 O_1A 的垂线.

作法　作直线 O_1A,设与已知圆交于 B.作直线 AC 和 BC,命此二直线与圆(O_1,R)的交点分别为E和D.再作直线AD和BE,设交点为F,则CF为直线O_1A的垂线.命H代表其垂足(图45).

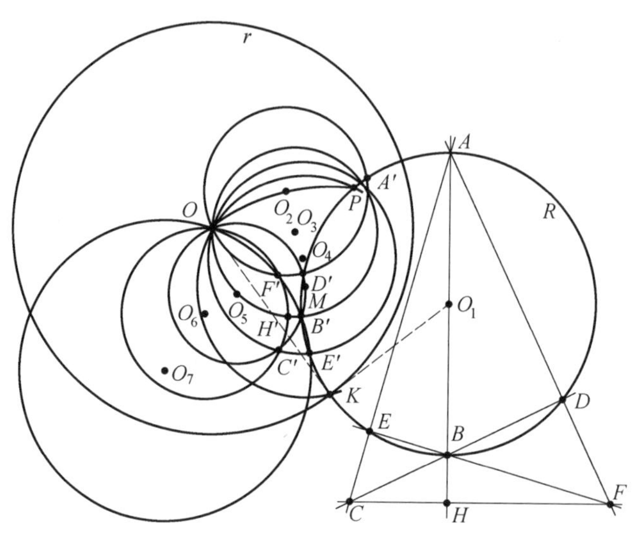

图 45

证明 线段CD和EF是三角形AFC的高,因为$\angle ADB$和$\angle AEB$都是直角,由于三角形的三高交于一点B,所以有$FC\perp AB$.

这问题中的图形Φ乃是由圆(O_1,R)和六条直线AB,AC,AD,CD,CF和EF组成.首先决定点O和半径r,使圆(O,r)和(O_1,R)正交.为此我们用作图题8的第二种作法;在圆(O_1,R)上任取二点K,M,作$KO\perp KO_1$(作图题8).对此作圆(M,K)和(K,P),它们交于点O(图45).P是在圆(M,K)和(O_1,R)的一交点中得到的.

改变点K和M的位置,可以作出不在图形Φ上的任何一条直线上的点O,圆(O,K)与已知圆(O_1,R)交成直角,因而可以取作反演基圆;$OK = r$.

图形Φ的反演形Φ'由七个圆组成,这些圆是(O_2,O),(O_3,O),(O_4,O),(O_5,O),(O_6,O),(O_7,O)和(O_1,R).(圆(O_1,R)是自己的反演形)前六个圆通过反演中心O,并且分别是图形Φ的直线AF,AB,AE,CD,CF和EF的反演形,图形Φ'的点A',B',C',D',E',F'和H'分别是图形Φ的点A,B,C,D,E,F和H的反演点,所有为作图形Φ'的前六个圆而作的圆,以及为定反演中心而作的圆(M,K)和(K,P),都通过平面上的同一点O.

由此得下面的定理.

定理 2 每一个规尺可解的几何作图题都能单用圆规解决,使得所有在作图中的圆,除了二圆(反演基圆和司坦纳辅助圆)以外,都通过同一点 —— 反演中心 O.

现在假定某一作图题已用司坦纳方法解决,结果便得一图形 Φ,它是由圆 (O_1,R) 和一些直线组成的,部分直线通过反演中心 O.如果把辅助圆(O_1,R) 当做反演基圆,作图形 Φ 的反演形Φ',则所得图形 Φ' 将由一些直线和圆组成,并且所有这些直线和圆,除圆(O_1,R) 之外,都通过预先给定的同一点 O.

由此得下面的定理.

定理 3 每一个规尺可解的几何作图题总可用规尺这样解决,以使所有画出的直线和圆,除一圆(反演基圆)而外,都通过预先给定的同一点 —— 反演中心.

现在假定在用圆规解几何作图题时许可用一次直尺(或者假定在图形的平面上预先用直尺画好了一直线 AB).选择不在直线 AB 上的一点 O 为圆心任作一圆(O,r),以此圆为反演基圆,作已知直线的反演圆(O_1,R)(作图题 16),圆 (O_1,R) 通过反演中心 O,且 $R = OO_1$.

以圆(O_1,R) 为辅助圆,应用司坦纳方法解任何几何作图题,得出仅由直线和圆(O_1,R) 组成的图形 Φ;Φ 的反演形 Φ',除了直线 AB 之外,由一些通过反演中心 O 的圆组成.同时我们可以假定,在应用司坦纳方法解作图题时,连一条直线也不通过在辅助圆(O_1,R) 上的点 O;否则就当取别的圆作反演基圆 (O,r).

假如直线 AB 没有画出来,而允许使用一次直尺,那么在图形平面上任取一圆(O_1,R) 作为辅助圆,并按司坦纳方法解所提问题.然后在这个圆上任取一点 O,附加条件:要这点 O 不在图形 Φ 的任何直线上.以半径 $r < 2R$ 作圆 (O,r) 并把与圆(O_1,R) 的交点记作 A,B.拿直尺作直线 AB,如果把圆(O,r) 当做反演基圆,则这直线将是圆(O_1,R) 的反演直线.进一步作图形 Φ 的反演形 Φ'.

定理 4 如果在图形平面上已画出一直线,那么所有能用规尺解决的作图题都可单用圆规解决,且使所有在作图中的圆,除一圆(反演基圆)外,都通过平面上的同一点.

这个定理同给定一常圆而单用直尺作图的司坦纳基本定理有点相似.

现在假定在图形平面上用直尺画出了由直线和线段组成的某一图形 ψ(例如二平行线或平行四边形,等).

又假定某一作图题已用司坦纳方法解决,并且是以图形 ψ 作为辅助图形的.结果就得到一仅由直线组成的图形 Φ,图形 ψ 是图形 Φ 的一部分.

任作一圆(O,r),附加条件:O 不在图形 Φ 的任何直线上,以(O,r)为反演基圆作图形 Φ 的反演形 Φ',Φ' 只由一些通过一点 O—— 反演中心的圆组成.

定理5 如果在平面上已知(已画出)某一些由直线和线段组成的图形,以此图形为辅助图形,则所有能用司坦纳方法解决的作图题永远能单用圆规解决,且使所有的圆,除一圆(反演基圆)外,都通过在作图平面上任意取的一点.

第六编

平面几何作图问题散论

第二十三章　用直尺和圆规作图[①]

我们有可以自由处置的一根没有标志的尺子,叫做“直尺”,用它我们可以画直线,以及一个没有刻度的可以置于任何位置的圆规.

(假设我们有一副半径不受限制的圆规,如果需要的话,可以画出任意大小的圆) 通过反复使用直尺,可以画出任意长的线段. 首先我们要问:用一根直尺和一个圆规,我们能画(作) 些什么呢?

例如,我们可以把一条已知的线段分成两半,像图 1 所表明的那样.

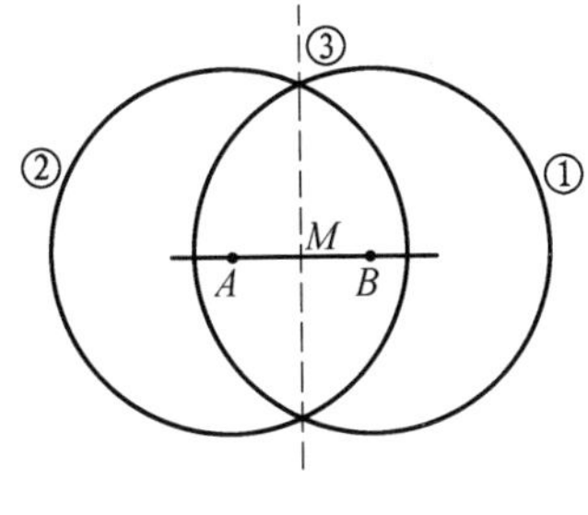

图 1

这个图和圆圈中的数字描述了将线段二等分的以下步骤:

第 1 步　把圆规的尖端放在 A. 使圆规的尖端和铅笔尖间的距离大于 AB 长度的一半. 用这种办法画一个圆心在 A 的圆.

第 2 步　用这圆规以同样的办法画一个圆心在 B 的圆.

第 3 步　通过圆的两个交点画一条直线(因为故意把它们的半径选得足够大,所以它们能相交). 这条直线与原来的线段 AB 相交的点 M 就是 AB 的中点.

可以通过初等几何来证明 M 确实是 AB 的中点,但是我们不关心那个画法的这一方面. 这个三步骤的作图证明了下面的定理.

定理 1　可以用直尺和圆规二等分任何已知的线段.

这个平分线段的作图说明了一个允许的作图中的某些法则. 例如,圆规可以这样调节,使它的两个尖端与已知的两点重合. 但是也可以把圆规调节成任

① 原作者 S · K · 斯坦因.

意的不确定的开口,只要最后得到的结果与这个间隙确切的大小无关就行.

这个描述了二等分一条线段的作图也附带表示出怎样用直尺和圆规作一个 90° 的角.但是我们可以做得更好一些,如下面所证明的.

定理 2 已知一条直线 L 和一点 P,我们可以用直尺和圆规作一条通过 P 并且垂直于 L 的直线.

证明 直线 L 和点 P 是已知的,如图 2 所示.

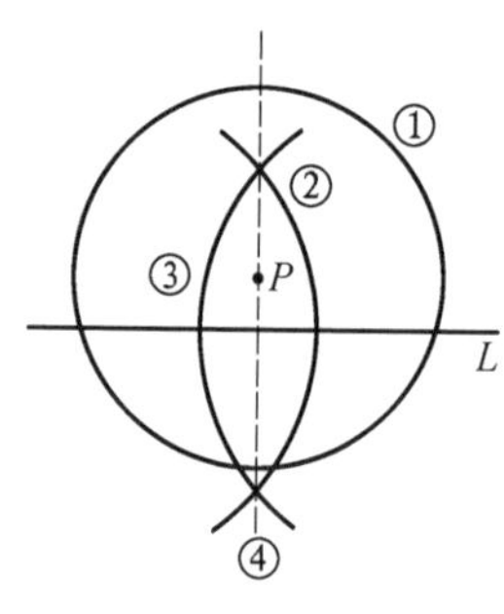

图 2

步骤 1 画一个圆心在 P,任意半径的圆(要足够大,使得这个圆与直线 L 相交于两个不同的点).

步骤 2 画一个半径比在步骤 1 中所画的圆较大的圆,并使它的圆心位于第一个圆与 L 相交的右边的交点上.

步骤 3 画一个半径与步骤 2 中所画圆的半径同样的圆,并使它的圆心位于步骤 1 中所画的圆与 L 相交的左边的点上.

步骤 4 画一条直线,使它通过步骤 2 和步骤 3 所画的圆相交的两点.这就是我们需要的直线.

这个证明就完成了.

我们已经知道了怎样二等分任何已知的线段.任何一个已知的角能二等分吗?答案是:"可以",正如下面说明的那样.

定理 3 可以用直尺和圆规二等分任何已知的角.

证明 已知 $\angle AOB$,如图 3 所示.

步骤 1 画一个任意半径的圆心在 O 的圆.

步骤 2 画两个同等大小的,圆心在 P 和 Q 的圆(在这一步骤里,圆的半径不一定和步骤 1 所用的相同).

步骤 3 把步骤 2 中两个圆的交点用 R 表示,然后画一条通过 O 和 R 的直线.

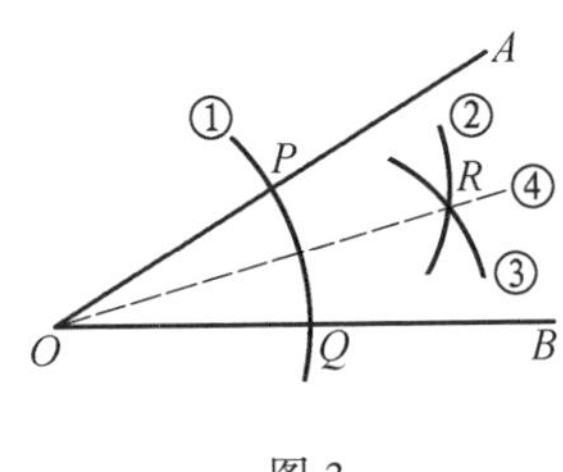

图 3

$\angle AOR$ 是 $\angle AOB$ 的一半.

通过重复二等分,我们可以把任何已知的线段或任何已知的角分成$\frac{1}{4},\frac{1}{8}$,$\frac{1}{16}$等.我们能用直尺和圆规三等分任何线段吗?即把一个线段分成三段相同的线段.我们能用直尺和圆规三等分任何已知的角吗?

为了回答这些问题,下面的这些引理将是有用的.

引理 1　只用圆规复制与任何已知的线段相等的线段是可能的(预先规定一条直线,以及要画的线段的一个端点).

证明　已知线段 AB.已知直线 L,我们要在它上面画与 AB 相等的线段.要画的线段的一个端点是 C.正如图 4 所表示的那样,用圆规定一次位就足够了(不需要直尺).在这唯一的步骤中,我们画了一个半径等于线段 AB 长度的圆.这样就复制了与 AB 相等的线段 CD.

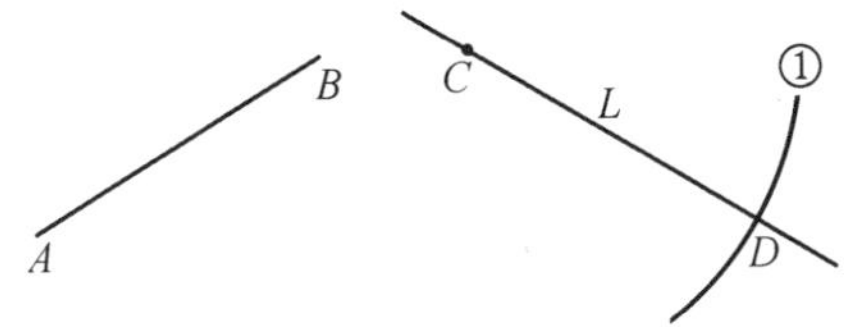

图 4

引理 2　已知一条长度为 1 的线段,我们就能用直尺和圆规作一条长度为$\frac{\sqrt{5}-1}{4}$的线段.

证明　设 AB 是已知的长度为 1 的线段.

图 5 表示了怎样作一条长度为$\sqrt{5}-1$的线段.再通过两次二等分(定理 1),我们就得到了一条长度为$\frac{\sqrt{5}-1}{4}$的线段.

步骤 1　过 B 作一条垂直于 AB 的直线 L(定理 2).

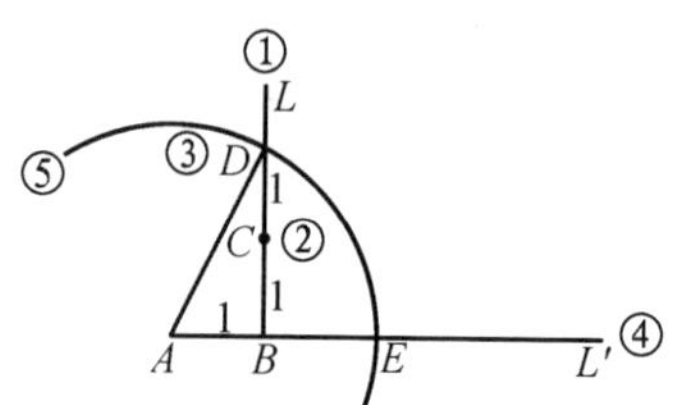

图 5

步骤 2　在直线 L 上取点 C,使得 BC 与 AB 相等(引理 1).

步骤 3　在直线 L 上取点 D,使得 CD 与 BC 相等.

步骤 4　以线段 AB 的 A 为起点,顺着 AB 的方向画直线 L^*.

步骤 5　画一个半径等于长度 AD,圆心在 A 的圆.这个圆与直线 L^* 相交于一点,我们把它标为 E,线段 BE 就具有我们需要的长度$\sqrt{5}-1$(为了弄清这一点,用毕达哥拉斯定理证明 AD 以及 AE 的长度是$\sqrt{5}$).

引理 3　复制与任何已知角一样大小的角是可能的(预先规定所要画的角一边所在的直线,以及它的顶点).

证明　已知的角是 $\angle AOB$.要复制的角的一边所在的直线是 L.规定的顶点是 P,如图 6 所示.

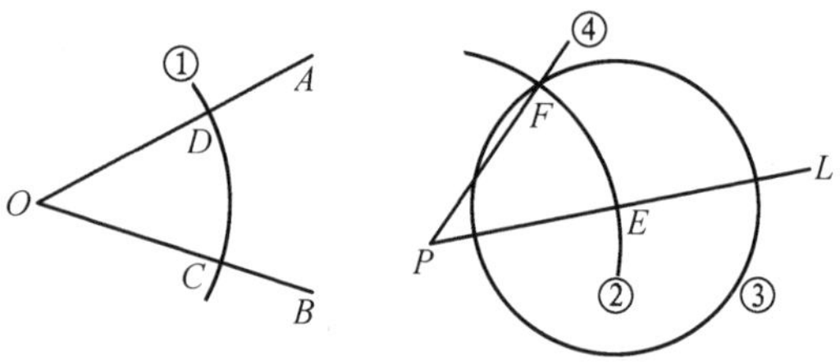

图 6

步骤 1　画任意一个圆心在 O 的圆(它与已知的角的两边交于 C 和 D).

步骤 2　使步骤 1 中的圆规保持同样的状态,画一个圆心在 P 的圆.我们把这个圆与 L 的交点叫做 E.

步骤 3　调节圆规,使得它的间距为 C 到 D 的距离,画一个以 CD 为半径,圆心在 E 的圆.这个圆与步骤 2 中所作的圆交于两点,我们把其中一个表示为 F.

步骤 4　过 P 和 F 画一条直线.这个 $\angle FPE$ 就是 $\angle AOB$ 的复制.

引理 4　可以通过一个已知的点作一条与已知的直线平行的直线.

证明　设已知点 P,已知直线 L,如图 7 中表明的那样.

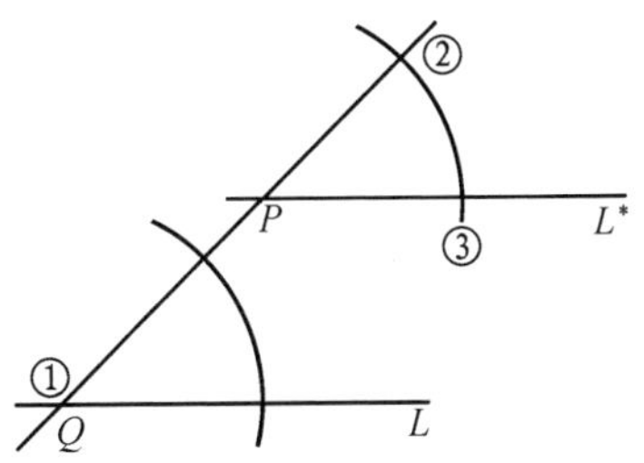

图 7

步骤 1 在直线 L 上任选一点 Q.

步骤 2 过 P 和 Q 画直线.

步骤 3 使用引理 3,以 P 为顶点,直线 PQ 为一边,复制直线 L 与直线 PQ 之间的角.这个角的第二边,直线 L^*,就平行于 L.

用我们证明了的引理 4,我们准备来回答两个三等分问题中的第一个.

定理 4 可以用直尺和圆规三等分任何已知的线段.

证明 已知的线段为 AB,如图 8 所示.

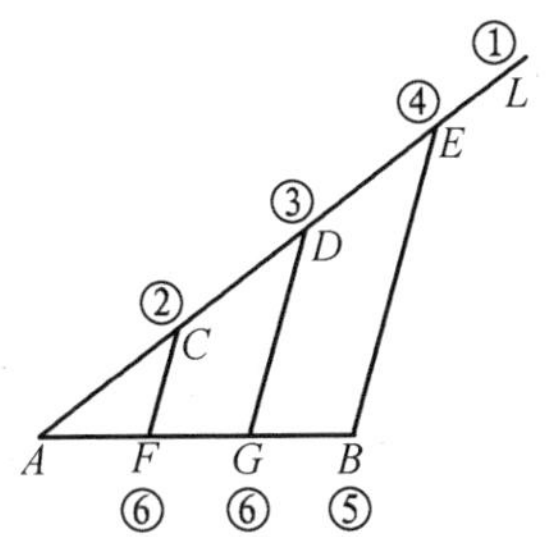

图 8

步骤 1 过 A 画一条任意的直线 L.

步骤 2 在 L 上任选一点 C.

步骤 3 在 L 上画一点 D,使得 CD 复制 AC(即使两者一样长,引理 1).

步骤 4 在 L 上画一点 E,使得 DE 复制 CD(引理 1).

步骤 5 画一条通过 BE 的直线.

步骤 6 通过 D 和 C 画平行于 EB 的直线(引理 4).在步骤 6 中所作的直线与 AB 的交点 F 和 G 把 AB 分成三个相等的线段 AF,FG 和 GB.这样我们就证明了怎样三等分任意一条线段.

使用与定理 4 的证明中所用的同样的方法可以证明怎样把一条已知的线段分成任意数目的等长的线段.引理 1 与定理 4 合起来证明,从一条长度为 1 的线段出发,我们能够作出一条长度为任意正有理数的线段.正如引理 2 所证明的那样,也可以作出某些长度为无理数的线段.定理 6 将证明作出某些长度为预先指定的线段是不可能的.

让我们回到第二问题上来:“我们能用直尺和圆规三等分任何已知的角吗?”

例如,我们能三等分一个 90° 的角吗?换句话说,我们能用直尺和圆规作一个 30° 的角吗?

这并不困难,正如下面证明的那样.

定理 5 能够用直尺和圆规三等分一个 90° 的角.

证明 我们将只作一个 30° 的角(依靠引理 3 的帮助,这个角可以被复制,以三等分已知 90° 的那个角).首先,如图 9 那样作一个等边三角形.

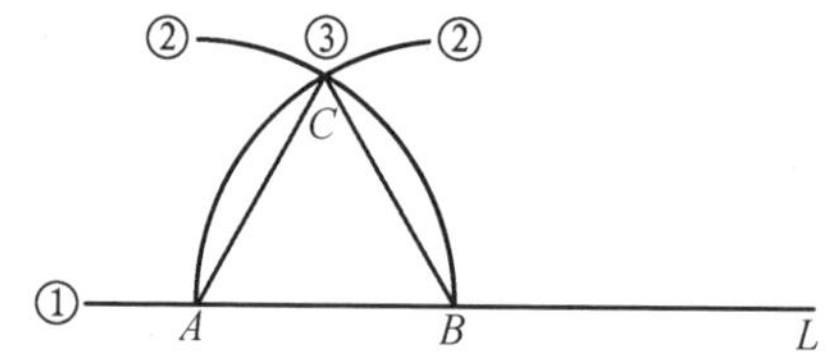

图 9

步骤 1 任意画一条直线 L,并在它上面选两点 A 和 B.

步骤 2 将圆规按半径 AB 的长度画两个圆,一个圆心是 A,一个圆心是 B.

把两个圆相交的两点中的一个用 C 表示.因为三角形 ABC 的三条边是相等的,这三角形的三个角也是相等的.由于一个三角形的内角的和是 180°,所以每个角是 60°.二等分它们之中的任何一个(定理 3) 产生一个 30° 的角.这就结束了证明.

用直尺和圆规也可以三等分一个 45° 的角.这只要使用定理 3,二等分在定理 5 中所作的 30° 的角,然后把得到的 15° 的角复制到已知的 45° 角的一条边上就行了.然而在 19 世纪却证明了存在一些不能通过用圆规和直尺的方法来三等分的角.这是一个更为有力的推理作出的一个结论.

定理 6 不可能用直尺和圆规三等分 60° 的角.

虽然我们不能给定理 6 一个完全的证明,但我们将把它化成一个其正确性很容易被接受的代数命题.

在形成解决定理 6 的方法之前,我们首先说明研究这个问题的另一个方法.如果我们能三等分一个 $60°$ 的角,我们将能够作一个 $20°$ 的角.通过在一个 $20°$ 的角的旁边复制另一个 $20°$ 的角(引理 3),我们便能够作一个 $40°$ 的角.借助于这个角,通过在一个公共的顶点上画 9 个 $40°$ 的角,然后以这个顶点为圆心画一个圆,我们能作一个正九边形(图 10).

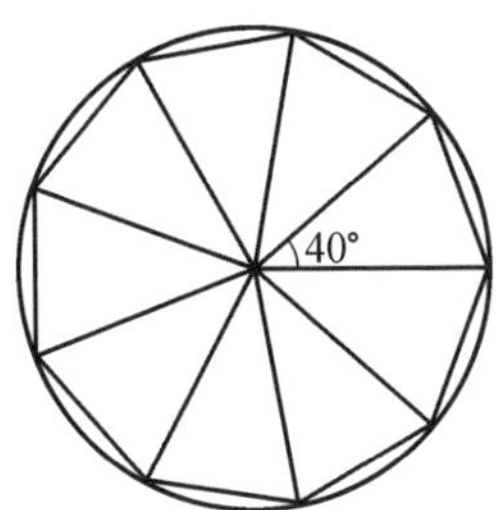

图 10

因而定理 6 就等价于:用直尺和圆规不可能作一个圆的内接正九边形.

让我们花一会儿工夫用一种变化了的方法来研究这个问题.定理 6 以这种形式提出了一个新问题:对哪些 n 来说,其中 $n=3,4,5,\cdots$,可以用直尺和圆规来作正 n 边形呢?从现在起,我们用"可作图的"来指可用直尺和圆规作图.$n=6$ 的情况(六边形)是可作图的,由于一个 $60°$ 的角是可作图的.等边三角形说明 $n=3$ 的情况是可作图的.一个 $90°$ 角的作图解决了 $n=4$ 的情况(正方形).二等分 $90°$ 的角解决了 $n=8$ 的情况(八边形).因而对于从 3 到 10 的整数 n 来说,我们发现对 $n=3,4,6,8$ 来说,正 n 边形是可作图的.定理 6 处理的是 $n=9$ 的情况.$n=5$ 的情况(五边形)与 $n=10$ 的情况(十边形)是等价的,因为如果一种情况是可作图的,那么另一种情况也是可作图的;如果一种情况不可作图,那么另一种情况也不可作图.$n=7$ 的情况像 $n=9$ 一样也不可作图;它的证明与我们将要给出的定理 6 的证明相似,我们把它略去.在我们提出定理 6 的证明的大略的轮廓之前,请注意定理 7,对它我们将给出一个完全的证明.

定理 7　可以用直尺和圆规作一个 $72°=\dfrac{360°}{5}$ 的角,即可以作一个正五边形.

证明　设 F 是单位圆上的一个角度为 $72°$ 的复数.那么根据复数乘法的几何定义,$1,F,F^2,F^3,F^4$ 是一个正五边形的顶点(图 11).

我们将不直接作 F,首先我们将作点 Q,它正好在 F 下面,并在通过圆心的水平线上,然后使用定理 2 找出 F.把从 Q 到圆心的距离叫做 a,正像在图 12 中所表示的那样.

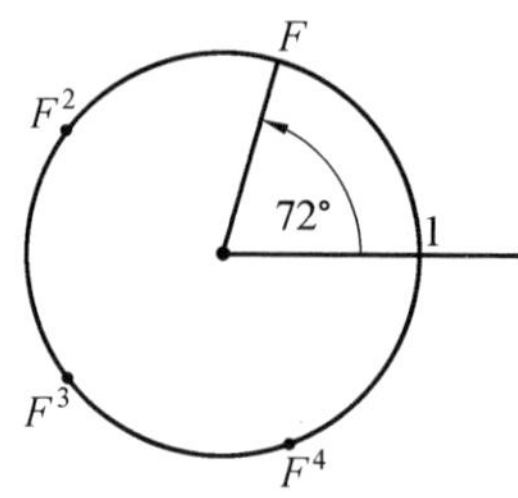

图 11

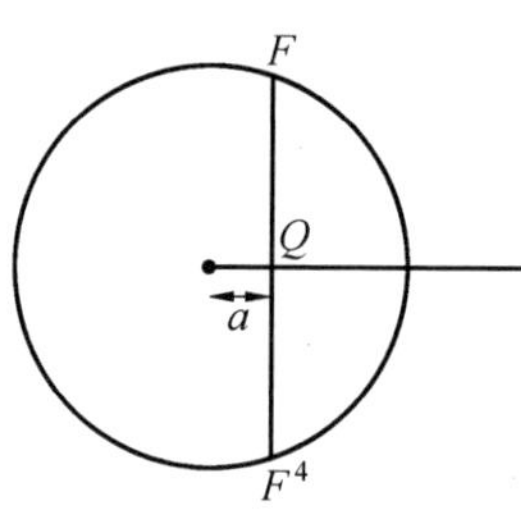

图 12

根据几何级数和的公式

$$1 + F + F^2 + F^3 + F^4 = \frac{F^5 - 1}{F - 1}$$

由于 $F^5 = 1$,有

$$1 + F + F^2 + F^3 + F^4 = 0 \tag{1}$$

通过观察图 12 并回忆复数加法的几何定义表明

$$F + F^4 = 2a \tag{2}$$

将式(2)的两边平方产生

$$F^2 + 2F^5 + F^8 = 4a^2 \tag{3}$$

但是
$$F^5 = 1$$
并且
$$F^8 = F^5 \cdot F^3 = F^3$$
因而式(3)简化成

$$F^2 + 2 + F^3 = 4a^2$$

因而我们有

$$F^2 + F^3 = 4a^2 - 2 \tag{4}$$

综合式(1),(2)和(4)表明

$$0 = 1 + F + F^2 + F^3 + F^4 =$$

$$1+(F+F^4)+(F^2+F^3)=$$
$$1+2a+4a^2-2=$$
$$4a^2+2a-1$$

因而 a 就是方程

$$4X^2+2X-1=0 \tag{5}$$

的一个根.

为了解这个方程,首先将它除以 4 得到

$$X^2+\frac{1}{2}X-\frac{1}{4}=0$$

然后在两边加上 $(\frac{1}{4})^2=\frac{1}{16}$,得

$$X^2+\frac{1}{2}X+(\frac{1}{4})^2-\frac{1}{4}=\frac{1}{16} \tag{6}$$

现在式(6) 可以写成

$$(X+\frac{1}{4})^2=\frac{1}{4}+\frac{1}{16}=\frac{5}{16}$$

因而对式(5) 的任何一个根 R 来说有

$$R+\frac{1}{4}=\sqrt{\frac{5}{16}}$$

或

$$R+\frac{1}{4}=-\sqrt{\frac{5}{16}}$$

即式(5) 的两个根的是

$$-\frac{1}{4}+\frac{\sqrt{5}}{4} \text{ 与 } -\frac{1}{4}-\frac{\sqrt{5}}{4} \tag{7}$$

由于 a 是式(5) 的一个根,a 一定等于式(7) 中的两个数中的一个.此外,由于 a 是正的,而 $-\frac{1}{4}-\frac{\sqrt{5}}{4}$ 是负的,结果得到

$$a=-\frac{1}{4}+\frac{\sqrt{5}}{4}$$

或简化为

$$a=\frac{\sqrt{5}-1}{4}$$

根据引理 2,可以用直尺和圆规作出 a.从而点 F 是可作图的,而定理 7 就被证明了

正如上面所提到的,关于三等分一个 60° 的角的定理 6 的证明,将仅仅加以

略述.

定理6证明概要 用前面提到的论点,我们将只证明不可能用直尺和圆规作一个正九边形.

设 G 是单位圆上的角度为40°的复数.这九个点 $1, G, G^2, G^3, \cdots, G^8$ 是一个正九边形的顶点.如果我们能作点 G,定理2将使得我们能作点 P,它正好在点 G 下面,并且位于通过圆心的水平线的上面.把从 P 到圆心的距离叫做 C(图13).

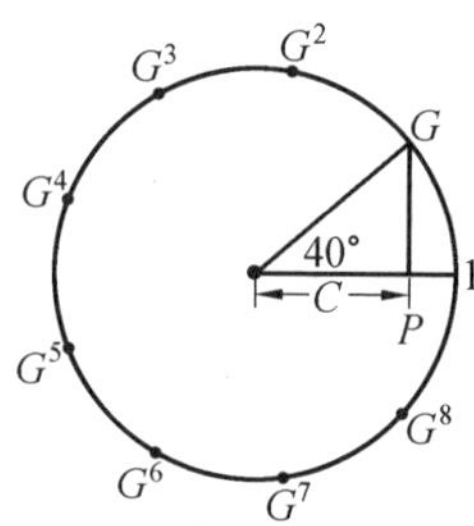

图 13

我们将找到一个多项式,对它来说,C 是一个根.我们将被允许用代数的方法来解决这个问题.从这个结果开始

$$G + G^8 = 2C \tag{8}$$

得出一个简单地反映了复数加法定义的方程.将这个方程的两边平方产生

$$G^2 + 2G^9 + G^{16} = 4C^2 \tag{9}$$

从而

$$G^2 + G^7 = 4C^2 - 2 \tag{10}$$

将式(8)和(10)相乘,得到

$$(G + G^8)(G^2 + G^7) = 2C(4C^2 - 2)$$

从而

$$G^3 + G^8 + G^{10} + G^{15} = 8C^3 - 4C \tag{11}$$

但是 $G^{10} = G^9 \cdot G = G$,而 $G^{15} = G^9 \cdot G^6 = G^6$.因而我们从式(11)知道

$$G^3 + G^8 + G + G^6 = 8C^3 - 4C \tag{12}$$

式(8),(12)在一起,产生

$$G^3 + 2C + G^6 = 8C^3 - 4C$$

或

$$G^3 + G^6 = 8C^3 - 6C \tag{13}$$

我们发现 G^3 的角度是120°,而 G^6 在它下面.对这个图中的由两个等边三

角形组成的平行四边形的观察(图 14),表明

$$G^3 + G^6 = -1$$

从式(13)得到

$$-1 = 8C^3 - 6C$$

或简化为

$$8C^3 - 6C + 1 = 0$$

从而 C 是这个方程的一个根

$$8X^3 - 6X + 1 = 0 \tag{14}$$

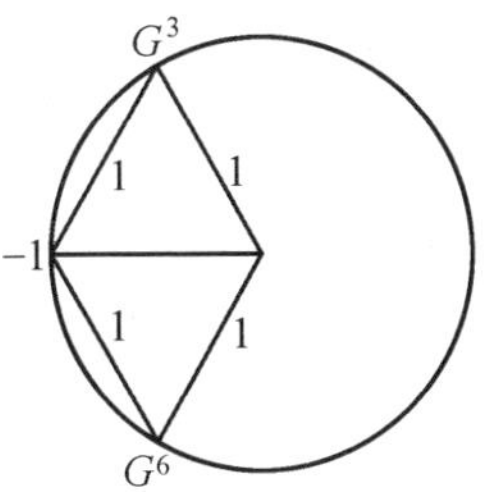

图 14

我们得出结论,C 是代数数,但是这点还不足以保证它可以作出来.我们可以作出来的数是一类特殊的代数数,像$\frac{\sqrt{5}-1}{4}$,它是可以用平方根和四则算术运算(加、减、乘、除法)来表示的数.用代数方法可以证明方程(14)的根不可能由反复这五种过程而得到.由于这个原因,20° 的角便不能用直尺和圆规作出来.这就结束了这个证明.

高斯在 17 岁的时候,就确定了哪些正 n 边形可以用直尺和圆规作图.依靠着复数的帮助,他证明一个可作图的正 n 边形必须满足以下条件:当 n 因式分解为素数时,不是 2 的素数出现的次数不能超过一次,如果出现了一个与 2 不同的素数 P,那么 P 必须比 2 的乘方大 1(因而一个 5 边的,17 边的或 85 边的正多边形是可作图的,而一个 9 边的,13 边的或 25 边的正多边形是不能作图的).

如果读者把这一章重新看一遍,他将发现这一章涉及数学的不同领域.几何提供了毕达哥拉斯定理,并证明了若干种作图,如二等分或三等分一条线段是可能的.代数提供了公式 $1 + X + X^2 + X^3 + X^4 = \frac{X^5 - 1}{X - 1}$,以及一个方法,用它我们可以知道方程 $4X^2 + 2X - 1 = 0$ 的根是 $-\frac{1}{4} + \frac{\sqrt{5}}{4}$ 和 $-\frac{1}{4} - \frac{\sqrt{5}}{4}$.复数,代数的一部分,提供了将某些几何问题翻译成代数问题的方法.最后,定理 6 证

明的完成(证明了为什么方程 $8X^3-6X+1=0$ 的根不能用平方根的重复表达出来)属于向量空间的理论,它是代数的一部分.

老实说,数学世界的轨道是令人惊奇地和难以解开地纠缠在一起.

练　　习

1.已知长度为 1,a 和 b 的线段,证明下面的图中,线段 CD 的长度是 a,b 的乘积 ab.

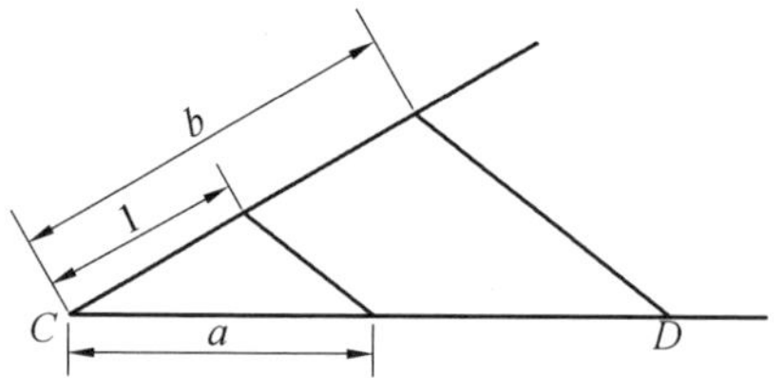

2.已知长度为 1,a 和 b 的线段,证明下面的图中,线段 CD 的长度是 $\frac{a}{b}$.

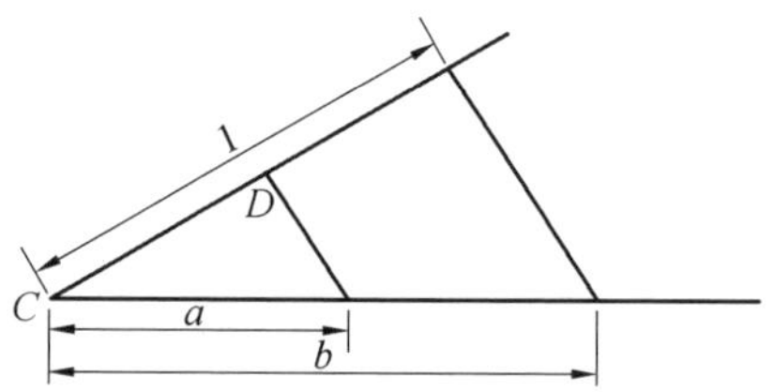

3.(a) 证明如果 A,B 是一条直径的两个端点,那么内接于一个圆的任何角 $\angle ACB$ 是 $90°$.

(b) 证明下图中 CD 的长度是$\sqrt{a}$.(提示:为什么 $\triangle ABC$ 和 $\triangle CDB$ 相似)

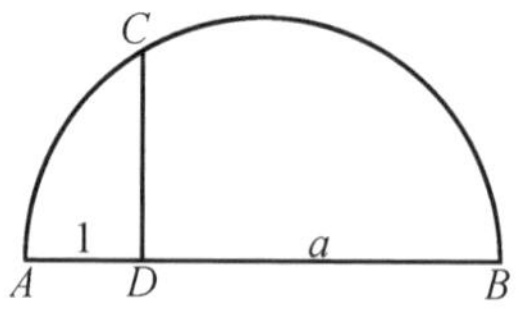

(c) 已知长度为 1 和 a 的线段,证明怎样作一条长度为$\sqrt{a}$ 的线段.

(d) 通过作$\sqrt{3}$ 和$\sqrt{5}$ 来说明这一点.

4.这个练习证明 $1+F+F^2+F^3+F^4=0$(其中 F 是出现在定理 7 证明中的复数),而不使用几何级数和的公式.

(a) 设 $S=1+F+F^2+F^3+F^4=0$.证明 $FS=S$.

(b) 从(a) 导出 $S = 0$.

5.这个练习证明正七边形是不可作图的.设 H 是单位圆上的复数,它的角是$\frac{360°}{7}$.设 S 是在过圆心的水平线上直接位于 H 下的一点,把 S 到圆心的距离叫做 d.现在我们用与九边形的证明相似的推理:

(a) 证明 $G + G^6 = 2d$.

(b) 证明 $G^2 + G^5 = 4d^2 - 2$.

(c) 证明 $G^3 + 2d + G^4 = 8d^3 - 4d$.

(d) 证明 $8d^3 + 4d^2 - 4d - 1 = 0$.

(e) 完成推理.

6.通过平分 72° 角,正十边形可以很容易地从正五边形获得.下面我们略述另一个正十边形的直接作图(于是正五边形也可以得到了).

在这个图中,已知三角形 OAB,其中 $OA = 1 = OB$, $OC = X$, $\angle AOB = 36°$,虚线 AC 平分 $\angle OAB$.

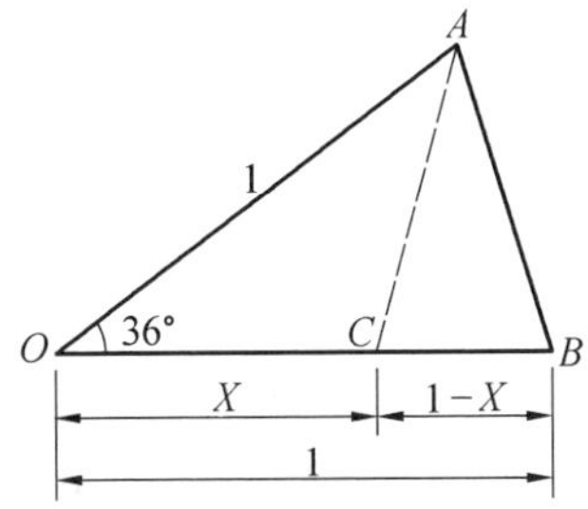

(a) 证明 $\angle CAB = 36°$, $BC = 1 - X$.

(b) 证明 $\triangle AOB$ 与 $\triangle CAB$ 相似.

(c) 导出$\frac{X}{1} = \frac{1 - X}{X}$.

(d) 用(c) 证明 $X = \frac{\sqrt{5} - 1}{2}$.

(e) 使用(d) 来作一个 36° 的角,从而作一个正十边形.

7.阿基米德用下面的方法来三等分一个角:

步骤1　画一个圆心在角的顶点 O 的圆,把它的半径叫 r.设这个角的两边与圆相交在 A, B 两点.

步骤2　在直尺上标出 P, Q 两点,使得从 P 到 Q 的距离是 r.

步骤3　将直尺放在这样一个位置上,使得 P 位于通过 O 和 A 的直线上,Q 在圆上,直尺通过 B.

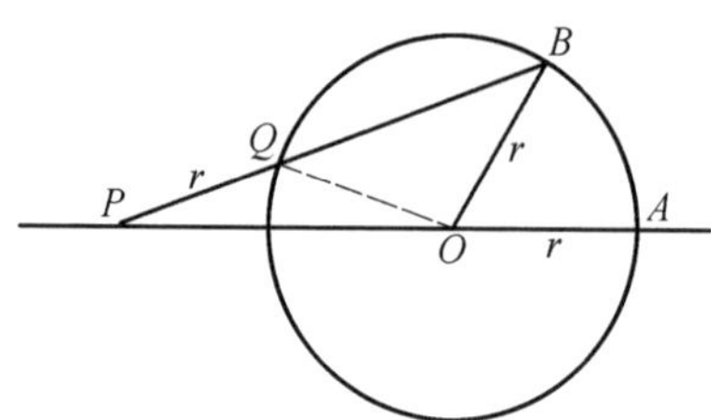

(a) 证明由直尺和通过 O,A 的直线形成的角是 $\angle AOB$ 大小的$\frac{1}{3}$.

(b) 为什么(a)与定理6矛盾?

8. 证明对任何数 A,$(\cos A)^2+(\sin A)^2=1$.

9. (a) 为什么

$$(\cos A+i\sin A)\otimes(\cos B+i\sin B)=\cos(A+B)+i\sin(A+B)$$

(其中 $\otimes$ 表示复数的乘法).

(b) 从(a)导出

$$\cos(A+B)=\cos A\cos B-\sin A\sin B$$

以及

$$\sin(A+B)=\sin A\cos B+\cos A\sin B$$

这两个方程是三角学的基础.

(c) 用 $\angle A=20°$,$\angle B=40°$ 核查(b)中的方程.

10. 从练习题9(b)导出:

(a) $\cos 2A=\cos^2 A-\sin^2 A$,根据练习题8,它也等于 $2\cos^2 A-1$.

(b) $\sin 2A=2\cos A\sin A$.

11. 证明 $\cos 3A=4\cos^3 A-3\cos A$.(提示:把 $3A$ 写成 $2A+A$ 并使用练习题9(b)和练习题10)

12. (a) 为什么 $[\cos A+i\sin A]^3=\cos 3A+i\sin 3A$?

(b) 使用(a),用 $\cos A$,$\sin A$ 来表示 $\cos 3A$.

13. (a) 用 $\cos A$ 表示 $\cos 4A$.

(b) 用 $\cos A$ 表示 $\cos 8A$.

(c) 证明为什么能用 $\cos A$ 表示 $\cos A140A$(但是不必写出公式).

(d) 证明 $\cos 1°$ 是代数数.

14. (a) 已知 $\cos 45°=\frac{\sqrt{2}}{2}$,用平方根表示 $\cos 22.5°$.

(b) 使用(a)估计 $\cos 22.5°$ 到两位小数.

(c) 使用图和量角器来估计 $\cos 22.5°$.

15. 在计算一个无线电信号的能量时，有必要求出下面公式的值，即

$$\cos^2 0° + \cos^2 1° + \cos^2 2° + \cdots + \cos^2 89° + \cos^2 90° \quad (1)$$

(a) 证明式(1) 与下式的值相同

$$\sin^2 0° + \sin^2 1° + \sin^2 2° + \cdots + \sin^2 89° + \sin^2 90° \quad (2)$$

(b) 证明式(1) 与式(2) 的和是 91.

(c) 得出式(1) 的值是 $45\frac{1}{2}$.

16. 到现在为止，单位圆中的角是逆时针旋转的. 考虑顺时针的角也是很方便的，我们用负数来表示它们. 因此一个 40° 角照下面那样画.

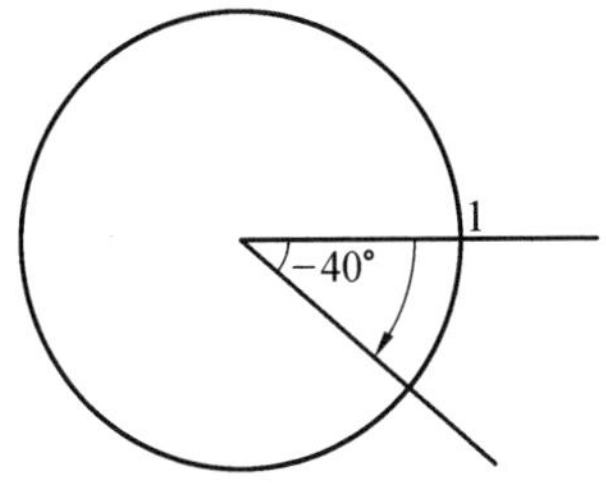

因此 $\cos(-40°) = 0.77, \sin(-40°) = -0.64$.

(a) 依靠图的帮助，证明

$$\cos(-A) = \cos A, \sin(-A) = -\sin A$$

(b) 使用复数乘法的几何定义，证明

$$[\cos A + i\sin B] \otimes [\cos(-B) + i\sin(-B)] =$$
$$\cos(A - B) + [i\sin(A - B)]$$

(c) 从(a) 和(b) 导出

$$\cos(A - B) = \cos A\cos B + \sin A\sin B$$

以及

$$\sin(A - B) = \sin A\cos B - \cos A\sin B$$

(d) 使用 $\angle A = 50°, \angle B = 20°$ 来核查(c) 中的方程.

第二十四章　几何作图的一些基本概念[①]

第一节　关于作图公理

几何作图题就是按照已知的条件求作适合条件的图形.详细说来就是求作一个图形,使它的元素同某些已知图形的元素发生预定的关系,预定的关系就是已知的条件.

作图要使用工具,不同的工具可以有着不同的功能.在一般几何作图理论中所研究的问题是:第一,已知的作图工具能够解决怎样的一些作图题.第二,反过来,已知的作图题须用何种工具来解决.几何作图理论有着长远的历史,早在公元前6世纪到5世纪的时候,古希腊的数学家便对几何作图发生兴趣.几乎所有的希腊大几何学家都研究过这方面的问题,他们解决了“作正五边形”,“亚波罗尼问题”等相当复杂的问题.圆化方,倍立方,三分角等古典问题便是在这个时期中提出来的.在古希腊人的心目中,只有用直尺和圆规作图才算是“真正的几何作图”,他们否认其他作图工具的合法性.今天的中学几何继承了这个传统,只讨论用直尺和圆规来作图的问题——简称为尺规作图问题.在本文中,我们也就限于讨论尺规作图的问题.

在讨论尺规作图题的时候,首先必须清楚说明直尺和圆规的功能.直尺可大可小,究竟多大多小?圆规两脚可长可短,可开可闭,究竟多长多短?是开是闭?凡此种种,倘不规定,势必纠缠不清.无论是古希腊的几何抑或今天的中学几何,直尺皆被认为是单边的,而且是无限长的;圆规则被认为能作任意大小的圆.为了满足数学的严谨性,这种规定通常也用公理的形式来表达.这些公理用抽象的形式表达出我们所想象的尺规的实际功能.

A.关于直尺的公理.直尺的功能是:

(1) 作出联结二已知点的线段;

---

① 本文是作者陈昌平应中国数学学会上海分会等单位之邀向上海市部分中学数学教师所作报告讲稿的一部分.

(2) 作出通过二已知点的直线；

(3) 作出由一已知点出发而通过另一已知点的射线.

B.关于圆规的公理.圆规的功能是：

(1) 作出一圆周,以一已知点为中心,并通过另一已知点；

(2) 已知一圆的中心与圆周上的两点,可作出圆周上以此二点为端点的任意一弧.

这里的所谓已知点,是指作图题的已知条件中所给出的点或在作图过程中作出来的点.

在作图理论中,除了规定工具的功能以外,事实上,还有一系列的基本假设,也就是公理 —— 所谓结构几何的公理.这些公理,在中学教本中未曾述及,其实则常常用到.下面来谈谈这些公理.

首先,每当我们说某一图形为"已知"时,我们自然是认为这个图形已经作出.因此,结构几何的第一条公理是：

Ⅰ.凡是说某图形"已知"时,便认为此图形已经作出.

这里应该注意,"已知图形"与"由它的某些已知元素所确定的图形"这两个概念是不相同的.

在后一说法中,已知的是图形的一些元素,但还不是图形的本身.例如已知直线上的两点,则此直线完全被确定,但这不等于说,这条直线为已知,也就是说已经作出.要作出这条直线,必须使用一次直尺.同样,若已知圆心 O 与圆周上一点 A,则圆的大小和位置便完全确定,但在结构几何的意义下,还不等于说,这个圆已经作出.要作出这个圆,必须使用一次圆规.

其次,设某一直线上的射线 AM 已经作出(图 1),其后又作出同一直线上的射线 BN,则此直线作为 AM,BN 两射线的联合图形(所谓图形 $\Phi_1,\cdots,\Phi_n$ 的联合图形是指 $\Phi_i(i=1,2,\cdots,n)$ 的一切点所构成的图形)也应当认为已经作出.同样,若已经作出三个线段 AB,BC 与 CA,则三角形 ABC 自然也应当认为已经作出.因此,应当有以下的公理：

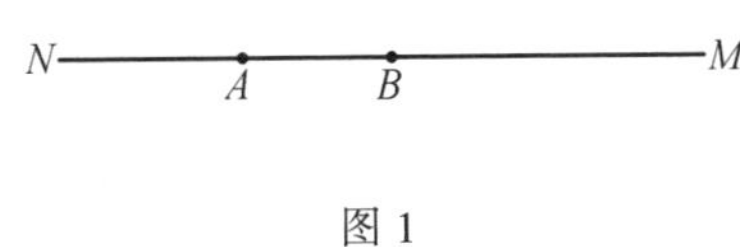

图 1

Ⅱ.若两个(或更多的)图形已经作出,则它们的联合图形也认为已经作出.

再次,设已知某一直线上的两个线段 AB 与 CD,自然必须假定我们有可能知道线段 CD 是属于线段 AB(图 2(a))抑或不是(图 2(b)),或者作出了一个点与一个圆以后,必须假定我们有可能知道此点是否在所作的圆上.一般而言,若已作出两个图形,则必须认为可知其中一图形是否为另一图形的一部分.设以 $\Phi_1-\Phi_2$ 表示由属于图形 Φ_1,但不属于图形 Φ_2 的点全体所构成的图形,并称为 Φ_1 与 Φ_2 之差,则 Φ_1 是 Φ_2 的一部分的充要条件是 $\Phi_1-\Phi_2$ 为空集(即一个点也没有的集合).因此结构几何的第三公理是:

Ⅲ.若已知两个图形,则它们的差是否为空集,是可知的.

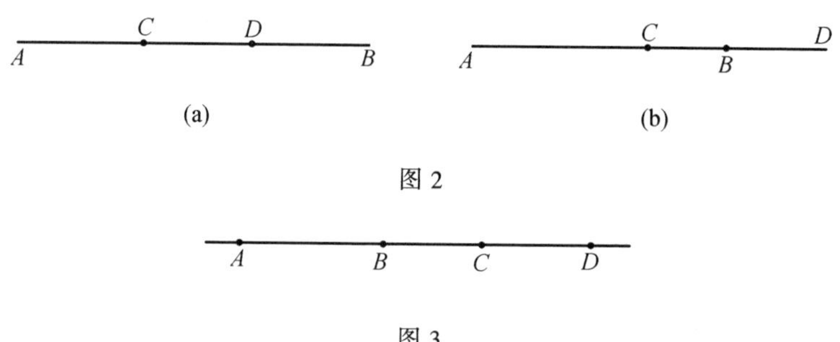

图 2

图 3

又其次,设 A,B,C,D 为某直线上的四个点,并设线段 AC 与 BD 已经作出(图 3),则自然认为线段 AB 作为线段 AC 与 BD 之差,以及线段 CD 作为线段 BD 与 AC 之差已经作出.一般而言,有第四公理:

Ⅳ.若两个已知图形之差不是空集,则此差亦认为是已知图形.

又其次,设已作两直线或两个圆,自然要假定我们有可能知道它们有没有公共点,而如果有的话,自然也就认为它们已经作出.一般而言,有以下两条公理:

Ⅴ.设已作出两个图形,则它们的公共部分是否为空集,是可知的.

Ⅵ.若两个已知图形的公共部分不是空集,则此公共部分亦认为是已知图形.

最后还有三个公理,它们说明作出个别点的可能性.

Ⅶ.可以作出两个已知图形的任意有限个公共点,如果这样的点是存在的话.

Ⅷ.可以作出已知图形上的一个点.

Ⅸ.可以作出不属于已知图形的一个点.如果这个已知图形,不是整个平面的话.

应当注意,这 9 个公理并不是互相独立的.就是说,它们可以减少一些,但我们不讨论这些了.

这 9 个公理连同关于直尺与圆规的公理构成尺规作图的公理,一切尺规作图都建筑在这些公理上.例如已知 A 与 B 二点,其中点的作法如下(图 4):

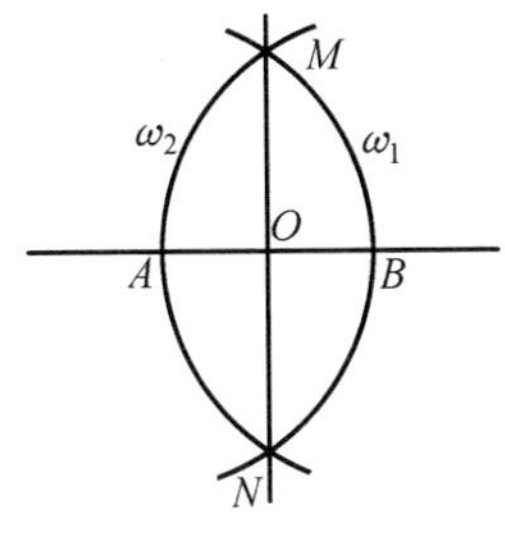

图 4

(1) 作直线 AB(公理 A(2));

(2) 作圆图 $\omega_1(A,AB)$(公理 B(1));

(3) 作圆图 $\omega_2(B,BA)$(公理 B(1));

(4) 作 ω_1 与 ω_2 的公共点 M 与 N(公理 Ⅶ);

(5) 作直线 MN(公理 A(2));

(6) 作直 AB 与直线 MN 的交点 O(公理 Ⅶ).

易知 $AO = BO$,亦即 O 为所求之点.

第二节　关于"解"的概念

凡满足问题中所列的已知条件的图形,都叫做作图题的一个解.解作图题就是要求出它的一切解.怎样才算求出了一切解呢?这要分几种情况来说:

满足已知条件的一些图形,在形状上,大小上,或位置上可以各不相同,凡形状或大小不同的解,即不相等的解,都算做不同的解.至于相等的但位置不同的解,是否算做不同的解,这要由作图题所给的条件来决定,也就是要看这些条件是否要求所作的图形同某些已知图形发生预定的位置关系来决定.

例如,"已知两边与其夹角,求作三角形."这个问题是要作一个三角形,使其两边分别等于二已知线段,同时这两边的夹角等于一已知角.这里的条件只要求所作的图形同已知的图形发生一定的相等关系,而在相对位置上,则毫无要求.在此情况下,仅因位置而不同的解,当然不能算做不同的解.满足已知条件的三角形 ABC 是易于作出的,而凡满足条件的三角形都必与三角形 ABC 相等.所以这个问题只有一个解.

因此,当已知条件不要求所作图形同某些已知图形发生预定关系时,凡是相等的解,都只算做一个解.这种作图题,可以称为"不定位的作图题".这时解题就是:(1) 作出满足已知条件的互不相等的图形 $\Phi_1,\Phi_2,\cdots,\Phi_n$;(2) 证明每个满足条件的图形都和这些图形中的某一个相等.在这种情况下,我们说,作图题有 n 个解.

其次,试看下面的例:“以已知线段 BC 为底作三角形,使其另一边等于已知线段 l,而这两边的夹角等于已知角 α.” 这里的条件要求所作图形同一个已知图形(线段 BC) 发生一定的位置关系.在这种情况下,位置不同的解即使相等,也要看做不同的解,从图 5 易知,这个作图题可以有 4 个解.

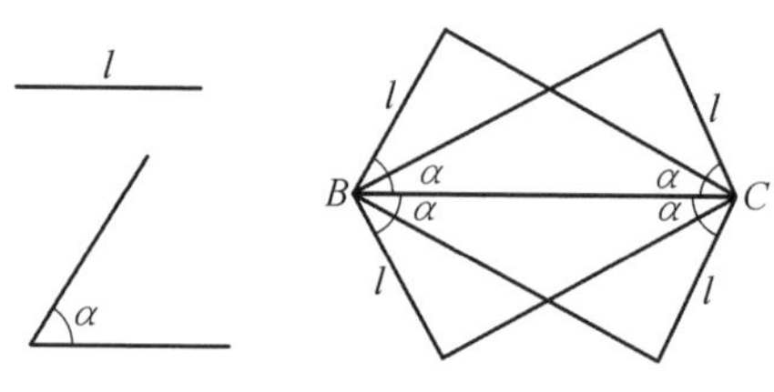

图 5

一般而言,当已知条件要求所作图形同某些已知图形发生预定的关系时,位置不同的解即使相等,也要看做不同的解.这种作图题,可以称为“定位作图题”.

另外,有这样的作图题,它有无穷多个解.例如“作圆,切于已知直线,且其半径等于一已知线段”,“作直线切于已知圆” 等.这种作图题,可以称为“不定作图题”.它的解显然是无法全部作出的.那么,怎样才算求出它的一切解呢?

在代数学中,解不定方程或不定方程组的方法,是用参变量把未知量表达出来.例如不定方程组

$$2x + 3y + z = 1 \quad (1)$$

$$x + 2y - z = 3 \quad (2)$$

的解为 $z = t, y = 5 + 3t, x = -7 - 5t$,其中参变量 t 可以取任意数.

解不定作图题的方法完全类似:选定已知图形上的一个或几个任意点的位置后,指出满足已知条件的图形的作法.若当这些任意点取遍它的一切可能位置,便给出一切满足已知条件的图形时,则问题便被认为已经解决.这些任意点起着“几何参变量” 的作用.例如,“作圆,过二已知点 A 与 B” 的解法如下:作线段 AB 之中垂线 p,在 p 上任取一点 P,以 P 为中心作圆,使过 A,B 二点.当点 P 取遍它(在 p) 的一切可能位置时,我们便得到一切满足条件的圆.至此问题完全解决.

最后,有这样的情况,即满足条件的图形根本不存在,或者即使存在,但不能用直尺和圆规作出来.例如,同心圆的公切线根本不存在;三分角是可能的,

但不能用直尺和圆规作出来.在这种情况下,所谓求解就是要证明所求的图形不存在,或者它不能用直尺和圆规作出来.

有时候,按已知条件,对于已知元素还容许一定程度上的自由选择,例如"过一已知点,作一已知圆之切线".这时圆的位置和大小都是任意的,而已知点可在圆外,可在圆上,也可在圆内.对于这类问题,必须搜尽自由选择的一切可能性,并在每一种可能情况下,逐一求出解来.问题才算完全解决.就以上述之例为例,须分三种情况讨论:

(1) 已知点在圆内,这时问题无解.

(2) 已知点在圆上,这时问题有一解.其作法简单,不必多说.

(3) 已知点在圆外,这时问题有二解,其作法亦不必赘述.

第三节　关于解题的四步骤

按怎样的步骤解题,纯粹是方法论上的问题.例如,可以按以下的几个步骤:

(1) 找出对于已知元素的自由选择的一切可能性.

(2) 在每一种可能性下,说明解是否存在和有几个.

(3) 在有解的情况,说明求解的方法.在无解的情况下,证明解不存在或不能用尺规作出.

在第二节末了的例子中,我们就是按此方案解题.但对教学而言,特别是对中学数学教学而言,这个方案,并不十分方便.比较方便的是古典的"分析 — 作法 — 证明 — 讨论"四步骤方案.当然这四个步骤并不是绝对必要的,而且这种硬性的分割也不见得总是方便的.不过,在一般情形下,分这样几个步骤对解题是有利的.下面来谈谈这几个步骤.

(1) 分析　这是解作图题的最重要的步骤,其目的在于找出所求作的图形的元素同已知图形的元素间的必要关系,借以找出作图的方法.众所周知,我们事先假定所求作的图形已经作出,并画出草图,根据草图去作分析.一般而言,进行分析时可以考虑以下几点:

(a) 如果从草图中未能直接看出作图方法,则可考虑能否作出所求图形的一部分 —— 特别是,关键的部分(那就是,作出了这一部分以后,其余部分也就可以作出).这种考虑的一般形式如下:欲作图形 Φ,只需作出图形 Φ_1;欲作 Φ_1,只需作出 Φ_2;…….经过有限次把问题归结为求作某一图形 Φ_n,而 Φ_n 的作法为已知的话,那么问题就解决了.例如,"已知三角形的一边与立于此边上的中线与高,求作三角形.”观察草图(图6,其中设 AC 为已知边)可知,若作出三角形 BDE,则三角形 ABC 便能作出.而直角三角形 BDE 之弦 m 与一直角边 h 已知,它的作法是易知的.

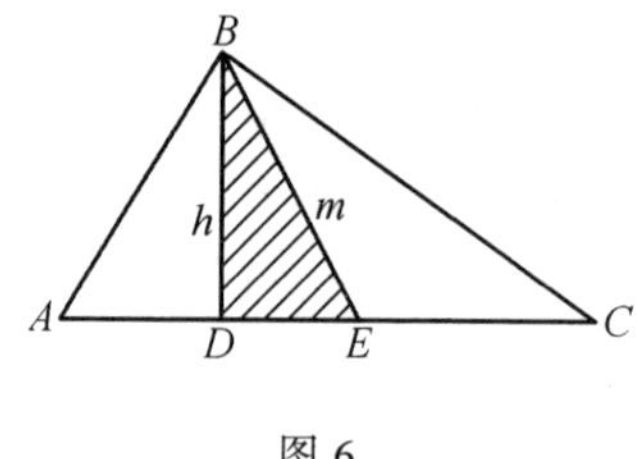

图 6

(b) 若从草图中未能直接看出所求作图形的元素与已知图形的元素间的必要关系,则设法引入适当的辅助图形.例如,过二已知点作直线;作出二直线之交点;延长已知之线段;作已知直线之平行线或垂线,等.以“过已知点 A 作直线,使与二已知点 B,C 等距离.”为例:

作草图:作直线 a,在其上取一点 A;在直线两侧分别取点 B 与点 C,使与直线 a 等距.然后分析:两点定一直线,若除 A 外,能作出 a 上的另一点,则 a 之作法便知.但从草图,未能直接看出必要之关系以作此另一点.试作 a 之垂线 BB_1,CC_1;作线段 BC,并标出 BC 与直线 a 之交点 M,则易知 M 为 BC 之中点(图7),从而易知直线 a 之作法.

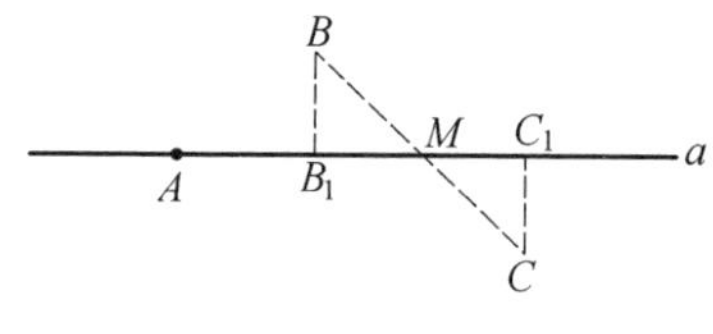

图 7

(c) 若已知条件给出某些线段或角之和或差,则这些量应在草图上画出来.例如,“已知直角三角形的一个锐角与二直角边之和,求作此三角形.”按条件,已知 $\angle\alpha$ 与线段 m,求三角形 ABC,致 $\angle A=\angle\alpha$,$AC+CB=m$,$\angle C=90°$,欲在草图上(图8)作出已知线段 m,可在 AC 的延长线上截取线段 $CD=BC$,则 $AD=m$.因已知 $AD=m$,$\angle A=\angle\alpha$,$\angle D=45°$,故 $\triangle ADB$ 易作.作出 $\triangle ADB$ 后,$\triangle ABC$ 便易作.

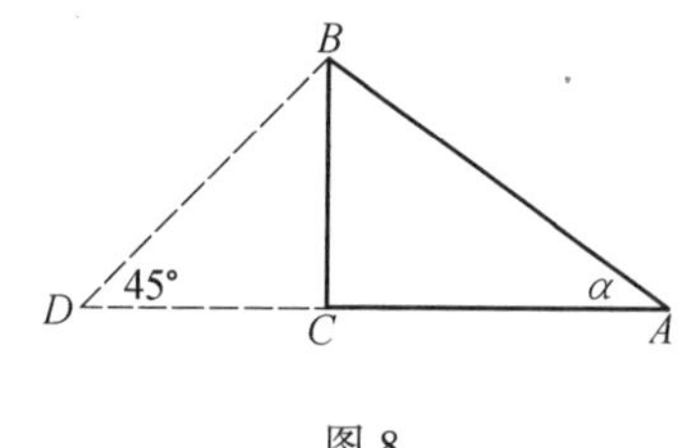

图 8

(d) 在进行分析时,我们的思维不由自主地受着草图的限制.例如,在(b)所讲的例子中,我们假定了 B,C 二点分在直线 a 的两侧而进行分析.但是这两点显然也可以在 a 的同一侧.因此必须注意,我们也许只对某些特殊的情况作了分析.要想获得比较一般的结果,就必须力求草图的一般性.例如,在求作三角形时,若已知条件对三角形的形状无所要求的话,则在草图中应画任意三角形,而不要画等腰三角形或等边三角形等.分析的情况越有一般性,则对以后的解题步骤越有利.

(2) 作法　如中学教本所说,就是根据(由分析而)得出的解题方法进行作图.

(3) 证明　如中学教本所说,就是要证明所作出的图形合于问题中的已知条件.但是应当注意,在证明过程中,通常总是假定作法中所说的每一步确实是可行的.

(4) 讨论　在进行分析时,通常只限于至少找出问题的一个解来.同时又假定了作法的每一步都是可行的.可见还须追究一下:第一,我们所说的作法会不会在一定的情况下是不可行的.而如果这样的情况存在的话,那么在此情况下问题是否有解?如果有解的话,又怎样求?其次,在每一种有解的情况下,解有几个?最后,有无新的作法,以致得出新的解来?解决了这一系列的问题以后,作图题才算完满解决.对这一系列问题的研究,便称之为“讨论”.概括来说,讨论的目的就在于找出可解的条件以及确定解的个数.

有时候在讨论中,还研究以下的问题:在什么条件下,所作的图形,满足某些附带的要求.例如,在什么条件下,所作的三角形是等腰三角形或直角三角形;或者,在什么条件下,所作的四边形是平行四边形或菱形,等.

如果讨论不够严密,以致未搜尽一切可能性,那么,就可能放过了某些解而未求出来.

为使讨论能按部就班和臻于完善,我们可以按“作图的程序”来进行.其实质就是逐一检查作法中每一步是否必然可行,如果可行又有几种执行方法.

为此必须说明下面的一些问题:

(i) 在每一步中所说作出的点、线、圆或其他的图形,是否必然存在,抑或它的存在要由某些图形的大小或相对位置来决定?例如,作直线与圆的交点时,就要注意这些交点是否存在,要由圆的半径与圆心同直线距离的大小来决定.

(ii) 在所说的点、线、圆或其他图形存在的情况下,说明它们的个数.例如,当圆的半径大于圆心与直线的距离时,圆与直线的交点有两个;半径与距离相等时,交点有一个.

(iii) 研究过每一步以后,把结果综合起来,以确定在何种相对位置或大小关系的条件下,问题有解;以及在何种条件下问题无解.如果可能的话,大小关系的条件最好用式子(等式或不等式)表示出来.

(iv) 在有解的条件下,说明解的个数.

讨论过以上四点以后,便能知道,在已知的作法下究竟有几个解.但讨论至此还未算完结.因为还必须考虑有没有别的作法,以致可能获得新的解.对待这个问题,可以考虑如下:(a) 能否证明问题的任何一解都同已经获得的解中的一个互相重合.若能证明这一点,则讨论完毕.整个问题也就完满解决.(b) 若未能证明这一点,则可假设有为我们的作法所不能获得的解存在,并在此假设下,对问题重新进行分析.看已知元素或所求作元素的相对位置关系是否还有某些可能性,为我们所未曾注意到的.

就前面讲过的作图题"过已知点 A 作直线,使与 B,C 二点等距"为例来说明一下.

根据分析,我们得到作法如下:(i) 作线段 BC,(ii) 作 BC 的中点 M,(iii) 作直线 AM,直线 AM 即为所求作之直线.

讨论:(a) 作法(i) 必可行,而且结果是唯一的.因为两相异点之间能作一个线段,且只能作一个线段.(b) 作法(ii) 亦必可行,而且其结果也是唯一的.(c) 作法(iii) 亦必可行,即过两点恒能作一直线.但欲所作的直线唯一,则必须两点相异;一旦两点重合,则过此两点可作无穷多条直线.因此,在上述的作法下,若 A 为线段 BC 的中点时,问题有无穷个解;否则有唯一的解.但讨论至此,尚未完善.因为还必须考虑有无其他作法,能得出新的解来,进一步分析便能知道,过点 A 作线段 BC 的平行线(如果存在的话) 也是一解.以前未能获得此解,是因为在前述的分析中,我们假设了 B,C 二点位于所求作直线的两侧的缘故.最后还应证明,除此之外,再也不会有别的解存在了.证明如下:设直线 a'(图 9) 不通过线段 BC 中点,也不与线段 BC 平行.记 a' 与直线 BC 之交点为 D,记 B,C 二点向 a' 所作之垂线为 BB' 与 CC',因 $\triangle BB'C \backsim \triangle CC'D$,故 $\frac{BB'}{CC'}=\frac{BD}{CD}$.今 a' 不通过线 BC 之中点,则 $BD \neq CD$,因而 $BB' \neq CC'$,亦即 a' 不满足问题的条件.

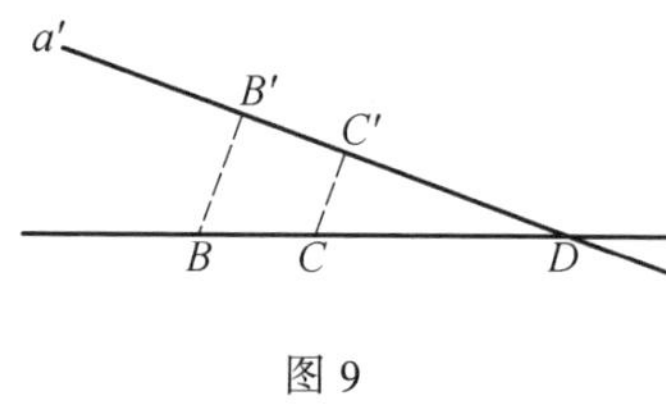

图 9

以上的讨论说明,若 A 在线段 BC 上,则解有两个;若 A 为线段 BC 的中点,则解有无穷多个;若 A 在线段 BC 上,但不是 BC 的中点,则解有一个.

第四节　两个例子

例 1　已知三角形的底边与立于其两腰上的两条中线,求作三角形,

分析:设 $\triangle ABC$(图 10) 为所求,AB 为底边;AM_1,BM_2 为立于二腰上的二中

线，P 为它们的交点．按条件，已知三线段 c,m_1,m_2，要求 $AB=c,AM_1=m_1$，$BM_2=m_2$．欲作三角形，只需作它的三个顶点．作底边 AB 自无问题，故问题在于作顶点 C，而 C 是直线 AM_2 与 BM_1 之交点，故问题又在于作 M_1,M_2 二点．

若点 P 已作，则 M_1,M_2 二点易作．而 $\triangle ABP$ 三边 $AB=c,AP=\dfrac{2}{3}m_1$，$BP=\dfrac{2}{3}m_2$，故 $\triangle ABP$ 易作．亦即点 P 易作．

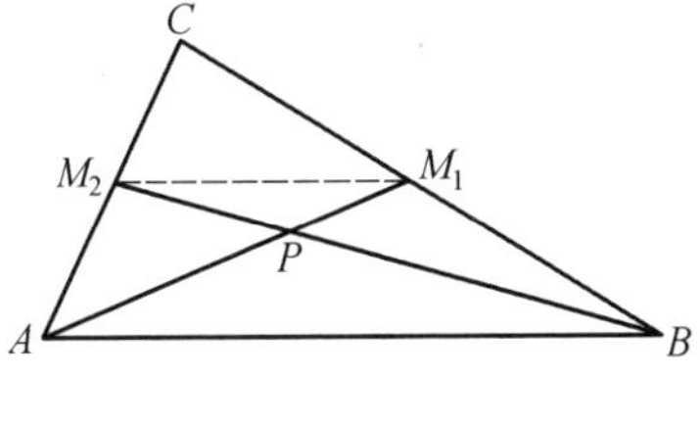

图 10

作法：(1) 作线段 $AB=c$；(2) 作线段 $r_1=\dfrac{2}{3}m_1$；(3) 作线段 $r_2=\dfrac{2}{3}m_2$；(4) 作$\triangle ABP$，使 $AB=c,AP=r_1,BP=r_2$；(5) 作射线 AP；(6) 在射线 AP 上作点M_1，使 $AM_1=m_1$；(7) 在射线 BP 上作点 M_2，使 $BM_2=m_2$；(8) 作直线 AM_2 与射线 BM_1 之交点 C．三角形 ABC 即为所求．

证明　从略．

讨论　作法(1)，(2)，(3)，必唯一可行．作法(4) 可行的充分而且必要的条件是

$$\frac{2}{3}\mid m_1-m_2\mid<c<\frac{2}{3}(m_1+m_2)$$

在可行的情况下，其结果是唯一的．作法(5)，(6)，(7) 亦必唯一可行．作法(8) 也是唯一可行的，亦即直线 AM_2 与 BM_1 必相交，而且可以证明交点与点 P 同在直线 AB 的一侧．因为，倘使 AM_2 与 BM_1 平行，则线段 M_2M_1 与线段 AB 将相等，这就和等式 $M_2M_1=\dfrac{1}{2}AB$（据作法，易于证明）发生矛盾；又倘使 AM_2 与 BM_1 之交点与点 P 分别在直线 AB 两侧，则 $M_2M_1>AB$，也不可能．因此，在

$$\frac{2}{3}\mid m_1-m_2\mid<c<\frac{2}{3}(m_1+m_2)$$

条件下，由前述之方法可得唯一的解．

最后，还须证明，没有别的作法能得出新的解（即与前面所作的三角形不相等的解）．为此只需证明："若两个三角形的底边与立于两腰上的二中线对应相等，则两个三角形相等．"这个命题是易于证明的．

例 2　两条直线 a 与 b 同第三条直线 c 相交，求作线段，使它与直线 c 平行，且等于已知线段 l，并使它的两个端点位于直线 a 与 b 上．

分析 设 AB 为所求的线段(图 11),即 $AB = l, AB \parallel C, A \in a$①$, B \in b$,为了找出已知元素与所求元素间的必要关系,须引入一些辅助的点与线,设 $P \equiv c \times b$②,作 $AM \parallel b$,设 $Q \equiv AM \times C$,则 $PQ = AB = l$.

欲作线段 AB,只需作点 A;欲作点 A,只需作点 Q.

作法 (1) 作点 $P \equiv b \times c$;(2) 在直线 c 上作线段作直线 $PQ = l$;(3) 作直线 $QM \parallel b$;(4) 作点 $A \equiv QM \times a$;(5) 作直线 $AN \parallel c$;(6) 作点 $B \equiv AN \times b$. AB 即为所求的线段.

证明 从略.

讨论 按已知条件,点 P 是存在的,故作法(1) 唯一可行. 作法(2) 亦必可行,但其结果有二,即可得两点 Q 与 Q'(图 12). 对 Q 与 Q' 中每一点而言,作法(3) 是唯一可行的.

有三种可能性:(1) QM(同时 $Q'M'$) 与 a 相交(图 12). (2) QM(同时 $Q'M'$) 与 a 平行(图 13). (3) QM 或 $Q'M'$ 与 α 重合(图 14).

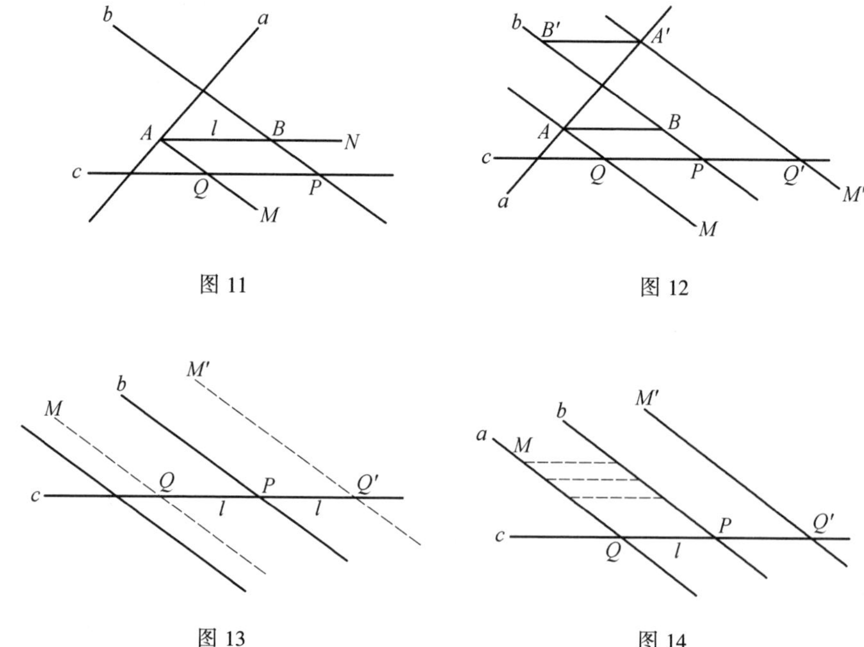

图 11 图 12

图 13 图 14

① $A \in a$ 表示 A 属于 a.

② $P \equiv c \times b$ 表示 P 是 c 与 b 的公共部分(在这里就是公共点).

若 a,b,相交,则可能性(1) 成立.此时作法(4) ~ (6) 对 Q 与 Q' 中每一点而言都唯一可行,因此得到两个解.

若 $a \parallel b$,而且它们在 c 上截下之线段不等于 l,则可能性(2) 成立.在此情况下,作法(4) 不可行,因此无解.

若 $a \parallel b$,而且它们在 c 上截下之线段等于 l,则可能性(3) 成立.这时问题有无穷多个解:过直线 a 上每一点都可以得出一个解.

最后还要证明,除此之外,别无他解.在 a,b 相交的情况下,这归结为以下的命题:"角的两边在平行线上截下的线段不相等".在 a,b 平行的情况下,别无他解是十分清楚的.

第二十五章　几何作图不可能问题[①]

几何作图不可能问题是一个老问题,为什么还要讲它呢?原因有三方面:

(1) 目前还有人对几何作图不可能问题,缺乏正确的理解.以为“不可能”的发生,是人力没有尽到,方法没有想到.有一些热心的人们在这一种想法之下,苦心积虑地设法使作图成为可能.热诚固然可嘉,无如开始就对于“不可能”的理解不够,以致浪费精力与时间于事仍然无补.针对这一事实,我们有把老问题重新讲一遍的必要.

(2) 要从根本上说明几何作图可能与不可能,绝不能单凭尝试,这需要从理论基础上加以判断,这理论基础是什么呢?是代数.通过几何作图不可能问题,使得几何与代数知识结合起来,从而启发我们对数学问题的解决与研究绝不可孤立地从事.这应该说是研究数学的正确态度,也就是辩证地处理问题的态度.

(3) 几何作图不可能问题的发生时代很早,从这问题的发生以及以后的推演与转变,可以看出数学的进展情况从而使我们明了数学内容由简单到复杂的演变过程.这对于我们从事数学研究,将起一种指示的作用.

根据以上三方面的原因,我的讲述将分成几个段落进行,那就是:

(1) 几何作图问题的意义.

(2) 几何作图问题的起源.

(3) 初等作图可能与不可能的判定.

(4) 初等作图不可能的实例.

(5) 几何作图问题的演变.

第一节　几何作图问题的意义

初等几何里的问题大致分为两类,那就是证明问题与作图问题.前者是对于某一个给定的图形,证明它具备某种性质或条件.后者恰巧相反,它是对于具

① 本文系作者孙泽瀛在中国数学会上海分会1956年年会里的讲演稿.

备某种条件的图形,用指定的工具(初等几何里指定的工具是直尺与圆规)有限回地把它作出来.

在这里我们专讲作图问题.利用一种方法,采取指定的工具把具备某种条件的图形作出的过程称为“解”作图问题,作出的图形就称为这作图问题的解.因为作图工具受到限制,所以对于某一些作图问题,无论利用怎样的方法都求不出题解,这种作图问题就称为作图不可能问题.反之,采取指定的工具,可以求得题解的问题称为作图可能问题.

对于以上作图不可能问题的意义,如果再深入地体会一下,又可以分为以下两种情况:

(1) 具备某种条件的图形根本不存在的情况.例如说,给定三条线段 a,b,c,其中一条大于另外二条之和,如 $a > b + c$,这时以 a,b,c 为边的三角形根本不存在;那么,满足条件的三角形当然作不出了,像这种满足条件的图形根本不存在的作图问题,严格地讲,不应当属于作图不可能问题,应该说是“不成立”的问题.

(2) 另外一种情况是,满足条件的图形事实上是存在的,可是在作图工具严格限制之下(例如限制于只许用圆规和直尺),无法把图形作出来.一般所谓的作图不可能问题就是指的这种情况下的作图问题.

根据以上的解释,我们知道所谓作图不可能问题并不是因为问题困难解不出来,而是在作图工具使用范围的限制下解不出来.值得注意的是,所谓作图可能与不可能,必须在工具使用范围的限制下才有意义.因此,如果在使用直尺与圆规的限制下,作图不可能的问题,有人因使用了超出限制外的其他工具将图形作出,而说他解决了作图不可能的问题,这是他根本不明了这个“不可能”的意义.

在中学里所称的几何作图问题限定用直尺和圆规两种工具,以后简称为初等作图问题.

第二节　几何作图问题的起源

早在公元前300年左右,欧几里得的几何原本里就有几何作图问题.在原本的第一篇内,他提出有关作图的几项公设:

公设 1　两点之间可以联结成一条线段.

公设 2　线段可以向任何方向任意地延长.

公设 3　任意一点为中心,过其他任意一点可以画一个圆.

第三个公设也可以改写为现在所熟知的语句,那就是:

公设 3′　任意一点为中心,任意长为半径可以画一个圆.

前面两个公设指的是直尺的作用.后一公设指的是圆规的作用.从这里我们体会到初等几何作图工具之所以限定用直尺与圆规是有它的历史根据的.

也许有人要问:为什么欧几里得只单单提出利用直尺与圆规的作图?这回答很简单,欧几里得之所以这样提出,是根据他所处的时代背景的要求.当时实际上所接触到的图形没有现在的复杂,主要是由直线线段与圆所组成的.直线图形里最简单的是一条线段,曲线图形里最简单的是一个圆,当时的人们就想到找出一种工具能帮助他们画线段和圆.根据他们生活的体验,找到一根比较平直的木条就能在沙地上画出一条较整齐的线段,找到一条桠枝就能画出一个较整齐的圆.木条和桠枝是随处都找得到的,这种自然的工具用起来既方便又省事,于是欧几里得就把这两种工具当做几何作图的特定工具,用明文规定出来.木条与桠枝就是我们现在所用的直尺与圆规的前身①.

古代的人们只晓得利用直尺与圆规两种工具作图,因此,在几何作图的时候,就发生了有些想作的图形凭这两种工具作不出来的情况,这种问题中最著名的是所谓的希腊三大作图不可能问题,那就是:

(i) 立方倍积问题;

(ii) 三等分任意角问题;

(iii) 化圆为方问题.

关于第一个问题的传说据说是这样的:

在公元前 400 年以前,希腊克里特岛上的国王明诺斯有一天路过他爱子格罗扣斯的坟墓,他嫌这墓太小了,应该把它扩大两倍.后来在公元前 400 年左右,希腊第罗斯岛上流行了一场非常恐怖的传染病,每天有许多人因此丧命.当时的人们无法防止这种传染病的蔓延,只好祈求当地所信奉的阿波罗神来保护他们.据神庙的住持说:“把上供的祭坛不改变原来立方体的形式而体积改造为原来的二倍,这样做就会使神高兴,可以把瘟疫制止.”

原来住持是根据以前明诺斯王的一句话而这样提出的,可是住民信以为真,就动工进行改造祭坛的工作了.他们把原来成立方体的祭坛,每一条棱之长扩充为二倍,这项改造过程很快地完成了.可是神并没有因为他们的诚心而消灭瘟疫,灾情反倒更严重了.受难的住民再度去请教神庙的住持,他说:“我说的体积应当是原来的二倍,现在改造后成为八倍,不合要求,因此,神不高兴.”

① 这一段可以参考作者以笔名“哲英”所写的“几何作图的工具为什么限定用直尺和圆规”.

可怜的居民们懊丧地又去进行改造工作,这次他们按照原来的立方体重作一个同形的立方体并在一起.这样应该可以满足神的要求了,可是疫病仍不停止.他们再一次去请教神庙的住持,这回他说:“不错,你们改造过的祭坛的确是原体积的二倍,可是这不是原来一样的立方体呀!我以前说过的祭坛是原体积的二倍但形式仍要保持立方体.”

岛上的居民被这问题给难倒了.当时著名的学者柏拉图为了解救居民所遭的不幸境遇,非常热心地担任这个问题的解决工作.因为按照习惯只许用直尺与圆规两种工具,这问题也把这个著名的学者同样地难倒了.

后来,柏拉图和他的学生们利用较复杂的工具,问题算是解决了,可是柏拉图认为这种方法破坏了几何学固有的优美,仍旧希望用直尺和圆规两种工具来解决这问题.他们不因为第罗斯岛上的疫病逐渐消减了而继续进行研究,可惜得很,他们的希望永远没有达到.这个问题称为第罗斯的问题,也就是现在所说的立方倍积问题.

和这个问题一样,为当时学者们热心研究的还有两个问题,那就是:

对于任意的一个角求三等分的方法.

对于任意的一个圆,求作一个正方形和它同面积.

他们仍被直尺与圆规两种工具所限制,无论怎样的想法也作不出来.虽然当时也有人破除成规,利用了别的工具把问题解决了,但是他们和柏拉图一样,唯恐破坏了几何学固有的优美性而不放弃利用直尺与圆规的尝试.

以上三个问题,当时称为几何学的三大难题,因为受到作图工具的严格限制,两千年以来,没有一个人能把问题解出.一直等到19世纪才有人把问题完全解决了.可是解决的不是作图的方法而是证明了这件事实:专凭直尺和圆规两种工具,问题绝对解不出来.1837年万扯尔对于第一、第二两问题给以作图不可能的证明,1882年林德满利用了π是超越数这个性质证明了第三问题的作图不可能.

第三节　初等作图可能与不可能的判定

解决任何初等作图问题的关键不外乎决定几个满足一定条件的点,而这些点的决定又不外乎决定几根满足一定条件的线段.因此,初等作图问题就化为有关线段的作图问题.

我们知道,当单位线段及线段a,b给定时,那么,线段$a+b,a-b(a>b),a\times b,a\div b,\sqrt{a}$都可以利用直尺与圆规作出;也就是说,当单位线段给定后,线段经过四则与开方运算后所得的结果可以利用直尺与圆规作出.因为线段可用量来表示,所以也可以这样说:当单位量给定后,量经过四则与开方运算后所得的量可以作出.当然,这里所说的四则与开方运算,回数是有限的.

反之,凡是可以利用作图法求得的量都是对于给定的量施行有限回的四则与开方运算后所得的量.

要说明这件事实,我们借助于解析几何的知识.首先依照作图规约,即:

(1) 过两个给定的点可引一条直线;

(2) 以某一个给定的点为中心、给定的长为半径可画一个圆来分析.在第(1)条内,设两点的坐标是(x_1,y_1)与(x_2,y_2),那么,过这两点的直线方程应该是

$$\frac{x-x_1}{x_2-x_1}=\frac{y-y_1}{y_2-y_1}$$

亦即
$$(y_2-y_1)x+(x_1-x_2)y=x_1y_2-x_2y_1$$
因为这条直线是可作的,所以这个方程的系数y_2-y_1,x_1-x_2及$x_1y_2-x_2y_1$是

可作的量,所谓可作的量指的是用作图法可求得的量.同样在第(2)条内设中心的坐标是(x_1,y_1),半径是r,那么,圆的方程应该是

$$(x-x_1)^2+(y-y_1)^2=r^2$$

亦即
$$x^2+y^2-2x_1x-2y_1y+(x_1^2+y_1^2-r^2)=0$$
因为这个圆是可作的,所以方程内的系数都是可作的量.

其次,在以上两条规约的基础上,让我们进行如下的基本作图,那就是:

(3) 求作二直线的交点;

(4) 求作直线与圆的交点;

(5) 求作二圆的交点.

设给定的两条直线方程是

$$ax+by=c,a'x+b'y=c'$$

这里的a,b,c与a',b',c'都是可作的量.那么,解这联立方程求得的交点坐标(x_1,y_1)将是这些系数的有理式,因此,(x_1,y_1)是可作的量.

再设给定的直线和圆的方程是

$$ax+by=c,x^2+y^2+px+qy+r=0$$

这二方程中的系数都是可作的量.再设给定的二圆是

$$x^2+y^2+px+qy+r=0,x^2+y^2+p'x+q'y+r'=0$$

这里面的系数也都是可作的量.那么,求直线与圆的交点或求二圆的交点都不

外乎求第一组联立方程或第二组联立方程的解(x_1,y_1)与(x_2,y_2).可是这些解都是由原来的联立方程组中的系数经过四则与开方运算所得到的,当然是可作的量了.

任何一个初等作图题的解都不外乎上述五种手续((1)～(5))有限回地反复运用,因此,也不外乎是由原来给定的量经过有限回的四则与开方运算所得的量.

总结以上所讲的,我们得出这样的结论:

一个量可以有限回地利用直尺与圆规作出的必要与充分条件是这个量可从给定的量经过有限回的四则与开方运算而获得.

这项结论就是作图可能与不可能的判定规律.如果一个作图问题有解的话,那么,在解题过程中具有关键性的那一个点或那些点所对应的量必须是由原给定的量经过有限回四则与开方运算所得到的量.否则,作图问题没有解,也就是说作图不可能.

可是那个对于解决问题带有关键性的点所对应的量如何能看出可由原给定的量经过有限回的四则与开方运算得到或不能得到呢?当然,我们不能采取"试试看"的办法,这得利用其他的数学知识,那就是代数学上解方程的知识.

首先,我们知道经过四则与开方运算所能表达的数量具有如下的性质:

由给定的数量经过有限回的四则与开方运算所得到的量必须是一个整式方程的根,这个整式方程的系数是由原给定的数量经过有限回四则运算所得的结果.

这里并不准备证明这件事实,因为它可以在相关的书籍内找到.这件事实给我们一种启示,那就是:

要求可作的量必须利用四则与开方运算解这样一种方程的根,这是必要条件.因此,凡不能利用四则与开方运算求得方程的根,这个情况就是作图不可能的情况.在这里新问题又产生了,什么条件下才可以用四则与开方运算解出一个方程的根呢?这就不能不深入地考虑了.

假设 x 表示那个在作图问题中需要决定的量,它满足一个整式方程

$$a_0x^n + a_1x^{n-1} + \cdots + a_{n-1}x + a_n = 0$$

因为这里的系数是由原给定的量经过有限回四则运算作得到的,所以在作图问题里原给定的量择取适当大的数值时,可使这个方程的系数都是整数.因此,我们的问题化为对系数是整数的方程用四则与开方运算求根的问题.

因为方程里第一个系数 $a_0 \neq 0$,所以用 a_0^{n-1} 乘方程的两边,并以 $a_0x = y$,那么,原方程可变为

$$f(y) \equiv y^n + b_1 y^{n-1} + \cdots + b_n = 0 \quad b_n \neq 0$$

也就是说方程里的系数不但都是整数,而且第一个系数等于 1. 以下我们就对于这一形式的方程进行讨论.

根据高斯定理:"系数为整数的整式 $f(y)$ 如果在有理数的范围(有理数体)内可以分解为两个整式 $g(y)$ 与 $h(y)$ 的乘积时,那以,$g(y)$ 与 $h(y)$ 的系数通常可以化成整数",如果方程 $f(y)=0$ 的左边在整数范围内可分解为因式之积时,我们称这方程在整数范围内是"可约"的,否则称为"不可约"的. 晓得了不可约方程的意义,那么,我们的问题又化为对不可约方程通过四则与开方运算求解的问题.

根据伽罗瓦的方程理论,我们知道:不可约方程的次数如果不是 2 的乘幂(例如 2,4,8,16,32 等),那么,就不可能用四则与开方运算求方程的解. 这个定理的另一种说法就是:不可约方程可以用四则与开方运算求解的必要条件是它的次数是 2 的乘幂. 因为这是必要而不是充分的条件,所以一个不可约方程的次数就算是 2 的乘幂,用四则与开方运算可不可解还是一个问题. 可是阿贝尔首先告诉我们:五次及五次以上的一般代数方程是不能利用四则与根幂运算求解的. 这项重要定理也可由伽罗瓦理论直接导出. 因此,在一般情况下以 2 的乘幂为次数的不可约方程中,要考虑是否可解的方程只有四次方程一种了(因为二次方程总是可解的).

从以上所讲的,我们知道除不可约的三次方程肯定地不能用四则与开方运算求解外,对于不可约的四次方程还得特别考虑. 可是从代数学里我们知道,不可约四次方程的可解与不可解和它有关的三次方程,所谓诱归三次方程有关. 如果诱归三次方程是不可约的话,那么,这个四次方程是不能用四则与开方运算求解的.

综上所述,作图的可能与不可能问题归结为整系数方程用四则与开方运算可解不可解的问题. 因为五次与五次以上的一般方程是不可解的,所以我们只要注意三次与四次方程. 如果三次方程是不可约的,就不能求解;如果四次方程是不可约的,那就是要看它的诱归三次方程是否可约来决定它可解与不可解. 如果诱归三次方程是不可约的,那么,原四次方程为不可解.

因此,要判定一个作图不可能问题,先看与这问题有关联的代数方程可约与不可约,如果可约的话,就把原方程分解到不可约为止. 如果这不可约方程的次数不是 2 的乘幂,例如说 3,5,6,7 等. 那么,我们就肯定这作图问题是不可能的. 如果不可约方程的次数是 2 的乘幂,例如说 4,8,16,32 等. 因为在一般情况下,5 次以上的方程是不可以用代数法求解的,所以对 8 次 16 次等方程一般讲来作图也不可能;(严格地讲5次以上的方程,例如说8次,在特别情况下也可求解.所谓特别情况,例如这8次方程是伽罗瓦方程,但在此不能细讲,好在8次或16次的方程在初等作图内不易碰到)这时应注意四次方程,如果它的诱归三次方程是不可约的,作图就不可能.

根据以上的总结看来,方程的不可约性是判定作图不可能问题的关键.怎样判定一个方程的不可约性呢?这又需要一些代数学上的理论.在此只提出一个便于应用的高斯定理:

如果最高次的系数是1的整系数代数方程是可约的话,它必有整数的根.

这就是说:如果代数方程的系数如定理所规定的而没有整数根的话,它就是不可约的.

第四节　初等作图不可能的实例

(1)立方倍积问题

设有一个棱长为 a 的立方体,求作一立方体,体积为原体积的二倍.

假定 x 是所求立方体的棱长,根据作图题的要求,得

$$x^3 = 2a^3$$

因此,问题的关键在于以四则与开方运算求这方程的解.因为不能从原方程的形式解答这问题,让我们把方程的形式改换一下.以 $ay = x$,那就是 $x : a = y : 1$,从这关系可看出:决定 x 与决定 y 是同一回事.把这项关系代进原方程里,就得到

$$2a^3 = x^3 = (ay)^3$$

所以

$$y^3 - 2 = 0$$

假使这方程有一个整数根,这个根就必须是2的因子,这就是说:这个根的数值必须是 ± 1, ± 2 中的一个.但是当我们分别把这四个数值代进方程里去,可以看出它们都不满足.因此,这方程没有整数根,从高斯定理知道,它是不可约的.不可约的三次方程是无法用四则运算与开方求根的,所以原问题不能作图.

(2)40°角的作图问题

设 $\angle A = 40°$,则 $3\angle A = 120°$,但

$$-\frac{1}{2} = \cos 3A = 4\cos^3 A - 3\cos A$$

如以 $\cos A = x$,则方程可写为

$$8x^3 - 6x + 1 = 0$$

假使 x 可作,那么,以 x 为斜边作一个直角三角形,$\angle A$ 也就可作了.反之,如 x 不可作,则 $\angle A$ 也不可作.要说明 x 不可作,让我们把上面的方程写成

$$y^3 - 3y + 1 = 0$$

这只要用 $2x = y$ 代入原方程就可得出.这方程里的 y 如果是不可作,则原方程的 x 也就不可作.因为这个方程关于 y 是三次方程,所以只要能说明它是不可约的,y 就不可作了.

如果这方程是可约的,它必须有一个整数根,而这根必须是 1 的因子,这个根的数值不外乎 ± 1.但代入后知道 ± 1 不是根,所以方程没有整数根,它是不可约的,因此,y 是不可作的.于是原问题是属于作图不可能的范围.

(3) 任意角的三等分问题

如果任意角的三等分是作图可能的话,则 $120°$ 角的三等分,即 $40°$ 角是作图可能的.但已知 $40°$ 角是作图不可能的,所以 $120°$ 角的三等分作图不可能,因此,任意角的三等分作图不可能.

当然,任意角的三等分作图不可能,并不是说特殊角的三等分作图也不可能,例如 $90°$ 角,$45°$ 角的三等分是可能的.

(4)$20°$ 角的作图问题

如 $20°$ 角是作图可能的话,则 $40°$ 角也是作图可能的;但已知 $40°$ 角作图不可能,所以 $20°$ 角也作图不可能.

(5)$5°$,$10°$,$80°$ 等角的作图问题

因为 $20°$ 角与 $40°$ 角作图不可能,所以 $10°$ 与 $80°$ 也作图不可能.由于 $10°$ 角作图不可能,所 $5°$ 角也作图不可能.

(6) 希波克拉底斯的作图问题

给定两个线段 a 与 b,求作满足 $a : x = x : y = y : b$ 的二线段.

由 $a : x = x : y$,得 $x^2 = ay$.再由 $x : y = y : b$,得 $y^2 = bx$.这二式边边相乘,即得 $(xy)^2 = abxy$ 或 $xy = ab$ 或 $ayx = a^2b$.利用第一式可以化得 $x^3 = a^2b$.特别以 $b = 2a$ 代入,就得到与立方倍积问题里同样的方程 $x^3 = 2a^3$.因此,线段 x 作不出来,同它有关的线段 y 也作不出来了.

希波克拉底斯为了要解决立方倍积问题,才提出了以上的问题,这不过是从一问题转移为另一问题,他并未能解决它.

从解析几何的观点讲,这一问题等于求作二抛物线 $x^2 = ay$ 与 $y^2 = bx$ 的交点.如只许用直尺与圆规,这交点是作不出来的.

(7) 正九角形的作图问题(即圆周九等分问题)

如果用尺规作图,圆周可以九等分,这就是说 $360°$ 可以九等分,因此 $40°$ 角

可作;但已知 $40°$ 角不可以作图,所以 $360°$ 的九等分不可作.

(8) 正七角形的作图问题(即圆周七等分问题)

以 $\angle A=\frac{360°}{7}$, $x=2\cos A$,则圆周七等分的作图问题化为求作线段 x 的问题.因 $7\angle A=360°$, $\cos 3A=\cos 4A$,但

$$2\cos 3A=2(4\cos^3 A-3\cos A)=x^3-3x$$

$$2\cos 4A=2(2\cos^2 2A-1)=4(2\cos^2 A-1)^2-2=(x^2-2)^2-2$$

所以

$$\begin{aligned}0&=x^4-4x^2+2-(x^3-3x)=\\&x^4-x^3-4x^2+3x+2=\\&(x-2)(x^3+x^2-2x-1)\end{aligned}$$

从表面看来 $x=2$ 应该是这方程的一个根,但 $x=2\cos A=2$,即 $\cos A=1$,当 $\angle A$ 是锐角时,这是不可能的.所以只好求方程

$$x^3+x^2-2x-1=0$$

的根了.但这方程是不可约的三次方程,所以线段 x 不可作.

(9) 化圆为方问题

已知圆的半径等于 r,求作一正方形和它同面积.

设正方形一边之长等于 l,那么,由题意 $l^2=\pi r^2$.求线段 l 就等于求线段 & 满足 $l^2=\pi r^2=r$&.因为 r : & $=1:\pi$,所以问题化为求作线段之长等于 π.但因 π 是一个超越数(证明很繁,此地从略),不能由作图得到,所以这问题是属于作图不可能的.

第五节　几何作图问题的演变

由古代传下来的尺规作图(即初等作图)问题,经后人在作图工具的限制范围上作工夫,因使用的工具不同,于是就有各种不同的研究结果,这些结果大致可分为下面所说的几方面.

(1) 圆规作图

1799 年意大利的数学家马斯克洛里著过一本书叫《圆规几何学》(Geometria del Compasso),他在这本书里,专门利用圆规解决了二百个以上的作图题.如果把这些解决了的问题适当地加以整理与排列,就等于证明了下述定理:

如果我们把线段理解为两个端点,直线理解为其上的任意二点,那么,凡是用直尺与圆规能解的作图题都可以单凭圆规来解决.

因此,凡是不用直尺而专用圆规的几何作图称为马斯克洛里式的作图.可是后来经过改证,远在马氏之前丹麦人摩尔于1672年已经有过同样的研究,根据他的研究结果也可以得出上面的定理.因此,为了公正起见,圆规作图应当称为摩尔与马斯克洛里式的作图.

到1931年,日本人柳原吉次证明了下面的定理:

我们不采用一般的圆规,只采用一种特殊圆规,它只能画半径大于 α 而小于 β 的圆,那么,不用直尺而单用这种特殊圆规就可以解决一切初等作图问题.不过这时不能用圆规画出的圆(即半径 $<\alpha$ 或半径 $>\beta$)理解为圆心与圆周上一点.

(2) 定脚圆规作图

所谓定脚圆规,指的是圆规两脚的张开一定,不能合拢,也不能任意地分开.利用这样的定脚圆规和直尺可以把一切初等作图问题解决,不过这时定脚圆规所不能画出的圆应当理解为圆心与圆周上一点.这个结论是由16世纪中叶意大利学者达他格利亚(Tartaglia)、卡达诺(Cardano)、费拉诺(Ferraro)及伯勒得梯(Benedetti)等人的研究结果而得到的.他们当时并没有明显地提出如上的结论,是后人把他们所获得的结果加以适当的整理与排列而达到结论的.

1920年日本人柳原吉次改良了以上的结果,得到:

利用开幅为 r 的定脚圆规与定长为 r 的直尺可以解决一切初等作图问题.

所谓定长直尺指的是直尺之长为一定,这和普通的直尺是有区别的.例如说定长是 r,那么,距离不超过 r 的两点可以用直尺一回地联结起来;而普通的直尺可以联结任何二点.

紧接着柳原的结论,洼田忠彦获得如下的结果:

定长直尺的长度可以任意地规定,无论怎样短都可以,同样能达到柳原的结论.

(3) 直尺作图

如果作图工具只限于直尺而不许用圆规,那么,除掉过二定点可引一条直线以及可求二直线的交点外,其他的基本作图将成为不可能.这时所能解决的问题如用代数术语来讲,只能限于一次方程范围内的问题.

可是当一个已知中心的圆给出的时候,那么,单独利用直尺可以解决一切的初等的作图问题.这是1822年法国数学家庞司勒与1833年德国数学家司坦勒提出的结果.

1911年德国数学家法伦指出:当给定一条圆锥曲线的弧 Γ 时,那么,以 Γ 作为一部分的整个圆锥曲线与直线的交点可以单独利用直尺求出.

结合法伦的结果与上述庞司勒和司坦勒的结论，我们得出：已知平面上一个圆弧和它的中心，则专凭直尺可以解决一切初等作图问题.

这一事实在1915年独立地被匈牙利数学家阿伯拉第所证实了.

在阿伯拉第发表上述结果的前两年，即1913年，德国数学家考尔在他的老师希尔伯特另一研究结果影响之下提出这样的定理：

如果有公共点或同心的两个圆给定时，那么，只利用直尺可以解决一切初等作图问题.

希尔伯特的原结果是：已经知道一个圆但不知圆心，我们专凭直尺求不出这圆心.

考尔进一步更提出了下述的命题：

给定三个圆，既不共轴，又两两没有交点；这三个圆的圆心可以单独利用直尺求出，因此，所有的初等作图问题可以单凭直尺解决.

不幸得很，他对于这命题的证明中发生了错误；1914年许尔及米连道夫修正了原来的证明而发表了正确的证明.

(4) 特殊工具作图

利用平行尺(即两根平行的尺并在一起，而保持其间的距离一定)，那么，用不着圆规就可以解决一切初等作图问题.

同样，利用锐角尺(即两根尺并在一起交于一定的锐角)，不用圆规也可以解决一切初等作图问题.

同样，专门利用直角尺也可以收到相同的效果.

此外，德国数学家比伯巴赫指出：利用直角尺与圆规可以解决任意的三等分问题以及立方倍积问题.

(5) 近似作图

为了实用起见，有时并不需要在限制的工具下通过繁难的手续求正确的作图，而只是求相当精确的近似作图.关于这方面的知识应当说是属于应用数学范围内的事了.

第二十六章　三大几何作图不可能性简史[①]

每个学几何的学生早晚会知道 3 个“不可能”问题：

(1) 三等分角：给定一个任意角，构造一个角恰好为其$\frac{1}{3}$.

(2) 倍立方：给定一个任意体积的立方体，求一个体积恰为其两倍的立方体.

(3) 化圆为方：给定一个任意的圆，求一个与其具有相同面积的正方形.

这些问题源自公元前 430 年前后，希腊的几何学高速发展的时期. 我们不妨加上第 4 个问题：在一个圆中内接一个正七边形. 在两个世纪中，所有这些问题都已经被解决了.

那么既然这些问题都已被解决了，为什么还说它们是不可能的?“不可能性”是从据说由柏拉图提出的一个限制而来的. 这个限制规定，除了圆规和画直线用尺(Straightedge)[②]外，几何学家不用别的工具. 这个限制需要进一步的解释. 为此，我们要求助于欧几里得，他在他的《几何原本》中收集和系统化了希腊的大部分平面几何.

欧几里得的目的是从尽可能少的一些基本假设用一种演绎的方式来发展几何学.《几何原本》中前 3 个公理是(表以现代形式)：

(1) 在任意两点之间，存在一条唯一的直线.

(2) 一条直线可以被无限延伸.

(3) 给定任意一点和任意一个长度，可以作一个以该点为圆心，给定长度为半径的圆.

这 3 个公理相当于用圆规和画直线用尺的正当性：通过两个给定点画一条直线；无限地延伸一条给定的直线段；以及以任意一个给定点为圆心具有任意给定的半径画圆. 用圆规和画直线用尺解一个问题意味着只能有限多次地利用这些操作. 然后可以只利用欧几里得几何学的假设来证明作图的正确性.

例如，考虑倍立方问题. 为了使得边长为 a 的立方体的体积加倍，必须作一

---

① 原作者 Jeff Suzuki.

② 意指无刻度直尺 —— 译者注.

条长为$\sqrt[3]{2}a$的线段.梅内赫莫斯①在公元前350年前后所提出的一个较简单的解法等价于确定抛物线$ay = x^2$和双曲线$xy = 2a^2$的交点;这两条曲线相交于点$(\sqrt[3]{2}a,\sqrt[3]{4}a)$.由于这个解需要利用双曲线和抛物线,因此它不是一个圆规和无刻度直尺的解.

在三等分角问题中出现了更微妙的问题.假设我们要三等分$\angle BOE$,我们不妨假设这个角是在一个圆中弧$\overset{\frown}{BE}$的圆心角(图1).有几种"逼近"解法,其中之一为下述.画BC平行于OE,再画CA具有性质$DA = OB$(圆的半径).证明$\angle DOA = \frac{1}{3}\angle BOE$是比较容易的(我们将证明过程留给读者).我们可以如下地用圆规和无刻度直尺来完成这个作图:打开圆规,固定一个等于半径OB的长度.以C为支点,来回摆动直尺,从直尺与圆的交点处量出一个OB的长度,直到你找到D使得$DA = OB$.

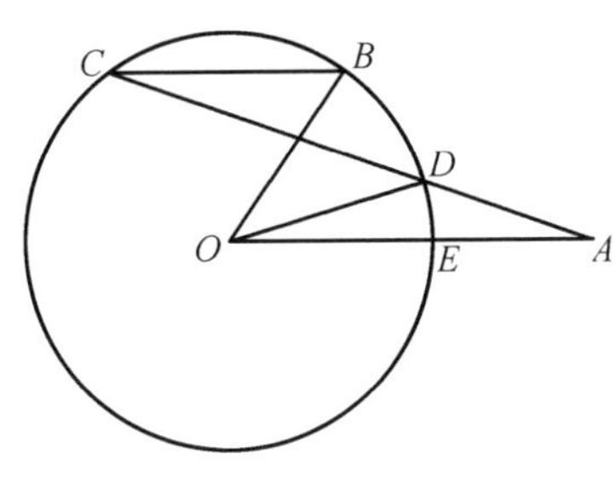

图1

在这个"尺规作图"的解法中至少存在两个障碍.首先,3个公理只保证了在两点之间的直线段的存在性和一条已经存在的直线段的延长线的存在性,并未保证由点C和长度DA所决定的线段CA的存在.其次,公理只允许我们利用已知圆心的圆来量出某个长度.这意味着在确定D的位置前我们不能度量等于OB的长度DA.这样,即使这个解法用了圆规和无刻度直尺,它也不是一个尺规作图的解法.

即使我们限制自己于圆规和无刻度直尺的正当用途,我们如何能区分从未完成的作图和事实上是不可能的作图呢?在1796年之前,尚不知如何用圆规和无刻度直尺来作正17边形,但是就在那一年高斯发现了如何把一个正17边形内接于一个圆.也许存在某些尚未发现的用圆规和无刻度直尺三等分一个角或倍立方的方法?1837年,一个不引人注目的法国数学家万泽尔(Pierre Wantzel,1814—1848)证明了并非如此:正如构作正7边形和化圆为方是不可能的那样,倍立方和三等分角事实上也是不可能的.我们将沿着引导到高斯的正17边形的构作以及万泽尔关于不可能性的证明的步骤来叙述下文.

一、笛卡儿

证明某些构作是不可能的第一个重要步骤是由笛卡儿在其《几何学》一书

---

① 希腊数学家和几何学家,公元前380—公元前320.他与当时著名的哲学家柏拉图有很好的友谊.他以圆锥截面的发现以及利用抛物线和双曲线解决倍立方问题而著称——译者注.

(1637) 中所做出的.笛卡儿关键的洞察力在于他把直线段的长度等同于实数,因而人们可以把一个几何问题叙述为一个代数问题,并且用符号表示解,然后再把代数表达式转换为一个几何作图过程.

为了做这最后一步,我们必须发展一种直线的算术.令 AB 和 CD 是两条直线段(其中我们将假设 CD 短于 AB).欧几里得《几何原本》中的尺规作图技术允许我们找到相应于和 $AB+CD$,差 $AB-CD$ 以及(对于任何正有理数 q)$q\cdot AB$ 的诸直线段.在试图解释积 $AB\cdot CD$ 时问题产生了.欧几里得和其他人把这个积等同于其相邻边的长度等于 AB 和 CD 的矩形.这就意味着直线段的算术在乘法之下不是封闭的;再者,这将使得两条直线段的除法也无法定义.

笛卡儿认识到,比例的理论可以被用于把两条直线段的乘积等同于另一条直线段,只要我们有一条单位长度的直线段.想象两条直线以任意角度相交于点 B,我们要用 BC 乘以 BD.画出 BA 等于单位长,并联结 AC(图2).画 DE 平行于 AC.那么 $\triangle BAC$ 与 $\triangle BDE$ 是相似的,因而我们有比例式

$$BE : BD = BC : BA$$

这相应于两个乘积的等式

$$BE\cdot BA = BC\cdot BD$$

由于 BA 等于单位长,所以我们可以把直线段 BE 等同于乘积$BC\cdot BD$.这样,两条直线段的乘积就是另一条直线段.可用几乎相同的方法处理除法.

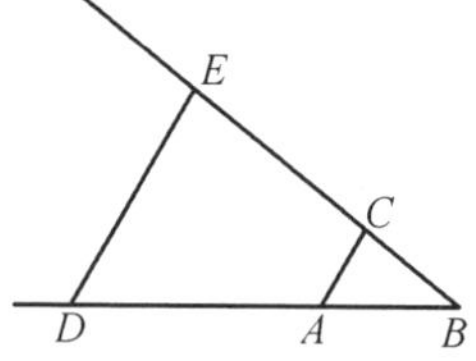

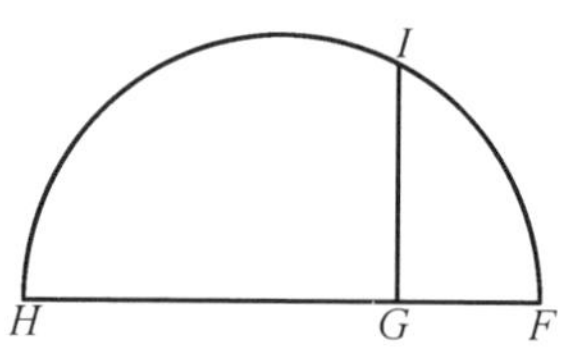

图 2

《几何原本》第 Ⅱ 册的命题 14 给出了求平方根(照字义,是面积等于一个矩形的正方形的边)的作图技巧,笛卡儿将其修改为开平方根.假设我们要求 GH 的平方根.用单位长的 GF 来延长 HG①,然后以 FH 为直径画圆.那么垂线 GI 就等于 GH 的平方根.

假设我们从一条直线段 AB(可以取为我们的单位)开始.如果利用上述技巧我们可以构作 $k\cdot AB$,那么我们就说 k 是一个可构成数(并且 $k\cdot AB$ 是一个

① 原文为 GH—— 译者注.

可构成直线段).一般地,如果 k 是一个有理数,或者是具有可构成系数的一个二次方程的根,那么它是一个可构成数.一个图形是可构成的,如果在它的构作中所需要的所有直线段都是可构成的.再者,给定一个可构成图形,那么从它可以得到的任何直线段(例如,一个正方形的对角线)是可构成的.例如,如果我们可以化圆为方,那么$\sqrt{\pi}$就是可构成的.等价地,如果$\sqrt{\pi}$是不可构成的,那么化圆为方是不可能的.

几何问题与代数问题的这种密切关联允许我们以一个特定方程的根的语言来表达可构成性问题:如果根是可构成数,那么相应的几何问题可以用尺规作图来解.倍立方会允许我们求得一条长度为$\sqrt[3]{2}$(方程 $x^3-2=0$ 的一个根)的直线段.构作一个正 n 边形会允许我们求得一条长度为 $\sin\frac{2\pi}{n}$(方程 $x^n-1=0$ 的一个根的虚部,由此,求 $x^n-1=0$ 根的问题也称为分圆问题)的直线段.

如下所述,三等分一个角相应于一个三次方程.给定一个以 O 为圆心、单位半径的圆,其中有一个圆心角 $\angle AOC$ 等于 3θ.我们要在圆上找一点 B,使得 $\angle BOC=\angle\theta$.如果对 OC 作垂线 AD 和 BE,那么我们有 $AD=\sin 3\theta$,$BE=\sin\theta$.通过恒等式

$$\sin 3\theta=3\sin\theta-4\sin^3\theta$$

把这些量联系起来了.由于$\angle AOC$是给定的,那么$\sin 3\theta$就是一个已知量,将其记为 l.这样,如果 $l=3x-4x^3$ 的实根不是可构成的,那么相应的角三等分是不可能的.

二、范德蒙德和拉格朗日

回答可构成性问题的下一个步骤在于范德蒙德(Alexandre-Théophile Vandermonde,1735—1796)和拉格朗日(Joseph Louis Lagrange,1736—1813)的工作.范德蒙德于1770年提交给巴黎科学院的和拉格朗日于1771年提交给柏林科学院的探讨了为什么三次和四次方程的一般解是存在的.他们独立地得到了相同的结论:我们解这些方程的技能是由于不需知道根本身我们就能求得根的某些表达式的值这一事实.

为了理解他们的方法,我们考虑二次方程 $x^2-px+q=0$,它有根 $x=a$ 和 $x=b$.这样,$p=a+b$ 和 $q=ab$.其次,取此方程根的任何函数.某些函数,如 $f(r_1,r_2)=r_1+r_2$,无论我们把哪个根看做 r_1,把哪个根看做 r_2,都有同样的值;这样的函数被称为对称函数.普遍认为(虽然直到19世纪中期仍未被证明)一个多项式根的每个对称函数都可被表示成其系数的有理函数.在此情形,$f(a,b)=f(b,a)=p$.

另一方面,考虑像 $g(r_1,r_2)=r_1-r_2$ 的一个函数,依赖于我们把哪个根称为 r_1,哪个根称为 r_2,g 能够取两个可能值($a-b$ 或 $b-a$ 之一).为了求得根的这个非对称函数的值,拉格朗日令这 k 个不同的值为某个 k 次方程的根.在我们的例子中,g 的两个值就是

$$(y-(a-b))(y-(b-a))=y^2-(a-b)^2$$

的根.初等代数知识告诉我们 $(a-b)^2=(a+b)^2-4ab$.由于我们知道 $a+b$ 和 ab 的值,那么即使不知道根的值,我们也能确定

$$(a-b)^2=p^2-4q$$

这样,$a-b$ 的两个不同的值就是 $y^2-(p^2-4q)=0$ 的两个根.因而 $a-b=\sqrt{p^2-4q}$ 或 $a-b=-\sqrt{p^2-4q}$.我们选取何者将不会有什么影响.例如,我们不妨令 $a-b=\sqrt{p^2-4q}$.为了分别解出 a 和 b,我们需要第 2 个方程,从系数我们可以得到此方程 $a+b=p$.这两个方程给出方程组

$$a+b=p,a-b=\sqrt{p^2-4q}$$

 因而 $a=\frac{p+\sqrt{p^2-4q}}{2}$ 和 $b=\frac{p-\sqrt{p^2-4q}}{2}$.

范德蒙德和拉格朗日都考虑求 n 次单位根,即 $x^n-1=0$ 的根的问题.拉格朗日注意到在 $x^n-1=0$ 的根与分圆问题之间的对应;进一步,他还注意到如果 n 是素数,那么所有的根可以由除了 $x=1$ 之外的任意一个根的逐次幂所产生.这使他写下了与这些根有关的方程;解这些方程会给出所有单位根.拉格朗日用他的方法找到了 n 从 3 到 6 的所有单位根(所有这些根都可以只用到平方根),而范德蒙德利用了类似的方法对于直到 $n=11$ 找到了所有的单位根.

三、高斯

根据传说,高斯(Carl Friedrich Gauss,1777—1855)在 1796 年发现了正 17 边形的可构成性.这鼓舞他选择数学作为将来的研究领域,而不顾在 Göttingen 的 A.G.Kästner 对他的发现的平淡认可.高斯对分圆问题的主要贡献是发明了一种方法把单位根分成一些集合,在每个集合中的根之和是具有可确定系数的一个方程的根.虽然高斯的发现是空前的,但是它是拉格朗日和范德蒙德思想的一个直接的(虽然是聪明的)应用.

n 次单位根是方程 $x^n-1=0$ 的解.显然,任何一个根 r 必须满足 $r^n=1$.如果 n 是使得 $r^n=1$ 的最小的幂次,那么 r 被称为一个 n 次单位原根.例如,$x^4-1=0$ 的根是 $\pm 1,\pm\mathrm{i}$.由于 $1^1=1$ 和 $(-1)^2=1$,因此 1 和 -1 都不是 4 次单位原根.另一方面,使得 i 和 $-\mathrm{i}$ 等于 1 的最小幂次是 4 次幂,这样,i 和 $-\mathrm{i}$ 是原根,

并且它们的幂将产生所有的根.例如

$$i, i^2 = -1, i^3 = -i, i^4 = 1$$

一般地,正如拉格朗日所注意到的,如果 n 是素数,那么存在 $n-1$ 个单位原根.

我们在上面注意到,正 n 边形的可构成性相应于 $x^n - 1 = 0$ 的根的可构成性.我们通过找5次单位根来阐明高斯的一般方法.5次单位根是方程 $x^5 - 1 = 0$ 的解.存在一个(非原)根 $x = 1$.除去因子 $x - 1$,我们得到

$$x^4 + x^3 + x^2 + x + 1 = 0$$

它被称为分圆方程.所有5次原根必定满足这个方程.

高斯考虑一个序列,其第一项是一个原根,并且每一项是其前面一项的某个(常数)幂.例如,如果我们取 r,并且重复地求立方,那么我们得到

$$r, r^3, r^9, r^{27}, r^{81}, \cdots$$

因为 r 是 $x^5 - 1 = 0$ 的一个根,那么 $r^5 = 1$.因而上述序列简化为

$$r, r^3, r^4, r^2, r, \cdots$$

并且所有的根都出现在此序列中.另一方面,假设我们取 r,并且重复地求4次幂,那么得到序列

$$r, r^4, r^{16}, r^{64}, \cdots$$

在这个情形,序列中不同的元素只是 r 和 r^4.

注意,其余的根 r^2 和 r^3 是最后这个序列两个不同项的平方,即

$$(r)^2 = r^2 \text{ 和 } (r^4)^2 = r^8 = r^3$$

更一般地,假设 n 是素数,并且 r 是一个 n 次单位原根.高斯证明了我们的幂序列将有 k 个不同的元素,其中 k 是 $n-1$ 的一个因子.此外,其余的根(如果 k 不等于 $n-1$)可以被分为 k 个不同元素的一些集合,这些元素中的每一个都是原来集合的某个根的一个幂.

例如,考虑 $n = 7$ 的情形,并取一个原根 p.序列

$$p, p^6, p^{36}, p^{216}, \cdots$$

只包含两个不同的根 p 和 p^6.它们的平方是 $p^2, p^{12} = p^5$,立方是 p^3, p^4.这样,6个根就被分成3个集合,$\{p, p^6\}$,$\{p^2, p^5\}$ 和 $\{p^3, p^4\}$.

注意,这样的分解不是唯一的.例如,序列

$$p, p^2, p^4, p^8, \cdots$$

包含3个不同的根 p, p^2 和 p^4;其余的根是这些根的立方,并且这6个根将被分成两个集合 $\{p, p^2, p^4\}$ 和 $\{p^3, p^5, p^6\}$.

回到 $n = 5$ 的情形,我们已把根分成两个集合 $\{r, r^4\}$ 和 $\{r^2, r^3\}$.然后高斯考虑每个集合中根之和(指定这些和为"周期"),并令这些和为下述方程的根

$$\begin{aligned}(y-(r+r^4))(y-(r^2+r^3)) &= y^2-(r^4+r^3+r^2+r)y+(r+r^4)(r^2+r^3)=\\ &y^2-(r^4+r^3+r^2+r)y+(r^3+r^4+r^6+r^7)=\\ &y^2-(r^4+r^3+r^2+r)y+(r^4+r^3+r^2+r)=\\ &y^2+y-1\end{aligned}$$

其中我们利用了 r 满足方程 $x^4+x^3+x^2+x+1=0$ 这一事实.因而两个周期 $r+r^4$ 和 r^2+r^3 相应于二次方程 $y^2+y-1=0$ 的两个根.我们知道这两个根是 $y=\frac{-1\pm\sqrt{5}}{2}$.

这两个根之一对应于 $r+r^4$,而另一个对应于 r^2+r^3.原则上,哪一个分配给 $r+r^4$ 并无影响,虽然如果 r 是第5个主单位根 $\cos\frac{2\pi}{5}+\mathrm{i}\sin\frac{2\pi}{5}$ 在实际上是方便的.高斯注意到,我们可以在数值上求出这个根,并且知道 $y^2+y-1=0$ 的两个根中的哪一个等于 $r+r^4$.或者,我们不妨注意 $r+r^4$ 将有正实部,因而

$$r+r^4=\frac{-1+\sqrt{5}}{2}$$

为了求出 r,我们可以构造一个以 r 和 r^4 为其根的二次方程

$$(z-r)(z-r^4)=z^2-(r+r^4)z+r^5=z^2-\left(\frac{-1+\sqrt{5}}{2}\right)z+1$$

注意,这个方程的系数是可构成数,因而它的根也将是可构成的.这些根是

$$z=\frac{\left(\frac{-1+\sqrt{5}}{2}\right)\pm\sqrt{\left(\frac{-1+\sqrt{5}}{2}\right)^2-4}}{2}$$

其中之一是5次主单位根,另一个是它的4次幂.由于5次主单位根等于

$$\cos\frac{2\pi}{5}+\mathrm{i}\sin\frac{2\pi}{5}$$

那么如高斯所建议的,我们可以近似计算正弦值和余弦值,并且确定这两个根中哪个相应于主根.尤其是,这将告诉我们

$$\cos\frac{2\pi}{5}=\frac{-1+\sqrt{5}}{4}$$

$$\sin\frac{2\pi}{5}=\frac{1}{4}\sqrt{10+2\sqrt{5}})$$

由于 $\sin\frac{2\pi}{5}$ 是可构成的,因而正五边形也是可构成的,这是一个在古代就知道的事实:欧几里得的作图是作为《几何原本》第 Ⅳ 册的命题11而出现的(虽然

托勒密在《天文学大成》中给出了一个大为简单的作图).

另一方面,考虑正七边形.在上面我们看到,根可以被分成两个集合,$p+p^2+p^4$ 和 $p^3+p^5+p^6$.令集合中根的和是一个二次方程的根,并如以前那样化简,我们得到

$$(y-(p+p^2+p^4))(y-(p^3+p^5+p^6))=y^2+y+2$$

其根为 $y=\dfrac{-1\pm\sqrt{-7}}{2}$.如果 p 是主根,那么 $p+p^2+p^4$ 有正的虚部,因而

$$\frac{-1+\sqrt{-7}}{2}=p+p^2+p^4,\frac{-1-\sqrt{-7}}{2}=p^3+p^5+p^6$$

下一步令 p,p^2 和 p^4 是下述三次方程的 3 个根

$$(z-p)(z-p^2)(z-p^4)=z^3-(p+p^2+p^4)z^2+(p^3+p^5+p^6)z-p^7=$$
$$z^3-\left(\frac{-1+\sqrt{-7}}{2}\right)z^2+\left(\frac{-1-\sqrt{-7}}{2}\right)z-1$$

虽然我们可以解这个三次方程,但是我们不能只利用基本的算术运算和平方根来解,我们必须用到开立方.因而发生了这样的情况:7 次单位原根(因而正七边形)是不可构成的.

上述例子的意思为:假设我们要构作一个正 n 边形,这里 n 是一个素数.如果 $n-1$ 有异于 2 的素因子,那么在某个点处划分诸根,我们将必须解一个高于 2 次的方程,用此方法构作正 n 边形就要求 $n=2^k+1$.

我们可以略微再向前一步.如果 k 有任何奇因子,那么 2^k+1 是一个合数.其原因为:如果 $k=pq$,并且 q 是奇数,那么 $x^{pq}+1$ 有因子 x^p+1.这样,对于素数 n,如果 n 是一个所谓的费马(Fermat)素数 $F_m=2^{2^m}+1$,那么正 n 边形可能是可构成的.

我们考虑 $n=17$ 的情形.相应的分圆方程有 16 个根.高斯把它们分成每个有 8 个根的两个集合.因而,可以用二次方程来求这 8 个根的和.每个 8 个根的集合转而可以被分成两个 4 个根的集合,依然可以用二次方程来求这 4 个根的和.每个 4 个根的集合可以被分成两个两个根的集合,可以求得这两个根的和.最后,每个两个根的集合可以被细分为单独的根,因而可以求得 17 次单位原根.由于所出现的所有方程都不高于二次,因此所有的根都是可构成的.因而可以用尺规作图作出正 17 边形.

四、万泽尔

高斯的方法暗示了但并未证明正 257 边形和正 65 537 边形是可构成的(我们需要 Sylow 定理以保证可构成性);同样,该方法暗示了但并未证明作正 7 边

形的不可能性.

最初证明某些几何作图的不可能性来自于万泽尔(1837).万泽尔从考虑一组二次方程(为简单起见,我们称其为万泽尔组)开始

$$x_1^2+Ax_1+B=0$$
$$x_2^2+A_1x_2+B_1=0$$
$$x_3^2+A_2x_3+B_2=0$$
$$\vdots$$
$$x_n^2+A_{n-1}x_n+B_{n-1}=0$$

其中,A,B 是某些给定量的有理函数;A_1,B_1 是这些给定量以及 x_1 的有理函数(因而第 2 个方程的系数是可构成数);A_2,B_2 是这些给定量以及 x_1,x_2 的有理函数;一般地,A_m,B_m 是这些给定量以及变量 $x_1,x_2,\cdots,x_m$ 的有理函数.注意,高斯用以展示正五边形和正 17 边形可构成性的方法恰恰利用了这样一个方程组.在正五边形的情形万泽尔组是

$$y^2+y-1=0$$
$$z^2-yz+1=0$$

更一般地,每个可构成数 r 对应于某个万泽尔组.

考虑任何一个这样的方程 $x_{m+1}^2+A_mx_{m+1}+B_m=0$.显然,有理函数 A_m,B_m 总可以被简化为形如 $A'_{m-1}x_m+B'_{m-1}$ 的线性函数,其中 A'_{m-1},B'_{m-1} 是给定量以及变量 $x_1,x_2,\cdots,x_{m-1}$ 的有理函数.这个简化可以分成两步来实施.首先,前面所述的方程 $x_m^2+A_{m-1}x_m+B_{m-1}=0$ 可用以消除 A_m 和 B_m 表达式中 x_m 的高次幂,把它们简化为形式 $\frac{C_mx_m+D_m}{E_mx_m+F_m}$.然后,分子和分母同乘以一个常量以把有理函数简化为线性函数.

例如,假设我们有方程组

$$x^2-5x+2=0$$
$$y^2+\left(\frac{x^3+3x+1}{2x-1}\right)y+\left(\frac{1}{x^2+7x+5}\right)=0$$

从第一个方程我们有 $x^2=5x-2$.因而 $x^3=5x^2-2x=23x-10$.这样,第 2 个方程可以被简化为

$$y^2+\left(\frac{26x-9}{2x-1}\right)y+\left(\frac{1}{12x+3}\right)=0$$

我们如何能消去其中的有理函数?考虑第一个有理函数.假设我们用某个常数 C 乘以分子和分母,使得对某两个 α 和 β 有

$$C(26x-9)=(2x-1)(\alpha x+\beta)$$

然后 $2x-1$ 的公因子可以被移去,因而有理表达式简化为线性表达式.展开后得到

$$26Cx-9C=2\alpha x^2+(2\beta-\alpha)x-\beta$$

我们可以利用代换 $x^2=5x-2$ 来消去平方项

$$26Cx-9C=(2\beta+9\alpha)x-(\beta+4\alpha)$$

比较系数得到一个 3 个未知量的两个线性方程的组

$$26C=2\beta+9\alpha,9C=\beta+4\alpha$$

因为这个方程组是不确定的,我们不妨把两个变量用第 3 个变量表示出来.例如,一个解是 $\alpha=2,\beta=-\frac{23}{4}$ 以及 $C=\frac{1}{4}$;换句话说

$$\frac{1}{4}(26x-9)=(2x-1)(2x-\frac{23}{4})$$

这样

$$\frac{26x-9}{2x-1}=\frac{\frac{1}{4}(26x-9)}{\frac{1}{4}(2x-1)}=\frac{(2x-1)(2x-\frac{23}{4})}{\frac{1}{4}(2x-1)}=8x-23$$

用这种方法最后一个方程 $x_n^2+A_{n-1}x_n+B_{n-1}=0$ 可以被转化为其中系数 A_{n-1} 和 B_{n-1} 是 x_{n-1} 的线性函数的一个方程.

其次,考虑 x_{n-1} 是某个二次方程的一个解.如果我们允许 x_{n-1} 取它的两个可能的值,我们就得到 A_{n-1} 和 B_{n-1} 的两个不同的表达式,因而得到 x_n 的两个不同的二次方程.把这两个方程相乘即得到 x_n 的一个四次方程,其系数是给定量和量 $x_1,x_2,\cdots,x_{n-2}$ 的函数.如前所述,我们可以把这些系数简化为 x_{n-2} 的线性函数;令 x_{n-2} 取其两个可能的值,把相应的表达式相乘即得到 x_n 的一个八次方程,其系数可以被简化为 x_{n-3} 的线性函数.最终我们将结束于 x_n 的一个 2^n 次方程,其系数是给定量的有理函数.这导致一个初步的定理.

定理　任何一个 n 个方程的万泽尔组相应于一个 2^n 次方程,其系数是给定量的有理函数;因而,任何一个可构成数是一个其系数是给定量的有理函数的 2^n 次方程的根.

例如,相应于正五边形的万泽尔组是

$$y^2+y-1=0$$
$$z^2-yz+1=0$$

令第一个方程的两个根是 $y=a$ 和 $y=b$.在上面的叙述中我们找到了这两个

根,并用它们来形成 z 的一个二次方程以找到5次单位主根.

另一方面,我们还可以写下一个包含所有根的单个的表达式(我们将称其为万泽尔多项式).在此情形,我们可以把两个根 $y=a$ 和 $y=b$ 代入第2个方程的左端,再把两个表达式相乘,得到

$$(z^2-az+1)(z^2-bz+1)=z^4-(a+b)z^3+(2+ab)z^2-(a+b)z+1$$

由于 $y=a$ 和 $y=b$ 是 y^2+y-1 的两个根,所以我们有 $a+b=-1$ 和 $ab=-1$.这样,方程

$$z^4+z^3+z^2+z+1=0$$

包含万泽尔组的所有解.

其次,假设 $x_n=r$ 是相应于一个 n 个方程的万泽尔组的万泽尔多项式的一个根;进一步假设不存在少于 n 个方程的万泽尔组以 $x_n=r$ 为其根.然后万泽尔证明了没有变量 x_k 可以被表示为 $x_1,x_2,\cdots,x_{k-1}$ 的一个有理函数.等价地,这些二次方程是不可约的.这是因为,如果一个方程可以被分解因子,那么前一个方程可以被消去,因而我们会得到两个 $n-1$ 个方程的万泽尔组,它们会包含初始组所有的根(特别,由某个 $n-1$ 个方程的万泽尔组可以得到 r).例如,考虑组

$$x^2-3x-7=0$$
$$y^2-(4x-1)y+8x=0$$
$$z^2-(4y)z+(4y^2-1)=0$$

并令 $z=r$ 是一个根.注意,第3个方程可分解因子,因而我们不妨写成两个万泽尔组,它们的第3个方程是不同的,即

$$x^2-3x-7=0$$
$$y^2-(4x-1)y+8x=0$$
$$z-(2y+1)=0$$

和

$$x^2-3x-7=0$$
$$y^2-(4x-1)y+8x=0$$
$$z-(2y-1)=0$$

其中 z 可以被表达为前面两个变量的一个有理函数.

考虑第一个组.令 $y^2-(4x-1)y+8x=0$ 的根是 $y=a$ 和 $y=b$;在第3个方程中令 y 取这两个值,再把这两个因子相乘,就得到表达式

$$(z-(2a+1))(z-(2b+1))=z^2-(2a+2b+2)z+(4ab+2a+2b+1)$$

但是如果 $y^2-(4x-1)y+8x=0$ 的根是 $y=a$ 和 $y=b$,那么 $a+b=4x-$

$1, ab = 8x$;因而第 2 个和第 3 个方程可以合并而成为一个单个的方程

$$z^2 - 8xz + (40x - 1) = 0$$

这样,代替原来的 3 个方程,我们有两个方程

$$x^2 - 3x - 7 = 0$$

$$z^2 - 8xz + (40x - 1) = 0$$

读者可以检验,第 2 个万泽尔组以 $z^2 - (8x - 4)z + (24x - 4) = 0$ 为其第 2 个方程.这样,代替一个包含 n 个方程的万泽尔组,我们就有两个各包含 $n - 1$ 个方程的万泽尔组,它们包含了原来的组的所有的根 z;因而 $z = r$ 就是一个包含 $n - 1$ 个方程的万泽尔组的根,这与我们原来的假设矛盾.

注意,万泽尔多项式 $f(x)$ 的任一解 x_n 是$x_n^2 + A_{n-1}x_n + B_{n-1} = 0$的一个解,其中的 A_{n-1}, B_{n-1} 是通过把解$\{x_1, x_2, \cdots, x_{n-1}\}$的某个集合代入万泽尔组的诸方程中而得到的.例如,$z^4 + z^3 + z^2 + z + 1 = 0$ 的 5 次单位原根

$$z = \cos\frac{2\pi}{5} + \mathrm{i}\sin\frac{2\pi}{5}$$

对应于 $z^2 - yz + 1 = 0$ 的一个根,这里 y 是$y^2 + y - 1 = 0$ 的一个根.

万泽尔用这个想法证明了,如果另一个多项式 $F(x)$ 与$f(x)$ 有一个公共根 $x_n = a$,那么它们的所有的根都必定是公共的,因而 $f(x)$ 是不可约的.令 $x_n = a$ 是相应于集合$\{x_1, x_2, \cdots, x_{n-1}\}$的根,并令 $F(x)$ 是具有有理系数且满足 $F(a) = 0$ 的一个多项式.如前所述我们可以把 $F(x)$ 化简为一个形如

$$A'_{n-1}x_n + B'_{n-1}$$

的表达式,其中 A'_{n-1}, B'_{n-1} 是给定量和变量 $x_1, x_2, \cdots, x_{n-1}$ 的函数.此外,A'_{n-1} 和 B'_{n-1} 必定等于零(因为如果不然,那么 x_n 可以表示为$x_1, x_2, \cdots, x_{n-1}$ 的一个有理函数),因而我们有 $A'_{n-1} = 0$(同样,$B'_{n-1} = 0$).但是如前所述 A'_{n-1} 可以被约化为 x'_{n-1} 的一个线性函数.这样,从方程 $A'_{n-1} = 0$ 我们就得到形如 $A'_{n-2}x_{n-1} + B'_{n-2} = 0$的方程,其中 A'_{n-2}, B'_{n-2} 是给定量和变量 $x_1, x_2, \cdots, x_{n-2}$ 的函数.

如前所述,A'_{n-2} 和 B'_{n-2} 必定都等于零;从 $A'_{n-2} = 0$我们可以得到一个形如 $A'_{n-3}x_{n-2} + B'_{n-3} = 0$的方程.以这种方式进行下去,我们将最终得到一个形如 $A'x_1 + B' = 0$的方程,其中 A' 和B' 只是给定量的函数.而且,x_1不能为只是给定量的有理函数.因而 A' 和 B' 必定都等于零.既然它们不包含变量,它们就恒为零.这样,$x_1^2 + Ax_1 + B = 0$ 的两个根满足 $A'x_1 + B' = 0$.

现在考虑方程 $A'_1x_2 + B'_1 = 0$. A'_1 和 B'_1 都已被约化为 x_1 的线性函数,它

们对于满足 $x_1^2+Ax_1+B=0$ 的 x_1 的任何值都等于零.这样,x_1 的两个可能的值将使得 A'_1 和 B'_1 都等于零,因而 x_2 的4个可能的值将使得 $A'_1x_2+B'_1=0$.类似地,$x_3^2+A_2x_3+B_2=0$ 的8个可能的值将满足方程 $A'_2x_3+B'_2=0,\cdots\cdots$.因而 $x_n^2+A_{n-1}x_n+B_{n-1}=0$ 的 2^n 个可能的根将满足方程 $F(x)=0$①.因而如果 $F(x)$ 与 $f(x)$ 有任何公共的根,那么它们所有的根都是相同的.

例如,考虑我们的组

$$y^2+y-1=0$$
$$z^2-yz+1=0$$

这个组对应于单个的方程 $z^4+z^3+z^2+z+1=0$.令 $z=z_1$ 是相应于第一个方程的一个根 $y=y_1$,并假设存在一个具有有理系数的多项式 $F(z)$ 也有根 $z=z_1$.

首先,我们可以用方程 $z^2-yz+1=0$ 在 $F(z)$ 中消去 z 的高次项.这使我们能把 $F(z)$ 写为 y 和 z 的一个形如

$$(z^2-yz+1)f(y,z)+A_1z+B_1$$

 的多项式,其中 A_1 和 B_1 是 y 的函数,并且 $f(y,z)$ 是 y 和 z 的某个多项式.由于当 $y=y_1$ 时,$z=z_1$ 满足方程 $z^2-yz+1=0$(由假设),那么替换这些值就给出 $A_1z_1+B_1$,它必定等于零(因为 z_1 是 F 的一个根).因为所讨论的组是极小的,因而 z 不能被表示为 y 的有理函数,所以当 $y=y_1$ 时,A_1 和 B_1 都必定等于零.

其次,取(例如)表达式 A_1,我们可以把它写为

$$(y^2+y-1)g(y)+A'y+B'$$

其中,A',B' 只是给定量的有理函数.由于 $y=y_1$ 满足 $y^2+y-1=0$,以及(由上述)$A_1=0$,因而 $A'y_1+B'=0$.但是 y_1(由假设)不能写为给定量的有理函数,因而 A' 和 B' 同时为零.因为它们完全不包含变量,那么 A' 和 B' 必定恒等于零,因此 $A_1=(y^2+y-1)g(y)$.因而 $y^2+y-1=0$ 的任何解将使得 $A_1=0$.同样的推理也适用于 B_1.

既然 $F(z)$ 可以被写为 $(z^2-yz+1)f(y,z)+A_1z+B_1$,并且当 y 等于 $y^2-y+1=0$ 的任一根时 $A_1=0$,$B_1=0$,那么 $z^4+z^3+z^2+z+1=0$ 的4个根中的任一个根将满足 $F(z)=0$.因而 $F(z)$ 必定包含所有的根.

这终于给了我们一个可构成性的必要条件:

---

① 原文把“$F(x)=0$”误为“$F(x)$”——译者注.

万泽尔定理　如果 r 是一个可构成数,那么它必定是一个 2^n 次不可约多项式的根.

等价地,令 r 是一个不可约多项式$f(x)$的根.如果 f 的次数不等于 2^n,那么 r 不是可构成的.这就证明了倍立方和三等分一个任意角的不可能性.在第一个情形,$\sqrt[3]{2}$ 是方程 $x^3-2=0$ 的根,该方程是不可约的,但不是 2^n 次的;相同的推理证明了不能求得任何一个 n 次根,除非 n 是 2 的一个幂.同样,三等分一个任意角要求找到方程 $l=3x-4x^3$ 的一个根,该方程一般说是不可约的,并且不是 2^n 次的.

分圆问题又如何呢?如果 n 是素数,那么相应的分圆方程是不可约的,但是如果 n 不是一个费马素数,那么这个方程的次数就不是 2 的一个幂,因而正 n 边形将不是可构成的.这样,用尺规作图构作正 7,11,13 边形等就是不可能的.

单独的万泽尔定理对于证明化圆为方的不可能性是不够的,虽然它的确是其证明的基础.如果$\sqrt{\pi}$是一个可构成数,那么它必定是一个 2^n 次不可约方程的根.1882 年 Ferdinand Lindemann(1852—1939)证明了 π 是一个超越数:因而任何次具有有理系数的方程都不能以 π 为其根.所以化圆为方是不可能的.

第二十七章　初等几何作图工具和作图公法问题[①]

本文就下列四种作图工具的作图公法(或称使用条件)进行比较,并证明它们的等价性;目的在于帮助读者进一步理解直尺和圆规的作用(或功能)和尺规作图不能问题的意义.

第一节　单边直尺和开闭自如的圆规的作图公法

我们知道,初等几何里的尺规所能解决的一切作图题(不论是复杂的,简单的或基本的)的解,如果经过仔细分析,只不过是下列五个基本操作的有限次的有次序的排列.这五个基本操作,也就是尺规的功能,或者说是最基本的作图题.它们是:

(a) 经过二已知的点,可以作一条直线(或线段);直线可以无限延长(能一次给出某一直线上的一切点).

(b) 以已知的点为圆心过另一已知的点(通常说以已知线段为半径),可以作一个圆(能一次给出某一圆上的一切点).

(c) 若两直线为已知,且不平行,则其交点可作出(即其交点的位置,被认为是确定了的).

(d) 若一直线及一圆为已知,且相交,则其两交点可作出(即其交点的位置,被认为是确定了的).

(e) 若二圆为已知,且相交,则其两交点可作出(即其交点的位置,被认为是确定了的).

事实上,在解作图题的过程中,我们经常使用任意元素的,而且必需使用任意元素,首先必须承认下列二事:

(f) 若一直线为已知,则在此直线上可以任意选取二点(或在直线上可以任取一点,直线外任取一点).

① 原作者上海市中学教师进修学院陈朝龙.

(g) 若一圆为已知,则此圆的圆心为已知,并且在圆周上可以任取一点.

在解很多作图题时,(f) 和(g) 是极为重要的.例如,只有一条直线而没有其他的任何已知的或作出的点,我们的直尺和圆规是不能进行工作的(因为画直线和画圆至少各需两个点);如果只有一条已知的直线和一个任意选取的点,直尺和圆规还是不能进行工作的;如果只知道一个圆(即只知一条曲线) 其他都不知道;或者只知道一个圆和它的中心,要想作这个圆的内接正六边形,作图就不可能进行(因为还不能在圆上选取任意的点).

上述的尺规的五个基本操作,和使用尺规时必须承认的两条规约,是一切初等作图题的解答中承认的事实,合起来称为尺规作图公法.它们是构成初等几何作图题的解的基本元素.

第二节　开闭自如的圆规的作图公法及与尺规作图公法的等价性(摩尔 - 马斯克洛里式的作图)

如果我们使用的作图工具只有一种开闭自如的圆规,那么作图公法(或使用条件) 是:

(b) 以已知点为圆心,过另一已知点(或以已知线段为半径) 可作一个圆(能一次给出某一圆上的一切点).

(e) 若二圆为已知,且相交,则其交点可作出(即其交点的位置,被认为是确定了的).

(g) 若一圆为已知,则此圆的圆心为已知,且在此圆周上可以任取一点.

因为我们在作图过程中,不使用直尺.如果一条直线是已知的,这条直线便由画出的两个点来表示,同时,我们不能在这条直线上选择任意的点.如果所求作的是一条直线,我们不能把直线画出来,如果能够用圆规把所求直线上的两个点的位置确定的话,这条直线便算作出或确定了.特别是直线和直线的交点,直线和圆的交点,也不能认为确定的,除非这些交点是由两个圆的交点所确定.因此尺规作图中的公法(a),(c),(d) 和(f),在单用圆规的作图中,没有必要使用,而且是不允许使用的.

下面我们来证明单用圆规的作图公法和使用直尺和圆规的作图公法是等价的.这就是说,尺规作图的七条公法可以其中的三条公法来代替.在下列作图题中,我们将看不到直线.

基本作图题 2.1　已知线段 AB,求作线段 AB 的 n 倍或$\frac{1}{n}$倍.

作法:如图 1 所示,作圆(A,B)及(B,A)得交点 P;作圆(P,B)交(B,A)于 Q;作圆(Q,B)交(B,A)于 C,则 $AC=2AB$.同法可得 $R,D,S,E,T,F,\cdots$,$AD=3AB,AE=4AB,AF=5AB,\cdots$

如图 2 所示,再作圆(F,A)交(A,B)于 M,N;作圆(M,A),(N,A)且得交点 K.因为 $\triangle AKN$ 和 $\triangle ANF$ 是两个有公共底角的等腰三角形

$$AK:AN=AN:AF,AN:AF=AB:5AB=\frac{1}{5}$$

故 $AK=\frac{1}{5}AB$.显然上面的作法可以推广到作$\frac{1}{n}AB$.

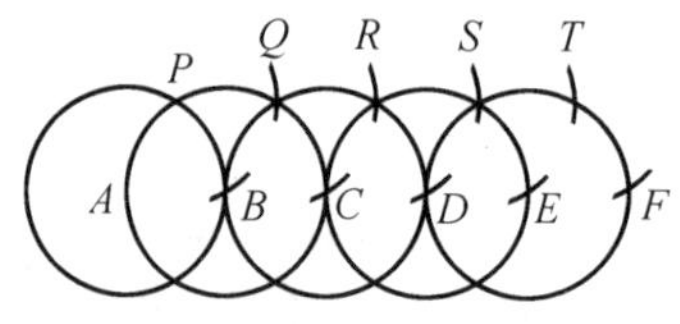

图 1

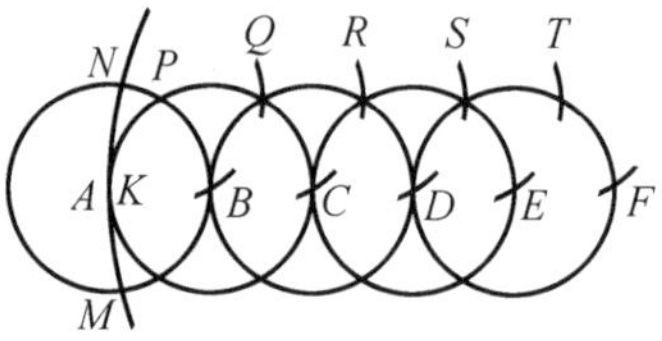

图 2

因为 nAB 和$\frac{1}{n}AB$ 可作,那么$\frac{m}{n}AB$ 也是可作的,这就是说在线段 AB 或其延长线上可以作出任意多的点来,在线段 AB 外也可以作出任意多的点(如线段 NC,NE,NF 上的).

这个作图题说明了,单用圆规能够完成尺规作图公法(a)和(f)所能做到的工作.

基本作图题 2.2　已知直线 AB,及已知圆(O,C)求作它们的交点.

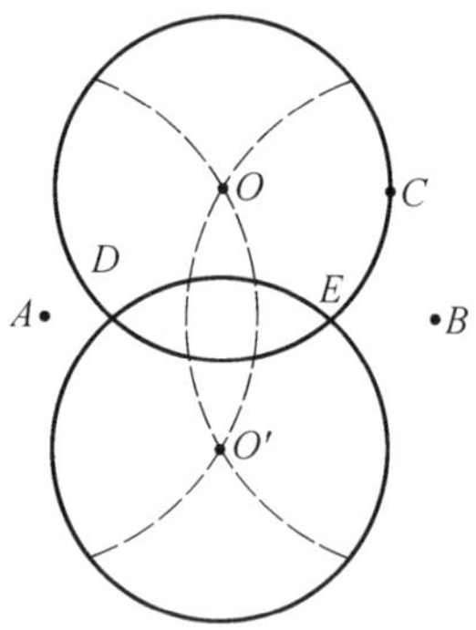

图 3

分两种情形来研究.

(1)如果已知圆心 O 不在已知直线 AB 上.

如图 3 所示,作圆(A,O)及(B,O)得交点 O',以 O' 为圆心,以 OC 为半径作圆,这个圆和(O,C)的交点 D,E 便是所求的交点.

这是因为(O,C)和(O,D)对于直线 AB 是对称的,这二圆的交点 D,E 必定在它们的对称轴 AB 上,所以 D,E 是直线 AB 和圆(O,C)的交点.

(2)如果已知圆心 O 在已知直线 AB 上.

假定点 A 在已知圆外,依据前面的作图题,我们能单用圆规找出 OA 延线上一点 B(为了叙述方便)使 $OB=2OA$,并且已知直线便由两个点 A 和 B 来表

示.

作法：如图 4 所示，作圆(A,O)与(O,C)相交于 C，取一点 D 使 $DO=DB$（由第一个作圆题可以做到），作圆(D,B)，延长 BD 到 E 使 $DE=BD$；再作圆(B,C)交(D,B)于 F；最后作圆(E,F)交已知圆(O,C)于 G 和 H，则 G,H 为所求的交点.

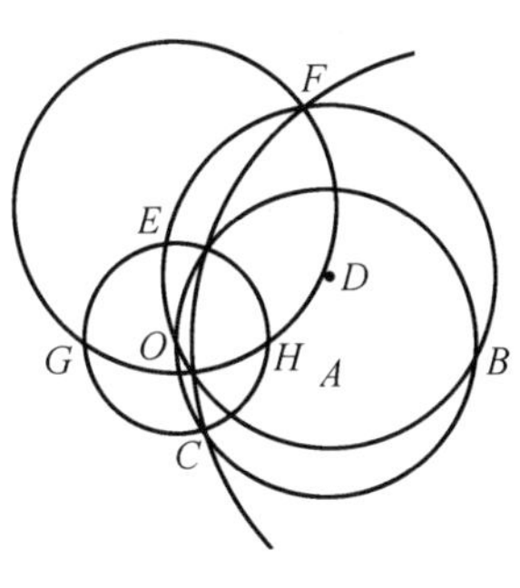

图 4

注意到 BE 是(D,B)的直径，$\angle BOE=\angle BFE=d$. $BF=BC$，$OC=OG=OH$，OB 是(A,O)的直径，$\angle OCB=d$，于是

$$EH^2=EG^2=EF^2=EB^2-FB^2=EB^2-CB^2=(EO^2+OB^2)-(OB^2-OC^2)=EO^2+OC^2=EO^2+OG^2=EO^2+OH^2$$

故 $\angle EOG=\angle EOH=\angle EOA=\angle EOB$，因而 G,O,H,A,B 在同一直线上，G 和 H 是直线 AB 和圆(O,C)的交点无疑.

基本作图题 2.3　求作二已知直线 AB 和 CD 的交点.

首先解决自已知直线 AB 外一已知点 C 到已知直线 AB 的垂足的作图题. 如果以 AC 和 BC 为直径（它们的圆心 M,N 可由作图题 2.1 作出来）作二圆(M,C)和(N,C)，这两圆的交点 D 便是所求的垂足，如图 5 所示.

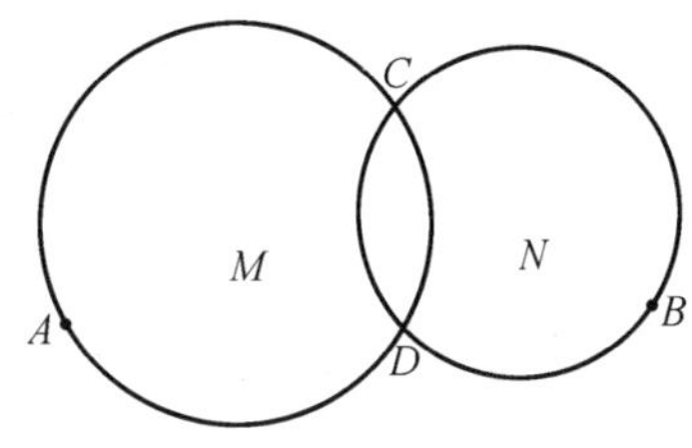

图 5

假定直线 AB 和 CD 不是相互垂直的（如果它们是相互垂直的，那么自 C 至 AB 的垂足便是所求的交点）.

自点 A 至直线 CD 的垂足 E 是可作的；自点 B 至直线 AE 的垂足 F 也是可作的. 作圆(E,A)及(F,A)，并且假定点 B 是在圆(E,A)的外部（这是可能做到的）. 然后作圆(A,B)与(F,A)相交于 G. 依据作圆题 2.1，直线 AG 和(E,A)的交点 H 可以作出来；再作圆(A,H)，于

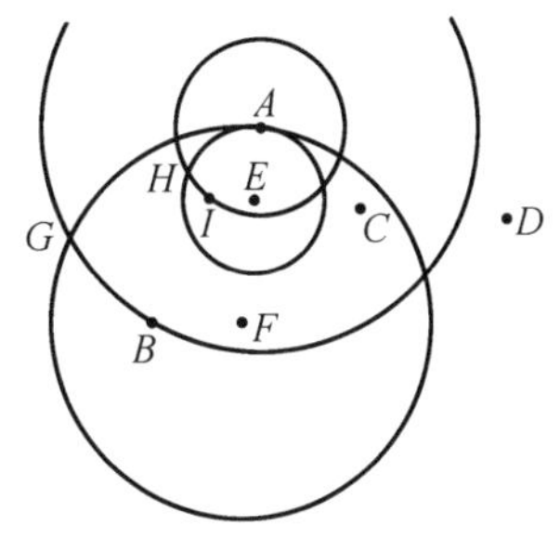

图 6

是直线 AB 和 (A,H) 的交点 I(作图题 2.1) 便是所求的交点,如图 6 所示.

注意到 (E,A) 和 (F,A) 的相似中心是 A,(A,G) 和 (A,H) 是同心圆,很容易知道

$$\frac{AE}{AF}=\frac{2AE}{2AF}=\frac{AH}{AG}=\frac{AI}{AB}$$

所以,$IE \parallel BF$,但 BF 与 AE 相垂直,故 IE 与 AE 是垂直的.又因为 CD 与 AE 也是垂直的,那么,I,E,C,D 在同一直线上,亦即直线 AB 上的点 I,也是直线 CD 上的点.这就证明了已知直线 AB 和 CD 的交点是 I 无疑.

上列三个作图题,证明了单用圆规能够作出已知直线上或直线外的任何点;能够作出二已知直线的交点;也能够作出已知直线和已知圆的交点.因此,凡属直尺和圆规两项作图工具所能进行的工作,单用其中一项作图工具——圆规,也能做到,这就是说,一切尺规所能解决的作图题,单用圆规全部能够解决(当然作图过程有时会麻烦一些).反过来,单用圆规所能解决的作图题,直尺和圆规都能解决,是很明白的.所以说直尺和圆规的功能,可以用圆规来代替.

第三节　直尺和一个给定的已知圆心的圆的作图公法,及与尺规作图公法的等价性(庞司勒－司坦纳的作图)

要解决所有使用尺规可以解决的作图题,还可以限制圆规使用的自由.在作图过程中只使用直尺,不使用圆规;只是在开始作图之前,可以画一个特定的圆,并且称这个圆为司坦纳辅助圆,以后再不用圆规画圆了.这种作图工具的作图公法是:

(a) 经过二已知的点,可以作一条直线(或线段);直线可以无限延长(能一次给出某一直线上的一切点).

(c) 若两直线为已知,且不平行,则其交点可作出(即其交点的位置,被认为是确定了的).

(f^*) 若一直线为已知,则在此直线上可以任取一点,同时可以在直线外任取一点.

(g^*) 若一圆为已知,则此圆的圆心为已知,圆周上一点为已知.

(h) 司坦纳辅助圆和它的圆心可以作出,已知的(或作出的) 直线与司坦纳辅助圆的交点可以作出.

由于作图过程中不能使用圆规,整个图形上除了司坦纳辅助圆外,是没有

圆周出现的,已知的圆则用它的圆心和圆周上一点来表示,如(O,A).直线和圆的交点,二圆的交点都作不出来(看不见),因此公法表中,没有公法(d)和公法(e),这些交点必须由二直线的交点公法(c)来确定.公法(h)和公法(b)是不相同的,公法(h)是说——唯有司坦纳辅助圆心和它的圆周上的点是画出来了的,已知的直线或作出的直线和司坦纳辅助圆的交点是可以确定的(这个限定是比较严格的).此外,公法(f)规定在已知直线上和已知直线外各可以任取一点,是必要的.如果只有已知的直线上的点,我们的直尺就无法进行工作了.

在研究上列作图公法和尺规作图公法的等价性问题时,我们要应用下列两个定理(证明从略).

定理一　四边形 $ABCD$ 中,对角线 AC 和 BD 相交于 F,对边 AD 和 BC 延长线相交于 E,M 为 AB 边的中点,若 E,F,M 在一直线上,则 AB 和 DC 是平行的.

定理二　梯形 $ABCD$ 中,两腰 AD 和 BC 的延长线相交于 E,对角线 AC 和 BD 相交于 F,则 EF 联结线必经 AB(或 CD)边的中点.

基本作图题 3.1　已知圆心为 O,半径为 XY,可以找到圆周上的任意多个点.

先解决过已知直线 l 外一已知点 M 作直线与已知直线 l 平行的作图题.

设(S,C)为司坦纳辅助圆.在(S,C)任取一点 A,作直径 AB,在直线 AB 外任取一点 C(为了方便),联结 BC,在 BC 延长线上取一点 D,取 DS 和 AC 相交于 E,再联结 BE 交 AD 于 F,则 $FC\parallel AB$.同法,过直径 CC_1 的另一端点 C_1 也可以作一直线 CK 与 AB 平行,如图 7 所示.

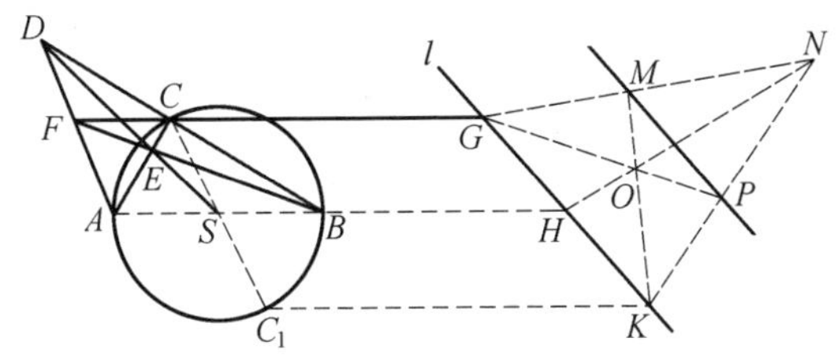

图 7

现在设 M 为已知直线 l 外一已知点,若平行线 FC,AB,C_1K 和已知直线 l 相交于 G,H,K,易见 $GH=HK$,仿上作法,可得直线 $MP\parallel l$.

使用直尺,并借助于司坦纳辅助圆,能够作出平行线,那么截取线段等于已知线段的问题,就不困难了.分三种情形看:

先假定已知线段 XY 和已知直线 l 平行,A 为已知直线 l 上已知点,求在 l 上作线段 $AC=XY$;联结 XA,过 Y 作 $YC\parallel XA$,YC 与 l 相交于 C,则 $AC=XY$,

如图 8 所示(若联结 YA,可得另一点 C_1).

其次,设 XY 在已知直线 l 上;在直线 l 外任取一点 D,过 D 作 $DE \parallel XY$,且 $DE = XY$;再联结 DA,过 E 作 $EC \parallel DA$ 交 l 于 C,则 $AC = XY$,如图 9 所示.

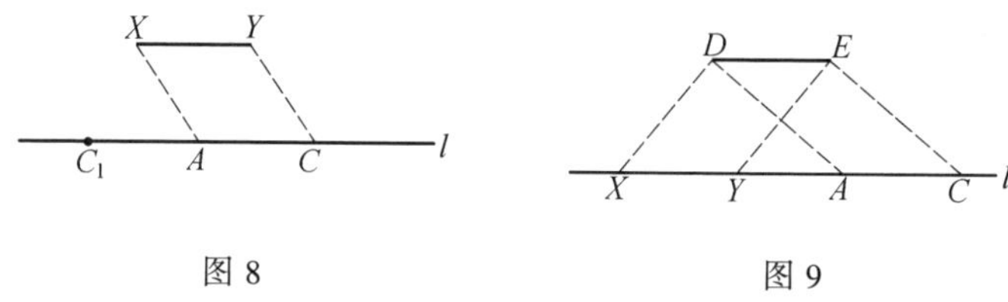

图 8　　图 9

最后,设 XY 与 l 不平行.先作司坦纳辅助圆 S,过 S 作 $SM' \parallel XY$,$SN' \parallel l$,交圆于 M',N';再过 A 作 $AB \parallel XY$,且 $AB = XY$;然后在 l 上作 $AN = SN'$(因 $l \parallel SN'$);作 $AM = SM'$(因 $AB \parallel SM'$),联结 MN,过 B 作 $BC \parallel MN$,交 l 于 C.易见 $AC = XY$,如图 10 所示.

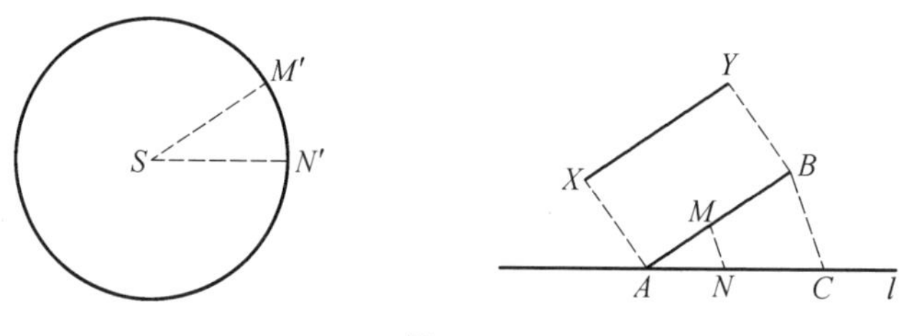

图 10

由上述的截取线段等于已知线段的作图,可以单用直尺及辅助圆进行,所以已知圆心 O 的位置和半径的大小(定线段 XY) 我们可以经过圆心作任一直线,而后在此直线上自点 O 起向两方截取线段 $OA = XY$,$OB = XY$,而 A 和 B 都是圆上的点.这就意味着,单用直尺及辅助圆,能作出有指定圆心和指定半径的圆周(或能作出圆周上任意多的点来),尺规作图公法(b) 是能实现的.

这个作图题,同时解决了过圆心的直线和圆的交点的作图题.有了截取线段和作平行线的方法,还可以等分已知线段.

基本作图题 3.2　求作已知直线 l 和已知圆(O,A) 的交点.

在解决这个作图题之前,先研究自已知直线 l 外或 l 上一点 M 到已知直线的垂线的作法问题.

如图 11 所示,在 l 上任取一点 A,l 外任取一点 B,在 AB 上任取一点 D,在已知直线 l 上取 $AE = AD$,$AC = AB$(在点 A 同侧) 若 DC 和 BE 相交于 F,则 AF 为 $\angle BAC$ 的角平分线,如果 BC 和 AF 相交于 G,则 $AG \perp BC$.我们在 AC 上取

$AK = AG$,在 AG 上取 $AH = AC$,由于 $\triangle AKH \cong \triangle AGC$,故 $HK \perp AC$.这样,过已知点 M 作 $MN \parallel HK$,便是所求的垂线了.

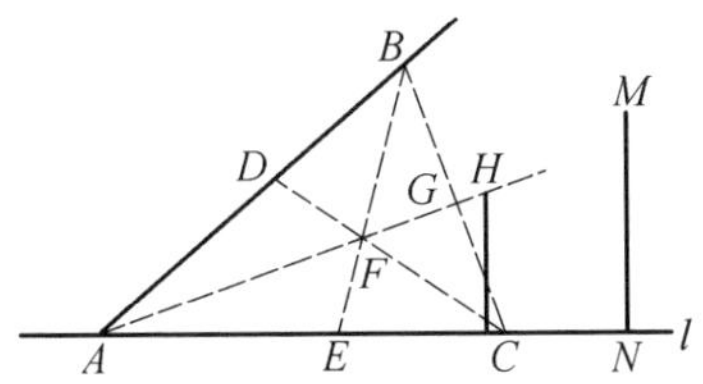

图 11

现在,设 l 为已知直线,(O,A) 为已知圆,来求它们的交点.

过 O 作 $OB \perp l$,设 B 为垂足.作辅助圆(S,C),在辅助圆内过中心 S 作 $SC \parallel OA$,C 在圆周上;过 S 作 $SD \parallel OB$,过 C 作 $CD \parallel AB$,若 SD 与 CD 的交点为 D,则 $\triangle OAB \backsim \triangle SCD$.过 D 作 $DE \perp SD$,且与辅助圆相交于 E 和 F;最后,过 O 作 $OG \parallel SE$(或 $OH \parallel SF$)交直线 l 于 G(或 H),则 G(或 H)为所求的交点(很容易证明 $\triangle OGB \backsim \triangle SED$,$OG = OA$,$G$ 在(O,A)上).

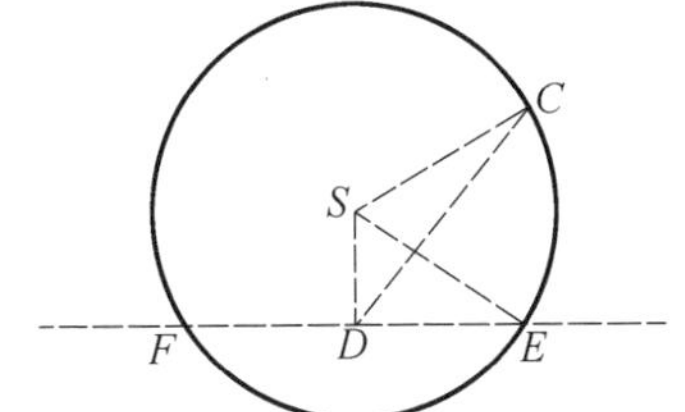

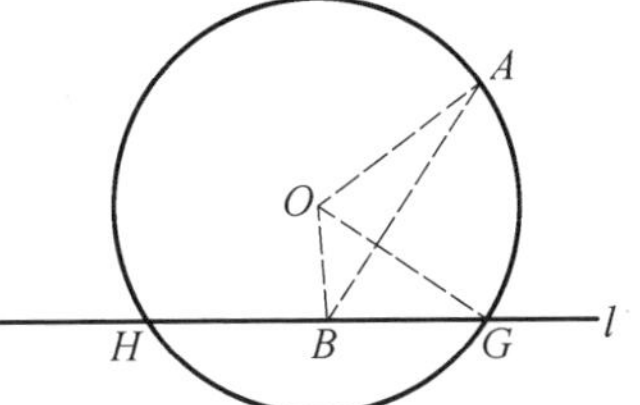

图 12

基本作图题 3.3 求二已知圆(O_1,M_1),(O_2,M_2)的交点.

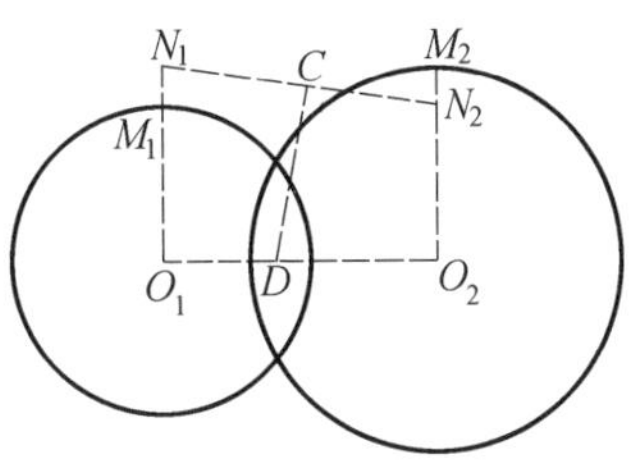

图 13

设已知二圆的半径 O_1M_1,O_2M_2 都和连心线 O_1O_2 相垂直(这一点是可以做到的,由作图题4.2可以经过 O_1,O_2 作直线 O_1O_2 的垂线.由作图题4.1,可在这两条垂线上取 O_1M_1,O_2M_2 分别等于各圆的半径).在 O_1M_1 上取 $O_1N_1 = O_2M_2$;在 O_2M_2 上取 $O_2N_2 = O_1M_1$;联结 N_1N_2,作它的中点 C(作图题4.1)再过 C 作 CD 和 N_1N_2 垂直.设 N_1N_2 的垂直平分线 CD 和 O_1O_2 的交点为 D,那么 D 是二圆的公共弦和连心线的交点(注意 $O_1N_1^2 + O_1D^2 = O_2N_2^2 + O_2D^2$,即

$O_2M_2^2 - O_2D^2 = O_1N_1^2 - O_1D^2$),如图 13 所示.最后,过 D 作直线和 O_1O_2 垂直,这条直线和(O_1M_1)或(O_2M_2)的交点,便是已知二圆的交点.

上述三个基本作图题,证明了单用直尺及司坦纳辅助圆,我们能够作出有已知中心和已知半径的圆上的任何点;能够作出直线和圆的交点,也能够作出二圆的交点.这就是说,凡属直尺和圆规两项作图工具所能进行的工作,单用直尺并借助于辅助圆都能做到;进一步说,凡属直尺和圆规所能解决的初等几何作图题,单用直尺并借助于一个辅助圆全部能够解决(当然作图过程是有些麻烦的).很明显,单用直尺及一个辅助圆所能解决的作图题,直尺和圆规都能解决.

附带说明的,对于辅助圆的作用还可以再加限制(或者说减弱一些),即规定:凡经过辅助圆中心的直线和辅助圆的交点可以作出,其他的直线和辅助圆的交点不能作出.或者,凡某方向的直线(一组平行的直线)和辅助圆的交点可以作出,其他直线和辅助圆的交点不能作出.这两种限制是最大的.我们能够证明,在上述限制下,使用直尺能解决初等几何中尺规所能解决的全部作图题.(后者由希尔伯特证明过,前者的证明也不困难).

第四节　双边直尺(平行尺)的作图公法及其与尺规作图公法的等价性

在尺规作图中的直尺是单边的,我们只能用直尺的一边来画直线.如果直尺的两边是平行的(中间距离为 a),能够使用尺的两边,一次作出两条直线(平行的,距离为 a 的)来,我们把这种作图工具称为平行尺或双边直尺.这种双平行尺,除了具有直尺的功能外,还有它自己的独特的功能.表现在使用这种作图工具的作图公法中:

(a) 经过二已知的点,可以作一条直线(或线段);直线可以无限延长(能一次给出某一直线上的一切点).

(c) 若两直线为已知,且不平行,则交点可作出(即其交点的位置,被认为是确定了的).

(f*) 若一直线为已知,则在此直线上可任取一点,在此直线外可任取一点.

(g*) 若一圆为已知,则此圆的圆心为已知,圆周上一点为已知(即已知的圆由它的圆心和圆上一点所给定).

(k) 与已知直线平行,且距离为 a 的二平行线,可同时作出.又通过二已知点(距离不小于 a) 可以各作一直线,它们互相平行,且距离为 a.

使用双平行尺进行作图,可以不使用圆规,也不要求特定的辅助圆的帮助.在作图过程中,不使用圆规,所以公法(b),(d),(e) 是不需要的,也是不允许的.公法(f^*) 是必要的,如果我们只知道一条直线和它上面的点,没有直线外的点,我们的双边直尺还不能进行工作.公法(g^*) 是一个约定.公法(k) 是双边直尺的独特的功能.其中 a 是双边直尺的二平行边间的距离.它的大小可以假定是充分地小(看需要).

下面我们证明这一组公法和尺规作图公法是等价的.

基本作图题 4.1　已知圆心为 O,半径为 XY,可以找到圆周上的任意多个点.

因为双边直尺可以作出距离为 a 的平行线,即可以作出高为 a 的梯形.根据上一节所提出的定理二,利用直尺可以作出梯形底边的中点,亦即可以平分任意线段.

再根据上节所提出的定理一,可以过已知直线外一已知点作直线的平行直线.

和上节基本作图 3.1 所提出的作法相同,可以在经过给定圆心的任何直线上,截取一线段使等于给定的半径 XY,其一端为圆心,另一端为圆周上的点.这就证明了我们可以使用双边直尺,能找到圆周上的任意多个点.

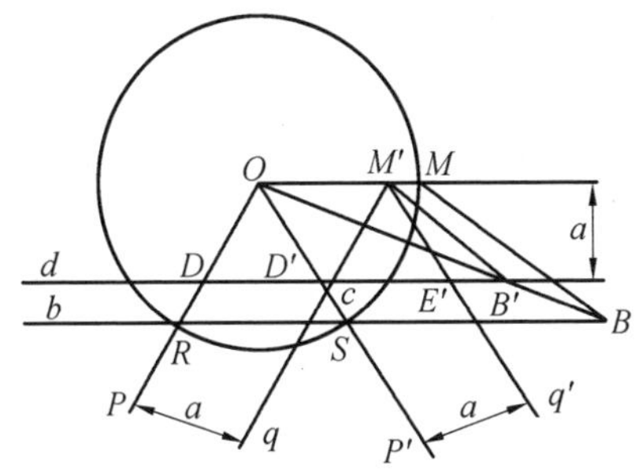

图 14

基本作图题 4.2　已知直线 b,已知圆(O,M),求其交点.

如图 14 所示,设 b 为已知直线,(O,M) 为已知圆.根据作图题 4.1,可以作出已知直线 b 相平行的半径 OM.作直线 $d \parallel OM$,使直线 d 和 OM 间的距离为 a;在直线 b 上任取一点 B(在已知圆外),联结 OB 交直线 d 于 B'.联结 BM,过 B' 作 $B'M' \parallel BM$(基本作图题4.1),$B'M'$ 与 OM 相交于 M'.使用双边直尺,经过 O 和 M' 作直线 $p \parallel q$,$p' \parallel q'$(p 和 q,p' 和 q' 间的距离为 a) 则直线 p,p' 和直

线 b 的交点 R 和 S 为所求.

因为 OM 和 d 的距离为 a,又 $OM' = OD = OD'$,可知 OM' 大于 a,又因为

$$OR : OD = OS : OD' = OB : OB' = OM : OM', OD = OD' = OM'$$

故 $OR = OS = OM$,即 R 和 S 在已知圆上.

作图题 4.3 求作二已知圆(O_1, M_1),(O_2, M_2)的交点.

利用双边直尺,很容易作过已知直线 b 上的已知点 A 和已知直线 b 垂直的直线.

如图15所示,在直线 b 外任取一点 M,联结 AM,作直线 $q \parallel AM$,$p \parallel AM$(距离为 a),若直线 p 与 b 的交点为 B,再过 A 和 B 作两条平行的直线 r 和 s(距离为 a),于是直线 q 和 s 的交点 C 和点 A 的连线为经过已知点 A 和已知直线 b 垂直的直线(利用菱形的对角线互相垂直的性质,可得证明).

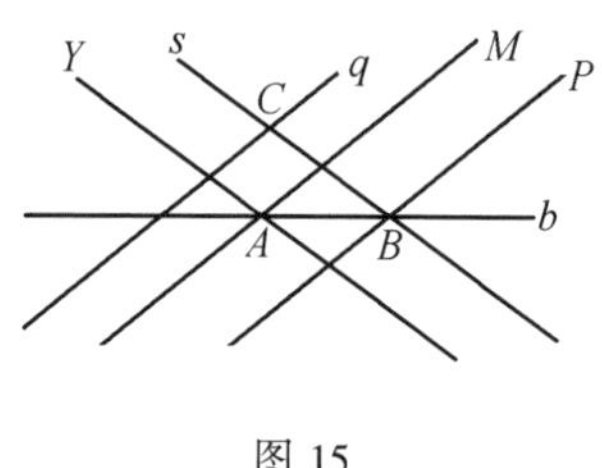

图 15

 由于使用双边直尺可以作平行的直线(过任一点的),可以截取线段,可以等分已给线段,可以作垂线(过已知线上一已知点).我们用上节基本作图题3.3的作法,可以作出二已知圆的交点.

上述三个基本作图题,证明了双边直尺能够作出尺规作图公法(b),(d)和(e)所能做到的工作.这就是说,凡属直尺和圆规两项作图工具所能进行的工作,双边直尺都能做到.凡属直尺和圆规所能解决的初等几何作图题,双边直尺全部能够解决(当然作图过程有时是有些麻烦的).另一方面,双边直尺的作图公法(k)中所能做到的(作平行线,同时作两条平行线使各过一已知点)直尺和圆规是可以做到的.所以说,公法组(a),(c),(f^*),(g^*)及(k)和尺规作图公法(a,b,c,d,e,f,g)是等价的.

第五节　结论

从以上四个部分的内容,我们可以看到尺规,圆规,直尺及辅助圆,双边直尺四种作图工具的功能是相同的;四组作图公法是等价的.每一个尺规所能解决的作图题,用其他三种工具之一,也都能得解.尺规作起来比较简单方便,而其他工具的作图过程比较复杂,不方便或不经济而已.

作图公法是依赖于作图工具的,不同的作图工具有不同的作图公法,公法的选择不是唯一的.尺规作图以可以分成三类.(1)公法(a)可以用公法(b)来

代替,但是公法(b)不能用公法(a)来代替,公法(b)可以用公法(a)和(h)或(a)和(k)来代替.(2)公法(d)可以用公法(e)来代替,公法(d)和(e)可以用(c)和(k)或(c)和(h)来代替.(3)公法(f)和(g)是必不可少的,即关于已知直线必需可以任取二点,关于已知圆必须知道它的圆心,必需能在圆周上任取一点.否则作图进行有困难.

除上述四种作图工具外,还有比尺规功效更大的作图工具.(1)单位直尺——在边上有两个固定的点的直尺,这种直尺不仅可以作直线,可以在一条直线上连续截取若干条相等的线段(它们的长度等于直尺上两固定点间的距离),不难明白,这样的直尺可以解决尺规所能解决的一切作图题(因为他能作线段的中点和平行线).这个单位直尺,还可以三等分任意角(尺规不可能做到,参看库图左夫几何学).(2)直角规——能一次作出直角的作图工具(如木工用的角尺),利用两个可移动的直角规,我们很容易求得三次方程式的实根,因而倍立方问题可以解决.

从这里可见,由于工具的限制,某些作图题不能解,某些作图题可解.当工具改变,可能或不可能的情况随之改变.尺规的功能是不大的.作图可能与不可能问题只是相对的.

第二十八章　司坦纳的作图[①]

法国数学家庞斯莱曾在他的著作《论图形的射影性质》里说:“在平面上指定一圆及其圆心时,尺规能解作图问题,只用直尺亦能解决.”这个论断直至德国数学家司坦纳加以进一步的研究,在他的著作“用直线及一个定圆完成的几何学作图”里进一步阐述庞斯莱的论断.因此所谓司坦纳作图就是用直线及一个定圆的作图.这个定圆是意味着已知圆心及固定半径即圆规所张二脚一定,这个圆亦称做司坦纳辅助圆.

在平面几何学里一个尺规作图题,可以归结为下列五个基本作图经过有限次的运算而得到解决:

(1) 过二已知点求作通过它们的直线.

(2) 以已知点为心与半径求作一个圆.

(3) 已知二条直线若相交其交点可求.

(4) 已知一直线与圆周相交交点可求.

(5) 已知二圆周若相交则其交点可求.

但在作图时,为了方便起见,还需具有一定的灵活性.因此除了上述规约外,还附加下面二个规约:

甲、在已知直线所在的平面上,能作出在该直线外的任意点.

乙、在已知的一条直线上能作出任意的点,不与在该直线上已经作出的任意点相重合.

上述两个规约,事实上是自由使用尺规的规定,亦就是说明限制作图可能的范围而言.

司坦纳的作图若能解决上述五个基本作图,就可以将尺规作图的问题以直尺及定圆来解.但是我们知道直尺的作用比圆规小,许多要用尺规或单用圆规作图的问题,不能单用直尺解决,因此司坦纳就采用辅助圆来代替圆规的作用.在上述五个基本作图中(1)与(3)是可以单用直尺解决的,第2个基本作图就是司坦纳辅助圆,因此只要解决了第4个及第5个基本作图题,就可以用直尺及定

① 原作者上海市武宁中学徐荣信.

圆来解决尺规所解的作图题.

为了证明第 4 个及第 5 个基本作图题,我们还得利用下面几个辅助的作图题.

1.给定了两条平行线 AB 与 CD.试平分之.

解　联结 AC 与 BD 延长交于点 E,把 AD 与 BC 的交点 M 与 E 联结起来(图 1),EM 分别交 CD,AB 于 Q 于 P,则 $AP = PB$,$CQ = QD$.

证　可利用下列比例式 $AP : PB = CQ : DQ$ 及 $AP : PB = DQ : CQ$(略).

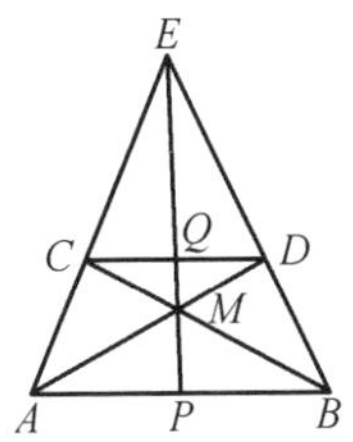

图 1

2.若知道了线段 AB 的中点,求作一条与 AB 平行的线使通过一给定的点 C.

解　见图 1.此题与上题是等性的命题,不同处是此题用中点作出平行线,上题用平行性求出线段的中点.

3.过二平行线 l_1 及 l_2 外一定点 E,作一直线与此二平行线平行.

解　过点 E 任作一直线交 l_1 及 l_2 于点 A 及点 C,在 AE 延长线上任取一点 Q 引一直线交 l_1 及 l_2 于 B 及 D,根据作图 1 可作出 AB 中点 P,则将问题归结为作图 2(图 2).

4.过定直线 l 外一定点 A,作一直线与 l 平行.

解　本题分两种情况来解.

(1) 若 l 通过司坦纳辅助圆圆心时,将此题归结为作图 2.

(2) 若 l 不通过司坦纳辅助圆圆心时(图 3).过点 A 任作一直线与辅助圆及 l 分别交于点 B,C,D,过 B 及 C 作辅助圆直线 BE 和 CF,联结 EF 延长交 l 于点 G,联结 DO 和 GO(O 为辅助圆圆心)分别和 EF 与 CB 延长线交于 M 及 N.联结 MN 且平行于 l,根据作图 3,可以过点 A 作出直线 l' 平行于 l.

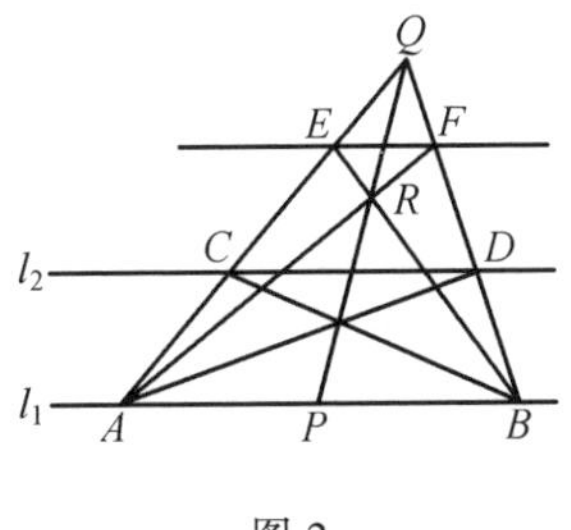

图 2

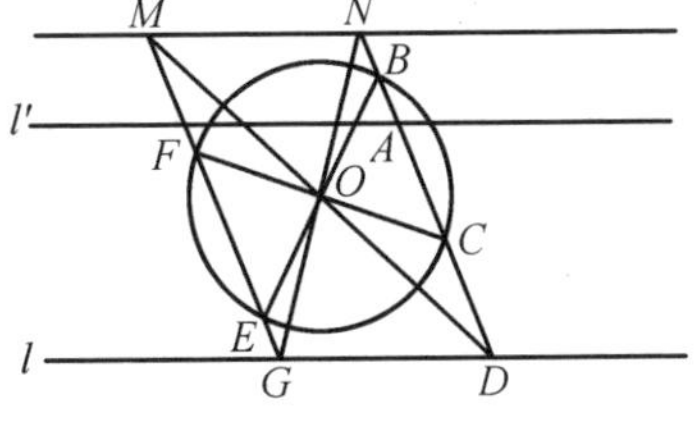

图 3

证　可利用以点 O 为反射中心,成点镜反射(略).

5.过定点 A 向定直线 l 引垂线.

解 本题反复两次运用作图题4,即可作出(图4),证略.

6.过定直线上一给定点 A 截取一线段,等于定线段 MN.

解 在定直线 l 外任意作一直线等于 MN 且不与 l 相交(图5).在定直线 l 及线段 MN 外的辅助圆圆心 O 作半径 OT 及 OS 分别与 l 及 MN 平行,联结 ST 及 MA,过 N 作 $NC // MA$ 与过 A 所作 $AC(AC // MN)$ 交于点 C,再过点 C 作平行于 ST 的直线交 l 于点 B,AB 即为的所求.上述解法是二次运用作图4.

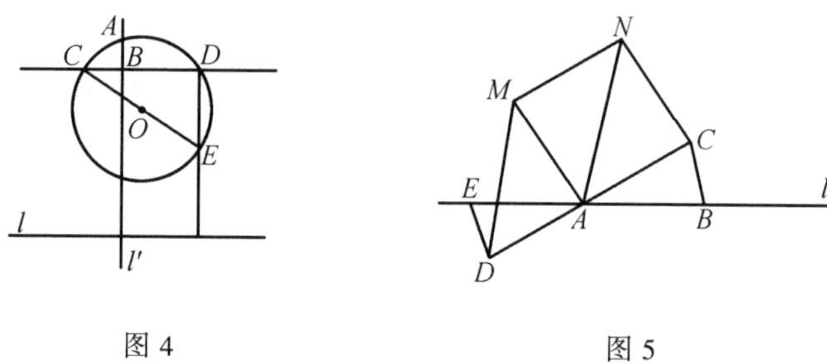

图4 图5

证 从作法知 $\triangle ABC \backsim \triangle OTS$,又因为 $OS = OT$,所以 $AC = AB$.

又由作法知 $ACNM$ 为平行四边形,所以 $AC = MN$,因为 $AC = AB$,所以 $AB = MN$.

注 若联结 NA,过点 M 及点 A 分别作直线 MD 及 AD 平行 NA 及 MN 且交于点 D,再过点 D 作 $DE // ST$ 交 l 于点 E,则 $AE = MN$,再以点 B 当做点 A,反复数次作图,可得定线段 MN 的任何整数倍长的线段.

7.求作已知三线段的比例第四项.

解 设已知三线段为 a,b,c,平面上任取一点 O,过 O 作二射线 OX 及 OY(图6),运用上述作图在射线 OX 上截取 $OA = a$,$OB = b$,在 OY 上截取 $OC = c$,再运用作图4过点 B 作与 AC 平行且交 OY 于点 D 的直线,OD 即为所求.

证 可利用相似形关系来证明(略).

8.求二定线段 a 及 b 的比例中项.

解 作辅助圆的直径 AB(图7),在辅助圆内且在 AB 外任取一点 C,根据作图2过点 C 作与 AB 平行的直线 l,再根据作图6可在 l 上作出 $CD = a$,$CE = b$,联结 DA 及 EB 延长交于点 F,联结 CF 交 AB 于点 G,根据作图5过点 G 作 l 的垂线交辅助圆于点 H,由作图题4过点 D 及点 E 各作 CF 的平行线且交 AB 于点 I 及点 J,再过点 I 作与 AH 平行的直线交 GH 延长线于 K,则 GK 即为所求的线段.

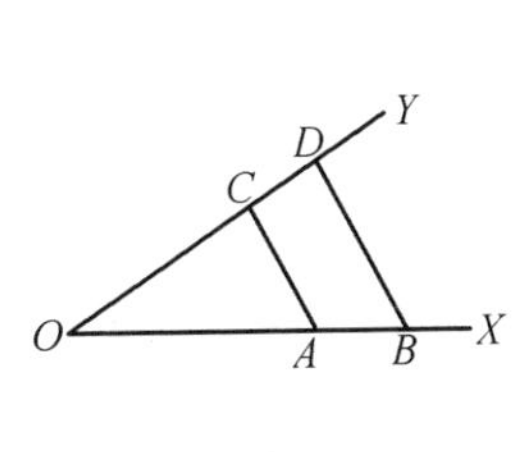

图 6

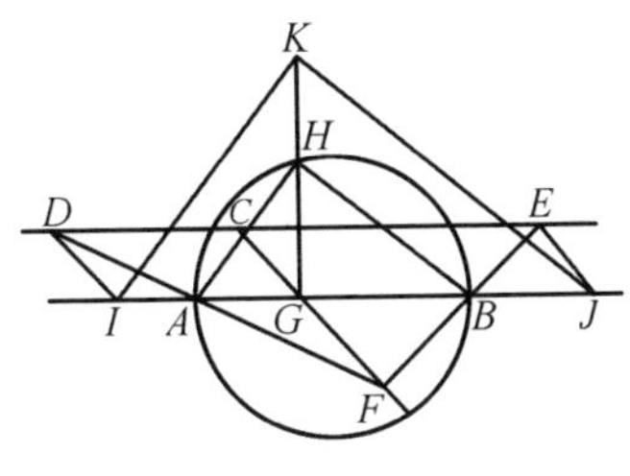

图 7

证　从作图知

$$IG = DC = a, GJ = CE = b$$

又因为 $KJ \parallel BH$, $IK \parallel AH$,所以 $\triangle ABH \backsim \triangle IJK$,因此点 G 可看做位似中心.

因为 $GH^2 = AG \cdot BG$,所以 $GK^2 = IG \cdot GJ = a \cdot b$.

利用上述诸作图题就可以证明第 4 及第 5 两个基本作图题,其证明如下:

基本作图题 4　已知一直线与圆周相交,则交点可求.

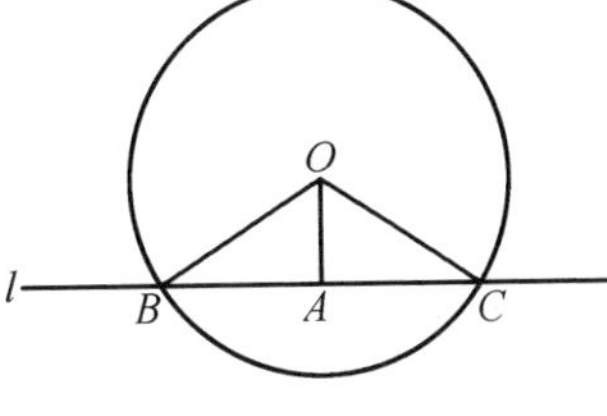

图 8

假设:已知圆心为 O 半径为 R 的定圆周,l 为定直线.

求作:定圆周与 l 的交点.

作法　从圆心 O 作 l 的垂线 OA 且交 l 于点 A(根据作图 5),作半径和 OA 二线段之和及差(根据作图 6),作出 $R + OA$ 与 $R - OA$ 的比例中项 a(根据作图 8),在 l 上作 $AB = AC = a$(根据作图 6),则点 B 及 C 即为所求的点.

证明　由作图知 $a^2 = (R + OA) \cdot (R - OA) = R^2 - OA^2$,故

$$BA^2 = AC^2 = R^2 - OA^2$$

因此点 A 为已知腰为 R 及底边 BC 在 l 上的等腰三角形自顶点 O 所引垂线的垂足.所以点 B 及点 C 为定圆周与定直线 l 的交点.

基本作图题 5　已知二圆周若相交其交点可求.

本题分两种情况:

(1) 二圆周半径相等.(2) 二圆周半径不相等.

假设:O_1 及 O_2 为二已知圆周的圆心,其半径为 R_1 及 R_2.

求作:此二圆周的交点.

分析　若图9及图10为所求.设此二圆周交点分别为A及B,取AB与O_1O_2交点为C,点M为O_1O_2之中点(应用作图4及作图3可作出).

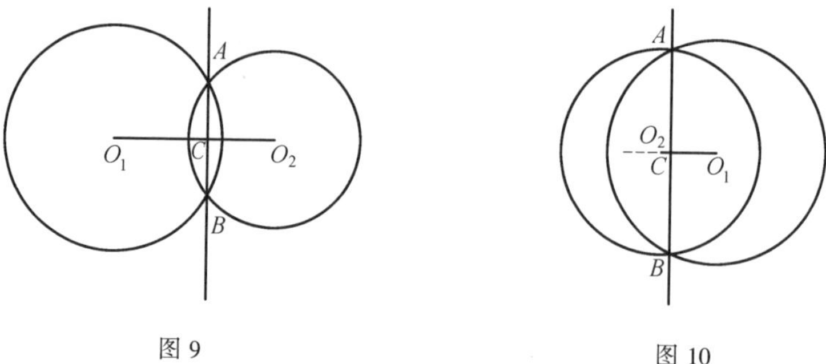

图9　　　　图10

(1)若$R_1=R_2$,则点A及点B必在O_1O_2的中垂线上,因为此时点M与点C重合.

(2)若$R_1\neq R_2$,设$R_1>R_2$.点C必在MO_2上

$$R_1^2-R_2^2=O_1A^2-O_2A^2$$

因为$AC\perp O_1O_2$,所以

$$O_1A^2=AC^2+O_1C^2,O_2A^2=AC^2+O_2C^2$$

所以

$$R_1^2-R_2^2=O_1A^2-O_2A^2=O_1C^2-O_2C^2=(O_1C+O_2C)\cdot(O_1C-O_2C)$$

若点C内分MO_2(图9),则

$$O_1C+O_2C=O_1O_2,O_1C-O_2C=(O_1M+MC)-(O_2M-MC)=2MC$$

(因为点M为O_1O_2中点,所以$O_1M=O_2M$).

若点C外分MO_2(图10),则

$$O_1C+O_2C=2MC,O_1C-O_2C=O_1O_2$$

因此

$$R_1^2-R_2^2=2MC\cdot O_1O_2$$

所以

$$(R_1+R_2):O_1O_2=2MC:(R_1-R_2)$$

作法　(1)作O_1O_2中点M(应用作图4及作图3可作出).过点M作O_1O_2的垂线l(根据作图5),再运用第4个基本作图,即可作出.

(2)作$2O_1O_2,R_1+R_2$及R_1-R_2的比例第四项(根据作图7),再作以M为圆心以MC为半径的圆周与MO_2的交点C(根据作图6),过C作O_1O_2的垂线l(根据作图5),再运用第4个基本作图,即可作出交点A及点B.

证明　(1)从作图知$MO_1=MO_2$,又l垂直于O_1O_2,因为二等圆交点到二圆周的圆心等距离,故交点必在l上,因此l与圆周的交点,即为两个等圆周交

点.

(2) 因为 $$MC=\frac{(R_1+R_2)\cdot(R_1-R_2)}{2O_1O_2}=\frac{R_1^2-R_2^2}{2O_1O_2}$$

所以 $$2O_1O_2\cdot MC=R_1^2-R_2^2$$

因此二定圆交点必在垂线 l 上,l 与圆周的交点即为二圆周的交点.

到此我们把第 4 及第 5 两个基本作图问题证明了.因此我们可以把一个尺规的作图题归结为可以用直线及一个定圆来完成.但因为作图工具的限制,所以司坦纳的作图有时比尺规来解作图题麻烦.例如已知三边作一个三角形,这个问题用尺规来解很容易,但单单用直尺及固定有心圆周来解就比较复杂.其解法如下:作一直线 l,在 l 上截取 $AB=c$,然后再把以 A 及 B 为圆心分别以 b 及 a 为半径的二圆交点 C 作出,最后联结 AC 及 BC,这个解法就牵涉好几个作图问题.

辅助圆的圆心必须是已知的,若只知道固定的圆周,那么单用直尺及定圆周就不能解决所有的尺规作图题.

第二十九章　用定开角规及直尺的作图法①

初等几何里的作图,允许用的工具是能自由开闭的圆规和无刻度的直尺,若把工具加以限制,如只许用自由开闭的圆规,不许用直尺,便称为圆规作图.本文来研究只有一个开张成一定角的圆规(不能自由开闭,即半径固定的圆规)和一枝无刻度的直尺,是否也能进行初等几何学里研究的一切作图问题呢?

仔细研究初等几何学之作图,能自由开闭之圆规之功用,不外乎以下四项:

(1) 在一定直线(射线)上截取一线段,使等于定长.

(2) 在一定直线(射线)上作一角,使等于定角.

(3) 求以定点为圆心以一定半径所作之圆与一定直线之交点.

(4) 求以二定点为圆心,各以定长为半径所作之圆之交点.

以上四项问题,均能用一个开张成一定角的圆规,和一枝无刻度的直尺得以解决,为了以后叙述的方便,用一个开张成一定角的圆规(半径一定)以点 A 为圆心所作之圆记为 $\odot A$.

先叙述几个基本作图法.

基本作图法1　引过定点 A 的直线,令与定直线 l 平行.

作法　于 l 上取一点 L,作 $\odot L$,交 l 于 M, N,引 MA,在 MA 的延长线上任取一点 P,引 PL, AN,交于 O,引 MO 交 PN 于 B,联结 A, B 即为所求之直线(图1).

证明　如图2所示,过 A 作 l 的平行线,交 PL 于 F,过 B 作 l 的平行线,交 PL 于 F',则 $\frac{AF}{ML}=\frac{PF}{PL}$,又 $\frac{AF}{LN}=\frac{FO}{OL}$,因为 $ML=LN$,所以

$$\frac{PF}{PL}=\frac{FO}{OL} \tag{1}$$

同理 $\frac{BF'}{LN}=\frac{PF'}{PL}$,又 $\frac{BF'}{ML}=\frac{F'O}{OL}$,因为 $LN=ML$,所以

$$\frac{PF'}{PL}=\frac{F'O}{OL} \tag{2}$$

① 原作者上海市新沪中学张友白.

比较式(1),(2)得$\frac{PF}{FO}=\frac{PF'}{F'O}$,用合比定理

$$\frac{PF+FO}{FO}=\frac{PF'+F'O}{F'O}$$

即$\frac{PO}{OF}=\frac{PO}{OF'}$,所以 $OF=OF'$.

可知 F,F' 重合,所以 $AB\parallel l$.

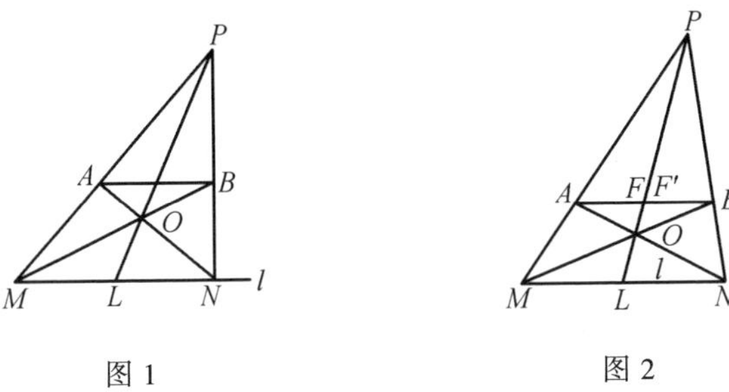

图 1　　　　图 2

推论　可任意等分一已知线段,或把已知线段引申任意整数倍.

作法　于已知线段 AB 之端点 A 引任意射线 l,$\odot A$ 交 l 于 N_1,$\odot N_1$ 交 l 于 N_2,……,$\odot N_{n-1}$ 交 l 于 N_n.

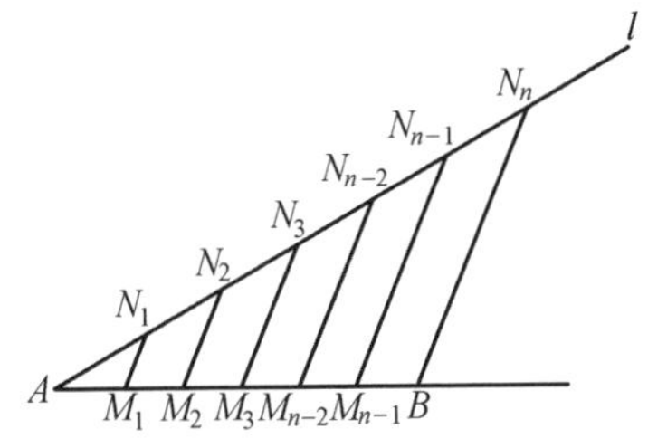

图 3

联结 N_n 与 B,过 N_{n-1},…,N_2,N_1 分别作 N_nB 的平行线(基本作图法 1),交 AB 于 M_{n-1},…,M_2,M_1 等点,即为 AB 之 n 分点.

证明　因为 AM_1,M_1M_2,…,$M_{n-1}B$ 为相等线段 AN_1,N_1N_2,…,$N_{n-1}N_n$ 在 AB 上的平行射影之故.

基本作图法 2　过定点 A,作已知直线 l 之垂线.

(1) 点 A 属于 l.

作法　作 $\odot A$ 交 l 于 M,N 作 $\odot M$,$\odot N$,交 $\odot A$ 于 D,E,联结 MD,NE 交于 P,联结 PA 即为所求之垂线(图 4).

证明　$\triangle PMA$ 与 $\triangle PNA$ 为轴对称图形.

(2) 点 A 不属于 l.

作法　过 A 引 l 之平行线 l'(基本作图法 1) 同上述情况(1) 作 $AP \perp l'$,则 AP 即为所求之垂线(图 5).

证明　略.

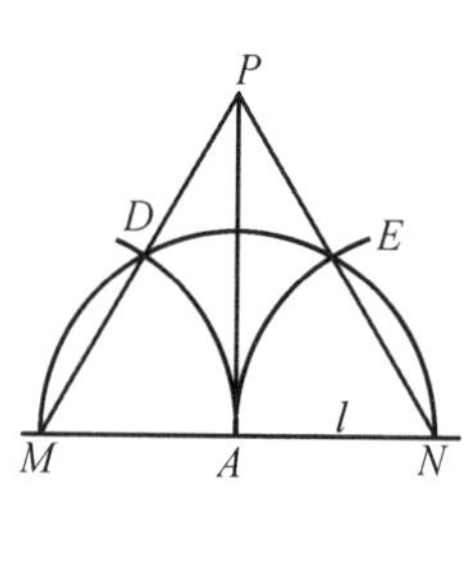

图 4

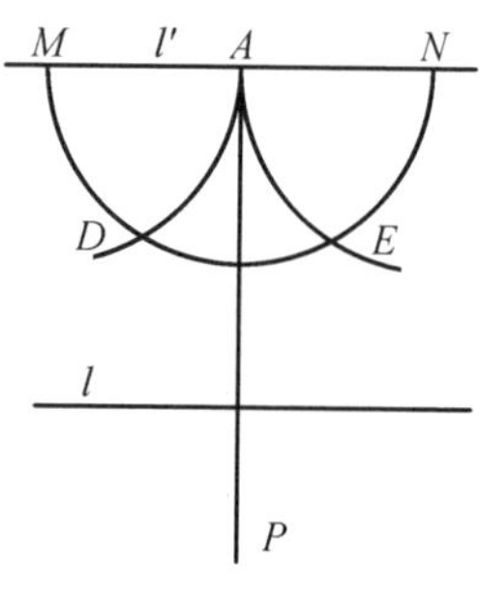

图 5

基本作图法 3　二等分定角 $\angle AOB$.

作法　作 $\odot O$ 交 OA,OB 于 M,N.作 $\odot M$,$\odot N$,交于 P,则 OP 即为所求的平分角线(图 6).若定角大于(或等于)$120°$ 时,先作 $\odot O$,$\odot M$,$\odot N$,令交于 R,S,再作 $\odot R$,$\odot S$ 交于 P,则 OP 即为所求(图 7).角更大时以此法类推.

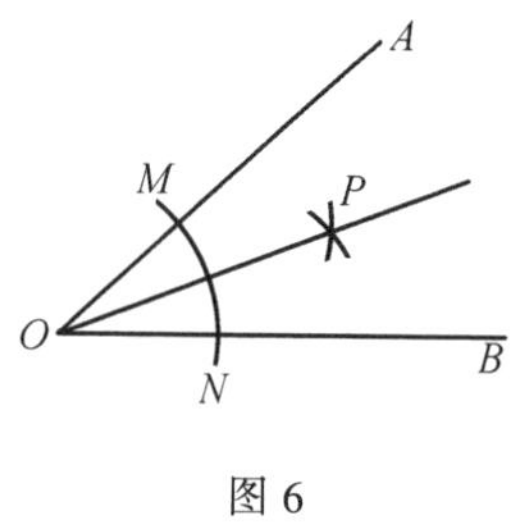

图 6

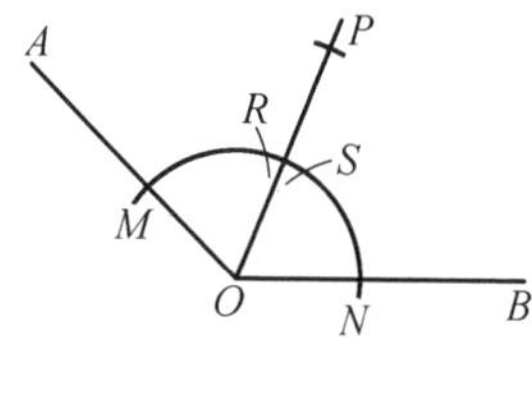

图 7

证明　略.

根据以上三个基本作图法,可以导出凡能用自由开闭之圆规所能解决之前述四项任务,均能易之以一个开张成定角的圆规(半径一定)和直尺而得到解决.

今逐一讨论之如下.

定理 1　在定直线 l 上定点 A,可以截取一线段 AG,使等于定长 BC.

证明　联结 A,B,过 C 作 AB 之平行线(基本作图法 1),过 A 作 BC 之平行

线(基本作图法 1),二线交于 D.作 $\odot A$,交 AD,l 于 F,E,联结 EF.过 D 作 EF 之平行线(基本作图法 1).交 l 于 G.则 AG 即为所求(图 8).

因 $AD = BC$,又 $\triangle ADG$ 为等腰三角形之故.

推论 1　已知线段 a,b,c,可求其第四比例项(即作 x 使 $x = \frac{bc}{a}$).

证明　从点 O 引二射线 h,k,在射线 k 上作 $OA = a$,$AB = b$(定理 1),在射线 h 上作 $OC = c$(定理 1),联结 AC,过 B 作 AC 之平行线(基本作图法 1)交 h 于 D(图 9),则 $CD = x = \frac{bc}{a}$.

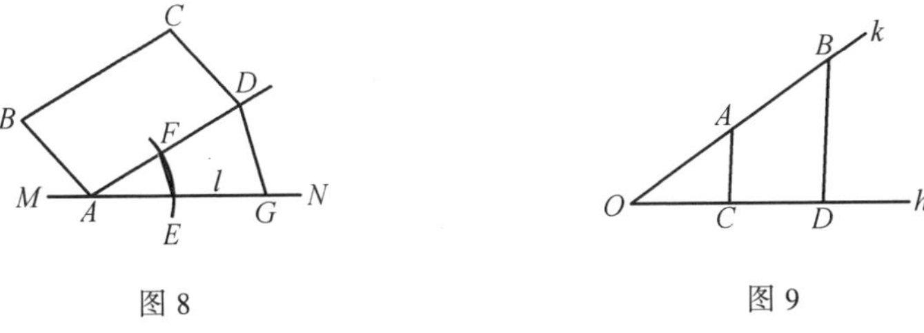

图 8　　　　图 9

推论 2　已知线段 a,b,可作 $\sqrt{a^2 + b^2}$.

证明　过 O 作互相垂直的二射线 h,k(基本作图法 2),在射线 h 上作 $OA = a$(定理 1),在射线 k 上作 $OB = b$(定理 1),联结 AB(图 10),则依所勾股定理可知 AB 即为所求.

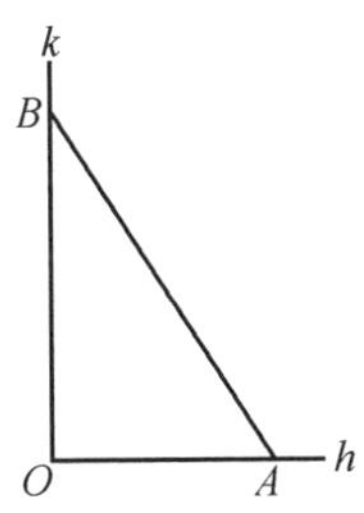

图 10

定理 2　以定直线 AB 上定点 P 为顶点,可作一射线,令与定直线 AB 所成之角等于定角 $\angle XOY$.

证明　如图 11 所示,过 P 作 $PM \parallel OX$,$PN \parallel OY$(基本作图法 1).平分 $\angle MPB$,角二等分线为 PT(基本作图法 3).作 $\odot P$,交 PN 于 C.过 C 作 PT 之垂线交 $\odot P$ 于 D(基本作图法 2),则

$$\angle DPB = \angle MPN = \angle XOY$$

故 PD 即为所求.若过 P 引 $\angle XOY$ 二边之平行线在 AB 之异侧(图 12),则可延长 NP 成 PN',平分角 $\angle APM$,得 PT,$\odot P$ 交 PN' 于 C,过 C 作 PT 之垂线,交 $\odot P$ 于 D 则

$$\angle DPB = \angle NPM = \angle XOY$$

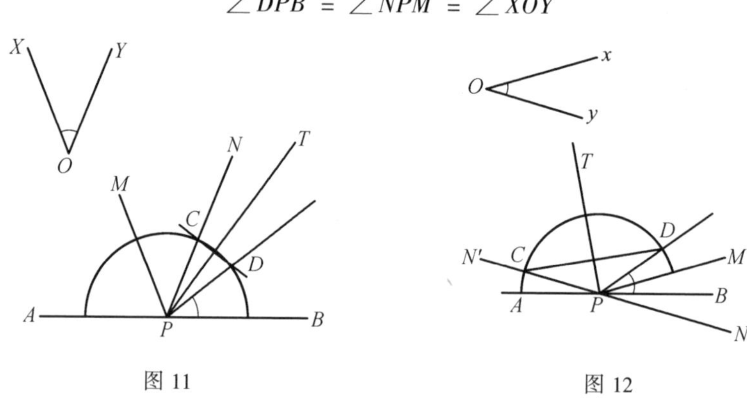

图 11　　图 12

定理 3　过定点 A 可作直线交定直线 l 于 E,F,使 AE,AF 有定长 l.

证明　过 A 任意作一直线与 l 交于 P,作 $\odot A$,交 AP 于 G.根据 $\frac{AG}{l}=\frac{AD}{AP}$,求出 AD 之长(定理 1 推论 1),在 AP 上定出点 D(定理 1),过 D 作 l 之平行线(基本作图法 1),交 $\odot A$ 于 B,C,联结 AB,AC,交直线 l 于 E,F,则 AE,AF 各等于 l(图 13).

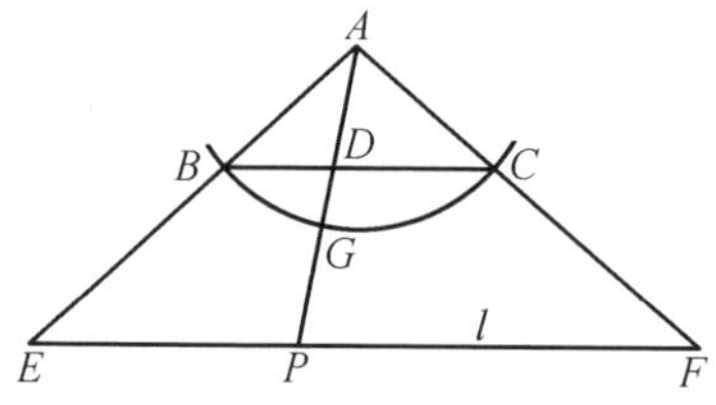

图 13

推论　已知二线段 $a,b(a>b)$ 可作 $\sqrt{a^2-b^2}$.

证明　过点 O 作互相垂直之二射线 h,k(基本作图法 2),在射线 h 上取 $OA=b$(定理 1),过 A 作直线使与射线 k 交于 B,令 $AB=a$(定理 3),则依据勾股定理 $OB=\sqrt{a^2-b^2}$ 即为所求(图 14).

定理 4　二定点 B,C,二定长线段 m,n,且有 $|m-n|<BC<m+n$ 可作圆 $B(m)$ 与圆 $C(n)$ 之交点.

证明　(1) 若 $m=n$ 则问题归结为定理 3;

(2) 设 $m \neq n(m>n)$.

若 $BP=m$, $CP=n$, M 为 BC 之中点, l 过 P 且垂直于 BC, Q 为垂足,则

$$m^2-n^2=BP^2-CP^2=BQ^2-CQ^2=$$
$$(BQ+CQ)(BQ-CQ)=2\cdot BC\cdot MQ$$

故
$$MQ=\frac{m^2-n^2}{2BC}=\frac{(m+n)(m-n)}{2BC}$$

所以先按基本作图法 1 之推论,求出 BC 之中点 M.

按定理 1 推论 1,求出 MQ 之长,并定出点 Q(定理 1).

作 l 过 Q 且垂直于 BC(基本作图法 2).

过 B 作直线交 l 于 P, P',令 $BP=BP'=m$(定理 3).

则 P, P' 即所求 $B(m)$ 与 $C(n)$ 之交点(图 15).

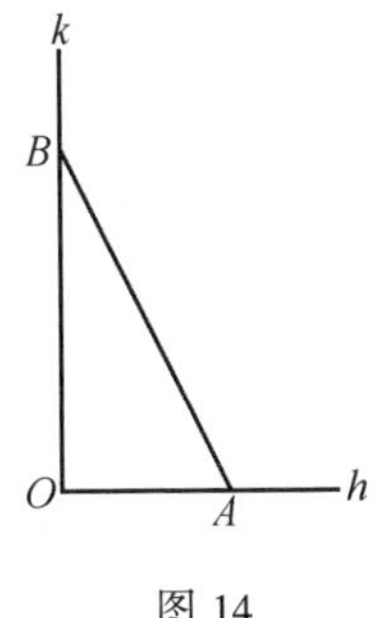

图 14

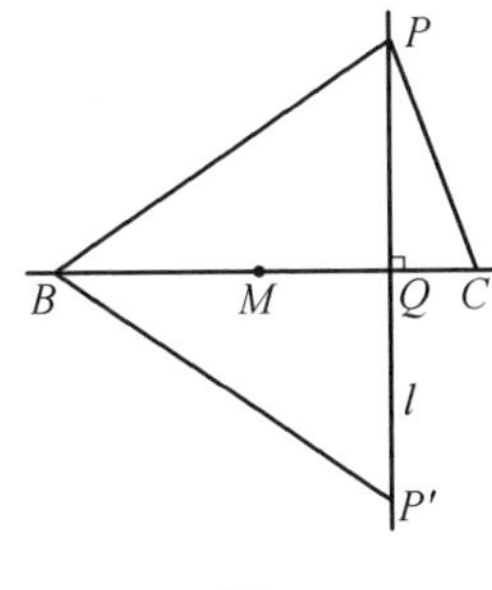

图 15

由于以上讨论,可以得出结论,凡能用自由开闭之圆规及无刻度之直尺所能完成之一切初等几何作图问题,我们均能用有一定开角圆规(半径一定)及无刻度之直尺完成它.

最后,举一个简单的例子:"已知三角形的一边,这边所对的角,及这边上的高,求作这个三角形."这个作图题,可以很快地以尺规利用相似法得到解决,现在我们来研究它的"定开角规和直尺"的解法.

已知: a, $\angle\alpha$, h_a.

求作: $\triangle ABC$,使 $\angle A=\angle\alpha$, $BC=a$, BC 边上的高 $=h_a$.

作法　如图 16 所示,作 $\angle DEF=\angle\alpha$,作 $EG\perp EF$(基本作图法 2),于 EG 上取 O 作 $\odot O$ 使过 E,交 DE 于 K.

再依 $h'_a=\dfrac{h_a\cdot KE}{a}$ 求出 h'_a.

以 h'_a 为距离作 KE 之平行线交 MN 于点 A(基本作图法 2 及 1).

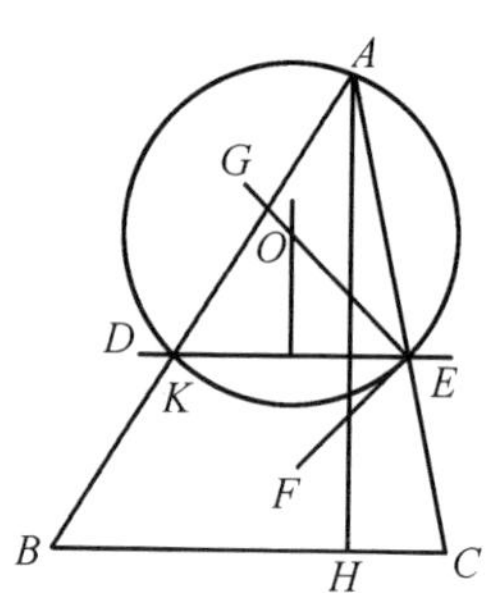

图 16

由 A 作直线使垂直于 KE(基本作图法 2),取 $AH = h_a$.

过 H 作 KE 之平行线(基本作图法 1).

联结 AK,AE 交上述直线于 B,C,则 $\triangle ABC$ 即为所求.

证明略.

其他我们习惯上用尺规解决的一切作图题不难一一验证,亦可用定开角规及直尺得以解决,但使用两种不同限制的工具,解题的难易和繁简自然有所不同.因之,亦可体验我们习惯上使用尺规进行作图,那是一种解几何问题比较简便的工具.

第三十章　关于"已知三条定位的角二等分线和边上一定点,求作这三角形"作图的讨论①

本题的解法一般是利用对称法,而关于作法的讨论,各书未有详载.兹将作法上的各种情况和讨论,作系统的叙述,以供参考.

如果对题设中的概念详为分析,除了理解所谓"定位"是指给定的三线交成一定的角之外,我们可以将这三线的可能位置分为:(1) 三线共点;(2) 三线两两交成一三角形的两种情况.而在这两种情况之下,给定三线的性质也有可能全为三内角的二等分线,全为三外角的二等分线或三线中其一为内角二等分线,另二为不相邻的两外角二等分线.至于题设中的定点的位置亦可被概括为(1) 在给定的一条直线上;(2) 在给定的三线之外的两种情形,而在线外又有在求作三角形的一边上和在其延长线上的情况.现在根据三线的可能位置并结合定点的位置分别予以研究.

一、设给定的是共点的三条直线

首先,让我们明确三内角二等分线的交角情形.设从一已知的三角形中的三内角二等分线交角间的关系来观察.在图 1 中,知

$$\angle 1=\angle 1',\angle 2=\angle 2',\angle 3=\angle 3'$$

所以
$$\angle 1+\angle 2+\angle 3=\angle 1'+\angle 2'+\angle 3'=d$$

但
$$\angle POE=\angle 1+\angle 2=d-\angle 3\quad(\angle 3\neq 0)$$

所以 $\angle POE$ 是锐角,同样可知 $\angle EOR$ 和 $\angle ROD$ 都是锐角.显然地,在钝角三角形中有相同的结果.由此得出结论:在锐角或钝角或直角三角形中,三内角之二等分线共点且交成锐角.这就是说,若给定共点的三内角二等分线的交角中,有任一角为钝角或直角,则本题无解.

设从一三角形的一内角二等分线及不相邻的两外角二等分线的交角情形来考虑.在图 2 中,设 ABC 是任意三角形,其所指的角二等分线交成 α,β,γ 三个角.

① 原作者上海第二师范学院汪仁溥.

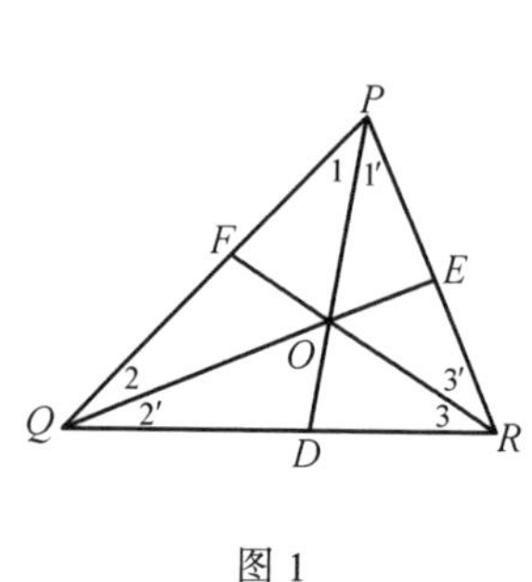

图 1

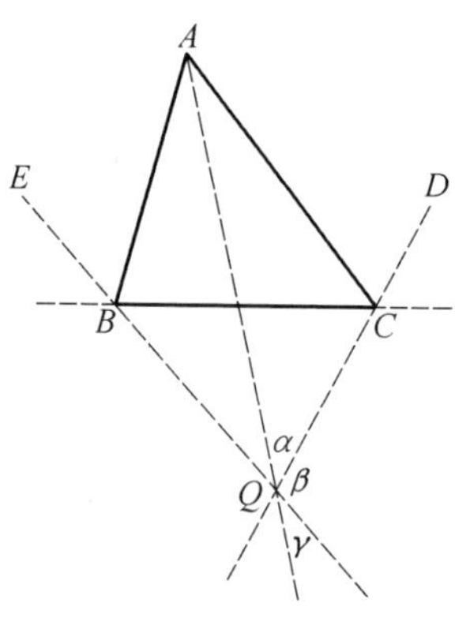

图 2

在 $\triangle AQC$ 中

$$\angle ACD = \angle\alpha + \frac{1}{2}\angle A$$

又
$$\angle ACD = \frac{1}{2}(180^\circ - \angle ACB) = 90^\circ - \frac{1}{2}\angle ACB$$

所以
$$\angle\alpha + \frac{1}{2}\angle A = 90^\circ - \frac{1}{2}\angle ACB$$

即
$$\angle\alpha = 90^\circ - \frac{1}{2}(\angle A + \angle ACB)$$

所以 $\angle\alpha$ 为锐角.

在 $\triangle BQC$ 中

$$\angle\beta = \angle CBQ + \angle BCQ = \frac{1}{2}(180^\circ - \angle ABC) + \frac{1}{2}(180^\circ - \angle ACB) =$$
$$180^\circ - \frac{1}{2}(\angle ABC + \angle ACB) = 180^\circ - (90^\circ - \frac{1}{2}\angle A) = 90^\circ + \frac{1}{2}\angle A$$

所以 $\angle\beta$ 为钝角.显然地,$\angle\gamma$ 亦为锐角.

由此得出结论:在任何三角形中,一内角之二等分线及两不相邻的外角二等分线交成的角中必有一角为钝角,且介于两锐角之间.

现在我们给定三条共点的直线 p,q,r 交成锐角,并给一个定点 M 在线外,研究这三角形的作法.(图 3)

作法:以 r 为轴,求得 M 之对称点 M_1.

以 p 为轴,求得 M_1 之对称点 M_2.

以 q 为轴,求得 M_2 之对称点 M_3.

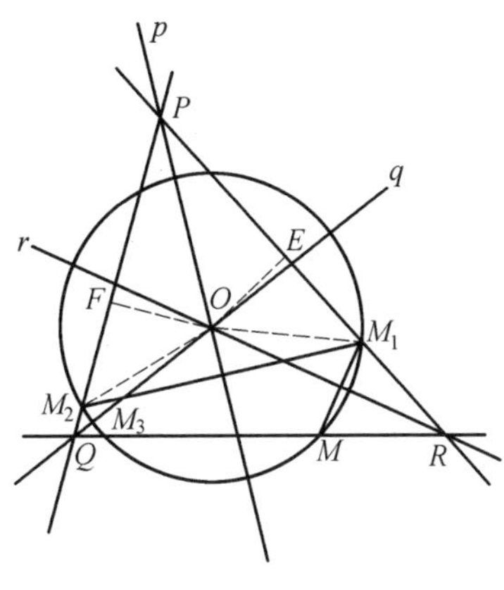

图 3

联结 M_3M 交直线 q, r 各于 Q, R.

联结 QM_2, RM_1 使交于 P.

则 $\triangle PQR$ 即为所求.

证明 由于 M 与 M_1, M_2 与 M_3 是分别以 r, q 为轴的对称点,而 R 及 Q 各为两轴上的二重点,所以 QR, PR 与轴 r 交成等角, PQ, RQ 与轴 q 交成等角.因此,点 O 为 $\triangle PQR$ 之内心.

自 O 作 $OF \perp PQ$, $OE \perp RP$,并联结 M_2O 及 OM_1,则因 M_2, M_1 也是以 p 为轴的对称点,从而 p 为 M_2M_1 之中垂线,故 $OF = OE$, $OM_2 = OM_1$.所以 M_2OF 与 OM_1E 两直角三角形全等.

由此可知 $\angle FM_2O = EOM_1$, $\angle PM_2M_1 = \angle M_2M_1P$,从而推知直线 p 为等腰 $\triangle PM_2M_1$ 底边上之高线必通过其顶点 P,因此本作法得证.

上面作法的关键在于先确定过定点 M 的一边,而这一边位置的确定又通过以点 M 依次以定直线 r, p, q 为轴的三次线反射所得的点 M_3 为依据,所以要确定本题有解或无解,必须研究点 M 和点 M_1 的对应位置.

在图 3 中,显然 $OM = OM_1 = OM_2 = OM_3$,所以 M, M_1, M_2, M_3 四点共圆而以 O 为其圆心.由此可知定点 M 通过对定直线 r, p, q 的三次线反射所得的点 M_3 必在以直线 r, p, q 的交点 O 为圆心,以这点与定点连线段为半径的圆上.这就是说,无论定点所取的位置如何,通过线反射之后,它的反射点是在这三定直线所在的平面上的一定的范围内.点 M_3 既然可以找到,那么通过这定点的三角形之一边必定可以确定,所以这三角形总是可以作出

这个事实可以从图 4 中看到.若定点取在图中点 B 的位置,则 $\odot O(OB)$ 再

交 QR 于点 B_3,若定点 C 取在定线上如点 R 的位置,则 $\odot O(OR)$ 再交 QR 于 C_3(这里关于轴 r 的点 C 的对称点 C_1 与点 C 重合);若定点取在三角形一边的延长线上如点 D 的位置,则 $\odot O(OD)$ 再交 QR 于 D_3.

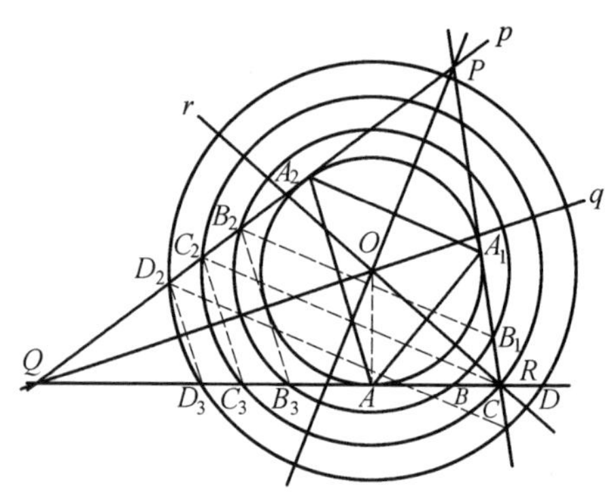

图 4

设将以点 O 为心的圆的半径缩小,而作出 $\triangle PQR$ 的内切圆如 $\odot O(OA)$,

 则其 A_3 却与点 A 重合.这就是说,在定点的各个位置中存在着唯一的点使通过三次线反射后仍回复至原点.此时,QR 边的位置是 OA 的垂线,所以在作图的手续来讲,是比其他情况来得简便.

这里再举出两种情况.为了避免过多的叙述,仅作出它们的图,它们的证明是显然的(图 5,图 6).

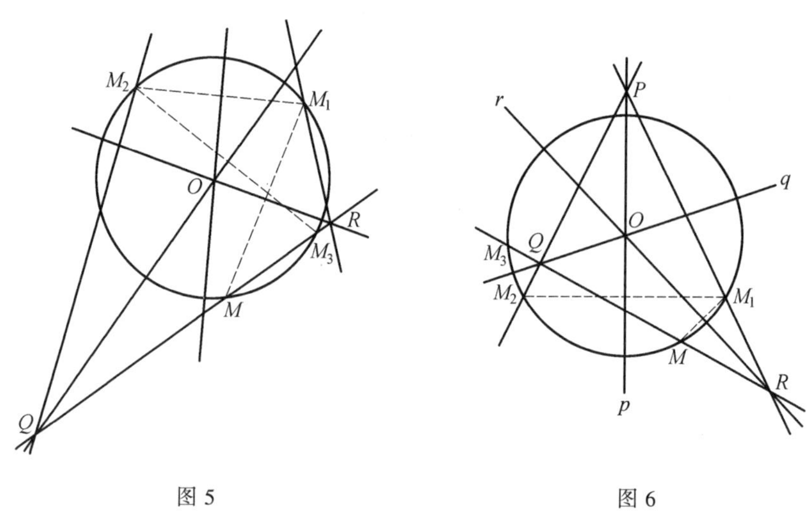

图 5

图 6

如果给定的三直线 r,p,q 共点且其交角中有一钝角(图 7),则其作法亦与上述方法相同.设定点 C 取在线外,顺次以 q,p,r 为轴的三次线反射得到点 C_3,联结 CC_3 交 q 及 r 于 Q 及 R,即为所求作的三角形之一边.其他两边,则由 QC_1 及 RC_2 来确定.设定点 B 取在直线 q 上,同样可得点 B_3.联结 BB_3 就确定 QR 边.设定点 A 取在线外而通过三次线反射所得的点 A_3 与点 A 重合,则作 OA 之垂线 QR 即为这三角形之一边,从而确定了其他两边.求得的 $\triangle PQR$ 显然地可证明其符合所设条件,故从略.

在图4与图7中,我们见到在这两种情况之下的各个定点位置中,存在着唯一定点位置(如点 A 的位置),使通过三次反射后的点 A_3 仍回复至原来的位置.这里的原因虽然是由于它经过一个 $360°$ 的旋转,但是还存在着一定的位置规律.现在用下面一些图,加以研究.

设在 $\odot O$ 内作内接三角形 AA_1A_2,并由圆心 O 向各边作垂线 OM,ON,OP(图8).显然地,这里点 A 对 OM,ON,OP 的三次反射后点 A_3 与点 A 重合.实际上,它作了 $\angle AOA_1+\angle A_1OA_2+\angle A_2OA_3=360°$ 的旋转.又因为

$$\angle MOA=\angle A_1A_2A_3,\angle NOA_1=\angle A_2A_3A_1,\angle POA_2=\angle AA_1A_2$$

所以,当 $\angle MOA$ 已确定,$\angle A_1OM$ 及围绕着圆心 O 的其他圆心角都被确定,也就是 $\angle A_1,\angle A_2,\angle A_3$ 都分别被确定.既然几个圆心角的和是一周角,其对应的圆周角之和适为一平角,故点 A_3 必然与点 A 重合.

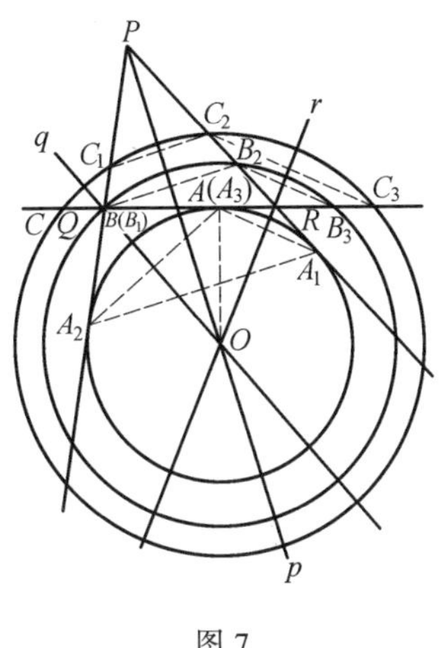

图7

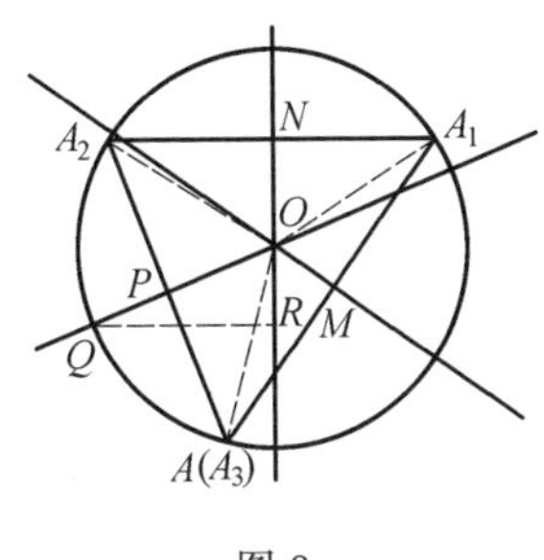

图8

设想先确定 $\angle MOA$,则 $\angle A_1OM$ 必等于 $\angle MOA$,所以圆上的点 A 及点 A_1 的位置被固定.此时顶点 A_2 似乎尚可在 AA_1 优弧上的任何位置,但由于 $\angle A_1OM$ 的确定,$\angle NOA_1$ 及 $\angle A_2ON$ 亦随之而确定,从而点 A_2 的位置就被固

定.因此,要确定一点的位置使对三条定轴三次反射后的点仍归原位,必须确定这点对一条定轴的反射线距圆心的距离.在图 8 里,如果要确定点 A 的位置,则须先确定距离 OM.现在的问题就是如何用几何方法来确定这个距离?

在图 8 里,四边形 ONA_2P 中 ON,OP 分别垂直于 A_2N 及 PA_2,所以 $\angle NA_2P$ 与 $\angle PON$ 相补.延长 NO,则 $\angle PON$ 亦与 $\angle ROQ$ 相补,而

$$\angle NA_2P=\angle ROQ=\angle MOA$$

因此,直角三角形 OQR 与 MOA 相等,故 $OR=OM$.这样,我们可以自 Q 向轴 ON 作垂线,而此线距圆心 O 的距离 OR 就是要求的距离 OM.OM 既定,则 A 与 A_1 两点皆被确定,点 A_2 亦随之被固定,点 A_3 必与点 A 重合.由此可知,当给定共点的三线交成锐角时,这样点的位置的几何确定法是:以三线的交点 O 为圆心,以任意定长为半径,作圆(图 8).自一线与圆的交点如 Q,作另一线的垂线如 QR,则垂足到三线交点的距离如 OR 就是所求点对第三直线的反射线与三线交点的距离如 OM,从而决定了所求点的位置如点 A.

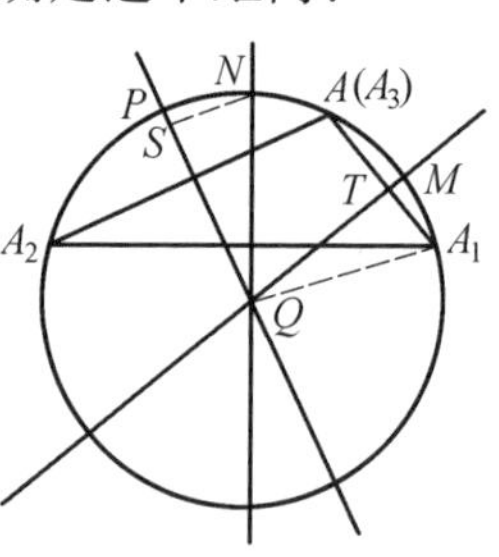

图 9

上面的结果同样适用于给定的共点三线交角有钝角的情况.在图 9 中,联结 QA_1 后,作 NS 垂直于 QP,则在 $\triangle NSQ$ 及 $\triangle A_1MQ$ 中,$ON=QA_1$(等于这圆的半径),且 $\angle AA_2A_1=\angle MQA_1$.

又因为 $\angle AA_2A_1=\angle PQN$,所以 $\angle PQN=\angle MQA_1$.

而直角三角形 SQN,TQA_1 相等,所以 $QS=QT$.

其他的情况可以从下面的一些图中见到.图 10 说明为什么点 B_3 不与点 B 重合;图 11 说明为什么点 D_3 落在点 D 的右侧;图 12 说明点 C_3 也不能与点 C 重合;图 13 说明点 E_3 却能与点 E 重合.

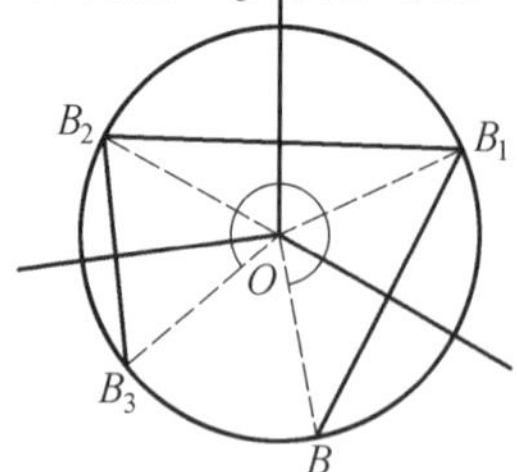

$\angle BOB_1+\angle B_1OB_2+\angle B_2OB_3<360°$

图 10

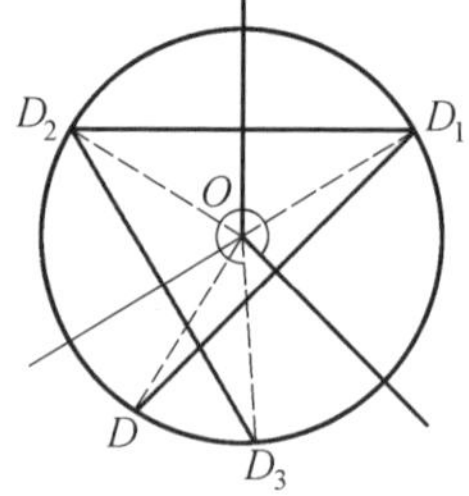

$\angle DOD_1+\angle D_1OD_2+\angle D_2OD_3>360°$

图 11

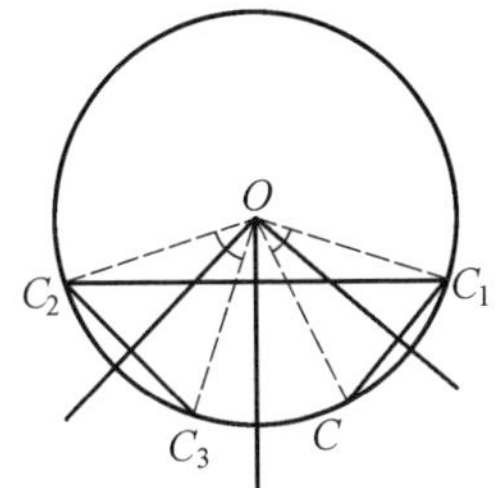

$\angle COC_1+\angle C_1OC_2+\angle C_2OC_3\neq 0$

图 12

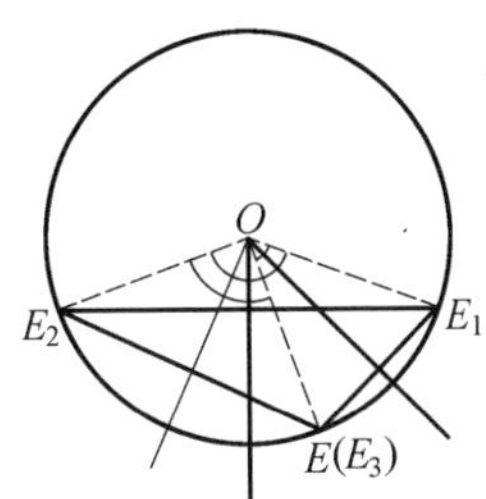

$\angle EOE_1+\angle E_1OE_2+\angle E_2OE_3=0$

图 13

讲到这里我们还须注意一点.这是本作图题的解数问题.由于求作的三角形之一边必须通过已设的定点,本题为定位作图,所以作出不同位置的,合于所设条件的三角形有几个就算几解.

在图 14 中,设定直线 p,q,r 共点于 O 而交成锐角,点 M 是线外的定点.根据以上的作法,并取三定直线依不同的次序先后为轴作点 M 的三次线反射,我们只能作出两个形状、大小、位置都不同的三角形 $PQR,P'Q'R'$.例如,取 q,p,r 的顺次,则点 M 对轴 q 的对称点 N 必在边 QP 上,点 N 对轴 p 的对称点 N_1 必在 RP 上,点 N_1 对轴 r 的对称点 N_2 必在边 QR 上,故作得的三角形仍为 $\triangle PQR$.因此,本题有两解.至于共点的三线交角有一钝角的情况,只有在 r,p,q 及 q,p,r 两种顺序时有解,但其形状、大小、位置相同,故为一解.

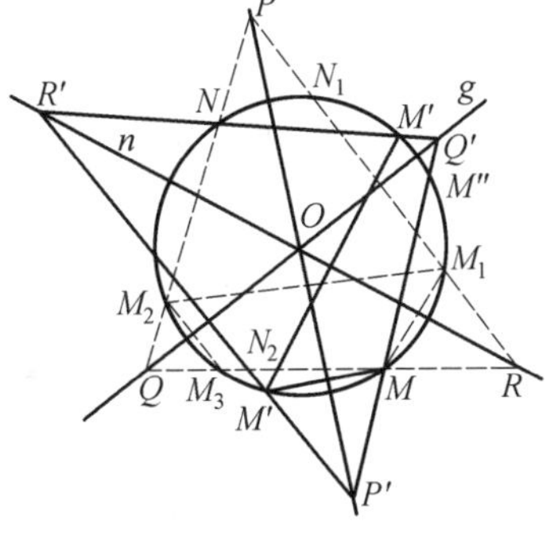

图 14

根据上面的一些讨论,可以作出以下的结论:

(1) 在给定的三线共点而其交角全为锐角时,无论定点取在线上或在线外,本题有两解.

(2) 在给定的三线共点而有一交角为钝角时,无论定点取在线上或在线外,本题总有一解.

(3) 若给定的三线交成锐角,则这三线为求作三角形的三条内角二等分线.

(4) 若给定的三线交角中有一角为钝角,则其一为求作三角形的内角二等分线,其二为不相邻的两外角二等分线.

(5) 若定点在定直线上,则这定点适为求作三角形之一顶点.

(6) 若定点对三定直线的三次反射的对应点与原定点重合,则此定点适为求作三角形的内切圆或一旁切圆的切点.

二、设给定的三直线两两相交成一三角形

在这种情形之下,我们理解它们必是求作三角形的三条外角二等分线,但是先须考虑一个三角形的三条外角二等分线是否一定两两交成另一三角形,如果它们必然两两相交,则所形成的图形将是怎样的三角形.现在我们从一已知三角形的三条角二等分线间的关系来观察.

设 $\triangle ABC$ 的三外角二等分线为 DF,DE,EF(图 15),则

$$\angle DAB+\angle ABD=\frac{1}{2}(\angle ABC+\angle BCA)+\frac{1}{2}(\angle BCA+\angle CAB)=\frac{1}{2}(\angle ABC+\angle BCA+\angle CAB)+\frac{1}{2}\angle BCA=90^\circ+\frac{1}{2}\angle BCA$$

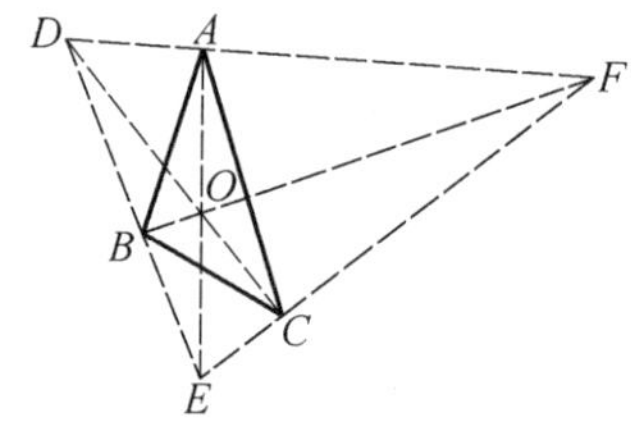

图 15

这里无论 $\angle BCA$ 是锐角、直角或钝角,$\angle DAB$ 与 $\angle ABD$ 之和总是小于两直角,因此 DE 与 DF 必是相交.依同理亦可证得 DF 与 EF,DE 与 EF 也相交.由此可知,在任何三角形中,它的外角二等分线必然交成一个三角形.又因 $90^\circ+\frac{1}{2}\angle BCA$ 是钝角,所以 $\angle ADB$ 必是锐角,而交成的三角形必是锐角三角形.这就是说,若给定的三线交成钝角三角形,则无解.

设再联结 AE,BF,CD,我们知道它们是这三角形的三条内角二等分线,且 $AE\perp DF,BF\perp DE,CD\perp EF$,所以 $\triangle ABC$ 是 $\triangle DEF$ 的垂足三角形.显然地,给定了三外角二等分线交成的锐角三角形,实际上已确定了所求作的三角形的位置,故无须再给出“定点”这个条件.因此,其作法较为简单.

作法:作 $\triangle DEF$ 的三条高线 AE, BF, CD,并联结垂足 A, B, C,则 $\triangle ABC$ 即为所求.

证明:由于 $AE \perp DF$, $BF \perp DE$, $CD \perp EF$,四点 A, O, C, F 及 A, D, B, O 共圆,所以

$$\angle OAC = \angle OFC, \angle OAB = \angle ODB$$

但在直角三角形 FBE, DEC 中,$\angle E$ 为公共角,而

$$\angle OFC = \angle ODB$$

所以

$$\angle OAC = \angle OAB$$

所以 $\angle CAF = \angle BAD$,由此可以推出 DF 为外角之二等分线.

依同理可证 DE, EF 亦为外角之二等分线,故 $\triangle ABC$ 合于所设条件.

根据上面的讨论,得出以下的结论:

(1) 在给定的三线两两相交一三角形时,只要是锐角三角形,本题总有唯一的解.

(2) 若给定的三角形为等边,则求得的三角形亦为等边.

(3) 若给定的三角形为等腰,则求得的三角形亦为等腰.

(4) 若给定的三角形为直角或钝角三角形,则本题无解.

第三十一章　关于“过圆上已知二点作两平行弦使其和等于定长”一题解法的补充①

这个题的解法,已见于1953年1月号《数学通报》“几何学辞典”的1 842题,和许纯舫著的《几何作图》中,现在本文试图用对称原理来解此题,兹分述“同向平行”与“反向平行”的解法.

一、“同向平行”部分

已知:A,B 为圆 O 上任意二点,k 为定长.

求作:过 A 和 B 作同向平行二弦 AG 和 BK,使 $AG+BK=k$.

作法:(1) 联结 AB,以 AB 为对称轴,作 O 的对称点 O_1.

(2) 以 O_1 为心,作圆 O 的等圆 O_1,两圆相交于 A 和 B 两点.

(3) 以 OO_1 为直径作半圆,又以 O_1 为心,$\frac{k}{2}$ 为半径画弧,交半圆于 C,联结 O_1C.

(4) 过 A 和 B 分别作 FAG 及 HBK 二直线平行于 O_1C,各交两圆于 F,G,及 H,K,则 AG 和 BK 为所求二平行弦.

证明:联结 OC,延长交 AG 于 D;过 O_1 作 $O_1E\parallel CD$,交 AF 于 E.

因为 $\angle O_1CO=\frac{\pi}{2}$,则 $CDEO_1$ 为矩形,$ED=O_1C=\frac{1}{2}k$.但 $OD\perp AG$,$O_1E\perp AF$,则 $AD=DG,EA=EF$,所以

$$FAG=2EA+2AD=2(EA+AD)=2ED=2\times\frac{k}{2}=k$$

又因为 $\angle 1=\angle 2$,而 $ABHF$ 为等腰梯形,则 $\angle 1=\angle 3$,所以 $\angle 3=\angle 2$,同样,$\angle FHB=\angle AGK$,所以 $FHKG$ 为平行四边形,$FG=HK=k$.

因为

$$\frac{1}{2}\overset{\frown}{AMB}=\frac{1}{2}\overset{\frown}{AM_1B}=\frac{1}{2}\overset{\frown}{GK}\quad(\angle 4=\angle 5)$$

则 $AH\parallel GB$,而 $AG\parallel HB$,所以 $AGBH$ 平行四边形,$AG=HB$.因为

$$AG+BK=HB+BK=HK=k$$

① 原作者四川中江中学数学教研组.

所以 AG,BK 为所求二平行弦(图1).

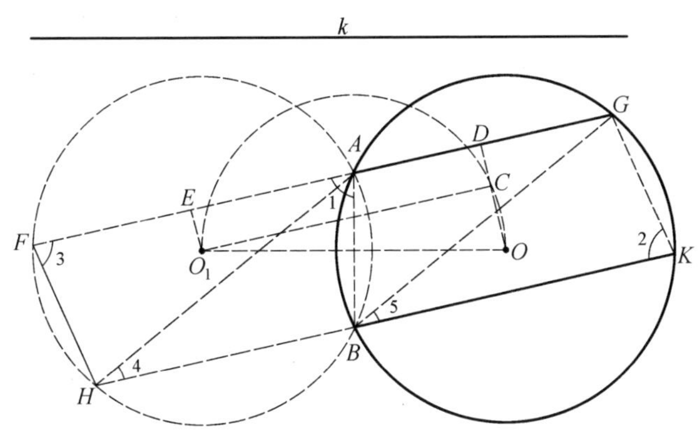

图 1

讨论:(1) 若$\frac{1}{2}k \leqslant OO_1$,则本题有一解(当$\frac{1}{2}k < OO_1$时,两解实同一解);(2) 若$\frac{1}{2}k > OO_1$,则本题无解.

二、"反向平行"部分

已知:A 和 B 为圆 O 上任意二点,k 为定长.

求作:过 A 和 B 作反向平行二弦 AC 和 BD,使 $AC+BD=k$.

作法:(1) 联结 AB,以 AB 为直径作半圆;

(2) 以 A 为心,$\frac{k}{2}$ 为半径画弧,截半圆于 E;

(3) 联结 AE,延长交圆 O 于 C;

(4) 过 B 作弦 $BD // CA$,交圆 O 于 D,则 AC,BD 为所求二平行弦.

证明:联结 BE,延长交圆 O 于 F,以 BF 为对称轴,求得 O 的轴对称点 O_1.以 O_1 为心,作圆 O 的等圆 O_1,两圆相交于点 B 和 F,延长 AC 交圆 O_1 于 C',因为圆 O 及圆 O_1 为二等圆,并以 BF 为对称轴,显然 C' 与 A 为轴对称点(BF 为对称轴),所以

$$AC' = 2AE = 2\times\frac{k}{2} = k$$

联结 BC' 及 DC,则 $BC'=BA$.但 $BA=DC$(因为 $ADBC$ 为圆内接等腰梯形),所以 $DC=BC'$.又因为

$$\frac{1}{2}\overset{\frown}{BG} = \frac{1}{2}\overset{\frown}{BC} = \frac{1}{2}\overset{\frown}{AD}\quad(\angle 1=\angle 2)$$

所以 $DC \parallel BC'$,即 $CDBC'$ 为平行四边形,$CC' = DB$.所以

$$AC + BD = AC + CC' = AC' = k$$

则 AC,BD 为所求二平行弦(图 2).

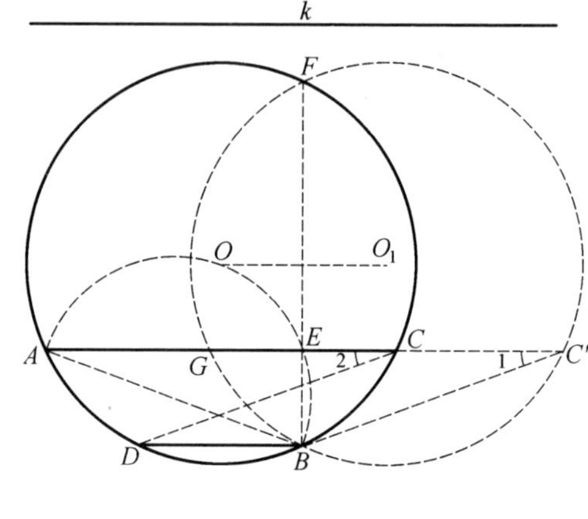

图 2

讨论:(1) 若 $\frac{k}{2} < AB$,则本题有一解(有两解但实同一解);

(2) 若 $\frac{k}{2} \geqslant AB$,则本题无解.

第三十二章　解几何题应该注意的两个问题

解几何题时,有两件容易犯的错误是值得我们警惕的,其一是在添置辅助元素时,由于考虑问题不全面或出自直觉的错误,以致默认一些有待证明的、片面的甚至是根本不成立的事件;其二是在论证过程中,由于方向不明确而产生的循环论证的错误.现就在读者在解答《数学通讯》总第九十九期问题征解栏第2题中,出现的一些典型错误,提出来与读者共同研究.

原题:$ABCD$ 为 $\odot O$ 之内接四边形,E,F 分别为 BA 与 CD 及 AD 与 BC 的交点,FG 为 $\odot O$ 的切线,G 为切点,联结 EG,OF,则 $EG \perp OF$.

解答一:如图1所示,联结 OG,过 O,H,G 三点作圆,因 $\angle FGO = 90°$,所以 FG 也是所作圆的切线,故 $FG^2 = FO \cdot FH$,即 $HF : FG = FG : OF$.又因 $\angle OFG = \angle GFH$,故 $\triangle OGF \backsim \triangle GHF$.故根据相似三角形的性质,$\angle GHF = \angle OGF$,但 $\angle OGF = 90°$,故 $\angle GHF = 90°$,即 $GH \perp FH$,亦即 $EG \perp FO$.

粗略地看过去,上面的解法似乎没有错误,但细心的读者是不难发现其错误的.事实上,在作辅助圆 OGH 时,我们不自觉地默认了一个事实,即 OG 是 $\odot OHG$ 的直径,要不然就得不出所谓"FG 也是所作圆的切线"这一结论,因为按照 $\odot OHG$ 的作法,在通常情况下 OG 并不是它的直径,而这时尽管 $\angle FGO = 90°$,但 FG 却不是 $\odot OHG$ 的切线(图2).

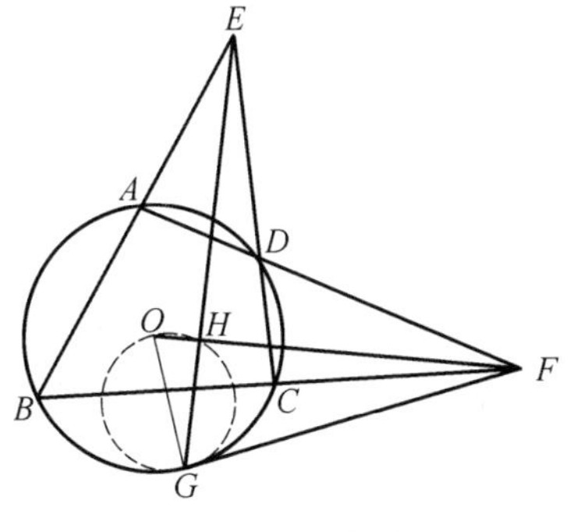

图1　　　　图2

默认 OG 是 $\odot OHG$ 的直径，也等于默认了 $\angle OHG = d$．因此，从这个默认的事实出发，再去证明 $FO \perp EG$，这就犯了循环论证的错误．

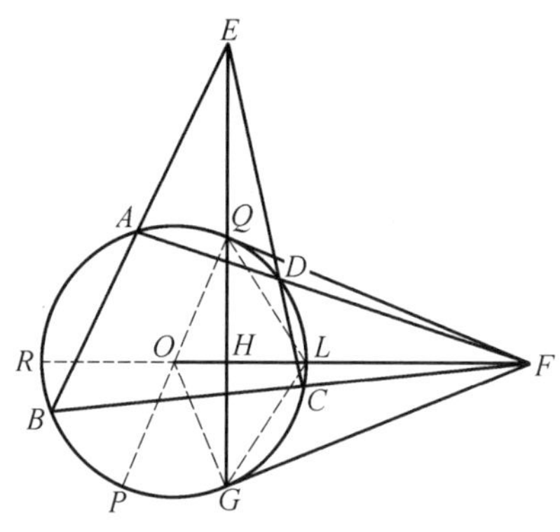

图 3

解答二：设 EG 与 $\odot O$ 的另一交点为 Q，联结 FQ 及 QO，延长 QO 与 $\odot O$ 交于另一点 P．联结 OG，延长 FO 至 R，令其与 $\odot O$ 的两交点为 L 及 R(图 3)．

(1) 因 $\angle QFO$ 为 $\frac{1}{2}(\overset{\frown}{QAR} - \overset{\frown}{QDL})$ 所度量，$\angle FOQ$ 为 $\overset{\frown}{QDL}$ 来度量，故 $\angle QFO + \angle FOQ$ 为 $\frac{1}{2}(\overset{\frown}{QAR} + \overset{\frown}{QDL})$ 所度量，即 $\angle QFO + \angle FOQ = 90°$．故 $\angle OQF = 90°$，是以 FQ 与 $\odot O$ 切于点 Q．

(2) 联结 LG．因 $OL = OG$，故 $\angle OLG = \angle OGL$．又因 $\mathrm{Rt}\triangle FQO \cong \mathrm{Rt}\triangle FGO$，故 $\angle QOL = \angle GOL$．联结 LQ，则 $LQ = LG$，故 $\angle LQG = \angle LGQ$．又因 $\angle LGQ = \angle LQG = \angle LGF$，故 $\angle HLG + \angle LGH = \angle OGL + \angle LGF = 90°$，故 $\angle LHG = 90°$，即 $EG \perp FO$．

这一解法中，存在如下的几个毛病：

首先，在证明的第(1)步中认定 $\angle QFO$ 为 $\frac{1}{2}(\overset{\frown}{QAR} - \overset{\frown}{QDL})$ 来度量，这是错误的，因为点 Q 系 EG 与 $\odot O$ 的交点，故联结 FQ 时，FQ 可能与 $\odot O$ 相切，也可能与 $\odot O$ 相割，承认 $\angle QFO$ 为 $\frac{1}{2}(\overset{\frown}{QAR} - \overset{\frown}{QDL})$ 所度量就无异于承认了 FQ 与 $\odot O$ 相切，但在相切的事实没有得到证明或相割的事实没有被否定以前，这种承认显然是错误的．其次，证明的第(1)步中还犯了循环论证的错误，因为这一步所论证的结果是 FQ 与 $\odot O$ 切于点 Q，但这种结果却是在它被默认了的前提下推导出来的．第三，由于证明的第(1)步是错误的，自然，立足于第(1)步的基础上所作的第(2)步推演就是徒劳的，此外，如果第(1)步的结果是通过正确途径推导出来的，而第(2)步就不必作那样繁琐的推导了，而应该选取简便的途径，例如可以利用“等腰三角形顶角平分线必垂直于底边”这一性质来断定 OF 与 EG 是垂直相交的．

解答三：由题意 GF 为 $\odot O$ 之切线，G 为切点，故联结 OG，则 $\triangle OGF$ 为直角三角形，$\angle OGF = d$，故以 OF 为直径所作的圆必通过点 G．设此圆与 $\odot O$ 的另

一交点为 P,则 $\angle OPF = d$,故 FP 与 $\odot O$ 切于点 P.由此可知 $\triangle FPG$ 为等腰三角形,且 OF 为 $\angle PFG$ 的平分线,故 $FO \perp PG$,即 $FO \perp EG$,如图 4 所示.

此解法的错误出在条件代换上,即不能以 EG 代换 PG.因为根据圆 OGF 的作法,它与 $\odot O$ 的交点 P 不一定是 EG 与 $\odot O$ 的交点,因此 EG 与 PG 是否重合是一个问题,故不能由 $FO \perp PG$ 得出 $FO \perp EG$.

解答四:设 EG 与 $\odot O$ 的另一交点为 P,联结 PO 并延长之与 $\odot O$ 交于 Q,联结 GO 并延长之与 $\odot O$ 交于 R.因 PQ,GR 为 $\odot O$ 的二相交直径,故 $\overset{\frown}{QG} = \overset{\frown}{PR}$,由是 $\angle RGP = \angle QPG$,就 $\triangle GOH$ 与 $\triangle POH$ 而言,$\angle OGH = \angle OPH$,$OG = OP$,OH 为公共边,故 $\triangle POH \cong \triangle GOH$(S.S.A),如图 5 所示.故 $GH = PH$,故点 H 是 GP 的中点,从而 $OH \perp GP$,即 $EG \perp FO$.

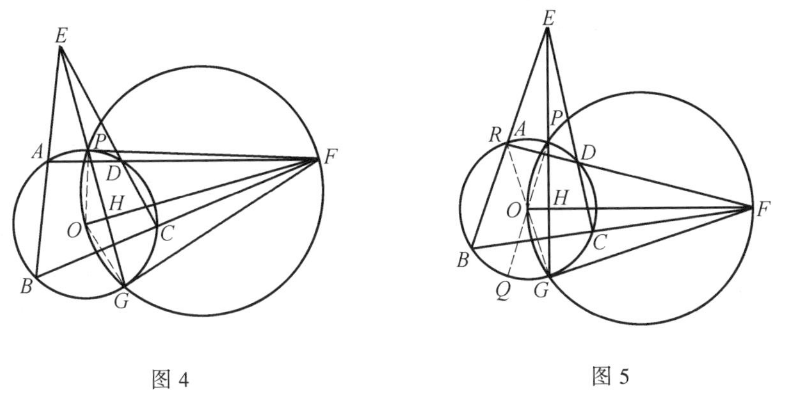

图 4　　　　图 5

让我们先回顾一下(S.S.A)这个定理.这个定理的正确含义是:若 $\triangle ABC$ 与 $\triangle A'B'C'$ 中 $AB = A'B'$,且 $\angle C$ 与 $\angle C'$ 同时为钝角、锐角或直角,如图 6 所示.$AC = A'C'$,$\angle B = \angle B'$ 则 $\triangle ABC \cong \triangle A'B'C'$.不应该忘记,这个定理主要受 $\angle C$ 与 $\angle C'$ 同时为钝角、锐角或直角这一条件制约的,如果放弃这个条件而形式地理解(S.S.A)是两边及一角对应相等那是错误的.例如上图中 $\triangle ABC$ 与 $\triangle ABC''$ 满足两边及一角对应相等,但它们并不全等.注意到这一点之后,我们再回头检查以上的解答就不难找出其错误所在.因为按照这种理解,在 $\triangle GOH$ 及 $\triangle POH$ 中,除了上面已指出的两边及一角对应相等的条件外,还必须考虑 $\angle OHG$ 与 $\angle OHP$ 是否同时为钝角、锐角或直角,但由于 GH 与 PH 在一直线上且 OH 为三角形的公共边,故 $\angle OHP$ 与 $\angle OHG$ 不可能同时为钝角或锐角,因而我们仅根据上面的条件就断言此二三角形全等,进而导出 $OH \perp GP$,实质上就是先默认了 $OH \perp GP$(即 $\angle PHO$ 与 $\angle GHO$ 同为直角)而后再去论证这一事实,显然这就犯了逻辑上的错误.

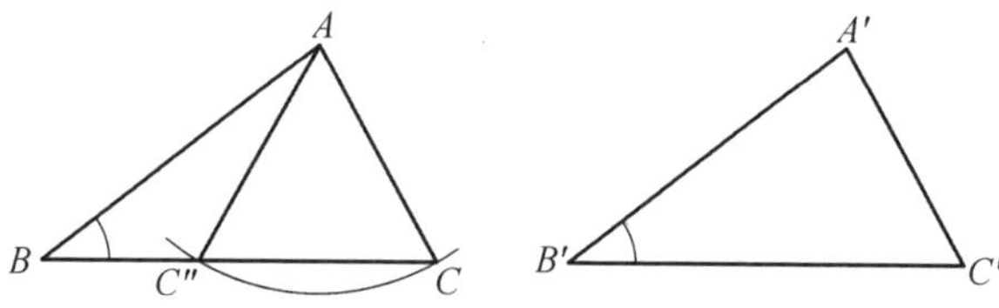

图 6

解答五:如图 7 所示,过点 E 向 OF 作垂线 EH,过 E 向 $\odot O$ 引切线 EK,联结 OK,OG,GH 及 EF,则

$$\overline{EF}^2=\overline{FG}^2+\overline{EK}^2$$

故

$$\overline{FG}^2=\overline{EF}^2-\overline{EK}^2,\overline{FG}^2=\overline{EF}^2-\overline{EO}^2+\overline{OK}^2 \tag{1}$$

又因 $\angle EHF=d$,故 $\angle EFO<d$,故

$$\overline{OE}^2=\overline{EF}^2+\overline{OF}^2-2\overline{OF}\cdot\overline{FH}$$

 即

$$\overline{OF}\cdot\overline{FH}=\frac{1}{2}(\overline{EF}^2+\overline{OF}^2-\overline{OE}^2) \tag{2}$$

但是

$$\begin{cases}\overline{OF}^2=\overline{FG}^2+\overline{OG}^2\\ \overline{OE}^2=\overline{EK}^2+\overline{OK}^2\end{cases}$$

将这两式依项相加并注意

$$\overline{FG}^2+\overline{EK}^2=\overline{FE}^2$$

则得

$$\overline{OF}^2+\overline{OE}^2=\overline{FE}^2+2\overline{OK}^2$$

即

$$\overline{OF}^2=\overline{FE}^2+2\overline{OK}^2-\overline{OE}^2 \tag{3}$$

将式(3) 代入式(2),相消之后得

$$\overline{OF}\cdot\overline{FH}=\overline{EF}^2-\overline{OE}^2+\overline{OK}^2 \tag{4}$$

比较式(1) 与式(4) 即得

$$\overline{FG}^2=\overline{OF}\cdot\overline{FH}$$

即
$$OF:\overline{FG}=\overline{FG}:FH$$

又
$$\angle GFH=\angle OFG$$

故
$$\triangle OFG\backsim\triangle GFH$$

故
$$\angle FHG = \angle OGF = d$$
由此可知 E,H,G 在一直线上,从而 $EG \perp FO$.

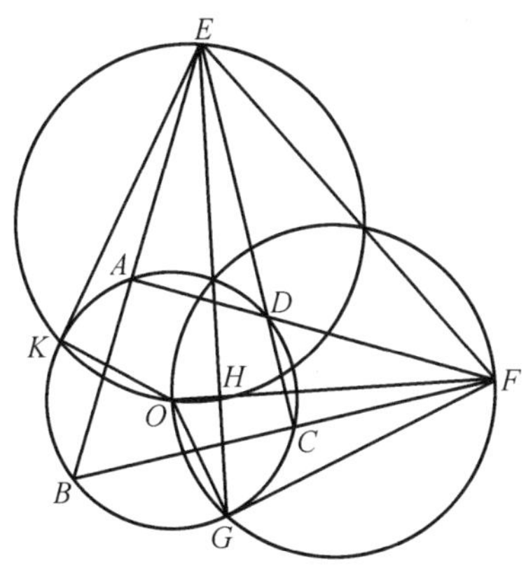

图 7

以上解法基本上是正确的,但从严格的逻辑观点来说,并不是没有问题.不过,这种问题往往容易被我们忽略过去.请注意(2) 的得来.应该指出,公式

$$\overline{OE}^2 = EF^2 + \overline{OF}^2 - 2\,\overline{OF} \cdot \overline{FH}$$

是在 $\angle EFO < d$ 的条件下才能成立的这一事实,在解答中是被注意了的,但是以 $\angle EHF = d$ 作为根据断言 $\angle EFO < d$ 就有问题了,因为根据 EH 的作法以及我们很自然地把垂足 H 看做位于 O,F 之间,实质上就已经承认了 $\angle EFO < d$,因此我们反过来根据 $\angle EHF = d$ 再来断定 $\angle EFO < d$,毫无疑问这是一种错误.

以上所列举的事实,有的看来是很明显的,但为什么在解题过程中我们却会犯这些错误呢?我认为主要的原因有这么两点:一点是在论证过程中缺乏明确的目的性,这里所谓目的性倒不是说我们对于什么是题设、什么是题断都分不清楚,而是说在论证的每一个步骤,我们并不是那样清晰地分得出来什么是可利用的条件?什么是应该追求的目的?同时也不善于充分利用已知条件及其关系去寻求到达目的的正确途径.另一点是缺乏严格的要求,有不少错误都是由于粗枝大叶或直观上的错觉造成的.至于如何提高解题能力,避免错误的产生呢?我认为最有效的办法是多实践,通过实践不断地丰富自己的知识领域,培养解题的熟练技巧,训练正确的思维能力;其次,要以严肃的、科学的态度处理问题.接触问题时,应先对已知条件和未知条件作充分的分析,明了我们应该寻求的目的是什么?依据是什么?然后再探索解决问题的途径.在整个解题过程中,要随时注意充分运用每一个可以利用的条件,时刻提防引用来源不清的论据.借助于直观,是有助于我们更迅速、更全面地理解问题的,故应充分发挥其作用,但切忌迷惑于现象,必须与科学分析结合起来.例如在添加辅助元素时,在分析元素之间的相互关系时,应顾及各种可能情况的发生,决不能轻率的信赖一两次作图中的偶合现象.

第三十三章　黄金分割三角形[①]

(Ⅰ)我们来看下面的一个简单的作图题.

已知一条线段,求作两条线段使其:

(1)一条线段是已知线段和已知线段减去这条线段所得的差的比例中项;

(2)另一条线段和由它减去已知线段所得的差的比例中项恰恰是已知线段.

就是说,如果设已知线段的长度为 a,求作两条线段使其长度分别是 x 和 y,并且满足关系式

$$\frac{x}{a}=\frac{a-x}{x},\quad \frac{a}{y}=\frac{y-a}{a}$$

作法(图1):

(1)作直角 $\triangle ABC$,使 $AB=2a$,$BC=a$.

(2)以点 A 为圆心,a 为半径画弧,与 BC 交于点 D.

(3)作 DC 的中点 E.

则 AE,EC 即为所求作的两条线段.

证明:(1)因为

$$EC=\frac{1}{2}(AC-AD)=\frac{1}{2}(\sqrt{5}a-a)=\frac{\sqrt{5}-1}{2}a$$

$$BC-EC=a-\frac{\sqrt{5}-1}{2}a=\frac{3-\sqrt{5}}{2}a$$

因此

$$EC^2=\left(\frac{\sqrt{5}-1}{2}a\right)^2=\frac{3-\sqrt{5}}{2}a^2$$

$$BC\cdot(BC-EC)=a\cdot\frac{3-\sqrt{5}}{2}a=\frac{3-\sqrt{5}}{2}a^2$$

故 $BC\cdot(BC-EC)=EC^2$,即$\frac{EC}{BC}=\frac{BC-EC}{EC}$,所以 EC 即为所求的线段.

① 原作者白沙.

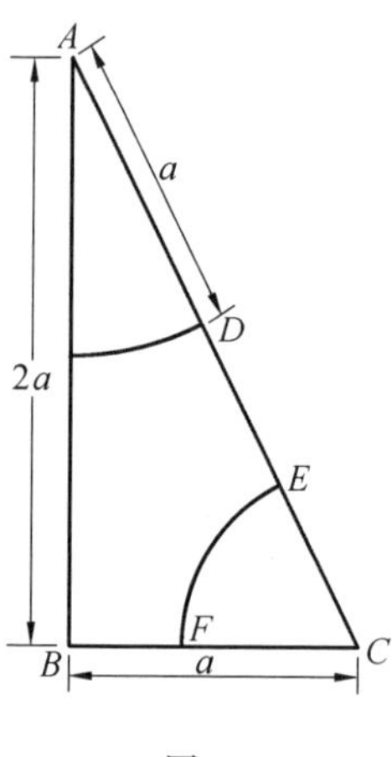

图 1

(2) 因为

$$AE = AC - EC = \sqrt{5}a - \frac{\sqrt{5}-1}{2}a = \frac{\sqrt{5}+1}{2}a$$

$$AE - BC = \frac{\sqrt{5}+1}{2}a - a = \frac{\sqrt{5}-1}{2}a$$

因此 $$AE \cdot (AE - BC) = \left(\frac{\sqrt{5}+1}{2}a\right)\left(\frac{\sqrt{5}-1}{2}a\right) = a^2$$

但 $BC^2 = a^2$.

故 $AE \cdot (AE - BC) = BC^2$,即$\frac{BC}{AE} = \frac{AE - BC}{BC}$,所以 AE 即为所求作的线段.

若以点 C 为圆心,CE 长为半径画弧与 BC 交于点 F,则 $FC^2 = BF \cdot BC$.

上述这种分割我们称为黄金分割,点 F 称为线段BC 的黄金分割点,三角形 ABC 我们称为黄金分割三角形.

另外,如果知道了两条线段的乘积恰恰等于它们的差的平方时,这两条线段就可利用上法很快作出,兹不作详述.

(Ⅱ) 现在我们来研究这种黄金分割三角形中一些线段的性质.

(1) 首先提出下面几点预备知识:

① 后面经常见到$\frac{\sqrt{5}-1}{2}$这样的一个数,为了简便起见,以后我们用 k 来代表它,这样显然有关系式

$$1 + k = \frac{1}{k}, 1 + k^3 = 2k, 1 - k = k^2, 1 - k^3 = 2k^3$$

② 点 F 为内分线段 BC 的黄金分割点的必要且充分条件为:其分得的较大线段与整个线段之比等于定值 k.

证:必要性:设线段 $BC = a$,FC 为分得的较大线段其长为 x.

由题意有 $\frac{x}{a} = \frac{a - x}{x}$,就是 $x^2 + ax - a^2 = 0$.

解二次方程取其正根得:$x = \frac{\sqrt{5} - 1}{2}a$,即 $\frac{x}{a} = k$.

充分性:如果 $\frac{x}{a} = k$,即 $x = ak$.

因此 $a - x = a(1 - k) = ak^2 = xk$,所以 $\frac{a - x}{x} = k$.由此 $\frac{x}{a} = \frac{a - x}{x}$.

③ 如果点 F 内分线段 BC 为两条线段,则其中一条线段与整个线段之比等于 k 的必要且充分条件为:另一条线段与这条线段的比等于 k.

证:必要性在上面预备知识(2) 中已证,兹证其充分性.

如果 $\frac{a - x}{x} = k$,即 $a - x = xk$,$a = x(1 + k) = x \cdot \frac{1}{k}$,故 $\frac{x}{a} = k$.

由此推得:点 F 为内分线段 BC 的黄金分割点的必要且充分条件为:其分得的较小线段与较大线段之比等于定值 k.

(2) 其次我们来研究这种黄金分割三角形中的一些线段的简单性质.

在图 1 中,以点 A 为圆心,a 为半径画弧分别交 AB,AC 于 H,D.以点 C 为圆心,a 为半径画弧交 AC 于 G.联结各线段(图 2) 就有下面几个性质.

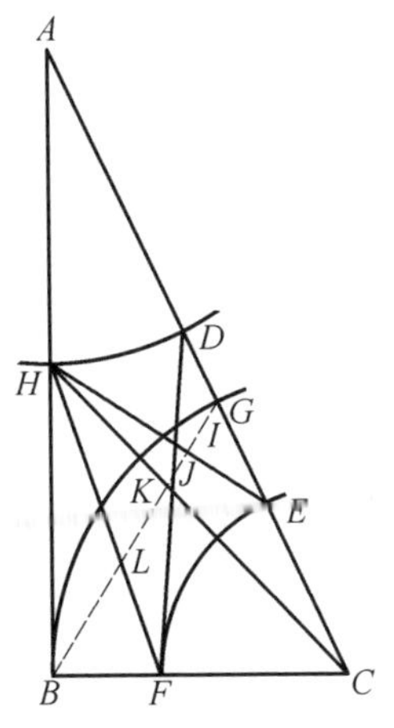

图 2

性质 1　线段 HE 被线段 GB 所黄金分割.

证 因为 $\triangle EAH$ 被线段 GB 所截,由定理就有

$$\frac{EI}{IH} \cdot \frac{HB}{BA} \cdot \frac{AG}{GE} = 1 \quad (1)$$

但因

$$GE = GC - EC = a - ka = a(1-k) = ak^2$$

$$AG = AC - GC = (2k+1)a - a = 2ka$$

$$BA = 2a, HB = a$$

代入式(1)得

$$\frac{EI}{IH} \cdot \frac{a}{2a} \cdot \frac{2ka}{k^2 a} = 1$$

故

$$\frac{EI}{IH} = k$$

所以线段 EH 被线段 GB 所黄金分割.

性质 2 线段 HC 被线段 GB 所黄金分割.

证 因为 $\triangle CAH$ 被线段 GB 所截,由定理得到

$$\frac{AB}{BH} \cdot \frac{HK}{KC} \cdot \frac{CG}{GA} = 1 \quad (2)$$

由前知

$$AB = 2a, BH = a, CG = a, AG = 2ak$$

代入式(2)得 $\frac{HK}{KC} = k$,所以线段 HC 被线段 GB 所黄金分割.

性质 3 线段 DF 被线段 GB 所黄金分割.

证 因为 $\triangle DFC$ 被线段 GB 所截,得到

$$\frac{DJ}{JF} \cdot \frac{FB}{BC} \cdot \frac{CG}{GD} = 1 \quad (3)$$

由前知

$$FB = BC - FC = a - ak = a(1-k) = ak^2, BC = a, CG = a$$

$$GD = AC - 2a = (2k+1)a - 2a = (2k-1)a = ak^3$$

代入式(3)得 $\frac{DJ}{JF} = k$,故线段 DF 被线段 GB 所黄金分割.

性质 4 线段 HF 被线段 GB 所黄金分割.

证 因为 $\triangle HFC$ 被线段 GB 所截,得到

$$\frac{FL}{LH} \cdot \frac{HK}{KC} \cdot \frac{CB}{BF} = 1 \quad (4)$$

由前知

$$\frac{HK}{KC}=k,CB=a,BF=ak^2$$

代入式(4)得$\frac{FL}{LH}=k$，故线段HF被线段GB所黄金分割.

在图2中，取线段AH的中点S，并联结各线段(图3)就得到下面几个性质.

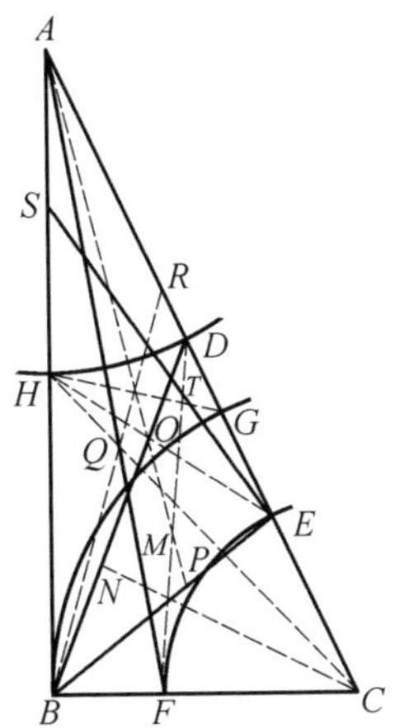

图3

性质5　设线段DF，BE的交点为M，联结CM，并延长交BD于点N，则点N恰为线段BD的黄金分割点.

证　因为在$\triangle DBC$中，线段DF，BE，CN交于一点M，有

$$\frac{BN}{ND}\cdot\frac{DE}{EC}\cdot\frac{CF}{FB}=1 \tag{5}$$

但由前知

$$DE=2ka-ka=ka,EC=ka,CF=ka,FB=k^2a$$

代入式(5)得$\frac{BN}{ND}=k$，故点N为线段BD的黄金分割点.

性质6　设线段BD，EH交于点O，联结AO，并延长交BE于点P，则点P恰为线段BE的黄金分割点

证　因为在$\triangle ABE$中，AP，BD，EH三条线段交于一点O，得到

$$\frac{EP}{PB}\cdot\frac{BH}{HA}\cdot\frac{AD}{DE}=1 \tag{6}$$

但由前知

$$BH=a,HA=a,AD=a,DE=ka$$

代入式(6)得$\frac{EP}{PB}=k$,所以点 P 恰为线段 BE 的黄金分割点.

性质 7 线段 AF 被线段 HC 所黄金分割.

证 因为 $\triangle ABF$ 被线段 HC 所截,有

$$\frac{FQ}{QA}\cdot\frac{AH}{HB}\cdot\frac{BC}{CF}=1 \tag{7}$$

但由前知

$$AH=a,HB=a,BC=a,CF=ka$$

代入式(7)得$\frac{FQ}{QA}=k$,所以线段 AF 被线段 HC 所黄金分割.

性质 8 联结线段 BQ,并延长与 AC 交于点 R,则 R 恰为线段 AC 的黄金分割点.

证 因为在 $\triangle ABC$ 中,线段 AF,BR,CH 交于一点 Q,则

$$\frac{AR}{RC}\cdot\frac{CF}{FB}\cdot\frac{BH}{HA}=1 \tag{8}$$

但由前知

$$CF=ka,FB=k^2a,BH=a,HA=a$$

代入式(8)得$\frac{AR}{RC}=k$,故点 R 为线段 AC 的黄金分割点.

性质 9 线段 SE 被线段 HG 所黄金分割.

证 因为 $\triangle EAS$ 被线段 GH 所截,由定理就有

$$\frac{ET}{TS}\cdot\frac{SH}{HA}\cdot\frac{AG}{GE}=1 \tag{9}$$

但由前知

$$SH=\frac{1}{2}a,HA=a,AG=2ka,GE=k^2a$$

代入式(9)得$\frac{ET}{TS}=k$,故线段 SE 被线段 HG 所黄金分割.

如图 2 中,在 AD 上取二点 U 和 U' 使 $DU=k^3a,DU'=a$.联结各线段(图 4)就得到下面几个性质.

性质 10 线段 BU 被线段 HU' 所黄金分割.

证 因为 $\triangle BAU$ 被线段 HU' 所截.有

$$\frac{UV}{VB}\cdot\frac{BH}{HA}\cdot\frac{AU'}{U'U}=1 \tag{10}$$

但由前知

$$BH=a,HA=a,AU'=2a,UU'=(1+k^3)a=2ka$$

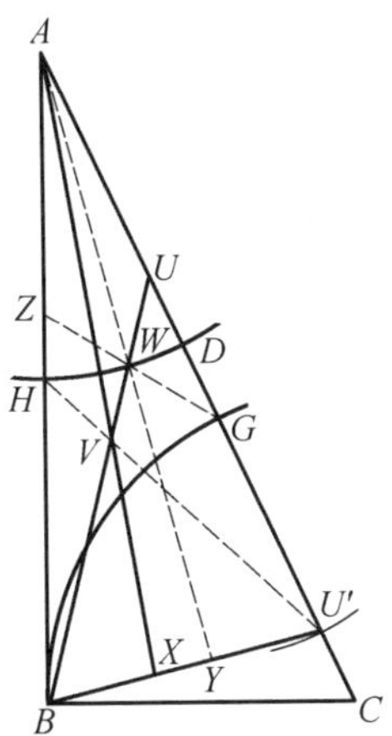

图 4

代入式(10)得$\frac{UV}{VB}=k$,故线段 BU 被线段 HU' 所黄金分割.

性质 11　设线段 BU 与 HD 交于点 W,联结线段 AW 及 AV,并且分别延长交 BU' 于 Y,X 二点,则 Y,X 恰为线段 BU' 的黄金分割点.

证　(1) 因为 $\triangle BU'U$ 被线段 XA 所截,得

$$\frac{BX}{XU'}\cdot\frac{U'A}{AU}\cdot\frac{UV}{VB}=1 \tag{11}$$

但由前知

$$U'A=2a,AU=(1-k^3)a=2k^2a,\frac{UV}{VB}=k$$

代入式(11)得$\frac{BX}{XU'}=k$,所以 X 为 BU' 的黄金分割点.

(2) 因为 $\triangle BU'U$ 被线段 YA 所截,得

$$\frac{U'Y}{YB}\cdot\frac{BW}{WU}\cdot\frac{UA}{AU'}=1 \tag{12}$$

但由前知

$$AU=2k^2a,AU'=2a$$

又由于 $\triangle BUA$ 被线段 HD 所截,因此有

$$\frac{BH}{HA}\cdot\frac{AD}{DU}\cdot\frac{UW}{WB}=1$$

所以

$$\frac{UW}{WB}=k^3$$

代入式(12)得$\frac{U'Y}{YB}=k$,故点 Y 为 BU' 的黄金分割点.

性质 12　点 V 恰为线段 AX 的黄金分割点,

证　因为 $\triangle ABX$ 被线段 HU' 所截,有

$$\frac{XV}{VA}\cdot\frac{AH}{HB}\cdot\frac{BU'}{U'X}=1 \tag{13}$$

但由前知

$$AH=a, HB=a, \frac{BU'}{U'X}=\frac{1}{k}$$

代入式(13)得$\frac{XV}{VA}=k$,所以点 V 为 AX 的黄金分割点.

性质 13　联结线段 GW 并延长交 AB 于点 Z,则点 Z 恰为线段 AB 的黄金分割点.

证　因为 $\triangle BUA$ 被线段 ZG 所截,有

$$\frac{AZ}{ZB}\cdot\frac{BW}{WU}\cdot\frac{UG}{GA}=1 \tag{14}$$

 但由前知

$$\frac{BW}{WU}=\frac{1}{k^3}, UG=2k^3a, AG=2ka$$

代入式(14)得$\frac{AZ}{ZB}=k$,所以点 Z 恰为线段 AB 的黄金分割点.

第三十四章　用作图的方法来求轨迹①

求解轨迹问题的方法，除了某些基本轨迹问题以外，大抵有两种.

(1) 实际描出轨迹上的若干点，直观地看出轨迹；

(2) 通过对轨迹“能否伸至无限远”和“有无端点”的讨论，首先得出它的形状，然后再描出若干点来确定它的位置.

我认为还应该有第三种方法 —— 作图的方法.

本来轨迹命题的理论是应当为作图题的求解服务的，但正像代数学中“因式分解理论”和“解方程式的理论”的关系一样，解作图题的知识也是可以倒转来为轨迹的寻求工作服务的.

用作图方法求轨迹是这样处理的：首先把轨迹题变成相应的作图题，即只要求根据轨迹问题所给出的条件，作出轨迹上任意的一点或几点就够了. 然后通过讨论，让其条件在题设所允许下，沿其一切可能情况连续地变化，则刚才所作出的点必定相应地改变位置，而得出一个几何图形，这个几何图形就是我们要找的轨迹. 一般说来，它也是连续的线(有时是孤立的点或面).

当然，这里的讨论与对于一道真正的作图题的讨论是有根本区别的. 作图题的讨论工作，是把条件在题设允许下的一切变化形态，根据其结果的应变情况，划分为几个段落，而观察问题在每一段落中是否存在解案和有几个解案，我们这里的讨论目的却不是为了寻找解案的个数，而是要知道在每种情况下，合乎要求的点所在的具体位置，用来代替对原轨迹问题的探求和讨论工作. 合乎要求的点的个数的改变一般是很少的. 当然，我们这里的解案仅仅是指点的位置，而不能像一般作图题那样可以是圆、三角形或者其他. 因此讨论就不能跳跃前进，而要让条件连续地变化. 上面说过，其所得到的点的位置的改变也应该是连续的. 当然，有时候只是分段连续.

在轨迹的寻求过程中，对于轨迹“是否具有某种对称性”的讨论和“寻找轨迹的特殊点”的方法，仍然是十分重要的武器.

这种方法也有它许多特点，它像第一种方法一样，是机械作图的过程(而且

① 原作者为华中师院数学系程汝强.

一般是很容易的),用不着过多的分析和讨论;一次就可以把轨迹的形状和位置确定下来.对于揭露轨迹上的点和其条件之间的内在关系,虽不像第二种方法那样深刻,但也不像第一种方法那样模糊,给证明工作造成许多障碍.特别地,由于它的导出轨迹是让其条件走遍了一切可能情况得到的,因此,实际上它已经保证了轨迹的完备性和纯粹性,只需要检查一下极限点就够了,而证明工作则可以省去.

虽然如此,但这种方法却不是到处都可以应用的,一般只有当由其得到的作图题能够用轨迹法(当然不再是原来的轨迹问题)求解时,其结果对于条件的相依关系才是比较显而易见的,用以解决问题才比较方便,否则不仅会把问题弄得复杂化,而且往往走不通,得不到所求之答案.于是,这就使不同的轨迹命题相互联系起来,让已知轨迹命题去为解决更复杂的轨迹问题服务,正像证明题和作图题一样.

这种方法使用的范围虽然比较狭隘,然而因为其答案的导出不必依赖于对“轨迹能否伸至无限远”和“有无端点”的分析,即不必应用初等轨迹的特性,故可用来求解某些较困难的、超出了初等轨迹范围的轨迹问题,而这类问题用前面两种方法常常都是无法解决的.

下面用一则具体例子来说明以上的论述.

求解轨迹问题:

已知直线 l 及其上顺序排列着的四点 A,B,C,D,求点 P 的轨迹,使满足关系式

$$\angle APB = \angle BPC - \angle CPD$$

题设:已知直线 l 及其上顺序的四定点 A,B,C,D(图 1).

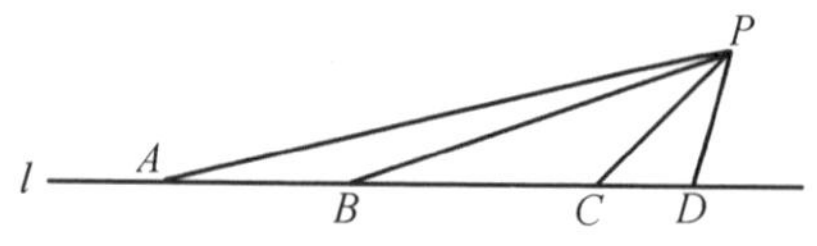

图 1

求点 P 的轨迹,使满足关系式

$$\angle APB = \angle BPC - \angle CPD$$

探求:在图 1 中,设点 P 属于轨迹,则轨迹是明显地关于 l 为对称的,另外,我们无法找到轨迹的端点,但从题设给出的关系无法断定轨迹能否伸至无限远,这当然无法确定轨迹的形状.

由于描迹法不能揭露轨迹的本质属性,我们就将看到,这里应用描迹法也是无法找到正确的答案的,而且,它首先就无法使自己的结论的正确性获得证明.

我们把这一问题变为下列作图题来求解.

求解作图题:

已知直线 l 及其上顺序排列着的四点 A,B,C,D,求作一点 P,使满足关系式

$$\angle APB = \angle BPC - \angle CPD$$

题设:已知直线 l 及其上顺序的四定点 A,B,C,D(图 1).

求作点 P,使满足关系式

$$\angle APB = \angle BPC - \angle CPD$$

分析:设 P 已求出(图 2),则若在线段 BC 上取点 G,使 $\angle APB = \angle BPG$,则应有 $\angle GPC = \angle CPD$,因而应该得到关系

$$AP : GP = AB : BG, PG : PD = GC : CD$$

而且这种关系反过来也是对的.

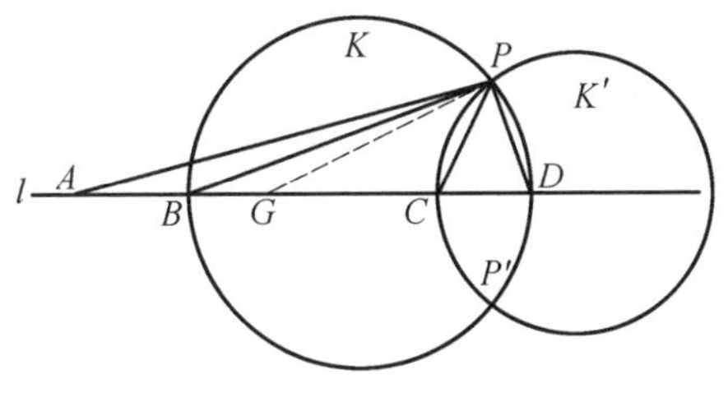

图 2

但,与两定点距离之比为定值的点的轨迹是一个圆.这个轨迹的求法我们早已知道.

因点 P 只需满足

$$\angle APB = \angle BPC - \angle CPD$$

就行,故可以在 BC 上任意选择一个适当的点 G,求出与 A,G 的距离之比为 $AB : BG$ 的轨迹圆 K 及与 G,D 的距离之比为 $GC : CD$ 的轨迹圆 K',则 K,K' 之交点必合于所求.

作图及证明略.

讨论:直线 l 及点 A,B,C,D 是没有大小的,但题设仅给定了它们的位置顺序,而没有给出各点间的距离,这些距离关系对图形将产生巨大的影响,我们将

一一讨论它,而在这以前,先定义几个概念,使阐述更简明.

定义 1 卵形线是一个自对称图形,我们把它的对称轴叫做该卵形线的轴,把卵形线被其轴分成的两半叫做卵形的半孤,大于半孤时称为优孤,小于半孤时称为劣孤.(图 3)

卵形线与它的轴交于两点,较大的一端的交点称顶点,较小的一端称足点.过顶点和足点的切线同时垂直于轴,记作 m,n.

心脏线和椭圆均看做卵形线的特例.

定义 2 若已知某圆心在水平直线 l 上,又知圆和 l 之一交点 R,则当圆心在 R 之左端时,称该圆"关于 R 左倾";否则称"关于 R 右倾".(图 4)

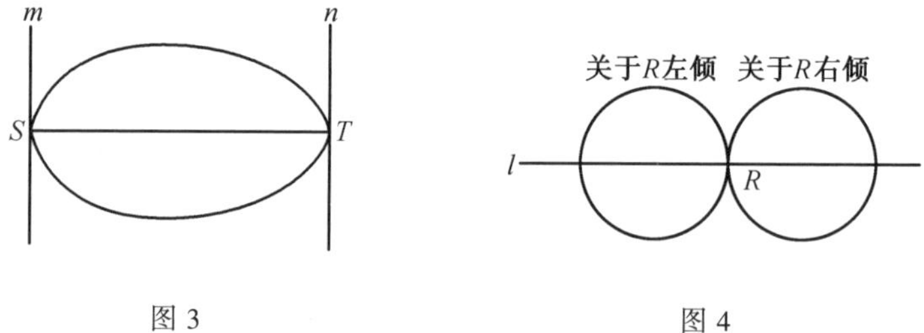

图 3 图 4

现在来进行讨论.

首先,我们看到,点 G 不能越出线段 BC 之外,因为这与我们在开始给定点 G 时所作的规定是不合的.

(1) 当 $BC = AB + CD$ 时.

① 当 $AB > CD$($AB < CD$ 的情况当然是对称的),则当点 G 自点出发,逐渐向右移动(图 5),圆 K 关于 B 右倾,则 K' 关于 C 右倾,均逐渐增大.故 BC 上有点 G' 存在,当点 G 合于 G' 时,圆 K 同时通过 B,C 二点,变为一个比较特殊的圆 K^*.此时点 P 重合于 C;同样,BC 上存在点 G'',使当 G 合于 G'' 时,K' 合于 K^*,此时点 P 重合于 B.很明显,只有当点 G 在线段 $G'G''$ 上移动时,才存在点 P 的轨迹,而当 G 在 BG' 或 $G''C$ 上移动时,K 和 K' 均外离.

另外,BC 上存在点 G^*,使满足 $AB = BG^*$,$G^*C = CD$,故当 G 合于 G^* 时,K,K' 分别变为直线 m,n,故点 P 变为 m,n 之无穷远点.而当 G 自 G' 移至 G^* 时,K,K' 分别关于点 B,C 右倾,且半径越来越大,故点 P 画出关于 l 对称的两支曲线 CP,CP'(图 5);而当 G 自 G^* 移至 G'' 时,K,K' 同时分别关于 B,C 左倾,且半径越来越小,故点 P 画出关于 l 对称的两支曲线 BQ,BQ'.但因 $AB \neq CD$,故这两对弧不能关于 BC 的中垂线为对称,这可以实际描出它们的位置

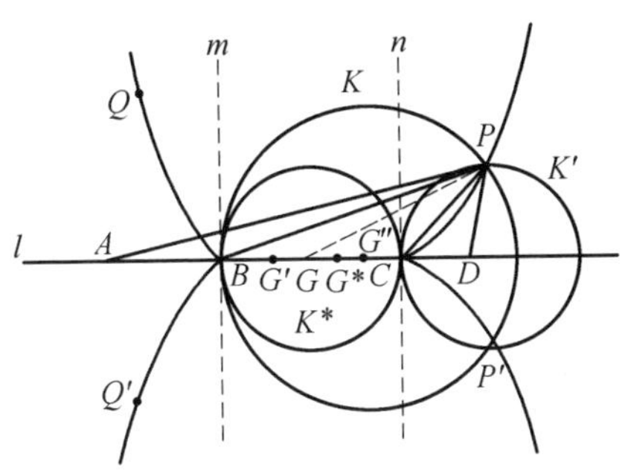

图 5

来.

若把曲线 CP,BQ 看做是在 m,n 的无穷远点连续的,则可以得出结论:所求之轨迹是关于 l 为对称的且通至无限远处的一对卵形弧.

② 若 $AB = CD$,则完全重复上述的讨论,不过这时得到的卵形弧还是关于 BC 的中垂线对称的.在两种情况下,点 B,C 和 m,n 的无穷远点都是轨迹的极限点.

(2) 当 $BC > AB + CD$ 时.

① 若 $AB > CD$($AB < CD$ 的情况是对称的),点 $G'G''$ 仍然同样存在.但还存在 $\overline{G}'$,$\overline{G}''$ 满足 $AB = B\overline{G}'$,$\overline{G}''C = CD$,当 G 在线段 $\overline{G}'$,$\overline{G}''$ 上移动时,K 关于 B 左倾,且 K' 关于 C 右倾,互相外离,轨迹不存在.

当 G 合于 $\overline{G}'$ 时,K 合于直线 m.但 G 在线段 $G'\overline{G}'$ 上的整个变化过程中,K' 均为关于点 C 右倾的有限圆,故必有一个时刻,K,K' 内切于点 C',而此后则开始内离,故此时点 P 之轨迹为以线段 CC' 为轴之有限的卵形线.同理,当 G 在 $\overline{G}''G''$ 段上移动时,对应地得出以线段 BB' 为轴之另一有限卵形线,这是可以直接描出的.

由于 $AB > CD$,故二卵形并不关于 BC 之中垂线对称(图 6).点 B,B',C,C' 为其极限点.

② 若 $AB = CD$,则完全重复上述的讨论,不过二卵形线是关于 BC 的中垂线为对称的.

(3) 当 $BC < AB + CD$ 时.

① 若 $AB > CD$($AB < CD$ 的情况是与此对应的):

a.设 $BC \leqslant CD$,则 K 恒关于 B 右倾,且 K' 恒关于 C 左倾,故轨迹是有限的.点 G',G'' 仍然存在,对于 BG' 及 $G''C$ 上的 G,K 与 K' 内离,在 $G'G''$ 上,点 P

画出一对关于 l 对称的有限卵形弧，B，C 是极限点.(图 7)

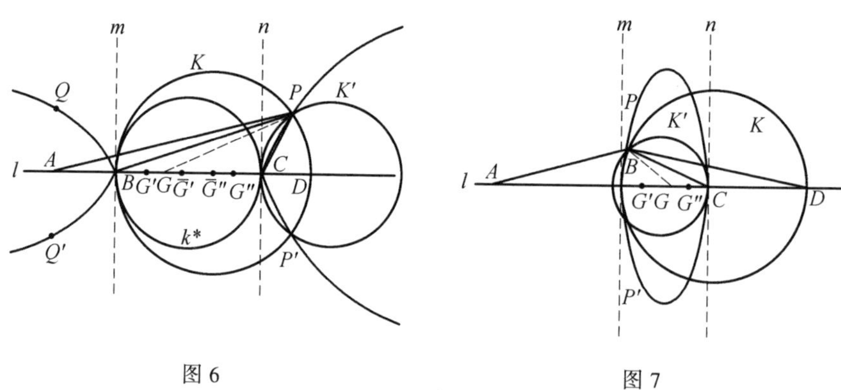

图 6　　　　图 7

b. 设 $AB \geqslant BC > CD$，则轨迹不能移至 m 之左，而可以伸至 n 之右，因而画出以 C 为顶点，B 为足点之心脏线，B，C 是极限点.

c. 若 $BC > AB$，则轨迹可伸至 n 之右，也可伸至 m 之左，因而得到卵形线

 的一对优弧. 极限点仍是 B，C 二点.

② 若 $AB = CD$：

a. 设 $BC \leqslant AB$，则是把讨论(3)中①的情况 a 的结果变为一对有限椭圆弧就得了，其余均不变.

b. 设 P 之轨迹为一圆，则当 G 为 BC 之中点时，应有

$$PG = BC = \frac{1}{2}BC$$

但因 $\angle APB = \angle BPG$，故有 $AP : \frac{1}{2}BC = AB : \frac{1}{2}PC$，因而 $AP = AB$. 这时在 $\triangle APG$ 中，有 $AG = AP + PG$，故 P 应重合于 G，而 $BC = 2PG = 0$. 可见仅当 B 趋近于 C 时，轨迹趋近于圆.

c. 设 $BC > AB$，则重复讨论(3)中①的情况 c 的讨论，得一对关于 l 对称的优椭圆弧，而其余不变.

第三十五章　谈谈一道经典尺规作图题①

1978 年举行全国中学生数学竞赛时，数学大师华罗庚在北京主持命题工作．著名数学家苏步青写信给华罗庚，建议出这样一个题目：在平面上给了两点 A，B 和平行于 AB 的一条直线，只用直尺求作 AB 的中点．命题小组认为此题太难，就改成"告诉你怎么找出 AB 中点，但要求你说出道理，即给出证明"．

2006 年 10 月，宁波外国语学校的郑暄老师受邀到华东师大讲授题为"手脑并用话相似"的示范课，课堂上讲到了前面所提到的那个作图题．

2007 年 4 月，教育部数学教育研修班在浙江宁波举办，其间安排了两堂初中几何改革示范课，郑暄老师的"手脑并用话相似"也在其中，在场的很多专家对这两堂课给予了很高的评价，张广祥教授还写了文章进行评论，并对该作图题提出了自己的看法．

到底这个作图题有什么样的魅力，值得苏步青向华罗庚推荐，多年之后又被人当做经典案例呢？下面我们来分析这个题目．首先给出作图步骤，如图 1 所示．

(1) 在线段 AB 和平行于 AB 的直线 m 外任取点 C，联结 AC，BC 分别交 m 于 D，E；

(2) 联结 AE，BD，交点为 O；延长 CO 交 AB 于点 F，点 F 即为 AB 的中点．

当时郑暄老师课堂上的情形：学生用了四次三角形相似证明了此题，确实也印证了"手脑并用话相似"这个主题．我们知道，在初中一个证明题用四次三角形相似是不多见的，能否更简单地证明呢？张广祥教授认为："教师应该考虑如何引导学生探讨通过什么直观途径发现 F 是 AB 的中点？实际上图 2 中的辅助平行四边形可以使得我们能够一眼就看出交点 O 是平行四边形的中心，因此 CF 平分 DE，也平分 AB．"

① 原作者武汉市华中师范大学教育部教育信息技术工程研究中心彭翕成．

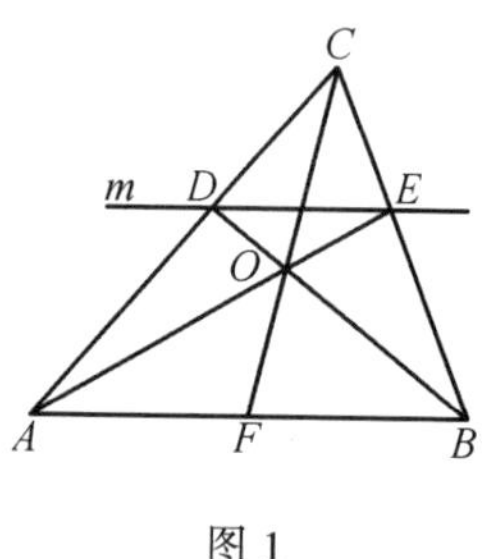

图 1

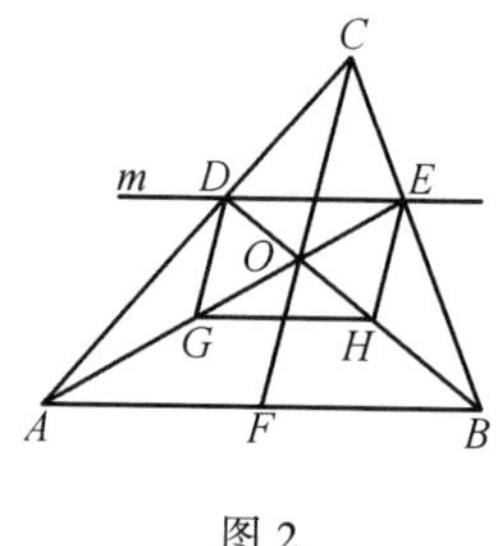

图 2

说实话,对于张教授的"一眼就看出",笔者看了很久都没头绪.后来当面向张教授请教,他说"作 DG 平行 CO 交 AO 于 G,作 EH 平行 CO 交 BO 于 H,则利用平行线分比例线段关系有 $GHED$ 是平行四边形(因为 $\frac{DG}{CO}=\frac{AD}{AC}=\frac{BE}{BC}=\frac{EH}{CO}$,故 DG 平行且等于 EH),O 是平行四边形两对角线交点,也是平行四边形的中心.CF 过 O 且平行于 DG,EH,因此 CF 既平分 DE,GH,也平分 AB."

 笔者认为张教授的这种证法直观,但不严密,跳跃性大.中间至少需要补证"$\triangle ABC$ 中,过 AB 边上中点 D 作 BC 的平行线交 AC 于点 E,则点 E 是 AC 中点".这一命题看似显然,但也需要证明,在数学史专家李俨教授翻译的《近世几何初编》中,也花费不少版面来证明.而且在证明 CF 平分 DE,GH 之后,也不能直接得到 CF 平分 AB,还得花一番工夫.

另一种平行四边形的构造的方法.如图 3 所示,作 AG 平行 CO 交 BO 于 G,作 BH 平行 CO 交 AO 于 H,可证 $ABHG$ 为平行四边形(因为 $\frac{AG}{CO}=\frac{AD}{CD}=\frac{BE}{CE}=\frac{BH}{CO}$,故 AG 平行且等于 BH),点 O 是平行四边形的中心,CF 过 O 且平行于 AG,BH,因为 CF 平行分 AB.这种证法比前一种要好一些,但也必须补证上述命题.

能不能不用补证命题呢?也是可以的.如图 4 所示,作 AG 平行 BO 交 CO 延长线于 G,联结 BG,有 $\frac{CO}{CG}=\frac{CD}{CA}=\frac{CE}{CB}$,则 $AE\ /\!/\ BG$,$AGBO$ 为平行四边形,其对角线互相平分,所以点 F 是 AB 中点.比较起来,同样是作辅助平行四边形,这种证法明显比前两种来得简便.

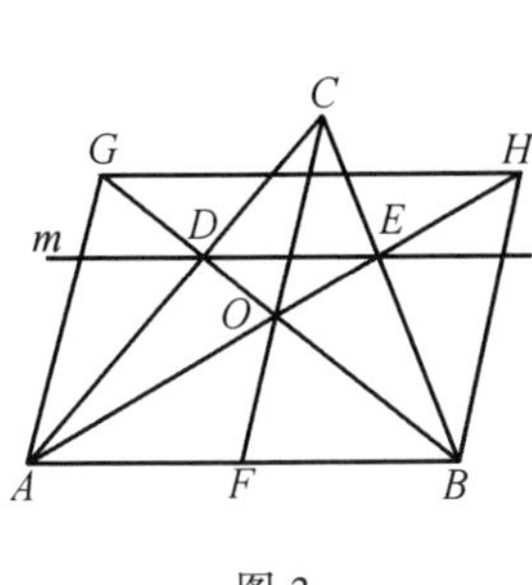

图 3

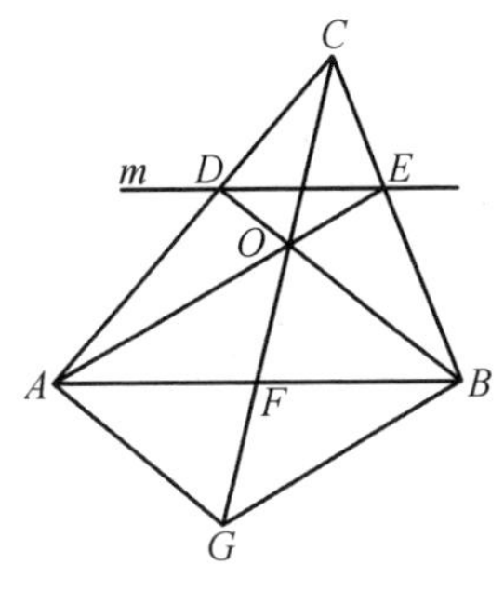

图 4

其实还有更简单的证法,连辅助线都不需要作.证明:如图 1 所示

$$\frac{AF}{BF}=\frac{S_{\triangle AOC}}{S_{\triangle BOC}}=\frac{S_{\triangle ACO}}{S_{\triangle ABO}}\cdot\frac{S_{\triangle ABO}}{S_{\triangle BCO}}=\frac{CE}{BE}\cdot\frac{AD}{CD}=1$$

我们可以在 2 等分线段的基础上进一步分线段,同样可以用面积法来证明.如图 5 所示,假设点 F 为 AB 的 $n-1(n\geqslant 3)$ 等分点,那么联结 FE 交 BD 于 G,延长 CG 交 AB 于 H,则点 H 为 AB 的 n 等分点.

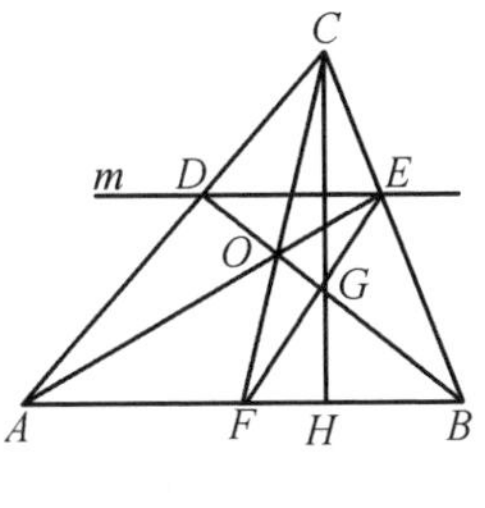

图 5

证明

$$\frac{AH}{BH}=\frac{S_{\triangle ACG}}{S_{\triangle BCG}}=\frac{S_{\triangle ACG}}{S_{\triangle ADG}}\cdot\frac{S_{\triangle ADG}}{S_{\triangle ABG}}\cdot\frac{S_{\triangle ABG}}{S_{\triangle BCG}}=\frac{CA}{DA}\cdot\frac{DG}{BG}\cdot\frac{AD}{CD}=$$

$$\frac{CA}{CD}\cdot\frac{S_{\triangle DFE}}{S_{\triangle BFE}}=\frac{CA}{CD}\cdot\frac{S_{\triangle DBE}}{S_{\triangle BAE}}\cdot(n-1)=$$

$$(n-1)\frac{CA}{CD}\cdot\frac{CD}{CA}=n-1$$

所以点 H 为 AB 的 n 等分点.

需要说明的是,这种 n 等分线段的方法不是笔者原创,而是 18 世纪一个叫白朗松的数学家的发现,但是以往的证明都要用到高等几何(调和比)的知识.

最后,笔者想澄清一段与等分线段有关的事实.1996 年 12 月 9 日,中央人民广播电台在新闻联播节目中报道:“美国两名中学生最近借助几何画板成功地证明了线段 n 等分这一古老的几何定理.公元前 300 年,古希腊科学家欧几里得提出并证明了这一原理.多年来很少有人用其他方法证明它.而 15 岁的 David. Goldenhom 和 Daniel. Lichfiled 在不知道该定理早已经被证明的情况下,用非常简单而又新颖的方法再次证明了这一原理,在数学界引起了轰动”.说“在数学界引起了轰动”,肯定是夸大了的.不过经过电台广播之后,当时确实引起了不少数学爱好者的兴趣.他们有的给这种新发现的作图法作出证明,有的则寻求更新的 n 等分线段的作法.

那到底这两个美国中学生是如何作图的呢?如图 6 所示,以 AB(需要被等分线段)为边任意作一矩形,过 AC,BD 的交点 E 作该边的垂线,垂足 F 将被截线段 AB 二等分,联结 DF 交 AC 于点 G,过 G 作 AB 的垂线,垂足 H 为 AB 的三等分点,类似地 J 为 AB 的四等分点,……

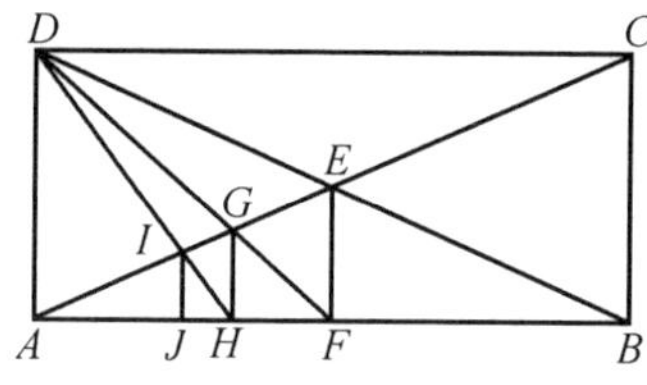

图 6

究其本质,这种所谓的有史以来第二种“任意等分线段”只不过是白朗松作法的一种特例罢了,而且作法更麻烦(需要有一个垂线段的工具),根本算不上什么新发现.

第三十六章　折纸与尺规作图[①]

一、折纸概述

折纸是古代中国和日本的一种艺术形式.在折纸创作时，折纸能手是从一张正方形的纸开始的.

正方形的纸折叠之后，留在纸上的折痕显示出大量的几何对象及性质.如图1所示，折痕反映出的数学概念有：相似、轴对称、中心对称、全等，以及类似于几何分形结构的迭代等.

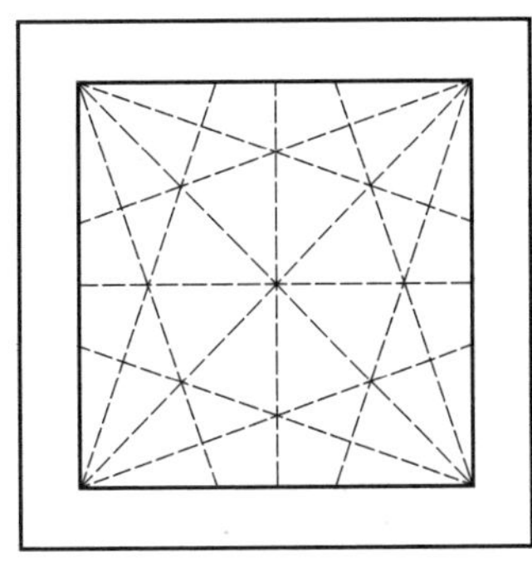

图1

折纸操作中所蕴含的数学概念启迪我们寻找几何作图的新方法，应用这种方法甚至可以解决某些传统方法所不能解决的数学问题.

二、折纸公理与尺规作图

在欧几里得几何学中，几何作图的工具是无刻度的直尺和圆规，我们知道尺规可以完成下面5种基本作图：

(1) 用一条直线联结两点.

(2) 确定两条直线的交点.

(3) 以定点为圆心、定长为半径作圆.

(4) 确定一个圆与一条直线的交点.

(5) 求两个圆的交点.

而在折纸过程中，纸被折一次就可以得到一条直线(折痕).折纸类似于沿折痕的镜面映射，即折纸意味着构造直线并且将平面的一半映射到另一半.

1991年日裔意大利数学家Humiaki Huzita创立了当今最为有效的一套折纸公理：

下面是这6个公理与尺规作图的对照.

---

① 原作者为广东省佛山顺德一中张贺佳.

公理 1　给定两点 P_1 和 P_2,存在唯一一条折线 l 联结这两点(图 2).

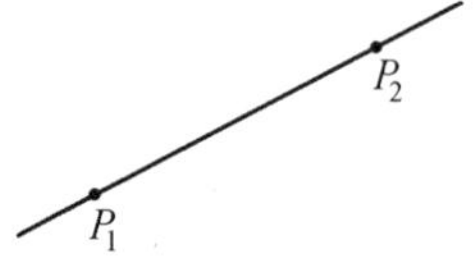

图 2

对照尺规作图:基本作图(1).

公理 2　给定两点 P_1 和 P_2,存在唯一一条折线 l 使 P_1 映射到 P_2 上(图 3).

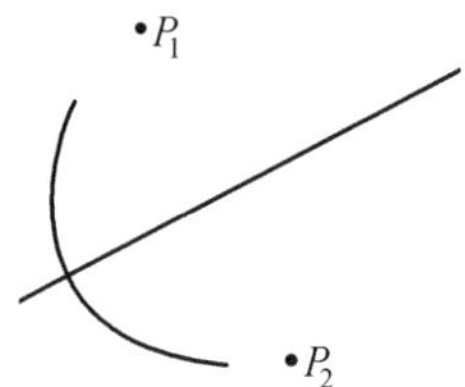

图 3

对照尺规作图:做 P_1P_2 的垂直平分线.以 P_1,P_2 两点为圆心,相同的长为半径画弧,联结交点即可(图 4).

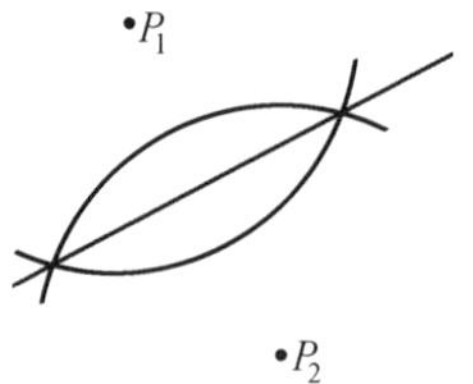

图 4

公理 3　给定两条折痕 L_1 和 L_2,存在唯一一条折线 l 使 L_1 映射到 L_2 上(图 5).

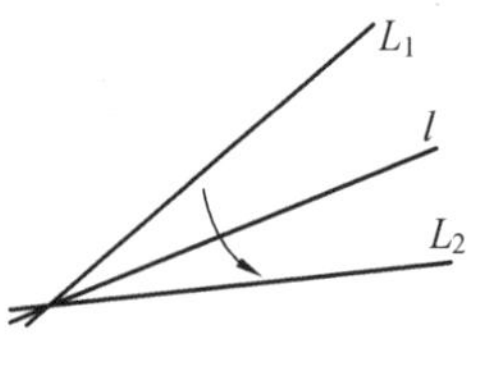

图 5

对照尺规作图:做 L_1 和 L_2 所夹角的平分线(如果两直线平行,折线是夹在 L_1 和 L_2 间等距离的平行线,图 6).

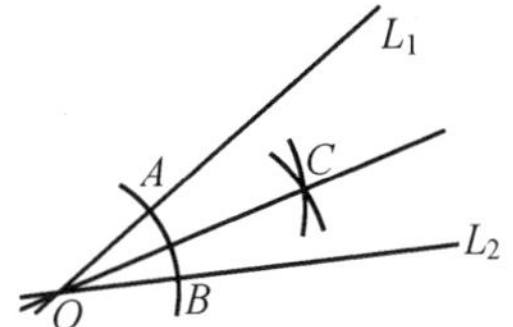

图 6

公理 4　给定一点 P 和一条折痕 L,存在唯一一条折线通过点 P 且垂直于 L(图 7).

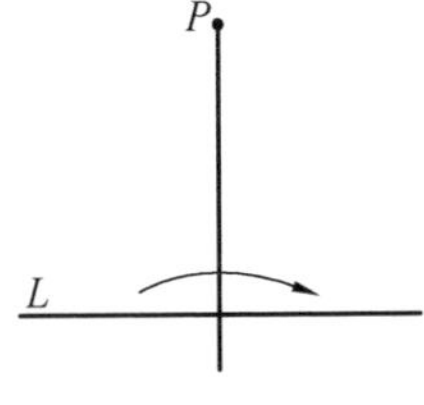

图 7

对照尺规作图:从直线外一点引该直线的垂线:在直线 L 上取两点 A 和 B 与 P 等距.以 A 和 B 为圆心,以等长半径画两相交圆弧,联结交点即为垂线(图 8).

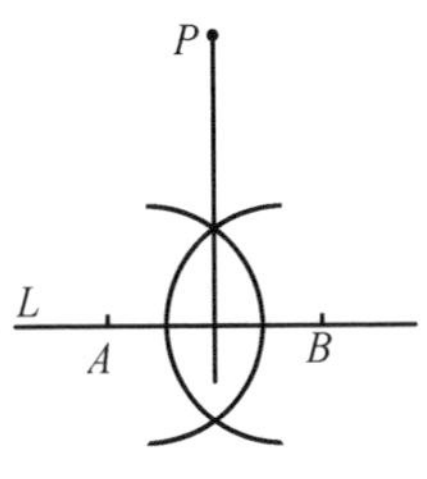

图 8

公理 5　给定两点 P_1 和 P_2 以及折痕 L,存在一条折线通过 P_1,并且将 P_2 映射到 L 上(图 9).

对照尺规作图:以 P_1P_2 为半径 P_1 为圆心画一圆弧与 L 相交于点 A.从 P_1 引 AP_2 的垂线(公理 4,图 10).

注:显然只有当 P_1P_2 的长不小于 P_1 到 L 的距离才可作图.因此,公理 5 不是普遍成立的.

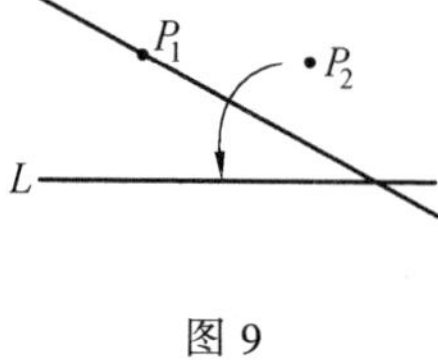

图 9

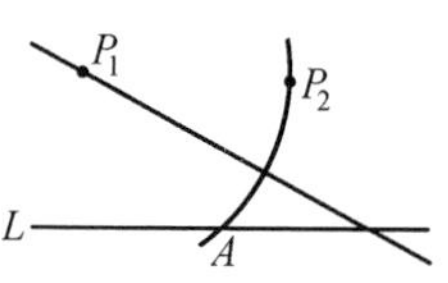

图 10

公理 6 给定两点 P_1 和 P_2 以及两条折痕 L_1 和 L_2,存在唯一一条折线使 P_1 映射到 L_1 上,并且 P_2 映射到 L_2 上(图 11).

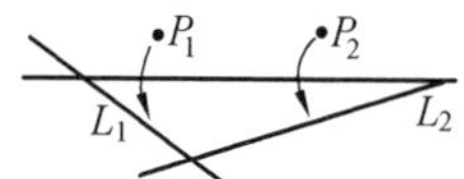

图 11

对照尺规作图:下面(折纸与三次方程)将要看到,公理 6 等价于解三次方程问题.因此,一般来讲它不能由直尺、圆规执行.

关于公理 5 我们可以作一个实验(借助几何画板可再现折叠过程):

假定一张纸上有定直线 L 与一定点 P_2,设点 P_2 到定直线 L 的距离为 $2p$ $(p > 0)$,折叠纸片,使得直线 L 上的某一点 P_1 与点 P_2 重合(即 P_2 映射到 P_1).这样的每一种折法.都得到一条折痕.改变 P_1 的位置,使 P_1 取遍直线 L 上所有点,你将看到所有的折痕是某条抛物线的切线(即所有折痕的"包络"是抛物线).

事实上,过 P_2 作定直线 L 的垂线,交 L 于点 A,则 $|AP_2| = 2p$,以直线 AP_2 的垂直平分线为 y 轴,建立坐标系(图 12),因为直线 MN 是 P_1P_2 的中垂线,过 P_1 作定直线 L 的垂线,交 MN 于 Q,则 $|QP_2| = |QP_1|$,由抛物线定义,点 Q 在以 P_2 为焦点,定直线 L 为准线的抛物线 $y^2 = 2px$ 上.在直线 MN 上任取不同于 Q 的点 P,设点 P 到直线 L 的距离为 d,则 $|PP_2| = |PP_1| > d$,这说明直线 MN 上的点都在抛物线 $y^2 = 2px$ 左边的部分及其边界上,所有的直线 MN 构成了抛物线 $y^2 = 2px$ 的包络线.其包络图为图 13.抛物线是二次曲线,换句话说,公理 5 为我们提供了求解有关二次方程问题的方法依据.

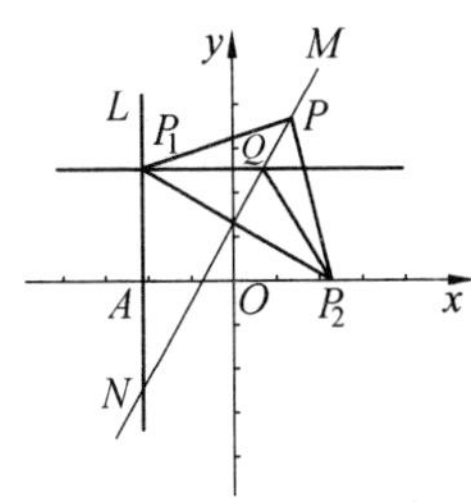

图 12

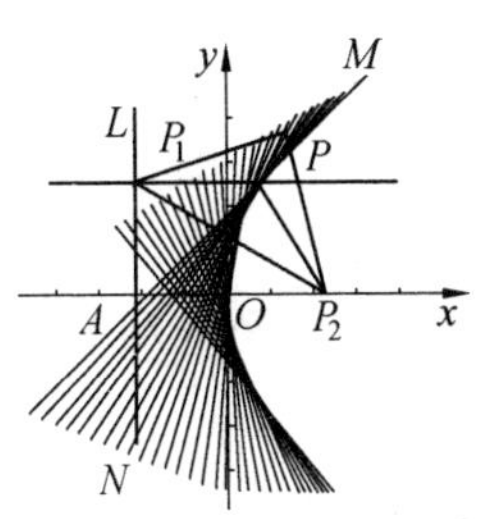

图 13

由公理5得到，公理6中的折线是两条抛物线 p_1,p_2 的公切线(其中 p_1 是以 P_1 为焦点，L_1 为准线；p_2 是以 P_2 为焦点，L_2 为准线).

三、折线与三次方程

我们知道直尺、圆规的构造等同于解决二次方程的问题.下面证明，折纸构造公理 6 等同于解决三次方程的问题.

如图 14 所示，设两点 P_1 和 P_2 的坐标分别为$(a,1)$和(c,b)，两直线 L_1 和 L_2 的方程为 $y+1=0$ 和 $x+c=0$.由公理 6，构造一直线将 P_1 映射到 L_1 上，并且使得 P_2 映射到 L_2 上，我们证明折线的斜率满足方程 $x^3+ax^2+bx+c=0$.下面给出证明.

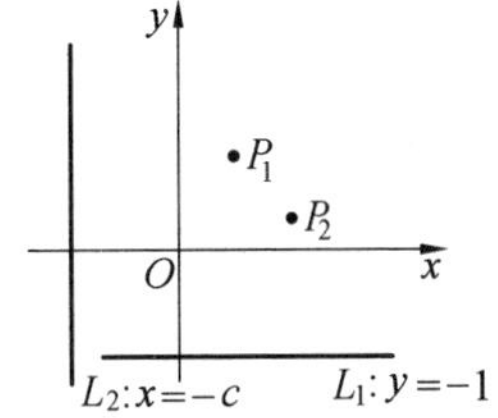

图 14

令 p_1 是以 P_1 为焦点，L_1 为准线的抛物线，则其方程$(x-a)^2=4y$，设折线方程 $y=tx+u$，又折线是抛物线在点(x_1,y_1)处的切线，则切线方程为

$$(x_1-a)(x-x_1)=2(y-y_1)$$

由此可得

$$t=\frac{x_1-a}{2},u=y_1-\frac{x_1(x_1-a)}{2}$$

注意到 $4y_1=(x_1-a)^2$，所以 $u=-t^2-at$.

当 $c\neq 0$ 时，同理，令 p_2 是以 P_2 为焦点，L_2 为准线的抛物线，折线是抛物线在(x_2,y_2)处的切线，有$(y_2-b)^2=4cx_2$，又因为折线方程是

$$(y_2-b)(y-y_2)=2c(x-x_2)$$

我们得到

$$t=\frac{2c}{y_2-b},u=y_2-\frac{2cx_2}{y_2-b}$$

那么 $u = b + \frac{c}{t}(t \neq 0)$,因此 $t^3 + at^2 + bt + c = 0$.

当 $c = 0$ 时,P_2 在 L_2 上,则折线要么垂直于 L_2,要么通过 P_2,前者 $t = 0$,后者有 $u = b$,且 $t^2 + at + b = 0$,因此 $t^3 + at^2 + bt + c = 0$.

四、折纸、三等分角的动态构造

我们知道,利用尺规三等分角问题对应于三次方程是否存在有理根的问题,比如三等分 60° 角,等同于判断 $8x^3 - 6x - 1 = 0$ 是否有有理根,即是否存在可作图的根.

折纸构造可用于解决三次方程问题,那么,怎样利用折纸构造三等分任意角呢?现在介绍一种方法,这种方法是由 H.Abe 给出的.

如图 15 所示,在正方形纸 $ABCD$ 中任取于一锐角 $\angle EAB$,我们要将其三等分.首先,利用公理 2,构造一折线使 D 映射到 A,记折痕为 GF(其实只需将正方形 $ABCD$ 对折使 $D \to A, C \to B$).用同样方法,构造折痕 IH.其次,使用公理 6,映射 A 到 IH 上,同时映射 G 到 AE 上,则构造出唯一一条折线 L,令 J, S, K 分别是 A, I, G 的象(图 16).最后,使用公理 1 构造折痕 AJ, AS,则

$$\angle JAB = \frac{1}{3}\angle EAB, \angle SAB = \frac{2}{3}\angle EAB$$

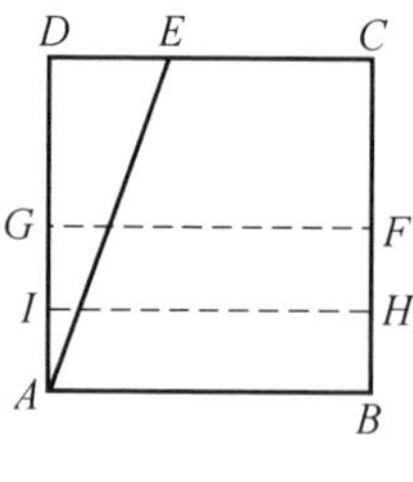

图 15

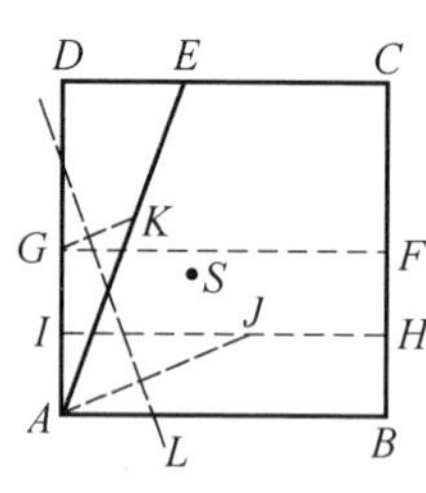

图 16

证明从略.

第三十七章　求 π 值的几种圆周的古典近似作图法[①]

圆周的近似作图法,散见于各教科书及参考书中.本文参考圆周率的有关数学史料,整理几个古典的作图方法,作为向文化、科学进军的读者及教学资料上之一参考.

用几何学的方法求圆周长时,在直线上可切取 $3\frac{1}{7}$ 或3.141 5长的线段,倘再多加些几何学的构思,岂不可求出更高一些的近似度?印度的天才数学家拉马努然(Ramanujan,1887—1920)曾研究过具有100亿分之1的近似作图法,其作图构思之巧洵足警叹!本文将一一略为述及几种古典的作图方法.

一、Adamandus Kochansky 作图法

Adamandus Kochansky 为波兰的天主教徒,曾于1685年发表过该项最古老最简单的圆周近似作图法,精密度尚高,其作法如图1所示.

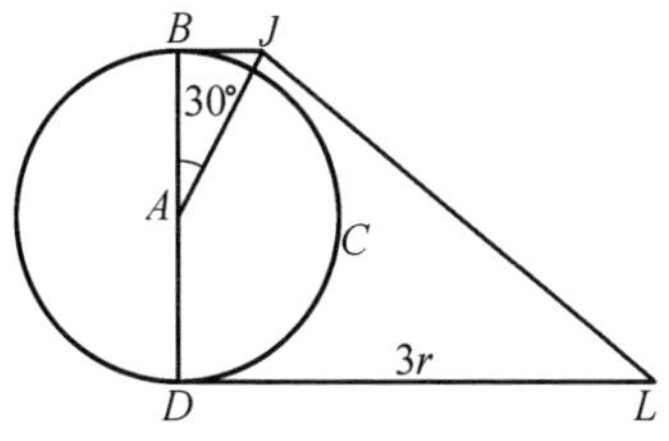

图1

先画圆心 A,半径为 r 的圆.于其直径 DAB 的两端 D,B 引作平行切线 DL,BJ.使 $DL=3r$,$\angle BAJ=30°$,此时,JL 则近似于半圆周 BCD.因从直角三角形得 $BJ=\frac{r}{\sqrt{3}}$,但

$$\overline{JL}^2=(DL-BJ)^2+\overline{BD}^2$$

故

① 原作者李志昌.

$$JL=\sqrt{(DL-BJ)^2+\overline{BD}^2}=\sqrt{(3r-\frac{r}{\sqrt{3}})^2+(2r)^2}=$$

$$r\sqrt{\frac{40}{3}-\sqrt{12}}=3.141\ 533\cdots\times r$$

故若与 $\pi=3.141\ 592\ 65\cdots$ 相较之后,则可知该作图法系具有约5万之1左右的近似度.

二、Jakob de Gelder **作图法**

Jakob de Gelder 殁于 1848 年,该作图法系发表于殁后翌年.

此作图法系利用基于 π 值的一个有趣的数值关系而得,即利用

$$\pi=\frac{355}{113}=3+\frac{4^2}{7^2+8^2}$$

的性质而构思出来该图.

作图法:如图 2 所示,先画圆心 C,半径为 1 的圆.再引作直交直径 AB,DK,并在 CD 上取 E,使 $CE=\frac{7}{8}$.

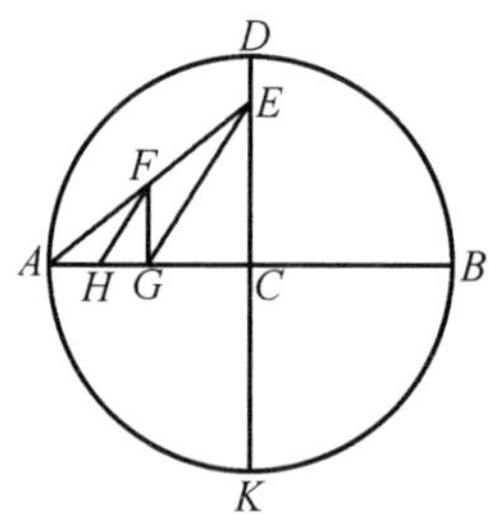

图 2

其次,在 AE 上取 F,使 $AF=\frac{1}{2}$.再由 F 向 AB 作垂线 FG,更由 F 引作平行于 EG 的平行线 FH,与 AB 的交点为 H,则

$$\frac{AF}{AE}=\frac{AH}{AG}=\frac{FG}{EC}=\frac{AG}{AC}$$

故
$$\frac{AF}{AE}=\frac{AG}{AC}$$

即
$$AG=\frac{AC\cdot AF}{AE}=\frac{1\cdot\frac{1}{2}}{\sqrt{\left(\frac{7}{8}\right)^2+1^2}}=\frac{4\sqrt{113}}{113}$$

及
$$\frac{AH}{AG}=\frac{AG}{AC}$$

故
$$AH = \frac{\overline{AG}^2}{CA} = \frac{16}{113}$$

AH 之长既已确定，则 $3 + \frac{16}{113} = \frac{355}{113}$ 之作图即可迎刃而解．但由于

$$\frac{355}{113} = 3.141\ 592\ 92\cdots$$

与圆周率的真数七位始相一致．故该作图法实具有 100 万分之 1 以下的近似度．

三、Specht 作图法

Specht 曾发表于 1828 年，Specht 系巧妙利用自己所研究出的

$$\pi = \frac{13}{50}\sqrt{146} = 3.141\ 591\ 952\cdots$$

近似值而构思该图者．

作图法：如图 3 所示，以 O 为圆心，作半径为 r 的圆，于半径 OA 之一端 A 引切线，并于其上找出 B，C 二点，使 $AB = \frac{11}{5}r$，$BC = \frac{2}{5}r$，其次，延长 AO，使 $AD = OB$ 而定点 D．由 D 引与 OC 的平行线 DE，设与 AB 延长线的交点为 E，则 AE 即近似于圆周．

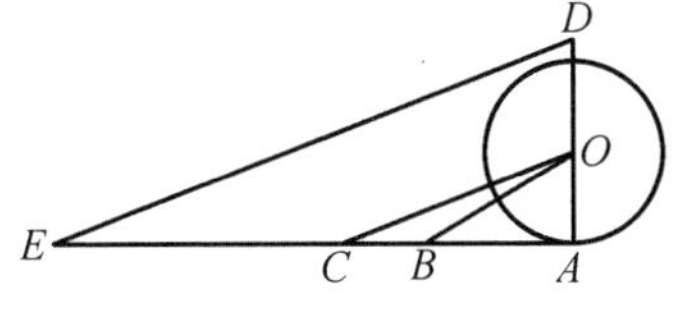

图 3

因
$$OB = \frac{r}{5}\sqrt{146}, AC = \frac{13}{5}r$$

故

$$AE = r \cdot \frac{13}{5}\sqrt{1 + \left(\frac{11}{5}\right)^2} = r \cdot \frac{13}{25}\sqrt{146} =$$
$$6.283\ 138\ 9\cdots \cdot r = 3.141\ 591\ 9\cdots \cdot 2r$$

因此所得结果其近似度次于前例．

四、Adler 作图法

该法似较前者新颖一些，曾发表于 1906 年的书中．该法简单，精密度亦高．

作图法：如图 4 所示，以 O 为圆心，画半径为 r 的圆．其直径 BOA 之一端 A，引切线，并取二点 C，D，且使 $\angle COA = 30°$，$CD = 3r$．如斯，则 BD 几等于圆周之半．

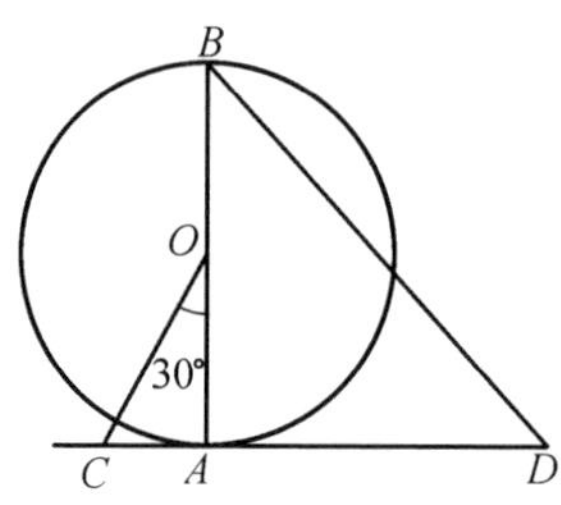

图 4

因
$$AC=\frac{r}{\sqrt{3}},AD=3r-\frac{r}{\sqrt{3}}$$
故
$$BD=r\sqrt{4+\frac{(9-\sqrt{3})^2}{9}}=\frac{r}{3}\sqrt{120-18\sqrt{3}}=3.141\ 533\cdots\cdot r$$

五、Boler 作图法

此项方法仍不失为一较新之法,其特点为在近似值上多费构思而已.

作图法:设所与圆半径为 r,作 r 之$\frac{5}{4}$倍长度,作以 $15r$ 与 $2r$ 所夹二边为直角的直角三角形,并作其斜边的$\frac{1}{8}$倍.如此,则此二直线之和近似于所与圆的圆周之半.

因为以 $15r$ 与 $2r$ 所夹二边为直角的直角三角形的斜边为
$$r\sqrt{15^2+2^2}=r\sqrt{229}$$
此$\frac{1}{8}$斜边与$\frac{5}{4}r$之和为
$$\frac{10+\sqrt{229}}{8}r=3.141\ 593\ 2\cdots\cdot r$$

六、用面积的作图法

此作图法原载于 1913 年 Hobson 著书中,原作者不详.

作图法:如图 5 所示,以 AOB 为所与圆的直径,其半径为 r.现将 D,E,F 使其
$$OD=\frac{3}{5}r,OF=\frac{3}{2}r,OE=\frac{1}{2}r$$
而定于 AB 上及或其延长线上.于是,作以 DE,AF 为直径的半圆,过 O 向 AB 作垂线,设与半圆相交点为 G,H 时,则 GH 上的正方形的面积接近于圆 AOB 的面

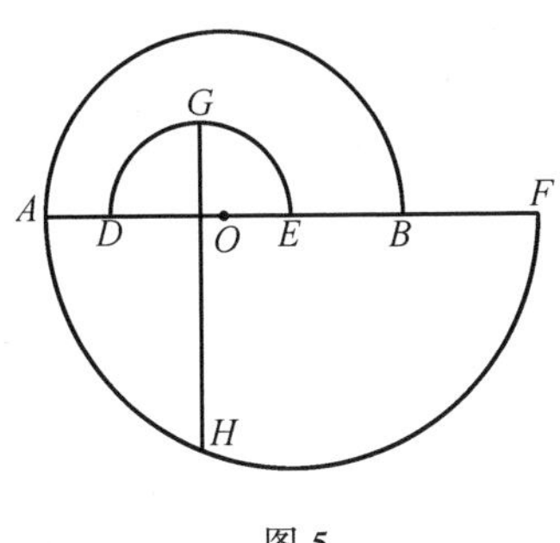

图 5

积.

因 $$OD = OG = \frac{3}{5}r, AO \cdot OF = \overline{OH}^2$$

故 $$OH = \sqrt{r \cdot \frac{3}{2}r} = \frac{\sqrt{6}}{2}r$$

及 $$\overline{GH}^2 = (GO + OH)^2 = \left(\frac{3}{5}r + \frac{\sqrt{6}}{2}r\right)^2$$

又 $$\overline{GH}^2 = r^2 \cdot \pi$$

所以 $$GH = \sqrt{\pi} \times r = 1.772\ 46\cdots \cdot r$$

将此值与真数$\sqrt{\pi} = 1.772\ 453\ 9\cdots$比较,可知其值与真数$\sqrt{\pi}$值小数四位相一致.

七、Ramanujan 作图法

①"设若直径为 40 英里之圆,误差为 1 英寸之$\frac{1}{10}$以下的作图法".[①]

作图法:如图 6 所示,以 PR 为圆(圆心为 O)的直径,H 为 OP 半径之中点,RT 为半径之$\frac{1}{3}$,由 T 向直径 PR 立以垂直之弦 TQ,并在圆周上取 $TQ = RS$ 的点 S.

联结 P,S,并由 O,T 各引与 RS 平行的 OM,TN.由 P 引弦 PK,令 $PK = PM$.更由引切线 PL,令 $PL = MN$.联结 R 与 L,R 与 K,K 与 L,并取 $RC = RH$ 的点 C.由 C 引与 LK 平行的 CD,则"RD 上的正方形极接近于圆的面积".

证明:设圆之直径为 d,则

$$\overline{RS}^2 = \frac{5}{36}d^2$$

① 1 英里 = 1.609 344 千米,1 英寸 = 2.54 厘米——编校注.

故
$$\overline{PS}^2=\frac{31}{36}d^2$$
因
$$PL=MN, PK=PM$$
故
$$\overline{PK}^2=\frac{31}{144}d^2, \overline{PL}^2=\frac{31}{324}d^2$$
所以
$$\overline{RK}^2=\overline{PR}^2-\overline{PK}^2=\frac{113}{144}d^2$$
$$\overline{RL}^2=\overline{PR}^2+\overline{PL}^2=\frac{355}{324}d^2$$
但
$$\frac{RK}{RL}=\frac{RC}{RD}=\frac{3}{2}\sqrt{\frac{113}{355}}$$
又
$$RC=\frac{3}{4}d$$
故
$$RD=\frac{d}{2}\sqrt{\frac{355}{113}}$$

②"若直径为 8 000 英里的圆,误差在 1 英寸的$\frac{1}{12}$以下的作图".

作图法:如图 7 所示,AB 为圆心为 O 的圆的直径. C 为半圆周的中点,令 $AT=\frac{1}{3}AO$.在弦 BC 上取 M,N 并使 $CM=MN=AT$.联结 A 与 M,A 与 N,在 AN 上取 $AP=AM$ 的点 P.过 P,引平行与 MN 的平行线 PQ.联结 O 与 Q,过 T 于 OQ 引平行线 TR,与 AM 的交点为 R.

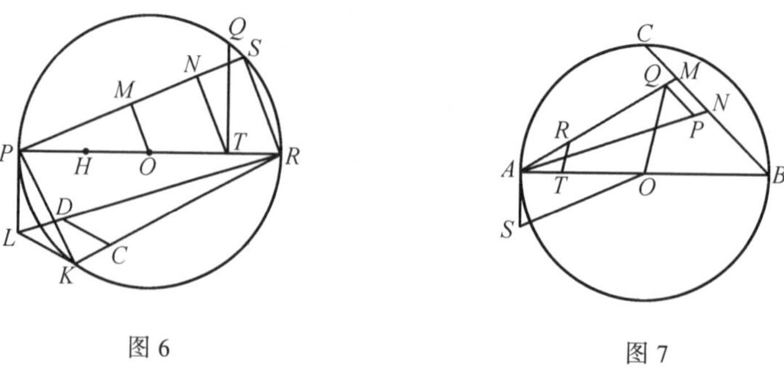

图 6

图 7

于 A 引切线 AS,令 $AR=AS$.

如是:"OS,OB 的比例中项极接近于圆周的$\frac{1}{6}$".此项证明从略.(利用 π 的近似值$\sqrt[4]{9^2+\frac{19^2}{22}}=3.141\ 592\ 652\ 62\cdots$)

第三十八章　谈谈平面几何中的“三大难题”[①]

平面几何中有著名的三大难题:“角三等分问题”、“倍立方问题”及“方圆问题”.初学者往往以为这些问题尚有待解决,于是竭尽全力去探求这些问题的解法.其实这三个问题都是不可能有解的.作者首先以通俗的语言澄清了“不可能有解法”与“目前尚不能解出”两类问题之间的区别,然后以比较初等的方法清晰而简明地证明了角三等分问题和倍立方问题都不能有解.本文对那些有兴趣于此类问题的读者来说,值得一读.

凡学过平面几何的人,多半都听到过其中有三大难题.这三个问题可以叙述如下.

(1) 已知一个角,如何用圆规和直尺将它三等分?

(2) 已知一线段 AB,如何用圆规和直尺作一线段 $A'B'$,使以 $A'B'$ 为边的立方体的体积等于以 AB 为边的立方体的体积的两倍?

(3) 已知一个圆,如何用圆规和直尺作一正方形,使其面积等于已知圆的面积?

因为谁也没有见到过一个作法,解答了上述三个问题之一,所以人们以为这三个问题迄今尚未解决.我们常看到一些人,尤其是年青初学而水平较高的,怀着满腔希望的心情,拿着圆规和直尺多方尝试,盼能寻到一个作法,使三问题之一得到解答.这些人多半很用功,还有恒心和毅力,虽在屡试屡败的情况下,仍旧不气馁地干下去.针对着这个事实,我们实在有必要来彻底了解:这三个问题在数学上真的尚未解决吗?

用一浅近的故事作譬喻:一位在农村里成长而未受过任何教育的父亲,非常爱惜他的一位聪明的儿子.在儿子离家几十里外求学的时候,父亲因为太想念儿子,每隔几个月要去探望一次.也许是他个人的习惯,每次去都是步行的.后来儿子去邻县工作,父亲还是维持以往的习惯,每隔几个月就步行去探望儿子一次.最后难题来了,儿子到一海岛上去工作.当父亲想再步行去探望儿子时,一些人告诉他说,那是不可能的.因为父亲没有受过任何教育,他很为下列

① 原作者为美国宾夕法尼亚大学杨忠道.

诸问题所困扰：

(1) 海岛是什么地方，为什么不能步行前去？是否可能的途径是存在的，只是迄今未被人发现而已？

(2) 以往他见过到过的地方，处处都是可以步行而去的，为什么海岛就不同？用过去生活的经验，难道还会有错的吗？

(3) 天下无难事，只怕有心人. 他认为自己不但有心，而且肯努力，难道有这么多的优良条件，他仍无法达到目的吗？

只要有地理上的知识，不能步行去海岛是显而易见的. 但这位父亲不了解，而且受困扰，这只是因为他缺乏地理知识的缘故.

尝试用圆规和直尺去解答三大难题，正像这位父亲尝试步行去海岛一样，那是不可能的. 换句话说，根本不存在一个作法，使三大难题中任一个得到解答. 并非作法是存在的，只是没有被发现而已，正像步行去海岛的途径根本不存在一样. 为了了解这一点，我们需要一些在平面几何之外的较高深的数学，正像需要地理知识去了解去海岛的不可能一样. 下面我们针对着三大难题中的前两个，先介绍一些数学上的概念，然后解释为什么不存在一个作法去解答这两个问题.

首先我们须知道数的概念和运算，及如何和平面几何相配合. 为了量任何线段的长度，我们先取一线段，其长度是 1(单位). 于是对任一线段 AB，我们有一个数 a，是 AB 的长度，这样得到的数是实数，而且是正的. 反之，对任一正实数 a，我们亦有一线段 AB，其长度等于 a. 正的实数、负的实数及 0 形成一个集，我们记之为 $\mathbf{R}$.

在 $\mathbf{R}$ 中我们有加、减、乘、除、开平方等运算如下：

(1) 若 a 与 b 属于 $\mathbf{R}$，则

$$a + b, a - b, ab$$

属于 $\mathbf{R}$.

(2) 若 a 与 b 属于 $\mathbf{R}$，而且 $b \neq 0$，则

$$\frac{a}{b}$$

属于 $\mathbf{R}$.

(3) 若 a 属于 $\mathbf{R}$，而 $a \geqslant 0$，则

$$\sqrt{a}$$

属于 $\mathbf{R}$.

若 F 是 $\mathbf{R}$ 中一个子集，满足下列三条件：

(1)1 属于 F;

(2) 若 a 与 b 属于 F,则 $a-b$ 与 ab 属于 F;

(3) 若 b 属于 F,而且 $b\neq 0$,则 $\frac{1}{b}$ 属于 F. 我们称 F 是一数系. 显而易见的, $\mathbf{R}$ 本身是一数系.

一个数称为有理数(或分数),若这个数可写成 $\frac{p}{q}$,其中 p 和 q 是整数,而且 $q\neq 0$. 我们不难证明,所有的有理数形成一个数系,我们记之为 F_0.

数系 F_0 比数系 $\mathbf{R}$ 小. 为证明这一点,我们只要证明 $\sqrt{2}$ 不属于 F_0 即可. 如果 $\sqrt{2}$ 属于 F_0,则有不等于 0 的整数 p 与 q 使

$$\sqrt{2}=\frac{p}{q}$$

这里我们不妨假定 p 和 q 是互质的.

因为 $\sqrt{2}=\frac{p}{q}$,则

$$p^2=2q^2$$

于是 p^2 是偶数,所以 p 是偶数,q 是奇数(因 p 与 q 是互质的). 令 $p=2r$,其中 r 是整数,则 $4r^2=2q^2$,于是

$$q^2=2r^2$$

但 q 是奇数,于是 q^2 是奇数,所以 $q^2=2r^2$ 是不可能的.

定理 1　若 F 是一数系,u 是一不属于 F 但其平方属于 F 的正数,则我们有一个数系 (F,u) 包含所有

$$a+bu$$

其中 a 和 b 是 F 中的数.

证明　我们须证明 (F,u) 满足上面(1),(2),(3) 三个条件.

(1) 因为 $1=1+0u$,所以 1 属于 (F,u).

(2) 若 $a+bu$, $a'+b'u$ 属于 (F,u),则

$$(a+bu)-(a'+b'u)=(a-a')+(b-b')u$$

$$(a+bu)(a'+b'u)=(aa'+bb'u^2)+(ab'+a'b)u$$

因为 $a-a'$, $b-b'$, $aa'+bb'u^2$, $ab'+a'b$ 属于 F,所以 $(a+bu)-(a'+b'u)$ 与 $(a+bu)(a'+b'u)$ 属于 (F,u).

(3) 若 $a+bu$ 属于 (F,u),而且 $a+bu\neq 0$,则

$$a^2-b^2u^2=(a+bu)(a-bu)\neq 0$$

否则的话,$a^2=b^2u^2$,于是

$$u=\pm\frac{a}{b}$$

属于 F,与假定矛盾.因 $a^2-b^2u^2$ 属于 F 且不等于 0,所以

$$\frac{1}{a+bu}=\frac{a}{a^2-b^2u^2}-\frac{b}{a^2-b^2u^2}u$$

属于(F,u).

定理 2 (1)已知二线段,其长度为 a 与 b,则可用圆规和直尺作一线段,使其长度为 $a+b$.

(2)已知二线段,其长度为 a 与 b,如 $a>b$,则可用圆规和直尺作一线段,使其长度为 $a-b$.

(3)已知三线段,其长度为 $1,a,b$,则可用圆规和直尺作二线段,使其长度为 ab 及$\frac{a}{b}$.

(4)已知二线段,其长度为 1 与 a,则可用圆规和直尺作一线段,使其长度为$\sqrt{a}$.

定理 2 的证明可在平面几何书中找到,这里从略.

已知一线段,其长度为 1.如果 a 是一个正数,等于一可用圆规和直尺作成的线段的长度,我们就称 a 为可作数.若 F 是一数系,其中所有正数都是可作数,则我们称 F 为可作数系.

定理 3 若 F 是一可作数系,u 是一不属于 F 但其平方属于 F 的正数,则(F,u)亦是一可作数系.

证明 已知(F,u)中一个正数 $a+bu$,其中 a 与 b 属于 F.由定理 2 中的 4,知 u 是一可作数,所以由定理 2 中的(1),(2),(3),知 $a+bu$ 是一可作数.

现在考虑满足下面条件的数 a.存在一系列的可作数系

$$F_0,F_1,F_2,\cdots,F_n$$

它有下列三个性质:

(1)F_0 是所有的有理数形成的可作数系;

(2)对任何 $i=1,\cdots,n$,有一数 u_i,它不属于 F_{i-1},但其平方属于 F_{i-1} 中的正数,使

$$F_i=(F_{i-1},u_i)$$

(3)a 属于 F_n.

所有这种数 a 所形成的集,我们记之为 G.

定理 4 G 是一个可作数系.

证明　先证明 G 是一个数系.明显地,1属于 G.若 a 与 b 属于 G,则存在两个序列的可作数系

$$F_0, F_1, \cdots, F_m$$

$$F_0 = F'_0, F'_1, \cdots, F'_n$$

使 a 属于 F_m,b 属于 F'_n,而且

$$F_i = (F_{i-1}, u_i), F'_j = (F'_{j-1}, u'_j)$$

其中 u_i 是不属于 F_{i-1} 但其平方属于 F_{i-1} 的正数,u'_j 是不属于 F'_{j-1} 但其平方属于 F'_{j-1} 的正数.

作 $F_{m+1}, \cdots, F_{m+n}$,使

$$F_{m+j} = \begin{cases} F_{m+j-1}, \text{若 } u'_j \text{ 属于 } F_{m+j-1} \\ (F_{m+j-1}, u'_j), \text{若 } u'_j \text{ 不属于 } F_{m+j-1} \end{cases}$$

则 a 与 b 都属于 F_{m+n}.在

$$F_0, F_1, \cdots, F_m, F_{m+1}, \cdots, F_{m+n}$$

中去掉重复,我们得一系列的可作数系满足上述三性质中的前两个,所以 $a-b$ 与 ab 属于 G,而且当 $b \neq 0$ 时,$\frac{1}{b}$ 亦属于 G.这证明了 G 是一数系.

因为 G 中任一个数属于一可作数系,G 亦是一个可作数系.

定理5　已知一线段,其长度等于1,则在平面上坐标为 (x, y) 的点可用圆规和直尺找到的一个充要条件是 x 与 y 属于 G.

证明　首先假定 x 和 y 属于 G.若 $x \neq 0$,则可用圆规和直尺作一线段,使其长度等于 $|x|$.若 $y \neq 0$,亦可用圆规和直尺作一线段,使其长度等于 $|y|$.所以用圆规和直尺能找到平面上坐标为 (x, y) 的点.

其次我们须证明无法用圆规和直尺找到更多的点.我们知道直尺的用处是将两点联结成一直线.如两点的坐标都属于 G,设是 (x_1, y_1) 及 (x_2, y_2),则其联结成直线的方程是

$$(y_1 - y_2)x - (x_1 - x_2)y + (x_1 y_2 - x_2 y_1) = 0$$

或

$$Ax + By + C = 0$$

其中,A, B, C 属于 G.圆规的用处是用一已知点为圆心、一已知正数为半径作一圆.如圆心的坐标 (x_0, y_0) 属于 G,半径 r 亦属于 G,则圆的方程是

$$x^2 + y^2 - 2x_0 x - 2y_0 y + x_0^2 + y_0^2 - r^2 = 0$$

或

$$x^2 + y^2 + Dx + Ey + F = 0$$

其中,D, E, F 属于 G.用圆规和直尺作的点是两直线的交点,或两个圆的交点,

或一直线与一圆的交点.如由坐标属于 G 的点出发,所作的直线和圆的方程如前所述,于是用解联立方程的方法能证明:这种直线与直线、圆与圆、直线与圆的交点的坐标必属于 G.这就是说我们不能用圆规和直尺找到更多的点.

定理 6 已知一个三次方程

$$x^3+ax^2+bx+c=0$$

其中,a,b,c 是有理数.若这方程有一个根属于可作数系,则这方程有一个根是有理数.

证明 若这定理是错的,则存在一序列的可作数系

$$F_0,F_1,\cdots,F_{n-1},F_n\quad(n\geqslant 1)$$

满足下列条件:

(1)F_0 是所有的有理数所形成的数系;

(2)$F_i=(F_{i-1},u_i)$,其中 u_i 是一不属于 F_{i-1} 但其平方属于 F_{i-1} 的正数,$i=1,\cdots,n$;

(3)F_{n-1} 不包含已知方程的任一个根,但 F_n 包含已知方程的一个根 r_1.

令

$$r_1=e+fu$$

其中 e 与 f 属于 F_{n-1},而 $u=u_n$,则

$$\begin{aligned}0&=(e+fu)^3+a(e+fu)^2+b(e+fu)+c=\\&[(e^3+ae^2+be+c)+(3e+a)f^2u^2]+\\&[(3e^2+2ae+b)f+f^3u^2]u\end{aligned}$$

因为$(e^3+ae^2+be+c)+(3e+a)f^2u^2$ 及$(3e^2+2ae+b)f+f^3u^2$ 属于 F_{n-1},但 u 不属于 F_{n-1},于是

$$(e^3+ae^2+be+c)+(3e+a)f^2u^2=0$$

$$(3e^2+2ae+b)f+f^3u^2=0$$

所以

$$\begin{aligned}&(e-fu)^3+a(e-fu)^2+b(e-fu)+c=\\&[(e^3+ae^2+be+c)+(3e+a)f^2u^2]-\\&[(3e^2+2ae+b)f+f^3u^2]u=0\end{aligned}$$

这证明了

$$r_2=e-fu$$

亦是已知方程的一个根,而且与 r_1 不同.

记第三个根为 r_3,则 $r_1+r_2+r_3=-a$,因之

$$r_3=-a-(e+fu)-(e-fu)=-a-2e$$

属于 F_{n-1},与当初的假设矛盾.

定理 7 用圆规和直尺三等分 $60°$ 的角是不可能的.

证明 因为 $4\cos^3 20° - 3\cos 20° = \cos 60° = \frac{1}{2}$

$\cos 20°$ 是

$$x^3 - \frac{3}{4}x - \frac{1}{8} = 0$$

的一个根,由代数知道这方程的可能有理根只是 $\pm 1, \pm \frac{1}{2}, \pm \frac{1}{4}, \pm \frac{1}{8}$,用检验方法,我们很容易知道这八个数中无一个是这方程的根,所以由定理 6 知道 $\cos 20°$ 不是一个可作数.

因为 $\cos 60° = \frac{1}{2}$ 是一可作数,于是用圆规和直尺可作一个角使等于 $60°$. 如果用圆规和直尺三等分一个 $60°$ 的角是可能的,那么用圆规和直尺就可作一个角使等于 $20°$,因为 $\cos 20°$ 是一个可作数,与上面的结论相矛盾.所以用圆规和直尺三等分一个 $60°$ 的角是不可能的.

定理 8 已知一线段 AB,用圆规和直尺不可能作一线段 $A'B'$,使以 $A'B'$ 为边的立方体的体积等于以 AB 为边的立方体的体积的两倍.

证明 记 AB 的长度为 1,则 $A'B'$ 的长度为$\sqrt[3]{2}$.所以我们只要证明$\sqrt[3]{2}$ 不是一个可作数.

$\sqrt[3]{2}$ 是 $x^3 - 2 = 0$ 的一个根.这方程的可能有理根只是 $\pm 1, \pm 2$,但我们知道这些数都不满足这方程,于是这方程没有一个有理根.所以由定理 6 知$\sqrt[3]{2}$ 不是一个可作数.

最后我们要提一下:用圆规和直尺作一正方形,使其面积等于一已知圆的面积,也是不可能的.但是证明的方法与上面所说的完全不同.既然通过前两个难题的论述,我们已经懂得了“不可能有解法”与“目前尚不能解出”两类问题的不同,限于篇幅,对方圆问题我们就不再多说了.

第三十九章　规尺作图问题的余波[①]

一把生了锈的圆规,张不大,合不拢,只能画半径固定的圆,用它能干些什么呢?能画出半径很小的圆弧吗?已知 A,B 两点,能找出点 C 使 $\triangle ABC$ 是正三角形吗?能找到线段 AB 的中点吗?在这些问题中,有些不过是智力测验式的游戏,有些则使用一点初等几何的技巧便可解决,但有些问题的解决却至今尚未见端倪,其难度是出人意料的.比如说,若 $AB = \frac{2}{\sqrt{7}}$,用一把只能画单位圆的圆规可以找出 AB 的中点,但如果 AB 的长度是超越数,例如 $AB = \frac{\pi}{2}$,也许就不可能用只能画单位圆的圆规找到 AB 的中点.但到目前这仍是一个尚未证明的猜测.

在初等几何里,作图只许用圆规和无刻度的直尺,这已是中学生的常识.这个习惯的约定始于古希腊.由于"三大难题"(三等分任意角,二倍立方,化圆为方)的广泛传播,有关规尺作图的许多问题和知识赢得了成千上万数学爱好者的青睐.经过两千多年的持续探索,特别是由于像高斯、伽罗瓦等数学奇才的出色工作,终于弄清了规尺作图的可能界限,证明了所谓"三大难题"其实是三个"不可能用规尺完成的作图题".这中间的曲折过程以及有关的巧妙论证,已成为众多数学科普读物所津津乐道的话题.如果有人现在还要把宝贵的光阴虚掷于"用规尺三等分任意角"的"研究",那只能说明他缺乏数学常识而且不肯虚心学习而已.

但是,这古老的规尺作图问题却尚有余波未平.变换一下条件,又产生出新的有趣的问题.从下面介绍的某些内容中,数学爱好者说不定还能找到一试身手的用武之地呢!

一、柏拉图的圆规太松

关于圆规和直尺的用法,公元前3世纪的古希腊数学家欧几里得在他的巨著《几何原本》中作了严格的说明.他提出两条基本的作图法则:

---

① 原作者为中国科学技术大学张景中.

(1) 过不同的两点可作一直线.

(2) 以任意一点 O 为圆心,以任意两点 A,B 间的距离为半径,可作一圆.

这两条法则,实际上只能用理想的圆规和直尺才能实现.比方说,直尺要足够长,圆规的跨度要能放得很大又要能收得很小.事实上这都是办不到的.能否用受到某些条件限制的圆规、直尺来实现这两条法则,这里面自然有文章可做.

其实,就拿法则(2)来说,欧几里得的先辈就并不是这样规定的.在古希腊哲学家柏拉图的有关著述中,圆规的用法是:

(2)*.已知 A,B 两点,则以 A 为圆心,以 A 到 B 的距离为半径,可作一圆.

细心的读者不难发现法则(2)* 与法则(2)的区别.按照法则(2),我们可以用圆规在另外两点所在的地方量它们的距离,再拿回来画圆;按照法则(2)*,这可不行,当你用圆规的针尖和笔尖量好两点之间距离之后,不许把圆规拿走,只能就地画圆.

怎么来理解这种规定呢?大概是柏拉图认为他的圆规太松,担心圆规的双脚离开纸面之后不能使量好的距离保持不变吧.确实,就地把圆画出来,笔尖自点 B 起,转一圈又回到点 B,这也是对圆规开度保持不变的一个检验呢!

欧几里得把法则(2)* 改成法则(2),是不是意味着他抛弃了柏拉图的松圆规,换了可靠的圆规呢?

并非如此.经过仔细研究不难看到:凡是用法则(2)可以完成的工作,用法则(2)* 也可以完成.你能干的,我也能干;圆规虽松,效用不减.

那么,已知平面上的 A,B,O 三点,如何运用法则(2)*,画一个以 O 为圆心,以 AB 为半径的圆呢?

作法很简单(图 1):

(1) 分别以 A,O 为圆心,以 AO 为半径作圆,取两圆交点之一为 C.

(2) 分别为 B,C 为圆心,以 BC 为半径作圆,取两圆交点之一为 D,使 BCD 的旋转方向与 ACO 的旋转方向一致(在图 1 中均取逆时针方向).

(3) 以 O 为圆心,以 OD 为半径作圆,此圆即为所求.

道理也很明显:$\triangle ACO$ 和 $\triangle BCD$ 都是等边三角形

$$AC = CO, BC = CD$$

$$\angle ACB = \angle ACO - \angle BCO = \angle BCD - \angle BCO = \angle OCD$$

故 $\triangle ACB \cong \triangle OCD$,因而 $OD = AB$.这就把 AB 搬过来了.

这样一来,"松圆规"可以代替好圆规.欧几里得把法则(2)* 改成法则(2),规则变得简单了,但规尺作图的能力界限并没有变化.

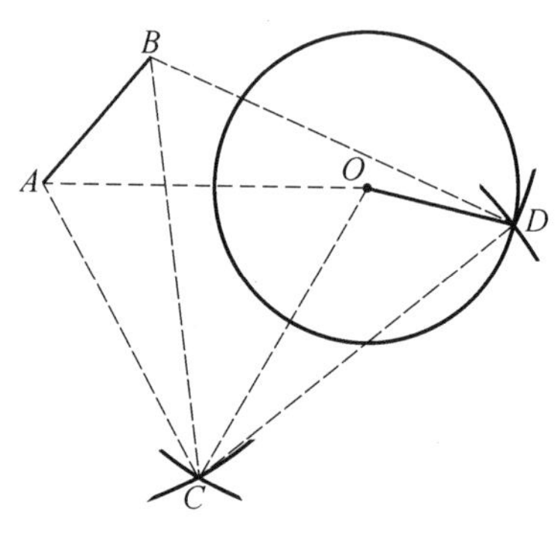

图 1

二、对作图工具的种种限制

后来,数学爱好者们各具匠心,研究了规尺作图规则的许多变化,例如下述几种.

1.短直尺与小圆规

前面已经提到,按欧几里得《几何原本》中的法则,作图用的直尺可以无限长,圆规的半径可以任意大,这实际上是办不到的.那么,用普通的短直尺与小圆规,能不能完成法则(1)与(2)所规定的工作呢?

答案是肯定的.长直尺和大圆规能干的,短直尺和小圆规也能干.

也许读者要问:大半径的圆弧和小半径的圆弧形状不一样,小圆规怎能画得出大半径的圆弧来?

这需要说明.当然,小圆规画不出大半径的圆弧来.但是,几何图上的基本元素是点.所谓"大圆规和长直尺能干的,小圆规和短直尺也能干",指的是作出某些所要的点来.比如:给了相距很远的两点 A,B,用大圆规可以分别以 A,B 为圆心,以 AB 为半径画圆交于 C,D 两点.用小圆规虽不能画出这两条弧,但只要能找出 C,D 这两个点,就承认它完成了大圆规的这项工作.

以下所说的作图,都是这个意思,指的是找出某些符合一定条件的点.

2.只用一件工具——圆规

规尺作图要用两件工具——圆规和直尺.如果只用其中之一行不行呢?

有人已经证明:只要有一把圆规,就能完成规尺作图的一切任务.

规尺作图题成千上万,怎能一一证明都可以只用一把圆规来做呢?实际上,只要证明用圆规能完成下列两项基本任务就够了:

(1) 已知 A,B 两点和圆 O,求直线 AB 和圆 O 的交点.

(2) 已知 A,B,C,D 四点,AB 不与 CD 平行,求直线 AB,CD 的交点.

经过不多的几步,然而是巧妙的几步,确能只用圆规完成这两项工作.

但是,如果只用直尺,而不用圆规,就有很多图不能作了,这一点也是已被证明了的.

3.短直尺与定圆规

进一步的研究发现,只要有一把固定半径的圆规和一把短直尺也就够了.

这种半径固定的圆规,美国几何学家佩多(D.Pedoe,一译匹多)把它形象地叫做"生了锈的圆规".只用一把生了锈的圆规能干些什么?本文后面将用更多的篇幅来讨论这个问题.

4.最简单的工具

又有人发现,只要平面上有一个预先画好的圆以及它的圆心,再有一把长直尺,便能作出一切可用规尺完成的图来.这大概可算是最简单的初等几何作图工具了吧.

三、定圆规作图的几则趣题

柏拉图的圆规太松,这并不妨碍我们用它作图.但反过来可不一样了.佩多教授的圆规由于生锈而太紧,只能画固定半径的圆,用起来可远不是那么得心应手.你将发现,即使用它做一件很简单的事,也颇费周折.

为了说起来简便,不妨设这个锈圆规只能画半径为1的圆.关于它,有这样一则有趣的智力测验:你能用这个半径固定为1的圆规画一个半径为$\frac{1}{2}$的半圆吗?

这个问题过于离奇,看来是不可能的.

实际上却做得到.但圆规的用法要变通一下:把桌子紧靠墙壁,第一张纸摊在桌子上,第二张纸钉在墙上.圆规的针脚扎在第一张纸上点O处.如果点O到墙的距离$d<1$,你在第一张纸上画圆,必然要碰壁.碰了壁还硬要画,圆规的笔尖就会上墙.这时你将发现,在第二张纸上画出了一个半圆,它的半径是$\sqrt{1-d^2}$,比1要小(图2).

如果在第一张纸上先定出三个点O,A,B,使$\triangle OAB$是正三角形,边长$AB=1$,再让AB和桌子靠墙的边线重合,这时画出的半圆,半径恰好是$\frac{1}{2}$.

这类"空间作图",花样还有很多.你甚至可以用圆规画出直线段来!这并不奇怪:在普通的圆柱形茶缸底部放一个不大不小的圆卡片,再在茶缸内壁贴一张纸,把圆规的针脚扎在圆卡片的中心,在内壁的纸上画圆,画好后把纸揭下来看看,所画的圆变成了直线!

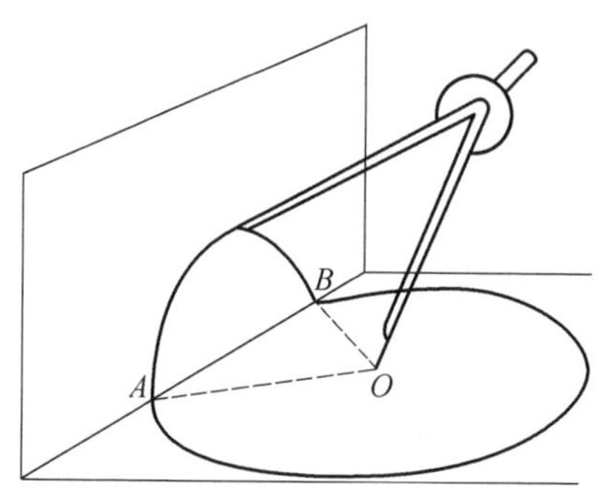

图 2

但是,欧几里得是不许这么干的.传统的几何作图,不包括这种“空间作图”.我们还是规规矩矩,回到平面上来吧.

先看一个简单的例子.

定圆规作图问题之一:给了 A,B 两点,试确定一串点 $A_0,A_1,\cdots,A_{n+1}$,使它们满足:

(1) $A_0=A,A_{n+1}=B$;

(2) $A_0A_1=A_1A_2=\cdots=A_nA_{n+1}=1$.

不妨想象我们的圆规是这样一位芭蕾舞演员,她每跳一舞步,两脚尖的距离不多不少总是 1 m.能不能帮她设计一套舞步,使她从点 A 出发而准确地到达点 B 呢?

如果你从 A 开始,凭目力判断一步一步地向 B 走去,成功的机会将是极少的.

有一个窍门:只要你确定了 $A_0,A_1,\cdots,A_{n-1}$,使 $A_iA_{i+1}=1(i=0,1,\cdots,n-2)$,并且 A_{n-1} 到 B 的距离不超过 2,就好办了.分别以 A_{n-1},B 为圆心作圆,因为定圆规的半径是 1,两圆至少有一个公共点(交点或切点),把这个公共点取作 A_n 就是了(图 3).

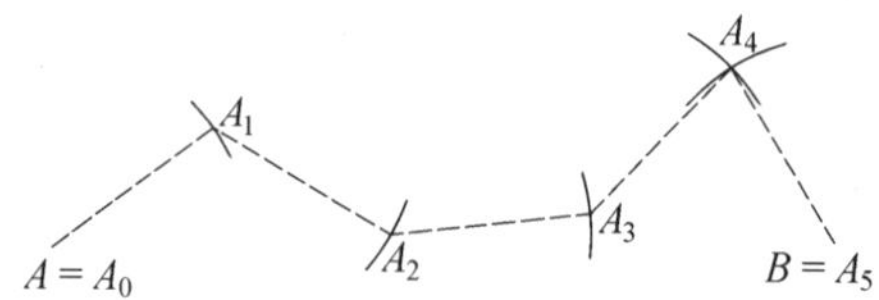

图 3

但是,凭目力去确定 A_{n-1},毕竟不符合作图规则.这不难解决:从 A 出发画出由边长为1的正三角形顶点组成的“蛛网点阵”(图4).在蛛网点阵里,总会找到一个离 B 很近的点作为 A_{n-1}.像这样的蛛网点阵,或许每个有圆规的孩子都曾在游戏之中画过呢.

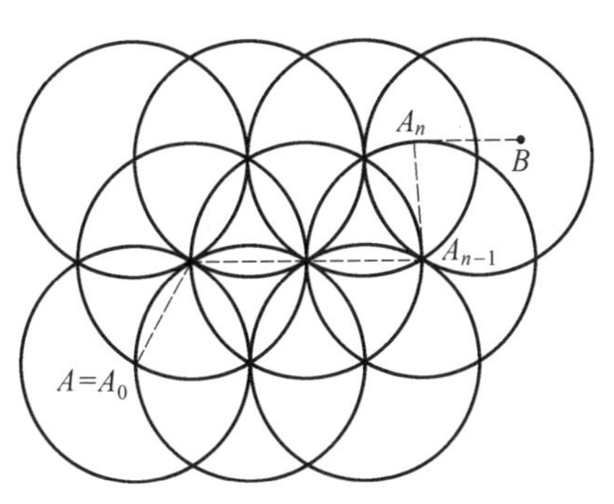

图4

别看这个作图题简单,它却是定圆规作图的一个基本手段.此外,它本身也有深究的余地.比如,怎样使插入的点 $A_1,A_2,\cdots,A_n$ 的个数最少?这便是一个难题.

定圆规作图问题之二:已知 A,B,C 三点,求作第四点 D,使 $ABCD$ 是平行四边形.

这个问题似难实易.可以由简到繁分三种情况解决.

第一种情况:若 $AB=BC=1$,好办,分别以 A,C 为圆心作圆交于 D,即得.

第二种情况:若 $AB=1,BC\neq1$,则可以在 B,C 之间插入 n 个点 $B_1,B_2,\cdots,B_n$,使 $B_iB_{i+1}=1(i=0,1,\cdots,n;B_0=B;B_{n+1}=C)$,然后对 n 进行数学归纳.

$n=0$,即 $BC=1$,则才已做过了.

若已作出平行四边形 ABB_nA^*,再作一个平行四边形 A^*B_nCD,则 $ABCD$ 是所求的平行四边形(图5).

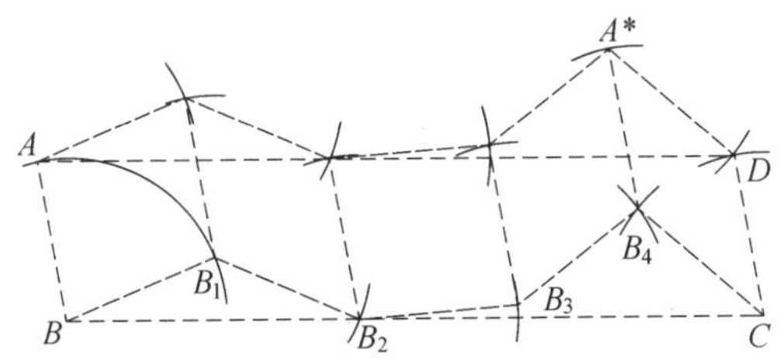

图5

第三种情况:若 $AB\neq1,BC\neq1$,则在 B,A 间插入 $A_1,A_2,\cdots,A_m,A_{m+1}=A$,在 B,C 间插入 $B_1,B_2,\cdots,B_n,B_{n+1}=C$,使 $A_iA_{i+1}=1,B_jB_{j+1}=1(i=0,1,\cdots,m;j=0,1,\cdots,n;B=A_0=B_0)$,然后对 m 进行数学归纳.

$m=0$,即 $AB=1$,第二种情况中已完成了.

设我们已作出平行四边形 A_mBCC_m,再作平行四边形 AA_mC_mD,便得到平行四边形 $ABCD$ 了(图6).

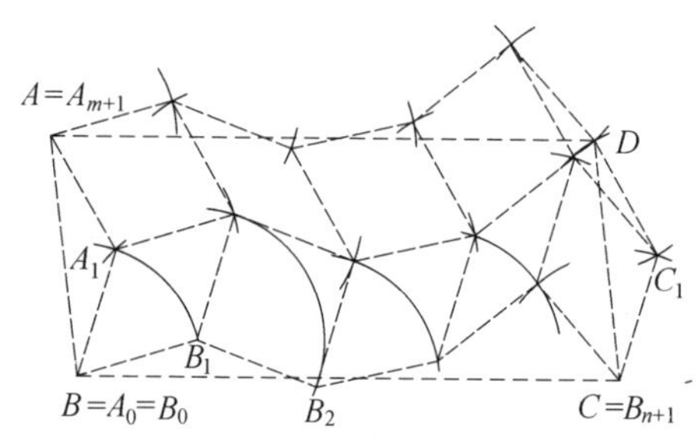

图 6

不要小看这种作平行四边形的方法.有了这一手,我们就可以把平面上的一个图形平移到同平面上任意指定的地方.

或许由于太简单,这两则作图题一直不被人们注意.但它们却在解决佩多教授的“生锈圆规”作图问题中立了汗马功劳.

四、佩多教授的“生锈圆规”作图问题

多年前,美国几何学家,年逾七旬的佩多教授在加拿大的一份杂志《数学问题》(Crux Mathematicorum)上,提出了下述的定圆规作图问题.佩多自己把它叫做“生锈圆规”作图问题.

定圆规作图问题之三:已知 A,B 两点,求另一点 C,使 $\triangle ABC$ 是正三角形.

注意:A,B 之间有直线相连,否则就十分容易了.

如果 $AB\leqslant 2$,很快就有人做出了答案.

$AB=2$ 时,谁都会做.不妨设 $AB<2$,这时,作五个圆便能把点 C 找出来(图 7):

(1) 分别以 A,B 为圆心作圆,两圆交于 E,D 两点.

(2) 以 D 为圆心作圆,交圆 A,圆 B 于四点.取不在已作出的圆内且位于 AB 所在直线同一侧的两点为 F,G.

(3) 分别以 F,G 为圆心作圆,两圆交于 D,C,则 $\triangle ABC$ 即为所求.

证明是容易的:设 $\angle ADB=\angle\alpha$,则 $\angle GDF=240^\circ-\angle\alpha$,于是

$$\angle GCF=\angle GDF=240^\circ-\angle\alpha$$

从而有

$$\begin{aligned}\angle ACG+\angle BCF&=\angle ACG+\angle GAC=180^\circ-\angle AGC=\\&180^\circ-(60^\circ+\angle DGC)=\\&120^\circ-\angle DGC=120^\circ-(180^\circ-\angle GDF)=\\&\angle GDF-60^\circ=(240^\circ-\angle\alpha)-60^\circ=180^\circ-\angle\alpha\end{aligned}$$

所以

$$\angle ACB = \angle GCF - \angle ACG - \angle BCF = 240° - \angle\alpha - (180° - \angle\alpha) = 60°$$

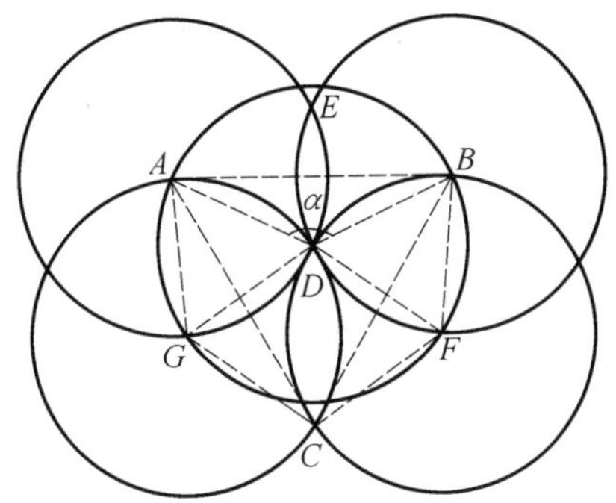

图 7

这个五圆构图，首先是佩多的一个学生画出来的，佩多替他找到了证明．对于这个图，佩多大为惊叹：几何学已有两千多年的历史，而这么一个简单的作图却一直不为人们所知！

还有一种作法要画六个圆，但证明起来却简单得多（图 8）：

(1) 分别以 A，B 为圆心作两圆交于 D，E．

(2) 分别以 D，E 为圆心作圆，圆 B，圆 D 交于 G，圆 B，圆 E 交于 F．G，F 两点的选择使 BDG 和 BEF 旋转方向一致．如图 8 所示，都取逆时针方向．

(3) 取圆 F 与圆 G 交点 C，只要使 BAC 顺时针旋转，此点即为所求．

证明时只要注意到：菱形 $ADBE$ 绕 B 逆时针旋转了 60° 变成 $CGBF$，而对角线 AB 转 60° 之后变成 CB．

当 $AB > 2$ 时，圆 A 与圆 B 不再相交，这作图题是否可能完成呢？经过两年多时间，这一征解问题未获解决．正当人们开始猜想这是不可能的时候，佩多教授从中国访美学者常庚哲的信中获悉：中国有三位数学工作者，给出了这一问题的两种正面解答．佩多非常高兴地将其中一个方法写成短文介绍给《数学问题》的读者们．他认为这件事是令他极为满意的数学经验之一．

下面的解法较为简单而易于理解．

设 B^* 是点 B 附近的一个点，$B^*B < 2$．如果能作出正三角形 AB^*C^*，则正三角形 ABC 自然容易作出．理由如下（图 9）：

按前面的方法，作平行四边形 C^*B^*BP，则 $C^*P \parallel B^*B$．因为 $C^*P = B^*B < 2$，故可作正三角形 C^*PC，使 C^*PC 的旋转方向与 AB^*C^* 一致．于是

$$\angle AC^*C = 240° - \angle PC^*B^* = 60° + \angle C^*B^*B = \angle AB^*B$$

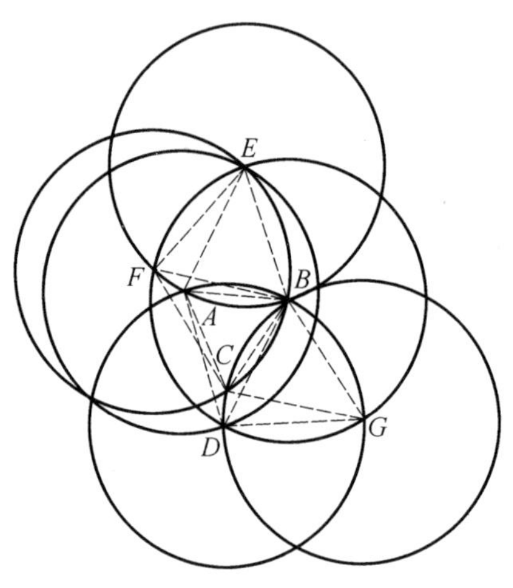

图 8

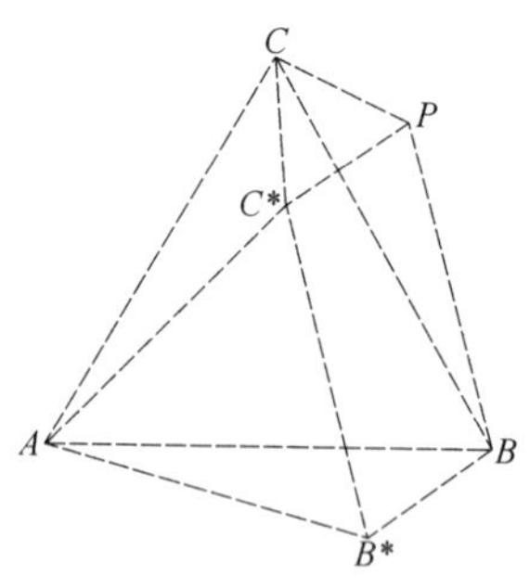

图 9

$$AB^* = AC^*, B^*B = C^*C$$

因此 $\triangle AB^*B \cong \triangle AC^*C$,可见 $AB = AC$,并且

$$\angle CAB = \angle C^*AB^* - \angle BAB^* + \angle CAC^* = \angle C^*AB^* = 60°$$

问题便告解决.

现在要问:怎样才能找到这个“近似解”正三角形 AB^*C^* 呢?

这又要请蛛网点阵帮忙了.很明显,以 A 为中心作蛛网点阵,一定可以在点阵中找到与 B 比较接近且满足 $BB^* < 2$ 的点 B^*.下面指出,就在同一个点阵中,可以轻而易举地找出 C^*,使 $\triangle AB^*C^*$ 为正三角形.而且,这样的 C^* 有两个.

事实上,蛛网点阵中的点,除 A 自己之外,都分布在一些以 A 为中心的、边长为正整数的正六边形的边上(图 10).设 B^* 是边长为 k 的那个正六边形上的点(图 10 中画出 $k=3$ 的情形),自 B^* 沿这个正六边形周界向两个方向各走 k 个单位距离,便得到所要的点 C^* 和 C_1^*. 显然,$\triangle AB^*C^*$ 和 $\triangle AB^*C_1^*$ 都是正三角形.

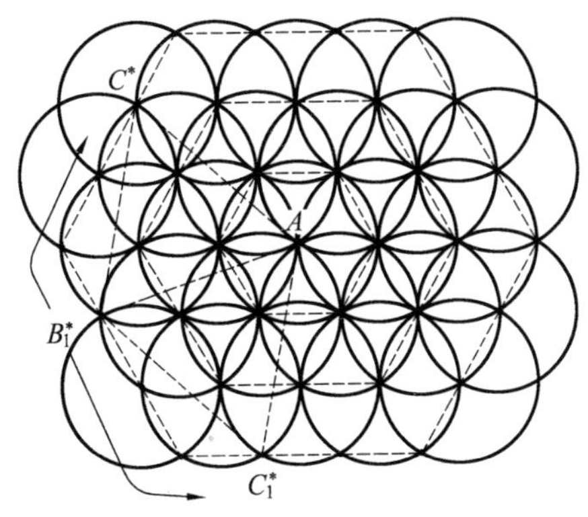

图 10

至此,佩多教授的“生锈圆规”作图的问题便完全解决了.

综上所述,我们可以看到,定圆规至少可以完成以下两类作图:

(1) 把平面上的有限点构成的图形平移到指定的位置,即平移结果使这些点中某个点和预给的一个点重合.

(2) 把有限点集绕某一固定点旋转 60° 后得到的点集作出来.

此外,还能不能干点别的什么呢?

五、尚未解决的难题

佩多教授还提出了这样的问题:

给了 A, B 两点,只用一个定圆规,能不能找出线段 AB 的中点?

这个问题似易实难. 我们猜想:如果定圆规的半径与 AB 的长度之比是超越数,这个作图题是不可能完成的. 较简单的说法是:当圆规只能作单位圆时,如果 $AB=\alpha$ 为超越数,则不可能用它找出 AB 的中点.

所谓 α 为超越数,就是说 α 不是任何一个整系数代数方程的根. 不是超越数的数叫做代数数. 有理数的方根如 $\sqrt{2}$, $\sqrt{7}$ 都是代数数,而 π, e 都是超越数. 可以证明,超越数比代数数多得多,而且几乎所有的实数都是超越数.

另一方面,存在无穷多个不大于 2 的代数数 $\alpha_1,\alpha_2,\cdots,\alpha_n,\cdots$,使当 $AB=\alpha_n$ 时,可以用半径为 1 的定圆规作出 AB 的中点来. 从下面的讨论中我们就可以看到这一点.

应当把问题的提法弄清楚一点. 比如说:在作图中偶然碰上了 AB 的中点,

当然不算是找到了中点.怎样才算用半径为1的定圆规找到了 AB 的中点呢?

定义1 设 M 为平面上的点集,以 M 中的点为圆心的单位圆之间的交点和切点的集合记为

$$M' = \{z \mid 有\ x,y \in M, x \neq y, 使\ \| x - z \| = \| y - z \| = 1\}$$

其中 $\| x - z \|$ 为点 x 与 z 之间的距离.我们把 $M \cup M'$ 记作 $F(M)$,$F(M)$ 叫做 M 的派生点集.记 $F(F(M)) = F^2(M)$,$F^{n+1}(M) = F(F^n(M))$,记 $F^{\infty}(M) = \bigcup\limits_{n=1}^{\infty} F^n(M)$.若 M 为有限集,则 $F^{\infty}(M)$ 叫做以 M 为基的狭义可作集.此时若 $x \in F^{\infty}(M)$,则称 x 是以 M 为基狭义可作的.

显然,若 x 是以 M 为基狭义可作的,则我们必有一定的方法,从有限点集 M 出发,用它圆规把 x 找出来.

但反过来是不对的.例如,$M = \{A, B\}$,$AB > 2$ 时,显然 $F^{\infty}(M) = M$,因而正三角形 ABC 的顶点 C 不是以 M 为基狭义可作的.然而我们却有办法用定圆规把 C 找出来.

因而再引入广义可作的概念.

定义2 设 $A = \{A_1, A_2, \cdots, A_k\}$,$X = \{X_1, X_2, \cdots, X_l\}$ 是平面上的两个有限点集,$M = A \cup X$.如果 $P \in F^{\infty}(M)$,且有 $\varepsilon > 0$,使对 X 的任一个 ε 扰动 $Y = \{Y_1, Y_2, \cdots, Y_l\}$(即 $\| Y_i - X_i \| < \varepsilon, i = 1,2,\cdots,l$)有 $P \in F^{\infty}(A \cup Y)$,则称 P 是以 A 为基广义可作的.

关于广义可作与狭义可作之间的关系,有下面的定理.

定理 若有 $A_i, A_j \in A$,使 $A_iA_j < 2$,$A_iA_j \neq 0,1$,且 P 以 A 为基广义可作,则 P 以 A 为基狭义可作.

这个定理证明并不难,主要利用此时 $F^{\infty}(A)$ 在平面上的稠密性.由此可得下面的推论.

推论 若 P 是以 A 为基广义可作的,则存在单点集 X,使 P 是以 $A \cup X$ 为基狭义可作的.

由上述定理,若 $AB < 2$,且 $AB \neq 0,1$,则能否用定圆规找出 AB 的中点这一问题,可化为下面较为确定的问题:以 A,B 为圆心作单位圆,以它们的交点为圆心再作圆,再以新产生的交点为圆心作圆,如此不断作下去,就得到一个仅与 A,B 有关的可数点集 $M_{A,B}$.问题在于,AB 的中点 O 是否属于 $M_{A,B}$?

下面对这个问题作一初步探讨.可以看到,它竟与哪些丢番图方程有关.

以直线 AB 为 x 轴,AB 的中点为原点 O,建立笛卡儿坐标系.设 $AB = \lambda < 2$,$\lambda \neq 0,1$.我们知道,正三角形 ABC 的顶点 C 是可以用定圆规找出来的.以

$\triangle ABC$ 为基础向四周继续重复地作边长为 λ 的正三角形的顶点，形成一个包含 A,B 在内的蛛网点阵(图 11).不难算出，点阵中点的坐标的一般形式为$\left(\frac{k\lambda}{2},\frac{m\sqrt{3}\lambda}{2}\right)$，其中 k,m 为整数，$k+m$ 为奇数.将所有这样的点组成的集合记为 M_1.以下记 $M_{n+1}=F(M_n)$，$n=1,2,\cdots$，就得到一系列越来越大的点集，如果存在某个 n_0 使原点 $O\in M_{n_0}$，则我们一定可以用半径为1的定圆规找到 O，即 AB 的中点.如前所述，无论按狭义或广义的理解，AB 的中点都是可作的，否则就是不可作的.

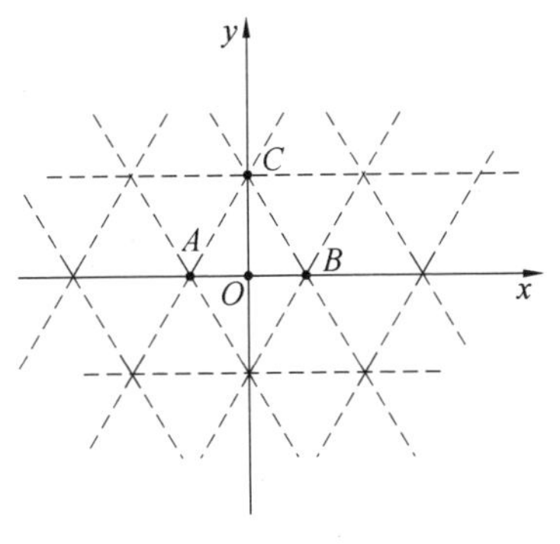

图 11

但是，具体分析点集 M_n 的构成，却是一项极为繁重的工作.我们试从 $n=1,2,3$ 做起，看看会有什么结论.

由于 $k+m$ 为奇数，显然 $O\notin M_1$.

想要 $O\in M_2$，充要条件是有 $P\in M_1$，使 $PO=1$，即有整数 k,m 使

$$\frac{k^2\lambda^2}{4}+\frac{3m^2\lambda^2}{4}=1\quad k+m\text{ 为奇数}\tag{1}$$

也就是必须有

$$\lambda^2=\frac{4}{k^2+3m^2}\quad k+m\text{ 为奇数}$$

这告诉我们，当 λ 取某些特殊值时，容易用半径为1的定圆规找出 $AB(AB=\lambda)$ 的中点.例如 λ 等于$\frac{2}{\sqrt{3}},\frac{2}{\sqrt{7}},\frac{2}{\sqrt{13}}$，等.总之，当 λ 取定之后，若丢番图方程(1)有解，则 $O\in M_2$，即可用定圆规找出 AB 之中点.

显然，若 λ 为超越数，$O\in M_2$ 是不可能的.

接下去问，$O\in M_3$ 又要什么条件呢?那就需要有 $P\in M_2$，使 $PO=1$.

不妨设 $P \notin M_1$，则 P 是以 M_1 中某两点为圆心的单位圆的交点. 设 Q_1，$Q_2 \in M_1$，使 $PQ_1 = PQ_2 = PO = 1$，即 $S_{\triangle Q_1Q_2O}$ 的外接圆半径为 1，因而有等式

$$4S_{\triangle Q_1Q_2O} = Q_1O \cdot Q_2O \cdot Q_1Q_2$$

将此式两端平方后利用解析几何里的公式，并设 Q_1，Q_2 的坐标分别为$\left(\frac{k_1\lambda}{2},\frac{m_1\sqrt{3}\lambda}{2}\right)$和$\left(\frac{k_2\lambda}{2},\frac{m_2\sqrt{3}\lambda}{2}\right)$，代入后整理得

$$48(k_1m_2 - k_2m_1)^2 = \lambda^2(k_1^2 + 3m_1^2)(k_2^2 + 3m_2^2) \cdot [(k_1 - k_2)^2 + 3(m_1 - m_2)^2]$$

这样，又得到一个含参数 λ 的丢番图方程. 不难计算出对于 λ 的又一串值，有 $O \in M_3$. 很显然，若 λ 为超越数，这个丢番图方程也不可能有解.

这样看来，当 λ 为超越数时，O 不属于 M_3.

一般而言，若 $O \in M_n$，则可以导出一些变元数不超过 2^{n-1} 的丢番图方程. 如果这些方程中出现参数 λ，则当 λ 为超越数时它们不可能有解. 由此可见，当 λ 为超越数时，要使点集 M_n 中包含 O，这些方程中至少应当有一个方程，其中不出现 λ，并且它是有解的.

已经证明，丢番图方法有没有解的问题是不可判定的，即没有一个统一的算法可以解决这问题. 而我们这里还涉及更复杂的问题：导出一系列变数越来越多的含参数 λ 的丢番图方程，而且要弄清楚这些方程中是否有这样的方程，经整理后其中不出现 λ.

很难想象由某个 n 对应的 $O \in M_n$ 所导出的方程竟会不含 λ，因此我们猜想：当 λ 为超越数时，对任意的 n，都有 $O \notin M_n$.

目前，还看不到解决这个问题的途径. 但或许在某一天，一位业余数学家会找到出人意料的巧妙方法给出这个难题的解答.

第四十章　“生锈圆规”作图问题的意外进展[①]

用一把两脚开度不能变化的“生锈圆规”，能不能找出联结任意两点 A，B 的线段的中点来？答案是：能！这个消息将会使提出这一趣味难题的美国几何学家佩多教授感到高兴和意外．用生锈圆规所能干的事，远比人们原来想象的要多：用它能找出直线上所有的有理点，甚至所有整系数二次方程的根；用普通圆规可以作出的正多边形，用它也能作出．也许更使佩多教授感到意外的是，这些结论，并非由专业数学工作者所获得．我国一位正在自学的普通待业青年，作出了这个也许是近百年来在尺规限制作图方面最引人注目的贡献．

知名数学家提出的难题被不知名的年轻人所解决，这样的事例在历史上并不罕见．大家比较熟悉的人物：帕斯卡、高斯、阿贝尔、伽罗瓦……，都曾在年轻时就为数学大厦的建筑作出了使人难忘的贡献．我国当代的许多数学家，也有不少在年轻时就完成了引人注目的研究工作．

数学的发展越来越快，世界上可以称为数学家的人日益增多．数学家们在孜孜不倦地工作，使数学成果越来越多，文献资料浩如烟海．几年前有人估计，美国《数学评论》上每年摘引的新定理，有 20 万条之多．数学宫殿，现在好比是“侯门深似海”．想研究数学，想发现一些别人尚未发现的定理，比起几百年前，甚至几十年前，都要艰难得多．没有受过高等教育的青年，想在数学领域一显身手，机会比前人确实是要少了．

机会虽少，但并非全然没有．在有些所需预备知识不多的数学分支（这些分支有古老的，也有年青的）中，确有一些问题，可能被一些思想活跃并能刻苦钻研的年轻人攻克，尽管他们没有经过“正规”的高深数学课程的训练．本文所要介绍的，正是这样一个事例．

一、佩多的中点问题

所谓“生锈圆规”，就是两脚开度固定了的圆规．以下设它的固定开度为 1，并称它为单位定规．显然，用它只能画半径为 1 的圆周．

佩多教授提出的问题并不多，一共两个，看上去也很简单．也许他想如果连

① 原作者为中国科学院成都分院张景中．

这两个问题都找不到解答,那么再多提也没意义,反而冲淡人们对这两个问题的兴趣.这两个问题是:

(1) 已知 A,B 两点,只用单位定规,如何找到另一点 C,使 $\triangle ABC$ 为正三角形?

(2) 已知 A,B 两点,只用单位定规,如何找到线段 AB 的中点①?

两个问题中的前一个,已被我国数学工作者于 1983 年解决.对此,佩多教授非常高兴.

解答了这一难题的,是山西省的一位自学青年,名叫侯晓荣.他不但证明了只用单位定规能找出线段 AB 的中点,从而肯定地回答了佩多教授的第二个问题,而且获得了远为丰富的成果.他的证明用的是代数方法,如果把他的代数推演过程"翻译"成作图步骤,其复杂性将使多数读者难以忍受.为使更多的数学爱好者领略个中趣味,这里介绍一个简明的方法.

二、我们已经会用生锈圆规做些什么

现在人们已经会用单位定规做一些事了.这是继续前进的基础.这里把已经会做的几件事列出来,作为引理.这对下一步讨论会带来方便.

引理 1(单位定规作图法之一) 已知 A,B 两点,可以作出②一串点 $A_0,A_1,\cdots,A_{n+1}$,使它们满足:

(1) $A_0=A,A_{n+1}=B$;

(2) $A_0A_1=A_1A_2=\cdots=A_nA_{n+1}=1$.

引理 1 也可简单地表达为:对任意两点 A,B,可以用步长为 1 的点列把它们联系起来.以后,我们还需要用步长为 d 的点列来联系两个点 A,B.这个步长 d 能够取哪些数值,当然是我们感兴趣的问题.下面逐步来研究它.要知道,由于圆规张不开,对于离得较远的点,就有鞭长莫及之苦.怎么办呢?用等步长的点列联系起来,这是一个基本手段.

引理 2(单位定规作图法之二) 已知 A,B,C 三点,可以作出第四点 D,使 $ABCD$ 是平行四边形($ABCD$ 可以是退化的平行四边形).

引理 3(单位定规作图法之三) 已知 A,B 两点,可以作出第三点 C,使 $\triangle ABC$ 是正三角形.

引理 3 是对佩多第一个问题的回答.有了引理 3,我们可以从任两个已给的点 A,B 出发,作出以正三角形为基本构形的蛛网点阵来.因而得到下面的推

① 应当强调一下:平面上只给出 A,B 两点,没有给出线段 AB,如果有线段 AB,问题会变得容易得多.

② 在本文中,凡是"可以作出"或"可作"等,如无特别说明,均指用单位定规可作.

论.

推论1　已知 A,B 两点,对任给的整数 $k>1$,可以作出直线 AB 上的点 C_1,使 B 在 A,C_1 之间,并且 $AC_1=kAB$(图1).

推论2　已知 A,B 两点,对任给的整数 $k\geqslant 0$,可以作出位于 AB 的垂直平分线上的点 C_2,使 C_2 到直线 AB 的距离是 $(k+\frac{1}{2})\sqrt{3}AB$.换句话说:可以作出点 C_2,使 $\triangle ABC_2$ 是等腰三角形,而且 $AC_2=BC_2=\sqrt{3k^2+3k+1}\cdot AB$(图1).

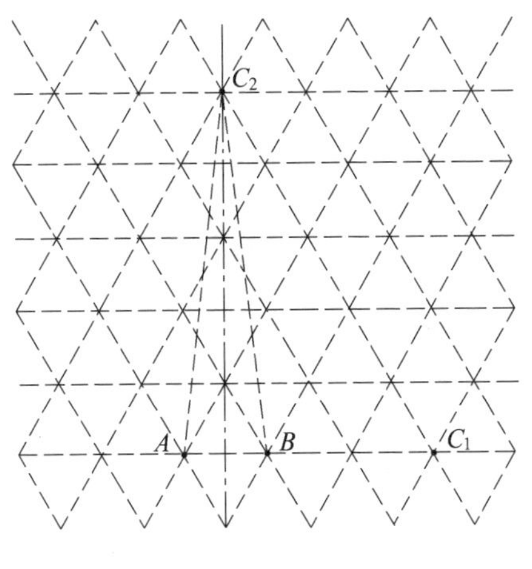

图1

推论3　已知 A,B 两点,且 $AB=a<\frac{1}{n}$,则可以作出点 D,使 $DA\perp AB$,且 $DA=\sqrt{1-n^2a^2}$(图2)

推论4　已知 A,B 两点,且 $AB=a\leqslant\frac{2}{2n+1}$,则可以作出点 C,使 $AC=BC=\sqrt{1-n(n+1)a^2}$(图3).

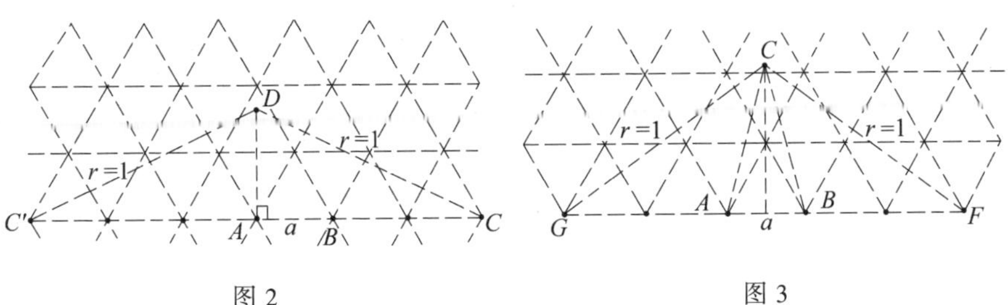

图2　　　　　　图3

推论1是显然的.推论2～4的证明,只要分别看看图1～3,用勾股定理便可得到.

三、佩多中点问题的解答

《朱子治家格言》里有一句话:“得意不宜再往.”意思是:占便宜的事,一次就可以了,“再往”,说不定反而吃亏.但是在数学里,恰恰相反.成功了的方法,大家老想一用再用,“得意”之后,总想“再往”.让我们回忆一下解决佩多第一个问题的步骤:首先设法作出不太大的正三角形——用的是“五圆构图法”(图4),然后才解决一般情况下的问题.让我们试一试,对第二个问题能否如法炮制?

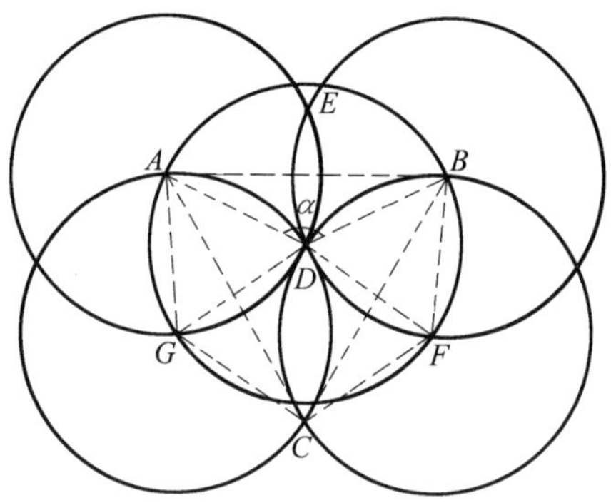

图 4

假设 A,B 之间的距离不太大,怎样找出线段 AB 的中点呢?我们可以这样设想:如果以 AB 为底作一个 $\triangle ABC$,而且可以作出 AC,BC 的中点 M,N,再作出点 P,使 $MCNP$ 是平行四边形,那么 P 就是线段 AB 的中点了(图 5).

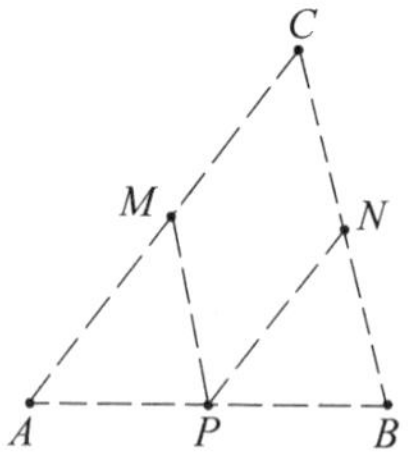

图 5

这个设想看起来似乎行不通:要找出 AB 的中点,却要先找出 AC,BC 的中点.但这里有一个区别:AB 的长度是任意给定的,而点 C 的位置,从而 AC,BC 的长度,却可以由我们选择.因此我们希望找到一个适当的长度 d,当任意两点的距离为 d 时,可以作出联结这两点的线段的中点.另外,对于距离不太远的 A,B 两点,可以作出点 C,使 AC,BC 的长度均为 d(这就隐含了 $AB<2d$,即 A,B 间的距离的确不能太大).

寻找这样的长度 d,颇不容易.在侯晓荣的一般代数讨论启发之下,笔者找到了三个符合要求的 d:$\frac{1}{\sqrt{17}},\frac{1}{\sqrt{19}},\frac{1}{\sqrt{51}}$,其中最后找到的$\frac{1}{\sqrt{19}}$,所对应的作图步骤最简单.就在找到 $\frac{1}{\sqrt{19}}$ 的同一天,侯晓荣也找到了这样的一个 $d:\frac{1}{\sqrt{271}}$,相应的作图方法也不太复杂.可惜 $\frac{1}{\sqrt{271}}$ 与单位定规的两脚开度 1 相比太小了,实现作图是比较困难的.

图 6 告诉我们怎样用单位定规作出由两个相距为 $\frac{1}{\sqrt{19}}$ 的点 A,B 所连成的线段的中点.具体步骤是:

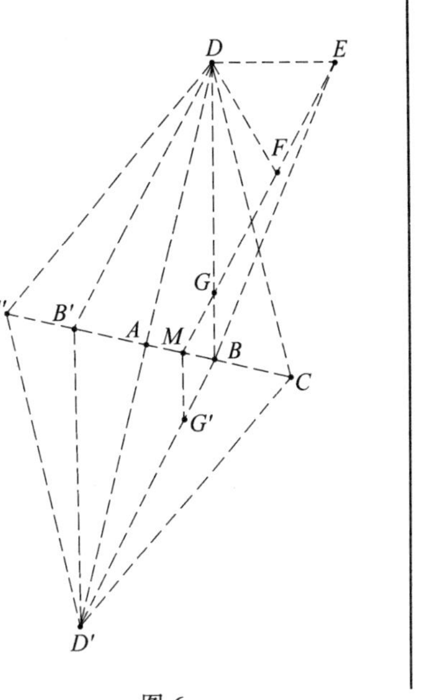

图 6

(1) 由推论 1,作出点 C,B',C',使 $B'C' = B'A = AB = BC = \frac{1}{\sqrt{19}}$.

(2) 分别以 C,C' 为圆心作单位圆交于 D 和 D',则 DD' 垂直平分 CC',且 $DA = D'A = \sqrt{\frac{15}{19}}$.于是 $BD = \frac{4}{\sqrt{19}}$.

(3) 由推论 3,取 $BD = a, n = 1$,可作出点 E,使 $ED \perp DB$,且 $ED = \sqrt{1 - a^2} = \sqrt{\frac{3}{19}}$.

(4) 作出点 F,使 $\triangle DEF$ 为正三角形.由推论 1,可作点 G 使 $GF = FE$,且 G,F,E 共线.显然 G 在 BD 上,并且

$$DG = \sqrt{3}DE = \sqrt{3}\cdot\sqrt{\frac{3}{19}} = \frac{3}{\sqrt{19}}$$

因而

$$GB = BD - DG = \frac{1}{\sqrt{19}}$$

(5) 同样在 BD' 上作出点 G',使 $BG' = BG = \frac{1}{\sqrt{19}}$.再作点 M,使 $GBG'M$ 是平行四边形,则 M 在 AB 上.

因为

$$\triangle B'DB \backsim \triangle MGB$$

故

$$\frac{MB}{B'B}=\frac{GB}{DB}=\frac{\frac{1}{\sqrt{19}}}{\frac{4}{\sqrt{19}}}=\frac{1}{4}$$

$$MB=\frac{1}{4}B'B=\frac{1}{2}AB$$

这样,我们就作出了 $AB(=\frac{1}{\sqrt{19}})$ 的中点 M.

现在我们要对距离小于$\frac{2}{\sqrt{19}}$的两点 A,B,设法作出点 C,使 AC,BC 的长度为$\frac{1}{\sqrt{19}}$.为此,我们要用到下面这个十分有用的"半径变化定理".

引理4(半径变化定理,单位定规作图法之四) 已知 A,B,C^* 是等腰三角形的三个顶点,$AC^*=BC^*\leqslant 2$,则可作出点 C,使 $\triangle ABC$ 为等腰三角形(当 $BC^*=2$ 时,$\triangle ABC$ 退化为线段),且

$$AC=BC=\frac{AB}{BC^*}$$

证明 如图7所示,分别以 B,C^* 为圆心作圆,取对 A 来说在BC^*另一侧的交点为 P;分别以 A,C^* 为圆心作圆;取对 B 来说在AC^*另一侧的交点为 Q;再分别以 P,Q 为圆心作圆,交于 C^*,C 两点.由对称性,可知直线 C^*C 垂直平分 AB.

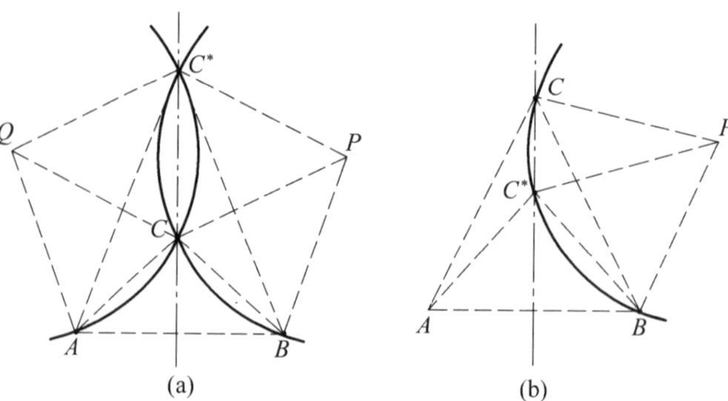

图7

情形1(C 在 $\triangle ABC^*$ 内):

由

$$\angle ACB=2(\angle CC^*B+\angle CBC^*)=$$

$$\angle CPB + \angle CPC^* = \angle C^* PB$$

得
$$\triangle ACB \backsim \triangle C^* PB$$

情形 2(C 在 $\triangle ABC^*$ 外)：

由
$$\angle ACB = 2\angle C^* CB = \angle C^* PB$$

也得
$$\triangle ACB \backsim \triangle C^* PB$$

于是总有

$$\frac{AC}{AB} = \frac{PC^*}{BC^*} = \frac{1}{BC^*}$$

亦即
$$AC = BC = \frac{AB}{BC^*}$$

引理 4 相当于给了我们这样一把生锈圆规：它两脚的固定开度是$\frac{AB}{BC^*}$，即可以分别以 A，B 为圆心，以$\frac{AB}{BC^*}$ 为半径作圆交于 C.

设 $AB < \frac{2}{\sqrt{19}}$，把图 7 中的 $\triangle ABC^*$ 取成与图 1 中的 $\triangle ABC_2$ 相似，即 $BC^* = \sqrt{19}AB < 2$，由半径变化定理，图 7 中所得到的点 C 满足

$$AC = BC = \frac{AB}{BC^*} = \frac{1}{\sqrt{19}}$$

这就圆满地解决了所提出的问题：任给两点 A，B，只要 $AB < \frac{2}{\sqrt{19}}$，就能作出以 AB 为底、腰长为$\frac{1}{\sqrt{19}}$ 的等腰三角形的顶点 C 来. 图 8 表现了整个作图过程.

现在我们用图 6 所示的方法作出 AC，BC 的中点，再用图 5 给出的设想，就可以作出 $AB(<\frac{2}{\sqrt{19}})$ 的中点了.

最后一个尚待完成的步骤就容易多了. 设已给了 A，B 两点，它们可能相距甚远. 我们用老办法：作一个"蛛网点阵"来控制点 B(图 9). 先在点 A 的近旁取一点 D 使$AD \leqslant \frac{1}{\sqrt{19}}$；接着作出点 E，使 $\triangle ADE$ 是正三角形；然后像铺瓷砖一样一块接一块地用全等于 $\triangle ADE$ 的正三角形向点 A 的周围扩张，构成一个"蛛网点阵". 这些正三角形的顶点可以看成某个斜角坐标系下的所谓"格点"(坐标为整数的点). 四个格点形成一个小菱形. 点 B 总要落在某个小菱形内或它的周界上. 小菱形的四个顶点中，总有一个顶点 P，它的坐标是一对偶数$(2m,2k)$，这样，点 $R(m,k)$ 就是 AP 的中点. 显然 $BP < \frac{2}{\sqrt{19}}$，于是可作出点 T 使

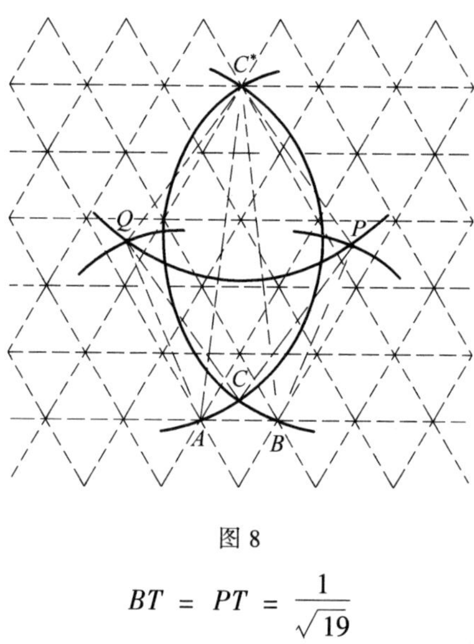

图 8

$$BT = PT = \frac{1}{\sqrt{19}}$$

然后分别作出 BT,PT 的中点,进而作出 BP 的中点 Q.最后作出点 M 使 $QPRM$ 为平行四边形,则点 M 就是 AB 的中点.这就得到下面的定理.

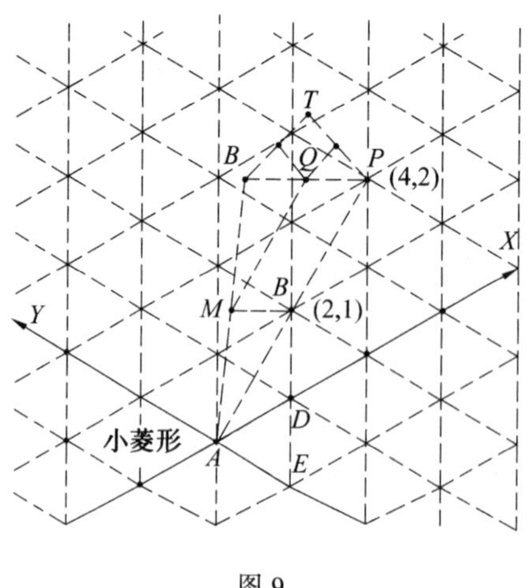

图 9

定理 1(单位定规作图法之五) 已知 A,B 两点,可以作出线段 AB 的中点 M.

这是我们期待已久的、更是佩多教授期待已久的结论.

四、同变定理

请注意一下前面作图过程中的图 8,它是什么?不是别的,正是佩多所惊叹的“五圆构图”(图4)的变种!在“五圆构图”中,两个边长为1的全等三角形“诱导”出了第三个正三角形;在图8中,两个腰长为1的全等等腰三角形$\triangle AQC^*$,$\triangle BPC^*$“诱导”出了一个与它们相似的等腰三角形$\triangle ACB$.把正三角形换成相似的等腰三角形,使我们得到了有效的新手段.这一点给我们以启发.如图10所示,从$\triangle AB^*C^*$和$\triangle C^*PC$这两个正三角形出发,作出点B,使B^*C^*PB是平行四边形,就得到了正三角形ABC.

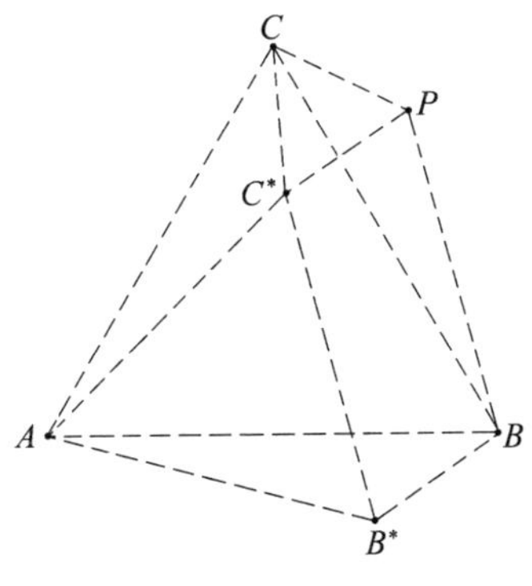

图10

把前两个正三角形换成彼此相似的三角形,是否也能通过平行四边形作图得到第三个相似三角形呢?

果然如此!如图11所示,已知$\triangle AB^*C^* \backsim \triangle B^*BP$,且$A—B^*—C^*$沿$\triangle AB^*C^*$周界绕行的方向与$B^*—B—P$沿$\triangle B^*BP$周界绕行的方向相同(这里都是逆时针方向),则以点$C^*,B^*,P$为基础作平行四边形$C^*B^*PC$,必有$\triangle ABC \backsim \triangle AB^*C^*$.

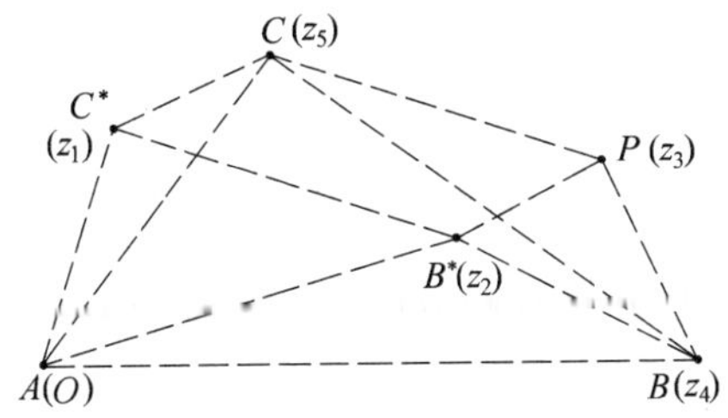

图11

先证明$\triangle AC^*C \backsim \triangle CPB \backsim \triangle AB^*B$.在$\triangle AC^*C$和$\triangle AB^*B$中,已有

$$\frac{AC^*}{C^*C}=\frac{AC^*}{B^*P}=\frac{AB^*}{B^*B}\quad(\text{因}\triangle AB^*C^* \backsim \triangle B^*BP)$$

只要再证明

$$\angle AC^*C = AB^*B$$

因为

$$\angle AB^*C^* + \angle BB^*P = \angle AB^*C^* + \angle B^*AC^* = 180^\circ - \angle AC^*B^*$$

而

$$\angle C^*B^*P = 180^\circ - \angle CC^*B^*$$

故

$$\angle AB^*B = 360^\circ - \angle AB^*C^* - \angle BB^*P - \angle C^*B^*P = 360^\circ - (180^\circ - \angle AC^*B^*) - (180^\circ - \angle CC^*B^*) = \angle AC^*B^* + \angle CC^*B^* = \angle AC^*C$$

所以

$$\triangle AC^*C \backsim \triangle AB^*B$$

同理可证

$$\triangle CPB \backsim \triangle AB^*B$$

从而得

$$\frac{AC^*}{AC} = \frac{AB^*}{AB}, \frac{B^*C^*}{BC} = \frac{PC}{BC} = \frac{AB^*}{AB}$$

这就证明了 $\triangle ABC \backsim \triangle AB^*C^*$.

注意这个结论当 $\triangle AB^*C^*$ 退化时仍成立.例如:当 C^*,P 分别是 AB^* 和 B^*B 的中点时,C 是 AB 的中点,即图 5 所示.

上面的证明依赖于图,如果你熟悉平面向量的复数表示法,就可以有一个十分简单而且不依赖于图的证法.

设 A 是复平面上的原点.分别用 z_1,z_2,z_3,z_4 顺次表示 C^*,B^*,P,B,于是 $\triangle AB^*C^* \backsim \triangle B^*BP$,且它们顶点的绕行方向一致这一几何事实可以简单地用复数式表示为

$$\frac{z_1}{z_2} = \frac{z_3 - z_2}{z_4 - z_2} = z^*$$

设 C 为 z_5,则 C^*B^*PC 是平行四边形这一几何事实可以表示为

$$z_5 - z_1 = z_3 - z_2$$

于是 $$\frac{z_5}{z_4} = \frac{z_5 - z_1 + z_1}{z_4 - z_2 + z_2} = \frac{z_3 - z_2 + z_1}{z_4 - z_2 + z_2} = \frac{z^*(z_4 - z_2) + z^*z_2}{z_4 - z_2 + z_2} = z^*$$

因此 $$\frac{z_5}{z_4} = \frac{z_1}{z_2}$$

其几何意义就是 $\triangle ABC \backsim \triangle AB^*C^*$,且它们的顶点有相同的绕行方向.以上

推理在 $\triangle AB^*C^*$ 退化成为线段时仍成立，这时 z^* 为实数. 因而有下面的引理.

引理5(单位定规作图法之六)　已知点 A,B,B^*,C^*,P，使 $\triangle AB^*C^* \backsim \triangle B^*BP$ 且 $A—B^*—C^*$ 与 $B^*—B—P$ 在各自周界上有相同的绕行方向，则可作点 C，使 $\triangle ABC \backsim \triangle AB^*C^*$，并且 $A—B—C$ 与 $A—B^*—C^*$ 在各自周界上有相同的绕行方向. 当 $\triangle AB^*C^*$ 退化时，上述结论仍成立.

由引理5，运用数学归纳法，容易证明下面的推论.

推论5(同变定理)　已知点列 $A_0,A_1,A_2,\cdots,A_{n+1}$ 和 $P_0,P_1,\cdots,P_n$，$A_0=A$，$A_{n+1}=B$，使得诸 $\triangle A_iP_iA_{i+1}$ 彼此相似且 $A_i—P_i—A_{i+1}(i=0,1,2,\cdots,n)$ 在各自周界上有相同的绕行方向，则可作点 C，使 $\triangle ACB \backsim \triangle A_0P_0A_1$，而且 $A—C—B$ 与 $A_0—P_0—A_1$ 在各自周界上有相同的绕行方向(图12).

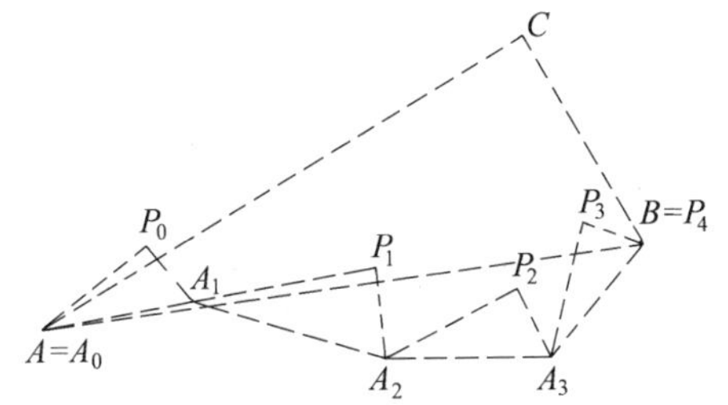

图12　同变定理

把推论5叫做"同变定理"，意思是大三角形与这些小三角形一同变化. 由引理1，任两点之间可以用步长为1的点列联系起来，而用单位定规作边长为1的正三角形是最容易的了，因此由同变定理立刻就推出佩多教授第一个问题的肯定解答.

五、正方形与 n 等分点作图

用单位定规作图，无非是确定点的位置. 已知 A,B 两点去确定第三点 C，也就是求作点 C 使 $\triangle ABC$ 相似于某个给定的三角形. 有了同变定理，自然会想到，如果：

(1) 当 $AB=d$ 时，可作 $\triangle ABC \backsim \triangle PQR$；

(2) 对任给的两点 A,B，可用步长为 d 的点列把它们联系起来；

则对任给的 A,B 两点，总能作 $\triangle ABC \backsim \triangle PQR$.

那么，可以用步长为多大的点列把任意两点联系起来呢？

让我们来看图9. 事实上，在图9中总可以取 $AD=\dfrac{1}{\sqrt{19}}$. 方法是：先取一点

C 使 $AC < \frac{2}{\sqrt{19}}$,再用图 8 所示的方法作出点 D 使

$$AD = CD = \frac{1}{\sqrt{19}}$$

这样,图 9 的蛛网点阵中任何相邻两点都相距 $\frac{1}{\sqrt{19}}$. 注意到

$$BT = PT = \frac{1}{\sqrt{19}}$$

于是可以用步长为 $\frac{1}{\sqrt{19}}$ 的点列联系 A,B.

但这个 $\sqrt{19}$ 是哪儿来的?它是由推论 2 中的 $\sqrt{3k^2+3k+1}$ 取 $k=2$ 得来的.对图 1 中的 $\triangle ABC_2$ 用一下半径变化定理,便可以在

$$AB < \frac{2}{\sqrt{3k^2+3k+1}}$$

的前提之下作出点 C,使

$$AC = BC = \frac{1}{\sqrt{3k^2+3k+1}}$$

再由图 9,便可得知下面的推论.

推论 6 对任给的非负整数 k,任意两点都可以用步长为 $\frac{1}{\sqrt{3k^2+3k+1}}$ 的点列联系起来.

另外,有一个平凡的推论.

推论 7 已知 A,B 两点,$AB = a = \frac{1}{\sqrt{m}}$,$m \geqslant 3$,则可作一点 C,使

$$AC = BC = \frac{1}{\sqrt{m-2}}$$

证明 先由推论 1,可作直线 AB 上的两点 P,Q,使 $PA = AB = BQ = a$,$PQ = 3a < 2$.再由推论 4,可作出点 C^*,使

$$AC^* = BC^* = \sqrt{1-n(n+1)a^2}$$

取 $n = 1$,得

$$AC^* = BC^* = \sqrt{1-2a^2} = \sqrt{\frac{m-2}{m}}$$

再由半径变化定理,可作出点 C,使

$$AC = BC = \frac{AB}{BC^*} = \frac{1}{\sqrt{m-2}}$$

注意到推论6中的$3k^2+3k+1$可以是足够大的奇数，于是反复用推论7便得下面的推论.

推论8　对任给的非负整数m，任意两点都可用步长为$\frac{1}{\sqrt{2m+1}}$的点列联系起来.

推论8立刻使我们得到一个意外收获.

定理2(单位定规作图法之七)　对任给的正整数m和A，B两点，可以作出点C，使$\angle CAB = 90°$且$CA = \sqrt{m}AB$.

证明　令
$$k = 2 + \frac{1+(-1)^m}{2}$$
则$m + k^2 - 1$总是偶数.取
$$N = \frac{1}{2}(m + k^2 - 1)$$
则
$$m = 2N + 1 - k^2$$

应用推论8，把A，B两点用步长为$\frac{1}{\sqrt{2N+1}}$的点列联系起来.设此点列为P_0，P_1，…，P_{l+1}.对于P_j，$P_{j+1}(j = 0,1,\cdots,l)$，由推论3可作出$D_j$，使得$D_jP_j \perp P_jP_{j+1}$，且$D_jP_j = \sqrt{1-n^2a^2}$，这里取$n = k$而$a$即为$P_jP_{j+1} = \frac{1}{\sqrt{2N+1}}$，于是$D_jP_j = \sqrt{\frac{m}{2N+1}}$.再由同变定理即知可作点$C$，使
$$\triangle ABC \backsim \triangle P_jP_{j+1}D_j$$
因而$\angle CAB = 90°$，且
$$\frac{CA}{AB} = \frac{D_jP_j}{P_jP_{j+1}} = \frac{\sqrt{\frac{m}{2N+1}}}{\sqrt{\frac{1}{2N+1}}} = \sqrt{m}$$

取$m = 1$，立刻得到一个引人注目的推论.

推论9　已知A，B两点，可作C，D两点，使$ABCD$是正方形.

继续前进，就可以得到超过佩多教授要求的n等分点作图了！

定理3(单位定规作图法之八)　已知A，B两点，对任给的正整数$k>1$，都可以作出AB上的一点C，使$AB = \sqrt{k}CB$(当$k = 4$时，C即为AB中点).

证明　我们列出作图步骤.

(1)用步长为 $a = \frac{1}{\sqrt{2N+1}}$ 的点列 $P_0, P_1, \cdots, P_{n+1}$ 把 A, B 联系起来.这里 $P_0 = A, P_{n+1} = B$,而 N 是任意取定的正整数.

(2)任取正整数 $m < 2N$,对"联系点列"当中的相继两点 P_i, P_{i+1} 应用定理2作出一点 C_i,使 $\angle C_iP_iP_{i+1} = 90°$,且

$$C_iP_i = \sqrt{m}P_iP_{i+1} = \sqrt{m}a$$

于是

$$C_iP_{i+1} = \sqrt{\overline{C_iP_i}^2 + \overline{P_iP_{i+1}}^2} = \sqrt{m+1}a$$

(3)作 C_i 关于直线 P_iP_{i+1} 的对称点 C_i^*,这可以简单地用推论1来完成.

(4)以 C_iP_{i+1} 为一边向两侧作正方形 $C_iP_{i+1}QX$ 和 $C_iP_{i+1}\widetilde{Q}\widetilde{X}$.

(5)分别以 $Q, \widetilde{Q}$ 为圆心作圆,交于两点.其中一点 W 在线段 C_iP_{i+1} 上,易求出

$$WP_{i+1} = \sqrt{1 - \overline{C_iP_{i+1}}^2} = \sqrt{1-(m+1)a^2}$$

(因 $m < 2N$,故 $(m+1)a^2 = \frac{m+1}{2N+1} < 1$).

(6)以 $C_i^*P_{i+1}$ 为一边向两侧作正方形,重复步骤(4)与(5),得到关于 P_iP_{i+1} 与 W 对称的 W^*,即

$$W^*P_{i+1} = WP_{i+1}, \angle W^*P_{i+1}P_i = \angle WP_{i+1}P_i$$

(7)应用引理2,作平行四边形 $WP_{i+1}W^*M$(事实上是菱形),显然 M 落在 P_iP_{i+1} 上.

设 WW^* 交 MP_{i+1} 于 O,则有

$$\frac{MP_{i+1}}{P_iP_{i+1}} = \frac{2OP_{i+1}}{P_iP_{i+1}} = \frac{2WP_{i+1}}{C_iP_{i+1}} = \frac{2\sqrt{1-(m+1)a^2}}{\sqrt{(m+1)a^2}} =$$

$$2\sqrt{\frac{2N-m}{m+1}} = \sqrt{\frac{4(2N-m)}{m+1}}$$

为了使 $P_iP_{i+1} = \sqrt{k}MP_{i+1}$,只要取 $m = 4k-1, N = 2k$ 即可.步骤(2)~(7)的作图过程见图13.

最后,用一下同变定理,便可以作出所要的点 C 来.

我们完成的比佩多教授所希望的要多:AB 的 n 等分点都可以作出来(只要取 $k = n^2$ 即可).把定理1与定理2结合起来,实际上得到了这样的结论:如果以 A 为原点,以直线 AB 为 x 轴,建立笛卡儿坐标系,并设 $AB = \lambda$,则当 x, y 都是整系数二次方程的实根的时候,点 $(\lambda x, \lambda y)$ 一定能用单位定规作出来!

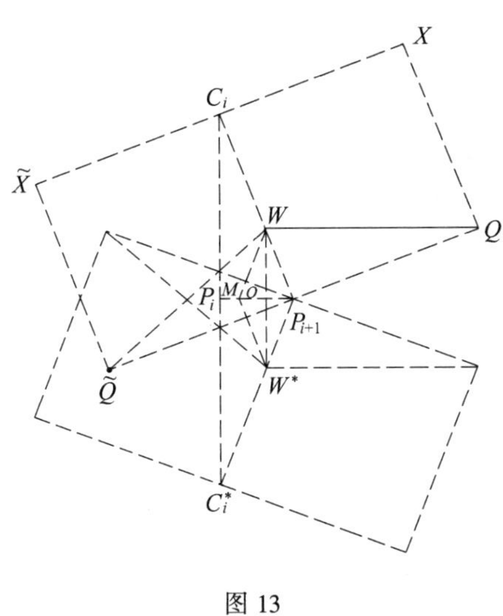

图 13

六、复数表示与代数语言

用复数表示平面上的点,可以用简洁的代数语言来叙述“生锈圆规”的作图理论.

设已知两点 A 和 B,A 用复数 $z_A = 0$ 表示,B 用另一个复数 z_B 表示,则当 $z_B - z_A = z_B \neq 0$ 时,平面上任一点 C 所对应的复数 z_C 总可以表示成

$$z_C = z^* z_B$$

的形式.

设有某个固定的复数 z^*,对任何复数 z_B,都能用单位定规作出点 $z_C = z^* z_B$,就说 z^* 是一全可作的复数.全体全可作复数所成之集合记作 L.

佩多的第一个问题等价于:$e^{\frac{i\pi}{3}} = \frac{1}{2} + \frac{\sqrt{3}}{2}i$ 是否属于 L?第二个问题等价于:$\frac{1}{2}$ 是否属于 L?

我们再引入另一个集合 S:若对任意两点 A,B,都有步长为 d 的点列把它们联系起来,则称 $d \in S$.

把全可作的概念略加推广,可得相对可作的概念:设 z^* 是某个复数,U 是复数集合的一个非空子集,若对一切 $z_B \in U$,都能用单位定规作出 $z_C = z^* z_B$,则称 z^* 为相对于 U 可作.所有相对于 U 可作的复数所成之集合记作 $L(U)$.

下面的命题,大部分是显然的.

命题 1　若 $U_1 = \{z_1 z \mid z \in U\}$,且 $z_1 \in L(U)$,$z_2 \in L(U_1)$,则 $z_1 z_2 \in$

$L(U)$.

这个命题易由 $L(U)$ 的定义得到.当 U 是全体复数时可推出:若 $L \supset \{z_1, z_2\}$,则 $z_1 z_2 \in L$.

命题 2　若 $z_1 \in L(U), z_2 \in L(U)$,则 $z_1 + z_2 \in L(U)$.这是引理2的代数表示.

命题 3　若 $z \in L(U)$,则其共轭复数 $\bar{z} \in L(U)$.

命题 4　若 $0 < d = |z_B| \in S$,则由 $z \in L(z_B)$ 可推知 $z \in L$.这就是同变定理.这里 $L(z_B)$ 是 $L(\{z_B\})$ 的略写,以下同此.

命题 5　由 $1 \in S$ 及 $e^{\frac{i\pi}{3}} \in L(1)$ 得 $e^{\frac{i\pi}{3}} \in L$.再用命题2与命题3可得:对一切整数 m, k 有

$$(m + \frac{1}{2}) + i(k + \frac{1}{2})\sqrt{3} \in L, m \in L, ik\sqrt{3} \in L$$

命题 6　若 $0 < \lambda \in L, 0 < \lambda d < 1$,则 $i\sqrt{\frac{1}{d^2} - \lambda^2} \in L(d)$.特别当 $d \in$

S 时,由命题4得 $i\sqrt{\frac{1}{d^2} - \lambda^2} \in L$.

证明很简单:由 $\lambda \in L$ 知 λd 和 $-\lambda d$ 都可作.分别以 $\lambda d, -\lambda d$ 为圆心作圆,交点正是 $\pm i\sqrt{1 - \lambda^2 d^2}$.于是

$$\frac{i}{d}\sqrt{1 - \lambda^2 d^2} = i\sqrt{\frac{1}{d^2} - \lambda^2} \in L(d)$$

命题 7　若 $0 \leqslant \lambda \in L, 0 < \left(\lambda + \frac{1}{2}\right) d < 1$,则

$$\frac{1}{2} \pm i\sqrt{\frac{1}{d^2} - (\lambda + \frac{1}{2})^2} \in L(d)$$

特别当 $d \in S$ 时,由命题4得

$$\frac{1}{2} \pm i\sqrt{\frac{1}{d^2} - (\lambda + \frac{1}{2})^2} \in L$$

证明与命题6的证明类似:只要分别以 $(\lambda + 1)d$ 和 $-\lambda d$ 为圆心作圆,则交点为 $\frac{d}{2} \pm i\sqrt{1 - (\lambda + \frac{1}{2})^2 d^2}$,用 d 除之后即得.

命题 8　若 $z = \frac{1}{2} + i\lambda \in L$,则 $\frac{1}{|z|} \in S$.

注意 $1 \in S$,用半径变化定理即得.

命题 9　若 $d\in S, z=\frac{1}{2}+\mathrm{i}\lambda\in L(d)$，则 $|zd|\in S$.

命题 10　由命题 5 与命题 8，取

$$z=\frac{1}{2}+\mathrm{i}\left(k+\frac{1}{2}\right)\sqrt{3}$$

即得

$$\frac{1}{\sqrt{3k^2+3k+1}}\in S$$

这就是推论 6.

命题 11　若 $d\in S, d<\frac{2}{3}$，则 $\frac{1}{\sqrt{\frac{1}{d^2}-2}}\in S$.

证明　在命题 7 中取 $\lambda=1$，则 $0<(\lambda+\frac{1}{2})d<1$，于是得

$$\frac{1}{2}\pm\mathrm{i}\sqrt{\frac{1}{d^2}-\left(\lambda+\frac{1}{2}\right)^2}\in L$$

由命题 8 得

$$\left|\frac{1}{2}\pm\mathrm{i}\sqrt{\frac{1}{d^2}-\left(\lambda+\frac{1}{2}\right)^2}\right|^{-1}=\frac{1}{\sqrt{\frac{1}{d^2}-2}}\in S$$

命题 12　对任意非负整数 m，有 $\frac{1}{\sqrt{2m+1}}\in S$.

这就是推论 8. 证明可从 $d=\frac{1}{\sqrt{3k^2+3k+1}}$ 出发，多次用命题 11 而得.

命题 13　对一切正整数 n,k，有 $\mathrm{i}^k\sqrt{n}\in L$.

证明　在命题 6 中取 $d=\frac{1}{\sqrt{2m+1}}, \lambda=l\in L$，这里 m,l 是自然数且 $l<\sqrt{2m+1}$，于是得

$$\mathrm{i}\sqrt{\frac{1}{d^2}-\lambda^2}=\mathrm{i}\sqrt{2m+1-l^2}\in L$$

为使 $n=2m+1-l^2$，当 n 为奇数时取 $l=2$，当 n 为偶数时取 $l=1$. 又取 $m=2, l=2$，得 $\mathrm{i}\in L$，从而 $\mathrm{i}^k\sqrt{n}\in L$. 取 $k=1$，即为定理 2.

命题 14　$\frac{1}{2}\in L$.

这个命题的证明实际上是把前面的找 AB 中点的过程用代数语言复述一遍. 由命题 13，$\sqrt{15}\in I, 1\in L, \mathrm{i}\in L$，故 $1+\mathrm{i}\sqrt{15}\in L$，取

$$d=\frac{|1+\mathrm{i}\sqrt{15}|}{\sqrt{19}}=\frac{4}{\sqrt{19}},\lambda=1$$

由命题 6 可得

$$\mathrm{i}\sqrt{\frac{1}{d^2}-\lambda^2}=\mathrm{i}\frac{\sqrt{3}}{4}\in L(d)=L\left(\frac{1+\mathrm{i}\sqrt{15}}{\sqrt{19}}\right)$$

由命题 1 得 $\mathrm{i}\frac{\sqrt{3}}{4}(1+\mathrm{i}\sqrt{15})\in L\left(\frac{1}{\sqrt{19}}\right)$. 但 $\frac{1}{\sqrt{19}}\in S$, 由命题 4 得

$$\mathrm{i}\frac{\sqrt{3}}{4}(1+\mathrm{i}\sqrt{15})=-\frac{\sqrt{45}}{4}+\mathrm{i}\frac{\sqrt{3}}{4}\in L$$

再由命题 2 及命题 3 得 $\mathrm{i}\frac{\sqrt{3}}{2}\in L$, 由 $\mathrm{i}\sqrt{3}\in L$ 得 $\frac{3}{2}\in L$, 又由 $1\in L$ 得 $\frac{3}{2}-1=\frac{1}{2}\in L$.

命题 15 若 $d\in S,0<d<2$, 则 $\frac{1}{d^2}\in L$.

证明 在命题 7 中取 $\lambda=0\in L$, 得

$$z_1=\frac{1}{2}+\mathrm{i}\sqrt{\frac{1}{d^2}-\frac{1}{4}}\in L$$

于是 $\overline{z}_1\in L$, 故 $z_1\overline{z}_1=|z_1|^2=\frac{1}{d^2}\in L$.

命题 16 若 $\lambda\geqslant\frac{1}{2},\lambda\in L$, 则 $\frac{1}{2}+\mathrm{i}\sqrt{\lambda^2-\frac{1}{4}}\in L$.

证明 取整数 $m>\lambda$, 令

$$z_1=\frac{1}{2}(1+\mathrm{i}\sqrt{4m^2+1}),z_2=\frac{1}{2}+\mathrm{i}m$$

由命题 8 及 $z_1\in L$ 得

$$\frac{1}{|z_1|}=\frac{1}{\sqrt{m^2+\frac{1}{2}}}=d_1\in S$$

又由 $z_2\in L$ 得

$$\frac{1}{|z_2|}=\frac{1}{\sqrt{m^2+\frac{1}{4}}}=d_2\in S$$

再由命题 6, 得

$$\mathrm{i}\sqrt{\frac{1}{d_1^2}-\lambda^2}=\mathrm{i}\sqrt{m^2+\frac{1}{2}-\lambda^2}=\mathrm{i}\lambda_1\in L$$

于是 $\lambda_1 \in L$. 又由命题 6 得

$$\mathrm{i}\sqrt{\frac{1}{d_2^2}-\lambda_1^2}=\mathrm{i}\sqrt{m^2+\frac{1}{4}-\left(m^2+\frac{1}{2}-\lambda^2\right)}=\mathrm{i}\sqrt{\lambda^2-\frac{1}{4}}\in L$$

由 $\frac{1}{2}\in L$ 得 $\frac{1}{2}+\mathrm{i}\sqrt{\lambda^2-\frac{1}{4}}\in L$.

命题 17　若 $2>\lambda\geqslant\frac{1}{2}$, $\lambda\in L$, 则 $\frac{1}{\lambda}\in S\cap L$.

由命题 16 知 $z=\frac{1}{2}+\mathrm{i}\sqrt{\lambda^2-\frac{1}{4}}\in L$, 由命题 8 即得 $\frac{1}{|z|}=\frac{1}{\lambda}\in S$. 又由命题 9, 取 $d=1$ 得 $|z|=\lambda\in S$. 由命题 15, 取 $d=\lambda$, 得 $\frac{1}{\lambda^2}\in L$. 又由 $\lambda\in L$ 可得 $\lambda\cdot\frac{1}{\lambda^2}=\frac{1}{\lambda}\in L$.

命题 18　若实数 $0\neq\lambda\in L$, 则 $\frac{1}{\lambda}\in L$.

证明　因 $-1\in L$, 故只要对 $\lambda>0$ 的情形来证. 由于 $2\in L$, $\frac{1}{2}\in L$, 故 $2^k\lambda\in L$, 这里 k 是任意整数. 适当取 k 使 $2>2^k\lambda\geqslant\frac{1}{2}$, 则由命题 17 得 $\frac{1}{2^k\lambda}\in L$, 于是 $\frac{1}{\lambda}=2^k\cdot\frac{1}{2^k\lambda}\in L$.

命题 19　若 $0<\lambda\in L$, 则 $\sqrt{\lambda}\in L$.

证明　不妨设 $\lambda<1$ 且 $\lambda\neq\frac{1}{2}$. 因为当 $\lambda=\frac{1}{2}$ 时, 由命题 13 知 $\sqrt{2}\in L$, 又由命题 18 知 $\frac{1}{\sqrt{2}}\in L$; 而当 $\lambda>1$ 时, 由命题 18 可用 $\lambda^*=\frac{1}{\lambda}<1$ 来代替 λ.

这时 $\lambda+\frac{1}{2}$, $\lambda-\frac{1}{2}\in L$, 用命题 17, 由 $\frac{1}{2}<\lambda+\frac{1}{2}<2$ 可知

$$d=\frac{1}{\lambda+\frac{1}{2}}\in S$$

用命题 6, 由 $0<d\left|\lambda-\frac{1}{2}\right|<1$ 可得

$$\mathrm{i}\sqrt{\frac{1}{d^2}-\left(\lambda-\frac{1}{2}\right)^2}=\mathrm{i}\sqrt{\left(\lambda+\frac{1}{2}\right)^2-\left(\lambda-\frac{1}{2}\right)^2}=\mathrm{i}\sqrt{2\lambda}\in L$$

于是由 $\mathrm{i}\in L$, $\frac{1}{\sqrt{2}}\in L$, $-1\in L$ 即得 $\sqrt{\lambda}\in L$.

命题 20 若 $z \in L, z \neq 0$,则$\frac{1}{z} \in L$.

证明 由 $z \in L$,得 $z\bar{z} = |z|^2 \in L$,由命题 18 得 $|z|^{-2} \in L$,又由 $\bar{z} \in L$ 得$\frac{1}{z} = \bar{z}|z|^{-2} \in L$.

命题 21 若 $z \in L$,则$\sqrt{z} \in L$.

证明 设
$$z = \lambda e^{i\theta} = \lambda(\cos\theta + i\sin\theta)$$
这里 $\lambda > 0$,则
$$\sqrt{z} = \sqrt{\lambda}\left(\cos\frac{\theta}{2} + i\sin\frac{\theta}{2}\right)$$

由 $z \in L$ 可得 $|z|^2 \in L$,因而 $|z| \in L$,即 $\lambda \in L$.从而$\sqrt{\lambda} \in L$.又由$\frac{1}{\lambda} \in L$ 得
$$\cos\theta + i\sin\theta \in L$$
于是 $\cos\theta \in L, \sin\theta \in L$,从而
$$\cos\frac{\theta}{2} = \sqrt{\frac{1+\cos\theta}{2}} \in L, \sin\frac{\theta}{2} = \sqrt{\frac{1-\cos\theta}{2}} \in L$$
于是
$$\sqrt{z} = \sqrt{\lambda}\left(\cos\frac{\theta}{2} + i\sin\frac{\theta}{2}\right) \in L$$

这一节里所介绍的,基本上是侯晓荣的方法.

最后的两个命题告诉我们:从整数出发,经过有限次的四则运算和开平方运算而得到的一切复数 z,都是全可作的!事实上,从两点出发来作图,通常圆规直尺的本领也不过如此罢了!

以上说的是从已知两点出发作图.如果从已知三点出发呢?也许生锈圆规就比不上普通的圆规了吧.例如:若已知 $\triangle ABC$ 的三个顶点,用普通的规尺不难找出点 C',使 C' 和C关于AB对称.用生锈圆规,目前还不能完成这个“简单”的作图.它到底是真正不能,还是没有找到正确的方法?这仍然是一个谜.

第四十一章　正五边形的一种简易近似作图法及其改进[①]

一、方法的来源

辽宁南部一带,流传一种正五边形的简易作图法,这是我们在几次下乡调查中,向木工师傅学到的.作法是:

(1) 过中心 O 作十字线 $AB \perp CD$;

(2) 取 $AO = OB = 1.5, CO = 0.5, OD = 2$;

(3) 过 D, C 分别作 $EF, GH \parallel AB$;过 A, B 分别作 $GE, HF \parallel CD$;得到矩形 $GHFE$.

以 O 为正五边形的中心,则射线 OE, OG, OC, OH, OF 就是从中心到五个顶点联结线的近似位置(图 1).

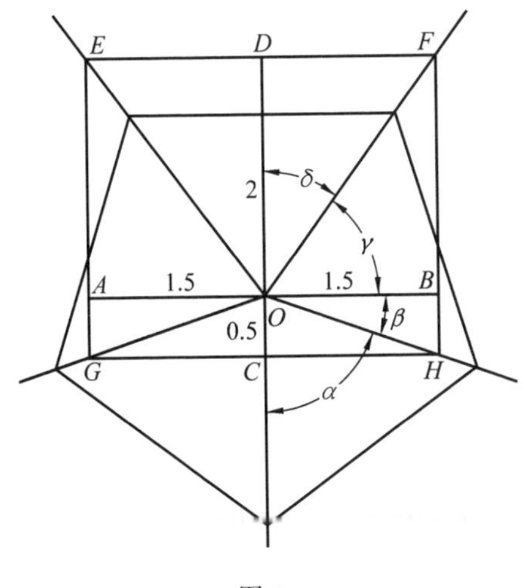

图 1

这种作图法是用两句口诀来概括的:“要得五幂谱,三寸二寸五.”

“五幂”就是正五边形.古代覆盖食物的巾叫做幂,有的是正方形,有的是

① 原作者为辽宁师范学院数学系,梁宗巨,邱岫岩.

八边形,引申为多边形."谱"就是图形或准则的意思.三寸二寸五指的是 AB 与 CD 的长.

作图法和口诀是什么时候流传下来的?除了辽南之外还在什么地方流传?不得而知.猜想它是古代劳动人民实践经验的总结.我们认为它至少有下列这些优点:

(1) 使用工具简单——只用直角尺而不用圆规.

(2) 符合木工作图的习惯——先过中心点作十字线.

(3) 大小可以随时变动——只要引出五条射线,五边形的大小可以任意变动.

(4) 方法简单易记.

(5) 没有积累误差——若用一般尺规作图法,先作外接圆,再作出一边的长,然后依次在圆周上截取5个顶点.由于作图误差的积累,这样所得的图形往往不闭合.上述作图法没有这个缺点.

在精确度要求不太高的场合下,这种方法是合乎实用的.误差有多大呢?不妨计算一下.记 $\angle COH=\angle\alpha$,$\angle HOB=\angle\beta$,$\angle BOF=\angle\gamma$,$\angle FOD=\angle\delta$.$\angle\alpha$,$\angle\beta+\angle\gamma$,$2\angle\delta$ 都近似等于 $72°$,且有

$$\tan\alpha=\frac{CH}{CO}=\frac{1.5}{0.5}=3,\tan\beta=\frac{HB}{OB}=\frac{0.5}{1.5}=\frac{1}{3}$$

$$\tan\gamma=\frac{BF}{OB}=\frac{2}{1.5}=\frac{4}{3},\tan\delta=\frac{DF}{OD}=\frac{1.5}{2}=\frac{3}{4}$$

$$\tan(\beta+\gamma)=\frac{\tan\beta+\tan\gamma}{1-\tan\beta\tan\gamma}=\frac{\frac{1}{3}+\frac{4}{3}}{1-\frac{1}{3}\times\frac{4}{3}}=3$$

故

$$\angle\alpha=\angle\beta+\angle\gamma=\arctan 3=71.565\ 051\ 2°=71°33'54.184''$$

$$2\angle\delta=2\arctan\frac{3}{4}=73.739\ 795\ 3°=73°44'23.263''$$

$2\angle\delta$ 比 $72°$ 大 $1.739\ 795\ 3°=1°44'23.263''$,相对误差在 2.4% 以上,误差是比较大的.

能不能在保持这些优点的条件下,将0.5,1.5,2这几个数字稍加改变,使其误差大大减小呢?这是可能的.我们用连分数来处理这个问题,下面是所得的结果.

二、方法的改进

上述的作图法，相当于用$\frac{1.5}{0.5}$来近似表示（逼近）tan 72°，用$\frac{2}{1.5}$来近似表示 tan 54°.

现在我们改用$\frac{4}{1.3}$来近似表示 tan 72°，而用$\frac{5.5}{4}$来近似表示 tan 54°，其余的作图步骤不变，只是取 $AO = OB = 4, CO = 1.3, OD = 5.5$.

为了便于记忆，也用两句口诀来概括这一作图法："一三顶五五，四四两边数."

口诀的意义是明显的. 以下简称"一三顶五五"法（图 2）.

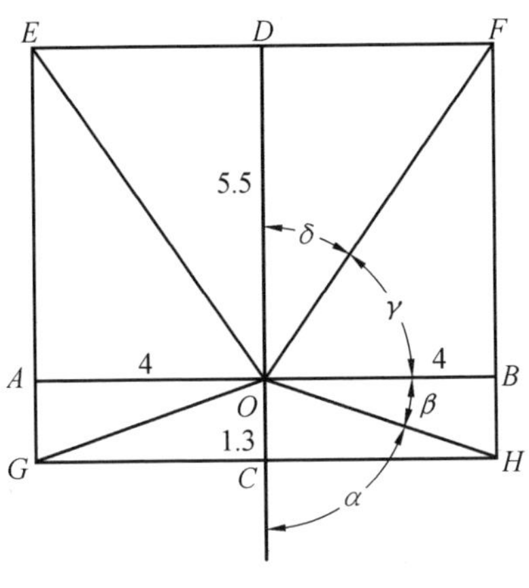

图 2

沿用前面角度的符号，计算一下误差，即

$$\angle\alpha = \angle COH = \arctan\frac{4}{1.3} = 71.995\,838\,4° = 71°59'45.02''$$

只比 72° 小 14.98″，相对误差为 0.005 8%，即不到十万分之六. 设五边形的顶心距为 10 m，对应一边的长比真值只少 0.59 mm. 误差非常小，即

$$\angle\gamma = \angle BOF = \arctan\frac{5.5}{4} = 53.972\,626\,6° = 53°58'21.46''$$

比 54° 小 1′38.54″，即

$$\angle\beta = \angle HOB = 90° - \alpha = 18.004\,161\,6°$$

$$\angle\beta + \angle\gamma = \angle HOF = 71.976\,788\,2° = 71°58'36.44''$$

比 72° 小 1′23.56″，相对误差为 0.032%，不到万分之四. 顶心距为 10 m 时，对应一边的长比真值少 3.3 mm，即

$$2\angle\delta = \angle FOE = 2\arctan\frac{4}{5.5} = 72.054\ 746\ 8^\circ = 72^\circ 3' 17.09''$$

比 72° 大 $3'17.09''$，相对误差为 0.076%，不到万分之八，仍设顶心距为 10 m，对应一边的长比真值多 7.7 mm.

总的说，"一三顶五五"法角度最大的相对误差是万分之七点六，只等于原来方法最大相对误差的 $\frac{1}{32}$！

不难看出，"一三顶五五"法并不比原来的作图法复杂，因为两者各个线段的长都是取 1 位数和 2 位数. 自然会提出这样的问题：假定 AO，OB，CO，OD 只允许取不超过两位的数字，"一三顶五五"是不是最好的选择？我们通过有理逼近的理论，证明这确是最好的选择. 下面给出证明的要点及主要结果而略去详细的讨论.

三、tan 72° 与 tan 54° 的有理逼近

为了将 tan 72° 和 tan 54° 展开成连分数，先将这两个数值较精密地算出来.

如图 3 所示，作顶角为 36° 的等腰 $\triangle ABC$，使

$$AB = AC = 1$$

又作 $\angle B$ 的平分线 BD. 命 $AD = x$，则 $CD = 1 - x$，由于

$$\triangle ABC \backsim \triangle BCD$$

又

$$AD = BD = BC$$

可知

$$CD : BC = BC : AB$$

即

$$(1 - x) : x = x : 1$$

于是得

$$x = \frac{\sqrt{5} - 1}{2}$$

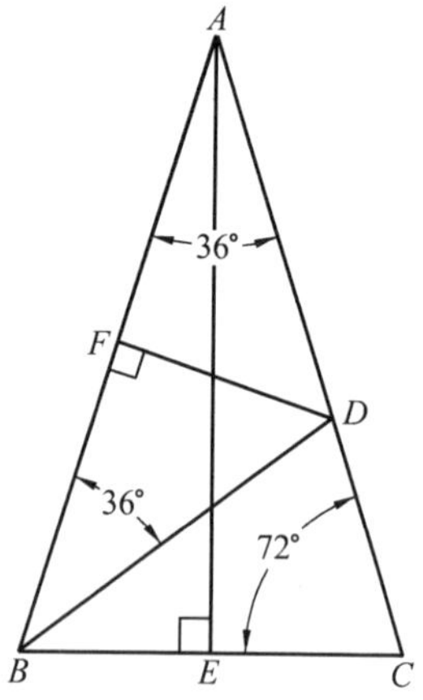

作 $AE \perp BC$，则

图 3

$$AE = \sqrt{1 - \left(\frac{x}{2}\right)^2} = \sqrt{1 - \left(\frac{\sqrt{5} - 1}{4}\right)^2} = \frac{1}{4}\sqrt{10 + 2\sqrt{5}}$$

$$\tan 72^\circ = \frac{AE}{EC} = \frac{1}{4}\sqrt{10 + 2\sqrt{5}}\ \frac{4}{\sqrt{5} - 1} = \sqrt{5 + 2\sqrt{5}}$$

$$\sqrt{5} = 2.236\ 067\ 977\ 499\ 789\ 696\ 409\ 173\cdots$$

由此得

$$\tan 72^\circ = 3.077\ 683\ 537\ 175\ 253\ 402\ 570\cdots$$

作 $DF \perp AB$,则

$$DF = \sqrt{x^2 - \frac{1}{4}} = \frac{1}{2}\sqrt{5 - 2\sqrt{5}}$$

于是有

$$\tan 54^\circ = \frac{BF}{DF} = \frac{1}{\sqrt{5 - 2\sqrt{5}}} = \sqrt{\frac{5 + 2\sqrt{5}}{5}} = \frac{1}{5}\sqrt{25 + 10\sqrt{5}} = 1.376\ 381\ 920\ 471\ 173\ 538\ 207\cdots$$

将 tan 72° 展开成连分数

$$\tan 72^\circ = 3 + \frac{1}{12} + \frac{1}{1} + \frac{1}{6} + \frac{1}{1} + \frac{1}{6} + \frac{1}{25} + \frac{1}{4} + \frac{1}{1} + \frac{1}{1} + \cdots$$

各个渐近分数如下

$$\frac{3}{1},\frac{37}{12},\frac{40}{13},\frac{277}{90},\frac{317}{103},\frac{2\ 179}{708},\frac{54\ 792}{17\ 803},\frac{221\ 347}{71\ 920},\frac{276\ 139}{89\ 723},\cdots \tag{1}$$

令$\frac{P^*}{Q^*}$表示数列(1)的任一项.根据连分数理论,$\frac{P^*}{Q^*}$具有下述性质(为了叙述方便,不妨叫做性质1).

性质1 只要分数$\frac{P}{Q}$(下面所说的分数都是指既约分数)的分母不超过$Q^*(Q \leqslant Q^*)$,那么$\frac{P^*}{Q^*}$就比$\frac{P}{Q}$更接近连分数的真值.

也就是说,想要找一个比$\frac{P^*}{Q^*}$更接近真值的分数$\frac{P}{Q}$,必须使$Q > Q^*$,否则是不可能的.

现在的目的,是选择两个简单的分数来近似地表示 tan 72° 和 tan 54°.怎样才算简单呢?我们限定分子分母都不超过两位数字.观察数列(1),似乎是选$\frac{40}{13}$较好,因为下一个分数$\frac{277}{90}$的分子已超过两位.但问题是,除了数列(1)的各个分数之外,还有一些分数也具有性质1.这些分数也可能比$\frac{40}{13}$更好,即分子分母仍不超过两位,但比$\frac{40}{13}$更接近 tan 72°.

可以进一步将具有性质1的分数算出来,按分母的大小顺序排列如下

$$\frac{3}{1},\frac{22}{7},\frac{25}{8},\frac{28}{9},\frac{31}{10},\frac{34}{11},\frac{37}{12},\frac{40}{13},\frac{157}{51},\frac{197}{64},\frac{237}{77},\frac{277}{90}$$

$$\frac{317}{103},\frac{1\ 228}{399},\frac{1\ 545}{502},\frac{1\ 862}{605},\cdots \tag{2}$$

数列(2)的每一项都比前一项更接近 $\tan 72°$,而$\frac{40}{13}$是分子分母都不超过两位的分数中最接近 $\tan 72°$ 的一个.由此不难推知$\frac{40}{13}$就是最好的选择.

用$\frac{40}{13}$近似表示 $\tan 72°$,相当于将原来的作图法作这样的更改,取 $CO = 1.3$,$AO = OB = 4$.剩下来的问题是 OD 应取多少?

和前面一样,我们可以用一连串有理数来逼近 $\tan 54°$

$$\frac{1}{1},\frac{3}{2},\frac{4}{3},\frac{7}{5},\frac{11}{8},\frac{73}{53},\frac{84}{61},\frac{95}{69},\frac{106}{77},\frac{117}{85},\frac{128}{93},\frac{245}{178},\frac{373}{271}$$

$$\frac{1\ 620}{1\ 177},\frac{1\ 993}{1\ 448},\frac{2\ 366}{1\ 719},\frac{2\ 739}{1\ 990},\cdots \tag{3}$$

数列(3)的每一项都比前一项更接近 $\tan 54°$,而且任一项$\frac{P^*}{Q^*}$都具有性质1.反之,具有性质1的分数$\frac{P^*}{Q^*}$都含在数列(3)中(这里只列出前面若干项).

在图2中,$\frac{BF}{OB}$近似等于 $\tan 54°$,现在取 $OB = 4$,如果再找一个分数来近似表示 $\tan 54°$,分母应该是4的倍数或约数,否则分子将会很复杂.观察数列(3),$\frac{11}{8}$最合乎需要,$\frac{11}{8} = \frac{5.5}{4}$,令 $BF = OD = 5.5$,问题就全部解决了.

实际上,$\tan 54° = 1.376\ 381\ 920\cdots = \frac{5.505\ 527\ 6\cdots}{4}$,在分子只能取两位数的限制下,定分子为5.5是必然的结果.

这样,就得到"一三顶五五,四四两边数"的作图法.

四、和其他方法比较

(1)既然$\frac{40}{13}$十分接近 $\tan 72°$,重复使用这个比值,当然也可以作出近似程度很好的正五边形来."四份一份三,五方把门关"就是这类方法:如图4所示,作 $OD \perp OA$,$AB \perp OA$,取 $OA = 4$,$AB = 1.3$,那么 $\angle DOC = \angle OBA$ 就近似等于 $72°$,$\overset{\frown}{CD}$ 近似等于圆周的$\frac{1}{5}$.这种方法使用了圆规,对木工来说不甚方便.如果允许用圆规,不如用精确尺规作图法.

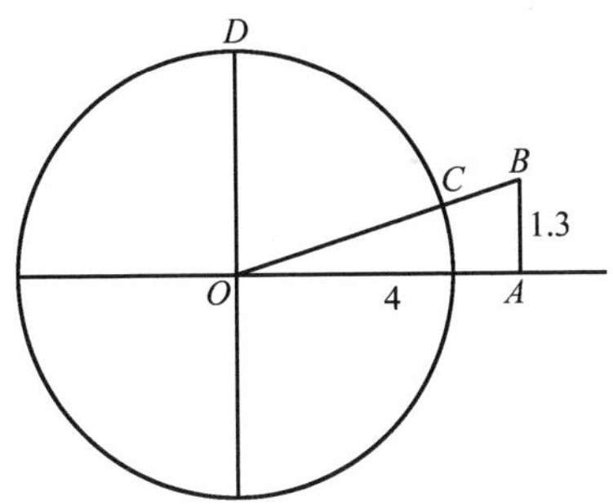

图 4

(2) 还有一种不用圆规的作图法,是"九五顶五九,八五两边分".方法是作十字线 $AFG \perp BFE$,取 $GF = 9.5$,$FA = 5.9$,$BF = FE = 8$,又作 $CGD \perp AG$,取 $CG = GD = 5$,如图5所示.$ABCDE$ 就是近似的正五边形,这里没有给出中心的位置,无法和"一三顶五五"法比较中心角的误差.不妨将边长的误差作一比较.

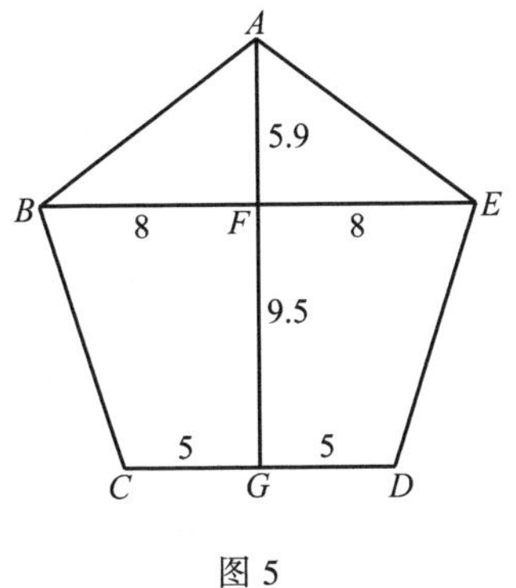

图 5

容易算出

$$AE = 9.940\ 32, DE = 9.962\ 43, CD = 10$$

最小边 AE 比最大边 CD 小 0.597%,约为 0.6%.

"一三顶五五"法,设顶心距是1,则最小边 1.175 24 比最大边 1.176 34 只小 0.093 6%,不到 0.1%,还不到"九五顶五九"法误差的$\frac{1}{6}$.

"九五顶五九"法后来得到了改进,将 BF 及 FE 改为 8.1,其余不变(口诀可相应改为"一尺为底边,九五顶五九,八一作两肩"),这样误差就小得多.但最小边 9.993 00 比最大边 10.020 98 仍小 0.279%,约为"一三顶五五"法误差的3倍.另外,"九五顶五九"法要确定 6 个线段的长,而"一三顶五五"法只需确定 4 个线段的长(1.3,5.5,4,4).因此“九五”法的简洁性和精确度都远不如“一三”法.

附　　录

附录 Ⅰ　初等作图问题①

所谓初等作图是只限于用直尺与圆规的作图.有了这个限制以后,我们现在已经可以证明,古来相传的三大问题:三等分一角、倍立方、化圆为方,是不能用初等作图法作出来的.但是初等作图不能问题并不限于这三大问题,此外尚有无穷之多.

本文的目的并不在于搜罗此外的初等作图不能问题,亦不在于证明这三大作图问题为什么不可能,而是在于讨论:我们能不能用更少的工具来作出所有初等作图问题.所谓"更少"有两种情形:第一是工具少.例如只用圆规或者只用直尺;第二是工具的性能少.例如圆规只能有一定大小的开口(即只能作出一定大小的圆)等.

要讨论这个问题,必须把初等作图所许可使用的公法详细列出,加以分析.通常的初等作图允许使用下列三个基本公法:

甲　过两点可连一直线.即若 A,B 已知,则 AB 直线可以作出.

乙　直线可无限延长,即若有 AB 线段,可任意延长成 AB 半线或 BA 半线.

丙　以一点为圆心,一定线段为半径可作一圆.即若以点 O 为心,以 XY 线段为半径可作一圆.

这种叙述法一方面不足,一方面有含混.

为什么不足呢?我们常常要用到下列的公法:

丁　已知一直线,我们可以在直线之外找出一点.

戊　已知一直线,我们可以在直线上找出两个不同的点.

己　已知一圆,我们可以找出其圆心及圆周上一点.

我们不要因为在平面几何学中任何人都承认直线外恒有一点(否则若所有之点均在一直线上,便不成其为平面几何了),便以为上述的"丁"不需要.因为"有"是一件事,"找得出"又是一件事.例如任何人均承认有两根线存在可以恰恰三等分一已知角,但这两根线一般却是"找不出来"的.

为什么说含混呢?因为通常在教科书中总假定说:若两根直线作了出来,其

① 原作者为莫绍揆.

交点“看得出来”了,他们认为这和上述的三等分角的线不同,分角线看不出来,而两直线的交点非常明显,除了瞎子,谁也可以看得出来.的确,明显是非常明显的,但是我们仍得列为公法.因此在初等作图中,我们尚须承认:

庚 若两直线已知,且不平行,则其交点可以找出.

辛 若一圆与一直线已知,且相交,则其两交点可以找出.

壬 若两圆已知,且相交,则其两交点可以找出.

这九条便是我们初等作图中所根据的各种公法.我们如果把其中公法之一除去或减弱,那便等于我们的工具的性能减少.如今我们要问的是:我们能不能减少公法的数目或减弱公法所假设的性能呢?

回答是肯定的,我们可以大大地减少公法的数目及其性质.现在便一一叙述如下.

首先,欧几里得已经证明,公法丙可代以下面更弱的表示.

公法丙′ 以一点 O 为心,过一点 A 可作一圆.

公法丙′比公法丙更弱一些,为什么呢?有了公法丙,我们自然可以有公法丙′了,因为这等于说“以 O 为心,以 OA 为半径作圆”.但有了公法丙′,却未必可以得出公法丙,因为公法丙′规定圆规只当一脚在 O,一脚在 A 时才能作出这个圆,若“以 O 为心,以 XY 为半径”,如果 X 及 Y 点与圆心 O 都不重合,由公法丙′不能保证可以作出这个圆来.

我们试想,假使有一个很坏的圆规,当一脚固定另一脚绕之而旋转时,圆是可以作得出的,但若两脚一齐移动时,这圆规马上闭合起来,不能保持当初的开口的大小,在这个情形之下,公法丙无法实施,但公法丙′是可以作的.

欧几里得证明:若与其他公法拼合起来,由公法丙′可以推出公法丙,这不能不说是一个进步.

第二,我们还可以证明公法辛与公法壬可以删去一个.即由公法辛可以推出公法壬,由公法壬也可以推出公法辛(须结合其他公法).

现在先假定只留公法辛而去公法壬.这等于说:一圆与一直线的交点我们是“看得见”的,但两圆的交点却看不见,必须要由其他的方法决定.我们的结论是:即使两圆的交点“看不见”,我们仍可以用其他的公法来决定(即找出),因而作出一切初等作图来.

其次,我们可进一步证明:公法辛可以代下面更弱的表示.

公法辛′ 有一定的线段 a,凡半径为 a 的圆若与一已知直线相交,则其交点可以作出.

其意思是说:用公法丙′我们当然可以作出各种大小的圆来,但其他大小的圆的交点(不论两圆交点或一圆与一直线的交点)均"看不见",只有半径为 a 的圆与直线的交点才"看得见",亦即"才作得出".这比之公法辛当然弱得多了.既然其他半径的圆的交点无法看得见,无法作得出,那么在作图过程中便没有利用其他半径的圆的必要(我们在作图过程中利用公式丙′不外乎用以作出其交点).所以我们可以说:

若求作是一个圆,则除最后一步骤外,在其余的作图过程中我们只须画出半径为 a 的圆.

若求作不是圆,则从首至尾,我们只画出半径为 a 的圆.

换句话说,除最后一步骤外,我们只利用有一定大小开口的圆规便成了.

再次,斯太因还证明:公法辛′可代以更弱的表示.

公法辛″　有一个特殊的圆 O,该圆与一已知直线的交点可以求出.

其意思说,只有一个特殊的圆其与已知直线的交点可以"看得见",除这个圆以外,其他的圆的交点均是"看不见"的,均是需用其他方法来作出的.既然其他圆的交点看不见,所以在作图过程中我们没有作出的必要.这个特殊圆可在第一步时作出,因此我们可以说:

若求作是一个圆,则除首尾我们需作圆外,在其余作图过程中不必作圆.

若求作不是圆,则除开首画一圆外,我们从头至尾不必画圆.

换言之,除首尾两步骤需用圆规外,其余只有直尺便够了.

斯太因的要求可以说已减得很弱了.但是我们仍可作下面的减弱:

公法辛 1　有一特殊的圆 O,凡过圆心的直线与圆 O 的交点均可作出.

公法辛 2　有一特殊的圆 O',凡某方向的直线与圆 O' 的交点之一均可作出.

这两公法与公法辛″的差别为:

1.公法辛″所说的是"任一直线",而这里只限定两种直线:其一是过圆心的,其二是有一特定方向的.所以若既不过圆心,又不是该特定方向,则其交点,依公法辛 1、辛 2 是作不出的.

2.我们并不假定这两圆相同(当然相同亦可以),亦即不必有一种"文武全才"的圆.

3.在公法辛 2 中,我们只假定作出一个交点,另一交点还是"看不见",还需另行作出.

到了这个地步,我们的作图工具可以说少之又少了.我们可以说:在一定的意义上这是最少的工具,可以证明:

1.若没有公法辛 1 和辛 2 则初等作图题不能完全作出.

我们知道初等作图可以作出含平方根的数量,但若没有公法辛1和辛2,则含有平方根的数量是无法作出的.

2.若没有公法辛2,则初等作图题不能完全作出.

其证明较繁,读者可参看希尔伯特《几何原理》(商务版).

3.若没有公法辛1,则初等作图题也不能完全作出.

这点迄今尚没有专书或专文论及,作者猜测它是真的.

下面第一部分我们便叙述怎样的从公法辛1、辛2作出公法辛(及公法壬)来.

第三,我们又可以留公法壬而去公法辛.米舒龙证明:甚至公法乙、丁、庚、辛均可以删除.换句话说,有了其余公法以后,公法乙、丁、庚、辛均可以推出来了.

我们试想,在作图过程中我们作一直线不外乎求其交点,或者两直线的交点或者一直线与一圆的交点,如今公法庚、辛均已删除,意思是说:两直线的交点或一直线与一圆的交点是"看不见"的,需用其他方法作出,那么我们还作出直线做什么?此外我们用直尺,除作直线外,还延长直线,如今公法乙亦已删除,我们也就可以不用直尺了.因此我们可以说:

若求作是一直线,则除最后一步骤外,在其余作图过程中可以完全不用直尺.

若求作是一圆或一点,则从首至尾均不用直尺.

下面第二部分便叙述怎样的只用圆规来作出初等作图来.

在叙述之先,我们先作两点声明:

1.作图题与证明不同,我们是假定全部几何学的定理已经证出来了之后才来讨论作图题的.换言之,我们并不是证明"某某点存在"或"某某线存在"等,我们是在已经证明其存在之后,讨论如何去"作出"这些存在的点线来.至于为了证明其存在需假设什么公理,这是另一同事,不在作图题所讨论的范围之内.

2.因此,同时为了节省篇幅起见,我们叙述其作法,既不事先加以分析,又不补以证明.读者若不相信这样作出的点、线恰为所求的点线,可以自行证明.

一、少用圆规的初等作图

在下面的作图法中,最多只首尾两步骤需用及圆规,其余均用直尺.

在叙述的过程中我们是作这样的次序的:

1.从作法1至作法6,尽量避免用公法未及公法申,换言之,是从首至尾均用直尺的,其所解决的问题是一次问题(因不含有平方根号),从作法3中可以看见:

若已知两不同方向的线段的中点则所有一次问题均可作出.

假若我们知道一个平行四边形,则其对角线互相平分,因此其对角线便可满足上述条件,所以若已知一平行四边形,则所有一次问题均可作出.

这是我们对于一次问题所得出的结论.

2.从作法8至作法18,尽量避免用公法申,而且完全不用平行线.因此这一段的作法在非欧几何中亦要以适用(作法19,20虽不用公法申,但已经利用平行线了).

3.从作法21至作法22,非用公法申不可,因此便非用平行线不可.亦因此在非欧几何中不能适用.

为参考方便起见今再把公法列后,次序略有颠倒,公法乙亦略有修正(因通常书中所述含糊),因此便不再以甲乙为次而改用子丑等.

公法子　若 A,B 两不同之点已知,则过 A,B 两点的直线可以作出.

公法丑　若一直线已知,吾人可在其上作出两个不同之点.

公法寅　若 O,A 两不同之点已知,则以 O 为心,过点 A 可作一圆.

公法卯　若一圆已知,则其圆心及圆周上一点可以作出.

公法辰　可以作出三个特定的点不在一直线上者.

公法巳　若 A,B 为两个不同之点,则可作出 C 使成 ABC 次序且在 AB 直线上.

公法午　若两直线已知且相交则可以作出其交点.

公法未　有一特殊圆 M,凡过其圆心的直线与该圆的交点可以作出.

公法申　有一特殊之圆 N,及一特殊的直线 n,凡与 n 平行的直线与圆 N 若有交点,则其交点之一可以作出.

读者不难看出,这九个公理即上文所述的甲、戊、丙′、已、丁、乙、庚、辛1、辛2.既然通常书中所用的公法是甲至壬,我们只需证明由子至申可以推出甲至壬来,我们便可以说由子至申可以作出所有的初等作圆了.

作法1　若已知一直线,可以在该直线外作出一点(即丁).

作法　由辰,可先作出三个不在一直线上的点,而已知的直线最多只能经过其中两点,则此外的一点即为我们所求之点.

作法2　若 A,B 已知,可作一点 D,使成 ADB 次序且在 AB 线上.

作法　连 AB 线(子),在其外取一点 C(1).取 F 使 ACF 次序且在 AC 线上(巳),取 G 使成 BFG 次序且在 BF 线上(巳),连 CG(子)其与 AB 之交点 D(午)即为所求(图1).

在作法3～6中均假设已知两不同方向之线段 AB,DE,又知 AB 之中点 C

及 DE 之中点 F.

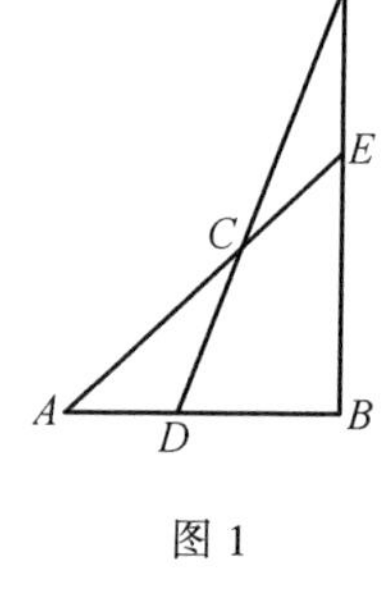

图 1

作法 3 已知一直线 l 及直线 l 外之一点 S.求过 S 作一线平行于 l.

作法 AB 直线与 DE 直线必有一与 l 相交.设 AB 直线与 l 相交.

今过 D 作 AB 之平行线如下:

取点 G 作 ADG 次序且在 AD 线上(巳),连 BD,GC 交于 O(子、午),连 BG,AO 交于 H(子、午),连 DH(子)则即为平行于 AB 之直线(图 2).

同法过 E,F 点作线平行于 AB.

这三直线均与 l 相交,设交于 P,Q,R 点(图 3,午).

则 R 必为 PQ 的中点.

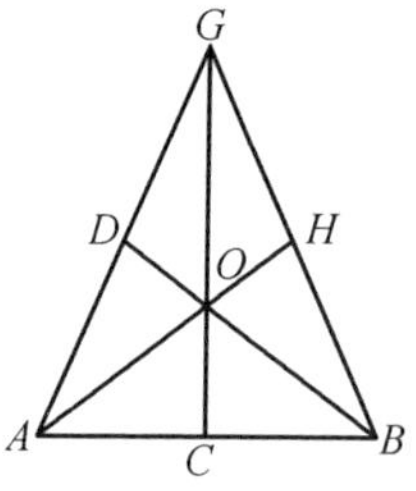

图 2

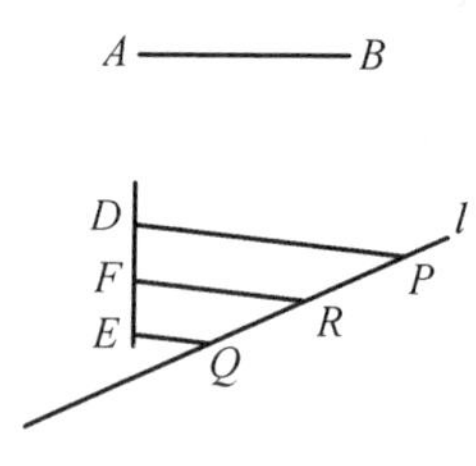

图 3

再仿上法(因已有 PQ 之中点 R)即可过 S 作一线平行于 l.

若 AB // l 而 DE 与 l 相交,亦可仿上法作出.

作法 4 已知一半线 AB,一线段 XY 与 AB 平行,求在 AB 上取一点 C 使 $AC = XY$(图 4).

作法 连 XA(子)作 YC // XA(作法 3),若 YC 交 AB 半线于 C(午),则 C 即所求.

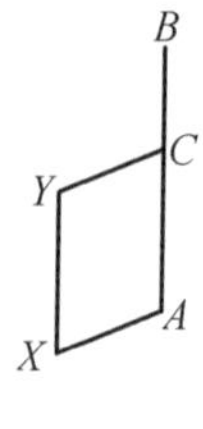

图 4

若 YC 不交 AB 半线,连 YA(子),作 XC // YA(作法 3),则 XC 必交 AB 半线于 C(午),C 即所求.

作法 5 已知一半线 AB,及 AB 线上一线段 XY,求在 AB 上取一点 C 使 $AC = XY$.

作法 在 AB 线外取一点 X'(作法 1),过 X' 作 $X'Y'$ // AB(作法 3),截 $X'Y' = XY$(作法 4),再截 $AC = X'Y'$(作法 4),则 AC 即为所求.

作法 6 将一已知线段 AB 分为 n 等份.

作法 在 AB 外取一点 P_1(作法 1). 连 AP_1(子). 在 AP_1 线上顺次截 P_2, P_3, $\cdots$, P_{n-1}, P_n, 使 $AP_1 = P_1P_2 = P_2P_3 = \cdots = P_{n-1}P_n$(作法 5). 连 P_nB(子). 过 P_1 作 $P_1D \parallel P_nB$(作法 3) 交 AB 于 D(午), 则 D 即第一 n 等分点.

以上作法 3 ~ 6 中, 我们均假设有两不同方向线段存在, 其中点为已知者. 今若有公法未, 则过圆 M 之圆心可任作两线, 从其与圆 M 之交点可得两线段, 其中点又已知(即圆 M 之圆心), 故得: 若用公法未, 则作法 3 ~ 6 均可作出.

作法 1 ~ 6 叫做一次作圆题. 以后我们大量应用公法未, 即越出一次的范围了.

作法 7 已知一半线 AB, 一线段 XY, 求在 AB 上取一点 C 使 $AC = XY$.

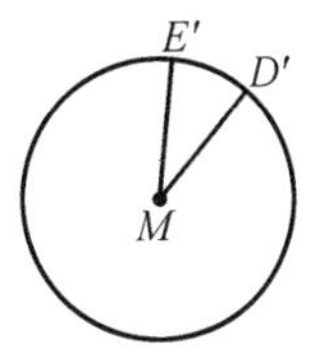

作法 若 $XY \parallel AB$, 则用作法 4 及 5. 若 AB 不平行 XY, 过 A 作 $AF \parallel XY$(作法 3) 截 $AF = XY$(作法 4). 过圆 M 之心 M 作 $MD' \parallel AB$, $ME' \parallel AF$(作法 3). 在 AF, AB 上取 $AE = ME'$, $AD = MD'$(作法 4). 连 ED(子), 过 F 作 $FC \parallel ED$(作法 3), 交 AB 于点 C(午), 则 AC 即所求者(图 5).

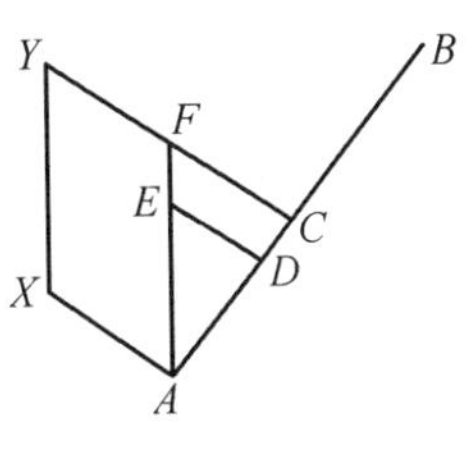

图 5

注意: 在作法 7 中我们既用公法未又用平行线. 但若有了作法 7 以后, 则下面直至作法 18 我们均不再用平行线了. 故假设作法 7, 则下面的作法在非欧几何亦可适用.

作法 8 任与一点 A, 一线段 XY, 吾人可作一圆以 A 为心, XY 为半径(这即公法丙).

作法 过 A 外任取一点 B. 连 AB(子), 于 AB 上截 $AC = XY$(作法 7). 以 A 为心过 C 作圆即所求(寅).

作法 9 任意一圆与过圆心的直线的交点可以作出.

作法 该圆既已知, 则知其心 O, 及圆周上一点 P(卯). 设过圆心之直线为 OA. 于 OA 上截 $OA = OP$, $OB = OP$(作法 7), 则 A, B 即为所求之交点.

注: 自此以后公法未中之圆 M 便再没有特殊性了.

作法 10 平分一已知角 AOB.

作法 在 OA 上取点 C(与 O 不同, 丑) 再取点 D 作 OCD 次序(巳). 在 OB 上取 $OC' = OC$, $OD' = OD$(作法 7).

连 $C'D$,CD'(子)交于 P(午),连 OP(子)即所求之分角线(图 6).

作法 11 已知 AB 线,求作一线垂直于 AB.

作法 于线上取两不同点 A,B(丑),线外取一点 C(作法 1).

连 AC(子),于 AB 上取 $AE = AC$(作法 7)连 EC(子).作 AD 平分 $\angle CAB$(作法 10)交 EC 于 F(午).于 AB 上取 $AG = AF$(作法 7),AF 上取 $AH = AE$(作法 7),连 GH(子)即为所求之一条垂线(图 7).

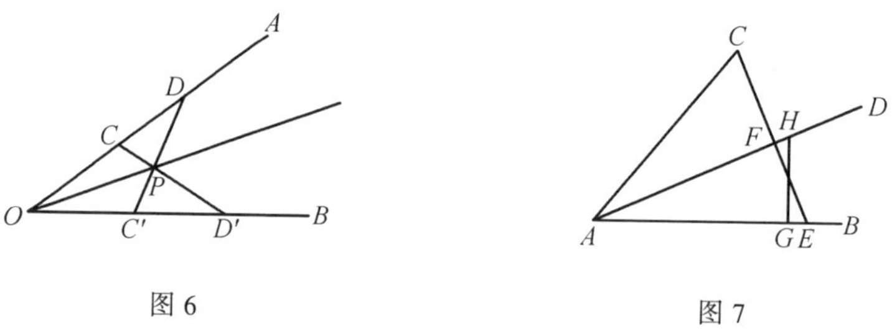

图 6　　图 7

作法 12 已知 AB 线及线上一点 P,求过 P 作一线垂直于 AB.

作法 若用平行线,则由作法 3 及 11 立可作出.此外所示为不用平行线作法.

先作 $KH \perp AB$(作法 11)交 AB 于 H(午).若 $H = P$,则 KH 即所求.否则在 KH 上截 $HE = KH$(作法 5).连 EP 直线(子)并延长至 F(巳).平分 $\angle KEF$ 于 PG(作法 10),则 PG 即为所求之垂线(圆 8).

作法 13 已知 AB 线及线外一点 P,求过 P 作一线垂直于 AB.

作法 (此处亦为不用平行线之作法)在 AD 上取 A,B 点(丑).作 $DE \perp AB$(作法 11),交 AB 于 D(午),交 AP(或 BP)于 E(午).延长 ED 于 F,使 $DF = DE$(作法 5),连 AF(子),延长至 Q,使 $AP = AQ$(作法 7),连 PQ(子),即为所求之垂线(图 9).

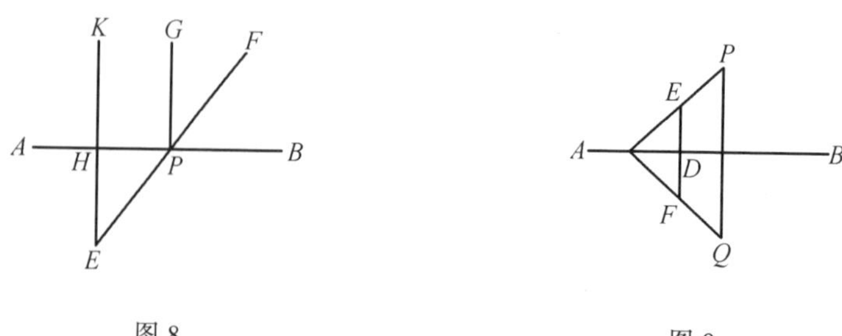

图 8　　图 9

作法 14　已知一角 AOB,及一半线 $O'B'$,求作一半线 $A'O'$,使 $\angle A'O'B' = \angle AOB$.

作法　若 $\angle AOB$ 为直角则过 O' 作 $A'O' \perp O'B'$(作法 12)即得所求.若 $\angle AOB$ 非直角,则于 OA 上取 G(与 O 不同)(丑),作 $GF \perp OB$(作法 13),交 OB(或其延长线)于点 F(午).于 $O'B'$(或其延长线上)取 $O'F' = OF$(作法7).

作 $F'G' \perp O'B'$(作法12),并取 $G'F' = GF$(作法7).连 $O'G'$ 即所求之半线(图 10).

作法 15　平分一已知线段 AB.

作法　(若用平行线则本题为作法 6 之特例.今述不用平行线之方法)于 AB 外取一点 C(作法 1).连 AC(子)作 $\angle DBA = \angle CAB$(作法 14),BD 与 AC 交于 D(午).过 D 作 AB 之垂直线(作法 13),则此垂直线必平分 AB(图 11).

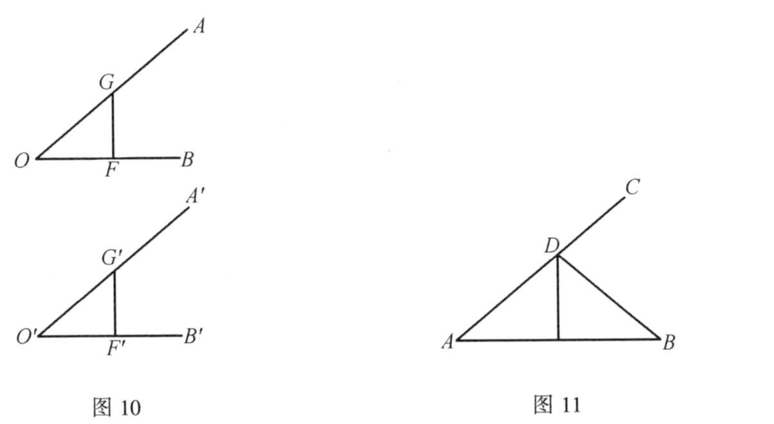

图 10　　图 11

作法 16　已知三点 A,B,C,求作过 A,B,C 三点之圆之圆心.

作法　利用垂直平分线,与通常教科书之作法全同.

作法 17　已知一圆与一直线 l 之一交点 P,求第二交点 Q.

作法　圆为已知,故知其圆心 O(卯).过 O 作线垂直于l(作法 13),交 l 于 R(午).在 l 上取 $RQ = PR$(作法 7),则 Q 即所求之第二交点.

作法 18　已知一圆,吾人可在圆周上找到任意多的点.

作法　把圆心与不过圆心的一直线上的任意点相连即可得一直线(子,作法 1).此直线与该圆之交点可作(作法 9).用此法即可找到任意多的点.

以上作法 8 ~ 18 中,我们都没有用平到行线的理论,所以只要将作法 7 作为公法(代替公法未),则在非欧几何中这些作法均可适用(同时作法 1 ~ 2 亦然).下面的作法便与平行线有关了,所以在非欧几何中便不再适用.

作法 19 已知两圆 O,O',求其外相似心及内相似心.

作法 连 OO'(子).因 OO' 与 O 最多相交于两点,而在 O 之圆周上我们可以作出任意多之点,故必有一点 P 不在 OO' 线上(作法 18).连 OP(子).过 O' 作 $O'P' /\!/ OP$(作法 3),交圆 O' 于 P',Q' 两点(作法 9).连 PP' 及 PQ',交 OO' 于 S 及 S' 两点(子,午),S 为外相似心而 S' 为内相似心(图 12).(注意:若 $PP' /\!/ OO'$ 则 S 不存在而 S' 为 OO' 之中点)

作法 20 已知两圆 O,O',求其根轴.

作法 由前作法可作 O,O' 之外相似心 S 及 P,P' 两点(作法 19),若 S 不存在,则 OO' 之垂直平分线(作法 15)即所求之根轴.

若 SP 为两圆之切线,我们可再求另一对 P,P'.因过 S 至多只有两切线,故必可求得一对 P,P' 使 SP 非切线者.此时 SP' 与圆 O' 的另一交点 Q' 亦可求得(作法 17).

此时 OP 与 $O'Q'$ 不平行,其交点 T 可作(午).

 过点 T 作线垂直于 OO'(作法 13),此线即所求之根轴(圆 13).

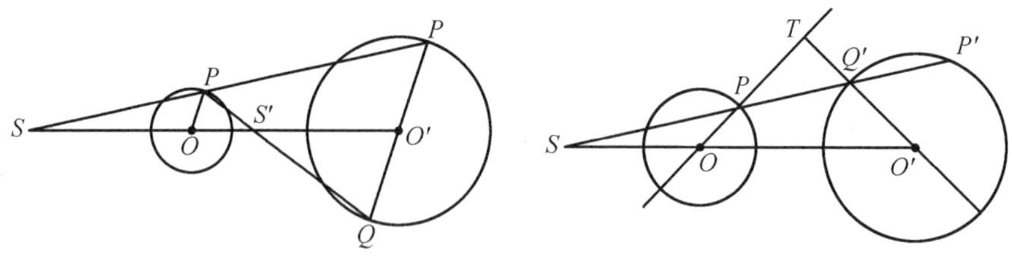

图 12　　图 13

以上由作法 1 ~ 20,我们都未曾用到公法申,因而尚有若干初等作圆无法作出.现在我们便开始利用公法申,在利用公法申时我们当然要用到平行线.此外由于作法 17,我们知道圆 N 与平行于 n 的直线的两个交点均可以作出.

作法 21 已知一圆 O 及一直线 l,求 l 与 O 的交点(这即公法辛).

作法 作 $NQ \perp n$(N,n 为公法未中的特殊圆圆心及特殊线,作法 13).

作 $OP \perp l$(作法 13),交 l 于 P(午).

在 NQ 外取一点 R(作法 1),连 NR(子),交圆 N 于 R(作法 9).

在 NR 上截 NS 等于圆 O 之半径,在 NQ 上截 $NT = OP$(作法 7).

连 ST(子),过 R 作 $RQ /\!/ ST$(作法 3),交 NQ 于点 Q(午).

过 Q 作线 $\perp NQ$(作法 12),则此线必平行于 n,故其与圆 N 之交点 C 可求

（申）.

过 T 作线平行于 QC（作法 3），交 NC 于 E（午）.

在 l 直线上截 PH, $PK = TE$，则 H, K 即所求之两交点（图 14，此图中漏画 n 线）.

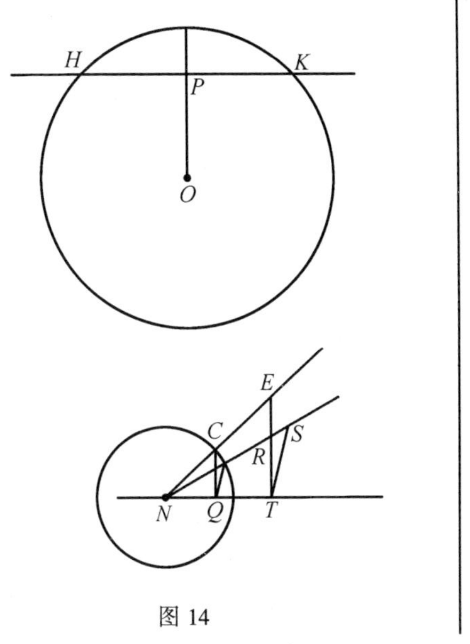

图 14

作法 22　已知两圆 O, O' 求其两交点（即公法壬）.

作法　作两圆 O, O' 之根轴（作法 20），此根轴与圆 O 之交点（作法 21）即所求之两交点.

由上可见，公法甲（即公法子）、乙（与公法巳相当）、丙（作法 8）、丁（作法 1）、戊（公法丑）、己（公法寅）、庚（公法午）、辛（作法 21）、壬（作法 22）均可以推出，是故所有的初等作图均可以作出.

读者尚不难看见如何由公法辛推出公法壬来（即上文所述的作法 22），以及如何可以由公法辛′推出公法辛来，因为公法未、申都是公法辛′的特例.由公法未、申既可得出作法 21，则由公法辛′自可以得出公法辛了.

这样我们便证明了：除首尾两步骤可能需用圆规外，其余各步骤均可只用直尺便成.至于各作法中何者需用平行线，何者不用，我们亦一一分清，此处不再赘述了.

二、少用直尺的初等作图

米舒龙证明：除最后一步骤可能需用直尺外（若求作一直线，当然非用直尺不可），我们可以从头至尾只用圆规.现在便把他的证明叙述如下.

在这种作法中，我们需用下列五个公法：

公法子　若 A, B 为两个不同的点，则过 A, B 两点的直线可以作出.

公法丑　若一直线已知，我们可在其上作出两个不同的点.

公法寅　若 O, A 两个不同的点已知，则以 O 为心过点 A 可作一圆（下文中记之以“$A(O)$”圆）.

公法卯　若一圆已知，则其圆心及圆周上一点可以作出.

公法酉　若两圆已知，则其交点可以作出.

我们注意，尽管有公法子，但关于直线与直线的交点、直线与圆的交点均无法作出(因没有公法假设其可以作出),所以在作图过程中我们是用不到公法子的,只有当求作的是直线时,最后一步骤我们才用到公法子.因此我们用的顶多的是公法寅和酉(公法酉即上述的公法壬).

为避免与上述作法相混乱起见,我们这里的作法从101开始.

作法 101　已知不同二点 A,B,求作一点 C 不在 AB 线上者.

作法　以 A 为心,过点 B 作 $B(A)$ 圆,同法作 $A(B)$ 圆(寅).两圆之交点(酉)C,D 均不在 AB 线上,适合所求.

作法 102　若已知两不同点 A,B,可求 C,作 ABC 次序在 AB 直线上,且 $AB = BC$.

作法　行作 $A(B)$,$B(A)$ 圆(寅),其交点之一为 D(酉).

再作 $D(B)$,$B(D)$ 圆(寅),其交点除 A 外尚有 E(酉).

再作 $E(B)$,$B(E)$ 圆(寅),其交点除 D 外尚有 C(酉),C 即所求.

作法 103　若已知两不同点 A,B 可求 C.作 ABC 次序,在 AB 直线上且 $AC = nAB$.

作法　继续作法102即得.

作法 104　若两不同之圆已知,可求一点不在该两圆上.

作法　两圆之圆心 O,O',已知(卯).

若两圆不相交,则由101求 C 使 $OO' = O'C$,C 即不在该两圆之上.

若两圆相交,其交点 A 和 B 可知(酉).由101求 C 使 $AB = BC$,则点 C 即不在该两圆之上.

作法 105　若两直线已知,可求一点不在该两直线之上.

作法　在一直线上取两点(丑)必有一点 A 非交点(只需 A 不在另一线上即可).同法在另一直线上取一非交点 B(丑).

在 AB 直线上取 C 使 $AB = BC$(作法102),则 C 即为所求之点.

作法 106　已知一圆及一直线可作出一点既不在圆周上又不在直线上.

作法　先求圆心 O(卯),在直线上求一点 A(丑).若 A 在圆周上,则依作法102取 C 使 $OA = AC$,C 即所求之点.

若 A 不在圆周上,则由 O,A 依作法101所取之两点,必有一点既不在直线上又不在圆周上.

作法 107　已知 A,B,O 三不同点,可作 O 对 AB 之对称点.

作法　若 O 在 AB 上,则 O 之对称点即 O 本身.否则作 $O(A)$,$O(B)$(寅),其交点除 O 外尚有 O'(酉).O' 即所求之对称点.

作法 108　已知一圆 $D(O)$ 和一点 M,求 M 对于 $D(O)$ 之反演点.

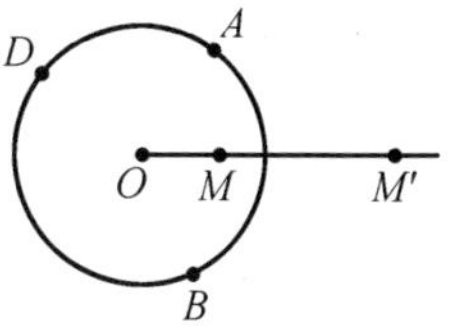

图 15

作法 若 M 在 $D(O)$ 上,则 M 之反演点即 M 本身.

若 $OM > \frac{1}{2}OD$,作 $D(O)$ 与 $O(M)$ 之交点 A,B(酉),因 $OM > \frac{1}{2}OD$,此时必有交点.

作 $O(A)$ 与 $O(B)$(寅),其交点除 O 外,尚有 M'(酉),M' 即所求之交点(图 15).

若 $OM < \frac{1}{2}OD$.设 n 为适合 $n \cdot OM > \frac{1}{2}OD$ 之正整数.取 N 在 OM 上,且 $ON = n \cdot OM$(作法 103).

作 N 对 $D(O)$ 之反演点 N'(前半),在 ON' 上取 M',使 $OM' = n \cdot ON'$(作法 103),则 M' 即为所求之反演点.

作法 109 若 A,B,O 不在一直线上可求得直线 AB 对于 $C(O)$ 圆之反演圆之圆心.

作法 先作 O 对 AB 之对称点 P(作法 107),再作 P 对 $C(O)$ 之反演点 Q(作法 108),则 Q 即所求之反演圆之心.

作法 110 若一圆不经过 O,可作该圆对 $A(O)$ 圆之反演圆之心.

作法 先作 O 对该圆之反演点 P(作法 108),再作 P 对 $A(O)$ 圆之反演点 Q(作法 108),Q 即所求之反演圆之心.

作法 111 若两直线已知且相交,则其交点可作.

作法 先在两直线之外取一点 R(作法 105).对以 R 为心之圆两直线有反演圆.此两圆之圆心可作(作法 109),在两直线的每一线上各取一点,作此两点对以 R 为心之圆之反演点(作法 108),则该两反演点分别在两直线之反演圆上.故该两反演圆可作(寅),其交点可求(酉).再作此交点对以 R 为心之圆之反演点(作法 108),此反演点即所求之两直线交点.

作法 112 若一圆及一直线已知且相交,则其交点可作.

作法 在该圆及该直线之外取一点 R(作法 106).以后作法与作法 111 同.

由上可以看见,公法子、丑、寅、卯、辰(作法 101)、巳(作法 102)、午(作法 111)、未、申(作法 112)都可以作出,所以所有的初等作图便都可以作出了.这便是有名的单用圆规的作法.

我们必须注意在作法 106 中,我们是利用了阿基米德公理的.即:若一线段 a 小于 b,则必有正整数 n 使得 $na > b$.所以在非阿基米德几何中,单用圆规的作图是不可能的.

附录Ⅱ　几何作图[①]

一、问题的源起

在中学平面几何学中,主要有两类问题:一类是讨论几何图形的性质,如三角形与圆的各种性质等.另一类是求作几何图形,使它适合预先给定的条件.如求作线段的中点,求作已知角的分角线以及求作三角形的内接圆等.我们现在要讨论的是后一类问题.

作图的方法决定于作图工具的选择,自古代希腊以来直到现在,在平面几何中大家习惯于用无刻度的直尺与圆规来作图.在只允许用尺规作图的限制下,三等分一已知角,倍立方(即求作一立方体,使其体积为已知立方体的体积的二倍)以及圆代方(求作一正方形,使其面积等于一已知圆的面积)成为古希腊三大作图题.一直到19世纪初,还没有得到解决,就是说,还不能决定这三大作图题是否可用尺规作出.但是由于17世纪中解析几何(1638)的发现,不久就获得了用尺规作图的解析判断标准,加以在方程式的代数解法方面获得了很大的进展,因此三大问题中的前两问题才获得了解决(1837).至于后一问题,则直到π的超越性证明(1882)以后,才获得解决.这样才完全证明了几何三大问题都是不能用尺规作出的.

二、用尺规作图的解析标准的意义

由于几何三大问题经过历史上许多人求解始终没有成功,反转来怀疑用尺规求解也许是不可能的.于是进而求证用尺规求解的不可能.由此才借解析几何的方法建立了用尺规作图的解析标准,就是用尺规作图可能性的必要与充分条件.这种判断条件的意义不限于证明几何三大问题的不可能,其积极的一面是由此可以判断任何作图问题用尺规是否可以求解.

须要注意,作图可能问题是由于仅允许用尺规作图的限制而引起的.如果允许我们利用尺规以外的作图工具,则有些原来不可作的问题就变成可能作的了.如倍立方在古希腊时用十字尺就已作出.又如三等分一角则有许多利用其他工具的解法.

---

① 原作者为聂灵沼.

三、尺规作图的解析标准

尺规作图可能问题其实是一个代数问题，那是因为借解析几何的方法，把一个几何问题化成了一个代数问题. 首先考察用尺规作图的几个基本的步骤. 任何一个尺规作图，不外有限次地反复应用下列的几个步骤：

1) 在作图过程中可在平面上任取一点 A 或任意截取一定长线段.

2) 求作一线段.

3) 求作一直线(求作一角可化成求作一边的问题).

4) 求作一圆.

5) 作不平行的两已知直线 l_1 与 l_2 的交点.

6) 作一已知直线 l 与一已知圆 O 的交点(如果存在的话).

7) 作两已知圆 O_1 与 O_2 的交点(如果存在的话).

1) 中任取一点或任取一线段在平分一角或平分一线段时须用到. 由此可以看出，求作的基本几何图形不过是一些点、线段、直线与圆. 而求作直线的问题，等于求作过该直线的某两点的问题；求作圆的问题等于求作该圆圆心与半径的问题. 另一方面，作为作图根据的已知几何图形也不过是一些点、线段、直线与圆；同样也可还原成一些已知点与一些已知线段. 所以，总起来说：在一个几何作图的过程里，只不过是从一些已知点和已知线段用尺规作出一些新的点和新的线段的过程.

当平面上引进直角坐标以后，每个点有两个实数作为它的坐标，每个线段可以用一个实数表示它的长. 于是上面的几何作图问题即化成一个代数问题：代表已知点的坐标和已知线段的长度的那些实数与代表作出来的新点的坐标和新线段的实数之间究有何种代数关系. 其次就是上述问题的反面：求作的点的坐标和线段的长度与已知点的坐标和已知线段的长度应具有怎样的代数关系，才能使新的点和线段用尺规从已知点和线段作出来. 第一个问题是求作图可能的必要条件，第二个问题是找它的充分条件. 先解决第一个问题. 考察基本作图的 2)，5)，6)，7) 四个步骤.

2)′ 求作线段的长等于两点坐标差的平方和的平方根.

5)′ 设直线 l_1 及 l_2 的方程为

$$a_1x+b_1y+c_1=0$$

$$a_2x+b_2y+c_2=0$$

则交点的坐标为

$$x=\frac{b_1c_2-b_2c_1}{a_1b_2-a_2b_1},y=\frac{c_1a_2-c_2a_1}{a_1b_2-a_2b_1}$$

6)′ 设直线 l 的方程为

$$ax+by+c=0$$

圆 O 的方程为

$$(x-\alpha)^2+(y-\beta)^2=\gamma^2$$

则交点的坐标为

$$x=\frac{-B\pm\sqrt{B^2-4AC}}{2A}$$

$$y=-\frac{1}{b}(ax+c)$$

其中

$$A=a^2+b^2$$

$$B=2(ac+ab\beta-\alpha b^2)$$

$$C=\alpha^2b^2+(c+\beta b)^2-\gamma^2$$

7)′ 设两圆 O_1 及 O_2 的方程为

$$(x-\alpha_1)^2+(y-\beta_1)^2=\gamma_1^2$$

$$(x-\alpha_2)^2+(y-\beta_2)^2=\gamma_2^2$$

求 O_1 与 O_2 的交点,等于求圆

$$(x-\alpha_1)^2+(y-\beta_1)^2=\gamma_1^2$$

与割线

$$2(\alpha_2-\alpha_1)x+2(\beta_2-\beta_1)y+(\alpha_1^2-\alpha_2^2+\beta_1^2-\beta_2-\gamma_1^2+\gamma_2^2)=0$$

的交点.可仿 6)′ 求出.

由 2)′ 看出作出的线段的长度可从端点的坐标经四则运算及开实平方得出.由 5)′、6)′、7)′ 看出用尺规作得的点的坐标可由已知点的坐标及已知线段长经四则运算与开实平方表出.基本作图 3) 与 4) 或为作图的目的或为基本作图 5)、6)、7) 的准备.而基本作图 1) 中点的坐标及线段的长度恒可看做有理数.因为这样的取法总可以办到.

尺规作图的必要条件.如果某一几何图形可用尺规从一已知图形作得,则该图形中的交点的坐标和线段的长度可由已知图形的交点的坐标和线段的长度经有限次的四则运算及开实平方得到.

现在进一步证明,上述条件不仅是必要的,而且是充分的:设一点的坐标或一线段的长可从一些已知点的坐标和一些已知线段的长经有限次的四则运算及开实平方而得到,则该点与该线段可用尺规从已知点和线段作出.

这只要能够证明下面四步就成了：

(a) 设 a,b 为实数，则 $a \pm b$ 可用尺规作出.

(b) a,b 给定，则 $a \cdot b$ 可用尺规作出.

(c) a,b 给定且 $b \neq 0$，则 $\frac{a}{b}$ 可用尺规作出.

(d) $a > 0$，则 $\sqrt{a}$ 可用尺规作出.

证　(a) $a \pm b$ 显然可作.

注意：由(a)，(b)，(c) 三步，从一单位长线段出发，可作出一切以有理数为坐标的点来.

(d) $\sqrt{a}, a > 0$.

反复应用上面四个步骤，即可从已知点的坐标和已知线段的长作出新点的坐标和新线段的长.总起来说即得作图的解析标准：

一个几何图形能用直尺与圆规从已知的几何图形作出的必要与充分条件是，构成这个图形的交点的坐标和线段(包含半径) 的长度可从已知图形的交点的坐标和线段的长度经有限次的四则运算及开实平方根而得到.

例　求作正 2^n 边形.令 S_n 表正 2^n 边形一边的长，则

$$S_{n+1} = \sqrt{2 - \sqrt{4 - S_n^2}}$$

当 $n > 2$ 时

$$S_n = \sqrt{2 - \sqrt{2 + \sqrt{2 + \cdots + \sqrt{2}}}}$$

上述充分条件与坐标轴的选择是无关的.这由条件的必要性就可知道.

四、尺规作图的解析标准的另一说法

在一些作图的问题中，经过解析方法的结果，往往不是直接去判断一个未知量是否能从已知量经四则运算及开实平方而表出，而通常是先将未知量表成以已知量的有理函数(就是从已知量经加、减、乘、除而得到的量) 为系数的某多项式的一根.欲根据此多项式判断未知量是否可从已知量经四则运算及开实平方而得到的，则上述判断标准就很不适用了.必须将上述的判断标准改换形式.我们将上述判断标准的另一说法写在下面：

尺规作图的解析标准的另一说法：一个几何图形能用直尺与圆规从已知几何图形作出的充分与必要条件是，构成这个图形的每一个量 s(如交点的坐标或线段的长度) 能从已知图形的量(交点的坐标和线段的长度) $a,b,c,\cdots,d$ 通过解一串含实根的二次方程的链

$$x^2 + a_1 x + b_1 = 0$$

$$x^2 + a_2x + b_2 = 0$$

$$\vdots$$

$$x^2 + a_rx + b_r = 0$$

而得到,就是说,未知量 s 为第 r 个二次方程的根,而且这串方程有下述性质:第 i 个二次方程 $x^2 + a_ix + b_i = 0$ 的系数 a_i, b_i 是前面 $i-1$ 个方程 $x^2 + a_jx + b_j$ $(j = 1,2,\cdots,i-1)$ 的根以及已知量 $a,b,c,\cdots,d$ 的有理函数.

证:条件的充分性是比较显然的.由于每个方程的根都是实的,则第一个方程的根可由已知量 $a,b,c,\cdots,d$ 经四则运算及开实平方而得到,因此第二个方程的根,按照假设,可由 $a,b,c,\cdots,d$ 经四则运算及开实平方而得到.如此类推(利用数学归纳法)可知未知量 s 也是这样.

条件也是必要的.如果未知量 s 能用尺规从已知量 $a,b,c,\cdots,d$ 作得,则必然是经过基本几何作图1)至7)的累次应用而得到,也就是说,s 是由已知量 $a,b,c,\cdots,d$ 经过一串中间量 $a_1,a_2,\cdots,a_r$ 而得到.详细地说 a_i 是某中间点的坐标或线段的长度,而这中间点或线段是经过某基本作图从 $a,b,\cdots,d$ 所代表的已知点和线段以及 $a_1,\cdots,a_{i-1}$ 所代表的中间点和线段而得到的.如果所用到的基本作图是1),则该点可取成坐标为有理数的点,线段可取成其长为有理数的线段.由基本作图3)、4)、5)所得到的 a_i 显然是 $a,\cdots,d$ 及 $a_1,\cdots,a_{i-1}$ 的有理函数.而由基本作图2)、6)、7)所得到的 a_i 显然是以 $a,\cdots,d$ 及 $a_1,\cdots,a_{i-1}$ 的有理函数为系数的二次方程的一根,而且这个二次方程的根是实的.须要注意的是,这个方程的另一根显然也是 $a,\cdots,d$ 及 $a_1,\cdots,a_{i-1},a_i$ 的有理函数.于是条件的必要性即被证明.

上述第二种形式的判断标准给予我们一个决定某个图形不可能用尺规作图的充分条件.首先我们推出一个能用尺规作图的另一必要条件.

定理1 如果未知量 s 能从已知量 $a,b,c,\cdots,d$ 用尺规作出,则 s 必须适合一个次数为 2^n 的而系数为 $a,b,\cdots,d$ 的有理函数的不可约多项式(对包含有理数域及 $a,b,\cdots,d$ 的最小域而言.也就是对于 $a,b,\cdots,d$ 的所有有理函数组成的域 $R(a,b,\cdots,d,)$ 而言).

证 对上述二次方程链的长度 r 作归纳法,当 $r=1$ 时显然.因为此时 s 为 $x^2 + a_1x + b_1$ 的根,只要看这个多项式在 $R(a,\cdots,d)$ 上可约或不可约,则 s 就适合一个在 $R(a,\cdots,d)$ 上不可约的 $2^0 = 1$ 次或 $2^1 = 2$ 次的多项式.现在假定当二次方程链的长度为 $r-1$ 时定理是真的.由此来证明当链的长度为 r 时定理也真,兹分两种情形讨论:

1) 第一个多项式 $x^2+a_1x+b_1$ 在域 $R(a,\cdots,d)$ 上可约,即可分解成两个一次因式.此时第一个方程的根已在 $R(a,\cdots,d)$ 中.而第二个方程的根已是 $a,b,\cdots,d$ 的有理函数.因此 s 已经可以由二次方程链

$$x^2+a_2x+b_2=0$$
$$x^2+a_3x+b_3=0$$
$$\vdots$$
$$x^2+a_rx+b_r=0$$

得到,而这个链仍适合定理中的条件,按归纳法假设,s 适合一个在 $R(a,\cdots,d)$ 上不可约的 2^n 次方程.

2) 第一个多项式 $x^2+a_1x+b_1$ 在 $R(a,\cdots,d)$ 上不可约.设 α,α' 为它的根.不难证明,所有的数 $e+f\alpha,e,f$ 取 $R(a,\cdots,d)$ 中的数,按实数的加法和乘法,作成一个数域.而且这个域是 $R(a,\cdots,d)$ 的扩域,用 $R(a,\cdots,d)(\alpha)$ 来表示.于是 s 可以看做从已知量 $a,\cdots,d$ 及 α(也就是从域 $R(a,\cdots,d)(\alpha)$)通过解一串含实根的二次方程 $x^2+a_2x+b_2=0,\cdots,x^2+a_rx+b_r=0$ 而得到.按归纳法假设.s 适合一个在域 $R(a,\cdots,d)(\alpha)$ 上不可约的 2^n 次方程 $g(x)=x^{2n}+$
$c_1x^{2n-1}+\cdots+c_{2^n}$,$c_i$ 属于 $R(a,\cdots,d)(\alpha)$,如果系数 $c_1,\cdots,c_{2^n}$ 已经属于子域 $R(a,\cdots,d)$,则 $g(x)$ 当然也是 $R(a,\cdots,d)$ 上的不可约多项式.于是定理即被证明.如果 $c_1,\cdots,c_{2^n}$ 不全属于 $R(a,\cdots,d)$,就是说,如将 c_i 写成

$$c_i=\beta_i+\gamma_i\alpha$$

至少有一个 γ_i 不为 0.令

$$c'_i=\beta_i+\gamma_i\alpha'$$

且作

$$\overline{g}(x)=x^{2n}+c'_1x^{2n-1}+\cdots+c'_{2n}$$

易证 $\overline{g}(x)$ 在域 $R(a,\cdots,d)(\alpha)$ 上也不可约.用反证法,假定 $\overline{g}(x)$ 在 $R(a,\cdots,d)$ 上可约

$$\overline{g}(x)=\overline{\varphi}(x)\overline{\Psi}(x)=(x^m+b'_1x^{m-1}+\cdots+b'_m)\cdot$$
$$(x^i+d'_1x^{i-1}+\cdots+d'_t)$$

其中 $m,t\geqslant 1$ 而且 b'_i,d'_j 属于 $R(a,\cdots,d)(\alpha)$.但 b'_i,d'_j 也可用 α' 写出来

$$b'_i=\lambda_i+\mu_i\alpha',d'_j=\eta_j+\xi_j\alpha'$$

$\lambda_i,\mu_i,\eta_j,\xi_j$ 皆属于 $R(a,\cdots,d)$.令

$$b_i=\lambda_i+\mu_i\alpha,d_j=\eta_j+\xi_j\alpha$$

而且作

$$\varphi(x)=x^m+b_1x^{m-1}+\cdots+b_m$$
$$\Psi(x)=x^t+d_1x^{t-1}+\cdots+d_t$$

由计算可知

$$g(x)=\varphi(x)\Psi(x)$$

$g(x)$ 在 $R(a,\cdots,d)(\alpha)$ 将是可约的了.引出一个矛盾,既知 $\overline{g}(x)$ 在 $R(a,\cdots,d)(\alpha)$ 上不可约,即易证明 $f(x)=g(x)\overline{g}(x)$ 不仅是子域 $R(a,\cdots,d)$ 上的多项式而且是不可约的,$f(x)$ 的系数属于 $R(a,\cdots,d)$ 是显然的,今来证明 $f(x)$ 在 $R(a,\cdots,d)$ 上是不可约的,用反证法,假定 $f(x)$ 在 $R(a,\cdots,d)$ 上可约,即有分解式

$$f(x)=\varphi(x)\Psi(x)$$

$\varphi(x)$,$\Psi(x)$ 的次数皆 $\geqslant 1$,最高项系数为 1,而且系数皆在 $R(a,\cdots,d)$ 内,试在扩域 $R(a,\cdots,d)(\alpha)$ 内比较两种分解式

$$f(x)=g(x)\overline{g}(x)=\varphi(x)\Psi(x)$$

由因式分解唯一定理,就非有 $g(x)=\varphi(x)$ 或 $g(x)=\Psi(x)$ 不可.无论如何,$g(x)$ 的系数将属于子域 $R(a,\cdots,d)$ 了.矛盾,于是 s 适合在 $R(a,\cdots,d)$ 上不可约的 2^{n+1} 次方程.定理 1 至此完全证明.

为了便于应用,可以将定理 1 写成下面形式.

定理 1′ 设 $f(x)$ 为一个 m 次多项式,而系数是已知量 $a,b,\cdots,d$ 的有理函数.如果 $f(x)$ 在域 $R(a,\cdots,d)$ 上不可约而且它的次数 m 含有大于 2 的质因子,则 $f(x)$ 的任一根不可能从已知量 $a,b,\cdots,d$ 用尺规作出.

应用定理 1′,即可解决三大几何作图问题中的两个.

倍立方问题 设一已知正立方体的边长为 a.求作另一正立方体,使它的体积等于已知正立方体的体积的二倍.

解 当已知正立方体的边长为1时此图不可能作出,由此就可知在任何情形下也不可能.设所求正立方体的边长为 x,则

$$x^3=2$$

此时已知量是1.$R(1)$ = 有理数域.因 x^3-2 没有有理根.它在有理数域上不可约,所以 x 不可能从有理数用尺规作得.

三等分任意一角 给定一角 α,求作一角等于$\frac{\alpha}{3}$.

解 以角 α 的顶点为坐标原点,以一边为 x 轴.此时 $\angle NOx=\alpha$.求作一角 $\angle MOx$ 使之等于$\frac{1}{3}\angle\alpha$.为了求得一个解析的标准,作一个以 O 为圆心的单位

圆.设单位圆分别交直线 ON,OM 于 A,B 二点(图 1).于是点 A 坐标为$(\cos\alpha,\sin\alpha)$为已知量,而点 B 的坐标为$\left(\cos\frac{\alpha}{3},\sin\frac{\alpha}{3}\right)$为未知量,假如角$\frac{1}{3}\angle\alpha$可从已知角 α 作出,就是说直线 OM 可从点 A,O,C 作出的话,则交点 B 也可从点 A,O,C 作出.现在来证明点 B 一般不可能从点 A 作出,于是三等分任意角的不可能性即被证明了.由三角公式知

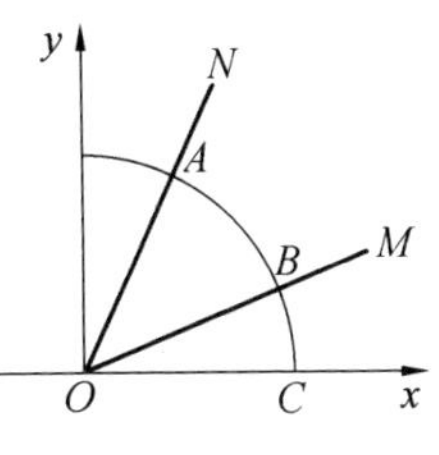

图 1

$$4\cos^3\frac{\alpha}{3}-3\cos\frac{\alpha}{3}-\cos\alpha=0$$

换句话说 B 的横坐标适合下列三次方程

$$4x^3-3x-\cos\alpha=0$$

如果能证明,对于 α 的某一特别值,点 B 不可能作,则对于 α 的一般值,点 B 当然也不能作.特别取 $\angle\alpha=60°$,则 $\cos\alpha=\frac{1}{2}$.于是上述方程即变成

$$4x^3-3x-\frac{1}{2}=0$$

或

$$(2x)^3-3(2x)-1=0$$

令 $y=2x$,y^3-3y-1 在有理数域上不可约,因之 $4x^3-3x-\frac{1}{2}$ 也不可约,这就是说,点 B 的横坐标 x 不可能用尺规作得.所以点 B 也不能用尺规作得.三等分任意角不可能即被证明.

附录 Ⅲ　等分圆周法[①]

分圆周为 n 等份,或与此有联系的关于作正多角形的问题,在学校里的教科书中,构成了平面几何作图问题的一部分.

教师教给学生的,是利用圆规和直尺,把圆周分为 3,4,6 等份的方法;有时还讲把圆周分成 10 或 5 等份的方法,并把能否等分圆周的高斯检验法,介绍给学生.

当准确的作图不能做到时,老师们便介绍一种近似的利用量角器分圆周的方法.墨守着教科书的成法,他们常常仅做到这一步为止.

利用几何的方法是可以准确地分圆周为 3,5,6,15,17 及 257 等份的,然而这里并没有一个统一的方法;分圆周为 15 等份的方法是这样,而分圆周为 5 或 6 等份的方法又是那样,所有的方法都得记住,这对学生有何益处呢?

正由于这样,从学校里毕业的人,几乎在任何时候,谁也不用把圆周分为 5,10,17 等份的几何方法.他们往往纯粹只利用量角器来分圆周为任意等份,只在分圆周为 3,4,6 等份时,才可能有例外(因为人们早已熟悉了这些方法).

无疑地,学生们对于下面所要叙述的近似的等分圆周的几何方法,一定会感到莫大的兴趣.此法常为建筑师所采用,不管分圆周为多少等份,其方法是一致的.

当知道了利用此法可准确地分圆周为 3,4,6 等份之后,对于这个方法的认识,将进一步的加深.

设要分圆周为 n 等份(图 1)引任意直径 AB,在 AB 上作等边三角形 ABC.用点 D 分直径 AB 成比值 $AD : AB = 2 : n$.

联结 C,D 两点,并延长 CD 交圆周于点 E,AE 弧将近似地等于圆周的 $\frac{1}{n}$,或者说 AE 弦近似地为圆内接正 n 角形的一边.

如果把所得中心角 $\widehat{AOE}$ 和等分数 n 中间的关系用公式表示出来,那么即得

① 原作者为 Б · А · 科尔得门斯基.

$$\tan \widehat{AOE} = \frac{\sqrt{3}}{2} \cdot \frac{\sqrt{n^2 + 16n - 32} - n}{n - 4}$$

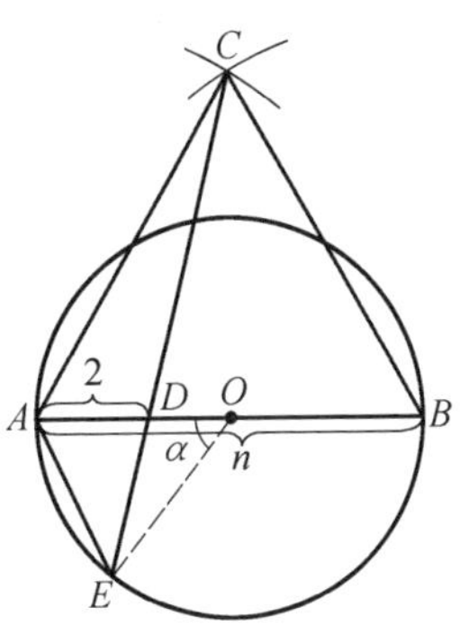

图 1

从另一方面来看，如果完全准确地分圆周为 n 等份，那么每边所对的中心角应等于$\frac{2\pi}{n}$. 比较角$\widehat{AOE}$ 和$\frac{2\pi}{n}$，即可得到由于把 AE 弧当做圆周的$\frac{1}{n}$ 而造成的误差.

将某些 n 值代入公式，经计算的结果，正如表1中所示，上述方法可以近似地分圆周为 5,7,9 及 10 等份. 所得误差并不大，自 0.07% 到 1% . 在大多数的实际问题中，这样的误差是完全可以允许的. 从表中可以看出，此法的准确度，随 n 值的增大而显著地降低，即相对误差增大. 但是，正像下面所要证明的，相对误差绝不会大于 10.3% .

表 1

	3	4	5	6	7	8	10	20	60
$\frac{360°}{n}$	120°	90°	72°	60°	51°26′	45°	36°	18°	6°
$\widehat{AOE}$	120°	90°	71°57′	60°	51°31′	45°11′	36°21′	18°38′	6°26′
误差 /%	0	0	0.07	0	0.16	0.41	0.97	3.5	7.2

现在让我们来推证出上面的公式：

设半径 $R = 1$(图 2) 及

$$AD : AB = 2 : n$$

于是

$$AD = \frac{4}{n}, OD = 1 - \frac{4}{n};$$

令

$$EF \perp OA, \angle AOE = \angle \alpha$$

得

$$EF = \sin \alpha, OF = \cos \alpha$$

$$DF = OF - OD = \cos \alpha - \left(1 - \frac{4}{n}\right)$$

$$OC = \sqrt{3}$$

因

$$\triangle EFD \backsim \triangle ODC$$

故
$$\frac{DE}{EF}=\frac{OD}{OC},\frac{\cos\alpha-\left(1-\frac{4}{n}\right)}{\sin\alpha}=\frac{1-\frac{4}{n}}{\sqrt{3}}$$

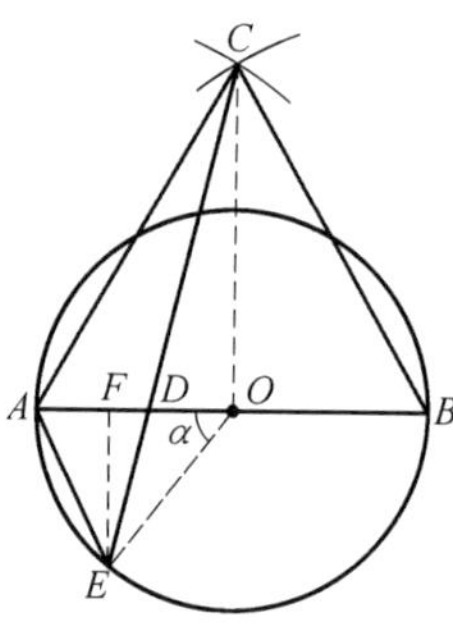

图 2

设 $1-\frac{4}{n}=k$,即
$$\frac{\cos\alpha-k}{\sin\alpha}=\frac{k}{\sqrt{3}}$$

亦即
$$\sqrt{3}\cos\alpha-k\sin\alpha=k\sqrt{3}$$

但已知
$$\cos\alpha=\frac{1}{\sqrt{1+\tan^2\alpha}}$$
$$\sin\alpha=\frac{\tan\alpha}{\sqrt{1+\tan^2\alpha}}$$

代入上式,得
$$\sqrt{3}-k\cdot\tan\alpha=k\sqrt{3+3\tan^2\alpha}$$

等号两面平方,可得到关于 $\tan\alpha$ 的二次方程式
$$2k^2\tan^2\alpha+2k\sqrt{3}\tan\alpha+3(k^2-1)=0$$

解此方程式,并将 k 值代入,得
$$\tan\alpha=\frac{\sqrt{3}}{2}\cdot\frac{\sqrt{n^2+16n-32}-n}{n-4}$$

对于九年级学生来说,这个结论是完全能够理解的,并且可以作为很好的习题.

现在来求相对误差的极限

$$\delta = \frac{\tan \alpha - \tan \frac{2\pi}{n}}{\tan \frac{2\pi}{n}}$$

这个值也就是当 $n \to \infty$ 时,以 α 角的正切代替$\frac{2\pi}{n}$角的正切,所能造成的最大百分误差.过渡到极限,我们得到(计算是初等运算,故从略)

$$\lim_{n \to \infty} \delta = \lim \frac{\frac{\sqrt{3}}{2} \cdot \frac{\sqrt{n^2 + 16n - 32} - n}{n - 4} - \tan \frac{2\pi}{n}}{\tan \frac{2\pi}{n}} =$$

$$\frac{2\sqrt{3}}{\pi} - 1 = 0.102$$

由此可知,相对误差 $\delta < 10.3\%$.如果能向学生们指出,上面所述的方法并不是近似地分圆周为 n 等份时可能有的唯一方法,可以找到其他的许多方法,甚至会有比此法更简单,得出更好的近似值来的方法,他们一定会感到更大的兴趣.

学生们对分割圆周问题的近似解法的认识,将使这问题的理论部分显得更加突出了.

当高斯成功地发现了正 n 角形理论作图可能性的检验法时,他只不过 17 岁而已,但是这个发现却给他留下了这样的印象,以至于使他放弃了原来想学到语言学专门知识的企图,而决定把自己的一生献给数学了.这个故事将会加深对于这个问题的情感.

附录Ⅳ 圆锥曲线的几个有趣的作图问题[①]

一、由共轭半径作椭圆

已知两共轭半径[②]的大小和位置,作一椭圆.

解 设椭圆的方程为

$$\left(\frac{x}{a}\right)^2+\left(\frac{y}{b}\right)^2=1 \tag{1}$$

设所规定的共轭半径是 OP 和 OG,它们的端点坐标(x,y)和(x',y')满足条件

$$\frac{x'}{a}=-\frac{y}{b},\frac{y'}{b}=\frac{x}{a} \tag{2}$$

(条件(2)给出这两条共轭半径的斜率$\frac{y}{x}$和$\frac{y'}{x'}$的乘积,正好是常值$-\frac{b^2}{a^2}$).

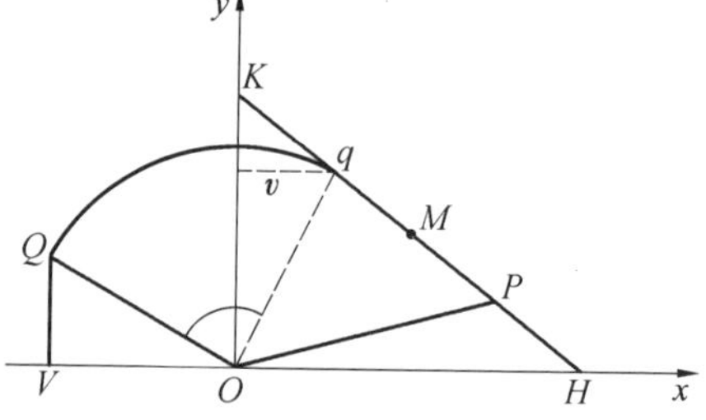

图 1

设 V 是由点 Q 所作的纵坐标线的垂足,如图 1 所示.将三角形 OQV 绕点 O 顺时针旋转 90°,到达 Oqv 的位置,延长直线 Pq,交椭圆的两轴于 H 和 K.根据条件(2),点 q 和点 P 离 x 轴的距离之比,以及点 P 和点 q 离 y 距离之比都是$\frac{a}{b}$.从而(根据射线定理)

$$\frac{Hq}{HP}=\frac{a}{b},\frac{KP}{Kq}=\frac{a}{b}$$

由此得到

$$\frac{HP+Pq}{HP}=\frac{Kq+qP}{Kq}$$

① 本文译自 H.Dörrie,100 Great Problems of Elementary Mathematics, Dover Publications, lnc, New York, 1965,译文题目为译者所加,本文的问题 1,2,3 即原文问题 42,44,46.

② 椭圆的直径是指通过中心的直线被椭圆截取的线段.平行于一条直径的诸弦中点的轨迹,是椭圆的另一直径,称为原直径的共轭直径.反过来,第一条直径也是第二条直径的共轭直径.不难验证,两条共轭半径的端点坐标满足条件(2)—— 编校注.

即
$$HP = Kq$$
所以 Pq 的中点也是 HK 的中点.

如果以 HP 代替 Kq,那么,前述比例式之一变为
$$\frac{KP}{HP} = \frac{a}{b} \tag{3}$$

为了得到未知量 KP 和 HP 的第二个方程,我们考虑由 HK 到 x 轴的夹角 v 的余弦和正弦
$$\cos v = \frac{x}{KP}, \sin v = \frac{y}{HP}$$
将上式两边平方再相加,我们得到
$$\frac{x^2}{KP^2} + \frac{y^2}{HP^2} = 1 \tag{4}$$
从式(1),(3),(4),立即得到
$$KP = a, HP = b$$

这就给出了下列简单作图法:

(1) 将 OQ 绕点 O 通过钝角 $\angle POQ$ 的内部旋转 $90°$,到达 Oq 的位置.

(2) 定出 Pq 的中心 M 以及直线 Pq 与中心为 M,半径为 MO 的圆的交点 H 和 K.于是,KP 和 HP 分别等于椭圆两轴长的一半,而 OH 和 OK 代表椭圆两轴的位置.剩下的作法是简单的.

二、由四条切线作抛物线

已知抛物线的四条切线,作此抛物线.

这一漂亮问题的最简单的解答基于下面的定理.

Lambert 定理　抛物线的切线三角形的外接圆通过它的焦点.

J.H.Lambert(1728—1777)是德国数学家.

为了证明 Lambert 定理,我们需要下述定理.

相似三角形定理　抛物线的两切线 SA 和 SB,由焦点 F 到两切点 A 和 B 的两直线 FA 和 FB 以及焦点 F 到两切线的焦点 S 的直线 FS,共同组成两个相似三角形 FSA 和 FSB,使得一个三角形位于切点处的角,总是等于另一个三角形位于交点处的角(图 2).

证　按照抛物线古典作图法,焦点 F 关于切线 SA 和 SB 的镜像 H 和 K,分别落在由 A 和 B 向准线 L 作垂线的垂足上.

因为 $\angle FAS$ 和 $\angle HAS$ 是对称的,$\angle HAS$ 和 $\angle FHK$ 作为两对垂直边之间的夹角是相等的,所以

$$\angle FAS = \angle FHK$$

同样有

$$\angle FBS = \angle FKH$$

$\angle FHK$ 和 $\angle FKH$,分别作为三角形 FHK 的外接圆(其中心是这个三角形两边的中垂线 SA 和 SB 的交点 S)上的弦 FK 和 FH 所对的圆周角,其大小是对应的中心角的一半,所以分别等于 $\angle FSB$ 和 $\angle FSA$.从而

$$\angle FAS = \angle FSB, \angle FBS = \angle FSA$$

证毕.

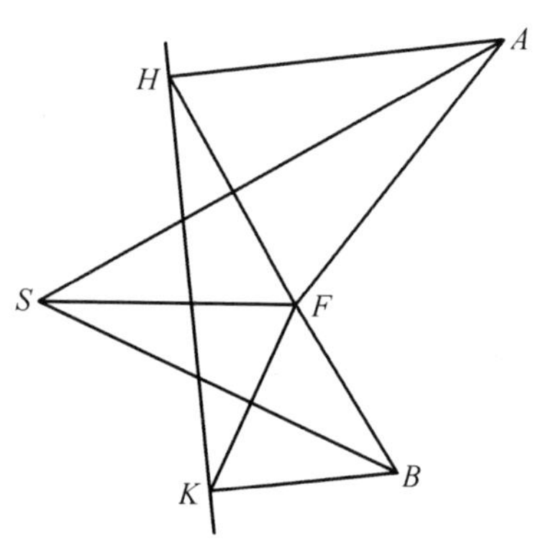

图 2

Lambert 定理直接由刚才证明的定理得到.

事实上,如果 P 和 Q 是同抛物线相切于点 O 的第三条切线与切线 SA 和 SB 的交点(图 3),那么,根据上述相似三角形定理,有

$$\angle FAS = \angle FSB, \angle FAP = \angle FPO$$

所以

$$\angle FSQ = \angle FPQ$$

根据上述等式,所以,四边形 $FPSQ$ 是一圆内接四边形.

Lambert 定理直接给出我们所要求的作图法:从四条已知切线组成的四个切线三角形中,选取两个,各作外接圆,这两个圆的交点就是所求抛物线的交点.然后,我们求得焦点关于两切线的镜像,这样我们就得到准线上的两点,从而确定了准线.剩下的作法是非常简单的.

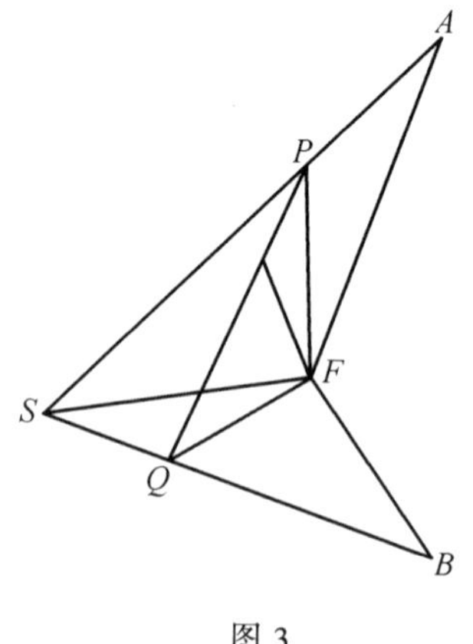

图 3

注 切线三角形的外接圆定理直接导致下面这个有趣问题的解:

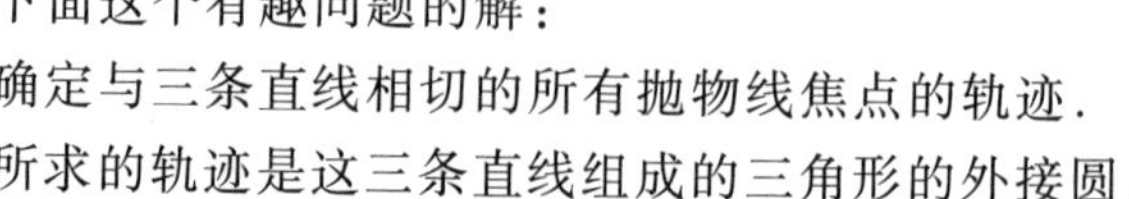
确定与三条直线相切的所有抛物线焦点的轨迹.

所求的轨迹是这三条直线组成的三角形的外接圆.

三、由四点作一双曲线

已知双曲线的四点,作一直角(等腰)双曲线.

作图法是根据下例辅助定理:

等腰双曲线的内接三角形的 Feuerbach 圆①通过双曲线的中心.

证　设 ABC 是中心为 Z,渐近线为 Ⅰ 和 Ⅱ 的等腰双曲线的内接三角形. 设 A',B',C' 是边 BC,CA,AB 的中点,A_1 和 A_2 是 BC 与渐近线 Ⅰ 和 Ⅱ 的交点,B_1 和 B_2 是 CA 与渐近线 Ⅰ 和 Ⅱ 的交点(图 4).

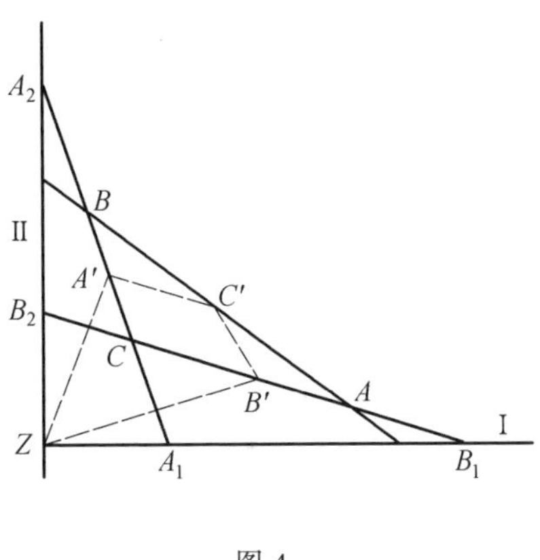

图 4

因为双曲线的弦的延长线被这两条渐近线截出等的线段,即 $BA_2 = CA_1$ 和 $CB_2 = AB_1$,所以,A' 和 B' 是 A_1A_2 和 B_1B_2 的中点.这两个中点也是直角三角形 A_1ZA_2 和 B_1ZB_2 交接圆的中心,所以

$$\angle A'ZA_1 = \angle A'A_1Z$$

$$\angle B'ZB_1 = \angle B'B_1Z$$

因为上述两式的左边的差代表 $\angle A'ZB'$,右边的差代表 $\angle A_1CB_1$(根据三角形的外角等于内对角之和的定理),所以 $\angle A'ZB' = \angle A_1CB_1$ 或 $\angle A'ZB'$ 和 $\angle A'CB'$ 互补.因为平行四边形 $CA'C'B'$ 在 C 和 C' 处的角相等,故 $\angle A'ZB'$ 和 $\angle A'C'B'$ 也是互补.因此,四边形 $ZA'C'B'$ 是一圆内接四边形.换句话说,三角形 $A'B'C'$ 的外接圆,即三角形 ABC 的 Feuerbach 圆通过双曲线中心.证毕.

作图法.设四个已知点是 A,B,C,D.作三角形 ABC 和 ABD 的 Feuerbach 圆;此两圆的交点 Z 就是双曲线的中心.把 Z 和 BC 的中点 A' 联结起来.以 A' 为中心、$A'Z$ 为半径作圆;该圆同直线 BC 的交点 A_1 和 A_2 在渐近线 Ⅰ 和 Ⅱ 上,所以直线 ZA_1 和 ZA_2 就是渐近线 Ⅰ 和 Ⅱ.剩下的作法是容易的(为了从某些点作出双曲线,例如,可以过给定的一点,如点 A,作任一直线,在此直线上由 Ⅱ 到 A 截取 A 和 Ⅰ 之间那个线段;在所截取的线段末端处的点,是双曲线上新的一点.过 A 反复作出新直线,可以给出双曲线上任意多个点).

注　已证明的辅助定理,也立即解决了下述有趣的轨迹问题:

求已知三角形的所有外接等腰双线曲中心的轨迹.

轨迹就是已知三角形的 Feuerbach 圆.

① 所谓三角形的 Feuerbach 圆,就是通常所说的九点圆,在每一个三角形中,三边的三个中点.三边高的三个垂足,垂心与三个顶点连线的三个中点.可以证明这九点共圆.这个圆就称为九点圆.—— 译注.

附录 V　从三等分角谈起①

在中学的数学教科书中,明确地写出了:用直尺和圆规将任意角三等分是不可能的.我们这篇文章的目的是解释这句话的确切含义,并且给出一个例子来说明.即我们严格证明60°角是不可能三等分的.当然文章还包含了另外一些有兴趣的内容.

定义1　平面几何学中用不带刻度的直尺画直线;用不带刻度的圆规画圆,称为"尺规作图".平面几何中的问题称为"作图问题",是指在给定一些"基础"点后,用尺规作图画出所要求的图形.

作为例子,下面给出三个作图问题.

一、倍立方问题

古代一个宗教仪式用的祭坛,是用一个正立方体的土堆积建成的.有一天,大祭司假借神的名义声称,神要求改建这个祭坛,大小比原来的大一倍,你们找工匠赶快建好.这个问题难倒了工匠们.他们请教了当时的数学家,也难倒了数学家们,数学家们只好说:"这是神对你们的惩罚".

这个问题用数学公式来表示,就是给定单位长度(它是原来祭坛作为正立方体的边长),求新的正立方体的边长 x,使得它的体积

$$x^3 = 2 \times 1^3 = 2$$

即求三次多项式 $x^3 - 2$ 的实根.也就是画出长度为$\sqrt[3]{2}$ 的线段.这问题难倒了数学家们有四千年之久.

二、化圆为方问题

给定一个圆,约定单位长度为这个圆的半径.用尺规作图,画出一个新的正方形,使得它的面积和已给圆的面积 π 相等.即用尺规作图,画出长度为 π 的线段.也就是求二次多项式 $x^2 - \pi$ 的实根,这里 π 是圆周率.

三、任意角三等分问题

任给一个角,用尺规作图画出另一个角,使它的三倍为已给角.即用已给角的顶点为圆心,取定单位长度为1的线段为半径作圆.取 $\angle AOB = \angle\theta$ 为已给

---

①　原作者为许以超.

角,如图 1 所示.其中 $BC \perp OA$, $PQ \perp OA$.由 θ 已知,所以 $|OC| = \cos\theta$ 也已知.设 $\angle AOB$ 可以三等分,即能画出 $\angle AOP$,使得 $\angle AOP = \frac{\angle\theta}{3}$.由图可知

$$|OQ| = \cos\frac{\angle\theta}{3}$$

因此三等分角问题就是画出长度为 $|OQ| = \cos\frac{\angle\theta}{3}$ 的线段.

已知公式

$$\cos(\theta + \varphi) = \cos\theta\cos\varphi - \sin\theta\sin\varphi$$

成立,因此有

$$\cos(3\varphi) = 4\cos^3\varphi - 3\cos\varphi$$

所以记

$$\varphi = \frac{\theta}{3}, x = 2\cos\varphi, a = \cos\theta$$

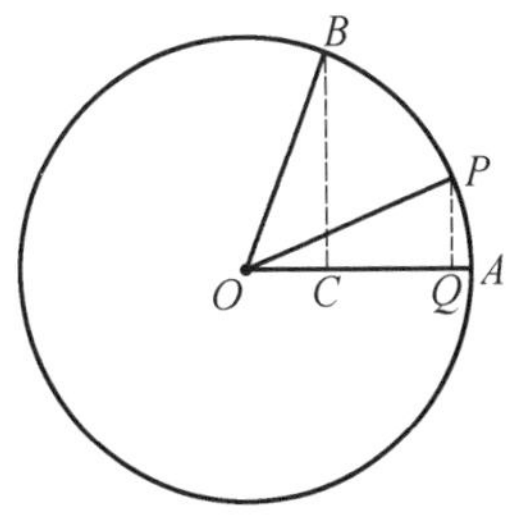

图 1

则有:记线段 OQ 的长度为$\frac{x}{2}$,则 x 是三次多项式

$$x^3 - 3x - a$$

的实根.所以任意角三等分就是从基础点 O, A, B 和 C 出发,用尺规作图画出点 Q.也就是求三次多项式

$$x^3 - 3x - a$$

的实根,这里 $a = 2\cos\theta$ 为已知实数.

上面三个作图问题,都变成用尺规作图来求多项式的实数根.因此我们需要弄清楚,用几何学中的尺规作图来求多项式的实根究竟等价于什么样的限制.

第一节　古代三大几何作图难题

上面三个例子,是近乎四千年前古人提出来的数学难题.在公元前 2000 年的"草书"(用草压成的纸)上就已经记载了倍立方问题.直到公元前 500 年,希腊的一个数学学派 —— 智人学派,正式提出了上述三大几何作图难题,并且全力以赴地去研究它们.但是这三大几何难题的难处,恰好就在于限制了几何作图必须用尺规作图.

为了解决问题,希腊有些数学家不得不违反尺规作图的规定.他们试图从

空间来考虑平面问题.利用圆锥体用平面截出的曲线,他们称之为圆锥曲线,即椭圆、双曲线和抛物线,再从纯粹几何的角度来研究这些圆锥曲线.在公元前3世纪,希腊智人学派的帕波斯利用构造一个特殊的双曲线,将任意角三等分的问题(不仅仅用了尺规作图,还用了二次曲线)解决.由此可见,圆锥曲线以及高次曲线的几何性质的研究,也是起源于三等分任意角这个问题的研究.由于没有坐标系,研究难度还是很大的.但是这开拓了几何学的研究对象,推动了几何学,甚至其他数学分支的发展.

第二节　几何问题代数化

为了解决古代三大几何作图难题,关键在于尺规作图究竟能做些什么事情.直到17世纪,笛卡儿(1596—1650)才有实质性的突破.他在研究三等分任意角问题时,创造性地给出了观念上的变化.那就是引进笛卡儿坐标系,从而将几何问题化为代数问题.他一生中唯一的数学论文是作为他写的哲学书的附录发表的,原名为“几何论”.论文只有很短的三节.第一节的名称为“仅使用直线和圆的作图问题”;第二节的名称为“曲线的性质”;这就是大家熟悉的解析几何的奠基性工作.这使得几何学第一次从纯粹几何的讨论,变为可以使用代数工具来研究.这也促进了微积分学和函数论的发展.这是几何学的一次重要革命.正因为如此,在19世纪,才有可能将古代三大几何作图问题给以彻底的解决,证明了它们在尺规作图的限制下是不可解的.

笛卡儿从两个不同角度来理解尺规作图.首先,尽管线段的长度为正实数,因为负数可以表示反方向,因而有向线段的长度可用一般的实数来表示.

笛卡儿的原始证明如下:给定单位长度1的线段和长度分别为 a 和 b 的线段,则显然可用尺规作图画出长度为 $a \pm b$ 的线段.又当 $a > 0, b > 0$,用尺规作图,可画出长度为 ab 以及 $\frac{a}{b}$ 的线段.事实上,在平面上画出两条相交的直线,交点记为 O.取 OA 为单位长度的线段,线段 AB 的长度为 a,线段 OC 长度为 b,如图2所示.过点 B 作线段 AC 的平行线,它交线段 OC 于点 D.则线段 CD 的长度为 ab;如果取线段 CD 的长度为 a,过点 D 作线段 CA 的平行线,它交线段 OA 于点 B,则线段 AB 的长度为 ab(图3).

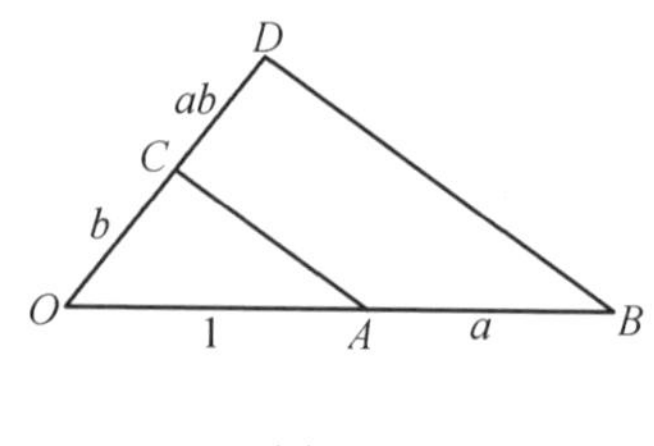

图2

上面的讨论告诉我们,在取定单位长度后,对给定实数长度 a 和 b 的两线段.用尺规作图可画出长度为实数 a 及 b 的和、差、积以及商的线段.这也告诉我们,从单位长度 1 出发,用尺规作图可以画出任意长度为有理数的线段.即记 $\mathbf{Q}$ 为所有有理数构成的集合,则集合 $\mathbf{Q}$ 中任一数都可以用尺规作图画出来.最后,我们来考虑开平方.即给定单位长度 1 的线段和长度为正实数 a 的线段,我们可以用尺规作图画出长度为 $\sqrt{a}$ 的线段.作法如下:在平面上取定单位长度 1 的线段 AB,延长线段 AB 到点 C,使线段 BC 的长度为 a.以线段 AC 为直径作圆,过点 B 作垂直于线段 AC 的垂线,交圆于点 D,如图 4 所示.

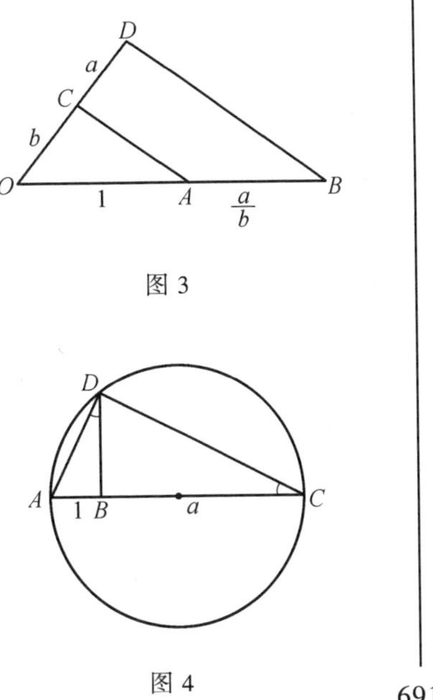

图 3

图 4

连线段 AD 和 CD.由于同圆中等弧的圆周角相等,所以直角 $\triangle ABD$ 和直角 $\triangle CBD$ 有关系 $\angle ADB = \angle BCD$.因此 $\triangle ABD$ 和 $\triangle CBD$ 相似.于是有

$$1 : |BD| = |BD| : a$$

即

$$|BD| = \sqrt{a}$$

因此笛卡儿的第一个角度是给定单位长度 1 和两个长度分别为 a 和 b 的有向线段,用尺规作图可画出 a 及 b 的和、差、积、商(分母不为零)以及正实数 a 的开平方为长度的线段.

笛卡儿的第二个角度是在平面上引进直角坐标系.于是平面上的点可用一对实数来表示;而直线可用二元一次方程 $ax + by + c = 0$ 来表示;圆用二元二次方程 $(x - p)^2 + (y - q)^2 - r^2 = 0$ 来表示.又两直线如果相交,则交点坐标由两直线方程的系数,用加、减、乘及除得到;一直线和一圆如果相交,则交点坐标可由直线方程及圆方程的系数,用加、减、乘、除以及开平方得到;两圆如果相交,则为了求交点坐标,在将这两个圆方程相减后,化为求一直线(两圆的公共弦)和一圆的交点坐标.于是仍然是由两圆方程的系数,用加、减、乘、除以及开平方得到.所以笛卡儿的观点是:所谓尺规作图,就是对给定的实数,作加、减、乘、除以及开平方.这样就将几何问题化为代数运算问题.

笛卡儿关于坐标系的引进,引起了数学家对空间的新认识.特别由此可推广出 n 维空间以及无限维空间的概念,从而将几何学的研究对象和研究内容大大推进了一步.而且也影响了物理学的研究.例如,爱因斯坦将宇宙从原来的三维空间,拓展为四维空间,其中第四维是时间.从而建立了相对论.而物理学家还将描述物理现象的互相独立的参数看做是坐标,从而将 n 维几何学和多变量函数论引进物理,从而大大地推动了物理学的发展.

笛卡儿虽然在17世纪弄清楚了尺规作图的代数意义,但是他还是未能解决为什么古代三大几何作图难题是不可解的.

第三节　伽罗瓦的工作

伽罗瓦(Galois,1811—1832)是法国数学家.他在1830年(时年19岁)正式发表了他的第一篇论文"关于数的理论".在1830年到1831年1月,他向法国科学院投了三次题为"论方程根式可解的条件"的第二篇论文.第一次被柯西(Cauchy,1789—1857)遗失,第二次因傅里叶(Fourier,1768—1830)去世而被遗忘,第三次被泊松(Poisson)认为"不可理解"而退稿.这三位都是法国当时的大数学家.伽罗瓦因决斗而死.在决斗前夜,给了他的好朋友一封遗书.他在遗书中要求他的好友,如果他决斗去世,将这封遗书送出去发表.结果遗书在1832年发表.信中提到了他的被退稿的论文,以及他的尚未送出的两篇论文的内容简介.直到伽罗瓦去世14年后的1846年,才将他被退的稿子和尚未送出的稿子一并整理成两篇论文发表.

伽罗瓦一生总共发表了三篇论文.从十九岁前到二十一岁,总共工作了很短的三年多时间.他开创了"伽罗瓦理论",奠定了抽象代数的群论和域论的基础.用这个理论,他解决了四千年未能解决的倍立方问题和三等分任意角问题.给出了多项式可用它的系数在加、减、乘、除以及开任意次方下求出根的充要条件.这些工作经过发展和整理,成为大学数学系学生必需学的教科书的内容.这门课的名称叫"抽象代数".而他本人在世时并没有成名,逝世后却被公认为一位伟大的数学家,他的成就在数学发展史中是必定会提到的.

下面来介绍用尺规作图来作三等分任意角和倍立方是不可能的.证明方式和习惯的方法不一样.也就是说,我们必须从新的角度来看待问题,即引进新的观念和技巧.证明的方法是用反证法.假设我们能用尺规作图来三等分 60° 角,即能用尺规作图求出三次多项式 x^3-3x-1 的实根,那么必然推出矛盾.

为此我们先来考查从基础数1出发,用尺规作图能画出哪些实数长度的线段.

定义2　设 $\mathbf{R}$ 是所有实数构成的集合,称为实数域.设 F 是实数域 $\mathbf{R}$ 的子集,使得对子集 F 中任两数 a 和 b,它们的和 $a+b$,差 $a-b$,积 ab 仍在子集 F

中；又当 $b \neq 0$ 时，它们的商 $\frac{a}{b}$ 也仍在子集 F 中. 我们称实数域 $\mathbf{R}$ 的子集 F 在实数的加、减、乘及除下封闭. 这时实数域 $\mathbf{R}$ 的子集 F 称为实数域 $\mathbf{R}$ 的子域.

引理 1 设 F_1 为实数域 $\mathbf{R}$ 的子域. 设 $\alpha_1 \in \mathbf{R}, \alpha_1 \notin F_1$，但是 $\beta_1 = \alpha_1^2 \in F_1$，则实数域 $\mathbf{R}$ 中子集合

$$F_2 = F_1(\alpha_1) = \{a + b\alpha_1 \mid \forall\, a, b \in F_1\}$$

为真包含了子域 F_1 的子域. 即子集合 F_2 中的数在加、减、乘及除下封闭，且 $F_1 \subset F_2, F_1 \neq F_2$.

证 由 $\alpha_1 \notin F_1, \alpha_1 \in F_2$，所以实数域 $\mathbf{R}$ 的子集合 $F_1 \subset F_2, F_1 \neq F_2$. 下面证明子集合 F_2 中的数在加、减、乘及除下封闭.

任取 $a, b, c, d \in F_1$，F_2 中两数 $a + b\alpha_1$ 和 $c + d\alpha_1$，有

$$(a + b\alpha_1) \pm (c + d\alpha_1) = (a \pm c) + (b \pm d)\alpha_1$$

由 $a \pm c$ 和 $b \pm d \in F_1$，所以 $(a \pm c) + (b \pm d)\alpha_1 \in F_2$. 这证明了子集合 F_2 在加、减下封闭.

再

$$(a + b\alpha_1)(c + d\alpha_1) = (ac + bd\alpha_1^2) + (ad + bc)\alpha_1$$

由 $\alpha_1^2 = \beta_1 \in F_1$，而 F_1 在加、减、乘及除下封闭，所以 $ac + bd\alpha_1^2 \in F_1, ad + bc \in F_1$. 因此，$(a + b\alpha_1)(c + d\alpha_1) \in F_2$. 这证明了子集合 F_2 在乘法下封闭.

最后，设 $c + d\alpha_1 \neq 0$，则

$$\frac{a + b\alpha_1}{c + d\alpha_1} = \frac{(a + b\alpha_1)(c - d\alpha_1)}{(c + d\alpha_1)(c - d\alpha_1)} = \frac{ac - bd\beta_1}{c^2 - d^2\beta_1} + \frac{bc - ad}{c^2 - d^2\beta_1}\alpha_1$$

由 $\frac{ac - bd\beta_1}{c^2 - d^2\beta_1}, \frac{bc - ad}{c^2 - d^2\beta_1} \in F_1$，所以证明了子集合 F_2 在除法下封闭. 因此证明了子集合 F_2 为子域. 证完.

定理 1 给定实数 x_0，如果从基础数 1 出发，用尺规作图能画出有向线段，它的长度为 x_0，则存在实数域的子域串

$$\mathbf{Q} = F_0 \subset F_1 \subset F_2 \subset \cdots \subset F_m$$

其中 $\mathbf{Q}$ 是所有有理数构成的集合，称为有理数域，$F_i = F_{i-1}(\alpha_{i-1}), \alpha_{i-1} \notin F_{i-1}$，$\alpha_{i-1}^2 = \beta_{i-1} \in F_{i-1}, i = 1, 2, \cdots, m$，而且 $x_0 \in F_m$.

证 前面已经叙述过从单位 1 出发，作任意的加、减、乘及除，我们就可以作出有理数全体构成的有理域 $\mathbf{Q} = F_0$. 而且有理数域中任两数在加，减，乘及除下封闭. 所以对有理数域 $\mathbf{Q} = F_0$ 中任一数 x_0，都可以用尺规作图画出有向线

段,它的长度为 x_0.接下去,可作出一个正有理数 β_0 的开方 $\alpha_0 > 0$,其中 $\alpha_0 \notin F_0 = \mathbf{Q}$.于是由引理1,可作出子域 $F_1 = F_0(\alpha_0)$,这里 $\alpha_0 \notin F_0, \alpha_0^2 = \beta_0 \in F_0$.

再对实数域的子域 F_1,可作出一个正数 $\beta_1 \in F_1$ 的开方 $\alpha_1 = \sqrt{\beta_1}$,使得 $\alpha_1 \notin F_1$,于是造出了子域 $F_2 = F_1(\alpha_1)$.当然子域 F_1 中任一数可由子域 F_0 中的数作加、减、乘、除及开一次平方得到.即可用子域 F_0 中数用尺规作图画出来.

得到子域 $F_1 = F_0(\alpha_0)$ 后,对子域 F_1 中数用尺规作图(即作加、减、乘、除和开一次平方),又可得到比子域 F_1 大的子域.这样依次不断地作下去,经过有限次尺规作图,便构造出适合条件 $x_0 \in F_m$ 的子域串.证完.

定理1是解决倍立方问题和60°角三等分不可能的关键性定理.定理1告诉我们用代数运算加、减、乘、除及开方,即用一连串的尺规作图,得到的线段的数值在何处.实际上,上面这个定理,是将笛卡儿的思想,用公式具体化了.正是这个新的观念和新的技巧,奠定了抽象代数的基础.

为了更好地理解定理1.我们先来解决倍立方问题.

定理2 多项式 $x^3 - 2$ 的实根不能从长度为1的线段出发,用尺规作图画出来.即倍立方问题在尺规作图的限制下是画不出来的.

证 用反证法.如果给定单位线段后,用有限次尺规作图,可以画出长度为 $x^3 - 2$ 的实根的线段.则由定理4,存在实数域 $\mathbf{R}$ 的子域串

$$\mathbf{Q} = F_0 \subset F_1 \subset F_2 \subset \cdots \subset F_m$$

$F_i = F_{i-1}(\alpha_{i-1}), \alpha_{i-1} \notin F_{i-1}, \alpha_{i-1}^2 = \beta_{i-1} \in F_{i-1}, i = 1,2,\cdots,m$,而且多项式 $x^3 - 2$ 的实根 a_m 在子域 F_m 中.下面来推出矛盾.

由 $a_m \in F_m = F_{m-1}(\alpha_{m-1})$,因此 $\alpha_m = \alpha_{m-1} + b_{m-1}\alpha_{m-1}$,其中 $a_{m-1}, b_{m-1}, \beta_{m-1} \in F_{m-1}, \alpha_{m-1}^2 = \beta_{m-1}$,而 $\alpha_{m-1} \notin F_{m-1}$.由于 $a_m^3 = 2$,即

$$(a_{m-1} + b_{m-1} \cdot \alpha_{m-1})^3 = 2$$

所以 $$(a_{m-1}^3 + 3a_{m-1}b_{m-1}^2\beta_{m-1}) + (3a_{m-1}^2 b_{m-1} + b_{m-1}^3\beta_{m-1})\alpha_{m-1} = 2$$

即 $$(3a_{m-1}^2 b_{m-1} + b_{m-1}^2\beta_{m-1})\alpha_{m-1} = -a_{m-1}^3 - 3a_{m-1}b_{m-1}^2\beta_{m-1} + 2$$

由 $a_{m-1}, b_{m-1}, \beta_{m-1} \in F_{m-1}, \alpha_{m-1} \notin F_{m-1}$,所以只有

$$3a_{m-1}^2 b_{m-1} + b_{m-1}^3\beta_{m-1} = 0$$

因此 $$a_{m-1}^3 + 3a_{m-1}b_{m-1}^2\beta_{m-1} = 2$$

自然地分成了两种情形:当 $b_{m-1} = 0$ 时,有 $a_{m-1}^3 = 2$.这证明了 a_{m-1} 为多项式 $x^3 - 2$ 的实根,它在 F_{m-1} 中;当 $b_{m-1} \neq 0$ 时,有 $b_{m-1}^2\beta_{m-1} = -3a_{m-1}^2$.因此,

$a_{m-1}^3 - 9a_{m-1}^3 = 2$.即$(-2a_{m-1})^3 = 2$.这证明了 $-2a_{m-1}$ 为多项式 x^3-2 的实根.所以上面两种情形都证明了多项式 x^3-2 在 F_{m-1} 中有根.

上面计算告诉我们假设多项式 x^3-2 在 F_m 中有根,则在 F_{m-1} 中也有根.由归纳法,便证明了多项式 x^3-2 在 $F_{m-2},\cdots,F_0=\mathbf{Q}$ 中有根.总之多项式 x^3-2 有有理数根.而实际上很容易证明多项式 x^3-2 在有理数域 $\mathbf{Q}$ 中没有根,即没有有理数根.这就导出矛盾.所以证明了倍立方问题无解.证完.

定理3　多项式 x^3-3x-1 的实根不能从长度为1的线段出发用尺规作图画出来,即三等分 $60°$ 角的问题在尺规作图限制下是画不出来的.

证　用反证法.如果给定单位线段,用有限次尺规作图,可以画出长度为多项式 x^3-3x-1 的根的线段.则由定理1,存在实数域 $\mathbf{R}$ 的子域串

$$\mathbf{Q}=F_0\subset F_1\subset F_2\subset\cdots\subset F_m$$

$F_i=F_{i-1}(\alpha_{i-1}),\alpha_{i-1}\notin F_{i-1},\alpha_{i-1}^2=\beta_{i-1}\in F_{i-1},i=1,2,\cdots,m$,而且多项式 x^3-3x-1 的实根 a_m 在子域 F_m 中.下面来推出矛盾.

今由 $a_m\in F_m$,所以 $a_m=a_{m-1}+b_{m-1}\alpha_{m-1}$,其中 $a_{m-1},b_{m-1},\beta_{m-1}=\alpha_{m-1}^2\in F_{m-1}$,而 $\alpha_{m-1}\notin F_{m-1}$.今 $a_m^3-3a_m=1$,即

$$(a_{m-1}+b_{m-1}\cdot\alpha_{m-1})^3-3(a_{m-1}+b_{m-1}\alpha_{m-1})=1$$

于是

$$(a_{m-1}^3+3a_{m-1}b_{m-1}^2\beta_{m-1}-3a_{m-1})+(3a_{m-1}^2b_{m-1}+b_{m-1}^3\beta_{m-1}-3b_{m-1})\alpha_{m-1}=1$$

即

$$b_{m-1}^3\beta_{m-1}-3b_{m-1}=-3a_{m-1}^2b_{m-1}$$
$$a_{m-1}^3+3a_{m-1}b_{m-1}^2\beta_{m-1}-3a_{m-1}=1$$

因此分为两种情形讨论:设 $b_{m-1}=0$,则有 $a_{m-1}^3-3a_{m-1}=1$.所以证明了多项式 x^3-3x-1 在 F_{m-1} 中有根 a_{m-1}.设 $b_{m-1}\neq 0$,则有 $\beta_{m-1}b_{m-1}^2=3-3a_{m-1}^2$ 以及 $a_{m-1}^3+3a_{m-1}\beta_{m-1}b_{m-1}^2-3a_{m-1}=1$.将前式代入后式有

$$(-2a_{m-1})^3-3(-2a_{m-1})-1=0$$

所以多项式 x^3-3x-1 在 F_{m-1} 中有根 $-2a_{m-1}$.因此上面两种情形都证明了多项式 x^3-3x-1 在 F_{m-1} 中有根.由归纳法,所以证明了多项式 x^3-3x-1 在有理数域中有根,即有有理数根.但是很容易证明多项式 x^3-3x-1 没有有理数根,这就推出矛盾.所以证明了 $60°$ 角三等分在尺规作图限制下无解.证完.

当然,所谓用尺规作图三等分任意角是不可能的,不等于说,对一些特殊角是不可能三等分的.例如对正整数 n,设不是3的倍数,即 n 和3互素,而且能用

尺规作图,作出角度$\frac{\pi}{n}$,则角度$\frac{\pi}{n}$就可以三等分.例如 $n=1$ 时,$180°$ 角当然可以三等分;$n=2$ 时,$90°$ 角当然也可以三等分,等.证明如下:

由 n 和 3 互素,所以存在整数 u 和 v,使得 $un+3v=1$.今

$$\frac{\angle\theta_n}{3}=\frac{\pi}{3n}=\frac{(un+3v)\pi}{3n}=u\times 60°+v\frac{\pi}{n}$$

已知可作 $60°$ 角,因为只要作一个等边三角形,顶角必为 $60°$ 角.另外,角$\frac{\pi}{n}$是已经给好的,其中 u 和 v 是整数.所以角度 $u\times 60°$ 和角 $v\frac{\pi}{n}$ 也都可作出.从而角$\frac{\theta n}{3}$也可用尺规作出.因此角 $\angle\theta_n=\frac{\pi}{n}=\frac{180°}{n}$ 是可以用尺规作图三等分的.

第四节　关于化圆为方问题

前面我们提到化圆为方问题就是要用尺规作图画出长为 π 的线段.这个问题和倍立方问题以及任意角三等分问题是完全不同的问题.我们有下面的定义.

定义 3　实数 α 称为代数数,如果存在一个非零的有理系数多项式 $f(x)$ 以 α 为根,否则称为超越数.

由定义可知,要证明圆周率 π 是超越数,只要证明如果有理系数多项式 $f(x)$ 以 π 为根,则 $f(x)$ 是零多项式.这个问题是 Lindemann 在 1882 年给出证明的.我们就不详细介绍了.

第五节　结束语

本文介绍的古代三大几何作图难题.经过四千年的努力,在 19 世纪才完全解决.和它们直接有关的问题也随之解决.倍立方问题和三等分任意角问题引起了抽象代数的建立和发展,特别是域论中的伽罗瓦理论.化圆为方问题引起了超越数论的发展.而这些工作,主要还是年青人作出的.特别是伽罗瓦,他从 18 岁到 21 岁短短的三年时间内,作出了在他那个时代一时无法接受的“数学思想”.这也说明数学是年轻人的天下.

附录 Ⅵ　在毕达哥拉斯三角形中三等分角①

1. 引言

差不多两百年前就已经知道，有些角不能只用圆规和直尺被三等分（假定在由正统的希腊几何学家所建立的规则下）. 大多数资料来源提到，可以只用这些工具对某些角三等分，如90°，45°和9°，并证明用这种方法不能对60°角三等分. 在本文中，我们确定了对于相应于毕达哥拉斯三数组的直角三角形的两个锐角只用圆规和直尺三等分的充要条件.

因为三等分角问题和毕达哥拉斯三数组的性质已经被广泛研究，我们把大部分背景的细节（这些是乏味的，并离开了我们的主要目标）留给读者. 关于这些主题有相当多的文献；在本文末尾所提供的简短文献名单几乎没有触及这些主题. 一个本原的毕达哥拉斯三数组(a,b,c)由3个满足$a^2+b^2=c^2$的互素正整数组成，而一个本原的毕达哥拉斯三角形是指相应的边长为a,b和c的直角三角形. 容易验证，c必定是奇数，a和b必定有不同的奇偶性；我们将总是假定a是偶数. 注意，用圆规和直尺可以画出本原毕达哥拉斯三角形（因而可以画出其锐角），因为三角形的边长为整数.

2. 预备知识

为了证明我们的主要结果（定理3），我们需要两个理论结果. 我们鼓励读者来了解这些事实背后的细节. 第一个事实涉及可构造数理论. 一个数α被称为可构造的，如果对给定的长度为x的一条线段，可以用圆规和直尺画出长度为$|\alpha|x$的一条线段. 可以证明，每个可构造数是一个代数数，其极小多项式的次数是2的一个幂. 这个事实的证明可参阅文献[1]或[6]. 几何学教科书[8]对可构造数提出了一个上佳的非正规讨论，并解释了为什么一个60°角不能被三等分.

定理1　假设$\cos\theta=r$，这里r是一个有理数. 可以用圆规和直尺把角θ三

① 译自：The Amer. Math. Monthly, Vol. 121(2014), No. 7, p. 625 – 631, Trisecting Angles in Pythagorean Triangles, Wen D. Chang and Russell A. Gordon.

等分,当且仅当多项式 $4x^3-3x-r$ 有一个有理根.

证明 这个结果是余弦的三倍角公式和一个可构造数的次数必定是 2 的幂这一事实的推论. 其细节可以在上面提到的教科书或许多其他资料中找到.

为了证明下一个结果,我们将利用高斯整数. 一个高斯整数是一个形如 $p+qi$ 的数,其中 p 和 q 是整数,而 $i=\sqrt{-1}$. 唯一因子分解对于高斯整数集合成立(可以相差单位的乘法)([3],[7] 或[9]),但是有复杂的特点:存在 4 个单位,即 1,-1,i 和 -i,其结果是,形如 $4k+3$ 的素数在高斯整数集中也是素数,而形如 $4k+1$ 的素数可以被写成 $w\overline{w}$,其中 w 和 $\overline{w}$ 是不同的高斯素整数.(需要强调的是,整数 2 不是高斯素数,因为 $2=(1+i)(1-i)$. 然而,数 $1+i$ 和 $1-i$ 并不是不同的高斯素数,因为它们中的每一个都是一个单位与另一个的乘积;例如 $1-i=-i(1+i)$). 如下的一些方程暗示着高斯整数与本原毕达哥拉斯三数组之间的联系

$$37=(1+6i)(1-6i),(1+6i)^2=-35+12i,12^2+35^2=37^2$$

698 **定理 2** 如果 (A,B,C^3) 是一个本原毕达哥拉斯三数组,那么存在一个本原毕达哥拉斯三数组 (a,b,C),使得 $A=|a^3-3ab^2|$,$B=|b^3-3a^2b|$.

证明 由毕达哥拉斯三数组的性质([7],[9],或大多数的初等数论教科书),存在互素的正整数 s 和 t,使得 $s<t$,$t-s$ 是奇数,并且 $A=2st$,$B=t^2-s^2$,$C^3=t^2+s^2$. 由此即得

$$C^3=(t+si)(t-si) \quad 和 \quad (t+si)^2=B+Ai$$

不难证明高斯整数 $t+si$ 和 $t-si$ 是互素的(这里 $t-s$ 是奇数是必要的,因为 2 不是高斯素数),因而它们中的每一个必定是一个完全立方数. 选取一个高斯整数 $v+ui$,使得 $(v+ui)^3=t+si$,并令 $a=|2uv|$ 和 $b=|v^2-u^2|$. 我们断言,a 和 b 具有所希望的性质. 注意到

$$(a^2+b^2)^3=((v+ui)^2(v-ui)^2)^3=((t+si)(t-si))^2=C^6$$

我们发现 (a,b,C) 是一个毕达哥拉斯三数组. 此外,方程

$$\begin{aligned}B+Ai&=(t+si)^2=((v+ui)^2)^3=((v^2-u^2)+2uvi)^3\\&=((v^2-u^2)^3-3(v^2-u^2)(2uv)^2)+(3(v^2-u^2)^2(2uv)-(2uv)^3)i\\&=(v^2-u^2)(b^2-3a^2)+2uv(3b^2-a^2)i\end{aligned}$$

揭示了 $B=|b(b^2-3a^2)|$ 和 $A=|a(a^2-3b^2)|$. 最后,A 和 B 互素这一事实保证了 a 和 b 是互素的. 这就完成了证明.

3. 主要结果

我们现在可以来证明我们的主要结果了. 我们顺便提一下,如果一个直角

三角形中一个锐角可以用圆规和直尺来三等分，那么另一个锐角也可以用这种方式来三等分. 为了看到这一点，令 α 和 β 是一个直角三角形的两个锐角，并假设 $\alpha/3$ 可以用圆规和直尺来画出，因为容易画出一个 $30°$ 角（只要在一个等边三角形中平分内角即可），即可画出角 $\beta/3 = 30° - \alpha/3$，这样，可以用圆规和直尺三等分 β.

定理3　一个本原毕达哥拉斯三角形(a,b,c)的锐角可以用圆规和直尺来三等分，当且仅当 c 是一个完全立方数.

证明　假设本原毕达哥拉斯三角形(a,b,c)的锐角可以用圆规和直尺来三等分. 由定理1，多项式$4x^3 - 3x - (b/c)$有有理根. 令y/z是这样的一个根，其中 y 和 z 是互素的整数，并且 $z > 0$. 即得

$$4\left(\frac{y}{z}\right)^3 - 3\left(\frac{y}{z}\right) = \frac{b}{c} \quad \text{或者} \quad \frac{y(4y^2 - 3z^2)}{z^3} = \frac{b}{c}$$

如果 z 是奇数，那么第2个等式中的两个分数都是既约的. 为了看到这一点，假设 p 是一个素数，它整除$y(4y^2 - 3z^2)$和z^3. 那么p是奇数，它整除z和$4y^2 - 3z^2$. 但是这蕴含着 p 整除 $4y^2$，因而整除 y，这与 y 和 z 是互素的这一事实矛盾. 由此得到 $c = z^3$. 现在假设 z 是偶数（因而 y 是奇数），并令 $z = 2w$. 在此情形 699

$$\frac{b}{c} = \frac{y(4y^2 - 12w^2)}{8w^3} = \frac{y(y^2 - 3w^2)}{2w^3}$$

如果 w 是偶的，那么（如上述）最后一个分数是既约的，因而 $c = 2w^3$，这与 c 是奇的这一事实矛盾. 如果 w 是奇的，那么类似的论证说明 $y(y^2 - 3w^2)$ 和 $2w^3$ 的唯一的公因子是2，因而我们得到 $2b = y(y^2 - 3w^2)$ 和 $c = w^3$. 我们得到 c 是一个完全立方数的结论.

现在我们假设 $c = C^3$ 是一个完全立方数，并用(A,B,C^3)表示相应的本原毕达哥拉斯三数组. 由定理2，存在一个本原毕达哥拉斯三数组(a,b,C)，使得

$$A = |a^3 - 3ab^2| \quad \text{和} \quad B = |b^3 - 3a^2b|$$

注意到

$$4\left(\frac{b}{C}\right)^3 - 3\left(\frac{b}{C}\right) = \frac{b(4b^2 - 3C^2)}{C^3} = \frac{b(4b^2 - 3(a^2 + b^2))}{C^3}$$

$$= \frac{b(b^2 - 3a^2)}{C^3} = \pm\frac{B}{C^3}$$

我们就发现 b/C 或者 $-b/C$ 是方程 $4x^3 - 3x - (B/C^3)$ 的一个有理根. 从定理1即得，本原毕达哥拉斯三角形(A,B,C^3)的锐角可以用圆规和直尺来三等分.

本原毕达哥拉斯三角形$(44,117,125)$是用圆规和直尺可以三等分其角的

最小的这样的三角形. 当 c 是一个素数的立方时,只存在一个可能的三数组,因而这些例子的类型就相对的简单. 一般地,如果 c 是 n 个形如 $4k+1$ 的不同素数的乘积,那么存在 2^{n-1} 个不同的毕达哥拉斯三数组以 c 的斜边;请参阅文献[5]. 这个事实指出了为什么 c 和 c^3 作为第3项出现在同样数目的本原三数组中. 为了给出一个非平凡的例子,考虑数 $(5\cdot 13)^3$. 相应于 c 的这个值的两个本原三数组是(186 416,201 663,274 625)和(7 336,274 527,274 625). 和定理的证明有关,这两个三数组分别由三数组(16,63,65)和(56,33,65)生成. 我们把细节和其他例子留给读者.

接下来我们考虑一个多少有点相关的结果. 在毕达哥拉斯三数组 $(2st,t^2-s^2,t^2+s^2)$ 中选取 $t=s+1$,我们容易知道存在无穷多个本原毕达哥拉斯三数组 (a,b,c) 满足 $c-a=1$. 稍进一步努力(佩尔方程起了作用;见文[5]),可以证明存在无穷多个本原毕达哥拉斯三数组 (a,b,c) 满足 $|b-a|=1$. 其结果就是,在每个这样的情形中,整数 c 不能是一个完全立方数,因而相应的直角三角形的锐角就不能被三等分. 虽然也许有一些比较简单的方法来验证这个结果(例如,从一个立方数不能表示为两个相继的非零平方数之和这一事实即可得到此结果). 下述定理及其推论的证明仍然提供了耐人寻味的视角,并且指出了与三等分角问题有关的另外的代数技巧.

定理4 假设 $b>1$ 是一个正整数. 如果 $\tan\theta=b$ 或 $\tan\theta=1/b$,那么不能用圆规和直尺三等分 θ.

证明 因为问题中的两个角互为余角,因此只需考虑 $\tan\theta=b$ 的情形即可. 利用正切的三倍角公式,我们得到

$$\frac{3\tan(\theta/3)-\tan^3(\theta/3)}{1-3\tan^2(\theta/3)}=\tan\theta=b \quad \text{或者} \quad x^3-3bx^2-3x+b=0$$

其中 $x=\tan(\theta/3)$. 再一次利用可构造数理论,只需证明这个方程没有有理数根即可. 由于上述多项式的首项系数为1,因此唯一可能的有理数根是整数. 假设 n 是这个方程的一个非零整数根. 由于 n 整除 b,我们不妨对某个整数 j 写成 $b=jn$. 此时我们有

$$n^3-3jn^3-3n+jn=0 \quad \text{或者} \quad n^2=\frac{j-3}{3j-1}$$

对上述分式给出完全平方数的 j 的选取仅 -1 和3而已. 它们给出的 b 的值分别为1和0,而这是不允许的.

推论5 如果一个本原毕达哥拉斯三角形的锐角可以用圆规和直尺三等分,那么该三角形任意两边长之差不等于1.

证明　我们将证明该推论的逆否命题. 令(a,b,c)是一个本原毕达哥拉斯三角形,并令β是边b所对的锐角. 首先假设$c-a=1$. 那么我们有

$$\tan(\beta/2)=\frac{\sin\beta}{1+\cos\beta}=\frac{b/c}{1+(a/c)}=\frac{b}{c+a}$$
$$=\frac{b(c-a)}{c^2-a^2}=\frac{c-a}{b}=\frac{1}{b}$$

由此即得$\beta/2$,因而β不能用圆规和直尺三等分.

现在假设$|b-a|=1$. 我们将假定$b=a+1$;$a=b+1$的情形是类似的. 由于$\tan\beta=(a+1)/a$,那么由正切函数的差公式即得

$$\tan(\beta-45^\circ)=\frac{\tan\beta-1}{1+\tan\beta}=\frac{1/a}{2+(1/a)}=\frac{1}{2a+1}$$

由定理4知,角$\beta-45^\circ$不能被三等分. 因为角45°可以三等分,我们即知β不能用圆规和直尺三等分.

4. 最后的注记

除了我们已经给出的参考文献外,关于本文的数论结果还有许多来源(在线的以及教科书). 关于三等分角问题也是如此. 关于后者,作为起步的上佳出处是文献[4],因为他提供了该问题的初等讨论,并且提出了证明角可以被三等分的众多命运多舛的尝试. 论文[2]对于三等分问题给出了一个初等的导论,并对哪些有理数可以作为一个可被三等分的角的余弦值或正切值做了一些有意义的观察.

对我们到现在为止提出的想法和结果感兴趣的读者可能也会乐于做一做下面这个相关结果的细节. 这个结果指出了莫德尔曲线($y^2=x^3+n$)在确定哪些角可以被三等分时所起的作用. 有关这些曲线的信息,*Wolfram MathWorld* 网站是一个好的来源. 教科书[10]对于一些n的值给出了求这些方程整数解的一个初等方法,但它并未提及术语"莫德尔曲线".

定理6　假设$\tan\theta=a/b$. 其中a和b是互素的正整数.

(1) 如果$a+b$是奇数,那么角θ可以用圆规和直尺三等分,当且仅当a^2+b^2是一个完全立方数.

(2) 如果$a+b$是偶数,那么角θ可以用圆规和直尺三等分,当且仅当$(a^2+b^2)/2$是一个完全立方数.

证明　为了证明(1),假设$a+b$是奇数,并先假设θ可以用圆规和直尺三等分. 由正切函数的三倍角公式及可构造数理论,多项式$bt^3-3at^2-3bt+a$有有理根,其中$t=\tan(\theta/3)$. 令m/n是一个有理根,其中m和n是互素整数,并且

$n > 0$. 我们有

$$b\left(\frac{m}{n}\right)^3 - 3a\left(\frac{m}{n}\right)^2 - 3b\left(\frac{m}{n}\right) + a = 0 \quad \text{或者} \quad \frac{a}{b} = \frac{m^3 - 3mn^2}{3m^2n - n^3}$$

我们断言,整数 $m(m^2 - 3n^2)$ 和 $n(3m^2 - n^2)$ 是互素的,并把这个事实的证明留给读者.(这是 $a + b$ 是奇数这一假设所用之处.)由此得到 $a = | m(m^2 - 3n^2) |$ 和 $b = | n(3m^2 - n^2) |$,因而

$$\begin{aligned} a^2 + b^2 &= (m^6 - 6m^4n^2 + 9m^2n^4) + (9m^4n^2 - 6m^2n^4 + n^6) \\ &= m^6 + 3m^4n^2 + 3m^2n^4 + n^6 = (m^2 + n^2)^3 \end{aligned}$$

这证明了 $a^2 + b^2$ 是一个完全立方案.

现在假设 $a^2 + b^2 = c^3$ 是一个完全立方数. 由于 $c^3 = (a + b\mathrm{i})(a - b\mathrm{i})$ 把一个完全立方数表示为两个互素的高斯整数的乘积,因而乘积中每个因子也是一个完全立方数. 令 $a + b\mathrm{i} = (m + n\mathrm{i})^3$,则 $a = m^3 - 3mn^2, b = 3m^2n - n^3$,并且不难证明 m/n 是多项式 $bt^3 - 3at^2 - 3bt + a$ 的一个有理根. 由此即得角 θ 可以用圆规和直尺三等分.

 对于(2),假设 a 和 b 都是奇数,并且不失一般性,假设 $0 < a < b$. 由于一个 $45°$ 角可以用圆规和直尺三等分,即得:θ 可以用圆规和直尺三等分,当且仅当 $\theta + 45°$ 可以用圆规和直尺三等分. 利用正切函数的和公式,我们得到

$$\tan(\theta + 45°) = \frac{\tan\theta + 1}{1 - \tan\theta} = \frac{(b + a)/2}{(b - a)/2}$$

由于 $\frac{1}{2}(b + a)$ 和 $\frac{1}{2}(b - a)$ 是具有不同奇偶性的互素正整数,本定理的第 1 部分就揭示了 θ 可以用圆规和直尺三等分,当且仅当

$$\left(\frac{b + a}{2}\right)^2 + \left(\frac{b - a}{2}\right)^2 = \frac{a^2 + b^2}{2}$$

是一个完全立方数. 这就完成了证明.

为了解释这个定理,方程 $2^2 + 11^2 = 5^2$ 揭示了满足 $\tan\theta = 2/11$ 的角 θ 可以用圆规和直尺三等分. 因为 $9^2 + 13^2 = 2 \cdot 5^3$,满足 $\tan\phi = 9/13$ 的角 ϕ 也可以用圆规和直尺三等分. 我们顺便注意,是立方数的奇整数必定是形如 $4k + 1$ 的素数的乘积;这从该数可被表示为两个平方数之和这一事实即得.

定理 6 和第 1 部分可以被用来给出定理 3 的一个不同的证明. 对于相应于三数组 (a,b,c) 的本原毕达哥拉斯三角形,整数 a 和 b 有不同的奇偶性. 这样,我们就知道

- 三角形中的锐角可以被三等分,当且仅当 $a^2 + b^2$ 是一个奇完全立方数;

• 三角形是毕达哥拉斯三角形,当且仅当 $a^2 + b^2$ 是一个奇完全平方数.
这样,为了保证角可以被三等分,我们需要形如 (a, b, c^3) 这样的毕达哥拉斯三数组. 为了结束本文,对我们的主要结果的这个重新叙述是恰当的.

参考文献

[1] BIRKHOFF G, MACLANE S. A Survey of Modern Algebra [M]. Fourth edition. New York: Macmillan, 1977.

[2] CHEW K. On the trisection of an angle[J]. Math. Medley, 1978(6):10-18.

[3] CONWAY J, GUY R. The Book of Numbers [M]. New York: Springer-Verlag, 1996.

[4] DUDLEY U. The Trisectors [M]. Washington D. C.: Mathematical Association of America, 1994.

[5] Fassler A. Multiple Pythagorean number triples[J]. Amer. Math. Monthly, 1991(98):505-517.

[6] Gallian J. Contemporary Abstract Algebra [J]. Fifth edition. Boston: Houghton Mifflin, 2002.

[7] HARDY G, WRIGHT E. An Introduction to the Theory of Numbers[M]. Third edition. Oxford: Clarendon Press, 1954.

[8] ISAACS I. Geometry for College Students[M]. Providence, RI: American Mathematical Society, 2001.

[9] NIVEN I, ZUCKERMAN H. An Introduction to the Theory of Numbers[M]. Third edition. New York: Wiley, 1972.

[10] USPENSKY J, HEASLET M. Elementary Number Theory[M]. New York: McGraw-Hill, 1939.

编辑手记

说到平面几何作图.人们马上会想到那三个不可能问题中的第一个:三等分角问题.这是一个特别吸引“民科”的“难题”.有一则轶事.

金伯教授在奥罗那缅因州立大学做了多年的数学系主任,他有一个办法来劝阻那些想三分角,倍立方和化圆为方的人.他收到某个狂想者的所谓成功作图时,会很礼貌地回复说他审查这些图的费用是100美元,这就阻挡了好多烦人的来信.

本书是若干早期资料的汇集,由于平面几何尺规作图问题已多年不考,所以近年此类著作几乎没有,故而称为钩沉.

何为“钩沉” 书名对一本书的成败至关重要,法国哲学家萨特的成名作开始投给了伽利玛出版社.他非常重视这部小说的创作,花了四年时间,彻底修改了三次,自认为非常出色,并用自己最喜欢的画家丢勒的一幅版画的题目《忧郁》来作为小说的名字,但是遭到了拒绝.后经伽利玛出版社社长加斯东建议改了一个书名,叫《恶心》,遂出版,并引起轰动,并因此被人们誉为是法国的卡夫卡,一时间名声大噪,在文坛迅速蹿红.

认为书一定要有一个名字是现代人的一种思维方式.世界上最早的数学文献,在底比斯埃及古都的废墟中发现的阿梅斯(Ahmes,约公元前1700)纸草书(由于是由英国人莱因特所收藏,所以也称莱因特纸草书,现存不列颠博物馆).但这些都不被认为是书名,倒是卷首的一句话"获知一切奥秘的指南"被认为是书名.科学出版社最近出版了印度古代和中世纪最重要的数学家、天文学家婆什迦罗(Bhāskara,1114—约1185)的最有名的著作《莉拉沃蒂》(Lilāvati).

Lilāvati的原意是"美丽",为什么一本数学书要用这样的书名?这是因为流传着一个故事.这本书后来在印度莫卧儿帝国统治者阿克巴(Akbar,第三代皇帝,1556—1605在位,文化的庇护者)的授意下,命斐济(Fyzi,1587)译成波斯文.据斐济记载,莉拉沃蒂是婆什迦罗女儿的名字,占星家预言她终身不能结婚.婆什迦罗(他自己也是占星家)为她预卜良辰的到来.他把一只杯子放在水中,杯底有小孔,水从小孔慢慢渗入,杯子一旦沉没,便是佳期降临之时.女儿带着好奇心去观看这只杯子,这时一颗珠子从首饰上落到杯中,恰巧堵塞漏水的小孔,中止了杯子的下沉.于是莉拉沃蒂"命中注定"永不出嫁.婆什迦罗为了安慰女儿,便以她的名字命名这本书,并说:"你的名字将同这本书流芳百世,荣誉是人的第二生命,是永生的基础."

这一类故事的真实性如何,不得而知.古人(特别是占星术家之类)好故弄玄虚,编造一套逸事,使其神秘化,以示与众不同,也未可知.但有一点是肯定的,就是古人常常把著书立说当成人生的一件大事.特别是数学论著,因为由于印刷条件的限制能印的书就非常稀少,而懂数学的又少之又少,所以艰深怪异不可避免,钩沉一词指探索深奥的道理或散失的内容.

为什么要"钩沉" 这绝不简单的是为弘扬科学.哲学家海德格尔认为,19世纪以来的科学理性也只具有工具的意义.在工具理性的支配下,任何科学活动正如海德格尔所说的那样,都成了一种"企业活动".在他所理解的"企业活动"中,每一个岗位的科学家都受过专门的训练,他们各自都在自己的专业范围内忙忙碌碌,然而又井然有序.于是乎,以教养为己任的学者淡出了,被技能型的研究专家所取代."企业活动"的实质在于制度化,制度化使得智力资源与经费得到了合理的配置,从而使总体的效率达到了前所未有的高度.在这里,所有的研究者都被一股无形的力量挟持着,去做一项连自己都不知道为什么的工作.他们的目标似乎就是不遗余力地得到某个研究项目,对他们来说,要到这笔钱,仅仅是为了能要更多的钱.

搞出版的人都知道.一本书要出版会有人先问你读者群在哪里?什么人来读?为什么读?要回答这些问题往往很尴尬.因为在中国,学校中除了考试书没有其他具有充分理由的必读之书.社会学家郑也夫说:现在的社会太功利了,从老师到学生.如果有的老师是功利的,你玩你的,我玩我的;如果多数学生也是功利的根本不热爱学术,就是混个学分,真的就非常无奈了,你一点办法也没有,你怎么办?……没有多少人喜欢学术,没有多少人.……古典风格的退出,社会的世俗化和功利化,社会越来越不重视游戏本身而极端地重视胜负.这种胜负至上文化导致出版业的跟风与浮躁.

数学史专家、辽宁教育出版社社长兼总编辑俞晓群对此有深刻认识.他说:因为出版本身就是以贩卖文化为生的,不亲近文化,不研究文化,不扶持文化,我们将来还能贩卖什么?尽管坚守文化经常被嘲笑为抱残守缺,食古不化,但是如果不坚守文化,便要丧失出版的文化根本,那才是连饭都吃不上了.

本书的潜在读者即便不要求是博览群书型,起码也要是开卷有益型,有人说:背教科书长大的一代,学术上很难自立.到过欧美的,都惊叹其中小学乃至大学教育之"放任自流",可人家照样出人才.像咱们这么苦读,还不怎么"伟大",实在有点冤……课余的自由阅读及独立思考,方才是养成人才的关键.

何人需要"钩沉"　我们设想的潜在读者多少有些被社会"边缘化"的倾向.有文学爱好者说:米兰·昆德拉等人不过是二流小说家,一流小说家是卡佛.但卡佛却说:谁要是写小说,就等于把自己处于世界的阴影之中.其实,谁要是持续地看小说,又何尝不在阴影之中?那些与现实交流不畅的人才会沉迷于虚拟的世界.但正是这群人的存在给了编辑做书的信心.如果都是功利之徒,小说的艺术早就该消失了.土语说:猫走不走直线取决于老鼠.编辑的品味从某种程度说是读者"纵容"的.我们最理想的读者是读书杂而多的爱书者.清朝初年徽州人张潮说过:"凡事不宜贪,若买书,则不可不贪."所谓贪,是指那些博学之士因学术涉猎面极广,常感"书到用时方恨少",故而在看到好书时便极难自律.读者应若是,编辑又何难!

《读书》杂志2009年第2期中有一篇曾昭奋的文章,题目是《寻找北大,回望清华》,其中谈到了一个人,叶志江,1963年考入清华数学力学系,他在数学方面显露出的才华远远超过当年的杂货店小伙计华罗庚(我想该文作者远不具做出此等评判的资格,姑且如此认为).然而,同一个清华大学,在20世纪30年代培养了华罗庚,却在20世纪60年代毁掉了叶志江.今天,当叶志江回望40多年前的往事时说:"我已年过花甲,也离开大学圈子多年,我早已醒悟到在科学研究中做出重要贡献需要一个人潜心以求,潜心不下来是不行的.'文化大革命'前的'政治思想'工作使我们这一代人无法'潜心',它所产生的后果之一,便是几十年中若大中国几乎没有培养出在科学史上占有一席之地的人物……今日清华学子中会有人能不受环境之诱惑而潜心于书斋吗?"

在中学阶段本该潜心科学却承受升学压力,在大学阶段本该潜心学术却忙于就业,一来二去心境乱了,兴趣没了.丘成桐在《我学习数学的经历》中谈到:那些年通过"站书店"看了不少书籍,因为当时图书馆的藏书都很有限.广泛的阅读使我获得了许多同学甚至老师都不知晓的信息,让我感到非常自豪,欣喜自己掌握了朋友们都没有的"秘密武器"——更多的新知识.

丘成桐至今还记得当年的一道尺规作图题,用了半年多时间寻找可能的做法,但都失败了.一直自以为擅长解决此类问题.这次却迟迟找不到答案,所以颇感沮丧.最后,从一位日本数学家的著作中得知:仅用尺规,该问题无解.

不"钩沉"将会如何 有人说现在的文人,毛病在于所学太狭,不够广博,其程度犹不及抗战时期,原中山大学中文系教授黄家教曾感叹:"父亲生我们七个儿子,每个孩子学一门专业,都不及父亲的学问好.真是一代不如一代哦.(参见林伦伦,《〈黄际遇先生纪年文集〉序言》载于陈景熙,林伦伦编《黄际遇先生纪年文集》,汕头大学出版社,2008年).黄教授的父亲黄际遇先生,抗战中任中山大学数学天文系主任,可他同时在中文系讲授"历代骈文"课程,这样的奇才,现在不可能出现.

其实许多貌似截然不同的行业其对人才能的要求是相近的,如果哪个数学家一旦改行做了小说家,定会出现一些惊奇——这怎么可能呢?希尔伯特认为那太简单了!那人缺乏足够的想象力做数学家,却足够做一个小说家.

社会学家郑也夫在接受《新周刊》采访中谈及教育时说:"古典教育是教育贵族如何生活,琴棋书画;工业时代的教育是教人怎么生产;后工业社会的教育,一部分教人如何生产,另一部分教人如何生活,教人如何下围棋,如何赋诗,乃至如何做饭.这是教育的组成部分,在国外还是有的,在我们这里一点都没有,就是教人怎么生产,生产是有限度的,生产到一定数额的时候就够了,我们一点也不教学生生活,教育这么搞下去,就是无聊".

我们的教育中充满了太多的应试技巧,考试也是有限度的,总会有考完的时候,这种不顾一切的应试教育使学生们对科学之求索,研究之艰辛,发现之喜悦变得陌生而漠然.

如何"钓沉" 钓沉如同钓鱼在钓上来之前无法预测鱼的大小.1942 年为支持抗战中的中国科技的发展李约瑟博士代表英国皇家学会来到中国,在这期间他收到了《自然》杂志和 BBC 的邀请,请他谈一下自己的旅行感想,李约瑟在 BBC 寄来的信件上用潦草的笔迹写下了这样一行字:中国的科学为什么总体不发达.这便是日后著名的"李约瑟猜想".

他回国后立即给剑桥大学出版社写信表示要写一本部头大的惊人的历史书,信中说:"这是英国皇家学会会员李约瑟所著的一本书的初步方案,这本书不是写给汉学家,也不是写给普通民众,而是写给所有受过教育的人,不管他们是不是科学家,只要他们对与人类文明史相关的科学史、科学思想史和技术史,特别是对亚洲和欧洲发展对比研究感兴趣,就都可以阅读."

这本书的结果大大超出了李约瑟的想象,即使他已经知道自己将要面对的是一项浩大的工程,但是在他的想法中,工程的浩大与否也只是影响到一本书的厚薄程度而已.他没有想到,《中国的科学与文明》会是一套超过 24 卷本的系列图书,而且仍在不断的出版,就像布尔巴基学派的《数学原本》一样,而且在李约瑟去世之后这项工程还在继续.我们数学工作室的"钩沉"计划也是如此,最早是应读者之请求找一点关于几何作图方面的资料,由于几何作图在中学中已间断了几十年,所以只有在故纸堆中才会有所发现,哪知一作便不可收.

有人对如此小题大作颇有微辞,以为当前数学教育界有那么多"热点"及"大问题"可抓,为什么偏偏抓这些冷僻的小问题,殊不知这洽是做学问之大境界.

据著名物理学家,中科院院士何祚庥回忆,在一次由青年同志举办的在中央宣传部一个内部座谈会上,许立群同志谈到在历史研究领域内的考证工作.如我国著名历史学家陈寅恪曾花了大量时间去考证杨贵妃在入宫以前,是否是处女的问题.这当然被某些人斥之为"无聊",可是许立群同志却指出:唐玄宗和杨贵妃本来是一种扭曲了的婚姻,是封建皇帝凭借特权硬要从他的儿子那里抢夺过去的一种婚姻.可是过去的封建史学家为了"论证"这一掠夺的合法性,就硬说杨贵妃仍是处女,陈寅恪先生以大量的史实考证了杨贵妃并不是处女,这就一方面揭露了封建统治者的宫庭生活的腐朽;另一方面却揭露了封建史学家的真正的无聊.(何祚庥著《元气、场及治学之道》,华东师范大学出版社,2000)陈寅恪一生没搞过大问题,偏偏是这些貌似刁钻的小问题树立起他"教授中的教授"的崇高学术地位.

在网络时代有人质疑我们,网上有海量资料,一搜便得,用得着汇集成书吗?

纽约的文学经纪人安德鲁·威利曾说:"我们把96%的时间花在讨论只占出版业4%的数字出版上,我怀疑,越垃圾的书,越可能转化为电子书.对那些想保存长久的,你肯定会去买一本实体书".而且我们可以很负责地说,本书中的任何部分都不会在网上搜到.打个比方,网上那些资料仅仅能满足一般的爱好者,而我们面对的是"发烧友".

在一篇《朱熹的历史世界》的读后感的结尾有这样一句:收拾铅华归少作,摒除丝竹入中年.朱熹所云读书之法——"宁详毋略,宁下毋高,宁拙毋巧,宁近毋远"这不仅是读书之法,简直是做书之道,我们不妨将其作为数学工作室的座右铭.

近几十年来,国人功利心日盛,所谓无利不起早,如果非要说出本书有什么功利性作用,我们只能将目光放的更远,到大洋彼岸去找,比如下面这两道题,你会解吗?

第14届美国大学生竞赛试题(B-4)

给定一抛物线p的焦点f与准线D以及一条直线L,试用欧氏作图(即尺规作图)找出L与p的交点,并加以证明.讨论L与p在何种情形下没有交点.

第15届美国大学生数学竞赛试题(A-5)

试用尺规作图法求出平面上一已知抛物线的焦点.

我们一向赞同:无用之用,方为大用!

刘培杰

2021.1.7

于哈工大

刘培杰数学工作室
已出版(即将出版)图书目录——初等数学

书　　名	出版时间	定　价	编号
新编中学数学解题方法全书(高中版)上卷(第2版)	2018—08	58.00	951
新编中学数学解题方法全书(高中版)中卷(第2版)	2018—08	68.00	952
新编中学数学解题方法全书(高中版)下卷(一)(第2版)	2018—08	58.00	953
新编中学数学解题方法全书(高中版)下卷(二)(第2版)	2018—08	58.00	954
新编中学数学解题方法全书(高中版)下卷(三)(第2版)	2018—08	68.00	955
新编中学数学解题方法全书(初中版)上卷	2008—01	28.00	29
新编中学数学解题方法全书(初中版)中卷	2010—07	38.00	75
新编中学数学解题方法全书(高考复习卷)	2010—01	48.00	67
新编中学数学解题方法全书(高考真题卷)	2010—01	38.00	62
新编中学数学解题方法全书(高考精华卷)	2011—03	68.00	118
新编平面解析几何解题方法全书(专题讲座卷)	2010—01	18.00	61
新编中学数学解题方法全书(自主招生卷)	2013—08	88.00	261
数学奥林匹克与数学文化(第一辑)	2006—05	48.00	4
数学奥林匹克与数学文化(第二辑)(竞赛卷)	2008—01	48.00	19
数学奥林匹克与数学文化(第二辑)(文化卷)	2008—07	58.00	36′
数学奥林匹克与数学文化(第三辑)(竞赛卷)	2010—01	48.00	59
数学奥林匹克与数学文化(第四辑)(竞赛卷)	2011—08	58.00	87
数学奥林匹克与数学文化(第五辑)	2015—06	98.00	370
世界著名平面几何经典著作钩沉——几何作图专题卷(共3卷)	2022—01	198.00	1460
世界著名平面几何经典著作钩沉(民国平面几何老课本)	2011—03	38.00	113
世界著名平面几何经典著作钩沉(建国初期平面三角老课本)	2015—08	38.00	507
世界著名解析几何经典著作钩沉——平面解析几何卷	2014—01	38.00	264
世界著名数论经典著作钩沉(算术卷)	2012—01	28.00	125
世界著名数学经典著作钩沉——立体几何卷	2011—02	28.00	88
世界著名三角学经典著作钩沉(平面三角卷Ⅰ)	2010—06	28.00	69
世界著名三角学经典著作钩沉(平面三角卷Ⅱ)	2011—01	38.00	78
世界著名初等数论经典著作钩沉(理论和实用算术卷)	2011—07	38.00	126
发展你的空间想象力(第3版)	2021—01	98.00	1464
空间想象力进阶	2019—05	68.00	1062
走向国际数学奥林匹克的平面几何试题诠释.第1卷	2019—07	88.00	1043
走向国际数学奥林匹克的平面几何试题诠释.第2卷	2019—09	78.00	1044
走向国际数学奥林匹克的平面几何试题诠释.第3卷	2019—03	78.00	1045
走向国际数学奥林匹克的平面几何试题诠释.第4卷	2019—09	98.00	1046
平面几何证明方法全书	2007—08	35.00	1
平面几何证明方法全书习题解答(第2版)	2006—12	18.00	10
平面几何天天练上卷·基础篇(直线型)	2013—01	58.00	208
平面几何天天练中卷·基础篇(涉及圆)	2013—01	28.00	234
平面几何天天练下卷·提高篇	2013—01	58.00	237
平面几何专题研究	2013—07	98.00	258
几何学习题集	2020—10	48.00	1217
通过解题学习代数几何	2021—04	88.00	1301

刘培杰数学工作室

已出版(即将出版)图书目录——初等数学

书　　名	出版时间	定　价	编号
最新世界各国数学奥林匹克中的平面几何试题	2007—09	38.00	14
数学竞赛平面几何典型题及新颖解	2010—07	48.00	74
初等数学复习及研究(平面几何)	2008—09	68.00	38
初等数学复习及研究(立体几何)	2010—06	38.00	71
初等数学复习及研究(平面几何)习题解答	2009—01	58.00	42
几何学教程(平面几何卷)	2011—03	68.00	90
几何学教程(立体几何卷)	2011—07	68.00	130
几何变换与几何证题	2010—06	88.00	70
计算方法与几何证题	2011—06	28.00	129
立体几何技巧与方法	2014—04	88.00	293
几何瑰宝——平面几何 500 名题暨 1500 条定理(上、下)	2021—07	168.00	1358
三角形的解法与应用	2012—07	18.00	183
近代的三角形几何学	2012—07	48.00	184
一般折线几何学	2015—08	48.00	503
三角形的五心	2009—06	28.00	51
三角形的六心及其应用	2015—10	68.00	542
三角形趣谈	2012—08	28.00	212
解三角形	2014—01	28.00	265
探秘三角形:一次数学旅行	2021—10	68.00	1387
三角学专门教程	2014—09	28.00	387
图天下几何新题试卷.初中(第 2 版)	2017—11	58.00	855
圆锥曲线习题集(上册)	2013—06	68.00	255
圆锥曲线习题集(中册)	2015—01	78.00	434
圆锥曲线习题集(下册·第 1 卷)	2016—10	78.00	683
圆锥曲线习题集(下册·第 2 卷)	2018—01	98.00	853
圆锥曲线习题集(下册·第 3 卷)	2019—10	128.00	1113
圆锥曲线的思想方法	2021—08	48.00	1379
圆锥曲线的八个主要问题	2021—10	48.00	1415
论九点圆	2015—05	88.00	645
近代欧氏几何学	2012—03	48.00	162
罗巴切夫斯基几何学及几何基础概要	2012—07	28.00	188
罗巴切夫斯基几何学初步	2015—06	28.00	474
用三角、解析几何、复数、向量计算解数学竞赛几何题	2015—03	48.00	455
美国中学几何教程	2015—04	88.00	458
三线坐标与三角形特征点	2015—04	98.00	460
坐标几何学基础.第 1 卷,笛卡儿坐标	2021—08	48.00	1398
坐标几何学基础.第 2 卷,三线坐标	2021—09	28.00	1399
平面解析几何方法与研究(第 1 卷)	2015—05	18.00	471
平面解析几何方法与研究(第 2 卷)	2015—06	18.00	472
平面解析几何方法与研究(第 3 卷)	2015—07	18.00	473
解析几何研究	2015—01	38.00	425
解析几何学教程.上	2016—01	38.00	574
解析几何学教程.下	2016—01	38.00	575
几何学基础	2016—01	58.00	581
初等几何研究	2015—02	58.00	444
十九和二十世纪欧氏几何学中的片段	2017—01	58.00	696
平面几何中考.高考.奥数一本通	2017—07	28.00	820
几何学简史	2017—08	28.00	833
四面体	2018—01	48.00	880
平面几何证明方法思路	2018—12	68.00	913

刘培杰数学工作室
已出版(即将出版)图书目录——初等数学

书　　名	出版时间	定　价	编号
平面几何图形特性新析.上篇	2019—01	68.00	911
平面几何图形特性新析.下篇	2018—06	88.00	912
平面几何范例多解探究.上篇	2018—04	48.00	910
平面几何范例多解探究.下篇	2018—12	68.00	914
从分析解题过程学解题:竞赛中的几何问题研究	2018—07	68.00	946
从分析解题过程学解题:竞赛中的向量几何与不等式研究(全2册)	2019—06	138.00	1090
从分析解题过程学解题:竞赛中的不等式问题	2021—01	48.00	1249
二维、三维欧氏几何的对偶原理	2018—12	38.00	990
星形大观及闭折线论	2019—03	68.00	1020
立体几何的问题和方法	2019—11	58.00	1127
三角代换论	2021—05	58.00	1313
俄罗斯平面几何问题集	2009—08	88.00	55
俄罗斯立体几何问题集	2014—03	58.00	283
俄罗斯几何大师——沙雷金论数学及其他	2014—01	48.00	271
来自俄罗斯的5000道几何习题及解答	2011—03	58.00	89
俄罗斯初等数学问题集	2012—05	38.00	177
俄罗斯函数问题集	2011—03	38.00	103
俄罗斯组合分析问题集	2011—01	48.00	79
俄罗斯初等数学万题选——三角卷	2012—11	38.00	222
俄罗斯初等数学万题选——代数卷	2013—08	68.00	225
俄罗斯初等数学万题选——几何卷	2014—01	68.00	226
俄罗斯《量子》杂志数学征解问题100题选	2018—08	48.00	969
俄罗斯《量子》杂志数学征解问题又100题选	2018—08	48.00	970
俄罗斯《量子》杂志数学征解问题	2020—05	48.00	1138
463个俄罗斯几何老问题	2012—01	28.00	152
《量子》数学短文精粹	2018—09	38.00	972
用三角、解析几何等计算解来自俄罗斯的几何题	2019—11	88.00	1119
基谢廖夫平面几何	2022—01	48.00	1461
数学:代数、数学分析和几何(10—11年级)	2021—01	48.00	1250
立体几何.10—11年级	2022—01	58.00	1472
谈谈素数	2011—03	18.00	91
平方和	2011—03	18.00	92
整数论	2011—05	38.00	120
从整数谈起	2015—10	28.00	538
数与多项式	2016—01	38.00	558
谈谈不定方程	2011—05	28.00	119
解析不等式新论	2009—06	68.00	48
建立不等式的方法	2011—03	98.00	104
数学奥林匹克不等式研究(第2版)	2020—07	68.00	1181
不等式研究(第二辑)	2012—02	68.00	153
不等式的秘密(第一卷)(第2版)	2014—02	38.00	286
不等式的秘密(第二卷)	2014—01	38.00	268
初等不等式的证明方法	2010—06	38.00	123
初等不等式的证明方法(第二版)	2014—11	38.00	407
不等式·理论·方法(基础卷)	2015—07	38.00	496
不等式·理论·方法(经典不等式卷)	2015—07	38.00	497
不等式·理论·方法(特殊类型不等式卷)	2015—07	48.00	498
不等式探究	2016—03	38.00	582
不等式探秘	2017—01	88.00	689
四面体不等式	2017—01	68.00	715
数学奥林匹克中常见重要不等式	2017—09	38.00	845

刘培杰数学工作室
已出版(即将出版)图书目录——初等数学

书　　名	出版时间	定　价	编号
三正弦不等式	2018－09	98.00	974
函数方程与不等式:解法与稳定性结果	2019－04	68.00	1058
数学不等式.第1卷,对称多项式不等式	2022－01	78.00	1455
数学不等式.第2卷,对称有理不等式与对称无理不等式	2022－01	88.00	1456
数学不等式.第3卷,循环不等式与非循环不等式	2022－01	88.00	1457
数学不等式.第4卷,Jensen不等式的扩展与加细	即将出版	88.00	1458
数学不等式.第5卷,创建不等式与解不等式的其他方法	即将出版	88.00	1459
同余理论	2012－05	38.00	163
[x]与{x}	2015－04	48.00	476
极值与最值.上卷	2015－06	28.00	486
极值与最值.中卷	2015－06	38.00	487
极值与最值.下卷	2015－06	28.00	488
整数的性质	2012－11	38.00	192
完全平方数及其应用	2015－08	78.00	506
多项式理论	2015－10	88.00	541
奇数、偶数、奇偶分析法	2018－01	98.00	876
不定方程及其应用.上	2018－12	58.00	992
不定方程及其应用.中	2019－01	78.00	993
不定方程及其应用.下	2019－02	98.00	994
历届美国中学生数学竞赛试题及解答(第一卷)1950－1954	2014－07	18.00	277
历届美国中学生数学竞赛试题及解答(第二卷)1955－1959	2014－04	18.00	278
历届美国中学生数学竞赛试题及解答(第三卷)1960－1964	2014－06	18.00	279
历届美国中学生数学竞赛试题及解答(第四卷)1965－1969	2014－04	28.00	280
历届美国中学生数学竞赛试题及解答(第五卷)1970－1972	2014－06	18.00	281
历届美国中学生数学竞赛试题及解答(第六卷)1973－1980	2017－07	18.00	768
历届美国中学生数学竞赛试题及解答(第七卷)1981－1986	2015－01	18.00	424
历届美国中学生数学竞赛试题及解答(第八卷)1987－1990	2017－05	18.00	769
历届中国数学奥林匹克试题集(第3版)	2021－10	58.00	1440
历届加拿大数学奥林匹克试题集	2012－08	38.00	215
历届美国数学奥林匹克试题集:1972～2019	2020－04	88.00	1135
历届波兰数学竞赛试题集.第1卷,1949～1963	2015－03	18.00	453
历届波兰数学竞赛试题集.第2卷,1964～1976	2015－03	18.00	454
历届巴尔干数学奥林匹克试题集	2015－05	38.00	466
保加利亚数学奥林匹克	2014－10	38.00	393
圣彼得堡数学奥林匹克试题集	2015－01	38.00	429
匈牙利奥林匹克数学竞赛题解.第1卷	2016－05	28.00	593
匈牙利奥林匹克数学竞赛题解.第2卷	2016－05	28.00	594
历届美国数学邀请赛试题集(第2版)	2017－10	78.00	851
普林斯顿大学数学竞赛	2016－06	38.00	669
亚太地区数学奥林匹克竞赛题	2015－07	18.00	492
日本历届(初级)广中杯数学竞赛试题及解答.第1卷(2000～2007)	2016－05	28.00	641
日本历届(初级)广中杯数学竞赛试题及解答.第2卷(2008～2015)	2016－05	38.00	642
越南数学奥林匹克题选:1962－2009	2021－07	48.00	1370
360个数学竞赛问题	2016－08	58.00	677
奥数最佳实战题.上卷	2017－06	38.00	760
奥数最佳实战题.下卷	2017－05	58.00	761
哈尔滨市早期中学数学竞赛试题汇编	2016－07	28.00	672
全国高中数学联赛试题及解答:1981—2019(第4版)	2020－07	138.00	1176
2021年全国高中数学联合竞赛模拟题集	2021－04	30.00	1302
20世纪50年代全国部分城市数学竞赛试题汇编	2017－07	28.00	797

刘培杰数学工作室

已出版(即将出版)图书目录——初等数学

书　　名	出版时间	定　价	编号
国内外数学竞赛题及精解:2018～2019	2020－08	45.00	1192
国内外数学竞赛题及精解:2019～2020	2021－11	58.00	1439
许康华竞赛优学精选集.第一辑	2018－08	68.00	949
天问叶班数学问题征解 100 题.Ⅰ,2016－2018	2019－05	88.00	1075
天问叶班数学问题征解 100 题.Ⅱ,2017－2019	2020－07	98.00	1177
美国初中数学竞赛:AMC8 准备(共 6 卷)	2019－07	138.00	1089
美国高中数学竞赛:AMC10 准备(共 6 卷)	2019－08	158.00	1105
王连笑教你怎样学数学:高考选择题解题策略与客观题实用训练	2014－01	48.00	262
王连笑教你怎样学数学:高考数学高层次讲座	2015－02	48.00	432
高考数学的理论与实践	2009－08	38.00	53
高考数学核心题型解题方法与技巧	2010－01	28.00	86
高考思维新平台	2014－03	38.00	259
高考数学压轴题解题诀窍(上)(第 2 版)	2018－01	58.00	874
高考数学压轴题解题诀窍(下)(第 2 版)	2018－01	48.00	875
北京市五区文科数学三年高考模拟题详解:2013～2015	2015－08	48.00	500
北京市五区理科数学三年高考模拟题详解:2013～2015	2015－09	68.00	505
向量法巧解数学高考题	2009－08	28.00	54
高中数学课堂教学的实践与反思	2021－11	48.00	791
数学高考参考	2016－01	78.00	589
新课程标准高考数学解答题各种题型解法指导	2020－08	78.00	1196
全国及各省市高考数学试题审题要津与解法研究	2015－02	48.00	450
高中数学章节起始课的教学研究与案例设计	2019－05	28.00	1064
新课标高考数学——五年试题分章详解(2007～2011)(上、下)	2011－10	78.00	140,141
全国中考数学压轴题审题要津与解法研究	2013－04	78.00	248
新编全国及各省市中考数学压轴题审题要津与解法研究	2014－05	58.00	342
全国及各省市 5 年中考数学压轴题审题要津与解法研究(2015 版)	2015－04	58.00	462
中考数学专题总复习	2007－04	28.00	6
中考数学较难题常考题型解题方法与技巧	2016－09	48.00	681
中考数学难题常考题型解题方法与技巧	2016－09	48.00	682
中考数学中档题常考题型解题方法与技巧	2017－08	68.00	835
中考数学选择填空压轴好题妙解 365	2017－05	38.00	759
中考数学:三类重点考题的解法例析与习题	2020－04	48.00	1140
中小学数学的历史文化	2019－11	48.00	1124
初中平面几何百题多思创新解	2020－01	58.00	1125
初中数学中考备考	2020－01	58.00	1126
高考数学之九章演义	2019－08	68.00	1044
化学可以这样学:高中化学知识方法智慧感悟疑难辨析	2019－07	58.00	1103
如何成为学习高手	2019－09	58.00	1107
高考数学:经典真题分类解析	2020－04	78.00	1134
高考数学解答题破解策略	2020－11	58.00	1221
从分析解题过程学解题:高考压轴题与竞赛题之关系探究	2020－08	88.00	1179
教学新思考:单元整体视角下的初中数学教学设计	2021－03	58.00	1278
思维再拓展:2020 年经典几何题的多解探究与思考	即将出版		1279
中考数学小压轴汇编初讲	2017－07	48.00	700
中考数学大压轴专题微言	2017－09	48.00	846
怎么解中考平面几何探索题	2019－06	48.00	1093
北京中考数学压轴题解题方法突破(第 7 版)	2021－11	68.00	1442
助你高考成功的数学解题智慧:知识是智慧的基础	2016－01	58.00	596
助你高考成功的数学解题智慧:错误是智慧的试金石	2016－04	58.00	643
助你高考成功的数学解题智慧:方法是智慧的推手	2016－04	68.00	657
高考数学奇思妙解	2016－04	38.00	610
高考数学解题策略	2016－05	48.00	670
数学解题泄天机(第 2 版)	2017－10	48.00	850

刘培杰数学工作室

已出版(即将出版)图书目录——初等数学

书　　名	出版时间	定　价	编号
高考物理压轴题全解	2017—04	58.00	746
高中物理经典问题 25 讲	2017—05	28.00	764
高中物理教学讲义	2018—01	48.00	871
高中物理答疑解惑 65 篇	2021—11	48.00	1462
中学物理基础问题解析	2020—08	48.00	1183
2016 年高考文科数学真题研究	2017—04	58.00	754
2016 年高考理科数学真题研究	2017—04	78.00	755
2017 年高考理科数学真题研究	2018—01	58.00	867
2017 年高考文科数学真题研究	2018—01	48.00	868
初中数学、高中数学脱节知识补缺教材	2017—06	48.00	766
高考数学小题抢分必练	2017—10	48.00	834
高考数学核心素养解读	2017—09	38.00	839
高考数学客观题解题方法和技巧	2017—10	38.00	847
十年高考数学精品试题审题要津与解法研究	2021—10	98.00	1427
中国历届高考数学试题及解答.1949—1979	2018—01	38.00	877
历届中国高考数学试题及解答.第二卷,1980—1989	2018—10	28.00	975
历届中国高考数学试题及解答.第三卷,1990—1999	2018—10	48.00	976
数学文化与高考研究	2018—03	48.00	882
跟我学解高中数学题	2018—07	58.00	926
中学数学研究的方法及案例	2018—05	58.00	869
高考数学抢分技能	2018—07	68.00	934
高一新生常用数学方法和重要数学思想提升教材	2018—06	38.00	921
2018 年高考数学真题研究	2019—01	68.00	1000
2019 年高考数学真题研究	2020—05	88.00	1137
高考数学全国卷六道解答题常考题型解题诀窍:理科(全 2 册)	2019—07	78.00	1101
高考数学全国卷 16 道选择、填空题常考题型解题诀窍.理科	2018—09	88.00	971
高考数学全国卷 16 道选择、填空题常考题型解题诀窍.文科	2020—01	88.00	1123
新课程标准高中数学各种题型解法大全.必修一分册	2021—06	58.00	1315
高中数学一题多解	2019—06	58.00	1087
历届中国高考数学试题及解答:1917—1999	2021—08	98.00	1371
突破高原:高中数学解题思维探究	2021—08	48.00	1375
高考数学中的"取值范围"	2021—10	48.00	1429
新课程标准高中数学各种题型解法大全.必修二分册	2022—01	68.00	1471
新编 640 个世界著名数学智力趣题	2014—01	88.00	242
500 个最新世界著名数学智力趣题	2008—06	48.00	3
400 个最新世界著名数学最值问题	2008—09	48.00	36
500 个世界著名数学征解问题	2009—06	48.00	52
400 个中国最佳初等数学征解老问题	2010—01	48.00	60
500 个俄罗斯数学经典老题	2011—01	28.00	81
1000 个国外中学物理好题	2012—04	48.00	174
300 个日本高考数学题	2012—05	38.00	142
700 个早期日本高考数学试题	2017—02	88.00	752
500 个前苏联早期高考数学试题及解答	2012—05	28.00	185
546 个早期俄罗斯大学生数学竞赛题	2014—03	38.00	285
548 个来自美苏的数学好问题	2014—11	28.00	396
20 所苏联著名大学早期入学试题	2015—02	18.00	452
161 道德国工科大学生必做的微分方程习题	2015—05	28.00	469
500 个德国工科大学生必做的高数习题	2015—06	28.00	478
360 个数学竞赛问题	2016—08	58.00	677
200 个趣味数学故事	2018—02	48.00	857
470 个数学奥林匹克中的最值问题	2018—10	88.00	985
德国讲义日本考题.微积分卷	2015—04	48.00	456
德国讲义日本考题.微分方程卷	2015—04	38.00	457
二十世纪中叶中、英、美、日、法、俄高考数学试题精选	2017—06	38.00	783

刘培杰数学工作室
已出版(即将出版)图书目录——初等数学

书　　名	出版时间	定　价	编号
中国初等数学研究　2009 卷(第 1 辑)	2009—05	20.00	45
中国初等数学研究　2010 卷(第 2 辑)	2010—05	30.00	68
中国初等数学研究　2011 卷(第 3 辑)	2011—07	60.00	127
中国初等数学研究　2012 卷(第 4 辑)	2012—07	48.00	190
中国初等数学研究　2014 卷(第 5 辑)	2014—02	48.00	288
中国初等数学研究　2015 卷(第 6 辑)	2015—06	68.00	493
中国初等数学研究　2016 卷(第 7 辑)	2016—04	68.00	609
中国初等数学研究　2017 卷(第 8 辑)	2017—01	98.00	712
初等数学研究在中国.第 1 辑	2019—03	158.00	1024
初等数学研究在中国.第 2 辑	2019—10	158.00	1116
初等数学研究在中国.第 3 辑	2021—05	158.00	1306
几何变换(Ⅰ)	2014—07	28.00	353
几何变换(Ⅱ)	2015—06	28.00	354
几何变换(Ⅲ)	2015—01	38.00	355
几何变换(Ⅳ)	2015—12	38.00	356
初等数论难题集(第一卷)	2009—05	68.00	44
初等数论难题集(第二卷)(上、下)	2011—02	128.00	82,83
数论概貌	2011—03	18.00	93
代数数论(第二版)	2013—08	58.00	94
代数多项式	2014—06	38.00	289
初等数论的知识与问题	2011—02	28.00	95
超越数论基础	2011—03	28.00	96
数论初等教程	2011—03	28.00	97
数论基础	2011—03	18.00	98
数论基础与维诺格拉多夫	2014—03	18.00	292
解析数论基础	2012—08	28.00	216
解析数论基础(第二版)	2014—01	48.00	287
解析数论问题集(第二版)(原版引进)	2014—05	88.00	343
解析数论问题集(第二版)(中译本)	2016—04	88.00	607
解析数论基础(潘承洞,潘承彪著)	2016—07	98.00	673
解析数论导引	2016—07	58.00	674
数论入门	2011—03	38.00	99
代数数论入门	2015—03	38.00	448
数论开篇	2012—07	28.00	194
解析数论引论	2011—03	48.00	100
Barban Davenport Halberstam 均值和	2009—01	40.00	33
基础数论	2011—03	28.00	101
初等数论 100 例	2011—05	18.00	122
初等数论经典例题	2012—07	18.00	204
最新世界各国数学奥林匹克中的初等数论试题(上、下)	2012—01	138.00	144,145
初等数论(Ⅰ)	2012—01	18.00	156
初等数论(Ⅱ)	2012—01	18.00	157
初等数论(Ⅲ)	2012—01	28.00	158

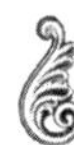

刘培杰数学工作室
已出版(即将出版)图书目录——初等数学

书　名	出版时间	定　价	编号
平面几何与数论中未解决的新老问题	2013－01	68.00	229
代数数论简史	2014－11	28.00	408
代数数论	2015－09	88.00	532
代数、数论及分析习题集	2016－11	98.00	695
数论导引提要及习题解答	2016－01	48.00	559
素数定理的初等证明.第2版	2016－09	48.00	686
数论中的模函数与狄利克雷级数(第二版)	2017－11	78.00	837
数论:数学导引	2018－01	68.00	849
范氏大代数	2019－02	98.00	1016
解析数学讲义.第一卷,导来式及微分、积分、级数	2019－04	88.00	1021
解析数学讲义.第二卷,关于几何的应用	2019－04	68.00	1022
解析数学讲义.第三卷,解析函数论	2019－04	78.00	1023
分析・组合・数论纵横谈	2019－04	58.00	1039
Hall代数:民国时期的中学数学课本:英文	2019－08	88.00	1106
数学精神巡礼	2019－01	58.00	731
数学眼光透视(第2版)	2017－06	78.00	732
数学思想领悟(第2版)	2018－01	68.00	733
数学方法溯源(第2版)	2018－08	68.00	734
数学解题引论	2017－05	58.00	735
数学史话览胜(第2版)	2017－01	48.00	736
数学应用展观(第2版)	2017－08	68.00	737
数学建模尝试	2018－04	48.00	738
数学竞赛采风	2018－01	68.00	739
数学测评探营	2019－05	58.00	740
数学技能操握	2018－03	48.00	741
数学欣赏拾趣	2018－02	48.00	742
从毕达哥拉斯到怀尔斯	2007－10	48.00	9
从迪利克雷到维斯卡尔迪	2008－01	48.00	21
从哥德巴赫到陈景润	2008－05	98.00	35
从庞加莱到佩雷尔曼	2011－08	138.00	136
博弈论精粹	2008－03	58.00	30
博弈论精粹.第二版(精装)	2015－01	88.00	461
数学 我爱你	2008－01	28.00	20
精神的圣徒　别样的人生——60位中国数学家成长的历程	2008－09	48.00	39
数学史概论	2009－06	78.00	50
数学史概论(精装)	2013－03	158.00	272
数学史选讲	2016－01	48.00	544
斐波那契数列	2010－02	28.00	65
数学拼盘和斐波那契魔方	2010－07	38.00	72
斐波那契数列欣赏(第2版)	2018－08	58.00	948
Fibonacci数列中的明珠	2018－06	58.00	928
数学的创造	2011－02	48.00	85
数学美与创造力	2016－01	48.00	595
数海拾贝	2016－01	48.00	590
数学中的美(第2版)	2019－04	68.00	1057
数论中的美学	2014－12	38.00	351

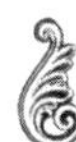

刘培杰数学工作室

已出版(即将出版)图书目录——初等数学

书　　名	出版时间	定　价	编号
数学王者　科学巨人——高斯	2015－01	28.00	428
振兴祖国数学的圆梦之旅:中国初等数学研究史话	2015－06	98.00	490
二十世纪中国数学史料研究	2015－10	48.00	536
数字谜、数阵图与棋盘覆盖	2016－01	58.00	298
时间的形状	2016－01	38.00	556
数学发现的艺术:数学探索中的合情推理	2016－07	58.00	671
活跃在数学中的参数	2016－07	48.00	675
数海趣史	2021－05	98.00	1314
数学解题——靠数学思想给力(上)	2011－07	38.00	131
数学解题——靠数学思想给力(中)	2011－07	48.00	132
数学解题——靠数学思想给力(下)	2011－07	38.00	133
我怎样解题	2013－01	48.00	227
数学解题中的物理方法	2011－06	28.00	114
数学解题的特殊方法	2011－06	48.00	115
中学数学计算技巧(第 2 版)	2020－10	48.00	1220
中学数学证明方法	2012－01	58.00	117
数学趣题巧解	2012－03	28.00	128
高中数学教学通鉴	2015－05	58.00	479
和高中生漫谈:数学与哲学的故事	2014－08	28.00	369
算术问题集	2017－03	38.00	789
张教授讲数学	2018－07	38.00	933
陈永明实话实说数学教学	2020－04	68.00	1132
中学数学学科知识与教学能力	2020－06	58.00	1155
自主招生考试中的参数方程问题	2015－01	28.00	435
自主招生考试中的极坐标问题	2015－04	28.00	463
近年全国重点大学自主招生数学试题全解及研究.华约卷	2015－02	38.00	441
近年全国重点大学自主招生数学试题全解及研究.北约卷	2016－05	38.00	619
自主招生数学解证宝典	2015－09	48.00	535
格点和面积	2012－07	18.00	191
射影几何趣谈	2012－04	28.00	175
斯潘纳尔引理——从一道加拿大数学奥林匹克试题谈起	2014－01	28.00	228
李普希兹条件——从几道近年高考数学试题谈起	2012－10	18.00	221
拉格朗日中值定理——从一道北京高考试题的解法谈起	2015－10	18.00	197
闵科夫斯基定理——从一道清华大学自主招生试题谈起	2014－01	28.00	198
哈尔测度——从一道冬令营试题的背景谈起	2012－08	28.00	202
切比雪夫逼近问题——从一道中国台北数学奥林匹克试题谈起	2013－04	38.00	238
伯恩斯坦多项式与贝齐尔曲面——从一道全国高中数学联赛试题谈起	2013－03	38.00	236
卡塔兰猜想——从一道普特南竞赛试题谈起	2013－06	18.00	256
麦卡锡函数和阿克曼函数——从一道前南斯拉夫数学奥林匹克试题谈起	2012－08	18.00	201
贝蒂定理与拉姆贝克莫斯尔定理——从一个拣石子游戏谈起	2012－08	18.00	217
皮亚诺曲线和豪斯道夫分球定理——从无限集谈起	2012－08	18.00	211
平面凸图形与凸多面体	2012－10	28.00	218
斯坦因豪斯问题——从一道二十五省市自治区中学数学竞赛试题谈起	2012－07	18.00	196

刘培杰数学工作室
已出版(即将出版)图书目录——初等数学

书　　名	出版时间	定　价	编号
纽结理论中的亚历山大多项式与琼斯多项式——从一道北京市高一数学竞赛试题谈起	2012—07	28.00	195
原则与策略——从波利亚"解题表"谈起	2013—04	38.00	244
转化与化归——从三大尺规作图不能问题谈起	2012—08	28.00	214
代数几何中的贝祖定理(第一版)——从一道 IMO 试题的解法谈起	2013—08	18.00	193
成功连贯理论与约当块理论——从一道比利时数学竞赛试题谈起	2012—04	18.00	180
素数判定与大数分解	2014—08	18.00	199
置换多项式及其应用	2012—10	18.00	220
椭圆函数与模函数——从一道美国加州大学洛杉矶分校(UCLA)博士资格考题谈起	2012—10	28.00	219
差分方程的拉格朗日方法——从一道 2011 年全国高考理科试题的解法谈起	2012—08	28.00	200
力学在几何中的一些应用	2013—01	38.00	240
从根式解到伽罗华理论	2020—01	48.00	1121
康托洛维奇不等式——从一道全国高中联赛试题谈起	2013—03	28.00	337
西格尔引理——从一道第 18 届 IMO 试题的解法谈起	即将出版		
罗斯定理——从一道前苏联数学竞赛试题谈起	即将出版		
拉克斯定理和阿廷定理——从一道 IMO 试题的解法谈起	2014—01	58.00	246
毕卡大定理——从一道美国大学数学竞赛试题谈起	2014—07	18.00	350
贝齐尔曲线——从一道全国高中联赛试题谈起	即将出版		
拉格朗日乘子定理——从一道 2005 年全国高中联赛试题的高等数学解法谈起	2015—05	28.00	480
雅可比定理——从一道日本数学奥林匹克试题谈起	2013—04	48.00	249
李天岩一约克定理——从一道波兰数学竞赛试题谈起	2014—06	28.00	349
整系数多项式因式分解的一般方法——从克朗耐克算法谈起	即将出版		
布劳维不动点定理——从一道前苏联数学奥林匹克试题谈起	2014—01	38.00	273
伯恩赛德定理——从一道英国数学奥林匹克试题谈起	即将出版		
布查特一莫斯特定理——从一道上海市初中竞赛试题谈起	即将出版		
数论中的同余数问题——从一道普特南竞赛试题谈起	即将出版		
范·德蒙行列式——从一道美国数学奥林匹克试题谈起	即将出版		
中国剩余定理:总数法构建中国历史年表	2015—01	28.00	430
牛顿程序与方程求根——从一道全国高考试题解法谈起	即将出版		
库默尔定理——从一道 IMO 预选试题谈起	即将出版		
卢丁定理——从一道冬令营试题的解法谈起	即将出版		
沃斯滕霍姆定理——从一道 IMO 预选试题谈起	即将出版		
卡尔松不等式——从一道莫斯科数学奥林匹克试题谈起	即将出版		
信息论中的香农熵——从一道近年高考压轴题谈起	即将出版		
约当不等式——从一道希望杯竞赛试题谈起	即将出版		
拉比诺维奇定理	即将出版		
刘维尔定理——从一道《美国数学月刊》征解问题的解法谈起	即将出版		
卡塔兰恒等式与级数求和——从一道 IMO 试题的解法谈起	即将出版		
勒让德猜想与素数分布——从一道爱尔兰竞赛试题谈起	即将出版		
天平称重与信息论——从一道基辅市数学奥林匹克试题谈起	即将出版		
哈密尔顿一凯莱定理:从一道高中数学联赛试题的解法谈起	2014—09	18.00	376
艾思特曼定理——从一道 CMO 试题的解法谈起	即将出版		

刘培杰数学工作室
已出版(即将出版)图书目录——初等数学

书　　名	出版时间	定　价	编号
阿贝尔恒等式与经典不等式及应用	2018－06	98.00	923
迪利克雷除数问题	2018－07	48.00	930
幻方、幻立方与拉丁方	2019－08	48.00	1092
帕斯卡三角形	2014－03	18.00	294
蒲丰投针问题——从 2009 年清华大学的一道自主招生试题谈起	2014－01	38.00	295
斯图姆定理——从一道“华约”自主招生试题的解法谈起	2014－01	18.00	296
许瓦兹引理——从一道加利福尼亚大学伯克利分校数学系博士生试题谈起	2014－08	18.00	297
拉姆塞定理——从王诗宬院士的一个问题谈起	2016－04	48.00	299
坐标法	2013－12	28.00	332
数论三角形	2014－04	38.00	341
毕克定理	2014－07	18.00	352
数林掠影	2014－09	48.00	389
我们周围的概率	2014－10	38.00	390
凸函数最值定理:从一道华约自主招生题的解法谈起	2014－10	28.00	391
易学与数学奥林匹克	2014－10	38.00	392
生物数学趣谈	2015－01	18.00	409
反演	2015－01	28.00	420
因式分解与圆锥曲线	2015－01	18.00	426
轨迹	2015－01	28.00	427
面积原理:从常庚哲命的一道 CMO 试题的积分解法谈起	2015－01	48.00	431
形形色色的不动点定理:从一道 28 届 IMO 试题谈起	2015－01	38.00	439
柯西函数方程:从一道上海交大自主招生的试题谈起	2015－02	28.00	440
三角恒等式	2015－02	28.00	442
无理性判定:从一道 2014 年“北约”自主招生试题谈起	2015－01	38.00	443
数学归纳法	2015－03	18.00	451
极端原理与解题	2015－04	28.00	464
法雷级数	2014－08	18.00	367
摆线族	2015－01	38.00	438
函数方程及其解法	2015－05	38.00	470
含参数的方程和不等式	2012－09	28.00	213
希尔伯特第十问题	2016－01	38.00	543
无穷小量的求和	2016－01	28.00	545
切比雪夫多项式:从一道清华大学金秋营试题谈起	2016－01	38.00	583
泽肯多夫定理	2016－03	38.00	599
代数等式证题法	2016－01	28.00	600
三角等式证题法	2016－01	28.00	601
吴大任教授藏书中的一个因式分解公式:从一道美国数学邀请赛试题的解法谈起	2016－06	28.00	656
易卦——类万物的数学模型	2017－08	68.00	838
“不可思议”的数与数系可持续发展	2018－01	38.00	878
最短线	2018－01	38.00	879
幻方和魔方(第一卷)	2012－05	68.00	173
尘封的经典——初等数学经典文献选读(第一卷)	2012－07	48.00	205
尘封的经典——初等数学经典文献选读(第二卷)	2012－07	38.00	206
初级方程式论	2011－03	28.00	106
初等数学研究(Ⅰ)	2008－09	68.00	37
初等数学研究(Ⅱ)(上、下)	2009－05	118.00	46,47

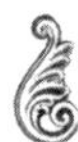

刘培杰数学工作室

已出版(即将出版)图书目录——初等数学

书　　名	出版时间	定　价	编号
趣味初等方程妙题集锦	2014—09	48.00	388
趣味初等数论选美与欣赏	2015—02	48.00	445
耕读笔记(上卷):一位农民数学爱好者的初数探索	2015—04	28.00	459
耕读笔记(中卷):一位农民数学爱好者的初数探索	2015—05	28.00	483
耕读笔记(下卷):一位农民数学爱好者的初数探索	2015—05	28.00	484
几何不等式研究与欣赏.上卷	2016—01	88.00	547
几何不等式研究与欣赏.下卷	2016—01	48.00	552
初等数列研究与欣赏·上	2016—01	48.00	570
初等数列研究与欣赏·下	2016—01	48.00	571
趣味初等函数研究与欣赏.上	2016—09	48.00	684
趣味初等函数研究与欣赏.下	2018—09	48.00	685
三角不等式研究与欣赏	2020—10	68.00	1197
新编平面解析几何解题方法研究与欣赏	2021—10	78.00	1426

书　　名	出版时间	定　价	编号
火柴游戏	2016—05	38.00	612
智力解谜.第1卷	2017—07	38.00	613
智力解谜.第2卷	2017—07	38.00	614
故事智力	2016—07	48.00	615
名人们喜欢的智力问题	2020—01	48.00	616
数学大师的发现、创造与失误	2018—01	48.00	617
异曲同工	2018—09	48.00	618
数学的味道	2018—01	58.00	798
数学千字文	2018—10	68.00	977

书　　名	出版时间	定　价	编号
数贝偶拾——高考数学题研究	2014—04	28.00	274
数贝偶拾——初等数学研究	2014—04	38.00	275
数贝偶拾——奥数题研究	2014—04	48.00	276

书　　名	出版时间	定　价	编号
钱昌本教你快乐学数学(上)	2011—12	48.00	155
钱昌本教你快乐学数学(下)	2012—03	58.00	171

书　　名	出版时间	定　价	编号
集合、函数与方程	2014—01	28.00	300
数列与不等式	2014—01	38.00	301
三角与平面向量	2014—01	28.00	302
平面解析几何	2014—01	38.00	303
立体几何与组合	2014—01	28.00	304
极限与导数、数学归纳法	2014—01	38.00	305
趣味数学	2014—03	28.00	306
教材教法	2014—04	68.00	307
自主招生	2014—05	58.00	308
高考压轴题(上)	2015—01	48.00	309
高考压轴题(下)	2014—10	68.00	310

书　　名	出版时间	定　价	编号
从费马到怀尔斯——费马大定理的历史	2013—10	198.00	Ⅰ
从庞加莱到佩雷尔曼——庞加莱猜想的历史	2013—10	298.00	Ⅱ
从切比雪夫到爱尔特希(上)——素数定理的初等证明	2013—07	48.00	Ⅲ
从切比雪夫到爱尔特希(下)——素数定理 100 年	2012—12	98.00	Ⅲ
从高斯到盖尔方特——二次域的高斯猜想	2013—10	198.00	Ⅳ
从库默尔到朗兰兹——朗兰兹猜想的历史	2014—01	98.00	Ⅴ
从比勃巴赫到德布朗斯——比勃巴赫猜想的历史	2014—02	298.00	Ⅵ
从麦比乌斯到陈省身——麦比乌斯变换与麦比乌斯带	2014—02	298.00	Ⅶ
从布尔到豪斯道夫——布尔方程与格论漫谈	2013—10	198.00	Ⅷ
从开普勒到阿诺德——三体问题的历史	2014—05	298.00	Ⅸ
从华林到华罗庚——华林问题的历史	2013—10	298.00	Ⅹ

刘培杰数学工作室
已出版(即将出版)图书目录——初等数学

书　　名	出版时间	定　价	编号
美国高中数学竞赛五十讲.第 1 卷(英文)	2014—08	28.00	357
美国高中数学竞赛五十讲.第 2 卷(英文)	2014—08	28.00	358
美国高中数学竞赛五十讲.第 3 卷(英文)	2014—09	28.00	359
美国高中数学竞赛五十讲.第 4 卷(英文)	2014—09	28.00	360
美国高中数学竞赛五十讲.第 5 卷(英文)	2014—10	28.00	361
美国高中数学竞赛五十讲.第 6 卷(英文)	2014—11	28.00	362
美国高中数学竞赛五十讲.第 7 卷(英文)	2014—12	28.00	363
美国高中数学竞赛五十讲.第 8 卷(英文)	2015—01	28.00	364
美国高中数学竞赛五十讲.第 9 卷(英文)	2015—01	28.00	365
美国高中数学竞赛五十讲.第 10 卷(英文)	2015—02	38.00	366

书　　名	出版时间	定　价	编号
三角函数(第 2 版)	2017—04	38.00	626
不等式	2014—01	38.00	312
数列	2014—01	38.00	313
方程(第 2 版)	2017—04	38.00	624
排列和组合	2014—01	28.00	315
极限与导数(第 2 版)	2016—04	38.00	635
向量(第 2 版)	2018—08	58.00	627
复数及其应用	2014—08	28.00	318
函数	2014—01	38.00	319
集合	2020—01	48.00	320
直线与平面	2014—01	28.00	321
立体几何(第 2 版)	2016—04	38.00	629
解三角形	即将出版		323
直线与圆(第 2 版)	2016—11	38.00	631
圆锥曲线(第 2 版)	2016—09	48.00	632
解题通法(一)	2014—07	38.00	326
解题通法(二)	2014—07	38.00	327
解题通法(三)	2014—05	38.00	328
概率与统计	2014—01	28.00	329
信息迁移与算法	即将出版		330

书　　名	出版时间	定　价	编号
IMO 50 年.第 1 卷(1959—1963)	2014—11	28.00	377
IMO 50 年.第 2 卷(1964—1968)	2014—11	28.00	378
IMO 50 年.第 3 卷(1969—1973)	2014—09	28.00	379
IMO 50 年.第 4 卷(1974—1978)	2016—04	[illegible]	380
IMO 50 年.第 5 卷(1979—1984)	2015—04	38.00	381
IMO 50 年.第 6 卷(1985—1989)	2015—04	58.00	382
IMO 50 年.第 7 卷(1990—1994)	2016—01	48.00	383
IMO 50 年.第 8 卷(1995—1999)	2016—06	38.00	384
IMO 50 年.第 9 卷(2000—2004)	2015—04	58.00	385
IMO 50 年.第 10 卷(2005—2009)	2016—01	48.00	386
IMO 50 年.第 11 卷(2010—2015)	2017—03	48.00	646

刘培杰数学工作室

已出版(即将出版)图书目录——初等数学

书　　名	出版时间	定　价	编号
数学反思(2006—2007)	2020—09	88.00	915
数学反思(2008—2009)	2019—01	68.00	917
数学反思(2010—2011)	2018—05	58.00	916
数学反思(2012—2013)	2019—01	58.00	918
数学反思(2014—2015)	2019—03	78.00	919
数学反思(2016—2017)	2021—03	58.00	1286
历届美国大学生数学竞赛试题集.第一卷(1938—1949)	2015—01	28.00	397
历届美国大学生数学竞赛试题集.第二卷(1950—1959)	2015—01	28.00	398
历届美国大学生数学竞赛试题集.第三卷(1960—1969)	2015—01	28.00	399
历届美国大学生数学竞赛试题集.第四卷(1970—1979)	2015—01	18.00	400
历届美国大学生数学竞赛试题集.第五卷(1980—1989)	2015—01	28.00	401
历届美国大学生数学竞赛试题集.第六卷(1990—1999)	2015—01	28.00	402
历届美国大学生数学竞赛试题集.第七卷(2000—2009)	2015—08	18.00	403
历届美国大学生数学竞赛试题集.第八卷(2010—2012)	2015—01	18.00	404
新课标高考数学创新题解题诀窍:总论	2014—09	28.00	372
新课标高考数学创新题解题诀窍:必修1～5分册	2014—08	38.00	373
新课标高考数学创新题解题诀窍:选修2—1,2—2,1—1,1—2分册	2014—09	38.00	374
新课标高考数学创新题解题诀窍:选修2—3,4—4,4—5分册	2014—09	18.00	375
全国重点大学自主招生英文数学试题全攻略:词汇卷	2015—07	48.00	410
全国重点大学自主招生英文数学试题全攻略:概念卷	2015—01	28.00	411
全国重点大学自主招生英文数学试题全攻略:文章选读卷(上)	2016—09	38.00	412
全国重点大学自主招生英文数学试题全攻略:文章选读卷(下)	2017—01	58.00	413
全国重点大学自主招生英文数学试题全攻略:试题卷	2015—07	38.00	414
全国重点大学自主招生英文数学试题全攻略:名著欣赏卷	2017—03	48.00	415
劳埃德数学趣题大全.题目卷.1:英文	2016—01	18.00	516
劳埃德数学趣题大全.题目卷.2:英文	2016—01	18.00	517
劳埃德数学趣题大全.题目卷.3:英文	2016—01	18.00	518
劳埃德数学趣题大全.题目卷.4:英文	2016—01	18.00	519
劳埃德数学趣题大全.题目卷.5:英文	2016—01	18.00	520
劳埃德数学趣题大全.答案卷:英文	2016—01	18.00	521
李成章教练奥数笔记.第1卷	2016—01	48.00	522
李成章教练奥数笔记.第2卷	2016—01	48.00	523
李成章教练奥数笔记.第3卷	2016—01	38.00	524
李成章教练奥数笔记.第4卷	2016—01	38.00	525
李成章教练奥数笔记.第5卷	2016—01	38.00	526
李成章教练奥数笔记.第6卷	2016—01	38.00	527
李成章教练奥数笔记.第7卷	2016—01	38.00	528
李成章教练奥数笔记.第8卷	2016—01	48.00	529
李成章教练奥数笔记.第9卷	2016—01	28.00	530

刘培杰数学工作室

已出版(即将出版)图书目录——初等数学

书　　名	出版时间	定　价	编号
第19～23届"希望杯"全国数学邀请赛试题审题要津详细评注(初一版)	2014—03	28.00	333
第19～23届"希望杯"全国数学邀请赛试题审题要津详细评注(初二、初三版)	2014—03	38.00	334
第19～23届"希望杯"全国数学邀请赛试题审题要津详细评注(高一版)	2014—03	28.00	335
第19～23届"希望杯"全国数学邀请赛试题审题要津详细评注(高二版)	2014—03	38.00	336
第19～25届"希望杯"全国数学邀请赛试题审题要津详细评注(初一版)	2015—01	38.00	416
第19～25届"希望杯"全国数学邀请赛试题审题要津详细评注(初二、初三版)	2015—01	58.00	417
第19～25届"希望杯"全国数学邀请赛试题审题要津详细评注(高一版)	2015—01	48.00	418
第19～25届"希望杯"全国数学邀请赛试题审题要津详细评注(高二版)	2015—01	48.00	419
物理奥林匹克竞赛大题典——力学卷	2014—11	48.00	405
物理奥林匹克竞赛大题典——热学卷	2014—04	28.00	339
物理奥林匹克竞赛大题典——电磁学卷	2015—07	48.00	406
物理奥林匹克竞赛大题典——光学与近代物理卷	2014—06	28.00	345
历届中国东南地区数学奥林匹克试题集(2004～2012)	2014—06	18.00	346
历届中国西部地区数学奥林匹克试题集(2001～2012)	2014—07	18.00	347
历届中国女子数学奥林匹克试题集(2002～2012)	2014—08	18.00	348
数学奥林匹克在中国	2014—06	98.00	344
数学奥林匹克问题集	2014—01	38.00	267
数学奥林匹克不等式散论	2010—06	38.00	124
数学奥林匹克不等式欣赏	2011—09	38.00	138
数学奥林匹克超级题库(初中卷上)	2010—01	58.00	66
数学奥林匹克不等式证明方法和技巧(上、下)	2011—08	158.00	134,135
他们学什么:原民主德国中学数学课本	2016—09	38.00	658
他们学什么:英国中学数学课本	2016—09	38.00	659
他们学什么:法国中学数学课本.1	2016—09	38.00	660
他们学什么:法国中学数学课本.2	2016—09	28.00	661
他们学什么:法国中学数学课本.3	2016—09	38.00	662
他们学什么:苏联中学数学课本	2016—09	28.00	679
高中数学题典——集合与简易逻辑·函数	2016—07	48.00	647
高中数学题典——导数	2016—07	48.00	648
高中数学题典——三角函数·平面向量	2016—07	48.00	649
高中数学题典——数列	2016—07	58.00	650
高中数学题典——不等式·推理与证明	2016—07	38.00	651
高中数学题典——立体几何	2016—07	48.00	652
高中数学题典——平面解析几何	2016—07	78.00	653
高中数学题典——计数原理·统计·概率·复数	2016—07	48.00	654
高中数学题典——算法·平面几何·初等数论·组合数学·其他	2016—07	68.00	655

刘培杰数学工作室

已出版(即将出版)图书目录——初等数学

书　　名	出版时间	定　价	编号
台湾地区奥林匹克数学竞赛试题.小学一年级	2017—03	38.00	722
台湾地区奥林匹克数学竞赛试题.小学二年级	2017—03	38.00	723
台湾地区奥林匹克数学竞赛试题.小学三年级	2017—03	38.00	724
台湾地区奥林匹克数学竞赛试题.小学四年级	2017—03	38.00	725
台湾地区奥林匹克数学竞赛试题.小学五年级	2017—03	38.00	726
台湾地区奥林匹克数学竞赛试题.小学六年级	2017—03	38.00	727
台湾地区奥林匹克数学竞赛试题.初中一年级	2017—03	38.00	728
台湾地区奥林匹克数学竞赛试题.初中二年级	2017—03	38.00	729
台湾地区奥林匹克数学竞赛试题.初中三年级	2017—03	28.00	730
不等式证题法	2017—04	28.00	747
平面几何培优教程	2019—08	88.00	748
奥数鼎级培优教程.高一分册	2018—09	88.00	749
奥数鼎级培优教程.高二分册.上	2018—04	68.00	750
奥数鼎级培优教程.高二分册.下	2018—04	68.00	751
高中数学竞赛冲刺宝典	2019—04	68.00	883
初中尖子生数学超级题典.实数	2017—07	58.00	792
初中尖子生数学超级题典.式、方程与不等式	2017—08	58.00	793
初中尖子生数学超级题典.圆、面积	2017—08	38.00	794
初中尖子生数学超级题典.函数、逻辑推理	2017—08	48.00	795
初中尖子生数学超级题典.角、线段、三角形与多边形	2017—07	58.00	796
数学王子——高斯	2018—01	48.00	858
坎坷奇星——阿贝尔	2018—01	48.00	859
闪烁奇星——伽罗瓦	2018—01	58.00	860
无穷统帅——康托尔	2018—01	48.00	861
科学公主——柯瓦列夫斯卡娅	2018—01	48.00	862
抽象代数之母——埃米·诺特	2018—01	48.00	863
电脑先驱——图灵	2018—01	58.00	864
昔日神童——维纳	2018—01	48.00	865
数坛怪侠——爱尔特希	2018—01	68.00	866
传奇数学家徐利治	2019—09	88.00	1110
当代世界中的数学.数学思想与数学基础	2019—01	38.00	892
当代世界中的数学.数学问题	2019—01	38.00	893
当代世界中的数学.应用数学与数学应用	2019—01	38.00	894
当代世界中的数学.数学王国的新疆域(一)	2019—01	38.00	895
当代世界中的数学.数学王国的新疆域(二)	2019—01	38.00	896
当代世界中的数学.数林撷英(一)	2019—01	38.00	897
当代世界中的数学.数林撷英(二)	2019—01	48.00	898
当代世界中的数学.数学之路	2019—01	38.00	899

刘培杰数学工作室
已出版(即将出版)图书目录——初等数学

书　名	出版时间	定　价	编号
105 个代数问题:来自 AwesomeMath 夏季课程	2019—02	58.00	956
106 个几何问题:来自 AwesomeMath 夏季课程	2020—07	58.00	957
107 个几何问题:来自 AwesomeMath 全年课程	2020—07	58.00	958
108 个代数问题:来自 AwesomeMath 全年课程	2019—01	68.00	959
109 个不等式:来自 AwesomeMath 夏季课程	2019—04	58.00	960
国际数学奥林匹克中的 110 个几何问题	即将出版		961
111 个代数和数论问题	2019—05	58.00	962
112 个组合问题:来自 AwesomeMath 夏季课程	2019—05	58.00	963
113 个几何不等式:来自 AwesomeMath 夏季课程	2020—08	58.00	964
114 个指数和对数问题:来自 AwesomeMath 夏季课程	2019—09	48.00	965
115 个三角问题:来自 AwesomeMath 夏季课程	2019—09	58.00	966
116 个代数不等式:来自 AwesomeMath 全年课程	2019—04	58.00	967
117 个多项式问题:来自 AwesomeMath 夏季课程	2021—09	58.00	1409
紫色彗星国际数学竞赛试题	2019—02	58.00	999
数学竞赛中的数学:为数学爱好者、父母、教师和教练准备的丰富资源.第一部	2020—04	58.00	1141
数学竞赛中的数学:为数学爱好者、父母、教师和教练准备的丰富资源.第二部	2020—07	48.00	1142
和与积	2020—10	38.00	1219
数论:概念和问题	2020—12	68.00	1257
初等数学问题研究	2021—03	48.00	1270
数学奥林匹克中的欧几里得几何	2021—10	68.00	1413
数学奥林匹克题解新编	2022—01	58.00	1430
澳大利亚中学数学竞赛试题及解答(初级卷)1978～1984	2019—02	28.00	1002
澳大利亚中学数学竞赛试题及解答(初级卷)1985～1991	2019—02	28.00	1003
澳大利亚中学数学竞赛试题及解答(初级卷)1992～1998	2019—02	28.00	1004
澳大利亚中学数学竞赛试题及解答(初级卷)1999～2005	2019—02	28.00	1005
澳大利亚中学数学竞赛试题及解答(中级卷)1978～1984	2019—03	28.00	1006
澳大利亚中学数学竞赛试题及解答(中级卷)1985～1991	2019—03	28.00	1007
澳大利亚中学数学竞赛试题及解答(中级卷)1992～1998	2019—03	28.00	1008
澳大利亚中学数学竞赛试题及解答(中级卷)1999～2005	2019—03	28.00	1009
澳大利亚中学数学竞赛试题及解答(高级卷)1978～1984	2019—05	28.00	1010
澳大利亚中学数学竞赛试题及解答(高级卷)1985～1991	2019—05	28.00	1011
澳大利亚中学数学竞赛试题及解答(高级卷)1992～1998	2019—05	28.00	1012
澳大利亚中学数学竞赛试题及解答(高级卷)1999～2005	2019—05	28.00	1013
天才中小学生智力测验题.第一卷	2019—03	38.00	1026
天才中小学生智力测验题.第二卷	2019—03	38.00	1027
天才中小学生智力测验题.第三卷	2019—03	38.00	1028
天才中小学生智力测验题.第四卷	2019—03	38.00	10[illegible]0
天才中小学生智力测验题.第五卷	2019—03	38.00	1030
天才中小学生智力测验题.第六卷	2019—03	38.00	1031
天才中小学生智力测验题.第七卷	2019—03	38.00	1032
天才中小学生智力测验题.第八卷	2019—03	38.00	1033
天才中小学生智力测验题.第九卷	2019—03	38.00	1034
天才中小学生智力测验题.第十卷	2019—03	38.00	1035
天才中小学生智力测验题.第十一卷	2019—03	38.00	1036
天才中小学生智力测验题.第十二卷	2019—03	38.00	1037
天才中小学生智力测验题.第十三卷	2019—03	38.00	1038

刘培杰数学工作室
已出版(即将出版)图书目录——初等数学

书　　名	出版时间	定　价	编号
重点大学自主招生数学备考全书:函数	2020—05	48.00	1047
重点大学自主招生数学备考全书:导数	2020—08	48.00	1048
重点大学自主招生数学备考全书:数列与不等式	2019—10	78.00	1049
重点大学自主招生数学备考全书:三角函数与平面向量	2020—08	68.00	1050
重点大学自主招生数学备考全书:平面解析几何	2020—07	58.00	1051
重点大学自主招生数学备考全书:立体几何与平面几何	2019—08	48.00	1052
重点大学自主招生数学备考全书:排列组合·概率统计·复数	2019—09	48.00	1053
重点大学自主招生数学备考全书:初等数论与组合数学	2019—08	48.00	1054
重点大学自主招生数学备考全书:重点大学自主招生真题.上	2019—04	68.00	1055
重点大学自主招生数学备考全书:重点大学自主招生真题.下	2019—04	58.00	1056
高中数学竞赛培训教程:平面几何问题的求解方法与策略.上	2018—05	68.00	906
高中数学竞赛培训教程:平面几何问题的求解方法与策略.下	2018—06	78.00	907
高中数学竞赛培训教程:整除与同余以及不定方程	2018—01	88.00	908
高中数学竞赛培训教程:组合计数与组合极值	2018—04	48.00	909
高中数学竞赛培训教程:初等代数	2019—04	78.00	1042
高中数学讲座:数学竞赛基础教程(第一册)	2019—06	48.00	1094
高中数学讲座:数学竞赛基础教程(第二册)	即将出版		1095
高中数学讲座:数学竞赛基础教程(第三册)	即将出版		1096
高中数学讲座:数学竞赛基础教程(第四册)	即将出版		1097
新编中学数学解题方法 1000 招丛书.实数(初中版)	即将出版		1291
新编中学数学解题方法 1000 招丛书.式(初中版)	即将出版		1292
新编中学数学解题方法 1000 招丛书.方程与不等式(初中版)	2021—04	58.00	1293
新编中学数学解题方法 1000 招丛书.函数(初中版)	即将出版		1294
新编中学数学解题方法 1000 招丛书.角(初中版)	即将出版		1295
新编中学数学解题方法 1000 招丛书.线段(初中版)	即将出版		1296
新编中学数学解题方法 1000 招丛书.三角形与多边形(初中版)	2021—04	48.00	1297
新编中学数学解题方法 1000 招丛书.圆(初中版)	即将出版		1298
新编中学数学解题方法 1000 招丛书.面积(初中版)	2021—07	28.00	1299
高中数学题典精编.第一辑.函数	2022—01	58.00	1444
高中数学题典精编.第一辑.导数	2022—01	68.00	1445
高中数学题典精编.第一辑.三角函数·平面向量	2022—01	68.00	1446
高中数学题典精编.第一辑.数列	2022—01	58.00	1447
高中数学题典精编.第一辑.不等式·推理与证明	2022—01	58.00	1448
高中数学题典精编.第一辑.立体几何	2022—01	58.00	1449
高中数学题典精编.第一辑.平面解析几何	2022—01	68.00	1450
高中数学题典精编.第一辑.统计·概率·平面几何	2022—01	58.00	1451
高中数学题典精编.第一辑.初等数论·组合数学·数学文化·解题方法	2022—01	58.00	1452

联系地址:哈尔滨市南岗区复华四道街 10 号　哈尔滨工业大学出版社刘培杰数学工作室

网　　址:http://lpj.hit.edu.cn/

邮　　编:150006

联系电话:0451—86281378　　13904613167

E-mail:lpj1378@163.com